D1697135

PRAKTISCHE MATHEMATIK

FÜR INGENIEURE UND PHYSIKER

VON

DR.-ING. RUDOLF ZURMÜHL

O. PROFESSOR AN DER TECHNISCHEN UNIVERSITÄT
BERLIN

FÜNFTE NEUBEARBEITETE AUFLAGE

MIT 124 ABBILDUNGEN

SPRINGER-VERLAG

BERLIN/HEIDELBERG/NEW YORK

1965

LIBRARY OF CONGRESS CATALOG CARD NUMBER 65-26608
PRINTED IN GERMANY

TITEL NR. 1152

MEINER FRAU

Vorwort zur fünften Auflage

Trotz der kurzen Zeitspanne seit Erscheinen der letzten Auflage schien mir eine Überarbeitung mancher Buchabschnitte wünschenswert, im wesentlichen veranlaßt durch den zunehmenden Einfluß des Rechenautomaten auf alle Gebiete der numerischen Mathematik. Nach wie vor will das Buch in die Grundlagen der numerischen Methoden einführen; es ist kein Lehrbuch für Automatenrechnung und Programmieren. Doch schien mir jetzt eine kurzgefaßte Einführung in die Programmiersprache ALGOL angebracht, die sich auch für den Ingenieur heute als unentbehrliches Hilfsmittel zur präzisen Formulierung seiner numerischen Aufgaben erweist und ihm überdies auf einfachste Weise den Zugang zum automatischen Rechnen eröffnet.

Außer zahlreichen kleinen Verbesserungen sind folgende Buchteile neu bearbeitet worden, wobei vorwiegend der Gesichtspunkt automatisch ablaufender Rechnung bestimmend war: Zur Lösung von Gleichungen wurde die Regula falsi in die Form eines Algorithmus mit fastquadratischer Konvergenz als Gegenstück des NEWTON-Verfahrens gebracht, dem gegenüber es den oft wesentlichen Vorzug hat, keine Ableitung zu benötigen. Für Iteration mit linearer Konvergenz — diese Begriffe werden klarer herausgearbeitet — wurde AITKENS Konvergenzbeschleunigung aufgenommen, die sich als ein wichtiges allgemeines Prinzip erwiesen hat. Der Abschnitt über das ROUTH-Kriterium ist neu gefaßt und um ein darauf basierendes Verfahren von COLLATZ zur Lösung von Polynomgleichungen erweitert worden. Bei der numerischen Integration wurde seiner grundsätzlichen Bedeutung wegen das Verfahren von GAUSS ausführlicher dargestellt.

Das V. Kapitel wurde unter dem neuen Titel „Approximation" umgearbeitet: Aus der an den Anfang gestellten mittleren Approximation wird die trigonometrische hergeleitet. Neu ist ein Abschnitt über die heute so wichtige Aufgabe der gleichmäßigen Approximation, für die auch ein auf der trigonometrischen Interpolation fußendes wirksames Näherungsverfahren gebracht wird.

Bei den Differentialgleichungen wurde der automatischen Schrittsteuerung des RUNGE-KUTTA-Verfahrens besondere Aufmerksamkeit geschenkt. Zur Eigenwertaufgabe konnte das Mehrstellen-Differenzenverfahren durch ein neues Vorgehen von FALK erfreulich abgerundet werden. Ein neuer Abschnitt bringt schließlich das RITZ-Verfahren in schematisierter — auf allgemeine Variationsaufgaben gewöhnlicher Differentialgleichungen anwendbarer — Form, in der es eine automatische Behandlung auch verwickelter Eigenwertaufgaben ermöglicht. — Durch vertretbare Streichungen habe ich versucht, den alten Buchumfang zu halten.

Meinem Oberingenieur, Herrn Dipl.-Math. D. STEPHAN, habe ich für wertvolle Hilfe bei der Abfassung der ALGOL-Einführung zu danken. Zu danken habe ich den Herren Dipl.-Ing. H. J. AMTSBERG und H. WEIRICH für Durchführung numerischer Rechnungen und Hilfe beim Lesen der Korrekturen. Frau H. HEYDEBRECK danke ich für das Schreiben des Manuskriptes. Schließlich danke ich dem Springer-Verlag wieder für die bekannt gute Buchausstattung und bereitwilliges Eingehen auf manchen Wunsch.

Berlin 33, Sommer 1965
Trabener Str. 42

Rudolf Zurmühl

Aus dem Vorwort zur zweiten Auflage

Das Buch ist gedacht als eine Ergänzung und Fortführung der mathematischen Grundlagenvorlesung der Technischen Hochschule. Es möchte den jungen Ingenieurstudenten zu einer über diese Vorlesung hinausgehenden Beschäftigung mit jenem Zweig der Mathematik anregen, der für die zahlenmäßige Behandlung von Ingenieuraufgaben aller Art grundlegend ist: mit den numerischen Verfahren der praktischen Mathematik. In diese Methoden, ihre Theorie und ihre praktische Handhabung führt es ein, wobei gleicher Wert auf klare Entwicklung der theoretischen Grundgedanken wie auf Einzelheiten der Zahlenrechnung gelegt wird. Aber auch dem in der Praxis tätigen Ingenieur möchte das Buch eine Hilfe sein, wenn er bei der Durchführung seiner Aufgaben vor der Notwendigkeit steht, auf numerische Verfahren zurückzugreifen.

Ein Buch, das sich an Ingenieure und Physiker wendet, muß in mancher Hinsicht anders abgefaßt sein als ein für Mathematiker bestimmtes. Es soll gewiß nicht weniger zuverlässig und einwandfrei sein. Aber während der Mathematiker in die Lage versetzt werden soll, selbst aktiv an der Entwicklung neuer Methoden mitzuarbeiten, sollen Physiker und Ingenieur in erster Linie die praktische Handhabung der Methoden erlernen, um sie als Hilfsmittel für ihre eigentliche Berufsarbeit anzuwenden. Damit sie das sinnvoll und richtig können, müssen sie freilich die mathematischen Grundlagen eines Verfahrens voll verstanden haben. Mit einer bloßen Rezeptsammlung ist auch ihnen durchaus nicht gedient. Nur wer die leitenden Gedanken einer Methode durchschaut hat, wird in der Lage sein, ihre Tragfähigkeit, ihre Anwendungsgrenzen sicher abzuschätzen und unter mehreren Wegen den besten auszuwählen. Es ist daher auch ein Hauptanliegen des Buches, die einer Methode zugrunde liegende mathematische Fragestellung klar herauszuarbeiten und im einzelnen den Weg zu zeigen, der von der Frage zum lösenden Verfahren führt. Im übrigen aber stehen entsprechend dem Zweck des Buches solche Erörterungen im Vordergrund, die der praktischen Lösung der Aufgabe dienen, während Fragen, die mehr den Mathematiker angehen, demgegenüber zurücktreten.

Das Buch bringt daher auch keine vollständige Aufzählung aller für ein bestimmtes Problem entwickelten Methoden. Vielmehr sieht es seine Hauptaufgabe in einer sorgfältigen Auswahl der zu behandelnden Verfahren, einer Auswahl, die naturgemäß auch vom persönlichen Geschmack bestimmt sein mag. ...

Schließlich hat ein für den Ingenieur bestimmtes mathematisches Lehrbuch der verhältnismäßig bescheidenen und zeitlich oft lange zurückliegenden mathematischen Vorbildung des Ingenieurs Rechnung zu tragen. So wird hier an Vorkenntnissen lediglich die Grundlagenvorlesung — und in den ersten Buchteilen auch nur ihre beiden ersten Semester — vorausgesetzt, woran auch in späteren und weiterführenden Abschnitten immer wieder angeknüpft wird. Die Schreibweise ist mit Bedacht breit und ausführlich gehalten, so daß ich hoffe, daß auch der in mathematischer Lektüre nicht oder wenig bewanderte Leser, sofern er überhaupt Sinn und Interesse für den Gegenstand aufbringt, bei ein wenig Mitarbeit und Geduld folgen kann.

Darmstadt, März 1957

Rudolf Zurmühl

Inhaltsverzeichnis

Einführung. Hilfsmittel

II. Kapitel

Lineare Gleichungen und Matrizen

V. Kapitel

Approximation

VI. Kapitel

Differentialgleichungen: Anfangswertaufgaben

VII. Kapitel

Differentialgleichungen: Rand- und Eigenwertaufgaben

Schrifttumsverzeichnis

[1] BAUER, F. L., J. HEINHOLD, K. SAMELSON u. R. SAUER: Moderne Rechenanlagen. Stuttgart 1965. 357 Seiten.

[2] BODEWIG, E.: Matrix calculus. 2. Aufl. Amsterdam 1959. 452 Seiten.

[3] COLLATZ, L.: Eigenwertaufgaben mit technischen Anwendungen. 2. Aufl. Leipzig 1963. 500 Seiten.

[4] COLLATZ, L.: Numerische Behandlung von Differentialgleichungen. 2. Aufl. (Grundlehren der mathematischen Wissenschaften, Bd. 60). Berlin/Göttingen/Heidelberg 1955. 526 Seiten.

[5] DURAND, E.: Solutions numériques des équations algébriques. Bd. 1 (Allgemeine und Polynomgleichungen) Paris 1960. 327 Seiten. Bd. 2 (Lineare Gleichungen, Matrizen) Paris 1961. 445 Seiten.

[6] FADDEJEW, D. K., u. W. N. FADDEJEWA: Numerische Methoden der Linearen Algebra. Berlin 1964. 771 Seiten.

[7] FOX, L.: Numerical solution of ordinary and partial differential equations. New York/Oxford/London 1962. 509 Seiten.

[8] FOX, L.: An introduction to numerical linear algebra. Oxford 1964. 295 Seiten.

[9] HARTREE, D. R.: Numerical analysis. Oxford 1952. 287 Seiten.

[10] HEINRICH, H.: Einführung in die Praktische Analysis, Teil 1. Leipzig 1962. 222 Seiten.

[11] HILDEBRAND, F. B.: Introduction to numerical analysis. New York/Toronto/London 1956. 511 Seiten.

[12] HOUSEHOLDER, A. S.: Principles of numerical analysis. New York/Toronto/London 1953. 274 Seiten.

[13] HOUSEHOLDER, A. S.: The Theory of Matrices in Numerical Analysis. New York/Toronto/London 1964. 257 Seiten.

[14] KOPAL, Z.: Numerical analysis. London 1955. 556 Seiten.

[15] KORGANOFF, A.: Méthodes de calcul numérique. Bd. 1. Paris 1961. 375 Seiten.

[16] KUNTZMANN, J.: Méthodes numériques. Interpolation — Dérivées. Paris 1959. 252 Seiten.

[17] LANCZOS, C.: Applied analysis. Englewood Cliffs, N. J. 1956. 539 Seiten.

[18] MILNE, W. E.: Numerical culculus. Princeton 1949. 393 Seiten.

[19] RUNGE, C., u. H. KÖNIG: Vorlesungen über numerisches Rechnen. Berlin 1924.

[20] v. SANDEN, H.: Praktische Mathematik. 6. Aufl. Stuttgart 1961. 162 Seiten.

[21] STIEFEL, E.: Einführung in die numerische Mathematik. Stuttgart 1961. 234 Seiten.

[22] TODD, J., als Herausgeber: A survey of numerical analysis. New York/San Francisco/Toronto/London 1962. 589 Seiten.

[23] WILLERS, FR. A.: Methoden der praktischen Analysis. 3. Aufl. Berlin 1957. 428 Seiten.

[24] ZURMÜHL, R.: Matrizen und ihre technischen Anwendungen. 4. Aufl. Berlin/Göttingen/Heidelberg 1964. 452 Seiten.

Einführung. Hilfsmittel

Dieses Buch handelt von Verfahren zur zahlenmäßigen Lösung bestimmter mathematischer Grundaufgaben — umrissen etwa durch die Kapitelüberschriften —, wie sie immer wieder in technischen und physikalischen Anwendungen auftreten und so auch dem rechnenden Ingenieur in seiner Berufsarbeit begegnen. Praktische Mathematik und Technik stehen seit jeher in engster Wechselwirkung. So wie jene immer aufs neue von den oft sehr anspruchsvollen Forderungen der modernen Technik Anregung und Auftrag erhält, so ermöglichen umgekehrt erst die Methoden der praktischen Mathematik die Inangriffnahme vieler technischer Aufgaben. Die Kenntnis dieser Methoden gehört daher heute zur Ingenieurausbildung so gut wie die Kenntnis moderner technischer und physikalischer Vorgehensweisen.

Charakteristisch und reizvoll zugleich an der praktischen Mathematik ist die innige Verflechtung mathematischer Theorie und numerischer Rechnung. Ist es doch immer wieder der theoretische Gedanke, der einen Fortschritt in den rechnerischen Methoden erkämpft. Ja, schon das sachgemäße und erfolgreiche Anwenden dieser Methoden ist ohne eine klare Vorstellung ihrer mathematischen Grundlagen nicht denkbar, die allein erst Grenzen und Tragfähigkeit eines Rechenverfahrens abschätzen lassen. Das Herausarbeiten dieser Grundlagen soll uns deshalb ein besonderes Anliegen sein.

Vorausgesetzt werden beim Leser zunächst nur die einfachen Tatsachen der Grundvorlesung „Höhere Mathematik". Auch soweit diese nicht mehr in allen Einzelheiten gegenwärtig sein sollten, werden sie sich im Laufe der Lektüre bald wieder einstellen. Weiterführende und neue Begriffe werden in der Darstellung selbst genügend ausführlich entwickelt.

Wir geben anschließend einige Bemerkungen über das Zahlenrechnen und seine beiden wichtigsten Hilfsmittel, den Rechenschieber und die Rechenmaschine, wobei wir eine allgemeine Vertrautheit mit beiden Geräten voraussetzen, deren Handhabung man ohnehin nicht aus Büchern, sondern durch praktisches Probieren und Üben erlernt.

Zuvor noch ein Wort zur Lesetechnik. Ein Buch wie das vorliegende soll nicht in einem Zuge, Seite für Seite gelesen werden. Jedes Kapitel stellt ein mehr oder weniger abgeschlossenes Ganzes dar. Wohl baut in vielem eins auf das andere auf, und namentlich in den ersten

Kapiteln werden mancherlei Begriffe entwickelt, die auch für das Folgende grundlegend sind, so daß man mit diesen Teilen auch zweckmäßig anfängt. Im übrigen aber kann jeder Abschnitt für sich in Angriff genommen werden. Dabei finden sich genügend Hinweise auf Nachbargebiete, so daß sich dem Leser das Bild mehr und mehr abrunden wird. Bedenkt er, daß ein Mathematikbuch nicht nur gelesen, sondern erarbeitet sein will, mit dem Bleistift erarbeitet, so wird er sich auch durch Schwierigkeiten nicht entmutigen, sondern durch den in den Dingen selbst liegenden Reiz nach und nach weitertragen lassen. Dies jedenfalls möchten wir wünschen.

Bemerkungen zum Zahlenrechnen

Auch das Zahlenrechnen ist eine Kunst, die gelernt sein will. Es erfordert ständige Sorgfalt und Konzentration, und auch dann lassen sich Rechenfehler nicht ausschalten. Zu deren Aufdeckung sind, soweit irgend möglich, laufende Kontrollen in die Rechnung einzubauen, und wo es solche nicht gibt, ist doppelt zu rechnen, z. B. von zwei Personen parallel. Es empfiehlt sich das Arbeiten mit dem Bleistift, um leicht korrigieren zu können. Die Anlage gut überlegter und übersichtlicher Rechenschemata, die die gesamte Zahlenrechnung enthalten sollen und nach denen die Rechnung weitgehend schematisch abläuft, hilft Fehler vermeiden und erlaubt es vor allem, die Rechnung angelernten Hilfskräften zu übertragen. Die weitgehende Schematisierung vieler moderner Rechenverfahren kommt dem in bemerkenswerter Weise entgegen.

Dem verbreiteten Hilfsmittel des Rechenschiebers steht das der Rechenmaschine zur Seite. Größere Rechnungen, wie das Auflösen linearer Gleichungssysteme, die Behandlung von Matrizenproblemen, die numerische Behandlung von Differentialgleichungen, und zwar von Anfangswert- wie Randwertaufgaben sind ohne Rechenmaschine praktisch nicht mehr durchführbar. Auch der Ingenieur sollte sich daher zeitig mit diesem so wichtigen Hilfsmittel vertraut machen, wozu es heute nicht an Gelegenheit fehlen dürfte.

Für umfangreiche numerische Rechnungen aber werden in zunehmendem Maße elektronische Rechenanlagen eingesetzt. Wenn hier auch auf Einzelheiten des automatischen Rechnens, insbesondere auf die Technik des Programmierens nicht eingegangen werden kann, so wird dieser Entwicklung doch insofern Rechnung getragen, als bei der Auswahl der numerischen Verfahren deren Verwendbarkeit für automatische Anlagen bestimmend gewesen ist.

Zum Rechenschieber

Der moderne Rechenschieber soll außer reziproken und trigonometrischen Teilungen eine doppellogarithmische Teilung zur Ausführung allgemeiner Potenzaufgaben besitzen. Besonders vorteilhafte Anordnung der trigonometrischen Teilungen zeigt das System „Darmstadt“. Eine bemerkenswerte Fortentwicklung dieses Systems sind die in mehreren Ausführungen vorliegenden doppelseitigen Schieber, deren sechs auf festem Schieberteil angeordnete doppellogarithmische Skalen auch das unmittelbare Potenzieren echter Brüche und das Aufsuchen von e^x für negatives x sowie von $\ln x$ für gebrochenes $x < 1$ erlauben. Auch sonst bietet die neue Schieberform manche Vorteile.

Charakteristisch für den Rechenschieber ist die Möglichkeit, Wurzel- oder Quadratausdrücke, die in Produkten oder Quotienten erscheinen, unmittelbar in den Rechengang einzubeziehen, ohne daß Wurzel oder Quadrat erst explizit gebildet werden müßten.

a) Arbeiten mit Wurzelausdrücken. Die unter der Wurzel stehende Zahl wird auf der oberen (kleinen) Schieberteilung oder Zungenteilung eingestellt. Die Rechnung selbst erfolgt auf der normalen (großen) Teilung. Bei der Wurzel ist auf die Stellenzahl zu achten: $\sqrt{0{,}2} \triangleq \sqrt{20}$, $\sqrt{0{,}02} \triangleq \sqrt{2}$! Beispiele s. Abb. 0.1.

b) Arbeiten mit Quadratausdrücken. Die zu quadrierende Zahl ist auf der normalen (großen) Teilung einzustellen, alles übrige dann auf der oberen (kleinen) Teilung. Die Rechnung erfolgt hier auf der kleinen Teilung. Beispiele s. Abb. 0.2.

c) Berechnen von $c = \sqrt{a^2 + b^2}$. Es sei etwa $b > a$. Ohne Zwischenrechnung bildet sich dieser oft gebrauchte Ausdruck nach

$$c = a\sqrt{1 + \left(\frac{b}{a}\right)^2}$$

wie folgt: Einstellen von Zungenanfang (oder Ende) auf a und von Läuferstrich auf b auf unterer Schieberteilung. Unter dem Läuferstrich auf oberer Zungenteilung

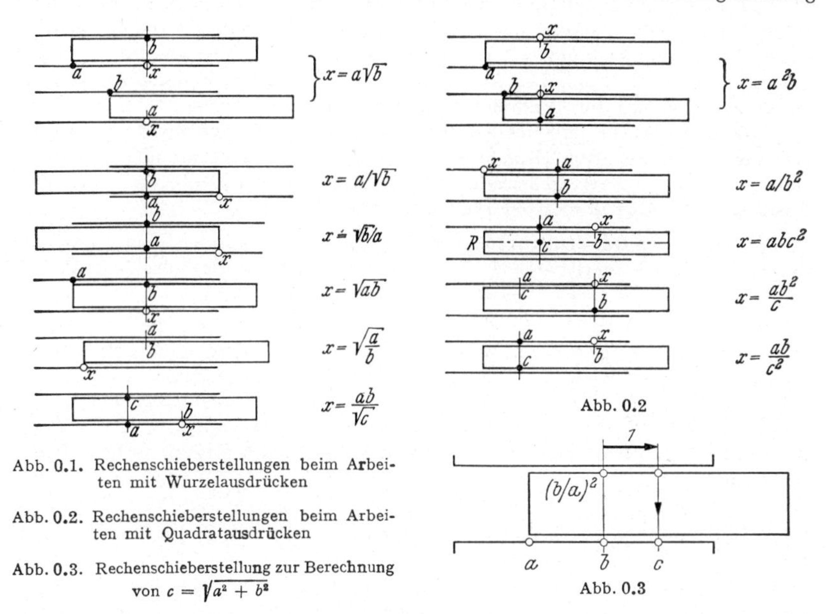

Abb. 0.1. Rechenschieberstellungen beim Arbeiten mit Wurzelausdrücken

Abb. 0.2. Rechenschieberstellungen beim Arbeiten mit Quadratausdrücken

Abb. 0.3. Rechenschieberstellung zur Berechnung von $c = \sqrt{a^2 + b^2}$

ablesen $(b/a)^2$, im Kopf 1 hinzuzählen und den Läufer auf diese Zahl $1 + (b/a)^2$ auf oberer Zungenskala verschieben. Dann zeigt Läufer auf unterer Schieberteilung das Ergebnis c an, vgl. Abb. 0.3; z. B. $a = 3$, $b = 4$, $c = 5$; $a = 8$, $b = 15$, $c = 17$.

Zur Rechenmaschine

Außer den vier Grundrechnungsarten, deren Ausführung auf der Rechenmaschine wir hier als bekannt voraussetzen wollen, sind zwei Operationen für das mathematische Rechnen wichtig: das Bilden von Produktketten und das Ziehen der Quadratwurzel. Beides sei kurz besprochen.

a) Bilden von Produktketten. Eine für unsere Zwecke überaus wichtige Eigenschaft der Rechenmaschine liegt in der Möglichkeit, zu einem im Ergebniswerk stehenden Zahlenwert das Ergebnis einer anschließenden Multiplikation hinzulaufen zu lassen oder — bei negativer Umdrehungsrichtung — von ihm abzuziehen, wobei man nur auf richtige Kommastellung achten muß. Man führt also Operationen der Form

$$a \pm a_1 b_1$$

in einem Arbeitsgang aus, ohne sich um den Wert des Produktes $a_1 b_1$ zu kümmern. Nur muß dessen Komma an die gleiche Stelle wie das von a kommen, eine Überlegung, die man sich oft erleichtert, indem man sich den Wert a als Produkt $a \cdot 1$ entstanden denkt. Ebenso läßt sich eine beliebige Anzahl von Teilprodukten $a_i b_i$ unter Beachten der jeweiligen Vorzeichen zusammenfügen zum Gesamtausdruck

$$a_1 b_1 \pm a_2 b_2 \pm a_3 b_3 \pm \cdots$$

(Bilden skalarer Produkte), ohne daß man sich um den Wert der Teilprodukte zu kümmern braucht. Auch die Aufgabe

$$a = (a_1 b_1 \pm a_2 b_2 \pm \cdots) : b$$

ist noch in einem Arbeitsgang ausführbar. Nach Bilden des Klammerausdrucks durch Zusammenlaufenlassen der Teilprodukte wird der Divisor b wie ein weiterer Faktor ins Einstellwerk getastet und anschließend die Division ausgeführt, die ja eine abziehende Multiplikation mit dem gesuchten Faktor a darstellt, der wie üblich als Ergebnis im Umdrehungszählwerk erscheint.

Fehlerfreies Ausführen dieser Operationen setzt eine durchgehende Zehnerübertragung im Schlitten (Ergebniswerk) voraus, was nicht für alle Maschinen (namentlich bei größerer Stellenzahl) zutrifft. Hier muß man auf etwa aussetzende Übertragung in den vordersten Stellen achten.

b) Ziehen der Quadratwurzel. Diese Operation wird auf der Rechenmaschine *iterativ*, durch eine schrittweise Annäherung durchgeführt, die indessen praktisch sehr rasch geht. Für die gesuchte Wurzel $x = \sqrt{a}$ geht man aus von einer Näherung x_0, die man am Rechenschieber zwei- bis dreistellig abliest, und dividiert nun $a : x_0 = x_1$. Wäre x_0 gleich dem wahren Wert x, so wäre $x_1 = x_0$. Mit einer Näherung x_0 erhält man dagegen ein von x_0 etwas abweichendes Ergebnis $x_1 = x_0 + \varepsilon_0$, wobei die Abweichung ε_0 im wesentlichen aus den über die Stellenzahl von x_0 hinausreichenden Stellen von x_1 besteht und daher leicht abgelesen werden kann. Man erhält nun einen verbesserten Wert x_2 in Form des arithmetischen Mittels von x_0 und x_1:

$$x_2 = x_0 + \tfrac{1}{2}\varepsilon_0 .$$

Am Ausgangswert x_0 hat man also einfach eine Korrektur $\frac{1}{2}\varepsilon_0$ anzubringen gleich der halben Abweichung des Wertes x_1 von x_0, was leicht im Kopf berechnet und durch Zutasten zusätzlicher Stellen zu x_0 ausgeführt wird. Dies Verfahren ist so lange fortzusetzen, bis die gewünschte Stellenzahl erreicht oder die Stellenkapazität der Maschine erschöpft ist.

Wir stellen die Operationen nochmals zusammen:

Division $a : x_0 = x_1 = x_0 + \varepsilon_0$. Merken von $\frac{1}{2}\varepsilon_0$ im Kopf.

Rückgängigmachen der Division mit noch unveränderter Einstellung x_0 im Einstellwerk, bis im Ergebniswerk a und im Umdrehungszählwerk Null erscheint. Korrektur von x_0 zu $x_2 = x_0 + \frac{1}{2}\varepsilon_0$ durch Zutasten weiterer Stellen im Einstellwerk.

Erneute Division $a : x_2 = x_3 = x_2 + \varepsilon_2$. Merken von $\frac{1}{2}\varepsilon_2$.

Rückgängigmachen der Division durch $x_2 \cdot x_3 = a$. Korrektur von x_2 zu $x_4 = x_2 + \frac{1}{2}\varepsilon_2$. Gegebenenfalls nochmals Division $a : x_4$, wo sich jetzt praktisch x_4 ergeben wird.

Beispiel: $\sqrt{2} \approx 1{,}414$.

Division 2,0 : 1,414 = 1,414 427. Merken 213. Rückmultiplikation 1,414 × × 1,414 427 = 2,0. Korrektur im Einstellwerk auf 1,414 213. Division 2,0 : 1,414 213 = 1,4142141.

Ergebnis: $\sqrt{2} = 1{,}414\,214$. Genauer: 1,414 213 56.

Beispiel: $\sqrt{30} \approx 5{,}48$.

Division 30,0 : 5,48 = 5,474452. Merken .723 = $\frac{1}{2} \cdot 1{,}4452$, wo der Punkt vor der 7 andeuten mag, daß die letzte Ziffer in 5,48 um Eins zu erniedrigen ist. Rückmultiplikation 5,48 · 5,474 452 = 30,0. Korrektur im Einstellwerk auf 5,477 23. Division 30,0 : 5,477 23 = 5,47 7222. Ergebnis: $\sqrt{30} = 5{,}477\,226$.

Formelsprache ALGOL

Die von namhaften Vertretern der numerischen Analysis entwickelte Formelsprache ALGOL[1] (Abkürzung für Algorithmic Language) ermöglicht das automatische Übersetzen eines der normalen mathematischen Formelsprache weitgehend angeglichenen, aber zur Steuerung des automatischen Ablaufs der Rechnung ergänzten Formeltextes in das interne Programm einer elektronischen Rechenanlage. Das in ALGOL niedergelegte Programm legt den Rechenablauf eindeutig fest, dient also zugleich zur Beschreibung von Algorithmen. Es entbindet aber von der Notwendigkeit des überaus zeitraubenden „Programmierens“ in einem Maschinenkode und des Erlernens dieser Kunst in besonderen — naturgemäß auf einzelne Maschinentypen zugeschnittenen — Programmierkursen. Es enthält genau das, was an Mathematik und an für den automatischen Ablauf erforderlicher logischer Organisation in einer Rechenaufgabe enthalten ist, was also der am internen Aufbau der Rechenanlage nicht unmittelbar interessierte Benutzer — Mathematiker, Physiker oder Ingenieur — wissen muß, um seine numerischen Aufgaben auf dem Automaten rechnen lassen zu können. Das ALGOL-Programm kann, wenn es einwandfrei ist, auf einer beliebigen Rechenanlage laufen, sofern diese, was heute selbstverständlich ist, über ein ALGOL-Übersetzerprogramm verfügt. Es kann aber auch, wenn sich das wegen häufiger Verwendung lohnt, von einem geschulten Programmierer in ein rationeller ablaufendes Maschinenprogramm von Hand übersetzt werden. — Die Forderung maschineller Übersetzbarkeit zwingt zu einer wohl-

[1] Report on the algorithmic language ALGOL 60. Numer. Math. Bd. 2 (1960) S. 106—196.

definierten Syntax, die erlernt werden muß; denn der geringste Verstoß gegen sie blockiert die automatische Übersetzung oder verfälscht das Ergebnis der Rechnung. Die folgenden Seiten geben eine vereinfachte Beschreibung des elementaren Teiles von ALGOL und dienen lediglich zum Verständnis der im Buch aufgeführten ALGOL-Programme. Weitere Einzelheiten findet man in:

1. ALGOL-Manual der ALCOR-Gruppe. Sonderabdruck der Zeitschrift: Elektronische Rechenanlagen. R. Oldenbourg 1961/62, 30 S.,

2. ALGOL 60. Beiheft der Elektronischen Datenverarbeitung. Vieweg 1961, 56 S.,

3. Müller, D.: Programmierung Elektronischer Rechenanlagen. Hochschultaschenbücher Bd. 49. Mannheim 1964, 179 S.,

4. Nickel, K.: ALGOL-Praktikum. Eine Einführung in das Programmieren. Karlsruhe 1964, 272 S.

I. Elemente

1. Buchstaben: $A, B, \ldots, Z$

$a, b, \ldots, z$

2. Ziffern: 0, 1, 2, ..., 9

3. Zeichen: $+ \quad - \quad * \quad / \quad := \quad \uparrow$ $*$ Malzeichen, / Division,

. , : ; ${}_{10}$ $:=$ Ergibtzeichen s. u. II. 6,

( ) [ ] $\uparrow$ Potenzzeichen: $x \uparrow 2 \triangleq x^2$

$< \quad \leqq \quad = \quad \neq \quad \geqq \quad >$ Relationszeichen

4. Wortsymbole: **begin end real integer array procedure goto if then else for step until do comment label**

Die durch Unterstreichen oder Fettdruck gekennzeichneten Wortsymbole wirken wie einzelne mathematische Zeichen.

5. Zahlen: Aufgebaut aus folgenden Teilen:
Vorzeichen — Ganzzahliger Teil — Dezimalteil — Exponententeil

Beispiel: $-35.716_{10}-4$

Jeder der Teile darf fehlen, insbesondere das +-Zeichen vor der Zahl und im Exponententeil. Der Dezimalpunkt ist Bestandteil des Dezimalteils, verboten ist daher z. B. 3. an Stelle von 3 oder 3.0.

Beispiele: $-12 \quad 2 \quad 3.0_{10}5 \quad .5 = 0.5 = 5_{10}-1 \quad -.07$

Das Komma als Dezimalzeichen ist verboten.

6. Namen: Buchstabe | Name Buchstabe | Name Ziffer

Beispiele: $A \quad AT \quad A5 \quad EPS \quad K3B \quad L13$

Ein Name darf nicht mit einer Zahl beginnen.
Ein Name darf keine Zeichen enthalten.

Verboten: $2A$ $A,2$ $A!$ eps. $A0.5$

Namen sind Bezeichnungen für Variable, vgl. I. 8.

7. *Marken:* Zur Markierung von Programmstellen, auf die „gesprungen" werden soll.

Als Marken dienen Namen oder natürliche Zahlen (0 ist keine natürliche Zahl!).

Markierungszeichen ist der Doppelpunkt:

Beispiele: A: $A1$: 12: $A0$: Nenner Null:

Im letzten Beispiel dient die Marke zugleich als erläuternder Text; vgl. II. 12.

Verboten: A, B: $-A$: $2A$: 0.5: Nenner$=$0: 0:

(keine Zeichen)

Achtung: Ein als Marke benutzter Name darf im gleichen Programm nicht zugleich als Variable verwendet werden. Ist A eine Variable, so darf nicht auch die Markierung A: benutzt werden, wohl aber z. B. $A1$:

8. *Variablen:*

a) Einfache Variable, bezeichnet durch Namen,

z. B. A, x, eps, $x1$, $x2$

b) Indizierte Variable, bezeichnet durch Namen mit in [ ] gesetztem Index oder Indizes, letztere durch Komma voneinander getrennt,

z. B. $A[2]$ steht für A_2
$a[k]$ steht für a_k
$A[i, k]$ steht für A_{ik}
$A[i-r, 10*j+k]$ steht für $A_{i-r,\,10j+k}$

Achtung: Ein Name (z. B. A) darf im gleichen Programm nicht gleichzeitig als einfache und als indizierte oder auch als einfach und mehrfach indizierte Variable verwendet werden.

Verboten: A und zugleich $A[k]$
$A[k]$ und zugleich $A[i, j]$

9. *Funktionen:* sin, cos, arctan, exp, ln, sqrt, abs, sign, entier

Das zugehörige Argument steht in ( ):

sin(x), ln(2), exp$(-.5)$, cos$(x-y)$

Es sind: abs$(x) = |x|$, sqrt$(2) = \sqrt{2}$

$$\operatorname{sign}(x) = \begin{cases} 1 \text{ für } x > 0 \\ 0 \text{ für } x = 0 \\ -1 \text{ für } x < 0 \end{cases}$$

entier(x) = nächst kleinere oder gleich große ganze Zahl:

$$\text{entier}(2.7) = 2 \quad \text{entier}(-2.7) = -3 \quad \text{entier}(-4) = -4$$

II. Programmaufbau

1. Einklammerung durch **begin** . . . **end** für

a) das ganze Programm,

b) Teilprogramm = Block, vgl. II. 2,

c) zusammengesetzte Anweisung = Kette von Anweisungen, die unter einem gemeinsamen Gesichtspunkt stehen, z. B. unter einer Bedingung oder in einer Laufanweisung, vgl. II. 3, 8 und 9.

2. Vereinbarungen = Deklarationen:
Ein Programmteil nach dem Muster

begin D; D; . . .; D; A; A; . . .; A **end**

(D = Deklaration, A = Anweisung) heißt ein *Block*.
Die wichtigsten Vereinbarungsarten sind:

real $a, B, \ldots, x$ für Variable, welche Dezimalzahlen annehmen;

integer i, k, n für Variable, welche nur ganzzahlige Werte annehmen, insbesondere Indizes;

array $a[0:10]$, $B[1:5, 1:10]$, $c, d[1:n]$

für „Felder" indizierter Variabler vom Typ **real**,

z. B. Vektor $a[0:10] = (a_0, a_1, \ldots, a_{10})$

$$\text{Matrix } B[1:5,\, 1:10] = \begin{pmatrix} B_{1,1} \ldots B_{1,10} \\ \cdots\cdots \\ B_{5,1} \ldots B_{5,10} \end{pmatrix}.$$

Die Vereinbarungen dienen u. a. zum Reservieren von Speicherplatz. Jede Variable muß *vor* ihrem Auftreten vereinbart worden sein.

Sämtliche in einem Block auftretenden Größen, soweit sie nicht schon in einem übergeordneten Block vereinbart worden sind (globale Größen), sind unmittelbar hinter dem den Block eröffnenden **begin** hintereinander weg zu vereinbaren. Sie gehen bei Verlassen des Blockes (nach seinem abschließenden **end**) verloren (lokale Größen). Der für sie reservierte Speicherplatz steht dann wieder zur freien Verfügung.

In einem Block darf daher nicht von außen hereingesprungen werden (die lokalen Größen sind noch nicht vereinbart), und es darf nur dann aus ihm herausgesprungen werden, wenn die in ihm vereinbarten lokalen Größen weiterhin nicht mehr benötigt werden.

Das ganze Programm ist selbst ein Block, der allen etwaigen weiteren Blöcken übergeordnet ist. Es wird wie jeder Block eingeleitet durch wenigstens eine Vereinbarung.

3. Anweisungen: Sie fordern die Ausführung einer Tätigkeit, haben also den Charakter von Befehlen.

Beispiele: $k := 1;$ $a := b + c;$ $x := 0;$ $i := i + 1$

Man unterscheidet

a) einfache Anweisungen A

b) zusammengesetzte Anweisungen = Anweisungskette $A_1; A_2; \ldots; A_n$, eingeklammert durch **begin** ... **end**. Die Kette steht unter einem gemeinsamen Gesichtspunkt, z. B. unter einer Bedingung.

Beispiel: **if** $a > 0$ **then begin** $A_1; A_2; A_3$ **end**

4. Trennung von Anweisungen A und/oder Vereinbarungen D untereinander durch Semikolon:

$$D_1;\ D_2;\ A_1;\ A_2;\ \ldots;\ A_n$$

Das Semikolon ist nicht Abschluß einer Anweisung, sondern Trennzeichen gegenüber der darauf folgenden. Die Anweisungen werden in der angeschriebenen Reihenfolge ausgeführt, sofern diese nicht durch Sprunganweisungen aufgehoben wird, vgl. II. 7. — Zwischenraum und Zeilenwechsel sind in ALGOL ohne Bedeutung. Sie dienen lediglich zur Verdeutlichung des Schriftbildes.

5. Einfache Ergibtanweisung:

Beispiele: $a := 0.5;$ $X := b$ (Einfache Wertzuweisung)

$x := y := 0$ (Mehrfache Wertzuweisung)

$u := a + b;$ $v := a * b;$ $w := a/b;$ $x := x + 0.1$

$y := \sin(x);$ $z := \exp(x - y)$

$z := (a - b)/(c + d)$

$i := i + 1;$ $k := k - 2$

6. Ergibtzeichen := Ein dynamisches Gleichheitszeichen, gelesen etwa „wird gleich" oder „ergibt sich aus".
Auf der rechten Seite:

a) eine Zahl	$x := 0.5$
b) eine Variable	$y := x$
c) eine Funktion	$z := \sin(a + b)$
d) ein arithmetischer Ausdruck	$x := x * y/z$

Auf der linken Seite von := dürfen nur *Variable* stehen, keine Zahlen, Funktionen oder arithmetischen Ausdrücke. Bei einfacher Wertzuweisung steht links *eine* Variable, bei mehrfacher *mehrere* in der Form $x := y := \ldots$, denen dann gleichzeitig der rechts stehende oder zu bildende Zahlenwert zugewiesen wird.

Bedeutung: Die rechte Seite wird in den Fällen b) bis d) mit den augenblicklichen Werten der in ihr auftretenden Variablen berechnet. Die links stehende Variable (oder Variablenmenge) erhält diesen Wert. Ein etwa schon vorhandener Wert dieser Variablen geht dabei verloren.

7. *Sprunganweisung:* **goto** L

$$L = \text{Marke}$$

Bedeutung: Verlasse die normale Reihenfolge der Anweisungen und fahre fort mit der Anweisung, vor der die Markierung L: steht.

8. *Bedingte Anweisung:* Bedingung B, in der Relationszeichen auftreten, z. B.

$$a \neq 0 \quad x > y \quad x = 0$$

Es folgt eine einfache oder zusammengesetzte Anweisung A bzw. **begin** A_1; A_2; ...; A_n **end**.

a) *Einseitig:* **if** B **then** A;

if B **then begin** A_1; A_2; ...; A_n **end**;

Ist B nicht erfüllt, so wird die Anweisung A bzw. die Anweisungskette A_1; A_2; ...; A_n übersprungen. Das Programm fährt mit der hinter dem letzten Semikolon stehenden Folgeanweisung fort.

b) *Alternativ:* **if** B **then** A **else** C;

if B **then begin** A_1; ...; A_n **end**
else begin C_1; ...; C_n **end**;

Ist B erfüllt, so wird A bzw. A_1; ...; A_n ausgeführt und auf die nach dem Semikolon hinter C bzw. **end** stehende Folgeanweisung gesprungen. Ist aber B nicht erfüllt, so wird A bzw. A_1; ...; A_n übersprungen, es wird C bzw. C_1; ...; C_n ausgeführt und dann auf die Folgeanweisung übergegangen.

Ist die auf **then** folgende Anweisung selbst wieder eine bedingte Anweisung, so *muß* sie in **begin ... end** eingeschlossen werden; bei einer auf **else** folgenden bedingten Anweisung ist das *nicht* erforderlich.

Beispiel: **if** B **then begin if** B_1 **then** A **end**
else if B_2 **then** C **else** D;

9. *Laufanweisung* (V = Variable, E = Ausdruck oder Zahl, A = Anweisung)

for $V := E$ **step** E **until** E **do** A;

1. Beispiel: entweder: $S := 0$;
for $i := 0$ **step** 1 **until** $n - 1$ **do** $S := S + a[i]$;
oder: $S := 0$;
for $i := n - 1$ **step** -1 **until** 0 **do** $S := S + a[i]$;

Beides bewirkt

$$S = \sum_{i=0}^{n-1} a_i$$

2. Beispiel: **for** $i := 2, 4, 6$ **do begin** $a[i] := 0;\ a[i-1] := 1$ **end** i;

3. Beispiel: **for** $i := 1$ **step** 1 **until** n **do**

begin if $a[i] < 0$ **then** $a[i] := -a[i]$ **end** Übergang auf Absolutwerte;
Eine auf **do** folgende bedingte Anweisung muß in **begin** ... **end** eingeschlossen werden.

10. Leeranweisung:

Beispiel: **goto** L;

. . . .

L: **end**

Hinter der Markierung L: steht hier keine Anweisung mehr. Das Programm springt auf das Ende einer zusammengesetzten Anweisung, eines Blockes oder des ganzen Programms.

11. Ein- und Ausgabe:

Eingabe durch lies $(a, b, \ldots)$ oder read $(a, b, \ldots)$,
Ausgabe durch drucke $(x, y, \ldots)$ oder print $(x, y, \ldots)$.

Die technische Durchführung dieser Anweisungen ist maschinenabhängig und wird durch ein spezielles, der Maschine eigentümliches Lese- bzw. Druckprogramm realisiert.

12. Erläuternder Text:

a) **comment** Text;
Nur hinter **begin** oder hinter ; zulässig.

Der Text wird beendet durch das Semikolon hinter dem Text. Im Text selbst darf daher kein Semikolon auftreten. Sonst darf er alles enthalten.

b) **end** Text;
end Text **end**
end Text **else**

Der Text wird beendet durch das Semikolon oder durch das Wortsymbol **end** oder **else**, die daher im Text nicht vorkommen dürfen.

c) Eine dritte Möglichkeit für das Anbringen von Text bietet sich bei den *Marken*, die aus Text, aber ohne Zeichen bestehen dürfen; vgl. I. 7.

III. Verwendung von Zeichen

1. Punkt: Nur als Dezimalpunkt. Er ist Bestandteil des Dezimalteils einer Zahl. Daher .5 oder 0.50, aber nie 5. an Stelle von 5.0.

2. Semikolon: Trennzeichen von Anweisungen und Vereinbarungen, nicht etwa Schlußzeichen. Hinter dem *letzten* **end** eines Programms schreibe man weder einen Kommentar noch ein ;.

3. Doppelpunkt:

a) Trennzeichen zwischen Marken und Anweisungen, vgl. I. 7.
b) Bis-Zeichen für Felder = **array**, vgl. II. 2. Beispiele:
array $a[1:n]$, $b[1:m, 1:n]$;

4. Komma: Listentrennzeichen
Beispiele: **real** x, y
array $a, b, c[1:n], d[1:m]$
lies (x, y, i)
for $i := 1, 3, 6$ **do** ...

5. Runde Klammern:

a) $x := (a + b)/(c - d)$
b) $\sin(x)$, $\ln(a - b)$
c) lies (a), drucke (x, y)

6. Eckige Klammern: Kennzeichen für Felder und indizierte Variable, vgl. I. 8 und II. 2.

array $a[1:n]$, $b[1:m, 1:n]$
$a[5]$ steht für a_5
$a[k]$ steht für a_k
$b[i, k]$ steht für b_{ik}

7. Gleichheitszeichen: Das Zeichen = wird ***nur*** als Relationszeichen in Bedingungen benutzt, nicht in der sonst üblichen Bedeutung der Gleichsetzung.

Beispiel: **if** $a = b$ **then** ...

Das gleiche gilt für die übrigen Relationszeichen $< \leqq \neq \geqq >$.

I. Kapitel

Gleichungen

§ 1 Allgemeine Gleichungen mit einer Unbekannten

1.1 Einführung

Die Aufgabe der Gleichungsauflösung ist uns von der Schule her bekannt, wo insbesondere quadratische Gleichungen ausführlich behandelt werden. Wir erinnern uns, daß für eine solche Gleichung in der Form

$$x^2 + a x + b = 0 \tag{1}$$

die Lösungen nach der leicht herleitbaren Auflösungsformel

$$x_{1,2} = -\frac{a}{2} \pm \sqrt{\frac{a^2}{4} - b} \tag{2}$$

unmittelbar angeschrieben werden können. Es existieren im allgemeinen zwei durch das Vorzeichen der Quadratwurzel unterschiedene Lösungen, zwei „Wurzeln" der Gleichung, wie man sagt, welche aber (bei negativem Radikanden) komplex werden oder (bei Nullwerden des Radikanden) zu einer „Doppelwurzel" zusammenfallen können.

Die quadratische Gleichung stellt nun einen eng begrenzten Sonderfall aus der großen Mannigfaltigkeit allgemeiner Gleichungen mit einer Unbekannten x dar. Dabei können schon kleine Änderungen im Aufbau der Gleichung den Charakter des Problems und insbesondere die Art der anzusetzenden Lösungsmethoden grundlegend ändern. Betrachten wir etwa die aus der speziellen quadratischen Gleichung

$$x^2 + x - 2 = 0 \tag{3}$$

durch leichtes Abwandeln entstandenen folgenden Beispiele:

$$x^2 + \frac{1}{x} - 2 = 0\,, \tag{4}$$

$$x^2 + \sqrt{x} - 2 = 0\,, \tag{5}$$

$$x^2 - \ln x - 2 = 0 \tag{6}$$

sowie das Beispiel

$$\sin x - \frac{1}{x} + 1 = 0\,. \tag{7}$$

Während wir im Falle der quadratischen Gleichung (3) die Lösungen nach der Auflösungsformel (2) sogleich anschreiben können zu $x_{1,2} = -\frac{1}{2} \pm \frac{3}{2}$, $x_1 = 1$, $x_2 = -2$, ist dies bei den weiteren Gln. (4) bis (7) natürlich nicht mehr angängig. Es handelt sich bei ihnen ja gar nicht mehr um quadratische Gleichungen im Sinne der allgemeinen Form (1), und auch durch Umformungen lassen sie sich nicht auf diese Form zurückführen. Damit steht man vor der Aufgabe, auch in solchen allgemeineren Fällen wie den angeführten Beispielen Lösungsmethoden aufzusuchen.

Bleiben wir zunächst noch etwas bei den Beispielen. Das erste, Gl. (4) läßt sich durch Multiplizieren mit x umwandeln in

$$x^3 - 2x + 1 = 0\,, \tag{4a}$$

eine Gleichung, die sich von der quadratischen durch das Auftreten eines kubischen Gliedes x^3 unterscheidet und somit einen Sonderfall der allgemeinen *kubischen Gleichung*

$$x^3 + a x^2 + b x + c = 0 \tag{8}$$

darstellt. Beide, die quadratische wie die kubische, (1) und (8), sind wiederum Sonderfälle der allgemeinen *algebraischen Gleichungen* beliebigen Grades. Auf eine solche 4. Grades führt das zweite Beispiel (5), aus dem man durch Umstellen auf $x^2 - 2 = \sqrt{x}$ und Quadrieren die Gleichung

$$x^4 - 4x^2 - x + 4 = 0 \tag{5a}$$

erhält. In beiden Fällen, bei der Gleichung 3. und 4. Grades, ist, ähnlich wie bei der quadratischen Gleichung, eine formelmäßige Auflösung durch Ziehen von Wurzeln möglich, wenn auch begreiflicherweise mit größerem Rechenaufwand als bei der quadratischen Gleichung; wir werden darauf noch zurückkommen. Hingegen ist sowohl bei der allgemeinen algebraischen Gleichung n-ten Grades für $n > 4$ als auch bei den *transzendenten Gleichungen*, d. h. solchen, die wie die Beispiele (6) und (7) transzendente Funktionen wie $\ln x$, $\sin x$ u. dgl. enthalten, eine formelmäßige Auflösung, von Ausnahmefällen abgesehen, nicht mehr möglich. Trotzdem können wir natürlich etwa vorhandene Lösungen solcher Gleichungen zahlenmäßig aufsuchen und mit jeder beliebigen Genauigkeit angeben. Doch ist es nicht mehr möglich, für die Lösung einen geschlossenen Formelausdruck anzuschreiben, aus dem sie sich, etwa nach Einsetzen der in der Gleichung noch auftretenden Koeffizienten, fix und fertig ergibt. Vielmehr hat man sich jetzt zur Bestimmung der Lösungen sogenannter *Näherungsmethoden* zu bedienen, d. h. Rechenmethoden, die die Lösungen in einem unendlich fortsetzbaren Prozeß annähern, freilich mit jeder nur gewünschten praktischen Genauigkeit. So groß nun der Unterschied zwischen einer formelmäßigen Auflösung und einer solchen durch Näherungsmethoden vom theoretischen Standpunkt aus ist, so belanglos ist er für die praktische Frage nach der zahlenmäßigen Auffindung der Lösungen, und die Näherungsmethoden sind für die Zwecke der praktischen Gleichungsauflösung den „strengen" Methoden völlig gleichwertig, ja oftmals sogar überlegen. So wird man beispielsweise bei der kubischen Gleichung die Näherungsmethode der formelmäßigen Auflösung meist vorziehen, wie wir noch sehen werden.

Zuweilen läßt sich übrigens eine Lösung auch rasch ersehen, und besonders bei algebraischen Gleichungen mit ganzzahligen Koeffizienten kann man so möglicherweise leicht eine Wurzel finden. Beispielsweise erkennt man sogleich, daß die Gln. (3), (4) und (5) eine Wurzel $x_1 = 1$ besitzen. In den Fällen (4) und (5) sind dann weitere Wurzeln nicht ohne weiteres angebbar. Die Frage, ob überhaupt Wurzeln existieren, wie viele existieren und ob außer etwaigen reellen auch noch komplexe vorhanden sind, bedarf im einzelnen der Untersuchung. Zunächst werden wir uns, wenigstens bei den nichtalgebraischen Gleichungen, auf das Aufsuchen der reellen Wurzeln beschränken. Hierfür sind nun möglichst allgemein anwendbare Methoden anzugeben.

1.2 Graphische Näherungslösung

Eine allgemeine Gleichung in einer Unbekannten x läßt sich offenbar stets auf die Form bringen

$$\boxed{f(x) = 0}, \tag{9}$$

worin $f(x)$ einen formelmäßig gegebenen reellen Ausdruck in der Unbekannten x darstellt. Gesucht sind diejenigen (reellen oder auch komplexen) Zahlenwerte x_i, die „Wurzeln" der Gleichung, für die sie erfüllt ist, d. h. für die der Ausdruck $f(x_i)$ den Wert Null annimmt. Zunächst wollen wir uns nur für die reellen Lösungen des Problems interessieren.

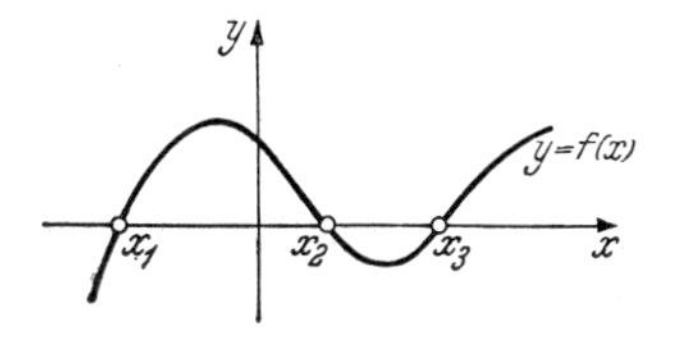

Abb. 1.1
Zeichnerische Lösung einer Gleichung $f(x) = 0$

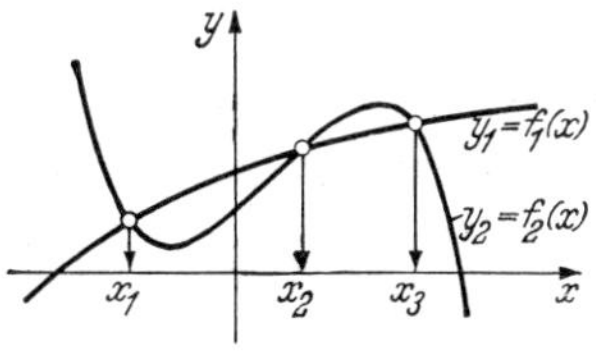

Abb. 1.2 Zeichnerische Lösung einer Gleichung durch Aufspalten in $f_1(x) = f_2(x)$

Setzt man für x probeweise irgendwelche reellen Zahlenwerte aus dem Bereich $-\infty < x < +\infty$ ein, so wird der Ausdruck $f(x)$ im allgemeinen, d. h. wenn man nicht gerade eine Wurzel der Gleichung getroffen hat, nicht Null ergeben, sondern irgendwelche Zahlenwerte $y = f(x)$. Denkt man sich nun diese Werte in einem x-y-System über x als Abszisse punktweise aufgetragen und durch eine Kurve untereinander verbunden (Abb. 1.1), so erhält man ein Bild für den Verlauf der der Gl. (9) zugeordneten *Funktion*

$$\boxed{y = f(x)}. \tag{10}$$

Aus diesem Kurvenbild lassen sich dann unmittelbar, falls vorhanden, diejenigen x-Werte ablesen, für die, wie gefordert, die Funktion y verschwindet. Die Lösungen der Gl. (9) sind gleich den Nullstellen der zugeordneten Funktion (10). Auf diese einfache Weise lassen sich also stets wenigstens die reellen Wurzeln einer Gleichung näherungsweise bestimmen. Die Genauigkeit der so erhaltenen Näherungswerte wird manchmal schon ausreichen, in vielen Fällen aber noch verbessert werden müssen, worauf wir bald ausführlich zurückkommen werden.

Praktisch kann man meist besser so verfahren, daß man die Gleichung $f(x) = 0$ in geeigneter Weise aufspaltet in

$$\boxed{f_1(x) = f_2(x)} \tag{11}$$

und nun an Stelle der einen Funktion $y = f(x)$ die den beiden Seiten von (11) entsprechenden Funktionen

$$\boxed{\begin{aligned} y_1 &= f_1(x) \\ y_2 &= f_2(x) \end{aligned}} \tag{12}$$

aufzeichnet und diejenigen x-Werte aufsucht, für die

$$\boxed{y_1 = y_2} \tag{13}$$

wird, d. h. an denen sich die beiden Kurven $y_1(x)$ und $y_2(x)$ schneiden (Abb. 1.2). Hierin ist das Vorgehen nach (9) und (10) als Sonderfall mit $y_2 = f_2(x) \equiv 0$ enthalten. Die Ordinaten der Schnittpunkte inter-

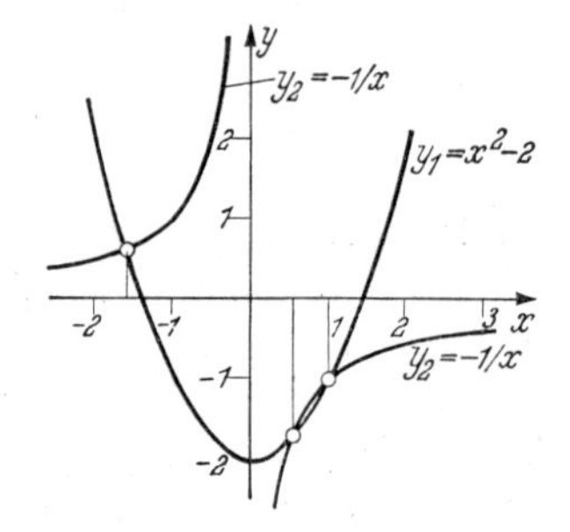

Abb. 1.3. Zeichnerische Lösung der Gleichung $x^2 - 2 = -1/x$

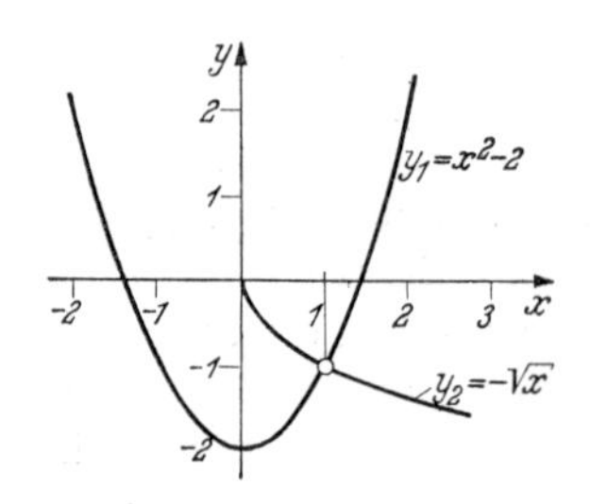

Abb. 1.4. Zeichnerische Lösung der Gleichung $x^2 - 2 = -\sqrt{x}$

essieren hierbei nicht, sondern allein die Abszissen x_i als die Wurzeln der Gleichung. Man kann ja die Aufspaltung der Gl. (9) in die Form (11) noch in ganz verschiedener Weise vornehmen, und man wird es so tun, daß Rechen- und Zeichenarbeit möglichst einfach werden. Die verschiedenen Möglichkeiten unterscheiden sich dann lediglich in den Ordinaten der Schnittpunkte, während die Abszissen als die Wurzeln der Gleichung stets die gleichen bleiben.

Bei den im vorigen Abschnitt angeführten Beispielen (4) bis (7) spalten wir etwa folgendermaßen auf:

1. $x^2 - 2 = -\dfrac{1}{x}$, 3. $x^2 - 2 = \ln x$,

2. $x^2 - 2 = -\sqrt{x}$, 4. $\sin x = \dfrac{1}{x} - 1$.

Aus den entsprechenden Abb. 1.3 bis 1.6 entnimmt man als Näherungswerte für die gesuchten (reellen) Wurzeln der Gleichungen:

$$
\begin{aligned}
&1.\ x_1 \approx -1{,}6, \quad && x_2 \approx 0{,}6, \quad && x_3 = 1{,}0,\\
&2.\ x_1 = 1{,}0, && && \\
&3.\ x_1 \approx 0{,}15, && x_2 \approx 1{,}6, && \\
&4.\ x_1 \approx 0{,}6, && x_2 \approx 4{,}0, && x_3 \approx 5{,}3, \ldots .
\end{aligned}
$$

Bei der ersten Gl. (4), die ja eine kubische Gleichung darstellt, weiß man als Folgerung aus dem sogenannten Fundamentalsatz der Algebra, daß die Gleichung genau drei Wurzeln besitzt [von denen möglicherweise zwei konjugiert komplex sind, vgl. § 2, insbesondere § 2.6,

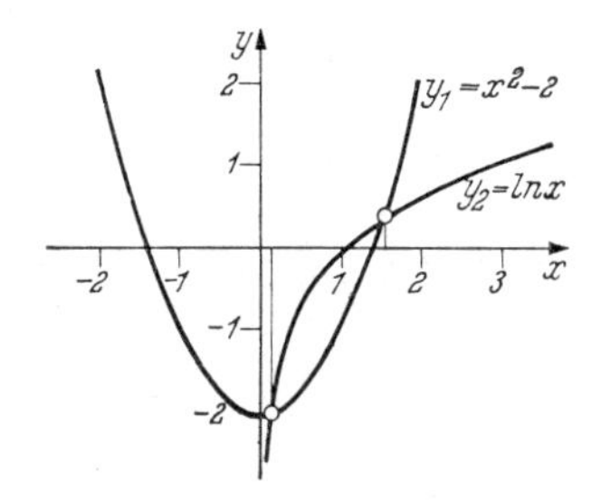

Abb. 1.5
Zeichnerische Lösung der Gleichung $x^2 - 2 = \ln x$

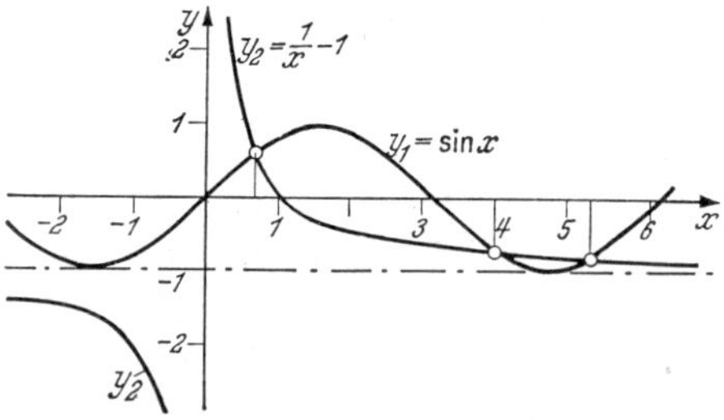

Abb. 1.6
Zeichnerische Lösung der Gleichung $\sin x = \frac{1}{x} - 1$

S. 57 ff.], deren Näherungswerte wir hier sämtlich gefunden haben. Bei den andern Gleichungen existieren außer den reellen möglicherweise auch noch komplexe Wurzeln, die wir auf diesem Wege natürlich nicht erhalten können und die uns im Augenblick auch nicht interessieren sollen (vgl. jedoch § 1.10, S. 37). Die letzte Gleichung dagegen besitzt, wie man sieht, sogar unendlich viele reelle Wurzeln, die ersichtlich immer näher an die Werte $\frac{3}{2}\pi + 2k\pi$ $(k = 1, 2, 3, \ldots)$ heranrücken.

Wie kann man nun die verhältnismäßig geringe Genauigkeit der zeichnerisch gewonnenen Näherungswerte verbessern? Der nächstliegende Weg wäre der, die Zeichnung in größerem Maßstab anzulegen. Überlegt man jedoch, daß eine Maßstabsvergrößerung auf 10:1 erst eine einzige zusätzliche Dezimale einbringt, daß dazu aus der gesamten Figur oft mehrere Ausschnitte, etwa für verschiedene Schnittstellen, herausgezeichnet und zur Erzielung eines sicheren Kurvenverlaufes mehrere Zwischenwerte der Funktionen y_1, y_2 berechnet werden müssen, so erkennt man, daß dieser scheinbar so einfache Weg nicht ganz mühelos und zudem im Ergebnis nur bescheiden ist. Demgegenüber gibt es weit wirksamere und in der Durchführung viel bequemere, rein *rechnerische Methoden*, und mit ihnen wollen wir uns in den nächsten Abschnitten beschäftigen. Wir halten dabei fest, daß *vor* ihrer Anwendung gewisse *Näherungswerte* hinreichender Güte für die Wurzeln bekannt sein müssen, die man, wie wir gesehen haben, stets in einfacher Weise zeichnerisch erhalten kann.

1.3 Verbesserung nach Newton

Wir denken uns unsere Gleichung wieder in der ursprünglichen Form

$$y = f(x) = 0 \tag{14}$$

angeschrieben und stellen uns ferner den Funktionsverlauf in der Nähe der Wurzel, deren genauen Wert wir im folgenden mit $\bar{x}$ bezeichnen wollen, und ihren Näherungswert, den wir x_0 nennen wollen, in stark vergrößertem Maßstab vor (Abb. 1.7). Setzen wir nun den Näherungswert x_0 in die Funktion $f(x)$ ein, so erhalten wir, wenn nicht x_0 zufällig schon mit dem genauen Wurzelwert $\bar{x}$ übereinstimmt, für $f(x)$ nicht, wie beabsichtigt, den Wert Null, sondern einen von Null noch verschiedenen Wert $y_0 = f(x_0)$. Je näher wir mit x_0 bereits am richtigen Wert $\bar{x}$ sind, desto kleiner wird der verbleibende Rest y_0.

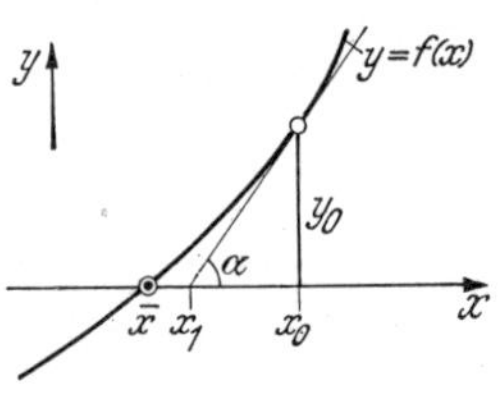

Abb. 1.7. Zur NEWTONschen Wurzelverbesserung

Der von NEWTON angegebene Weg zur Verbesserung besteht nun darin, daß man sich in dem Kurvenpunkt x_0, y_0 die *Tangente* mit der Steigung $y_0' = f'(x_0)$ gelegt denkt und nun diese Tangente an Stelle der Kurve mit der x-Achse zum Schnitt bringt. Dann erhält man (unter Bedingungen, die wir noch etwas genauer untersuchen müssen) einen verbesserten Wert x_1, und zwar ist, wie wir der Zeichnung entnehmen:

$$x_0 - x_1 = \frac{y_0}{\operatorname{tg}\alpha} = \frac{y_0}{y_0'}$$

oder

$$\boxed{x_1 = x_0 - \frac{y_0}{y_0'}}\,. \tag{15}$$

Die an x_0 anzubringende *Korrektur* ist also dem Rest y_0 proportional und verschwindet mit ihm, sobald der genaue Wert $\bar{x}$ innerhalb der mitgeführten Stellenzahl erreicht ist. Der Rest wird bei gleichem Abstand von $\bar{x}$ um so größer, je größer die Ableitung y' in der Nähe der Wurzel ist, und er kann auf diese Weise beträchtliche Werte annehmen, auch wenn man sich mit x_0 schon sehr nahe am richtigen Wert befindet.

Mit x_1 verfährt man nun genauso wie vorher mit x_0: Einsetzen von x_1 in $f(x)$ liefert einen Funktionswert (einen Rest) $y_1 = f(x_1)$.

Hierzu Berechnen der neuen Steigung $y_1' = f'(x_1)$. Damit der bessere Wert

$$x_2 = x_1 - \frac{y_1}{y_1'} \tag{15'}$$

und so fort.

Für die praktische Durchführung der Rechnung empfiehlt sich in jedem Falle ein Rechenschema, in dem alles, was zur Rechnung gehört, Platz findet:

x	Zwischenrechnung	$y = f(x)$	Zwischenrechnung	$y' = f'(x)$	$\delta = -y/y'$
x_0	...	y_0	...	y_0'	δ_0

In die erste Spalte kommt der Näherungswert x_0. Aus ihm errechnen sich die beiden Werte y_0 und y_0' und damit die Korrektur $\delta_0 = -y_0/y_0'$, die zu x_0 hinzuzuschlagen ist: $x_1 = x_0 + \delta_0$. Alles Weitere mag aus den folgenden durchgeführten Zahlenbeispielen klar werden, wobei wir die Beispiele aus § 1.2 wieder aufgreifen und von den dort zeichnerisch bestimmten Näherungswerten ausgehen wollen.

1. Beispiel: $x^2 + 1/x - 2 = 0$. $\quad y = x^2 + 1/x - 2 = 0$,

$x_1 \approx -1{,}6$, $\quad x_2 \approx 0{,}6$, $\quad y' = 2x - 1/x^2$.

x	$x^2 - 2$	$1/x$	y	$2x$	$-1/x^2$	y'	$\delta = -y/y'$	
−1,6	0,560	−0,625	−0,065	−3,2	−0,392	−3,59	−0,0181	
−1,618	0,618	−0,618	0					$x_1 = -1{,}618$
0,6	−1,640	1,667	0,027	1,20	−2,78	−1,58	0,0171	
0,617	−1,619	1,621	0,002	1,234	−2,63	−1,40	0,0014	$x_2 = 0{,}618$
0,618	−1,618	1,618	0					$x_3 = 1{,}000$

2. Beispiel: $x^2 - \ln x - 2 = 0$. $\quad y = x^2 - \ln x - 2 = 0$

$x_1 \approx 0{,}15$, $\quad x_2 \approx 1{,}6$, $\quad y' = 2x - 1/x$.

x	$x^2 - 2$	$1/x$	$\ln x = -\ln 1/x$	$2x$	y	y'	$\delta = -y/y'$	
0,15	−1,977	6,667	−1,897	0,30	−0,080	−6,367	−0,0125	
0,1375	−1,981	7,27	−1,984	0,275	+0,003	−7,00	0,0004	
0,1379	−1,981	7,252	−1,981	—	0			$x_1 = 0{,}1379$
1,6	0,560	0,625	0,470	3,20	0,090	2,575	−0,035	$x_2 = 1{,}565$
1,565	0,449	0,639	0,448	3,130	0,001	2,49	−0,0004	

3. Beispiel: $\sin x - 1/x + 1 = 0$. $\quad y = \sin x - 1/x + 1 = 0$,

$x_1 \approx 0{,}6$, $\quad x_2 \approx 4{,}0, \ldots$ $\quad y' = \cos x + 1/x^2$.

x	x°	$1 + \sin x$	$\cos x$	$1/x$	$1/x^2$	y	y'	$\delta = -y/y'$
0,6	34,4	1,564	0,826	1,667	2,78	−0,103	3,61	0,029
0,629	36,05	1,588	0,808	1,590	2,52	−0,002	3,33	0,001
0,630	36,10	1,589	0,808	1,587	2,51	+0,002	3,32	−0,001

$x_1 = 0{,}629_5$

Für x_2 Übergang auf neue Veränderliche z, damit die dreistellige Rechenschieber-Genauigkeit möglichst voll ausgenutzt:

$$x_2 = \pi + z, \qquad z = x - \pi, \qquad \pi = 3{,}1416,$$
$$\sin x = -\sin z, \qquad \cos x = -\cos z.$$

x	$z = x - \pi$	z^0	$1 + \sin x$	$\cos x$	$1/x$	$1/x^2$	y	y'	δ
4,0	0,8584	49,18	0,242	−0,652	0,250	0,062	−0,008	−0,590	−0,0135
3,9865	0,8449	48,41	0,251	—	0,251	—	0		

$$\underline{x_2 = 3{,}986_5}$$

1.4 Newton-Verbesserung höherer Ordnung

Man kann das NEWTONsche Verfahren noch wirksamer gestalten dadurch, daß man die Funktion $y = f(x)$ in der Nähe der gesuchten Wurzel durch eine Kurve höherer Annäherung an Stelle der Tangente ersetzt, d. h., daß man die Funktion $y(x)$ an der Stelle x_0 durch Glieder höherer Ordnung der TAYLOR-Entwicklung annähert. Eine solche Entwicklung an der Stelle x_0 mit dem Schritt $x - x_0 = \delta$ lautet bekanntlich:

$$f(x) = y_0 + y_0'\delta + y_0''\frac{\delta^2}{2!} + \cdots. \tag{16}$$

Bricht man die Reihe nach dem linearen Gliede ab und schreibt x_1 statt x, so folgt, falls nur $y_0' \neq 0$, aus der Forderung $f(x) = 0$ die soeben besprochene NEWTONsche Verbesserungsformel erster Ordnung:

$$\delta = x_1 - x_0 = -\frac{y_0}{y_0'}, \tag{15''}$$

die damit zugleich auf einem von der Anschauung unabhängigen Wege hergeleitet worden ist und daher auch in Fällen gilt, wo die anschauliche Herleitung versagt, wie etwa beim Rechnen im Komplexen. — Nimmt man nun auch noch das quadratische Glied der Reihe mit, so erhält man die bessere Formel

$$\boxed{\delta = x_1 - x_0 = -\frac{y_0}{y_0'} - \frac{y_0''}{2y_0'}\delta^2}. \tag{17}$$

Man kann nun so vorgehen, daß man auf der rechten Seite für die unbekannte Größe δ den linearen Näherungswert (15″) einsetzt. Man erhält so:

$$\boxed{x_1 = x_0 - \frac{y_0}{y_0'}\left(1 + \frac{y_0 y_0''}{2y_0'^2}\right)}. \tag{18}$$

Ist δ klein, was ja die Regel ist, so kann man aber auch unmittelbar nach der Formel (17) arbeiten. Dabei verfährt man so, daß man rechts zunächst nur das erste Glied berücksichtigt, also nach der gewöhnlichen NEWTON-Formel (15″) rechnet, und daß man dann mit diesem δ-Wert das zweite Glied rechts als ein Korrekturglied berechnet und hinzufügt. Dadurch ändert sich δ etwas, und man muß dann gegebenenfalls das Korrekturglied nochmals verbessern, bis die Werte „stehen". Ist aber δ klein, so spielt sich die Rechnung sehr rasch auf den endgültigen δ-Wert ein. Man rechnet, wie man sagt, *iterativ*, ein Vorgehen, das in der praktischen Mathematik immer wieder mit großem Nutzen angewandt und uns daher noch oft begegnen wird. Formel (17) empfiehlt sich gegenüber (18) als die genauere, und sie ist auch in der praktischen Handhabung angenehmer.

Beispiel: $x^2 - \ln x - 2 = 0$.

$x_0 = 1,6$.

$$y = x^2 - \ln x - 2 = 0,$$
$$y' = 2x - 1/x,$$
$$y'' = 2 + 1/x^2.$$

x	x^2-2	$1/x$	$\ln x$	$2x$	$2+1/x^2=y''$	y	y'
1,60	0,560	0,625	0,470004	3,200	2,390625	0,089996	2,57500
1,564464	0,447548	0,6392	0,447543	3,129	—	0,000005	2,490
1,564462	0,447541	—	0,447542	—	—	−0,000001	—

Erste Korrektur nach (17):

$$\delta = -0,034950 - 0,46420\,\delta^2$$

	1. Schritt	2. Schritt
$=$	−0,034950	−0,034950
	−0,000567	−0,000586
	−0,035517	−0,035536

Zweite Korrektur kann bereits wieder nach (15″) erfolgen, der Wert ändert sich nur noch um zwei Einheiten der letzten Stelle.

Man erkennt die außerordentliche Wirksamkeit der quadratischen Formel, deren Anwendung jedoch nur bei Verwendung der Rechenmaschine sinnvoll ist.

1.5 Lineare und quadratische Interpolation

Das Berechnen der beim NEWTON-Verfahren benötigten Ableitung y' kann beträchtliche Schwierigkeiten machen. Es sind daher Verfahren wünschenswert, die ohne Ableitung auskommen. Naheliegend ist eine angenäherte Nullstellenbestimmung durch *Interpolation*, von der die lineare seit altersher unter dem Namen *Regula falsi* bekannt ist. Aus zwei Funktionswerten y_0 und y_1 von entgegengesetztem Vorzeichen, berechnet an zwei die Wurzel $\bar{x}$ einschließenden Stellen x_0 und x_1, erhält man einen verbesserten Wert x_2 durch lineare Interpolation, also durch Ersatz der Kurve $y(x)$ durch die Sehne, Abb. 1.8. Mit der Sehnensteigung s_{10} ver-

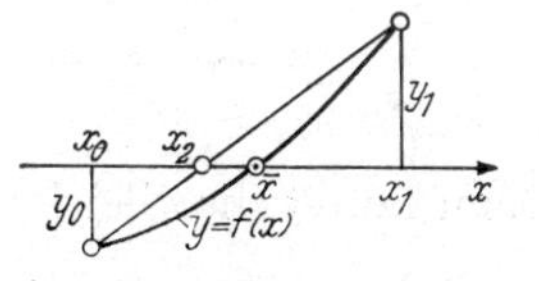

Abb. 1.8. Lineares Interpolieren (Regula falsi)

läuft die Rechnung ähnlich wie bei NEWTON nach

$$\boxed{x_2 = x_1 - y_1/s_{10} \quad \text{mit} \quad s_{10} = \frac{y_1 - y_0}{x_1 - x_0} = \frac{\Delta y}{\Delta x}}\,. \tag{19}$$

Man kann dieses Vorgehen auf verschiedene Weise fortsetzen; wir kommen darauf später zurück, vgl. § 1.9.

Sehr viel wirksamer ist eine *quadratische Interpolation* unter Verwenden dreier Funktionswerte y_0, y_1, y_2, berechnet zu drei zweckmäßig *äquidistanten* — den Wurzelwert $\bar{x}$ wieder einschließenden — Stellen

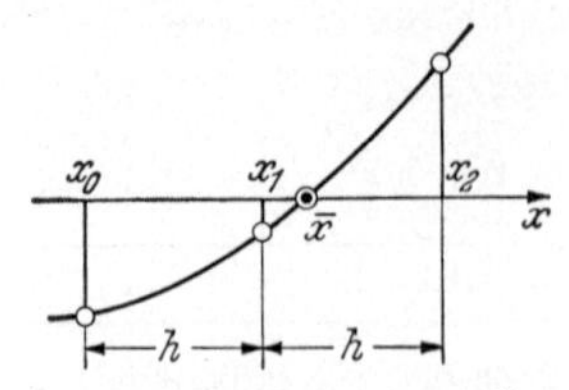

Abb. 1.9. Quadratisches Interpolieren

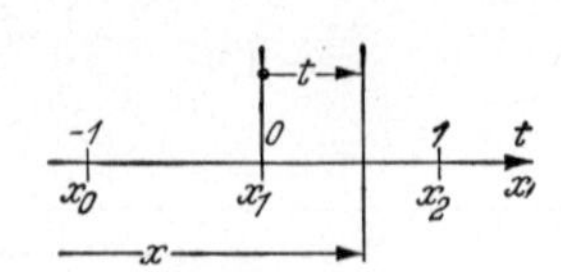

Abb. 1.10. Übergang auf neue Veränderliche t mit Schrittweite 1

x_0, $x_1 = x_0 + h$ und $x_2 = x_0 + 2h$ (Abb. 1.9). Das Aufstellen der Gleichung der quadratischen Interpolationsparabel verläuft recht einfach mit Hilfe eines kleinen Differenzenschemas:

t	x	$y = f(x)$	δy	$\delta^2 y$
-1	x_0	y_0		
			$\delta y_{1/2}$	
0	x_1	y_1		$\delta^2 y_1$
			$\delta y_{3/2}$	
1	x_2	y_2		
			$\bar{\delta} y_1$	

Darin ist

$$\begin{aligned} \delta y_{1/2} &= y_1 - y_0, & \bar{\delta} y_1 &= \tfrac{1}{2}(\delta y_{1/2} + \delta y_{3/2}) \\ \delta y_{3/2} &= y_2 - y_1, & \delta^2 y_1 &= \delta y_{3/2} - \delta y_{1/2}, \end{aligned} \tag{20}$$

wo wir uns der hier üblichen Bezeichnungen bedienen, vgl. § 12.1. Wir führen noch eine neue Variable t anstatt x ein, die von der Mitte x_1 aus in Vielfachen der Schrittweite $h = x_1 - x_0 = x_2 - x_1$ zählt (Abb. 1.10) und mit x zusammenhängt nach

$$\boxed{x = x_1 + t\,h}\,. \tag{21}$$

Dann lautet die Gleichung der Interpolationsparabel

$$\tilde{y}(t) = y_1 + \bar{\delta} y_1\, t + \tfrac{1}{2}\delta^2 y_1\, t^2. \tag{22}$$

Für $t = 0$, 1 und -1 führt das nämlich gerade auf die Werte y_1, y_2 und y_0, wie man leicht nachprüft.

Indem wir die Funktion $y = f(x)$ durch die Interpolationsparabel $\tilde{y}(t)$ ersetzen, erhalten wir eine Näherung des Wurzelwertes $\bar{t}$ aus der quadratischen Gleichung

$$y_1 + \underline{\bar{\delta} y_1 t} + \tfrac{1}{2}\delta^2 y_1 t^2 = 0, \tag{23}$$

die man nun aber zweckmäßig nicht nach der bekannten Wurzelformel, sondern durch Auflösen nach dem — in (23) unterstrichenen — linearen Glied und anschließende Iteration behandelt. Man erhält zunächst

$$t = \alpha + \beta t^2 \quad \text{mit} \quad \alpha = -y_1/\bar{\delta} y_1, \quad \beta = -\tfrac{1}{2}\delta^2 y_1/\bar{\delta} y_1. \tag{24}$$

Bei nur schwach gekrümmter Kurve wird der Koeffizient β bei t^2 klein, womit α als Näherungswert für t und βt^2 als *Korrektur* anzusehen ist. Man rechnet dann iterativ nach

$$\left.\begin{aligned} t_0 &= \alpha, \\ t_1 &= \alpha + \beta t_0^2, \\ t_2 &= \alpha + \beta t_1^2 \\ &\cdots\cdots \end{aligned}\right\} \tag{25}$$

so lange, bis sich der Wert t innerhalb der mitgeführten Stellen nicht mehr ändert, was in der Regel sehr rasch geht, vgl. das nachfolgende Zahlenbeispiel.

Hat man so den t-Wert und mit ihm nach (21) den zugehörigen x-Wert bestimmt, so setzt man diesen in die Ausgangsgleichung ein und erhält den zugehörigen Funktionswert $y = f(x)$, der jetzt im Rahmen der mitgeführten Stellenzahl schon beinahe Null geworden ist. Ist er noch nicht genau gleich Null, so kann man nun leicht nach NEWTON weiter verbessern. Denn aus der Interpolationsgleichung (22) erhält man einen guten Näherungswert für die Ableitung y' gemäß

$$\begin{aligned} \frac{dy}{dt} &= \dot{y} = \bar{\delta} y_1 + \delta^2 y_1 t, \\ \frac{dy}{dx} &= y' = \frac{\dot{y}}{h} = \frac{1}{h}(\bar{\delta} y_1 + \delta^2 y_1 t), \end{aligned} \tag{26}$$

und damit als letzte Korrektur

$$\delta x = -\frac{y(x)}{y'(x)}. \tag{27}$$

Beispiel: $x^2 - \ln x - 2 = 0$.

$x \approx 1,5 \ldots 1,6$.

x	$x^2 - 2$	$\ln x$	y	δy	$\delta^2 y$
1,50	0,2500	0,405 4652	− 0,155 4652	0,119 7103	
1,55	0,4025	0,438 2549	− 0,035 7549	0,125 7512	60409
1,60	0,5600	0,470 0037	0,089 9963	0,122 7308	
1,564 4634	0,447 5457	0,447 5429	0,000 0028		
1,564 4623	0,447 5423	0,447 5422	0,000 0001		

Aus Differenzenschema:

$$y = -0{,}035\,7549 + 0{,}122\,7308\,t + 0{,}003\,0205\,t^2 = 0$$
$$\dot{y} = \phantom{-0{,}035\,7549 +{}} 0{,}122\,7308 + 0{,}006\,0409\,t$$

Auflösen der ersten Gleichung nach t ergibt

$$t = 0{,}291\,3278 - 0{,}024\,6104\,t^2 = \alpha + \beta\,t^2.$$

Iterative Lösung:

$\alpha =$	0,291 3278	0,291 3278	0,291 3278
$\beta t^2 =$	− 2 0887	− 2 0589	− 2 0593
$t =$	0,289 2391	0,289 2689	0,289 2685

$$t = 0{,}289\,2685$$
$$h = 0{,}05$$
$$x = 1{,}55 + t\,h = 1{,}564\,4634$$

Einsetzen in die Gleichung ergibt:

$$y = 0{,}000\,0028$$

Verbesserung nach NEWTON:

$$\dot{y} = 0{,}124\,4725$$
$$y' = \dot{y}/h = 20\,\dot{y} = 2{,}489$$
$$\delta x = -y/y' = -0{,}000\,0011$$

Neuer Wurzelwert: $x = 1{,}564\,4623$

$$y = 0{,}000\,0001$$

Restfehler: $\delta x = -0{,}000\,0000_4$

Der letzte x-Wert ist also im Rahmen der sieben mitgeführten Dezimalen genau.

Man erkennt die außerordentliche Wirksamkeit der quadratischen Interpolation. Die Genauigkeit wird in einem einzigen Schritt von zwei auf sechs geltende Stellen heraufgesetzt. Die anschließende einfache Korrektur bringt die Genauigkeit dann auf die volle mitgeführte Stellenzahl. Die geringe Mehrarbeit gegenüber einer linearen Interpolation (Regula falsi) hat sich reichlich gelohnt.

1.6 Iteration

Ein oft sehr einfaches allgemeines Lösungsverfahren, das gleichfalls ohne Ableitung auskommt, besteht darin, daß man die gegebene Gleichung $f(x) = 0$ umformt auf

$$\boxed{x = \varphi(x)}\,, \tag{28}$$

was stets auf verschiedene Weise möglich ist. Beispielsweise läßt sich

$$e^x = 2 - x^2$$

umformen auf

$$x = \ln(2 - x^2)$$

$$\text{oder} \quad x = \sqrt{2 - e^x}$$

$$\text{oder} \quad x = (2 - e^x) : x$$

Eine allgemeine, an die gegebene Gleichung $f(x) = 0$ unmittelbar anknüpfende Umformung ist etwa

$$x = x - c\,f(x) \tag{29a}$$

mit passend gewählter Konstanten c oder auch

$$x = x - g(x)\,f(x) \tag{29b}$$

mit passend gewählter Funktion $g(x)$. Zur ersten Art gehört die *Regula falsi* mit $c = \Delta x/\Delta y$, zur zweiten das *Newton-Verfahren* mit $g(x) = 1/f'(x)$.

Ist nun die rechts in (28) auftretende Funktion $\varphi(x)$ nur schwach von x abhängig, m. a. W. ist $|\varphi'(x)|$ klein, so empfiehlt sich iterative Auflösung von (28) nach der Vorschrift

$$\boxed{x_{\nu+1} = \varphi(x_\nu)}\,, \qquad \nu = 0, 1, 2, \ldots, \tag{30}$$

anfangend mit einer etwa zeichnerisch gefundenen Näherung x_0. Bei schwacher Abhängigkeit der Funktion $\varphi(x)$ von x weicht nämlich der Wert $x_1 = \varphi(x_0)$ nur wenig ab von dem sich einspielenden Wurzelwert $\bar{x} = \varphi(\bar{x})$, die Fehler werden mit jedem Schritt reduziert (Abb. 1.11). Anschaulich läßt sich die Konvergenz $x_\nu \to \bar{x}$ in den Abb. 1.12 und 1.13 verfolgen.

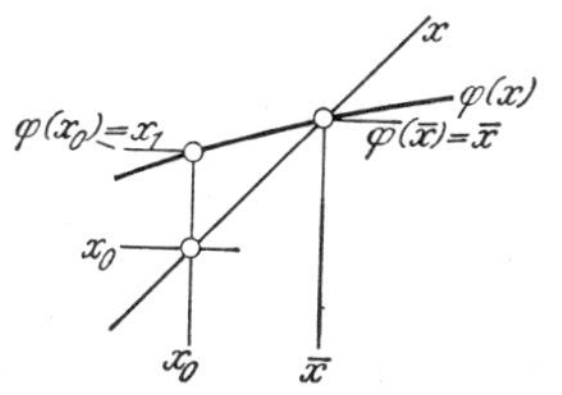

Abb. 1.11
Zum Iterationsverfahren $x = \varphi(x)$

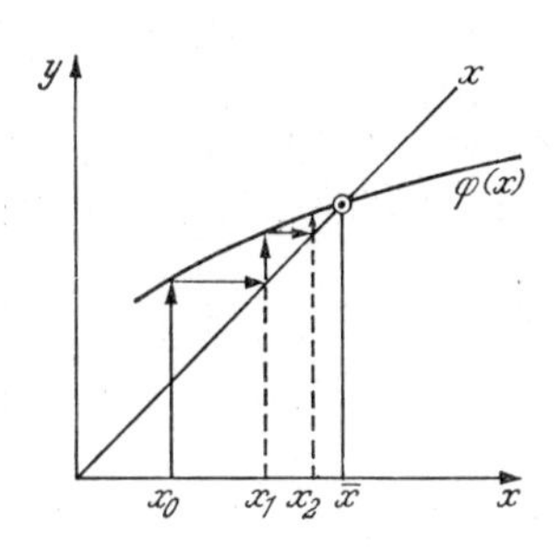

Abb. 1.12
Verlauf der Iteration im Falle $0 < \varphi'(x) < 1$

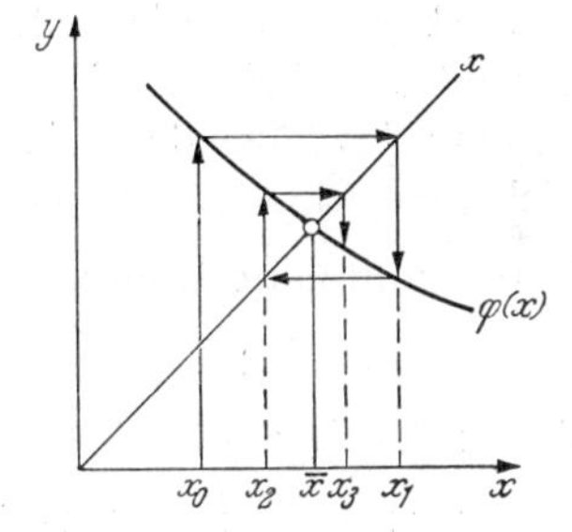

Abb. 1.13
Verlauf der Iteration im Falle $-1 < \varphi'(x) < 0$

Man entnimmt den Bildern auch die — weiter unten noch exakt zu formulierende — Konvergenzbedingung

$$|\varphi'(x)| < 1 \tag{31}$$

in der Nähe der Wurzel. Bei positiver Steigung φ' nähern sich die Werte x_ν einseitig der Wurzel $\bar{x}$, bei negativem φ' pendeln sie um $\bar{x}$. — Bei den Umformungen (29a, b) ist die Bedingung (31) für $c = \Delta x/\Delta y \approx 1/f'$ und $g(x) = 1/f'(x)$ mit $\varphi' \approx 0$ offenbar sehr gut erfüllt.

Die Iterationsvorschrift (30) schreibt man heute auch in Form der unter dem Einfluß des Rechenautomaten aufgekommenen „Ergibt-

Anweisung“

$$\boxed{x := \varphi(x)} \tag{32}$$

mit dem Ergibt-Zeichen :=, einem gerichteten Gleichheitszeichen, bei dem auf der rechten Seite ein zu berechnender Ausdruck, auf der linken der „Name“ (das Zeichen) für eine „Variable“ steht. Gl. (32) bedeutet: Man werte den rechts stehenden Ausdruck $\varphi(x)$ für einen zahlenmäßig vorliegenden Wert x der Variablen aus und ersetze den alten Wert x durch den damit errechneten neuen Zahlenwert. Lesen kann man die Formel als

„$\varphi(x)$ ergibt x“ oder

„x wird ersetzt durch $\varphi(x)$“.

Will man zwischen altem (rechtsseitig verwendetem) Wert $x = x_\nu$ und neuem Wert $x = x_{\nu+1}$ unterscheiden, insbesondere um prüfen zu können, ob beide Werte innerhalb der geforderten Stellenzahl schon übereinstimmen, die Iteration also als beendet anzusehen ist, so schreibt man auch zweizeilig:

$$y := \varphi(x);$$
$$x := y;$$

wobei man in Gedanken hinzufügt, daß von der zweiten auf die erste Zeile zurückgesprungen wird, solange die verlangte Übereinstimmung noch nicht erzielt worden ist. Indem man für x noch einen Anfangswert a setzt und die Prüfung auf Übereinstimmung zwischenschaltet, erhält man das folgende in der für die Zwecke der Automatenrechnung entwickelten ALGOL-Sprache geschriebene kleine „Programm“:

```
begin comment Iteration x := φ(x);
      real x, y;
Start: lies (x);
  A 1: y := φ(x); comment im Einzelfall steht hier der jeweilige
                  Formelausdruck für φ(x);
      if abs(y − x) < ₁₀−7 then goto A 2;
      x := y; goto A 1;
  A 2: x := y; drucke (x); goto Start
end
```

Für die Bedürfnisse der Handrechnung verallgemeinern wir das iterative Vorgehen noch in der Weise, daß wir die linke Seite von (28) durch eine Funktion $g(x)$ ersetzen:

$$\boxed{g(x) := \varphi(x)}\,. \tag{28a}$$

Die Iterationsvorschrift lautet dann

$$\boxed{g(x_{\nu+1}) = \varphi(x_\nu)}, \quad \nu = 0, 1, 2, \ldots \tag{30a}$$

Diese Abwandlung des Verfahrens ist namentlich dann angebracht, wenn die Funktion $g(x)$ vertafelt vorliegt oder sich auf dem Rechenschieber befindet ($\sin x$, $\cos x$, e^x, $\ln x$, x^2, $\sqrt{x}$ u. dgl.), so daß das Aufschlagen des Argumentes $x_{\nu+1}$ zum berechneten Funktionswert $g(x_{\nu+1})$ keine besondere Mühe macht. Zudem liegt die Form (28a) vielfach schon von der graphischen Vorbehandlung der Gleichung her vor, wobei man ja ohnehin meistens aufspaltet (vgl. § 1.2, Gl. 11).

Das Verfahren (30a) konvergiert, falls bei der Aufteilung (28a) der ursprünglichen Gleichung $f(x) = 0$ als $g(x)$ der Funktionsteil gewählt wird, der die dem Betrage nach stärkere Steigung aufweist:

$$|\varphi'| < |g'| \tag{31a}$$

Praktisch empfiehlt es sich in solchen Fällen, in denen der Steigungsunterschied kraß ist, vgl. die Beispiele. In anderen wird man lieber die Form (28) unter Verwenden konvergenzbeschleunigender Kunstgriffe herbeiführen; vgl. dazu § 1.8.

1. Beispiel: $x^2 - \ln x = 2$, vgl. Abb. 1.5 auf S. 17.

Dieser Abbildung entnimmt man, daß für die kleinere Wurzel $x_1 \approx 0{,}15$ die für das Verfahren (30a) erwünschten Verhältnisse vorliegen.
Die Aufspaltung ist in der Form

$$\ln x_{\nu+1} = x_\nu^2 - 2 \quad \text{oder auch} \quad x_{\nu+1} = e^{x_\nu^2 - 2}$$

vorzunehmen. Hier ist $g' = 1/x \approx 6{,}7$, $\varphi' = 2x \approx 0{,}3$, also $\varphi'/g' \approx 0{,}045 = 1/22$ (der genauere Wert ist $0{,}038 = 1/26$). Der Fehler ε_ν geht mit jedem Schritt um etwa diesen Faktor zurück, vgl. den folgenden Abschnitt.

ν	x_ν	$2 - x_\nu^2$	$\varepsilon_\nu \cdot 10^7$
0	0,15	1,9775	120652
1	0,138	1,980956	652
2	0,1379373	1,9809733	25
3	0,1379349	1,9809740	1
4	0,1379348	1,9809740	0

Für die zweite Wurzel $x \approx 1{,}6$ zeigt Abb. 1.5, daß hier die Parabel steiler verläuf als $\ln x$. Demgemäß iteriert man nach

$$x_{\nu+1}^2 = 2 + \ln x_\nu .$$

Dabei ist $\varphi'/g' = 1/2x^2 \approx 0{,}2$, die Konvergenz also wesentlich langsamer und nur für geringere Genauigkeitsansprüche befriedigend:

ν	x_ν	$2 + \ln x_\nu$	$\varepsilon_\nu \cdot 10^4$
0	1,6	2,470	355
1	1,572	2,452	75
2	1,566	2,4485	15
3	1,5647	2,4477	2
4	1,5645	2,4476	—

Als wesentlich wirksamer wird sich hier die in den Abschnitten 1.8 und 1.9 vorgeführte Behandlungsart erweisen.

2. Beispiel: $\mathfrak{Tg}\, x = \operatorname{tg} x$.

Eine rohe Skizze zeigt, daß die erste positive Wurzel sehr dicht an $5\pi/4$ liegen wird, wo die Steigung von $\mathfrak{Tg}\, x$ schon fast Null ist. Dementsprechend ist hier beste Konvergenz zu erwarten, wenn man in der Form

$$\operatorname{tg} x_{\nu+1} = \mathfrak{Tg}\, x_\nu$$

iteriert. Der Konvergenzfaktor ist $g'/\varphi' = \cos^2 x/\mathfrak{Cof}^2 x \approx 1/1300$. Mit Hilfe einer siebenstelligen Tafel[1] für $\operatorname{arctg} x$ und $\mathfrak{Tg}\, x$ erhalten wir:

ν	x_ν	$\mathfrak{Tg}\, x_\nu$	$\pi = 3{,}141\,592\,65$ $x_{\nu+1} - \pi$	$\varepsilon_\nu \cdot 10^7$
0	3,930	0,9992285	0,7850122	33978
1	3,9266049	2232	0096	27
2	3,9266022	2232	0096	0

1.7 Konvergenzfragen. Lineare und quadratische Konvergenz

Zu einer eingehenderen Konvergenzuntersuchung der Iterationsverfahren kehren wir zurück zu der aus der Gleichung $f(x) = 0$ durch Umformung gewonnenen Iterationsvorschrift

$$\boxed{x_{\nu+1} = \varphi(x_\nu)}\,. \tag{30}$$

Sie läßt sich anschaulich deuten als *Abbildung* eines Punktes x_ν in den neuen Punkt $x_{\nu+1}$. Dabei ist die Abbildung so beschaffen, daß jeder Wurzelpunkt $x = \bar{x}$ in sich selbst abgebildet wird:

$$\boxed{\bar{x} = \varphi(\bar{x})} \quad \text{für jede Wurzel } \bar{x}. \tag{33}$$

[1] Wir empfehlen FR. LÖSCH, Siebenstellige Tafeln der elementaren transzendenten Funktionen. Berlin/Göttingen/Heidelberg: Springer 1954.

Ein Wurzelpunkt $\bar{x}$ heißt daher auch *Fixpunkt* der Abbildung, Fixpunkt der Iteration. Die fragliche Konvergenzbedingung läßt sich nun folgendermaßen formulieren:

Satz 1: **Es sei $\varphi'(x)$ stetig in einer Umgebung von $\bar{x}$, und es sei ferner**

$$|\varphi'(\bar{x})| < 1. \tag{34}$$

Dann konvergiert das Iterationsverfahren (30) gegen den Fixpunkt $\bar{x}$, wenn der Startpunkt x_0 nahe genug an $\bar{x}$ liegt.

Wegen Stetigkeit von $\varphi'(x)$ um $\bar{x}$ und $|\bar{\varphi}'| < 1$ gibt es ein Intervall J mit $\bar{x}$ als Mittelpunkt (Abb. 1.14) derart, daß

$$|\varphi'(x)| \leqq k < 1 \tag{35}$$

für alle x aus J mit

$$k = \operatorname*{Max}_{x \in J} |\varphi'(x)|. \tag{36}$$

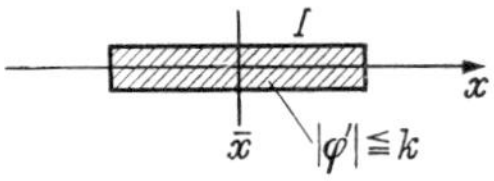

Abb. 1.14. Zur Konvergenz

Dann gilt nach dem Mittelwertsatz (TAYLOR-Entwicklung mit Restglied)

$$\varphi(x_\nu) - \varphi(\bar{x}) = \varphi'(\xi_\nu)(x_\nu - \bar{x})$$

mit ξ_ν zwischen x_ν und $\bar{x}$. Wegen (30) und (33) gilt weiter

$$x_{\nu+1} - \bar{x} = \varphi'(\xi_\nu)(x_\nu - \bar{x}). \tag{37}$$

Nun liege x_0 in J, also auch ξ_0, womit wegen (35) für die Beträge und $\nu = 0$ folgt

$$|x_1 - \bar{x}| \leqq k|x_0 - \bar{x}|.$$

Wegen $k < 1$ liegt dann also auch x_1 in J und also auch ξ_1, also

$$|x_2 - \bar{x}| \leqq k|x_1 - \bar{x}| \leqq k^2|x_0 - \bar{x}|.$$

Indem man so fortfährt, erhält man allgemein

$$|x_\nu - \bar{x}| \leqq k^\nu |x_0 - \bar{x}|,$$

also wegen $k < 1$

$$|x_\nu - \bar{x}| \to 0 \quad \text{für} \quad \nu \to \infty$$

oder

$$x_\nu \to \bar{x} \quad \text{für} \quad \nu \to \infty,$$

womit die Konvergenz bewiesen ist.

Wir betrachten nun irgendeine — nicht notwendig aus einem Iterationsverfahren herrührende — konvergente Zahlenfolge $x_0, x_1, \ldots$ mit ihrem Grenzwert $\bar{x}$,

$$\lim_{\nu \to \infty} x_\nu = \bar{x},$$

und definieren dafür:

Definition: Eine konvergente Folge $x_0, x_1, x_2, \ldots$ heißt ***linear konvergent*** *gegen ihren Grenzwert $\bar{x}$, wenn*

$$q = \lim_{\nu \to \infty} \frac{x_{\nu+1} - \bar{x}}{x_\nu - \bar{x}} \tag{38}$$

existiert und wenn

$$|q| < 1, \quad \textit{aber} \quad q \neq 0 \tag{39}$$

ist. Der Grenzwert q heißt ***Konvergenzfaktor*** *der Folge.*

Im Falle unseres Iterationsverfahrens ist nach (37)

$$x_{\nu+1} - \bar{x} = \varphi'(\xi_\nu)\,(x_\nu - \bar{x}).$$

Im Konvergenzfalle $|\varphi'| < 1$ gilt $x_\nu \to \bar{x}$ und damit auch $\xi_\nu \to \bar{x}$, also, wenn wir noch die *Fehler*

$$\varepsilon_\nu = x_\nu - \bar{x} \tag{40}$$

einführen:

$$\lim_{\nu\to\infty} \frac{x_{\nu+1} - \bar{x}}{x_\nu - \bar{x}} = \lim_{\nu\to\infty} \frac{\varepsilon_{\nu+1}}{\varepsilon_\nu} = \varphi'(\bar{x}),$$

kurz

$$\boxed{\frac{\varepsilon_{\nu+1}}{\varepsilon_\nu} \to \varphi'(\bar{x}) = q}\,. \tag{41}$$

Satz 2: Das Iterationsverfahren (30) ist linear konvergent mit dem Konvergenzfaktor

$$q = \varphi'(\bar{x}) = \bar{\varphi}',$$

falls $|\bar{\varphi}'| < 1$, aber $\bar{\varphi}' \neq 0$ ist.

Die Fehler ε_ν gehen *asymptotisch* nach einer *geometrischen Reihe* mit dem Quotienten q zurück.

Für den Ausnahmefall $\bar{\varphi}' = 0$ setzen wir die TAYLOR-Entwicklung um ein Glied weiter fort:

$$\varphi(x_\nu) - \varphi(\bar{x}) = \varphi'(\bar{x})\,(x_\nu - \bar{x}) + \tfrac{1}{2}\varphi''(\xi_\nu)\,(x_\nu - \bar{x})^2$$

oder

$$\varepsilon_{\nu+1} = \bar{\varphi}'\,\varepsilon_\nu + \tfrac{1}{2}\varphi''(\xi_\nu)\,\varepsilon_\nu^2$$

mit einer Zwischenstelle ξ_ν zwischen x_ν und $\bar{x}$. Ist nun $\bar{\varphi}' = 0$, aber $\varphi''(\bar{x}) \neq 0$, so wird wegen $\xi_\nu \to \bar{x}$

$$\lim_{\nu\to\infty} \frac{\varepsilon_{\nu+1}}{\varepsilon_\nu^2} = \frac{1}{2}\varphi''(\bar{x}) = p \neq 0. \tag{42}$$

Man spricht dann von *quadratischer Konvergenz,* und entsprechend definiert man kubische Konvergenz für $\bar{\varphi}' = \bar{\varphi}'' = 0$, aber $\bar{\varphi}''' \neq 0$ usf. Die beiden Fälle linearer und quadratischer Konvergenz sind in Abb. 1.15 und 1.16 veranschaulicht.

Quadratische Konvergenz zeigt nun insbesondere das NEWTON-Verfahren im Falle einfacher Wurzel $\bar{x}$. Hier lautet die Iterationsfunktion

$$\varphi(x) = x - y/y'. \tag{43}$$

Ihre Ableitung

$$\varphi'(x) = y\,y''/y'^2 \tag{44}$$

wird für eine Wurzel $\bar{x}$ wegen $y = f(\bar{x}) = 0$ exakt zu Null, sofern $y'(\bar{x}) \neq 0$, die Wurzel also einfach ist, und es wird $\varphi''(\bar{x}) = y''/y'$. Dieser schätzenswerten Eigenschaft quadratischer Konvergenz verdankt das NEWTON-Verfahren das besonders rasche Einspielen in den Wurzel-

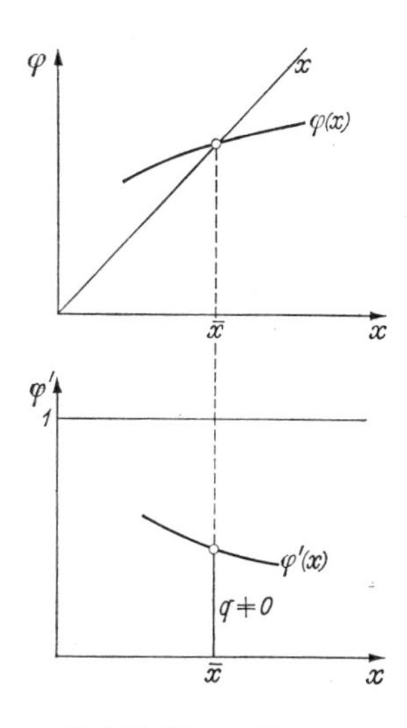

Abb. 1.15. Lineare Konvergenz

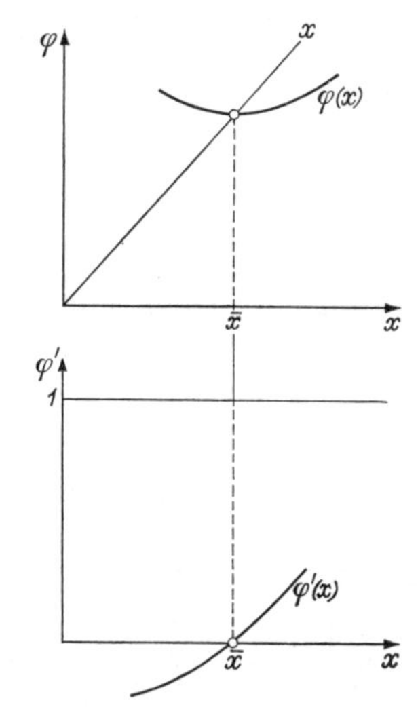

Abb. 1.16. Quadratische Konvergenz

wert. Ist $\varepsilon_\nu = 10^{-t}$, so wird $\varepsilon_{\nu+1} \approx \text{const} \cdot 10^{-2t}$; die Anzahl richtiger Stellen verdoppelt sich nahezu mit jedem Schritt.

Auch bei Doppelwurzel verläuft das NEWTON-Verfahren trotz des verschwindenden Nenners $y' = 0$ noch störungsfrei, da der Zähler y quadratisch gegen Null geht. Die Konvergenz wird aber nur *linear*. Hier läßt sich nämlich $y(x)$ in der Form schreiben

$$y(x) = (x - \bar{x})^2 g(x)$$

mit einem im interessierenden Bereich nicht verschwindenden Anteil $g(x)$. Dann wird

$$y'(x) = 2(x - \bar{x})\, g + (x - \bar{x})^2 g',$$

$$y''(x) = 2g + 4(x - \bar{x})\, g' + (x - \bar{x})^2 g''.$$

Damit ergibt sich für $\varphi'(\bar{x}) = \bar{\varphi}'$, wie leicht nachzurechnen,

$$\bar{\varphi}' = \frac{y\,y''}{y'^2} = \frac{1}{2} \neq 0,$$

womit das Verfahren hier nicht mehr quadratisch, sondern linear konvergiert, überdies mit dem ziemlich großen Konvergenzfaktor 1/2. Der Fehler geht mit jedem Schritt nur auf seinen halben Wert zurück, womit auch die NEWTON-Korrektur δ gleich dem halben Fehler ist.

Man könnte also den genauen Wert $\bar{x}$, wenigstens mit guter Näherung einfach dadurch erreichen, daß man mit der doppelten NEWTON-Korrektur 2δ arbeitet. Indessen stimmt dies nur für den Fall exakter Doppelwurzel, der nur selten auftreten wird. In der Regel handelt es sich um zwei sehr nahe beieinander liegende Wurzelwerte, was sich durch auffällig kleine y'-Werte anzeigt. Hier hilft man sich am einfachsten mit Hilfe des NEWTON-Verfahrens 2. Ordnung, wobei man nur die Näherungsgleichung

$$y_0 + y_0'\delta + \tfrac{1}{2} y_0''\delta^2 = 0 \tag{45}$$

nicht, wie früher, nach dem — jetzt recht kleinen — linearen Gliede auflöst, sondern nach dem quadratischen, d. h. man behandelt (45) als quadratische Gleichung. Ihre zwei Lösungen sind Näherungen der beiden nahe benachbarten Wurzeln. Ähnlich lassen sich auch dreifache Wurzeln unter Mitnahme von y''' behandeln.

Beispiel: $y = e^x - x - 1{,}01 = 0$ hat zwei nahe benachbarte Wurzeln nahe bei $x = 0$.

x	$e^x = y''$	$y' = e^x - 1$	y	$-y/y'$
0,1	1,1051709	0,1051709	− 0,0048291	(0,04592)
0,1382354	1,1482459	0,1482459	+ 0,0000105	− 0,0000708
0,1381646	1,1481646	—	0	

Nach dem 1. Schritt:

$$0{,}5525855\,\delta^2 + 0{,}1051709\,\delta - 0{,}0048291 = 0,$$
$$\delta^2 + 0{,}1903251\,\delta - 0{,}0087391 = 0,$$
$$\delta = -0{,}0951625 \pm 0{,}1333979 = \begin{cases} +\,0{,}0382354 \\ -\,0{,}2285604. \end{cases}$$

Im 2. Schritt wird nur die erste Wurzel, und zwar jetzt wieder nach dem einfachen Verfahren 1. Ordnung, verbessert. Das Ergebnis ist dann in 7 Stellen genau.

1.8 Konvergenzbeschleunigung bei linearer Konvergenz

Die Eigenschaft linearer Konvergenz

$$\varepsilon_{\nu+1}/\varepsilon_\nu \to q$$

läßt sich nach AITKEN zur Konvergenzbeschleunigung durch Einschalten einer Korrektur ausnutzen, indem man den asymptotischen Konvergenzfaktor durch

$$q \approx \frac{\varepsilon_{\nu+1}}{\varepsilon_\nu} \approx \frac{\varepsilon_\nu}{\varepsilon_{\nu-1}}$$

ersetzt, also Zurückgehen der Fehler nach einer geometrischen Reihe annimmt. Bezeichnen wir die Unterschiede zweier aufeinander folgender Iterierter mit

$$\boxed{\delta_\nu = x_{\nu+1} - x_\nu} \tag{46}$$

und die Fehler — jetzt unter Vorzeichenumkehr im Sinne von Verbesserungen — mit

$$\varepsilon_\nu = \bar{x} - x_\nu, \tag{47}$$

so erhalten wir für das Verhältnis zweier aufeinander folgender Änderungen angenähert den gleichen Quotienten q:

$$\frac{\delta_\nu}{\delta_{\nu-1}} = \frac{x_{\nu+1} - x_\nu}{x_\nu - x_{\nu-1}} = \frac{\varepsilon_{\nu+1} - \varepsilon_\nu}{\varepsilon_\nu - \varepsilon_{\nu-1}} \approx \frac{(q-1)\,\varepsilon_\nu}{(q-1)\,\varepsilon_{\nu-1}} \approx q. \tag{48}$$

Bei Konvergenz ist dann der Fehler darstellbar durch die Reihe

$$\begin{aligned}\varepsilon_{\nu+1} = \bar{x} - x_{\nu+1} &= (x_{\nu+2} - x_{\nu+1}) + (x_{\nu+3} - x_{\nu+2}) + \cdots \\ &= \delta_{\nu+1} + \delta_{\nu+2} + \cdots,\end{aligned}$$

die mit der Näherung (48) durch die geometrische Reihe und deren Summe approximiert werden kann zu

$$\varepsilon_{\nu+1} \approx \delta_\nu (q + q^2 + q^3 + \cdots) = \frac{q}{1-q}\,\delta_\nu = p\,\delta_\nu.$$

Wir setzen nun

$$\boxed{q_\nu = \frac{\delta_\nu}{\delta_{\nu-1}} \quad \text{und} \quad p_\nu = \frac{q_\nu}{1 - q_\nu}} \tag{49}$$

und bilden damit die Korrektur

$$\boxed{\delta x_{\nu+1} = p_\nu\,\delta_\nu} \tag{50}$$

und den verbesserten Wert

$$\boxed{\bar{x}_{\nu+1} = x_{\nu+1} + \delta x_{\nu+1}}\,. \tag{51}$$

Das ist AITKENS sogenannter Delta-Prozeß. Er liefert den exakten Wurzelwert, wenn $\varphi(x)$ linear, also $\varphi' = q = \text{const}$ ist, und der korrigierte Wert $\bar{x}_{\nu+1}$ ist um so genauer, je schwächer die Krümmung von $\varphi(x)$ ist. Der Prozeß führt auch dann noch zum Ziel, wenn $|q| \geqq 1$, wo das einfache Iterationsverfahren versagt, sofern $\varphi(x)$ nur schwach gekrümmt verläuft; doch wird man wesentlich über 1 liegende Werte von $|q|$ durch entsprechende Wahl der Funktion $\varphi(x)$ vermeiden. — Wir fassen das Vorgehen in folgendem Rechenschema zusammen:

x	$\varphi(x)$	δx	q, p
x_0	$\varphi(x_0) = x_1$	$\delta_0 = x_1 - x_0$	$q_1 = \delta_1/\delta_0$
x_1	$\varphi(x_1) = x_2$	$\delta_1 = x_2 - x_1$	$p_1 = q_1/(1 - q_1)$
x_2		$\delta x_2 = p_1\,\delta_1$	
$\bar{x}_2$	$\varphi(\bar{x}_2) = x_3$	$\delta_2 = x_3 - \bar{x}_2$	

Zeigt sich beim Einsetzen von $\bar{x}_2$ in $\varphi(x)$ mit $\varphi(\bar{x}_2) = x_3$ im Rahmen der geforderten Stellenzahl keine Änderung mehr, $\delta_2 = x_3 - \bar{x}_2 = 0$, so ist die Rechnung beendet. Ist aber $\delta_2 \neq 0$, so folgt ein zweiter Gesamtschritt der gleichen Art mit $\bar{x}_2$ als Ausgangswert. Bei kleinem Wert δ_2 läßt sich die Rechnung abkürzen, indem man den *alten* Korrekturfaktor p_1 verwendet:

$$\delta x_3 = p_1 \delta_2, \qquad \bar{x}_3 = x_3 + \delta x_3. \tag{52}$$

Das läßt sich auch wiederholen nach

$$x_4 = \varphi(\bar{x}_3), \quad \delta_3 = x_4 - \bar{x}_3, \quad \delta x_4 = p_1 \delta_3, \quad \bar{x}_4 = x_4 + \delta x_4. \tag{53}$$

Insbesondere wird man gegen Schluß der Rechnung auf ein Neurechnen der Faktoren q_ν und p_ν verzichten, sobald die Änderungen δ_ν so klein geworden sind, daß der Quotient q_ν numerisch unsicher wird. Darauf hat man namentlich bei Automatenrechnung zu achten.

1. Beispiel: $1 - x = \sin x$.

Aus einer Skizze ersieht man, daß der Steigungsbetrag von $\sin x$ nur wenig kleiner als der von $1 - x$ ist, so daß die einfache Iteration in der Form

$$x := 1 - \sin x$$

ganz unbefriedigend konvergiert (Konvergenzfaktor $q = -0{,}88$). Die Konvergenzbeschleunigung arbeitet höchst befriedigend, sogar mit nur einmal berechnetem Korrekturfaktor p_1.

x	$1 - \sin x$	δx	q, p
0,5	0,5205745	0,0205745	−0,872590
0,5205745	0,5026214	−0,0179531	−0,465980
0,5026214		83659	
0,5109872	0,5109615	−0,0000257	
5109615		+ 120	
0,5109735	0,5109734	− 1	

2. Beispiel: $x^2 - 2 = \ln x$, vgl. Abb. 1.5, S. 17.

Für die zweite Wurzel $x_2 \approx 1{,}6$ zeigte die einfache Iteration nach $x := \sqrt{2 + \ln x}$ in 1.6 nur mäßige Konvergenz. Auch hier genügt für die Konvergenzbeschleunigung ein Wertepaar q_1, p_1:

x	$2 + \ln x$	$\sqrt{}$	δx	q, p
1,6	2,4700036	1,5716245	−0,0283755	0,200987
1,5716245	2,4521098	1,5659214	− 57031	0,251544
1,5659214			− 14346	
1,5644868	2,4475579	1,5644673	− 198	
4673			− 50	
1,5644623	2,4475422	1,5644623	0	

3. Beispiel: $\operatorname{tg} x \operatorname{\mathfrak{Tg}} x = 1$.

Iteration nach $\operatorname{tg} x := 1/\operatorname{\mathfrak{Tg}} x$, also $x := \operatorname{arctg}(1/\operatorname{\mathfrak{Tg}} x)$.

x	$1/\mathfrak{Tg}\, x$	arctg (...)	δx	q, p
0,9	1,3960672	0,9492939	0,0492939	−0,308780
0,9492939	1,3523323	9340729	−0,0152210	−0,235930
0,9340729			35911	
0,9376640	1,3626384	0,9376983	0,0006343	−0,2997
6983	0955	5082	− 1901	−0,2306
5082			438	
0,9375520	1,3622206	0,9375521	1	

1.9 Regula falsi mit fastquadratischer Konvergenz

Die in 1.5 eingeführte *Regula falsi* läßt sich als angenähertes NEWTON-Verfahren auffassen, indem die oft nur schwer ermittelbare Ableitung y' durch einen Differenzenquotienten, die Sehnensteigung $s = \Delta y/\Delta x$ ersetzt wird. Man arbeitet wieder unmittelbar mit der Funktion $y = f(x)$ der gegebenen Gleichung $f(x) = 0$ nach der Vorschrift

$$x := x - y/s \quad \text{mit} \quad s = \frac{\Delta y}{\Delta x}. \tag{54}$$

Setzt man das Verfahren in geeigneter Weise fort, so erhält man einen Prozeß, dessen Konvergenzverhalten dem des NEWTON-Verfahrens ähnlich ist. Anstelle der quadratischen Konvergenz mit $\varepsilon_{\nu+1}/\varepsilon_\nu^2 \to \text{const}$ wird hier $\varepsilon_{\nu+1}/\varepsilon_\nu^p \to \text{const}$ mit $p = \frac{1}{2}(1+\sqrt{5}) \approx 1{,}62$, weshalb wir von *fastquadratischer Konvergenz* sprechen wollen.

Nach Wahl zweier — die Wurzel $\bar{x}$ möglichst einschließender — Ausgangswerte x_0 und x_1 lautet die Vorschrift

$$x_{\nu+1} := x_\nu - y_\nu/s_\nu \quad \text{mit} \quad s_\nu = \frac{y_\nu - y_{\nu-1}}{x_\nu - x_{\nu-1}}. \tag{54a}$$

Die Rechnung verläuft also nach folgendem Schema:

x	$y = f(x)$	Δy	Δx	$s = \Delta y/\Delta x$	$\delta x = -y/s$
x_0	y_0	—	—	—	—
x_1	y_1	$y_1 - y_0$	$x_1 - x_0$	s_1	$\delta x_1 = -y_1/s_1$
$x_2 = x_1 + \delta x_1$	y_2	$y_2 - y_1$	δx_1	s_2	$\delta x_2 = -y_2/s_2$
$x_3 = x_2 + \delta x_2$	y_3	$y_3 - y_2$	δx_2	s_3	$\delta x_3 = -y_3/s_3$
$x_4 = x_3 + \delta x_3$	...				

Auch hier wird man gegen Schluß der Rechnung auf ein Neurechnen der Steigung s verzichten, sobald die Änderungen Δy, Δx so klein ge-

1. Beispiel: $x^2 - 2 = \ln x$, $y = \ln x + 2 - x^2$

x	$2 + \ln x$	x^2	y	Δy	Δx	$s = \Delta y/\Delta x$	$\delta x = -y/s$
1,5	2,4054651	2,25	0,1554651	—	—	—	—
1,6	2,4700036	2,56	−0,0899964	−0,2454615	0,1	−2,454615	−0,0366642
1,5633358	2,4468219	2,4440188	28031	927995	−0,0366642	−2,53107	11075
1,5644433	2,4475300	2,4474828	472	− 27559	11075	−2,4884	190
1,5644623	5422	5423	− 1	− 473	190	,,	0

2. Beispiel: $\text{tg}\, x\, \mathfrak{Tg}\, x = 1$, $y = \text{tg}\, x\, \mathfrak{Tg}\, x - 1$

x	$\text{tg}\, x$	$\mathfrak{Tg}\, x$	y	Δy	Δx	$s = \Delta y/\Delta x$	$\delta x = -y/s$
0,9	1,2601582	0,7162979	−0,0973513	—	—	—	—
1,0	1,5574077	0,7615942	0,1861127	0,2834640	0,1	2,834640	−0,0656566
0,9343434	1,3530979	0,7326125	− 87036	−0,1948163	−0,0656466	2,96720	2933
0,9372767	1,3614348	0,7339685	− 7497	79539	29333	2,7116	2657
0,9375532	1,3622240	0,7340960	32	7529	2765	,,	12
0,9375520	2206	0955	0				

3. Beispiel: $x^2 - \sqrt{x} - 2 = 0$. Zuerst graphische Näherungslösung durch Aufspalten $x^2 - 2 = \sqrt{x}$, Abb. 1.17. Ihr entnimmt man $x \approx 1{,}8$. Mit dem Rechenschieber verbessern zu 1,83...1,835. Damit Regula falsi:

x	$x - 2^2$	$\sqrt{x}$	y	Δx	Δy	$s = \Delta y/\Delta x$	$\delta x = -y/s$
1,830	1,3489000	1,3527749	−0,0038749	—	—	—	—
1,835	1,3672250	1,3546217	+ 126033	0,005	0,0164782	3,29564	−0,0038242
1,8311758	1,3532048	1,3532095	− 47	—	—	3,29564	+ 14
1,8311772	2099	2099	0				

worden sind, daß der Quotient s numerisch unsicher wird, z. B. sobald $|\delta x| < \varepsilon$-Schranke. Man rechnet dann mit dem letzten s-Wert weiter. — Drei Beispiele findet man auf S. 36.

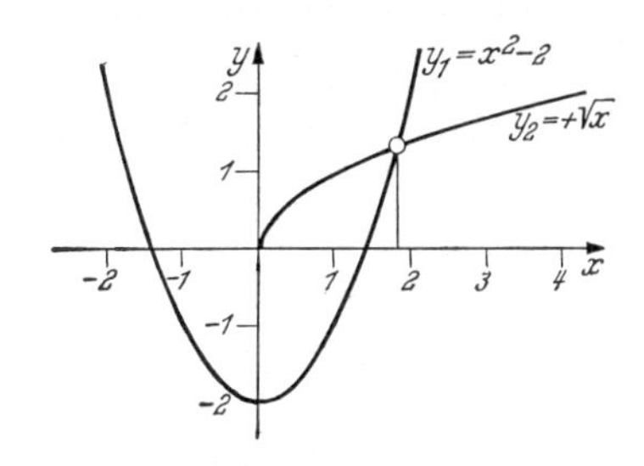

Abb. 1.17. Zeichnerische Lösung der Gleichung $x^2 - 2 = \sqrt{x}$

1.10 Komplexe Wurzeln

Von den quadratischen Gleichungen her ist uns das Auftreten komplexer Wurzeln durchaus geläufig. Darüber hinaus wird dem Leser bekannt sein, daß allgemein jede algebraische Gleichung n-ten Grades insgesamt genau n Wurzeln besitzt, wenn man außer den reellen die etwa auftretenden komplexen Wurzeln mitrechnet und wenn man etwaige „mehrfache" Wurzeln entsprechend ihrer Vielfachheit zählt; vgl. dazu die Ausführungen in § 2.1, S. 43ff.

Man weiß, in welcher Weise sich das Auftreten komplexer Wurzeln bei der quadratischen Gleichung

$$x^2 + 2ax + b = (x + a)^2 + b - a^2 = 0 \tag{55}$$

anschaulich darstellt, wenn man den Einfluß einer Variation etwa des Koeffizienten b verfolgt. Ein Vergrößern von b bedeutet geometrisch ja ein Anheben der Parabel $y = x^2 + 2ax + b$. Während für genügend kleine Werte von b, nämlich für $b < a^2$, die Parabel zwei Schnittpunkte mit der x-Achse aufweist, die Gleichung $y = 0$ also zwei reelle Wurzeln besitzt, fallen diese Wurzeln für $b = a^2$ in $x_1 = x_2 = -a$ zusammen (Doppelwurzel), um bei weiterer Vergrößerung von b komplex zu werden, indem die Parabel die x-Achse nicht mehr schneidet (Abb. 1.18). Entsprechende Überlegungen können auch bei algebraischen Gleichungen höheren Grades angestellt werden.

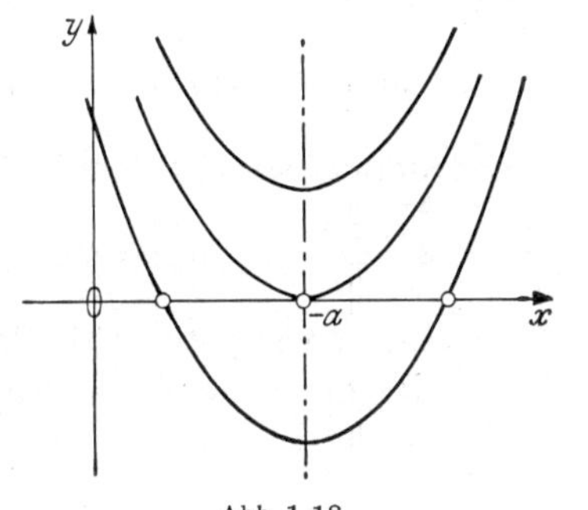

Abb. 1.18
Verhalten der Wurzeln einer quadratischen Gleichung $x^2 + 2ax + b = 0$ bei Variation des Koeffizienten b

Es liegt nahe, ähnliche Verhältnisse auch bei transzendenten Gleichungen zu erwarten. Betrachten wir daraufhin das Beispiel

$$\sin x = cx \tag{56}$$

(Abb. 1.19). Solange die Konstante c positiv, jedoch kleiner als Eins ist, $0 < c < 1$, ergibt die Zeichnung mindestens drei reelle Schnittpunkte der Kurven $y_1 = \sin x$ und $y_2 = cx$. Wird der Wert c nach und nach kleiner, so erhält man nach und nach weitere Schnittpunkte, also weitere reelle Wurzeln der Gleichung, und bei $c = 0$ hat die Gleichung unendlich viele Wurzeln $x_k = k\pi$ $(k = 0, \pm 1, \pm 2, \ldots)$. Wir können vermuten, daß bei der allmählichen Vergrößerung von c vom Werte Null aus (oder bei einer allmählichen Verkleinerung) mehr und mehr dieser Wurzeln komplexe Werte annehmen, daß also *diese* transzendente Gleichung allgemein unendlich viele Wurzeln besitzt, wenn man die komplexen ganz so, wie bei den algebraischen Gleichungen üblich, mitzählt.

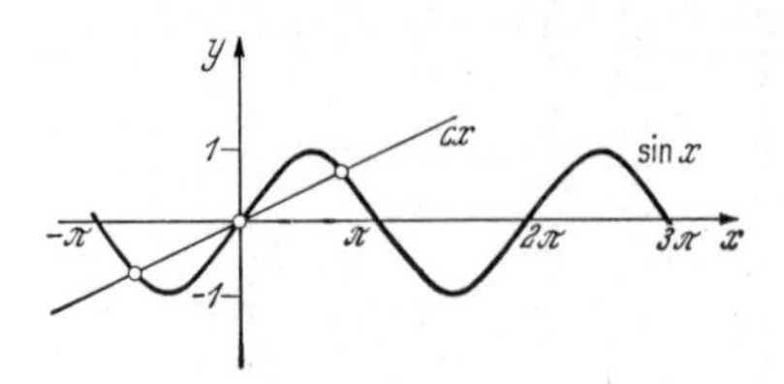

Abb. 1.19. Zur Bestimmung reeller Wurzeln der Gleichung $\sin x = cx$

Um nun bei allgemeinen, also auch transzendenten Gleichungen außer den reellen auch die komplexen Wurzeln zu erhalten, kann man folgendermaßen verfahren. Man setzt für die Unbekannte x die komplexe Größe

$$x = u + iv \tag{57}$$

mit reellem u und v und erhält hiermit in unserem Falle der Gl. (56) nach dem Additionstheorem des Sinus:

$$\sin x = \sin(u + iv) = \sin u \cos iv + \cos u \sin iv = c\,(u + iv)$$

und daraus wegen $\cos iv = \mathfrak{Cof}\, v$, $\sin iv = i\,\mathfrak{Sin}\, v$:

$$\sin u\, \mathfrak{Cof}\, v + i \cos u\, \mathfrak{Sin}\, v = cu + icv.$$

Aus dieser komplexen Gleichung aber folgen durch Aufspalten in Real- und Imaginärteil die beiden reellen Gleichungen

$$\begin{aligned} \sin u\, \mathfrak{Cof}\, v &= cu, \\ \cos u\, \mathfrak{Sin}\, v &= cv. \end{aligned} \tag{58}$$

Jede dieser Gleichungen stellt für einen festen Wert c eine Kurve im u-v-Koordinatensystem dar, und die gesuchten Wurzelwerte u, v ergeben sich dann als die Schnittpunkte dieser beiden Kurven.

Betrachten wir etwa weiterhin den Sonderfall $c = 0{,}5$, also die Gleichung

$$\sin x = 0{,}5\, x \tag{56a}$$

bzw. das zugehörige Gleichungssystem

$$\begin{aligned} \sin u\, \mathfrak{Cof}\, v &= 0{,}5\, u, \\ \cos u\, \mathfrak{Sin}\, v &= 0{,}5\, v. \end{aligned} \tag{58a}$$

Die reellen Wurzeln erhalten wir hieraus sogleich, indem wir $v = 0$ setzen. Dann ergibt die erste der Gleichungen

$$\sin u = 0{,}5\,u,$$

also die ursprüngliche Gleichung, jedoch jetzt in der ausdrücklich als reell vorausgesetzten Größe u. Diese Gleichung hat die nach den bisher besprochenen Methoden leicht herleitbaren drei Wurzeln

$$u_1 = 0, \qquad u_{2,3} = \pm 1{,}895.$$

Unsere Ausgangsgleichung besitzt somit als einzige reelle Wurzeln die Werte

$$x_1 = 0, \qquad x_{2,3} = \pm 1{,}895.$$

Setzen wir $u = 0$, so erhalten wir aus der zweiten Gl. (58a)

$$\mathfrak{Sin}\, v = 0{,}5\,v,$$

und diese Gleichung hat, wie die graphische Lösung sofort zeigt, die eine reelle Wurzel $v = 0$, was zusammen mit $u = 0$ wieder auf den

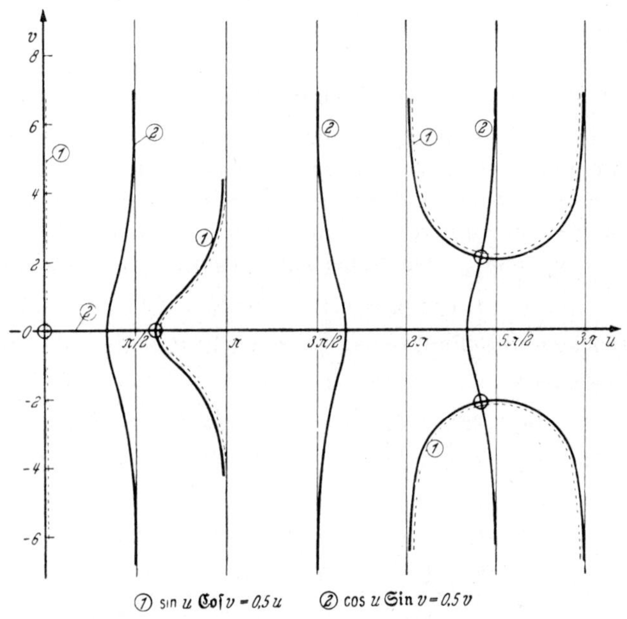

Abb. 1.20. Zur Ermittlung komplexer Wurzeln der Gleichung $\sin x = 0{,}5\,x$

Wert $x_1 = 0$ führt. Rein imaginäre Wurzeln ($u = 0$, $v \neq 0$) sind demnach nicht vorhanden. Wohl aber gibt es nun noch komplexe Wurzeln, und zwar in diesem Fall unendlich viele. Wir erhalten sie als Schnittpunkte der den beiden Gl. (58a) entsprechenden Kurven in der u-v-Ebene. Die ersten dieser Schnittpunkte sind aus der Abb. 1.20 abzulesen.

Die Konstruktion dieser Kurven läßt sich hier etwa so vornehmen, daß man die erste der Gln. (58a) nach $\mathfrak{Cof}\, v$, die zweite nach $\cos u$ auflöst und daraus Werte v bzw. u zu passend gewählten u- bzw. v-Werten errechnet.

Das Beispiel läßt auch das allgemeine Prinzip des Vorgehens erkennen: Man setzt $x = u + i\,v$ in $f(x) = 0$ ein,

$$f(u + i\,v) = g(u, v) + i h(u, v) = 0,$$

und erhält durch Aufspalten in Real- und Imaginärteil das System zweier Gleichungen für zwei reelle Unbekannte u, v

$$\boxed{\begin{aligned} g(u, v) &= 0 \\ h(u, v) &= 0 \end{aligned}}\,. \tag{59}$$

Diesen Gleichungen entsprechen in der u-v-Ebene, die hier die komplexe x-Ebene darstellt, zwei Kurven oder Kurvensysteme, deren Schnittpunkte unmittelbar die gesuchten Wurzeln $x_j = u_j + i\,v_j$ wiedergeben.

1.11 System zweier Gleichungen für zwei Unbekannte

Die zeichnerische Wurzelbestimmung wie auch das weitere Vorgehen, die numerische Verbesserung zeichnerisch gefundener Näherungswerte ist natürlich allgemein auf Systeme zweier Gleichungen der Form (59) für zwei reelle Unbekannte u, v anwendbar. Zur Verbesserung eines Paares von Näherungswerten u_0, v_0 setzen wir

$$u = u_0 + \eta, \qquad v = v_0 + \zeta \tag{60}$$

und entwickeln die Funktionen g, h nach Potenzen der gesuchten Korrekturen η, ζ:

$$\begin{aligned} g(u, v) &= g_0 + g_1\eta + g_2\zeta + g_{11}\eta^2 + 2g_{12}\eta\zeta + g_{22}\zeta^2 + \cdots \\ h(u, v) &= h_0 + h_1\eta + h_2\zeta + h_{11}\eta^2 + 2h_{12}\eta\zeta + h_{22}\zeta^2 + \cdots \end{aligned}$$

oder kürzer

$$\boxed{\begin{aligned} g_1\eta + g_2\zeta + g_0 + \varphi(\eta, \zeta) &= 0 \\ h_1\eta + h_2\zeta + h_0 + \psi(\eta, \zeta) &= 0 \end{aligned}}\,, \tag{61}$$

wo $g_0 = g(u_0, v_0)$ und $h_0 = h(u_0, v_0)$ die kleinen Reste sind, g_1, g_2, h_1, h_2 die ersten partiellen Ableitungen von g, h nach u, v, während die nichtlinearen Glieder in den Korrekturfunktionen $\varphi(\eta, \zeta)$ und $\psi(\eta, \zeta)$ zusammengefaßt sind, wobei in der Regel Mitnahme der quadratischen Glieder ausreichen wird. Das System (61) läßt sich nun als ein in η, ζ *lineares Gleichungssystem* behandeln, in dem als konstante Glieder (negative rechte Seiten, „Freiglieder“) zunächst nur die Reste g_0, h_0 mitgenommen werden. Das ergibt die Ausgangsnäherungen η_0,

ζ_0, aus denen sich Näherungen $\varphi_0 = \varphi(\eta_0, \zeta_0)$ und $\psi_0 = \psi(\eta_0, \zeta_0)$ errechnen lassen, die als neue Freiglieder des linearen Gleichungssystems Korrekturen $\delta\eta_0$, $\delta\zeta_0$ liefern und damit neue Werte $\eta_1 = \eta_0 + \delta\zeta_0$, $\zeta_1 = \zeta_0 + \delta\zeta_0$. Mit ihnen wiederum errechnet man φ_1, ψ_1 und damit als Freiglieder des Gleichungssystems verbesserte Korrekturen $\delta\eta_1$, $\delta\zeta_1$, die wieder zu den Ausgangsnäherungen η_0, ζ_0 zuzuschlagen sind: $\eta_2 = \eta_0 + \delta\eta_1$, $\zeta_2 = \zeta_0 + \delta\zeta_1$, usw., bis sich die Werte η, ζ nicht mehr ändern, was, wenn die Näherungen u_0, v_0 schon hinreichend gut waren, die Korrekturen η, ζ also klein genug sind, nach wenigen Schritten der Fall sein wird. Gegebenenfalls schaltet man eine rein lineare Rechnung (ohne φ, ψ) vor.

Die Auflösung des Gleichungssystems mit den Koeffizienten g_i, h_i und den verschiedenen Freigliedern geschieht zweckmäßig mit Determinanten, die sich am unten stehenden Rechenschema bei Maschinenrechnen unmittelbar einlesen lassen, wobei nur die zuerst berechnete Nennerdeterminante Δ hingeschrieben zu werden braucht. Man rechnet also:

$$\Delta = \begin{vmatrix} g_1 & g_2 \\ h_1 & h_2 \end{vmatrix},$$

$$\Delta_1 = \begin{vmatrix} g_2 & g_0 \\ h_2 & h_0 \end{vmatrix}, \qquad \eta_0 = \Delta_1 : \Delta, \qquad \Delta_2 = -\begin{vmatrix} g_1 & g_0 \\ h_1 & h_0 \end{vmatrix}, \qquad \zeta_0 = \Delta_2 : \Delta,$$

$$\Delta_1^{(i)} = \begin{vmatrix} g_2 & \varphi_i \\ h_2 & \psi_i \end{vmatrix}, \qquad \delta\eta_i = \Delta_1^{(i)} : \Delta, \qquad \Delta_2^{(i)} = -\begin{vmatrix} g_1 & \varphi_i \\ h_1 & \psi_i \end{vmatrix}, \qquad \delta\zeta_i = \Delta_2^{(i)} : \Delta.$$

Rechenschema:

g_1	g_2	g_0	
h_1	h_2	h_0	
η_0	ζ_0	Δ	φ_0
$\delta\eta_0$	$\delta\zeta_0$	$\leftarrow$	ψ_0
η_1	ζ_1	$\rightarrow$	φ_1
$\delta\eta_1$	$\delta\zeta_1$	$\leftarrow$	ψ_1
η_2	ζ_2		
...			

Wir erläutern das Vorgehen am Beispiel des vorigen Abschnittes, Gl. (58a). Die TAYLOR-Entwicklung verläuft hier mit Hilfe der Additionstheoreme, z. B. bei Mitnahme der quadratischen Glieder:

$$\sin(u_0 + \eta) = \sin u_0 \cos\eta + \cos u_0 \sin\eta$$
$$= \sin u_0 (1 - \eta^2/2) + \eta \cos u_0 \quad \text{usw.}$$

Mit den Abkürzungen $s = \sin u_0$, $c = \cos u_0$, $\mathfrak{S} = \mathfrak{Sin}\, v_0$, $\mathfrak{C} = \mathfrak{Cof}\, v_0$ lautet Koeffizientenschema mit Freigliedern:

$$\begin{array}{cc|l|l} (c\mathfrak{C}-0{,}5) & s\mathfrak{S} & g_0 = s\mathfrak{C} - 0{,}5 u_0 & \varphi(\eta,\zeta) = -\tfrac{1}{2} s\mathfrak{C}(\eta^2-\zeta^2) + c\mathfrak{S}\eta\zeta \\ -s\mathfrak{S} & (c\mathfrak{C}-0{,}5) & h_0 = c\mathfrak{S} - 0{,}5 v_0 & \psi(\eta,\zeta) = -\tfrac{1}{2} c\mathfrak{S}(\eta^2-\zeta^2) - s\mathfrak{C}\eta\zeta\,. \end{array}$$

Der Abb. 1.20 entnehmen wir als rohe Näherungen

$$u_0 = 2\pi + 1{,}3, \qquad v_0 = 2{,}1\,.$$

Eine erste rein lineare Korrektur ergibt $\eta = -0{,}0015$, $\zeta = -0{,}052$ und damit die verbesserten Ausgangswerte

$$u_0 = 2\pi + 1{,}2985, \qquad v_0 = 2{,}048,$$

denen die Daten

$$s = 0{,}963\,1559, \quad \mathfrak{S} = 3{,}811\,6941, \quad \varphi = -1{,}897\,75(\eta^2-\zeta^2) + 1{,}025\,13\eta\zeta,$$

$$c = 0{,}268\,9439, \quad \mathfrak{C} = 3{,}940\,6867, \quad \psi = -0{,}512\,57(\eta^2-\zeta^2) - 3{,}795\,50\eta\zeta$$

entsprechen. Damit verläuft die weitere Rechnung wie folgt:

	η	ζ			
	0,559 8236	3,671 2557	$4{,}6530 \cdot 10^{-3}$		
	−3,671 2557	0,559 8236	$1{,}1319 \cdot 10^{-3}$		
η_0, ζ_0	$0{,}112\,43 \cdot 10^{-3}$	$-1{,}284\,56 \cdot 10^{-3}$	$13{,}791\,52 = \Delta$	$\eta_0^2 - \zeta_0^2 = -1{,}637\,5 \cdot 10^{-6}$	$\varphi_0 = 2{,}960 \cdot 10^{-6}$
$\delta\eta_0, \delta\zeta_0$	$0{,}000\,25 \cdot 10^{-3}$	$-0{,}000\,84 \cdot 10^{-3}$		$\eta_0\zeta_0 = -0{,}144\,4 \cdot 10^{-6}$	$\psi_0 = 1{,}3875 \cdot 10^{-6}$
η, ζ	$0{,}112\,68 \cdot 10^{-3}$	$-1{,}285\,40 \cdot 10^{-3}$			

Die Werte sind bereits nach dem 1. Schritt endgültig.

Endergebnis:

$$u = 2\pi + 1{,}298\,6127,$$

$$v = 2{,}046\,7146.$$

Glücklicherweise interessieren bei transzendenten Gleichungen die komplexen Wurzeln verhältnismäßig selten. Bei algebraischen Gleichungen höheren Grades aber, bei denen gerade die komplexen Wurzeln fast immer von großer praktischer Bedeutung sind (Frequenz und Dämpfung gedämpfter Schwingungsvorgänge), hat man spezielle Methoden entwickelt, nach denen sich die reellen wie die komplexen Wurzeln gleicherweise rein rechnerisch und ohne vorherige Kenntnis von Näherungswerten ergeben, worauf wir in den beiden folgenden § 2 und 3 ausführlich zurückkommen werden.

§ 2 Algebraische Gleichungen: Horner-Schema

2.1 Überblick. Allgemeine Eigenschaften

Eine algebraische Gleichung oder Polynomgleichung n-ten Grades hat die Form

$$a_n x^n + a_{n-1} x^{n-1} + \cdots + a_2 x^2 + a_1 x + a_0 = 0. \tag{1}$$

Da wir das Glied mit x^n ausdrücklich als vorhanden, also den Koeffizienten $a_n \neq 0$ voraussetzen, so können wir diesen höchsten Koeffizienten durch Division mit a_n immer zu Eins machen und die Gleichung weiterhin in der *Normalform* schreiben

$$\boxed{x^n + a_{n-1} x^{n-1} + \cdots + a_2 x^2 + a_1 x + a_0 = 0}\,. \tag{2}$$

Algebraische Gleichungen treten in den Anwendungen sehr häufig auf: als charakteristische Gleichungen linearer Differentialgleichungen oder Differentialgleichungssystemen mit konstanten Koeffizienten, als sogenannte charakteristische Gleichungen von Matrizen oder Matrizenpaaren bei Schwingungs- und sonstigen Eigenwertproblemen diskreter oder kontinuierlicher Systeme, wovon auch in diesem Buche noch mehrfach die Rede sein wird, und bei vielen anderen Problemen. Die Bestimmung ihrer Wurzeln, und zwar sowohl der reellen als auch der komplexen, ist daher von größter praktischer Wichtigkeit.

Während sich die Wurzeln von Gleichungen 3. und 4. Grades — wenn auch mit einigem Aufwand — noch in geschlossener Form von Wurzelausdrücken, ähnlich wie bei quadratischen Gleichungen, darstellen lassen, so ist das bei Gleichungen 5. und höheren Grades, wie der junge Norweger NIELS ABEL (1802—1829) nachwies, im allgemeinen Falle unmöglich. Man ist daher auf Näherungsverfahren angewiesen, wobei gegenüber den im vorigen Paragraphen angeführten Methoden, die uns auch hier wieder begegnen, die Besonderheit hinzutritt, daß in jedem Falle auch etwa vorhandene komplexe Wurzeln gesucht sind.

Die Entwicklung ist in neuerer Zeit wesentlich durch den Einsatz automatischer Rechenanlagen bestimmt worden. Gegenüber dem lange als Standardverfahren geltenden GRAEFFE-Prozeß (vgl. § 3), dessen Programmierung sich als ausgesprochen schwierig erweist, sind neue, auf die Automatenrechnung zugeschnittene Methoden aufgekommen, von denen wir nur eine kleine Auswahl behandeln können[1, 2]. Bevor wir auf Einzelheiten eingehen, seien zunächst die wichtigsten allgemeinen Sätze über die algebraischen Gleichungen und ihre Wurzeln zusammengestellt

---

[1] Zahlreiche weitere Vorgehensweisen findet man in E. DURAND [*4*], Bd. 1.

[2] Ein Vorgehen zur Verallgemeinerung des NEWTON-Verfahrens zur automatischen Lösung allgemeiner komplexwertiger Gleichungen $f(z) = 0$ gibt KH. NASITTA: Z. angew. Math. Mech. Bd. **44** (1964) S. 57—63.

und anschließend das bedeutsamste Hilfsmittel für das Arbeiten mit Polynomgleichungen, das *Hornersche Schema* und seine Verwendung zur Bestimmung der reellen Wurzeln behandelt.

Der sogenannte ***Fundamentalsatz der Algebra***, der seine grundlegende Bedeutung schon in der Bezeichnung dokumentiert, besagt, daß ein Polynom n-ten Grades ($n \geqq 1$) mindestens eine Nullstelle besitzt, woraus dann weiter folgt, daß jede algebraische Gleichung n-ten Grades genau n Wurzeln besitzt, wenn man außer den reellen auch die komplexen mitrechnet und mehrfache Wurzeln entsprechend ihrer Vielfachheit zählt (erster strenger Beweis 1799 durch C. F. GAUSS in seiner Helmstedter Dissertation). Anders ausgedrückt: Jedes Polynom n-ten Grades von der Form der linken Seite von Gl. (2) läßt sich, gegebenenfalls unter Zuhilfenahme komplexer Zahlenwerte x_i, in n lineare Faktoren $x - x_1$, $x - x_2, \ldots, x - x_n$ zerlegen gemäß

$$\boxed{\begin{aligned} y(x) &= x^n + a_{n-1}x^{n-1} + \cdots + a_2x^2 + a_1x + a_0 \\ &= (x - x_1)(x - x_2)\ldots(x - x_n) \end{aligned}}, \tag{3}$$

wobei $x_1, x_2, \ldots, x_n$ die n reellen oder komplexen Wurzeln der Polynomgleichung (2) sind. Eine Wurzel x_i heißt dabei p_i-fach, wenn in der Zerlegung (3) der Faktor $x - x_i$ genau p_i-mal vorkommt. In diesem Falle verschwinden, wie man leicht zeigen kann, außer $y(x_i)$ auch noch die $p_i - 1$ ersten Ableitungen für $x = x_i$, während die p_i-te Ableitung von Null verschieden ist:

$$y(x_i) = y'(x_i) = \ldots = y^{(p_i-1)}(x_i) = 0, \quad y^{(p_i)}(x_i) \neq 0 \tag{4}$$

für eine p_i-fache Wurzel x_i.

Aus der Zerlegung in Linearfaktoren folgen durch Koeffizientenvergleich die bekannten *Vietaschen Wurzelsätze*

$$\boxed{\begin{aligned} x_1 + x_2 + \cdots + x_n &= -a_{n-1} && (5.1)\\ x_1x_2 + x_1x_3 + \cdots + x_{n-1}x_n &= a_{n-2} && (5.2)\\ \cdots\cdots\cdots\cdots & && \ldots\\ x_1x_2\ldots x_n &= (-1)^n a_0 && (5.n) \end{aligned}}.$$

Diese Gleichungen, insbesondere die erste und letzte, können oft vorteilhaft als Kontrollen benutzt werden. Für die quadratische Gleichung

$$x^2 + ax + b \equiv (x - x_1)(x - x_2)$$

erhält man die bekannten Beziehungen

$$\left.\begin{aligned} x_1 + x_2 &= -a, \\ x_1 x_2 &= b. \end{aligned}\right\}$$

Der Fall durchweg reeller Wurzeln x_i bedarf keiner weiteren Erläuterung. Im Falle *komplexer Wurzeln* ist zunächst leicht zu zeigen, daß, falls unsere Gl. (1) bzw. (2) *nur reelle Koeffizienten* a_i aufweist, was wir als die Regel ansehen dürfen, die Gleichung zu einer komplexen Wurzel

$$x_1 = u + i\,v$$

stets auch die konjugiert komplexe Wurzel

$$x_2 = u - i\,v$$

besitzt. Denkt man sich nämlich in die Gleichung das eine Mal die Wurzel x_1, ein zweites Mal den zu ihr konjugierten Wert x_2 eingesetzt, so bedeutet das Überwechseln von x_1 zu x_2 den Übergang zu konjugierten Größen für den Ausdruck insgesamt, da die als reell angenommenen Koeffizienten a_i sich ja hierbei nicht ändern. Da der Wert des Polynoms für x_1 aber Null war und da auch die Null zu sich selbst konjugiert ist, so nimmt das Polynom auch für x_2 den Wert Null wieder an, mit anderen Worten, auch x_2 ist eine Wurzel der Gleichung. Komplexe Wurzeln treten also stets *paarweise konjugiert* auf, wie uns dies von den quadratischen Gleichungen her ja ganz geläufig ist. Bei algebraischen Gleichungen mit *nichtreellen Koeffizienten* braucht dies nach der oben angestellten Überlegung aber nicht mehr so zu sein, wie ein Beispiel zeigen mag. Die quadratische Gleichung mit nichtreellen Koeffizienten

$$x^2 + 6i\,x + 7 = 0$$

hat nach

$$x_{1,2} = -3i \pm \sqrt{-9-7} = -3i \pm 4i$$

die beiden rein imaginären, jedoch nicht mehr zueinander konjugierten Wurzeln $x_1 = i$, $x_2 = -7i$. Die VIETAschen Wurzelsätze treffen natürlich auch hier noch zu. — Indessen kommen Gleichungen mit komplexen Koeffizienten nicht so oft vor, und wir werden im folgenden die Koeffizienten a_i stets ausdrücklich als reell voraussetzen.

Im Falle konjugiert komplexer Wurzelpaare lassen sich die zugehörigen Linearfaktoren zu einem einzigen *reellen Quadratfaktor* zusammenfassen:

$$(x - u - iv)\,(x - u + iv) = x^2 - 2u\,x + u^2 + v^2 = x^2 + s\,x + p \quad (6)$$

$$\text{mit} \quad s = -2u, \quad p = (u^2 + v^2) = r^2.$$

Damit läßt sich jedes Polynom n-ten Grades ($n > 1$) mit reellen Koeffizienten in ein Produkt *reeller linearer oder quadratischer Faktoren* zerlegen, während bei der Zerlegung durchweg in Linearfaktoren auch komplexe Faktoren zuzulassen sind.

Die Größenordnung der Wurzelbeträge $|z_j|$ oder besser des maximalen Betrages hängt begreiflicherweise von der Größenordnung der Koeffizienten a_k ab. Eine ganz einfache und nützliche Abschätzung lautet

$$\text{mit} \quad \boxed{\begin{aligned} |z_j| &< 1 + A \\ A &= \operatorname*{Max}_k |a_k| \end{aligned}} \quad a_n = 1. \tag{7}$$

Alle — reellen und komplexen — Wurzeln z_j liegen also in der komplexen Zahlenebene innerhalb des Kreises um 0 mit Radius $1 + A$. Der einfache Beweis verläuft so: Durch Division von (2) durch z^{n-1} erhält man

$$z = -a_{n-1} - a_{n-2}/z - \cdots - a_0/z^{n-1}$$

und daraus durch Übergang auf die Beträge und Ersatz von $|a_k|$ durch $A \geqq |a_k|$:

$$|z| \leqq A[1 + 1/|z| + \cdots + 1/|z|^{n-1}].$$

Sofern $|z| \leqq 1$, gilt (7) ohnehin. Falls $|z| > 1$, dürfen wir weiter die geometrische Reihe verwenden:

$$|z| < A[1 + 1/|z| + 1/|z|^2 + \cdots] = A \frac{1}{1 - 1/|z|},$$

$$|z| - 1 < A \quad \text{oder} \quad |z| < 1 + A.$$

2.2 Das Horner-Schema

Ist von einer algebraischen Gleichung der Form (1) oder (2) eine Wurzel, sagen wir x_0, irgendwie bekannt, so weiß man nach dem soeben Erörterten, daß das Polynom den Linearfaktor $x - x_0$ enthält. Es muß also durch diesen Faktor ohne Rest teilbar und das Ergebnis der Division muß ein Polynom vom Grade $n - 1$ sein. Mit jeder bekannten Wurzel läßt sich somit der Grad der Polynomgleichung durch Dividieren mit dem betreffenden Linearfaktor um Eins erniedrigen. Diese Division kann nun in einem besonderen Schema, dem sogenannten HORNERschen Schema[1], mit einem Minimum an Schreibarbeit durchgeführt werden. Wir wollen es uns am Beispiel eines Polynoms 4. Grades klarmachen, wo alles Wesentliche hervortritt. Und zwar wollen wir etwas allgemeiner nicht durch den im Polynom enthaltenen Linearfaktor $x - x_0$ einer

[1] HORNER, W. G.: Phil. Transactions Bd. I (1819) S. 308—333.

Wurzel x_0, sondern durch den allgemeineren Linearausdruck $x - a$ bei beliebigem Zahlenwert a dividieren. Dabei kann die Division im allgemeinen natürlich nicht aufgehen, wenn nicht a zufällig eine Wurzel der Polynomgleichung ist; es bleibt vielmehr ein Divisionsrest, wie wir sogleich sehen. Wir führen die Division zunächst in der üblichen Weise ähnlich der bekannten Zahlendivision durch. Die Rechnung lautet für unser Beispiel, bei dem wir den höchsten Koeffizienten, hier also a_4, nicht notwendig gleich Eins zu setzen brauchen:

$$
\begin{array}{l}
(a_4 x^4 + a_3 x^3 + a_2 x^2 + a_1 x + a_0) : (x - a) \\
\qquad = a_4 x^3 + a_3' x^2 + a_2' x + a_1' + \frac{A_0}{x - a} \\
-)\ \underline{a_4 x^4 - a a_4 x^3} \\
\qquad a_3' x^3 + a_2 x^2 \\
\qquad -)\ \underline{a_3' x^3 - a a_3' x^2} \\
\qquad\qquad a_2' x^2 + a_1 x \\
\qquad\qquad -)\ \underline{a_2' x^2 - a a_2' x} \\
\qquad\qquad\qquad a_1' x + a_0 \\
\qquad\qquad\qquad -)\ \underline{a_1' x - a a_1'} \\
\qquad\qquad\qquad\qquad a_0' = A_0 .
\end{array}
$$

Hierin haben wir zur Abkürzung gesetzt:

$$
\begin{aligned}
a_3 + a a_4 &= a_3', \\
a_2 + a a_3' &= a_2', \\
a_1 + a a_2' &= a_1', \\
a_0 + a a_1' &= a_0' = A_0.
\end{aligned}
$$

Mehr als diese vier Zahlen aber hätte man für den Divisionsvorgang offenbar gar nicht gebraucht, und die in ihnen enthaltene Rechnung läßt sich sehr einfach in folgendem Schema durchführen:

$$
\begin{array}{c|ccccc}
 & a_4 & a_3 & a_2 & a_1 & a_0 \\
x = a: & -- & a a_4 & a a_3' & a a_2' & a a_1' \\
\hline
 & a_4 & a_3' & a_2' & a_1' & \boxed{a_0' = A_0}
\end{array}
$$

Man schreibt also die Koeffizienten a_ν des Polynoms in absteigender Folge der x-Potenzen hintereinander, wobei man natürlich etwa fehlende x-Potenzen durch den Koeffizienten Null berücksichtigen muß, und geht dann, jeweils mit dem Faktor a multiplizierend, in der durch Pfeile angedeuteten Weise vor. Dann erscheinen unter dem Trennstrich die neuen Koeffizienten a_ν' des reduzierten Polynoms (hier vom 3. Grade) und als letzter Koeffizient $a_0' = A_0$ der Divisionsrest.

Wir stellen den Divisionsvorgang nun noch einmal formelmäßig dar, wobei wir gleich ein allgemeines Polynom $f(x)$ vom n-ten Grade zugrunde legen. Es ist dann

$$f(x) : (x - a) = f_1(x) + A_0 : (x - a),$$

wenn wir mit $f_1(x)$ das reduzierte Polynom $(n - 1)$-ten Grades bezeichnen. Hierfür kann man nach Multiplikation mit $(x - a)$ auch schreiben:

$$\boxed{f(x) = f_1(x)\,(x - a) + A_0}\,. \tag{8}$$

Setzen wir nun hier $x = a$, so folgt sogleich

$$\boxed{f(a) = A_0}\,. \tag{9}$$

Die Schlußzahl des mit $x = a$ gebildeten HORNER-Schemas ist also gleich dem Polynomwert $f(a)$, ein bemerkenswertes Ergebnis. Denn hiermit haben wir ein sehr bequemes Verfahren zur Berechnung von Polynomwerten, bei dem die x-Potenzen stufenweise gebildet und, gleich mit den Koeffizienten versehen, addiert werden. Am Beispiel des Polynoms 4. Grades sehen wir dies auch unmittelbar ein. Es ist

$$\begin{aligned} f(a) &= a_4\, a^4 + a_3\, a^3 + a_2\, a^2 + a_1\, a + a_0 \\ &= \{[(a_4\, a + a_3)\, a + a_2]\, a + a_1\}\, a + a_0, \end{aligned}$$

und dabei ist

$$\begin{aligned} (\ldots) &= a_3', \\ [\ldots] &= a_2', \\ \{\ldots\} &= a_1' \end{aligned}$$

und das Ganze schließlich $a_0' = A_0 = f(a)$.

Ist $x = a$ überdies eine *Wurzel* der Polynomgleichung, also $f(a) = 0$, so verschwindet die Schlußzahl A_0 und damit der Divisionsrest. Die Division durch den Linearfaktor $x - a$ mit a als Wurzel geht ohne Rest auf, wie es nach der Linearfaktor-Zerlegung ja sein muß.

Beispiel: Der Wert des Polynoms $f(x) = 3\,x^5 - 2\,x^4 + x^2 - 7x - 4$ soll für die beiden x-Werte $x = 2$ und $x = -1$ berechnet werden. Man erhält im HORNER-Schema:

	3	-2	0	1	-7	-4
$x = 2$:	—	6	8	16	34	54
	3	4	8	17	27	50
$x = -1$:	—	-3	5	-5	4	3
	3	-5	5	-4	-3	-1

Ergebnis: $f(2) = 50$, $f(-1) = -1$.

Rechentechnisch hat man beim HORNER-Schema die Annehmlichkeit, daß man mit festbleibendem Faktor zu multiplizieren hat, beim Arbeiten mit dem Rechenschieber also mit fester Zungenstellung rechnen kann. Auch beim Rechnen mit der Maschine kann man den Faktor a im Einstellwerk stehenlassen. Empfehlenswerter ist beim Maschinenrechnen allerdings, vor jeder Multiplikation den jeweils zu addierenden Koeffizienten a_ν ins Resultatwerk zu bringen und dann das Ergebnis der Multiplikation $a \cdot a'_{\nu+1}$ gleich hinzulaufen zu lassen, wodurch man die Additionen wie auch das Anschreiben der Mittelzeile einspart.

Mit Hilfe des HORNER-Schemas kann man durch überschlägiges Rechnen mit geringer Stellenzahl rasch einen Überblick über den Verlauf der Funktion $y = f(x)$ und damit auch über die Lage etwaiger Nullstellen gewinnen. Man kann diese dann eingabeln nach dem in § 1.6 geschilderten Verfahren und auf diese Weise die reellen Nullstellen der Polynomgleichung bequem bestimmen. Doch werden wir in den beiden folgenden Abschnitten noch einen anderen, etwas handlicheren Weg kennenlernen.

2.3 Das vollständige Horner-Schema

Das soeben beschriebene HORNERsche Schema läßt sich in der folgenden Weise fortsetzen, wobei wir jetzt das Schema in allgemeiner Form für Gleichungen n-ten Grades schreiben wollen:

$$\begin{array}{lllllllll}
f(x) & a_n & a_{n-1} & a_{n-2} & \cdots & a_3 & a_2 & a_1 & a_0 \\
 & - & a a_n & a a'_{n-1} & \cdots & a a'_4 & a a'_3 & a a'_2 & a a'_1 \\ \hline
f_1(x) & a_n & a'_{n-1} & a'_{n-2} & \cdots & a'_3 & a'_2 & a'_1 & \boxed{a'_0 = A_0} \\
 & - & a a_n & a a''_{n-1} & \cdots & a a''_4 & a a''_3 & a a''_2 & \\ \hline
f_2(x) & a_n & a''_{n-1} & a''_{n-2} & \cdots & a''_3 & a''_2 & \boxed{a''_1 = A_1} & \\
 & - & a a_n & a a'''_{n-1} & \cdots & a a'''_4 & a a'''_3 & & \\ \hline
f_3(x) & a_n & a'''_{n-1} & a'''_{n-2} & \cdots & a'''_3 & \boxed{a'''_2 = A_2} & & \\
\cdots & \cdots & \cdots & \cdots & \cdots & \cdots & & &
\end{array}$$

Man setzt also

$$a_\nu + a \cdot a'_{\nu+1} = a'_\nu,$$

$$a'_\nu + a \cdot a''_{\nu+1} = a''_\nu,$$

$$\cdots\cdots\cdots$$

Das Schema wird fortgesetzt bis auf die letzte Zeile mit dem einzigen Element $a_n = A_n$.

Diesem Schema entsprechen nach den Überlegungen des vorigen Abschnittes die folgenden fortgesetzten Divisionen, geschrieben in der

Form der Gl. (8):

$$\left.\begin{array}{ll|l} f(x) &= f_1(x)\,(x-a) + A_0 & \\ f_1(x) &= f_2(x)\,(x-a) + A_1 & \cdot\,(x-a) \\ f_2(x) &= f_3(x)\,(x-a) + A_2 & \cdot\,(x-a)^2 \\ \ldots & \ldots\ldots\ldots & \ldots \\ f_{n-1}(x) &= f_n(x)\,(x-a) + A_{n-1} & \cdot\,(x-a)^{n-1} \\ f_n(x) &= \qquad\qquad A_n & \cdot\,(x-a)^n \end{array}\right\} \qquad (10)$$

Einsetzen der letzten dieser Gleichungen in die vorletzte, der vorletzten wieder in die vorvorletzte usw. bis schließlich der zweiten Gleichung in die erste ergibt für das Polynom $f(x)$ den Ausdruck

$$\boxed{\begin{aligned} f(x) = A_0 + A_1(x-a) + A_2(x-a)^2 + \cdots \\ + A_{n-1}(x-a)^{n-1} + A_n(x-a)^n \end{aligned}} \qquad (11)$$

oder kürzer

$$\boxed{f(x) = g(z) = A_0 + A_1 z + A_2 z^2 + \cdots + A_{n-1} z^{n-1} + A_n z^n} \qquad (12)$$

mit

$$\boxed{\begin{aligned} z &= x - a \\ x &= z + a \end{aligned}}\,. \qquad (13)$$

Dies aber ist nichts anderes als das auf die neue Veränderliche $z = x - a$ transformierte Polynom, das man aus dem alten auch dadurch gewinnt, daß man in ihm $x = z + a$ einsetzt, alle x-Potenzen ausrechnet und nach Potenzen von z neu ordnet. Das Ganze aber ist gleichbedeutend mit einer Achsenverschiebung in x-Richtung um die Strecke a (vgl. Abb. 2.1).

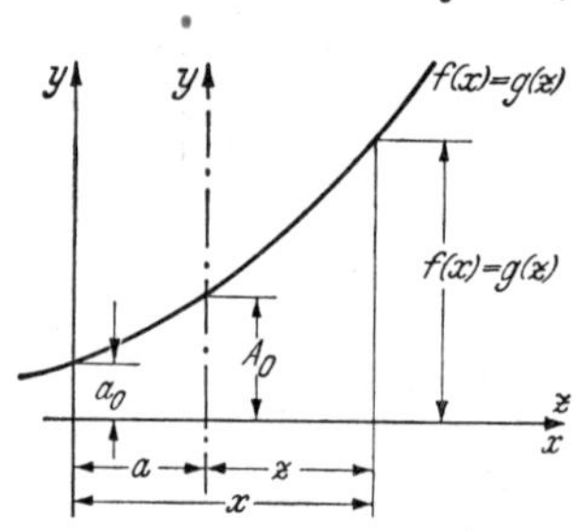

Abb. 2.1
Achsenverschiebung $x = z + a$

Andererseits aber stellt (11) ja eine *Taylor-Entwicklung* des Polynoms $f(x)$ an der Entwicklungsstelle $x = a$ dar, also an der Stelle $z = 0$. In ihrer gewöhnlichen Schreibweise lautet diese Entwicklung:

$$\boxed{\begin{aligned} f(x) = f(a) + \frac{1}{1!} f'(a)(x-a) + \frac{1}{2!} f''(a)(x-a)^2 + \cdots \\ + \frac{1}{n!} f^{(n)}(a)(x-a)^n \end{aligned}}\,. \qquad (14)$$

Ein Vergleich der beiden Ausdrücke (11) und (14) ergibt somit für die Schlußzahlen $A_0, A_1, \ldots, A_n$ des oben beschriebenen vollständigen HORNER-Schemas, gebildet für den Wert $x = a$, die Beziehungen

$$\boxed{\begin{aligned} A_0 &= f(a) \\ A_1 &= \frac{1}{1!} f'(a) \\ A_2 &= \frac{1}{2!} f''(a) \\ &\ldots\ldots\ldots \\ A_n &= \frac{1}{n!} f^{(n)}(a) \end{aligned}} \quad . \tag{15}$$

Die Schlußzahlen A_ν des vollständigen HORNER-Schemas für $x = a$ sind also die *Taylor-Koeffizienten*, d. h. die durch $\nu!$ dividierten *ν-ten Ableitungen* des Polynoms, gebildet an der Stelle $x = a$.

Mit der Rechenmaschine arbeitet man hier zweckmäßig so, daß man jeweils alle *untereinander* stehenden Koeffizienten durch Auflaufenlassen bildet, da hierbei der geringste Genauigkeitsverlust infolge Abrundungen eintritt.

Beispiel: Das Polynom $f(x) = 2x^3 - x^2 + 3x - 5$ soll durch $x = z + 2$ auf die neue Veränderliche $z = x - 2$ umgeschrieben werden. Entwicklung an der Stelle $z = 0$, also $x = 2$:

	2	−1	3	−5
$x = 2$:	—	4	6	18
	2	3	9	13
	—	4	14	
	2	7	23	
	—	4		
	2	11		

Das transformierte Polynom lautet:

$$g(z) = 2z^3 + 11z^2 + 23z + 13.$$

2.4 Newtonsche Wurzelverbesserung

Das Auftreten der Ableitungen im fortgesetzten HORNER-Schema ermöglicht in einfacher Weise die Verbesserung eines Näherungswertes x_0 für eine Wurzel $\bar{x}$ nach der Methode von NEWTON. Dabei denken wir zunächst an eine reelle Nullstelle $\bar{x}$ (die wir überdies als einfach voraussetzen wollen, $y' \neq 0$), obgleich alle Rechnungen auch für komplexes x_0, nur dann mit komplexen Zahlen durchführbar sind. Indessen werden wir für komplexe Werte x das HORNER-Schema noch in geeigneter Weise abwandeln, um das lästige Rechnen mit komplexen Zahlen ganz zu vermeiden (vgl. § 2.8, S. 66). Für den verbesserten Wurzelwert x_1

ergibt sich nach NEWTON:

$$x_1 = x_0 - \frac{y_0}{y_0'} = x_0 - \frac{A_0}{A_1}, \tag{16}$$

wozu man zwei Schritte des HORNER-Schemas an der Stelle $x = x_0$ für das Polynom $y = f(x)$ mit $y_0 = f(x_0)$, $y_0' = f'(x_0)$ benötigt. Aber auch das verfeinerte NEWTON-Verfahren aus § 1.4 mit Berücksichtigung der höheren Ableitungen ist ohne weiteres durchführbar. Mit

$$\boxed{\bar{x} = x_0 + \delta} \tag{17}$$

ergibt die TAYLOR-Entwicklung an der Stelle x_0:

$$f(\bar{x}) = 0 = A_0 + \underline{A_1 \delta} + A_2 \delta^2 + \cdots + A_n \delta^n. \tag{18}$$

Lösen wir nun nach dem unterstrichenen Gliede $A_1 \delta$ auf unter Division durch A_1 und schreiben zur Abkürzung

$$\alpha_\nu = \frac{A_\nu}{A_1}, \tag{19}$$

so erhalten wir für die Korrektur δ die Formel

$$\boxed{\delta = -\alpha_0 - \alpha_2 \delta^2 - \alpha_3 \delta^3 - \cdots - \alpha_n \delta^n}\,. \tag{20}$$

Man rechnet dabei iterativ, d. h. vernachlässigt zunächst auf der rechten Seite die Potenzen von δ, beginnt also mit

$$\delta_0 = -\alpha_0, \tag{16'}$$

was mit der einfachen NEWTON-Verbesserung (16) übereinstimmt. Diesen Wert setzt man dann in (20) rechts ein und erhält einen verbesserten Wert δ_1, den man wiederum in (20) rechts einsetzt, um δ_2 zu erhalten usf., bis sich der δ-Wert im Rahmen der erwünschten Stellenzahl nicht mehr ändert. Ist x_0 nahe genug beim wahren Wurzelwert $\bar{x}$ gelegen, ist also δ klein genug, so konvergiert dieser Prozeß sehr rasch. Ist x_0 nur roh bekannt, so verbessert man zunächst nach (16) vor, bevor man die Formel (20) höherer Annäherung verwendet. Dann genügen meist nur wenige Glieder in (20), etwa δ^2 und δ^3, und man braucht dann das HORNER-Schema auch nur bis zu A_2 und A_3 durchzuführen. Vgl. hierzu die folgenden Beispiele.

Das Ganze ist nichts weiter als die Anwendung des Iterationsverfahrens aus § 1.6, S. 24, auf eine algebraische Gleichung $f(x) = 0$, nachdem man diese zuvor durch Achsenverschiebung so umtransformiert hat, daß die neue Wurzel $\delta = \bar{x} - x_0$ klein wird, so daß die Ableitung $\varphi'(\delta)$ der rechten Seite $\varphi(\delta)$ von (20) dem Betrage nach klein wird.

Beispiel: Gesucht sind die reellen Wurzeln der Gleichung

$$f(x) = 3x^5 - 2x^4 + x^2 - 7x - 4 = 0.$$

Es ist offenbar

$$f(0) = -4, \quad f(\infty) = +\infty, \quad f(-\infty) = -\infty.$$

Es gibt also sicher eine positive reelle Wurzel. Wir berechnen mit dem HORNER-Schema einige Funktionswerte wie folgt:

	3	−2	0	1	−7	−4
$x = 1$:	—	3	1	1	2	−5
	3	1	1	2	−5	−9
$x = 2$:	—	6	8	16	34	54
	3	4	8	17	27	50
$x = -1$:	—	−3	5	−5	4	3
	3	−5	5	−4	−3	−1
$x = -2$:	—	−6	16	−32	62	−110
	3	−8	16	−31	55	−114

Durch Aufzeichnen des Funktionsverlaufes vermutet man reelle Nullstellen bei

$$x_1 \approx +1{,}5,$$
$$x_2 \approx -1,$$
$$x_3 \approx -0{,}5.$$

Wir verbessern zunächst x_1 roh:

	3	−2	0	1	−7	−4
$x = 1{,}5$:	—	4,5	3,75	5,625	9,938	4,407
	3	2,5	3,75	6,625	2,938	0,407
	—	4,5	10,50	21,375	42,000	
	3	7,0	14,25	28,000	44,938	

$$\delta = -0{,}00906, \quad x_0 = 1{,}491.$$

Mit diesem Wert erfolgt die genauere Rechnung:

1,491:	3	−2	0	1	−7	−4
	3	2,473	3,687243	6,497679	2,688039	0,007866
	3	6,946	14,043729	27,436879	43,596426	
	3	11,419	31,069458	73,761441		

$$0 = 0{,}007866 + 43{,}596426\,\delta + 73{,}761441\,\delta^2$$

$$\delta = -0{,}00018043 - 1{,}692\,\delta^2$$

$$= -0{,}00018043$$
$$-0{,}00000006$$

$$= -0{,}00018049 \qquad x_1 = 1{,}4908195$$

Einsetzen dieses Wertes in $f(x)$ ergibt:

3	−2	0	1	−7	−4
3	2,4724585	3,6859893	6,4951447	2,6830884	0,0000005

Der verbleibende Fehler ist demnach $\approx 0{,}1 \cdot 10^{-7}$ (mit $y' \approx 44$), also unterhalb der mitgeführten Stellenzahl.

Für die *zweite Wurzel* kann man auf das reduzierte Polynom 4. Grades zurückgreifen, dessen Koeffizienten im letzten HORNER-Schema mit x_1 dastehen. Für die Vorverbesserung benutzen wir lieber das Ausgangspolynom mit den bequemeren ganzzahligen Koeffizienten. Da wir mit den beiden anderen Wurzeln in der Nähe von Extremstellen liegen, führen wir hier auch die Vorverbesserung schon unter Mitnahme des quadratischen Gliedes durch:

	3	−2	0	1	−7	−4
$x = -1$	—	−3	5	−5	4	3
	3	−5	5	−4	−3	−1
	—	−3	8	−13	17	
	3	−8	1	−17	14	
	—	−3	11	−24		
	3	−11	24	−41		

Damit (Rechenschieberrechnung!):

$$0 = -1 + \underline{14\,\delta} - 41\,\delta^2$$

$$\delta = 0{,}0715 + 2{,}93\,\delta^2$$

$$= 0{,}0715 + 0{,}0293 = 0{,}100$$

$$\underline{x_2 = -0{,}900}$$

Die genauere Rechnung schließen wir an das reduzierte Polynom 4. Grades vom letzten HORNER-Schema für x_1 an:

$x = -0{,}900$:	3	2,4724585	3,6859893	6,4951447	2,6830884
	3	−0,2275415	3,8907767	2,9934457	−0,0110127
	3	−2,9275415	6,5255640	−2,8795619	
	3	−5,6275415	11,5903514		
	3	−8,3275415			

$$0 = -0{,}011\,0127 - \underline{2{,}879\,5619\,\delta} + 11{,}59035\,\delta^2 - 8{,}328\,\delta^3$$

$$\delta = -0{,}0038244 + 4{,}02504\,\delta^2 - 2{,}89\,\delta^3$$

$\delta = -0{,}0038244$	$-0{,}0038244$	$-0{,}0038244$
$+0{,}0000589$	$+0{,}0000571$	$+0{,}0000571$
$+0{,}0000002$	2	2
$-0{,}0037653$	$-0{,}0037671$	

$$\delta = -0{,}0037671, \qquad \underline{x_2 = -0{,}9037671}$$

Einsetzen ergibt:

3	2,4724585	3,6859893	6,4951447	2,6860884
3	−0,2388428	3,9018476	2,9687832	−0,0000002

3. Wurzel: $x_3 \approx -0{,}5$

	3	−2	0	1	−7	−4
$x = -0{,}5$:	—	−1,5	1,75	−0,875	−0,0625	3,5313
	3	−3,5	1,75	0,125	−7,0625	−0,4687
	—	−1,5	2,50	−2,125	1,0000	
	3	−5,0	4,25	−2,000	−6,0625	
	—	−1,5	3,25	−3,750		
	3	−6,5	7,50	−5,750		

$$0 = -0{,}4687 - 6{,}0625\,\delta - 5{,}75\,\delta^2$$

$$\delta = -0{,}0775 - 0{,}950\,\delta^2$$

$$= -0{,}0775 - 0{,}0067 = -0{,}0842$$

$$x_3 = -0{,}584$$

−0,584	3	−0,2388428	3,9018476	2,9687832
	3	−1,9908428	5,0644998	0,0111153
	3	−3,7428428	7,2503200	
	3	−5,494842		

$$0 = 0{,}0111153 + 7{,}25032\,\delta - 5{,}49484\,\delta^2$$

$$\delta = -0{,}00153308 + 0{,}75788\,\delta^2$$

$$= -0{,}00153308$$

$$+0{,}00000178$$

$$= -0{,}00153130 \qquad x_3 = -0{,}5855313$$

Einsetzen ergibt:

3	−0,2388428	3,9018476	2,9687832
3	−1,9954367	5,0702382	0,0000000

Es bleibt die quadratische Gleichung

$$3x^2 - 1{,}9954367\,x + 5{,}0702382 = 0$$

$$x^2 - 0{,}6651456\,x + 1{,}6900794 = 0$$

$$x_{4,5} = 0{,}3325728 \pm 1{,}2567716\,i$$

Damit lauten die 5 Wurzeln der Gleichung 5. Grades:

$$x_1 = 1{,}4908195$$

$$x_2 = -0{,}9037671$$

$$x_3 = -0{,}5855313$$

$$x_{4,5} = 0{,}3325728 \pm 1{,}2567716\,i.$$

Probe nach VIETA: $x_1 + x_2 + x_3 + x_4 + x_5 = 0{,}6666667 = \frac{2}{3}$.

2.5 Automatische Durchführung bei nur reellen Wurzeln

Nicht selten treten Polynomgleichungen auf, bei denen man von vornherein weiß, daß sämtliche Wurzeln reell sind. Wir denken sie uns in absteigender Größe geordnet[1]:

$$x_1 > x_2 > \cdots > x_n.$$

Hierfür gestaltet sich die automatische Durchführung des NEWTON-Verfahrens besonders einfach, indem man einen Ausgangswert x rechts von x_1 wählt, $x > x_1$. Dann liegt die gesamte Folge der NEWTON-Näherungen rechts von x_1, die Wurzel wird von oben her angenähert. Als Ausgangswert im ersten Schritt dient die am Schluß von 2.1 angegebene Wurzelschranke $A + 1$ mit $A = \mathrm{Max}|a_j/a_n|$. Hat man x_1 ermittelt, so sind die Koeffizienten b_j des HORNER-Schemas die des nach Division durch $x - x_1$ reduzierten Polynoms, und als Ausgangswert für x_2 verwendet man x_1 usf. Auf diese Weise lassen sich die Wurzeln der Reihe nach in absteigender Größe ermitteln. Wir geben nachstehendes ALGOL-Programm, das wir dem Leser zum Durcharbeiten empfehlen.

```
begin comment NEWTON-Iteration für Polynomgleichungen mit nur
              reellen Wurzeln;
      integer n;
Start: lies (n);
      begin array   a, b[0 : n], c[1 : n];
            real    x, dx, eps, AA;
            integer j, k;
      lies (a); AA := 0;
      for j := 0  step 1  until n - 1  do
      begin if abs(a[j]) > AA then AA := abs(a[j]) end;
      AA := AA/abs(a[n]);    x := AA + 1;    eps := x * ₁₀ - 6;
      comment Aufsuchen von AA = Max|a_j/a_n|. Anfangswert
              x = AA + 1. Setzen der Schranke eps;
A 1:  c[n] := b[n] := a[n];    k := 0;
IT:   for j := n - 1 step -1 until 1 do
      begin b[j] := a[j] + x * b[j + 1];
            c[j] := b[j] + x * c[j + 1] end;
            b[0] := a[0] + x * b[1];
```

[1] Das Verfahren ist zwar theoretisch auch bei Mehrfachwurzeln anwendbar. Unter Einfluß von Rundungsfehlern können sich diese aber in komplexe Wurzelpaare mit kleinem Imaginärteil umwandeln, wobei die Rechnung versagen würde. Die Wurzeln seien also als genügend verschieden vorausgesetzt.

```
        if c[1]/a[n] ≦ 0 then
           begin schreibe ('Nichtkonv'); goto Start end;
        dx := −b[0]/c[1];   x := x + dx;
        if abs(dx) < eps then begin k := k + 1;
           if k ≦ 2 then goto IT
                         else goto DR end zweimalige Nachiteration;
        goto IT;
  DR:   drucke (n, x);
        for j := 0 step 1 until n − 1 do a[j] := b[j + 1];
        n := n − 1; comment Bereitstellen der Koeffizienten des redu-
                             zierten Polynoms;
        if n > 1 then goto A 1;
        x := −a[0]/a[1];   drucke (1, x);   goto Start
        end
  end
```

Bevor wir die auf dem HORNER-Schema beruhenden Lösungswege weiter ausbauen, sei in den beiden folgenden — für das Verständnis des Späteren übrigens nicht erforderlichen — Abschnitten das im wesentlichen auf Rechnen von Hand abgestellte Vorgehen bei Gleichungen 3. und 4. Grades beschrieben. Mit den letzteren sind dann auch noch solche 5. Grades angreifbar, die sich ja durch Abspalten einer stets vorhandenen reellen Wurzel auf Gleichungen 4. Grades reduzieren lassen.

* 2.6 Kubische Gleichung

Jede der zahlreichen Lösungswege für die kubische Gleichung geht nicht unmittelbar von der allgemeinen Gleichung in ihrer ursprünglichen Form

$$\boxed{x^3 + a\,x^2 + b\,x + c = 0} \tag{21}$$

aus, sondern von der sogenannten ***reduzierten*** *Gleichung*

$$\boxed{z^3 + pz + q = 0}\,, \tag{22}$$

also einer speziellen kubischen Gleichung, bei der das quadratische Glied fehlt. Eine solche Reduktion der Gleichung, die, falls die Gleichung nicht schon in dieser oder einer ähnlichen einfachen Sonderform vorliegt, dem eigentlichen Auflösungsprozeß voranzugehen hat, wird herbeigeführt durch die Substitution

$$\boxed{x = z - \frac{a}{3}}\,, \tag{23}$$

also eine Achsenverschiebung, die, wie in § 2.3 gezeigt, leicht mit Hilfe des vollständigen HORNER-Schemas durch Entwickeln an der Stelle $x = -a/3$ durchführbar ist. Die Berechnung der neuen Koeffizienten p und q verläuft also wie im folgenden angedeutet:

1	a	b	c
—	$-a/3$	*	*
1	$2a/3$	*	q
—	$-a/3$	*	
1	$a/3$	p	
—	$-a/3$		
1	0		

Die neuen Koeffizienten 1, 0, p, q erscheinen als die Schlußzahlen des HORNER-Schemas, aus dem auch zu ersehen ist, wieso gerade die Substitution (23) auf die Null als Koeffizient bei z^2 führt. Allgemein erkennt man, daß bei jeder Gleichung n-ten Grades die $(n-1)$-te Potenz durch $x = z - a/n$ beseitigt werden kann.

Die reduzierte Form (22) ist durch

$$z^3 = -pz - q \tag{22a}$$

in einfacher Weise graphisch lösbar. Die reellen Wurzeln ergeben sich als die Schnittpunkte der kubischen Parabel $y_1 = z^3$ mit einer geraden Linie $y_2 = -pz - q$ (Abb. 2.2). Je nach der Lage der Geraden zur Parabel erhält man drei Schnittpunkte (drei reelle Wurzeln), einen Schnitt- und einen Berührungspunkt (eine einfache und eine doppelte reelle Wurzel) oder nur einen Schnittpunkt (eine reelle und zwei konjugiert komplexe Wurzeln).

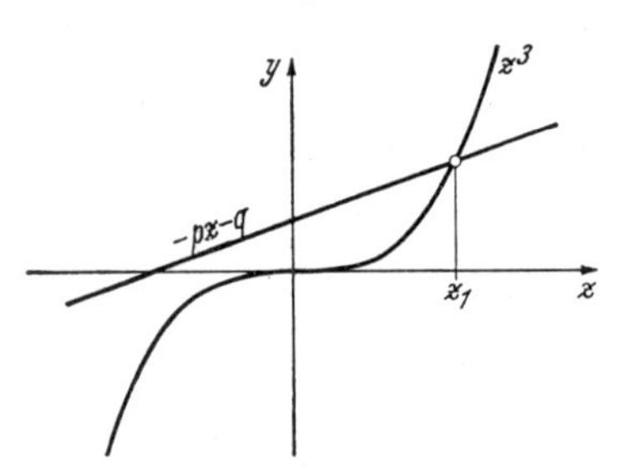

Abb. 2.2
Zeichnerische Lösung der reduzierten kubischen Gleichung $z^3 + pz + q = 0$

Die Verbesserung einer so aus einer Zeichnung (die jetzt nur ganz roh zu sein braucht) gefundenen Näherungslösung z_1 der reduzierten Gleichung erfolgt nun am einfachsten mit Hilfe des Rechenschiebers. Dazu dividiert man Gl. (22) durch z und schreibt sie in der Form

$$\boxed{z^2 + \frac{q}{z} = -p}\,. \tag{24}$$

Die beiden Ausdrücke links lassen sich bequem auf dem Rechenschieber bilden: z^2 bedarf keiner Erläuterung; q/z erhält man so, daß man den Anfang der Zunge auf der Hauptteilung auf die Zahl q einstellt. Dann erscheint q/z unter dem Läuferstrich auf der Reziprokteilung, wenn der Läufer auf der Hauptteilung auf z und damit auf der Quadratteilung zugleich auf z^2 steht. Ausgehend von der — nur ganz groben — Näherung (einstellig!) sucht man durch Probieren den z-Wert so zu verbessern, daß die Summe der beiden übereinanderstehenden Zahlen q/z (auf Reziprokteilung) und z^2 (Quadratteilung) unter Berücksichtigung der Vorzeichen den Wert $-p$ ergibt (Abb. 2.3). Ist dies erreicht, so liest man den richtigen z-Wert auf der unteren festen Skala (Hauptteilung) ab und erhält nach (23) sogleich auch die Lösung x. Oft kann man sich auf diese Weise auch durch bloßes Raten, ohne Zuhilfenahme einer Skizze, an die Lösung oder die Lösungen heranarbeiten. Das genaue Einschieben der richtigen Werte geht bei nur einiger Übung rasch und mühelos, so daß man die hier geschilderte Methode wohl als die einfachste und schnellste bezeichnen kann. Sie ist einer formelmäßigen Lösung mit Hilfe von Wurzelausdrücken (CARDANIsche Formel) oder Kreis- und Hyperbelfunktionen bei weitem überlegen, auch dann, wenn etwa die Rechenschiebergenauigkeit nicht ausreicht und man eine Verbesserung nach NEWTON anschließen muß.

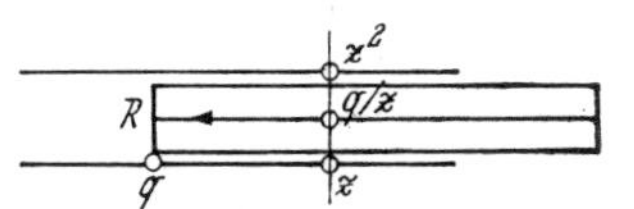

Abb. 2.3. Auflösen der reduzierten kubischen Gleichung mittels Rechenschieber nach $z^2 + q/z = -p$

Hat unsere Gleichung drei reelle Wurzeln, so können alle drei in der eben beschriebenen Weise gefunden werden. Immer empfiehlt sich die Probe durch Einsetzen in die ursprüngliche Gl. (21) mit Hilfe des HORNER-Schemas. Bei nur einer reellen Wurzel erhält man dabei zugleich die Koeffizienten der restlichen quadratischen Gleichung, deren Lösung die beiden anderen konjugiert komplexen Wurzeln liefert. Überdies gilt immer die VIETA-Probe $z_1 + z_2 + z_3 = 0$.

1. Beispiel: $x^3 - 6x^2 + 2x + 5 = 0$.

Reduktion: $x = z + 2$.

	1	−6	2	5
$x = 2$:	—	2	−8	−12
	1	−4	−6	−7
	—	2	−4	
	1	−2	−10	

$z^3 - 10z - 7 = 0$.

Näherungen aus Zeichnung: $z_1 \approx 3{,}5$, $z_2 \approx -0{,}7$, $z_3 \approx -2{,}7$.

Verbesserung mit Rechenschieber: $z^2 - \frac{7}{z} = 10$.

Ablesungen auf Rechenschieber:

$z^2 =$	12,02	7,43	0,55
$-7/z =$	−2,02	2,57	9,45
$z =$	$3{,}46_5$	$-2{,}72_5$	−0,741
$x =$	$5{,}46_5$	$-0{,}72_5$	1,259

2. Beispiel: $x^3 + 3x^2 - 5x + 7 = 0$.

Reduktion: $x = z - 1$.

	1	3	−5	7
$x = -1$:	—	−1	−2	7
	1	2	−7	14
	—	−1	−1	
	1	1	−8	

$$z^3 - 8z + 14 = 0.$$

Näherung aus Zeichnung: $z_1 \approx -3{,}5$.

Verbesserung mit Rechenschieber: $z^2 + \frac{14}{z} = 8$.

Ablesung auf Rechenschieber:

$$z^2 = 12{,}04$$
$$14/z = -4{,}04$$
$$z = -3{,}47$$
$$x_1 = -4{,}47$$

Bestimmen der beiden komplexen Wurzeln:

	1	3	−5	7
$x = -4{,}47$	—	−4,47	6,57	−7,02
	1	−1,47	1,57	−0,02

$$x_{2,3} = 0{,}735 \pm \sqrt{0{,}54 - 1{,}57} = \underline{0{,}73_5 \pm 1{,}01_5 i}.$$

* 2.7 Gleichung 4. Grades

Eine Gleichung 4. Grades

$$\boxed{x^4 + a_3 x^3 + a_2 x^2 + a_1 x + a_0 = 0} \tag{25}$$

mit ausdrücklich als reell vorausgesetzten Koeffizienten a_ν läßt sich, wie wir wissen, in jedem Falle in zwei reelle Quadratfaktoren aufspalten:

$$\boxed{(x^2 + s_1 x + p_1)(x^2 + s_2 x + p_2) = 0}. \tag{26}$$

Durch Ausmultiplizieren von (26) und Vergleich mit (25) ergeben sich für die Koeffizienten p_j, s_j die folgenden Forderungen:

$$a_0 = p_1 p_2 \tag{27.0}$$
$$a_1 = s_1 p_2 + s_2 p_1 \tag{27.1}$$
$$a_2 = s_1 s_2 + p_1 + p_2 \tag{27.2}$$
$$a_3 = s_1 + s_2 \tag{27.3}$$

also ein — nichtlineares — Gleichungssystem, dessen Auflösung der der ursprünglichen Gl. (25) äquivalent ist. Sobald die vier Werte p_1, p_2, s_1, s_2 vorliegen, gewinnt man die gesuchten Wurzeln x_i als Lösungen der beiden quadratischen Gleichungen

$$\boxed{\begin{array}{l} x^2 + s_1 x + p_1 = 0 \\ x^2 + s_2 x + p_2 = 0 \end{array}} \quad \begin{array}{l} \to x_1, x_2 \\ \to x_3, x_4 \end{array} \tag{28}$$

Dabei sind p und s Wurzelprodukte und negative Wurzelsummen:

$$\begin{aligned} -s_1 &= x_1 + x_2, \quad & p_1 &= x_1 x_2, \\ -s_2 &= x_3 + x_4, \quad & p_2 &= x_3 x_4. \end{aligned} \tag{29}$$

Faßt man etwaige komplexe Wurzeln wie üblich paarweise konjugiert zu x_1, x_2 oder x_3, x_4 zusammen, so fallen s und p stets reell aus.

Die Auflösung des Systems (27), also Ermittlung der vier Größen p und s, ist *formelmäßig* durchführbar, und zwar auf verschiedene Weise[1]. Die hier vorgeführte Methode geht im wesentlichen auf BOMBELLI zurück, einem der Entdecker formelmäßiger Auflösung von Gleichungen 3. und 4. Grades (um 1570). Sie zeichnet sich dadurch aus, daß man auf einfache Weise die Realität der Aufspaltung sicherstellen kann.

Charakteristisch für jede formelmäßige Behandlung der Aufgabe ist das Einführen einer Hilfsvariablen z, die eine kubische Gleichung, die sogenannte ***kubische Resolvente*** erfüllt. Das hier betrachtete Verfahren verwendet dazu die (negative) Wurzelprodukt-Summe

$$-z = p_1 + p_2. \tag{30}$$

Lassen wir in den p_j noch beliebige Wurzelkombinationen zu, so erhalten wir für z genau drei Möglichkeiten:

$$\left.\begin{aligned} -z_1 &= x_1 x_2 + x_3 x_4, \\ -z_2 &= x_1 x_2 + x_2 x_4, \\ -z_3 &= x_1 x_4 + x_2 x_3, \end{aligned}\right\} \tag{31}$$

nämlich gerade die Wurzeln der fraglichen Resolvente. Diese läßt sich nun aus den Gln. (27) und (30) gewinnen. Aus (27.1) und (27.3) erhalten wir durch Elimination

$$\left.\begin{aligned} s_1 &= \frac{p_1 a_3 - a_1}{p_1 - p_2}, \\ s_2 &= -\frac{p_2 a_3 - a_1}{p_1 - p_2}. \end{aligned}\right\} \tag{32}$$

Dies zusammen mit (30) eingesetzt in (27.2) ergibt

$$a_2 = p_1 + p_2 + s_1 s_2 = -z - \frac{(a_1 - p_1 a_3)(a_1 - p_2 a_3)}{(p_1 - p_2)^2}.$$

Nach Multiplikation mit

$$(p_1 - p_2)^2 = (p_1 + p_2)^2 - 4 p_1 p_2 = z^2 - 4 a_0$$

---

[1] Einen Vergleich alter und neuerer Methoden findet man z. B. bei G. OPITZ: Z. angew. Math. Mech. Bd. 25/27 (1947) S. 171/72.

nach (27.0) erhalten wir nach Ordnen die gesuchte Resolvente

$$\boxed{z^3 + \alpha z^2 + \beta z + \gamma = 0} \tag{33}$$

mit den Koeffizienten

$$\boxed{\begin{aligned} \alpha &= a_2 \\ \beta &= a_1 a_3 - 4 a_0 \\ \gamma &= a_1^2 - a_0 \delta \\ \delta &= -(a_3^2 - 4 a_2) \end{aligned}}, \tag{34}$$

mit

wo wir noch den Zwischenwert δ eingeführt haben. Die Berechnung der Werte wird durch das folgende Schema erleichtert, in welchem die Größen (34) nach Art von zweireihigen Determinanten, beginnend mit dem Wert δ, gebildet werden, wobei lediglich bei δ auf das —-Zeichen zu achten ist.

$$\begin{array}{cccc} a_3 & a_2 & a_1 & a_0 \\ 4 & a_3 & \delta & a_1 \\ \hline 1 & \alpha & \beta & \gamma \end{array} \tag{34a}$$

Für den Fall durchweg reeller Wurzeln x_i sind zufolge (31) auch alle drei Resolventenwurzeln z_i reell. Die Auswahl einer dieser z-Werte für die weitere Rechnung hat lediglich auf die Art der Aufteilung der x_i auf die beiden quadratischen Gl. (28) Einfluß. Treten dagegen komplexe x_i auf, so sind diese paarweise konjugiert zu $x_{1,2}$ und $x_{3,4}$ zusammenzufassen. Damit wird dann z_1 in jedem Falle reell. Sind nun die beiden anderen Resolventenwurzeln komplex, so kommt für die Weiterrechnung nur die reelle Wurzel z_1 in Betracht. Sind aber auch die beiden anderen Resolventenwurzeln z_2, z_3 reell, was, wie man leicht zeigt, außer für sämtlich reelle x_i auch für den Fall zweier komplexer Wurzelpaare zutrifft, so kommt es auf die richtige Auswahl von z_1 für die weitere Rechnung an, damit die Aufspaltung reell verläuft. Für diesen Fall kann man nun leicht zeigen, daß $-z_1$ größer als (oder allenfalls gleich) $-z_2$ und $-z_3$ wird. Zur Sicherung reeller Aufspaltung hat man also von den Resolventenwurzeln z_i lediglich die *kleinste* (betragsmäßig größte) negative Wurzel als z_1 auszuwählen und der weiteren Rechnung zugrunde zu legen.

Mit z_1 folgt dann aus (27.0) und (30) für p die quadratische Gleichung

$$\boxed{p^2 + z_1 p + a_0 = 0} \tag{35}$$

Ihre Lösungen seien

$$\boxed{p_{1,2} = -\tfrac{1}{2} z_1 \pm w} \tag{36}$$

mit der Abkürzung

$$w = +\sqrt{\tfrac{1}{4} z_1^2 - a_0}.$$

Ist nun $w \neq 0$, so erhalten wir die zu $p_{1,2}$ gehörigen Werte $s_{1,2}$ aus (32) zu

$$\boxed{\begin{aligned} s_1 &= \frac{p_1 a_3 - a_1}{2w} \\ s_2 &= \frac{p_2 a_3 - a_1}{-2w} \end{aligned}} \,. \tag{32a}$$

Ist aber $w = 0$, also $p_1 = p_2 = p$, so findet man die jetzt beliebig zuzuordnenden Werte s als Wurzeln der quadratischen Gleichung

$$\boxed{s^2 - a_3 s + (a_2 + z_1) = 0}\,, \tag{37}$$

die aus (27.2) und (27.3) in der Form

$$s_1 + s_2 = a_3\,, \qquad s_1 s_2 = a_2 + z_1 \tag{38}$$

folgt. Für $w \neq 0$ dient diese letzte Gleichung (38) als Rechenprobe.

Aus (31) lassen sich leicht die folgenden Fälle herleiten:

Fall I:	4 reelle Wurzeln x_i	Alle drei Resolventenwurzeln z_i reell.
Fall II:	2 relle ungleiche und 2 komplexe Wurzeln x_i	Nur eine reelle Wurzel z_1.
Fall III:	4 komplexe Wurzeln x_i	Alle drei Resolventenwurzeln z_i reell. Auswahl der kleinsten (betragsmäßig größten) Wurzel z_1 erforderlich.

Unter Fall III fällt dabei auch der einer reellen Doppelwurzel $x_{1,2}$, wofür dann $z_2 = z_3$ wird. — Aus der Art der Resolventenwurzeln z_i lassen sich bezüglich der Gleichungswurzeln x_i somit folgende Schlüsse ziehen:

1. Alle z_i reell: Dann besteht eine der drei folgenden Möglichkeiten:

a) 4 reelle x_i,

b) 4 komplexe x_i,

c) 2 komplexe und zwei gleiche reelle x_i.

2. Nur ein reelles z_1: 2 komplexe und 2 ungleiche reelle x_i.

Im Falle einer (reellen) Doppelwurzel $z_2 = z_3$ gibt es entweder (wenigstens) eine reelle Doppelwurzel $x_{1,2}$ oder zwei gleiche komplexe Wurzeln $x_{1,2} = x_{3,4} = u \pm i v$, während eine dreifache Resolventenwurzel $z_1 = z_2 = z_3$ auf drei- oder vierfache Gleichungswurzel hinweist.

1. Beispiel: $x^4 + 6x^3 + 18x^2 + 30x + 25 = 0$

6	18	30	25
4	6	36	30
1	18	80	0

$z^3 + 18z^2 + 80z + 0 = 0$

$z = 0, \quad -8, \quad -10$

$z_1 = -10$

$p^2 - 10p + 25 = 0$

$p_1 = p_2 = 5$

$s^2 - 6s + 18 - 10 = 0$

$s = 3 \pm 1, \quad s_1 = 4, \quad s_2 = 2$

Probe: $s_1 s_2 = 8 = 18 - 10, \quad s_1 + s_2 = 6 = a_3.$

$x^2 + 4x + 5 = 0 \qquad x_{1,2} = -2 \pm i$

$x^2 + 2x + 5 = 0 \qquad x_{3,4} = -1 \pm 2i$

2. Beispiel: $x^4 - 4x^3 - x^2 + 16x - 12 = 0$

−4	−1	16	−12
4	−4	−20	16
1	−1	−16	16

$z^3 - z^2 - 16z + 16 = 0$

$z = -4, \quad 1, \quad 4, \quad z_1 = -4$

$p^2 - 4p - 12 = 0 \quad p = 2 \pm 4$

$p_1 = 6, \quad p_2 = -2$

$$s_1 = \frac{-4 \cdot 6 - 16}{8} = -5, \qquad s_2 = \frac{-4 \cdot -2 - 16}{-8} = 1 \qquad s_1 s_2 = -5 = -1 - 4, \quad s_1 + s_2 = -4$$

$x^2 - 5x + 6 = 0 \qquad x_1 = 3, \quad x_2 = 2$

$x^2 + x - 2 = 0 \qquad x_3 = 1, \quad x_4 = -2$

3. Beispiel: $x^4 - 3x^3 + 6x^2 - x + 7 = 0$

	−3	6	−1	7
	4	−3	15	−1
	1	6	−25	−104
$z = -2$:	—	−2	−8	66
	1	4	−33	−38
	—	−2	−4	
	1	2	−37	

Resolvente:
$z^3 + 6z^2 - 25z - 104 = 0$

Reduktion: $z = u - 2$
$u^3 - 37u - 38 = 0$

Aus einer Skizze entnimmt man, daß die Resolvente drei reelle Wurzeln besitzt, und daß die kleinste Wurzel der reduzierten Resolvente zwischen -5 und -6 liegt. Man verbessert mit dem Rechenschieber nach

$$u^2 - 38/u = 37$$

und erhält mit Rechenschiebergenauigkeit: $u_1 = -5{,}49$, $z_1 = -7{,}49$. Genügt diese Stellenzahl, so rechnet man gleich weiter:

$$p^2 - 7{,}49p + 7 = 0$$
$$p = 3{,}745 \pm \sqrt{14{,}0 - 7} = 3{,}74_5 \pm 2{,}64_5$$
$$p_1 = 6{,}39 \quad p_2 = 1{,}10$$

$$\left.\begin{aligned} s_1 &= \frac{-3\cdot 6{,}39 + 1}{5{,}29} = -3{,}43 \\ s_2 &= \frac{-3\cdot 1{,}10 + 1}{-5{,}29} = 0{,}435 \end{aligned}\right\} \begin{aligned} s_1 s_2 &= -1{,}49 = 6 + z_1 \\ s_1 + s_2 &= -3{,}00 \end{aligned}$$

$$x^2 - 3{,}43x + 6{,}39 = 0 \qquad x_{1,2} = 1{,}715 \pm 1{,}86i$$
$$x^2 + 0{,}435x + 1{,}10 = 0 \qquad x_{3,4} = 0{,}217 \pm 1{,}025i.$$

Genügt aber die Rechenschiebergenauigkeit nicht, so wird zunächst die Resolventenwurzel verbessert:

$$z = z_0 + \delta$$

$z_0 = -7{,}49$:	1	6	−25	−104
	1	− 1,49	−13,8399	−0,339149
	1	− 8,98	53,4203	
	1	−16,47		

$$\delta^3 - 16{,}47\,\delta^2 + 53{,}4203\,\delta - 0{,}339149 = 0$$

$$\delta = 0{,}00634869 + 0{,}3083098\,\delta^2 - 0{,}01872\,\delta^3$$

$=$	0,00634869	0,00634869
$+$	1243	+ 1248
$-$	0	− 0
$\delta =$	+0,00636112	+0,00636117

$$\delta = +0{,}0063612$$
$$z_1 = -7{,}4836388$$

Einsetzprobe im HORNER-Schema ergibt einen Rest $g(z) = +0{,}0000012$ bei $g'(z) \approx 53$. Wurzel stimmt also innerhalb der Stellenzahl.

$$p^2 - 7{,}4836388\,p + 7{,}0 = 0$$
$$p = 3{,}7418194 \pm 2{,}6459804$$
$$p_1 = 6{,}3877998 \qquad p_2 = 1{,}0958390$$
$$s_1 = -3{,}4322626 \qquad s_2 = 0{,}4322626$$

Probe: $s_1 s_2 = -1{,}4836388 = 6 + z_1$, $s_1 + s_2 = -3{,}0$.

Damit erhält man als Lösungen:

$$\boxed{\begin{aligned} x_{1,2} &= 1{,}7161313 \pm 1{,}8554496\,i \\ x_{3,4} &= -0{,}2161313 \pm 1{,}0242687\,i \end{aligned}}\,.$$

Einsetzen der Werte s_1, p_1 im doppelzeiligen HORNER-Schema (vgl. 2.8) erbringt

1	−3	6	−1	7
1	0,4322626	1,0958390	0,0000003	−0,0000001

Die Reste sind mit ausreichender Genauigkeit Null, das verbleibende Polynom zweiten Grades hat genau die Koeffizienten s_2, p_2. Eine weitere Verbesserung erübrigt sich.

2.8 Das doppelzeilige Horner-Schema

Das HORNER-Schema, etwa zur Berechnung des Funktionswertes bei probeweisem Einsetzen einer Wurzelnäherung oder — in der erweiterten Form — zur Ermittlung der Ableitungen zwecks Wurzelverbesserung nach NEWTON, läßt sich im Falle einer komplexen Wurzel prinzipiell genauso wie bei reellem Argument x anwenden, nur daß alle Operationen komplex verlaufen. Da aber die Multiplikation zweier komplexer Zahlen vier reelle Multiplikationen umfaßt, so ist das Ganze mühsamer als im reellen Falle. Wesentlich einfacher ist der folgende ganz im Reellen verlaufende Weg.

Bei durchweg reellen Polynomkoeffizienten a_j treten, wie wir wissen, komplexe Wurzeln stets paarweise konjugiert auf:

$$x_{1,2} = u \pm i\,v, \tag{39}$$

und man kann die beiden komplexen Linearfaktoren $x - x_1$ und $x - x_2$ zu einem reellen Quadratfaktor

$$Q(x) = x^2 + s\,x + p \tag{40}$$

mit

$$s = -x_1 - x_2 = -2u, \tag{41a}$$

$$p = x_1\,x_2 = u^2 + v^2 = r^2 \tag{41b}$$

zusammenfassen. Es empfiehlt sich daher, das HORNER-Schema so abzuwandeln, daß es nicht einer Division durch den komplexen Linearfaktor $x - x_1$, sondern durch den reellen Quadratfaktor $Q(x)$ entspricht[1]. Das Schema lautet dann, wie man sich selbst leicht überlegt:

	a_n	a_{n-1}	a_{n-2}	a_{n-3} ...	a_3	a_2	a_1	a_0
$-p\cdot$	—	—	$-p\,b_n$	$-p\,b_{n-1}$ ...	$-p\,b_5$	$-p\,b_4$	$-p\,b_3$	$-p\,b_2$
$-s\cdot$	—	$-s\,b_n$	$-s\,b_{n-1}$	$-s\,b_{n-2}$ ...	$-s\,b_4$	$-s\,b_3$	$-s\,b_2$	—
	b_n	b_{n-1}	b_{n-2}	b_{n-3} ...	b_3	b_2	B	C

Der Division entspricht die Beziehung

$$f(x) = Q(x)\,f_1(x) + B\,x + C \tag{42}$$

mit einem Polynom $f_1(x)$ vom Grade $n-2$ und dem linearen Rest $B\,x + C$. Für eine Wurzel x_0 der quadratischen Gleichung $Q(x) = 0$, gleich ob reell oder komplex, wird

$$f(x_0) = B\,x_0 + C. \tag{43}$$

Danach kann dann auch der Funktionswert zu einem komplexen Argument $x = u \pm i\,v$ mit den zugehörigen Werten s und p nach (41a, b) berechnet werden zu $f(x) = (C + B\,u) \pm i B\,v$.

[1] COLLATZ, L.: Z. angew. Math. Mech. Bd. 20 (1940) S. 235/36.

Sind x_1 und x_2 zwei — reelle oder konjugiert komplexe — Wurzeln der Polynomgleichung $f(x) = 0$, so müssen die mit

$$s = -x_1 - x_2 \quad \text{und} \quad p = x_1 x_2 \tag{44}$$

errechneten Restkoeffizienten B und C des Doppel-HORNER-Schemas gleichzeitig verschwinden. Für $x_1 \neq x_2$ folgt dies mit $Q(x_i) = 0$ gemäß (42) aus $B x_1 + C = 0$ und $B x_2 + C = 0$. Im Falle der Doppelwurzel $x_1 = x_2$ verschwinden außer $f(x)$ und $Q(x)$ auch die Ableitungen $f'(x)$ und $Q'(x)$. Durch Differenzieren von (42) erhalten wir

$$f'(x) = Q(x) f_1'(x) + Q'(x) f_1(x) + B = 0,$$

woraus $B = 0$ und mit (42) dann auch $C = 0$ folgt.

Entsprechen aber die Eingangszahlen s und p des Doppel-HORNER-Schemas nur Näherungswerten x_1, x_2 reeller oder konjugiert komplexer Gleichungswurzeln, so ergeben sich für die Restkoeffizienten B und C mehr oder weniger von Null abweichende Zahlenwerte. Es liegt nahe, aus diesen Resten Wurzelverbesserungen nach Art der NEWTON-Korrektur aufzubauen. Dazu fassen wir die Restgrößen B und C als Funktionen der auch im komplexen Falle stets reellen Variablen s und p auf, ersetzen also die im allgemeinen komplexwertige Polynomgleichung $f(x) = 0$ durch das reelle Gleichungspaar

$$B(s, p) = 0, \quad C(s, p) = 0. \tag{45}$$

Dafür aber kann man ähnlich wie für eine einzelne Gleichung in einer Unbekannten ein NEWTONsches Korrekturverfahren angeben unter Verwendung der vier partiellen Ableitungen von B und C nach s und p. Diese Ableitungen lassen sich — analog dem Vorgehen beim einzeiligen HORNER-Schema — aus einem fortgeführten Doppel-HORNER-Schema entnehmen[1]. Das Bildungsgesetz dieser Ableitungen aber wird wesentlich vereinfacht, indem man an Stelle des Restkoeffizienten C die aus B und C kombinierte Größe

$$\boxed{A = C - sB} \tag{46}$$

verwendet[2], die mit B und C gleichfalls verschwindet. Man erhält sie sehr einfach, indem der letzte sonst leere Platz über C im Schema genau so wie in den vorhergehenden Spalten besetzt wird. An die Stelle von (45) tritt das Gleichungssystem

$$\boxed{\begin{aligned} A(s, p) &= 0 \\ B(s, p) &= 0 \end{aligned}}\,. \tag{47}$$

[1] ZURMÜHL, R.: Z. angew. Math. Mech. Bd. 30 (1950) S. 283—285.
[2] ZURMÜHL, R.: Z. angew. Math. Mech. Bd. 42 (1962) S. 359—361.

Wir setzen zunächst das — in der letzten Spalte leicht abgewandelte — Doppel-HORNER-Schema folgendermaßen fort:

$$\begin{array}{r|ccccccccc}
 & a_n & a_{n-1} & a_{n-2} \dots & a_5 & a_4 & a_3 & a_2 & a_1 & a_0 \\
-p\cdot & - & - & * & \dots * & * & * & * & * & * \\
-s\cdot & - & * & * & \dots * & * & * & * & * & * \\
\hline
 & b_n & b_{n-1} & b_{n-2} \dots & b_5 & b_4 & b_3 & b_2 & b_1 & b_0 \\
-p\cdot & - & - & * & \dots * & * & * & * & * & \\
-s\cdot & - & * & * & \dots * & * & * & * & * & \\
\hline
 & c_n & c_{n-1} & c_{n-2} \dots & c_5 & c_4 & c_3 & c_2 & c_1 & \\
-p\cdot & - & - & * & \dots * & * & * & * & & \\
-s\cdot & - & * & * & \dots * & * & * & * & & \\
\hline
 & d_n & d_{n-1} & d_{n-2} \dots & d_5 & d_4 & d_3 & d_2 & & \\
 & \dots & & & & & & & &
\end{array}$$

Führt man noch $b_{n+1} = b_{n+2} = c_{n+1} = c_{n+2} = d_{n+1} = d_{n+2} = \dots = 0$ ein, so lautet das allgemeine — auch leicht programmierbare — Bildungsgesetz der Zeilen:

$$b_j = a_j - s\, b_{j+1} - p\, b_{j+2} \quad (j = n, n-1, \dots, 1, 0), \tag{48.1}$$

$$c_j = b_j - s\, c_{j+1} - p\, c_{j+2} \quad (j = n, n-1, \dots, 2, 1), \tag{48.2}$$

$$d_j = c_j - s\, d_{j+1} - p\, d_{j+2} \quad (j = n, n-1, \dots, 3, 2) \tag{48.3}$$

$$\dots\dots\dots\dots\dots$$

Alle diese Koeffizienten sind bei festen a_j Funktionen der Eingangszahlen s und p, insbesondere sind

$$b_0 = A(s, p), \quad b_1 = B(s, p). \tag{49}$$

Partielles Differenzieren von (48.1) nach s ergibt

$$\frac{\partial b_j}{\partial s} = -b_{j+1} - s\frac{\partial b_{j+1}}{\partial s} - p\frac{\partial b_{j+2}}{\partial s}.$$

Ein Vergleich mit Bildungsgesetz (48.2) für c_j führt dann auf

$$\boxed{\frac{\partial b_j}{\partial s} = -c_{j+1}}\,. \tag{50.1}$$

Auf die gleiche Weise erhält man durch Differenzieren nach p:

$$\boxed{\frac{\partial b_j}{\partial p} = -c_{j+2}}\,. \tag{50.2}$$

Durch Differenzieren von (48.2) und Berücksichtigen von (50.1, 2) folgt für die zweiten Ableitungen:

$$\boxed{\frac{\partial^2 b_j}{\partial s^2} = 2d_{j+2}, \quad \frac{\partial^2 b_j}{\partial s\,\partial p} = 2d_{j+3}, \quad \frac{\partial^2 b_j}{\partial p^2} = 2d_{j+4}}\,. \tag{51}$$

Das läßt sich leicht fortsetzen.

Uns interessieren hier nur die Ableitungen der Schlußzahlen $A = b_0$, $B = b_1$. Sie ergeben sich folgendermaßen als Schlußzahlen des fortgeführten HORNER-Schemas:

$$\boxed{\begin{array}{l} c_1 = -A_s \\ c_2 = -B_s = -A_p \\ c_3 = -B_p \end{array}}, \quad (52) \qquad \boxed{\begin{array}{l} 2!\, d_2 = A_{ss} \\ 2!\, d_3 = B_{ss} = A_{sp} \\ 2!\, d_4 = \phantom{B_{ss} =} B_{sp} = A_{pp} \\ 2!\, d_5 = \phantom{B_{ss} = B_{sp} =} B_{pp} \end{array}}, \quad (53)$$

$$\boxed{\begin{array}{l} 3!\, e_3 = -A_{sss} \\ 3!\, e_4 = -B_{sss} = -A_{ssp} \\ 3!\, e_5 = \phantom{-B_{sss} =} -B_{ssp} = -A_{spp} \\ 3!\, e_6 = \phantom{-B_{sss} = -B_{ssp} =} -B_{spp} = -A_{ppp} \\ 3!\, e_7 = \phantom{-B_{sss} = -B_{ssp} = -B_{spp} =} -B_{ppp} \end{array}}. \quad (54)$$

Die Stellung der hier benutzten Schlußzahlen im Schema sei nochmals angeführt.

...	x^8	x^7	x^6	x^5	x^4	x^3	x^2	x	1
...	*	*	*	*	*	*	*	*	*
...	*	*	*	*	*	*	*	*	*
...	*	*	*	*	*	*	*	*	*
...	*	*	*	*	*	*	*	B	A
...	*	*	*	*	*	*	*	*	
...	*	*	*	*	*	*	*	*	
...	*	*	*	*	*	c_3	c_2	c_1	
...	*	*	*	*	*	*	*		
...	*	*	*	*	*	*	*		
...	*	*	*	d_5	d_4	d_3	d_2		
...	*	*	*	*	*	*			
...	*	*	*	*	*	*			
...	*	e_7	e_6	e_5	e_4	e_3			
. . . .									

Damit haben wir die für das weitere Vorgehen benötigten Größen auf übersichtliche Art bereitgestellt.

2.9 Das Bairstow-Verfahren

Die Behandlung des Gleichungspaares (45) nach dem NEWTON-Verfahren unter Verwendung der ersten Ableitungen ist, soweit nachweisbar, erstmals von BAIRSTOW[1] angewandt worden, infolge der schwer zugänglichen Literaturstelle aber lange in Vergessenheit geraten und später mehrfach wiederentdeckt worden[2].

Während das Verfahren ursprünglich zur Verbesserung anderweitig ermittelter Ausgangsnäherungen s_0, p_0 eingesetzt wurde, benutzt man es heute unter Verwendung des Rechenautomaten von willkürlichen Ausgangswerten aus zur Berechnung sämtlicher Wurzeln unter schrittweiser Reduktion des Polynoms um jeweils zwei x-Potenzen. Es gilt als eines der bequemsten und schnellsten Verfahren zur Auflösung algebraischer Gleichungen und darf bei Anwendung ausreichender Vorsichtsmaßnahmen auch als genügend sicher bezeichnet werden.

Wir benutzen das Verfahren hier in der leicht abgewandelten Form der Gln. (47) mit den Restgrößen A und B. Es seien s_0, p_0 Näherungswerte der gesuchten, einem reellen oder konjugiert komplexen Wurzelpaar x_1, x_2 zugeordneten Werte s, p. Die zu s_0, p_0 errechneten Schlußzahlen seien A_0, B_0, während wir in allen Ableitungen $A_s, \ldots$ den Index Null unterdrücken. Durch TAYLOR-Entwicklung an der Stelle s_0, p_0 für die gesuchten Größen

$$\begin{aligned} s &= s_0 + \delta s, \\ p &= p_0 + \delta p \end{aligned} \tag{55}$$

gehen die Gln. (47) über in das System

$$\boxed{\begin{aligned} A_s\,\delta s + A_p\,\delta p + A_0 + \varphi(\delta s, \delta p) &= 0 \\ B_s\,\delta s + B_p\,\delta p + B_0 + \psi(\delta s, \delta p) &= 0 \end{aligned}}\,, \tag{56}$$

das wir auf die gleiche Art wie unter § **1.11**, Gl. (**61**), als ein lineares Gleichungssystem für die Korrekturen δs, δp iterativ behandeln können mit den nichtlinearen Korrekturfunktionen

$$\begin{aligned} \varphi(\delta s, \delta p) &= \tfrac{1}{2}(A_{ss}\,\delta s^2 + 2A_{sp}\,\delta s\,\delta p + A_{pp}\,\delta p^2) + \cdots, \\ \psi(\delta s, \delta p) &= \tfrac{1}{2}(B_{ss}\,\delta s^2 + 2B_{sp}\,\delta s\,\delta p + B_{pp}\,\delta p^2) + \cdots. \end{aligned} \tag{57}$$

---

[1] BAIRSTOW, L.: Reports and memoranda Nr. 154 of Advisory commitee for Aeronautics, 1914.

[2] HITCHCOCK, F. L.: Finding complex roots of algebraic equations. J. Math. Phys. Bd. 17 (1938) S. 55—58. — Verwendung höherer Ableitungen bei R. ZURMÜHL: Z. angew. Math. Mech. Bd. 30 (1950) S. 283—285. — Vgl. auch H. E. SALZER: Some extensions of Bairstow's method. Numer. Math. Bd. 3 (1961) S. 120—124.

Diese wird man praktisch freilich stets nach den quadratischen Gliedern abbrechen, wenn man es nicht überhaupt vorzieht, rein linear zu rechnen, was für automatisches Rechnen am einfachsten ist. Bei Handrechnung empfiehlt sich dafür das folgende Schema:

c_1	c_2	b_0
c_2	c_3	b_1
S	P	D
$-\delta s$	$-\delta p$	1
$-s_0$	$-p_0$	
$-s_1$	$-p_1$	

Die Determinanten

$$\left.\begin{aligned} D &= c_1 c_3 - c_2^2 \\ S &= c_2 b_1 - c_3 b_0 \\ P &= c_2 b_0 - c_1 b_1 \end{aligned}\right\} \qquad (58)$$

sind am Schema leicht ablesbar. Division durch D ergibt die Korrekturen

$$-\delta s = S/D, \qquad -\delta p = P/D, \qquad (59)$$

die den alten Werten $-s_0$, $-p_0$ zuzuschlagen sind:

$$-s_1 = -s_0 - \delta s, \qquad -p_1 = -p_0 - \delta p. \qquad (60)$$

Beispiel: $x^4 - 8x^3 + 28x^2 - 36x + 16 = 0$

Näherung: $s_0 = -2$, $p_0 = 1$.

1. Schritt:

	1	−8	28	−36	16
−1	—	—	−1	6	−15
2	—	2	−12	30	0
	1	−6	15	0	1
−1	—	—	−1	4	
2	—	2	−6	12	
	1	−4	6	16	

16	6	1
6	−4	0
4	6	−100
−0,04	−0,06	
2,00	−1,00	
1,96	−1,06	

2. Schritt:

	1	−8	28	−36	16
−1,06	—	—	−1,06	6,4024	−16,007696
1,96	—	1,96	−11,8384	29,599136	0,003011
	1	−6,04	15,1016	0,001536	−0,004685

−1,06	—	—	−1,06	4,3248
1,96	—	1,96	−7,9968	11,847808
	1	−4,08	6,0448	16,174144

16,174144	6,0448	−0,004685
6,0448	−4,08	0,001536
−0,009830	−0,053163	−102,530
0,0000959	0,0005185	
1,960	−1,060	
1,960096	−1,059481	

Kontrolle:

	1	−8	28	−36	16
−1,059481			−1,059481	6,399164	−15,999993
1,960096		1,960096	−11,838792	29,600835	−0,000002
	1	−6,039904	15,101727	−0,000001	0,000005

Lösungen:

1) $x^2 - 1{,}960096x + 1{,}059481 = 0 \qquad x = 0{,}980048 \pm 0{,}314622i,$

2) $x^2 - 6{,}039904x + 15{,}101727 = 0 \qquad x = 3{,}019952 \pm 2{,}445734i.$

§ 3 Algebraische Gleichungen: Verfahren von Graeffe

3.1 Prinzip und Rechenschema des Graeffe-Verfahrens

Ein Vorgehen besonderer Art ist das heute meist nach GRAEFFE benannte *Verfahren der quadrierten Wurzeln.* Es hat den großen Vorzug, für Gleichungen beliebig hohen Grades anwendbar zu sein und sowohl die reellen als auch die komplexen Wurzeln zu liefern, und zwar gleich mit der vollen für die Rechnung vorgesehenen Stellenzahl und ohne vorherige Kenntnis von Näherungswerten. Es verlangt freilich wegen Fehlens durchgreifender Rechenkontrollen ein sehr sorgfältiges, durch Doppelrechnung gesichertes Arbeiten. Beim automatischen Rechnen entfällt diese Schwierigkeit. Dafür aber erfordert einerseits das weite Auseinanderziehen der Zahlenbereiche um viele Zehnerpotenzen besondere Maßnahmen[1]. Andererseits wird das Programm durch eine große Anzahl von Fallunterscheidungen verwickelt[2], wovon freilich auch andere Automatenverfahren für Polynomgleichungen nicht frei sind. Mit Rücksicht auf die Bedeutung des Verfahrens, die es mindestens für das Rechnen von Hand auch heute noch hat, sei es ausführlich beschrieben.

Dem Verfahren liegt der folgende Gedanke zugrunde. Zum gegebenen Polynom $f(x)$ der Polynomgleichung $f(x) = 0$ bildet man nach einem leicht durchführbaren Prozeß ein Polynom $f_1(x^2)$, dessen Nullstellen die (negativen) Quadrate der Nullstellen von $f(x)$ sind (Verfahren der quadrierten Wurzeln). Zu $f_1(x^2)$ bildet man in der gleichen Weise ein Polynom $f_2(x^4)$, dessen Nullstellen wiederum die (negativen) Quadrate derjenigen von $f_1(x^2)$ sind usf.[3] Sind nun die Wurzeln sämtlich von verschiedenem Betrage, was wir zunächst annehmen wollen, so werden sie durch das fortgesetzte Potenzieren immer weiter auseinandergezogen. Es treten damit die kleineren Wurzeln gegenüber der betragsmäßig größten x_1 immer stärker zurück. Hierdurch ergibt sich, wie wir noch sehen werden, ein Aufspalten der Gleichung in lauter lineare Gleichungen einer Unbekannten, aus denen die Beträge der Wurzelpotenzen und damit die der Wurzeln selbst unmittelbar zu entnehmen sind.

Wie bildet man nun zum Polynom $f(x)$ das Polynom $f_1(x^2)$ der quadrierten Nullstellen? Hierzu betrachtet man die beiden konjugierten Polynome

$$f(i\,x) = a_0 \quad (i\,x - x_1) \quad (i\,x - x_2) \ldots \quad (i\,x - x_n),$$

$$f(-i\,x) = a_0(-i\,x - x_1)(-i\,x - x_2) \ldots (-i\,x - x_n),$$

deren Produkt gerade den gewünschten Effekt aufweist:

$$f_1(x^2) = f(i\,x)\,f(-i\,x) = a_0^2\,(x^2 + x_1^2)\,(x^2 + x_2^2) \ldots (x^2 + x_n^2).$$

Das neue Polynom besitzt hinsichtlich der neuen Variablen x^2 die Wurzeln $-x_i^2$ gegenüber den Wurzeln x_i des Ausgangspolynoms $f(x)$.

---

[1] Das vermeidet eine interessante Variante von A. A. GRAU: On the reduction of number range in the use of Graeffe-process. J. Assoc. Comp. Mach. Bd. 10 (1963) S. 538—544.

[2] Programmiertechnische Fragen sind ausführlich erörtert in E. H. BAREISS: Resultant procedure and the mechanization of the Graeffe-process. J. Assoc. Comp. Mach. Bd. 7 (1960) S. 347—386.

[3] Die Wahl der negativen Wurzelquadrate anstatt der Quadrate selbst bezweckt lediglich eine Vereinfachung des rechnerischen Formalismus: die Vorzeichenregeln werden dann einfacher.

In unzerlegter Form lauten anderseits die Polynome

$$f(i\,x) = \quad i^n[a_0 x^n - i\,a_1 x^{n-1} - a_2 x^{n-2} + i\,a_3 x^{n-3} + a_4 x^{n-4} - \cdots,$$

$$f(-i\,x) = (-i)^n[a_0 x^n + i\,a_1 x^{n-1} - a_2 x^{n-2} - i\,a_3 x^{n-3} + a_4 x^{n-4} + \cdots].$$

Daraus wird dann das neue Polynom:

$$\begin{aligned} f_1(x^2) = a_0^2 x^{2n} &+ a_1^2 x^{2n-2} + a_2^2 x^{2n-4} + a_3^2 x^{2n-6} + \cdots \\ &- 2a_0 a_2 x^{2n-2} - 2a_1 a_3 x^{2n-4} - 2a_2 a_4 x^{2n-6} - \cdots \\ &+ 2a_0 a_4 x^{2n-4} + 2a_1 a_5 x^{2n-6} + \cdots \\ &- 2a_0 a_6 x^{2n-6} - \cdots \\ = a_0' x^{2n} &+ a_1' x^{2n-2} + a_2' x^{2n-4} + a_3' x^{2n-6} + \cdots \end{aligned}$$

Damit läßt sich nun die Bildung der neuen Koeffizienten a_ν' des Polynoms $f_1(x^2)$ ganz schematisch in folgender Weise vornehmen, wobei man lediglich die Koeffizienten ohne zugehörige x-Potenzen anschreibt, geordnet nach absteigenden x-Potenzen:

f:	a_0	a_1	a_2	a_3	a_4	a_5	...
	a_0^2	a_1^2	a_2^2	a_3^2	a_4^2	a_5^2	...
		$-2a_0a_2$	$-2a_1a_3$	$-2a_2a_4$	$-2a_3a_5$	$-2a_4a_6$	...
			$2a_0a_4$	$2a_1a_5$	$2a_2a_6$	$2a_3a_7$	...
				$-2a_0a_6$	$-2a_1a_7$	$-2a_2a_8$	...
					$2a_0a_8$	$2a_1a_9$	...
							......
f_1:	a_0'	a_1'	a_2'	a_3'	a_4'	a_5'	...

Man hat also nach den Quadraten noch die doppelten Produkte der von der betreffenden Stelle nach rechts und links gleich weit entfernten Koeffizienten a_ν zu bilden und die Produktzeilen abwechselnd positiv und negativ zu nehmen. Das Ergebnis sind die Koeffizienten a_ν' des Polynoms $f_1(x^2)$, dessen negative Nullstellen gleich den Quadraten der Nullstellen des Ausgangspolynoms $f(x)$ sind. Dieser Zeichenwechsel, der die Zahlenrechnung erleichtert, ist für die Wurzelbestimmung ohne Belang. — In der geschilderten Weise fährt man nun fort, d. h. zu f_1 bildet man f_2, hierzu f_3 usf., wobei immer die negativen Nullstellen der neuen Stufe gleich den Nullstellenquadraten der vorangehenden Stufe sind.

Der formelmäßige Zusammenhang zwischen den GRAEFFE-Stufen ist somit:

$$\left.\begin{aligned} f(x) &= a_0 x^n + a_1 x^{n-1} + \cdots + a_{n-1} x + a_n \\ &= a_0 (x - x_1)(x - x_2) \ldots (x - x_n), \end{aligned}\right\} \quad (1)$$

$$\left.\begin{aligned} f_1(x^2) &= a'_0 x^{2n} + a'_1 x^{2n-2} + \cdots + a'_{n-1} x^2 + a'_n \\ &= a'_0 (x^2 + x_1^2)(x^2 + x_2^2) \ldots (x^2 + x_n^2), \end{aligned}\right\} \quad (2)$$

$$\left.\begin{aligned} f_2(x^4) &= a''_0 x^{4n} + a''_1 x^{4n-4} + \cdots + a''_{n-1} x^4 + a''_n \\ &= a''_0 (x^4 + x_1^4)(x^4 + x_2^4) \ldots (x^4 + x_n^4) \end{aligned}\right\} \quad (3)$$

usf. Wie man der Faktorzerlegung entnimmt, sind die Koeffizienten der abgeleiteten Polynome als Produkte gerader Wurzelpotenzen sämtlich positiv, solange die Wurzeln x_i von $f(x) = 0$ sämtlich reell sind. Das Auftreten negativer Koeffizienten in den abgeleiteten Polynomen $f_1, f_2, \ldots$ ist somit ein sicheres Zeichen für das Vorhandensein komplexer Wurzeln.

3.2 Graeffe-Verfahren bei reellen Wurzeln

Die Wurzelbestimmung ist besonders einfach, solange alle Wurzeln der Gleichung reell und dem Betrage nach verschieden sind,

$$|x_1| > |x_2| > |x_3| > \cdots > |x_n|. \quad (4)$$

Dies sei im folgenden zunächst angenommen. Nach k-maliger Durchführung der GRAEFFE-Rechnung (nach k GRAEFFE-Stufen) hat sich das Polynom $f(x)$ verwandelt in ein Polynom

$$f_k(x^{2^k}) = a_0^{(k)} x^{2^k n} + a_1^{(k)} x^{2^k (n-1)} + \cdots + a_{n-1}^{(k)} x^{2^k} + a_n^{(k)},$$

wofür wir einfachheitshalber schreiben wollen

$$f_k(X) = A_0 X^n + A_1 X^{n-1} + \cdots + A_{n-1} X + A_n \quad (5\text{a})$$

$$= A_0 (X + X_1)(X + X_2) \ldots (X + X_n) \quad (5\text{b})$$

mit

$$X = x^{2^k}, \qquad A_\nu = a_\nu^{(k)}. \quad (6)$$

Die VIETAschen Wurzelsätze lauten dann

$$\left.\begin{aligned} A_1 &= A_0 (X_1 + X_2 + \cdots + X_n) &&= A_0 [X_i] \\ A_2 &= A_0 (X_1 X_2 + X_1 X_3 + \cdots + X_{n-1} X_n) &&= A_0 [X_i X_k] \\ A_3 &= A_0 (X_1 X_2 X_3 + X_1 X_2 X_4 + \cdots + X_{n-2} X_{n-1} X_n) &&= A_0 [X_i X_k X_l] \\ &\cdots\cdots\cdots\cdots\cdots\cdots \\ A_n &= A_0 X_1 X_2 \ldots X_n, \end{aligned}\right\} \quad (7)$$

wobei wir uns zur Abkürzung für die Summen der eckigen Klammern bedienen.

Gilt nun die Voraussetzung (4), so sind bei genügend hoher Potenzstufe k die Wurzeln X_i so weit auseinandergezogen, daß gegenüber der größten Wurzel X_1 die folgende X_2 und alle übrigen zu vernachlässigen sind, gegenüber X_2 die folgende X_3 und alle übrigen usf. Aus (7) wird dann angenähert[1]

$$\left.\begin{aligned} A_1 &= A_0 X_1, \\ A_2 &= A_0 X_1 X_2, \\ A_3 &= A_0 X_1 X_2 X_3 \\ &\cdots\cdots \end{aligned}\right\} \tag{8}$$

oder schließlich

$$\boxed{\begin{aligned} X_1 &= A_1 : A_0 \\ X_2 &= A_2 : A_1 \\ X_3 &= A_3 : A_2 \\ &\cdots\cdots \end{aligned}}\,. \tag{9}$$

Die (negativen) Wurzeln X_i der verwandelten Gleichung $f_k(X) = 0$ ergeben sich einfach als die Verhältnisse der aufeinanderfolgenden Koeffizienten A_ν. Mit anderen Worten, die Gleichung spaltet sich auf in lauter lineare Teilgleichungen

$$-X_i A_{i-1} + A_i = 0.$$

Aus den X_i erhält man die Wurzeln x_i der ursprünglichen Gleichung wenigstens dem Betrage nach durch Ziehen der 2^k-ten Wurzel. Das Vorzeichen der x_i ist dann noch, etwa durch probeweises Einsetzen oder auf Grund der VIETAschen Wurzelsätze, gesondert zu bestimmen.

Ob nun, wie hier angenommen, die Wurzeln X_i schon so weit auseinandergezogen sind, daß man die Vernachlässigungen (8) im Rahmen der mitgeführten Stellenzahl machen darf, ist leicht unmittelbar aus der Rechnung selbst erkennbar. Trifft nämlich (8) für eine bestimmte Stufe k zu, so gilt es erst recht für die nächste Stufe, in der sich die Wurzeln X_i in die Quadrate X_i^2 verwandelt haben. Zugleich verwandelt sich A_0 in A_0^2. Damit aber folgt aus (8) für die A_ν, daß auch diese in der nächsten Stufe in die Quadrate übergehen, d. h. aber, daß die zu ihrer Berechnung heranzuziehenden doppelten Produkte gegenüber den Quadraten praktisch verschwinden müssen. Diese doppelten Produkte werden also in dem zunächst betrachteten Falle durchweg verschiedener Wurzelbeträge im Laufe der Rechnung gegenüber den reinen Quadraten

---

[1] Hier und im folgenden verwenden wir auch für Näherungen das Gleichheitszeichen, wenn Gleichheit innerhalb der mitgeführten Stellenzahl ausgedrückt werden soll.

zunehmend kleiner. Sind sie innerhalb der berücksichtigten Stellenzahl ganz verschwunden, so ist die eigentliche GRAEFFE-Rechnung beendet, und man erhält das Ergebnis aus (9), wobei man sich des folgenden Schemas für die Endrechnung bedient:

A_ν	$\lg A_\nu$	$\lg X_i$	$:2^k = \lg \lvert x_i \rvert$	$\lvert x_i \rvert$
A_0	—			
		—	—	—
A_1	—			
		—	—	—
A_2	—			
		—	—	—
A_3	—			
		...	...	...
...	...			

Die Logarithmen der X_i sind die Differenzen der Logarithmen aufeinanderfolgender A_ν. — Es kann eintreten, daß die Aufspaltung in gewissen Teilen des Hauptschemas schon früher beendet ist als in anderen. Dann braucht nur der noch nicht aufgespaltene Teil fortgeführt zu werden, während für den bereits aufgespaltenen Teil schon die Endrechnung vorgenommen werden kann mit der Stufe k, bis zu der er geführt ist.

Etwas anders werden die Verhältnisse, wenn reelle Wurzeln gleichen Betrages auftreten, sei es in Form von Mehrfachwurzeln oder als entgegengesetzt gleiche Wurzeln. Wir machen uns die dabei auftretenden Besonderheiten am einfachsten an einem konkreten Falle klar. Es sei etwa

$$|x_1| > |x_2| = |x_3| > |x_4| > \cdots. \tag{4a}$$

Dann wird aus (7) und (8):

$$\left.\begin{aligned}
A_1 &= A_0[X_i] &&\approx A_0\, X_1,\\
A_2 &= A_0[X_i X_k] &&\approx A_0\, 2X_1 X_2,\\
A_3 &= A_0[X_i X_k X_l] &&\approx A_0\, X_1 X_2^2,\\
A_4 &= A_0[X_i X_k X_l X_m] &&\approx A_0\, X_1 X_2^2 X_4\\
&\cdots\cdots\cdots
\end{aligned}\right\} \tag{8a}$$

Beim Übergang zur nächsten Stufe gehen die X_i über in die Quadrate X_i^2. Damit verwandeln sich auch die A_ν in ihre Quadrate mit Ausnahme von A_2, das übergeht in $A_0^2\, 2X_1^2 X_2^2 = \frac{1}{2} A_2^2$. Hier kann also der Einfluß des doppelten Produktes nicht verschwinden, sondern muß genau gleich der Hälfte des Quadrates A_2^2 werden, von dem es sich abzieht. Bezeichnen wir die nicht verschwindenden Zahlen durch ausgefüllte Punkte, die allmählich verschwindenden durch leere Kreise, so bietet die Rechnung folgendes Bild:

●	●	●	●	●	...
	○	●	○	○	...
		○	○	○	...
●	●	(●)	●	●	...

Für die Wurzeln X_i ergibt sich aus (8a)

$$\begin{aligned} X_1 &= A_1 : A_0, \\ X_2^2 &= A_3 : A_1, \\ X_4 &= A_4 : A_3 \\ &\cdots\cdots \end{aligned} \tag{9a}$$

Der im Schema eingeklammerte irreguläre Wert A_2, kenntlich daran, daß über ihm das doppelte Produkt nicht verschwindet, wird also bei der Schlußrechnung übersprungen, und das Verhältnis der dann benachbarten Koeffizienten ist gleich dem Wurzelquadrat.

Entsprechendes findet man bei drei betragsgleichen Wurzeln, etwa

$$|x_1| = |x_2| = |x_3| > |x_4| > \cdots. \tag{4b}$$

Dann ist angenähert nach (7)

$$\left.\begin{aligned} A_1 &= A_0\, 3X_1, \\ A_2 &= A_0\, 3X_1^2, \\ A_3 &= A_0\, X_1^3, \\ A_4 &= A_0\, X_1^3 X_4 \\ &\cdots\cdots\cdots \end{aligned}\right\} \tag{8b}$$

Hier wird in der nächsten Stufe

$$\begin{aligned} A_0' &= A_0^2, \\ A_1' &= \tfrac{1}{3} A_1^2, \\ A_2' &= \tfrac{1}{3} A_2^2, \\ A_3' &= A_3^2 \\ &\cdots\cdots \end{aligned}$$

die Koeffizienten A_1, A_2 sind irregulär, das Schema hat also folgendes Aussehen:

●	●	●	●	●	...
	●	●	○	○	...
●	(●)	(●)	●	●	...

Für die Wurzeln findet man aus (8b)

$$\left.\begin{aligned} X_1^3 &= A_3 : A_0\,, \\ X_4 &= A_4 : A_3 \\ &\cdots\cdots \end{aligned}\right\} \qquad (9\text{b})$$

Auch hier werden also die beiden (eingeklammerten) irregulären Koeffizienten A_1 und A_2 ausgelassen, bei denen die doppelten Produkte nicht verschwinden.

3.3 Ein Beispiel

Zur Erläuterung wird hier eine Gleichung 5. Grades durchgerechnet, deren Wurzeln sämtlich reell, jedoch teilweise betragsgleich sind, obgleich man sie im Ernstfalle lieber durch Abspalten einer reellen Wurzel und anschließend nach den Methoden für Gleichungen 4. Grades behandeln würde, wenn man nicht alle 5 Wurzeln überhaupt mit dem HORNER-Schema ermittelt wie bei dem Beispiel in § 2.4, S. 53. Hier kam es uns indessen nur darauf an, die Rechnung an einem nicht zu umfangreichen Beispiel einmal vorzuführen.

Bei der Rechnung ergeben sich durch das fortgesetzte Potenzieren leicht unbequem große oder kleine Zahlenwerte. Man arbeitet daher mit Zehnerpotenzen und bedient sich einer abkürzenden Schreibweise gemäß

$$2{,}5379 \cdot 10^5 \quad = 2.^{5}5379,$$

$$6{,}7384 \cdot 10^{\bar{-}4} = 6^{\bar{-}4}7384.$$

Gesucht seien die Wurzeln der Gleichung

$$x^5 + 2x^4 - 5x^3 - 10x^2 + 4x + 8 = 0.$$

Die Rechnung verläuft nach Tab. 1 der folgenden S. 80.

Nach dem 6. Schritt sind die doppelten Produkte, soweit sie dazu neigen, verschwunden. An den Stellen, wo sie erhalten bleiben, zeigen sich die Beziehungen

$$A_1' = \tfrac{1}{3} A_1^2, \qquad A_2' = \tfrac{1}{3} A_2^2.$$

$$A_4' = \tfrac{1}{2} A_4^2.$$

Dies deutet auf das Vorhandensein reeller Wurzeln hin mit $|x_1| = |x_2| = |x_3| > |x_4| = |x_5|$. In der Endrechnung sind diese irregulären Koeffizienten zu überspringen. Die Endrechnung lautet also:

ν	A_ν	$\lg A_\nu$	Diff.	:	$\lg \lvert x_i \rvert$	$\lvert x_i \rvert$
0	1,0	0,0000000				
1	—	—				
2	—	—	57,7977588	: 192	0,3010300	2,000000
3	$6.^{57}277097$	57,7977588				
4	—	—	0,0000006	: 128	0,0000000	1,000000
5	$6.^{57}277105$	57,7977594				

Es ist $|x_3| = |x_2| = |x_1| = 2, \quad |x_4| = |x_5| = 1.$

Tabelle 1. *Graeffe-Verfahren*

k	2^k	$\nu=0$	1	2	3	4	5
0	1	1	2	−5	−10	4	8
		1	4 10	25 40 8	100 40 32	16 160	64
1	2	1	14	73	172	176	64
		1	196 −146	$5.{}^{3}329$ $-4.\ 816$ 352	$2.{}^{4}9584$ $-2.\ 5696$ 1792	$3.{}^{4}0976$ $-2.\ 2016$	$4.{}^{3}096$
2	4	1	50	$0.{}^{3}865$	$0.{}^{4}5680$	$0.{}^{4}8960$	$4.{}^{3}096$
		1	$2.{}^{3}500$ $-1.\ 730$	$0.{}^{6}748225$ $-\ 568000$ 17920	$3.{}^{7}226240$ $-1.\ 550080$ 40960	$0.{}^{8}8028160$ $-\ 4653056$	$16.{}^{6}777216$
3	8	1	$0.{}^{3}770$	$1.{}^{5}981450$	$1.{}^{7}717120$	$3.{}^{7}375104$	$1.{}^{7}6777216$
		1	$0.{}^{6}592900$ $-\ 396290$	$3.{}^{10}926144$ $-2.\ 644365$ 6730	$2.{}^{14}948501$ $-\ 133752$ 258	$11.{}^{14}391327$ $-5.\ 761698$	$2.{}^{14}814750$
4	16	1	$1.{}^{5}966100$	$1.{}^{10}288529$	$2.{}^{14}815007$	$5.{}^{14}629629$	$2.{}^{14}814750$
		1	$3.{}^{10}865549$ $-2.\ 577058$	$1.{}^{20}660307$ $-1.\ 106917$ 11	$7.{}^{28}924264$ $-\ 1451$ – –	$3.{}^{29}169272$ $-1.\ 584710$	$7.{}^{28}922818$
5	32	1	$1.{}^{10}288491$	$0.{}^{20}553401$	$7.{}^{28}922813$	$1.{}^{29}584562$	$7.{}^{28}922818$
		1	$1.{}^{20}660209$ $-1.\ 106802$	$3.{}^{39}062527$ $-2.\ 041695$	$6.{}^{57}277097$ –	$2.{}^{58}510837$ $-1.\ 255420$	$6.{}^{57}277105$
6	64	1	$(0.{}^{20}553407)$	$(1.{}^{39}020832)$	$6.{}^{57}277097$	$(1.{}^{58}255417)$	$6.{}^{57}277105$

Nach den VIETAschen Wurzelsätzen aber ist

$$x_1\, x_2\, x_3\, x_4\, x_5 = -8,$$

$$x_1 + x_2 + x_3 + x_4 + x_5 = -2.$$

Hiernach muß sein:

$$x_1 = 2,$$

$$x_2 = x_3 = -2,$$

$$x_4 = 1,$$

$$x_5 = -1.$$

In der Tat ist

$$(x-2)\,(x+2)^2\,(x-1)\,(x+1) = x^5 + 2x^4 - 5x^3 - 10x^2 + 4x + 8.$$

3.4 Graeffe-Verfahren bei komplexen Wurzeln

Komplexe Wurzeln treten bei algebraischen Gleichungen mit reellen Koeffizienten, wie wir wissen, stets paarweise konjugiert auf. Solche konjugierten Wurzeln aber sind vom gleichen Betrage, sie werden daher vom GRAEFFE-Verfahren nicht weiter aufgelöst, und die Rechnung liefert von diesen Wurzeln nur den Betrag, nicht aber den Winkel der komplexen Zahl. Dies stellt eine charakteristische Schwierigkeit beim GRAEFFE-Verfahren dar, zu deren Überwindung zahlreiche Vorschläge gemacht worden sind, von denen wir hier nur einige wenige wiedergeben können, die uns besonders vorteilhaft erscheinen.

Zunächst machen wir uns wieder klar, was im Falle komplexer Wurzeln bei der GRAEFFE-Rechnung zu erwarten ist. Es sei etwa

$$\left.\begin{aligned} x_{2,3} &= r\, e^{\pm i\varphi}, \\ |x_1| > |x_2| &= |x_3| > |x_4| > \cdots. \end{aligned}\right\} \tag{4c}$$

Nach k GRAEFFE-Stufen hat man mit $2^k = m$:

$$X_{2,3} = r^m e^{\pm i m\varphi} = R\, e^{\pm i\Phi}; \qquad X_2 + X_3 = 2R\cos\Phi.$$

Dann wird nach (7) angenähert:

$$\left.\begin{aligned} A_1 &= A_0 X_1, \\ A_2 &= A_0 X_1 (X_2 + X_3) = A_0 X_1\, 2R\cos\Phi, \\ A_3 &= A_0 X_1 R^2, \\ A_4 &= A_0 X_1 R^2 X_4 \\ &\ldots\ldots\ldots \end{aligned}\right\} \tag{8c}$$

Alle Koeffizienten A_ν bis auf A_2 verhalten sich regulär, d. h., sie gehen bei der nächsten Stufe mit den Wurzeln X_i^2 in ihre Quadrate über. A_2 dagegen ist irregulär, es geht über in

$$A_2' = A_0'\, 2X_1^2 R^2 \cos 2\Phi + A_2^2,$$

also auf jeden Fall in einen vom Quadrat verschiedenen Koeffizienten. Der Einfluß des doppelten Produktes kann hier somit nicht verschwinden. Darüber hinaus kann sich wegen des Faktors $\cos\Phi = \cos m\varphi$ der Koeffizient A_2 ganz unregelmäßig verändern, und er kann insbesondere auch negative Werte annehmen, was, wie wir sahen, bei durchweg reellen Wurzeln nicht möglich ist.

Aus (8c) erhält man für die Wurzeln:

$$\left.\begin{aligned} X_1 &= A_1 : A_0, \\ R^2 &= A_3 : A_1, \\ X_4 &= A_4 : A_3 \\ &\ldots\ldots \end{aligned}\right| \tag{9c}$$

Auch hier wird also der irreguläre Koeffizient A_2 bei der Endrechnung übergangen.

Nun wäre es an sich möglich, das Argument Φ aus

$$2R\cos\Phi = A_2 : A_1$$

zu bestimmen. Daraus aber würde sich der Winkel φ der Wurzel $x_{2,3}$ nur in der m-fach unbestimmten Form

$$\varphi = \frac{1}{m}\Phi + \frac{k\,2\pi}{m} \qquad (k = 0, 1, 2, \ldots \text{ oder } m-1)$$

gewinnen lassen, und da m normalerweise von der Größenordnung 12 bis 2^8, also 32 bis 256 ist, so ist dieser Weg viel zu umständlich.

Treten nur ein oder zwei komplexe Wurzelpaare der Gleichung auf, so wird man, indem man ohnehin die Einsetzungsprobe mittels HORNER-Schema macht, die reellen Wurzeln abspalten und den quadratischen oder biquadratischen Rest für sich behandeln. Im quadratischen Falle hat man nur die quadratische Restgleichung zu lösen. Im Falle eines biquadratischen Restes zerspalten wir wie in § 2.7, S. 60, in zwei Quadratfaktoren nach

$$x^4 + b_3x^3 + b_2x^2 + b_1x + b_0 = (x^2 + s_1x + p_1)(x^2 + s_2x + p_2). \tag{10}$$

Da aber jetzt die beiden Größen

$$p_1 = r_1^2 = \sqrt[m]{R_1^2}, \qquad p_2 = r_2^2 = \sqrt[m]{R_2^2} \tag{11}$$

aus der GRAEFFE-Rechnung bekannt sind, so findet man s_1, s_2 nach § 2.7, S. 60/61, mühelos zu

$$s_1 = \frac{b_1 - b_3p_1}{p_2 - p_1}, \qquad s_2 = b_3 - s_1 \tag{12}$$

mit der Probe

$$s_1 s_2 = b_2 - p_1 - p_2. \tag{13}$$

Treten dagegen drei oder mehr komplexe Wurzelpaare auf, so kann man sich des in § 2.8, S. 66, angegebenen doppelzeiligen HORNER-Schemas für komplexes Argument bedienen mit der wesentlichen Vereinfachung, daß die Größen $p_i = r_i^2$ aus der GRAEFFE-Rechnung bekannt sind. Von der Größe $s = -2r\cos\varphi$ weiß man nur, daß

$$-2r \leqq s \leqq +2r. \tag{14}$$

Indem man nun bei festgehaltenem p die Größe s innerhalb der angegebenen Schranken variiert und, in einer zunächst nur groben Näherungsrechnung, sich an Hand einer Skizze einen Überblick über den Verlauf der beiden reellen Funktionen

$$A = A(s), \qquad B = B(s) \tag{15}$$

verschafft, kann man leicht einen Näherungswert s_0 für jenes gesuchte s ausmachen, für das die beiden Reste A, B des HORNER-Schemas gleichzeitig verschwinden. Zu s_0 ist dann eine Verbesserung δs zu berechnen nach einer der beiden Formeln

$$\begin{aligned} A - A'\delta s + A''(\delta s)^2 + \cdots &= 0, \\ B - B'\delta s + B''(\delta s)^2 + \cdots &= 0. \end{aligned} \tag{16}$$

Ist p aus der GRAEFFE-Rechnung im Rahmen der Stellenzahl genau bestimmt, was im allgemeinen zutreffen wird, so müssen beide Formeln die gleiche Korrektur δs und damit nach

$$s = s_0 + \delta s \tag{17}$$

den gleichen Wert s der zugehörigen quadratischen Gleichung

$$x^2 + sx + p = 0 \tag{18}$$

iefern, deren Wurzeln dann ein komplexes Wurzelpaar der Ausgangsgleichung sind.

In dieser Weise verfährt man, bis nur noch zwei unbekannte komplexe Wurzelpaare übrig sind, die man wie oben angegeben behandelt.

Auch der sonst schwierige Fall komplexer Doppelwurzeln oder zweier komplexer Wurzelpaare von gleichem Betrag ($p_1 = p_2$) ist in der beschriebenen Art ohne weiteres angreifbar. Dabei haben die Funktionen $A(s)$ und $B(s)$ eine gemeinsame zweifache Nullstelle oder zwei verschiedene gemeinsame Nullstellen, was aus einer Skizze leicht zu ersehen ist.

3.5 Bestimmung komplexer Wurzeln nach Brodetsky-Smeal

Von BRODETSKY und SMEAL[1] ist eine Modifikation des GRAEFFE-Verfahrens angegeben worden, bei der die komplexen Wurzeln nach Betrag und Winkel unmittelbar und überdies auch die reellen Wurzeln mit dem richtigen Vorzeichen anfallen.

Das Verfahren baut auf einem Gedanken von RUNGE auf, wonach die komplexen Wurzeln dadurch bestimmt werden können, daß man

[1] BRODETSKY, S., u. G. SMEAL: On GRAEFFES method for complex roots of algebraic equations. Proc. Cambr. Phil. Soc. Bd. 22 (1924) S. 83—87.

das GRAEFFE-Verfahren ein zweites Mal mit verschobenem Koordinatenanfangspunkt durchführt, also nach einer Koordinatentransformation $x = \bar{x} + a$ (Abb. 3.1)[1]. Für eine komplexe Wurzel $x = r\,e^{\pm i\varphi}$ erhält man aus den beiden GRAEFFE-Rechnungen die beiden im allgemeinen verschiedenen Beträge r und $\bar{r}$. Die komplexe Wurzel selbst wird dann durch den Schnittpunkt der beiden mit r und $\bar{r}$ um 0 bzw. $\bar{0}$ geschlagenen Kreise festgelegt. Rechnerisch bestimmt sich der Winkel φ aus dem Cosinussatz

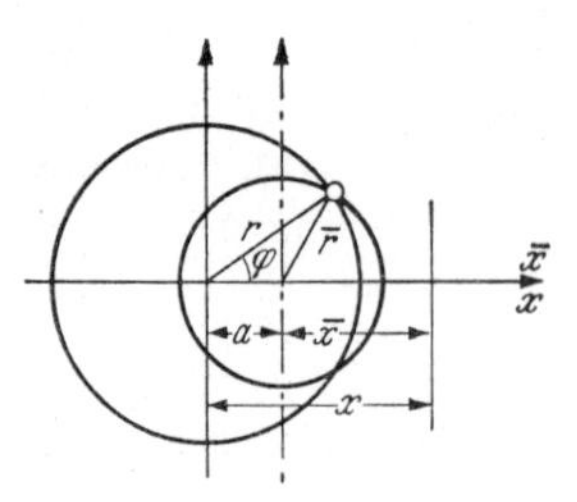

Abb. 3.1. Bestimmung des Argumentes φ einer komplexen Wurzel durch Aschenverschiebung nach RUNGE

$$\bar{r}^2 = r^2 + a^2 - 2ar\cos\varphi. \tag{19}$$

Dieses Vorgehen hat den schwerwiegenden Nachteil, daß sich bei mehreren komplexen Wurzeln die zugehörigen Kreise im allgemeinen mehrfach schneiden, so daß die Lage des die Wurzel bestimmenden Schnittpunktes nicht eindeutig ist. Das kann vermieden werden, indem man den Abstand a der beiden Nullpunkte hinreichend klein macht. BRODETSKY und SMEAL ersetzen nun die endliche Verschiebung a durch eine infinitesimale ε:

$$x = \bar{x} + \varepsilon \tag{20}$$

mit der Maßgabe, daß ε^2 und alle höheren ε-Potenzen gegenüber ε zu vernachlässigen sind. Dann wird aus (19)

$$\bar{r}^2 = r^2 - 2\varepsilon\, r\cos\varphi. \tag{21}$$

Aus dem Polynom $f(x)$ wird nach der Koordinatenverschiebung (20) gemäß TAYLOR-Entwicklung unter Vernachlässigung höherer ε-Potenzen:

$$f(x) = f(\bar{x}) + \varepsilon\, f'(\bar{x}). \tag{22}$$

Mit

$$\begin{aligned} f(x) &= a_0 x^n + a_1 x^{n-1} + a_2 x^{n-2} + \cdots + a_{n-1}x + a_n,\\ f'(x) &= \phantom{a_0 x^n +{}} b_1 x^{n-1} + b_2 x^{n-2} + \cdots + b_{n-1}x + b_n \end{aligned} \tag{23}$$

schreibt sich (22):

$$\begin{aligned} f(x) = a_0 \bar{x}^n + (a_1 + \varepsilon b_1)\,\bar{x}^{n-1} + (a_2 + \varepsilon b_2)\,\bar{x}^{n-2} + \cdots\\ + (a_n + \varepsilon b_n), \end{aligned} \tag{24}$$

[1] Hier und im folgenden bedeutet Überstreichen Übergang auf verschobene Koordinaten und nicht etwa konjugierte Größen.

wo die b_ν die Koeffizienten des abgeleiteten Polynoms $f'(x)$ sind, also

$$\left.\begin{aligned} b_1 &= n\,a_0 \\ b_2 &= (n-1)\,a_1 \\ b_3 &= (n-2)\,a_2 \\ &\cdots\cdots \\ b_n &= a_{n-1} \end{aligned}\right\} \tag{25}$$

Mit (24) führen wir nun den GRAEFFE-Prozeß durch, d. h., wir bilden unter Vernachlässigen der höheren ε-Potenzen die Quadrate und doppelten Produkte der $\bar{a}_\nu$:

$$\begin{aligned} \bar{a}_\nu^2 &= (a_\nu + \varepsilon\, b_\nu)^2 = a_\nu^2 + 2\varepsilon\, a_\nu\, b_\nu\,, \\ 2\bar{a}_{\nu-\varrho}\,\bar{a}_{\nu+\varrho} &= 2(a_{\nu-\varrho} + \varepsilon\, b_{\nu-\varrho})(a_{\nu+\varrho} + \varepsilon\, b_{\nu+\varrho}) \\ &= 2\,a_{\nu-\varrho}\,a_{\nu+\varrho} + 2\varepsilon(a_{\nu-\varrho}\,b_{\nu+\varrho} + a_{\nu+\varrho}\,b_{\nu-\varrho})\,. \end{aligned}$$

Die von ε freien neuen Koeffizienten a_ν' sind demnach die gleichen wie beim gewöhnlichen GRAEFFE-Verfahren. Die hier zusätzlich auftretenden Koeffizienten b_ν' mit dem Faktor 2ε errechnen sich in ganz entsprechender Weise, indem an Stelle der Produkte der a_ν unter sich solche der a_ν und b_ν treten. Ihre Bildung ist aus dem folgenden Schema ersichtlich.

$$\begin{array}{c|lllll l}
 & a_0 & a_1 & a_2 & a_3 & a_4 & \ldots \\
 & 0 & b_1 & b_2 & b_3 & b_4 & \ldots\cdot\varepsilon \\
\hline
 & a_0^2 & a_1^2 & a_2^2 & a_3^2 & a_4^2 & \ldots \\
a_\nu' & & -2a_0a_2 & -2a_1a_3 & -2a_2a_4 & -2a_3a_5 & \ldots \\
 & & & 2a_0a_4 & 2a_1a_5 & 2a_2a_6 & \ldots \\
 & & & & \ldots & \ldots & \ldots \\
\hdashline
 & 0 & a_1b_1 & a_2b_2 & a_3b_3 & a_4b_4 & \ldots \\
b_\nu' & & -a_0b_2 & -(a_1b_3+b_1a_3) & -(a_2b_4+b_2a_4) & -(a_3b_5+b_3a_5) & \ldots \\
 & & & a_0b_4 & a_1b_5+b_1a_5 & a_2b_6+b_2a_6 & \ldots \\
 & & & \ldots & \ldots & \ldots & \ldots \\
\hline
 & a_0' & a_1' & a_2' & a_3' & a_4' & \ldots \\
 & 0 & b_1' & b_2' & b_3' & b_4' & \ldots\cdot 2\varepsilon \\
\hline
 & a_0'' & a_1'' & a_2'' & a_3'' & a_4'' & \ldots \\
 & 0 & b_1'' & b_2'' & b_3'' & b_4'' & \ldots\cdot 4\varepsilon \\
\hline
 & \ldots & \ldots & \ldots & \ldots & \ldots & \ldots \\
\hline
 & A_0 & A_1 & A_2 & A_3 & A_4 & \ldots \\
 & 0 & B_1 & B_2 & B_3 & B_4 & \ldots\cdot m\varepsilon \\
\hline
\end{array}$$

Aus den neuen Koeffizienten a_ν', b_ν' errechnen sich dann weiter nach der gleichen Vorschrift die Koeffizienten a_ν'' und b_ν'' der nächsten Stufe, wobei die b_ν'' mit dem Faktor 4ε versehen sind, die b_ν''' der 3. Stufe mit dem Faktor 8ε usf. Die Endwerte der k-ten Stufe $f_k(X)$ sind $a_\nu^{(k)} = A_\nu$, $b_\nu^{(k)} = B_\nu$, letztere mit dem Faktor $m\varepsilon$ mit $m = 2^k$. Die ganze Rechnung besteht also aus einer gewöhnlichen GRAEFFE-Rechnung zur Gewinnung der A_ν und aus einer zusätzlichen Rechnung zur Gewinnung der B_ν, und sie liefert das Polynom $f_k(X)$ in alter und neuer Veränderlicher x und $\bar{x}$ zugleich, nämlich

$$\begin{aligned} f_k(X) &= A_0 X^n + A_1 X^{n-1} + A_2 X^{n-2} + \cdots + A_{n-1} X + A_n \\ &= A_0 \bar{X}^n + (A_1 + m\varepsilon B_1)\bar{X}^{n-1} + (A_2 + m\varepsilon B_2)\bar{X}^{n-2} + \cdots \\ &\qquad + A_n + m\varepsilon B_n \end{aligned} \tag{26}$$

mit $X = x^m$, $\bar{X} = \bar{x}^m$. Die Berechnung der $b_\nu^{(\varkappa)}$ kann übrigens auch nachträglich an die gewöhnliche GRAEFFE-Rechnung angehängt werden.

Die Auswertung des modifizierten GRAEFFE-Schemas erfolgt nun ganz ähnlich wie früher. Betrachten wir dazu zunächst den Fall einer einfachen reellen Wurzel x_1. Sie erscheint beim gewöhnlichen Verfahren in der Form

$$\boxed{x_1^m = \frac{A_{\nu+1}}{A_\nu}}\,. \tag{27}$$

Dementsprechend haben wir in den neuen Koordinaten

$$\bar{x}_1^m = \frac{A_{\nu+1} + m\,\varepsilon\,B_{\nu+1}}{A_\nu + m\,\varepsilon\,B_\nu} = \frac{A_{\nu+1}}{A_\nu}\;\frac{1 + m\,\varepsilon\,Q_{\nu+1}}{1 + m\,\varepsilon\,Q_\nu} \tag{28}$$

mit den Quotienten

$$\boxed{Q_\nu = \frac{B_\nu}{A_\nu}}\,. \tag{29}$$

Unter Vernachlässigung höherer ε-Potenzen ergibt sich aus (28) zusammen mit (27):

$$\bar{x}_1^m = x_1^m\,(1 + m\,\varepsilon\,\Delta\,Q_\nu) \tag{30}$$

mit

$$\boxed{\Delta\,Q_\nu = Q_{\nu+1} - Q_\nu}\,. \tag{31}$$

Andrerseits folgt aus (20) durch Potenzieren:

$$\left.\begin{aligned} \bar{x} &= x - \varepsilon \\ \bar{x}^2 &= x^2 - 2\varepsilon\,x \\ \bar{x}^4 &= x^4 - 4\varepsilon\,x^3 \\ &\cdots\cdots\cdots\cdots \\ \bar{x}^m &= x^m - m\varepsilon\,x^{m-1} = x^m\Big(1 - \frac{m\,\varepsilon}{x}\Big)\,. \end{aligned}\right\} \tag{32}$$

Vergleich von (30) und (32) ergibt unmittelbar die reelle Wurzel

$$\boxed{x_1 = \frac{-1}{\Delta Q_\nu}}\,. \tag{33}$$

Im Falle einfacher reeller Wurzeln liefert also das modifizierte Graeffe-Verfahren unmittelbar die reellen Wurzeln mit richtigem Vorzeichen. Die normale Bestimmung nach (27) *dient dann als Kontrolle.*

Im Falle eines komplexen Wurzelpaares $r\,e^{\pm i\varphi}$, und zwar eines einfachen Paares ohne weitere Wurzeln vom gleichen Betrage, liefert das gewöhnliche GRAEFFE-Verfahren den Betrag in der Form

$$\boxed{r^{2m} = \frac{A_{\nu+2}}{A_\nu}, \qquad r^2 = \sqrt{\frac{A_{\nu+2}}{A_\nu}} = p}\,. \tag{34}$$

Dem entspricht in den neuen Koordinaten

$$\bar{r}^{2m} = \frac{A_{\nu+2} + m\,\varepsilon\,B_{\nu+2}}{A_\nu + m\,\varepsilon\,B_\nu} = \frac{A_{\nu+2}}{A_\nu}\,\frac{1 + m\,\varepsilon Q_{\nu+2}}{1 + m\,\varepsilon Q_\nu}\,,$$

$$\bar{r}^{2m} = r^{2m}(1 + m\,\varepsilon\,\Delta_2 Q_\nu) \tag{35}$$

mit

$$\boxed{\Delta_2 Q_\nu = Q_{\nu+2} - Q_\nu}\,. \tag{36}$$

Andrerseits folgt aus (21) durch Potenzieren:

$$\begin{aligned}\bar{r}^{2m} &= r^{2m} - 2m\,\varepsilon\,r^{2m-1}\cos\varphi \\ &= r^{2m}\left(1 - m\,\varepsilon\,\frac{2r\cos\varphi}{r^2}\right).\end{aligned} \tag{37}$$

Vergleich von (35) mit (37) ergibt:

$$-2r\cos\varphi = \Delta_2 Q_\nu\, r^2$$

oder in der Bezeichnung

$$\left.\begin{aligned}-2r\cos\varphi &= s\,,\\ r^2 &= p\,,\end{aligned}\right\} \tag{38}$$

$$\boxed{s = \Delta_2 Q_\nu\, p}\,. \tag{39}$$

Damit erhält man aus (34) und (39) unmittelbar die dem Wurzelpaar $r\,e^{\pm i\varphi}$ zugeordnete quadratische Gleichung

$$\boxed{x^2 + s\,x + p = 0}\,, \tag{40}$$

deren Auflösung das komplexe Wurzelpaar in der Form $x = u \pm i\,v$ ergibt. Der Fall einer reellen Doppelwurzel $x_1 = x_2 = \pm r$ ordnet sich hier mit $s = \mp 2r$ ein.

Nicht unterscheidbar sind hingegen auf diesem Wege die beiden Sonderfälle

$$x_{1,2} = \pm\, r, \text{ entgegengesetzt gleiche Wurzeln, und}$$
$$x_{1,2} = \pm i r, \text{ rein imaginäres Wurzelpaar,}$$

da die zugehörigen Quadratfaktoren $(x^2 - r^2)$ und $(x^2 + r^2)$ schon in der nächsten GRAEFFE-Stufe beide in $(x^4 + r^4)$ übergehen. Die Rechnung liefert hier beide Male $s = 0$, und es muß dann durch Einsetzen in die Ausgangsgleichung entschieden werden, welcher der beiden möglichen Fälle vorliegt.

Als weitere Sonderfälle seien noch die von drei und vier Wurzeln gleichen Betrages angeführt, bei denen zwei bzw. drei irreguläre Koeffizienten auftreten. Mit der Bezeichnung

$$\boxed{\Delta_k Q = Q_{\nu+k} - Q_\nu}, \qquad k = 3, 4 \tag{41}$$

verläuft hier die Auswertung folgendermaßen.

1. $$\boxed{\begin{aligned} x_{12} &= r\, e^{\pm i\varphi} \\ x_3 &= \pm\, r \end{aligned}}\,.$$

Mit $r^m = R$, $\bar{r}^m = \bar{R}$ wird aus

$$\bar{r}_{12}^2 = r^2\left(1 - \frac{2\varepsilon}{r}\cos\varphi\right), \qquad \bar{r}_3 = r\left(1 \mp \frac{\varepsilon}{r}\right),$$

$$\bar{R}_{12}^2 = R^2\left(1 - \frac{2m\varepsilon}{r}\cos\varphi\right), \quad \bar{R}_3 = R\left(1 \mp \frac{m\varepsilon}{r}\right)$$

und damit

$$\begin{aligned} X_1 X_2 X_3 &= R^3 = A_{\nu+3} : A_\nu\,, \\ \bar{X}_1 \bar{X}_2 \bar{X}_3 &= R^3\left[1 - \frac{m\varepsilon}{r}(2\cos\varphi \pm 1)\right], \\ &= \frac{A_{\nu+3}}{A_\nu}(1 + m\varepsilon\, \Delta_3 Q)\,. \end{aligned}$$

Durch Vergleich der beiden letzten Ausdrücke folgt mit $-2r\cos\varphi = s$ und $r^2 = p$:

$$\boxed{s = p\, \Delta_3 Q_\nu \pm r} \tag{42}$$

mit

$$\boxed{p = r^2, \quad r^{3m} = A_{\nu+3} : A_\nu}\,. \tag{43}$$

2. $$\boxed{\begin{aligned} x_{12} &= r\, e^{\pm i\varphi_1} \\ x_{34} &= r\, e^{\pm i\varphi_2} \end{aligned}}\,.$$

Auf gleiche Weise wie vorhin ergibt sich jetzt nur noch eine Beziehung für die Summe σ der beiden unbekannten Wurzelsummen s_1, s_2, nämlich

$$\boxed{\sigma = s_1 + s_2 = p\,\Delta_4 Q_\nu} \tag{44}$$

mit

$$\boxed{p = r^2 = \sqrt[2m]{A_{\nu+4} : A_\nu}}\,. \tag{45}$$

Da jedes der beiden s_i den Bereich $-2r \ldots 2r$ durchlaufen kann, wobei $s_1 + s_2 = \sigma$ bekannt ist, und da es auf die Benennung s_1 oder s_2 nicht ankommt, läßt sich der Bereich der einen der beiden Größen noch wie folgt eingrenzen:

$$\text{a) für} \quad \sigma \geqq 0, \qquad s_1 = \frac{\sigma}{2} \cdots 2r,$$

$$\text{b) für} \quad \sigma \leqq 0, \qquad s_1 = -2r \cdots \frac{\sigma}{2}.$$

Einige Rechnungen im doppelzeiligen HORNER-Schema mit probeweise angenommenem s aus dem angegebenen Bereich (im HORNER-Schema mit $-s$ bezeichnet!) führen dann auf den richtigen Wert s_1.

Bemerkenswert ist die hohe Genauigkeit der Ergebnisse, die für die GRAEFFE-Rechnung charakteristisch ist[1]. Das Verfahren arbeitet praktisch ohne Genauigkeitsverlust durch Rundungsfehler. Es erfordert freilich ein sehr konzentriertes Arbeiten und Kontrolle durch Doppelrechnung, da es keine wirksamen laufenden Kontrollen gibt. Automatische Rechnung wird man in der Regel auch nur bis vor die Schlußrechnung durchführen, da sich die verschiedenen Entscheidungsmöglichkeiten nur schwer programmieren lassen.

3.6 Beispiel zu Brodetsky-Smeal

Als Beispiel diene die Gleichung 5. Grades mit zwei komplexen Wurzelpaaren:

$$x^5 + 2x^4 + 5x^3 + 4x^2 + 8x + 8 = (x^2 + 2x + 4)(x^2 - x + 2)(x + 1) = 0.$$

Die Rechnung wird 4- bis 5stellig geführt, um sie möglichst übersichtlich zu halten, siehe Tab. 2.

Ergebnis:

$$x_{12}\colon\; x^2 + 2x + 4 = 0 \rightarrow x_{12} = -1 \pm \sqrt{3}\,i,$$

$$x_{34}\colon\; x^2 - x + 2 = 0 \rightarrow x_{34} = \tfrac{1}{2}(1 \pm \sqrt{7}\,i),$$

$$x_5\colon\; x_5 = -1.$$

[1] Ausnahmen davon treten nur auf, wenn das Ausgangspolynom oder seine Transformierten ein Kreisteilungspolynom ungeraden Grades enthält. Vgl. dazu A. HIRSCHLEBER: Z. angew. Math. Mech. Bd. 36 (1956) S. 254; Bd. 37 (1957) S. 257.

m	x^5	x^4	x^3	x^2	x	1
1	1	2	5	4	8	8
	0	5	8	15	8	8
	1	4	2,5^{1}	1,6^{1}	6,4^{1}	6,4^{1}
		−10	−1,6	−8,0	−6,4	
			1,6	3,2		
	0	10	4,0	6,0	6,4	6,4
		−8	−5,0	−10,4	−15,2	
			0,8	5,6		
2	1	−6	2,5^{1}	−3,2^{1}	0	6,4^{1}
	0	2	−0,2	1,2	−8,8^{1}	6,4
	1	3,6^{1}	6,25^{2}	10,24^{2}	0	4,096^{3}
		−5,0	−3,84	0	4,096^{3}	
			0	−7,68		
	0	−1,2	−0,50	−3,84	0	4,096
		0,2	1,36	22,00	1,280	
			−0,88	−2,56		
4	1	−1,4^{1}	2,41^{2}	2,56^{2}	4,096^{3}	4,096^{3}
	0	−1,0	−0,02	15,60	1,280	4,096
	1	1,96^{2}	5,808^{4}	6,554^{4}	1,6777^{7}	1,6777^{7}
		−4,82	0,717	−197,427	−0,2097	
			0,819	−11,469		
	0	1,40	−0,048	39,936	0,5243	1,6777
		0,02	2,440	−30,029	−0,7438	
			0,128	−9,830		
8	1	−2,86^{2}	7,344^{4}	−2,0234^{6}	1,4680^{7}	1,6777^{7}
	0	1,42	2,520	0,0008	−0,2195	
	1	8,180^{4}	5,393^{9}	4,094^{12}	2,1550^{14}	2,8147^{14}
		−14,688	−1,157	−2,156	0,6790	
			0,029	−0,010		
	0	−4,061	1,8507	−0,0016	−0,3222	2,8147
		−2,520	0,2875	−0,2087	0,3393	
			−0,0022	−0,0024		
16	1	−6,508^{4}	4,265^{9}	1,928^{12}	2,834^{14}	2,8147^{14}
	0	−6,581	2,136	−0,2127	0,0171	2,8147
	1	4,235^{9}	1,8190^{19}	3,717^{24}	8,032^{28}	7,923^{28}
		−8,530	0,0025	−2,417	−0,109	
	0	4,283	0,9110	−0,4101	0,0485	7,923
		−2,136	0,0113	−0,6126	−0,0483	
32	1	—	1,844^{19}	—	7,923^{28}	7,923^{28}
	0	—	0,9223	—	0	7,923
Q	0	—	0,500	—	0	1,000
lg A	0	—	19,266	—	28,899	28,899
ΔQ		0,500		−0,500	1,000	
Δ lg A		19,266		9,633	0	
: 32		0,6020		0,3010	0	
$p \mid r$		4,000		2,000	1,000	
$s \mid x$		2,000		−1,000	−1,000	

§ 4. Stabilitätskriterien. Verfahren des Routh-Kriteriums

4.1 Fragestellung

Eine wichtige Anwendung erfahren die algebraischen Gleichungen bei Schwingungsproblemen als charakteristische Gleichungen linearer Differentialgleichungen mit konstanten Koeffizienten, die wir als reell voraussetzen wollen. Die Lösung der homogenen Differentialgleichung in $y = y(t)$ erscheint mit dem bekannten Exponentialansatz $y = e^{\lambda t}$ in der Form

$$y = \sum_j C_j e^{\lambda_j t}$$

mit den Wurzeln λ_j der charakteristischen Gleichung $f(\lambda) = 0$ und Faktoren C_j, die bei einfachen Wurzeln Konstante, bei Mehrfachwurzeln Polynome in t bedeuten. Im Falle reeller Wurzeln $\lambda_j = \alpha_j$ sind die zugehörigen Lösungsbestandteile Exponentialfunktionen. Bei konjugiert komplexen Wurzeln $\lambda_j = \alpha_j \pm i\omega_j$ ergeben sich Ausdrücke der Form

$$e^{\alpha_j t}(A_j \cos\omega_j t + B_j \sin\omega_j t).$$

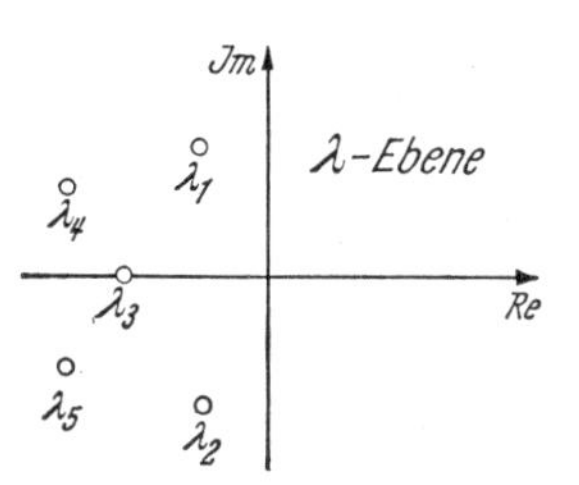

Abb. 4.1. Lage der Wurzeln λ_j in der komplexen λ-Ebene bei stabilem Verhalten

In jedem Falle gehört zum reellen Wurzelbestandteil $\alpha_j \neq 0$ eine Exponentialfunktion, und der durch die Differentialgleichung beschriebene Bewegungsablauf ist mit der Zeit t abklingend, d. h. aber *stabil* genau dann, wenn sämtliche Wurzeln λ_j *negative Realteile* $\alpha_j < 0$ aufweisen, wenn also die Wurzelpunkte λ_j der komplexen Zahlenebene sämtlich in der linken Halbebene, links von der imaginären Achse liegen (Abb. 4.1).

Im Hinblick auf dieses Stabilitätsproblem ist es daher von besonderer Wichtigkeit, für algebraische Gleichungen Kriterien dafür angeben zu können, daß sämtliche Wurzeln nur negative Realteile besitzen, Kriterien, die die Stabilität des zugeordneten zeitlichen Vorgangs von vornherein, allein auf Grund der Koeffizienten a_k der Polynomgleichung, sicherstellen, ohne daß die Wurzeln der Gleichung im einzelnen bestimmt werden müßten.

Eine *notwendige* Bedingung für unsere Stabilitätsforderung ist leicht einzusehen, nämlich die, daß sämtliche Koeffizienten der algebraischen Gleichung von einerlei Vorzeichen, etwa, wenn wir den höchsten Koeffizienten $a_n > 0$ annehmen, daß sie *sämtlich positiv* sind. Dies folgt aus der Zerlegung in Linearfaktoren

$$f(z) = a_n(z - z_1)(z - z_2) \ldots (z - z_n).$$

Für reelle negative $z_j = \alpha_j$ mit $\alpha_j < 0$ ist der Linearfaktor $z - \alpha_j$. Konjugiert komplexe Wurzeln $z_j = \alpha_j \pm i\omega_j$ führen auf den Quadratfaktor

$$z^2 - 2\alpha_j z + \alpha_j^2 + \omega_j^2.$$

Wegen $\alpha_j < 0$ werden die Koeffizienten aller dieser Faktoren und damit bei $a_n > 0$ alle Koeffizienten der Gleichung positiv. — Für quadratische Gleichungen reicht diese Bedingung auch aus, wie man sich leicht überlegt; für Gleichungen höheren Grades dagegen nicht mehr; z. B. hat die kubische Gleichung

$$z^3 + z^2 + 4z + 30 = (z + 3)(z^2 - 2z + 10) = 0$$

die Wurzeln $z_1 = -3$, $z_{2,3} = 1 \pm 3i$, also auch positive Realteile.

Es handelt sich nun darum, außer der notwendigen Bedingung $a_\nu > 0$ noch weitere auch hinreichende Bedingungen für durchweg negative Wurzelrealteile anzugeben. Derartige Kriterien gibt es seit langem. Die bekanntesten sind die von ROUTH[1] und HURWITZ[2]. Dazu sind in neuerer Zeit sogenannte Ortskurvenkriterien gekommen[3]. Allen Verfahren liegt, bei sehr verschiedener äußerer Form, der gleiche Gedanke zugrunde. Wir behandeln im folgenden das Kriterium von ROUTH, das sich durch einfache Handhabung auszeichnet und das sich vor allem auch zu einem regelrechten Lösungsverfahren zur Wurzelbestimmung ausbauen läßt.

4.2 Die Sturmsche Kette

Zur Herleitung des ROUTH-Kriteriums greifen wir zunächst eine andere, vom Hauptwege abliegende Frage auf, nämlich die nach der *Anzahl reeller Wurzeln* einer Polynomgleichung $f(x) = 0$, die in einem — endlichen oder unendlichen — Intervall (a, b) der x-Achse liegen. Diese Frage tritt nämlich im Zusammenhang mit unserem Stabilitätsproblem auf. Wir setzen voraus, daß $f(x)$ und die Ableitung $f'(x)$ keine gemeinsamen Faktoren $x - x_i$ besitzen, daß sie teilerfremd sind, was bedeutet, daß die Nullstellen des Polynoms nur einfach sind. Sind sie es nicht, so lassen sich die für $f(x)$ und $f'(x)$ gemeinsamen Linearfaktoren mit Hilfe des sogleich zu beschreibenden Divisionsalgorithmus ausfindig machen und danach abspalten.

Es sei nun x_0 eine reelle einfache Nullstelle von $f(x)$ und eine Spanne $h > 0$ so gewählt, daß die Ableitung $f'(x)$ zwischen $x_0 - h$ und $x_0 + h$ ihr Vorzeichen nicht ändert. Dann liegt eines der beiden folgenden Vor-

[1] ROUTH, E. J.: A treatis on the stability of a given state of motion. 1877, S. 74—81.

[2] HURWITZ, A.: Über die Bedingungen, unter welchen eine Gleichung nur Wurzeln mit negativen reellen Teilen besitzt. Math. Ann. Bd. 46 (1895) S. 273—284.

[3] Eine gute Übersicht gibt K. KLOTTER: Technische Schwingungslehre, Bd. 2. 2. Aufl. Berlin/Göttingen/Heidelberg 1960. § 4.2.

zeichenverhalten für f und f' vor:

x	f	f'	ZW
$x_0 - h$	$-$	$+$	1
x_0	0	$+$	$-$
$x_0 + h$	$+$	$+$	0

oder

x	f	f'	ZW
$x_0 - h$	$+$	$-$	1
x_0	0	$-$	$-$
$x_0 + h$	$-$	$-$	0

Hier haben wir in der letzten Spalte jeweils die Anzahl der *Zeichenwechsel* (*ZW*) aufgeführt, die in der Folge f und f' zu beobachten ist. Wir können demnach feststellen:

> Beim Übergang über eine einfache reelle Nullstelle einer Funktion $f(x)$ in positiver x-Richtung geht in der Folge f, f' *ein* Zeichenwechsel verloren.

Statt der Ableitung $f'(x)$ können wir, was für unsere späteren Zwecke wichtig ist, auch eine Funktion $f_1(x)$ nehmen, die an jeder Stelle gleiches Vorzeichen wie $f'(x)$ besitzt, sich also von f' um einen positiven Faktor unterscheidet: $f_1(x) = p(x)\,f'(x)$ mit $p(x) > 0$.

Wir betrachten nun den folgenden Divisionsalgorithmus (beim Rechnen mit ganzen Zahlen als Euklidischer Algorithmus bekannt):

$$\begin{array}{llll} f(x) : f_1(x) & \text{gibt } g_1(x) & \text{mit Rest} & -r_2(x), \\ f_1(x) : r_2(x) & \text{gibt } g_2(x) & \text{mit Rest} & -r_3(x), \\ r_2(x) : r_3(x) & \text{gibt } g_3(x) & \text{mit Rest} & -r_4(x) \\ \ldots & & & \end{array}$$

oder anders geschrieben:

$$f = g_1 f_1 - r_2, \tag{1.0}$$

$$f_1 = g_2 r_2 - r_3, \tag{1.1}$$

$$r_2 = g_3 r_3 - r_4 \tag{1.2}$$

$$\ldots \qquad \ldots$$

allgemein mit $r_0 = f$ und $r_1 = f_1$:

$$\boxed{r_{p-1} = g_p r_p - r_{p+1}}\,. \tag{1}$$

Die Quotienten $g_i(x)$ sind mindestens linear in x, und jeder Rest r_p ist dem Grade nach wenigstens um Eins kleiner als sein Vorgänger r_{p-1}, womit das Verfahren spätestens mit

$$\boxed{r_n = \text{const} \neq 0} \tag{2}$$

abbricht. Wäre nämlich der letzte Rest $r_n = 0$, so wäre r_{n-1} ein Teiler von r_{n-2}, damit auch Teiler von r_{n-3} usf., womit r_{n-1} gemeinsamer

Teiler von f und f_1 wäre entgegen der Voraussetzung. Haben umgekehrt $f(x)$ und $f_1(x)$ einen gemeinsamen Teiler, so ist dieser wegen (1.0) auch Teiler von r_2, wegen (1.1) dann auch Teiler von r_3 usf., womit die Division schließlich ohne Rest aufgeht mit einem letzten Divisor r_p, der den gemeinsamen Teiler darstellt. Bei allen Größen kommt es übrigens auf einen positiven Zahlenfaktor nicht an.

Die Folge der so gebildeten Funktionen

$$\boxed{f, f_1, r_2, \ldots, r_n = \text{const}} \tag{3}$$

wird eine *Sturmsche Kette* genannt. Es sei nun an einer Stelle x_0 ein inneres Glied der Kette Null, $r_p = 0$. Dann kann wegen (1), also

$$r_{p-1} = -r_{p+1},$$

nicht auch $r_{p-1} = 0$ sein, da sonst $r_n = 0$ folgen würde entgegen unserer Voraussetzung. In der Umgebung einer solchen Nullstelle von r_p haben wir also beispielsweise folgendes Vorzeichenverhalten, das man leicht verallgemeinert:

x	r_{p-1}	r_p	r_{p+1}	ZW
$x_0 - h$	+	−	−	1
x_0	+	0	−	1
$x_0 + h$	+	+	−	1

In jedem Falle gilt wie in diesem Beispiel:

Beim Übergang über eine Nullstelle von r_p kann *im Innern* der Kette kein Zeichenwechsel verlorengehen. Das kann nur an den Enden der Kette, und wegen $r_n = \text{const}$ nur *am Kettenanfang* an einer Nullstelle x_0 von $f(x)$ eintreten.

Wir betrachten nun die Vorzeichen der Kettenglieder an zwei Stellen $x = a$ und $x = b$ mit $a < b$. Die Anzahl der in der Kette auftretenden Zeichenwechsel bezeichnen wir mit Z_a für $x = a$ und Z_b für $x = b$. Da an jeder reellen Nullstelle von $f(x)$ ein Zeichenwechselverlust eintritt, so haben wir

Kette	a	b
f	+	−
f_1	−	+
r_2	+	+
$\vdots$	$\vdots$	$\vdots$
r_n	+	+
	Z_a	Z_b

$$\boxed{\begin{array}{c} Z_a - Z_b = \text{Zahl der reellen Nullstellen} \\ \text{zwischen} \quad x = a \quad \text{und} \quad x = b \end{array}} \tag{4}$$

Beispiel: $f(x) = x^3 - 3x^2 + 6x - 6$

$x =$	$-\infty$	0	1	2	$+\infty$
$f = x^3 - 3x^2 + 6x - 6$	$-$	$-$	$-$	$+$	$+$
$f_1 = x^2 - 2x + 2$	$+$	$+$	$+$	$+$	$+$
$r_2 = -x + 2$	$+$	$+$	$+$	0	$-$
$r_3 = -1$	$-$	$-$	$-$	$-$	$-$
$Z =$	2	2	2	1	1

Eine reelle Nullstelle zwischen $-\infty$ und $+\infty$, und zwar zwischen $x = 1$ und 2.

Für die uns eigentlich interessierende Anwendung der STURMschen Kette im ROUTH-Kriterium vollzieht sich, wie wir bald sehen werden, die Kettenbildung nach einem ganz einfachen Schema.

4.3 Ortskurvenkriterium

Wir kehren zurück zu unserer Frage, wann eine durch ihre reellen Koeffizienten a_ν gegebene Polynomgleichung nur Wurzeln mit negativem Realteil besitzt, und verfolgen sie zunächst auf anschaulichem Wege. Entsprechend dem im allgemeinen komplexen Charakter der Wurzeln betrachten wir auch die Variable als komplexe Zahl $z = x + iy$, schreiben also unsere Gleichung in der Form $f(z) = 0$ mit

$$f(z) = a_0 + a_1 z + \cdots + a_n z^n. \tag{5}$$

Dann ist auch der Polynomwert $w = f(z)$ eine komplexe Größe $w = X + iY$. Beide Größen, das Argument z und der Funktionswert w, lassen sich geometrisch in je einer komplexen Zahlenebene, der z-Ebene und der w-Ebene, darstellen. Ein beliebiger Punkt z der z-Ebene wird durch die Funktion $w = f(z)$ in einen Punkt w der w-Ebene *abgebildet*. Insbesondere bilden sich die Wurzeln z_j unserer Gleichung $f(z) = 0$ sämtlich in den Nullpunkt $w = 0$ der w-Ebene ab. Für unsere Frage kommt nun der imaginären Achse der z-Ebene als Trennlinie zwischen linkem stabilem und rechtem labilem Wurzelbereich besondere Bedeutung zu. In Parameterform ist diese Achse darstellbar als

$$z = i\omega, \quad -\infty < \omega < +\infty \tag{6}$$

mit einem Parameter ω, der den gesamten reellen Zahlenbereich durchläuft. Sie bildet sich durch die Funktion $f(z)$ ab auf die Kurve, eine sogenannte *Ortskurve*

$$\left.\begin{aligned} w = f(i\omega) &= a_0 - a_2\omega^2 + a_4\omega^4 - + \cdots \\ &\quad + i(a_1\omega - a_3\omega^3 + a_5\omega^5 - + \cdots) \\ &= X + iY \end{aligned}\right\} \tag{7}$$

mit

$$\begin{aligned} X = X(\omega) &= a_0 \quad\; - a_2\omega^2 + a_4\omega^4 + + \cdots \\ Y = Y(\omega) &= a_1\omega - a_3\omega^3 + a_5\omega^5 + - \cdots \end{aligned} \tag{8}$$

als Parameterform der Ortskurve des Bildes der imaginären z-Achse. Je nachdem n gerade oder ungerade ist, wird X oder Y vom Grade n

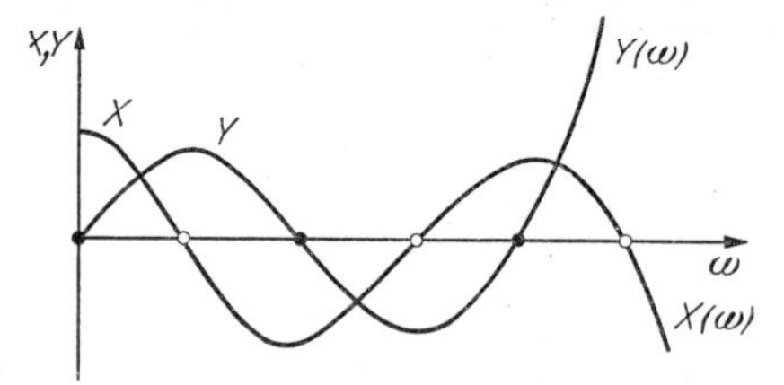

Abb. 4.2. Verlauf der Funktionen $X(\omega)$, $Y(\omega)$ im positiven ω-Bereich

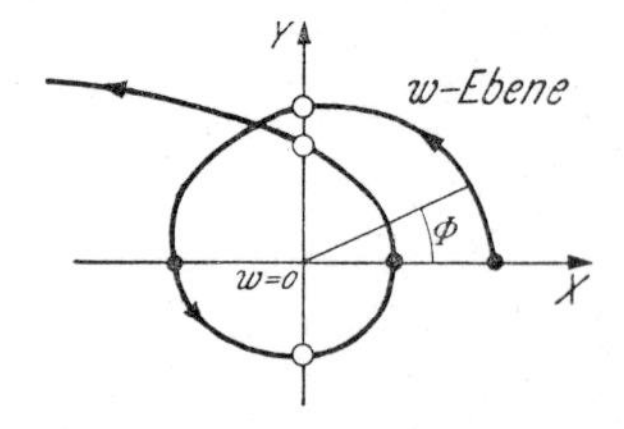

Abb. 4.3. Ortskurve = Bild der imaginären z-Achse in der w-Ebene

und Y oder X vom Grade $n-1$. Die Funktion $X = X(\omega)$ ist stets eine gerade Funktion von ω, hingegen $Y = Y(\omega)$ stets ungerade. Es genügt daher, nur den positiven ω-Bereich zu betrachten und die Funktionen gerade bzw. ungerade symmetrisch fortgesetzt zu denken (Abb. 4.2), wo die Funktionen für den Fall $n = 6$ wiedergegeben sind.

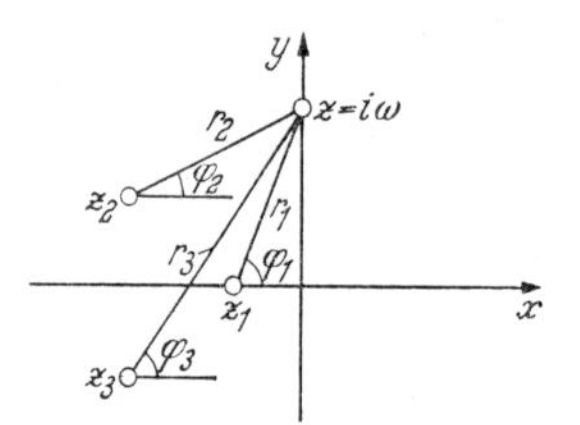

Abb. 4.4. Veranschaulichung der Linearfaktoren $z - z_j$ bei $z = i\omega$

Für positive Koeffizienten ist

$$X(0) = a_0 > 0, \qquad Y'(0) = a_1 > 0. \tag{9}$$

Trägt man hingegen X und Y als Abszisse und Ordinate der komplexen w-Ebene auf, so erhält man die Ortskurve $w = w(\omega)$ als Bild der imaginären z-Achse $z = i\omega$ (Abb. 4.3), wobei wieder nur der positive Zweig der Kurve mit $\omega \geqq 0$ gezeichnet zu werden braucht. Sie beginnt mit $\omega = 0$ in $w = a_0$ auf der reellen Achse und verläuft mit $\omega \to \infty$ in Richtung einer der Achsen ins Unendliche.

Zur Beantwortung der Frage nach der Lage der Nullstellen $w = 0$ zur Ortskurve denken wir uns einen Punkt $z = i\omega$ auf der imaginären z-Achse entlanglaufen und ziehen die Verbindungen

$$z - z_j = r_j\, e^{i\varphi_j} \tag{10}$$

von den Nullstellen z_j zum laufenden Punkt $z = i\omega$ (Abb. 4.4). Das aber sind die Linearfaktoren unseres Polynoms, dessen Linearfaktorzerlegung sich daher in der Form schreibt:

$$\left.\begin{aligned} f(z) &= a_n(z - z_1)(z - z_2)\ldots(z - z_n) \\ &= a_n r_1 e^{i\varphi_1} r_2 e^{i\varphi_2} \ldots r_n e^{i\varphi_n} \\ &= R\, e^{i\Phi} = R(\cos\Phi + i\sin\Phi) = X + iY \end{aligned}\right\} \tag{11}$$

mit

$$\begin{aligned} R &= a_n r_1 r_2 \ldots r_n = R(\omega), \\ \Phi &= \varphi_1 + \varphi_2 + \cdots + \varphi_n = \Phi(\omega). \end{aligned} \tag{12}$$

Es ist also

$$X = R(\omega)\cos\Phi(\omega),$$
$$Y = R(\omega)\sin\Phi(\omega). \tag{13}$$

Liegt keine der Wurzeln z_j auf der imaginären Achse und ist $a_n > 0$, so folgt aus (12) $R > 0$. Die Funktionen X und Y haben daher die gleichen Nullstellen wie $\cos\Phi$ und $\sin\Phi$. Liegen nun sämtliche Wurzeln in der linken Halbebene, so durchläuft jeder der Winkel φ_j den Bereich $-\pi/2$ bis $+\pi/2$, indem $z = i\omega$ die ganze imaginäre Achse durchläuft. Der Gesamtwinkel $\Phi = \sum \varphi_j$ durchläuft daher monoton steigend den Bereich $-n\pi/2$ über $\Phi = 0$ für $\omega = 0$ bis $+n\pi/2$ (Abb. 4.5). Der Winkel Φ ist aber der Winkel des Vektors $w = R\,e^{i\Phi}$ der Ortskurve. Damit haben wir das anschauliche

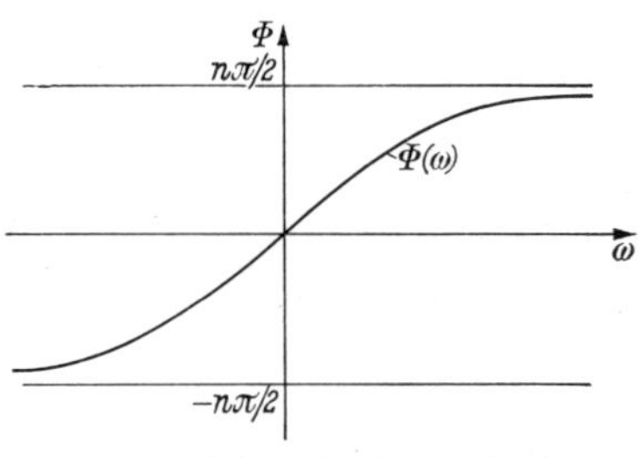

Abb. 4.5. Verlauf des Gesamtwinkels $\Phi(\omega)$

Ortskurvenkriterium:

Die Polynomgleichung $f(z) = 0$ hat genau dann nur Wurzeln mit negativem Realteil, wenn die Ortskurve $w = f(i\omega)$ der imaginären z-Achse in der w-Ebene den Nullpunkt derart umschlingt, daß der Winkel Φ des Ortsvektors den Bereich $\Phi = 0$ bis $n\pi/2$ für $\omega = 0$ bis ∞ überstreicht, links herum positiv gezählt.

Liegt aber eine der Wurzeln in der rechten Halbebene, etwa auf der reellen positiven Achse, so durchläuft der zugehörige Winkel den Bereich π bis $\pi/2$, dreht also um $\pi/2$ im negativen Sinne. Liegen q der Wurzeln in der negativen und p in der positiven Halbebene mit $p + q = n$ (keine Wurzel rein imaginär), so dreht der Gesamtwinkel Φ um $(q - p)\,\pi/2 = l\,\pi/2$ im positiven Sinne (oder $-l\,\pi/2$ im negativen) für $\omega = 0$ bis ∞. Mit

$$q + p = n,$$
$$q - p = l$$

folgt also:

Die Gleichung n-ten Grades $f(z) = 0$ hat

$$p = \frac{n-l}{2} \text{ Wurzeln mit positivem und}$$

$$q = \frac{n+l}{2} \text{ Wurzeln mit negativem Realteil,}$$

wenn beim Durchlaufen der Ortskurve von $\omega = 0$ bis ∞ der Winkel Φ den Bereich von 0 bis $l\,\pi/2$ im positiven — oder 0 bis $-l\,\pi/2$ im negativen — Sinne durchläuft.

4.4 Das Routh-Kriterium

In der Handhabung einfacher als dieses geometrische Vorgehen ist das rein rechnerische mit Hilfe des ROUTHschen Schemas. Es kommt also darauf an, die bisherigen geometrischen Aussagen in ihnen entsprechende numerische zu übersetzen. Das gelingt, indem man die beiden Funktionen $X(\omega)$ und $Y(\omega)$ als Anfangsglieder einer STURMschen Kette behandelt und diese Kette in der in 4.2 beschriebenen Form fortsetzt, wobei sich die Rechnung wegen der besonderen Form der beiden Funktionen — nur gerade bzw. nur ungerade ω-Potenzen — gegenüber dem früher betrachteten allgemeinen Fall wesentlich vereinfacht und schematisiert. — Für den Fall durchweg negativer Wurzelrealteile hat nämlich $X(\omega)$ oder $Y(\omega)$ wegen (13) mit $R > 0$ genau n reelle Nullstellen, je nachdem n gerade oder ungerade ist. Überdies verhält sich im ersten Falle $-Y(\omega)$ dem Vorzeichen nach wie $X'(\omega)$, im zweiten $X(\omega)$ wie $Y'(\omega)$. Wir setzen daher

$$\begin{aligned} &\text{für gerades } n \quad F(\omega) = \pm Y(\omega), \quad F_1(\omega) = \mp Y(\omega), \\ &\text{für ungerades } n \quad F(\omega) = \pm Y(\omega), \quad F_1(\omega) = \pm X(\omega) \end{aligned} \tag{14}$$

und wählen dabei die Vorzeichen zur Vereinfachung so, daß F mit der höchsten Potenz $a_n \omega^n$ und damit F_1 mit $a_{n-1}\omega^{n-1}$ beginnt. Unsere beiden Funktionen sind also

$$\begin{aligned} F(\omega) &= a_n \omega^n - a_{n-2}\omega^{n-2} + - \cdots, \\ F_1(\omega) &= a_{n-1}\omega^{n-1} - a_{n-3}\omega^{n-3} + - \cdots. \end{aligned} \tag{15}$$

Mit ihnen bilden wir nun die STURMsche Kette

$$F, F_1, r_2, \ldots, r_n \tag{16}$$

nach folgendem Schema. Die Koeffizienten a_ν des Polynoms werden ähnlich wie beim HORNER-Schema der Reihe nach niedergeschrieben, jedoch zunächst mit dem in F und F_1 geforderten Vorzeichenwechsel, von dem wir hernach wieder absehen werden. Die erste Zeile repräsentiert also die beiden Funktionen $F(\omega)$ und $F_1(\omega)$, wobei wir die Koeffizienten von F_1 durch Unterstreichen hervorheben:

$F, \underline{F_1}$:	a_n	$\underline{a_{n-1}}$	$-a_{n-2}$	$\underline{-a_{n-3}}$	a_{n-4}	$\underline{a_{n-5}} \cdots$	$q_1 = -a_n/a_{n-1}$
	$-a_n$		$-q_1 a_{n-3}$		$q\, a_{n-5}$	$\cdots$	
$F_1, \underline{-r_2}$:		a_{n-1}	$\underline{-b_{n-2}}$	$-a_{n-3}$	$\underline{b_{n-4}}$	a_{n-5}	$-q_2 = a_{n-1}/b_{n-2}$
		$-a_{n-1}$		$-q_2 b_{n-4}$		$q_2 b_{n-6}$	
$-r_2, \underline{-r_3}$:			$-b_{n-2}$	$\underline{-c_{n-3}}$	b_{n-4}	$\underline{c_{n-5}}$	$q_3 = -b_{n-2}/c_{n-3}$
			b_{n-2}		$q_3 c_{n-5}$		
$-r_3, \underline{r_4}$:				$-c_{n-3}$	$\underline{d_{n-4}}$	c_{n-5}	$-q_4 = c_{n-3}/d_{n-4}$
				c_{n-3}		$q_4 d_{n-6}$	
r_4, r_5:					d_{n-4}	$\underline{e_{n-5}}$	
					$\cdot\ \cdot\ \cdot$	$\cdot\ \cdot$	

Der Divisionsalgorithmus vollzieht sich hier mit Hilfe der Quotienten q_i in der folgenden, aus dem Schema leicht ablesbaren Form:

$$\left.\begin{aligned} F + q_1\,\omega F_1 &= -r_2, \\ F_1 + q_2\,\omega\, r_2 &= -r_3, \\ -r_2 - q_3\,\omega\, r_3 &= r_4, \\ -r_3 - q_4\,\omega\, r_4 &= r_5 \\ \dots\dots\dots \end{aligned}\right\} \tag{17}$$

Das Verfahren endet mit $r_n = a_0$.

Wir lassen nun den bisher beachteten Vorzeichenwechsel in den Koeffizienten fallen und erhalten so das *endgültige Routh-Schema*:

$F, \underline{F_1}$:	$\boxed{a_n}$	$\underline{a_{n-1}}$	a_{n-2}	$\underline{a_{n-3}}$	a_{n-4}	$\underline{a_{n-5}}\cdots$	$q_1 = -a_n/a_{n-1}$
	$-a_n$		$q_1\,a_{n-3}$		$q_1\,a_{n-5}$	$\cdots$	
$F_1, \underline{r_2}$:		$\boxed{a_{n-1}}$	$\underline{b_{n-2}}$	a_{n-3}	$\underline{b_{n-4}}$	$a_{n-5}\cdots$	$q_2 = -a_{n-1}/b_{n-2}$
		$-a_{n-1}$		$q_2\,b_{n-4}$		$q_2\,b_{n-6}\cdots$	
$r_2, \underline{r_3}$:			$\boxed{b_{n-2}}$	$\underline{c_{n-3}}$	b_{n-4}	$\underline{c_{n-5}}\cdots$	$q_3 = -b_{n-2}/c_{n-3}$
			$-b_{n-2}$		$q_3\,c_{n-5}$	$\cdots$	
$r_3, \underline{r_4}$:				$\boxed{c_{n-3}}$	$\underline{d_{n-4}}$	$c_{n-5}\cdots$	$q_4 = -c_{n-3}/d_{n-4}$
				$-c_{n-3}$		$q_4\,d_{n-6}\cdots$	
$r_4, \underline{r_5}$:					$\boxed{d_{n-4}}$	$\underline{e_{n-5}}\cdots$	
					$\cdots$	$\cdots$	

Die im Schema umrahmten *Spitzenkoeffizienten* seien weiterhin einheitlich mit k_ν bezeichnet:

$$\begin{array}{lllllll} a_n & a_{n-1} & b_{n-2} & c_{n-3} & d_{n-4} & \cdots & a_0 \\ = k_n & k_{n-1} & k_{n-2} & k_{n-3} & k_{n-4} & \cdots & k_0 \end{array} \tag{18}$$

Mit ihnen lauten die *Routh-Quotienten*

$$\boxed{q_i = -k_{n-i+1} : k_{n-i}}\,. \tag{19}$$

Die allein interessierenden Anfänge der Kettenglieder sind dann

$$\left.\begin{aligned} F &= k_n\,\omega^n - + \cdots \\ F_1 &= k_{n-1}\,\omega^{n-1} - + \cdots \\ r_2 &= k_{n-2}\,\omega^{n-2} - + \cdots \\ r_3 &= k_{n-3}\,\omega^{n-3} - + \cdots \\ &\dots\dots\dots\dots \\ r_n &= k_0 = a_0. \end{aligned}\right\} \tag{20}$$

Daraus sind nun die Vorzeichen für $\omega \to -\infty$ und $\omega \to \infty$ sofort zu ersehen. Sind alle Spitzenkoeffizienten des Schemas positiv, so werden die Kettenglieder für $\omega \to \infty$ sämtlich positiv, für $\omega \to -\infty$ abwechselnd positiv und negativ, anfangend bei F mit $+$ für gerades und mit $-$ für ungerades n. Die Zahl Z^+ der Zeichenwechsel für $+\infty$ ist dann 0, die Zahl Z^- für $-\infty$ aber genau n, womit

$$Z^- - Z^+ = n \tag{21}$$

im Falle nur positiver Spitzenkoeffizienten k_ν. Diese Differenz aber ist nach unseren Überlegungen aus 4.2 gleich der Anzahl der reellen Nullstellen der Funktion $F(\omega)$ und somit gleich der Anzahl der Wurzeln von $f(z) = 0$ mit negativem Realteil. Wir fassen zusammen:

Satz 1: Die Polynomgleichung hat genau dann lauter Wurzeln mit negativem Realteil (das Polynom ist genau dann ein HURWITZ-Polynom), wenn alle Spitzenkoeffizienten des ROUTH-Schemas positiv, also alle Quotienten q_i negativ sind.

Ein Polynom mit der fraglichen Eigenschaft wird *Hurwitz-Polynom* (H-Polynom) genannt. Betrachten wir außer dem Aufgangspolynom $f(z) = P_n$ auch die folgenden durch die Koeffizienten der einzelnen Stufen des ROUTH-Schemas repräsentierten Polynome $P_{n-1}, P_{n-2}, \ldots$, so gilt

Satz 2: Ist P_n ein H-Polynom, so sind auch alle folgenden Polynome des ROUTH-Schemas H-Polynome.

Denn jedes der Polynome kann ja als Anfangspolynom eines neuen Schemas aufgefaßt werden.

Wird irgendein Koeffizient im Schema negativ oder Null, so ist $f = P_n$ sicher *kein* H-Polynom. Denn dieser Koeffizient wird im Laufe der Rechnung — noch verkleinert um die Abzugsglieder — zum Spitzenkoeffizienten. Handelt es sich also nur um die Entscheidung, ob H-Polynom oder nicht (Stabilitätskriterium im eigentlichen Sinne), so kann die Rechnung abgebrochen werden, sobald im Schema ein nicht positiver Koeffizient auftritt.

Das Schema braucht praktisch nur bis zum Polynom P_2 zweiten Grades geführt zu werden, dessen Koeffizienten bereits die drei letzten Spitzenkoeffizienten k_2, k_1, k_0 sind. Die beiden letzten Quotienten sind dann

$$q_{n-1} = -k_2/k_1 \quad \text{und} \quad q_n = -k_1/k_0.$$

Das Schema endet also mit

$$\begin{array}{lllll}
\boxed{k_4} & \cdot\;\cdot\;\cdot\;\cdot & & & \\
& \boxed{k_3} & \cdot\;\cdot\;\cdot\;\cdot & & \\
& & \boxed{k_2 \quad k_1 \quad k_0} & &
\end{array}$$

Beispiel:

$$f(x) = x^4 + 2x^3 + 4x^2 + 4x + 3$$

1	$\underline{2}$	4	$\underline{4}$	3	$-1/2$
-1		-2			
	2	2	4	$\underline{3}$	-1
	-2		-3		
		2	$\underline{1}$	3	$-2,\ -1/3$

Alle vier Quotienten negativ, also H-Polynom, nur negative Realteile.

4.5 Verallgemeinertes Routh-Kriterium

Es mögen nun von den n Wurzeln q mit negativem und p mit positivem Realteil auftreten, und es sei $p + q = n$, d. h., es liege keine Wurzel auf der imaginären Achse. Dann hat unsere Testfunktion $F(\omega)$, wie aus den Überlegungen in 4.3 folgt,

$$q - p = l \quad \text{für} \quad q > p$$
$$\text{oder} \quad p - q = -l \quad \text{für} \quad q < p$$

reelle Nullstellen. Für die Zahl der Zeichenwechsel folgt somit

$$Z^- - Z^+ = l = q - p. \tag{22}$$

Im Falle $l < 0$ zeigt $\Phi(\omega)$ fallenden Verlauf. Dann läßt sich durch Vorzeichenumkehr von ω alles wieder auf $l > 0$ zurückführen, und (22) gilt in jedem Falle. Im ROUTH-Schema treten dann auch negative Spitzenkoeffizienten k_ν, also positive Quotienten q_i auf, so daß $Z^+ > 0$ wird, und zwar ist Z^+ genau gleich der Anzahl positiver Quotienten. Einer Zunahme von Z^+ aber entspricht die gleiche Abnahme von Z^-, so daß

$$Z^- + Z^+ = n = q + p \tag{23}$$

konstant bleibt. Daraus folgt

$$Z^- = q, \quad Z^+ = p, \tag{24}$$

und es ist p die Anzahl positiver und q die Anzahl negativer ROUTH-Quotienten q_i. Wir haben somit

Satz 3: Sind p der ROUTH-Quotienten $q_i = -k_\nu/k_{\nu-1}$ positiv und q negativ, so hat die Polynomgleichung p Wurzeln mit positivem und q mit negativem Realteil bei $p + q = n$.

Wir haben noch den Ausnahmefall zu betrachten, daß der unmittelbar rechts neben einem Spitzenkoeffizienten k_ν stehende Koeffizient im ROUTH-Schema Null wird. Man kann sich dann oft in der Weise helfen, daß man die Null durch einen genügend kleinen Wert $\varepsilon > 0$ ersetzt, was einer kleinen Achsenverschiebung entspricht; vgl. dazu das nachfolgende Beispiel. Allgemein führt eine Achsenverschiebung um ein kleines δ zum Ziele.

Tritt hingegen einer der folgenden Fälle auf

$$P_2: \quad \boxed{k_2 \quad 0 \quad k_0}$$

$$\text{oder } P_4: \quad \boxed{k_4 \quad 0 \quad k_2 \quad 0 \quad k_0}$$

usw., so bedeutet dies, daß der betreffende Rest r_2 oder r_4 usw. verschwindet, die Division also ohne Rest aufgeht. Denn auch dem endgültigen ROUTH-Schema ohne die zunächst eingeführten Vorzeichenwechsel der STURMschen Kette entspricht ja ein Divisionsalgorithmus, wenn auch ohne die Vorzeichenvorschriften der STURMschen Kette. Diese Fälle treten ein, wenn $f(z)$ einen Wurzelfaktor der Form $f_1(z^2)$ enthält:

$$f(z) = f_1(z^2)\, g(z). \tag{25}$$

Schreiben wir nun

$$f(z) = G(z^2) + z\, H(z^2) \tag{26}$$

mit

$$\begin{aligned} G(z^2) &= a_n z^n + a_{n-2} z^{n-2} + \cdots, \\ H(z^2) &= a_{n-1} z^{n-2} + a_{n-3} z^{n-4} + \cdots, \end{aligned} \tag{27}$$

und ist $\pm z_j \neq 0$ ein Wurzelpaar von

$$f_1(z^2) = 0, \tag{28}$$

so folgt wegen

$$f(+z_j) = G(z_j^2) + z_j\, H(z_j^2) = 0,$$

$$f(-z_j) = G(z_j^2) - z_j\, H(z_j^2) = 0$$

mit $z_j \neq 0$

$$G(z_j^2) = H(z_j^2) = 0. \tag{29}$$

Also ist $f_1(z^2)$ gemeinsamer Wurzelfaktor von G und H, womit der Divisionsalgorithmus mit

$$\boxed{f_1(z^2) = k_0 + k_2 z^2 + \cdots} \tag{30}$$

und Rest Null abbricht. Aus $f_1(z^2) = 0$ ergeben sich die fraglichen Wurzeln z_j, die dann reelle oder konjugiert komplexe und bezüglich der imaginären z-Achse symmetrisch gelegene Wurzelpaare sind. — Im einfachsten Fall hat man

$$f_1(z^2) = k_2 z^2 + k_0 = 0 \tag{31}$$

mit den Wurzeln

$$z_{1,2} = \pm\sqrt{-k_0/k_2}, \tag{32}$$

die entweder — bei entgegengesetztem Vorzeichen von k_2 und k_0 — reell und entgegengesetzt gleich, oder — bei gleichem Vorzeichen von k_2 und k_0 — konjugiert imaginär sind.

Beispiel: $f(z) = z^5 - 3z^4 + 4z^3 - 12z^2 + 35z - 25 = 0$

1	$\underline{-3}$	4	$\underline{-12}$	35	$\underline{-25}$	1/3
−1		−4		−25/3		
	−3	$\underline{\varepsilon}$	−12	$\underline{80/3}$	−25	$3/\varepsilon$
	3		$80/\varepsilon$			
		ε	$\underline{80/\varepsilon}$	80/3	$\underline{-25}$	$-\varepsilon^2/80$
		$-\varepsilon$		0		
			$80/\varepsilon$	80/3	−25	$-3/\varepsilon$, 16/15

Zwei Wurzeln mit negativem und drei mit positivem Realteil.

4.6 Verfahren von Collatz

Das verallgemeinerte Routh-Kriterium läßt sich nach einem Vorschlag von Collatz[1] ausbauen zu einem Verfahren der vollständigen Wurzelbestimmung. Es besteht in einer mittels Horner-Schema durchgeführten Achsenverschiebung

$$z = \hat{z} + x \tag{33}$$

mit anschließendem Routh-Schema. Man verschiebt so lange, bis eine oder mehrere der Wurzeln auf der verschobenen imaginären Achse liegen. Bei reeller Wurzel $z = x$ wird die Schlußzahl im einfachen Horner-Schema zu Null, und man ist bereits fertig. Ist aber $z = x \pm i\,y = x + \hat{z}$ komplex, so liegt das Wurzelpaar $\hat{z} = \pm i\,y$ auf der verschobenen imaginären Achse, was sich im anschließenden Routh-Schema im Verschwinden des Koeffizienten k_1 anzeigt. Mit den beiden anderen Koeffizienten k_2 und k_0 am Schluß des Routh-Schemas aber erhält man den zugehörigen Imaginärteil zu

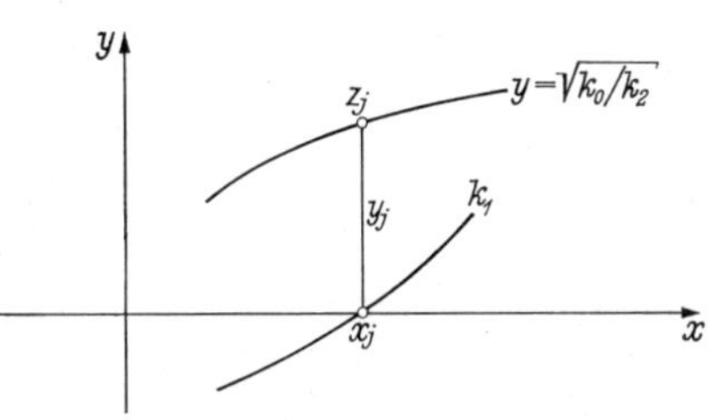

Abb. 4.6
Aufsuchen einer komplexen Wurzel $z_j = x_j \pm i\,y_j$ mittels Routh-Kriteriums nach Collatz

$$y = \sqrt{k_0/k_2}, \tag{34}$$

wie wir am Schluß des vorigen Abschn. 4.5 zeigten. Indem man — bei Handrechnung — die Größen $k_1 = k_1(x)$ und $y = y(x)$ in Abhängigkeit von x nach Art von Abb. 4.6 aufträgt, findet man an den Nullstellen x_j von $k_1(x)$ die zugehörigen Imaginärteile y_j. Das Bild stellt also zugleich die komplexe Zahlenebene dar. Überdies macht sich das Überstreichen des Wurzelpaares in einer sprunghaften Änderung der

[1] Collatz, L.: Numerische und graphische Methoden. Handbuch der Physik, Bd. 2. Berlin/Göttingen/Heidelberg 1955. S. 379—382.

Anzahlen p und q positiver und negativer ROUTH-Quotienten q_i als den Anzahlen positiver und negativer Wurzelrealteile bemerkbar. Man wird also diese Anzahlen in einer Tabelle in Abhängigkeit von x mitführen. — Die Kurven $k_1(x)$ und $y(x)$ weisen Pole auf, was Zeichnung und automatische Auswertung erschweren kann. Für das rechnerische Aufsuchen der Nullstellen von $k_1(x)$ kann man die Regula falsi oder — besser — quadratisches Eingabeln verwenden, vgl. dazu § 1.5 sowie das folgende Beispiel.

Beispiel: $z^4 - 2z^3 + 4z^2 + 4z + 6 = 0.$

ROUTH-Schema:

1	$-\underline{2}$	4	$\underline{4}$	6	1/2
−1		2			
	−2	$\underline{6}$	4	$\underline{6}$	1/3
	2		2		
		6	6	6	−1, −1

$p = 2$ positive, $q = 2$ negative Realteile.

Eine Verschiebung um $x = -1$ zeigt, daß 2 Wurzeln zwischen $x = -1$ und $x = 0$ liegen. Für $x = -0{,}5$ verläuft Verschiebung und ROUTH-Schema folgendermaßen:

$x = -0{,}5$:					
1	−2	4	4	6	
	−0,5	1,25	−2,625	−0,6875	
1	−2,5	5,25	1,375	5,3125	
	−0,5	1,50	−3,375		
1	−3,0	6,75	−2,0		
	−0,5	1,75			
1	−3,5	8,50			
	−0,5				
1	$\underline{-4{,}0}$	8,5	$\underline{-2{,}0}$	5,3125	0,25
−1		−0,5			
	−4,0	$\underline{8{,}0}$	−2,0	$\underline{5{,}3125}$	0,5
	4,0		2,65625		
		8,0	$\underline{0{,}65625}$	5,3125	$y = 0{,}814900$
		k_2	k_1	h_0	

Auf die gleiche Weise findet man die Werte k_1 und y an den Stellen $x = -0{,}6$ und $x = -0{,}55$. Damit erfolgt quadratische Interpolation:

x	k_1	Δk_1	$\Delta^2 k_1$	y	Δy	$\Delta^2 y$
−0,50	0,656250			0,814900		
−0,55	−0,172774	−0,829024	−0,050038	0,802930	−11970	2789
−0,60	−1,051835	−0,879062		0,793749	− 9181	
		−0,854043			−10575	

Aufsuchen der Nullstelle $k_1(x) = 0$ nach § 1.5 und anschließend Bestimmung des zugehörigen Wertes y:

$$-0{,}172774 - 0{,}854043t - 0{,}025019t^2 = 0$$

$$t = -0{,}202301 - 0{,}029295t^2$$

$$= -0{,}202301$$

$$\underline{-0{,}001213}$$

$$t = -0{,}203514 \qquad x = -0{,}55 + 0{,}05t$$

$$\underline{x = -0{,}539824}$$

$$y = 0{,}802930 - 0{,}010575t + 0{,}001395t^2$$

$$y = 0{,}805140$$

Nochmaliges Durchrechnen mit dem so gefundenen x-Wert und anschließende NEWTON-Korrektur (vgl. § 1.5) ergibt den endgültigen Wert

$$\underline{z = -0{,}539823 \pm 0{,}805142i.}$$

II. Kapitel

Lineare Gleichungen und Matrizen

Zahllose Anwendungen aus Physik und Technik führen auf mehr oder weniger umfangreiche Systeme linearer Gleichungen, deren numerische Auflösung deshalb von jeher als eine wichtige Aufgabe der praktischen Mathematik gilt. Lineare Gleichungen begegnen dem Ingenieur in der Statik bei der Behandlung statisch unbestimmter Aufgaben, in der Elektrotechnik beim Berechnen von Netzen, in der Schwingungstechnik bei der Ermittlung von Eigenfrequenzen und Schwingungsformen diskreter oder kontinuierlicher Systeme. Auf lineare Gleichungssysteme führen zahlreiche Näherungsverfahren zur numerischen Behandlung von Rand- und Eigenwertaufgaben, wie im VII. Kapitel gezeigt wird. Selbst für betriebswirtschaftliche Fragen spielen neuerdings große lineare Gleichungssysteme eine wichtige Rolle (Problem des „linear programming").

Mit dem ersten Auftreten umfangreicher Gleichungssysteme in neuerer Zeit im Rahmen der von GAUSS begründeten Ausgleichsrechnung verbindet sich auch die seither gültige Form der — an sich längst bekannten — Methode der Elimination: der *Gaußsche Algorithmus*. Er verkörpert noch heute die praktisch wichtigste Methode zur Gleichungsauflösung, und zwar sowohl für das Rechnen von Hand — mit der Tischrechenmaschine — als auch für die Automatenrechnung. Die Entwicklung der automatischen Rechenanlagen hat gerade von der

Aufgabe der linearen Gleichungssysteme und der damit verwandten Eigenwertaufgabe her ihre stärksten Impulse empfangen, was auch auf die Verfahren wieder vielfältig zurückwirkt.

Ein kaum mehr entbehrliches formal-mathematisches Hilfsmittel zur Behandlung linearer Aufgaben aber ist die *Matrizenrechnung*, in die wir in den folgenden §§ **6** und **7** kurz einführen, um bei späteren Gelegenheiten des öfteren darauf zurückgreifen zu können. Insbesondere das Matrizen-Eigenwertproblem, § **9** und **10**, ist zu einem wichtigen Teilgebiet der praktischen Mathematik geworden, wie sich in den späteren Buchabschnitten — im VII. Kapitel über Eigenwertaufgaben der Differentialgleichungen — zeigen wird.

§ 5 Der Gaußsche Algorithmus

5.1 Prinzip des Algorithmus

Gegeben sei ein System von n Gleichungen mit n Unbekannten $x_1, x_2, \ldots, x_n$ in der Form

$$\left.\begin{array}{l} a_{11} x_1 + a_{12} x_2 + \cdots + a_{1n} x_n = a_1 \\ a_{21} x_1 + a_{22} x_2 + \cdots + a_{2n} x_n = a_2 \\ \cdots\cdots\cdots\cdots\cdots\cdots\cdots\cdots \\ a_{n1} x_1 + a_{n2} x_2 + \cdots + a_{nn} x_n = a_n \end{array}\right\} \qquad (1)$$

mit zahlenmäßig vorliegenden Koeffizienten a_{ik}, deren erster Index i die Gleichungsnummer, deren zweiter k die Nummer der Unbekannten angibt, und mit *rechten Seiten* a_i (auch Freiglieder genannt), die in der Regel gleichfalls zahlenmäßig vorliegen werden.

Die Gleichungen sind nun — wie sich auch noch zeigen wird — genau dann für beliebige Freiglieder a_i lösbar, und zwar eindeutig lösbar, wenn die n Zeilen der Gleichungskoeffizienten linear unabhängig sind. Koeffizientenzeilen heißen linear abhängig, wenn sich aus ihnen durch eine Linearkombination die Nullzeile erzeugen läßt; andernfalls heißen sie linear unabhängig. Beispielsweise sind die drei Zeilen

$$\begin{array}{rrr|r} 4 & -2 & 1 & \cdot\ 1 \\ -1 & 3 & 2 & \cdot\ 2 \\ 2 & 4 & 5 & \cdot -1 \end{array}$$

linear abhängig, da sich aus ihnen mit den dahinter angeführten Faktoren die Nullzeile bilden läßt. Die Bedingung der linearen Unabhängigkeit der Koeffizientenzeilen läßt sich nun zahlenmäßig durch die Forderung nicht verschwindender Koeffizientendeterminante ausdrücken:

$$D = \det(a_{ik}) \neq 0. \qquad (2)$$

Denn eine Determinante wird dann und nur dann zu Null, wenn ihre Zeilen (und dann übrigens auch ihre Spalten) linear abhängig im oben erklärten Sinne sind. Wir setzen im folgenden zunächst ausdrücklich Erfülltsein der Lösbarkeitsbedingung (2) voraus: die Koeffizientenmatrix sei, wie man sich ausdrückt, nichtsingulär = regulär.

Nun ist zwar einem größeren Gleichungssystem im allgemeinen kaum unmittelbar anzusehen, ob die Bedingung (2) der linearen Unabhängigkeit erfüllt ist oder nicht. Das ist aber auch nicht nötig, da sich die Beantwortung dieser Frage im Verlaufe des zur Lösung durchgeführten Eliminationsprozesses — des GAUSSschen Algorithmus — von selbst ergibt.

Die stufenweise Elimination der Unbekannten wird nun in diesem Algorithmus in der Weise herbeigeführt, daß man eine der Gleichungen, etwa die erste, die sogenannte *Eliminationsgleichung*, der Reihe nach mit geeigneten Faktoren $c_{21}, c_{31}, \ldots, c_{n1}$ versehen von der 2., 3., ..., n-ten Gleichung subtrahiert, wobei die Faktoren c_{i1} so zu wählen sind, daß die Koeffizienten a'_{i1} der ersten Unbekannten x_1 in der 2., 3., ..., n-ten Gleichung des neuen Systems zu Null gemacht werden. Auf diese Weise entstehen also $n-1$ neue Gleichungen mit neuen Koeffizienten a'_{ik}, wo die erste Unbekannte x_1 nicht mehr vorkommt, also ein System von $n-1$ Gleichungen in den $n-1$ restlichen Unbekannten $x_2, x_3, \ldots, x_n$, welches nun aufs neue in gleicher Art zu behandeln ist, wobei von den Koeffizienten a''_{ik} des dritten Systems wiederum die der zweiten Unbekannten x_2, also die a''_{i2} zu Null geworden sind, usf., bis schließlich nur eine einzige Gleichung mit der letzten Unbekannten x_n übrigbleibt.

Schreibt man nach Beendigung dieses an sich einfachen, in der Durchführung freilich langwierigen Prozesses aus jeder der n Eliminationsstufen die als Eliminationsgleichung benutzte erste Gleichung heraus, so erhält man ein sogenanntes *gestaffeltes Gleichungssystem* von der Form

$$\left.\begin{array}{r} b_{11}x_1 + b_{12}x_2 + b_{13}x_3 + \cdots + b_{1n}x_n = b_1 \\ b_{22}x_2 + b_{23}x_3 + \cdots + b_{2n}x_n = b_2 \\ b_{33}x_3 + \cdots + b_{3n}x_n = b_3 \\ \cdots\cdots\cdots\cdots \\ b_{nn}x_n = b_n \end{array}\right\} . \tag{3}$$

Dabei haben wir die Koeffizienten der einzelnen Eliminationsstufen und ihre rechten Seiten einheitlich mit b_{ik} bzw. b_i bezeichnet, es ist also mit der oben benutzten Schreibweise $b_{1k} = a_{1k}$ (erste Zeile), $b_{2k} = a'_{2k}$ (zweite Zeile), $b_{3k} = a''_{3k}$ (dritte Zeile) usw., und entsprechend auch für die rechten Seiten. Der GAUSSsche Algorithmus überführt somit das Ausgangssystem (1) in das gestaffelte System (3) mit dem dreieckförmigen Koeffizientenschema der b_{ik}. Aus diesem System (3) können nun die Unbekannten leicht der Reihe nach berechnet werden, nämlich zuerst x_n aus der letzten Gleichung, danach x_{n-1} aus der vorletzten usf., bis schließlich x_1 aus der ersten.

Zum Schluß hat man zur Kontrolle der erhaltenen x-Werte diese in das gegebene Ausgangssystem (1) einzusetzen, wobei sich — bis auf geringfügige Abweichungen in den letzten Stellen infolge Abrundungsfehlern — die rechten Seiten a_i ergeben müssen; vgl. jedoch § 8.5, S. 163.

Es bleibt noch zu überlegen, wie die Faktoren c_{ij} zu bilden sind, mit denen die Eliminationsgleichungen des Ausgangssystems ($j = 1$) und der folgenden Stufen ($j = 2, 3, \ldots, n-1$) zu multiplizieren sind, um die jeweils erste Unbekannte der betreffenden Stufe zu eliminieren. Zur Beseitigung der Koeffizienten von x_1 ist offenbar erforderlich:

Multiplikation von a_{11} mit $c_{21} = a_{21}/a_{11}$ zur Beseitigung von a_{21}
Multiplikation von a_{11} mit $c_{31} = a_{31}/a_{11}$ zur Beseitigung von a_{31}
. . . .
Multiplikation von a_{11} mit $c_{n1} = a_{n1}/a_{11}$ zur Beseitigung von a_{n1}.

Vorausgesetzt wird dabei $a_{11} \neq 0$, was nötigenfalls durch Umstellen der Gleichungen erreicht werden kann. Praktisch darf a_{11} dem Betrage nach nicht zu klein sein im Vergleich mit den übrigen Koeffizienten a_{i1}, sollen nicht unerwünscht hohe Genauigkeitsverluste durch Abrundungsfehler auftreten. Am sichersten verfährt man, indem man grundsätzlich durch Zeilenvertauschung das betragsgrößte Element unter den a_{i1} zum Spitzenelement a_{11} macht, zum sogenannten *Pivotelement*, womit alle Faktoren c_{i1} dem Betrage nach $\leqq 1$ werden.

In der gleichen Weise verläuft die Elimination in der zweiten Stufe, nämlich:

Multiplikation von a'_{22} mit $c_{32} = a'_{32}/a'_{22}$ zur Beseitigung von a'_{32}
Multiplikation von a'_{22} mit $c_{42} = a'_{42}/a'_{22}$ zur Beseitigung von a'_{42}
. . . .
Multiplikation von a'_{22} mit $c_{n2} = a'_{n2}/a'_{22}$ zur Beseitigung von a'_{n2}.

Wieder ist die mit Nr. 2 bezeichnete Eliminationsgleichung so auszuwählen, daß $a'_{22} \neq 0$ wird und, mit Rücksicht auf kleinsten Genauigkeitsverlust, vom größten Betrage unter den a'_{i2}. In der gleichen Weise werden auch die Faktoren c_{ij} der übrigen Eliminationsstufen in Form von Quotienten gebildet nach leicht merkbarem Bildungsgesetz.

Von größter Wichtigkeit für die Rechensicherheit ist bei Handrechnung das Einschalten laufender Kontrollen, die nach GAUSS in Form sogenannter *Summenproben* durchgeführt werden. Hierzu wird zu jeder Zeile des gegebenen Koeffizientenschemas einschließlich rechter Seiten die Zeilensumme

$$s_i = a_{i1} + a_{i2} + \cdots + a_{in} + a_i$$

gebildet und in einer zusätzlichen $(n + 2)$-ten Spalte mitgeführt. Auf diese Zahlen s_i wird dann die Eliminationsrechnung in der gleichen Weise wie auf die Koeffizienten a_{ik} und die rechten Seiten a_i ausgedehnt. Die Ergebnisse s_i' der 2. Stufe müssen dann wieder gleich den Zeilensummen sein, also

$$s_i' = a_{i2}' + a_{i3}' + \cdots + a_{in}' + a_i',$$

die Gesamtsumme aus den a_{ik}', a_i' und $-s_i'$ muß (allenfalls bis auf kleine Abrundungsabweichungen in der letzten Stelle) Null ergeben. Denn es ist ja

$$a_{ik}' = a_{ik} - c_{i1}\,a_{1k},$$

woraus durch Summation über die Spaltennummer k sogleich folgt

$$s_i' = s_i - c_{i1}\,s_1.$$

Durch diese geringfügige Mehrarbeit schützt man sich weitgehend vor Rechenfehlern, die alles Folgende verderben und die Arbeit vieler Stunden oder gar Tage zunichte machen können. Bei Automatenrechnung erübrigen sich solche Kontrollen.

Mit Rücksicht auf die zunehmende Bedeutung des Rechenautomaten zur Auflösung umfangreicher linearer Gleichungssysteme beschreiben wir das Vorgehen in einer auf die Automatenrechnung ausgerichteten Form. Wir geben zum Schluß ein in ALGOL geschriebenes Programm. Für Einzelheiten verweisen wir dabei auf die auf S. 5ff. angeführten Einführungen. Charakteristisch für die Automatenrechnung ist die Möglichkeit des Überschreibens von Zahlen durch neu errechnete Zahlenwerte: der Automat rechnet und ändert ab. Formal wird das durch das früher erklärte Ergibtzeichen := zum Ausdruck gebracht, das die alten und neuen Werte der Koeffizienten a_{ik} miteinander verknüpft. Die Freiglieder a_i schreiben wir jetzt in der Form $a_{i,n+1}$, womit sich die Rechenvorschriften einheitlich gestalten.

Vor Durchführen der k-ten Elimination hat sich das System auf $n - k$ Gleichungen in den $n - k$ Unbekannten x_k bis x_n reduziert. Das Koeffizientenschema der k-ten Stufe lautet somit

$$\begin{array}{c c c c c|c}
\boxed{a_{kk}} & \ldots & a_{kj} & \ldots & a_{kn} & a_{k,n+1} \\
\vdots & & \vdots & & \vdots & \vdots \\
a_{ik} & \ldots & a_{ij} & \ldots & a_{in} & a_{i,n+1} \\
\vdots & & \vdots & & \vdots & \vdots \\
a_{nk} & \ldots & a_{nj} & \ldots & a_{nn} & a_{n,n+1}
\end{array}$$

Durch — im Automaten leicht ausführbare — Zeilenvertauschung sei das betragsgrößte Element der ersten Spalte zum Spitzenelement (Pivot) a_{kk} gemacht worden, womit die Beträge der Eliminationskoeffizienten c_{ik} sämtlich $\leqq 1$ werden. Diese Koeffizienten errechnen sich nach

$$c_{ik} := a_{ik}/a_{kk}, \quad i = k+1, \ldots, n, \tag{4}$$

wobei $a_{kk} \neq 0$ vorausgesetzt wird. Damit sind sämtliche Elemente a_{ij} umzurechnen auf die neuen Werte der folgenden Stufe gemäß

$$a_{ij} := a_{ij} - c_{ik}\, a_{kj}, \quad \begin{array}{l} j = k+1, \ldots, n+1, \\ i = k+1, \ldots, n. \end{array} \tag{5}$$

Für $j = k$ (erste Spalte) würden sich so die Werte $a_{ik} = 0$ ergeben, wie beabsichtigt. Bei Rechnung mit abgerundeten Dezimalzahlen aber erhält man statt dessen kleine von Null abweichende Reste. Man ergänzt daher die Anweisung (5) lieber durch die Forderung

$$a_{ik} := 0, \quad i = k+1, \ldots, n. \tag{5a}$$

Diese drei Anweisungen sind nun für $n-1$ Eliminationsstufen $k = 1, 2, \ldots, n-1$ auszuführen. Der Prozeß endet bei $k = n-1$ mit dem einzigen Koeffizienten a_{nn} nebst rechter Seite $a_{n,n+1}$. Auf diese Weise ist das ursprüngliche Koeffizientenschema der a_{ij} in das gestaffelte der b_{ij} überführt worden, wobei wir jetzt die alte Bezeichnung a_{ij} beibehalten haben. Das ist nicht nur eine Bezeichnungsfrage. Mit dem Buchstaben a_{ik} wird bei der Automatenrechnung einer der insgesamt $n(n+1)$ Speicherplätze gekennzeichnet. Das Beibehalten der Bezeichnung a_{ik} bedeutet somit, daß die ein für allemal festgelegten Speicherplätze nach und nach mit den abgeänderten Zahlenwerten der Koeffizienten belegt werden. Die ursprüngliche Koeffizientenmatrix verschwindet also — bis auf die erste Zeile — und wird durch die gestaffelte Matrix ersetzt. Damit ist auch die — stets erwünschte — Einsetzprobe nicht mehr unmittelbar durchzuführen, sondern erst nach Wiedereingeben der ursprünglichen Koeffizienten in die Maschine, wovon wir im folgenden absehen. — Auch die Eliminationskoeffizienten c_{ik} bezeichnen wir im weiteren mit a_{ik}, was bedeutet, daß sie auf den Plätzen gespeichert werden, die an sich durch Nullen zu belegen wären. Beim Ausdrucken der gesamten Endmatrix (a_{ik}) erhält man dann im oberen Teil die neue gestaffelte Matrix, im unteren unter der Hauptdiagonale die Eliminationskoeffizienten, was für die nachträgliche Beurteilung des Rechenablaufes erwünscht sein kann.

Nach Abschluß des Eliminationsvorganges folgt Aufrechnung der Unbekannten x_i, beginnend mit

$$x_n := a_{n,n+1}/a_{nn} \tag{6a}$$

und fortfahrend mit

$$x_i := (a_{i,n+1} - a_{i,i+1}\, x_{i+1} - \cdots - a_{in}\, x_n)/a_{ii}, \tag{6}$$

für $i = n - 1, n - 2, \ldots, 2, 1$. Damit ist die Auflösung des Gleichungssystems beendet.

Sehr bedeutsam ist für umfangreiche Systeme die Frage nach Arbeits- und Zeitbedarf der Gleichungsauflösung, im wesentlichen bestimmt durch die Anzahl der benötigten Operationen. Läßt man dabei die Additionen gegenüber den Multiplikationen und Divisionen außer Betracht, so ergibt sich für die k-te Eliminationsstufe, wie leicht nachzurechnen eine Anzahl von $l^2 + 2l$ mit $l = n - k$. Dazu kommen noch $n - i + 1$ Operationen zur Aufrechnung der i-ten Unbekannten. Summation über $l = 1$ bis $n - 1$ bzw. $i = 1$ bis n ergibt, wenn man niedere n-Potenzen gegenüber der höchsten n^3 vernachlässigt, eine Anzahl von

$$\boxed{M \sim n^3/3}$$

Multiplikationen und Divisionen, die — abgesehen von Sonderfällen oder iterativer Behandlung — durch keine andere Vorgehensweise unterschritten werden kann[1].

Bisher haben wir ausdrücklich Lösbarkeit des Systems für beliebige rechte Seiten, d. h. aber $\det(a_{ik}) \neq 0$ vorausgesetzt, was jedoch bei beliebig vorgegebenem Koeffizientenschema nicht ohne weiteres feststeht. Verschwindende oder untunlich kleine Determinante äußert sich in Verschwinden oder starkem Zurückgehen des nach maximalem Betrag ausgewählten Pivot-Elementes a_{kk} einer Stufe k. Um diesen — nicht behandelbaren — Ausnahmefall auszuschließen, vergleicht man auf jeder Stufe k den Betrag von a_{kk} mit dem von a_{11}. Für den Fall

$$\text{abs}(a_{kk}/a_{11}) < 10^{-6}$$

wird man die Rechnung abbrechen etwa unter Ausdrucken der Stufe k und der bis dahin umgewandelten Matrix.

Für den gesamten Auflösungsvorgang nach GAUSS haben wir anschließend ein ALGOL-Programm angeschrieben, wofür auf die in S. 5 bis 12 gegebene Einführung verwiesen sei.

Charakteristisch für das Programm ist das Auftreten sogenannter *Schleifen*, die verschachtelt auftreten können: äußere Schleife $k = 1$ bis $n - 1$ für die Eliminationsstufen, innere Schleife $i = k + 1$ bis n für Berechnen der Eliminationskoeffizienten $a_{ik} := a_{ik}/a_{kk}$ einer festen Stufe k, innerste Schleife $j = k + 1$ bis $n + 1$ für den Eliminationsvorgang $a_{ij} := a_{ij} - a_{ik} \times a_{kj}$ auf der i-ten Zeile. Bei Aufrechnung der Unbekannten: innere Schleife $j = i + 1$ bis n zur Summenbildung

[1] Zum Beispiel benötigt eine nach GAUSS-JORDAN benannte Abart der Elimination $M \sim n^3/2$ Operationen, also rund 50% mehr.

$S := \sum a_{ij} \times x_j$, äußere in umgekehrter Folge durchlaufene Schleife $i = n - 1$ bis 1 für jede Unbekannte.

```
        begin comment Gauß mit Zeilentausch;
              integer n;
Start:        lies (n);
              begin real S, T;
                    integer i, j, k, l;
                    array a[1:n, 1:n+1], x[1:n];
Lesen:              for i := 1 step 1 until n do
                       for k := 1 step 1 until n + 1 do lies (a_ik);
Elimination:        for k := 1 step 1 until n - 1 do
                    begin comment Aufsuchen größtes Pivot; S := 0;
                          for i := k step 1 until n do
                          begin T := abs(a_ik); if S < T then
                                begin S := T; l := i end
                          end größtes Pivot in Zeile l;
      Zeilentausch:       for j := k step 1 until n + 1 do
                          begin S := a_kj; a_kj := a_kl; a_kl := S end;
      A Singulär:         if abs(a_kk/a_11) < 10 - 6 then
                          begin drucke (k); schreibe („Det Null“);
                                goto Start end;
      Elim Stufe k:       for i := k + 1 step 1 until n do
                          begin S := a_ik/a_kk; a_ik := 0;
                                for j := k + 1 step 1 until n + 1 do
                                    a_ij := a_ij - S * a_kj
                          end i, Elimination auf Stufe k
                    end k, Gesamtelimination;
Aufrechnung der Unbekannten x:
                    for i := n step -1 until 1 do
                    begin S := a_i,n+1;
                          for j := i + 1 step 1 until n do S := S - a_ij * x_j;
                             x_i := S/a_ii; drucke (i, x_i)
                    end i Aufrechnung
              end
        end
```

5.2 Der verkettete Algorithmus

Für das Rechnen von Hand, mit der Rechenmaschine, ist eine Form des Gaussschen Algorithmus zweckmäßig, bei der die Operationen in bestimmter Weise zusammengefaßt, miteinander verkettet werden derart, daß man außer den gegebenen Koeffizienten a_{ik}, a_i aus jeder Eliminationsstufe nur noch die Koeffizienten der Eliminationszeile, also die Werte b_{ik}, b_i des endgültigen gestaffelten Systems anzuschreiben braucht sowie die zugehörigen Quotienten c_{ij}. Alles übrige kann durch geeignetes Hintereinanderschalten der Eliminationsbeziehungen in der Rechenmaschine belassen und braucht nicht niedergeschrieben zu werden. Die hierdurch erzielte ganz beträchtliche Ersparnis an Schreibarbeit wirkt sich in einer entsprechenden Verkürzung der gesamten Arbeitszeit aus, da die Schreibarbeit beim Maschinenrechnen einen wesentlichen Anteil an der Gesamtarbeitszeit ausmacht. Zudem wird durch das Aneinanderketten vieler gleichartiger Operationen der ganze Arbeitsprozeß zügiger, was sich wieder in einer Beschleunigung der Rechnung auswirkt. Schließlich verringert sich das Aufhäufen der Abrundungsfehler.

Dem Vorgehen liegen die folgenden Beziehungen zugrunde, wobei wir die Koeffizienten der Eliminationszeilen, also des gestaffelten Endsystems, einfachheitshalber wieder mit b_{ik} bezeichnen:

$$\begin{aligned}
a'_{ik} &= a_{ik} - c_{i1}a_{1k} \\
&= a_{ik} - c_{i1}b_{1k} && (k = 2, 3, \ldots, n), \\
a''_{ik} &= a'_{ik} - c_{i2}a'_{2k} \\
&= a_{ik} - c_{i1}b_{1k} - c_{i2}b_{2k} && (k = 3, 4, \ldots, n), \\
a'''_{ik} &= a''_{ik} - c_{i3}a''_{3k} \\
&= a_{ik} - c_{i1}b_{1k} - c_{i2}b_{2k} - c_{i3}b_{3k} && (k = 4, 5, \ldots, n). \\
&\ldots\ldots\ldots\ldots\ldots\ldots
\end{aligned}$$

In gleicher Weise erhält man für den Quotienten c_{ik} (wir schreiben hinfort für den zweiten, die Eliminationsstufe kennzeichnenden Index die Spaltennummer k entsprechend der zu eliminierenden Spalte) die folgenden Beziehungen:

$$\begin{aligned}
c_{i1} &= a_{i1} : a_{11} = a_{i1} : b_{11} && i = 2, 3, \ldots, n, \\
c_{i2} &= a'_{i2} : a'_{22} = (a_{i2} - c_{i1}b_{12}) : b_{22} && i = 3, 4, \ldots, n, \\
c_{i3} &= a''_{i3} : a''_{33} = (a_{i3} - c_{i1}b_{13} - c_{i2}b_{23}) : b_{33} && i = 4, 5, \ldots, n. \\
&\ldots\ldots\ldots\ldots\ldots\ldots
\end{aligned}$$

In diesen Formeln treten rechts in der Tat lediglich die Koeffizienten b_{ik} des gestaffelten Endsystems sowie die Quotienten c_{ik} auf, wofür als allgemeine Rechenvorschrift anfällt

$$
\boxed{\begin{aligned} b_{ik} &= a_{ik} - c_{i1} b_{1k} - c_{i2} b_{2k} - \cdots - \\ &\quad - c_{i,i-1} b_{i-1,k} \\ c_{ik} &= (a_{ik} - c_{i1} b_{1k} - c_{i2} b_{2k} - \cdots - \\ &\quad - c_{i,k-1} b_{k-1,k}) : b_{kk} \end{aligned}} \qquad \begin{aligned} &(i \leqq k), \quad (6) \\ &(i > k). \quad (7) \end{aligned}
$$

Unter (6) ordnet sich auch die Berechnung der rechten Seiten b_i und der Zeilensummen t_i des gestaffelten Systems als $(n+1)$-te und $(n+2)$-te Spalte und unter (7) die der Spaltensummen τ_k der Elemente c_{ik} als $(n+1)$-te Zeile, wobei die c_{ik} durch ein nicht angeschriebenes Diagonalelement $c_{kk} = 1$ zu ergänzen sind. Ausdrücklich angeschrieben lautet die Vorschrift hier:

$$
\boxed{\begin{aligned} b_i &= a_i - c_{i1} b_1 - c_{i2} b_2 - \cdots - c_{i,i-1} b_{i-1} \\ t_i &= s_i - c_{i1} t_1 - c_{i2} t_2 - \cdots - c_{i,i-1} t_{i-1} \\ \tau_k &= (\sigma_k - \tau_1 b_{1k} - \tau_2 b_{2k} - \cdots - \tau_{k-1} b_{k-1,k}) : b_{kk} \end{aligned}} \, . \qquad \begin{aligned} &(6\text{a}) \\ &(6\text{b}) \\ &(7\text{a}) \end{aligned}
$$

Die Beziehungen (6) und (7) sind unter dem Namen „abgekürzter GAUSSscher Algorithmus" bekannt geworden, was indessen nicht dahingehend verstanden werden darf, als sei hier die Anzahl der auszuführenden Operationen gegenüber dem gewöhnlichen Algorithmus geringer. Diese Anzahl ist hier wie dort die gleiche. Vielmehr werden lediglich sonst getrennte Operationen zu einer Kette hintereinandergeschaltet, weswegen wir von *verkettetem Algorithmus* sprechen wollen. Wesentlich ist dabei die Zeiteinsparung, die durch Ausnutzen einer Eigenschaft der *Rechenmaschine* gewonnen wird, nämlich Produktketten der hier auftretenden Form

$$c_1 b_1 + c_2 b_2 + \cdots + c_s b_s,$$

sogenannte skalare Produkte durch Zusammenlaufenlassen der s Produkte im Ergebniswerk der Maschine automatisch zu bilden, ohne die Produkte oder Teilsummen einzeln ablesen oder niederschreiben zu müssen[1].

[1] Das Prinzip dieses Vorgehens findet sich für symmetrische Systeme bei M. H. DOOLITTLE [U. S. Coast and geodetic survey report (1878) S. 115—120], später in abgewandelter Form bei CHOLESKY [BENOIT: Bull. géodésique 2 (1924)], sodann für allgemeine Gleichungssysteme bei T. BANACHIEWICZ [Bull. intern. acad. polon. sci., Sér. A (1938) S. 393—404].

Eine weitere Vereinfachung der Rechenpraxis ergibt sich durch Anordnung der Koeffizienten b_{ik} und c_{ik} in einem Rechenschema, in das übersetzt die Formeln (6) und (7) zu einer ganz einfachen Rechenvorschrift führen. Dabei schreibt man zweckmäßig die Werte $-c_{ik}$ nieder. Das Rechenschema, welches sämtliche anzuschreibenden Zahlenwerte einschließlich Proben und Ergebnisse enthält, hat, etwa für $n = 4$, folgendes Aussehen:

	σ_1	σ_2	σ_3	σ_4	σ	S
	a_{11}	a_{12}	a_{13}	a_{14}	a_1	s_1
	a_{21}	a_{22}	a_{23}	a_{24}	a_2	s_2
	a_{31}	a_{32}	a_{33}	a_{34}	a_3	s_3
	a_{41}	a_{42}	a_{43}	a_{44}	a_4	s_4
	b_{11}	b_{12}	b_{13}	b_{14}	b_1	t_1
	$-c_{21}$	b_{22}	b_{23}	b_{24}	b_2	t_2
	$-c_{31}$	$-c_{32}$	b_{33}	b_{34}	b_3	t_3
	$-c_{41}$	$-c_{42}$	$-c_{43}$	b_{44}	b_4	t_4
	$-\tau_1$	$-\tau_2$	$-\tau_3$	-1	0	0
Lösung:	x_1	x_2	x_3	x_4	-1	0

In diesem Schema lautet dann die Rechenvorschrift (6) und (7):

$$b_{ik} = a_{ik} + \text{skalares Produkt } i\text{-te Zeile } -c_{i\varrho} \text{ mal } k\text{-te Spalte } b_{\varrho k} \tag{6*}$$

$$-c_{ik} = -(a_{ik} + \text{skalares Produkt } i\text{-te Zeile } -c_{i\varrho} \text{ mal } k\text{-te Spalte } b_{\varrho k}) : b_{kk} \tag{7*}$$

Dabei macht das Produkt von selbst über bzw. vor dem zu berechnenden Element b_{ik} bzw. c_{ik} halt. Das ist alles, was man sich zu merken hat. Zum Beispiel ist im oben stehenden Schema:

$$b_{34} = a_{34} - c_{31} b_{14} - c_{32} b_{24},$$

$$b_3 = a_3 - c_{31} b_1 - c_{32} b_2,$$

$$-c_{43} = -(a_{43} - c_{41} b_{13} - c_{42} b_{23}) : b_{33}.$$

Die erste Zeile $b_{1k} = a_{1k}$ entsteht durch bloßes Abschreiben der Werte a_{1k} einschließlich $b_1 = a_1$ und $t_1 = s_1$. Die erste Spalte $-c_{i1} = -a_{i1} : a_{11}$ entsteht durch einfache Division einschließlich der Spaltensummenprobe $-\tau_1 = -\sigma_1 : a_{11}$ mit $\sigma_k = \sum_i a_{ik}$. Es folgt die Berechnung der zweiten Zeile unter Kontrolle durch t_2 und anschließend die der zweiten Spalte unter Kontrolle durch τ_2 usf., wo bei den Spaltensummen τ_i das nicht angeschriebene Diagonalelement $-c_{ii} = -1$ zu berücksichtigen ist. Bei dieser Reihenfolge Zeile—Spalte wird jeder Zahlenwert kontrolliert, bevor er zu weiteren Rechnungen benutzt wird.

Bezüglich der Rechentechnik beachte man, daß die Größen b_{ik} von der (in sich meist gleichen) Größenordnung der a_{ik}, die Quotienten c_{ik} aber von der Größenordnung der 1 sind. Man rechnet zweckmäßig so, daß die Faktoren $b_{\varrho k}$ ebenso wie die a_{ik} durchweg in das Einstellwerk, die Faktoren $c_{i\varrho}$ hingegen in das Umdrehungswerk der Maschine gegeben werden. Der Summand a_{ik} schließt sich dabei als Teilprodukt $1 \cdot a_{ik}$ an die Produkte $c_{i\varrho} b_{\varrho k}$ an. Auch die in (7) benötigte Division durch b_{kk} fügt sich dann glatt in den gesamten Rechenablauf ein, nämlich als Produkt mit unbekanntem c_{ik} bis zum Gesamtergebnis 0, wobei der gesuchte Wert c_{ik} wie die übrigen Faktoren $c_{i\varrho}$ im Umdrehungswerk erscheint. Ist der Klammerausdruck dabei negativ, so erfolgt die Division durch Auffüllen bis zur Null mit positiv geschaltetem Umdrehungswerk. Nach Überschreiten der Null kann man dabei sogar automatische Division (bei der die Maschine ja in der Regel subtrahiert) benutzen, wenn nur das Umdrehungswerk positiv geschaltet bleibt. — Die rechten Seiten a_i lassen sich, wenn sie nicht von der gleichen Größenordnung wie die a_{ik} sind, durch Multiplikation mit einer geeigneten Zehnerpotenz 10^m leicht auf die gleiche Größenordnung bringen, was auch mit Rücksicht auf die Summenprobe ratsam ist. Das ist gleichbedeutend mit dem Einführen neuer Unbekannter

$$x_i' = 10^m \, x_i,$$

die dann in der Regel von der Größenordnung der 1 sind. Zum Schluß sind die Ergebnisse x_i' wieder umzurechnen.

Sind die Koeffizienten b_{ik}, b_i des gestaffelten Systems sämtlich ermittelt, so folgt die *Aufrechnung der Unbekannten* x_i, beginnend mit der letzten Unbekannten x_n und aufsteigend bis zu x_1. In unserm Schema mit $n = 4$ rechnet man also:

$$x_4 = \quad b_4 : b_{44},$$

$$x_3 = (-b_3 + b_{34} x_4) : -b_{33},$$

$$x_2 = (-b_2 + b_{24} x_4 + b_{23} x_3) : -b_{22},$$

$$x_1 = (-b_1 + b_{14} x_4 + b_{13} x_3 + b_{12} x_2) : -b_{11}.$$

Allgemein gilt:

$$\boxed{x_i = (-b_i + b_{in}\, x_n + b_{i,n-1} x_{n-1} + \cdots + b_{i,i+1}\, x_{i+1}) : -b_{ii}} \tag{8}$$

$$(i = n, n-1, \ldots, 2, 1).$$

Wieder bildet man also, und natürlich gleichfalls durch automatisches Auflaufenlassen, skalare Produkte, und zwar jeweils aus der i-ten Zeile der b_{ik} mit der Zeile der x_i, wobei man die Zeilen in umgekehrter Richtung (von rechts nach links durchläuft und die rechte Seite b_i durch einen hinzugedachten Faktor -1 einbezieht, den wir im Schema am Schluß der x-Spalte hinzugefügt haben.

Schließlich erfolgt die *Schlußkontrolle* durch Einsetzen der Unbekannten in das Ausgangssystem gemäß

$$\boxed{a_{i1}\, x_1 + a_{i2}\, x_2 + \cdots + a_{in}\, x_n + a_i \cdot (-1) = 0} \tag{9}$$

$$(i = 1, 2, \ldots, n),$$

also wieder in der Form skalarer Produkte. Kürzer, wenn auch nicht völlig sicher, ist die Kontrolle mit den Spaltensummen:

$$\boxed{\sigma_1\, x_1 + \sigma_2\, x_2 + \cdots + \sigma_n\, x_n + \sigma \cdot (-1) = 0}\,. \tag{9a}$$

Deutet sich bei der Einsetzungsprobe mangelhafte Genauigkeit der Ergebnisse an, hervorgerufen durch begrenzte Stellenzahl der Rechnung und Häufung der Abrundungsfehler, so sind die x-Werte einer in § 8.5, S. 163, behandelten *nachträglichen Korrektur* zu unterziehen.

Zum Einüben für den Leser sei ein einfaches Zahlenbeispiel angeführt, bei dem die Rechnung bequem im Kopf durchführbar ist. Der eigentliche Sinn des verketteten Algorithmus, nämlich die Ausnutzung der Rechenmaschine, kommt dabei natürlich nicht zur Geltung. Dazu sei vielmehr auf das Zahlenbeispiel in § 7.2, S. 150/151, sowie auf ein weiteres Beispiel in Kap. VII, § 30.4 (S. 475), verwiesen. — Gesucht ist die Lösung des Gleichungssystems

$$\begin{aligned}
2x + 3y - z \phantom{{}+ 2u} &= 20\\
-6x - 5y \phantom{{}+6z} + 2u &= -45\\
2x - 5y + 6z - 6u &= -\ \ 3\\
4x + 6y + 2z - 3u &= 58.
\end{aligned}$$

Das vollständige Rechenschema lautet:

	2	−1	7	−7	30	31
	2	3	−1	0	20	24
	−6	−5	0	2	−45	−54
	2	−5	6	−6	−3	−6
	4	6	2	−3	58	67
	2	3	−1	0	20	24
	3	4	−3	2	15	18
	−1	2	1	−2	7	6
	−2	0	−4	5	−10	−5
	−1	1	−5	−1	0	0
$x_i =$	1	7	3	−2	−1	0

Das Ergebnis ist: $x = 1$, $y = 7$, $z = 3$, $u = -2$, wovon man sich durch Einsetzen, z. B. in die Summenzeile, überzeugt.

Beim Algorithmus fällt übrigens auch der Wert der *Koeffizientendeterminante* $D = \det(a_{ik})$ gleichsam als Nebenprodukt mit an. Durch die im Algorithmus angestellten Operationen — Addition eines Vielfachen einer Zeile zu einer anderen — wird nämlich der Wert der Determinante einem bekannten Satze zufolge nicht geändert. Das Koeffizientenschema der b_{ik} des gestaffelten Systems hat also die gleiche Determinante D wie das Ausgangssystem. Im gestaffelten System aber ergibt sich der Determinantenwert durch Entwicklung nach der ersten Spalte, darauf nach der zweiten Spalte usf. ganz einfach als das Produkt der Diagonalelemente b_{ii}:

$$\boxed{D = b_{11}\, b_{22} \ldots b_{nn}}\,. \tag{10}$$

Im oben angeführten Zahlenbeispiel ist $D = 40$. Ist also, wie vorausgesetzt, die Determinante D von Null verschieden, so müssen, gegebenenfalls nach einer Zeilenvertauschung sämtliche Diagonalelemente $b_{ii} \neq 0$ sein.

5.3 Zeilenvertauschung bei $b_{ii} = 0$

Der einwandfreie Ablauf des verketteten Algorithmus setzt nichtverschwindende Diagonalelemente $b_{ii} \neq 0$ voraus. Wird nun im Rechnungsverlauf doch ein $b_{ii} = 0$ (wenn nämlich die i-te Hauptabschnittsdeterminante D_i verschwindet, so muß sich dies wegen vorausgesetztem $D \neq 0$ durch Zeilenvertauschung, also Umstellen der Gleichungen beheben lassen. Dieser für die Handrechnung recht störende Eingriff braucht indessen nicht tatsächlich vorgenommen zu werden, sondern läßt sich auf folgende Weise berücksichtigen.

Wir eliminieren die Unbekannten in der bisherigen Reihenfolge $x_1, x_2, \ldots, x_n$. Ist nun etwa $b_{11} = a_{11} = 0$, so ist die erste Gleichung zur Elimination von x_1 ungeeignet. Wir gehen dann in der ersten Spalte zum nächsttieferen Element $b_{21} = a_{21}$ über. Ist es $\neq 0$, so erklären wir es zum „Diagonalelement" und heben es etwa durch Umrahmen hervor. Ist aber auch b_{21} noch Null, so steigen wir weiter abwärts, bis wir — in der Zeile z_1 — auf ein nichtverschwindendes Element $b_{z_1 1} = a_{z_1 1} \neq 0$ stoßen, das wir zum Diagonalelement erheben können. Damit ist der ersten Spalte die z_1-te Zeile zugeordnet, erkenntlich an dem umrahmten Diagonalelement. Ihre Elemente $b_{z_1 k} = a_{z_1 k}$ ergeben sich einfach durch Abschreiben der z_1-ten Zeile des gegebenen Koeffizientenschemas. Die Elemente c_{i1} der ersten Spalte sind oberhalb vom „Diagonalelement" Null, darunter sind sie wie üblich nach $c_{i1} = a_{i1} : b_{z_1 1}$ zu berechnen.

Nun geht man zur zweiten Spalte über und sucht in ihr, von oben beginnend — unter Überspringen der schon fertigen Zeile z_1 — das erste von Null verschiedene Element $b_{z_2 2} \neq 0$ auf, das wieder durch Umrahmen als Diagonalelement gekennzeichnet wird. Es folgt die Berechnung der rechts von ihm stehenden Elemente $b_{z_2 k}$ der Zeile z_2 nebst Summenprobe, sodann die der noch fehlenden Größen c_{i2} der zweiten Spalte, kontrolliert durch Spaltensummenprobe.

In dieser Weise fortfahrend wird jeder Spalte k eine Zeile z_k zugeordnet, der natürlichen Reihenfolge der Spalten also eine permutierte Folge von Zeilen:

Spalte	1	2	3	4 ...
Zeile	z_1	z_2	z_3	z_4 ....

Diese Zuordnung, im Schema angezeigt durch die Stellung der umrahmten Diagonalelemente, ist bei der Bildung der skalaren Produkte zur Berechnung der Elemente b_{ik}, c_{ik} zu beachten: indem man die Faktoren $c_{i\varrho}$ in der natürlichen Reihenfolge durchläuft, hat man sich die zugehörigen Faktoren $b_{z_\varrho k}$ in der Höhe des jeweils über $c_{i\varrho}$ erscheinenden Diagonalelementes zu suchen. Zur Berechnung der l-ten Spalte und der zugehörigen z_l-ten Zeile sind demnach die Formeln (6) und (7) wie folgt abzuwandeln:

$$\begin{aligned} b_{z_l k} &= a_{z_l k} - c_{z_l 1} b_{z_1 k} - c_{z_l 2} b_{z_2 k} - \cdots - c_{z_l, l-1} b_{z_{l-1}, k} && (\tilde{6}) \\ c_{il} &= (a_{il} - c_{i1} b_{z_1 l} - c_{i2} b_{z_2 l} - \cdots - c_{i,l-1} b_{z_{l-1}, l}) : b_{z_l l} && (\tilde{7}) \end{aligned}$$

Zur Aufrechnung der Unbekannten werden diese zweckmäßig zeilenweise angeordnet, da nur dabei ihre ursprüngliche Reihenfolge gewahrt bleibt, vgl. das Schema auf S. 115 sowie die folgenden Beispiele. Zu ihrer Berechnung werden die Gleichungen in der Reihenfolge $z_n, z_{n-1}, \ldots$ herangezogen, d. h. derart, daß immer eine neue Unbekannte hinzutritt.

Beispiel:

	x_1	x_2	x_3	x_4	x_5	r_i	s_i
σ_k	4	−5	2	3	4	20	28
	2	−3	1	−2	4	7	9
	−4	6	−2	5	−6	−10	−11
	6	−9	3	−4	10	17	23
	2	−4	3	2	−3	5	5
	−2	5	−3	2	−1	1	2
	[2]	−3	1	−2	4	7	9
	2	0	0	[1]	2	4	7
	−3	0	0	*−2*	[−6]	−12	−18
	−1	[−1]	2	4	−7	−2	−4
	1	*2*	[2]	8	−11	4	3
$-\tau_k$	−2	1	−1	−3	−1	0	0
$\varkappa_k =$	14	14	13	0	2	−1	0 = *Schlußprobe*

Die Werte c_{ik} sind *kursiv* gedruckt.

Die Zuordnung Spalte—Zeile ist hier:

Spalte	1	2	3	4	5
Zeile	1	4	5	2	3

Die Permutation enthält 4 „Inversionen" (Rangieren einer größeren vor einer kleineren Zahl) und wird daher als *gerade* bezeichnet. Die Determinante des Koeffizientenschemas ergibt sich demgemäß als Produkt der Diagonalelemente *ohne* Vorzeichenumkehr, als $D = +24$.

Beispiel für beliebige Zeilenanordnung: (c_{ik} *kursiv*)

	x_1	x_2	x_3	x_4	r_i	s_i
	4	−12	−5	17	50	54
	3	−6	−1	2	2	0
	1	−4	−3	6	18	18
	−2	4	2	1	7	12
	2	−6	−3	8	23	24
	−3	*−3*	[−1]	−4	−13	−18
	[1]	−4	−3	6	18	18
	2	*2*	*2*	[−3]	−9	−12
	−2	[2]	3	−4	−13	−12
	−4	−2	1	−1	0	0
$\varkappa_k =$	−5	−2	1	3	−1	0

Spalte	1	2	3	4
Zeile	2	4	1	3,

3 Inversionen, ungerade.

Also Determinante $D = -1 \cdot 6 = -6$.

Auf gleiche Weise wird man vorgehen, wenn ein Diagonalelement zwar nicht Null, doch betragsmäßig sehr klein im Vergleich zur Größenordnung der übrigen b_{ik} wird, wodurch die Rechengenauigkeit stark beeinträchtigt wird. Wieder wird man dann in der betreffenden Spalte ein anderes Element annehmbarer Größe als Diagonalelement wählen. Nur stehen dann auch über ihm noch Werte $c_{ik} \neq 0$. Ein Beispiel dazu findet man in § 7.2, Tab. 3. — Überhaupt läßt sich jeder Spalte eine beliebige Zeile zuordnen, wie das nebenstehende Beispiel erläutern mag. Auch die Spaltenfolge läßt sich noch beliebig wählen, doch wird die Rechnung dann leicht unübersichtlich.

5.4 Symmetrische Koeffizientenmatrix

In vielen Anwendungen treten Gleichungssysteme auf, deren Koeffizientenschema symmetrisch ist, d. h., daß die an der „Hauptdiagonale" a_{ii} gespiegelten Koeffizienten a_{ik} und a_{ki} einander gleich sind:

$$\boxed{a_{ik} = a_{ki}} \,. \tag{11}$$

Die Koeffizienten a_{ii} der Hauptdiagonale sind beliebig.

Beispiel:

$$\begin{aligned} 3x - 2y + z &= -5 \\ -2x + 4y + 3z &= 8 \\ x + 3y - z &= 4 \end{aligned}$$

Hier ist $a_{12} = a_{21} = -2$, $a_{13} = a_{31} = 1$, $a_{23} = a_{32} = 3$. Man schreibt dabei oft nur die obere Hälfte der Koeffizienten an und deutet die Ergänzung zum symmetrischen System wohl durch Unterstreichen der Diagonalglieder an:

$$\begin{aligned} \underline{3x} - 2y + z &= -5 \\ \underline{4y} + 3z &= 8 \\ - \underline{z} &= 4 \end{aligned}$$

In diesem Falle vereinfacht sich die Auflösung, der Arbeitsbedarf geht angenähert auf die Hälfte zurück. Beim gewöhnlichen Algorithmus sind, wie leicht zu überlegen, auch alle folgenden Eliminationsstufen wieder symmetrisch. In der verketteten Form erübrigt sich daher die besondere Berechnung der Quotienten c_{ik} nach (7). Man erhält sie einfach aus den gespiegelt angeordneten Elementen b_{ki} durch Division mit dem Diagonalelement b_{kk}:

$$\boxed{c_{ik} = b_{ki} : b_{kk}} \,. \tag{12}$$

Man braucht also nur die b_{ik} zu berechnen, das Ergebnis anzuschreiben, ohne zu löschen, und gleich anschließend durch das Diagonalelement der betreffenden Zeile zu dividieren.

Besondere Überlegung bedarf wieder der Fall des Verschwindens eines der Diagonalelemente b_{ii}, der sich bei nichtsingulärer Koeffizientenmatrix wie früher durch Reihenvertauschung beheben läßt. Um aber die zeitsparende Symmetrie zu erhalten, ist jede Zeilenvertauschung jetzt mit einer gleichnamigen Spaltenvertauschung zu verbinden. Beides soll wieder durch bloßes Umnumerieren herbeigeführt werden, durch Abändern der im Rechenschema einzuhaltenden

Reihenfolge. Wir erläutern den Vorgang an Hand von Abb. 5.1, wo angenommen ist, daß das zweite Diagonalelement zunächst Null wird. Man geht dann unter Überspringen der zweiten Zeile und Spalte zum dritten in der Abbildung mit 2 gekennzeichneten über und berechnet zu ihm, falls es $\neq 0$ ist, die zugehörige Zeile der b_{ik} (dicke waagerechte Linie) sowie nach (12) die Spalte der $-c_{ki}$ (dünne senkrechte Linie). Dabei ragt jetzt die Zeile in die zweite Spalte, die Spalte in die zweite Zeile hinein. Es empfiehlt sich daher, die b_{ik} gegenüber den c_{ik} in geeigneter Weise (z. B. durch farbiges Unterstreichen) zu kennzeichnen. Anschließend läßt sich nun das zweite Diagonalelement — in der Abbildung mit 3 bezeichnet —, sofern es jetzt von Null verschieden wird, nebst zugehöriger Zeile und Spalte berechnen, und zwar nach

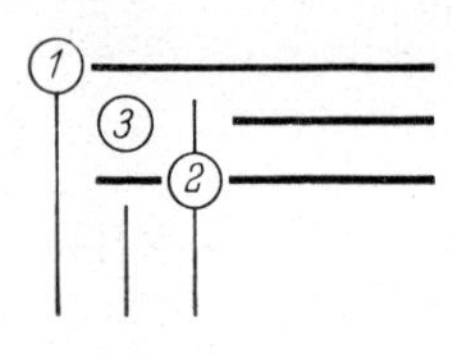

Abb. 5.1 Rechenschema bei Reihenvertauschung

$$b_{2k} = a_{2k} - c_{21} b_{1k} - c_{23} b_{3k}, \qquad c_{k2} = b_{2k} : b_{22},$$

wobei sich die Indizes hier auf die wirklichen Nummern der Zeile und Spalte im Rechenschema, nicht etwa auf die der Abb. 5.1 beziehen. Die Rechnung verlangt also im Schema ein Überkreuzen der zunächst übergangenen zweiten Zeile und Spalte.

Es kann eintreten, daß man mehr als eine Reihe überschlagen muß, ehe man ein von Null verschiedenes Diagonalelement antrifft, vgl. das Beispiel der Abb. 5.2a mit der Reihenfolge **1 4 2 3 5** ... Es kann auch

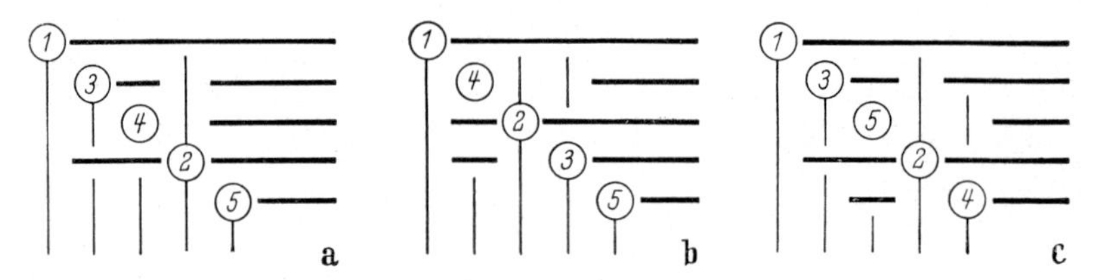

Abb. 5.2a—c. Beispiele für Reihenvertauschung bei symmetrischen Matrizen

sein, daß das zunächst Übersprungene sich auch nach Berechnung des Nachfolgenden noch der Behandlung entzieht, Abb. 5.2b, mit der Reihenfolge **1 3 4 2 5** ... Oder die Schwierigkeiten können gemischt auftreten nach Art von Abb. 5.2c, wo eine Behandlung der Diagonalelemente in der Reihenfolge **1 4 2 5 3** ... notwendig ist. Die beiden nachfolgenden Zahlenbeispiele erläutern das Vorgehen, das erste den einfachen Fall der Abb. 5.1, das zweite den der Abb. 5.2c. Die Quotienten c_{ik} sind zur Unterscheidung von den b_{ik} kursiv und in Klammern gesetzt. Die b_{ik} sind bis auf die umrahmten b_{ii} fett gedruckt.

1. Beispiel:

	7	16	−5	18	11	−22
	1	2	−1	3	2	−3
		4	−4	6	8	−8
			3	1	−4	11
				8	0	−3
					5	−19
	1	2	−1	3	2	−3
	(−2)	−2	(1)	4	2	6
	(1)	−2	2	4	−2	8
	(−3)	(2)	(−2)	−1	2	2
	(−2)	(1)	(1)	(2)	5	5
	(−7)	(2)	(−1)	(1)	(−1)	0
$x_i =$	2	−2	3	0	1	−1

2. Beispiel:

	3	12	5	9	−2	20
	1	2	−1	3	−2	−6
		4	2	4	0	10
			1	−1	4	12
				7	−4	−8
					0	12
	1	2	−1	3	−2	−6
	(−2)	2	2	(−1)	2	12
	(1)	(−1)	1	(1)	(1/2)	3
	(−3)	−2	2	−2	2	10
	(2)	(−1)	2	(1)	−4	−2
	(−3)	(−3)	(−1)	(0)	(−1/2)	0
$x_i =$	2	1	3	−1	2	−1

Zuweilen empfiehlt sich eine unter dem Namen *Verfahren von* CHOLESKY[1] bekannt gewordene Abart der Rechnung, über die wir

[1] BENOIT: Sur une méthode de résolution des équations normales usw. (Procédé du commandant CHOLESKY). Bull. géodésique Bd. 2 (1924).

hier nur kurz berichten; für die Einzelheiten der Rechnung verweisen wir auf eine ausführlichere Darstellung in [24]. Das Verfahren ist ursprünglich für den in vielen Anwendungen zutreffenden Fall sogenannter positiv definiter Matrix gedacht (vgl. dazu II, § 6.5, S. 143), wo sämtliche Diagonalelemente des gestaffelten Systems positiv werden, $b_{ii} > 0$, jedoch leicht auch auf den allgemeinen symmetrischen Fall anwendbar. Man setzt

$$c_{ki} \sqrt{b_{ii}} = b_{ik} : \sqrt{b_{ii}} = r_{ik} \tag{13}$$

und erreicht dadurch volle Symmetrie in den Gleichungs- und Eliminationskoeffizienten, von denen nur noch die Gleichungskoeffizienten anzuschreiben sind. Ihre Berechnung erfolgt dann nach

$$\boxed{\begin{aligned} r_{ik} &= (a_{ik} - r_{1i} r_{1k} - r_{2i} r_{2k} - \cdots r_{i-1,i} r_{i-1,k}) : r_{ii} \\ r_{ii}^2 &= a_{ii} - r_{1i}^2 - r_{2i}^2 \cdots - r_{i-1,i}^2 \end{aligned}} \quad . \qquad \begin{aligned} &(14\text{a}) \\ &(14\text{b}) \end{aligned}$$

Die Berechnung der Diagonalelemente r_{ii} erfordert also das Ziehen der Quadratwurzel, was sich indessen in der auf S. 4 beschriebenen Weise leicht durchführen läßt. Dieser Wurzelbildung verdankt nun das Verfahren einen unter Umständen entscheidenden Vorteil, wenn nämlich die Koeffizientenmatrix fast singulär, ihre Determinante also ungewöhnlich klein ist. Es treten dann sehr kleine Diagonalelemente b_{ii} auf, die sich auch durch Reihenumstellung schließlich nicht mehr beseitigen lassen und zu beträchtlichem Stellenverlust führen, ja die praktische Durchführbarkeit der Rechnung ganz in Frage stellen können. Durch die Wurzelbildung $r_{ii} = \sqrt{b_{ii}}$ wird dieser Stellenverlust gemildert, indem die geltenden Stellen näher an das Komma herangezogen werden (z. B. $\sqrt{0{,}0001} = 0{,}0100$). Hierdurch erweist sich das Cholesky-Verfahren gerade bei ausgesprochen „bösartigen" (ill conditioned) Gleichungssystemen, wie sie in den Anwendungen des öfteren auftreten, als überlegen, ja oft als die einzige Möglichkeit der Behandlung. Voraussetzung dafür ist allerdings, daß die Produktsummenbildung mit voller Stellenzahl, ohne Rundung bei den Einzelprodukten verläuft, was bei Handrechnung (Tischmaschine) von selbst geschieht, bei Automatenrechnung aber in der Regel durch besondere Zusatzmaßnahmen herbeigeführt werden muß.

5.5 Allgemeine homogene Gleichungssysteme

Das Vorgehen des Gaussschen Algorithmus setzt uns in die Lage, die Aufgabe der Gleichungsauflösung auf allgemeinerer Grundlage als bisher zu behandeln, wo wir quadratische Koeffizientenmatrix angenommen und diese ausdrücklich als nichtsingulär, $\det(a_{ik}) \neq 0$, vorausgesetzt hatten. Wir erweitern unsere Aufgabe zunächst dahin, daß die Anzahl der Gleichungen mit der der Unbekannten nicht mehr übereinzustimmen braucht:

$$m \text{ Gleichungen in } n \text{ Unbekannten,}$$

wobei wir die drei Möglichkeiten $m < n$, $m > n$ und $m = n$ zulassen. Die Koeffizientenmatrix der a_{ik} braucht also nicht mehr quadratisch zu sein. Wir betrachten zuerst den bisher außer acht gelassenen — einfacheren — Fall der *homogenen Gleichungen*, d. h. solcher mit durchweg verschwindenden rechten Seiten:

$$\left.\begin{array}{l} a_{11} x_1 + a_{12} x_2 + \cdots + a_{1n} x_n = 0 \\ a_{21} x_1 + a_{22} x_2 + \cdots + a_{2n} x_n = 0 \\ \dots\dots\dots\dots\dots\dots\dots\dots \\ a_{m1} x_1 + a_{m2} x_2 + \cdots + a_{mn} x_n = 0 \end{array}\right\} . \tag{15}$$

Diese haben ersichtlich stets die sogenannte *triviale Lösung*

$$x_1 = x_2 = \cdots = x_n = 0\,,$$

die aber begreiflicherweise im allgemeinen nicht interessieren wird. Wesentlich sind allein etwa vorhandene nichttriviale Lösungen, also Werte x_i, die nicht sämtlich verschwinden.

Für die Behandlung der Aufgabe erweist sich der schon eingangs eingeführte Begriff der *linearen Abhängigkeit* zusammen mit dem daraus abgeleiteten Begriff des *Ranges* als grundlegend. Wir verwenden folgende Abkürzungen für Zeilen und Spalten:

$$i\text{-te Zeile:} \quad \boldsymbol{a}^i = (a_{i1}, a_{i2}, \ldots, a_{in})\,, \tag{16a}$$

$$k\text{-te Spalte:} \quad \boldsymbol{a}_k = \begin{pmatrix} a_{1k} \\ a_{2k} \\ \vdots \\ a_{mk} \end{pmatrix} . \tag{16b}$$

Die Zeilen (Spalten) heißen *linear abhängig*, wenn sich aus ihnen durch Linearkombination die Nullzeile (Nullspalte) erzeugen läßt, d. h. wenn es eine Beziehung der Form

$$c_1 \boldsymbol{a}^1 + c_2 \boldsymbol{a}^2 + \cdots + c_m \boldsymbol{a}^m = 0 \tag{17a}$$

bzw.

$$c_1 \boldsymbol{a}_1 + c_2 \boldsymbol{a}_2 + \cdots + c_n \boldsymbol{a}_n = 0 \tag{17b}$$

mit nicht sämtlich verschwindenden Konstanten c_i gibt. Folgt aber aus der Forderung das Verschwinden aller Koeffizienten c_i, so heißen die Zeilen bzw. Spalten *linear unabhängig*. Es gibt nun in einem Koeffizientenschema — in einer Matrix — eine ganz bestimmte Anzahl r linear unabhängiger Zeilen, eine Zahl, die gegenüber linearen Umformungen, wie sie bei Durchführung des Gaussschen Algorithmus vorgenommen werden — Zeilenkombinationen, Vertauschung von Zeilen oder Spalten —, invariant ist, was hier nicht im einzelnen gezeigt werden soll[1], und die im übrigen auch gleich der Anzahl linear unabhängiger Spalten ist. Diese für das Koeffizientenschema charakteristische Zahl wird *Rang* der Matrix genannt. Ihre Bestimmung wird sich mit Hilfe des Algorithmus im Zuge der Gleichungsbehandlung ergeben. — Es ist klar, daß der Rang r nicht größer als die kleinere der beiden Zahlen m oder n sein kann. Im Falle nichtsingulärer quadratischer Matrix ist $r = m = n$. Im allgemeinen Falle ist $r \leqq m$ und $r \leqq n$. Ist aber $r = m \leqq n$, besteht das Koeffizientenschema also aus m linear unabhängigen Zeilen, so soll es *zeilenregulär* heißen; ist dagegen $r = n \leqq m$, hat das Schema also n linear unabhängige Spalten, nennen wir es *spaltenregulär*.

Schon bevor wir daran gehen, die Lösung des homogenen Systems explizit anzugeben, lassen sich einige allgemeine Aussagen über Lösungen und Lösbarkeit machen. Als erstes gilt hier

Satz 1: Ist $x_1, x_2, \ldots, x_n$ eine Lösung des homogenen Gleichungssystems (15), so ist auch $c\,x_1, c\,x_2, \ldots, c\,x_n$ mit beliebigem Faktor c eine Lösung des Systems.

Die Lösung des homogenen Systems ist also — vom trivialen Falle abgesehen — nicht mehr eindeutig. Die Richtigkeit des Satzes folgt leicht durch Einsetzen der neuen Lösung in (15) und Vorklammern des Faktors c. — Mit der Abkürzung (16b) für die Spalten des Koeffizientenschemas läßt sich das System (15) in der Form

$$\boldsymbol{a}_1 x_1 + \boldsymbol{a}_2 x_2 + \cdots + \boldsymbol{a}_n x_n = 0 \qquad (15\text{a})$$

schreiben, wo die Multiplikation der Spalte $\boldsymbol{a}_k$ mit x_k im Sinne elementweiser Multiplikation $a_{ik}\, x_k$ zu verstehen ist. Dies aber ist nun nichts anderes als der Ausdruck linearer Abhängigkeit nach (17b), womit die beiden folgenden Aussagen gelten:

Satz 2: Ein homogenes Gleichungssystem mit linear unabhängigen Koeffizientenspalten (ein System mit spaltenregulärer Matrix) hat nur die triviale Lösung,

Satz 3: Das homogene System (15) besitzt genau dann nichttriviale Lösungen, wenn die Spalten der Koeffizientmatrix linear abhängig sind, der Rang r also kleiner als n ist.

Da der Rang r aber nun nicht größer sein kann als die kleinere der beiden Anzahlen m oder n, so folgt weiter

Satz 4: Ein homogenes Gleichungssystem von weniger Gleichungen als Unbekannte ($m < n$) hat stets nichttriviale Lösungen.

[1] Vgl. etwa Matrizen [*24*], § 7.2.

Man bezeichnet Zeilen und Spalten nach Art von (**16**a, b) auch als *Vektoren*, und zwar als n- bzw. m-dimensionale Vektoren entsprechend der Anzahl ihrer Elemente, die Komponenten genannt werden. Dann läßt sich der letzte Satz auch so formulieren:

Satz 5: Mehr als m Vektoren der Dimension m sind stets linear abhängig.

Die praktische Lösungsbestimmung wie auch die Ermittlung des Ranges erfolgt wieder mit Hilfe des GAUSSschen Algorithmus, den wir uns in der allgemeinen, in § 1.3 beschriebenen Form etwaiger Zeilenvertauschung durchgeführt denken. Beginnend mit der ersten Koeffizientenspalte steigt man in jeder Spalte solange abwärts, bis man auf ein von Null verschiedenes (oder auch dem Betrage nach nicht zu kleines) Element stößt, das man zum Diagonalelement erklärt und entsprechend hervorhebt. Anschließend wird die zugehörige Zeile und Spalte wie früher beschrieben bearbeitet, worauf man zur nächsten Spalte übergeht. Findet sich hier nun — was bisher, bei nichtsingulärer Matrix, nicht eintreten konnte — kein neues von Null verschiedenes Element mehr, das als Diagonalelement dienen kann, so ist diese Spalte damit abgeschlossen und man geht zur nächsten über. Auf diese Weise finden sich nun, in welcher Reihenfolge man auch immer vorgehen mag, stets genau r von Null verschiedene Diagonalelemente. Nach Zeilenvertauschung und gegebenenfalls auch nach Spaltenvertauschung (Umnumerieren der Unbekannten) ist das folgende gestaffelte Koeffizientenschema entstanden:

$$
\begin{array}{cccc|ccc}
x_1 & x_2 & \cdots & x_r & x_{r+1} & \cdots & x_n \\
\hline
\underline{b_{11}} & b_{12} & \cdots & b_{1r} & b_{1,r+1} & \cdots & b_{1n} \\
0 & \underline{b_{22}} & \cdots & b_{2r} & b_{2,r+1} & \cdots & b_{2n} \\
\cdot & \cdot & \cdot & \cdot & \cdot & \cdot & \cdot \\
0 & 0 & \cdots & \underline{b_{rr}} & b_{r,r+1} & \cdots & b_{rn} \\
\hdashline
0 & 0 & \cdots & 0 & 0 & \cdots & 0 \\
\cdot & \cdot & \cdot & \cdot & \cdot & \cdot & \cdot \\
0 & 0 & \cdots & 0 & 0 & \cdots & 0 \\
\hline
 & & r & & & n-r=d &
\end{array}
\quad
\begin{array}{l}
\left.\vphantom{\begin{array}{c}1\\1\\1\\1\end{array}}\right\} r \\
\left.\vphantom{\begin{array}{c}1\\1\\1\end{array}}\right\} m-r
\end{array}
$$

Entsprechend den r von Null verschiedenen (im Schema durch Unterstreichen hervorgehobenen) Diagonalelementen b_{ii} ist der Rang r des Gleichungssystems aus dem Ergebnis des Eliminationsprozesses abzulesen. Von den insgesamt m Gleichungen sind nur r Gleichungen als wesentlich übriggeblieben, während sich die restlichen $m-r$ als von ihnen abhängig und somit bedeutungslos weggehoben haben. Von Belang sind allein die Anzahlen n und r, also auch die Differenz $d = n-r$, der sogenannte Defekt oder Rangabfall des Systems. Daß die r ersten Zeilen $\boldsymbol{b}^i$ des neuen Schemas linear unabhängig sind, d. h., daß sich aus ihnen durch Linearkombination nicht die Nullzeile herstellen läßt, folgt aus der Annahme $b_{ii} \neq 0$. Der Rang der Zeilen ist damit gleich r. Auf gleiche Weise ist die Unabhängigkeit der r ersten Spalten $\boldsymbol{b}_k$ einzusehen, während sich bei Zufügen auch nur einer weiteren Spalte $\boldsymbol{b}_s$ sogleich Abhängigkeit einstellt, indem das System

$$\boldsymbol{b}_1 x_1 + \cdots + \boldsymbol{b}_r x_r + \boldsymbol{b}_s x_s = 0$$

nichttrivial lösbar ist: man braucht ja nur etwa $x_s = 1$ zu setzen und das dann inhomogene System mit nichtsingulärer r-reihiger Restmatrix aufzulösen. Zeilen- und Spaltenrang stimmen also überein und sind als Rang r charakteristisch für das gegebene Gleichungssystem als solches.

Der soeben gegebene Hinweis enthält schon den Weg zum Aufbau der Lösung. Wir bezeichnen die den *Diagonalelementen* zugeordneten Unbekannten — im Schema sind es die r ersten x_1 bis x_r, praktisch werden sie oft anders verteilt sein — als die *gebundenen* Unbekannten, die $n-r = d$ restlichen als die *freien*. Diesen kann man offenbar beliebige Werte zuerteilen, wonach sich die gebundenen aus dem gestaffelten System durch die übliche Aufrechnung ergeben. Man erhält nun genau *d linear unabhängige Lösungssysteme*, indem man je eine der freien Unbekannten gleich Eins (oder auch gleich einer beliebigen anderen von Null verschiedenen Zahl) setzt, die übrigen aber gleich Null. Die d Lösungen sind dann von der Form

$$\begin{array}{l|l} \boldsymbol{x}_1 = \{x_{11}, x_{21}, \ldots, x_{r1}, 1, 0, \ldots, 0\} & \cdot c_1 \\ \boldsymbol{x}_2 = \{x_{12}, x_{22}, \ldots, x_{r2}, 0, 1, \ldots, 0\} & \cdot c_2 \\ \cdots\cdots\cdots\cdots\cdots\cdots & \cdots \\ \boldsymbol{x}_d = \{x_{1d}, x_{2d}, \ldots, x_{rd}, 0, 0, \ldots, 1\} & \cdot c_d. \end{array} \tag{18}$$

Hieraus ergibt sich dann die *allgemeine Lösung* durch lineares Überlagern mit d noch freien Konstanten (Parametern) c_i zu

$$\boxed{\boldsymbol{x} = c_1 \boldsymbol{x}_1 + c_2 \boldsymbol{x}_2 + \cdots + c_d \boldsymbol{x}_d}\,. \tag{19}$$

Indem man die vom dreidimensionalen Raum her gültigen Vorstellungen auf n Dimensionen erweitert, spricht man bei einer Lösung $\boldsymbol{x} = \{x_1, x_2, \ldots, x_n\}$ von einem Punkt im n-dimensionalen Raum. Eine Lösung der Form $c\,\boldsymbol{x}$ mit noch freiem Parameter c wird als Gerade, eine von der Form $c_1 \boldsymbol{x}_1 + c_1 \boldsymbol{x}_2$ mit zwei Parametern c_1, c_2 als Ebene im n-dimensionalen Raum, also beides als lineare Gebilde gedeutet. So repräsentiert allgemein die Lösung (19) ein linares Gebilde der Dimension d, einen sogenannten d-dimensionalen linearen Unterraum im Gesamtraum der Dimension n. — Wir fassen zusammen zu

Satz 6: Ein homogenes lineares Gleichungssystem in n Unbekannten, dessen Koeffizientenmatrix vom Range $r \leqq n$ ist, besitzt $d = n - r$ linear unabhängige nichttriviale Lösungen $\mathfrak{x}_i$, aus denen sich die allgemeine Lösung mit d freien Parametern c_i nach (19) linear aufbaut.

Ein Zahlenbeispiel stellen wir bis zum Schluß des folgenden Abschnittes zurück.

5.6 Allgemeine inhomogene Gleichungen

Mit der Auflösungstechnik der homogenen ist der wesentliche Teil auch für die Lösung inhomogener Gleichungssysteme geleistet. Die Aufgabe lautet jetzt

$$\left.\begin{array}{l} a_{11} x_1 + a_{12} x_2 + \cdots + a_{1n} x_n = a_1 \\ a_{21} x_1 + a_{22} x_2 + \cdots + a_{2n} x_n = a_2 \\ \cdots\cdots\cdots\cdots\cdots\cdots\cdots\cdots\cdots \\ a_{m1} a_1 + a_{m2} x_2 + \cdots + a_{mn} x_n = a_m \end{array}\right\} \qquad (20)$$

Während aber die homogenen Gleichungen stets eine Lösung besitzen, und sei es auch nur die triviale, trifft das für die inhomogenen nicht mehr zu. Die Gleichungen können sich widersprechen, wie das z. B. die beiden Gleichungen

$$\begin{aligned} x + y &= 3 \\ 2x + 2y &= 7 \end{aligned}$$

offenbar tun. Bei der Elimination — zweimalige Subtraktion der ersten Gleichung von der zweiten — erhält man

$$0 \cdot x + 0 \cdot y = 1,$$

was für kein Wertesystem x, y erfüllbar ist. Ob ein inhomogenes System lösbar ist oder nicht, ob die Gleichungen *miteinander verträglich* sind, stellt sich im Verlaufe des GAUSSschen Eliminationsprozesses heraus. Das System ist genau dann lösbar, wenn zu keiner der ganz verschwindenden Zeilen $\mathfrak{b}^s = 0$ des gestaffelten Systems eine von Null verschiedene rechte Seite $b_s \neq 0$ übrigbleibt. Denn andernfalls hätte man

$$0 \cdot x_1 + 0 \cdot x_2 + \cdots + 0 \cdot x_n = b_s \neq 0,$$

was nicht erfüllbar ist. Es gilt damit aber

Satz 7: Ein inhomogenes Gleichungssystem, deren Koeffizientenzeilen linear unabhängig sind (ein System mit zeilenregulärer Matrix, $r = m$), ist stets lösbar.

Hier tritt keine Nullzeile auf. Ist aber der Rang r kleiner als die Gleichungszahl m, so gibt es Lösungen nur noch für solche rechte Seiten, die bestimmte Bedingungen erfüllen: Der Rang der sogenannten (um die rechten Seiten) *erweiterten Matrix* (a_{ik}, a_i) darf nicht größer sein als der der Matrix (a_{ik}) selbst, was sich auf die angegebene Art herausstellt.

Was die Darstellung der Lösung selbst angeht, so gilt

Satz 8: Ist $\boldsymbol{x}_0$ eine — beliebige — Lösung des inhomogenen und $\boldsymbol{z}$ die allgemeine Lösung des zugehörigen homogenen Systems, also von der Form

$$\boxed{\boldsymbol{z} = c_1 \boldsymbol{z}_1 + \cdots + c_d \boldsymbol{z}_d} \tag{21}$$

mit $d = n - r$ linear unabhängigen homogenen Lösungen $\boldsymbol{z}_k$ und ebenso vielen freien Parametern c_k, so ist

$$\boxed{\boldsymbol{x} = \boldsymbol{x}_0 + \boldsymbol{z}} \tag{22}$$

die allgemeine Lösung des inhomogenen Systems.

Wir haben die homogenen Lösungen jetzt mit $\boldsymbol{z}$ bezeichnet. — Daß $\boldsymbol{x}$ eine Lösung ist, folgt durch Einsetzen. Es ist aber auch die allgemeine Lösung. Ist nämlich $\boldsymbol{x}_0$ eine bestimmte, eine sogenannte Sonderlösung von (20) und $\boldsymbol{x}$ eine ganz beliebige andere, so folgt durch Subtraktion der einmal mit $\boldsymbol{x}_0$, ein zweites Mal mit $\boldsymbol{x}$ angeschriebenen Gl. (20), daß $\boldsymbol{x}_0 - \boldsymbol{x}$ Lösung des homogenen Systems ist, also $\boldsymbol{x}_0 - \boldsymbol{x} = \boldsymbol{z}$, was mit (22) gleichbedeutend ist.

Im Falle der Lösbarkeit führt der Algorithmus auf folgendes Lösungsschema, etwa für $r = 4$, $d = n - r = 3$:

	gebunden				frei			b_i		
	⊙	·	·	·	·	·	·	·		
		⊙	·	·	·	·	·	·		
			⊙	·	·	·	·	·		
				⊙	·	·	·	·		
$\boldsymbol{z}_1$:	·	·	·	·	1	0	0	0	$\cdot\, c_1$	Fundamentalsystem des homogenen Systems
$\boldsymbol{z}_2$:	·	·	·	·	0	1	0	0	$\cdot\, c_2$	
$\boldsymbol{z}_3$:	·	·	·	·	0	0	1	0	$\cdot\, c_3$	
$\boldsymbol{x}_0$:	·	·	·	·	0	0	0	−1	. 1	Sonderlösung
$\boldsymbol{x}$:	·	·	·	·	·	·	·			Allgemeine Lösung

Den von Null verschiedenen Diagonalelementen $b_{ii} \neq 0$ (bzw. den dazu erklärten, die im Rechenschema nicht unbedingt an den Diagonalplätzen zu stehen brauchen!) ordnen sich von selbst die gebundenen Unbekannten zu, nach denen man auflöst. Ein sogenanntes Fundamentalsystem der homogenen Gleichungen, d. h., ein System von d linear unabhängigen Lösungen $\boldsymbol{z}_1, \ldots, \boldsymbol{z}_d$ erhält man wieder, indem man für die rechten Seiten b_i Null setzt und jeweils eine der freien Unbekannten gleich Eins (oder auch gleich einer anderen passenden Zahl), die übrigen Null, wie im Schema angedeutet. Die Sonderlösung $\boldsymbol{x}_0$ erhält man am einfachsten, indem man alle freien Unbekannten Null setzt.

Beispiel:

$$\begin{aligned} x_1 - 3x_2 + 2x_3 - x_4 \phantom{{}+ 2x_5} &= 2 \\ -2x_1 + 6x_2 - 4x_3 + 3x_4 + 2x_5 &= -1 \\ 3x_1 - 7x_2 + 8x_3 - 3x_4 + x_5 &= 4 \\ x_1 - x_2 + 4x_3 - x_4 + x_5 &= 0 \\ 2x_1 \phantom{{}- x_2} + 10x_3 \phantom{{}- x_4} + 7x_5 &= 4 \end{aligned}$$

	x_1	x_2	x_3	x_4	x_5	a_i	s_i
σ_k	5	−5	20	−2	11	9	38
	1	−3	2	−1	0	2	1
	−2	6	−4	3	2	−1	4
	3	−7	8	−3	1	4	6
	1	−1	4	−1	1	0	4
	2	0	10	0	7	4	23
	$\boxed{1}$	−3	2	−1	0	2	1
	2	0	0	$\boxed{1}$	2	3	6
	−3	$\boxed{2}$	2	0	1	−2	3
	−1	−1	0	0	0	0	0
	−2	−3	0	−2	0	0	0
$-\tau_k$	−5	−5	0	−3	0	0	0
freie Unbekannte:			↓		↓		
$\boldsymbol{z}_1$	−5	−1	$\underline{1}$	0	$\underline{0}$	0	$\cdot c_1$
$\boldsymbol{z}_2$	−7	−1	$\underline{0}$	−4	$\underline{2}$	0	$\cdot c_2$
$\boldsymbol{x}_0$	2	−1	$\underline{0}$	3	$\underline{0}$	−1	$\cdot 1$

Lösung:
$$\begin{aligned} x_1 &= 2 - 5c_1 - 7c_2 \\ x_2 &= -1 \quad c_1 - 4c_2 \\ x_3 &= c_1 \\ x_4 &= 3 \quad - 4c_2 \\ x_5 &= 2c_2 \end{aligned}$$

oder
$$\boldsymbol{x} = \begin{pmatrix} 2 \\ -1 \\ 0 \\ 3 \\ 0 \end{pmatrix} + c_1 \begin{pmatrix} -5 \\ -1 \\ 1 \\ 0 \\ 0 \end{pmatrix} + c_2 \begin{pmatrix} -7 \\ -1 \\ 0 \\ -4 \\ 2 \end{pmatrix}.$$

§ 6 Matrizen

6.1 Allgemeine Definitionen und Begriffe

Nicht nur bei linearen Gleichungssystemen, auch bei linearen Beziehungen allgemeinerer Art zwischen zwei Größensystemen

$$\boldsymbol{x} = \{x_1, x_2, \ldots, x_n\} \quad \text{und} \quad \boldsymbol{y} = \{y_1, y_2, \ldots, y_m\}$$

von der Form

$$\left.\begin{array}{l} a_{11}x_1 + a_{12}x_2 + \cdots + a_{1n}x_n = y_1 \\ a_{21}x_1 + a_{22}x_2 + \cdots + a_{2n}x_n = y_2 \\ \cdots\cdots\cdots\cdots\cdots\cdots\cdots \\ a_{m1}x_1 + a_{m2}x_2 + \cdots + a_{mn}x_n = y_m \end{array}\right\} \tag{1}$$

ist es das (nicht notwendig quadratische) *Schema der Koeffizienten* a_{ik}, welches die lineare Beziehung repräsentiert, d. h. welches eindeutig angibt, wie aus gegebenen n Größen x_k neue m Größen y_i in homogen linearer Form berechnet werden können. Die Beziehung braucht nicht umkehrbar zu sein.

Es erweist sich als sinnvoll und zweckmäßig, das Schema der Koeffizienten als eine einheitliche, freilich aus vielen Elementen zusammengesetzte mathematische Größe anzusehen und durch ein einziges mathematisches Zeichen wiederzugeben, etwa in der Form

$$\boldsymbol{A} = \begin{pmatrix} a_{11} & a_{12} & \ldots & a_{1n} \\ a_{21} & a_{22} & \ldots & a_{2n} \\ \cdots & \cdots & \cdots & \cdots \\ a_{m1} & a_{m2} & \ldots & a_{mn} \end{pmatrix} \tag{2}$$

oder auch kürzer

$$\boldsymbol{A} = (a_{ik}) \qquad \begin{array}{l} i = 1, 2, \ldots, m, \\ k = 1, 2, \ldots, n. \end{array} \tag{2'}$$

Dieses Koeffizientenschema wird eine *Matrix* (genauer eine $m\,n$-Matrix) genannt, was soviel wie „Ordnung", „Anordnung" bedeuten soll. Eine Matrix $\boldsymbol{A}$ ist also das *geordnete Schema ihrer Koeffizienten*, ihrer *Elemente*, wobei außer dem *Zahlenwert* eines Elementes a_{ik} noch seine durch den Doppelindex i, k gekennzeichnete *Stellung* im Schema, seine Zeilennummer i und seine Spaltennummer k wesentlich ist. Im Falle $m = n$ heißt die Matrix quadratisch, und zwar von der Ordnung n.

Die Matrix $\boldsymbol{A}$ hat unmittelbar nichts zu tun mit einer Determinante, zumal $\boldsymbol{A}$ ja auch nichtquadratisch sein kann. Die einer quadratischen Matrix $\boldsymbol{A}$ zugeordnete Determinante $\det \boldsymbol{A} = \det(a_{ik})$ ist eine ganz bestimmte *Zahl*, berechnet aus den Elementen a_{ik} nach bestimmter Vorschrift. Die Matrix $\boldsymbol{A}$ als solche aber ist weder eine Zahl, noch enthält sie eine Rechenvorschrift bezüglich ihrer Elemente. Sie ist zunächst nichts weiter als das geordnete Zahlenschema ihrer Elemente.

Es zeigt sich nun weiterhin, daß man auf Grund der allgemeinen für lineare Beziehungen geltenden Gesetze für Koeffizientenschemata, also Matrizen, bestimmte Operationen definieren kann ähnlich den Rechenoperationen zwischen gewöhnlichen Zahlen, und daß man zufolge dieser Operationen mit den Matrizen dann „rechnen" kann ähnlich wie mit gewöhnlichen Zahlen. Durch diesen sogenannten *Matrizenkalkül* gestaltet sich das Arbeiten mit linearen Beziehungen so außerordentlich einfach und übersichtlich, daß es sich schon lohnt, die wenigen Regeln der Matrizenrechnung zu erlernen. Für weitergehende Fragen der Matrizentheorie muß auf ausführlichere Darstellungen verwiesen werden.

Es gelten zunächst die folgenden Definitionen, deren Zweckmäßigkeit in den meisten Fällen unmittelbar einleuchten dürfte.

a) Zwei Matrizen $\boldsymbol{A}$ und $\boldsymbol{B}$ werden dann und nur dann *einander gleich* genannt, wenn sie in Zeilenzahl m und Spaltenzahl n übereinstimmen und wenn jedes Element der einen gleich dem entsprechenden Element der anderen ist:

$$\boldsymbol{A} = \boldsymbol{B}, \quad \text{wenn} \quad a_{ik} = b_{ik} \quad \text{für alle } i \text{ und } k. \tag{3}$$

b) Eine Matrix $\boldsymbol{A}$ wird *Null* (genauer: eine Nullmatrix) genannt, $\boldsymbol{A} = \boldsymbol{0}$, wenn alle ihre Elemente Null sind:

$$a_{ik} = 0 \quad \text{für alle } i \text{ und } k. \tag{4}$$

c) Die *Summe* (Differenz) zweier Matrizen $\boldsymbol{A}$ und $\boldsymbol{B}$ von je m Zeilen und n Spalten (zweier $m\,n$-Matrizen) mit den Elementen a_{ik} und b_{ik} ist eine neue $m\,n$-Matrix $\boldsymbol{C} = \boldsymbol{A} \pm \boldsymbol{B}$ mit den Elementen

$$c_{ik} = a_{ik} \pm b_{ik} \quad \text{für alle } i \text{ und } k. \tag{5}$$

Setzt man überdies, wie naheliegend, $\boldsymbol{A} + \boldsymbol{A} = 2\boldsymbol{A}$, $\boldsymbol{A} + \boldsymbol{A} + \boldsymbol{A} = 3\boldsymbol{A}$ usf., so kommt man verallgemeinernd zu

d) Das *Produkt* $k\boldsymbol{A}$ oder $\boldsymbol{A}k$ einer Matrix $\boldsymbol{A}$ mit einer reinen *Zahl* k ist die Matrix gleicher Zeilen- und Spaltenzahl, bei der *jedes* Element das k-fache des entsprechenden Elementes von $\boldsymbol{A}$ ist:

$$k\boldsymbol{A} = \boldsymbol{A}k = \begin{pmatrix} ka_{11} & \dots & ka_{1n} \\ \dots & \dots & \dots \\ ka_{m1} & \dots & ka_{mn} \end{pmatrix}. \tag{6}$$

Ein *allen* Elementen gemeinsamer Faktor läßt sich also als Faktor vor die Matrix ziehen. Man beachte hier den Unterschied gegenüber der entsprechenden Regel bei Determinanten, wo der gemeinsame Faktor der Elemente *einer* Zeile oder Spalte vorziehbar ist. Daraus folgt im Falle einer n-reihigen quadratischen Matrix $k\boldsymbol{A}$:

$$\det(k\boldsymbol{A}) = k^n \det \boldsymbol{A}. \tag{7}$$

e) Eine Matrix $\boldsymbol{A} = (a_{ik})$ geht in die sogenannte *transponierte* Matrix $\boldsymbol{A}' = (a'_{ik})$ über durch Vertauschen von Zeilen und Spalten:

$$a'_{ik} = a_{ki}. \tag{8}$$

Beispiel:

$$\boldsymbol{A} = \begin{pmatrix} a_1 & b_1 & c_1 \\ a_2 & b_2 & c_2 \end{pmatrix}, \quad \boldsymbol{A}' = \begin{pmatrix} a_1 & a_2 \\ b_1 & b_2 \\ c_1 & c_2 \end{pmatrix}.$$

Offenbar gilt:

$$(\boldsymbol{A}')' = \boldsymbol{A}. \tag{9}$$

f) Eine quadratische Matrix $\mathfrak{A}$ heißt *symmetrisch*, wenn sie gleich ihrer transponierten ist:

$$\boldsymbol{A} = \boldsymbol{A}', \qquad a_{ik} = a_{ki}. \tag{10}$$

Beispiel:

$$\boldsymbol{A} = \begin{pmatrix} 2 & -5 & 3 \\ -5 & -1 & 2 \\ 3 & 2 & 0 \end{pmatrix} = \boldsymbol{A}'.$$

Die zur „Hauptdiagonale" a_{ii} spiegelbildlich angeordneten Elemente sind einander gleich.

g) Eine quadratische Matrix heißt eine *Diagonalmatrix*, wenn sie nur in der Hauptdiagonale von Null verschiedene Elemente, im übrigen aber lauter Nullen aufweist:

$$\boldsymbol{D} = \begin{pmatrix} d_1 & 0 & \dots & 0 \\ 0 & d_2 & \dots & 0 \\ \cdot & \cdot & \cdot & \cdot \\ 0 & 0 & \dots & d_n \end{pmatrix} = \begin{pmatrix} d_1 & & 0 \\ & \ddots & \\ 0 & & d_n \end{pmatrix} = \operatorname{Diag}(d_i).$$

Sie ist offenbar symmetrisch. Einige der d_i können auch Null sein.

h) Eine Diagonalmatrix, deren Diagonalelemente sämtlich gleich Eins sind, heißt die *Einheitsmatrix* und wird im folgenden stets mit $\boldsymbol{E}$ bezeichnet:

$$\boldsymbol{E} = \begin{pmatrix} 1 & 0 & \dots & 0 \\ 0 & 1 & \dots & 0 \\ \cdot & \cdot & \cdot & \cdot \\ 0 & 0 & \dots & 1 \end{pmatrix} = \begin{pmatrix} 1 & & 0 \\ & \ddots & \\ 0 & & 1 \end{pmatrix}.$$

i) Einzeilige oder einspaltige Matrizen von n Elementen werden auch (n-dimensionale) *Vektoren* genannt und im folgenden mit kleinen Buchstaben bezeichnet, die dann in der Regel Spalten bedeuten und im Falle von Zeilen durch Transponieren gekennzeichnet werden:

$$\boldsymbol{a} = \begin{pmatrix} a_1 \\ a_2 \\ \vdots \\ a_n \end{pmatrix}, \qquad \boldsymbol{a}' = (a_1, a_2, \dots, a_n).$$

Wollen wir Spalten- oder Zeilencharakter offenlassen oder Platz sparen, so schreiben wir auch $\boldsymbol{a} = \{a_1, a_2, \ldots, a_n\}$.

k) Eine mn-Matrix $\boldsymbol{A} = (a_{ik})$ läßt sich aufgebaut denken aus ihren n *Spaltenvektoren* $\boldsymbol{a}_k$ oder aus ihren m *Zeilenvektoren* $\boldsymbol{a}^i$, die wir durch tief- bzw. hochgestellte Indizes unterscheiden wollen:

$$\boldsymbol{A} = \begin{pmatrix} a_{11} & \ldots & a_{1n} \\ \cdot & \cdot\cdot\cdot\cdot & \cdot \\ a_{m1} & \ldots & a_{mn} \end{pmatrix} = (\boldsymbol{a}_1, \boldsymbol{a}_2, \ldots, \boldsymbol{a}_n) = \begin{pmatrix} \boldsymbol{a}^1 \\ \boldsymbol{a}^2 \\ \cdots \\ \boldsymbol{a}^m \end{pmatrix}$$

mit

$$\boldsymbol{a}_k = \begin{pmatrix} a_{1k} \\ a_{2k} \\ \cdots \\ a_{mk} \end{pmatrix}, \quad \boldsymbol{a}^i = (a_{i1}, a_{i2}, \ldots, a_{in}).$$

l) Eine Matrix $\boldsymbol{A}$ heißt *vom Range r*, wenn sie genau r linear unabhängige Zeilen (und Spalten) enthält. Dann ist r die Ordnungszahl der in ihr enthaltenen nicht verschwindenden Determinante größter Reihenzahl. Ist $\boldsymbol{A}$ eine mn-Matrix, so ist r kleiner oder höchstens gleich der kleinsten der beiden Zahlen m und n. Eine Matrix ist vom Range 1, wenn sämtliche Zeilen (und ebenso die Spalten) einer einzigen Zeile (bzw. Spalte) proportional sind. Hier verschwinden bereits alle zweireihigen Determinanten. Nur eine Nullmatrix ist vom Range 0.

m) Eine n-reihige quadratische Matrix $\boldsymbol{A}$ heißt *singulär*, wenn ihre Determinante verschwindet, $\det \boldsymbol{A} = 0$, wenn also $r < n$. Die Zahl $n - r$ heißt *Rangabfall, Defekt* oder *Nullität* der Matrix. Ist $r = n$, also $\det \boldsymbol{A} \neq 0$, so heißt $\boldsymbol{A}$ *nichtsingulär* oder auch *regulär*.

n) Eine (im allgemeinen nichtquadratische) mn-Matrix nennen wir

zeilenregulär für $r = m \leqq n$,
spaltenregulär für $r = n \leqq m$.

Im ersten Falle sind die Zeilen der Matrix linear unabhängig, im zweiten die Spalten. Ist die Matrix quadratisch, so fallen die Begriffe zeilen- und spaltenregulär zusammen mit regulär = nichtsingulär.

6.2 Matrizenmultiplikation

Das Kernstück des Matrizenkalküls bildet die Matrizenmultiplikation, d. h. die Multiplikation von Matrizen untereinander. Zur Definition des Matrizenproduktes kommt man bei Hintereinanderschalten zweier linearer Beziehungen. Gegeben sei eine solche Beziehung zwischen zwei Größensystemen $\boldsymbol{x} = \{x_1, x_2, \ldots, x_m\}$ und $\boldsymbol{y} = \{y_1, y_2, \ldots, y_n\}$ in der Form

$$\left.\begin{aligned} x_1 &= a_{11} y_1 + \cdots + a_{1n} y_n \\ &\cdots\cdots\cdots\cdots \\ x_m &= a_{m1} y_1 + \cdots + a_{mn} y_n \end{aligned}\right\}, \quad \text{kurz } \boldsymbol{x} = \boldsymbol{A}\boldsymbol{y}. \tag{11}$$

Die Größen y_k sollen nun wiederum verknüpft sein mit einem dritten Größensystem $\boldsymbol{z} = \{z_1, z_2, \ldots, z_p\}$ in der Form

$$\left.\begin{array}{l} y_1 = b_{11} z_1 + \cdots + b_{1p} z_p \\ \cdots\cdots\cdots\cdots\cdots\cdots \\ y_n = b_{n1} z_1 + \cdots + b_{np} z_p \end{array}\right\}, \text{ kurz } \boldsymbol{y} = \boldsymbol{B}\boldsymbol{z}. \tag{12}$$

Gesucht ist der unmittelbare Zusammenhang zwischen $\boldsymbol{x}$ und $\boldsymbol{z}$. Auch er wird linear sein, also von der Form

$$\left.\begin{array}{l} x_1 = c_{11} z_1 + \cdots + c_{1p} z_p \\ \cdots\cdots\cdots\cdots\cdots\cdots \\ x_m = c_{m1} z_1 + \cdots + c_{mp} z_p \end{array}\right\}, \text{ kurz } \boldsymbol{x} = \boldsymbol{C}\boldsymbol{z}, \tag{13}$$

und es handelt sich darum, die Koeffizienten c_{ik} aus den gegebenen Koeffizienten a_{ik} und b_{ik} zu bestimmen.

Der Koeffizient c_{ik}, das ist der Faktor der Größe z_k in der i-ten Gleichung des Systems (13), folgt aus der i-ten Gleichung von (11)

$$x_i = a_{i1} y_1 + \cdots + a_{in} y_n,$$

wo laut (12) jedes der y_r die interessierende Größe z_k mit dem Faktor b_{rk} enthält. Insgesamt enthält also x_i in (13) die Größe z_k mit dem Faktor

$$\boxed{c_{ik} = a_{i1} b_{1k} + a_{i2} b_{2k} + \cdots + a_{in} b_{nk} = \sum_{r=1}^{n} a_{ir} b_{rk}}\,. \tag{14}$$

Damit ergibt sich für den gesuchten Koeffizienten c_{ik} als Bildungsgesetz das skalare Produkt der i-ten Zeile von $\boldsymbol{A}$ mit der k-ten Spalte von $\boldsymbol{B}$. Man nennt nun die Matrix $\boldsymbol{C} = (c_{ik})$ in naheliegender Weise das *Produkt* der beiden Matrizen $\boldsymbol{A}$ und $\boldsymbol{B}$ in der Reihenfolge $\boldsymbol{A}\boldsymbol{B}$ und gibt dazu folgende

Definition:

Unter dem *Produkt* einer $m\,n$-Matrix $\boldsymbol{A}$ mit einer $n\,p$-Matrix $\boldsymbol{B}$ in der Reihenfolge $\boldsymbol{A}\boldsymbol{B}$ versteht man die $m\,p$-Matrix $\boldsymbol{C} = \boldsymbol{A}\boldsymbol{B}$, deren Element c_{ik} das skalare Produkt der i-ten Zeile von $\boldsymbol{A}$ (des Zeilenvektors $\boldsymbol{a}^i$) mit der k-ten Spalte von $\boldsymbol{B}$ (dem Spaltenvektor $\boldsymbol{b}_k$) ist gemäß (14) oder kurz

$$\boxed{c_{ik} = \boldsymbol{a}^i\, \boldsymbol{b}_k}\,. \tag{14a}$$

Hiernach schreibt sich die Hintereinanderschaltung der beiden linearen Beziehungen, wenn wir von den oben angegebenen Kurzschreibweisen zunächst in rein formaler Weise Gebrauch machen, in sinnfälliger Form

$$\boxed{\left.\begin{array}{l} \boldsymbol{x} = \boldsymbol{A}\boldsymbol{y} \\ \boldsymbol{y} = \end{array}\right\} \boldsymbol{x} = \boldsymbol{A}(\boldsymbol{B}\boldsymbol{z}) = \boldsymbol{A}\boldsymbol{B}\boldsymbol{z} = \boldsymbol{C}\boldsymbol{z}}\,. \tag{15}$$

Hier ist nun bereits jede der Matrizengleichungen als ein Matrizenprodukt aufzufassen, indem man auch die Größensysteme $\boldsymbol{x}$, $\boldsymbol{y}$ und $\boldsymbol{z}$

als einreihige Matrizen, und zwar als Spaltenmatrizen einführt:

$$\boldsymbol{x} = \begin{pmatrix} x_1 \\ x_2 \\ \cdots \\ x_m \end{pmatrix}, \quad \boldsymbol{y} = \begin{pmatrix} y_1 \\ y_2 \\ \cdots \\ y_n \end{pmatrix}, \quad \boldsymbol{z} = \begin{pmatrix} z_1 \\ z_2 \\ \cdots \\ z_p \end{pmatrix}. \tag{16}$$

Damit schreibt sich nämlich beispielsweise die erste der Beziehungen (15), $\boldsymbol{x} = \boldsymbol{A}\,\boldsymbol{y}$, ausführlich

$$\begin{pmatrix} x_1 \\ \cdots \\ x_m \end{pmatrix} = \begin{pmatrix} a_{11} & \ldots & a_{1n} \\ \cdots & \cdots & \cdots \\ a_{m1} & \ldots & a_{mn} \end{pmatrix} \begin{pmatrix} y_1 \\ \vdots \\ y_n \end{pmatrix} = \begin{pmatrix} a_{11}\,y_1 + \cdots + a_{1n}\,y_n \\ \cdots\cdots\cdots\cdots \\ a_{m1}\,y_1 + \cdots + a_{mn}\,y_n \end{pmatrix}.$$

Das skalare Produkt jeder der m Zeilen von $\boldsymbol{A}$ mit der einen Spalte $\boldsymbol{y}$ ergibt gerade die durch (11) definierten m Komponenten von $\boldsymbol{x}$.

Allgemein läßt sich die Produktbildung $\boldsymbol{A}\boldsymbol{B} = \boldsymbol{C}$ folgendermaßen nach Abb. 6.1 einprägsam darstellen:

Die p mal m skalaren Produkte jeder der m Zeilen von $\boldsymbol{A}$ mit jeder der p Spalten von $\boldsymbol{B}$ ergeben die $p \cdot m$ Elemente c_{ik} der Matrix $\boldsymbol{C}$. Notwendig für die Ausführbarkeit eines Matrizenproduktes $\boldsymbol{A}\,\boldsymbol{B}$ ist offenbar die Übereinstimmung der Spaltenzahl (der Breite) von $\boldsymbol{A}$ mit der Zeilenzahl (der Höhe) von $\boldsymbol{B}$. Zeilenzahl m von $\boldsymbol{A}$ und Spaltenzahl p von $\boldsymbol{B}$ dagegen sind beliebig. Sie bestimmen nur Zeilen- und Spaltenzahl der Produktmatrix $\boldsymbol{C}$. Wir wollen sagen: $\boldsymbol{A}$ ist mit $\boldsymbol{B}$ *verkettbar*, und zwar in der Reihenfolge $\boldsymbol{A}\boldsymbol{B}$ verkettbar.

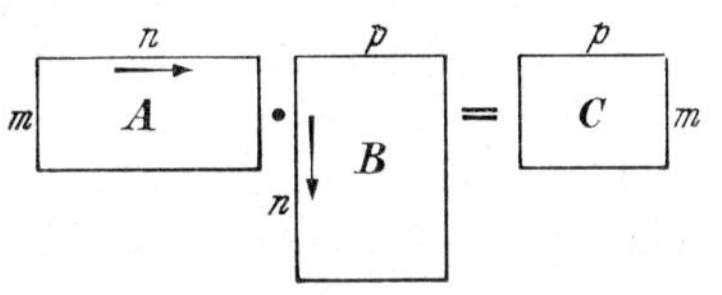

Abb. 6.1. Schematische Darstellung der Matrizenmultiplikation $\boldsymbol{A}\,\boldsymbol{B} = \boldsymbol{C}$

Wesentlich ist bei Matrizenprodukten die *Reihenfolge der Faktoren*, die im allgemeinen nicht vertauscht werden darf, auch dann nicht, wenn dies (wie z. B. bei quadratischen Matrizen) in Hinblick auf die notwendige Übereinstimmung von Spalten- und Zeilenzahl an sich möglich wäre. Das Matrizenprodukt ist im allgemeinen von der Reihenfolge der Faktoren abhängig, sofern sich diese Reihenfolge überhaupt ändern läßt.

1. Beispiel:

$$\boldsymbol{A} = \begin{pmatrix} 2 & -1 & 0 \\ 3 & 1 & -2 \end{pmatrix}, \quad \boldsymbol{B} = \begin{pmatrix} 1 & 4 \\ -2 & 0 \\ 1 & 3 \end{pmatrix},$$

$$\boldsymbol{A}\boldsymbol{B} = \begin{pmatrix} 2 & -1 & 0 \\ 3 & 1 & -2 \end{pmatrix} \begin{pmatrix} 1 & 4 \\ -2 & 0 \\ 1 & 3 \end{pmatrix} = \begin{pmatrix} 4 & 8 \\ -1 & 6 \end{pmatrix},$$

$$\boldsymbol{B}\boldsymbol{A} = \begin{pmatrix} 1 & 4 \\ -2 & 0 \\ 1 & 3 \end{pmatrix} \begin{pmatrix} 2 & -1 & 0 \\ 3 & 1 & -2 \end{pmatrix} = \begin{pmatrix} 14 & 3 & -8 \\ -4 & 2 & 0 \\ 11 & 2 & -6 \end{pmatrix}.$$

2. Beispiel:

$$\boldsymbol{A} = \begin{pmatrix} 1 & -2 \\ 2 & 3 \end{pmatrix}, \quad \boldsymbol{B} = \begin{pmatrix} 2 & 0 \\ -1 & 5 \end{pmatrix},$$

$$\boldsymbol{A}\boldsymbol{B} = \begin{pmatrix} 1 & -2 \\ 2 & 3 \end{pmatrix} \begin{pmatrix} 2 & 0 \\ -1 & 5 \end{pmatrix} = \begin{pmatrix} 4 & -10 \\ 1 & 15 \end{pmatrix},$$

$$\boldsymbol{B}\boldsymbol{A} = \begin{pmatrix} 2 & 0 \\ -1 & 5 \end{pmatrix} \begin{pmatrix} 1 & -2 \\ 2 & 3 \end{pmatrix} = \begin{pmatrix} 2 & -4 \\ 9 & 17 \end{pmatrix}.$$

Bei größeren Zahlenrechnungen ist eine Kontrolle wünschenswert, die wieder in Form von *Summenproben* durchführbar ist. Dazu kann man in $\boldsymbol{A}\boldsymbol{B} = \boldsymbol{C}$ entweder die Gesamtheit der Zeilen von $\boldsymbol{A}$ zu Spaltensummen von $\boldsymbol{A}$ zusammenfassen und erhält in $\boldsymbol{A}$ und $\boldsymbol{C}$ je eine zusätzliche Summenzeile (Spaltensummenprobe); oder aber man faßt die Gesamtheit der Spalten von $\boldsymbol{B}$ zu den Zeilensummen von $\boldsymbol{B}$ zusammen und erhält je eine zusätzliche Summenspalte in $\boldsymbol{B}$ und $\boldsymbol{C}$ (Zeilensummenprobe).

Beispiele zur Spaltensummenprobe:

$$\begin{pmatrix} 2 & 5 & -3 \\ 1 & -2 & 0 \\ 0 & 1 & 4 \end{pmatrix} \begin{pmatrix} 1 & -3 \\ 2 & 4 \\ 0 & 2 \end{pmatrix} = \begin{pmatrix} 12 & 8 \\ -3 & -11 \\ 2 & 12 \end{pmatrix}.$$
$$\begin{matrix} 3 & 4 & 1 \end{matrix} \qquad\qquad\qquad\qquad \begin{matrix} 11 & 9 \end{matrix}$$

Eine recht vorteilhafte Anordnung zur Matrizenmultiplikation[1] zeigt schematisch Abb. 6.2. Hier erscheint das Element c_{ik} der Produktmatrix $\boldsymbol{C} = \boldsymbol{A}\boldsymbol{B}$ im Kreuzungspunkt der i-ten Zeile von $\boldsymbol{A}$ mit der k-ten Spalte von $\boldsymbol{B}$. Dem Schema ist rechts eine Summenspalte für die Zeilensummenprobe angefügt.

Diese Anordnung empfiehlt sich besonders bei Produkten aus mehr als zwei Faktoren, etwa

$$\boldsymbol{X} = \boldsymbol{A}\boldsymbol{B}\boldsymbol{C}\boldsymbol{D}.$$

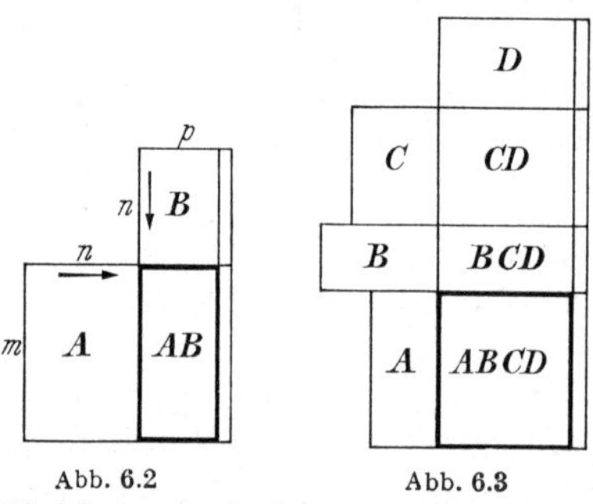

Abb. 6.2. Anordnungsschema zum Matritzenprodukt $\boldsymbol{A}\boldsymbol{B}$. Rechts Spalte zur Summenprobe

Abb. 6.3. Anordnungsschema zum mehrfachen Matrizenprodukt $\boldsymbol{A}\boldsymbol{B}\boldsymbol{C}\boldsymbol{D}$. Rechts Spalte zur Summenprobe

Man braucht dann jede der Matrizen und auch jedes der Teilprodukte nur ein einziges Mal niederzuschreiben. Fängt man mit dem Faktor $\boldsymbol{D}$ an, so erhält man das Schema der Abb. 6.3. Man erkennt, daß die Zeilenzahl der Produktmatrix gleich der des ersten Faktors, ihre Spaltenzahl gleich der des letzten Faktors ist, und weiterhin, daß jede Spalte des letzten Faktors (und ebenso auch jede Zeile des ersten) für sich allein an der Produktbildung beteiligt ist. Das Ganze wird wieder durch Zeilensummenproben kontrolliert. — Man kann auch mit dem

[1] Nach einem Vorschlag von S. Falk: Z. angew. Math. Mech. Bd. 31 (1951) S. 152/53.

ersten Faktor $\boldsymbol{A}$ anfangen; dann baut sich das Schema nach rechts anstatt nach unten auf, was aus Platzgründen meist nicht so vorteilhaft sein wird.

6.3 Sätze über Matrizenmultiplikation

Der auffälligste Unterschied der Matrizenmultiplikation gegenüber der Multiplikation gewöhnlicher Zahlen besteht in der Nichtvertauschbarkeit der Reihenfolge der Faktoren (nichtkommutatives Produkt!):

$$\text{Im allgemeinen: } \boxed{\boldsymbol{AB} \neq \boldsymbol{BA}}\,. \tag{17}$$

Bei quadratischen Matrizen kann *in Sonderfällen* auch $\boldsymbol{AB} = \boldsymbol{BA}$ sein, man spricht dann von ***vertauschbaren = kommutativen*** Matrizen $\boldsymbol{A}, \boldsymbol{B}$. Beispiel:

$$\boldsymbol{A} = \begin{pmatrix} 2 & -3 & 1 \\ 0 & 1 & -2 \\ 2 & -1 & 1 \end{pmatrix}, \quad \boldsymbol{B} = \begin{pmatrix} 2 & -1 & 6 \\ -4 & 2 & 2 \\ 0 & -5 & 4 \end{pmatrix},$$

Hier ist

$$\boldsymbol{AB} = \boldsymbol{BA} = \begin{pmatrix} 16 & -13 & 10 \\ -4 & 12 & -6 \\ 8 & -9 & 14 \end{pmatrix},$$

wovon man sich durch Nachrechnen überzeugen möge.

Dagegen gilt wie bei gewöhnlichen Zahlen das assoziative Gesetz

$$(\boldsymbol{AB})\,\boldsymbol{C} = \boldsymbol{A}\,(\boldsymbol{BC}) = \boldsymbol{ABC}\,, \tag{18}$$

d. h., bei mehreren Faktoren kommt es nicht darauf an, welches der Teilprodukte man zuerst bildet. Das Gesetz folgt leicht aus der Produktdefinition (14), wie hier nicht näher ausgeführt sei.

Von großer praktischer Bedeutung ist die folgende Regel über das Transponieren eines Produktes. Dafür gilt

$$\boxed{(\boldsymbol{AB})' = \boldsymbol{B}'\boldsymbol{A}'} \tag{19}$$

und allgemein

$$(\boldsymbol{ABC}\ldots\boldsymbol{N})' = \boldsymbol{N}'\ldots\boldsymbol{C}'\boldsymbol{B}'\boldsymbol{A}'. \tag{19a}$$

Die Regel folgt wieder aus der Produktdefinition:

$$\begin{aligned} \boldsymbol{C} &= \boldsymbol{AB} = (c_{ik}) = (\textstyle\sum a_{ir}\, b_{rk})\,, \\ \boldsymbol{C}' &= (\boldsymbol{AB})' = (c_{ki}) = (\textstyle\sum a_{kr}\, b_{ri}) = (\textstyle\sum b'_{ir}\, a'_{rk}) = \boldsymbol{B}'\boldsymbol{A}'. \end{aligned}$$

In der Determinantenlehre wird gezeigt[1], daß das Produkt zweier Determinanten sich darstellen läßt als die Determinante der entsprechenden Produktmatrix; es gilt also

$$\boxed{\det(\boldsymbol{AB}) = \det\boldsymbol{A} \cdot \det\boldsymbol{B}}\,. \tag{20}$$

[1] Vgl. etwa W. SCHMEIDLER: Determinanten und Matrizen, S. 22/23.

Mit besonderem Nachdruck ist schließlich auf einen Unterschied gegenüber den Rechenregeln gewöhnlicher Zahlen hinzuweisen, sobald es sich bei den Faktoren eines Matrizenproduktes um *singuläre* oder auch nichtquadratische Matrizen handelt. Dabei kann es nämlich eintreten, daß $\boldsymbol{A}\boldsymbol{B} = \boldsymbol{0}$ wird, daß also als Produktmatrix die Nullmatrix erscheint, ohne daß einer der beiden Faktoren selbst Null (eine Nullmatrix) ist. Es sei etwa $\boldsymbol{A} \neq \boldsymbol{0}$ eine mn-Matrix, $\boldsymbol{B}$ eine np-Matrix. Die Beziehung $\boldsymbol{A}\boldsymbol{B} = \boldsymbol{0}$ ist dann als homogenes Gleichungssystem für die p Spalten $\boldsymbol{b}_k$ von $\boldsymbol{B}$ mit der Koeffizientenmatrix $\boldsymbol{A}$ aufzufassen, und dieses System hat bekanntlich genau dann von Null verschiedene Lösungen $\boldsymbol{b}_k$, wenn die n Spalten $\boldsymbol{a}_k$ von $\boldsymbol{A}$ linear abhängig sind, wenn also $r_A < n$ mit dem Rang r_A von $\boldsymbol{A}$. Wie wir wissen, gibt es dann genau $n - r_A$ linear unabhängige Lösungen $\boldsymbol{b}_k$ von $\boldsymbol{A}\boldsymbol{b}_k = \boldsymbol{0}$. Somit hat unsere Matrix $\boldsymbol{B}$ höchstens $n - r_A$ linear unabhängige Spalten, ihr Rang ist $r_B \leqq n - r_A < n$. Aus $\boldsymbol{A}\boldsymbol{B} = 0$ folgt also $\boldsymbol{B} = \boldsymbol{0}$ dann und nur dann, wenn $r_A = n$ ist, d.h. wenn die mn-Matrix $\boldsymbol{A}$ genau n linear unabhängige Spalten besitzt, wenn sie *spaltenregulär* ist. Für $r_A < n$ aber gibt es eine Matrix $\boldsymbol{B}$ mit $r_B < n$, für die

$$\boxed{\boldsymbol{A}\boldsymbol{B} = 0, \quad \boldsymbol{A} \neq 0, \quad \boldsymbol{B} \neq 0}\,. \tag{21}$$

Bei *quadratischen* Matrizen $\boldsymbol{A}$, $\boldsymbol{B}$ muß daher sowohl $\boldsymbol{A}$ als auch $\boldsymbol{B}$ *singulär* sein, $\det \boldsymbol{A} = \det \boldsymbol{B} = 0$, damit (21) gelten kann.

Beispiel:

$$\begin{pmatrix} 3 & -1 & 2 \\ 1 & 0 & 3 \\ 3 & -2 & -5 \end{pmatrix} \begin{pmatrix} 3 & -6 & -3 \\ 7 & -14 & -7 \\ -1 & 2 & 1 \end{pmatrix} = \begin{pmatrix} 0 & 0 & 0 \\ 0 & 0 & 0 \\ 0 & 0 & 0 \end{pmatrix} = 0 .$$

Damit ergibt sich weiter der sehr beachtenswerte

Satz: Aus $\boldsymbol{A}\boldsymbol{B} = \boldsymbol{A}\boldsymbol{C}$ folgt dann und nur dann $\boldsymbol{B} = \boldsymbol{C}$, wenn $\boldsymbol{A}$ spaltenregulär ist.

Denn genau dann folgt aus $\boldsymbol{A}(\boldsymbol{B} - \boldsymbol{C}) = \boldsymbol{0}$ auch $\boldsymbol{B} - \boldsymbol{C} = \boldsymbol{0}$ oder $\boldsymbol{B} = \boldsymbol{C}$. Hierauf ist beim Arbeiten mit Matrizen ganz besonders zu achten. Nichtreguläre Matrizen verhalten sich in mehrfacher Hinsicht ähnlich wie die Null bei gewöhnlichen Zahlen; man darf insbesondere nicht mehr „kürzen".

6.4 Sonderfälle von Matrizenprodukten

Obgleich in den soeben angeführten Sätzen alles Wesentliche über die Matrizenmultiplikation enthalten ist, wird die Zusammenstellung einiger Sonderfälle von Matrizenprodukten für das praktische Arbeiten nützlich sein.

a) Skalares Produkt zweier Vektoren. Liegen zwei Größensysteme $\boldsymbol{a}$ und $\boldsymbol{b}$ von je n Elementen a_i und b_i (zwei n-dimensionale Vektoren) in Form von Spaltenmatrizen vor:

$$\boldsymbol{a} = \begin{pmatrix} a_1 \\ a_2 \\ \cdots \\ a_n \end{pmatrix}, \quad \boldsymbol{b} = \begin{pmatrix} b_1 \\ b_2 \\ \cdots \\ b_n \end{pmatrix},$$

wie das die Regel sein wird, und will man das skalare Produkt der beiden nach den Regeln des Matrizenkalküls, also als Matrizenprodukt bilden, so ist einer der beiden Faktoren durch Transponieren in einen Zeilenvektor umzuwandeln und als erster Matrizenfaktor zu verwenden:

$$\boldsymbol{a}'\boldsymbol{b} = (a_1, a_2, \ldots, a_n) \begin{pmatrix} b_1 \\ b_2 \\ \cdots \\ b_n \end{pmatrix} = a_1 b_1 + a_2 b_2 + \cdots + a_n b_n \tag{22a}$$

oder

$$\boldsymbol{b}'\boldsymbol{a} = (b_1, b_2, \ldots, b_n) \begin{pmatrix} a_1 \\ a_2 \\ \cdots \\ a_n \end{pmatrix} = a_1 b_1 + a_2 b_2 + \cdots + a_n b_n\,. \tag{22b}$$

Das Ergebnis ist eine reine Zahl, ein *Skalar*. Die Regel $\boldsymbol{a}'\boldsymbol{b} = \boldsymbol{b}'\boldsymbol{a}$ folgt dann auch aus (19) unter Berücksichtigung, daß die Transponierte einer Zahl die Zahl selbst ergibt.

b) Dyadisches Produkt. Etwas ganz anderes ergibt sich, wenn man die beiden Vektoren nicht, wie eben, in der Form Zeile mal Spalte, sondern Spalte mal Zeile komponiert. Dann erhält man eine n-reihige Matrix:

$$\boldsymbol{a}\boldsymbol{b}' = \begin{pmatrix} a_1 \\ \vdots \\ a_n \end{pmatrix} (b_1, \ldots, b_n) = \begin{pmatrix} a_1 b_1 \ldots a_1 b_n \\ \ldots\ldots\ldots \\ a_n b_1 \ldots a_n b_n \end{pmatrix}, \tag{23}$$

allerdings eine Matrix vom Range 1: Alle Spalten sind einer einzigen, nämlich $\boldsymbol{a}$ proportional, und ebenso sind alle Zeilen einer einzigen, nämlich $\boldsymbol{b}'$ proportional. In der Vektorrechnung spielt diese Bildung unter dem Namen „dyadisches Produkt" als Baustein allgemeiner r-rangiger Matrizen eine Rolle, die dort „Dyaden" genannt werden. Nach (19) ist $\boldsymbol{b}\boldsymbol{a}' = (\boldsymbol{a}\boldsymbol{b}')'$ die transponierte Matrix.

Beispiel:

$$\begin{pmatrix} 1 \\ -3 \\ 2 \end{pmatrix} (2, 4, -1) = \begin{pmatrix} 2 & 4 & -1 \\ -6 & -12 & 3 \\ 4 & 8 & -2 \end{pmatrix}.$$

c) Multiplikation mit Diagonalmatrizen:

$$D\,A = \begin{pmatrix} d_1 & & 0 \\ & \ddots & \\ 0 & & d_n \end{pmatrix} \begin{pmatrix} a_{11} \ldots a_{1n} \\ \ldots\ldots \\ a_{n1} \ldots a_{nn} \end{pmatrix} = \begin{pmatrix} d_1 a_{11} \ldots d_1 a_{1n} \\ \ldots\ldots\ldots \\ d_n a_{n1} \ldots d_n a_{nn} \end{pmatrix}, \quad (24\,\mathrm{a})$$

$$A\,D = \begin{pmatrix} a_{11} \ldots a_{1n} \\ \ldots\ldots \\ a_{n1} \ldots a_{nn} \end{pmatrix} \begin{pmatrix} d_1 & & 0 \\ & \ddots & \\ 0 & & d_n \end{pmatrix} = \begin{pmatrix} d_1 a_{11} \ldots d_n a_{1n} \\ \ldots\ldots\ldots \\ d_1 a_{n1} \ldots d_n a_{nn} \end{pmatrix}. \quad (24\,\mathrm{b})$$

$D\,A$ bewirkt *zeilenweise* Multiplikation der a_{ik} mit den Faktoren d_i,
$A\,D$ bewirkt *spaltenweise* Multiplikation der a_{ik} mit den Faktoren d_k.

d) Multiplikation mit der Einheitsmatrix. Als Sonderfall von (24 a, b) ergibt sich

$$\boxed{E\,A = A\,E = A}\,. \quad (25)$$

e) Gaußsche Transformation $A'A$. Erstmals in der Ausgleichsrechnung bei Aufstellung der Normalgleichungen tritt eine Matrizenproduktbildung auf, die seitdem unter dem Namen GAUSSsche Transformation bekannt ist, nämlich das Produkt einer beliebigen (auch nichtquadratischen) Matrix A mit ihrer Transponierten, Abb. 6.4

$$A'A = \begin{pmatrix} a_1' \text{———} \\ \ldots\ldots \\ a_n' \text{———} \end{pmatrix} \begin{pmatrix} a_1 \ldots a_n \\ \Big| \;\ldots\; \Big| \end{pmatrix} = \begin{pmatrix} a_1' a_1 \ldots a_1' a_n \\ \ldots\ldots\ldots \\ a_n' a_1 \ldots a_n' a_n \end{pmatrix}. \quad (26)$$

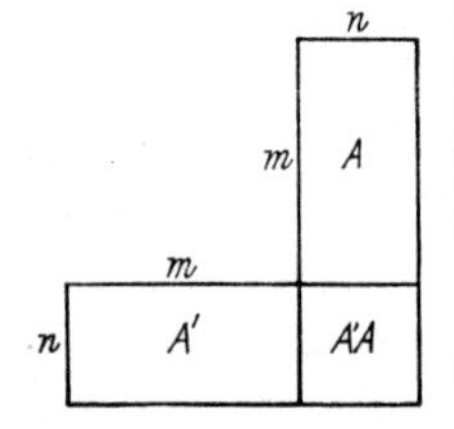

Abb. 6.4. Zur GAUSSschen Transformation

Die Elemente der quadratischen Matrix $A'A$ sind also die skalaren Produkte der Spaltenvektoren von A. Ihre Diagonalelemente sind als Quadratsummen stets positiv. Die Matrix $A'A$ ist *symmetrisch*, wie unmittelbar aus (19) folgt:

$$(A'A)' = A'A\,, \quad (27)$$

und sie ist überdies „positiv definit", vgl. den folgenden § 6.5. Dagegen ist im allgemeinen

$$A'A \neq A\,A'\,. \quad (28)$$

Der Rang der Produkte $A'A$ und AA' ist gleich dem Rang der Matrix A. Ist A spaltenregulär (bzw. zeilenregulär), so ist $A'A$ (bzw. AA') regulär = nichtsingulär.

Beispiel:

$$A = \begin{pmatrix} 1 & 2 \\ -2 & 1 \\ 3 & 4 \end{pmatrix}, \quad \text{spaltenregulär,}$$

$$A'A = \begin{pmatrix} 1 & -2 & 3 \\ 2 & 1 & 4 \end{pmatrix} \begin{pmatrix} 1 & 2 \\ -2 & 1 \\ 3 & 4 \end{pmatrix} = \begin{pmatrix} 14 & 12 \\ 12 & 21 \end{pmatrix}, \quad \text{regulär.}$$

$$A\,A' = \begin{pmatrix} 1 & 2 \\ -2 & 1 \\ 3 & 4 \end{pmatrix} \begin{pmatrix} 1 & -2 & 3 \\ 2 & 1 & 4 \end{pmatrix} = \begin{pmatrix} 5 & 0 & 11 \\ 0 & 5 & -2 \\ 11 & -2 & 25 \end{pmatrix}, \quad \text{singulär.}$$

6.5 Quadratische Formen

Koeffizientenschemata, Matrizen treten außer bei linearen Beziehungen auch noch auf im Zusammenhang mit sogenannten *quadratischen Formen,* d. s. homogen quadratische Ausdrücke in n Veränderlichen. Solche Ausdrücke kommen beispielsweise als kinetische und potentielle Energie von Schwingungssystemen und bei vielen anderen Gelegenheiten vor, und auch sie schreiben sich in Matrizenform besonders einfach. Eine quadratische Form in n Veränderlichen $x_1, x_2, \ldots, x_n$ hat die Gestalt

$$\begin{aligned} Q = a_{11} x_1^2 &+ 2a_{12} x_1 x_2 + 2a_{13} x_1 x_3 + \cdots + 2a_{1n} x_1 x_n \\ &+ \quad a_{22} x_2^2 \quad + 2a_{23} x_2 x_3 + \cdots + 2a_{2n} x_2 x_n \\ &\qquad\qquad + \cdots\cdots\cdots\cdots\cdots \\ &\qquad\qquad\qquad\qquad\qquad + a_{nn} x_n^2 . \end{aligned} \tag{29}$$

Setzt man $a_{ik} = a_{ki}$, so schreibt sich dies auch in der Form

$$\left.\begin{aligned} Q = &(a_{11} x_1 + a_{12} x_2 + \cdots + a_{1n} x_n) x_1 \\ + &(a_{21} x_1 + a_{22} x_2 + \cdots + a_{2n} x_n) x_2 \\ + &\cdots\cdots\cdots\cdots\cdots\cdots \\ + &(a_{n1} x_1 + a_{n2} x_2 + \cdots + a_{nn} x_n) x_n . \end{aligned}\right\} \tag{29'}$$

Das ist aber wieder ein skalares Produkt des Vektors $\boldsymbol{x}$ mit dem Vektor $\boldsymbol{y} = \boldsymbol{A}\,\boldsymbol{x}$, so daß man kurz in Matrizenform schreiben kann

$$\boxed{Q = \boldsymbol{x}'\boldsymbol{A}\,\boldsymbol{x}} \quad \text{mit} \quad \boldsymbol{A} = \boldsymbol{A}'. \tag{29''}$$

Die Form ist durch ihr symmetrisches Koeffizientenschema, die symmetrische Matrix $\boldsymbol{A} = \boldsymbol{A}'$ vollständig festgelegt, die man die Formmatrix nennt.

Unter den quadratischen Formen nehmen solche einen besonderen Platz ein, deren Zahlenwert Q nur einerlei Vorzeichen annehmen kann, welche reellen Werte man für die Veränderlichen x_i auch einsetzen mag. Solche Formen werden *definit* genannt, und zwar *positiv definit* bzw. negativ definit, je nach dem Q nur positive oder nur negative Werte annehmen kann und den Wert Null nur für das Wertesystem $x_1 = x_2 = \cdots = x_n = 0$. Wird der Wert Null auch für ein nicht verschwindendes Wertesystem angenommen, so heißt die Form *semidefinit.* So ist z. B. eine kinetische Energie stets positiv und Null nur im Ruhezustand, eine ihr entsprechende quadratische Form ist somit positiv definit. Bei potentieller Energie ist bei geeigneter Nullzählung die Form positiv definit oder auch semidefinit.

Die Bedingung für positive Definitheit einer quadratischen Form läßt sich im Zusammenhang mit der Überführung ihrer Matrix auf Dreiecksform nach verkettetem Gaussschen Algorithmus (der Dreieckszerlegung der Matrix) formulieren, vgl. auch den nachfolgenden

Abschnitt 6.6. Diese Zerlegung, in Matrizenform $\boldsymbol{A} = \boldsymbol{C}\boldsymbol{B}$, ist bei reell symmetrischer Matrix $\boldsymbol{A}$, wie am Schluß von § 5.4 gezeigt wurde, in voll symmetrischer Form $\boldsymbol{A} = \boldsymbol{R}'\boldsymbol{R}$ durchführbar mit Koeffizienten

$$r_{ik} = b_{ik} : \sqrt{b_{ii}}$$

(Verfahren von CHOLESKY). Damit geht Q über in

$$Q = \boldsymbol{x}'\boldsymbol{A}\boldsymbol{x} = \boldsymbol{x}'\boldsymbol{R}'\boldsymbol{R}\boldsymbol{x} = \boldsymbol{y}'\boldsymbol{y} = \sum y_i^2 \tag{30}$$

mit der neuen Variablen $\boldsymbol{y} = \boldsymbol{R}\boldsymbol{x}$. Dies aber ist offenbar genau dann positiv, wenn $\boldsymbol{y} \neq 0$ und reell, was für $\boldsymbol{x} \neq 0$ genau dann zutrifft, wenn die Dreiecksmatrix $\boldsymbol{R}$ nichtsingulär und reell ist, d. h. aber, wenn die Diagonalelemente b_{ii} der gewöhnlichen Dreieckszerlegung sämtlich positiv sind. Notwendig und hinreichend für positive Definitheit einer quadratischen Form ist somit, daß bei Dreieckszerlegung $\boldsymbol{A} = \boldsymbol{C}\boldsymbol{B}$ ihrer Matrix mit $c_{ii} = 1$ die Diagonalelemente der Dreiecksmatrix $\boldsymbol{B}$ sämtlich positiv sind:

$$\boxed{b_{ii} > 0}\,. \tag{31}$$

Ist $\boldsymbol{A}$ eine beliebige (auch nichtquadratische) Matrix (eine mn-Matrix) vom Range r, so ist die symmetrische Matrix $\boldsymbol{A}'\boldsymbol{A}$ positiv (semi-) definit vom Range r. Denn mit $\boldsymbol{y} = \boldsymbol{A}\boldsymbol{x}$ folgt für die zugehörige quadratische Form

$$Q = \boldsymbol{x}'\boldsymbol{A}'\boldsymbol{A}\boldsymbol{x} = \boldsymbol{y}'\boldsymbol{y} = y_1^2 + y_2^2 + \cdots + y_m^2 \geqq 0 \text{ für jedes } \boldsymbol{x}.$$

Für spaltenreguläres $\boldsymbol{A}$ ist $\boldsymbol{A}'\boldsymbol{A}$ positiv definit, $Q > 0$. Denn dann folgt aus $Q = 0$, also $\boldsymbol{y} = \boldsymbol{A}\boldsymbol{x} = 0$ auch $\boldsymbol{x} = 0$. Andernfalls kann $\boldsymbol{y} = \boldsymbol{A}\boldsymbol{x} = 0$ und damit $Q = 0$ sein auch für $\boldsymbol{x} \neq 0$. Die Form ist semidefinit.

6.6 Der verkettete Algorithmus als Matrizenoperation

Blickt man zurück auf den verketteten GAUSSschen Algorithmus, so erkennt man leicht, daß es sich dabei um eine Matrizenmultiplikation handelt, nämlich um die Multiplikation der beiden Dreiecksmatrizen $\boldsymbol{C}$ und $\boldsymbol{B}$ in der Reihenfolge $\boldsymbol{C}\boldsymbol{B}$. Schreiben wir nämlich die beiden Gln. (6) und (7) aus § 5.2, S. 114, in der Form

$$\begin{aligned} a_{ik} &= c_{i1} b_{1k} + c_{i2} b_{2k} + \cdots + c_{i,i-1} b_{i-1,k} + b_{ik} && \text{für } i \leqq k, \\ a_{ik} &= c_{i1} b_{1k} + c_{i2} b_{2k} + \cdots + c_{i,k-1} b_{k-1,k} + c_{ik} b_{kk} && \text{für } i > k, \end{aligned}$$

so ist dies nichts anderes als die Vorschrift

$$\boxed{\boldsymbol{A} = \boldsymbol{C}\boldsymbol{B}} \tag{32}$$

unter Berücksichtigung der Dreiecksform der Matrizen $\boldsymbol{C}$ und $\boldsymbol{B}$, wobei die Matrix $\boldsymbol{C}$ noch durch die im Rechenschema nicht ausdrücklich angeschriebenen Diagonalelemente $c_{ii} = 1$ ergänzt worden ist. Die Matrix $\boldsymbol{A}$ wird also *zerlegt* in das Produkt zweier Dreiecksmatrizen $\boldsymbol{C}$ und $\boldsymbol{B}$.

Indem wir die Matrizen $\boldsymbol{A}$ und $\boldsymbol{B}$ durch die $(n+1)$-te Spalte der rechten Seiten a_i und b_i sowie den Vektor $\boldsymbol{x}$ durch eine $(n+1)$-te Komponente -1 ergänzen zu

$$\overline{\boldsymbol{A}} = \begin{pmatrix} a_{11} & \dots & a_{1n} & a_1 \\ \dots & \dots & \dots & \dots \\ a_{n1} & \dots & a_{nn} & a_n \end{pmatrix}, \quad \overline{\boldsymbol{B}} = \begin{pmatrix} b_{11} & \dots & b_{1n} & b_1 \\ & \ddots & & \\ 0 & \dots & b_{nn} & b_n \end{pmatrix}, \quad \overline{\boldsymbol{x}} = \begin{pmatrix} x_1 \\ \vdots \\ x_n \\ -1 \end{pmatrix}, \tag{33}$$

so schreibt sich das lineare Gleichungssystem $\boldsymbol{A}\,\boldsymbol{x} = \boldsymbol{a}$ in der homogenen Form

$$\overline{\boldsymbol{A}}\,\overline{\boldsymbol{x}} = \boldsymbol{C}\,\overline{\boldsymbol{B}}\,\overline{\boldsymbol{x}} = 0, \tag{34}$$

woraus wegen $\det \boldsymbol{C} = 1 \neq 0$ folgt

$$\overline{\boldsymbol{B}}\,\overline{\boldsymbol{x}} = 0 \quad \text{oder} \quad \boldsymbol{B}\,\boldsymbol{x} = \boldsymbol{b}. \tag{35}$$

Die Auflösung eines linearen Gleichungssystems nach dem verketteten Algorithmus stellt sich damit als eine Reihe von Matrizenmultiplikationen dar, und zwar von Multiplikationen mit Dreiecksmatrizen, deren besondere Form die aufeinanderfolgende Berechnung je eines unbekannten Elementes möglich macht. Im einzelnen sind folgende Arbeitsgänge durchzuführen:

1. a) Elimination des Koeffizientenschemas $\boldsymbol{A}$, d. h. Aufbau der beiden Dreiecksmatrizen $\boldsymbol{C}$ und $\boldsymbol{B}$ nach

$$\boldsymbol{C}\boldsymbol{B} = \boldsymbol{A}. \tag{36}$$

b) Ausdehnung der Elimination auf die rechten Seiten $\boldsymbol{a}$, d. h. Aufbau der neuen rechten Seite $\boldsymbol{b}$ nach

$$\boldsymbol{C}\,\boldsymbol{b} = \boldsymbol{a}. \tag{37}$$

2. Aufrechnung der Unbekannten $\boldsymbol{x}$ nach

$$\boldsymbol{B}\boldsymbol{x} = \boldsymbol{b}. \tag{38}$$

3. Schlußkontrolle durch Einsetzen nach

$$\boldsymbol{A}\boldsymbol{x} - \boldsymbol{a} = 0 \quad \text{bzw.} \quad \overline{\boldsymbol{A}}\,\overline{\boldsymbol{x}} = 0. \tag{39}$$

Diese Vorgänge werden uns auch bei den nun folgenden inversen Matrizenoperationen immer wieder begegnen.

§ 7 Die Kehrmatrix

7.1 Begriff und Herleitung der Kehrmatrix

Die Kehrmatrix tritt auf im Zusammenhang mit der Auflösung linearer Gleichungssysteme, und zwar einer Auflösung „in unbestimmter Form", d. h. bei noch unbestimmt gelassenen rechten Seiten. Gegeben sei das Gleichungssystem

$$\left.\begin{array}{l} a_{11}\,x_1 + \cdots + a_{1n}\,x_n = y_1 \\ \dots\dots\dots\dots\dots \\ a_{n1}\,x_1 + \cdots + a_{nn}\,x_n = y_n \end{array}\right\},\ \text{kurz } \boldsymbol{A}\,\boldsymbol{x} = \boldsymbol{y} \tag{1}$$

mit dem Koeffizientenschema $\boldsymbol{A} = (a_{ik})$ und rechten Seiten y_i, von denen wir annehmen wollen, daß sie nicht unbedingt zahlenmäßig vorliegen, sondern in allgemeiner Buchstabenform. Dies kann durch die Umstände nahegelegt werden, z. B. bei statischen Aufgaben, wo die Koeffizienten a_{ik} durch die konstruktiven Gegebenheiten eines Bauwerkes festliegen, die rechten Seiten aber Belastungen darstellen, über die in gewissen Grenzen noch frei verfügt werden soll; oder bei elektrischen Netzen, wo die a_{ik} durch den Netzaufbau und die in ihm enthaltenen Widerstände, Induktivitäten und Kapazitäten bestimmt sind, während die rechten Seiten eingeprägte EMK sind, über die man wieder noch frei verfügen will. In solchen Fällen möchte man das Gleichungssystem bei unbestimmt gelassenen rechten Seiten, gewissermaßen „auf Vorrat" lösen, d. h. man möchte einen *formelmäßigen Zusammenhang* zwischen den Unbekannten x_k (etwa den Stabkräften, den Netzströmen) und den rechten Seiten y_i (den Belastungen, den EMK) in dem Sinne haben, daß man das Gleichungssystem (1) nach den Unbekannten x_k auflöst. Dieser Zusammenhang wird wieder linear sein, also von der Form

$$\left.\begin{array}{l} x_1 = \alpha_{11}\,y_1 + \alpha_{12}\,y_2 + \cdots + \alpha_{1n}\,y_n \\ x_2 = \alpha_{21}\,y_1 + \alpha_{22}\,y_2 + \cdots + \alpha_{2n}\,y_n \\ \dots\dots\dots\dots\dots\dots\dots \\ x_n = \alpha_{n1}\,y_1 + \alpha_{n2}\,y_2 + \cdots + \alpha_{nn}\,y_n \end{array}\right\},\ \text{kurz } \boldsymbol{x} = \mathsf{A}\,\boldsymbol{y}, \tag{2}$$

mit einem Koeffizientenschema $\mathsf{A} = (\alpha_{ik})$, das es zu bestimmen gilt und das die *Kehrmatrix* oder *inverse Matrix* zur gegebenen Koeffizientenmatrix $\boldsymbol{A}$ genannt wird. Der ganze Vorgang, also der Übergang vom System (1) zum System (2), wird *Umkehrung* des Gleichungssystems genannt. Die Koeffizienten α_{ik} heißen auch die *Einflußzahlen*, da sie den Einfluß der rechten Seite y_k auf die Unbekannte x_i wiedergeben. Man schreibt nun

$$\boxed{\mathsf{A} = (\alpha_{ik}) = \boldsymbol{A}^{-1}} \tag{3}$$

und damit für den Übergang von (1) auf (2) in sinnfälliger Weise

$$\boxed{\begin{array}{r} \boldsymbol{A}\,\boldsymbol{x} = \boldsymbol{y} \\ \boldsymbol{x} = \boldsymbol{A}^{-1}\boldsymbol{y} \end{array}}\,. \tag{4}$$

Nun ist die Aufgabe der Gleichungsauflösung für beliebige rechte Seiten bekanntlich genau dann lösbar, und zwar auch eindeutig lösbar, wenn die Determinante des Koeffizientenschemas $\boldsymbol{A}$ von Null verschieden ist, wenn also $\boldsymbol{A}$ nichtsingulär ist:

$$\boxed{\det \boldsymbol{A} \neq 0}\,. \tag{5}$$

Dies ist daher auch notwendige und hinreichende Bedingung für die Lösbarkeit unserer Aufgabe, also für das Vorhandensein einer Kehrmatrix $\boldsymbol{A}^{-1}$ zur Matrix $\boldsymbol{A}$.

Für die praktische Berechnung der Elemente α_{ik} der gesuchten Kehrmatrix denken wir uns die rechten Seiten y_i, über die wir noch frei verfügen können, alle gleich Null gesetzt bis auf die k-te, die wir gleich Eins annehmen. Hierzu erhalten wir durch Auflösung von (1) nach dem Algorithmus ein Lösungssystem $\boldsymbol{x}_k = \{x_{1k}, x_{2k}, \ldots, x_{nk}\}$, welches wegen (2) genau gleich den Werten $\{\alpha_{1k}, \alpha_{2k}, \ldots, \alpha_{nk}\}$ sein muß, also gleich der k-ten Spalte der gesuchten Kehrmatrix. Damit aber haben wir auch schon den praktischen Lösungsgang unserer Aufgabe. Man löse das Gleichungssystem (1) n-mal für n rechte Seiten von der Form der Spalten

$$\left.\begin{matrix} 1 & 0 & 0 \ldots 0 \\ 0 & 1 & 0 \ldots 0 \\ 0 & 0 & 1 \ldots 0 \\ \ldots & \ldots & \ldots \\ 0 & 0 & 0 \ldots 1 \end{matrix}\right\}, \tag{6}$$

die die n Spalten der n-reihigen Einheitsmatrix darstellen. Da hier nun aber die Koeffizientenmatrix $\boldsymbol{A}$ des Gleichungssystems für alle n Lösungen die gleiche bleibt, so wird die Auflösungsarbeit gegenüber der Lösung eines einzigen Gleichungssystems nur insofern vermehrt, als man im Algorithmus an Stelle einer einzigen Spalte rechter Seiten deren n hat von der speziellen Form (6), auf die der Eliminationsprozeß genauso wie auf die Koeffizienten a_{ik} anzuwenden ist, wie übrigens auch wieder auf die Spalte der Zeilensummen s_i, die sich jetzt natürlich über die Koeffizienten und alle n Spalten der rechten Seiten zu erstrecken haben.

Als für den Arbeitsbedarf maßgebende Anzahl M der benötigten Multiplikationen erhält man ähnlich wie unter § 5.1 die asymptotische Formel (große n)

$$\boxed{M \sim n^3}\,.$$

Gegenüber der einfachen Gleichungsauflösung hat sich also der Arbeitsbedarf rund verdreifacht.

Das Ergebnis des Vorgehens sind n Lösungsspalten $\boldsymbol{x}_k$ entsprechend den n Spalten (6) rechter Seiten, und diese $\boldsymbol{x}_k$ sind gerade die Spalten der gesuchten Kehrmatrix. Fassen wir die Spalten $\boldsymbol{x}_k$ zu einer Matrix $\mathbf{X}$

zusammen gemäß

$$\boldsymbol{X} = (\boldsymbol{x}_1, \boldsymbol{x}_2, \ldots, \boldsymbol{x}_n) = \begin{pmatrix} x_{11} & x_{12} & \ldots & x_{1n} \\ x_{21} & x_{22} & \ldots & x_{2n} \\ \cdot & \cdot & \cdot & \cdot \\ x_{n1} & x_{n2} & \ldots & x_{nn} \end{pmatrix} = \boldsymbol{A}^{-1} = (\alpha_{ik}),$$

so können wir die zu lösenden n Gleichungen zu einer einzigen Matrizengleichung zusammenschreiben:

$$\boxed{\boldsymbol{A}\boldsymbol{X} = \boldsymbol{E}, \quad \boldsymbol{X} = \boldsymbol{A}^{-1}}\,. \tag{7}$$

Sie drückt unmittelbar den oben geschilderten Sachverhalt aus: Lösung eines Gleichungssystems mit der Koeffizientenmatrix $\boldsymbol{A}$ und mit den Spalten (6) der Einheitsmatrix als n-facher rechter Seite; Ergebnis: n Lösungssysteme $\boldsymbol{x}_k$, die die Spalten der Kehrmatrix darstellen.

Außer (7) gilt nun auch die entsprechende Beziehung $\mathsf{A}\boldsymbol{A} = \boldsymbol{A}^{-1}\boldsymbol{A} = \boldsymbol{E}$. Denn multiplizieren wir unsere Ausgangsgleichung (1), $\boldsymbol{A}\,\boldsymbol{x} = \boldsymbol{y}$ von links her mit $\mathsf{A} = \boldsymbol{A}^{-1}$, $\mathsf{A}\boldsymbol{A}\boldsymbol{x} = \mathsf{A}\boldsymbol{y}$, so folgt daraus die gesuchte Umkehrung (2), $\boldsymbol{x} = \mathsf{A}\boldsymbol{y}$, wenn wir $\mathsf{A}\boldsymbol{A} = \boldsymbol{E}$ fordern. Die Kehrmatrix ist somit durch die beiden Eigenschaften

$$\boxed{\boldsymbol{A}^{-1}\boldsymbol{A} = \boldsymbol{A}\,\boldsymbol{A}^{-1} = \boldsymbol{E}} \tag{8}$$

gekennzeichnet. Während die zweite Eigenschaft mit der Berechnungsvorschrift (7) identisch ist, stellt sich die erste davon unabhängig dar und kann somit als Kontrolle dienen. Aus ihr folgt dann übrigens auch die Notwendigkeit der Bedingung (5) nichtsingulärer Matrix $\boldsymbol{A}$. Bezeichnen wir nämlich die i-te Zeile von $\boldsymbol{A}^{-1}$ mit α^i, die Spalten von $\boldsymbol{A}$ wie üblich mit $\boldsymbol{a}_k$, so folgt aus dem Ansatz linearer Abhängigkeit der Spalten

$$c_1\,\boldsymbol{a}_1 + \cdots + c_i\,\boldsymbol{a}_i + \cdots + c_n\,\boldsymbol{a}_n = 0$$

durch Linksmultiplikation mit α^i unter Beachten von $\mathsf{A}^{-1}\boldsymbol{A} = \boldsymbol{E}$, also $\alpha^i\,\boldsymbol{a}_k = 0$ für $i \neq k$ und $= 1$ für $i = k$:

$$c_i \cdot 1 = 0,$$

also Verschwinden sämtlicher Konstanten c_i, was Unabhängigkeit der Spalten $\boldsymbol{a}_k$ bedeutet, vgl. § 5.5. Auf gleiche Weise läßt sich dann auch aus $\boldsymbol{A}^{-1}\boldsymbol{A} = \boldsymbol{E}$ die Unabhängigkeit der Spalten α_k von $\boldsymbol{A}^{-1}$ nachweisen; auch die Kehrmatrix ist nichtsingulär.

Diese Beziehung (8) setzt uns in die Lage, inverse Matrizenoperationen formal durch Multiplikation mit der Kehrmatrix von rechts oder links her durchzuführen. So entsteht die zweite der Formeln (4) aus der ersten durch Multiplikation mit $\boldsymbol{A}^{-1}$ von links her unter Beachtung von (8) und von $\boldsymbol{E}\,\boldsymbol{x} = \boldsymbol{x}$. Nur in dieser Weise, durch Multiplikation mit $\boldsymbol{A}^{-1}$ unter Beachten der Reihenfolge der Faktoren, ist eine „Matrizendivision" durchführbar; vgl. dazu auch § 7.3.

Als eine der Formel (19) aus § 6.3, S. 139, entsprechende praktisch wichtige Beziehung vermerken wir noch

$$\boxed{(\boldsymbol{A}\boldsymbol{B})^{-1} = \boldsymbol{B}^{-1}\boldsymbol{A}^{-1}}, \tag{9}$$

die unmittelbar aus

$$(\boldsymbol{A}\boldsymbol{B})^{-1}(\boldsymbol{A}\boldsymbol{B}) = \boldsymbol{B}^{-1}\boldsymbol{A}^{-1}\boldsymbol{A}\boldsymbol{B} = \boldsymbol{B}^{-1}\boldsymbol{E}\boldsymbol{B} = \boldsymbol{B}^{-1}\boldsymbol{B} = \boldsymbol{E}$$

zu verifizieren ist.

Für die zweireihige Matrix

$$\boldsymbol{A} = \begin{pmatrix} a_{11} & a_{12} \\ a_{21} & a_{22} \end{pmatrix}$$

mit der Determinante $D = a_{11}a_{22} - a_{12}a_{21}$ lautet der formelmäßige Ausdruck der Kehrmatrix[1] im Falle $D \neq 0$:

$$\boldsymbol{A}^{-1} = \frac{1}{D}\begin{pmatrix} a_{22} & -a_{12} \\ -a_{21} & a_{11} \end{pmatrix},$$

wovon man sich durch Bilden von $\boldsymbol{A}\boldsymbol{A}^{-1} = \boldsymbol{A}^{-1}\boldsymbol{A} = \boldsymbol{E}$ leicht überzeugt.

7.2 Berechnung der Kehrmatrix

Benutzt man zur Berechnung der Kehrmatrix $\boldsymbol{X} = \boldsymbol{A}^{-1}$ einer gegebenen nichtsingulären Matrix $\boldsymbol{A}$ beim Auflösen des Gleichungssystems (7) den verketteten Algorithmus nach § 5.2, so läuft die Bildung von $\boldsymbol{A}^{-1}$ nach den Überlegungen von § 6.6 auf eine Reihe von Matrizenmultiplikationen mit Dreiecksmatrizen hinaus. Das Rechenschema (ohne Summenproben) hat folgendes Aussehen:

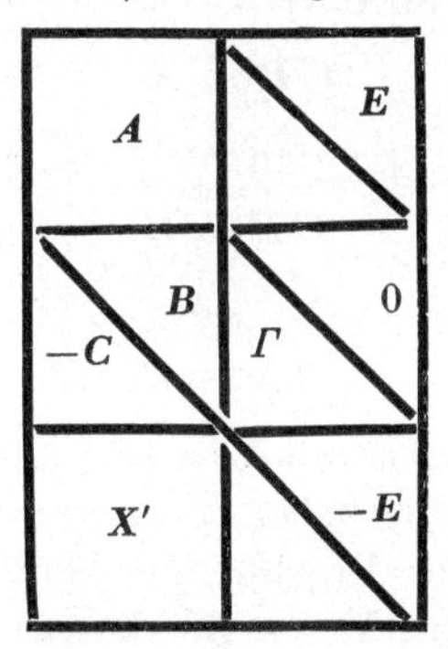

Hierin ist außer den früher benutzten Bezeichnungen die Matrix $\Gamma = (\gamma_{ik})$ die aus den rechten Seiten $\boldsymbol{E}$ durch den Eliminationsprozeß hervorgehende Matrix der neuen rechten Seiten, die der Dreiecksmatrix $\boldsymbol{B}$ zugeordnet sind. Γ selbst ist eine untere Dreiecksmatrix mit Diagonalelementen 1, wie sich bei Durchführen des Algorithmus zeigt, und zwar ist sie zufolge $\boldsymbol{C}\Gamma = \boldsymbol{E}$ die Kehrmatrix von $\boldsymbol{C}$, $\Gamma = \boldsymbol{C}^{-1}$.

[1] Für n-reihige Matrix vgl. Matrizen [24], § 3.2.

Tabelle 3. *Berechnung*

47	5	−11	−82
18	−12	23	−42
−17	8	−72	−22
−31	42	54	45
77	−33	−16	−63
−0,233766	0,149254	0,441091	**−40,3966**
0,220779	−0,024876	**−76,7155**	−36,3976
0,402597	**28,7143**	47,5584	19,6364
77	−33	−16	−63
−0,610390	−0,875622	−0,558909	−1
−0,0188950	−0,0025239	0,0117448	−0,0247546
−0,0017903	0,0204764	−0,0078547	−0,0109190
0,0121498	0,0339399	0,0019483	−0,0034231
0,0219002	0,0187748	−0,0036953	0,0019980

$(A^{-1})'$

Ergebnis: $A^{-1} = 10^{-3} \cdot \begin{pmatrix} -18,8950 \\ -2,5239 \\ 11,7448 \\ -24,7546 \end{pmatrix}$

Wie in § 6.6 sind im einzelnen folgende Operationen durchzuführen:

1 a) Aufbau von $\boldsymbol{B}$ und $\boldsymbol{C}$ (Dreieckszerlegung) nach

$$\boldsymbol{C}\boldsymbol{B} = \boldsymbol{A}. \tag{10}$$

b) Aufbau der neuen rechten Seiten $\boldsymbol{\Gamma}$ nach

$$\boldsymbol{C}\boldsymbol{\Gamma} = \boldsymbol{E}. \tag{11}$$

2. Aufrechnung von $\boldsymbol{X} = \boldsymbol{A}^{-1}$ nach

$$\boldsymbol{B}\boldsymbol{X} = \boldsymbol{\Gamma}, \tag{1}$$

wobei wie üblich die Spalten von $\boldsymbol{X}$ zweckmäßig zeilenweise angeordnet werden, um bei etwa erforderlicher Zeilenvertauschung nicht in Schwierigkeiten zu kommen. Das Ergebnis erscheint dann also in Form der transponierten Kehrmatrix $\boldsymbol{X}'$. — Zu diesen drei Matrizenmultiplikationen zur Bestimmung von $\boldsymbol{A}^{-1}$ kommt

3. Schlußprobe durch Einsetzen nach

$$\boldsymbol{A}\boldsymbol{X} = \boldsymbol{E}, \tag{13}$$

was man in der Regel durch die abgekürzte Probe mit Hilfe der Summenzeile der Spaltensummen σ_k ersetzen kann nach

$$\sigma_1 \alpha_{1k} + \sigma_2 \alpha_{2k} + \cdots + \sigma_n \alpha_{nk} = 1, \tag{13a}$$

einer Kehrmatrix

−41	1	1	1	1
−13	1			
−103		1		
110			1	
−35				1
−40,3965	1	0,441091	0,138281	−0,080711
−113,1131	0	1	−0,024876	0,210764
95,9091	0	0	1	0,402597
−35	0	0	0	1
—	0	0	0	0
0	−1			
0		−1		
0			−1	
0				−1

Probe

$$\begin{pmatrix} -1{,}7903 & 12{,}1498 & 21{,}9002 \\ 20{,}4764 & 33{,}9399 & 18{,}7748 \\ -7{,}8547 & 1{,}9483 & -3{,}6953 \\ -10{,}9190 & -3{,}4231 & 1{,}9980 \end{pmatrix}$$

Erläuterung auf S. 152

womit sich jede Lösungszeile von $\mathbf{X}$ sogleich kontrollieren läßt. Ausführlich geschrieben lautet das Rechenschema für $n = 4$ einschließlich der Proben:

σ_1	σ_2	σ_3	σ_4	1	1	1	1	S
a_{11}	a_{12}	a_{13}	a_{14}	1	0	0	0	s_1
a_{21}	a_{22}	a_{23}	a_{24}	0	1	0	0	s_2
a_{31}	a_{32}	a_{33}	a_{34}	0	0	1	0	s_3
a_{41}	a_{42}	a_{43}	a_{44}	0	0	0	1	s_4
b_{11}	b_{12}	b_{13}	b_{14}	1	0	0	0	t_1
$-c_{21}$	b_{22}	b_{23}	b_{24}	γ_{21}	1	0	0	t_2
$-c_{31}$	$-c_{32}$	b_{33}	b_{34}	γ_{31}	γ_{32}	1	0	t_3
$-c_{41}$	$-c_{42}$	$-c_{43}$	b_{44}	γ_{41}	γ_{42}	γ_{43}	1	t_4
$-\tau_1$	$-\tau_2$	$-\tau_3$	-1	0	0	0	0	0
α_{11}	α_{21}	α_{31}	α_{41}	−1	0	0	0	0
α_{12}	α_{22}	α_{32}	α_{42}	0	−1	0	0	0
α_{13}	α_{23}	α_{33}	α_{43}	0	0	−1	0	0
α_{14}	α_{24}	α_{34}	α_{44}	0	0	0	−1	0

Es sei auch bei dieser Gelegenheit nochmals darauf hingewiesen, daß die im Schema auftretenden Koeffizienten im allgemeinen von unterschiedlicher Größenordnung sind, nämlich

b_{ik} von der Größenordnung der gegebenen a_{ik},
c_{ik} von der Größenordnung der 1,
γ_{ik} von der Größenordnung der 1,
α_{ik} von der Größenordnung der Kehrwerte $1/a_{ik}$.

Jede dieser vier Koeffizientenarten ist in sich mit fester Stellenzahl nach dem Komma zu rechnen (Festkomma-Rechnung). Untereinander aber werden sich die vier Arten hinsichtlich dieser Stellenzahl im allgemeinen unterscheiden müssen derart, daß alle vier mit gleicher Anzahl *geltender* Stellen geführt werden. Nur so lassen sich unnötige Stellenverluste durch Rundungsfehler vermeiden, die sonst die Zuverlässigkeit der Ergebnisse ganz in Frage stellen können. In der Regel wird auch Zeilenvertauschung erforderlich sein derart, daß die Eliminationskoeffizienten dem Betrage nach möglichst nicht oder doch nur unwesentlich über 1 hinausgehen. Bei Beachten dieser Regeln wird man in den weitaus meisten Fällen — wenn nämlich die Matrix nicht fastsingulär, das Gleichungssystem also ausgesprochen störanfällig (ill conditioned) ist — die Rundungsfehler auch bei größeren Rechnungen in erträglichen Grenzen halten. — Wir erläutern das Vorgehen an einem Zahlenbeispiel, an dem auch die zuletzt erörterten Fragen verdeutlicht werden, Tab. 3 auf S. 150/151. Infolge der hier angewandten Zeilenvertauschung kehrt sich der Charakter der beiden Dreiecksmatrizen (obere, untere) gerade um.

7.3 Matrizendivision

Eine Matrizendivision kann entsprechend der Nichtvertauschbarkeit des Produktes in zwei Formen auftreten, als Links- und Rechtsdivision:

$$\boxed{\begin{aligned} \boldsymbol{A}\boldsymbol{X} = \boldsymbol{P}, \quad \boldsymbol{X} = \boldsymbol{A}^{-1}\boldsymbol{P} \\ \boldsymbol{Y}\boldsymbol{A} = \boldsymbol{P}, \quad \boldsymbol{Y} = \boldsymbol{P}\boldsymbol{A}^{-1} \end{aligned}}, \qquad \begin{aligned} &(14\text{a}) \\ &(14\text{b}) \end{aligned}$$

wobei $\boldsymbol{A}$ natürlich wieder als nichtsingulär vorauszusetzen ist, $\det \boldsymbol{A} \neq 0$. Die Ergebnisse $\boldsymbol{X}$ und $\boldsymbol{Y}$ sind, von kommutativen Matrizenpaaren $\boldsymbol{A}, \boldsymbol{P}$ abgesehen, verschieden.

Die quadratische Matrix $\boldsymbol{A} = (a_{ik})$ habe n Reihen. Im Falle (14a) haben $\boldsymbol{P}$ und $\boldsymbol{X}$ dann n Zeilen bei beliebiger Spaltenzahl p, im Falle (14b) haben $\boldsymbol{P}$ und $\boldsymbol{Y}$ dagegen n Spalten bei beliebiger Zeilenzahl p. Der Fall (14b) kann durch Transponieren auf (14a) zurückgeführt werden nach

$$\boldsymbol{A}'\boldsymbol{Y}' = \boldsymbol{P}', \tag{14b'}$$

so daß wir uns fortan auf (14a) beschränken können.

Ähnlich wie (7) läßt sich (14a) als ein lineares Gleichungssystem mit der Koeffizientenmatrix $\boldsymbol{A}$ und mit hier p-facher rechter Seite, nämlich den p Spalten der gegebenen Matrix $\boldsymbol{P}$, auffassen und auch entsprechend behandeln, d. h. nach dem Algorithmus, etwa in der verketteten Form, auflösen unter Einbeziehung der p rechten Seiten. Die Ergebnisse, p Lösungssysteme $\boldsymbol{x}_1, \boldsymbol{x}_2, \ldots, \boldsymbol{x}_p$, sind dann die Spalten der gesuchten Matrix $\boldsymbol{X} = (x_{ik})$. Beim Arbeiten nach dem verketteten Algorithmus hat man folgendes Rechenschema, das noch durch Summenproben zu ergänzen ist:

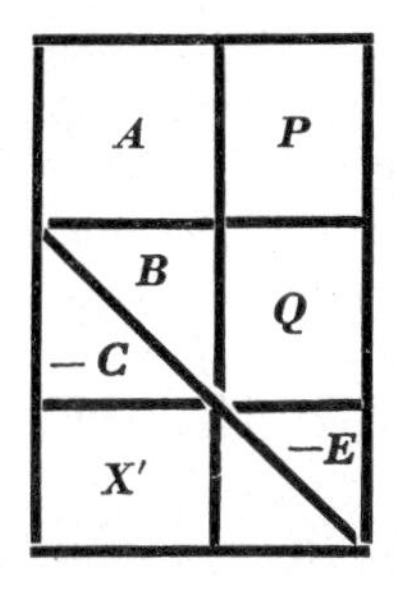

Der Matrix $\boldsymbol{P}$ der rechten Seiten entspricht nach dem Eliminationsprozeß die Matrix $\boldsymbol{Q}$, das System $\boldsymbol{A}\boldsymbol{X} = \boldsymbol{P}$ wird überführt in das gestaffelte System $\boldsymbol{B}\boldsymbol{X} = \boldsymbol{Q}$.

Wieder sind folgende Operationen auszuführen:

1. a) Aufbau der Dreiecksmatrizen $\boldsymbol{C}$ und $\boldsymbol{B}$ nach

$$\boldsymbol{C}\boldsymbol{B} = \boldsymbol{A}. \tag{15}$$

b) Bildung der neuen rechten Seiten $\boldsymbol{Q}$ nach

$$\boldsymbol{C}\boldsymbol{Q} = \boldsymbol{P}. \tag{16}$$

2. Aufrechnung der Unbekannten $\boldsymbol{X}$ nach

$$\boldsymbol{B}\boldsymbol{X} = \boldsymbol{Q} \tag{17}$$

Dazu kommt abschließend

3. Schlußkontrolle nach

$$\boldsymbol{A}\boldsymbol{X} = \boldsymbol{P}. \tag{18}$$

Abkürzend benutzt man die Spaltensummen σ_k und σ'_k von $\boldsymbol{A}$ und $\boldsymbol{P}$ und kontrolliert jede der p Spalten von $\boldsymbol{X}$ (im Schema Zeilen von $\boldsymbol{X}'$) sogleich nach ihrer Aufrechnung durch

$$\sigma_1 x_{1k} + \sigma_2 x_{2k} + \cdots + \sigma_n x_{nk} = \sigma'_k \quad (k = 1, 2, \ldots, p).$$

Hier wird zur Ausführung der Matrizendivision $\boldsymbol{X} = \boldsymbol{A}^{-1}\boldsymbol{P}$ die Kehrmatrix $\boldsymbol{A}^{-1}$ gar nicht benutzt, genau so wenig übrigens, wie man bei einer Zahlendivision b/a den Kehrwert $1/a$ benötigt. Die Berechnung der Kehrmatrix nach dem Vorgehen von 7.2 und anschließende Multiplikation

$$\boldsymbol{X} = \boldsymbol{A}^{-1}\boldsymbol{P}$$

stellt geradezu einen Umweg dar. Denn bei der letzten Multiplikation benötigt man, wie leicht übersehbar, $n^2 p$ Multiplikationen, vollbesetzte Matrizen vorausgesetzt. Das aber sind genausoviel, wie die beiden Operationen (16) und (17) zusammen erfordern. Dazu kommt hier wie dort die Bildung von $\boldsymbol{C}$ und $\boldsymbol{B}$ nach (15) bzw. (10). Zur Berechnung von $\boldsymbol{A}^{-1}$ sind aber zusätzlich die beiden Operationen (11) und (12) (Berechnung von $\boldsymbol{\Gamma}$ und $\boldsymbol{A}^{-1}$) durchzuführen, und um diesen ja nicht unbeträchtlichen Arbeitsbedarf ist die Auflösung eines Gleichungssystems auf dem Wege über die Kehrmatrix gegenüber dem direkten Vorgehen bei beliebiger Anzahl p rechter Seiten im Nachteil[1]. Die Berechnung der Kehrmatrix ist also nur dann sinnvoll, wenn ihre Elemente α_{ik} zu bestimmten Zwecken ausdrücklich benötigt werden.

Beispiel:

$$\boldsymbol{A} = \begin{pmatrix} 2 & -3 & 1 \\ 4 & -1 & -3 \\ -6 & 4 & 4 \end{pmatrix}, \quad \boldsymbol{P} = \begin{pmatrix} 3 & -1 \\ 1 & 3 \\ 6 & 0 \end{pmatrix}.$$

Gesucht: $\boldsymbol{X} = \boldsymbol{A}^{-1}\boldsymbol{P}$.

	0	0	2	10	2	
	2	−3	1	3	−1	
$\boldsymbol{A}$	4	−1	−3	1	3	$\boldsymbol{P}$
	−6	4	4	6	0	
	[2]	−3	1	3	−1	
	−2	[5]	−5	−5	5	
	3	1	[2]	10	2	
	0	0	−1	0	0	
$\boldsymbol{X}'$	5	4	5	−1	0	
	2	2	1	0	−1	

Ergebnis:

$$\boldsymbol{X} = \begin{pmatrix} 5 & 2 \\ 4 & 2 \\ 1 & 5 \end{pmatrix}$$

7.4 Kehrmatrix bei symmetrischer Matrix

In dem wichtigen Sonderfall symmetrischer Matrix $\boldsymbol{A} = \boldsymbol{A}'$ vereinfacht sich die Berechnung der Kehrmatrix $\boldsymbol{A}^{-1} = \boldsymbol{X} = (\alpha_{ik})$ beträchtlich. Zunächst ist mit $\boldsymbol{A}$ auch $\boldsymbol{A}^{-1}$ symmetrisch. Denn aus

$$(\boldsymbol{X}\boldsymbol{A})' = \boldsymbol{A}'\boldsymbol{X}' = \boldsymbol{A}\boldsymbol{X}' = \boldsymbol{E} = \boldsymbol{A}\boldsymbol{X}$$

[1] Auf diesen wohl nicht allgemein bekannten Umstand wies H. UNGER hin. Vgl. Z. angew. Math. Mech. Bd. 32 (1952) S. 1—9, insbes. S. 6.

folgt wegen $\det \boldsymbol{A} \neq 0$ sogleich $\boldsymbol{X}' = \boldsymbol{X}$. Unter Anwendung des verketteten Algorithmus berechnet sich $\boldsymbol{X}$ aus (12)

$$\boxed{\boldsymbol{B}\boldsymbol{X} = \boldsymbol{\Gamma}} \tag{19}$$

mit der in § 7.2, S. 149, eingeführten Kehrmatrix $\boldsymbol{\Gamma}$ von $\boldsymbol{C}$. Nun kann man es wegen der Symmetrie von $\boldsymbol{X}$ hier so einrichten, daß man in (19) von der unteren Dreiecksmatrix $\boldsymbol{\Gamma}$ außer den Diagonalelementen 1 nur die oberhalb der Hauptdiagonale auftretenden Nullelemente verwendet, so daß man die Matrix $\boldsymbol{\Gamma}$ im übrigen gar nicht zu kennen braucht. Beginnt man nämlich bei der Matrizenmultiplikation (19) zur spaltenweisen Aufrechnung von $\boldsymbol{X}$ mit der letzten Spalte von $\boldsymbol{X}$ und multipliziert der Reihe nach mit der letzten, der vorletzten, ... Zeile von $\boldsymbol{B}$, so erhält man der Reihe nach unter Benutzung der letzten voll bekannten Spalte von $\boldsymbol{\Gamma}$ die Elemente $\alpha_{nn}, \alpha_{n-1,n}, \ldots, \alpha_{1n}$ aus

$$\left.\begin{aligned}
\alpha_{nn} &= \frac{1}{b_{nn}}, \\
\alpha_{n-1,n} &= -\,b_{n-1,n}\,\alpha_{nn} : b_{n-1,n-1}, \\
\alpha_{n-2,n} &= -\,(b_{n-2,n}\,\alpha_{nn} + b_{n-2,n-1}\,\alpha_{n-1,n}) : b_{n-2,n-2} \\
&\ldots\ldots\ldots\ldots\ldots\ldots\ldots\ldots\ldots\ldots
\end{aligned}\right\} \tag{20}$$

Dann macht man das gleiche mit der zweitletzten Spalte von $\boldsymbol{X}$, deren letztes Element $\alpha_{n,n-1}$ aber wegen der Symmetrie gleich dem schon bekannten Element $\alpha_{n-1,n}$ ist, so daß hier die Berechnung erst von der Hauptdiagonale an aufwärts zu erfolgen braucht, wo wieder alle Elemente von $\boldsymbol{\Gamma}$ bekannt sind. usf. Allgemein berechnen sich die Elemente der k-ten Spalte von $\boldsymbol{X}$ von der Hauptdiagonale an aufwärts nach der Vorschrift

$$\boxed{\begin{aligned}
\alpha_{kk} &= (1 - b_{kn}\,\alpha_{nk} - b_{k,n-1}\,\alpha_{n-1,k} - \cdots - b_{k,k+1}\,\alpha_{k+1,k}) : b_{kk} \\
\alpha_{ik} &= -(b_{in}\,\alpha_{nk} + b_{i,n-1}\,\alpha_{n-1,k} + \cdots + b_{i,i+1}\,\alpha_{i+1,k}) : b_{ii}
\end{aligned}}, \quad \begin{matrix}(21\text{a})\\(21\text{b})\end{matrix}$$

$$i = k-1,\ k-2,\ \ldots,\ 2,\ 1,$$

wobei man stets von der Symmetrie von $\boldsymbol{X}$ Gebrauch macht. Praktisch wird man von $\boldsymbol{X}$ ebenso wie von $\boldsymbol{A}$ nur die obere Hälfte einschließlich Hauptdiagonale anschreiben und das unterhalb liegende Spaltenstück von $\boldsymbol{X}$ durch das zur Diagonale gespiegelte Zeilenstück ersetzen.

Man beschreibt also bei der Produktbildung (21) den in Abb. 7.1 bezeichneten Weg, indem man sich in $\boldsymbol{B}$ unter festgehaltenem k mit i Zeile für Zeile aufwärts bewegt von $i = k$ bis $i = 1$, und erhält so der Reihe nach die Elemente α_{ik} der k-ten Spalte von $\boldsymbol{X}$. So verfährt man für $k = n,\ n-1,\ \ldots,\ 2,\ 1$, womit die Kehrmatrix fertig ist. Nach jeder fertigen $\boldsymbol{X}$-Spalte kontrolliert man durch Einsetzen in die Spaltensumme σ_k der Ausgangsmatrix $\boldsymbol{A}$ nach (13a).

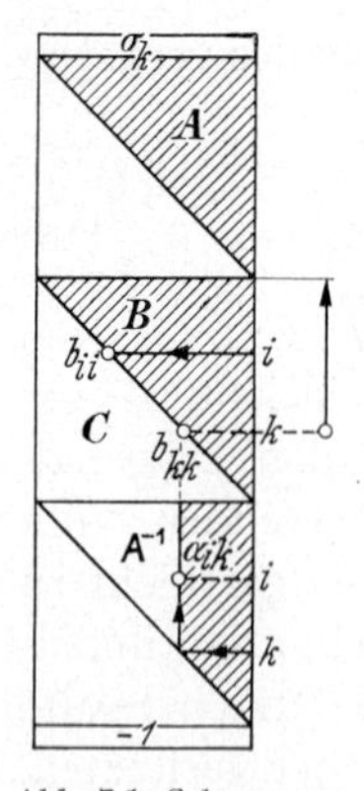

Abb. 7.1. Schema zur Berechnung der Kehrmatrix A^{-1} zu symmetrischer Matrix A

Wie aus (21) ersichtlich, sind die Elemente α_{ik} von der Größenordnung $1/b_{ii}$ oder auch $1/a_{ii}$, falls nicht die Determinante det A von ungewöhnlich kleinem Betrage. Man arbeitet, wie üblich, mit etwa gleicher Anzahl *geltender* Stellen für α_{ik} und a_{ik} bzw. b_{ik} (vgl. das Zahlenbeispiel).

Beispiel: Gesucht die Kehrmatrix zu

$$A = \begin{pmatrix} 38 & -14 & 17 & 0 \\ -14 & 25 & 21 & 10 \\ 17 & 21 & -18 & 3 \\ 0 & 10 & 3 & 15 \end{pmatrix}.$$

Rechnung sechs- bis siebenstellig.

41	42	23	28	−134
38	−14	17	0	−41
	25	21	10	−42
		−18	3	−23
			15	−28
38	−14	17	0	−41
0,368421	19,84206	27,26316	10	−57,10526
−0,447368	− 1,374008	−63,06506	− 10,74008	73,80517
0	− 0,503980	− 0,140302	11,78926	−11,78926
0,0187 8375	−0,0016 7502	0,0154 5690	−0,0019 7470	
	0,0266 4512	0,0256 8721	−0,0229 0085	
		−0,0133 9655	−0,0144 4549	
			0,0848 2297	
1,000000	1,000001	1,000001	0,999998	Probe

Das Ergebnis ist stark umrandet.

7.5 Ähnlichkeitstransformation

Schließlich sei noch wenigstens kurz eine weitere inverse Matrizenoperation behandelt, die uns hier im Zusammenhang mit dem folgenden Paragraphen interessiert. Gegeben sei eine lineare Beziehung

$$A x = y \tag{22}$$

zwischen zwei Größensystemen $x = \{x_1, x_2, \ldots, x_n\}$ und $y = \{y_1, y_2, \ldots, y_n\}$ mit der n-reihigen quadratischen Matrix $A = (a_{ik})$, die auch singulär sein darf. Die Systeme x und y seien nun ihrerseits einer Koordinatentransformation

$$\begin{aligned} x &= T\bar{x} \\ y &= T\bar{y} \end{aligned} \tag{23}$$

mit gegebener nichtsingulärer Transformationsmatrix $T = (t_{jk})$ unterworfen, durch die die Komponenten x_i, y_i in die neuen Werte $\bar{x}_i$, $\bar{y}_i$ überführt werden. Gesucht ist dann die Matrix $\bar{A}$ der linearen Beziehung zwischen den neuen Größensystemen $\bar{x}$ und $\bar{y}$.

Man findet die gesuchte Beziehung sehr einfach mit Hilfe des Matrizenkalküls durch Einsetzen von (23) in (22):

$$A T \bar{x} = T \bar{y}$$

oder nach Multiplikation mit T^{-1} von links her:

$$T^{-1} A T \bar{x} \equiv \bar{A} \bar{x} = \bar{y}. \tag{24}$$

In den neuen Koordinaten drückt sich also die lineare Beziehung (22) aus in der Form (24) mit der transformierten Matrix

$$\boxed{\bar{A} = T^{-1} A T}. \tag{25}$$

Zwei Matrizen, die wie A und $\bar{A}$ untereinander nach (25) zusammenhängen, werden einander *ähnlich* und die Operation (25) selbst eine *Ähnlichkeitstransformation* genannt.

Hierbei ändern sich im allgemeinen sämtliche Elemente a_{ik} der Matrix A in neue Elemente $\bar{a}_{ik}$ der transformierten Matrix $\bar{A}$ zufolge der Vorschrift (25). Bestimmte Eigenschaften der Matrix aber bleiben dessenungeachtet erhalten, so insbesondere die *Determinante* der Matrix. Für sie gilt der in § 6.3, S. 139, angeführte Determinantensatz, Gl. (20), aus dem in unserem Falle folgt

$$\begin{aligned} \det \bar{A} &= \det T^{-1} \det A \det T = \det T^{-1} \det T \det A \\ &= \det(T^{-1} T) \det A = \det E \det A = \det A. \end{aligned}$$

§ 8 Iterative Behandlung linearer Gleichungssysteme

8.1 Das Gauß-Seidelsche Iterationsverfahren

Ein gegenüber der Elimination völlig verschiedenes Vorgehen zur Auflösung linearer Gleichungssysteme, bei dem die Lösung näherungsweise durch Iteration gewonnen wird, ist 1874 von SEIDEL[1] angegeben worden, nachdem es, wie sich nachträglich herausstellte, schon von GAUSS in verschiedenen Abwandlungen benutzt worden war[2]. Das Verfahren konvergiert, wenn die Koeffizientenmatrix Diagonalglieder aufweist, die dem Betrage nach genügend stark überwiegen, und für diesen Sonderfall, der in den Anwendungen des öfteren vorkommt, hat es sich auch immer wieder bewährt. Das Vorgehen besteht darin, daß man das Gleichungssystem

$$A x = a \tag{1}$$

[1] SEIDEL, PH. L.: Münch. Akad. Abhandl. 1874, S. 81–108.

[2] DEDEKIND, R.: GAUSS in seiner Vorlesung über die Methode der kleinsten Quadrate. Festschrift zur Feier des 150jährigen Bestehens der Kgl. Ges. d. Wiss. Göttingen. Berlin 1901.

mit der — nichtsingulären — Koeffizientenmatrix $\boldsymbol{A} = (a_{ik})$, dem Vektor $\boldsymbol{a} = (a_i)$ der rechten Seiten und dem Vektor $\boldsymbol{x} = (x_i)$ der Unbekannten zunächst nach den Diagonalgliedern auflöst:

$$\left.\begin{array}{l} a_{11}\,x_1 = a_1 \qquad\qquad\quad - a_{12}\,x_2 - a_{13}\,x_3 - a_{14}\,x_4 - \cdots \\ a_{22}\,x_2 = a_2 - a_{21}\,x_1 \qquad\qquad - a_{23}\,x_3 - a_{24}\,x_4 - \cdots \\ a_{33}\,x_3 = a_3 - a_{31}\,x_1 - a_{32}\,x_2 \qquad\qquad - a_{34}\,x_4 - \cdots \\ \cdots\cdots\cdots\cdots\cdots\cdots\cdots\cdots\cdots \end{array}\right\} \quad (2)$$

Bei überwiegenden Hauptdiagonalelementen a_{ii} lassen sich nun die rechts stehenden Glieder $a_{ik}\,x_k$ $(i \neq k)$ als relativ kleine Korrekturen auffassen, und man erhält einen ersten, wenn auch noch groben Näherungssatz $x_i^{(1)}$ der Unbekannten x_i aus

$$\left.\begin{array}{l} a_{11}\,x_1^{(1)} = a_1 \\ a_{22}\,x_2^{(1)} = a_2 - a_{21}\,x_1^{(1)} \\ a_{33}\,x_3^{(1)} = a_3 - a_{31}\,x_1^{(1)} - a_{32}\,x_2^{(1)} \\ \cdots\cdots\cdots\cdots\cdots\cdots \end{array}\right\} \quad (3\,\mathrm{a})$$

Nach Vorliegen aller Näherungen $x_i^{(1)}$ errechnet man einen verbesserten Wertesatz $x_i^{(2)}$ aus

$$\left.\begin{array}{l} a_{11}\,x_1^{(2)} = a_1 \qquad\qquad\quad - a_{12}\,x_2^{(1)} - a_{13}\,x_3^{(1)} - a_{14}\,x_4^{(1)} - \cdots \\ a_{22}\,x_2^{(2)} = a_2 - a_{21}\,x_1^{(2)} \qquad\qquad - a_{23}\,x_3^{(1)} - a_{24}\,x_4^{(1)} - \cdots \\ a_{33}\,x_3^{(2)} = a_3 - a_{31}\,x_1^{(2)} - a_{32}\,x_2^{(2)} \qquad\qquad - a_{34}\,x_4^{(1)} - \cdots \\ \cdots\cdots\cdots\cdots\cdots\cdots\cdots\cdots\cdots \end{array}\right\} \quad (3\,\mathrm{b})$$

Allgemein lautet die Iterationsvorschrift

$$\left.\begin{array}{l} a_{11}\,x_1^{(\nu+1)} = a_1 \qquad\qquad\quad - a_{12}\,x_2^{(\nu)} - a_{13}\,x_3^{(\nu)} - a_{14}\,x_4^{(\nu)} - \cdots \\ a_{22}\,x_2^{(\nu+1)} = a_2 - a_{21}\,x_1^{(\nu+1)} \qquad\qquad - a_{23}\,x_3^{(\nu)} - a_{24}\,x_4^{(\nu)} - \cdots \\ a_{33}\,x_3^{(\nu+1)} = a_3 - a_{31}\,x_1^{(\nu+1)} - a_{32}\,x_2^{(\nu+1)} \qquad\qquad - a_{34}\,x_4^{(\nu)} - \cdots \\ \cdots\cdots\cdots\cdots\cdots\cdots\cdots\cdots\cdots \end{array}\right\} \quad (3)$$

Man benutzt also in jeder Gleichung, beginnend mit der ersten und in der gegebenen Reihenfolge fortschreitend, für die Unbekannte die jeweils neuesten Werte, nämlich, soweit schon bekannt, die der neuen Iterationsstufe $\nu + 1$, im übrigen die der alten Stufe ν. Man nennt dieses GAUSS-SEIDELsche Vorgehen auch *Iteration in Einzelschritten* im Gegensatz zu einer solchen (weniger vorteilhaften) in *Gesamtschritten*, bei der rechts durchweg die Unbekannten $x_k^{(\nu)}$ der alten Stufe eingesetzt werden. Als Ausgangsnäherung haben wir hier $\boldsymbol{x}^{(0)} = 0$ angenommen; man hätte auch irgendeinen anderen Wertesatz, insbesondere natürlich, falls bekannt, eine Näherung benutzen können, was jedoch die Konvergenzgüte nicht beeinflußt.

Die praktische Rechnung und ihre Anordnung ist denkbar einfach, wie in Abb. 8.1 schematisch dargestellt. Unter dem Koeffizientenschema nebst rechten Seiten, in dem man die Diagonalelemente zweckmäßig durch Umrahmen hervorhebt, bauen sich die Reihen $x_i^{(\nu)}$ der Näherungswerte der einzelnen Iterationsstufen ν auf, anfangend mit $\nu = 1$ nach (3a). Zur Berechnung von $x_i^{(\nu+1)}$ wird die i-te Gleichung mit dem über x_i stehenden Diagonalelement a_{ii} benutzt. Von a_i wird das skalare Produkt der $a_{ik}\, x_k$ $(k \neq i)$ abgezogen, wobei für $k < i$ (links von x_i) die Werte $x_k^{(\nu+1)}$ der neuen Zeile, für $k > i$ (rechts von x_i) die Werte $x_k^{(\nu)}$ der alten Zeile genommen werden. Das Ganze ist abschließend durch das Diagonalelement a_{ii} zu dividieren. Die Berechnung eines Näherungswertes vollzieht sich mit Hilfe der Rechenmaschine in einem Arbeitsgang durch Auflaufenlassen aller Einzelprodukte zum Gesamtwert und anschließende Division durch a_{ii} (vgl. S. 4).

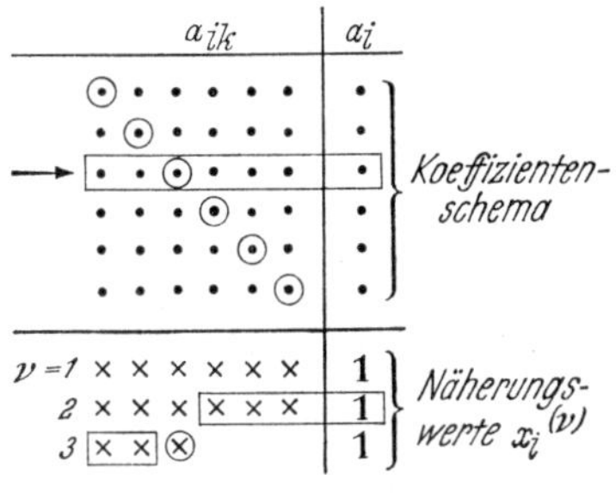

Abb. 8.1. Rechenschema zur Iteration nach Gauss-Seidel

Sind außer der Hauptdiagonalen auch noch die beiden Nachbardiagonalen von Elementen größeren Betrages besetzt, was praktisch öfter vorkommt, so empfiehlt sich eine sehr wirksame Kombination von Iteration und Elimination; vgl. dazu Matrizen [*24*], § 23.2.

8.2 Konvergenz des Verfahrens

Solange die Hauptdiagonalglieder der Koeffizientenmatrix genügend stark überwiegen, werden die den Näherungen $x_k^{(\nu)}$ noch anhaftenden Fehler bei der Berechnung eines neuen Wertes $x_i^{(\nu+1)}$ nach (3) nur von geringem Einfluß sein, so daß man erwarten kann, daß diese Fehler im weiteren Verlauf der Rechnung immer kleiner werden, man sich also den wahren Lösungen x_i immer mehr nähert. Um zu genaueren Aussagen über die Konvergenzverhältnisse zu gelangen[1], führen wir die Fehler

$$z_i^{(\nu)} = x_i^{(\nu)} - x_i \tag{4}$$

der ν-ten Iterationsstufe ein. Für sie erhält man durch Subtraktion der beiden Systeme (2) und (3) voneinander die homogenen Fehlergleichungen

$$\left.\begin{array}{l} a_{11}\, z_1^{(\nu+1)} = \qquad\qquad\qquad\qquad - a_{12}\, z_2^{(\nu)} - a_{13}\, z_3^{(\nu)} - a_{14}\, z_4^{(\nu)} - \cdots \\ a_{22}\, z_2^{(\nu+1)} = - a_{21}\, z_1^{(\nu+1)} \qquad\qquad - a_{23}\, z_3^{(\nu)} - a_{24}\, z_4^{(\nu)} - \cdots \\ a_{33}\, z_3^{(\nu+1)} = - a_{31}\, z_1^{(\nu+1)} - a_{32}\, z_2^{(\nu+1)} \qquad - a_{34}\, z_4^{(\nu)} - \cdots \\ \cdots\cdots\cdots\cdots\cdots\cdots\cdots\cdots\cdots\cdots \end{array}\right\} . \tag{5}$$

Ersetzt man hier nun alle Größen durch ihre Beträge, die wir abkürzend durch Überstreichen kennzeichnen wollen:

$$|a_{ik}| = \bar{a}_{ik}, \quad |z_i^{(\nu)}| = \bar{z}_i^{(\nu)},$$

[1] Nach H. M. Sassenfeld: Z. angew. Math. Mech. Bd. 31 (1951) S. 92/94.

und ersetzt man außerdem noch die Fehlerbeträge der Iterationsstufe ν durch den Maximalbetrag

$$\varepsilon_\nu = \operatorname*{Max}_i \bar{z}_i^{(\nu)}, \tag{6}$$

so erhält man die Ungleichungen

$$\left.\begin{aligned}
\bar{z}_1^{(\nu+1)} &\leqq \frac{1}{\bar{a}_{11}}(\bar{a}_{12} \qquad + \bar{a}_{13} \qquad + \bar{a}_{14} + \cdots)\,\varepsilon_\nu = \alpha_1\,\varepsilon_\nu \\
\bar{z}_2^{(\nu+1)} &\leqq \frac{1}{\bar{a}_{22}}(\bar{a}_{21}\,\alpha_1 + \bar{a}_{23} \qquad + \bar{a}_{24} + \cdots)\,\varepsilon_\nu = \alpha_2\,\varepsilon_\nu \\
\bar{z}_3^{(\nu+1)} &\leqq \frac{1}{\bar{a}_{33}}(\bar{a}_{31}\,\alpha_1 + \bar{a}_{32}\,\alpha_2 + \bar{a}_{34} + \cdots)\,\varepsilon_\nu = \alpha_3\,\varepsilon_\nu \\
&\cdots\cdots\cdots\cdots\cdots\cdots\cdots\cdots
\end{aligned}\right\}. \tag{7}$$

Hier haben wir rechts in den Klammern die Größen $\bar{z}_i^{(\nu+1)}$ noch ersetzt durch die größeren Werte $\alpha_i\,\varepsilon_\nu$. Die Größen α_i berechnen sich dabei nacheinander aus dem Koeffizientenschema nach der Vorschrift

$$\left.\begin{aligned}
a_{11}\,\alpha_1 &= \qquad\qquad\qquad \bar{a}_{12} + \bar{a}_{13} + \bar{a}_{14} + \cdots \\
\bar{a}_{22}\,\alpha_2 &= \bar{a}_{21}\,\alpha_1 \qquad\qquad + \bar{a}_{23} + \bar{a}_{24} + \cdots \\
\bar{a}_{33}\,\alpha_3 &= \bar{a}_{31}\,\alpha_1 + \bar{a}_{32}\,\alpha_2 \qquad + \bar{a}_{34} + \cdots \\
&\cdots\cdots\cdots\cdots\cdots\cdots\cdots
\end{aligned}\right\}. \tag{8}$$

Die Fehlerbeträge nehmen nun mit Sicherheit ab, das Verfahren konvergiert gegen die Lösungen, wenn alle Werte $\alpha_i < 1$ sind oder

$$\boxed{\operatorname*{Max}_i \alpha_i = \alpha < 1}. \tag{9}$$

Damit gilt dann auch für das Fehlermaximum $\varepsilon_{\nu+1}$ der folgenden Stufe $\nu + 1$

$$\boxed{\varepsilon_{\nu+1} \leqq \alpha\,\varepsilon_\nu}. \tag{10}$$

Der Wert α gibt also eine obere Schranke für die Verkleinerung des Fehlermaximums beim Übergang zur nächsten Iterationsstufe an.

An Stelle der Vorschrift (8) zur Berechnung der α_i kann man einfacher verfahren, indem man die rechts in (8) auftretenden Faktoren α_i durch 1 ersetzt. Man hat dann einfach die Zeilensummen der Koeffizientenbeträge außerhalb der Hauptdiagonale zu bilden und durch den Betrag des Diagonalelementes zu dividieren:

$$\alpha_i = \frac{1}{|a_{ii}|} \sum_{\substack{k=1\\k\neq i}}^{n}{}' |a_{ik}|. \tag{8a}$$

Die mit diesen Werten gebildete Bedingung (9) ist als *Zeilensummenkriterium* bekannt. Es sichert Konvergenz eben für überwiegende Hauptdiagonalkoeffizienten.

Der nach (8) ermittelte Wert α ist noch abhängig von der der Iteration zugrunde gelegten Reihenfolge der Gleichungen. Er kann durch Umstellen der Gleichungen und Unbekannten verbessert werden, womit jedoch nicht gesagt ist, daß dann auch die Konvergenz der Iteration tatsächlich besser wird.

Mit Hilfe von α läßt sich eine einfache Fehlerabschätzung durchführen. Sie benutzt die maximale Änderung

$$\delta_\nu = \operatorname*{Max}_i \left| x_{i\nu}^{()} - x_i^{(\nu-1)} \right|, \tag{11}$$

die sich beim Übergang von der $(\nu - 1)$-ten auf die ν-te Stufe einstellt. Es ist nämlich auch

$$\delta_\nu = \operatorname*{Max}_i \left| z_i^{(\nu)} - z_i^{(\nu-1)} \right| \geqq \varepsilon_{\nu-1} - \varepsilon_\nu = \left(\frac{1}{\alpha} - 1\right) \varepsilon_\nu ,$$

woraus für die Fehlerschranke ε_ν folgt

$$\boxed{\varepsilon_\nu \leqq \frac{\alpha}{1-\alpha}\,\delta_\nu = \varrho\,\delta_\nu} \,. \tag{12}$$

Damit läßt sich für jede Iterationsstufe auf einfache Weise eine obere Schranke für den Fehler angeben, die freilich bei Rechnen mit endlicher Stellenzahl durch Rundungsfehler verfälscht werden kann.

8.3 Ein Beispiel

Folgendes kleine Gleichungssystem soll durch das GAUSS-SEIDELsche Iterationsverfahren gelöst werden:

$$\begin{array}{rcr|l} 12x_1 - 2x_2 + 3x_3 &=& 18 & \alpha_1 = 5/12 = 0{,}417 \\ -x_1 + 8x_2 - 2x_3 &=& -32 & \alpha_2 = 3/8 = 0{,}375 \\ -x_1 + 3x_2 + 12x_3 &=& 6 & \alpha_3 = 4/12 = 0{,}333 \end{array}$$

Die nach den Zeilensummen (8a) ermittelten α_i-Werte ergeben

$$\alpha = \operatorname{Max}\alpha_i = \frac{5}{12} = 0{,}417, \quad \varrho = \frac{\alpha}{1-\alpha} = \frac{5}{7} = 0{,}715.$$

Die Lösungen sind in 6 Dezimalen

$$x_1 = 0{,}545004, \quad x_2 = -3{,}572254, \quad x_3 = 1{,}438481.$$

Die gesamte Zahlenrechnung ist in umstehendem Schema enthalten, in dem auch die maximalen Änderungen δ_ν und die Fehlerschranken $\varrho\,\delta_\nu$ für jede Iterationsstufe ν mit aufgeführt sind. — Man sieht, daß die Konvergenz selbst bei den gut überwiegenden Diagonalelementen hier noch zu wünschen übrigläßt. Erst bei viel kleinerem α-Wert wäre das besser.

	x_1	x_2	x_3		δ_ν	$\varrho\,\delta_\nu$
	[12]	−2	3	18		
	−1	[8]	−2	−32		
	−1	3	[12]	6		
$\nu = 1$	1,50	−3,8125	1,578125		3,8125	2,72
2	0,470052	−3,546712	1,425849		1,03	0,74
3	0,552419	−3,574485	1,439656		0,0824	0,059
4	0,544338	−3,572044	1,438372		0,0081	0,0058
5	0,545066	−3,572274	1,438491		0,00073	0,00052
6	0,544998	−3,572252	1,438480		0,000068	0,000049

8.4 Weitere Iterationsverfahren

Außer der GAUSS-SEIDELschen Iteration sind bis in die jüngste Zeit ungezählte weitere iterative Verfahren zur Gleichungsauflösung entwickelt worden, die auch nur annähernd aufzuführen nicht unsere Absicht sein kann, zumal sich die an sie geknüpften Erwartungen oft nur bedingt erfüllt haben. Wir geben eine kurze Übersicht einiger auch in neuerer Zeit praktisch bedeutsamer Vorgehensweisen[1].

Eine — schon von GAUSS angewandte — Abart der SEIDEL-Iteration hat unter dem Namen *Relaxation* große Bedeutung erlangt[2], insbesondere im Zusammenhang mit Differenzenverfahren zur Bearbeitung partieller Differentialgleichungen[3]. Das Prinzip besteht hier im Anbringen von Korrekturen an Näherungswerten der Unbekannten derart, daß der Restvektor $\boldsymbol{A}\,\boldsymbol{x} - \boldsymbol{a} = \boldsymbol{r}$ systematisch verkleinert wird, z. B. hinsichtlich seiner betragsgrößten Komponente. Das Verfahren läßt der Geschicklichkeit des Rechners Spielraum. Für die Automatenrechnung ist es in mehrfacher Hinsicht ausgebaut und ergänzt worden.

Für symmetrische Matrizen hat JACOBI[4] ein durch den Rechenautomaten heute wieder aktuell gewordenes Verfahren aufgestellt, bei dem durch ebene Drehungen (elementare Orthogonaltransformationen) die Beträge der Außer-Diagonalelemente systematisch herabgedrückt werden, um eine anzuschließende SEIDEL-Iteration rasch konvergent zu machen. Das Verfahren wird heute hauptsächlich zur Lösung der Eigenwertaufgabe eingesetzt: Die Diagonalelemente konvergieren gegen die Eigenwerte der Matrix. Zur Behandlung linearer Gleichungssysteme ist es recht aufwendig und daher kaum empfehlenswert. Bemerkenswert aber ist das Prinzip.

Ein überaus fruchtbares Prinzip allgemeiner Gleichungsbehandlung ist das des *stärksten Abstieges* (steepest descent), auch *Gradientenmethode* genannt. Fordert man für den Restvektor

$$\boldsymbol{A}\,\boldsymbol{x} - \boldsymbol{a} = \boldsymbol{r}, \tag{13}$$

wie naheliegend,

$$Q = \boldsymbol{r}'\,\boldsymbol{r} = \min, \tag{14}$$

so führt dies, wie leicht nachzurechnen, auf das Gleichungssystem

$$\boldsymbol{A}'\,\boldsymbol{A}\,\boldsymbol{x} = \boldsymbol{A}'\,\boldsymbol{a}, \tag{15}$$

---

[1] Wir verweisen hier auf die Lehrbücher von BODEWIG [*2*], DURAND [*5*] und HOUSEHOLDER [*13*]. Vgl. auch M. ENGELI, TH. GINSBURG, H. RUTISHAUSER u. E. STIEFEL: Refined iterative methods etc. Basel 1959.

[2] SOUTHWELL, R. V.: Relaxation methods in engineering science. Oxford 1940. Vgl. auch Matrizen [*24*], § 23.4.

[3] Näheres in L. COLLATZ: Numerische Behandlung von Differentialgleichungen [*4*].

[4] JACOBI, C. G. J.: Ein leichtes Verfahren, die in der Theorie der Säkularstörungen vorkommenden Gleichungen numerisch aufzulösen. J. reine angew. Math. Bd. 30 (1846) S. 51—95.

das aus (1) durch Multiplikation mit A' hervorgeht. Die Systeme (1) und (15) einerseits und die Minimalforderung (14) anderseits sind also äquivalent. Die Methode besteht nun darin, von einer Näherung x_0, die an sich beliebig sein kann (z. B. der Nullvektor), in Richtung des Gradientenvektors

$$\operatorname{grad} Q \equiv \frac{\partial Q}{\partial x} = 2 A' r = 2 s \tag{16}$$

fortzuschreiten gemäß

$$x_1 = x_0 - \lambda s_0 \tag{17}$$

mit noch zu ermittelndem Faktor λ bis auf einen neuen Punkt x_1, für den Q zum Minimum wird. Hier tangiert dann die Richtung s_0 an die Fläche $Q =$ konst, d. h. aber der hier auftretende neue Gradientenvektor s_1 steht senkrecht auf s_0. Aus dieser Forderung $s_1' s_0 = 0$ erhält man nach leichter Rechnung den Faktor

$$\lambda = \frac{s_0' s_0}{s_0' A' A s_0}, \tag{18}$$

womit das Verfahren festliegt. Im Falle positiv definiter symmetrischer Ausgangsmatrix A ist $A' A$ einfach durch A und $s = A' r$ durch r zu ersetzen.

Hestenes und Stiefel[1] entwickeln von hier aus eine n-Schritt-Methode, die der *konjugierten Gradienten* (cg-Methode), die in n Schritten theoretisch die exakte Lösung herbeiführt. Das Verfahren ist in dieser Form störanfällig, führt aber in der Weise zu brauchbaren Ergebnissen, daß es iterativ fortgesetzt wird. Es konvergiert dann sehr rasch, so daß wenige Zusatzschritte genügen.

Von großer praktischer Bedeutung kann oftmals eine *iterative Nachbehandlung* der durch Elimination gewonnenen Ergebnisse sein, wenn nämlich deren Genauigkeit noch zu wünschen übrigläßt. Hierauf sei im folgenden noch kurz eingegangen.

8.5 Nachträgliche Korrekturen

Bei der Elimination großer Gleichungssysteme können sich im Laufe der Rechnung die unvermeidlichen Genauigkeitsverluste derart häufen, daß die Ergebnisse nicht mehr genau genug sind. Die beschränkte Stellenzahl der Rechenmaschine erlaubt es dann meist nicht, die Genauigkeit durch Mitnahme weiterer Stellen zu steigern. Wohl aber ist dies auf dem Wege einer nachträglichen Korrektur ohne große Zusatzarbeit möglich.

Mangelhafte Genauigkeit der Ergebnisse zeigt sich in der Regel am Schluß der Rechnung bei der Einsetzungsprobe, wo an Stelle der Nullen auf der rechten Seite von $A x - a = 0$ kleine Reste r_i auftreten. Sie lassen sich nun zum Aufbau der Korrekturen heranziehen. Die noch ungenauen Ergebnisse der Elimination seien mit $x_0 = (x_{i0})$ bezeichnet, die verbleibenden Reste mit $r = (r_i)$. Es ist also

$$A x_0 - a = r. \tag{13}$$

[1] Hestenes, M. R., u. E. Stiefel: Methods of conjugate gradients for solving linear systems. J. Res. Nat. Bur. Standards Bd. 49 (1952) S. 409–436.

Macht man für die gesuchte genaue Lösung den Ansatz

$$\boldsymbol{x} = \boldsymbol{x}_0 + \boldsymbol{z} \tag{19}$$

mit einem Korrekturvektor $\boldsymbol{z} = (z_i)$, so erhält man aus

$$\boldsymbol{A}\,\boldsymbol{x} - \boldsymbol{a} = \boldsymbol{A}\,\boldsymbol{x}_0 + \boldsymbol{A}\,\boldsymbol{z} - \boldsymbol{a} = 0$$

zusammen mit (13) für die Korrekturen $\boldsymbol{z}$ das Gleichungssystem

$$\boxed{\boldsymbol{A}\,\boldsymbol{z} = -\boldsymbol{r}}\,. \tag{20}$$

Die Korrekturen gehorchen somit einem Gleichungssystem, das sich vom Ausgangssystem (1) lediglich durch die rechten Seiten unterscheidet, die hier von den negativen Resten $-\boldsymbol{r}$ an Stelle von $\boldsymbol{a}$ gebildet werden. Damit aber ist seine Lösung leicht durchführbar, da der eigentliche sich auf die Koeffizientenmatrix beziehende Eliminationsprozeß ja bereits fertig vorliegt. Man hat lediglich eine einzige Spalte für die neuen rechten Seiten $-\boldsymbol{r}$ dem alten Rechenschema nachträglich hinzuzufügen und diese Spalte dem Eliminationsprozeß und der Aufrechnung zu unterwerfen. Das Ergebnis sind die Korrekturen $\boldsymbol{z}$ und mit ihnen die verbesserten Werte $\boldsymbol{x}$, von deren Brauchbarkeit man sich durch eine erneute Einsetzungsprobe überzeugt, bei der nun die jetzt noch verbleibenden Reste wesentlich kleiner als die alten Reste $\boldsymbol{r}$ geworden sein müssen. Gegebenenfalls wiederholt man den Prozeß. Beim ganzen Vorgang ist vorausgesetzt, daß die Reste mit genügender Stellenzahl vorliegen, d. h. aber, daß die beim Einsetzen der Lösungen x_i zu bildenden Produktsummen mit doppelter Stellenzahl gebildet und erst nach abgeschlossener Summierung auf einfache Stellenzahl gerundet werden. Bei Handrechnung (Tischmaschine) vollzieht sich dies von selbst. Bei Automatenrechnung hingegen sind Zusatzmaßnahmen erforderlich.

Ähnlich kann man auch bei der Berechnung der Kehrmatrix verfahren. An Stelle von

$$\boldsymbol{A}\boldsymbol{X} - \boldsymbol{E} = 0 \tag{21}$$

erhält man durch Einsetzen der ungenauen Kehrmatrix $\boldsymbol{X}_0$ eine Restmatrix $\boldsymbol{R} = (r_{ik})$ aus

$$\boldsymbol{A}\,\boldsymbol{X}_0 - \boldsymbol{E} = \boldsymbol{R} \tag{22}$$

und mit dem Ansatz

$$\boldsymbol{X} = \boldsymbol{X}_0 + \boldsymbol{Z} \tag{23}$$

so wie oben

$$\boldsymbol{A}\,\boldsymbol{Z} = -\boldsymbol{R} \tag{24}$$

als Gleichungssystem für die Korrekturmatrix $\boldsymbol{Z}$. Hier aber braucht nun nicht einmal eine zusätzliche Elimination der rechten Seiten $-\boldsymbol{R}$ durchgeführt zu werden. Vielmehr kann man die Näherung $\boldsymbol{X}_0$ der Kehrmatrix dazu benutzen, Gl. (24) zu lösen in der Form

$$\boxed{\boldsymbol{Z} \approx -\boldsymbol{X}_0\,\boldsymbol{R}}\,, \tag{25}$$

womit man $\boldsymbol{Z}$ näherungsweise durch eine bloße Matrizenmultiplikation erhält. Da es sich bei den Elementen von $\boldsymbol{R}$ und $\boldsymbol{Z}$ um relativ kleine Zahlen handelt, so liefert dieses Vorgehen in der Regel völlig brauchbare Ergebnisse[1]. Wieder ist die Berechnung von $\boldsymbol{R}$ mit doppelter Genauigkeit durchzuführen.

Schließlich läßt sich das gleiche Prinzip einer nachträglichen Korrektur noch bei der weiteren Aufgabe anwenden, wenn die Elemente a_{ik} der Koeffizientenmatrix

[1] Eine iterative Berechnung der Kehrmatrix selbst nach G. Schulz findet man in Matrizen [*24*], § 23.5; ebendort auch eine Fehlerabschätzung.

nachträglich kleinen Änderungen d_{ik} unterworfen werden, die Matrix $\boldsymbol{A}$ in $\boldsymbol{A} + \boldsymbol{D}$ abgeändert wird. Zur alten Matrix $\boldsymbol{A}$ gehöre die Lösung $\boldsymbol{x}_0$, die man durch Elimination erhalten habe:

$$\boldsymbol{A}\,\boldsymbol{x}_0 = \boldsymbol{a}. \tag{26}$$

Gesucht ist die Lösung $\boldsymbol{x}$ des abgeänderten Systems

$$(\boldsymbol{A} + \boldsymbol{D})\,\boldsymbol{x} = \boldsymbol{a}. \tag{27}$$

Mit dem Ansatz $\boldsymbol{x} = \boldsymbol{x}_0 + \boldsymbol{z}$ erhält man unter Beachten von (26):

$$\boldsymbol{A}\,\boldsymbol{z} + \boldsymbol{D}\,\boldsymbol{x}_0 + \boldsymbol{D}\,\boldsymbol{z} = 0.$$

Kann man nun das Glied $\boldsymbol{D}\,\boldsymbol{z}$ als klein von höherer Ordnung gegenüber den übrigen Gliedern vernachlässigen, so hat man

$$\boldsymbol{A}\,\boldsymbol{z} = -\boldsymbol{D}\,\boldsymbol{x}_0$$

als Gleichungssystem für die Korrekturen $\boldsymbol{z}$, dessen Koeffizientenmatrix $\boldsymbol{A}$ dem Eliminationsprozeß schon einmal unterworfen ist, so daß man wieder nur eine neue rechte Seite, nämlich die leicht errechenbare Spalte $-\boldsymbol{D}\,\boldsymbol{x}_0$, nachträglich zu behandeln hat. — Das Vorgehen versagt, wenn die Matrix $\boldsymbol{A}$ fastsingulär, ihre Determinante von sehr kleinem Betrage ist, da hierbei schon kleine Änderungen von $\boldsymbol{A}$ große Änderungen im Ergebnis $\boldsymbol{x}$ nach sich ziehen.

§ 9 Das Eigenwertproblem

9.1 Aufgabenstellung

Von steigender Wichtigkeit für zahlreiche Anwendungen in der modernen Technik, von denen auch in diesem Buche noch die Rede sein wird (vgl. Kap. VII, §§ 30 u. 31), ist ein Aufgabenkreis, der sich in seiner einfachsten Form folgendermaßen darstellt. Gegeben ist eine quadratische Matrix $\boldsymbol{A}$ reeller Koeffizienten a_{ik}, und gesucht sind Lösungen x_i sowie Werte eines zunächst unbestimmten Parameters λ, für die das Gleichungssystem

$$\left.\begin{array}{c} a_{11}x_1 + a_{12}x_2 + \cdots + a_{1n}x_n = \lambda x_1 \\ a_{21}x_1 + a_{22}x_2 + \cdots + a_{2n}x_n = \lambda x_2 \\ \dots\dots\dots\dots\dots\dots \\ a_{n1}x_1 + a_{n2}x_2 + \cdots + a_{nn}x_n = \lambda x_n \end{array}\right\} \tag{1}$$

erfüllt ist. In Matrizenschreibweise:

$$\boldsymbol{A}\,\boldsymbol{x} = \lambda\,\boldsymbol{x} \tag{1a}$$

oder auch

$$(\boldsymbol{A} - \lambda\,\boldsymbol{E})\,\boldsymbol{x} = 0 \tag{1b}$$

In der Form (1b) kommt der homogene Charakter des Problems zum Ausdruck: Man hat sich die rechten Seiten λx_i nach links gebracht und mit den Diagonalgliedern $a_{ii}x_i$ zu $(a_{ii} - \lambda)\,x_i$ vereinigt zu denken.

Als homogenes Gleichungssystem hat (1) genau dann nichttriviale Lösungen $\boldsymbol{x} \neq 0$, wenn die Koeffizientendeterminante des Systems verschwindet, wenn also

$$\boxed{\det(\boldsymbol{A} - \lambda \boldsymbol{E}) = 0}\,, \tag{2}$$

ausführlicher:

$$p(\lambda) = \begin{vmatrix} a_{11}-\lambda & a_{12} & \cdots & a_{1n} \\ a_{21} & a_{22}-\lambda & \cdots & a_{2n} \\ \cdot & \cdot & \cdot & \cdot \\ a_{n1} & a_{n2} & \cdots & a_{nn}-\lambda \end{vmatrix} = 0. \tag{2'}$$

Das ist nun eine Bedingung für den hier eingehenden Parameter λ, und zwar, wie leicht übersehbar, eine algebraische Gleichung n-ten Grades in λ, die sogenannte *charakteristische Gleichung* der Matrix $\boldsymbol{A}$ (auch wohl *Säkulargleichung* genannt). Ihre n Wurzeln λ_j (unter denen im allgemeinen natürlich auch komplexe und auch mehrfache Wurzeln auftreten können) heißen die *charakteristischen Zahlen, charakteristischen Wurzeln* (latent roots) oder *Eigenwerte* der Matrix $\boldsymbol{A}$.

Genau für diese charakteristischen Zahlen λ_j hat das Problem (1) von Null verschiedene Lösungen $\boldsymbol{x}$, und im Falle n verschiedener Wurzeln λ_j gibt es, wie man zeigen kann[1], auch genau n linear unabhängige Lösungen $\boldsymbol{x}_j$, die sogenannten *Eigenlösungen* oder *Eigenvektoren* der Matrix. Diese Eigenvektoren sind freilich, dem homogenen Charakter des Problems entsprechend, nur bis auf einen willkürlichen Faktor bestimmbar, den man dann noch durch eine geeignete „Normierung" festlegen kann.

Im Falle mehrfacher Wurzeln, etwa einer p-fachen Wurzel λ_j, liegen die Verhältnisse verwickelter. Hier können auch mehrere linear unabhängige Eigenvektoren als Lösungen von

$$(\boldsymbol{A} - \lambda_j \boldsymbol{E})\,\boldsymbol{x} = 0 \tag{3}$$

existieren, und ihre Anzahl ist, wie wir in § 5.6, S. 129 ff. gezeigt haben gleich dem *Rangabfall* $d_j = n - r_j$ der zugehörigen „charakteristischen Matrix" $\boldsymbol{A} - \lambda_j \boldsymbol{E}$.

Dieser Rangabfall wird wesentlich vom inneren Bau, von der Struktur der Matrix bestimmt. Er kann, wie sich zeigen läßt, Werte von 1 bis p annehmen und mit ihm die Anzahl der zu einem p-fachen Eigenwert gehörigen linear unabhängigen Eigenvektoren. Die ihrer Struktur nach

[1] Im folgenden können wir eine ganze Reihe von Tatsachen lediglich berichtend bringen, ohne Beweise. Hierfür wie für den ganzen ausgedehnten Fragenkomplex überhaupt müssen wir auf ausführlichere Darstellungen verweisen. Vgl. etwa F. R. GANTMACHER: Matrizenrechnung, Bd. I, II. Berlin 1958. — W. GRÖBNER: Matrizenrechnung. München 1956. — E. BODEWIG: Matrix Calculus [2]. — ZURMÜHL: Matrizen [24].

einfachste, zugleich auch für die Anwendungen wichtigste Klasse von Matrizen ist dadurch ausgezeichnet, daß sie zu einem p-fachen Eigenwert stets auch genau p linear unabhängige Eigenvektoren besitzt, insgesamt also gerade n Eigenvektoren, die den ganzen n-dimensionalen Raum ausspannen. Auf diese sogenannten *Matrizen einfacher Struktur* — im folgenden aus bald ersichtlichen Gründen *diagonalähnliche Matrizen* genannt — müssen wir alle weiteren Ausführungen beschränken. Sie enthalten als wichtigen Sonderfall die — bei Schwingungs- und Stabilitätsaufgaben auftretenden — reell symmetrischen, die sich überdies durch Realität der Eigenwerte auszeichnen. Darüber hinaus sind natürlich alle Matrizen mit ausschließlich einfachen Eigenwerten diagonalähnlich. Für Matrizen allgemeinerer Bauart verweisen wir auf ausführliches Schrifttum[1].

9.2 Das System der Eigenvektoren

Die Existenz von n unabhängigen Eigenvektoren, also n Richtungen im n-dimensionalen Raum, erweist sich für zahlreiche Fragen als bedeutsam. Sie repräsentieren ein der Matrix eigentümliches — im allgemeinen schiefwinkliges — Koordinatensystem, das sich als natürliches Bezugssystem anbietet. Eine Koordinatentransformation, das ist eine Ähnlichkeitstransformation der Matrix, überführt diese in die besonders einfache Form der Diagonalmatrix, was die oben gewählte Bezeichnung *diagonalähnlich* rechtfertigt. Fassen wir nämlich die n unabhängigen Eigenvektoren $\mathfrak{x}_i$ in beliebiger, aber fester Reihenfolge zur nichtsingulären Matrix

$$\boldsymbol{X} = (\boldsymbol{x}_1, \boldsymbol{x}_2, \ldots, \boldsymbol{x}_n), \tag{4}$$

der Eigenvektormatrix, auch *Modalmatrix* genannt, zusammen, so folgt bei Multiplikation mit $\boldsymbol{A}$ unter Beachten von $\boldsymbol{A}\,\boldsymbol{x}_i = \lambda_i\,\boldsymbol{x}_i$

$$\boldsymbol{A}\,\boldsymbol{X} = (\lambda_1\,\boldsymbol{x}_1, \lambda_2\,\boldsymbol{x}_2, \ldots, \lambda_n\,\boldsymbol{x}_n) = \boldsymbol{X}\,\Lambda \tag{5}$$

mit der Diagonalmatrix der Eigenwerte

$$\Lambda = \begin{pmatrix} \lambda_1 & & 0 \\ & \ddots & \\ 0 & & \lambda_n \end{pmatrix} = \operatorname{Diag}(\lambda_i)\,. \tag{6}$$

Gl. (5) aber läßt sich umformen auf

$$\boxed{\boldsymbol{X}^{-1}\boldsymbol{A}\,\boldsymbol{X} = \Lambda}\,, \tag{7}$$

was die Ähnlichkeitstransformation der Matrix $\boldsymbol{A}$ auf die Diagonalmatrix Λ mit der Modalmatrix $\boldsymbol{X}$ als Transformationsmatrix darstellt (vgl. § 7.5).

---

[1] Siehe Fußn. 1 auf S. 166.

Dem System der Eigenvektoren einer Matrix ist nun ein zweites Vektorsystem zugeordnet, das der Eigenvektoren ihrer Transponierten $\boldsymbol{A}'$, definiert durch

$$\boxed{\boldsymbol{A}'\boldsymbol{y} = \lambda \boldsymbol{y}} \quad \text{oder} \quad \boxed{\boldsymbol{y}'\boldsymbol{A} = \lambda \boldsymbol{y}'} \,. \tag{8}$$

Wegen der zweiten Form spricht man von *Linkseigenvektoren* $\boldsymbol{y}_i$, die den Eigenvektoren $\boldsymbol{x}_i$ zugeordnet sind bei gleichen Eigenwerten λ_i, was aus

$$\det(\boldsymbol{A}' - \lambda \boldsymbol{E}) = \det(\boldsymbol{A} - \lambda \boldsymbol{E}) = 0$$

folgt. Für den Fall reell symmetrischer Matrix, $\boldsymbol{A}' = \boldsymbol{A}$, fallen Rechts- und Linkseigenvektoren zusammen.

Die beiden Vektorsysteme sind wechselseitig *orthogonal* (bzw. orthogonalisierbar), sie bilden, wie man sagt, ein *Biorthogonalsystem*. Sind nämlich $\lambda_i \neq \lambda_k$ zwei verschiedene Eigenwerte, so erhalten wir aus

$$\boldsymbol{y}_i'\boldsymbol{A} = \lambda_i \boldsymbol{y}_i' \rightarrow \boldsymbol{y}_i'\boldsymbol{A}\boldsymbol{x}_k = \lambda_i \boldsymbol{y}_i'\boldsymbol{x}_k,$$
$$\boldsymbol{A}\boldsymbol{x}_k = \lambda_k \boldsymbol{x}_k \rightarrow \boldsymbol{y}_i'\boldsymbol{A}\boldsymbol{x}_k = \lambda_k \boldsymbol{y}_i'\boldsymbol{x}_k$$

durch Subtraktion

$$(\lambda_i - \lambda_k)\boldsymbol{y}_i'\boldsymbol{x}_k = 0$$

oder

$$\boxed{\boldsymbol{y}_i'\boldsymbol{x}_k = 0} \quad \text{für } \lambda_i \neq \lambda_k . \tag{9}$$

Ist λ_i ein einfacher Eigenwert, so läßt sich zeigen, daß $\boldsymbol{y}_i'\boldsymbol{x}_i \neq 0$ ist, so daß man auf $\boldsymbol{y}_i'\boldsymbol{x}_i = 1$ normieren kann. Im Falle mehrfacher Eigenwerte, $\lambda_i = \lambda_k$, braucht (9) offenbar nicht mehr zu gelten. Wohl aber läßt sich dann, sofern nur $\boldsymbol{A}$ diagonalähnlich ist, es also nichtsinguläre Modalmatrizen $\boldsymbol{X}$, $\boldsymbol{Y}$ gibt, stets eine Orthogonalisierung derart durchführen, daß in jedem Falle die Beziehung

$$\boxed{\boldsymbol{y}_i'\boldsymbol{x}_k = \begin{cases} 0 \\ 1 \end{cases}} \quad \begin{matrix} \text{für} \quad i \neq k, \\ \text{für} \quad i = k \end{matrix} \tag{10}$$

besteht, was man dann auch in der Gleichung

$$\boxed{\boldsymbol{Y}'\boldsymbol{X} = \boldsymbol{E}} \tag{10a}$$

der Biorthogonalität der beiden Modalmatrizen zusammenfassen kann.

Wegen nichtsingulärem $\boldsymbol{X}$ folgt sogleich

$$\boxed{\boldsymbol{Y}' = \boldsymbol{X}^{-1}} \,; \tag{11}$$

die Zeilen der Kehrmatrix $\boldsymbol{X}^{-1}$ bilden also das dem System $\boldsymbol{X} = (\boldsymbol{x}_1, \ldots, \boldsymbol{x}_n)$ zugeordnete System der Linkseigenvektoren $\boldsymbol{y}_i$.

Das folgt übrigens auch unmittelbar aus (5) durch Umformen auf

$$\boldsymbol{X}^{-1}\boldsymbol{A} = \boldsymbol{\Lambda}\boldsymbol{X}^{-1}, \tag{5a}$$

was mit (8) gleichbedeutend ist.

9.3 Entwicklungssatz. Iterierte Vektoren

Eine überaus wichtige Folgerung aus der Existenz des vollständigen Systems $\boldsymbol{X}$ der Eigenvektoren ist der sogenannte *Entwicklungssatz*. Er besagt, daß sich ein beliebiger n-dimensionaler Vektor $\boldsymbol{z}$, den wir als reell annehmen wollen, als Linearkombination der Eigenvektoren einer n-reihigen reellen Matrix $\boldsymbol{A}$ darstellen läßt, sofern diese diagonalähnlich ist, d. h. eben ein vollständiges Eigenvektorsystem $\boldsymbol{X}$ besitzt:

$$\boxed{\boldsymbol{z} = c_1 \boldsymbol{x}_1 + c_2 \boldsymbol{x}_2 + \cdots + c_n \boldsymbol{x}_n = \boldsymbol{X}\boldsymbol{c}}\,. \tag{12}$$

Die *Entwicklungskoeffizienten* c_i ergeben sich hiernach als Lösungen des Gleichungssystems $\boldsymbol{X}\boldsymbol{c} = \boldsymbol{z}$, das bekanntlich für beliebige rechte Seite $\boldsymbol{z}$ eindeutig lösbar ist, womit der Satz auch bewiesen ist.

Es sei nun $\boldsymbol{z}_0$ ein beliebiger reeller Ausgangsvektor, und wir bilden von ihm aus mit der Matrix $\boldsymbol{A}$ die sogenannten *iterierten Vektoren*

$$\boxed{\begin{array}{lll} \boldsymbol{z}_1 = \boldsymbol{A}\boldsymbol{z}_0 & & \\ \boldsymbol{z}_2 = \boldsymbol{A}\boldsymbol{z}_1 & = \boldsymbol{A}^2\boldsymbol{z}_0 \\ \boldsymbol{z}_3 = \boldsymbol{A}\boldsymbol{z}_2 & = \boldsymbol{A}^3\boldsymbol{z}_0 \\ \cdots\cdots & \\ \boldsymbol{z}_n = \boldsymbol{A}\boldsymbol{z}_{n-1} & = \boldsymbol{A}^n\boldsymbol{z}_0 \end{array}}\,. \tag{13}$$

Diese $n+1$ Vektoren $\boldsymbol{z}_0$ bis $\boldsymbol{z}_n$ aber sind bekanntermaßen linear abhängig, da mehr als n Vektoren der Dimension n stets abhängig sind (vgl. § 5.5, Satz 5), während die n ersten Vektoren $\boldsymbol{z}_0$ bis $\boldsymbol{z}_{n-1}$ linear unabhängig sein können.

Es gibt also eine Beziehung der Form

$$\boxed{p[\boldsymbol{z}_0] \equiv a_0\boldsymbol{z}_0 + a_1\boldsymbol{z}_1 + \cdots + a_{n-1}\boldsymbol{z}_{n-1} + \boldsymbol{z}_n = 0} \tag{14}$$

oder kürzer

$$\boxed{\boldsymbol{Z}\boldsymbol{a} + \boldsymbol{z}_n = 0}\,. \tag{14a}$$

Die hier auftretenden Koeffizienten a_i aber sind, wie sich gleich zeigen wird, gerade die des charakteristischen Polynoms

$$\boxed{p(\lambda) = \det(\lambda\boldsymbol{E} - \boldsymbol{A}) = a_0 + a_1\lambda + \cdots + a_{n-1}\lambda^{n-1} + \lambda^n}\,. \tag{15}$$

Sind nun die n ersten Vektoren z_0 bis z_{n-1} linear unabhängig, mit anderen Worten ist die Matrix

$$Z = (z_0, z_1, \ldots, z_{n-1}) \tag{16}$$

nichtsingulär, so stellt (14) ein eindeutig lösbares lineares Gleichungssystem für die Koeffizienten a_i, dar, womit wir ein sehr einfaches Verfahren zur Aufstellung des Polynoms (15) und damit der charakteristischen Gleichung

$$\boxed{p(\lambda) = 0} \tag{17}$$

gewonnen haben, deren Wurzeln die gesuchten Eigenwerte λ_i der Matrix sind. Es handelt sich hier um ein sogenanntes *direktes Verfahren*, bekannt geworden unter den Namen *Krylov* und *Frazer-Duncan-Collar*, im Gegensatz zu iterativen Methoden, auf die wir noch zurückkommen. Wir zitieren es im folgenden als KRYLOV-*Verfahren der iterierten Vektoren.*

Wir zeigen zunächst, daß Gl. (14) in jedem Falle von den Koeffizienten a_i des charakteristischen Polynoms erfüllt wird. Dazu wenden wir auf den Ausgangsvektor z_0 den Entwicklungssatz an und erhalten mit den Eigenwertgleichungen $A\,x_i = \lambda_i\,x_i$ für die iterierten Vektoren:

$$\begin{array}{rl|l}
z_0 = & c_1 x_1 + c_2 x_2 + \cdots + c_n x_n & \cdot a_0 \\
z_1 = & \lambda_1 c_1 x_1 + \lambda_2 c_2 x_2 + \cdots + \lambda_n c_n x_n & \cdot a_1 \\
z_2 = & \lambda_1^2 c_1 x_1 + \lambda_2^2 c_2 x_2 + \cdots + \lambda_n^2 c_n x_n & \cdot a_2 \\
\cdots & \cdots\cdots\cdots\cdots\cdots\cdots & \cdots \\
z_n = & \lambda_1^n c_1 x_1 + \lambda_2^n c_2 x_2 + \cdots + \lambda_n^n c_n x_n & \cdot 1\,.
\end{array}$$

Indem wir, wie angedeutet, die Linearkombination (14) der Vektoren mit den Koeffizienten a_i des Polynoms $p(\lambda)$ bilden, erhalten wir

$$p[z_0] = p(\lambda_1)\,c_1\,x_1 + p(\lambda_2)\,c_2\,x_2 + \cdots + p(\lambda_n)\,c_n\,x_n = 0\,,$$

was wegen $p(\lambda_i) = 0$ in der Tat Null ergibt. — Unter welchen Bedingungen sind nun die n ersten Vektoren z_0 bis z_{n-1} linear unabhängig, so daß Gleichungssystem (14) eindeutig nach den gesuchten Koeffizienten a_i auflösbar ist? Zur Beantwortung dieser Frage setzen wir

$$b_0\,z_0 + \cdots + b_{n-1}\,z_{n-1} = f(\lambda_1)\,c_1\,x_1 + \cdots + f(\lambda_n)\,c_n\,x_n = 0$$

mit der Abkürzung

$$f(\lambda) = b_0 + b_1\,\lambda + b_2\,\lambda^2 + \cdots + b_{n-1}\,\lambda^{n-1}.$$

Wegen Unabhängigkeit der Eigenvektoren folgt daraus zunächst

$$c_i\,f(\lambda_i) = 0 \quad \text{für} \quad i = 1, 2, \ldots, n\,.$$

Ist der Ausgangsvektor z_0 so gewählt, daß er Komponenten sämtlicher Eigenvektoren enthält, daß also alle $c_i \neq 0$ sind, so folgt weiter $f(\lambda_i) = 0$

für $i = 1, 2, \ldots, n$. Sind nun alle n Eigenwerte λ_i verschieden, so würde das bedeuten, daß ein Polynom vom Grade $n-1$ an n Stellen verschwindet, also n Nullstellen besitzt. Da das aber nicht sein kann, so ist weiter zu folgern, daß $f(\lambda)$ überhaupt identisch Null ist, d. h. aber, daß alle $b_i = 0$ sind, was besagt, daß die Vektoren $\boldsymbol{z}_0$ bis $\boldsymbol{z}_{n-1}$ linear unabhängig sind. Die Bedingungen für nichtsinguläre Matrix $\boldsymbol{Z}$ lauten somit

1. Der Ausgangsvektor $\boldsymbol{z}_0$ besitzt Komponenten sämtlicher n Eigenvektoren der Matrix $\boldsymbol{A}$.
2. Alle n Eigenwerte λ_i der Matrix $\boldsymbol{A}$ sind untereinander verschieden.

Die erste Bedingung läßt sich durch genügend allgemeine Wahl des Ausgangswertes $\boldsymbol{z}_0$ stets herbeiführen; die zweite hingegen hängt von der zu behandelnden Matrix $\boldsymbol{A}$ ab. Sind beide erfüllt, so läßt sich das Gleichungssystem (14) eindeutig nach den Koeffizienten a_i auflösen.

Enthält nun $\boldsymbol{z}_0$ nicht mehr alle Eigenvektoren, sondern etwa nur q von ihnen ($q < n$), sind aber die Eigenwerte wieder sämtlich verschieden, so folgt auf die gleiche Weise wie oben, daß jetzt die q ersten Iterierten $\boldsymbol{z}_0$ bis $\boldsymbol{z}_{q-1}$ linear unabhängig sind, $\boldsymbol{z}_q$ aber von ihnen abhängig. Indem man dann das Verfahren mit $\boldsymbol{z}_q$ abbricht und einen Ansatz der Form

$$b_0 \boldsymbol{z}_0 + b_1 \boldsymbol{z}_1 + \cdots + b_{q-1} \boldsymbol{z}_{q-1} + \boldsymbol{z}_q = 0$$

macht, erhält man die Koeffizienten b_i eines entsprechenden Polynoms vom Grade q, dessen Nullstellen gerade diejenigen Eigenwerte λ sind, deren Eigenvektoren in $\boldsymbol{z}_0$ enthalten waren.

Hat aber die Matrix *mehrfache Eigenwerte*, sagen wir s verschiedene Werte λ_σ der jeweiligen Vielfachheit p_σ mit $p_1 + p_2 + \cdots + p_s = n$, so gehören im Falle diagonalähnlicher Matrix zum p_σ-fachen Eigenwert λ_σ genau p_σ linear unabhängige Eigenvektoren als Lösungen des homogenen Systems

$$(\boldsymbol{A} - \lambda_\sigma \boldsymbol{E}) \boldsymbol{x} = 0, \tag{18}$$

ein p_σ-dimensionaler *Eigenraum*, der für $p_\sigma = 1$ zur *Eigenrichtung* wird. Alle s Eigenräume zusammen bilden den n-dimensionalen Gesamtraum. Ein beliebiger Ausgangsvektor $\boldsymbol{z}_0$ läßt sich somit durch passende Wahl je eines Vektors aus jedem der s Eigenräume stets darstellen in der Form

$$\boldsymbol{z} = c_1 \boldsymbol{x}_1 + c_2 \boldsymbol{x}_2 + \cdots + c_s \boldsymbol{x}_s . \tag{12a}$$

Bei der Iteration geht nun jeder der Vektoren $\boldsymbol{x}_\sigma$ gemäß $\boldsymbol{A} \boldsymbol{x}_\sigma = \lambda_\sigma \boldsymbol{x}_\sigma$ wieder in seine Richtung über, so daß alle iterierten Vektoren $\boldsymbol{z}_i$ in dem s-dimensionalen Raum verbleiben, der durch die s Ausgangsvektoren $\boldsymbol{x}_\sigma$ ausgespannt ist. Es sind daher die $s + 1$ ersten Vektore

z_0 bis z_s wieder linear abhängig, während die s ersten unabhängig sind, sofern nur z_0 an jedem der s Eigenräume mit einer Komponente $c_\sigma \neq 0$ beteiligt war. Das alles läßt sich so wie oben auch algebraisch zeigen. Es besteht eine Beziehung der Form

$$\boxed{m[z_0] \equiv b_0 z_0 + b_1 z_1 + \cdots + b_{s-1} z_{s-1} + z_s = 0}, \tag{19}$$

also ein Gleichungssystem für die Koeffizienten b_i. Mit Hilfe des Entwicklungssatzes erhält man dann ähnlich wie oben die Bedingungen

$$m(\lambda_\sigma) = 0 \quad \text{für} \quad \sigma = 1, 2, \ldots, s$$

mit dem Polynom s-ten Grades

$$\boxed{m(\lambda) = b_0 + b_1 \lambda + \cdots + b_{s-1} \lambda^{s-1} + \lambda^s}, \tag{20}$$

welches genau die s verschiedenen Eigenwerte λ_σ der Matrix als *einfache* Nullstellen besitzt. Auflösung der Polynomgleichung

$$\boxed{m(\lambda) = 0} \tag{21}$$

liefert somit sämtliche Eigenwerte der Matrix, jedoch alle nur mit der Wurzelvielfachheit 1. Sofern also $s < n$ ausfällt, besitzt die Matrix wenigstens einen *mehrfachen* Eigenwert.

Das Polynom $m(\lambda)$ hat den Namen *Minimalpolynom*, die Gleichung $m(\lambda) = 0$ heißt *Minimumgleichung* der Matrix[1]. Setzen wir nämlich in (19) für die Iterierten $z_\nu = A^\nu z_0$ und klammern z_0 aus, so erhalten wir mit (20), indem wir überall für λ die Matrix A setzen, die Form

$$\boxed{m[z_0] = m(A)\, z_0 = 0}. \tag{19a}$$

Da nun aber z_0 beliebig sein soll, so folgt hieraus

$$\boxed{m(A) = 0}. \tag{22}$$

Die Matrix A selbst erfüllt die Polynomgleichung $m(\lambda) = 0$. Da es, wie man zeigen kann, die Polynomgleichung kleinsten Grades ist, die von der Matrix erfüllt wird, so heißt (22) *Minimumgleichung* der Matrix, eine Bezeichnung, die wir auf (21) übertragen.[1]

---

[1] Nur für diagonalähnliche Matrix hat $m(\lambda)$ ausschließlich einfache Nullstellen. Im Falle nicht diagonalähnlicher Matrix, der ja stets mehrfache Eigenwerte voraussetzt, enthält auch $m(\lambda)$ diese Eigenwerte nicht mehr durchweg einfach; vgl. dazu Matrizen [*24*], § 14.2 und § 18.1. Das KRYLOV-Verfahren der iterierten Vektoren liefert stets das Minimalpolynom.

Hat man die Eigenwerte λ_i durch Auflösen der Polynomgleichung $p(\lambda) = 0$ bzw. $m(\lambda) = 0$ ermittelt, so bleibt noch die Bestimmung der zugehörigen Eigenvektoren. Man kann sie durch Auflösen je eines der s linearen Gleichungssysteme (18) gewinnen. Wesentlich einfacher aber erhält man sie durch Linearkombination aus den ohnehin vorliegenden iterierten Vektoren $\boldsymbol{z}_j$, in denen sie ja laut Entwicklungssatz enthalten sind. Das gelingt mit Hilfe der *reduzierten Polynome*

$$\boxed{p_i(\lambda) = p(\lambda) : (\lambda - \lambda_i) \quad \text{bzw.} \quad = m(\lambda) : (\lambda - \lambda_i)}, \tag{23}$$

der Form

$$p_i(\lambda) = c_0^{(i)} + c_1^{(i)} \lambda + \cdots + c_{s-2}^{(i)} \lambda^{s-2} + \lambda^{s-1} \tag{24}$$

mit Koeffizienten $c_k^{(i)}$, die bei Division des Polynoms $p(\lambda)$ für $s = n$ bzw. $m(\lambda)$ für $s < n$ im HORNER-Schema ohnehin anfallen. Die damit gebildete Linearkombination

$$p_i[\boldsymbol{z}_0] = c_0^{(i)} \boldsymbol{z}_0 + c_1^{(i)} \boldsymbol{z}_1 + \cdots + c_{s-2}^{(i)} \boldsymbol{z}_{s-2} + \boldsymbol{z}_{s-1}$$

erweist sich nun als der zu λ_i gehörige Eigenvektor:

$$\boxed{p_i[\boldsymbol{z}_0] = \boldsymbol{x}_i}. \tag{25}$$

Dies zeigt sich, indem wir $p[\boldsymbol{z}_0] = p(\boldsymbol{A})\boldsymbol{z}_0$ in (15) bzw. $m[\boldsymbol{z}_0] = m(\boldsymbol{A})\boldsymbol{z}_0$ in (19) zerlegen nach (23):

$$p[\boldsymbol{z}_0] = p(\boldsymbol{A})\, \boldsymbol{z}_0 = (\boldsymbol{A} - \lambda_i \boldsymbol{E})\, p_i(\boldsymbol{A})\, \boldsymbol{z}_0 = (\boldsymbol{A} - \lambda_i \boldsymbol{E})\, p_i[\boldsymbol{z}_0] = 0,$$

womit sich $p_i[\boldsymbol{z}_0]$ als Eigenvektor zu λ_i erweist.

1. Beispiel:

$$\boldsymbol{A} = \begin{pmatrix} -2 & 2 & -1 \\ 7 & 3 & -1 \\ -4 & -4 & -2 \end{pmatrix}$$

$\boldsymbol{A}$			$\boldsymbol{z}_0$	$\boldsymbol{z}_1$	$\boldsymbol{z}_2$	$\boldsymbol{z}_3$
−2	2	−1	1	−2	22	−10
7	3	−1	0	7	11	199
−4	−4	−2	0	−4	−12	−108
			1	−2	22	−10
			0	7	11	199
			0	4/7	−40/7	40/7
		$a_i =$	−72	−30	1	1

Charakteristische Gleichung $p(\lambda) = \lambda^3 + \lambda^2 - 30\lambda - 72 = 0$,

$$\lambda_1 = 6, \quad \lambda_2 = -3, \quad \lambda_3 = -4,$$

HORNER-Schema:

	1	1	−30	−72
$\lambda_1 = 6$:	—	6	42	72
$p_1(\lambda)$:	1	7	12	0
$\lambda_2 = -3$:	—	−3	6	72
$p_2(\lambda)$:	1	−2	−24	0
$\lambda_3 = -4$:	—	−4	12	72
$p_3(\lambda)$:	1	−3	−18	0

$$\boldsymbol{x}_1 = \boldsymbol{z}_2 + 7\,\boldsymbol{z}_1 + 12\,\boldsymbol{z}_0 = \begin{pmatrix} 20 \\ 60 \\ -40 \end{pmatrix} \triangleq \begin{pmatrix} 1 \\ 3 \\ -2 \end{pmatrix}$$

$$\boldsymbol{x}_2 = \boldsymbol{z}_2 - 2\,\boldsymbol{z}_1 - 24\,\boldsymbol{z}_0 = \begin{pmatrix} 2 \\ -3 \\ -4 \end{pmatrix}$$

$$\boldsymbol{x}_3 = \boldsymbol{z}_2 - 3\,\boldsymbol{z}_1 - 18\,\boldsymbol{z}_0 = \begin{pmatrix} 10 \\ -10 \\ 0 \end{pmatrix} \triangleq \begin{pmatrix} 1 \\ -1 \\ 0 \end{pmatrix}$$

Alle Beziehungen gelten natürlich auch für komplexe Eigenwerte. Indessen läßt sich hier die Rechnung angenehmer im Reellen durchführen, indem man die beiden konjugiert komplexen Linearfaktoren zum reellen Quadratfaktor zusammenfaßt. Es sei

$$\left.\begin{aligned} \lambda_1 &= \alpha + i\beta, \\ \lambda_2 &= \alpha - i\beta \end{aligned}\right\} \tag{26}$$

ein komplexes Wurzelpaar und

$$\boxed{f(\lambda) = (\lambda - \lambda_1)(\lambda - \lambda_2) = \lambda^2 + s\,\lambda + p} \tag{27}$$

der zugehörige Quadratfaktor. Reduziertes Polynom ist dann

$$\boxed{p_{12}(\lambda) = p(\lambda) : f(\lambda)}\,, \tag{28}$$

das wieder aus dem — jetzt doppelzeilig angelegten — HORNER-Schema anfällt. Mit ihm bilden wir wieder die Vektor-Kombination

$$\boxed{p_{12}[\boldsymbol{z}_0] = p_{12}(\boldsymbol{A})\,\boldsymbol{z}_0 = \boldsymbol{y}}\,, \tag{29}$$

für die

$$p[\boldsymbol{z}_0] = p(\boldsymbol{A})\,\boldsymbol{z}_0 = f(\boldsymbol{A})\,p_{12}(\boldsymbol{A})\,\boldsymbol{z}_0 = f(\boldsymbol{A})\,\boldsymbol{y} = 0$$

gilt. Das spaltet sich zufolge (27) auf in

$$(\boldsymbol{A} - \lambda_1 \boldsymbol{E})(\boldsymbol{A} - \lambda_2 \boldsymbol{E})\,\boldsymbol{y} = (\boldsymbol{A} - \lambda_1 \boldsymbol{E})\,\boldsymbol{x}_1 = 0\,,$$

wonach sich der Faktor $(\boldsymbol{A} - \lambda_2 \boldsymbol{E})\,\boldsymbol{y}$ als Eigenvektor $\boldsymbol{x}_1$ ausweist. Spalten wir ihn auf in Real- und Imaginärteil, desgleichen λ_1, so erhalten wir

$$\boldsymbol{x}_1 = \boldsymbol{u} + i\,\boldsymbol{v} = (\boldsymbol{A} - \lambda_2 \boldsymbol{E})\,\boldsymbol{y} = \boldsymbol{A}\,\boldsymbol{y} - \alpha\,\boldsymbol{y} + i\,\beta\,\boldsymbol{y}$$

und damit endgültig als Real- und Imaginärteil der beiden Eigenvektoren $\boldsymbol{x}_{1,2} = \boldsymbol{u} \pm i\,\boldsymbol{v}$:

$$\boxed{\begin{aligned} \boldsymbol{u} &= \boldsymbol{A}\,\boldsymbol{y} - \alpha\,\boldsymbol{y} \qquad (30\text{a}) \\ \boldsymbol{y} &= \beta\,\boldsymbol{y} \qquad (30\text{b}) \end{aligned}}\,.$$

2. Beispiel:

$$A = \begin{pmatrix} 2 & 2 & 0 & -3 \\ 4 & 5 & 2 & -5 \\ -6 & -4 & -1 & 6 \\ 4 & 3 & 2 & -1 \end{pmatrix}$$

A				z_0	z_1	z_2	z_3	z_4	y	Ay	u
2	2	0	−3	1	2	0	−20	−76	1	6	4
4	5	2	−5	0	4	−4	−36	−124	2	10	6
−6	−4	−1	6	0	−6	2	38	154	−2	−12	−8
4	3	2	−1	0	4	4	−12	−100	0	6	6
4	6	3	−3	1	4	2	−30	−146	1	12	10
				1	2	0	−20	−76			
				0	4	−4	−36	−124			
				0	1,5	−4	−16	−32			
				0	−1	2	−8	−40			
			—	1	−0,5	1	−1	0			
			$a_i =$	−20	−2	12	−5	1			

$$p(\lambda) = \lambda^4 - 5\lambda^3 + 12\lambda^2 - 2\lambda - 20 = 0$$
$$= (\lambda^2 - 4\lambda + 10)(\lambda - 2)(\lambda + 1)$$
$$\lambda_{12} = 2 \pm \sqrt{6}\, i, \quad \lambda_3 = 2, \quad \lambda_4 = -1$$

HORNER-Schema:

	1	−5	12	−2	−20
λ_{12}:	−10	—	—	−10	10	20
	4	—	4	−4	−8	—
$p_{12}(\lambda)$:	1	−1	−2	0	0

$\lambda_3 = 2$:	—	2	−6	12	20
$p_3(\lambda)$:	1	−3	6	10	0

$\lambda_4 = -1$:	—	−1	6	−18	20
$p_4(\lambda)$:	1	−6	18	−20	0

$$y = z_2 - z_1 - 2z_0 = \begin{pmatrix} -4 \\ -8 \\ 8 \\ 0 \end{pmatrix} \triangleq \begin{pmatrix} 1 \\ 2 \\ -2 \\ 0 \end{pmatrix}$$

$$x_{12} = \begin{pmatrix} 4 \\ 6 \\ -8 \\ 6 \end{pmatrix} \pm \sqrt{6} \begin{pmatrix} 1 \\ 2 \\ -2 \\ 0 \end{pmatrix} \cdot i$$

$$x_3 = z_3 - 3z_2 + 6z_1 + 10z_0 \triangleq \begin{pmatrix} 1 \\ 0 \\ -2 \\ 0 \end{pmatrix}$$

$$x_4 = z_3 - 6z_2 + 18z_1 - 20z_0 \triangleq \begin{pmatrix} -2 \\ 30 \\ -41 \\ 18 \end{pmatrix}.$$

9.4 Überblick über Lösungsmethoden

Die numerische Behandlung der Matrix-Eigenwertaufgabe — Bestimmung der Eigenwerte und zugehörigen Eigenvektoren — hat sich zu einem umfangreichen Sondergebiet der numerischen Mathematik ausgewachsen. Die hier entwickelten Methoden sind mittlerweile so zahlreich und auch so vielfältig in ihren Grundgedanken, daß wir sie im Rahmen dieses Buches nicht entfernt vollständig aufführen oder gar im einzelnen beschreiben können. Wir verweisen dazu auf ausführlichere Lehrbücher[1], geben jedoch nachfolgend einen kurzen Überblick

[1] Vgl. etwa BODEWIG [*2*], DURAND, Bd. II [*5*], HOUSEHOLDER [*13*] und Matrizen [*24*].

über die wichtigsten Arten der Verfahren, wobei man zwischen direkten und iterativen unterscheiden kann.

Bei den *direkten Verfahren*, von denen wir soeben das der iterierten Vektoren nach Krylov kennenlernten, wird in endlicher Anzahl von Rechenschritten die charakteristische oder die Minimumgleichung aufgestellt, die anschließend nach einem der dazu entwickelten Verfahren gelöst werden kann (vgl. I, § 2 und 3). Hat man so die Eigenwerte ermittelt, so erfordert die etwaige Bestimmung der Eigenvektoren zusätzliche Rechnung. Methoden dieser Art sind angebracht entweder bei Matrizen kleiner Reihenzahl oder aber wenn wirklich sämtliche (oder doch fast alle) Eigenwerte der Matrix gesucht sind, was bei umfangreichen Matrizen verhältnismäßig selten vorkommt. Das Krylov-Verfahren hat den schwerwiegenden Nachteil numerischer Instabilität: Die Matrix $\boldsymbol{Z}$ der iterierten Vektoren neigt zu numerischer Singularität, besonders dann, wie vielfach bei Schwingungsaufgaben, wenn die Beträge der Eigenwerte ihrem Verhältnis nach weit auseinander liegen. Numerisch einwandfrei arbeiten andere Verfahren, von denen wir als wichtigste die von Hessenberg[1], Givens[2] und Householder[3] nennen möchten. Hier wird die Matrix durch Ähnlichkeitstransformation auf Fast-Dreiecksform gebracht, eine Matrix, bei der gegenüber der Dreiecksmatrix noch eine Nebendiagonalreihe besetzt ist. Bei Hessenberg wird dies durch allgemeine Ähnlichkeitstransformation mit einer Dreiecks-Transformationsmatrix erreicht; bei Givens und Householder durch eine Orthogonaltransformation, die im Falle symmetrischer Ausgangsmatrix unter Wahrung der Symmetrie sogar auf Tridiagonalform führt; außer der Diagonalen sind nur noch die beiden benachbarten Nebendiagonalen besetzt, was die weitere Rechnung entscheidend vereinfacht. Von den auf diese Weise erreichten Sonderformen der Matrix ist der Aufbau des charakteristischen Polynoms einfach durchzuführen; doch läßt sich die Aufgabe dann auch noch auf andere Weise, ohne explizite Verwendung des Polynoms, zu Ende führen.

Bei Matrizen großer Reihenzahl und insbesondere dann, wenn von den Eigenwerten der Matrix, was recht oft vorkommt, nur ein einziger oder doch nur einige wenige interessieren — etwa die ersten Frequenzen eines Schwingungssystems —, sind *iterative Verfahren* vorteilhaft und von ihnen speziell eine Gruppe, deren einfacher Grundgedanke auf v. Mises zurückgeht. Das Verfahren, bei dem Eigenwert und zugehöriger Eigenvektor gleichzeitig anfallen, eignet sich gleicherweise für Hand-

---

[1] Hessenberg, K.: Auflösung linearer Eigenwertaufgaben mit Hilfe der Hamilton-Cayleyschen Gleichung. Diss. T. H. Darmstadt 1941.

[2] Givens, J. W.: Numerical computation of the characteristic values of a real symmetric matrix. Oak Ridge National Laboratory, ORNL 1574. 1954.

[3] Householder, A. S., u. F. L. Bauer: On certain methods for expanding the characteristic polynomial. Numer. Math. Bd. 1 (1959) S. 29—37.

und Automatenrechnung. Wir beschreiben es mit seinen verschiedenen Varianten ausführlich im folgenden § 10.

Unter dem Einfluß automatischer Rechnung sind zwei andere iterative Verfahren bedeutsam geworden, nämlich das schon in § 8.4 bei iterativer Behandlung von Gleichungssystemen angeführte JACOBI-*Verfahren* sowie die von RUTISHAUSER entwickelte sogenannte *LR-Transformation*[1]. Beide Verfahren sind in ihren Grundgedanken durchaus verschieden, im Ergebnis aber recht ähnlich.

Beim JACOBI-Verfahren wird eine symmetrische Matrix iterativ auf die Diagonalform Λ ihrer Eigenwerte überführt, und zwar durch eine unendliche Folge elementarer Orthogonaltransformationen, geometrisch deutbar als ebene Drehungen. Das Verfahren ist neuerdings in verschiedener Hinsicht verallgemeinert worden, vgl. z. B. 9.5. — Bei RUTISHAUSERS LR-Transformation wird eine allgemeine Matrix iterativ auf Dreiecksform gebracht mit den Eigenwerten als Diagonalelementen. Das Verfahren besteht in fortgesetzter Anwendung zweier Schritte: Dreieckszerlegung $\boldsymbol{A} = \boldsymbol{L}\,\boldsymbol{R}$ der Matrix $\boldsymbol{A}$ in linke und rechte Dreiecksmatrix $\boldsymbol{L}$ bzw. $\boldsymbol{R}$, sodann Bildung der neuen Matrix $\boldsymbol{A}_1 = \boldsymbol{R}\,\boldsymbol{L}$ als Produkt der Dreiecksmatrizen in umgekehrter Reihenfolge. Auf $\boldsymbol{A}_1$ wird der gleiche Prozeß angewandt: Dreieckszerlegung und Bilden der neuen Matrix. Das Verfahren konvergiert unter bestimmten Umständen, die anzugeben hier zu weit führen würde, gegen die genannte Dreiecksmatrix. — Beide Verfahren sind ausgesprochene Automatenverfahren und für Handrechnung wenig empfehlenswert. Im Gegensatz zur MISES-Iteration liefern sie die Gesamtheit aller Eigenwerte nebst Eigenvektoren und sind dementsprechend aufwendiger in der Rechenzeit. Sie haben sich, auch in sonst kritischen Fällen, als numerisch besonders stabil erwiesen, was für die Wahl eines Verfahrens entscheidend sein kann.

9.5 Die allgemeine Eigenwertaufgabe

Der bisher betrachteten sogenannten speziellen Aufgabe $\boldsymbol{A}\,\boldsymbol{x} = \lambda\,\boldsymbol{x}$ steht die in zahlreichen Anwendungen auftretende *allgemeine Eigenwertaufgabe*

$$\boxed{\boldsymbol{A}\,\boldsymbol{x} = \lambda\,\boldsymbol{B}\,\boldsymbol{x}} \quad \text{bzw.} \quad \boxed{(\boldsymbol{A} - \lambda\,\boldsymbol{B})\,\boldsymbol{x} = 0} \tag{31}$$

gegenüber mit zwei n-reihigen Matrizen $\boldsymbol{A}, \boldsymbol{B}$, von denen wenigstens eine, etwa $\boldsymbol{B}$, ausdrücklich als nichtsingulär vorausgesetzt sei entsprechend der Regularität der Einheitsmatrix $\boldsymbol{E}$ bei der speziellen Aufgabe. Der Parameter λ tritt jetzt auch in den nichtdiagonalen Elementen in der Form $a_{ik} - \lambda\,b_{ik}$ auf. Die charakteristische Gleichung

$$\det(\boldsymbol{A} - \lambda\,\boldsymbol{B}) = 0 \tag{32}$$

[1] RUTISHAUSER, H.: Z. angew. Math. Phys. (ZAMP) Bd. 5 (1954) S. 233—251.

ist wieder eine algebraische Gleichung n-ten Grades in λ. Die Aufgabe läßt sich formal auf die spezielle zurückführen durch Linksmultiplikation mit $\boldsymbol{B}^{-1}$:

$$\boldsymbol{C}\,\boldsymbol{x} = \lambda\,\boldsymbol{x} \quad \text{mit} \quad \boldsymbol{C} = \boldsymbol{B}^{-1}\boldsymbol{A}. \tag{33}$$

Diese Multiplikation braucht indessen nicht explizit ausgeführt zu werden, vgl. etwa § 6.4.

In den Anwendungen tritt die Aufgabe vielfach mit reell symmetrischen Matrizen $\boldsymbol{A}, \boldsymbol{B}$ und insbesondere positiv definitem $\boldsymbol{B}$ auf (wieder entsprechend der positiven Definitheit von $\boldsymbol{E}$). Dann übertragen sich die Eigenschaften der speziellen Aufgabe mit reell symmetrischer Matrix, obwohl $\boldsymbol{C} = \boldsymbol{B}^{-1}\boldsymbol{A}$ im allgemeinen nicht symmetrisch ist. Insbesondere sind Eigenwerte und Eigenvektoren sämtlich reell. Hierfür haben FALK und LANGEMEYER eine Verallgemeinerung des JACOBI-Verfahrens entwickelt[1]. — Bemerkenswert ist noch der einfache Zusammenhang zwischen Rechts- und Linkseigenvektoren $\boldsymbol{x}$ bzw. $\boldsymbol{y}$ nach

$$\boldsymbol{y} = \boldsymbol{B}\,\boldsymbol{x}, \tag{34}$$

was man mit (33) bei symmetrischem $\boldsymbol{A}$ und $\boldsymbol{B}$ leicht bestätigt.

§ 10 Eigenwertaufgabe: Iterative Methoden

10.1 Das v. Misessche Iterationsverfahren

Das Iterationsverfahren zur Bestimmung von Eigenwert und Eigenvektor einer Matrix geht in seiner bekanntesten Form auf R. v. MISES zurück[2]. Ausgehend von einem beliebigen Vektor $\boldsymbol{z}_0$ bildet man auch hier iterierte Vektoren $\boldsymbol{z}_\nu$ nach der Vorschrift

$$\boxed{\boldsymbol{A}\,\boldsymbol{z}_\nu = \boldsymbol{z}_{\nu+1}}\,. \qquad \nu = 0, 1, 2, \ldots \tag{1}$$

Diese Vektoren konvergieren unter bestimmten noch zu erörternden Bedingungen gegen den *dominanten Eigenvektor* $\boldsymbol{x}_1$, d. h. gegen den zum dominanten = betragsgrößten Eigenwert λ_1 gehörigen. Zugleich konvergiert dabei das Verhältnis zweier aufeinanderfolgender Vektoren, d. h. ihrer Komponenten, gegen diesen Eigenwert. Man erkennt dies leicht mit Hilfe des Entwicklungssatzes, wenn man wie bisher diagonalähnliche Matrix $\boldsymbol{A}$ voraussetzt, also die Existenz eines vollständigen Systems von Eigenvektoren $\boldsymbol{x}_i$, nach denen der Ausgangs-

---

[1] FALK, S., u. P. LANGEMEYER: Das JACOBIsche Rotationsverfahren für reell symmetrische Matrizenpaare I, II. Elektron. Datenverarb. 1960, S. 30—43. — Vgl. auch Matrizen [*24*], § 21.10.

[2] MISES, R. v., u. H. GEIRINGER: Z. angew. Math. Mech. Bd. 9 (1929) S. 58 bis 77 und 152—164.

vektor z_0 entwickelt werden kann[1]:

$$z_0 = c_1 x_1 + c_2 x_2 + \cdots + c_n x_n .$$

Daraus folgt dann für die iterierten Vektoren

$$\begin{aligned} z_\nu = A^\nu z_0 &= c_1 \lambda_1^\nu x_1 + c_2 \lambda_2^\nu x_2 + \cdots + c_n \lambda_n^\nu x_n \\ &= \lambda_1^\nu \left[c_1 x_1 + c_2 \left(\frac{\lambda_2}{\lambda_1}\right)^\nu x_2 + \cdots + c_n \left(\frac{\lambda_n}{\lambda_1}\right)^\nu x_n \right]. \end{aligned}$$

Denken wir uns nun die Eigenwerte nach absteigenden Beträgen geordnet und setzen wir überdies λ_1 als dominant voraus:

$$|\lambda_1| > |\lambda_2| \geqq \cdots \geqq |\lambda_n| , \tag{2}$$

so werden die Faktoren $(\lambda_i/\lambda_1)^\nu$ mit zunehmender Iterationsstufe ν dem Betrage nach immer kleiner. Sie treten gegenüber dem dominanten ersten Glied immer mehr zurück, bis ihr Einfluß im Rahmen der mitgeführten Stellenzahl ganz verschwunden ist. Es besteht also die Konvergenz

$$\boxed{\begin{aligned} &z_\nu \to \lambda_1^\nu c_1 x_1 \triangleq x_1 , &(3)\\ &z_{\nu+1} \to \lambda_1 z_\nu &(4) \end{aligned}}$$

oder anstelle von (4)

$$q_i^{(\nu)} = \frac{z_i^{(\nu)}}{z_i^{(\nu+1)}} \to \lambda_1 . \tag{5}$$

Die Quotienten $q_i^{(\nu)}$ entsprechender Komponenten $z_i^{(\nu)}$ zweier aufeinanderfolgender iterierter Vektoren z_ν konvergieren gegen den Eigenwert λ_1, sofern die betreffende Eigenvektorkomponente $x_i \neq 0$ ist. Vorausgesetzt ist dabei, daß $c_1 \neq 0$ ist, der Ausgangsvektor z_0 also eine — wenn auch noch so schwache — Komponente des Eigenvektors x_1 besitzt. Die Konvergenz verläuft um so rascher, je größer das Verhältnis $|\lambda_1|:|\lambda_2|$, je stärker also λ_1 dominiert.

Beispiel:

$$A = \begin{pmatrix} 5 & -2 & -4 \\ -2 & 2 & 2 \\ -4 & 2 & 5 \end{pmatrix}.$$

Rechnung einschließlich Summenproben:

A			z_0	z_1	z_2	z_3	z_4	...
5	−2	−4	1	5	45	445	4445	
−2	2	2	0	−2	−22	−222	−2222	
−4	2	5	0	−4	−44	−444	−4444	
−1	2	3	—	−1	−21	−221	−2221	

[1] Das Verfahren konvergiert auch bei allgemeiner, nicht diagonalähnlicher Matrix, wenn auch mit unter Umständen anderem (schlechterem) Konvergenzverhalten. Vgl. dazu Matrizen [*24*], nur 2. Aufl., § 21.10.

Die gute Konvergenz — ersichtlich gegen $\lambda_1 = 10$ und $\boldsymbol{x}_1 = (2, -1, -2)'$ — folgt hier aus dem stark dominanten Eigenwert λ_1 gegenüber $\lambda_2 = \lambda_3 = 1$.

Damit die Zahlenwerte nicht unbequem groß oder klein werden (im Falle $|\lambda_1| > 1$ bzw. < 1), empfiehlt sich ein Normieren der Vektoren $\boldsymbol{z}_\nu$ vor jeder neuen Iteration, z. B. dadurch, daß man eine feste Vektorkomponente (etwa die betragsmäßig größte) immer wieder zu 1 macht (vgl. Zahlenbeispiele in VII, § 30.4, 5 und 6), oder auch, falls es eine feste größte Komponente nicht gibt, indem man durch Division durch

$$\sqrt{z_1^2 + z_2^2 + \cdots + z_n^2}$$

auf den Vektorbetrag 1 geht. Allgemein verfährt man dabei nach

$$\boldsymbol{A}\,\boldsymbol{z}_\nu = \boldsymbol{z}^*_{\nu+1}\,, \quad \boldsymbol{z}_{\nu+1} = k_\nu\,\boldsymbol{z}^*_{\nu+1} \tag{1*}$$

mit geeignetem Faktor k_ν, der sich mit der Iterationsstufe ändert. Formel (4) ist dann abzuändern in

$$\boxed{\boldsymbol{z}^*_{\nu+1} \rightarrow \lambda_1\,\boldsymbol{z}_\nu} \tag{4*}$$

und entsprechend auch Formel (5).

Es bleibt noch zu überlegen, was im Falle nicht dominanten ersten Eigenwertes, also bei

$$|\lambda_1| = |\lambda_2| > |\lambda_3| \tag{2a}$$

eintritt. Beschränken wir uns zunächst auf reelle Eigenwerte, so haben wir es mit den beiden Fällen $\lambda_1 = \lambda_2$ und $\lambda_1 = -\lambda_2$ zu tun. Im ersten Falle zweifachen — oder auch allgemein mehrfachen — dominanten Eigenwertes ändert sich äußerlich gar nichts. Aus der Entwicklung folgt

$$\boldsymbol{z}_\nu \rightarrow \lambda_1^\nu\,(c_1\,\boldsymbol{x}_1 + c_2\,\boldsymbol{x}_2) = \lambda_1^\nu\,\boldsymbol{x}_1^{(1)}, \tag{3a}$$

und hier steht in der Klammer wieder ein zu $\lambda_1 = \lambda_2$ gehöriger — in der von $\boldsymbol{x}_1$, $\boldsymbol{x}_2$ ausgespannten Ebene gelegener — Eigenvektor $\boldsymbol{x}_1^{(1)}$. Er hängt von der Wahl des Ausgangswertes $\boldsymbol{z}_0 = \boldsymbol{z}_0^{(1)}$ ab, und für einen anderen Ausgangsvektor $\boldsymbol{z}_0^{(2)}$ konvergiert das Verfahren gegen einen anderen Vektor $\boldsymbol{x}_1^{(2)}$, was für die Mehrfachheit des dominanten Eigenwertes kennzeichnend ist.

Im Falle $\lambda_1 = -\lambda_2$ erhält man

$$\boldsymbol{z}_\nu \rightarrow \lambda_1^\nu\,(c_1\,\boldsymbol{x}_1 + (-1)^\nu\,c_2\,\boldsymbol{x}_2)\,. \tag{3b}$$

Die iterierten Vektoren gerader und ungerader Ordnung ν konvergieren verschieden, wodurch sich dieser Fall auszeichnet. Die Eigenwerte $\lambda_{1,2}$ ergeben sich dann aus

$$\boxed{\boldsymbol{z}_{\nu+2} \rightarrow \lambda_{1,2}^2\,\boldsymbol{z}_\nu}\,, \tag{6}$$

und die Eigenvektoren erhält man aus (3b) — nach Unterdrücken unwesentlicher Faktoren — zu

$$\boxed{\begin{aligned} \boldsymbol{x}_1 &= \boldsymbol{z}_{\nu+1} + \lambda_1 \boldsymbol{z}_\nu \\ \boldsymbol{x}_2 &= \boldsymbol{z}_{\nu+1} - \lambda_1 \boldsymbol{z}_\nu \end{aligned}}\,. \qquad \begin{aligned} &(7\text{a}) \\ &(7\text{b}) \end{aligned}$$

10.2 Betragsgleiche und betragsnahe Eigenwerte

Außer den soeben betrachteten Sonderfällen interessieren betragsgleiche Eigenwerte vor allem im Falle komplexer Eigenwerte λ_1, $\lambda_2 = \bar{\lambda}_1$, aber auch wenn λ_1 und λ_2 nahezu betragsgleich sind, so daß der Einfluß von λ_2 nur sehr langsam zurückgeht. Allgemein sei also

$$|\lambda_1| = |\lambda_2| \quad \text{oder} \quad |\lambda_1| \approx |\lambda_2|,$$

während λ_3 dem Betrage nach genügend weit von den beiden ersten entfernt sei. Dann enthält $\boldsymbol{z}_\nu$ von genügend hoher Stufe ν an praktisch nur die beiden ersten Eigenvektoren. Nehmen wir Faktoren in die Eigenvektoren hinein, so gilt für drei aufeinanderfolgende Iterierten:

$$\left.\begin{aligned} \boldsymbol{z}_\nu &= \boldsymbol{x}_1 + \boldsymbol{x}_2 \\ \boldsymbol{z}_{\nu+1} &= \lambda_1 \boldsymbol{x}_1 + \lambda_2 \boldsymbol{x}_2 \\ \boldsymbol{z}_{\nu+2} &= \lambda_1^2 \boldsymbol{x}_1 + \lambda_2^2 \boldsymbol{x}_2 \end{aligned}\right\}. \tag{8}$$

Die drei Vektoren liegen also, geometrisch gesprochen, in der von $\boldsymbol{x}_1$, $\boldsymbol{x}_2$ ausgespannten Ebene und sind somit linear abhängig; es besteht eine Beziehung der Form

$$\boxed{f[\boldsymbol{z}_\nu] \equiv \boldsymbol{z}_{\nu+2} + a_1 \boldsymbol{z}_{\nu+1} + a_0 \boldsymbol{z}_\nu = 0}\,. \tag{9}$$

Die Koeffizienten a_0, a_1 ergeben sich, indem man die drei Spalten $\boldsymbol{z}_\nu$, $\boldsymbol{z}_{\nu+1}$, $\boldsymbol{z}_{\nu+2}$ dem GAUSSschen Algorithmus unterwirft. Mit (9) erhält man für die rechten Seiten von (8)

$$(\lambda_1^2 + a_1 \lambda_1 + a_0)\, \boldsymbol{x}_1 + (\lambda_2^2 + a_1 \lambda_2 + a_0)\, \boldsymbol{x}_2 = 0,$$

und da $\boldsymbol{x}_1$, $\boldsymbol{x}_2$ als unabhängig vorausgesetzt werden, so sind λ_1, λ_2 die Wurzeln der quadratischen Gleichung

$$\boxed{f(\lambda) \equiv \lambda^2 + a_1 \lambda + a_0 = 0}\,. \tag{10}$$

Mit den beiden Eigenwerten λ_1, λ_2 errechnen sich aus den zwei ersten Gln. (8) — nach Unterdrücken des Faktors $\pm(\lambda_1 - \lambda_2)$ — die Eigenvektoren

$$\boxed{\begin{aligned} \boldsymbol{x}_1 &= \boldsymbol{z}_{\nu+1} - \lambda_2 \boldsymbol{z}_\nu \\ \boldsymbol{x}_2 &= \boldsymbol{z}_{\nu+1} - \lambda_1 \boldsymbol{z}_\nu \end{aligned}}\,. \tag{11}$$

A				z_0	z_1	z_2	z_3	z_4	z_5
3	4	0	−6	1	3	−7	−149	−591	1299
8	9	4	−10	0	8	−32	−216	−960	3528
−12	−8	−3	12	0	−12	32	244	1344	−3084
8	6	4	−3	0	8	0	−120	−1152	−1656
7	11	5	−7	—	7	−7	−241	−1359	87

$$\lambda^2 - 6{,}0647\,\lambda + 33{,}1103$$

$$\lambda_{1\,2} = 3{,}03235 \pm \sqrt{23{,}9155}\,i$$

$$= 3{,}03235 \pm 4{,}89035\,i\,.$$

$$\text{Exakt: } \lambda^2 - 6\lambda + 33 = 0,$$

$$\lambda_{1\,2} = 3{,}0 \pm \sqrt{24}\,i$$

$$= 3{,}0 \pm 4{,}898980\,i\,.$$

Für komplexes λ,

$$\lambda_{1,2} = \alpha \pm i\beta,$$

wird daraus

$$\boxed{x_{1,2} = (z_{\nu+1} - \alpha\, z_\nu) \pm i\,\beta\, z_\nu}\,. \tag{11a}$$

Sofern die Iterierten z_ν noch Anteile höherer Eigenvektoren x_i enthalten, ist die lineare Abhängigkeit (9) nur angenähert erfüllt, was sich bei Durchführen des Algorithmus durch das Auftreten kleiner Reste an Stelle der Null anzeigt. Dann stellen die nach (11) bzw. (11a) berechneten Eigenvektoren nur Näherungen dar, selbst wenn man von den Fehlern der aus (10) errechneten Näherungen λ_1, λ_2 absehen, also mit exakten Eigenwerten rechnen würde.

Das Vorgehen ist verallgemeinerungsfähig. So erhält man beispielsweise im Falle $|\lambda_1| = |\lambda_2| = |\lambda_3| > |\lambda_4|$ eine kubische Gleichung $f(\lambda) = 0$, deren Koeffizienten a_i sich aus linearer Abhängigkeit $f[z_\nu] = 0$ vier aufeinanderfolgender Iterierten z_ν ergeben. Bezeichnet man dann mit

$$f_i(\lambda) = f(\lambda) : (\lambda - \lambda_i)$$

die reduzierten Polynome, so liefert

$$\boxed{x_i = f_i[z_\nu]} \tag{12}$$

die zu den Wurzeln λ_i gehörigen Eigenvektoren oder deren Näherungen.

Beispiel[1]:

$$A = \begin{pmatrix} 3 & 4 & 0 & -6 \\ 8 & 9 & 4 & -10 \\ -12 & -8 & -3 & 12 \\ 8 & 6 & 4 & -3 \end{pmatrix}.$$

[1] Rechnung auf S. 182/83. Sind die Elemente a_{ik} vielstellige Dezimalzahlen, so führt man die Berechnung der Iterierten z_ν zuerst roh mit geringer Stellenzahl, um erst später auf volle Stellenzahl überzugehen.

z_6	z_7	z_8	z_9	z_{10}
27945	124155	−171423	−5131485	−25079463
46368	181224	−501120	−8812152	−36860832
−54432	−252684	355968	10223604	50277024
24192	211464	435456	−4260600	−40248576
44073	264159	118881	−7980633	−51911847
		−0,3420797	−0,1776319	369000
		−501120	−8812152	−36860832
		0,7103448	0,3325993	53057
		0,8689655	−11918056	−72279366
		0,2372306	−0,8450325	422049
		33,1103	−6,0647	1

Exakte Eigenwerte:

$$\lambda_{12} = 3 \pm \sqrt{24}\, i, \quad |\lambda_1| \approx 5{,}73, \quad \lambda_3 = 3, \quad \lambda_4 = -3.$$

Auch bei der bis zu z_{10} getriebenen Iteration enthalten die Iterierten noch Anteile der Vektoren x_3, x_4, die lineare Abhängigkeit ist nur angenähert verwirklicht. Erst etwa bei z_{30} wären diese Anteile im Rahmen der Stellenzahl verschwunden.

10.3 Der Rayleigh-Quotient und seine Verallgemeinerungen

Ein wichtiges Hilfsmittel zur Behandlung der Eigenwertaufgabe ist der RAYLEIGH-Quotient. Ist $\boldsymbol{x}$ ein beliebiger — im allgemeinen komplexer — Vektor, $\bar{\boldsymbol{x}}$ der dazu konjugiert komplexe, so versteht man unter dem zu $\boldsymbol{x}$ mit der Matrix $\boldsymbol{A}$ gebildeten RAYLEIGH-Quotienten den Ausdruck

$$\boxed{R[\boldsymbol{x}] = \frac{\bar{\boldsymbol{x}}' \boldsymbol{A} \boldsymbol{x}}{\bar{\boldsymbol{x}}' \boldsymbol{y}}}\,. \tag{13}$$

Sein Nenner $\bar{\boldsymbol{x}}' \boldsymbol{x} = |x_1|^2 + |x_2|^2 + \cdots + |x_n|^2$ ist als Betragsquadrat reell positiv. Der Zähler wird im allgemeinen komplex sein. Ist aber $\boldsymbol{A}$ *reell symmetrisch*[1], $\boldsymbol{A}' = \boldsymbol{A}$, so ist auch der Zähler und damit der ganze RAYLEIGH-Quotient reell. Durch Aufspalten in Real- und Imaginärteil

$$\boldsymbol{x} = \boldsymbol{u} + i\,\boldsymbol{v}, \quad \bar{\boldsymbol{x}} = \boldsymbol{u} - i\,\boldsymbol{v}$$

erhält man nämlich

$$\bar{\boldsymbol{x}}' \boldsymbol{A} \boldsymbol{x} = \boldsymbol{u}' \boldsymbol{A} \boldsymbol{u} + \boldsymbol{v}' \boldsymbol{A} \boldsymbol{v} + i\,(\boldsymbol{u}' \boldsymbol{A} \boldsymbol{v} - \boldsymbol{v}' \boldsymbol{A} \boldsymbol{u}).$$

Ist nun $\boldsymbol{A}$ reell symmetrisch, so heben sich die beiden letzten Ausdrücke (Bilinearformen) auf:

$$\boldsymbol{u}' \boldsymbol{A} \boldsymbol{v} = (\boldsymbol{u}' \boldsymbol{A} \boldsymbol{v})' = \boldsymbol{v}' \boldsymbol{A}' \boldsymbol{u}' = \boldsymbol{v}' \boldsymbol{A} \boldsymbol{u}$$

[1] allgemeiner: ist $\boldsymbol{A}$ *hermitisch*, d. h. $\bar{\boldsymbol{A}}' = \boldsymbol{A}$; vgl. Matrizen [*24*], § 4 und § 15.

(Transponierte einer Zahl gleich der Zahl selbst). Damit bleibt

$$\bar{\boldsymbol{x}}' \boldsymbol{A} \boldsymbol{x} = \boldsymbol{u}' \boldsymbol{A} \boldsymbol{u} + \boldsymbol{v}' \boldsymbol{A} \boldsymbol{v},$$

also die Summe zweier reell quadratischer Formen. Ist $\boldsymbol{A}$ überdies positiv definit, so sind beide und damit auch $R[\boldsymbol{x}]$ positiv.

Satz 1: Der Rayleigh-Quotient einer reell symmetrischen Matrix $\boldsymbol{A}$ ist stets reell. Ist $\boldsymbol{A}$ positiv definit, so ist $R[\boldsymbol{x}]$ positiv.

Es sei nun $\boldsymbol{A}$ wieder beliebig, λ_i einer ihrer Eigenwerte und $\boldsymbol{x}_i$ zugehöriger Eigenvektor. Aus der Eigenwertbeziehung

$$\boldsymbol{A} \boldsymbol{x}_i = \lambda_i \boldsymbol{x}_i$$

folgt durch Linksmultiplikation mit $\bar{\boldsymbol{x}}_i'$

$$\bar{\boldsymbol{x}}_i' \boldsymbol{A} \boldsymbol{x}_i = \lambda_i \bar{\boldsymbol{x}}_i' \boldsymbol{x}_i$$

und damit

$$\boxed{\lambda_i = \frac{\bar{\boldsymbol{x}}_i' \boldsymbol{A} \boldsymbol{x}_i}{\bar{\boldsymbol{x}}_i' \boldsymbol{x}_i} = R[\boldsymbol{x}_i]}\,. \tag{14}$$

Satz 2: Der Rayleigh-Quotient, gebildet zu einem Eigenvektor $\boldsymbol{x}_i$ einer Matrix, ist gleich dem zugehörigen Eigenwert λ_i.

Zusammen mit Satz 1 folgt daraus:

Satz 3: Die Eigenwerte einer reell symmetrischen Matrix sind sämtlich reell. Ist die Matrix positiv definit (semidefinit), so sind alle Eigenwerte positiv (nicht negativ).

Die Eigenwerte der reell symmetrischen (allgemeiner der Hermiteschen) Matrix zeichnen sich nun vor allem dadurch aus, daß sie *Extremalwerte* des Rayleigh-Quotienten sind, dieser aufgefaßt als Funktion des variablen Vektors $\boldsymbol{x}$ (d. h. also seiner n Komponenten x_i). Wir setzen weiterhin $\boldsymbol{x}$ als reell voraus. Schreiben wir

$$R[\boldsymbol{x}] = \frac{Z}{N} = R(x_1, x_2, \ldots, x_n),$$

so lauten die Extremalbedingungen $\partial R / \partial x_j = 0$, ausführlich

$$\frac{\partial R}{\partial x_j} = \frac{1}{N} \frac{\partial Z}{\partial x_j} - \frac{Z}{N^2} \frac{\partial N}{\partial x_j} = \frac{1}{N} \left(\frac{\partial Z}{\partial x_j} - R \frac{\partial N}{\partial x_j} \right) = 0.$$

Aus $N = \sum x_i^2$ folgt leicht $\partial N / \partial x_j = 2 x_j$. Für den Zähler

$$Z = \sum_{i,k} a_{ik} x_i x_k = \sum_i x_i \left(\sum_k a_{ik} x_k \right)$$

erhält man

$$\frac{\partial Z}{\partial x_j} = 1 \cdot \left(\sum_k a_{jk} x_k \right) + \sum_i x_i (a_{ij} \cdot 1).$$

Wegen vorausgesetzter Symmetrie $a_{ij} = a_{ji}$, und da es auf die Bezeichnung des Summationsbuchstabens nicht ankommt, ist

$$\sum_i a_{ij} x_i = \sum_i a_{ji} x_i = \sum_k a_{jk} x_k,$$

womit

$$\frac{\partial Z}{\partial x_j} = 2 \sum_k a_{jk} x_k$$

wird. Insgesamt erhalten wir so als Extremalbedingungen

$$\frac{1}{2} \frac{\partial R}{\partial x_j} = \frac{1}{N} \left(\sum_k a_{jk} x_k - R x_j\right) = 0, \quad j = 1, 2, \ldots, n,$$

also ein lineares Gleichungssystem für die $\boldsymbol{x}_k$, in Matrixform $\boldsymbol{A x} - R\boldsymbol{x} = \boldsymbol{0}$ oder

$$(\boldsymbol{A} - R\,\boldsymbol{E})\,\boldsymbol{x} = \boldsymbol{0}.$$

Das aber ist gerade unsere Eigenwertaufgabe. Die gesuchten Extremalwerte des RAYLEIGH-Quotienten R sind somit die Eigenwerte λ_i der Matrix, die von $R[\boldsymbol{x}]$ für die Eigenvektoren $\boldsymbol{x}_i$ angenommen werden.

Diese Extremaleigenschaft ist numerisch von der größten Bedeutung. Ist nämlich $\boldsymbol{x}$ eine Näherung für einen Eigenvektor, so stellt der mit $\boldsymbol{x}$ gebildete RAYLEIGH-Quotient eine Näherung hoher Genauigkeit des zugehörigen Eigenwertes dar, da allgemein kleine Fehler im Argument in der Nähe von Extremalstellen von geringstem Einfluß auf den Funktionswert sind. Die Fehler des Näherungsvektors gehen quadratisch ein in den Näherungswert $R[\boldsymbol{x}] = \Lambda \approx \lambda$. Das ist leicht zu zeigen mit Hilfe des Entwicklungssatzes, nach dem ein beliebiger Vektor $\boldsymbol{x}$ darstellbar ist in der Form

$$\boldsymbol{x} = c_1 \boldsymbol{x}_1 + c_2 \boldsymbol{x}_2 + \cdots + c_n \boldsymbol{x}_n \tag{15}$$

mit den Eigenvektoren $\boldsymbol{x}_i$, die für symmetrische Matrix als orthonormiert angenommen werden können:

$$\boldsymbol{x}_i' \boldsymbol{x}_k = \begin{cases} 0 & \text{für} \quad i \neq k, \\ 1 & \text{für} \quad i = k. \end{cases} \tag{16}$$

Damit werden Zähler und Nenner von R:

$$N = \boldsymbol{x}' \boldsymbol{x} = c_1^2 + c_2^2 + \cdots + c_n^2,$$
$$Z = \boldsymbol{x}' \boldsymbol{A} \boldsymbol{x} = \lambda_1 c_1^2 + \lambda_2 c_2^2 + \cdots + \lambda_n c_n^2.$$

Ist nun $\boldsymbol{x}$ eine Näherung des ersten Eigenvektors $\boldsymbol{x}_1$, so sind die Komponenten c_i für $i \geqq 2$ dem Betrage nach klein gegen c_1, das wir unbeschadet der Allgemeinheit zu 1 annehmen dürfen. Schreiben wir Z um auf

$$Z = \lambda_1 (1 + c_2^2 + \cdots + c_n^2) - (\lambda_1 - \lambda_2) c_2^2 - \cdots - (\lambda_1 - \lambda_n) c_n^2,$$

so wird

$$R[\boldsymbol{x}] = \lambda_1 - \frac{(\lambda_1 - \lambda_2) c_2^2 + \cdots + (\lambda_1 - \lambda_n) c_n^2}{1 + c_2^2 + \cdots + c_n^2}. \tag{17}$$

Das Abzugsglied gegenüber λ_1 geht damit quadratisch mit den Komponenten c_i zurück, die als Verunreinigungen des Vektors $\boldsymbol{x}$ gegenüber $\boldsymbol{x}_1$ anzusehen sind. Ist insbesondere λ_1 der größte Eigenwert, so ist das Abzugsglied positiv, $R[\boldsymbol{x}]$ nähert den Eigenwert λ_1 von unten her an:

$$\boxed{R[\boldsymbol{x}] = \Lambda \leqq \lambda_1} \quad \text{für} \quad \lambda_1 \geqq \lambda_i, \quad i \geqq 2. \tag{18}$$

Bezeichnet λ_1 einen beliebigen Eigenwert, so weiß man über das Vorzeichen des Fehlers von Λ nichts. Nur ist dieser Fehler stets quadratisch in den c_i.

Diese letzte Eigenschaft ist eine Folge der Orthogonalität (16) der Eigenvektoren reell symmetrischer Matrix. Im Falle allgemeiner Matrix tritt an die Stelle von (16) die Orthogonaleigenschaft von Rechts- und Linksvektoren, vgl. § 9.2. Darauf gründet sich eine von AITKEN angegebene *Verallgemeinerung des Rayleigh-Quotienten* für allgemeine, nicht symmetrische, aber diagonalähnliche Matrix $\boldsymbol{A}$, nämlich

$$\boxed{R[\boldsymbol{y}, \boldsymbol{x}] = \frac{\boldsymbol{y}' \boldsymbol{A} \boldsymbol{x}}{\boldsymbol{y}' \boldsymbol{x}}}, \tag{19}$$

gebildet zu zwei Vektoren $\boldsymbol{x}$, $\boldsymbol{y}$. Bezeichnen wir wie früher das System der Linkseigenvektoren mit $\boldsymbol{y}_i$ und nehmen wir Orthonormierung der Systeme $\boldsymbol{x}_i$, $\boldsymbol{y}_j$ an:

$$\boldsymbol{y}_i' \boldsymbol{x}_k = \begin{cases} 0 & \text{für} \quad i \neq k, \\ 1 & \text{für} \quad i = k, \end{cases} \tag{20}$$

ist ferner $\boldsymbol{x}$ eine Näherung von $\boldsymbol{x}_1$ und $\boldsymbol{y}$ eine solche von $\boldsymbol{y}_1$,

$$\boldsymbol{x} = \boldsymbol{x}_1 + c_2 \boldsymbol{x}_2 + \cdots + c_n \boldsymbol{x}_n$$
$$\boldsymbol{y} = \boldsymbol{y}_1 + d_2 \boldsymbol{y}_2 + \cdots + d_n \boldsymbol{y}_n,$$

wo c_i, d_i klein gegen 1 sein mögen, so erhalten wir ähnlich wie oben

$$R[\boldsymbol{y}, \boldsymbol{x}] = \lambda_1 - \frac{(\lambda_1 - \lambda_2) c_2 d_2 + \cdots + (\lambda_1 - \lambda_n) c_n d_n}{1 + c_2 d_2 + \cdots + c_n d_n}. \tag{21}$$

Auch hier ist der Fehler wieder quadratisch in den Verunreinigungen c_i, d_i der angenäherten Vektoren $\boldsymbol{x}_1$, $\boldsymbol{y}_1$. Über sein Vorzeichen aber kann dann nichts mehr gesagt werden, da die Produkte $c_i d_i$ beide Vorzeichen annehmen können.

Als Näherung $\boldsymbol{x}$ für den Eigenvektor $\boldsymbol{x}_1$ dient der vorletzte iterierte Vektor $\boldsymbol{z}_\nu$ des Iterationsverfahrens. Im Falle reell symmetrischer Matrix verwendet man den gewöhnlichen RAYLEIGH-Quotienten in der Form

$$\boxed{\Lambda_1 = R[\boldsymbol{z}_\nu] = \frac{\boldsymbol{z}_{\nu+1}' \boldsymbol{z}_\nu}{\boldsymbol{z}_\nu' \boldsymbol{z}_\nu}}. \tag{22}$$

Hierdurch ist es möglich, das Iterationsverfahren (wenigstens dann, wenn vor allem der Eigenwert interessiert und nicht auch der Eigenvektor mit höherer Genauigkeit bestimmt werden soll) wesentlich früher abzubrechen, als es sonst, etwa bei Verwenden eines Mittelwertes aus den Quotienten $q_i^{(\nu+1)} = z_i^{(\nu+1)}/z_i^{(\nu)}$ bei gleicher Genauigkeit möglich wäre.

Im Falle nichtsymmetrischer (aber diagonalähnlicher) Matrix $\boldsymbol{A}$ werden außer den Iterierten $\boldsymbol{z}_\nu$ noch Linksiterierte $\boldsymbol{v}_\nu$ benötigt, also ein zweiter Iterationsprozeß mit der transponierten Matrix $\boldsymbol{A}'$ nach

$$\boxed{\boldsymbol{A}'\boldsymbol{v}_\nu = \boldsymbol{v}_{\nu+1}}\,, \quad \nu = 0, 1, 2, \ldots \tag{23}$$

mit beliebigem Ausgangsvektor $\boldsymbol{v}_0$, der nur wieder eine Komponente von $\boldsymbol{y}_1$ enthalten muß. Der verallgemeinerte RAYLEIGH-Quotient lautet dann

$$\boxed{\Lambda_1 = R\,[\boldsymbol{v}_\mu, \boldsymbol{z}_\nu] = \frac{\boldsymbol{v}'_{\mu+1}\,\boldsymbol{z}_\nu}{\boldsymbol{v}'_\mu\,\boldsymbol{z}_\nu} = \frac{\boldsymbol{v}'_\mu\,\boldsymbol{z}_{\nu+1}}{\boldsymbol{v}'_\mu\,\boldsymbol{z}_\nu}}\,. \tag{24}$$

wo die beiden Iterationsstufen μ, ν nicht übereinzustimmen brauchen, wenn man auch in der Regel $\mu = \nu$ wählen wird.

Für das Zahlenbeispiel symmetrischer Matrix aus § 6.1 erhalten wir

$$\Lambda_1 = R[\boldsymbol{z}_3] = \frac{\boldsymbol{z}'_4\,\boldsymbol{z}_3}{\boldsymbol{z}'_3\,\boldsymbol{z}_3} = \frac{4\,444\,445}{444\,445} = 9{,}999\,989$$

an Stelle des exakten Wertes $\lambda_1 = 10$. Demgegenüber ergeben die Quotienten q_i einen Mittelwert von 9,9993.

An den verallgemeinerten RAYLEIGH-Quotienten knüpfen wir folgende Bemerkungen[1]. Mit $\boldsymbol{v}'_\mu = \boldsymbol{v}'_{\mu-1}\boldsymbol{A}$ und $\boldsymbol{A}\,\boldsymbol{z}_\nu = \boldsymbol{z}_{\nu+1}$ lassen sich Zähler Z und Nenner N von (24) nach und nach umformen auf

$$Z = \boldsymbol{v}_0\,\boldsymbol{A}\,\boldsymbol{z}_{\nu+\mu}\,, \qquad N = \boldsymbol{v}'_0\,\boldsymbol{z}_{\nu+\mu}$$

mit beliebigem Ausgangsvektor $\boldsymbol{v}_0$. Schreiben wir für ihn $\boldsymbol{v}$ und für $\boldsymbol{z}_{\nu+\mu}$ einfach $\boldsymbol{z}$, so wird aus (24)

$$\boxed{\Lambda_1 = \frac{\boldsymbol{v}'\,\boldsymbol{A}\,\boldsymbol{z}}{\boldsymbol{v}'\,\boldsymbol{z}}}\,. \tag{24a}$$

Das aber entspricht der Forderung

$$\boldsymbol{v}'\,\boldsymbol{s} = 0 \tag{25}$$

für den Fehlervektor

$$\boldsymbol{s} = \boldsymbol{A}\,\boldsymbol{z} - \Lambda_1\,\boldsymbol{z}\,. \tag{26}$$

Für ihn verlangt man also Orthogonalität zu einem beliebigen Vektor $\boldsymbol{v}$, der nur die Bedingung $\boldsymbol{v}'\,\boldsymbol{z} \neq 0$ zu erfüllen hat. Aus diesem seiner Allgemeinheit wegen bemerkenswerten Fehlerprinzip aber läßt sich dann

---

[1] Für den Hinweis danke ich Herrn Professor Dr. G. OPITZ, Dresden.

auch der gewöhnliche RAYLEIGH-Quotient (22) gewinnen, indem man speziell

$$\boldsymbol{v} = \boldsymbol{z}$$

wählt. Auf den gleichen Ausdruck führt auch die Forderung kleinsten Betrages für den Fehlervektor:

$$Q = \boldsymbol{s}' \boldsymbol{s} = \Sigma s_i^2 = \text{Min.},$$

wie man leicht nachrechnet. Dieses Prinzip der kleinsten Fehlerquadratsumme spielt bekanntlich auch sonst in der Mathematik eine wichtige Rolle, wovon in IV, § 18 und 19 im Rahmen der Ausgleichrechnung ausführlich die Rede sein wird. — Der gewöhnliche RAYLEIGH-Quotient (22) stellt somit in jedem Falle, auch bei nichtsymmetrischer Matrix, eine sinnvolle und praktisch brauchbare Näherung für den dominanten Eigenwert λ_1 dar. Die Maximaleigenschaft (18) gilt freilich nur für (reell) symmetrische (allgemeiner für HERMITEsche) Matrizen.

Auch für die in § 10.2 angegebene Iteration betragsgleicher und insbesondere komplexer Eigenwerte läßt sich eine dem RAYLEIGH-Quotienten entsprechende Näherung hoher Genauigkeit finden, die es wieder erlaubt, das Verfahren früher als sonst abzubrechen. Wir zeigen das für den Fall zweier Eigenwerte gleichen oder annähernd gleichen Betrages, was sich indessen leicht auch auf noch mehr Werte ausdehnen läßt. — Enthalten die drei letzten Iterierten $\boldsymbol{z}_\nu$, $\boldsymbol{z}_{\nu+1}$, $\boldsymbol{z}_{\nu+2}$, die wir jetzt einfachheitshalber $\boldsymbol{z}_0$, $\boldsymbol{z}_1$, $\boldsymbol{z}_2$ bezeichnen, außer den beiden dominanten Eigenvektoren $\boldsymbol{x}_1$, $\boldsymbol{x}_2$ auch noch schwache Anteile höherer Vektoren $\boldsymbol{x}_i$, so ist die lineare Abhängigkeit

$$a_0 \boldsymbol{z}_0 + a_1 \boldsymbol{z}_1 + \boldsymbol{z}_2 = 0$$

nicht mehr streng erfüllbar. Vielmehr bleibt ein Restvektor

$$a_0 \boldsymbol{z}_0 + a_1 \boldsymbol{z}_1 + \boldsymbol{z}_2 = \boldsymbol{s}, \tag{26a}$$

und wir bestimmen nun die Koeffizienten a_0, a_1, die ja die quadratische Gleichung zur Berechnung der Eigenwerte λ_1, λ_2 ergeben sollen, wieder aus der Forderung kleinster Fehlerquadrate:

$$Q = \boldsymbol{s}' \boldsymbol{s} = \text{Min.}$$

Mit den Abkürzungen

$$\boldsymbol{Z} = (\boldsymbol{z}_0, \boldsymbol{z}_1), \quad \boldsymbol{a} = \begin{pmatrix} a_0 \\ a_1 \end{pmatrix}$$

erhält man aus (26) nach leichter Rechnung die *Normalgleichungen* (vgl. auch IV § 5.2, V § 2.1)

$$\boxed{\boldsymbol{Z}' \boldsymbol{Z} \boldsymbol{a} + \boldsymbol{Z}' \boldsymbol{z}_2 = 0}, \tag{27}$$

ausführlich:

$$\begin{aligned} k_{00}\, a_0 + k_{01}\, a_1 + k_{02} &= 0 \\ k_{10}\, a_0 + k_{11}\, a_1 + k_{12} &= 0 \end{aligned} \tag{27'}$$

mit den Koeffizienten

$$\boxed{k_{ij} = k_{ji} = \boldsymbol{z}_i' \boldsymbol{z}_j} \,. \tag{28}$$

Daraus erhält man die gesuchten Werte nach der CRAMER-Regel zu

$$\boxed{a_0 = D_0/D\,, \qquad a_1 = D_1/D} \tag{29}$$

mit den Determinanten

$$D_0 = k_{01}\,k_{12} - k_{02}\,k_{11}\,, \quad D_1 = k_{10}\,k_{02} - k_{00}\,k_{12}\,, \quad D = k_{00}\,k_{11} - k_{01}^2\,,$$

von denen die letzte nie negativ werden kann, $D \geqq 0$ (SCHWARZsche Ungleichung) und Null nur für den Fall linearer Abhängigkeit zweier aufeinanderfolgender iterierter Vektoren. Am einfachsten rechnet man unmittelbar nach dem Schema

k_{00}	k_{01}	k_{02}
k_{10}	k_{11}	k_{12}
D_0	D_1	D
a_0	a_1	1

Die damit angesetzte quadratische Gleichung

$$\boxed{\Lambda^2 + a_1 \Lambda + a_0 = 0} \tag{30}$$

liefert die beiden gesuchten Näherungswerte Λ_1, Λ_2 der dominanten Eigenwerte λ_1, λ_2. Das Verfahren ist auf beliebig viele Eigenwerte ausdehnbar. Im Falle nur eines Wertes λ_1 führt es gerade auf den gewöhnlichen RAYLEIGH-Quotienten $\Lambda_1 = R[\boldsymbol{z}_0]$.

So wie nun dieser nur bei reell symmetrischer Matrix zufolge der dort geltenden Extremaleigenschaft der Eigenwerte eine besonders gute Näherung für λ_1 liefert, so wird auch das neue Vorgehen nur für diesen Fall entsprechend gute Näherungen Λ_1, Λ_2 hervorbringen. Bei allgemeiner (aber diagonalähnlicher) Matrix haben wir es wieder dahingehend zu modifizieren, daß außer den Rechtsiterierten $\boldsymbol{z}_\nu$ auch die Linksiterierten $\boldsymbol{v}_\nu$ heranzuziehen sind. Bezeichnen wir die beiden letzten mit $\boldsymbol{v}_0$, $\boldsymbol{v}_1$, die wir zur Matrix

$$\boldsymbol{V} = (\boldsymbol{v}_0, \boldsymbol{v}_1)$$

zusammenfassen, so ist Gl. (27) abzuändern in

$$\boxed{\boldsymbol{V}'\boldsymbol{Z}\boldsymbol{a} + \boldsymbol{V}'\boldsymbol{z}_2 = 0} \,. \tag{27a}$$

Die Koeffizienten k_{i+j} sind also hier

$$\boxed{k_{i+j} = \boldsymbol{v}_i' \boldsymbol{z}_j} \tag{28a}$$

und hängen jetzt nur von der Indexsumme ab. Die Gln. (29), (30) bleiben unverändert.

				z_8	z_9	z_{10}
				−0,171423	−5,131485	−25,079463
				−0,501120	−8,812152	−36,860832
				0,355968	10,223604	50,277024
				0,435456	−4,260600	−40,248576
v_8 : −0,171423	0,732240	−0,088992	−1,442880	−0,9975433	−0,3352401	30,907834
v_9 : −5,131485	−2,040876	−2,575584	−3,033126	−0,3352401	30,907834	196,509579
				−0,9975433	−0,3352401	30,907834
				−0,3360657	31,020497	186,122516
				33,000342	−5,999985	1
				a_0	a_1	

$$\Lambda^2 - 5{,}999985\,\Lambda + 33{,}000342 = 0$$

$$\Lambda = 2{,}999993 \pm \sqrt{24{,}000387}\, i$$

$$= 2{,}999993 \pm 4{,}899019\, i$$

Exakt: $3{,}0 \pm 4{,}898980\, i$

Eigenvektoren: $\boldsymbol{x} = \boldsymbol{u} \pm i\, \boldsymbol{v}$

u	v	u	v	u	v
−9,68506	−25,13924	7,97322	$1{,}005116 \cdot \sqrt{24}$	8	$1 \cdot \sqrt{24}$
−10,42444	−43,17089	11,97302	$1{,}992732 \cdot \sqrt{24}$	12	$2 \cdot \sqrt{24}$
19,60629	50,08563	−15,97127	$-1{,}989183 \cdot \sqrt{24}$	−16	$-2 \cdot \sqrt{24}$
−27,46681	−20,87276	12,0	0	12	0
Werte nach (11a) aus z_9 und z_{10}		Normiert auf $u_4 = 12{,}0$, $v_4 = 0$ zwecks Vergleich mit exakten Werten		Exakte Werte gleicher Normierung	

Für die so gewonnenen Näherungen Λ_1, Λ_2 läßt sich nun zeigen[1], daß

$$a_0 = \Lambda_1 \Lambda_2 = \lambda_1 \lambda_2 + \frac{\Delta_0}{D} \approx \lambda_1 \lambda_2 , \tag{31a}$$

$$a_1 = -(\Lambda_1 + \Lambda_2) = -(\lambda_1 + \lambda_2) + \frac{\Delta_1}{D} \approx -(\lambda_1 + \lambda_2) \tag{31b}$$

mit der Determinante $D = (\lambda_1 - \lambda_2)^2 + \Delta$,

[1] Rayleigh-Näherungen für Simultan-Iteration an betragsgleichen Eigenwerten einer Matrix. Z. angew. Math. Mech. Bd. 42 (1962) S. 210—213.

wo die Größen Δ_0, Δ_1 und Δ sich bilinear aus den — als Verunreinigungen anzusehenden — Entwicklungskoeffizienten c_i, d_i ($i \geqq 3$) der Entwicklungen

$$z_0 = c_1 x_1 + c_2 x_2 + c_3 x_3 + \cdots + c_n x_n$$
$$v_0 = d_1 y_1 + d_2 y_2 + d_3 y_3 + \cdots + d_n y_n$$

aufbauen. Abgesehen vom Fall $\lambda_1 \approx \lambda_2$, für den auch D klein wird, sind also die Fehlerglieder Δ_0/D und Δ_1/D in (31) quadratisch klein, womit sich die Näherungen Λ_1, Λ_2 durch das gleiche Fehlerverhalten wie der gewöhnliche RAYLEIGH-Quotient bzw. seine Verallgemeinerung auszeichnen.

Beispiel: Zu dem in § 10.2, S. 182, angegebenen Beispiel mit dem komplexen Anteil

$$\lambda^2 - 6\lambda + 33 = 0, \quad \lambda_{12} = 3 \pm \sqrt{24}\, i$$

verläuft die Berechnung der Gleichungskoeffizienten k und die anschließende Bestimmung von a_0, a_1 auf S. 190 unter Verwenden von Linksiterierten v_8, v_9, deren Bildung nicht aufgeführt ist. Die Genauigkeitssteigerung gegenüber der früheren Rechnung in § 10.2 ist bei den Eigenwerten bemerkenswert. Die Genauigkeit der Eigenvektoren ist wesentlich geringer, wie ein Vergleich der vier letzten Spalten zeigt, da die Iterierten z_9, z_{10} noch merkliche Komponenten höherer Eigenvektoren enthalten.

10.4 Automatenrechnung. Programme

Wegen der Gleichförmigkeit des Rechenablaufes eignet sich das Iterationsverfahren ganz besonders für automatisches Rechnen. Dazu geben wir einige Programme, in einer abgekürzten ALGOL-ähnlichen Schreibweise, nach der die Übersetzung in ein vollständiges ALGOL-Programm unschwer möglich ist. Das erste betrifft den in 10.1 behandelten einfachsten Fall reellen dominanten Eigenwertes unter Verwendung des verallgemeinerten RAYLEIGH-Quotienten (24) aus 10.3. Es liefert den dominanten Eigenwert λ_1 nebst zugehörigem Rechts- und Links-Eigenvektor x und y in auf $x'y = 1$ normierter Form. Ausgangsvektor ist $e_1 = (1, 0, \ldots, 0)'$. Die Zahl i (integer) zählt die bis zum Erreichen der Schranke — Übereinstimmung zweier aufeinanderfolgender RAYLEIGH-Quotienten bis auf 10^{-7} — durchlaufenen Iterationsschritte und dient gleichzeitig zum Stoppen der Rechnung (bei $i = 50$) für den Fall, daß sich keine Konvergenz einstellt. Die Zählung t nach Erreichen der Schranke bewirkt eine dreimalige Nachiteration, um namentlich die Genauigkeit der Vektoren noch etwas zu steigern.

```
begin comment reeller dominanter Eigenwert;
      x := y := e1;  K := 0;  i := t := 0;
  It: z := A x;  w := A'y;
      λ := z'w/z'y;  k := z'w;  k := sqrt(k);
      x := z/k;  y := w/k;  i := i + 1;
```

```
        if i = 50 then goto E;
    S:  if abs(λ − K)/abs(λ) < 10⁻⁷ then t := t + 1;
        K := λ; if t > 3 then goto E else goto It;
    E:  Drucke (i, λ, x, y)
end Programm;
```

Weiß man von vornherein nicht, ob der dominante Eigenwert reell ausfällt, so wird man auch den in 10.2 behandelten Fall einbeziehen, wieder unter Verwendung der in 10.3 eingeführten verallgemeinerten RAYLEIGH-Näherung zur Berechnung der Eigenwerte. Zur Fallunterscheidung — ein dominanter Eigenwert oder zwei betragsgleiche, gegebenenfalls komplexe Eigenwerte — dient die Nennerdeterminante D, die im ersten Falle verschwindet. Im zweiten sind noch die beiden Fälle reeller betragsgleicher oder komplexer Eigenwerte zu unterscheiden.

```
begin comment reeller oder komplexer dominanter Eigenwert;
        x := y := e1;  K := 0;  i := t := 0;
   It:  z := A x;  u := A' y;
        w := A z;  v := A' u;
        k1 := y' z; k2 := y' w; k3 := u' w; k4 := v' w; k := sqrt(k4);
        λ := k4/k3;  D := k2 − k1 × k1;  A := D/k2;
        x := w/k;  y := v/k;  i := i + 2;
        if i = 60 then goto E0;
        if A < 10⁻⁶ then begin B := abs(λ − K)/abs(λ);
                                 if B < 10⁻⁷ then t := t + 1;
                                 K := λ; if t > 3 then goto E1 else goto It
                           end then
                      else begin a0 := (k1 × k3 − k2 × k2)/D;
                                 B := abs(a0 − K)/abs(a0);
                                 if B < 10⁻⁷ then t := t + 1;
                                 K := a0; if t > 3 then goto E2 else goto It
                           end else;
   E0:  Drucke (‚Nichtkonv‘, i, λ, x, y);
   E1:  Drucke (i, λ, x, y);
   E2:  a1 := (k1 × k2 − k3)/D;
        α := −a1/2;  r := α × α − a0;  q := abs(r);  β := sqrt(q);
        if r ≧ 0 then begin λ1 := α + β;  λ2 := α − β;
                          x1 := w − λ2 × z;  x2 := w − λ1 × z;
                          y1 := v − λ2 × u;  y2 := v − λ1 × u;
                           k := x1'y1;  k := sqrt(k);  x1 := x1/k;
                                                       y1 := y1/k;
```

```
                    k := x2'y2;  k := sqrt(k);   x2 := x2/k;
                                                 y2 := y2/k;
                    Drucke (‚Re', i, λ1, x1, y1, λ2, x2, y2)
                 end then
             else begin r := w − α × z;  s := β × z;
                    p := v − α × u;  q := β × u;
                    k := r'r + s's;  k := sqrt(k);   r := r/k;
                                                     s := s/k;
                    k := p'p + q'q;  k := sqrt(k);   p := p/k;
                                                     q := q/k;
                    Drucke (‚Im', i, λ, α, β, r, s, p, q)
                 end else
end Programm;
```

10.5 Transformation der Eigenwerte. Gebrochene Iteration

Die vom Iterationsverfahren der bisherigen Form gelieferten betragsgrößten Eigenwerte interessieren keineswegs immer. Vielfach ist gerade nach den betragskleinsten Werten gefragt, wie z. B. bei Schwingungsaufgaben, wo vorwiegend die niederen Frequenzen interessieren, oder nach irgendeinem anderen aus der Gesamtheit der Eigenwerte. Auch hier ist das Iterationsverfahren anwendbar, jedoch unter Vorschalten einer geeigneten Matrizenumformung. Dazu dienen vor allem rationale Matrizenfunktionen. Bezeichnet $\boldsymbol{B} = f(\boldsymbol{A})$ eine solche Funktion, so sind die Eigenwerte $\varkappa$ der neuen Matrix $\boldsymbol{B}$ mit den entsprechenden Werten λ von $\boldsymbol{A}$ durch die gleiche Funktion verknüpft bei unveränderten Eigenvektoren $\boldsymbol{x}$:

$$\boxed{\boldsymbol{B} = f(\boldsymbol{A})} \rightarrow \boxed{\varkappa = f(\lambda)}\,. \tag{32}$$

Das ist leicht einzusehen für folgende vorwiegend interessierende Sonderfälle:

$$1.\ \boldsymbol{B} = k\boldsymbol{A}, \qquad \varkappa = k\lambda, \tag{33.1}$$

$$2.\ \boldsymbol{B} = \boldsymbol{A} - a\boldsymbol{E}, \qquad \varkappa = \lambda - a, \tag{33.2}$$

$$3.\ \boldsymbol{B} = \boldsymbol{A}^2, \qquad \varkappa = \lambda^2, \tag{33.3}$$

$$4.\ \boldsymbol{B} = \boldsymbol{A}^{-1}, \qquad \varkappa = \frac{1}{\lambda}. \tag{33.4}$$

1. folgt unmittelbar aus der Eigenwertgleichung $\boldsymbol{A}\boldsymbol{x} = \lambda\boldsymbol{x}$ durch Multiplikation mit k, 2. durch Subtraktion von $a\,\boldsymbol{x}$, 3. durch Multiplikation mit $\boldsymbol{A}$ und 4. durch eine solche mit $\boldsymbol{A}^{-1}$ und $1/\lambda$.

Umformung 1. läßt sich anwenden, um bei unbequem großen oder kleinen Zahlenwerten von λ die Iterierten $\boldsymbol{z}_\nu$ nicht unbequem groß oder

Tabelle 4. *Gebrochene Iteration*

					z_0
	6	7	4	-3	1
	4	2	0	-3	0
	4	6	2	-5	0
	-6	-4	0	6	0
	4	3	2	-1	1
	$\boxed{4}$	2	0	-3	0
	-1	$\boxed{4}$	2	-2	0
	1,5	0,25	$\boxed{0,5}$	1	0
	-1	$-0,25$	-3	$\boxed{-0,5}$	1
	$-1,5$	-1	-4	-1	0
z_1:	0	-3	4	-2	-1
z_2:	2	29	$-37,5$	22	
z_3:	$-16,75$	-255	330,5	-193	
z_4:	148,5	2257	$-2924,875$	1708,25	
z_5:	$-1313,9375$	$-19970,75$	25880,5	$-15115,25$	

klein werden zu lassen, etwa derart, daß man die Matrix mit einer passenden Zehnerpotenz multipliziert, womit sich die Eigenwerte mit der gleichen Potenz vervielfachen. 2. ist unter dem Namen *Spektralverschiebung* bekannt; sie wird uns im nächsten Abschnitt beschäftigen. Von besonderer Wichtigkeit ist Umformung 4., Übergang auf die Kehrmatrix, wodurch die vielfach interessierenden betragskleinsten Eigenwerte zu betragsgrößten $\varkappa$-Werten werden, die dann beim Iterationsverfahren anfallen.

Dazu braucht man nun bemerkenswerterweise keineswegs die Kehrmatrix A^{-1} explizit zu bilden. Vielmehr hat man die Iterationsvorschrift $A\,z_\nu = z_{\nu+1}$ lediglich abzuwandeln in die der sogenannten *gebrochenen Iteration*

$$\boxed{A\,z_{\nu+1} = z_\nu} \rightarrow \lambda\, z_{\nu+1}, \tag{34}$$

was offenbar mit $A^{-1} z_\nu = z_{\nu+1}$, der gewöhnlichen Iteration an der Matrix A^{-1} gleichbedeutend ist. Zur Durchführung dieser Iteration (34), also zur Berechnung des neuen Vektors $z_{\nu+1}$ aus dem alten z_ν hat man jeweils ein lineares Gleichungssystem zu lösen, dessen Koeffizientenmatrix aber unverändert bleibt bei mit jedem Iterationsschritt neuer rechter Seite z_ν. Das erfordert die einmalige Durchführung des Eliminationsprozesses nach dem GAUSSschen Algorithmus bezüglich der Koeffizientenmatrix A (Aufspalten von A in zwei Dreiecksmatrizen). Dieser Prozeß ist dann lediglich auf die jeweils neue rechte Seite z_ν auszudehnen, zu der sich $z_{\nu+1}$ als Lösungsvektor ergibt. Bezeichnen wir

am kleinsten Eigenwert

z_1	z_2	z_3	z_4	z_5
−1	15,5	−134,25	1188,875	← Probe
0	2	− 16,75	148,5	− 1313,9375
−3	29	−255	2257	−19970,75
4	−37,5	350,5	−2924,875	25880,5
−2	22	−193	1708,25	−15115,25
0	2	− 16,75	148,5	$R[z_5] = \frac{z_4' z_5}{z_5' z_5}$
−3	27	−238,25	2108,5	
3,25	−27,75	245,8125	−2175	$= -0{,}11301490$
−11	96,5	−854,125	7557,625	
0	0	0	0	Probe
−1				
	−1			
		−1		
			−1	

mit λ_n den *betragskleinsten* Eigenwert von $\boldsymbol{A}$, so gilt

$$\boxed{z_\nu \to \lambda_n z_{\nu+1}}, \tag{35}$$

Der RAYLEIGH-Quotient als Näherungswert des betragskleinsten λ_n ist zu bilden in der Form

$$\boxed{\Lambda_n = R[z_\nu] = \frac{z_\nu' \boldsymbol{A} z_\nu}{z_\nu' z_\nu} = \frac{z_\nu z_{\nu-1}'}{z_\nu' z_\nu}} \tag{36}$$

bzw. dem entsprechenden Ausdruck unter Mitbenutzen von Linksiterierten. — Wir erläutern das Vorgehen an folgendem

Beispiel:

$$\boldsymbol{A} = \begin{pmatrix} 4 & 2 & 0 & -3 \\ 4 & 6 & 2 & -5 \\ -6 & -4 & 0 & 6 \\ 4 & 3 & 2 & -1 \end{pmatrix}.$$

Exakte Eigenwerte: $\lambda_1 = -0{,}1130141,$

$\lambda_2 = 3{,}136404,$

$\lambda_{34} = 2{,}988305 \pm 1{,}534558\, i.$

Die Konvergenz ist wegen $|\lambda_1| : |\lambda_2| \approx 1:28$ sehr gut. Es genügt daher Bilden des gewöhnlichen RAYLEIGH-Quotienten an Stelle des verallgemeinerten; man erhält so

$$\Lambda_1 = -0{,}1130149$$

nach nur 5 Schritten. Die Rechnung ist in obenstehender Tabelle durchgeführt.

Das Prinzip der gebrochenen Iteration findet Anwendung auch im Falle der allgemeinen Eigenwertaufgabe

$$\boxed{(\boldsymbol{A} - \lambda \boldsymbol{B})\, \boldsymbol{x} = 0}\,, \tag{37}$$

wo wenigstens eine der beiden Matrizen $\boldsymbol{A}$, $\boldsymbol{B}$ nichtsingulär sei. Bei nichtsingulärem $\boldsymbol{B}$ iteriert man nach dem größten Eigenwert λ_1 in der Form

$$\boxed{\boldsymbol{B}\, \boldsymbol{z}_{\nu+1} = \boldsymbol{A}\, \boldsymbol{z}_\nu} \rightarrow \lambda\, \boldsymbol{B}\, \boldsymbol{z}_\nu\,, \tag{38a}$$

also durch Elimination der Matrix $\boldsymbol{B}$, und erhält

$$\boxed{\boldsymbol{z}_{\nu+1} \rightarrow \lambda_1\, \boldsymbol{z}_\nu}\,. \tag{39a}$$

Für den kleinsten Eigenwert λ_n verfährt man bei nichtsingulärem $\boldsymbol{A}$ umgekehrt nach

$$\boxed{\boldsymbol{A}\, \boldsymbol{z}_{\nu+1} = \boldsymbol{B}\, \boldsymbol{z}_\nu} \rightarrow \lambda\, \boldsymbol{B}\, \boldsymbol{z}_{\nu+1} \tag{38b}$$

durch Elimination der Matrix $\boldsymbol{A}$ und erhält (vgl. VII, § 30.4, Tab. 7)

$$\boxed{\boldsymbol{z}_\nu \rightarrow \lambda_n\, \boldsymbol{z}_{\nu+1}}\,. \tag{39b}$$

10.6 Gebrochene Iteration nach Wielandt

Gebrochene Iteration in Verbindung mit einer Spektralverschiebung ist das Prinzip eines zuerst von WIELANDT angegebenen Iterationsverfahrens[1], das den Näherungswert Λ eines beliebigen einzelnen Eigenwertes der Matrix auf höchst wirksame Weise zu verbessern gestattet, wobei zugleich der zugehörige Eigenvektor beliebig genau approximiert wird. Die Konvergenzgüte des Verfahrens ist allein von der Güte des Näherungswertes Λ und nicht von Eigenvektor-Näherungen abhängig und steigt mit der Güte der Näherung Λ. — Das Verfahren ist im wesentlichen in zwei weiteren in Herleitung und äußerer Form unterschiedlichen Vorgehensweisen von UNGER[2] und WITTMEYER[3] enthalten, von denen die erste die Aufgabe als ein in den x_i und in λ nichtlineares Gleichungssystem nach dem NEWTON-Verfahren behandelt, was für den Sonderfall fester Ableitungsmatrix mit dem WIELANDT-Verfahren übereinstimmt. Doch wird die dort noch bestehende Schwierigkeit fastsingulärer Matrix vermieden, und das Vorgehen ist auch auf allgemeinere, in λ nicht mehr lineare Eigenwertaufgaben leicht übertragbar. Bei WITTMEYER wird das Verfahren auf dem Wege einer Störungs-

[1] WIELANDT, H.: Bestimmung höherer Eigenwerte durch gebrochene Iteration. Ber. B44/J/37 der aerodynam. Versuchsanstalt Göttingen 1944.

[2] UNGER, H.: Nichtlineare Behandlung von Eigenwertaufgaben. Z. angew. Math. Mech. Bd. 30 (1950) S. 281/82.

[3] WITTMEYER, H.: Berechnung einzelner Eigenwerte eines algebraischen Eigenwertproblems durch „Störiteration". Z. angew. Math. Mech. Bd. 35 (1955) S. 441—452.

rechnung gewonnen, und es wird eine nochmalige Verbesserung in der rechnerischen Durchführung erzielt. — Wir geben hier eine weitere Variante bezüglich Herleitung und äußerer Form.

Es sei l ein in der Nähe eines interessierenden Eigenwertes λ_q der Matrix $\boldsymbol{A}$ gelegener Zahlenwert, der näher an λ_q als an einem der übrigen Eigenwerte λ_i der Matrix liegen möge; z. B. kann l gleich der RAYLEIGH-Näherung Λ des interessierenden Eigenwertes sein. Dann hat die Matrix $\boldsymbol{K} = \boldsymbol{A} - l\boldsymbol{E}$ den betragskleinsten Eigenwert $\lambda_q - l = \varepsilon$; es gilt, wenn wir einfach $\boldsymbol{x}$ für $\boldsymbol{x}_q$ schreiben:

$$(\boldsymbol{A} - l\,\boldsymbol{E})\,\boldsymbol{x} = \varepsilon\,\boldsymbol{x}. \tag{40}$$

Unter unserer Annahme $|\lambda_q - l| < |\lambda_i - l|$, $i \neq q$ konvergiert dann die gebrochene Iteration

$$(\boldsymbol{A} - l\,\boldsymbol{E})\,\boldsymbol{z}_{\nu+1} = \boldsymbol{z}_\nu \tag{41}$$

gegen den gesuchten Eigenvektor $\boldsymbol{x}$ und das Vektorverhältnis gegen ε:

$$\boldsymbol{z}_\nu \to \boldsymbol{x}, \tag{42a}$$

$$\boldsymbol{z}_\nu \to \varepsilon\,\boldsymbol{z}_{\nu+1}, \tag{42b}$$

und zwar um so rascher, je näher l schon an λ_q liegt.

Da nun $\boldsymbol{A} - l\boldsymbol{E}$ fastsingulär ist, um so mehr, je näher l am gesuchten Eigenwert liegt, führt man die Iteration zweckmäßig nicht mehr in der Form (41), sondern in der Weise durch, daß eine bestimmte Vektorkomponente, z. B. die n-te, festgehalten und etwa gleich 1 gesetzt wird, $z_n = 1$. Dann entfällt natürlich Gl. (42b), man schreibt auch einfach $\boldsymbol{x}_\nu$ für $\boldsymbol{z}_\nu$ als Näherung für den auf $x_n = 1$ normierten Eigenvektor. Gl. (41) ist dann so abzuändern, daß rechts ein — von der Iterationsstufe abhängiger — Faktor $\varepsilon_{\nu+1}$ hinzutritt, der als — neue — Näherung für die Eigenwertkorrektur ε anzusehen ist. So erhalten wir an Stelle von (41) die unmittelbar aus (40) abgeleitete Iterationsvorschrift

$$\boxed{(\boldsymbol{A} - l\,\boldsymbol{E})\,\boldsymbol{x}_{\nu+1} = \varepsilon_{\nu+1}\,\boldsymbol{x}_\nu}\,, \qquad x_n = 1. \tag{43}$$

Bezeichnen wir die Spalten der Matrix $\boldsymbol{A} - l\boldsymbol{E} = \boldsymbol{K}$ mit $\boldsymbol{k}_i$, die um die Spalte $-\boldsymbol{x}_\nu$ erweiterte Matrix mit $\tilde{\boldsymbol{K}}_\nu$:

$$\tilde{\boldsymbol{K}}_\nu = (\boldsymbol{k}_1, \ldots, \boldsymbol{k}_{n-1}, \boldsymbol{k}_n, -\boldsymbol{x}_\nu),$$

ferner den um die Unbekannte $\varepsilon_{\nu+1}$ erweiterten Vektor mit $\tilde{\boldsymbol{x}}_{\nu+1}$:

$$\tilde{\boldsymbol{x}}_{\nu+1} = \{x_1^{\nu+1}, \ldots, x_{n-1}^{\nu+1}, 1, \varepsilon_{\nu+1}\},$$

so schreibt sich (43) als homogenes lineares Gleichungssystem

$$\boxed{\tilde{\boldsymbol{K}}_\nu\,\tilde{\boldsymbol{x}}_{\nu+1} = 0}\,, \tag{43a}$$

ausführlich:

$$\boxed{\boldsymbol{k}_1 x_1^{\nu+1} + \cdots + \boldsymbol{k}_{n-1} x_{n-1}^{\nu+1} + \boldsymbol{k}_n \cdot 1 - \boldsymbol{x}_\nu \varepsilon_{\nu+1} = 0} \,. \tag{43b}$$

Darin ist zwar die Matrix $\boldsymbol{K} = (\boldsymbol{k}_1, \ldots, \boldsymbol{k}_n)$ fastsingulär, die bei den Unbekannten stehende $(\boldsymbol{k}_1, \ldots, \boldsymbol{k}_{n-1}, -\boldsymbol{x}_\nu)$ aber nichtsingulär, wenn wir zunächst von mehrfachen oder komplexen Eigenwerten absehen. Damit ist das System stets einwandfrei lösbar. Als n-te Komponente wird dabei grundsätzlich diejenige bezeichnet, deren Spalte $\boldsymbol{k}_n$ sich als von den übrigen Spalten $\boldsymbol{k}_i$ nahezu linear abhängig erweist, was sich bei der GAUSSschen Elimination (der Dreieckszerlegung) durch *kleines Diagonalelement* b_{nn} anzeigt. Möglicherweise hat man dabei Reihenvertauschung vorzunehmen.

Von der Gesamtmatrix $\tilde{\boldsymbol{K}}$ bleiben die n ersten Spalten $\boldsymbol{k}_i$ im Iterationsprozeß unverändert; die letzte $-\boldsymbol{x}_\nu$ ändert sich mit jedem Iterationsschritt und ist somit wieder der Elimination zu unterwerfen. Sie möge dabei in $\boldsymbol{y}_\nu$ übergehen. Dann lautet die letzte Zeile des gestaffelten Systems mit dem — nur wenig von der Null abweichenden — Diagonalelement b_{nn}:

$$b_{nn} \cdot 1 + y_n^\nu \varepsilon_{\nu+1} = 0 \,,$$

woraus sich die Unbekannte

$$\boxed{\varepsilon_{\nu+1} = -b_{nn} : y_n^\nu} \tag{44}$$

ergibt, die im Laufe der Iteration gegen ε konvergiert. Der gesuchte Eigenwert ist dann

$$\boxed{\lambda = l + \varepsilon} \,, \tag{45}$$

während der zugehörige Eigenvektor $\boldsymbol{x}$ als letzter Vektor $\boldsymbol{x}_{\nu+1}$ unmittelbar dasteht.

Als *Ausgangsvektor* $\boldsymbol{x}_0$ verwendet man einfach die angenäherte Lösung der — streng ja nicht erfüllbaren — Gleichung $\boldsymbol{K}\boldsymbol{x} = \boldsymbol{0}$, nämlich jene, die man nach Streichen der zu b_{nn} gehörigen nicht erfüllbaren Gleichung $b_{nn} \cdot 1 = 0$ erhält. Nennen wir $\boldsymbol{K}_0$ die Matrix, die aus $\boldsymbol{K}$ durch Streichen der n-ten Zeile hervorgeht, so ist $\boldsymbol{x}_0$ also die Lösung von

$$\boldsymbol{K}_0 \boldsymbol{x}_0 = 0 \quad \text{mit} \quad x_n^0 = 1 \,. \tag{46}$$

Diese Näherung ist schon um so genauer, je näher der Wert l am gesuchten Eigenwert liegt. Um so rascher konvergiert aber auch das Iterationsverfahren. Bei Verwenden einer guten RAYLEIGH-Näherung $l = \Lambda$ beispielsweise wird man schon mit einem einzigen Iterationsschritt auskommen, um sowohl λ als auch den Eigenvektor mit der gewünschten Genauigkeit zu erzielen.

Anschließend geben wir ein vollständiges Rechenschema mit Summenproben für $n = 4$; vgl. auch das folgende Zahlenbeispiel.

						$-x_0$	$-x_1$	$-x_2$
	σ_1	σ_2	σ_3	σ_4	S	s^0	s^1	s^2
	$a_{11} - l$	a_{12}	a_{13}	a_{14}	s_1	$-x_1^0$	$-x_1^1$	$-x_1^2$
	a_{21}	$a_{22} - l$	a_{23}	a_{24}	s_2	$-x_2^0$	$-x_2^1$	$-x_2^2$
	a_{31}	a_{32}	$a_{33} - l$	a_{34}	s_3	$-x_3^0$	$-x_3^1$	$-x_3^2$
	a_{41}	a_{42}	a_{43}	$a_{44} - l$	s_4	-1	-1	-1
	b_{11}	b_{12}	b_{13}	b_{14}	t_1	y_1^0	y_1^1	y_1^2
	$-c_{21}$	b_{22}	b_{23}	b_{24}	t_2	y_2^0	y_2^1	y_2^2
	$-c_{31}$	$-c_{32}$	b_{33}	b_{34}	t_3	y_3^0	y_3^1	y_3^2
	$-c_{41}$	$-c_{42}$	$-c_{43}$	b_{44}	t_4	y_4^0	y_4^1	y_4^2
Probe:	$-\tau_1$	$-\tau_2$	$-\tau_3$	-1	0	0	0	0
x_0:	x_1^0	x_2^0	x_3^0	1	—			
x_1:	x_1^1	x_2^1	x_3^1	1	0	ε_1		
x_2:	x_1^2	x_2^2	x_3^2	1	0		ε_2	
x_3:	x_1^3	x_2^3	x_3^3	1	0			ε_3
					Probe			

Rechenschema der WIELANDT-Iteration.

Tabelle 5. *Wielandt-Korrektur*

$$\text{Ergebnis: } \lambda_1 = 12{,}632408, \quad x_1 = \begin{pmatrix} -0{,}701337 \\ 0{,}562861 \\ -0{,}205454 \\ 1{,}000000 \end{pmatrix}$$

					$-x_0$	$-x_1$
	$-18{,}63$	$-14{,}63$	$-13{,}63$	$-7{,}63$	$-0{,}655943$	$-0{,}656070$
	$-10{,}63$	-4	1	-5	0,701624	0,701337
	-4	$-9{,}63$	-3	2	$-0{,}563167$	$-0{,}562861$
	1	-3	$-11{,}63$	0	0,205600	0,205454
	-5	2	0	$-4{,}63$	-1	-1
	$-10{,}63$	-4	1	-5	0,701624	0,701337
	$-0{,}3762935$	$-8{,}124826$	$-3{,}376294$	3,881468	$-0{,}827184$	$-0{,}826770$
	0,0940734	$-0{,}415553$	$-10{,}132898$	$-2{,}083323$	0,615343	0,614998
	$-0{,}470367$	0,4777293	$-0{,}205600$	0,0044572	$-1{,}851705$	$-1{,}851301$
	$-1{,}752587$	$-0{,}937823$	$-1{,}205600$	-1	0	0
x_0:	$-0{,}701624$	0,563167	$-0{,}205600$	1		
x_1:	$-0{,}701337$	0,562861	$-0{,}205454$	1	0,002407	
x_2:	$-0{,}701337$	0,562861	$-0{,}205454$	1		$0{,}002408 = \varepsilon$

Das WIELANDT-Verfahren läßt sich auf den Fall betragsgleicher (z. B. komplexer) Eigenwerte $|\lambda_1| = |\lambda_2|$ erweitern[1].

[1] Vgl. Matrizen [*24*], § 21.7.

Beispiel: Gesucht der größte Eigenwert der symmetrischen Matrix

$$A = \begin{pmatrix} 2 & -4 & 1 & -5 \\ -4 & 3 & -3 & 2 \\ 1 & -3 & 1 & 0 \\ -5 & 2 & 0 & 8 \end{pmatrix}.$$

Erste Näherung durch Iteration nebst RAYLEIGH-Quotient:

A				z_0	z_1	z_2	z_3	z_4	z_5
2	−4	1	−5	1	2	46	529	6794	85466
−4	3	−3	2	0	−4	−33	−444	−5448	−68890
1	−3	1	0	0	1	15	160	2021	25159
−5	2	0	8	0	−5	−58	−760	−9613	−121770
−6	−2	−1	5	1	−6	−30	−515	−6246	−79954

$$\Lambda_1 = R[z_4] = 12{,}632197.$$

Dazu WIELANDT-Verbesserung mit $l = 12{,}63$ in Tabelle 5 auf S. 199.

10.7 Bestimmung höherer Eigenwerte: Verfahren von Koch

Außer dem betragsmäßig größten, dem dominanten Eigenwert λ_1 nebst zugehörigem Eigenvektor x_1 interessieren oft genug auch noch die im Betrage folgenden Werte $\lambda_2, \lambda_3, \ldots$ nebst Eigenvektoren $x_2, x_3, \ldots$, die wir der Numerierung entsprechend höhere Eigenwerte nennen (ihre Kehrwerte entsprechen etwa den höheren Eigenfrequenzen bei Schwingungsaufgaben). Das gewöhnliche Iterationsverfahren konvergiert, wie wir wissen, gegen die dominanten Werte λ_1, x_1. Will man dies verhindern, so hat man bei der Iteration von einem Vektor auszugehen, der keine Komponente an x_1 enthält, und man hat auch im Laufe der Rechnung die iterierten Vektoren immer wieder von zunächst kleinen, durch Rundungsfehler eingeschleppten Anteilen an x_1 zu reinigen, damit die Iteration nicht schließlich doch wieder gegen die dominanten Werte abwandert. Das ist der Grundgedanke des Verfahrens von KOCH[1], das wir ein wenig abwandeln, um auch den Einfluß fehlerhafter Ausgangswerte λ_1, x_1 nach Möglichkeit auszugleichen.

Die Entwicklungskoeffizienten (Komponenten) c_i eines beliebigen Vektors x bezüglich der n Eigenvektoren x_i der als diagonalähnlich vorausgesetzten Matrix,

$$x = c_1 x_1 + c_2 x_2 + \cdots + c_n x_n, \tag{47a}$$

ergeben sich durch Multiplikation mit den Linksvektoren y_i' auf Grund der Orthogonalität $y_i' x_k = 0$ für $i \neq k$, vgl. II, § 9.2, Gl. (9). Setzt man noch Binormierung der Vektorsysteme voraus,

$$y_i' x_k = \delta_{ik}, \tag{48}$$

[1] KOCH, J. J.: Bestimmung höherer kritischer Drehzahlen schnell laufender Wellen. Verh. 2. intern. Kongr. techn. Mech. Zürich 1926, S. 213—218.

so werden die Koeffizienten des Vektors $\boldsymbol{x}$:

$$c_i = \boldsymbol{y}_i' \boldsymbol{x}. \tag{49a}$$

Das entsprechende gilt für einen nach Linksvektoren $\boldsymbol{y}_i$ entwickelten Vektor

$$\boldsymbol{y} = d_1 \boldsymbol{y}_1 + d_2 \boldsymbol{y}_2 + \cdots + d_n \boldsymbol{y}_n \tag{47b}$$

mit den Koeffizienten

$$d_i = \boldsymbol{x}_i' \boldsymbol{y}. \tag{49b}$$

Wir setzen weiterhin wenigstens für die interessierenden (ersten) Eigenwerte Verschiedenheit der Beträge voraus:

$$|\lambda_1| > |\lambda_2| > |\lambda_3| > \cdots. \tag{50}$$

Sind nun $\boldsymbol{x}$ und $\boldsymbol{y}$ zwei beliebige, jedoch nicht orthogonale und demgemäß nach $\boldsymbol{x}'\boldsymbol{y} = 1$ binormierbare Vektoren, so erhält man aus ihnen je einen von $\boldsymbol{x}_1$ bzw. $\boldsymbol{y}_1$ freien Vektor

$$\boxed{\boldsymbol{v} := \boldsymbol{x} - c_1 \boldsymbol{x}_1} \quad \text{bzw.} \quad \boxed{\boldsymbol{u} := \boldsymbol{y} - d_1 \boldsymbol{y}_1} \tag{51}$$

mit

$$\boxed{c_1 := \boldsymbol{y}_1' \boldsymbol{x}} \quad \text{bzw.} \quad \boxed{d_1 := \boldsymbol{x}_1' \boldsymbol{y}}\,. \tag{52}$$

Iteration mit der Matrix $\boldsymbol{A}$ und ihrer Transponierten $\boldsymbol{A}'$ ergibt das Paar der iterierten Vektoren

$$\boxed{\boldsymbol{z} := \boldsymbol{A}\,\boldsymbol{v}} \quad \text{und} \quad \boxed{\boldsymbol{w} := \boldsymbol{A}'\,\boldsymbol{u}}\,, \tag{53}$$

die man mit

$$k := \sqrt{\boldsymbol{z}'\boldsymbol{w}} \tag{54}$$

wieder auf

$$\boldsymbol{x} := \boldsymbol{z}/k \quad \text{bzw.} \quad \boldsymbol{y} := \boldsymbol{w}/k \tag{55}$$

binormiert, worauf das Spiel mit den Gln. (52) und (51) von neuem beginnt. Bereits nach dem ersten Schritt müßten die Komponenten c_1 und d_1 zu Null geworden sein. Wegen ungenauer Ausgangswerte und Rundungsfehlern stellen sich von Null verschiedene kleine Zahlen ein. Die mit ihnen gebildeten Abzugsglieder in (51) verhindern ein Abwandern der Rechnung gegen die dominanten Werte $\boldsymbol{x}_1$ und $\boldsymbol{y}_1$. Die Rechnung konvergiert so gegen

$$\boldsymbol{z} = \Lambda_2 \boldsymbol{x} \quad \text{bzw.} \quad \boldsymbol{w} = \Lambda_2 \boldsymbol{y}, \tag{56}$$

woraus sich der RAYLEIGH-Quotient

$$\boxed{\Lambda_2 := \boldsymbol{w}'\boldsymbol{z}/\boldsymbol{w}'\boldsymbol{x} = \boldsymbol{z}'\boldsymbol{w}/\boldsymbol{z}'\boldsymbol{y}} \tag{57}$$

als Näherung für den zweiten Eigenwert herleitet.

Nun liegen die zur Reinigung benötigten Vektoren $\boldsymbol{x}_1$ und $\boldsymbol{y}_1$ nicht exakt, sondern nur in Form von Näherungen $\tilde{\boldsymbol{x}}_1, \tilde{\boldsymbol{y}}_1$ vor, die, selbst wenn die als RAYLEIGH-Quotient ermittelte Näherung Λ_1 für λ_1 recht gut ist, doch noch merkliche Verunreinigungen aus den übrigen Eigenvektoren $\boldsymbol{x}_i, \boldsymbol{y}_i$ $(i \geqq 2)$ enthalten können. Das hat zur Folge, daß die Reinigungskoeffizienten c_1 und d_1, jetzt in Form der Näherungswerte

$$\tilde{c}_1 := \tilde{\boldsymbol{y}}_1' \boldsymbol{x} \quad \text{und} \quad \tilde{d}_1 := \tilde{\boldsymbol{x}}_1' \boldsymbol{y}, \tag{52'}$$

merklich von Null verschieden ausfallen. Damit aber enthalten auch die Vektoren $\boldsymbol{x}$ und $\boldsymbol{y}$, gegen die die Rechnung konvergiert, außer den Hauptanteilen $\boldsymbol{x}_2$ bzw. $\boldsymbol{y}_2$ noch mehr oder weniger schwache Anteile an den übrigen Eigenvektoren. Indessen lassen sie sich davon nach Abschluß der Iteration auf folgende Weise wieder befreien.

Zunächst denken wir uns die Näherungen $\tilde{\boldsymbol{x}}_1, \tilde{\boldsymbol{y}}_1$ nach den exakten Eigenvektoren entwickelt:

$$\begin{aligned} \tilde{\boldsymbol{x}}_1 &= \boldsymbol{x}_1 + \gamma_2 \boldsymbol{x}_2 + \cdots + \gamma_n \boldsymbol{x}_n \\ \tilde{\boldsymbol{y}}_1 &= \boldsymbol{y}_1 + \delta_2 \boldsymbol{y}_2 + \cdots + \delta_n \boldsymbol{y}_n \end{aligned} \tag{58}$$

mit gegenüber 1 kleinen Verunreinigungskoeffizienten γ_i, δ_i. Auch für die Endvektoren machen wir einen Entwicklungsansatz

$$\begin{aligned} \boldsymbol{x} &= k_1 \boldsymbol{x}_1 + \boldsymbol{x}_2 + k_3 \boldsymbol{x}_3 + \cdots + k_n \boldsymbol{x}_n \\ \boldsymbol{y} &= l_1 \boldsymbol{y}_1 + \boldsymbol{y}_2 + l_3 \boldsymbol{y}_3 + \cdots + l_n \boldsymbol{y}_n \end{aligned} \tag{59}$$

mit gegen 1 kleinen Koeffizienten k_i, l_i. Vernachlässigt man die von zweiter Ordnung kleinen Produkte $\delta_i k_i$ und $\gamma_i l_i$, so erhält man für die Korrekturkoeffizienten

$$\begin{aligned} \tilde{c}_1 &= \tilde{\boldsymbol{y}}_1' \boldsymbol{x} = k_1 + \delta_2 \\ \tilde{d}_1 &= \tilde{\boldsymbol{x}}_1' \boldsymbol{y} = l_1 + \gamma_2 \end{aligned} \tag{60}$$

womit sich bestätigt, daß diese Faktoren nicht mehr zu Null werden.

Für die gereinigten Vektoren $\boldsymbol{v}$ und $\boldsymbol{u}$ folgt aus (58) und (59), wieder unter Vernachlässigen von zweiter Ordnung kleiner Produkte:

$$\begin{aligned} \boldsymbol{v} &= \boldsymbol{x} - \tilde{c}_1 \tilde{\boldsymbol{x}}_1 = (k_1 - \tilde{c}_1)\, \boldsymbol{x}_1 + \boldsymbol{x}_2 + \sum k_i \boldsymbol{x}_i \\ \boldsymbol{u} &= \boldsymbol{y} - \tilde{d}_1 \tilde{\boldsymbol{y}}_1 = (l_1 - \tilde{d}_1)\, \boldsymbol{y}_1 + \boldsymbol{y}_2 + \sum l_i \boldsymbol{y}_i \end{aligned}$$

und daraus für die iterierten Vektoren

$$\begin{aligned} \boldsymbol{z} &= \boldsymbol{A}\, \boldsymbol{v} = (k_1 - \tilde{c}_1)\, \lambda_1 \boldsymbol{x}_1 + \lambda_2 \boldsymbol{x}_2 + \sum k_i \lambda_i \boldsymbol{x}_i \\ \boldsymbol{w} &= \boldsymbol{A}' \boldsymbol{u} = (l_1 - \tilde{d}_1)\, \lambda_1 \boldsymbol{y}_1 + \lambda_2 \boldsymbol{y}_2 + \sum l_i \lambda_i \boldsymbol{y}_i . \end{aligned}$$

Damit aber folgt aus der Forderung (56) durch Koeffizientenvergleich:

$$k_1 (\lambda_1 - \Lambda_2) = \tilde{c}_1 \lambda_1, \quad l_1 (\lambda_1 - \Lambda_2) = \tilde{d}_1 \lambda_1 \tag{61}$$

$$\Lambda_2 = \lambda_2, \tag{62}$$

$$k_i = l_i = 0 \quad \text{für} \quad i \geqq 3. \tag{63}$$

Die durch die Iteration gelieferte Näherung Λ_2 für den zweiten Eigenwert ist trotz fehlerhafter Ausgangswerte $\tilde{\boldsymbol{x}}_1$, $\tilde{\boldsymbol{y}}_1$ bis auf Fehler zweiter Ordnung exakt. Die Endvektoren $\boldsymbol{x}$, $\boldsymbol{y}$ enthalten in erster Näherung lediglich verunreinigende Anteile an $\boldsymbol{x}_1$ bzw. $\boldsymbol{y}_1$, die nun aber mit Hilfe der aus (61) ermittelbaren Koeffizienten k_1 bzw. l_1 leicht wieder beseitigt werden können. Ersetzen wir noch überall die exakten durch Näherungswerte, was wegen Kleinheit der Korrekturen unbedenklich ist, so erhalten wir die nach Abschluß der Iteration anzuwendenden Korrekturformeln

$$\boxed{k_1 := \tilde{c}_1\, \Lambda_1/(\Lambda_1 - \Lambda_2)}\,, \qquad \boxed{l_1 := \tilde{d}_1\, \Lambda_1/(\Lambda_1 - \Lambda_2)} \tag{64}$$

$$\boxed{\tilde{\boldsymbol{x}}_2 := \boldsymbol{x} - k_1\, \tilde{\boldsymbol{x}}_1} \quad \text{und} \quad \boxed{\tilde{\boldsymbol{y}}_2 := \boldsymbol{y} - l_1\, \tilde{\boldsymbol{y}}_1}\,. \tag{65}$$

Nach Vorliegen der Näherung Λ_2 für den zweiten Eigenwert aber lassen sich nun auch noch die Näherungen $\tilde{\boldsymbol{x}}_1$, $\tilde{\boldsymbol{y}}_1$ nachträglich verbessern, indem wenigstens ihre Anteile an $\boldsymbol{x}_2$ und $\boldsymbol{y}_2$ beseitigt werden können. Das folgt leicht aus der Entwicklung (58), wenn man die höheren Vektoren ($i \geqq 3$) vernachlässigt. Die verbesserten Vektoren sind

$$\boxed{\begin{aligned} \tilde{\boldsymbol{x}}_1 &:= \boldsymbol{A}\, \tilde{\boldsymbol{x}}_1 - \Lambda_2\, \tilde{\boldsymbol{x}}_1 \\ \tilde{\boldsymbol{y}}_1 &:= \boldsymbol{A}'\, \tilde{\boldsymbol{y}}_1 - \Lambda_2\, \tilde{\boldsymbol{y}}_1 \end{aligned}}\,. \tag{66}$$

Diese verbesserten Werte wird man — nach Binormierung — insbesondere dann verwenden, wenn man das Vorgehen zur Ermittlung weiterer Eigenwerte $\lambda_3, \ldots$ fortsetzen will, was leicht möglich ist. Die entsprechenden Formeln zur Berechnung des l-ten Eigenwertes λ_l nach Vorliegen der Werte λ_j, $\tilde{\boldsymbol{x}}_j$, $\tilde{\boldsymbol{y}}_j$ für $j = 1$ bis $l - 1$ lauten:

$$\tilde{c}_j := \tilde{\boldsymbol{y}}_j'\boldsymbol{x}, \qquad \tilde{d}_j := \tilde{\boldsymbol{x}}_j'\boldsymbol{y}, \qquad j = 1, 2, \ldots, l-1, \tag{52a}$$

$$\boldsymbol{v} := \boldsymbol{x} - \sum_1^{l-1} \tilde{c}_j\, \tilde{\boldsymbol{x}}_j, \qquad \boldsymbol{u} := \boldsymbol{y} - \sum_1^{l-1} \tilde{d}_j\, \tilde{\boldsymbol{y}}_j \tag{51a}$$

$$\boldsymbol{z} := \boldsymbol{A}\, \boldsymbol{v}, \qquad \boldsymbol{w} := \boldsymbol{A}'\, \boldsymbol{u}. \tag{53a}$$

Die nachträgliche Korrektur erfolgt nach

$$k_j := \tilde{c}_j\, \Lambda_j/(\Lambda_j - \Lambda_l), \qquad l_j := \tilde{d}_j\, \Lambda_j/(\Lambda_j - \Lambda_l), \tag{64a}$$

$$\tilde{\boldsymbol{x}}_l := \boldsymbol{x} - \sum_1^{l-1} k_j\, \tilde{\boldsymbol{x}}_j, \qquad \tilde{\boldsymbol{y}}_l := \boldsymbol{y} - \sum_1^{l-1} l_j\, \tilde{\boldsymbol{y}}_j. \tag{65a}$$

III. Kapitel

Interpolation und Integration

§ 11 Allgemeine Interpolationsformeln

11.1 Aufgabenstellung

Unter Interpolation versteht man das Einschalten von Zwischenwerten zu gegebenen, etwa in einer Tafel vorliegenden Zahlenwerten. Bei der vom Arbeiten mit der Logarithmentafel her geläufigen Interpolation geht man bekanntlich so vor, daß man den Unterschied zweier benachbarter Zahlenwerte, die Tafeldifferenz, im gleichen Verhältnis aufteilt, in dem der Tafelschritt durch die angegebene Zwischenstelle geteilt wird. Anschaulich gesprochen heißt dies, daß man den im allgemeinen gekrümmten Funktionsverlauf zwischen zwei benachbarten Tafelwerten ersetzt durch einen linearen Verlauf, die gekrümmte Kurve durch ihre Sehne (Abb. 11.1). Es handelt sich hier um eine *lineare* Interpolation.

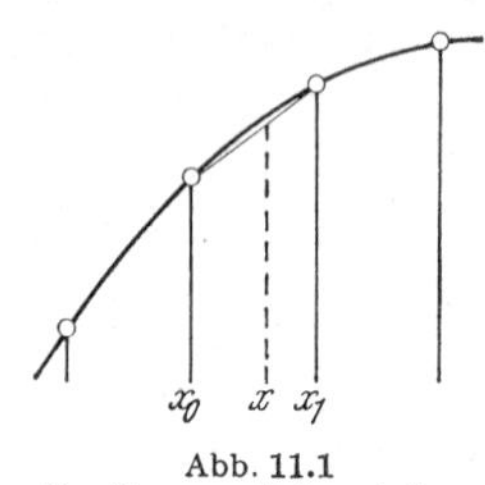

Abb. 11.1
Zur linearen Interpolation

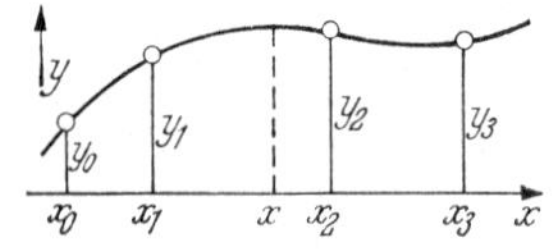

Abb. 11.2. Zur allgemeinen Interpolationsaufgabe

Dieses bekannte Vorgehen ist offenbar nur so lange unbedenklich, als die Abweichung der gekrümmten Kurve von der Sehne im Rahmen der geforderten Genauigkeit nicht ins Gewicht fällt, d. h. solange der Tafelschritt klein genug ist. Weichen bei gegebener Schrittgröße die linear interpolierten Werte innerhalb der geforderten Stellenzahl von den wahren Funktionswerten ab, so genügt die uns geläufige lineare Interpolation nicht mehr. An die Stelle der geraden Linie hat dann eine gekrümmte Interpolationskurve zu treten, die an den vertafelten Stellen, den sogenannten *Stützstellen*, die vertafelten Funktionswerte genau annimmt, die sich aber auch an der Zwischenstelle nun dem gekrümmten Funktionsverlauf hinreichend gut anpaßt. Dazu reichen dann aber auch zwei — der fraglichen Zwischenstelle benachbarte — Funktionswerte als sogenannte *Stützwerte* nicht mehr aus, vielmehr müssen mindestens drei Tafelwerte zur nichtlinearen Interpolation herangezogen werden, wenn man nicht die Krümmung in anderer Weise, etwa durch Benutzen von Ableitungen, berücksichtigen will, wovon wir zunächst absehen wollen.

Die verallgemeinerte Interpolationsaufgabe lautet dementsprechend so: Gegeben sind von einer Funktion $y = f(x)$ an sagen wir $n+1$ Stützstellen $x_0, x_1, x_2, \ldots, x_n$ die $n+1$ Funktionswerte, die Stützwerte $y_0, y_1, y_2, \ldots, y_n$. Gesucht ist der Funktionswert $y(x)$ an einer bestimmten beliebig vorgegebenen Zwischenstelle x im Intervall $x_0 \ldots x_n$ (Abb. 11.2), besser: ein genügend genauer Näherungswert für $y(x)$.

Die Lösung dieser Aufgabe geschieht so, daß man durch die $n+1$ Stützpunkte eine passend gewählte *Interpolationsfunktion* als Ersatz der zu interpolierenden Funktion $y = f(x)$ derart hindurchlegt, daß sie die letztere an den $n+1$ Stützstellen genau und an den Zwischenstellen mit genügend guter Annäherung wiedergibt. Die Interpolationsfunktion soll überdies so beschaffen sein, daß ihre Werte an einer beliebigen Zwischenstelle x leicht zahlenmäßig berechenbar sind. Hierzu eignen sich ganz besonders die Polynome, deren Berechnung ja nur die drei Grundrechnungsarten der Addition, Subtraktion und Multiplikation erfordert, und sie sind daher auch zu diesem Zweck von jeher und fast ausschließlich benutzt worden, so vor allem zur Berechnung der großen Tafelwerke der Logarithmen, Kreisfunktionen u. dgl.

Die erste Verbesserung der linearen Interpolation, d. h. derjenigen durch ein Polynom ersten Grades, ist die quadratische, bei der die Funktion durch eine durch *drei* benachbarte Punkte hindurchgehende quadratische Parabel ersetzt und so die Krümmung des Funktionsverlaufes angenähert berücksichtigt wird. Sollen auch Wendepunkte im Funktionsverlauf erfaßt werden, so hat man ein durch vier Stützpunkte hindurchgelegtes Interpolationspolynom dritten Grades, eine kubische Parabel anzuwenden. Den Grad des Interpolationspolynoms noch wesentlich weiter zu treiben, ist meistens untunlich. Denn abgesehen von der erhöhten Rechenarbeit kann ein Polynom höherer Ordnung leicht auch zu größeren Abweichungen an den Zwischenstellen führen, da es zu größerer „Welligkeit" als ein solches niederer Ordnung neigt[1]. — Die Lage der Stützstellen wird zunächst allgemein, also auch ungleichabständig angenommen (§ 11), um später auf den praktisch wichtigsten Fall gleichabständiger Stützstellen spezialisiert zu werden (§ 12), bei dem sich alle Formeln naturgemäß vereinfachen.

11.2 Unmittelbarer Polynomansatz

Zur Bestimmung des Interpolationspolynoms n-ten Grades $F_n(x)$ für $n+1$ Stützwertpaare x_i, y_i $(i = 0, 1, 2, \ldots, n)$ kann man unmittelbar den Ansatz machen

$$F_n(x) = a_0 + a_1 x + a_2 x^2 + \cdots + a_n x^n. \tag{1}$$

Für die $n+1$ unbekannten Koeffizienten $a_0, a_1, \ldots, a_n$ stehen dann die $n+1$ Gleichungen zur Verfügung, die man aus (1) erhält, wenn man für x und y der Reihe nach die $n+1$ zahlenmäßig gegebenen Wertepaare x_i, y_i einsetzt:

$$\left.\begin{array}{l} a_0 + a_1 x_0 + a_2 x_0^2 + \cdots + a_n x_0^n = y_0 \\ a_0 + a_1 x_1 + a_2 x_1^2 + \cdots + a_n x_1^n = y_1 \\ \cdots\cdots\cdots\cdots\cdots\cdots\cdots\cdots \\ a_0 + a_1 x_n + a_2 x_n^2 + \cdots + a_n x_n^n = y_n . \end{array}\right\} \tag{2}$$

[1] Vgl. dazu W. Quade: Zur Interpolationstheorie reeller Funktionen. Z. angew. Math. Mech. Bd. 35 (1955) S. 144—156.

Die Auflösung dieses in den Unbekannten a_i linearen Gleichungssystems aber läßt sich nach der CRAMERschen Regel anschreiben:

$$a_0 = \frac{D_0}{D}, \quad a_1 = \frac{D_1}{D}, \quad \ldots, \quad a_n = \frac{D_n}{D} \tag{3}$$

mit der $(n + 1)$-reihigen Koeffizientendeterminante

$$D = \begin{vmatrix} 1 & x_0 & x_0^2 & \ldots & x_0^n \\ 1 & x_1 & x_1^2 & \ldots & x_1^n \\ \cdot & \cdot & \cdot & \cdot & \cdot \\ 1 & x_n & x_n^2 & \ldots & x_n^n \end{vmatrix} \tag{4}$$

und den Zählerdeterminanten $D_0, D_1, \ldots, D_n$, die aus D dadurch hervorgehen, daß man bzw. die 1., 2., ..., $n + 1$. Spalte in ihr ersetzt durch die Spalte der rechten Seiten y_i. Die Koeffizientendeterminante (4), auch *Potenzdeterminante* oder VANDERMONDEsche *Determinante* genannt, gestattet noch eine Umformung. Durch Subtraktion der mit x_0 multiplizierten n-ten Spalte von der $(n + 1)$-ten, der gleichfalls mit x_0 multiplizierten $(n - 1)$-ten Spalte von der n-ten usf., schließlich der mit x_0 multiplizierten 1. Spalte von der 2. erhält man

$$D = \begin{vmatrix} 1 & 0 & 0 & \ldots & 0 \\ 1 & x_1 - x_0 & x_1^2 - x_1 x_0 & \ldots & x_1^n - x_1^{n-1} x_0 \\ 1 & x_2 - x_0 & x_2^2 - x_2 x_0 & \ldots & x_2^n - x_2^{n-1} x_0 \\ \cdot & \cdot & \cdot & \cdot & \cdot \\ 1 & x_n - x_0 & x_n^2 - x_n x_0 & \ldots & x_n^n - x_n^{n-1} x_0 \end{vmatrix}$$

und daraus durch Entwickeln nach der ersten Zeile und Vorziehen der gemeinsamen Faktoren der übrigen Zeilen:

$$D = (x_1 - x_0)(x_2 - x_0) \ldots (x_n - x_0) \begin{vmatrix} 1 & x_1 & x_1^2 & \ldots & x_1^{n-1} \\ 1 & x_2 & x_2^2 & \ldots & x_2^{n-1} \\ \cdot & \cdot & \cdot & \cdot & \cdot \\ 1 & x_n & x_n^2 & \ldots & x_n^{n-1} \end{vmatrix}.$$

Indem man für die verbleibende n-reihige Determinante entsprechend verfährt usf., erhält man schließlich den Ausdruck

$$\left.\begin{aligned} D = (x_1 - x_0)(x_2 - x_0)(x_3 - x_0) \ldots (x_n - x_0) \\ (x_2 - x_1)(x_3 - x_1) \ldots (x_n - x_1) \\ (x_3 - x_2) \ldots (x_n - x_2) \\ \ldots\ldots\ldots \\ (x_n - x_{n-1}) \end{aligned}\right\} \tag{5}$$

oder kurz

$$D = \prod_{i>k} (x_i - x_k). \tag{5'}$$

Aus dieser „Produktdarstellung" der Potenzdeterminante wird ersichtlich, daß die Koeffizientendeterminante unseres Gleichungssystems $\neq 0$

ist, solange die $n+1$ benutzten Stützstellen x_i sämtlich voneinander verschieden sind, was wir voraussetzen wollen. Dann hat das Gleichungssystem (2) also stets die durch (3) dargestellten Lösungen.

11.3 Lagrangesche Interpolationsformel

Der soeben beschriebene theoretisch zwar durchsichtige, praktisch aber etwas umständliche Weg zur Aufstellung des Interpolationspolynoms läßt sich auf verschiedene Weise vereinfachen. So kann man die Zählerdeterminanten D_ν nach der jeweiligen Spalte der rechten Seiten y_i entwickeln. Man erhält dann die folgende von LAGRANGE herrührende Form

$$\boxed{F_n(x) = L_0(x)\,y_0 + L_1(x)\,y_1 + \cdots + L_n(x)\,y_n}\,. \tag{6}$$

Darin sind die Koeffizienten $L_i(x)$ der Stützordinaten y_i Polynome n-ten Grades, in denen noch die Stützstellen x_i auftreten und die in der Zusammenfassung (6) natürlich wieder ein Polynom n-ten Grades, eben das gewünschte Interpolationspolynom ergeben. Diese sogenannten LAGRANGE*schen Polynome* $L_i(x)$ müssen so beschaffen sein, daß sie für $x = x_k$ sämtlich verschwinden bis auf L_k, das den Wert 1 erhalten muß. Denn dann wird gerade unsere Interpolationsforderung erfüllt, daß das Interpolationspolynom (6) an den Stützstellen x_i die Stützwerte y_i annimmt. Hieraus erklärt sich der folgende Bau der LAGRANGE-Polynome:

$$\boxed{\begin{aligned}
L_0(x) &= \frac{(x-x_1)(x-x_2)(x-x_3)\dots(x-x_n)}{(x_0-x_1)(x_0-x_2)(x_0-x_3)\dots(x_0-x_n)}\\
L_1(x) &= \frac{(x-x_0)(x-x_2)(x-x_3)\dots(x-x_n)}{(x_1-x_0)(x_1-x_2)(x_1-x_3)\dots(x_1-x_n)}\\
L_2(x) &= \frac{(x-x_0)(x-x_1)(x-x_3)\dots(x-x_n)}{(x_2-x_0)(x_2-x_1)(x_2-x_3)\dots(x_2-x_n)}\\
&\dots\dots\dots\dots\dots\dots\dots\dots\\
L_n(x) &= \frac{(x-x_0)(x-x_1)(x-x_2)\dots(x-x_{n-1})}{(x_n-x_0)(x_n-x_1)(x_n-x_2)\dots(x_n-x_{n-1})}
\end{aligned}}\,. \tag{7}$$

Der Zähler von $L_i(x)$ ist ein *Polynom,* gebildet aus den Linearfaktoren $x - x_k$ aller zu x_i fremden x_k. Der Nenner ist der *Zahlenwert,* den dieses Polynom für $x = x_i$ annimmt. Nach dieser Regel lassen sich die L_i für konkret gegebene Stützstellen x_i leicht anschreiben.

Der interpolierte Zwischenwert $F_n(x)$ erscheint hier in der Form einer linearen Überlagerung aus den Stützwerten y_i mit Koeffizienten L_i, deren Wert von der Interpolationsstelle x abhängt. Besonders durchsichtig werden die Verhältnisse bei der uns freilich meist in anderer Form vertrauten linearen Interpolation etwa mit den beiden Stützstellen $x_0 = 0$, $x_1 = 1$ (durch passende Maßstabswahl können wir hier die Intervallenden ja stets zu 0 und 1 machen). Die LAGRANGEschen Faktoren sind dann

$$L_0(x) = \frac{x - x_1}{x_0 - x_1} = 1 - x\,, \qquad L_1(x) = \frac{x - x_0}{x_1 - x_0} = x$$

und die Interpolationsformel:

$$F_1(x) = L_0 y_0 + L_1 y_1 = (1 - x) y_0 + x y_1 .$$

Hier sind, wie es sein muß, die L_i selbst linear in x, und der Aufbau von y aus den beiden linear veränderlichen Anteilen ist anschaulich leicht verfolgbar (Abb. 11.3).

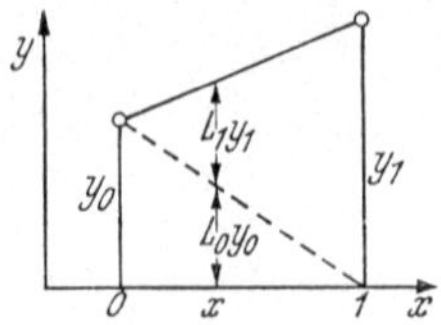

Abb. 11.3. Veranschaulichung der linearen Interpolation nach LAGRANGE

Soll auch die Krümmung des Funktionsverlaufes bei der Interpolation berücksichtigt werden, so ist wenigstens noch ein weiterer Stützpunkt einzubeziehen. Der Symmetrie wegen empfiehlt sich jedoch das Benutzen von vier Stützstellen, die äquidistant und symmetrisch zum eigentlichen Interpolationsgebiet liegen, das wir wieder auf die Länge 1 normieren können. Bezeichnen wir die es begrenzenden Stützstellen mit x_0 und x_1 und die beiderseits darüber hinausragenden Randstützstellen mit x_{-1} und x_2 und setzen wir noch $x_0 = 0$ fest (Abb. 11.4), so lautet hier die kubische Interpolationsformel:

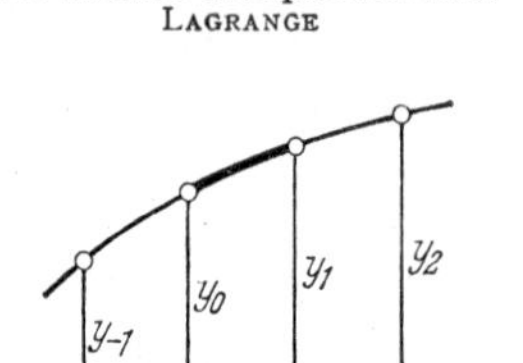

Abb. 11.4. Kubische Interpolation bei äquidistanten Stützstellen

$$\begin{aligned} F_3(x) = &-\tfrac{1}{6}\, x(x-1)(x-2) y_{-1} + \tfrac{1}{2}(x+1)(x-1)(x-2) y_0 - \\ &- \tfrac{1}{2}(x+1)\, x\,(x-2) y_1 + \tfrac{1}{6}(x+1)\, x\,(x-1) y_2 \\ = &\; L_{-1} y_{-1} + L_0 y_0 + L_1 y_1 + L_2 y_2 . \end{aligned}$$

Für einen bestimmten x-Wert können die Faktoren L_i zahlenmäßig angegeben werden, mit denen die Ordinaten y_i zu multiplizieren sind. Diese Multiplikationen unter gleichzeitiger Addition zum Gesamtausdruck $F_3(x)$ erfolgen auf der Rechenmaschine in einem Arbeitsgang durch Zusammenlaufenlassen der Teilprodukte.

Gerade diese Möglichkeit macht die LAGRANGEsche Form der Interpolation für gewisse Zwecke besonders vorteilhaft, wenn nämlich für bestimmte immer wiederkehrende x-Werte interpoliert werden soll. Das ist der Fall, wenn die Intervalle einer äquidistanten Zahlenreihe durch Einschalten neuer äquidistanter Zwischenstellen x_j unterteilt werden sollen, wenn man die Zahlenreihe verdichten will (Aufgabe der *Untertafelung*).

Für den häufig gebrauchten Fall einer Schritthalbierung, $x = \frac{1}{2}$, wird

$$y\left(\frac{1}{2}\right) = \frac{1}{16}\left(-\, y_{-1} + 9 y_0 + 9 y_1 - y_2\right).$$

Bei dem umfangreicheren Beispiel einer fünffachen Unterteilung berechnet man sich ein für allemal für die vier Zwischenstellen $x_j = 0{,}2; 0{,}4; 0{,}6$ und $0{,}8$ jeweils die bei kubischer Interpolation benötigten vier Faktoren $L_i = L_i(x_j)$, wie in der folgenden Tabelle (zusammen mit den Randwerten für $x = 0$ und $x = 1$) aufgeführt. Die Tabelle enthält zum Vergleich in den beiden letzten Spalten noch die entsprechenden Werte L_0 und L_1 der linearen Interpolation. Man erkennt den korrekturartigen Einfluß der beiden Randordinaten y_{-1} und y_2 bei der kubischen Interpolation gegenüber der linearen.

x	Kubische Interpolation				Lineare Interpolation	
	L_{-1}	L_0	L_1	L_2	L_0	L_1
0	0	1	0	0	1	0
0,2	−0,048	0,864	0,216	−0,032	0,8	0,2
0,4	−0,064	0,672	0,448	−0,056	0,6	0,4
0,6	−0,056	0,448	0,672	−0,064	0,4	0,6
0,8	−0,032	0,216	0,864	−0,048	0,2	0,8
1	0	0	1	0	0	1

Gegeben sei beispielsweise eine Tafel für $y = \cos x$ mit einem Argumentschritt von $\Delta x = 0{,}05$, den man auf 0,01 verdichten will. Zur Berechnung der Zwischenwerte im Intervall von 0,20 bis 0,25 benötigt man nebenstehende vier Tafelwerte (der eigentliche Arbeitsbereich ist umrahmt). Diese y-Werte sind nun jeweils für einen der x-Werte $x_j = 0{,}2;\ 0{,}4;\ 0{,}6;\ 0{,}8$ mit den zugehörigen vier Faktoren L_i unserer Tabelle zu multiplizieren und die vier Produkte zusammenlaufen zu lassen. Das Ergebnis der Interpolation ist:

x	$y = \cos x$
0,15	0,98877
0,20	0,98007
0,25	0,96891
0,30	0,95534

x	$y = \cos x$
0,20	0,98007
21	97803
22	97590
23	97367
24	97134
0,25	0,96891

Die Werte stimmen mit fünfstelligen Tafelwerten für $\cos x$ überein. Eine lineare Interpolation würde hier nicht mehr ausreichen.

In ganz gleicher Weise geht eine Verdichtung auf den 10. oder 20. Teil vor sich. Stets werden die vier Tafelwerte y_i mit vier Faktoren $L_i = L_i(x_j)$ zu je einer festen Zwischenstelle x_j multipliziert und die

Produkte addiert. Die Interpolationsarbeit ist hier offensichtlich in hohem Maße schematisiert.

Ein Blick auf die oben angegebene Tafel der Koeffizienten L_i zeigt, daß für jeden x-Wert die Summe der LAGRANGEschen Faktoren den Wert 1 ergibt. Allgemein gilt

$$\boxed{L_0(x) + L_1(x) + \cdots + L_n(x) = 1}\,. \tag{8}$$

Denn für den Sonderfall $y_0 = y_1 = \cdots = y_n = 1$ muß Gl. (6) als Interpolationspolynom ja die Konstante $y(x) = 1$ ergeben. Gl. (8) ist als Kontrolle bei der zahlenmäßigen Berechnung der L_i nützlich.

11.4 Newtonsche Interpolationsformel

So wertvoll die LAGRANGEsche Formel für die Zwecke der Untertafelung oder auch, wie wir noch sehen werden, zur Aufstellung von Formeln der numerischen Integration ist, für die Aufstellung des formelmäßigen Interpolationspolynoms als Funktion der Veränderlichen x ist ein von NEWTON gegebener Ansatz geeigneter. Hier wird das Polynom nicht unmittelbar in der Form (1) angeschrieben, sondern folgendermaßen:

$$\boxed{\begin{aligned} c(x) = c_0 + c_1(x - x_0) + c_2(x - x_0)(x - x_1) + \cdots \\ + c_n(x - x_0)(x - x_1)\ldots(x - x_{n-1}) \end{aligned}}\,. \tag{9}$$

Während nämlich der Ansatz (1) bei Einsetzen der $n + 1$ Wertepaare x_i, y_i auf ein allgemeines lineares Gleichungssystem für die $n + 1$ unbekannten Koeffizienten a_i führt, dessen Auflösung immer umständlich ist, ergibt sich beim Einsetzen der Wertepaare in (9) folgendes:

$$\left.\begin{aligned} x = x_0:&\quad y_0 = c_0, \\ x = x_1:&\quad y_1 = c_0 + c_1(x_1 - x_0), \\ x = x_2:&\quad y_2 = c_0 + c_1(x_2 - x_0) + c_2(x_2 - x_0)(x_2 - x_1) \\ &\quad \cdots\cdots\cdots\cdots\cdots\cdots\cdots\cdots \\ x = x_n:&\quad y_n = c_0 + c_1(x_n - x_0) + c_2(x_n - x_0)(x_n - x_1) + \cdots \\ &\qquad + c_n(x_n - x_0)(x_n - x_1)\ldots(x_n - x_{n-1}). \end{aligned}\right\} \tag{10}$$

Auch hier haben wir ein lineares Gleichungssystem für die gesuchten Koeffizienten c_i, aber eins, das ganz einfach zu lösen ist. Das System erscheint hier sogleich in „gestaffelter Form", in die ein allgemeines System erst durch den Eliminationsvorgang, etwa nach GAUSS, überführt werden muß. Hier erhält man aus der ersten der Gln. (10) sofort c_0, aus der zweiten dann c_1, aus der dritten c_2 usf. Die Koeffizienten c_i lassen sich also bequem nacheinander berechnen. Das Polynom erscheint dann freilich nicht unmittelbar in der normalen Form (1); diese muß vielmehr erst aus (9) umgerechnet werden, was aber nicht schwer ist.

Noch einfacher ergeben sich die Koeffizienten c_i als sogenannte *Steigungen* oder dividierte Differenzen. Darunter versteht man folgende Ausdrücke:

$$\left.\begin{array}{lll} \text{1. Steigung} & [x_1\, x_0] = \dfrac{y_1 - y_0}{x_1 - x_0} = [x_0\, x_1], & \\ \text{2. Steigung} & [x_2\, x_1\, x_0] = \dfrac{[x_2\, x_1] - [x_1\, x_0]}{x_2 - x_0} = [x_0\, x_1\, x_2], & \\ \text{3. Steigung} & [x_3\, x_2\, x_1\, x_0] = \dfrac{[x_3\, x_2\, x_1] - [x_2\, x_1\, x_0]}{x_3 - x_0} = [x_0\, x_1\, x_2\, x_3] & \\ & \qquad\qquad \text{usf.} & \end{array}\right\} \quad (11)$$

Zahlenmäßig entnimmt man diese Größen einem *Steigungsschema* ähnlich dem geläufigeren Differenzenschema, dessen Verallgemeinerung auf nichtäquidistante Stützstellen es darstellt:

x_i	y_i	S_1	S_2	S_3
x_0	y_0			
		$[x_0\, x_1]$		
x_1	y_1		$[x_0\, x_1\, x_2]$	
		$[x_1\, x_2]$		$[x_0\, x_1\, x_2\, x_3]$
x_2	y_2		$[x_1\, x_2\, x_3]$	
		$[x_2\, x_3]$		. . . . .
x_3	y_3		. . . .	
		. . .		
. . . .				

Im Steigungsschema sind — im Gegensatz zum Differenzenschema — sowohl Abstand als auch Reihenfolge der Stützstellen x_i beliebig. Das folgende Beispiel diene zur Erläuterung:

x	y	S_1	S_2	S_3
5	53			
		17		
3	19		6	
		11		1
4	30		2	
		7		
1	9			

Wir bilden nun weiter die Steigungen mit einer freien, zahlenmäßig nicht festgelegten Stelle x nach

$$[x\, x_0] = \frac{y(x) - y_0}{x - x_0} \qquad \text{usw.}$$

und schreiben dies in der Form

$$\begin{array}{rl|l} y(x) = & y_0 + [x\, x_0]\,(x - x_0) & \\ [x\, x_0] = & [x_0\, x_1] + [x\, x_0\, x_1]\,(x - x_1) & \cdot (x - x_0) \\ [x\, x_0\, x_1] = & [x_0\, x_1\, x_2] + [x\, x_0\, x_1\, x_2]\,(x - x_2) & \cdot (x - x_0)\,(x - x_1) \\ \dots\dots & \dots\dots\dots\dots & \dots\dots \\ [x\, x_0 \ldots x_{n-1}] = & [x_0\, x_1 \ldots x_n] + [x\, x_0 \ldots x_n]\,(x - x_n) & \cdot (x - x_0) \ldots (x - x_{n-1}) \end{array}$$

Einsetzen der zweiten Gleichung in die erste, der dritten in die zweite usf., wie angedeutet, führt auf folgende Darstellung der Funktion $f(x)$:

$$\begin{aligned} y(x) = & \boxed{\begin{aligned} & y_0 + [x_0 x_1](x - x_0) + [x_0 x_1 x_2](x - x_0)(x - x_1) + \cdots \\ & + [x_0 x_1 \ldots x_n](x - x_0)(x - x_1) \ldots (x - x_{n-1}) \end{aligned}} \\ & + [x x_0 x_1 \ldots x_n](x - x_0)(x - x_1) \ldots (x - x_n) \end{aligned} \tag{12}$$

oder

$$\boxed{y(x) = F_n(x) + R_{n+1}(x)} \tag{13}$$

mit dem in (12) durch Umrahmung hervorgehobenen Interpolationspolynom $F_n(x)$, welches die Form (9) hat und einem *Restglied* der Form

$$\boxed{\begin{aligned} & R_{n+1}(x) = p_{n+1}(x)\, S_{n+1}(x) \\ \text{mit} \quad & p_{n+1}(x) = (x - x_0)(x - x_1) \ldots (x - x_n) \\ \text{und} \quad & S_{n+1}(x) = [x x_0 x_1 \ldots x_n] \end{aligned}}, \tag{14}$$

welches mit dem Faktor $p_{n+1}(x)$ an den $n + 1$ Stützstellen x_0 bis x_n verschwindet (Abb. 11.5). Damit wird die Interpolationsforderung

$$y_i = y(x_i) = F_n(x_i) \tag{15}$$

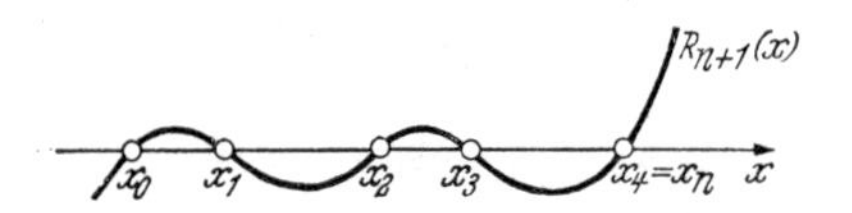

Abb. 11.5. Verlauf der Restgliedfunktion $R_{n+1}(x)$

für $i = 0$ bis n erfüllt. Ein Vergleich von (12) mit (9) ergibt für die Koeffizienten des Newton-Polynoms $F_n(x)$ gerade die Steigungen auf absteigender Linie im Steigungsschema:

$$\boxed{c_k = [x_0 x_1 \ldots x_k]} \qquad k = 0, 1, \ldots, n, \tag{16}$$

wenn wir den Funktionswert $y_0 = [x_0]$ als nullte Steigung mitzählen. Für unser Zahlenbeispiel finden wir so das Polynom

$$\begin{aligned} F_3(x) &= 53 + 17(x - 5) + 6(x - 5)(x - 3) + 1(x - 5)(x - 3)(x - 4) \\ &= x^3 - 6x^2 + 16x - 2. \end{aligned}$$

Das Polynom ist unabhängig von der Reihenfolge der Stützwerte, die in die Herleitung nicht eingeht. In der Tat findet man bei anderer

Anordnung der gleichen Stützwerte, beispielsweise

x	y	S_1	S_2	S_3
1	9			
		5		
3	19		2	
		11		1
4	30		6	
		23		
5	53			

das gleiche Polynom, wenn auch zunächst in anderer Form:

$$F_3(x) = 9 + 5(x-1) + 2(x-1)(x-3) + 1(x-1)(x-3)(x-4)$$
$$= x^3 - 6x^2 + 16x - 2 .$$

Diese Tatsache ist nun für unsere Aufgabe in mehrfacher Hinsicht bedeutsam. Man kann den Grad des Polynoms nachträglich durch Einbeziehen weiterer Stützwerte erhöhen, wenn dies für die Genauigkeit der Interpolation wünschenswert ist. Man kann ferner, ausgehend von einer beliebigen Stelle im Innern des Steigungsschemas — oder des Differenzenschemas im Sonderfall äquidistanter Stützstellen —, durch Hinzunahme jeweils eines neuen Punktes unten oder oben im Schema einen beliebigen Zickzackweg auf den Diagonalen im Schema auswählen. Beispielsweise erhalten wir im untenstehenden Schema durch Wahl der Reihenfolge 2, 1, 3, 4, 0 der Stützstellen den durch Kreise gekennzeichneten Weg. Das zugehörige Polynom hat die Form

Nr.	x	$y = S_0$	S_1	S_2	S_3	S_4
0	x_0	·				
			·			
1	x_1	·		·		
			⊙		·	
2	x_2	⊙		⊙		⊙
			·		⊙	
3	x_3	·		·		
			·			
4	x_4	·				

$$F_4(x) = S_0 + S_1(x-x_2) + S_2(x-x_2)(x-x_1) + S_3(x-x_2)(x-x_1)(x-x_3)$$
$$+ S_4(x-x_2)(x-x_1)(x-x_3)(x-x_4),$$

wo die Steigungen S_i an den hervorgehobenen Stellen abzulesen sind. Man wird den im Schema einzuschlagenden Weg so wählen, daß er möglichst auf der Höhe der zu interpolierenden Stelle x verläuft.

Die zahlenmäßige Auswertung des NEWTON-Polynoms für zahlenmäßig gegebene Stelle x läßt sich schematisch durchführen. Numerieren wir die Stellen x_i wieder in der Reihenfolge des Auftretens und führen die Abkürzungen $z_i = x - x_i$ ein, so lautet das Polynom für $n = 4$

$$F_4(x) = c_0 + c_1 z_0 + c_2 z_0 z_1 + c_3 z_0 z_1 z_2 + c_4 z_0 z_1 z_2 z_3 .$$

Das rechnet sich in folgendem Schema

	z_3	z_2	z_1	z_0
c_4	c_3	c_2	c_1	c_0
—	$z_3\,c_4$	$z_2\,c_3'$	$z_1\,c_2'$	$z_0\,c_1'$
c_4	c_3'	c_2'	c_1'	$c_0' = F_4(x)$

Beispiel: Interpolation für $x = 3{,}5$

x	y	S_1	S_2	S_3
1	9			
		5		
3	19		2	
		11		1
4	30		6	
		23		
5	53			

$$F_3(x) = 19 + 11\,(x-3) + 2\,(x-3)\,(x-4) + \\ + 1\,(x-3)\,(x-4)\,(x-1)$$

$x = 3{,}5$:	$i = 0$	1	2
	$x_i = 3$	4	1
	$z_i = 0{,}5$	$-0{,}5$	2,5

$$F_3(x) = 19 + 11 \cdot 0{,}5 + 2 \cdot 0{,}5 \cdot -0{,}5 + \\ + 1 \cdot 0{,}5 \cdot -0{,}5 \cdot 2{,}5$$

	2,5	$-0{,}5$	0,5
1	2	11	19
	2,5	$-2{,}25$	4,375
1	4,5	8,75	$23{,}375 = F(3{,}5)$

Die Eigenschaft des NEWTON-Polynoms, die letzte Stützstelle x_n nicht mehr explizit zu enthalten, läßt sich zu einer wirksamen Genauigkeitssteigerung ausnutzen, die wir an einem Beispiel erläutern. Gegeben seien etwa fünfstellige Funktionswerte von $y = e^x$ an äquidistanten Stellen $x = 0$; 0,1; 0,2; ... Gesucht seien die Werte in einem bestimmten Intervall, z. B. zwischen $x = 0{,}5$ und 0,6. Da lineare Interpolation nicht ausreichen wird, versucht man quadratische Interpolation, wozu sich zwei Möglichkeiten anbieten, nämlich entweder die Parabel durch die Stellen 0,4; 0,5 und 0,6 oder die durch 0,5; 0,6 und 0,7. Nimmt man nun, wie naheliegend, das arithmetische Mittel, so verläuft diese mittlere Parabel zwar weder durch den Stützwert in 0,4 noch den in 0,7, wohl aber durch die das Intervall eingrenzenden Werte bei 0,5 und 0,6. Im Intervallinnern aber heben sich die beiden Restglieder nahezu auf, so daß hier eine wesentlich höhere Genauigkeit als durch jede der beiden NEWTON-Parabeln zu erwarten ist, ja sogar noch eine höhere als die einer kubischen Interpolationsparabel durch alle 4 Stützwerte. Wählen wir nun die Stützstellen in der Reihenfolge 0,5; 0,6; 0,4 bzw. 0,5; 0,6; 0,7, so hat man, da die jeweilige letzte Stelle 0,4 bzw. 0,7 in die NEWTON-Formel nicht eingeht, im Steigungsschema lediglich das arithmetische Mittel der beiden fraglichen 2. Steigungen (der 2. Differenzen bei Verwenden des Differenzenschemas) zu nehmen, vgl. das Beispiel:

x	e^x	S_1	S_2		
0,4	1,4918				
		1,569			
0,5	1,6487		0,825	1. Parabel	Mittel = 0,870
		1,734			
0,6	1,8221		0,915	2. Parabel	
		1,917			
0,7	2,0138				

1. Parabel: $y_1(x) = 1{,}6487 + 1{,}734(x - 0{,}5) + 0{,}825(x - 0{,}5)(x - 0{,}6)$,

2. Parabel: $y_2(x) = 1{,}6487 + 1{,}734(x - 0{,}5) + 0{,}915(x - 0{,}5)(x - 0{,}6)$,

Mittel: $y_3(x) = 1{,}6487 + 1{,}734(x - 0{,}5) + 0{,}870(x - 0{,}5)(x - 0{,}6)$.

Die beiden ersten Glieder entsprechen der linearen Interpolation.

Für $x = 0{,}54$: $y = 1{,}6487 + 0{,}04 \cdot 1{,}734 - 0{,}0024 S_2 = 1{,}7181 - 0{,}0024 S_2$,

$$y_1 = 1{,}7181 - 0{,}0020 = 1{,}7161,$$

$$y_2 = 1{,}7181 - 0{,}0022 = 1{,}7159,$$

$$y_3 = 1{,}7181 - 0{,}0021 = 1{,}7160.$$

Der letzte Wert y_3 ist bis in die 5. Stelle genau.

Die hier vorgeführte Mittelbildung wird bei gewissen speziellen Interpolationsformeln, nämlich bei denen von STIRLING und BESSEL systematisch angewandt; vgl. § 12.5.

11.5 Steigungen, Ableitungen und Restglied

Die im NEWTON-Polynom auftretenden Steigungen $c_k = [x_0\, x_1 \ldots x_k]$ lassen sich auf folgende Weise durch Ableitungen ausdrücken. Man benutzt dazu einen bekannten Satz von ROLLE, der besagt: Für eine beliebige, stetige und differenzierbare Funktion liegt zwischen zwei Nullstellen mindestens eine Stelle ξ, an der die Ableitung verschwindet. Vom Restglied $R_{n+1}(x) = y(x) - F_n(x)$ wissen wir, daß es mindestens $n+1$-mal, nämlich an den Stützstellen x_0 bis x_n verschwindet. Daraus folgt:

$R_{n+1}(x) = y(x) - F_n(x)$ verschwindet mindestens $n+1$-mal

$y'(x) - F_n'(x)$ verschwindet mindestens n-mal

$y''(x) - F_n''(x)$ verschwindet mindestens $n-1$-mal

. . . .

$y^{(n)}(x) - F_n^{(n)}(x)$ verschwindet mindestens 1-mal

an einer Stelle ξ im Intervall aus $x_0, x_1, \ldots, x_n$:

$$y^{(n)}(\xi) - F_n^{(n)}(\xi) = 0.$$

Nun ist, wie leicht herzuleiten, die n-te Ableitung des Polynoms $F_n(x)$ konstant, nämlich

$$F_n^{(n)}(x) = n!\,[x_0\, x_1 \ldots x_n] = \text{const.}$$

Also gilt

$$y^{(n)}(\xi) - n!\,[x_0\, x_2 \ldots x_n] = 0$$

oder

$$\boxed{c_n = [x_0\, x_2 \ldots x_n] = \frac{y^{(n)}(\xi)}{n!}}\,. \tag{17}$$

Die n-te Steigung einer n-mal stetig differenzierbaren Funktion $y(x)$ ist gleich der n-ten Ableitung $y^{(n)}$ an einer im Intervall der Stützstellen x_0 bis x_n gelegenen Zwischenstelle ξ, dividiert durch n!

Damit aber folgt für das Restglied $R_{n+1}(x)$, das nach (14) als zweiten Faktor die $(n+1)$-te Steigung $S_{n+1}(x) = [x, x_0, \ldots, x_n]$ enthält, die Beziehung

$$\boxed{R_{n+1}(x) = (x - x_0)\,(x - x_1) \ldots (x - x_n)\,\frac{y^{(n+1)}(\xi)}{(n+1)!}} \tag{18}$$

mit einer im allgemeinen unbekannten Stelle ξ aus dem Intervall $x, x_0, \ldots, x_n$. Ist die zu interpolierende Funktion $y(x)$ selbst ein Polynom n-ten oder kleineren Grades, so verschwindet ihre $(n+1)$-te Ableitung und somit das Restglied.

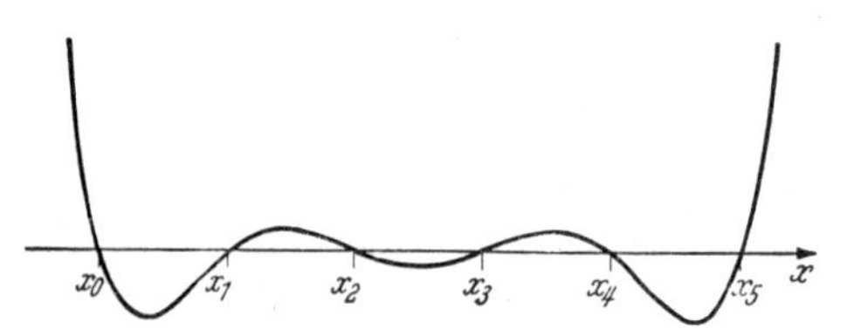

Abb. 11.6. Verlauf des Polynomfaktors $p_{n+1}(x)$ des Restgliedes im Falle äquidistanter Stützstellen für $n = 5$

Für den wichtigen Sonderfall äquidistanter Stützstellen x_i zeigt das Polynom $p_{n+1}(x)$ einen Verlauf, bei dem die Abweichungen von Null zwischen den äquidistanten Nullstellen x_i nach den Rändern des Gesamtintervalls hin immer größer werden. Die Interpolation wird daher normalerweise [d. h. bei einigermaßen gleichmäßigem Verlauf der Ableitung $y^{(n+1)}(x)$] in der Mitte des Gesamtintervalls am genauesten, was man für die Praxis der Interpolation natürlich, wenn irgendmöglich, ausnutzen wird, wie wir das beispielsweise schon bei der kubischen Interpolation nach LAGRANGE in § 11.3, S. 207, getan haben. In Abb. 11.6 ist der Faktor $p_{n+1}(x)$ bei äquidistanten Stützstellen für den Fall $n = 5$ aufgezeichnet.

11.6 Hermitesche Interpolation

Eine wichtige Abwandlung der Interpolationsaufgabe besteht darin, daß an den Stützstellen x_i Übereinstimmung nicht nur in den Funktionswerten y_i, sondern auch noch in den Ableitungen y'_i oder auch noch in höheren Ableitungen gefordert wird. Man spricht dann von *Hermitescher Interpolation*, vgl. auch § 13.6. Das Aufstellen des Polynoms läßt sich auch hier durch ein abgewandeltes Steigungsschema mit zusammenfallenden Stützstellen durchführen, wobei die Steigungen in Ableitungen übergehen. Wir erläutern das an der Aufgabe zweier Stützstellen x_0 und x_1, an denen die Funktionswerte y_i und die Ableitungen y'_i vorgeschrieben sind. Indem wir zur Vereinfachung noch die neue Veränderliche $t = (x - x_0)/h$ mit $h = x_1 - x_0$ einführen, wobei y'_i in $\dot{y}_i = h y'_i$ übergehen, erhalten wir folgendes Steigungsschema:

t	x	y	S_1	S_2	S_3
0	x_0	y_0			
			$y'_0 h$		
0	x_0	y_0		$y_1 - y_0 - y'_0 h$	
			$y_1 - y_0$		$-2y_1 + 2y_0 + (y'_1 + y'_0) h$
1	x_1	y_1		$-y_1 + y_0 + y'_1 h$	
			$y'_1 h$		
1	x_1	y_1			

Das Interpolationspolynom 3. Grades ergibt sich daraus zu

$$\begin{aligned} F_3(t) &= y_0 + y'_0 h \cdot t + (y_1 - y_0 - y'_0 h)\, t^2 + \\ &\quad + (2y_0 - 2y_1 + y'_0 h + y'_1 h)\, t^2 (t-1) \\ &= y_0 (1 - 3t^2 + 2t^3) + y_1 (3t^2 - 2t^3) \\ &\quad + y'_0 h\, t (t-1)^2 + y'_1 h\, t^2 (t-1) \quad \text{mit} \quad t = \frac{x - x_0}{h} = \frac{x - x_0}{x_1 - x_0}. \end{aligned}$$

Das Restglied

$$R_4(x) = (x - x_0)^2 (x - x_1)^2 \frac{y^{\mathrm{IV}}(\xi)}{4!} \quad \text{mit} \quad x_0 < \xi < x_1 \quad \text{für} \quad x_0 \leqq x \leqq x_1.$$

hat zweifache Nullstellen in x_0 und x_1.

§ 12 Spezielle Interpolationsformeln

12.1 Das Differenzenschema

Für den weitaus wichtigsten Fall der Interpolation mit gleichabständigen Stützstellen x_i ergeben sich aus der allgemeinen NEWTONschen Interpolationsformel eine Reihe spezieller Formeln, denen das Arbeiten mit *Differenzen* an Stelle der Steigungen gemeinsam ist, eine für die praktische Handhabung wesentliche Erleichterung. Die verschiedenen Formeln unterscheiden sich im wesentlichen nur durch ihre äußere von praktischen Gesichtspunkten her bestimmte Form, es liegt ihnen das gleiche Interpolationspolynom n-ten Grades zugrunde. Ihre Herleitung aus der allgemeinen NEWTON-Formel ergibt sich je nach der Reihenfolge, in der die äquidistanten Stützstellen x_i gewählt werden.

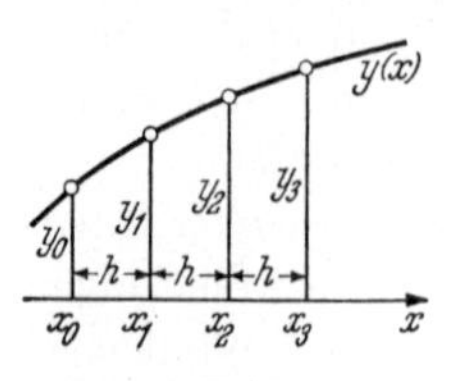

Abb. 12.1. Zur Interpolation mit äquidistanten Stützstellen

Zunächst behandeln wir den am einfachsten übersehbaren Fall, daß die Stützstellen in der Reihenfolge $x_0, x_1, \ldots, x_n$ mit konstanter Spanne h auftreten (Abb. 12.1), also

$$\left.\begin{aligned} x_1 &= x_0 + h, \\ x_2 &= x_0 + 2h \\ &\cdots\cdots \\ x_n &= x_0 + nh. \end{aligned}\right\} \tag{19}$$

Dabei vereinfachen sich die Steigungsausdrücke c_i des NEWTON-Polynoms in folgender Weise:

$$\begin{aligned} c_0 &= y_0, \\ c_1 &= [x_1 x_0] = \frac{y_1 - y_0}{x_1 - x_0} = \frac{\Delta y_0}{h}, \\ c_2 &= [x_2 x_1 x_0] = \frac{[x_2 x_1] - [x_1 x_0]}{x_2 - x_0} = \frac{\Delta y_1/h - \Delta y_0/h}{2h} = \frac{1}{2}\frac{\Delta^2 y_0}{h^2}, \\ c_3 &= [x_3 x_2 x_1 x_0] = \frac{[x_3 x_2 x_1] - [x_2 x_1 x_0]}{x_3 - x_0} = \frac{1}{2}\frac{\Delta^2 y_1 - \Delta^2 y_0}{3h^3} = \frac{1}{3!}\frac{\Delta^3 y_0}{h^3} \\ &\cdots\cdots\cdots \end{aligned}$$

In den Nennern erscheinen hier also aufeinanderfolgende h-Potenzen, noch multipliziert mit den Fakultäten $\nu!$. In den Zählern aber treten die 1., 2., 3., ... *Differenzen* $\Delta^\nu y_0$ auf, definiert in folgender Weise:

$$\left.\begin{aligned} \Delta y_0 &= y_1 - y_0, & \Delta y_1 &= y_2 - y_1, \ldots \\ \Delta^2 y_0 &= \Delta y_1 - \Delta y_0, & \Delta^2 y_1 &= \Delta y_2 - \Delta y_1, \ldots \\ \Delta^3 y_0 &= \Delta^2 y_1 - \Delta^2 y_0, & \Delta^3 y_1 &= \Delta^2 y_2 - \Delta^2 y_1, \ldots \\ &\cdots\cdots\cdots \end{aligned}\right\} \tag{20a}$$

Allgemein wird aus der ν-ten Steigung:

$$\boxed{c_\nu = \frac{1}{\nu!}\frac{\Delta^\nu y_0}{h^\nu}}\,. \tag{21}$$

Da andrerseits nach (17)

$$c_\nu = \frac{1}{\nu!}\, y^{(\nu)}(\xi), \tag{22}$$

so hat man die bemerkenswerte Beziehung

$$\boxed{\frac{\Delta^\nu y_0}{h^\nu} = y^{(\nu)}(\xi)}\,. \tag{23}$$

Die ν-te Differenz $\Delta^\nu y_0$, dividiert durch die Potenz h^ν, der sogenannte *ν-te Differenzenquotient*, ist gleich der ν-ten Ableitung an einer (im allgemeinen unbekannten) Zwischenstelle ξ aus dem Gesamtintervall $x_0 \ldots x_n$. Die Formel stellt offensichtlich die unmittelbare Analogie zur LEIBNIZschen Schreibweise $\frac{d^\nu y}{d x^\nu}$ für die ν-te Ableitung $y^{(\nu)}(x)$ dar und ist so leicht zu merken.

Zur Aufstellung des NEWTONschen Interpolationspolynoms braucht man nun nicht mehr das Schema der dividierten Differenzen (der Steigungen), sondern kommt mit dem leichter zu bildenden *Differenzenschema*, dem Schema der Differenzen $\Delta^\nu y$ aus. Es lautet:

x	y	Δy	$\Delta^2 y$	$\Delta^3 y$	$\Delta^4 y$
x_0	y_0				
		Δy_0			
x_1	y_1		$\Delta^2 y_0$		
		Δy_1		$\Delta^3 y_0$	
x_2	y_2		$\Delta^2 y_1$		$\Delta^4 y_0$
		Δy_2		$\Delta^3 y_1$	
x_3	y_3		$\Delta^2 y_2$		...
		Δy_3		...	
x_4	y_4		...		
		...			
...	...				

Hier errechnet sich also jeder Wert einer Spalte als Differenz der beiden Werte der vorhergehenden Spalte, auf deren Lücke er steht, und zwar in der Reihenfolge neuer minus alter Wert, allgemein also

$$\boxed{\Delta^\nu y_k = \Delta^{\nu-1} y_{k+1} - \Delta^{\nu-1} y_k}\,. \tag{24a}$$

Gleiche untere Indizes stehen hier im Differenzenschema auf einer absteigenden Linie, weshalb man von *absteigenden Differenzen* spricht. Man nennt sie auch *vorwärts genommene Differenzen.*

Zuweilen ist es vorteilhaft, die auf einer aufsteigenden Linie stehenden Werte mit gleichem Index zu versehen. Zur Unterscheidung von den oben definierten absteigenden (vorwärts genommenen) Differenzen bezeichnet man dann diese *aufsteigenden* oder *rückwärts genommenen Differenzen* wohl mit dem Zeichen $\nabla^\nu y_k$ und definiert

$$\left.\begin{array}{llll} \nabla y_1 = y_1 - y_0, & \nabla y_2 = y_2 - y_1, & \ldots \\ \nabla^2 y_2 = \nabla y_2 - \nabla y_1, & \nabla^2 y_3 = \nabla y_3 - \nabla y_2, & \ldots \\ \ldots\ldots\ldots\ldots & \ldots\ldots\ldots\ldots & \ldots, \end{array}\right\} \tag{20b}$$

allgemein also

$$\boxed{\nabla^\nu y_k = \nabla^{\nu-1} y_k - \nabla^{\nu-1} y_{k-1}}\,. \tag{24b}$$

Die Bezeichnungen im Differenzenschema sehen dann so aus:

x	y	∇y	$\nabla^2 y$	$\nabla^3 y$	$\nabla^4 y$
x_0	y_0				
		∇y_1			
x_1	y_1		$\nabla^2 y_2$		
		∇y_2		$\nabla^3 y_3$	
x_2	y_2		$\nabla^2 y_3$		$\nabla^4 y_4$
		∇y_3		$\nabla^3 y_4$	
x_3	y_3		$\nabla^2 y_4$		...
		∇y_4		...	
x_4	y_4		...		
		...			
...	...				

Selbstverständlich sind dabei die im neuen Schema enthaltenen Größen, also etwa die Zahlenwerte, genau die gleichen wie im alten für die absteigenden Differenzen. Beispielsweise ist:

$$\nabla^2 y_3 = \Delta^2 y_1 ;$$

allgemein:

$$\boxed{\nabla^\nu y_k = \Delta^\nu y_{k-\nu}} . \tag{25a}$$

Schließlich ist es oft nützlich, mit Indizes zu arbeiten, die auf waagerechter Zeile im Differenzenschema sich gleichbleiben. Dies sind dann die sogenannten *zentralen Differenzen*, die mit $\delta^\nu y_k$ bezeichnet werden. Dabei treten dann auch halbzahlige Indizes auf, nämlich bei den Differenzen ungerader Ordnung, die ja auf halber Zeile stehen. Es ist dann

$$\left.\begin{array}{lll} \delta y_{\frac{1}{2}} = y_1 \quad - y_0, & \delta y_{\frac{3}{2}} = y_2 \quad - y_1, & \ldots \\ \delta^2 y_1 = \delta y_{\frac{3}{2}} - \delta y_{\frac{1}{2}}, & \delta^2 y_2 = \delta y_{\frac{5}{2}} - \delta y_{\frac{3}{2}}, & \ldots \\ \ldots\ldots\ldots\ldots\ldots\ldots\ldots & & \ldots, \end{array}\right\} \tag{20c}$$

allgemein:

$$\boxed{\delta^\nu y_k = \delta^{\nu-1} y_{k+\frac{1}{2}} - \delta^{\nu-1} y_{k-\frac{1}{2}}} . \tag{24c}$$

Wieder sind die tatsächlich im Schema enthaltenen Größen genau die gleichen wie in den beiden andern Fällen, und Formel (25a) ist zu vervollständigen zu

$$\boxed{\delta^\nu y_k = \nabla^\nu y_{k+\nu/2} = \Delta^\nu y_{k-\nu/2}} , \tag{25b}$$

zum Beispiel

$$\delta^4 y_2 = \nabla^4 y_4 = \Delta^4 y_0 ,$$
$$\delta^3 y_{\frac{5}{2}} = \nabla^3 y_4 = \Delta^3 y_1 .$$

Beispiel: Das Differenzenschema für die Funktion $y = x^3$ mit $h = 1$, also für die Kubikzahlen, lautet:

x	y	Δy	$\Delta^2 y$	$\Delta^3 y$	$\Delta^4 y$
0	0				
		1			
1	1		6		
		7		6	
2	8		12		0
		19		6	
3	27		18		0
		37		6	
4	64		24		...
		61		...	
5	125		...		
		...			
...	...				

Allgemein folgt aus dem in § 11.5 ausgesprochenen Satz über die Differenzenquotienten von Polynomen:

Die n-ten Differenzen eines Polynoms n-ten Grades sind konstant, nämlich

$$\Delta^n y_k = h^n \cdot y^{(n)} = h^n \cdot n!\,.$$

Die $(n+1)$*-ten und alle höheren Differenzen verschwinden*; vgl. das Beispiel.

Das Differenzenschema ist ein wichtiges und nützliches Hilfsmittel zur Aufdeckung von Unstimmigkeiten in äquidistanten Zahlenreihen. Auch zur Glättung von durch Abrundungs- oder Meßungenauigkeiten schwankenden Zahlenreihen kann es vorteilhaft benutzt werden. (Zur ersten Frage denken wir uns etwa einen y-Wert an einer Stelle x mit einem Fehler ε behaftet. Dieser Fehler pflanzt sich im Differenzenschema in der folgenden leicht übersehbaren Weise fort, wobei die höheren Differenzen immer stärker wachsende Schwankungen aufweisen:

y	Δy	$\Delta^2 y$	$\Delta^3 y$	$\Delta^4 y$
0		0		0
	0		0	
0		0		ε
	0		ε	
0		ε		-4ε
	ε		-3ε	
ε		-2ε		6ε
	$-\varepsilon$		3ε	
0		ε		-4ε
	0		$-\varepsilon$	
0		0		ε
	0		0	
0		0		0
	...		...	
...		...		...

Der Fehler ε liegt also an der Stelle, in der sich bei den höheren Differenzen die stärksten Schwankungen zeigen.

Beispiel: Aus einer Tafel entnimmt man folgende mit einem kleinen Fehler behafteten Werte für die Funktion $y = \cos x$:

x	y	Δy	$\Delta^2 y$	$\Delta^3 y$
1,50	0,07074			
		− 9994		
1,60	− 0,02920		30	
		− 9964		48
1,70	− 0,12884		78	
		− 9886		249
→ 1,80	− 0,22770		327	←
		− 9559		− 54
1,90	− 0,32329		273	
		− 9286		143
2,00	− 0,41615		416	
		− 8870		
2,10	− 0,50485			

Der Wert bei $x = 1{,}80$ ist fehlerhaft. Damit werden die unterstrichenen Werte falsch. Der richtige Wert ist $-0{,}22720$. Mit ihm lauten die Differenzen:

Δy	$\Delta^2 y$	$\Delta^3 y$
− 9994		
	30	
− 9964		98
	128	
− 9836		99
	227	
− 9609		96
	323	
− 9286		93
	416	
− 8870		

Die Mitnahme noch höherer Differenzen wäre sinnlos, da sich hier bereits die unvermeidlichen Abrundungsfehler in $\Delta^3 y$ bemerkbar machen, welche sich in den höheren Differenzen nach dem ε-Schema immer weiter vergröbern würden.

Die Differenzen gehen nach Formel (23) um so stärker zurück, je kleiner die höheren Ableitungen und je kleiner die Spanne h der Vertafelung. Bei halber Schrittweite gehen die ersten Differenzen auf die Hälfte, die zweiten auf ein Viertel, die dritten auf ein Achtel usw. zurück:

$$\boxed{\Delta^\nu y_0 = h^\nu y^{(\nu)}(\xi)}\,. \tag{23'}$$

12.2 Interpolationsformeln von Gregory-Newton

Wir kehren zurück zur Interpolationsaufgabe und denken uns zunächst die Stützstellen x_i, wie angekündigt, in der Reihenfolge x_0, $x_1, \ldots, x_n$ mit der konstanten Spanne $h = x_{i+1} - x_i$ auf der x-Achse angeordnet, Gl. (19). Zur Vereinfachung der Ausdrücke führen wir noch an Stelle von x eine Veränderliche t derart ein, daß die Spanne h zu 1 wird und überdies der Nullpunkt $t = 0$ mit $x = x_0$ zusammenfällt. Wir ordnen also zu:

$$x = x_0,\ x_1,\ x_2,\ x_3,\ \ldots$$
$$t = 0,\ 1,\ 2,\ 3,\ \ldots$$

(Abb. 12.2) oder in Formeln:

$$\boxed{\begin{aligned} x &= x_0 + th \\ t &= \frac{x - x_0}{h} \end{aligned}}\,. \qquad (26)$$

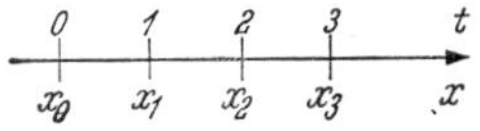

0 1 2 3 t

x_0 x_1 x_2 x_3 x

Abb. 12.2. Lage der Stützstellen bei der GREGORY-NEWTON-Formel

An Stelle der Ausdrücke $x - x_i$ in der allgemeinen NEWTONschen Formel (9) erhält man dann

$$\begin{aligned} x - x_0 &= th, \\ x - x_1 &= (t-1)h, \\ x - x_2 &= (t-2)h \\ &\ldots\ldots\ldots \end{aligned}$$

Damit und mit dem Ausdruck (21) für die Steigungen γ_i ergibt sich die

Formel I von Gregory-Newton:

$$\text{GN I} \quad \boxed{y(t) = y_0 + t\,\Delta y_0 + \binom{t}{2}\Delta^2 y_0 + \cdots + \binom{t}{n}\Delta^n y_0 + R_{n+1}}\,, \qquad (27)$$

ausführlicher:

$$\begin{aligned} y(t) = y_0 + t\,\Delta y_0 + \frac{t(t-1)}{2!}\Delta^2 y_0 + \cdots \\ + \frac{t(t-1)\ldots(t-n+1)}{n!}\Delta^n y_0 + R_{n+1}\,. \end{aligned} \qquad (27')$$

Indem man die Reihenfolge der Stützstellen x_i umkehrt zu x_n, $x_{n-1}, \ldots, x_1, x_0$ und $t = (x - x_n)/h$ setzt, erhält man als Gegenstück die

Formel II von Gregory-Newton:

$$\text{GN II} \quad \boxed{\begin{aligned} y(t) = y_n + t\,\nabla y_n + \binom{t+1}{2}\nabla^2 y_n + \cdots \\ + \binom{t+n-1}{n}\nabla^n y_n + R_{n+1} \end{aligned}}\,, \qquad (28)$$

ausführlicher:

$$\begin{aligned} y(t) = y_n + t\,\nabla y_n + \frac{t(t+1)}{2!}\nabla^2 y_n + \cdots \\ + \frac{t(t+1)\ldots(t+n-1)}{n!}\nabla^n y_n + R_{n+1}\,. \end{aligned} \qquad (28')$$

Beide Formeln erlauben ein bequemes Arbeiten für kleine t-Werte, $|t| = 0 \ldots 1$, d. h. am Anfang bzw. am Ende des Interpolationsintervalls. Das aber wird man, wie wir uns am Schluß von § 11.5 überlegt haben, wegen der hier ungünstigen Genauigkeitsverhältnisse nur in Ausnahmefällen tun, nämlich wenn Stützstellen kleiner als x_0 bzw. größer als x_n nicht zur Verfügung stehen. Im Innern einer Zahlenreihe wird man den eigentlichen Arbeitsbereich in die Mitte des Interpolationsintervalls verlegen. Dabei ist es dann zur Erzielung kleiner t-Werte zweckmäßig, den t-Nullpunkt gleichfalls in die Mitte des Interpolationsintervalls zu verlegen. Damit kommt man zu den

12.3 Interpolationsformeln von Gauß

Die Stützstellen x_i der allgemeinen NEWTONschen Formel (9) werden jetzt nicht mehr in der natürlichen Reihenfolge gewählt, sondern so, daß x_0 und mit ihm $t = 0$ an den Anfang oder das Ende des einen Schritt $\Delta x = h$ bzw. $\Delta t = 1$ umfassenden Arbeitsbereiches zu liegen kommt. Man wählt die folgende Zuordnung:

$$\begin{array}{llllll} t = \cdots & -2 & -1 & 0 & 1 & 2 \cdots \\ x_i = \cdots & x_4 & x_2 & x_0 & x_1 & x_3 \cdots \end{array} \quad \text{bzw.} \quad \begin{array}{llllll} \cdots & -2 & -1 & 0 & 1 & 2 \cdots \\ \cdots & x_3 & x_1 & x_0 & x_2 & x_4 \cdots \end{array}$$

Abb. 12.3. Lage der Stützstellen bei der GAUSS-Formel G I

Abb. 12.4. Lage der Stützstellen bei der GAUSS-Formel G II

(Abb. 12.3 und 12.4) und erhält, was wir im einzelnen nicht durchführen wollen, die beiden folgenden

Formeln von Gauß:

$$\text{G I} \quad y(t) = y_0 + \binom{t}{1}\delta y_{\frac{1}{2}} + \binom{t}{2}\delta^2 y_0 + \binom{t+1}{3}\delta^3 y_{\frac{1}{2}} + \binom{t+1}{4}\delta^4 y_0 + \binom{t+2}{5}\delta^5 y_{\frac{1}{2}} + \cdots \tag{29}$$

$$\text{G II} \quad y(t) = y_0 + \binom{t}{1}\delta y_{-\frac{1}{2}} + \binom{t+1}{2}\delta^2 y_0 + \binom{t+1}{3}\delta^3 y_{-\frac{1}{2}} + \binom{t+2}{4}\delta^4 y_0 + \binom{t+2}{5}\delta^5 y_{-\frac{1}{2}} + \cdots \tag{30}$$

Die dem Differenzenschema zu entnehmenden Werte $\delta^\nu y$ liegen dabei im Schema auf zwei Zickzackwegen:

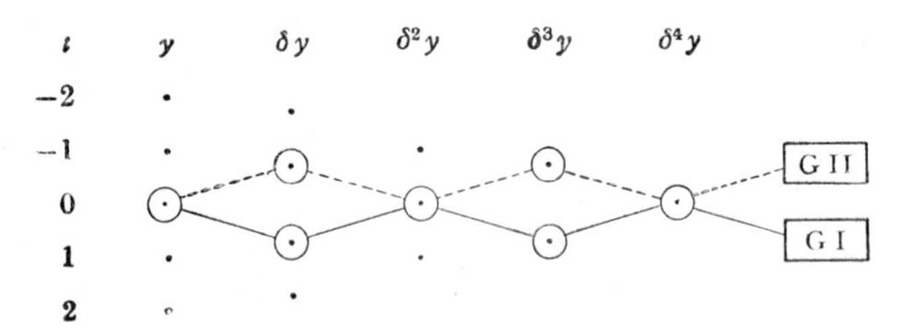

Die zur Interpolation herangezogenen Funktionswerte y_i sind dem Differenzenschema zu entnehmen, indem man von der letzten in der

Formel mitgenommenen Differenz die beiden von ihr ausgehenden Schräglinien im Schema nach rückwärts bis zu den eingrenzenden y-Werten verfolgt. Bei Abbrechen der Formeln nach $\delta^3 y$ beispielsweise benutzt die Formel G I die vier Funktionswerte y_{-1}, y_0, y_1, y_2 wie bei unserem Beispiel auf S. 209, die Formel G II hingegen die Werte y_{-2}, y_{-1}, y_0, y_1. Die erste Formel eignet sich daher besonders zur Interpolation im Gebiet $t = 0$ bis 1, die zweite in $t = -1$ bis 0, da diese jeweils genau in der Mitte des Gesamtintervalls gelegen sind, wenn man mit einer Differenz ungerader Ordnung abbricht.

Für die praktische Durchführung der (nichtlinearen) Interpolation ist nun eine andere Formel noch zweckmäßiger, die aus der GAUSSschen Formel G I durch Umformung gewonnen wird, nämlich:

12.4 Formel von Everett-Laplace

Diese Interpolationsformel, die sich schon bei LAPLACE findet[1], ist in neuerer Zeit unter dem Namen EVERETTsche Formel[2] bekannt geworden. Man erhält sie aus G I, indem man alle ungeraden Differenzen durch gerade in folgender Weise ersetzt:

$$\begin{aligned} y(t) &= y_0 + \binom{t}{1}\delta y_{\frac{1}{2}} + \binom{t}{2}\delta^2 y_0 + \binom{t+1}{3}\delta^3 y_{\frac{1}{2}} + \binom{t+1}{4}\delta^4 y_0 + \\ &\quad + \binom{t+2}{5}\delta^5 y_{\frac{1}{2}} + \cdots \\ &= y_0 + \binom{t}{1}(y_1 - y_0) + \binom{t}{2}\delta^2 y_0 + \binom{t+1}{3}(\delta^2 y_1 - \delta^2 y_0) + \\ &\quad + \binom{t+1}{4}\delta^4 y_0 + \cdots . \end{aligned}$$

Indem man nun außer t noch die Komplementveränderliche

$$\boxed{s = 1 - t} \tag{31}$$

einführt und umformt nach

$$\begin{aligned} \binom{t}{2} - \binom{t+1}{3} &= \binom{s+1}{3} \\ \binom{t+1}{4} - \binom{t+2}{5} &= \binom{s+2}{5} \\ \cdots\cdots&\cdots\cdots, \end{aligned}$$

so erhält man die

Everettsche Formel:

$$\boxed{\begin{aligned} y(t) &= s\, y_0 + \binom{s+1}{3}\delta^2 y_0 + \binom{s+2}{5}\delta^4 y_0 + \cdots \\ &\quad + t\, y_1 + \binom{t+1}{3}\delta^2 y_1 + \binom{t+2}{5}\delta^4 y_1 + \cdots \end{aligned}}\ . \tag{32}$$

---

[1] LAPLACE, P. S.: Théorie analytique des Probabilités, Paris 1812, S. 15.

[2] EVERETT, J. D.: Brit. Assoc. Rep. 1900, S. 648.

Hier werden also nur gerade Differenzen benutzt, freilich jeweils an zwei Stellen im Differenzenschema, wodurch die nächsthöhere ungerade von selbst mit einbezogen wird. Die benutzten Differenzen liegen im Schema auf den beiden gleichen waagerechten Linien wie die das Arbeitsintervall eingrenzenden beiden y-Werte y_0 und y_1:

t	s	y	δy	$\delta^2 y$	$\delta^3 y$	$\delta^4 y$	
-1		·		·		·	
			·		·		
0	1	⊙		⊙		⊙	· $E(s)$
			·		·		
1	0	⊙		⊙		⊙	· $E(t)$
			·		·		
2		·		·		·	

Man braucht dann die ungeraden Differenzen auch gar nicht erst anzuschreiben, indem man die geraden unmittelbar bildet nach

$$\delta^2 y_0 = y_{-1} - 2y_0 + y_1$$
$$\delta^4 y_0 = \delta^2 y_{-1} - 2\delta^2 y_0 + \delta^2 y_1$$
$$\cdots\cdots\cdots\cdots\cdots$$

Praktisch kommt man in der Regel mit den zweiten Differenzen aus, um so mehr, wenn man noch den gleich zu besprechenden Kunstgriff des „Rückwurfes" anwendet, durch den man die vierten Differenzen wenigstens näherungsweise einbezieht. Man hat dann die tabulierten y-Werte lediglich mit ihren (allenfalls modifizierten) zweiten Differenzen zu versehen und erhält mittels der EVERETT-Formel eine kubische oder sogar noch genauere Interpolation, wodurch ein rationelles Arbeiten mit hochstelligen Funktionswerten überhaupt erst ermöglicht wird.

Der schon erwähnte Kunstgriff des *Rückwurfes* besteht in folgendem. Der bei den vierten Differenzen stehende Faktor läßt sich aufspalten in

$$\binom{t+2}{5} = \binom{t+1}{3}\frac{t^2-4}{20}.$$

Hier durchläuft der letzte Faktor für $t = 0\cdots 1$ die Werte $-4/20\cdots -3/20 = -0{,}2\cdots -0{,}15$, und zwar ändert er sich parabolisch. Ersetzt man ihn durch einen Mittelwert $-0{,}184$, so wird

$$\binom{t+1}{3}\delta^2 y + \binom{t+2}{5}\delta^4 y = \binom{t+1}{3}(\delta^2 y - 0{,}184\,\delta^4 y) = \binom{t+1}{3}\widehat{\delta^2} y$$

mit den sogenannten *modifizierten zweiten Differenzen*

$$\boxed{\widehat{\delta^2} y = \delta^2 y - 0{,}184\,\delta^4 y}\,. \tag{33}$$

Damit erhält man die gebrauchsfertige Formel

$$\boxed{\begin{aligned} y(t) &= s\,y_0 + \binom{s+1}{3}\widehat{\delta^2}y_0 \\ &+ t\,y_1 + \binom{t+1}{3}\widehat{\delta^2}y_1 \end{aligned}}\,. \tag{34}$$

Der hierbei begangene Fehler gegenüber einer exakten Mitnahme der vierten Differenzen beträgt höchstens **0,46** Einheiten der letzten Stelle, solange die vierten Differenzen **1000** Einheiten der letzten Stelle nicht übersteigen. In diesem Falle ist (**34**) einer Interpolationsformel fünften Grades gleichwertig.

Beispiel:

x	$y = \sin x$	$\delta^2 y$
0,4	0,38942	
0,5	0,47943	− 480
0,6	0,56464	− 563
0,7	0,64422	

$$y\,(0{,}54) = \,? \qquad t = 0{,}4 \qquad \binom{t+1}{3} = \frac{1{,}4 \cdot 0{,}4 \cdot -0{,}6}{6} = -0{,}056,$$

$$s = 0{,}6 \qquad \binom{s+1}{3} = \frac{1{,}6 \cdot 0{,}6 \cdot -0{,}4}{6} = -0{,}064,$$

$$\begin{aligned} y(0{,}54) &= 0{,}47943 \cdot 0{,}6 + 0{,}00480 \cdot 0{,}064 \\ &+ 0{,}56464 \cdot 0{,}4 + 0{,}00563 \cdot 0{,}056 \\ &= 0{,}513514 + 0{,}000622 = \underline{0{,}51414}, \end{aligned}$$

was mit dem fünfstelligen Tafelwert übereinstimmt. Die Korrektur gegenüber der linearen Interpolation beträgt 0,000622, ist also nicht vernachlässigbar. Der Rückwurf ist hier zu vernachlässigen, die modifizierten zweiten Differenzen stimmen innerhalb der fünf Dezimalen mit den gewöhnlichen überein.

Zur *inversen Interpolation*, d. h. Aufsuchen des Argumentwertes t zu gegebenem $y(t) = y_t$ löst man (32) bzw. (34) nach dem linearen Gliede in t auf. Mit den Abkürzungen

$$y_1 - y_0 = \Delta_{10}, \qquad y_t - y_0 = \Delta_{t0},$$

$$S = \binom{s+1}{3} = -\frac{s\,t}{6}(1+s), \qquad T = \binom{t+1}{3} = -\frac{s\,t}{6}(1+t)$$

erhält man

$$\boxed{\Delta_{10}\,t = \Delta_{t0} - \delta^2 y_0\,S - \delta^2 y_1\,T}\,. \tag{35}$$

Man rechnet dabei *iterativ*, indem man die beiden Glieder mit S und T als *Korrekturen* behandelt. Ausgangsnäherung ist $t_0 = \Delta_{t0} : \Delta_{10}$.

12.5 Formeln von Stirling und Bessel

Aus den beiden noch etwas unsymmetrischen Formeln von GAUSS erhält man durch Mittelbildung zwei ganz symmetrisch gebaute Formeln, welche zwar nicht so sehr für die Zwecke der eigentlichen Interpolation bedeutsam geworden sind — hierfür haben wir ja in der soeben behandelten EVERETTschen Formel, die auch ganz symmetrisch ist, ein geradezu ideales Hilfsmittel kennengelernt —, dafür aber um so mehr als Grundlage für die im nächsten Paragraphen zu besprechende numerische Integration. Als arithmetisches Mittel aus den Formeln G I und G II erhält man die zu $t = 0$ symmetrische Formel von STIRLING, als Mittel aus G I und der um $t = 1$ versetzten Formel G II die zu $t = \frac{1}{2}$ symmetrische Formel von BESSEL, letztere unter Einführung der hierfür zweckmäßigen neuen Veränderlichen

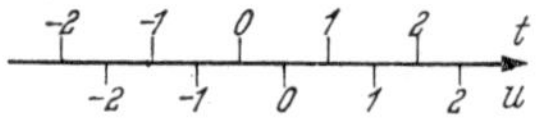

$$\boxed{u = t - \tfrac{1}{2}}$$

Abb. 12.5. Übergang auf die Veränderliche u der BESSEL-Formel

(vgl. Abb. 12.5). Die Formeln lauten:

$$\text{St} \quad \boxed{\begin{aligned} y(t) = y_0 + t\,\bar{\delta} y_0 + \frac{t^2}{2!}\,\delta^2 y_0 + \frac{t\,(t^2-1)}{3!}\,\bar{\delta}^3 y_0 + \\ + \frac{t^2(t^2-1)}{4!}\,\delta^4 y_0 + \frac{t\,(t^2-1)\,(t^2-4)}{5!}\,\bar{\delta}^5 y_0 + \cdots \end{aligned}}, \quad (36)$$

$$\text{Be} \quad \boxed{\begin{aligned} y(u) = \bar{y}_{\frac{1}{2}} + u\,\delta y_{\frac{1}{2}} + \frac{u^2 - 1/4}{2!}\,\bar{\delta}^2 y_{\frac{1}{2}} + \frac{u\,(u^2 - 1/4)}{3!}\,\delta^3 y_{\frac{1}{2}} + \\ + \frac{(u^2 - 1/4)\,(u^2 - 9/4)}{4!}\,\bar{\delta}^4 y_{\frac{1}{2}} + \cdots \end{aligned}}. \quad (37)$$

Darin bedeuten die überstrichenen Werte die arithmetischen Mittel aus den beiden benachbarten Werten, also etwa

$$\bar{\delta} y_0 = \tfrac{1}{2}\,(\delta y_{-\frac{1}{2}} + \delta y_{\frac{1}{2}}),$$

$$\bar{y}_{\frac{1}{2}} = \tfrac{1}{2}\,(y_0 + y_1).$$

Die in den Formeln benutzten Werte liegen im Differenzenschema auf je einer waagerechten Linie in der Höhe $t = 0$ bzw. $t = \frac{1}{2}$, wobei dort, wo sich im Schema eine Lücke findet, das Mittel aus den beiden Nachbarwerten zu nehmen ist.

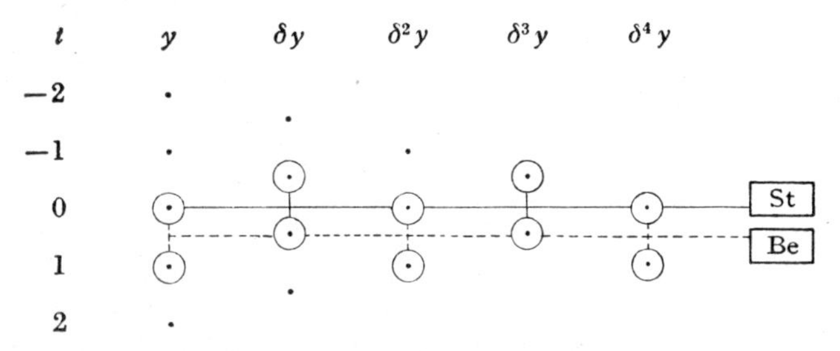

Für $t = \frac{1}{2}$, $u = 0$ liefert die BESSELsche Formel den Sonderfall

$$\boxed{y\left(\frac{1}{2}\right) = \bar{y}_{\frac{1}{2}} - \frac{1}{8}\bar{\delta}^2 y_{\frac{1}{2}} + \frac{3}{128}\bar{\delta}^4 y_{\frac{1}{2}} - + \cdots}, \qquad (37a)$$

der als ein verbessertes arithmetisches Mittel (das erste Glied ist das gewöhnliche Mittel) aufzufassen ist. Die Formel zeigt weiter, daß lineare Interpolation erlaubt ist, solange das nächste Glied $\frac{1}{8}\delta^2 y$ auf die Stellenzahl keinen Einfluß mehr hat, ein einfaches Kriterium.

Den beiden Formeln von STIRLING und BESSEL liegt nur dann das gleiche Interpolationspolynom wie der allgemeinen NEWTON-Formel (12) zugrunde, wenn die letzte in der jeweiligen Formel benutzte Differenz im Differenzenschema unmittelbar enthalten ist. Im andern Falle, wenn also die letzte Differenz als Mittel gebildet wird, wird das arithmetische Mittel aus zwei um einen Schritt $\Delta t = 1$ versetzten NEWTON-Polynomen verwendet, wobei das Restglied hier etwas kleiner wird.

§ 13 Numerische Integration

13.1 Mittelwertformeln

Unter numerischer Integration versteht man die angenäherte zahlenmäßige Berechnung eines bestimmten Integrals

$$Y = \int_a^b y(x)\,dx$$

mit numerischen Methoden, wobei der Integrand $y(x)$ mit diskreten Ordinaten y_i in die Rechnung eingeht. Sie wird angewandt, wenn eine formelmäßige Integration nicht möglich (und graphische Integration nicht genau genug) ist, sei es, daß die Funktion $y(x)$ überhaupt nur als empirische Funktion etwa in Form tabellierter Werte y_i vorliegt, oder daß sie zwar formelmäßig gegeben, aber nicht formelmäßig integrierbar ist, d. h. daß ihre Integralfunktion $Y(x)$ sich nicht durch elementare oder sonstige bekannte formelmäßig darstellbare Funktionen in geschlossener Form ausdrücken läßt. Auch wenn die Funktion zwar formelmäßig integrierbar ist, dies aber auf allzu umständliche Ausdrücke führt, kann die numerische Integration zur Gewinnung der zahlenmäßigen Integralwerte angebracht sein. Die Methoden der numerischen Integration zeichnen sich durch hohe Genauigkeit bei durchaus erträglichem Arbeitsaufwand aus.

Die zu integrierende Funktion $y(x)$ sei in Form von $n+1$ diskreten Funktionswerten y_i gegeben an den Stützstellen x_i, die wir zunächst als äquidistant voraussetzen wollen ($i = 0, 1, 2, \ldots, n$). Bei der numerischen Integration verfährt man dann so, daß man den Integranden $y(x)$ ersetzt durch das durch die $n+1$ Stützpunkte x_i, y_i festgelegte Interpolationspolynom n-ten Grades $P_n(x)$, und daß man dieses Polynom integriert, was ja leicht möglich ist. Je nach der äußeren Form des Interpolationspolynoms (LAGRANGEsche Formel oder eine der Differenzenformeln aus § 12) und je nach der Lage der Integrationsgrenzen zum Interpolationsintervall erhält man zahlreiche Formeln, von denen im folgenden nur eine Auswahl der wichtigsten und bewährtesten gegeben werden kann.

Zunächst wollen wir die Integrationsgrenzen mit den Enden x_0 und x_n des Interpolationsintervalls zusammenfallen lassen. Wir integrieren also über eine Gesamtlänge $n \cdot h$ mit der Schrittweite h der äquidistanten Stützstellen (Abb. 13.1). Anschaulich gesprochen bestimmen wir also den von den Endordinaten y_0 und y_n seitlich begrenzten Flächeninhalt unter der Interpolationsparabel. Denkt man sich nun das Interpolationspolynom in der LAGRANGEschen Form gegeben:

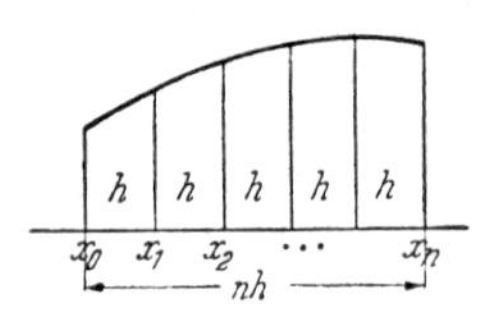

Abb. 13.1 Zur numerischen Integration über ein Intervall $x_0 \ldots x_n$

$$y(x) = L_0(x)\,y_0 + L_1(x)\,y_1 + \cdots + L_n(x)\,y_n + R^*_{n+1}(x), \qquad (1)$$

so erhält man hieraus durch Integration zwischen den Grenzen x_0 bis x_n das gesuchte Integral in der Form

$$\boxed{Y = \int_{x_0}^{x_n} y(x)\,dx = nh\,(a_0 y_0 + a_1 y_1 + \cdots + a_n y_n) + R_{n+1}} \,. \qquad (2)$$

Indem man hier noch die Intervallänge nh als Faktor vorzieht, gibt der Klammerausdruck die mittlere Ordinate des Flächenstückes wieder, wo die Einzelordinaten mit gewissen Koeffizienten, sogenannten *Gewichten* a_i, eingehen. Sie ergeben sich als die durch nh dividierten Integrale der LAGRANGEschen Polynome $L_i(x)$:

$$a_i = \frac{1}{nh} \int_{x_0}^{x_n} L_i(x)\,dx\,. \qquad (3)$$

Formel (2) stellt also eine Mittelbildung dar, freilich nicht mehr im Sinne des einfachen arithmetischen Mittels, bei dem alle Ordinaten mit dem gleichen Faktor $\frac{1}{n+1}$ eingehen würden, sondern im allgemeineren Sinne eines sogenannten *gewogenen Mittels*, wo den verschiedenen Ordinaten im allgemeinen verschiedenes Gewicht a_i, also verschiedener Einfluß zukommt. Durch diese einfache Maßnahme können verständlicherweise beträchtliche Genauigkeiten erzielt werden. Allgemein werden Integrationsformeln der Bauart (2), bei denen das Integral über ein bestimmtes Intervall in Form einer Mittelbildung aus im Integrationsgebiet enthaltenen Ordinaten y_i angenähert wird, *Mittelwertformeln* genannt.

Im einfachen Sonderfalle $y_0 = y_1 = \cdots = y_n = 1$ muß das Integral die Rechtecksfläche $n h$ ergeben, woraus (da hier das Restglied ja verschwindet) die einfache Beziehung folgt:

$$\boxed{a_0 + a_1 + \cdots + a_n = 1}\,. \tag{4}$$

Das in (2) mitgeführte *Restglied* R_{n+1} geht aus dem Restglied $R^*_{n+1}(x)$ der Interpolationsformel (1) gleichfalls durch Integration hervor:

$$R_{n+1} = \int_{x_0}^{x_n} R^*_{n+1}(x)\,dx\,, \tag{5}$$

wobei für $R^*_{n+1}(x)$ etwa der Ausdruck (18) aus § 1.5 zu verwenden ist. Auf die nicht ganz mühelose Herleitung von R_{n+1} gehen wir nicht ein[1]. Die Größenordnung der Restausdrücke verschaffen wir uns später (§ 3.3) auf etwas einfachere Weise.

13.2 Trapez- und Simpson-Regel

Am einfachsten (freilich auch am wenigsten genau) werden die Verhältnisse bei nur zwei Stützstellen x_0, x_1 ($n = 1$) und linearer Interpolation. Hier können wir unsere Integrationsformel unmittelbar geo-

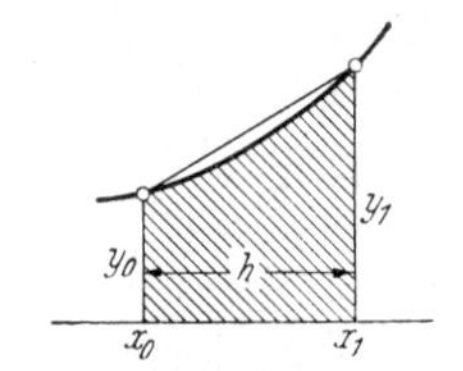

Abb. 13.2. Zur Sehnentrapezregel

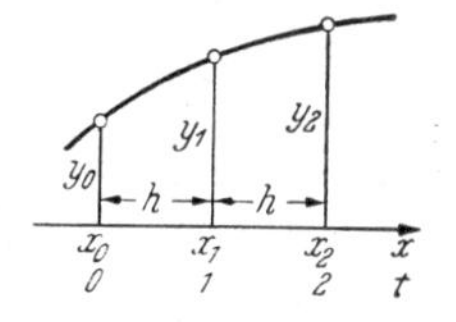

Abb. 13.3. Zur SIMPSON-Regel

metrisch herleiten. Die Kurve wird ersetzt durch die Sehne, und das Integral wird angenähert durch den Flächeninhalt des Sehnentrapezes wiedergegeben (Abb. 13.2). Man erhält

$$Y = \int_{x_0}^{x_1} y(x)\,dx \approx h\,\tfrac{1}{2}(y_0 + y_1)\,. \tag{6}$$

[1] Vgl. etwa FR. A. WILLERS [23], S. 144/46.

Die Koeffizienten a_i der Quadraturformel sind hier $a_0 = a_1 = \frac{1}{2}$, man arbeitet mit dem gewöhnlichen arithmetischen Mittel der beiden Ordinaten y_0 und y_1. Das Restglied ist von der Größenordnung $h^3 y''$.

Wesentlich bessere Ergebnisse sind zu erwarten, wenn auch die Krümmung des Funktionsverlaufes durch Mitnahme eines weiteren Kurvenpunktes berücksichtigt wird. Man legt hierzu eine quadratische Interpolationsparabel durch drei Kurvenpunkte mit den Ordinaten y_0, y_1, y_2 an den äquidistanten Stützstellen x_0, x_1, x_2 der Spanne h (Abb. 13.3). Die LAGRANGEschen Polynome L_i mit der auf die Schrittweite 1 transformierten Veränderlichen t lauten hier:

$$\begin{aligned} L_0(t) &= \tfrac{1}{2}(t-1)(t-2) &&= \tfrac{1}{2}(t^2 - 3t + 2) \\ L_1(t) &= -t(t-2) &&= -t^2 + 2t \\ L_2(t) &= \tfrac{1}{2}t(t-1) &&= \tfrac{1}{2}(t^2 - t). \end{aligned}$$

Ihre Integration in den Grenzen $t = 0$ bis 2 liefert, wie leicht nachzurechnen:

$$\int_0^2 L_0(t)\,dt = \tfrac{1}{3}, \qquad \int_0^2 L_1(t)\,dt = \tfrac{4}{3}, \qquad \int_0^2 L_2(t)\,dt = \tfrac{1}{3},$$

und das gesuchte Integral $\int y(x)\,dx = h\int y(t)\,dt$ ergibt somit

$$\boxed{Y = \int_{x_0}^{x_0+2h} y(x)\,dx = \frac{2h}{6}(y_0 + 4y_1 + y_2)} + R, \tag{7}$$

wo wir das noch anzugebende Restglied jetzt kurz mit R bezeichnen. Dies ist die bekannte *Simpsonsche Regel* (auch wohl KEPLERsche Faßregel genannt), eine Formel, die sich gleicherweise durch Einfachheit und hohe Genauigkeit auszeichnet und daher eines der wichtigsten Hilfsmittel zur numerischen Integration darstellt.

Auch hier erkennt man den Charakter der Mittelbildung, jedoch nicht mehr in Form des gewöhnlichen arithmetischen Mittels, sondern in der allgemeineren des gewogenen Mittels: Der Einfluß der mittleren Ordinate y_1 mit dem Gewicht $\frac{4}{6}$ überwiegt gegenüber den beiden Randordinaten mit ihrem Gewicht $\frac{1}{6}$, ein auch anschaulich einleuchtendes Ergebnis.

Hat man über ein größeres Intervall zu integrieren, so kann man es in eine gerade Anzahl N von Streifen gleicher Breite h unterteilen und die Gesamtfläche durch die Summe der Parabelflächen je eines Doppelstreifens annähern, indem man die entsprechenden SIMPSON-

Formeln aneinanderhängt zu

$$Y = \int_{x_0}^{x_N} y(x)\,dx = \frac{h}{3}(y_0 + 4y_1 + 2y_2 + 4y_3 + 2y_4 + \cdots + 2y_{N-2} + 4y_{N-1} + y_N) + R. \tag{8}$$

Liegen die Ordinaten y_i in Tabellenform vor, so ist das praktische Vorgehen denkbar einfach. Man hat die Werte — zweckmäßig unter Benutzung einer Rechenmaschine — nur zu addieren, allerdings nicht in gewöhnlicher Weise, sondern mit abwechselnden Faktoren 1, 4, 2, 4, 2, ..., 2, 4, 1 versehen. Diese Summe, sie sei $\sum^*$, ist dann noch mit $h/3$ zu multiplizieren, womit das Integral vorliegt. Zum Schluß der Summation muß im Umdrehungszählwerk der Rechenmaschine ein Vielfaches von 6, nämlich $\frac{N}{2}6$ erscheinen. Zur Kontrolle kann man die Additionen dann in umgekehrter Reihenfolge wieder rückgängig machen, wobei man auf den Ausgangswert 0 kommen muß.

Die Streifenbreite h ist so zu wählen, daß der Kurvenverlauf zwischen je drei Punkten eines Doppelstreifens mit ausreichender Genauigkeit durch eine Parabel wiedergegeben werden kann (es darf sogar eine kubische Parabel sein, vgl. § 13.3, S. 234). Weist der Kurvenverlauf Ecken oder gar Sprünge auf, so darf über diese Stellen keinesfalls ohne weiteres hinweg integriert werden. Die Einteilung ist dann so zu wählen, daß diese Stellen mit dem Ende bzw. Anfang eines Doppelstreifens zusammenfallen. Im Falle von Ecken ist dann Formel (8) ohne weiteres anwendbar; im Falle eines Sprunges muß der Faktor 2 zu gleichen Teilen auf die vordere und hintere Ordinate an der Sprungstelle aufgeteilt werden, was selbstverständlich ist, wenn man sich die anschauliche Bedeutung des Vorgehens vor Augen hält. Werden diese einfachen Regeln beachtet, so wird sich die SIMPSON-Regel stets als ein zuverlässiges Hilfsmittel erweisen, dessen Genauigkeit für die meisten technischen Zwecke völlig ausreichen wird.

Beispiel: Zur Erläuterung sei die SIMPSON-Regel auf ein einfaches und durch formelmäßige Integration nachprüfbares Beispiel angewandt, nämlich auf die Funktion $y(x) = 1/x$ mit $Y = \int y\,dx = \ln x$, und zwar sei zu berechnen[1]

$$\int_1^2 \frac{dx}{x} = \ln 2 = 0{,}693147\,.$$

x	$y = 1/x$	·
1,0	1,000000	1
1	0,909091	4
2	833333	2
3	769231	4
4	714286	2
5	666667	4
6	625000	2
7	588235	4
8	555556	2
9	526316	4
2,0	0,500000	1
$\sum^*$ =	20,794510	$\cdot h/3$ = 0,693150.

[1] Numerisch sinnvollere Beispiele finden sich in § 13.9, S. 251/252.

Wir haben das Intervall 1...2 in eine gerade Zahl von Streifen einzuteilen und wählen als Schritt $h = 0{,}1$. Die sechsstellig durchgeführte Rechnung verläuft nach vorstehender Tabelle. Die SIMPSON-Regel ergibt hier als Integralwert 0,693150 anstatt des richtigen Wertes 0,693147. Der Fehler beträgt 0,000003, ein höchst befriedigendes Ergebnis.

13.3 Andere Herleitung der Simpson-Regel

Wir wollen für die SIMPSON-Regel noch eine andere Art der Herleitung geben, die allgemein anwendbar und in verwickelteren Fällen oft wesentlich bequemer ist als das Aufstellen und Integrieren von Interpolationspolynomen, zumal hier wenigstens auch die Größenordnung des Fehlergliedes anfällt. Es ist eine Herleitung durch TAYLOR-Entwicklung. Dabei wird die Rechnung angenehmer, wenn man den Nullpunkt in die Intervallmitte verlegt und dementsprechend ansetzt:

$$Y = \int_{-h}^{h} y(x)\,dx = 2h\,(a_{-1}\,y_{-1} + a_0\,y_0 + a_1\,y_1) + R\,. \tag{9}$$

Wir entwickeln nun einerseits die Ordinaten y_{-1} und y_1 an der Stelle $x_0 = 0$ nach TAYLOR:

$$\left.\begin{array}{lll} y_{-1} = y_0 - y_0' h + y_0'' \dfrac{h^2}{2!} - y_0''' \dfrac{h^3}{3!} + y_0^{IV} \dfrac{h^4}{4!} - + \cdots & \Big| & \cdot 2h\,a_{-1} \\ y_0 \;\;= y_0 & \Big| & \cdot 2h\,a_0 \\ y_1 \;\;= y_0 + y_0' h + y_0'' \dfrac{h^2}{2!} + y_0''' \dfrac{h^3}{3!} + y_0^{IV} \dfrac{h^4}{4!} \quad + \cdots & \Big| & \cdot 2h\,a_1\,. \end{array}\right\} \tag{10}$$

Andrerseits ist

$$y(x) = y_0 + y_0' x + y_0'' \frac{x^2}{2!} + y_0''' \frac{x^3}{3!} + y_0^{IV} \frac{x^4}{4!} + \cdots$$

und damit

$$\int_{-h}^{h} y(x)\,dx$$

$$= y_0 x + \frac{1}{2} y_0' x^2 + \frac{1}{3} y_0'' \frac{x^3}{2!} + \frac{1}{4} y_0''' \frac{x^4}{3!} + \frac{1}{5} y_0^{IV} \frac{x^5}{4!} + \cdots \Big|_{-h}^{h}\,.$$

Beim Einsetzen der Grenzen fallen hier alle Glieder mit geraden x-Potenzen fort, während sich die mit ungeraden Potenzen verdoppeln und h statt x erhalten:

$$Y = 2h\left(y_0 + \frac{1}{3} y_0'' \frac{h^2}{2!} + \frac{1}{5} y_0^{IV} \frac{h^4}{4!} + \cdots\right). \tag{11}$$

Nun wird gefordert, daß der Ausdruck $2h\,(a_{-1}\,y_{-1} + a_0\,y_0 + a_1\,y_1)$ in möglichst vielen h-Potenzen mit der TAYLOR-Entwicklung (11) des Integrals übereinstimmen soll. Übereinstimmung in den drei ersten TAYLOR-Gliedern bis $y_0'' h^2/2!$ einschließlich führt auf die drei Bestimmungsgleichungen für die unbekannten Koeffizienten a_i:

$$\begin{aligned} y_0: &\quad a_{-1} + a_0 + a_1 = 1 \\ y_0' h: &\quad -a_{-1} \qquad + a_1 = 0 \\ y_0'' h^2/2: &\quad a_{-1} \qquad + a_1 = \tfrac{1}{3}. \end{aligned}$$

Hieraus erhält man sogleich

$$\boxed{a_1 = a_{-1} = \tfrac{1}{6}, \qquad a_0 = \tfrac{4}{6}}, \tag{12}$$

also gerade die Koeffizienten der SIMPSON-Regel.

Multipliziert man diese Koeffizienten nun mit den TAYLOR-Ausdrücken (10) und vergleicht das Ergebnis mit dem genauen Integralwert (11), so zeigt sich, daß Übereinstimmung der Reihen auch noch im vierten TAYLOR-Glied erreicht wird und erst im fünften mit y_0^{IV} eine Abweichung auftritt, nämlich

$$\begin{aligned} Y - \frac{h}{3}(y_{-1} + 4y_0 + y_1) \\ = 2h\, y_0^{IV} \frac{h^4}{4!}\left(\frac{1}{5} - \frac{1}{3}\right) + \cdots = -\frac{1}{90} y_0^{IV} h^5 + \cdots, \end{aligned} \tag{13}$$

womit das Restglied wenigstens der Größenordnung nach gefunden ist. Man kann zeigen, daß statt der Reihendarstellung (13) für das Restglied

$$\boxed{R = -\frac{h^5}{90} y^{IV}(\xi)} \tag{14}$$

gilt mit einer unbestimmten Stelle ξ, von der man lediglich nachweisen kann, daß sie im Innern des Interpolationsintervalls $x_{-1} \ldots x_1$ liegt[1]. Damit lautet unsere vollständige SIMPSON-Formel einschließlich Fehlerglied:

$$\boxed{Y = \int_{-h}^{+h} y(x)\, dx = \frac{h}{3}(y_{-1} + 4y_0 + y_1) - \frac{h^5}{90} y^{IV}(\xi)}. \tag{15}$$

Die SIMPSON-Regel erweist sich hiernach als genauer als ursprünglich anzunehmen. Das Fehlerglied verschwindet, solange für $y(x)$ die vierte und alle höheren Ableitungen verschwinden, d. h. aber für Poly-

[1] Bezüglich der Herleitung des Restes (14) verweisen wir nochmals auf FR. A. WILLERS [*23*], S. 144—146.

nome bis zum dritten Grade einschließlich. Dies ist insofern überraschend, als wir die Regel zuerst durch Integration einer quadratischen Interpolationsparabel hergeleitet haben. Es zeigt sich also, daß wir bei Verwendung einer kubischen Parabel, etwa durch vier äquidistante Punkte, und Integration über zwei Streifen zum gleichen Ergebnis gekommen wären. Durch ihren symmetrischen Bau und den dadurch bedingten selbsttätigen Abgleich aller TAYLOR-Glieder ungerader Ordnung wird die Genauigkeit automatisch um eine h-Potenz erhöht, eine Annehmlichkeit, die die SIMPSON-Regel mit anderen symmetrisch gebauten Integrationsformeln teilt, wie wir noch sehen werden.

13.4 Die $\frac{3}{8}$-Regel. Kombination mit der Simpson-Regel

Auf die gleiche Weise wie eben lassen sich weitere Mittelwertformeln mit einer noch größeren Stützstellenzahl gewinnen. Praktisch bedeutsam ist noch die folgende von NEWTON angegebene Formel mit vier Ordinaten über drei Streifen der Breite h, wegen ihrer Koeffizienten wohl auch $\frac{3}{8}$-*Regel* genannt; NEWTON selbst soll ihr den Namen Pulcherrima, die Schönste, gegeben haben:

$$Y = \int_0^{3h} y(x)\,dx = \frac{3h}{8}(y_0 + 3y_1 + 3y_2 + y_3) - \frac{3}{80}h^5 y^{IV}(\xi). \tag{16}$$

Bemerkenswerterweise ist ihre Genauigkeit von der gleichen Ordnung wie die der mit nur drei Ordinaten arbeitenden SIMPSON-Regel, was nach dem vorhin Gesagten verständlich ist.

Die Formel ist in Verbindung mit der SIMPSON-Regel nützlich, wenn über ein größeres Intervall mit ungerader Streifenanzahl $N \geqq 5$ zu integrieren ist, vor allem aber auch zur Berechnung von Zwischenwerten $Y_i = Y(x_i)$ der *Integralfunktion*

$$Y(x) = Y_0 + \int_{x_0}^{x} y(\xi)\,d\xi$$

an äquidistanten Stellen $x_i = x_0 + i\,h$ $(i = 1, 2, \ldots, N)$. Dazu wendet man zunächst die SIMPSON-Regel an, jedoch unter Anschreiben aller Zwischenergebnisse nach jedem Doppelschritt, also nach jeder Teilsummation mit den Faktoren $1, 4, 1$ der jetzt zweckmäßig mit $h/3$ multiplizierten Funktionswerte y_i, also der Werte $\frac{h}{3} y_i$. Auf diese Weise erhält man die Integralwerte Y_i an den Stellen $i = 2, 4, 6, \ldots,$

ausgehend vom gegebenen Anfangswert Y_0. Um nun auch die ungeraden Plätze $i = 1, 3, 5, \ldots$ auszufüllen, benötigen wir Y_1 an der Stelle $x_1 = x_0 + h$, und dieser Wert ist durch eine Kombination von SIMPSON- und NEWTONS 3/8-Regel zu gewinnen. Von Y_1 aus errechnen sich dann die Werte Y_i für $i = 3, 5, 7, \ldots$ wieder mit Hilfe der SIMPSON-Regel.

Die fragliche Kombination zur Berechnung von Y_1 bilden wir unter folgendem Gesichtspunkt: SIMPSON- und 3/8-Regel, im folgenden abgekürzt durch Si und Ne, haben verschiedene Quadraturfehler. Eine beliebige Kombination würde zur Folge haben, daß die Fehler δ_i der Näherungswerte Y_i für die geraden und ungeraden Stellen i auf zwei getrennten Kurvenzügen liegen. Dieses unerwünschte Verhalten wird vermieden oder doch gemildert, wenn man dafür sorgt, daß der Fehler δ_1 von Y_1 angenähert halb so groß wird wie δ_2 von Y_2, sofern man angenähert geradliniges Ansteigen des Fehlerverlaufs annimmt, d. h., wenn der Fehler unabhängig von den Stellen x_i wäre, was natürlich i. a. nicht zutreffen wird. Bei genügend kleiner Schrittweite h wird unser Ziel aber doch angenähert erreicht werden. Wir bilden dazu Y_1 als Mittelwert aus

$$Y_1^{(1)} = Y_0 + \left(\int_{x_0}^{x_3} y\,dx\right)_{\mathrm{Ne}} - \left(\int_{x_1}^{x_3} y\,dx\right)_{\mathrm{Si}}$$

$$Y_1^{(2)} = Y_0 + \left(\int_{x_0}^{x_4} y\,dx\right)_{\mathrm{Si}} - \left(\int_{x_1}^{x_4} y\,dx\right)_{\mathrm{Ne}}.$$

Bezeichnen wir die Fehler für SIMPSON- und NEWTON-Regel mit δ_{Si} bzw. δ_{Ne}, so ergibt sich unter Annahme konstanter Fehler im Intervall x_0 bis x_4 für

$$Y_1 = \tfrac{1}{2}\left(Y_1^{(1)} + Y_1^{(2)}\right)$$

der Wert

$$\delta_1 = \tfrac{1}{2}(\delta_{\mathrm{Ne}} - \delta_{\mathrm{Si}} + 2\delta_{\mathrm{Si}} - \delta_{\mathrm{Ne}}) = \tfrac{1}{2}\delta_{\mathrm{Si}} = \tfrac{1}{2}\delta_2,$$

also gerade das erwünschte Ergebnis. Die Kombination zur Errechnung von Y_1 lautet, wie leicht nachzurechnen:

$$\boxed{\begin{aligned} Y_1 &= Y_0 + \frac{h}{48}(17y_0 + 42y_1 - 16y_2 + 6y_3 - y_4) \\ &= Y_0 + \frac{h}{3}(1{,}0625y_0 + 2{,}625y_1 - y_2 + 0{,}375y_3 - 0{,}0625y_4) \end{aligned}}, \quad (17)$$

wobei die letzte Form mit Rücksicht darauf gewählt worden ist, daß man die Werte $y_i\,h/3$ tabelliert.

Beispiel: Das Vorgehen sei erläutert am formelmäßig nachprüfbaren Integral über $y(x) = e^x$ mit Anfangsbedingung $Y(0) = 1$:

$$Y(x) = 1 + \int_0^x e^t\, dt = e^x.$$

Schrittweite $h = 0{,}2$.

x_i	$y_i = e^{x_i}$	$y_i h/3$	Y_i	Fehler $\delta_i \cdot 10^7$
0,0	1	0,06666667	1,0000000	0
2	1,2214028	8142685	1,2214037*	9*
4	1,4918247	9945498	1,4918291	44
6	1,8221188	12147459	1,8221251	63*
8	2,2255409	14836939	2,2255518	109
1,0	2,7182818	0,18121879	2,7182960	148*
2	3,3201169	22134113	3,3201375	206
4	4,0552000	27034667	4,0552260	260*
6	4,9530324	33020216	4,9530674	350
8	6,0496475	40330984	6,0496912	437*
2,0	7,3890561	0,49260374	7,3891127	566

Die durch einen Stern gekennzeichneten Fehlerwerte der ungeraden Plätze liegen nur wenig unterhalb des Kurvenzugs durch die Fehlerwerte auf geraden Plätzen. — Für größere Genauigkeitsansprüche empfiehlt sich hier halbe Schrittweite $h = 0{,}1$, wobei die Fehler auf etwa $^1/_{16}$ zurückgehen.

13.5 Allgemeine Mittelwertformeln. Restglied. Fehlerschätzung

Wir greifen die einführenden Betrachtungen aus 13.1 unter allgemeineren Gesichtspunkten wieder auf und lassen insbesondere die Einschränkung äquidistanter Stützstellen fallen. Es seien also x_0, $x_1, \ldots, x_n$ irgendwelche Stellen aus dem Integrationsintervall $a \leqq x \leqq b$ der Länge $L = b - a$, und es seien $y_0, y_1, \ldots, y_n$ die zugehörigen Werte $y_i = f(x_i)$ der gegebenen Funktion $f(x)$. Das Interpolationspolynom n-ten Grades, das diese Werte y_i an den Stützstellen annimmt, denken wir uns in der LAGRANGEschen Form geschrieben. Für $f(x)$ gilt also die Darstellung

$$y = f(x) = L_0(x)\, y_0 + L_1(x)\, y_1 + \cdots + L_n(x)\, y_n + R^*(x)$$

mit den LAGRANGE-Polynomen n-ten Grades $L_i(x)$ und dem mit $R^*(x)$ bezeichneten Restglied. Integration über das Intervall (a, b) ergibt die allgemeine Mittelwertformel

$$\boxed{\begin{aligned} I = \int_b^a f(x)\, dx &= A_0 y_0 + A_1 y_1 + \cdots + A_n y_n + R \\ &= L(a_0 y_0 + a_1 y_1 + \cdots + a_n y_n) + R \end{aligned}} \qquad (18)$$

mit den Koeffizienten A_i bzw. Gewichten a_i nach

$$A_1 = L\,a_i = \int_a^b L_i(x)\,dx \tag{19}$$

und dem Rest

$$R = \int_a^b R^*(x)\,dx. \tag{20}$$

Für die Gewichte a_i gilt, was aus dem Sonderfall $f(x) = 1$ folgt,

$$a_0 + a_1 + \cdots + a_n = 1. \tag{4}$$

Der bisher betrachtete einfache Fall äquidistanter Stellen $x_i = a + i\,h$ $(i = 0, 1, \ldots, n)$ mit $n\,h = L$ ergab für $n = 1$, 2 und 3 die Trapez-, SIMPSON- und 3/8-Regel. Es sind die ersten drei Fälle der Mittelwertformel von NEWTON-COTES, von denen wir die vier ersten in der folgenden Tabelle zusammengestellt haben:

n	Integrationsintervall	Näherung für $Y = \int_0^{nh} y\,dx$	Restglied	Name
1	$0\ldots h$	$\frac{h}{2}(y_0 + y_1)$	$-\frac{1}{12}h^3 y''(\xi)$	Trapezregel
2	$0\ldots 2h$	$\frac{2h}{6}(y_0 + 4y_1 + y_2)$	$-\frac{1}{90}h^5 y^{IV}(\xi)$	SIMPSON-Regel
3	$0\ldots 3h$	$\frac{3h}{8}(y_0 + 3y_1 + 3y_2 + y_3)$	$-\frac{3}{80}h^5 y^{IV}(\xi)$	$\frac{3}{8}$-Regel
4	$0\ldots 4h$	$\frac{4h}{90}(7y_0 + 32y_1 + 12y_2 + 32y_3 + 7y_4)$	$-\frac{8}{945}h^7 y^{VI}(\xi)$	—

Hinsichtlich der Genauigkeit sind allgemein die Formeln mit ungerader Ordinatenzahl die günstigeren; der Genauigkeitsgrad steigt nur nach jeder zweiten Stufe um zwei h-Potenzen. Die Formeln werden nach und nach immer verwickelter, und der praktische Genauigkeitsgewinn bleibt hinter den Erwartungen zurück. Zur Integration über ein längeres Intervall verwendet man daher nicht die Formeln höherer Annäherung, sondern arbeitet mit der hintereinandergehängten SIMPSON-Regel (gegebenenfalls in Verbindung mit der 3/8-Regel), wie in den Abschn. § 13.2 (S. 233) und § 13.4 (S. 236) gezeigt worden ist. Für höhere Genauigkeitsansprüche stehen andere Formeln zur Verfügung, vgl. die folgenden Abschnitte.

Die Berechnung des Restes R aus (20) ist im allgemeinen höchst mühsam. Es lassen sich aber, wie MILNE[1] gezeigt hat, Aussagen von sehr einfacher Form unter viel allgemeineren Gesichtspunkten herleiten,

[1] Numerical calculus [*18*], S. 108—116.

die wir im folgenden wenigstens anführen wollen, ohne auf die Herleitung einzugehen.

Es sei $T[f]$ ein zu approximierender Operator und $S[f]$ ein zugehöriger Näherungsausdruck. Dann ist der Rest definiert durch

$$R[f] = T[f] - S[f].$$

Die Operatoren seien sämtlich linear, d. h., es gelte z. B. $T[c_1 f_1 + c_2 f_2] = c_1 T[f_1] + c_2 T[f_2]$. Im Falle der Interpolationsaufgabe ist $T[f] = f$ selbst und $S[f]$ ein Approximationspolynom, z. B. $\sum L_i(x) f(x_i)$. Im Falle der numerischen Integration ist

$$T[f] = \int_a^b f(x)\,dx \quad \text{und} \quad S[f] = \sum_0^n A_i f(x_i).$$

Der Rest $R[f]$ wird *vom Grade n* genannt, wenn $R[x^m] = 0$ für jede ganze Zahl m mit $0 \leqq m \leqq n$, aber $R[x^{n+1}] \neq 0$. Beispielsweise ist im Falle der SIMPSON-Regel $n = 3$, da diese Regel exakt ist für $f = 1, x, x^2$ und x^3, während sich für x^4 ein Fehler einstellt.

Wie bei MILNE näher ausgeführt, gilt dann unter gewissen Voraussetzungen, die für die meisten interessierenden Näherungsformeln zutreffen, und für eine Funktion $f(x)$, die $(n+1)$mal differenzierbar ist

$$\boxed{R[f] = \frac{f^{(n+1)}(\xi)}{(n+1)!} R[x^{n+1}]}\,. \tag{21}$$

Dabei liegt ξ zwischen dem kleinsten und größten der Werte x, die in $R[f]$, d. h. in $T[f]$ und $S[f]$ eingehen.

Für das Beispiel der SIMPSON-Regel ist

$$R[f] = \int_{-h}^{h} f(x)\,dx - \frac{h}{3}(y_{-h} + 4y_0 + y_h).$$

Die Regel ist exakt bis x^3, also $n = 3$. Man bildet R für $f = x^4$:

$$R[x^4] = \int_{-h}^{h} x^4\,dx - \frac{h}{3}(h^4 + 0 + h^4)$$

$$= \frac{2h^5}{5} - \frac{2h^5}{3} = -\frac{4h^5}{15}.$$

Damit wird

$$R[f] = -\frac{f^{\mathrm{IV}}(\xi)\cdot 4h^5}{4!\cdot 15} = -\frac{f^{\mathrm{IV}}(\xi)\,h^5}{90} \quad \text{mit} \quad -h < \xi < h.$$

Kennt man den Verlauf der Ableitung $f^{(n+1)}(x)$ im Gesamtintervall, so hat man eine Fehlerabschätzung in der Form

$$|R| \leqq \operatorname*{Max}_x |f^{(n+1)}(x)| \frac{R[x^{n+1}]}{(n+1)!}. \tag{22}$$

In der Regel aber wird die Ableitung unbekannt oder nur mühsam zu beschaffen sein. Es ist dann wichtig, daß man bei bekannter Fehlerordnung n den Fehler wenigstens näherungsweise aus einem Vergleich zweier Rechnungen mit verschiedener Schrittweite gewinnen kann. Am bequemsten vergleicht man eine Feinrechnung (Hauptrechnung) der Schrittweite h (Ergebnis Y_F) mit einer Grobrechnung (Nebenrechnung) doppelter Schrittweite $2h$ (Ergebnis Y_G). Sieht man nun näherungsweise von der Veränderlichkeit des Faktors $f^{(n+1)}(\xi)$ im Doppelschritt ab, so hat man für den unbekannten exakten Wert $\overline{Y}$ am Ende des Doppelschrittes die beiden Ausdrücke

$$\overline{Y} = Y_F + 2C\,h^{n+1},$$

$$\overline{Y} = Y_G + C\,(2h)^{n+1}.$$

Subtraktion ergibt

$$0 = Y_F - Y_G + 2C\,h^{n+1}(1 - 2^n)$$

oder für den Fehler $2C\,h^{n+1}$ der Feinrechnung

$$\boxed{\delta_F = \frac{1}{2^n - 1}(Y_F - Y_G)}\,, \tag{23}$$

den man dann auch noch im Sinne einer *Korrektur* der Feinrechnung verwenden kann:

$$\boxed{Y_{\text{Korr}} = Y_F + \delta_F} \tag{24}$$

In jedem Falle kann man den Schritt h so bemessen, daß die Größe δ_F dem Betrage nach unter einer vorgeschriebenen Schranke bleibt. — Im Falle der SIMPSON-Regel, also $n = 4$, erhält man so

$$\boxed{\delta_F = \frac{1}{15}(Y_F - Y_G)} \tag{23a}$$

Beispiel: $\quad Y = \int_0^{\pi/2} \sin x\, dx = 1{,}0. \qquad h = \pi/8 = 22{,}5°.$

x^0	$y = \sin x$
0	0
22,5	0,3826834
45,0	0,7071068
67,5	0,9238795
90,0	1

$$\begin{aligned} Y_F &= 1{,}000135 \\ Y_G &= 1{,}002280 \\ \Delta &= -0{,}002145 \\ \Delta : 15 = \delta &= -0{,}000143 \\ Y_K &= 0{,}999992 \end{aligned}$$

Der Fehler ist von $135 \cdot 10^{-6}$ auf $-8 \cdot 10^{-6}$ zurückgegangen.

13.6 Quadraturformeln von Gauß

Bisher haben wir die Stützstellen x_i als gegeben angesehen, insbesondere als äquidistant. Die Möglichkeit beliebiger nicht äquidistanter Stützstellen ist nun von GAUSS in dem Sinne ausgenutzt worden, mit einer festen Anzahl von Stellen x_i — es seien n Stellen x_1 bis x_n — Mittelwertformeln möglichst hoher Genauigkeit aufzubauen. GAUSS betrachtet also sowohl die n Stützstellen x_i als auch die zugehörigen n Gewichte a_i als $2n$ freie Parameter, die so zu bestimmen sind, daß ein Polynom möglichst hohen Grades noch exakt integriert wird. Entsprechend den $2n$ Parametern läßt sich das für ein Polynom bis zum Grade $2n-1$ erreichen. Anders ausgedrückt, die n Stellen x_1 bis x_n und die n Gewichte a_1 bis a_n sind so zu bestimmen, daß die $2n$ Potenzen

$$y(x) = x^0, x^1, x^2, \ldots, x^{2n-1}$$

durch eine Mittelwertformel

$$I = a_1 y_1 + a_2 y_2 + \cdots + a_n y_n$$

mit $y_i = y(x_i^k)$ exakt integriert werden.

Um zu festen Stellen x_i und festen Gewichten a_i für ein gegebenes n zu kommen, legt man ein festes Intervall (a, b) zugrunde, üblicherweise das Intervall $(-1, +1)$, worin ein beliebiges Intervall (a, b) ja stets durch Achsenverschiebung und Maßstabsänderung überführbar ist. Bezeichnen wir die Integrale über die x-Potenzen mit

$$\int_{-1}^{1} x^k \, dx = 2\alpha_k = \begin{cases} \dfrac{2}{k+1} & \text{für} \quad k = 0, 2, 4, \ldots, 2n-2, \\ 0 & \text{für} \quad k = 1, 3, 5, \ldots, 2n-1, \end{cases}$$

so führt unsere Forderung auf die $2n$ Gleichungen

$$\begin{array}{lllll|ll}
a_1 & + a_2 & + \cdots + a_n & = \alpha_0 & & c_0 & \\
a_1 x_1 & + a_2 x_2 & + \cdots + a_n x_n & = 0 & & c_1 & c_0 \\
a_1 x_1^2 & + a_2 x_2^2 & + \cdots + a_n x_n^2 & = \alpha_2 & & c_2 & c_1 \\
\cdots & \cdots & \cdots & \cdots & & \cdots & \cdots \\
a_1 x_1^n & + a_2 x_2^n & + \cdots + a_n x_n^n & = \alpha_n & & c_n & c_{n-1} \\
\cdots & \cdots & \cdots & \cdots & & & c_n \\
a_1 x_1^{2n-1} & + a_2 x_2^{2n-1} & + \cdots + a_n x_n^{2n-1} & = 0 & & &
\end{array} \qquad (25)$$

Diese Gleichungen zur Bestimmung der $2n$ Unbekannten x_i und a_i sind nun zwar in den Gewichten a_i linear, in den Stützstellen x_i aber nicht, was die Auflösung schwierig gestaltet.

Zu allgemeinen Aussagen gelangt GAUSS auf folgende Weise: Je $n+1$ aufeinanderfolgende Gleichungen seien mit gewissen Faktoren $c_0, c_1, \ldots, c_n$ multipliziert und addiert, und zwar zuerst die 1. bis $(n+1)$-te, sodann die 2. bis $(n+2)$-te usf., wie in (25) angedeutet.

Mit dem Polynom

$$P_1(x) = c_0 + c_1 x + \cdots + c_n x^n \tag{26}$$

ergeben sich so die folgenden Beziehungen:

$$\left.\begin{array}{l} a_1 P_n(x_1) + a_2 P_n(x_1) + \cdots + a_n P_n(x_n) = \frac{1}{2}\int P_n(x)\,dx \\ a_1 x_1 P_n(x_1) + a_2 x_2 P_n(x_2) + \cdots + a_n x_n P_n(x_n) = \frac{1}{2}\int x P_n(x)\,dx \\ \dots\dots\dots\dots\dots\dots\dots\dots\dots \\ a_1 x_1^{n-1} P_n(x_1) + a_2 x_2^{n-1} P_n(x_2) + \cdots + a_n x_n^{n-1} P_n(x_n) = \frac{1}{2}\int x^{n-1} P_n(x)\,dx. \end{array}\right\} \tag{27}$$

Man fordert nun für das Polynom $P_n(x)$, daß alle rechtsstehenden Integrale über das Intervall $(-1, 1)$ verschwinden (sogenannte Orthogonalitätsforderung; vgl. § 22):

$$\int_{-1}^{1} x^k P_n(x)\,dx = 0 \quad \text{für} \quad k = 0, 1, \ldots, n-1, \tag{28}$$

wodurch die Koeffizienten $c_0, c_1, \ldots, c_n$ bis auf einen unbestimmten Faktor (Normierungsfaktor) festgelegt sind. Die Gln. (27) sind nun offenbar genau dann erfüllt, wenn für die Stützstellen x_i die Bedingung

$$P_n(x_i) = 0 \quad \text{für } i = 1, 2, \ldots, n$$

gilt, d. h., wenn es Nullstellen der durch (28) definierten Polynome $P_n(x)$ sind.

Wir werden später (§ 22.6) in anderem Zusammenhang sehen, daß es sich hier um die sogenannten LEGENDREschen *Polynome* oder *Kugelfunktionen* handelt mit der Rekursionsformel

$$(n+1)\,P_{n+1}(x) + n\,P_{n-1}(x) = (2n+1)\,x\,P_n(x)$$

und $P_0(x) = 1$, $P_1(x) = x$. Ihr Verlauf ist für $n = 1$ bis 4 in Abb. 22.4 auf S. 356 dargestellt. Es läßt sich zeigen, daß die n Nullstellen sämtlich reell sind und im Intervall $-1 < x < 1$ liegen. Für $n = 1$ bis 3 sind diese Stellen geschlossen angebbar und nachfolgend mit den zugehörigen Gewichten nebst Restglied aufgeführt[1].

n	x_i	a_i	Formel für I	Restglied R
1	$x_1 = 0$	$2a_1 = 2$	$2y_1$	$\frac{2}{3} f''(\xi)$
2	$x_1 = -1/\sqrt{3}$	$2a_1 = 1$	$y_1 + y_2$	$\frac{1}{135} f^{IV}(\xi)$
	$x_2 = 1/\sqrt{3}$	$2a_2 = 1$		
3	$x_1 = -\sqrt{3/5}$	$2a_1 = 5/9$	$\frac{1}{9}(5y_1 + 8y_2 + 5y_3)$	$\frac{1}{15750} f^{VI}(\xi)$
	$x_2 = 0$	$2a_2 = 8/9$		
	$x_3 = \sqrt{3/5}$	$2a_3 = 5/9$		

[1] Weitere Einzelheiten und Verallgemeinerungen der GAUSSschen Integration findet man in KOPAL [*14*], S. 347—376, und WILLERS [*23*], S. 152—162.

Die Bedeutung der GAUSSschen Quadraturformeln liegt darin, daß sie mit kleinster Ordinatenzahl höchste Genauigkeit erzielen in dem Sinne, daß ein Polynom möglichst hohen Grades $2n-1$ noch exakt integriert wird. Das ist für manche Zwecke vorteilhaft, wenn es darauf ankommt, mit möglichst kleiner Stützstellenzahl auszukommen, z. B. beim Ersatz einer Integralgleichung durch ein lineares Gleichungssystem[1].

13.7 Differenzenformeln

In den meisten Fällen wird die mit den bisherigen Formeln erzielte Genauigkeit für technische Zwecke ausreichen, zumal man sie immer leicht durch Verkleinern der Schrittweite h steigern kann, freilich unter entsprechender Vergrößerung des Arbeitsaufwandes. Da der Fehler bei der SIMPSON- und 3/8-Regel bei Schrittverkleinerung annähernd mit h^5 zurückgeht, so bringt eine Schritthalbierung hier eine Fehlerverkleinerung auf annähernd 1/32 je Schritt oder wegen Verdoppelung der Schrittanzahl auf ungefähr 1/16 insgesamt.

Will man die Genauigkeit der Rechnung ohne den Mehraufwand einer Schrittverfeinerung steigern (oder, was auf das gleiche herauskommt, will man die gleiche Genauigkeit bei größerer Schrittweite erzielen), so hat man dazu Interpolationspolynome höheren Grades zugrunde zu legen. Man kann dies nun entweder in der bisher ausschließlich betrachteten Art durch Heranziehen einer größeren Stützstellenanzahl tun. Dies hat den Nachteil, daß sich das in die Rechnung eingehende Interpolationsintervall immer weiter auseinanderzieht, wobei man zur Integration dann doch nur den mittleren Teil kleinsten Fehlers (vgl. § 11.5, S. 216) benutzen wird, soll nicht die angestrebte Genauigkeitssteigerung durch möglicherweise große Restgliedbeträge in den Randgebieten wieder verlorengehen. Eine zweite Möglichkeit zur Steigerung des Polynomgrades besteht darin, die Anzahl der Stützstellen x_i nach wie vor klein zu halten, dafür dann aber außer den Stützwerten y_i auch noch die Ableitungen y_i', y_i'', ... heranzuziehen. Diese zweite, heute noch wenig verbreitete Methode führt in der Tat zu sehr hoher Genauigkeit und damit unter Umständen zu beträchtlicher Arbeitsersparnis.

Zuerst sei die erste bekanntere Methode beschrieben. Als Interpolationsformeln verwendet man hier zweckmäßig die Differenzenformeln, und zwar insbesondere die symmetrischen Formeln von STIRLING und BESSEL. Die bezüglich $t=0$ symmetrische STIRLING-Formel eignet sich besonders zur Integration über das Intervall $-h$ bis $+h$, die bezüglich $t=\frac{1}{2}$ (oder $u=0$) symmetrische BESSEL-Formel zur Integration über 0 bis h. Denn hierbei fallen die in t bzw. u ungeraden

[1] Vgl. z. B. WILLERS [23], S. 162—172.

Glieder (also alle ungeraden Differenzen) heraus. Man erhält so die beiden folgenden Formeln mit $Y = \int y(x)\,dx$:

St:
$$Y_1 = Y_{-1} + h\left(2y_0 + \frac{1}{3}\delta^2 y_0 - \frac{1}{90}\delta^4 y_0 + \frac{1}{756}\delta^6 y_0 - + \cdots\right) \tag{29}$$

Be:
$$Y_1 = Y_0 + h\left(\bar{y}_{\frac{1}{2}} - \frac{1}{12}\bar{\delta}^2 y_{\frac{1}{2}} + \frac{11}{720}\bar{\delta}^4 y_{\frac{1}{2}} - \frac{191}{60480}\bar{\delta}^6 y_{\frac{1}{2}} + - \cdots\right) \tag{30}$$

Bricht man die Formeln nach einem bestimmten Gliede ab, so ergibt das erste vernachlässigte Glied die Größenordnung des Fehlers, den man, indem man sich noch diese nächste Differenz verschafft, leicht überschlagen und in seinem Einfluß auf das Ergebnis abschätzen kann. Vor allem die STIRLINGsche Formel zeichnet sich durch starkes Abnehmen der höheren Koeffizienten aus und ist daher als besonders genau anzusehen.

Die nach dem zweiten Gliede abgebrochene STIRLING-Formel ist mit der SIMPSON-Regel identisch, wie man sieht, wenn man $\delta^2 y_0$ durch die Ordinaten y_i ausdrückt, $\delta^2 y_0 = y_{-1} - 2y_0 + y_1$. Entsprechend kann man auch bei der BESSEL-Formel verfahren. Man erhält dann:

$$Y_1 = Y_{-1} + \frac{h}{3}(y_{-1} + 4y_0 + y_1) \quad - \frac{1}{90}h^5 y_0^{\mathrm{IV}}(\xi), \tag{29a}$$

$$Y_1 = Y_0 + \frac{h}{24}(-y_{-1} + 13y_0 + 13y_1 - y_2) \quad + \frac{11}{720}h^5 y_0^{\mathrm{IV}}(\xi). \tag{30a}$$

Die SIMPSON-Regel liefert somit so lange richtige Ergebnisse, als der Einfluß von 1/90 der vierten Differenz innerhalb der geforderten Stellenzahl zu vernachlässigen ist. Ist das nicht mehr der Fall, so kann die Genauigkeit durch Mitnahme dieses nächsten Gliedes wieder gesteigert werden, die Fehler sind dann etwa 1/756 der sechsten Differenzen usf. Darüber hinaus wird man selten gehen, vielmehr durch Schrittverkleinerung dafür sorgen, daß die höheren Differenzen genügend stark zurückgehen (vgl. Schluß von § 12.1, S. 222).

Um mit den beiden Formeln (29) und (30) unter Einbeziehung höherer Differenzen arbeiten zu können, benötigt man eine genügende Anzahl von Stützwerten y_i in der Umgebung von y_0. So werden bei Verwendung der vierten Differenzen außer y_0 auch y_{-2}, y_{-1}, y_1, y_2 benötigt. An den Rändern des Integrationsgebietes muß man daher bei (29) noch wenigstens je einen über das Intervall hinausragenden

Punkt hinzunehmen, vgl. das folgende Zahlenbeispiel. Ist dies nicht möglich, so muß man wohl oder übel auf die weniger genauen Randbereiche des Interpolationsintervalls zurückgreifen. Man arbeitet dann mit Formeln, die durch Integration der beiden GREGORY-NEWTONschen Formeln entstehen, nämlich:

$$Y_1 = Y_0 + h\left(y_0 + \frac{1}{2}\Delta y_0 - \frac{1}{12}\Delta^2 y_0 + \frac{1}{24}\Delta^3 y_0 - \right.$$
$$\left. - \frac{19}{720}\Delta^4 y_0 + \frac{3}{160}\Delta^5 y_0 - + \cdots\right) \tag{31}$$

$$Y_N = Y_{N-1} + h\left(y_N - \frac{1}{2}\nabla y_N - \frac{1}{12}\nabla^2 y_N - \right.$$
$$\left. - \frac{1}{24}\nabla^3 y_N - \frac{19}{720}\nabla^4 y_N - \frac{3}{160}\nabla^5 y_N - \cdots\right) \tag{32}$$

Beide Formeln wird man indessen nur im Notfalle verwenden, wenn eine Fortsetzung des Integranden über die Enden des Integrationsintervalls hinaus nicht möglich ist.

Beispiel: Wir berechnen wieder $Y(x) = \int_1^x \frac{dx}{x} = \ln x$ wie in § 13.4 mit der Schrittweite $h = 0{,}1$ zwischen $x = 1 \ldots 2$, und zwar diesmal nach der STIRLINGschen Formel unter Verwendung bis zu den vierten Differenzen einschließlich. Um die Rechnung auch an den Intervallenden durchführen zu können, berechnen wir den Integranden auch noch an den über die Enden herausragenden Stellen $x = 0{,}9$ und $2{,}1$. Die STIRLING-Formel liefert dann, ausgehend von $Y_0 = 0$, die Werte $Y_2, Y_4, \ldots, Y_{10}$. Zur Bestimmung der übrigen Werte $Y_1, Y_3, \ldots, Y_9$ wenden wir einmal die BESSEL-Formel an, und zwar in der Form

$$Y_1 = Y_2 - h\left(\bar{y}_{3/2} - \frac{1}{12}\bar{\delta}^2 y_{3/2} + \frac{11}{720}\bar{\delta}^4 y_{3/2}\right)$$

x	$y = 1/x$	$\delta^2 y$	$\delta^4 y$	Y	$\ln x$	Fehler · 10^8
0,9	1,1111111					
1,0	1,0000000	202020				
1	0,9090909	151515	15541	0,09531004*	1018	−14
	8712121	134033	12764			
2	8333333	116551	9987	18232150	2156	− 6
3	7692308	91574	6664	26236410	6427	−17
4	7142857	73261	4575	33647217	7224	− 7
5	6666667	59523	3235	40546494	6511	−17
6	6250000	49020	2333	47000356	0363	− 7
7	5882353	40850	1719	53062808	2825	−17
8	5555556	34399	1292	58778659	8667	− 8
9	5263158	29240	982	64185371	5389	−18
2,0	0,5000000	25063		0,69314711	4718	− 7
1	4761905					
St:	· 0,2	· 1/30	· −1/900	* nach BESSEL		
Be:	· 0,1	· −1/120	· 11/7200			

mit den Mittelwerten des Differenzenschemas an der Stelle 3/2, die in der Zahlentafel eingefügt sind. Von Y_1 aus berechnen sich dann die Werte Y_3, Y_5, ... wieder nach STIRLING.

Wir führen noch eine Fehlerabschätzung durch. Die Restglieder der STIRLING- und BESSEL-Formel lauten bei Abbrechen der Formeln nach $\delta^4 y$ mit $y = 1/x$ und $h = 0{,}1$:

$$R_{St} = \frac{1}{756} h^7 y^{VI}(\xi) = \frac{6!}{756} 10^{-7} \frac{1}{\xi^7} = \frac{20}{21} 10^{-7} \frac{1}{\xi^7},$$

$$R_{Be} = -\frac{191}{60480} h^7 y^{VI}(\xi) = -\frac{191}{80}\frac{20}{21} 10^{-7} \frac{1}{\xi^7}.$$

Hieraus ergibt sich eine Abschätzung des Restgliedes, indem man in jedem Integrationsschritt den unbestimmten Wert $1/\xi^7$ durch den betragsmäßigen Größtwert von $1/x^7$ ersetzt. Dies ist in nebenstehender Tabelle durchgeführt. Die Fehlerschranken der geradstelligen Y-Werte entstehen durch Summieren aller zweiten Werte der ersten Spalte nach der x-Spalte. Bei den ungeradstelligen Y-Werten ist der Fehler von Y_1 zunächst als Summe des ersten STIRLING-Schrittes und des einen BESSEL-Schrittes zu bilden gemäß

x	$\frac{20}{21}\frac{1}{x^7}$	Fehlerschranke $\cdot 10^7$		Fehler exakt $\cdot 10^7$
1,0	0,95			
1	49		2,12	− 1,4
2	27	0,95		− 0,7
3	15		2,61	− 1,7
4	09	1,22		− 0,7
5	056		2,76	− 1,7
6	035	1,31		− 0,7
7	023		2,82	− 1,7
8	017	1,35		− 0,8
9	011		2,84	− 1,8
2,0	008	1,37		− 0,7

$$|R_1| \leqq |0{,}95 + 1{,}17| \cdot 10^{-7} = 2{,}12 \cdot 10^{-7},$$

wobei

$$|R_{Be}| \leqq \tfrac{191}{80}\, 0{,}49 \cdot 10^{-7} = 1{,}17 \cdot 10^{-7}$$

verwendet wird. Ein Vergleich der so erhaltenen Fehlerschranken mit den hier aus der bekannten exakten Lösung bestimmbaren wirklichen Fehlern zeigt, daß die Fehlerschranken die Größenordnung der Fehler befriedigend wiedergeben. Die Fehlerabschätzung ergibt, daß die Werte der 6. Dezimale bis auf höchstens eine Stelle richtig sind.

13.8 Verwendung von Ableitungen

In neuerer Zeit haben Interpolationsformeln zunehmende Bedeutung erlangt, bei denen die Genauigkeit durch Heranziehen von Ableitungen in sehr wirksamer Weise gesteigert wird. Derartige Formeln, bei denen außer den Stützwerten y_i auch noch Ableitungen y_i', y_i'', ... an den Stützstellen verwendet werden, gehen auf HERMITE zurück[1].

Beschränken wir uns zunächst auf die Mitnahme der ersten Ableitungen y_i', so lautet die der LAGRANGEschen Interpolationsformel entsprechende HERMITEsche Formel

$$\begin{aligned} y(x) &= H_0(x)\, y_0 + H_1(x)\, y_1 + \cdots + H_n(x)\, y_n \\ &\quad + K_0(x)\, y_0' + K_1(x)\, y_1' + \cdots + K_n(x)\, y_n' + R_{2n+2}(x). \end{aligned} \tag{33}$$

[1] HERMITE, CH.: Sur la formule d'interpolation de LAGRANGE. J. reine angew. Math. Bd. 84 (1878) S. 64—69. — Œuvres Bd. 3 (1912) S. 432—443.

Bei $n+1$ Stützstellen x_i stehen hier $n+1$ Stützwerte y_i und $n+1$ Ableitungen y_i' zur Verfügung, so daß das Interpolationspolynom vom Grade $2n+1$ wird. Vom gleichen Grade sind dann auch die HERMITEschen Polynome $H_i(x)$ und $K_i(x)$, die, ähnlich wie beim LAGRANGE-Polynom, jetzt so zu bestimmen sind, daß

$$H_k(x_i) = \begin{cases} 1 \text{ für } i = k, \\ 0 \text{ für } i \neq k, \end{cases} \qquad H_k'(x_i) = 0 \text{ für alle } i,$$
$$K_k(x_i) = 0 \text{ für alle } i, \qquad K_k'(x_i) = \begin{cases} 1 \text{ für } i = k, \\ 0 \text{ für } i \neq k. \end{cases} \tag{34}$$

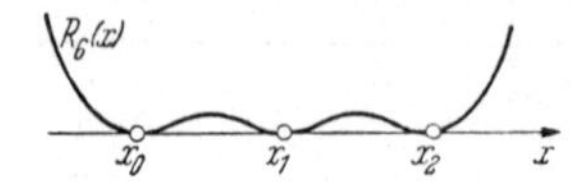

Abb. 13.4. Verlauf der Restgliedfunktion $R_6(x)$ bei HERMITEscher Interpolation mit drei Stützstellen und Verwenden der ersten Ableitungen y_i'

Das Polynom wird also außer durch die Stützpunkte auch noch durch die Tangenten in diesen Punkten festgelegt, wodurch begreiflicherweise hohe Genauigkeiten erreicht werden. Die Restgliedfunktion $R_{2n+2}(x)$ hat an den Stützstellen zweifache Nullstellen, verläuft also nach Art von Abb. 13.4.

Durch Integration von (33) erhält man eine Integralformel der Bauart

$$\boxed{\begin{aligned} Y = \int_{x_0}^{x_0+nh} y(x)\,dx = nh\,[a_0 y_0 + a_1 y_1 + \cdots + a_n y_n + \\ + h(b_0 y_0' + b_1 y_1' + \cdots + b_n y_n')] + R \end{aligned}} \tag{35}$$

Bequemer ist auch hier die Herleitung in unmittelbarem Ansatz (35) unter Verwendung der TAYLOR-Entwicklung wie in § 13.3, S. 234. Wir wählen etwa eine der SIMPSON-Regel entsprechende Formel mit drei Stützstellen $-h$, 0, $+h$ und setzen an:

$$\begin{aligned} Y_1 - Y_{-1} = \int_{-h}^{+h} y(x)\,dx = 2h\,[a_{-1}y_{-1} + a_0 y_0 + a_1 y_1 + \\ + h(b_{-1}y_{-1}' + b_0 y_0' + b_1 y_1')] + R_{2h} \end{aligned} \tag{35a}$$

und erhalten dann genau wie in § 13.3, S. 234/35, die Koeffizienten

$$a_{-1} = a_1 = \tfrac{7}{30}, \qquad a_0 = \tfrac{16}{30},$$
$$-b_{-1} = b_1 = -\tfrac{1}{30}, \qquad b_0 = 0$$

und damit die Formel

$$\boxed{\begin{aligned} Y_1 = Y_{-1} + \frac{2h}{30}(7y_{-1} + 16y_0 + 7y_1 + \\ + y_{-1}'h - y_1'h) \end{aligned}} + \frac{16}{15}\frac{h^7}{7!}y^{\mathrm{VI}}(\xi). \tag{36}$$

Das Restglied ist hier

$$R_{2h} = \frac{h^7}{4725} y^{\mathrm{VI}}(\xi) \text{ mit } -h < \xi < h\,, \tag{37}$$

d. h. nur das 0,16fache des entsprechenden Restgliedes der dreigliedrigen STIRLING-Formel aus (29).

Bei Integration über ein längeres Intervall von gerader Streifenanzahl N mit Streifenbreite h hängt man wie bei der SIMPSON-Regel die Einzelformeln hintereinander. Kommt es einem dabei nur auf den Endwert des bestimmten Integrals an, und nicht auch auf die Zwischenwerte, so heben sich die Ableitungen alle bis auf die erste und letzte heraus, und man erhält (in für die Zahlenrechnung etwas bequemerer Schreibweise)

$$\boxed{\begin{aligned} Y_N - Y_0 = \int\limits_0^{Nh} y(x)\,dx = \frac{2h}{3}&(0{,}7\,y_0 + 1{,}6\,y_1 + 1{,}4\,y_2 + \\ &+ 1{,}6\,y_3 + 1{,}4\,y_4 + \cdots + 1{,}4\,y_{N-2} + 1{,}6\,y_{N-1} + \\ &+ 0{,}7\,y_N + 0{,}1\,y_0' h - 0{,}1\,y_N' h) + R \end{aligned}} \tag{38}$$

Indem man schrittweise nach Formel (36) arbeitet und die Zwischenergebnisse aufschreibt (jetzt jedoch unter Verwendung der Ableitungen auch im Intervallinnern), erhält man die geradstelligen Integralwerte Y_2, Y_4, ... Zur Bestimmung der Werte Y_1, Y_3, ... verwendet man für den ersten Schritt eine (unsymmetrisch gebaute) Einschrittformel, die durch Integration des gleichen HERMITE-Polynoms in den Grenzen 0 bis h entsteht. Sie lautet

$$\boxed{\begin{aligned} Y_1 - Y_0 &= \frac{h}{240}\Big[101\,y_0 + 128\,y_1 + 11\,y_2 + h(13\,y_0' - \\ &\qquad - 40\,y_1' - 3\,y_2')\Big] + R_h \\ &= \frac{2h}{3}\Big[0{,}63125\,y_0 + 0{,}8\,y_1 + 0{,}06875\,y_2 + \\ &\quad + h\,(0{,}08125\,y_0' - 0{,}25\,y_1' - 0{,}01875\,y_2')\Big] + R_h \end{aligned}} \tag{39}$$

Hier ist das Restglied von der gleichen Größenordnung wie in (36), und zwar mit genau halbem Faktor wie dort, so daß der Fehlerverlauf nicht mehr die bei Verkopplung von STIRLING- und BESSEL-Formel und auch sonst schon beobachteten Unstetigkeiten zeigt. Es ist

$$R_h = \frac{h^7}{9450} y^{\mathrm{VI}}(\xi) \text{ mit } 0 < \xi < h\,. \tag{40}$$

Eine Formel, welche nur zwei Stützstellen x_0, x_1 benutzt und von bemerkenswert einfacher Bauart ist, lautet:

$$Y_1 - Y_0 = \frac{h}{2}(y_0 + y_1) + \frac{h^2}{12}(y_0' - y_1') + \frac{h^5}{720} y^{IV}(\xi). \tag{41}$$

Unter Mitnahme auch der zweiten Ableitungen erhält man schließlich die sehr genaue Formel

$$Y_1 - Y_0 = \frac{h}{2}(y_0 + y_1) + \frac{h^2}{10}(y_0' - y_1') + \frac{h^3}{120}(y_0'' + y_1'') - \frac{h^7 y^{VI}(\xi)}{100800}. \tag{42}$$

Ihr Restglied ist wieder von der Größenordnung h^7, jedoch mit etwa 10,7mal kleinerem Faktor als in (40).

Die Formeln sind mit größtem Vorteil anwendbar, wenn die Bildung der Ableitungen keine Schwierigkeit macht und man mit einer möglichst geringen Stützstellenzahl auskommen will. Um die Leistungsfähigkeit der Formeln in dieser Hinsicht zu veranschaulichen, geben wir folgendes

Beispiel: Die Sinuskurve $y = \sin x$ soll von 0 bis π integriert werden. Der genaue Integralwert ist

$$Y = \int_0^\pi \sin x \, dx = 2.$$

Wir teilen das Gesamtintervall in nur zwei Streifen ein und erhalten:

x	$y = \sin x$	$h y' = \frac{\pi}{2} \cos x$
0	0	$\pi/2$
$\pi/2$	1	—
π	0	$-\pi/2$

Formel (36) ergibt

$$Y = \frac{\pi}{30}(16 + \pi) = 0{,}63805\,\pi = 2{,}0045.$$

Der Fehler beträgt 2,3 ‰ und ist auf dem Rechenschieber kaum wahrnehmbar. Die SIMPSON-Regel führt auf $2\pi/3 = 2{,}0944$ mit 4,72% Fehler.

Bei Einteilung in vier Streifen ergibt sich:

x	$y = \sin x$	$h y' = \frac{\pi}{4} \cos x$
0	0	$\pi/4$
$\pi/4$	0,707107	
$\pi/2$	1	
$3\pi/4$	0,707107	
π	0	$-\pi/4$

$$Y = \frac{\pi}{60}(36{,}62742 + 1{,}57080) = \pi\, 0{,}636637 = 2{,}00005.$$

SIMPSON-Regel: 2,00456, also die gleiche Genauigkeit wie bei der HERMITEschen Formel mit doppelter Schrittweite.

13.9 Beispiele

1. Beispiel: Es sei die Bogenlänge der Sinuskurve $y = \sin x$ zu berechnen, also das Integral

$$s = \int \sqrt{1 + y'^2}\, dx = \int_0^{\pi/2} \sqrt{1 + \cos^2 x}\, dx = \int u(x)\, dx\,,$$

das sich nicht elementar in geschlossener Form darstellen läßt. Wir wählen als Schrittweite $h = 15° = \pi/12$. Die Ableitung des Integranden u ergibt

$$u' = -\frac{\sin 2x}{2u}\,,$$

und dies ist an den beiden Intervallenden 0, so daß sich das Anschreiben der Werte erübrigt. Die Rechnung ist in folgender Zahlentafel durchgeführt, und zwar nach SIMPSON und HERMITE. Die Tabelle enthält auch noch die für die Fehlerabschätzung benötigten Differenzen $\delta^4 u$ und $\delta^6 u$, durch welche die hier umständlich zu berechnenden Ableitungen u^{IV} und u^{VI} angenähert werden gemäß

$$h^4 u^{\text{IV}} \approx \delta^4 u\,, \qquad h^6 u^{\text{VI}} \approx \delta^6 u\,.$$

Bei der Bildung der Differenzen haben wir von der Symmetrie der Funktion u Gebrauch gemacht, so daß die Werte im ganzen Intervall zur Verfügung stehen.

x	$u = \sqrt{1+\cos^2 x}$	$\delta^4 u \cdot 10^7$	$\delta^6 u \cdot 10^7$
0°	1,4142136	84066	2584
15°	1,3903283	86858	2440
30°	1,3228757	92090	−16225
45°	1,2247449	81097	−67135
60°	1,1180340	2969	−92196
75°	1,0329508	−167355	+62295
90°	1,0	−275384	216058
Si:	21,8881290	$\cdot\, \pi/36 = \pi \cdot 0{,}60800358 = 1{,}910\,100$	
He:	10,9440615	$\cdot\, \pi/18 = \pi \cdot 0{,}60800342 = 1{,}910\,099$	

Mit den jeweiligen Maximalbeträgen der Differenzen in den drei Integrationsintervallen erhalten wir als angenäherte Fehlerabschätzung:

$$|R_{\text{Si}}| \leqq \frac{\pi/12}{90}\,(9{,}2 + 9{,}2 + 27{,}5) \cdot 10^{-3} = 1{,}34 \cdot 10^{-4}\,,$$

$$|R_{\text{He}}| \leqq \frac{\pi/12}{4725}\,(1{,}6 + 9{,}2 + 21{,}6) \cdot 10^{-3} = 1{,}8 \cdot 10^{-6}\,.$$

Tatsächlich sind beide Fehler noch kleiner, da hier die Ableitungen im Intervall ihr Vorzeichen wechseln und sich die Einzelfehler weitgehend aufheben. Der HERMITEsche Wert ist, wie eine Rechnung mit halber Schrittweite zeigt, innerhalb der Stellenzahl genau.

2. Beispiel: Es soll die gleichfalls nicht elementar formelmäßig darstellbare Integralfunktion

$$Y = \int_0^x e^{-\frac{x^2}{2}}\, dx$$

innerhalb der Grenzen $x = 0 \ldots 2$ durch numerische Integration berechnet werden. Schrittweite $h = 0{,}2$. Gerechnet wird vergleichsweise nach SIMPSON und nach

Hermite unter Verwendung der ersten Ableitung $y' = -x \cdot y$. Die Rechnung verläuft nach folgender Tabelle:

x	$y = e^{-x^2/2}$	$y\frac{h}{3}$	$y'\frac{h^2}{3}$	Si	He	Si — He
0,0	1,0000000	0,0666 6667	0	0	0	0
2	0,9801987	6534658	— 0,00261386	0,1986708	0,1986747·	— 39
4	9231163	6154108	— 492328	3895940	3895846	+ 94
6	8352702	5568468	— 668216	5658664	5658635	+ 29
8	7261490	4840994	— 774558	7222838	7222714	+ 124
1,0	6065307	4043538	— 808708	8556262·	8556244	+ 18
2	4867523	3245016	— 778804	9648854	9648773	+ 71
4	3753111	2502074	— 700580	1,0508829	1,0508872	— 43
6	2780373	1853582	— 593140	1159544	1159527	+ 17
8	1978987	1319324	— 474956	1632402	1632502	— 100
2,0	0,1353353	0,00902236	— 0,00360894	1,1962855	1,1962880	— 25

Zur Fehlerabschätzung ersetzen wir wieder die unbequem zu bildende 6. Ableitung angenähert durch den entsprechenden Differenzenquotienten. Man erhält für die Hermitesche Integration:

$$|R_{2h}| \leqq \frac{1}{4725} h^7 |y^{VI}|_{\text{Max}} \approx \frac{h}{4725} |\delta^6 y|_{\text{Max}}$$

und führt die Rechnung in folgender Tabelle durch:

x	$\delta^6 y \cdot 10^7$	$\frac{h}{4725} \lvert\delta^6 y\rvert 10^7$	Fehlerschranke $\cdot 10^7$	
0,0	— 8942	0,380		
2	— 7776	330		0,190
4	— 4571	194	0,380	
6	— 486	20		0,520
8	3317	140	0,574	
1,0	5713	242		0,762
2	6321	268	0,842	
4	5299	224		1,030
6	—	—	1,110	
8	—	—		1,254
2,0	—	—	1,334	

Die Fehlerschranken erreichen $\approx 1{,}3 \cdot 10^{-7}$. Die tatsächlichen Fehler sind wieder kleiner, und wir können die nach Hermite berechneten Werte innerhalb der Stellenzahl als praktisch genau ansehen. Die letzte Spalte der ersten Tabelle gibt dann praktisch die Fehler der Simpson-Regel an.

13.10 Mehrfache Integration

Bei manchen Gelegenheiten, so vor allem bei der numerischen Integration von Differentialgleichungen zweiter und höherer Ordnung, hat man eine Funktion $y(x)$ zwei- oder mehrmal zu integrieren, also etwa zu bilden

$$\int_{x_0}^{x}\int y(x)\,dx\,dx.$$

Die Aufgabe läßt sich in der gleichen Weise durch Ersatz des Integranden $y(x)$ durch ein Interpolationspolynom und dessen zwei- oder mehrmalige Integration erledigen. Alles verläuft ganz entsprechend wie bei der einfachen Integration, so daß wir uns kurz fassen können und die wichtigsten Formeln nur anzugeben brauchen.

Wir bezeichnen das zweimalige unbestimmte Integral einer Funktion $y(x)$ wieder mit $Y(x)$, also

$$Y(x) = \int\int y(x)\,dx\,dx, \qquad Y'(x) = \int y(x)\,dx, \qquad Y''(x) = y(x). \tag{43}$$

Die Berechnung eines bestimmten Integrals verläuft dann so:

$$\begin{aligned}\int\int\limits_{x_0}^{x_1} y(x)\,dx\,dx &= \int\limits_{x_0}^{x_1}\int\limits_{x_0}^{x} y(x)\,dx\,dx = \int\limits_{x_0}^{x_1} [Y'(x)]_{x_0}^{x}\,dx \\ &= \int\limits_{x_0}^{x_1} [Y'(x) - Y'(x_0)]\,dx = Y(x)\,\Big|_{x_0}^{x_1} - Y'(x_0)\,x\,\Big|_{x_0}^{x_1} \\ &= Y(x_1) - Y(x_0) - Y'(x_0)\,(x_1 - x_0)\end{aligned}$$

oder insbesondere mit $x_0 = 0$, $x_1 = h$, $Y(0) = Y_0$, $Y(h) = Y_1$, $Y'(0) = Y'_0$:

$$\int\int\limits_0^h y(x)\,dx\,dx = Y_1 - Y_0 - Y'_0\,h$$

$$\boxed{Y_1 = Y_0 + Y'_0 h + \int\int\limits_0^h y(x)\,dx\,dx} \tag{44}$$

Hier tritt also außer der Integrationskonstanten Y_0 als dem Anfangswert noch die zweite Konstante Y'_0 als Anfangssteigung auf, multipliziert mit dem Schritt h (Überlagerung einer linearen Funktion!). Ganz allgemein erhält man bei p-facher Integration die Einarbeitung der Anfangsbedingungen in der Form:

$$\begin{aligned}Y_1 = Y_0 + Y'_0 h + Y''_0 \frac{h^2}{2!} + Y'''_0 \frac{h^3}{3!} + \cdots + Y_0^{(p-1)} \frac{h^{p-1}}{(p-1)!} + \\ + \int\int \cdots \int\limits_0^h y(x)\,\underbrace{dx\,dx \ldots dx}_{p\text{-mal}}.\end{aligned} \tag{44a}$$

Will man nun über ein längeres Intervall von N Streifen zweimal integrieren, so müßte man bei Verwendung einer Formel der Bauart (44) am Anfang eines jeden Schrittes sich auch wieder die Anfangssteigung Y' beschaffen, obwohl in der Regel nur die Größe Y interessieren wird. Man müßte also außer der zweifachen Integration zur Ermittlung von Y noch eine einfache Integration nebenher laufen lassen, welche die in (44) benötigten Y'-Werte liefern würde. Dies aber läßt sich in einfacher Weise umgehen. Ersetzen wir nämlich in (44) die obere Grenze h durch $-h$ (also $x_0 = 0$, $x_1 = -h$), so erhält man außer (44) die zweite Formel

$$Y_{-1} = Y_0 - Y_0' h + \int_0^h\!\!\int y(x)\,dx\,dx. \tag{45}$$

Durch Addieren der beiden Gln. (44) und (45) eliminiert man dann die Ableitung und erhält:

$$Y_{-1} - 2Y_0 + Y_1 = \int_0^h\!\!\int y(x)\,dx\,dx + \int_0^{-h}\!\!\int y(x)\,dx\,dx \tag{46}$$

Hieraus lassen sich dann, wenn erst einmal zwei aufeinanderfolgende Y-Werte bekannt sind (Y_{-1}, Y_0), der nächste Wert (Y_1) berechnen, und die Rechnung nimmt schrittweise ihren Fortgang, ohne daß man die Ableitungen außer der Anfangssteigung Y_0' braucht. Diese wird freilich als Anfangsbedingung zur Berechnung eines ersten Wertes Y außer dem gegebenen Anfangswert Y_0 nach (44) benötigt.

Das Vorgehen nach (46) bedeutet nichts anderes, als daß man durch Bilden einer zweiten Differenz $\delta^2 Y_0$ sich von dem durch die Anfangsbedingungen festgelegten linearen Anteil der Integralfunktion befreit, da die zweiten Differenzen einer linearen Funktion ja identisch Null sind. Das gleiche Prinzip ist dann ohne weiteres auch auf mehrfache Integration anwendbar. Bei p-facher Integration kann man durch Bilden der p-ten Differenz $p+1$ aufeinanderfolgender Y-Werte die Anfangsbedingungen eliminieren.

Alles übrige verläuft nun entsprechend wie bei der einfachen Integration. Eine für das Anfangsstück geeignete Formel gewinnt man durch zweifache Integration der GREGORY-NEWTON-Formel I:

$$\begin{aligned} Y_1 = Y_0 + Y_0' h + h^2 \Big(&\frac{1}{2} y_0 + \frac{1}{6} \Delta y_0 - \frac{1}{24} \Delta^2 y_0 + \\ &+ \frac{1}{45} \Delta^3 y_0 - \frac{7}{480} \Delta^4 y_0 + \cdots\Big). \end{aligned} \tag{47}$$

Lassen sich die Funktionswerte y_i für einen oder zwei Schritte vor dem Intervallanfang x_0 bestimmen, so arbeitet man genauer nach der aus der I. GAUSSschen Formel G I hervorgegangenen Integrationsformel

$$\begin{aligned} Y_1 = Y_0 + Y_0' h + h^2 \Big(&\frac{1}{2} y_0 + \frac{1}{6} \delta y_{\frac{1}{2}} - \frac{1}{24} \delta^2 y_0 - \\ &- \frac{7}{360} \delta^3 y_{\frac{1}{2}} + \frac{11}{1440} \delta^4 y_0 + \cdots\Big) \end{aligned} \tag{48}$$

Ist Y_1 bekannt, so erfolgt die weitere Rechnung nach Art der Gl. (46), wobei sich als Integrationsformel wieder die aus der STIRLING-Formel (36) aus § 12.5, S. 228, durch zweifache Integration hervorgegangene Formel

$$Y_1 = 2Y_0 - Y_{-1} + h^2\left(y_0 + \frac{1}{12}\delta^2 y_0 - \frac{1}{240}\delta^4 y_0 + \right.$$
$$\left. + \frac{31}{60480}\delta^6 y_0 + \cdots\right) \tag{49}$$

durch besonders einfachen Bau und hohe Genauigkeit auszeichnet. Bricht man diese Formel nach dem zweiten Gliede ab und schreibt die Differenz wieder auf die Ordinaten um, so erhält man die folgende einfache, der SIMPSON-Regel entsprechende Formel:

$$Y_1 = 2Y_0 - Y_{-1} + \frac{h^2}{12}(y_{-1} + 10y_0 + y_1) - \frac{h^6}{240}y^{\mathrm{IV}}(\xi), \tag{50}$$

deren Genauigkeit ausreicht, wenn das nächste Glied $\frac{h^2}{240}\delta^4 y_0$ innerhalb der Stellenzahl keinen Einfluß mehr hat, was man durch geeignete Schrittwahl stets erreichen kann. Der erste Wert Y_1 errechnet sich dann aus der durch Abbrechen von (47) entstandenen Formel

$$Y_1 = Y_0 + Y_0' h + \frac{1}{3}\frac{h^2}{12}(9{,}7y_0 + 11{,}4y_1 - 3{,}9y_2 + 0{,}8y_3) \tag{51}$$

Man tabelliert dabei die Funktionswerte $y_i h^2/12$ und erhält, nach Vorliegen von Y_1, mit Hilfe von (50) fortlaufend die Werte Y_2, Y_3, ... Zahlenbeispiele finden sich in Kap. VII, § 34.3, S. 544ff.

Für dreifache Integration erhält man aus der BESSEL-Formel (37) aus § 12.5, S. 228, durch dreimaliges Integrieren von $u = 0$ bis $u = \pm\frac{1}{2}$ und $\pm\frac{3}{2}$ und Linearkombination die von den Anfangsbedingungen freie symmetrische Formel

$$Y_2 = 3Y_1 - 3Y_0 + Y_{-1} + h^3\left(\bar{y}_{\frac{1}{2}} + \frac{1}{240}\bar{\delta}^4 y_{\frac{1}{2}} + \cdots\right) \tag{52}$$

Sie zeichnet sich dadurch aus, daß hier außer den ungeraden Differenzen auch noch die zweite Differenz verschwindet, so daß die Rechnung bei Abbrechen der Formel vor $\delta^4 y$ ganz besonders einfach verläuft.

Für vierfache Integration ergibt die STIRLING-Formel (36) aus § 12.5, S. 228, durch Integration von $t = 0$ bis $t = \pm 1$, ± 2 und Linearkombination die Formel

$$Y_2 = 4\,Y_1 - 6\,Y_0 + 4\,Y_{-1} - Y_{-2} + \\ + h^4\left(y_0 + \frac{1}{6}\,\delta^2 y_0 - \frac{1}{720}\,\delta^4 y_0 + \cdots\right) \tag{53}$$

die schon bei Abbrechen nach $\delta^2 y$ sehr genau arbeitet.

Anwendungen ergeben sich in Kap. VI bei der numerischen Integration von Differentialgleichungen zweiter und höherer Ordnung.

Für hohe Genauigkeitsansprüche empfehlen sich auch hier die HERMITEschen Formeln, welche außer den Ordinaten y_i die Ableitungen y_i' verwenden. Für den ersten Schritt und die fortlaufende Rechnung lauten die Formeln mit ihren Restgliedern:

$$Y_1 = Y_0 + Y_0' h + \frac{h^2}{42}\Big[13 y_0 + 7 y_1 + y_2 + \\ + \frac{h}{40}(59 y_0' - 128 y_1' - 11 y_2')\Big] + R \tag{54}$$

mit

$$R = \frac{7}{3}\,\frac{h^8}{8!}\,y^{\mathrm{VI}}(\xi), \quad 0 < \xi < h; \tag{54a}$$

$$Y_1 = 2\,Y_0 - Y_{-1} + \frac{h^2}{15}\Big[2 y_{-1} + 11 y_0 + 2 y_1 + \\ + \frac{3h}{8}(y_{-1}' - y_1')\Big] + R \tag{55}$$

mit

$$R = \frac{58}{15}\,\frac{h^8}{8!}\,y^{\mathrm{VI}}(\xi), \quad -h < \xi < h\,. \tag{55a}$$

§ 14 Graphische Integration

14.1 Einfache Integration

Reicht zeichnerische Genauigkeit aus, so empfiehlt sich oft Anwenden graphischer Integrationsverfahren. Bei der einfachen Integration

$$Y' = y(x) \quad \text{oder} \quad Y(x) = \int_{x_0}^{x} y(\xi)\,d\xi + Y_0 \tag{1}$$

ersetzt man den Integranden $y(x)$ durch eine abschnittsweise flächengleiche *Treppenkurve* gleicher Anfangs- und Endordinate, deren Integration einen Linienzug ergibt, der in Anfangs- und Endpunkt sowie in einigen beliebig wählbaren Zwischenpunkten mit der gesuchten Integralkurve $Y(x)$ nach Ordinaten und Steigungen übereinstimmt, also einen *Tangentenzug* an die Integralkurve darstellt, in den sich diese näherungsweise leicht einzeichnen läßt. Soweit man Flächengleichheit genau erzielen und auch sonstige Zeichenungenauigkeiten außer acht lassen kann, ist der Tangentenzug exakt. Das Verfahren arbeitet daher auch recht genau.

Die Übersetzung der abschnittsweise konstanten Ordinaten y_i der Treppenkurve in die abschnittsweise konstanten Steigungen Y_i' des Tangentenzuges geschieht mit Hilfe eines auf der negativen x-Achse angebrachten Poles von festem Polabstand H, dessen Länge den Maßstab der Integralkurve festlegt.

Im einzelnen ist folgendermaßen vorzugehen (vgl. Abb. 14.1).

1. Wahl einiger Teilpunkte P_i mit den Ordinaten y_i auf der Ausgangskurve $y(x)$, darunter Anfangs- und Endpunkt der Kurve sowie, falls vorhanden, zweckmäßig auch Höchst- und Tiefstpunkte und Nulldurchgänge. Es genügen wenige charakteristische Punkte. Zu große Punktzahl verdirbt die Genauigkeit durch Häufen der Zeichenfehler.

2. Wahl eines Poles auf der negativen x-Achse mit Polabstand H vom Nullpunkt, gemessen in x-Einheiten (den Einheiten der x-Achse). Der Wert von H soll ein runder x-Wert sein (z. B. 5 oder 10 oder 0,2 x-Einheiten), seine Länge soll so sein, daß der größte Ordinatenbetrag von y eine nicht zu steile, aber auch nicht zu flache Steigung liefert.

3. Übersetzen der Ordinaten y_i in Steigungen durch Herüberloten auf die y-Achse und Ziehen der Polstrahlen.

4. Flächenabgleich zwischen je zwei benachbarten Punkten P_i durch Legen einer mittleren Vertikalen (Stufenabszisse) derart, daß Gleichheit der in Abb. 14.1 durch gleichartige Schraffur gekennzeichneten Flächen erzielt wird, was recht genau ausführbar ist.

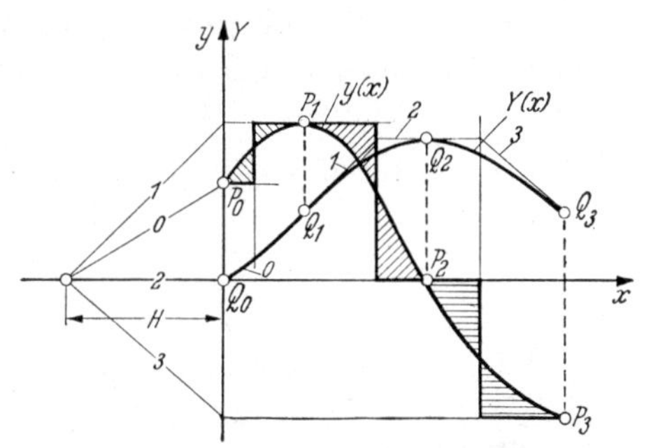

Abb. 14.1. Zeichnerische Integration durch Ersatz des Integranden $y(x)$ durch eine flächengleiche Treppenkurve gleicher Anfangs- und Endordinate

5. Zeichnen des Tangentenzuges, anfangend vom gegebenen Anfangspunkt x_0, Y_0 aus als Integralfunktion des Treppenzuges. Steigungen der Tangenten proportional den Stufenordinaten der Treppe. Knicke der Tangenten unter den Sprüngen der Treppe (an den Stufenabszissen). Berührungspunkte Q_i von Tangentenzug und Integralkurve Y unter den Teilpunkten P_i der Ausgangskurve y. Denn in jedem P_i stimmt Treppe und y-Kurve

überein in Ordinate und Flächeninhalt. Somit stimmen Tangentenzug und Y-Kurve an den Teilpunktabszissen überein in Steigung und Ordinate.

6. Einzeichnen des angenäherten Y-Verlaufes in den Tangentenzug.

14.2 Maßstabsfragen

Zu bestimmen ist noch der *Maßstab* der Integralkurve Y oder auch, einfacher, das Verhältnis, in dem der Y-Maßstab zum gegebenen y-Maßstab steht. Dabei braucht man sich nämlich um diese Maßstäbe selbst gar nicht zu kümmern. Man mißt die Ausgangsgrößen x und y einfach in ihren gegebenen Maßstäben, x in x-Einheiten (xE) und y in y-Einheiten (yE), was wir durch die Schreibweise

$$x^{xE} \quad \text{und} \quad y^{yE}$$

zum Ausdruck bringen wollen. Mißt man nun zunächst auch Y im y-Maßstab, angedeutet durch $\overline{Y}^{yE}$, so gilt für die Steigungen nach Abb. 14.2:

$$\overline{Y}'^{yE/xE} = \frac{y^{yE}}{H^{xE}},$$

woraus wegen $Y' = y$ folgt

$$Y'^{YE/xE} = \overline{Y}'^{yE/xE} \cdot H^{xE}$$

oder endgültig

$$\boxed{Y^{YE} = \overline{Y}^{yE} \cdot H^{xE}}. \tag{2}$$

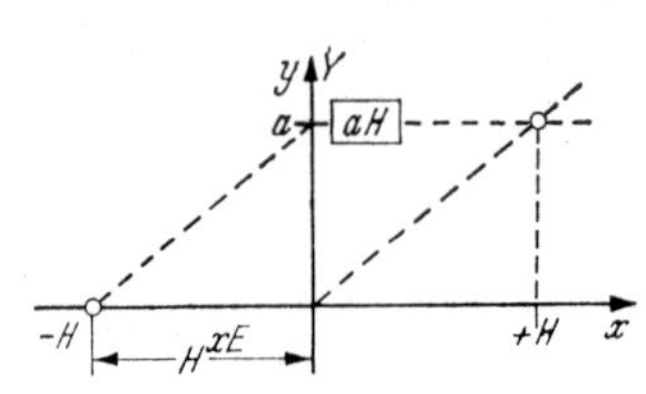

Abb. 14.2. Maßstabsbestimmung der Integralkurve Y

In Worten:

Die gesuchte Y-Skala geht aus der gegebenen y-Skala hervor, indem man die Maßzahlen der y-Skala multipliziert mit dem in xE gemessenen Polabstand H.

Einer beliebigen Maßzahl a der y-Skala steht die Maßzahl $a \cdot H$ der Y-Skala gegenüber (Abb. 14.2). In Formeln

$$\boxed{\begin{aligned} y &= a^{yE} \\ Y &= a^{yE} \cdot H^{xE} \end{aligned}} \quad \text{für gleiche Stücke auf der } y\text{- und } Y\text{-Skala.} \tag{3}$$

Das stimmt dann auch dimensionsmäßig nach

$$\boxed{1\,YE = 1\,y\,E \cdot 1\,x\,E}. \tag{4}$$

Der Polabstand H^{xE} ist also gleich einer runden Zahl derart zu wählen, daß aus genormten Maßzahlen a der y-Skala wieder genormte Maßzahlen aH der Y-Skala hervorgehen (vgl. z. B. Abb. 14.4, S. 259).

Auf die gleiche Weise läßt sich mit Hilfe des Polabstandes H auch ein konstanter Faktor einarbeiten für den Fall, daß nicht die Integralfunktion Y selbst, sondern eine ihr proportionale Größe Z dargestellt werden soll nach

$$\boxed{Z = kY = k\int y\,dx}, \qquad (5)$$

ohne daß Y selbst aufgezeichnet werden soll. Dann wird (Abb. 14.3)

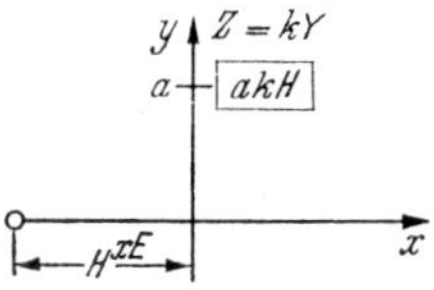

Abb. 14.3 Maßstabsbestimmung der Kurve $Z = kY$

$$\boxed{\begin{aligned} y &= a^{yE} \\ Z &= a^{yE}\, k^{kE}\, H^{xE} \end{aligned}} \quad \text{für gleiche Stücke auf der } y\text{- und } Z\text{-Skala.} \qquad (3\text{a})$$

Um zu runden Maßzahlen der Z-Skala aus runden Maßzahlen der y-Skala zu gelangen, hat man jetzt das *Produkt* $k \cdot H$ gleich einer runden Zahl zu wählen, wobei H^{xE} selbst im allgemeinen unrund sein wird. Die Größenordnung von H^{xE} bestimmt sich dabei wie oben nach geometrischen Gesichtspunkten (annehmbare Steigungen). Wäre z. B. bei $k = 1$ ein Polabstand von $H = 50\;xE$ passend, und ist etwa $k = 138$, so wird man den Wert 50 so abändern, daß sich ein runder Wert kH ergibt, also etwa $H = 36{,}2\;xE$ mit $kH = 5000$ oder $H = 72{,}4\,xE$ mit $kH = 10000$.

14.3 Ein Beispiel

Gegeben sei der zeitliche Verlauf einer Geschwindigkeit $v = v(t)$, wobei wir den Kurvenverlauf der Abb. 14.1 zugrunde legen. Gesucht ist der Verlauf des

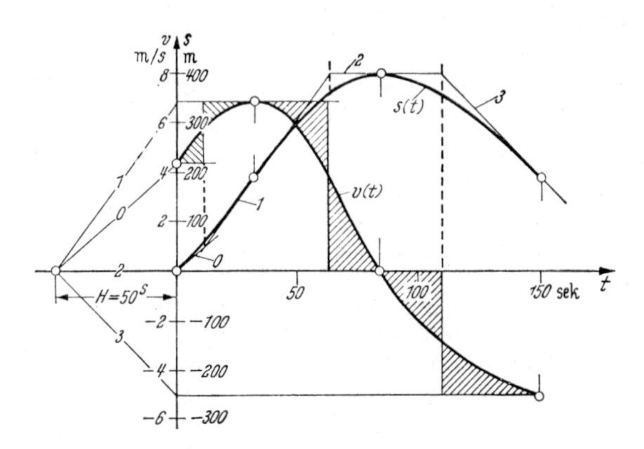

Abb. 14.4. Beispiel zur zeichnerischen Integration

Weges $s = s(t)$. Nach den gegebenen Maßzahlen für t in Abb. 14.4 wählen wir als Polabstand $H = 50$ sec. Aus der gegebenen v-Skala geht dann die zu bestimmende s-Skala durch Multiplikation mit $H = 50$ sec hervor, was auch zu dimensionsmäßig richtigen Werten führt. Man überzeuge sich nachträglich, daß der Flächeninhalt etwa des ersten positiven Teiles der v-Kurve dann überschlägig den richtigen zugehörigen s-Wert ergibt, um sich vor groben Maßstabsfehlern zu schützen.

IV. Kapitel

Statistik und Ausgleichsrechnung

§ 15 Verteilung der Grundgesamtheit

15.1 Zufallsexperiment und Zufallsereignis

Die Statistik als Zweig der angewandten Mathematik ist die Wissenschaft von Ereignissen, die vom Zufall abhängen. Diese spielen eine entscheidende Rolle bei allen Massenerscheinungen, insbesondere in der modernen Technik und Wirtschaft bei der Erzeugung von Massengütern aller Art, sei es bei industrieller Massenfertigung oder auf land- und forstwirtschaftlichem Gebiet. Sie erobern sich wichtige Zweige der Verkehrs-, Nachrichten- und Versorgungstechnik. Sie interessieren daher in steigendem Maße auch den Ingenieur, der sich mit diesem reizvollen Gebiet der angewandten Mathematik mehr als bisher vertraut machen sollte. Die folgenden Seiten können nur eine kurze Einführung in die wichtigsten Fragestellungen und Methoden geben und sollen dazu dienen, zu einem vertieften Studium statistischer Fragen anzuregen[1, 2].

Bei einem zufallsbedingten Vorgang spricht man von einem stochastischen Experiment. Beispiele sind: Werfen eines Würfels, Entnehmen einer Stichprobe aus einer großen Anzahl von Objekten mit Merkmalen, deren Auftreten zufallsbedingt ist. In einem solchen Experiment treten gewisse Zufallsereignisse A, B, ... auf, gekennzeichnet durch

---

[1] Aus einer großen Fülle moderner — heute noch vorwiegend englisch geschriebener — Lehrbücher sei als bescheidene Auswahl angeführt: VAN DER WAERDEN, B. L.: Mathematische Statistik. Berlin 1957, 360 S. — FISZ, M.: Wahrscheinlichkeitsrechnung und mathematische Statistik. Berlin 1958, 528 S. — LINDER, A.: Statistische Methoden. 2. Aufl. Basel 1951, 238 S. — SCHMETTERER, L.: Einf. i. d. mathematische Statistik. Wien 1956, 440 S. — HOEL, P. G.: Introduction to Mathematical Statistics. 6. Aufl. 1951, 258 S. — HALD, A.: Statistical Theory with Engineering Applications. New York 1952, 783 S. — CRAMÉR, H.: The Elements of Probability Theory. New York 1958, 281 S. — CRAMÉR, H.: Mathematical Methods of Statistics. Princeton 1951, 575 S.

[2] Tafelwerke: GRAF, U., u. H.-J. HENNING: Formeln und Tabellen der mathematischen Statistik. Berlin 1953, 102 S. — HALD, A.: Statistical Tables and Formulas. New York 1952, 97 S.

bestimmte Merkmale. Ist A ein solches Ereignis, so bezeichnet man mit $\bar{A}$ das Ereignis *Nicht-A*. Die folgenden Beispiele dienen zur Erläuterung.

Experiment E	*Ereignisse A, B, . . .*
1. Werfen einer Münze	A Auftreten der Zahl $\bar{A}$ Auftreten des Wappens
2. Werfen eines Würfels	A Auftreten der 6 B Auftreten einer ungeraden Zahl C Auftreten einer Zahl > 3
3. n-maliges Werfen des Würfels	A k-maliges Auftreten der 6 $(0 \leqq k \leqq n)$ B Die 6 tritt höchstens k-mal auf
4. Entnahme eines Werkstückes nach dem Zufall aus einer großen Fabrikationsserie. Prüfen auf fehlerhaft oder einwandfrei	A Das Stück ist fehlerhaft $\bar{A}$ Das Stück ist einwandfrei
5. Desgleichen: Entnahme einer Stichprobe von n Stücken	A Auftreten von weniger als k_0 fehlerhaften Stücken B Auftreten von wenigstens k_0 und höchstens k_1 fehlerhaften Stücken C Auftreten von mehr als k_1 fehlerhaften Stücken A_i Auftreten von genau $k = i$ fehlerhaften Stücken, $i = 0, 1, 2, \ldots, n$
6. Messen der Zerreißfestigkeit x einer Zufallsprobe aus einer Stahlproduktion	A Zerreißfestigkeit x unterhalb einer Norm x_0, $x < x_0$ $\bar{A}$ Festigkeit $x \geqq x_0$
7. Messen der Körpergröße x 20-jähriger Männer, nach dem Zufall ausgewählt aus einer großen Bevölkerung	A_1 $x < 1{,}6$ m A_2 $1{,}6 \leqq x < 1{,}7$ m A_3 $1{,}7 \leqq x < 1{,}8$ m A_4 $1{,}8 \leqq x < 1{,}9$ m A_5 $x \geqq 1{,}9$ m
8. Bolzendurchmesser x, gemessen an den n Stücken einer Stichprobe aus einer großen Serie. Bilden von Mittelwert $\bar{x}$ und Streuung s aus den n Einzelmessungen x_i	A Mittelwert $\bar{x}$ innerhalb einer vorgeschriebenen Toleranz, Streuung s unterhalb einer zulässigen Grenze B Mittelwert innerhalb Toleranz, Streuung aber oberhalb der Grenze

15.2 Wahrscheinlichkeit

Zu statistischen Aussagen gelangt man nun auf Grund der Annahme, daß jedem der möglichen Ereignisse $A, B, \ldots$ eines stochastischen Experimentes E eine ganz bestimmte *Wahrscheinlichkeit* $\mathcal{P}(A)$,

$\mathcal{P}(B), \ldots$ zugehört[1], mit der das Ereignis bei Durchführen des Experimentes zu erwarten ist. Die Wahrscheinlichkeit ist eine Zahl zwischen Null und Eins:

$$\boxed{0 \leqq \mathcal{P}(A) \leqq 1}\,. \tag{1}$$

Diese Zahl kann von vornherein bekannt sein: Beim Würfelversuch wird man, ideale Regelmäßigkeit des Würfels vorausgesetzt, die Wahrscheinlichkeit für das Auftreten einer bestimmten Augenzahl zu $1/6$ annehmen. Das bedeutet, daß bei einer großen Anzahl N von Würfen diese Augenzahl nahezu $N/6$-mal auftreten wird. Hat allgemein ein Ereignis A eines Experimentes die Wahrscheinlichkeit $\mathcal{P}(A) = p$, so ist bei N-maliger Wiederholung des Experimentes das Ereignis A nahezu $p \cdot N$-mal zu erwarten, und zwar mit einer um so kleineren relativen Abweichung, je größer die Anzahl N ist. Dies ist das aus der Erfahrung mit Zufallsereignissen abstrahierte *Gesetz der großen Zahl*, dem man übrigens auch eine ganz präzise mathematische Fassung geben kann, worauf wir nicht eingehen. Es erlaubt umgekehrt eine wenigstens angenäherte empirische Bestimmung einer Wahrscheinlichkeit $\mathcal{P}(A)$, wenn diese nicht, wie im Würfelversuch, a priori bekannt oder aber aus anderen bekannten Wahrscheinlichkeiten mathematisch errechenbar ist, wie z. B. für das k-malige Auftreten der 6 bei n-maligem Würfeln (Beispiel 3). So wie man sich nun etwa in der Geometrie um die praktische Bestimmung der Seiten und Winkel eines Dreiecks nicht kümmert, diese vielmehr als gegebene Größen annimmt und von da aus zu mathematischen Aussagen kommt, so nimmt man auch in der mathematischen Statistik die Wahrscheinlichkeiten von Ereignissen eines stochastischen Experimentes als gegebene Größen an und sucht von da aus zu mathematisch exakten Schlüssen zu gelangen. Der Begriff der Wahrscheinlichkeit nebst gewissen grundlegenden Eigenschaften wird axiomatisch zugrunde gelegt und daraus alles Weitere in mathematischen Schlußweisen entwickelt.

In jedem Experiment E gibt es das sogenannte *sichere Ereignis*, das wir gleichfalls mit dem Buchstaben E bezeichnen und wofür

$$\boxed{\mathcal{P}(E) = 1} \tag{2}$$

gesetzt wird. Beispielsweise ist beim Würfelversuch das Eintreten einer 1 oder 2 oder 3 oder 4 oder 5 oder 6 das sichere Ereignis. Indessen ist (2) nicht umkehrbar, d. h., aus $\mathcal{P}(A) = 1$ darf nicht $A = E$ geschlossen werden. Zum Beispiel ist die Wahrscheinlichkeit dafür, daß ein aufs

[1] Der Buchstabe $\mathcal{P}$ bedeutet probability.

Geratewohl gestellter Uhrzeiger nicht genau auf 12 steht, gleich 1; doch ist das nicht das sichere Ereignis, da die genaue Anzeige 12 ja durchaus möglich ist. Das unmögliche Ereignis wird mit 0 bezeichnet, und es ist

$$\boxed{\mathcal{P}(0) = 0}\,, \tag{3}$$

was wiederum nicht umkehrbar ist: aus $\mathcal{P}(A) = 0$ folgt nicht $A = 0$. Zum Beispiel ist das Werfen einer geraden Zahl < 2 beim Würfelversuch ein unmögliches Ereignis.

Dem Ereignis A eines Experimentes wurde oben schon das Ereignis $\bar{A}$ = Nicht-A gegenübergestellt, die beide zusammen das sichere Ereignis bilden. Man schreibt dafür

$$\boxed{A + \bar{A} = E} \tag{4}$$

und vereinbart allgemein, das Zeichen + im Sinne von „oder" zu lesen:

$$A + B, \quad \text{lies} \quad „A \text{ oder } B". \tag{5}$$

Das Ereignis $C = A + B$ besagt also das Eintreten von A oder B. Die beiden Ereignisse A, B können sich dabei gegenseitig ausschließen, wie etwa das Werfen einer **3** oder einer **6**; dann nennen wir A und B *fremd*. Sie können sich aber auch teilweise überdecken, wie z. B.:

A Wurf einer Zahl > 3,

B Wurf einer ungeraden Zahl.

Der beiden gemeinsame Ereignisteil wird wiederum als Ereignis betrachtet und mit

$$A \cdot B, \quad \text{lies} \quad „A \text{ und } B", \tag{6}$$

sowohl A als auch B, A und B gleichzeitig, bezeichnet. Im eben angeführten Beispiel ist

$A \cdot B$ Wurf der Zahl 5.

Alles das läßt sich sinnfällig veranschaulichen nach Art der Abb. 15.1. Man nennt $A + B$ auch die Vereinigung, $A \cdot B$ den Durchschnitt der beiden Ereignismengen A, B.

Entsprechend den Beziehungen zwischen relativen Häufigkeiten $\varphi = f/N$ (f-maliges Eintreten von A bei N-maliger Ausführung des Experimentes) vereinbart man nun für zwei zueinander *fremde* Ereignisse A, B die Wahrscheinlichkeitsbeziehung

$$\boxed{\mathcal{P}(A + B) = \mathcal{P}(A) + \mathcal{P}(B)}\,. \tag{7}$$

Sind dagegen A und B nicht fremd, $A\,B \neq 0$, so hat man dies abzuändern in

$$\boxed{\mathcal{P}(A + B) = \mathcal{P}(A) + \mathcal{P}(B) - \mathcal{P}(A\,B)}\,. \tag{8}$$

Diese Beziehungen werden besonders einleuchtend, wenn man sich, wie das üblich ist, die den Ereignissen eines Experimentes anhaftenden Wahrscheinlichkeiten als Massen, sogenannte *Wahrscheinlichkeits-*

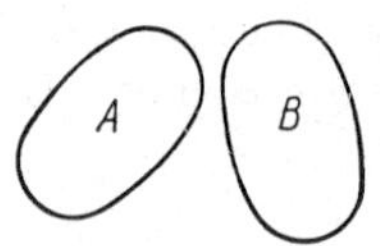

Abb. 15.1a. Veranschaulichung fremder Ereignisse A, B

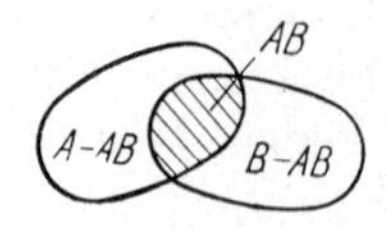

Abb. 15.1b. Veranschaulichung sich überdeckender Ereignisse A, B

massen vorstellt bei einer Gesamtmasse 1. Bei zwei sich ausschließenden Ereignissen A, B addieren sich diese Massen unmittelbar. Bei sich überdeckenden Ereignissen, Abb. 15.1b, addieren sich die Massen der drei Ereignismengen $A - A\,B$, $B - A\,B$ und $A\,B$, was auf (8) führt.

In Verallgemeinerung von $A + \bar{A} = E$ spricht man von einer *Zerlegung* des Experimentes E in der Form

$$E = A_1 + A_2 + \cdots + A_s$$

bei zueinander fremden Ereignissen A_i. Dann gilt

$$\mathcal{P}(A_1) + \mathcal{P}(A_2) + \cdots + \mathcal{P}(A_s) = 1\,.$$

Die Ereignisse A_i bilden, wie man sagt, ein *vollständiges Ereignissystem*. Unter den Beispielen in § 15.1 bilden A, B, C aus 5. ein solches System, die $n + 1$ Ereignisse A_i ein anderes. Ein weiteres Beispiel ist 7. sowie alle Beispiele mit A und $\bar{A}$.

15.3 Stochastische Unabhängigkeit

Ein statistischer Begriff von zentraler Wichtigkeit ist der der Unabhängigkeit. Es seien A und B zwei sich überdeckende Ereignisse eines stochastischen Experimentes ($A\,B \neq 0$) mit $\mathcal{P}(A) \neq 0$ und $\mathcal{P}(B) \neq 0$. Dann definiert man als *bedingte Wahrscheinlichkeiten* $\mathcal{P}(A\,|\,B)$ bzw. $\mathcal{P}(B\,|\,A)$ (lies: Wahrscheinlichkeit von A unter der Voraussetzung, daß B vorliegt, bzw. Wahrscheinlichkeit von B unter der Voraussetzung, daß A vorliegt):

$$\mathcal{P}(A \mid B) = \frac{\mathcal{P}(A\,B)}{\mathcal{P}(B)} \tag{9a}$$

$$\mathcal{P}(B \mid A) = \frac{\mathcal{P}(A\,B)}{\mathcal{P}(A)} \tag{9b}$$

Es sei z. B. in einer Bevölkerung A = Blond, B = weiblich, also $A\,B$ = blonde Frauen. Der Anteil $A\,B$ an der Gesamtbevölkerung wird durch $\mathcal{P}(A\,B)$ wiedergegeben, der Anteil von $A\,B$ an den Frauen aber durch $\mathcal{P}(A \mid B)$. Bei der bedingten Wahrscheinlichkeit wird also die Bezugsmenge eingeengt (Frauen anstatt Gesamtbevölkerung), womit der Anteil von $A\,B$ steigt. Bei $\mathcal{P}(A\,B)$ bezieht man auf die Gesamtmenge E, bei $\mathcal{P}(A \mid B)$ hingegen nur auf die Teilmenge B.

Zwei Ereignisse A und B heißen nun *stochastisch unabhängig*, wenn

$$\mathcal{P}(A \mid B) = \mathcal{P}(A) \quad \text{und} \quad \mathcal{P}(B \mid A) = \mathcal{P}(B),$$

wobei übrigens, was wir hier nicht beweisen wollen, eines das andere nach sich zieht. Dann aber folgt aus (9a) und (9b) die grundlegende Beziehung

$$\boxed{\mathcal{P}(A\,B) = \mathcal{P}(A) \cdot \mathcal{P}(B)}\,. \tag{10}$$

Es kann z. B. sein, daß der Anteil blonder Frauen an der weiblichen Bevölkerung der gleiche ist wie der Anteil blonder Menschen überhaupt an der Gesamtbevölkerung. Ist dies der Fall, so nennt man die Ereignisse A = Blond und B = weiblich stochastisch unabhängig.

1. Beispiel: Würfelversuch.

A Ungerade:	1, 3, 5	$\mathcal{P}(A) = 1/2$
$B > 1$:	2, 3, 4, 5, 6	$\mathcal{P}(B) = 5/6$
$A\,B$ Ungerade > 1:	3, 5	$\mathcal{P}(A\,B) = 1/3$

Dann ist

$$\mathcal{P}(A \mid B) = \frac{1/3}{5/6} = 2/5$$

$$\mathcal{P}(B \mid A) = \frac{1/3}{1/2} = 2/3$$

Die Ereignisse A und B sind abhängig.

2. Beispiel: Zwei Würfe hintereinander mit einem Würfel.

A = Wurf der 6 beim ersten Wurf, $\mathcal{P}(A) = 1/6$

B = Wurf der 6 beim zweiten Wurf, $\mathcal{P}(B) = 1/6$

$A\,B$ = Wurf der 6 sowohl beim ersten als auch beim zweiten Wurf.

Hier ist die Unabhängigkeit der beiden Ereignisse nach der Art des Experimentes evident. Damit gilt

$$\mathcal{P}(A\,B) = \mathcal{P}(A)\,\mathcal{P}(B) = \frac{1}{36}.$$

Im ersten Beispiel war die Abhängigkeit, im zweiten die Unabhängigkeit der Ereignisse sogleich einzusehen. Oft aber bedarf es einer — mitunter recht umfangreichen — besonderen Untersuchung, ob zwei Ereignisse eines stochastischen Experimentes im oben erklärten Sinne unabhängig sind oder nicht, wofür sich noch Beispiele zeigen werden.

15.4 Stochastische Veränderliche. Verteilung

Der Ausfall eines stochastischen Experimentes, ein Ereignis A, läßt sich stets durch eine Zahlenangabe charakterisieren, die oft aus einer einzigen reellen Zahl besteht, aber auch aus mehreren solcher Zahlen zusammengesetzt sein kann. Bleiben wir zunächst beim einfachsten Fall einer einzigen Zahl. Sie bietet sich oft von selbst an, wie etwa die Augenzahl i beim Würfelversuch, die Meßgrößen x bei den Beispielen **6** bis **8** aus § 15.1 (Zerreißfestigkeit, Körpergröße, Bolzendurchmesser), oft muß sie erst durch Vereinbarung eingeführt werden, so insbesondere bei den alternativen Fragestellungen A oder $\bar{A}$, wo man A gern durch die Zahl 1, $\bar{A}$ durch die Zahl 0 kennzeichnet. Aber auch bei den zuerst genannten Beispielen ist die Wahl der Zahlenangabe nicht zwingend, wenn freilich auch naheliegend; so könnte man ja den Ausfall des Würfels auch durch die Quadrate der Augenzahlen, den Ausfall der Messungen durch $\log x$ ebenso eindeutig kennzeichnen. — Die auf solche Weise mehr oder weniger willkürlich dem Ereignis zugeordnete Zahlengröße wird nun *stochastische Veränderliche, Zufallsvariable* genannt. Es hat sich als zweckmäßig erwiesen, dabei zwischen der *Veränderlichen* X als solcher (große Buchstaben) und dem von ihr im durchgeführten Experiment angenommenen Zahlenwert, dem *Ausfall* x (kleine Buchstaben) auch in der Bezeichnung zu unterscheiden. Die den Ereignissen $A, B, \ldots$ eigentümlichen Wahrscheinlichkeiten übertragen sich dann auf die Zufallsveränderliche.

Beispiele:

Würfelversuch:

$$\mathcal{P}(X = 5) = 1/6$$

$$\mathcal{P}(X > 2) = 2/3$$

$$\mathcal{P}(2 < X \leqq 4) = 1/3.$$

Beispiel 4: Stück fehlerhaft oder einwandfrei:

$$\mathcal{P}(A) = \mathcal{P}(X = 1) = p$$

$$\mathcal{P}(\bar{A}) = \mathcal{P}(X = 0) = 1 - p$$

Beispiel 6: Festigkeit X unterhalb oder oberhalb der Norm x_0:

$$\mathcal{P}(X < x_0) = p$$

$$\mathcal{P}(X \geqq x_0) = 1 - p$$

Man unterscheidet grundsätzlich[1]

a) *diskrete Veränderliche:* X kann nur diskrete (z. B. ganzzahlige) Werte x_i annehmen;
   Beispiele: Würfelversuch, Alternative A oder $\bar{A}$, Zahl k fehlerhafter Stücke aus einer Probe von n Stücken;

b) *kontinuierliche Veränderliche:* X kann alle reellen Zahlen aus einem bestimmten Intervall (a, b), das auch $(-\infty, \infty)$ sein kann, durchlaufen;
   Beispiele: Zerreißfestigkeit, Körpergröße, Bolzendurchmesser.

Durch die Zuordnung: Ereignis — stochastische Veränderliche ergibt sich nun für die den Ereignissen anhaftenden Wahrscheinlichkeiten ein funktionaler Zusammenhang mit der Variablen X, der als *Wahrscheinlichkeitsverteilung* bezeichnet wird und der von der Wahl der Variablen X abhängt. Im *diskreten Falle* sind es die Wahrscheinlichkeiten selbst,

$$\mathcal{P}(X = x_j) = p_j, \tag{11a}$$

die den diskreten Werten x_j der Variablen X funktional zugeordnet sind und über ihnen in Form diskreter Ordinaten aufgetragen werden können, vgl. Abb. **15.3** und **15.4**. Diese Darstellung veranschaulicht die an den Stellen x_j der Variablenachse sitzenden diskreten Wahrscheinlichkeitsmassen p_j, deren Summe die Gesamtmasse 1 ergibt:

$$\sum p_j = 1. \tag{12a}$$

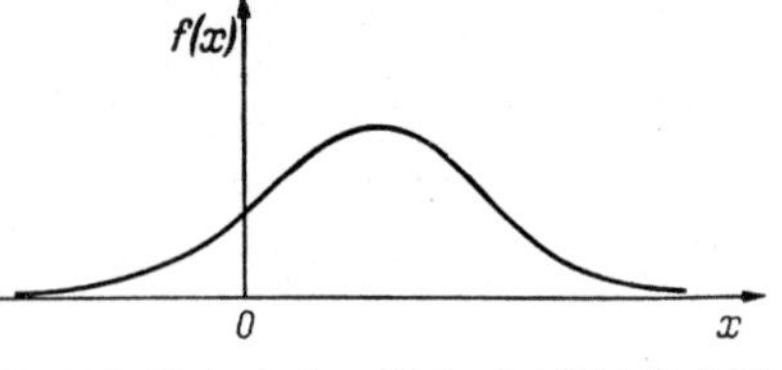

Abb. 15.2. Verlauf einer Wahrscheinlichkeitsdichte

Im *kontinuierlichen Falle* ist diese Gesamtmasse kontinuierlich über der X-Achse verteilt, wobei sich die besondere Form dieser Verteilung durch die örtliche *Dichte* der Wahrscheinlichkeitsmasse, die *Wahrscheinlichkeitsdichte* beschreiben läßt, Abb. **15.2**, die wir stets durch das Zeichen $f(x)$ — in Sonderfällen auch durch $\varphi(x)$ — angeben werden. Die in einem gewissen Teilintervall a, b der x-Achse gelegene Wahrscheinlichkeitsmasse ist also dann durch

$$\mathcal{P}(a \leqq X \leqq b) = \int_a^b f(x)\, dx \tag{11b}$$

[1] Es gibt auch Zwischenformen, von denen wir hier absehen.

wiederzugeben. Wieder ist die Gesamtmasse 1:

$$\int_{-\infty}^{\infty} f(x)\, d\, x = 1. \tag{12b}$$

Das Differential

$$d\, P = \mathcal{P}\,(x \leqq X \leqq x + d\, x) = f\,(x)\, d\, x \tag{13}$$

heißt auch Wahrscheinlichkeitselement. Es entspricht den Massen p_j des diskreten Falles.

Als besonders einfaches Beispiel einer diskreten Verteilung zeigt Abb. 15.3 die des Würfelversuches mit $p_j = 1/6$ für $x_j = j$. Interessanter ist Beispiel 3 aus § 15.1, das wir leicht abändern: $n = 4$-maliges Würfeln, $A_k = k$-maliges Auftreten der 5 oder 6. Es handelt sich um den sehr allgemeinen und für die Statistik recht bedeutsamen Fall eines Experimentes E (Werfen des Würfels) mit einem Ereignis A (Auftreten der 5 oder 6) von bekannter Wahrscheinlichkeit $\mathcal{P}(A) = p$ (hier $p = 1/3$). Das Experiment E wird n-mal unabhängig voneinander wiederholt. Gefragt wird nach der Wahrscheinlichkeit $\mathcal{P}(A_k) = p_k$ für das Ereignis $A_k = k$-maliges Auftreten von A $(0 \leqq k \leqq n)$. — Bezeichnen wir das Auftreten von A mit 1, das Nichtauftreten $\bar{A}$ mit 0, so lassen sich in unserem Falle $n = 4$ leicht die folgenden $2^n = 16$ Möglichkeiten auszählen:

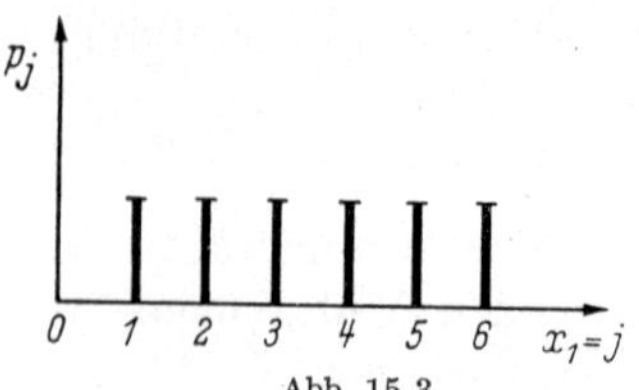

Abb. 15.3
Diskrete Verteilung des Würfelversuchs

$k = 0$	0	0	0	0	1
$k = 1$	1	0	0	0	$4 = \binom{4}{1}$
	0	1	0	0	
	0	0	1	0	
	0	0	0	1	
$k = 2$	1	1	0	0	$6 = \binom{4}{2}$
	1	0	1	0	
	1	0	0	1	
	0	1	1	0	
	0	1	0	1	
	0	0	1	1	
$k = 3$	1	1	1	0	$4 = \binom{4}{3}$
	1	1	0	1	
	1	0	1	1	
	0	1	1	1	
$k = 4$	1	1	1	1	1

A erscheint mit der Wahrscheinlichkeit p, $\bar{A}$ mit $1 - p = q$. Da die Ereignisse unabhängig sind, so wird die Wahrscheinlichkeit für k-mal A und $(n - k)$-mal $\bar{A}$ nach Gl. (10)

$$p^k q^{n-k} = p^k (1 - p)^{n-k}.$$

Das ist aber auf genau $\binom{n}{k}$ verschiedene Weisen möglich. Somit erhalten wir für die gesuchte Wahrscheinlichkeit für das Eintreten von A_k die wichtige Beziehung

$$\boxed{p_k = \binom{n}{k} p^k q^{n-k}}, \tag{14}$$

die sogenannte *Binomialverteilung*[1]. Für unser Beispiel $n = 4$, $p = 1/3$, $q = 2/3$ ergeben sich die Werte

$$\begin{array}{cccccc} k = & 0 & 1 & 2 & 3 & 4 \\ p_k = & \frac{16}{81} & \frac{32}{81} & \frac{24}{81} & \frac{8}{81} & \frac{1}{81} \end{array}$$

die in Abb. 15.4. über $X = k$ aufgetragen sind.

Eine überaus häufig auftretende, ja für weite Teile der Statistik überhaupt grundlegende kontinuierliche Verteilung ist die GAUSSsche *Normalverteilung*, deren normierte Dichte wir durchweg mit $\varphi(x)$ bezeichnen werden:

$$\boxed{\varphi(x) = \frac{1}{\sqrt{2\pi}} e^{-\frac{1}{2}x^2}}. \tag{15}$$

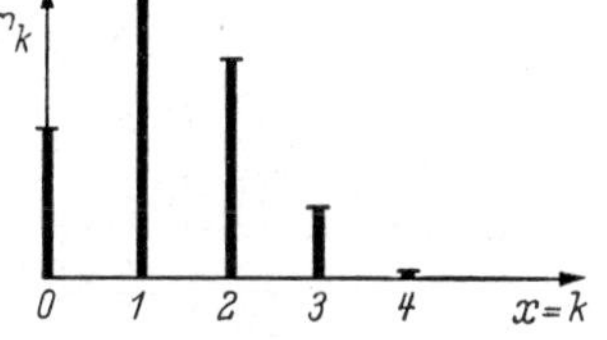

Abb. 15.4. Binomialverteilung für $n = 4$, $p = 1/3$

Sie beschreibt eine zu $x = 0$ symmetrisch gelegene und dort maximale Wahrscheinlichkeitsdichte, die noch in bestimmter Weise normiert ist. Der Faktor $1/\sqrt{2\pi}$ ist bedingt durch die Forderung der Gesamtmasse 1, indem das Integral

$$\int_{-\infty}^{\infty} e^{-\frac{1}{2}x^2} dx = \sqrt{2\pi}$$

ergibt. Der Maximalwert ist $\varphi(0) = 1/\sqrt{2\pi} = 0{,}399$, vgl. Abb. 15.7, S. 271. Weitere Einzelheiten in den folgenden Abschnitten und in § 16.3.

Das Experiment wird nach Wahl einer stochastischen Variablen durch seine Verteilung in Gestalt der Wahrscheinlichkeiten p_j bzw. der Wahrscheinlichkeitsdichte $f(x)$ vollständig beschrieben. Man spricht dann auch von einer vorliegenden *Grundgesamtheit* oder *Population*, aus der man sich das Experiment geschöpft denkt. Beim Würfelversuch stellt man sich darunter den beliebig oft unter gleichen Bedingungen

[1] p_k sind die Glieder des Binoms $(q + p)^n$.

wiederholbaren Versuch vor. Bei den weiteren in § 15.1 angeführten Beispielen ist es die als unendlich groß angenommene Menge gleichartig hergestellter Werkstücke, Stahlproben, Bolzen, beim Beispiel 7 (Körpergröße) ist es die als unendlich groß angesehene Bevölkerung gleicher Zusammensetzung (Population = Bevölkerung). In allen Fällen denken wir uns die Grundgesamtheit als unendlich groß, so groß jedenfalls, daß die Entnahme von Proben an ihrer Zusammensetzung nichts ändert (Unabhängigkeit der Wiederholung des Experimentes!). Die Verteilung kennzeichnet die Grundgesamtheit in allen Einzelheiten, die sich noch in verschiedener Weise aus der Verteilung entwickeln und sich insbesondere auch zahlenmäßig niederlegen lassen, wie sich bald zeigen wird.

15.5 Die Verteilungsfunktion

Mit der Verteilung ist die (kumulative) *Verteilungsfunktion* nach

$$\boxed{F(x) = \mathcal{P}(X \leqq x)} \tag{16}$$

definiert. Im diskreten Falle ist dies eine Treppenfunktion, nämlich

$$\boxed{F(x) = \sum_{x_j \leqq x} p_j} \tag{17a}$$

mit den Sprüngen p_j an den Stellen x_j, vgl. Abb. 15.5 für das Beispiel der Binomialverteilung von S. 269.

Im kontinuierlichen Falle ist

$$\boxed{F(x) = \int_{-\infty}^{x} f(t)\, dt} \tag{17b}$$

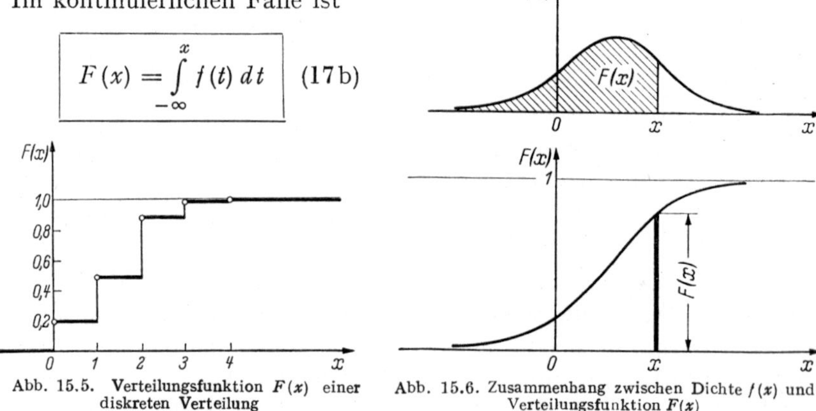

Abb. 15.5. Verteilungsfunktion $F(x)$ einer diskreten Verteilung

Abb. 15.6. Zusammenhang zwischen Dichte $f(x)$ und Verteilungsfunktion $F(x)$

eine monoton steigende (oder doch nicht fallende) stetige Funktion mit $F(-\infty) = 0$, $F(+\infty) = 1$ und mit

$$\boxed{F'(x) = f(x)}\,, \tag{18}$$

Abb. 15.6.

In jedem Falle ist die zwischen a und b gelegene Wahrscheinlichkeitsmasse

$$\boxed{\mathcal{P}(a < X \leqq b) = F(b) - F(a)}\,. \tag{19}$$

Dies folgt mit der Definition (16) aus

$$\begin{aligned} F(b) = \mathcal{P}(X \leqq b) &= \mathcal{P}(X \leqq a) + \mathcal{P}(a < X \leqq b) \\ &= F(a) + \mathcal{P}(a < X \leqq b)\,. \end{aligned}$$

Im kontinuierlichen Falle darf bei a auch das $\leqq$-Zeichen stehen vgl. (11b). Als Beispiel stetiger Verteilungsfunktion zeigt Abb. 15.7

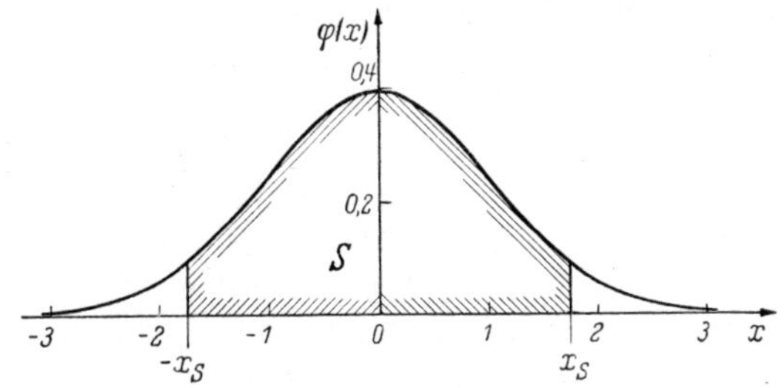

Abb. 15.7. Dichte $\varphi(x)$ der Normalverteilung mit Sicherheitsgrenzen $\pm x_S$

die Dichte $\varphi(x)$ der normierten Normalverteilung. Für $F(x)$ ist hier die Bezeichnung $\Phi(x)$ üblich:

$$\Phi(x) = \int_{-\infty}^{x} \varphi(t)\,dt = \frac{1}{\sqrt{2\pi}} \int_{-\infty}^{x} e^{-\frac{1}{2}t^2}\,dt\,. \tag{20}$$

Die Werte von $\varphi(x)$ und $\Phi(x)$ finden sich tabuliert, wovon wir einen kleinen Auszug angeben:

x	$\varphi(x)$	$\Phi(x)$	$S = 2\Phi - 1$
0	0,399	0,5000	0,0000
0,5	0,352	0,6915	0,3830
1,0	0,242	0,8413	0,6826
1,5	0,1295	0,9332	0,8664
2,0	0,0540	0,9772	0,9544
2,5	0,0175	0,9938	0,9876
3,0	0,0044	0,9987	0,9973

$S\,\%$	$x = x_S$
50	0,675
90	1,645
95	1,960
99	2,576
99,8	3,090
99,9	3,291

Außer der Verteilungsfunktion $\Phi(x) = \mathcal{P}(X \leqq x)$ interessiert bei der Normalverteilung häufiger noch die Größe

$$S(x) = \int_{-x}^{x} \varphi(t)\,dt = \mathcal{P}(-x \leqq X \leqq x)\,, \tag{21}$$

die sogenannte *statistische Sicherheit*, d. i. die Wahrscheinlichkeitsmasse zwischen den symmetrisch gelegenen Punkten $-x$ und $+x$

(Abb. 15.7), die mit $\Phi(x)$ zusammenhängt nach

$$\boxed{S(x) = 2\,\Phi(x) - 1}, \tag{22}$$

und die sich auch wohl anstatt $\Phi(x)$, und zwar oft unter der gleichen Bezeichnung $\Phi(x)$ tabuliert findet, worauf man gegebenenfalls zu achten hat. Vielfach gibt man dann umgekehrt die Werte $x = x_S$ in Abhängigkeit von S an und nennt sie *Fraktilen* oder auch *Sicherheitsgrenzen*, vgl. die Tabelle S. 271 rechts. Ihr entnimmt man z. B.: Zwischen den Werten $x = \pm 1{,}960$ liegt $S = 0{,}95$ der Wahrscheinlichkeitsmasse, anders ausgedrückt: die Beobachtungen x einer normal verteilten Grundgesamtheit fallen mit 95% statistischer Sicherheit zwischen die Grenzen $\pm 1{,}960$, auf Mittelwert 0 und Streuung 1 bezogen.

Interessiert man sich bei einem Experiment für zwei gleichzeitig eintretende Ereignisse A, B, deren Merkmale dann durch zwei stochastische Variable X und Y beschrieben werden, so gelangt man zur zweidimensionalen Verteilung mit der Verteilungsfunktion

$$\boxed{F(x, y) = \mathcal{P}(X \leqq x,\ Y \leqq y)}. \tag{23}$$

Im kontinuierlichen Falle gehört dazu die Dichte $f(x, y)$, welche die Verteilung der Wahrscheinlichkeitsmasse über der $x\,y$-Ebene beschreibt und für die gilt:

$$\iint\limits_{-\infty}^{\infty} f(x, y)\, dx\, dy = 1, \qquad F(x, y) = \int\limits_{-\infty}^{x} \int\limits_{-\infty}^{y} f(\xi, \eta)\, d\xi\, d\eta. \tag{24}$$

Sind nun A und B *stochastisch unabhängig*, d. h. sind die Ereignisse $(X \leqq x)$ und $(Y \leqq y)$ stochastisch unabhängig, so heißen auch die Variablen X und Y unabhängig, und dafür gilt wegen (10)

$$F(x, y) = \mathcal{P}(X \leqq x,\ Y \leqq y) = \mathcal{P}(X \leqq x)\,\mathcal{P}(Y \leqq y).$$

Die Verteilungsfunktion zerfällt also in ein *Produkt*, und das gleiche gilt für den kontinuierlichen Fall für ihre Dichte:

$$\boxed{F(x, y) = F_1(x)\, F_2(y)}, \quad \text{falls } X,\ Y \text{ unabhängig}, \tag{25}$$

$$\boxed{f(x, y) = f_1(x)\, f_2(y)}, \quad \text{falls } X,\ Y \text{ unabhängig}. \tag{26}$$

Die Verteilungen $F_1(x)$, $F_2(y)$ heißen die Randverteilungen.

15.6 Mittelwert und Streuung

Aus der Verteilung der Grundgesamtheit lassen sich gewisse einfache Zahlenwerte herleiten, sogenannte *Parameter* der Grundgesamtheit, die zur kurzen Kennzeichnung der Grundgesamtheit dienen. Die wichtigsten Verteilungsparameter sind Mittelwert und Streuung der Grundgesamtheit.

Der *Mittelwert* μ stellt die Schwerpunktskoordinate der Wahrscheinlichkeitsmasse dar. Man nennt ihn auch (in einer allgemeineren Ausdrucksweise) den *Erwartungswert* oder kurz die *Erwartung* der Zufallsvariablen X, wofür der Buchstabe E (expectation, espérance) gebräuchlich ist, den wir in der Form $\mathcal{E}$ verwenden werden: $\mu = \mathcal{E}X$. Je nach diskreter oder kontinuierlicher Verteilung ist dann

$$\text{diskret:} \quad \boxed{\mu = \mathcal{E}X = \sum x_i p_i} \tag{27a}$$

$$\text{kontinuierlich:} \quad \boxed{\mu = \mathcal{E}X = \int_{-\infty}^{\infty} x f(x)\, dx} \,. \tag{27b}$$

Als gemeinsame Bezeichnung für beide Fälle verwendet man dann auch[1]

$$\boxed{\mu = \mathcal{E}X = \int x\, dF(x)} \,, \tag{27}$$

was im konkreten Falle in eine der beiden Formeln (27a) oder (27b) zu übersetzen ist.

Der Erwartungswert wird verallgemeinert auf eine beliebige Funktion $g(x)$ der Variablen x in der Form

$$\boxed{\mathcal{E}g(X) = \int g(x)\, dF(x)} \,, \tag{28}$$

was wieder entweder als Summe über die Werte $g(x_i)\, p_i$ oder als Integral über $g(x)\, f(x)$, genommen über den gesamten x-Bereich $-\infty$ bis $+\infty$ zu verstehen ist. Daraus erhält man insbesondere für $g(x) = a$, $a\,x$ und $a\,x + b$ mit beliebigen Konstanten a, b:

$$\mathcal{E}a = a \tag{29a}$$

$$\mathcal{E}aX = a\,\mathcal{E}X = a\mu \,. \tag{29b}$$

$$\mathcal{E}(aX + b) = a\mu + b \tag{29c}$$

Für $g(x) = x^\nu$, $\nu = 1, 2, \ldots$ ergeben sich die sogenannten *Momente* $\alpha_\nu = \mathcal{E}X^\nu$ der Verteilung; dabei ist insbesondere $\alpha_0 = 1$, $\alpha_1 = \mu$.

[1] Im diskreten Falle ist das Integral als sogenanntes STIELTJES-Integral aufzufassen.

Außer dem Mittelwert μ als Maß für die *Lage* einer Verteilung wird ein weiteres Maß für die Breitenausdehnung, die *Streuung* der Verteilung benötigt. Unter mehreren Streuungsmaßen wird vorwiegend die Summe der Abweichungsquadrate vom Mittelwert, die sogenannte *Varianz* der Verteilung benutzt, die man mit σ^2 bezeichnet. Allgemein verwenden wir für die Varianz einer Größe das Zeichen D^2 (D = dispersion). Die Varianz der Variablen X wird dann definiert durch

$$\boxed{\sigma^2 = \mathrm{D}^2 X = \mathcal{E}(X-\mu)^2}\,, \tag{30}$$

was zufolge der allgemeinen Erwartungsdefinition (28) bedeutet:

$$\boxed{\mathrm{D}^2 X = \int (x-\mu)^2\, dF(x)}\,. \tag{31}$$

Je nach dem diskreten oder kontinuierlichen Charakter der Verteilung ist das:

$$\text{diskret:}\quad \sigma^2 = \mathrm{D}^2 X = \sum (x_i-\mu)^2 p_i \tag{31a}$$

$$\text{kontinuierlich:}\quad \sigma^2 = \mathrm{D}^2 X = \int_{-\infty}^{\infty} (x-\mu)^2 f(x)\, dx\,. \tag{31b}$$

Die Benennungen sind z. Z. nicht einheitlich. Wir wählen

Varianz oder *Streuungsquadrat* für σ^2,
mittlere Abweichung oder *Streuung* für σ,

wobei σ als positive Quadratwurzel aus $\mathrm{D}^2 X$ definiert wird; auch die wörtliche Übersetzung der englischen Bezeichnung „standard deviation" für σ durch „Standard-Abweichung" ist gebräuchlich.

Allgemein definiert man die Varianz einer Funktion $g(x)$ der stochastischen Variablen durch

$$\boxed{\mathrm{D}^2 g(X) = \mathcal{E}(g(X) - \mathcal{E}\, g(X))^2}\,. \tag{32}$$

Insbesondere erhalten wir für $g(x) = a\,x + b$ unter Berücksichtigung von $\mathcal{E}(a\,X + b) = a\,\mu + b$, also

$$\mathrm{D}^2(a\,X+b) = \mathcal{E}(a\,X + b - a\,\mu - b)^2 = \mathcal{E}\, a^2 (X-\mu)^2$$

die wichtige Beziehung

$$\boxed{\mathrm{D}^2(a\,X+b) = a^2\,\mathrm{D}^2 X = a^2\sigma^2}\,, \tag{33}$$

wofür man kürzer auch wohl

$$\sigma^2_{a\,x+b} = a^2\sigma^2 \tag{33a}$$

schreibt. Eine Mittelpunktsverschiebung b ist auf die Varianz σ^2 der Variablen X ohne Einfluß, ein Maßstabsfaktor a dagegen geht quadratisch ein.

Bei einer Variablen X mit $\mathcal{E}\, X = \mu$ und $\mathrm{D}^2 X = \sigma^2$ ist es oft nützlich, auf die *normierte* = *standardisierte* Variable

$$\boxed{U = \frac{X - \mu}{\sigma}} \tag{34}$$

überzugehen, die sich durch Mittelwert **0** und Streuung **1** auszeichnet:

$$\boxed{\mathcal{E}\, U = 0, \qquad \mathrm{D}^2 U = 1}. \tag{35}$$

Umgekehrt ist $X = \mu + U\sigma$; die Variable U mißt die Abweichung der Variablen X von ihrem Mittelwert in Vielfachen der Streuung σ. Hat nun X die Dichte $f(x)$, so findet man die Dichte $\bar{f}(u)$ der normierten Variablen U aus der Überlegung, daß die Wahrscheinlichkeitselemente, also die zwischen den Werten x, $x + dx$ einerseits und u, $u + du$ andererseits gelegenen Wahrscheinlichkeitsmassen einander gleich sind: $dP = f(x)\,dx = \bar{f}(u)\,du$. Daraus folgt sogleich mit $dx = \sigma\,du$:

$$\boxed{\bar{f}(u) = \sigma\, f(x)} \tag{36}$$

als wichtige Umrechnungsregel der Dichten.

Es sei nun $\varphi(u)$ die nach (15) definierte Dichte der Normalverteilung. Aus der Symmetrie dieser Verteilung folgt dann sogleich $\mathcal{E}\, U = 0$. Für die Streuung ergibt sich dann mittels Teilintegration unter Berücksichtigung des Integrals $\int \varphi(u)\, du = 1$:

$$\mathrm{D}^2 U = \int u^2 \varphi(u)\, du = 1 .$$

Die Normalverteilung mit der Dichte $\varphi(u)$ bezieht sich somit auf eine standardisierte Variable; man sagt, U sei *normal* $N(0,1)$-*verteilt*. Hängt nun U mit X nach (34) zusammen, so erhält man mit (36) als Dichte der Variablen X mit Mittelwert μ und Streuung σ:

$$\boxed{f(x) = \frac{1}{\sigma}\,\varphi(u) = \frac{1}{\sigma\sqrt{2\pi}}\, e^{-\frac{1}{2}\left(\frac{x-\mu}{\sigma}\right)^2}}. \tag{37}$$

Auch diese Verteilung wird als *normal* bezeichnet, jedoch als *normal* $N(\mu, \sigma)$. Zum Unterschied davon wird die $N(0, 1)$-Verteilung der Dichte $\varphi(u)$ auch *normierte Normalverteilung* genannt.

15.7 Mittelwert und Streuung mehrerer Variabler

Es seien X und Y zwei Variable eines Experimentes, dessen Ausfall also durch zwei zufallsbedingte Zahlen X und Y beschrieben wird. Ihre Verteilung sei $F(x, y)$, und wir nehmen einfachheitshalber kontinuierliche Verteilung an mit der Dichte $f(x, y)$. Ist $g(x, y)$ eine beliebige Funktion zweier Veränderlicher, so ist ihre Erwartung definiert durch

$$\mathcal{E}\, g(X, Y) = \int g(x, y)\, dF(x, y) = \iint_{-\infty}^{\infty} g(x, y)\, f(x, y)\, dx\, dy.$$

Indem wir die Funktion $g(x, y)$ nun in geeigneter Weise spezialisieren, erhalten wir eine Reihe grundlegender Beziehungen für Mittelwert und Streuung.

A. Mittelwert

1. $g(x, y) = x \pm y$:

$$\mathcal{E}(X \pm Y) = \int (x \pm y)\, dF(x, y) = \int x\, dF(x, y) \pm \int y\, dF(x, y),$$

$$\boxed{\mathcal{E}(X \pm Y) = \mathcal{E}X \pm \mathcal{E}Y} \tag{38}$$

kürzer:

$$\boxed{\mu_{x \pm y} = \mu_x \pm \mu_y}. \tag{38a}$$

Der Mittelwert einer Summe ist in jedem Falle gleich der Summe der Mittelwerte.

2. $g(x, y) = g(x)\, h(x)$:

$$\mathcal{E}\, g(X)\, h(Y) = \iint g(x)\, h(y)\, f(x, y)\, dx\, dy.$$

Sind nun die beiden Variablen X, Y *stochastisch unabhängig*, so zerfällt die Dichte in ein Produkt, $f(x, y) = f_1(x) \cdot f_2(y)$. Damit aber zerfällt das Doppelintegral in das Produkt zweier einfacher Integrale (feste Grenzen $-\infty$, $+\infty$!), und man erhält unter dieser Voraussetzung:

$$\boxed{\mathcal{E}\, g(X)\, h(Y) = \mathcal{E}\, g(X)\, \mathcal{E}\, h(Y)}. \tag{39}$$

Der Mittelwert eines Produktes ist gleich dem Produkt der Mittelwerte, sofern die beiden Variablen *stochastisch unabhängig* sind.

B. Streuung

Gesucht ist die Varianz der Summe $X + Y$ zweier Variabler:

$$D^2(X + Y) = \mathcal{E}\big(X + Y - \mathcal{E}(X + Y)\big)^2 = \mathcal{E}(X - \mu_x + Y - \mu_y)^2$$

$$= \mathcal{E}(X - \mu_x)^2 + \mathcal{E}(Y - \mu_y)^2 + 2\mathcal{E}(X - \mu_x)(Y - \mu_y)$$

$$D^2(X + Y) = D^2 X + D^2 Y + 2\mathcal{E}(X - \mu_x)(Y - \mu_y). \tag{40}$$

Sind nun wiederum die beiden Variablen *stochastisch unabhängig*, so wird das letzte Glied dieser Gleichung gleich dem Produkt der beiden Erwartungen $\mathcal{E}(X - \mu_x)$ und $\mathcal{E}(Y - \mu_y)$, welche beide Null sind. In diesem Falle vereinfacht sich also (40) sowie auch die entsprechende Gleichung für $X - Y$ zu

$$\boxed{\mathrm{D}^2(X \pm Y) = \mathrm{D}^2 X + \mathrm{D}^2 Y} \tag{41}$$

oder kürzer

$$\boxed{\sigma_{x \pm y}^2 = \sigma_x^2 + \sigma_y^2}\,. \tag{41a}$$

Die Varianz der Summe oder Differenz zweier *stochastisch unabhängiger* Variabler X und Y ist gleich der Summe der Varianzen.

§ 16 Die Stichprobe

16.1 Stichprobenmittel und Stichprobenstreuung

Aus einer statistisch verteilten Grundgesamtheit, etwa einer Stahlproduktion, bei der man sich für ein gewisses, durch die stochastische Veränderliche X gekennzeichnetes Merkmal interessiert (z. B. die Zerreißfestigkeit), entnimmt man in der Regel nicht eine einzige Probe, sondern n Proben unabhängig voneinander und nach dem Zufall, eine sogenannte *Stichprobe* vom Umfange n. Für die Variable X ergeben sich dabei n Werte $x_1, \ldots, x_n$, aus denen man nun weitere Schlüsse bezüglich der Verteilung der Grundgesamtheit, insbesondere hinsichtlich deren Mittelwert μ und Streuung σ zu ziehen sucht. Dazu dienen vor allem zwei Zahlenwerte, das *Stichprobenmittel* $\bar{x}$ (sample mean) und die *Stichprobenstreuung* s^2 (sample variance), die folgendermaßen definiert sind:

$$\boxed{\bar{x} = \frac{1}{n}(x_1 + x_2 + \cdots + x_n) = \frac{1}{n}\sum x_i} \tag{1}$$

$$\boxed{s^2 = \frac{1}{n-1}\sum (x_i - \bar{x})^2}\,. \tag{2}$$

Das Stichprobenmittel $\bar{x}$ ist einfach das arithmetische Mittel der Probenausfälle, die Stichprobenstreuung s^2 ein quadratisches Mittel der Abweichungen vom Mittelwert $\bar{x}$, wobei der Nenner $n - 1$ an Stelle von n noch besonderer Begründung bedarf[1]. Beide Werte sind in naheliegender Weise als Näherungswerte, als sogenannte *Schätzwerte*

[1] Manche Autoren definieren als Stichprobenstreuung die mit Nenner n gebildete Größe, z. B. CRAMÉR, FISZ; siehe Gl. (8) auf S. 279.

(estimates) der — in der Regel ja unbekannten — Populationsparameter μ und σ^2 anzusehen[1].

Nun sind diese Zahlenwerte $\bar{x}$ und s^2 ja von dem jeweiligen Ausfall $x_1, \ldots, x_n$ der Stichprobe abhängig und sind somit selbst wieder Zufallsvariable, die wir als solche dann auch mit großen Buchstaben $\bar{X}$ und S^2 kennzeichnen wollen. Sie haben somit selbst wieder eine *Verteilung*, die natürlich von der Verteilung der Grundgesamtheit, d. h. also der Variablen X abhängen wird, und sie haben ihrerseits Mittelwert und Streuung $\mathcal{E}\,\bar{X}$, $D^2\,\bar{X}$, $\mathcal{E}\,S^2$, $D^2\,S^2$. Das bedeutet: bei immer wiederholter Stichprobe von gleichem Umfange n gruppieren sich die jedesmal neu ermittelten Werte $\bar{x}$ und s^2 mit bestimmter Streuung um ihre Mittelwerte. Dies soll zunächst untersucht werden.

Wir bezeichnen dazu auch die der i-ten Probe entsprechende Variable mit X_i, wobei erstens wegen der Unabhängigkeit der Probenentnahme die X_i stochastisch unabhängig sind und zweitens alle die gleiche Verteilung wie X aufweisen, insbesondere also

$$\mathcal{E}\,X_i = \mathcal{E}\,X = \mu\,, \tag{3}$$

$$D^2\,X_i = D^2\,X = \sigma^2\,. \tag{4}$$

Mit den in § 15.6 und 15.7 abgeleiteten allgemeinen Beziehungen erhalten wir dann für den Mittelwert $\bar{x}$ aus der Definitionsgleichung (1):

$$\mathcal{E}\,\bar{X} = \frac{1}{n}\,\mathcal{E}\sum X_i = \frac{1}{n}\sum \mathcal{E}\,X_i = \frac{1}{n}\,n\,\mathcal{E}\,X = \mu\,,$$

$$\boxed{\mathcal{E}\,\bar{X} = \mu}\,. \tag{5}$$

Für die Varianz von $\bar{X}$ ergibt sich ebenso, unter Berücksichtigung der Unabhängigkeit der X_i:

$$D^2\,\bar{X} = \frac{1}{n^2}\,D^2\sum X_i = \frac{1}{n^2}\sum D^2\,X_i = \frac{1}{n^2}\,n\,D^2\,X\,,$$

$$\boxed{D^2\,\bar{X} = \frac{1}{n}\,D^2\,X = \frac{1}{n}\,\sigma^2} \tag{6}$$

---

[1] Es hat sich vielfach die Regel herausgebildet, Populationsparameter durch griechische Buchstaben (μ, σ), die zugehörigen aus einer Stichprobe ermittelten Schätzwerte durch die entsprechenden lateinischen Buchstaben (m, s) zu kennzeichnen. Für das Stichprobenmittel ist indessen allgemein das Zeichen $\bar{x}$ in Gebrauch, was auch wir verwenden, zumal man m noch des öfteren für μ findet. Die Populationsparameter werden auch wohl als die theoretischen, die entsprechenden Schätzwerte als die empirischen Größen (Mittelwert, Streuung usw.) bezeichnet.

oder kurz

$$\boxed{\begin{aligned} \sigma_{\bar{x}}^2 &= \frac{\sigma^2}{n} \\ \sigma_{\bar{x}} &= \frac{\sigma}{\sqrt{n}} \end{aligned}}\,. \tag{6a}$$

Die beiden Gln. (5) und (6) besagen, daß bei einer vielfachen Wiederholung des Experimentes E_n, d. h. der Stichprobe vom Umfange n, sich die Stichprobenmittel $\bar{x}$ um das Populationsmittel μ mit einer Streuung gruppieren, die $1/n$ der Streuung σ^2 von X beträgt. Durch Vergrößern des Probenumfanges n läßt sich also diese Streuung von $\bar{x}$ entsprechend herabdrücken. Es ist bemerkenswert, daß diese einfachen Beziehungen ganz unabhängig von der besonderen Art der Verteilung von X gelten.

Für die Stichprobenstreuung s^2 ist nur noch der Mittelwert $\mathcal{E}\, S^2$ auf ähnlich einfache Weise ermittelbar. Wir formen zuvor etwas um:

$$\begin{aligned} (n-1)\, s^2 &= \sum (x_i - \bar{x})^2 = \sum \left((x_i - \mu) - (\bar{x} - \mu)\right)^2 \\ &= \sum (x_i - \mu)^2 - 2(\bar{x} - \mu) \sum (x_i - \mu) + n(\bar{x} - \mu)^2 . \end{aligned}$$

Nun ist

$$\sum (x_i - \mu) = \sum x_i - n\,\mu = n(\bar{x} - \mu),$$

womit

$$s^2 = \frac{1}{n-1} \left[\sum (x_i - \mu)^2 - n(\bar{x} - \mu)^2\right].$$

Dafür bilden wir die Erwartung:

$$\begin{aligned} \mathcal{E}\, S^2 &= \frac{1}{n-1} \left[\mathcal{E} \sum (X_i - \mu)^2 - n\, \mathcal{E}(\bar{X} - \mu)^2\right] \\ &= \frac{n}{n-1} \left[\mathcal{E}(X - \mu)^2 - \mathcal{E}(\bar{X} - \mu)^2\right] \\ &= \frac{n}{n-1} (\mathrm{D}^2 X - \mathrm{D}^2 \bar{X}) = \frac{n}{n-1} \left(\sigma^2 - \frac{\sigma^2}{n}\right) = \sigma^2 . \end{aligned}$$

Es ist somit

$$\boxed{\mathcal{E}\, S^2 = \sigma^2}\,. \tag{7}$$

Auch die Stichprobenstreuung s^2 hat also als Mittelwert den entsprechenden Populationsparameter σ^2, genauso wie das Stichprobenmittel $\bar{x}$ den Mittelwert μ aufweist. Dieses erwünschte Ergebnis ist hier nun offenbar gerade der Wahl des Nenners $n - 1$ zuzuschreiben. Die zunächst naheliegende Streugröße

$$\hat{s}^2 = \frac{1}{n} \sum (x_i - \bar{x}) = \frac{n-1}{n}\, s^2 \tag{8}$$

würde als Mittelwert

$$\mathcal{E}\, \hat{S}^2 = \frac{n-1}{n}\, \sigma^2$$

aufweisen. Man sagt hier, die Streuung s^2 sei *erwartungstreu* oder ***unschief*** (unbiased), während demgegenüber $\hat{s}^2$ eine Schiefe (einen bias) zeigt. Nun ist zwar die Eigenschaft der Erwartungstreue eines Schätzwertes nicht so wesentlich, wie es auf den ersten Blick aussieht. Wesentlich ist allein, daß der Mittelwert des Schätzwertes für $n \to \infty$ gegen den entsprechenden Populationsparameter und die Streuung des Schätzwertes gegen Null streben; man sagt dann, der Schätzwert ist *konsistent*. Das ist bei den beiden angeführten Schätzwerten s^2 und $\hat{s}^2$ tatsächlich der Fall, wozu noch gezeigt werden müßte, was hier nicht geschehen soll, daß $D^2 S^2 \to 0$ geht mit $n \to \infty$. Doch besitzt die Wahl von s^2 gegenüber $\hat{s}^2$ einige weitere Vorzüge, und die Wahl des Nenners $n - 1$ läßt sich auch sonst noch begründen, weshalb wir hier die Größe s^2 nach (2) vorziehen. Ein wichtiger Grund ist der, daß in der Summe $\sum (x_i - \bar{x})^2$ die Summanden wegen der Bindung, die zwischen $\bar{x}$ und den x_i in Form von (1) besteht, nicht unabhängig sind; vielmehr läßt sich der Ausdruck auf eine Summe von nur $n - 1$ unabhängigen Quadraten zurückführen. Diese Zahl $n - 1$ wird dann der *Freiheitsgrad* genannt, ein Begriff, der uns noch vielfach begegnen wird. — Es sei noch ausdrücklich bemerkt, daß die Größe s selbst im Gegensatz zu s^2 *nicht* mehr erwartungstreu ist, also $\mathcal{E}\, s \neq \sigma$. Der Mittelwert eines Quadrates ist ja nicht gleich dem Quadrat des Mittels.

Sofern das Populationsmittel μ bekannt ist, was gelegentlich vorkommt, wird man die Größe

$$\boxed{s_0^2 = \frac{1}{n} \sum (x_i - \mu)^2} \tag{9}$$

an Stelle von s^2 als Schätzwert für σ^2 verwenden. Auch dieser Wert ist wie s^2 erwartungstreu, $\mathcal{E}\, S_0^2 = \sigma^2$.

Mit den Stichprobenwerten $\bar{x}$ und s^2 läßt sich das Ergebnis der Stichprobe in einer kurzen Zahlenangabe zusammenfassen, und zwar je nachdem man sich für den Streubereich der Größe X selbst oder für die mutmaßliche Lage des Populationsmittels μ interessiert, durch

$$\boxed{x = \bar{x} \pm s} \tag{10}$$

oder

$$\boxed{x = \bar{x} \pm \frac{s}{\sqrt{n}}}\,. \tag{11}$$

Was diese Angaben im einzelnen zu bedeuten haben, wird sich noch zeigen, vgl. § 17.1 und 17.2.

16.2 Praktische Berechnung von $\bar{x}$ und s^2

Für die Zahlenrechnung ist es vielfach angenehmer, an Stelle von $\bar{x}_i$ zunächst von einem runden Annäherungswert a auszugehen und die x durch die kleinen Abweichungen

$$z_i = x_i - a \tag{12}$$

zu ersetzen. Damit wird dann

$$\boxed{\bar{x} = a + \bar{z} = a + \frac{1}{n}\sum z_i}\,. \tag{13}$$

Zur Streuungsberechnung formt man Gl. (2) zweckmäßig um. Aus

$$(n-1)\,s^2 = \sum (x_i - \bar{x})^2 = \sum x_i^2 - 2\,\bar{x}\sum x_i + n\,\bar{x}^2$$

wird wegen $\sum x_i = n\,\bar{x}$

$$\boxed{(n-1)\,s^2 = \sum x_i^2 - n\,\bar{x}^2 = \sum x_i^2 - \bar{x}\sum x_i}\,. \tag{14}$$

Da aber die Streuung von einer Mittelpunktsverschiebung unabhängig ist, so gilt die gleiche Beziehung auch für die Abweichungen z_i:

$$\boxed{(n-1)\,s^2 = \sum z_i^2 - n\bar{z}^2 = \sum z_i^2 - \bar{z}\sum z_i}\,. \tag{14a}$$

In den beiden Formeln wird das erste Glied auch wohl als *rohe Quadratsumme*, das Abzugsglied als *Korrektur* bezeichnet. Die Korrektur in (14a) wird Null für $a = \bar{x}$, also $\bar{z} = 0$.

1. Beispiel: Für eine Größe x liegen $n = 6$ Messungen vor.

$\Sigma z_i = 3 \cdot 10^{-3}$, $\bar{z} = 0{,}5 \cdot 10^{-3}$
$\bar{x} = 0{,}8405$

$5 \cdot s^2 = (79 - 0{,}5 \cdot 3) \cdot 10^{-6} = 77{,}5 \cdot 10^{-6}$
$s^2 = 15{,}5 \cdot 10^{-6}$
$s = 3{,}94 \cdot 10^{-3}$, $s/\sqrt{n} = 1{,}61 \cdot 10^{-3}$

x_i	z_i	z_i^2
0,842	2	4
846	6	36
835	−5	25
839	−1	1
843	3	9
0,838	−2	4
$a = 0{,}840$	+3	79

Ergebnis der Messung: $x = 0{,}8405 \pm 0{,}0016$

Ausdeutung dieser Angabe vgl. § 17.2, S. 289.

Bei umfangreicheren Proben diskreter Variabler kommt jeder der — sagen wir k — möglichen Ausfälle x_j in der Regel mehrfach mit einer Häufigkeit f_j vor, wobei die Summe dieser f_j den Probenumfang n bildet. Dann rechnet man (Summation über j von 1 bis k) in der Form

$$\boxed{\bar{x} = \frac{1}{n}\sum x_j f_j} \quad \text{bzw.} \quad \boxed{\bar{z} = \frac{1}{n}\sum z_j f_j} \tag{15}$$

und

$$\boxed{\begin{aligned}(n-1)\,s^2 &= \sum x_j^2 f_j - n\,\bar{x}^2 = \sum x_j^2 f_j - \bar{x}\sum x_j f_j \\ &= \sum z_j^2 f_j - n\,\bar{z}^2 = \sum z_j^2 f_j - \bar{z}\sum z_j f_j\end{aligned}}\,. \tag{16}$$

2. Beispiel[1]**:** In insgesamt 178 Samenhülsen einer bestimmten Indigosorte werden folgende Körnerzahlen festgestellt:

$x_j =$ 3 4 5 6 7 8 9 10 11 Körner

in $f_j =$ 1 2 8 13 22 45 63 23 1 Hülsen.

	x_j	f_j	$z_j = x_j - a$	$f_j z_j$	$f_j z_j^2$
	3	1	−5	− 5	25
	4	2	−4	− 8	32
	5	8	−3	−24	72
	6	13	−2	−26	52
	7	22	−1	−22	22
$a =$	8	45	0	−85	—
	9	63	1	63	63
	10	23	2	46	92
	11	1	3	3	9
	$n = 178$		—	+112	367
				+ 27	

$$\bar{z} = \bar{x} - a = \frac{+27}{178} = 0{,}152\,, \quad \bar{x} = 8{,}152\,,$$

$$s^2 = \frac{1}{177}\,(367 - 0{,}152\cdot 27) = \frac{362{,}9}{177} = 2{,}050\,,$$

$$s = \pm 1{,}43\,.$$

Im Falle kontinuierlicher Verteilung (aber auch wohl bei diskreter bei großer Anzahl von Beobachtungen x_i) teilt man den fraglichen x-Bereich in k *Klassen* einer bestimmten Breite h ein, die so gewählt wird, daß in jede Klasse — abgesehen von den Enden der Verteilung — eine genügende Anzahl von Einzelbeobachtungen (etwa $f_j \geqq 5$) hineinfällt. Dabei hat sich eine Klassenzahl von 10 bis höchstens 20 bewährt. Alle in eine Klasse der Nummer j fallenden Einzelbeobachtungen x_i — es seien f_j — ersetzt man dann durch den Wert x_j der *Klassenmitte*, womit dieser Wert x_j mit der Häufigkeit f_j auftritt. Nach Einführen eines angenäherten Mittelwertes a transformiert man auf eine Klassennummer z_j nach

$$x_j - a = h\,z_j\,.$$

[1] Aus H. Gebelein: Zahl und Wirklichkeit. S. 4. Leipzig 1943.

Damit rechnet man wieder (Summation über die Klassennummern j bzw. z_j) nach

$$\bar{x} = a + h\bar{z} \quad \text{mit} \quad \bar{z} = \frac{1}{n}\sum f_j z_j \tag{17}$$

$$(n-1)\,s^2 = h^2\left[\sum z_j^2 f_j - \bar{z}\sum z_j f_j\right] \tag{18}$$

Indem man die Einzelbeobachtungen x_i durch die Klassenmitten x_j ersetzt, begeht man einen „Gruppierungsfehler", insbesondere bei Bilden von s^2, der jedoch in der Regel in Kauf genommen werden darf[1]. — Eine stets erwünschte Rechenkontrolle läßt sich in der Weise einbauen, daß man die Rechnung für zwei Näherungswerte a_1 und a_2 durchführt, vgl. das folgende Beispiel.

Einen guten Überblick über die Form der Verteilung vermittelt eine unter dem Namen *Histogramm* (ἵστημι = stellen) bekannte graphische Darstellung, bei der die Häufigkeiten f_j oder f_j/n über den Klassenmitten x_j in Form aneinandergesetzter Rechtecke aufgetragen werden nach Art von Abb. 16.1. Sie läßt sich als Näherung der Wahrscheinlichkeitsdichte $f(x)$ auffassen und erlaubt so einen ersten Vergleich mit bekannten Verteilungsformen, etwa der Normalverteilung.

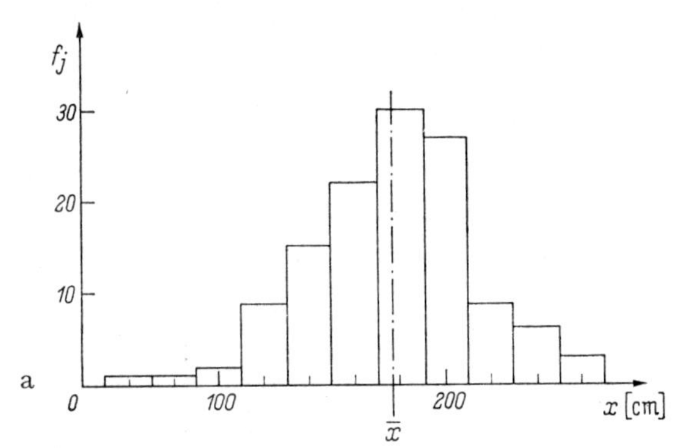

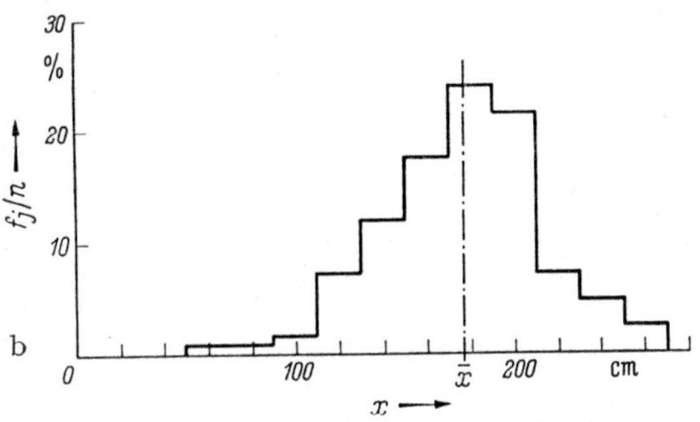

Abb. 16.1a, b. Histogramm zum Beispiel der Baumhöhen

3. Beispiel[2]**:** Die Höhe neunjähriger Kiefern wurde an $n = 125$ Bäumen gemessen. Es kommen Höhen von 61 bis 270 cm vor. Dieser Bereich von 50 bis 270 cm wird in 11 Klassen je 20 cm Spannweite eingeteilt ($h = 20$ cm). Alles Weitere findet sich in der Tabelle.

---

[1] Er kann ausgeglichen werden durch die sogenannte SHEPPARD-Korrektur $s_{\text{korr}}^2 = s^2 - h^2/12$, deren Nutzen indessen umstritten ist.

[2] Aus H. GEBELEIN: Zahl und Wirklichkeit. S. 19. Leipzig 1943.

x_j^{cm}	f_j	$a_1 = 180$ z_j	$z_j f_j$	$z_j^2 f_j$	$a_2 = 160$ z_j	$z_j f_j$	$z_j^2 f_j$	Σf_j	$\Phi_j = \Sigma f_j/n\,\%$	$u(\Phi_j)$
60	1	−6	−6	36	−5	−5	25	1	0,8	−2,41
80	1	−5	−5	25	−4	−4	16	2	1,6	−2,15
100	2	−4	−8	32	−3	−6	18	4	3,2	−1,86
120	9	−3	−27	81	−2	−18	36	13	10,4	−1,26
140	15	−2	−30	60	−1	−15	15	28	22,4	−0,76
160	22	−1	−22	22	0	−48	0	50	40,0	−0,25
180	30	0	−98	0	1	30	30	80	64,0	0,30
200	27	1	27	27	2	54	108	107	85,6	1,04
220	9	2	18	36	3	27	81	116	92,8	1,46
240	6	3	18	54	4	24	96	122	97,6	1,98
260	3	4	12	48	5	15	75	125	100,0	∞
$n = 125$			+75 / −23	421		150 / 102	500	Die drei letzten Spalten beziehen sich auf Abschnitt 16.3.		
		$\bar{z} = -\frac{23}{125} = -0{,}184$			$\bar{z} = +\frac{102}{125} = +0{,}816$					

$$\bar{x} = 180 - 20 \cdot 0{,}184 = 160 + 20 \cdot 0{,}816 = \underline{176{,}32 \text{ cm}}$$

$$\frac{124}{400} s^2 = 421 - 0{,}184 \cdot 23 = 421 - 4{,}2 = 416{,}8$$

$$= 500 - 0{,}816 \cdot 102 = 500 - 83{,}2 = 416{,}8$$

$$s^2 = 1345, \quad s = 36{,}7 \text{ cm}, \quad s/\sqrt{n} = 3{,}28 \text{ cm}$$

Angabe über einzelne Baumgröße: $\underline{x = 176{,}3 \pm 36{,}7 \text{ cm}}$

Angabe über Mittelwert: $\underline{x = 176{,}32 \pm 3{,}28 \text{ cm}}$

Abb. 16.1a, b zeigt das zugehörige Histogramm, und zwar Abb. 16.1a für die Häufigkeiten f_j, Abb. 16.1b für die relativen Häufigkeiten f_j/n.

16.3 Prüfen auf Normalverteilung: Wahrscheinlichkeitspapier

Die große Bedeutung der Normalverteilung für statistische Fragen beruht auf dem sogenannten Zentralen Grenzwertsatz, wonach die Verteilung einer Veränderlichen, welche als Summe stochastisch unabhängiger Veränderlicher beliebiger Verteilungen zustande kommt, unter sehr allgemeinen Bedingungen mit wachsender Zahl der Summanden gegen eine Normalverteilung strebt. Dies trifft für zahllose statistische Erscheinungen zu: ein Zusammenwirken vieler unabhängiger, im einzelnen regelloser und unkontrollierbarer Einflüsse[1].

Ein einfaches und wirksames Hilfsmittel graphischer Art zur Prüfung einer gegebenen Verteilung auf angenäherte Normalverteilung

[1] Bei merklicher Abweichung von der Normalverteilung gelingt ein Überführen auf Normalverteilung oft durch eine Variablentransformation $y = g(x)$, z. B. $y = \log x$ (sog. logarithmische Normalverteilung).

auf Grund einer Stichprobe genügend großen Umfanges n ist das *Wahrscheinlichkeitspapier*, ein Funktionsnetzpapier, das im Handel erhältlich ist, das man sich aber auch leicht selbst anlegen kann. Es beruht auf dem linearen Zusammenhang der Variablen x und der standardisierten Variablen u:

$$u = \frac{x - \mu}{\sigma}, \qquad x = \mu + u\,\sigma.$$

Indem u über x aufgetragen wird, ergibt sich eine Gerade. Im Wahrscheinlichkeitspapier sind nun die Ordinaten u nicht gleichmäßig nach u, sondern nach den zugehörigen Werten $\Phi(u)$ der normalen Verteilungsfunktion beziffert, zeigen also von $\Phi = 0{,}5 = 50\%$ beiderseits nach oben und unten zunehmend auseinanderziehende Einteilung bei gleichmäßiger Abszissenteilung x. Zur Anlage dieser Einteilung bedient man sich sogenannter Fraktilentafeln, in denen die u-Werte, die *Fraktilen*, in Abhängigkeit von Φ erscheinen, vgl. den nebenstehenden Auszug, nach dem man sich auch eine Doppelleiter anfertigen kann.

$\Phi(u)$	$u(\Phi)$	$\Phi(-u)$
50%	0	50%
60	0,253	40
70	0,524	30
80	0,842	20
90	1,282	10
95	1,645	5
97,5	1,960	2,5
99,0	2,326	1,0
99,5	2,567	0,5
99,8	2,878	0,2
99,9	3,090	0,1
99,95	3,291	0,05
99,99	3,719	0,01

Zur Prüfung einer Verteilung bildet man nun aus einer Stichprobe genügend großen Umfanges n, wie im Beispiel der Baumhöhen in den drei letzten Spalten durchgeführt, die Teilsummen der relativen Häufigkeiten

$$\sum f_k : n = \Phi_j,$$

die als Näherung der normalen Verteilungsfunktion $\Phi(u)$ aufgefaßt werden, wobei darauf zu achten ist, daß diese Summen sich auf die jeweiligen *Klassenenden* $x_j + h/2$ beziehen. In einem fertigen Wahrscheinlichkeitspapier trägt man diese Werte Φ_j im Ordinatenmaßstab über den Klassenenden $x_j + h/2$ auf. Hat man kein solches Papier zur Hand, so hat man zu den Werten Φ_j noch die Fraktilen $u(\Phi_j)$ aufzuschlagen und in gewöhnlichem Maßstab über $x_j + h/2$ aufzutragen. Die so erhaltenen Punkte werden, sofern die Verteilung exakt oder angenähert normal war, angenähert auf einer Geraden liegen (mit Ausnahme von Intervallanfang und -ende, wo sich die Ordinaten $\mp \infty$ einstellen). Indem man durch die Punktreihe nach dem Augenmaß eine Ausgleichsgerade zieht — wobei die Punkte an den Intervallenden weniger ins Gewicht fallen sollen — erhält man auf höchst einfache Weise Näherungen für die Parameter μ und σ der $N(\mu, \sigma)$-Verteilung, nämlich μ als den Schnittpunkt der Geraden mit der Ordinate $u = 0$, $\Phi = 50\%$, die Streuung σ aus den Einschnitten mit $u = \pm 1$ bzw.

den zugehörigen Φ-Werten

$$\Phi(+1) = 50 + 34{,}13 = 84{,}13\%,$$
$$\Phi(-1) = 50 - 34{,}13 = 15{,}87\%,$$

vgl. die Abb. 16.2 für das Beispiel der Baumhöhen.

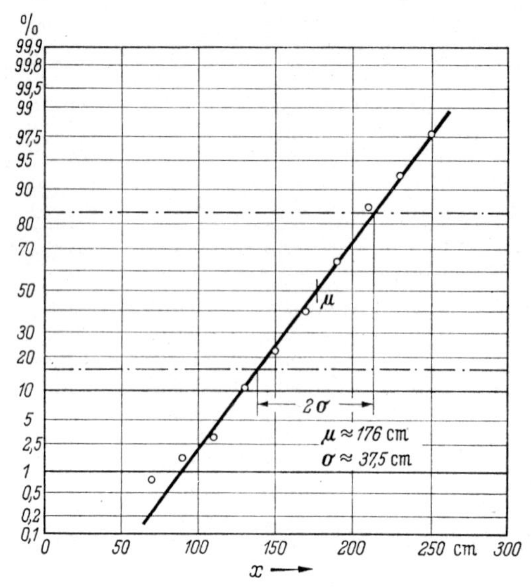

Abb. 16.2. Häufigkeitssumme im Wahrscheinlichkeitspapier für das Beispiel der Baumhöhen aus § 16.2

Ist nun die Variable X normal $N(\mu, \sigma)$-verteilt, so ist, wie wir wissen, die standardisierte Variable

$$U = \frac{X - \mu}{\sigma} \tag{19}$$

normal $N(0,1)$-verteilt. Damit aber lassen sich ganz bestimmte statistische Aussagen über die wahrscheinliche Lage von x machen. Mit der in § 15.5 eingeführten statistischen Sicherheit $S = 2\Phi - 1$ gilt nämlich

$$\mathcal{P}(-u_S \leqq U \leqq u_S) = S, \tag{20}$$

wenn wir mit $\pm u_S$ die zur Sicherheit S gehörigen symmetrischen Intervallgrenzen bezeichnen, innerhalb derer die Wahrscheinlichkeitsmasse S liegt, Abb. 15.7 auf S. 271. Praktisch interessieren die drei folgenden Werte von S und u_S:

S %	u_S
95%	1,96
99%	2,58
99,9%	3,29

Setzt man für U den Wert (19) ein und löst nach X auf, so erhält man nach leichter Umrechnung aus (20):

$$\boxed{\mathcal{P}(\mu - u_S\,\sigma \leqq X \leqq \mu + u_S\,\sigma) = S}. \tag{21}$$

Bei genügend großem Probenumfange n wird man hier die in der Regel unbekannten Parameterwerte μ und σ durch die aus der Stichprobe ermittelten Schätzwerte $\bar{x}$ und s ersetzen dürfen, womit wenigstens angenähert gilt

$$\boxed{\mathcal{P}(\bar{x} - u_S\, s \leqq X \leqq \bar{x} + u_S\, s) = S}. \tag{21a}$$

Das bedeutet: mit einer statistischen Sicherheit S liegen die Beobachtungen x im Intervall mit den Grenzen

$$\boxed{\bar{x} \pm u_S\, s}\,, \tag{22}$$

wobei der Faktor u_S von der Wahl der Sicherheit S abhängt. Von allen Beobachtungen liegen S% in diesem Intervall. In diesem Sinne ist die kurze Zahlenangabe (10), nämlich

$$\boxed{x = \bar{x} \pm s} \tag{10}$$

zu interpretieren, vorausgesetzt, daß die Grundgesamtheit als normalverteilt angesehen werden darf, und daß der Probenumfang groß genug ist, was auf etwa $n > 100$ hinausläuft. Für kleine n vgl. § 17.2.

Für unser Beispiel der Baumhöhen erhalten wir so bei einer statistischen Sicherheit von $S = 99\%$ das Intervall

$$\begin{aligned} \bar{x} \pm u_S\, s &= 176{,}3 \pm \ 2{,}58 \cdot 36{,}7 \\ &= 176{,}3 \pm 94{,}7 \\ \underline{81{,}6 \leqq x} &\underline{\leqq 271{,}0\,\text{cm}} \end{aligned}$$

Tatsächlich fallen bei der Probe nur 1 bis 2 Beobachtungswerte, das sind 0,8 bis 1,6%, aus diesem Intervall heraus.

§ 17 Die Stichprobenverteilungen

Während wir bisher — vom letzten Abschnitt abgesehen — über die besondere Art der Verteilung der Grundgesamtheit keinerlei Annahmen zu machen brauchten, vielmehr alle entwickelten Beziehungen ganz allgemein für beliebige X-Verteilungen gelten, ändert sich das, sobald wir nun nach den Verteilungen der Stichprobenwerte $\bar{x}$ und s^2 sowie einiger damit zusammenhängender Größen fragen. Diese Verteilungen hängen naturgemäß von der Verteilung der Grundgesamtheit ab. Überdies ist die Situation hier so, daß man solche Verteilungen im wesentlichen nur noch für den Fall *normalverteilter Grundgesamtheit* kennt, Nach den Bemerkungen zu Beginn des letzten Abschnittes bedeutet das keine wesentliche Einschränkung, indem die weitaus meisten der in der Statistik auftretenden Grundgesamtheiten entweder — aus dem im Zentralen Grenzwertsatz verankerten Grunde — unmittelbar angenähert normalverteilt sind oder sich doch durch eine passende Variablentransformation auf Normalverteilung bringen lassen. Immerhin ist es wichtig, im Auge zu behalten, daß für alles, was folgt, ausdrücklich normalverteilte Grundgesamtheit vorausgesetzt wird. Manches werden wir dabei mit den hier entwickelten Hilfsmitteln nicht mehr in allen Einzelheiten herleiten, sondern nur noch berichten können. Für die Beweise muß dann auf das Schrifttum verwiesen werden. Doch halten wir auch hier an dem Grundsatz fest, alles Wesentliche klar hervortreten zu lassen.

17.1 Verteilung des Stichprobenmittels: Vertrauensgrenzen für μ

Schon hier können wir lediglich zitieren. Für die Verteilung des Stichprobenmittels $\bar{x}$ gilt der Satz: Ist die Grundgesamtheit normal $N(\mu, \sigma)$-verteilt, so ist auch das Stichprobenmittel $\bar{x}$ normalverteilt, und zwar $N(\mu, \sigma/\sqrt{n})$, was nach den allgemeingültigen Beziehungen $\mathcal{E}\,\overline{X} = \mu$, $D^2\,\overline{X} = \sigma^2/n$ klar ist. Darüber hinaus aber gilt: Auch bei beliebig verteilter Grundgesamtheit ist das Stichprobenmittel wenigstens angenähert normal $N(\mu, \sigma/\sqrt{n})$-verteilt, und zwar um so genauer, je größer der Stichprobenumfang n ist und natürlich, je mehr X selbst schon wenigstens angenähert normal ist, was wiederum Folge des Zentralen Grenzwertsatzes ist.

Wieder bringt uns der Übergang auf eine standardisierte Variable

$$\overline{U} = \frac{\overline{X} - \mu}{\sigma/\sqrt{n}} \tag{1}$$

weiter, die $N(0,1)$-verteilt ist. Dann gilt mit $S = 2\Phi - 1$ wie im letzten Abschnitt, Gl. (20):

$$\mathcal{P}(-u_S \leqq \overline{U} \leqq u_S) = S, \tag{2}$$

was jetzt nach der interessierenden Größe μ aufgelöst wird:

$$\boxed{\mathcal{P}(\overline{X} - u_S\,\sigma/\sqrt{n} \leqq \mu \leqq \overline{X} + u_S\,\sigma/\sqrt{n}) = S}\,. \tag{3}$$

Das besagt: Mit der statistischen Sicherheit S wird das unbekannte Populationsmittel μ vom sogenannten *Vertrauensintervall* überdeckt, dessen Mittelpunkt $\bar{x}$ vom Stichprobenausfall abhängt, dessen Breite $2u_S\,\sigma/\sqrt{n}$ jedoch mit der geforderten statistischen Sicherheit S festliegt. Das Mittel μ liegt mit der Sicherheit S zwischen den *Vertrauensgrenzen* (confidence limits)

$$\boxed{\bar{x} \pm u_S\,\sigma/\sqrt{n}}\,. \tag{4}$$

Ist der Stichprobenumfang hinreichend groß ($n > 100$), so darf man in (3) und (4) die in der Regel unbekannte Populationsstreuung σ

ersetzen durch den aus der Stichprobe ermittelten Schätzwert s. Wie man bei kleinem und mittlerem Probenumfange n zu verfahren hat, wird sich sogleich zeigen.

Für das Beispiel der Baumhöhen aus § 16.2, wo die Voraussetzung $n > 100$ zutrifft, erhalten wir mit $\bar{x} = 176{,}32$ cm, $s/\sqrt{n} = 3{,}28$ cm bei einer Sicherheit $S = 99\%$, also $u_S = 2{,}58$ die Vertrauensgrenzen für das Mittel μ der Grundgesamtheit (Gesamtbaumbestand):

$$176{,}32 \pm 8{,}46 = 167{,}9 \cdots 184{,}8 \text{ cm}.$$

Mit $S = 99\%$ trifft also die Aussage zu:

$$167{,}9 \text{ cm} \leqq \mu \leqq 184{,}8 \text{ cm}.$$

17.2 Die t-Verteilung: Vertrauensgrenzen für μ

Ersetzt man in u die unbekannte Populationsstreuung σ durch die Stichprobenstreuung s, so erhält man eine neue stochastische Veränderliche

$$\boxed{T = \frac{\bar{X} - \mu}{S/\sqrt{n}}} \tag{5a}$$

bzw. deren Stichprobenwert

$$\boxed{t = \frac{\bar{x} - \mu}{s/\sqrt{n}}}\,. \tag{5b}$$

Diese Größe ist nun, normalverteilte Grundgesamtheit vorausgesetzt, im Gegensatz zu $\bar{u}$ *nicht* mehr normal verteilt; doch läßt sich ihre Verteilung formelmäßig angeben, was von dem englischen Statistiker W. S. GOSSET „unter dem bescheidenen Pseudonym STUDENT" (wie es bei VAN DER WAERDEN heißt) durchgeführt worden ist[1] und dieser sogenannten *t-Verteilung* auch den Namen *Student-Verteilung* eingebracht hat. Sie ist erwartungsgemäß der $N(0,1)$-Verteilung ähnlich und geht in diese mit $n \to \infty$ über, hängt aber eben vom Probenumfange n oder, wie man hier lieber sagt, vom *Freiheitsgrad*

$$\boxed{f = n - 1} \tag{6}$$

ab. Die Formel für ihre Dichte lautet[2]

$$\boxed{f(t) = f(t;\, f) = C(f)\,\frac{1}{(1 + t^2/f)^{\frac{f+1}{2}}}} \tag{7}$$

[1] STUDENT: The probable error of a mean. Biometrika Bd. **6** (1908) S. 1.

[2] Verwenden des gleichen Zeichens f für Dichtefunktion und Freiheitsgrad führt hier und im folgenden wohl nicht zu Verwechslungen.

mit einer vom Freiheitsgrad f abhängigen Konstanten $C(f)$, deren Wert sich aus der Forderung Gesamtmasse 1 festlegt. Der Sonderfall $f = 1$:

$$f(t; 1) = \frac{1}{\pi} \frac{1}{1+t^2}$$

ist auch unter dem Namen CAUCHY-Verteilung bekannt. Für Erwartung und Varianz der neuen Variablen ergibt die Rechnung[1]

$$\mathcal{E}\, T = 0 \qquad \text{für} \quad f \geqq 2, \tag{8a}$$

$$D^2\, T = \frac{f}{f-2} \qquad \text{für} \quad f \geqq 3. \tag{8b}$$

Für $f \to \infty$ geht die t-Verteilung in die $N(0,1)$-Verteilung über:

$$\boxed{\lim_{f\to\infty} f(t; f) = \varphi(t)}\,. \tag{9}$$

Die Dichte der t-Verteilung unterscheidet sich von der $N(0,1)$-Dichte $\varphi(t)$ in der Weise, daß sie für große t-Werte weniger stark

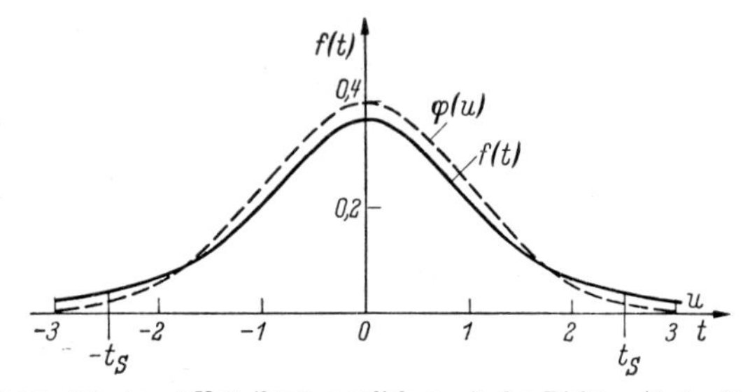

Abb. 17.1. Dichte $f(t)$ einer t-Verteilung, verglichen mit der Dichte $\varphi(t)$ der Normalverteilung

zurückgeht, um so ausgeprägter, je kleiner der Freiheitsgrad f ist, vgl. Abb. 17.1. Das hat zur Folge, daß die zu einer bestimmten statistischen Sicherheit S gehörigen Fraktilen t_S, definiert durch

$$\mathcal{P}(-t_S \leqq T \leqq t_S) = \int_{-t_S}^{t_S} f(t)\, dt = S, \tag{10}$$

größer als die entsprechenden Normal-Fraktilen u_S ausfallen, und zwar um so beträchtlicher, je kleiner einerseits f und je größer andererseits S, vgl. die Tabelle auf S. 291. Diese Fraktilen t_S in Abhängigkeit vom Freiheitsgrad f und für einige übliche S-Werte sind das, was man von der t-Verteilung praktisch braucht, und das gleiche gilt übrigens auch von den weiteren noch zu besprechenden Stichprobenverteilungen[2]. Mit diesen Fraktilen t_S lassen sich nun wieder Ver-

[1] Die Integrale existieren nur für $f \geqq 2$ bzw. $\geqq 3$.

[2] Ausführliche Zahlenwerte solcher Fraktilen findet man in den unter Anm. 2 auf S. 260 angeführten Tafeln.

trauensgrenzen für μ gewinnen, indem man (10) nach μ auflöst. So erhält man an Stelle von (3):

f	$S = 95\%$	$S = 99\%$
1	12,71	63,66
2	4,30	9,92
3	3,18	5,84
4	2,78	4,60
5	2,57	4,03
6	2,45	3,71
8	2,31	3,36
10	2,23	3,17
15	2,13	2,95
20	2,09	2,85
30	2,04	2,75
50	2,01	2,68
100	1,984	2,626
∞	1,960	2,576

$$\boxed{\mathcal{P}(\overline{X} - t_S\, s/\sqrt{n} \leqq \mu \leqq \overline{X} + t_S\, s/\sqrt{n}) = S}. \tag{11}$$

Mit der statistischen Sicherheit S liegt μ innerhalb der Vertrauensgrenzen

$$\boxed{\bar{x} \pm t_S\, s/\sqrt{n}}. \tag{12}$$

In diesem Sinne ist die kurze Zahlenangabe

$$x = \bar{x} \pm s/\sqrt{n} \tag{13}$$

zu interpretieren, mit der man das Ergebnis einer Stichprobe zu umreißen pflegt. Gegenüber den Formeln (3) und (4) ist σ durch die Stichprobenstreuung s ersetzt worden, während zugleich an Stelle der $N(0,1)$-Fraktilen u_S die vom Freiheitsgrad abhängigen t-Fraktilen t_S getreten sind, die, wie die Tabelle zeigt, nur für große Werte n bzw. $f = n - 1$ (>100) durch die u_S-Werte zu approximieren sind, in die die t_S-Werte für $f \to \infty$ übergehen. Das Vertrauensintervall (12) ist jetzt nicht nur hinsichtlich seines Mittelpunktes $\bar{x}$, sondern auch hinsichtlich seiner Breite $2t_S\, s/\sqrt{n}$ vom Stichprobenausfall x, s^2 abhängig, also zur stochastischen Größe geworden. Es überdeckt mit der Sicherheit S das unbekannte Populationsmittel μ.

Für das Beispiel der $n = 6$ Messungen aus § 16.2 mit $\bar{x} = 0{,}8405$, $s/\sqrt{n} = 1{,}61 \cdot 10^{-3}$ erhalten wir bei einer Sicherheit von $S = 99\%$ mit $f = 5$, $t_S = 4{,}03$ als Vertrauensgrenzen für den Mittelwert μ, den man in der Ausgleichsrechnung auch als den — unbekannten —

„wahren Wert“ der zu messenden Größe x bezeichnet:

$$0{,}8405 \pm 0{,}0065 = 0{,}8340 \cdots 0{,}8470.$$

Damit ist die Frage bezüglich der Verteilung des Stichprobenmittels $\bar{x}$ abgeschlossen.

17.3 Verteilung von s^2: Die χ^2-Verteilung

Für die Verteilung der Stichprobenstreuung s^2 ist wesentlich, daß in der Quadratsumme

$$(n-1)\,s^2 = f\,s^2 = \sum (x_i - \bar{x})^2 \tag{14}$$

die n Klammerausdrücke $(x_i - \bar{x})$ nicht unabhängig sind, da ja $\bar{x}$ in bekannter Weise von x_i abhängt. Durch eine lineare Transformation aber läßt sich die Summe (14) oder besser die mit χ^2 bezeichnete, auf die Populationsstreuung σ^2 bezogene Größe

$$\boxed{\chi^2 = (n-1)\frac{s^2}{\sigma^2} = f\,\frac{s^2}{\sigma^2}} \tag{15}$$

im Falle einer normal $N(\mu, \sigma)$-verteilten Grundgesamtheit auf die Quadratsumme

$$\boxed{\chi^2 = u_1^2 + u_2^2 + \cdots + u_f^2} \tag{16}$$

von $f = n-1$ ***stochastisch unabhängigen*** und ***normal*** $N(0{,}1)$***-verteilten*** Größen u_i zurückführen. Die Verteilung dieser Quadratsumme (16) wurde zuerst von dem deutschen Geodäten HELMERT im Zusammenhang mit der Fehlertheorie untersucht[1]. Bezeichnung und Name *χ^2-Verteilung* stammen von K. PEARSON[2], der sie zum Prüfen von Abweichungen einer beobachteten von ihrer angenommenen theoretischen Verteilung benutzt hat (sogenannter χ^2-Test, vgl. § 18.6). Begrifflich vertieft und im Anwendungsbereich erheblich erweitert wurde die χ^2-Verteilung dann vor allem von R. A. FISHER[3], dessen zahlreiche Arbeiten für die Entwicklung der modernen Statistik bahnbrechend geworden sind.

Die Dichte der Variablen $X = \chi^2$ ist durch

$$\boxed{f(x) = f(\chi^2) = K(f)\, x^{f/2-1}\, e^{-x/2}} \qquad x \geqq 0 \tag{17}$$

gegeben, wobei die vom Freiheitsgrad $f = n - 1$ abhängige Konstante $K(f)$ sich wieder aus der Forderung der Gesamtmasse 1 bestimmt.

---

[1] HELMERT, F. R.: Über die Wahrscheinlichkeit der Potenzsumme der Beobachtungsfehler. Z. Math. Phys. Bd. 21 (1876) S. 192—218.

[2] PEARSON, K.: Phil. Mag. Ser. V, Bd. 50 (1900) S. 157—175.

[3] FISHER, R. A.: J. Roy. Stat. Soc. Bd. 87 (1924) S. 442—449.

Den typischen Verlauf dieser Funktion — Produkt einer x-Potenz mit $e^{-x/2}$ — zeigt Abb. 17.2. Für Erwartung und Varianz findet man

$$\mathcal{E}\,\chi^2 = f, \qquad D^2\chi^2 = 2f, \tag{18}$$

das Bild der Verteilung verbreitert sich also mit zunehmendem Freiheitsgrad. Das vermeidet die Verteilung der Größe

$$\boxed{\lambda^2 = \chi^2/f = s^2/\sigma^2}\,, \tag{19}$$

auch kurz s^2-*Verteilung* genannt, mit Erwartungswert 1 und Varianz $2/f$, womit die frühere Aussage $\mathcal{E}\,s^2 = \sigma^2$ im Falle normalverteilter Grundgesamtheit durch Angabe der Varianz $D^2\,s^2 = 2\sigma^4/f$ ergänzt

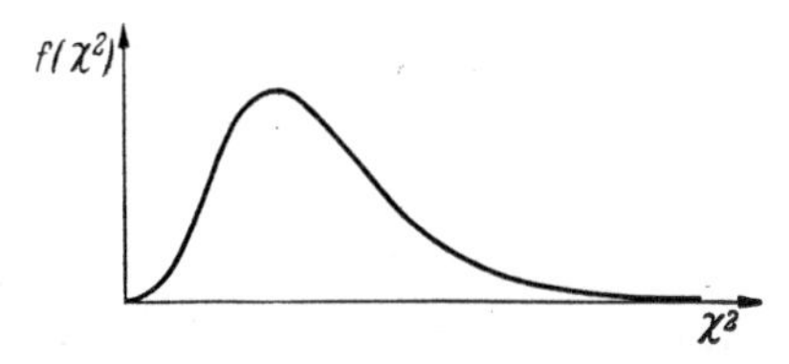

Abb. 17.2. Dichteverlauf einer χ^2-Verteilung

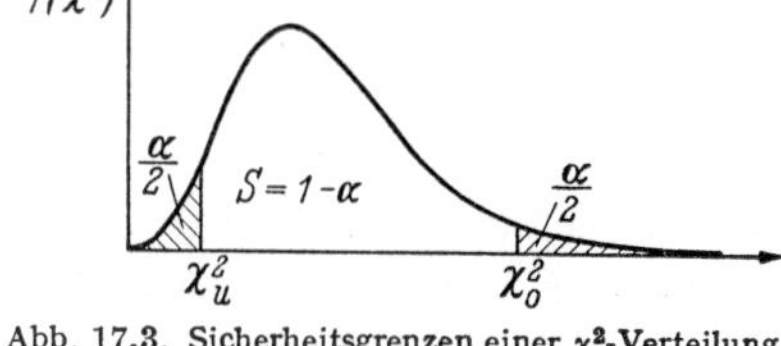

Abb. 17.3. Sicherheitsgrenzen einer χ^2-Verteilung

wird[1]. Für s selbst geht die Erwartung nur noch asymptotisch mit $f \to \infty$ gegen σ, und einen entsprechenden asymptotischen Wert findet man auch für die Varianz:

$$\mathcal{E}\,s \to \sigma \tag{20a}$$

$$D^2\,s \to \sigma^2/2f \tag{20b}$$

wobei man dann f auch durch n ersetzen kann. Darüber hinaus nähert sich die Verteilung von s für wachsende f-Werte mehr und mehr der Normalverteilung, so daß man für große $f > 30$ mit der annähernd $N(0,1)$-verteilten Variablen

$$\boxed{u = \frac{s-\sigma}{\sigma/\sqrt{2f}} = \sqrt{2\chi^2} - \sqrt{2f}} \tag{21}$$

arbeiten[2] und insbesondere die Fraktilen der Größe $\lambda = s/\sigma$ durch die $N(0,1)$-Fraktilen $\pm u_S$ ersetzen kann.

Wieder sind es diese auf eine bestimmte statistische Sicherheit S bezogenen Fraktilen der Größen χ^2, λ^2 und $\lambda = s/\sigma$, die von den Ver-

[1] Wir bezeichnen bei s jetzt auch die stochastische Variable mit dem kleinen Buchstaben, um Verwechslung mit der statistischen Sicherheit S zu vermeiden.

[2] Im Schrifttum findet man gewöhnlich $u = \sqrt{2\chi^2} - \sqrt{2f-1}$ an Stelle von (21), was jedoch für $f > 30$ eher schlechtere Werte liefert.

teilungen praktisch allein interessieren und die man vertafelt findet. Wegen der Unsymmetrie der neuen Verteilungen bedarf es hier noch einer besonderen Verabredung bezüglich der Lage des Intervalls, über dem die Wahrscheinlichkeitsmasse S liegt. Dabei unterscheidet man zwei Fälle. Interessiert man sich dafür, daß sich der Stichprobenwert s um seinen Erwartungswert σ gruppiert, daß also für die Variable $\lambda = s/\sigma$ größere Abweichungen von 1 weder nach oben noch nach unten hin zu erwarten sind, so schneidet man von der Verteilung am oberen und unteren Ende je die Hälfte der Wahrscheinlichkeitsmasse

$$\boxed{\alpha = 1 - S} \tag{22}$$

ab, Abb. 17.3, wobei für diese — auch *Sicherheitsschwelle* genannte — Größe wieder vorwiegend die beiden Werte $\alpha = 5\%$ und $\alpha = 1\%$ interessieren. Die zugehörigen Fraktilen bezeichnen wir wie folgt:

untere und obere Fraktile von χ^2 mit χ^2_U und χ^2_O
untere und obere Fraktile von λ^2 mit λ^2_U und λ^2_O
untere und obere Fraktile von λ mit λ_U und λ_O.

Dafür gilt beispielsweise die Beziehung

$$\mathcal{P}(s \leqq \lambda_U \sigma) = \mathcal{P}(s \geqq \lambda_O \sigma) = \alpha/2,$$

also

$$\boxed{\mathcal{P}(\lambda_U \sigma \leqq s \leqq \lambda_O \sigma) = S = 1 - \alpha}. \tag{23}$$

Löst man statt nach s nach dem Populationsparameter σ auf, so ergeben sich untere und obere *Vertrauensgrenze für* σ, nämlich

$$\boxed{\mathcal{P}(s/\lambda_O \leqq \sigma \leqq s/\lambda_U) = S}. \tag{24}$$

Für große f-Werte gehen λ_U, λ_O über in

$$\lambda_U = 1 - u_S/\sqrt{2f},$$

$$\lambda_O = 1 + u_S/\sqrt{2f} \tag{25}$$

mit den — symmetrischen — $N(0,1)$-Fraktilen $\pm u_S$ der Zahlenwerte 1, 960 für $S = 95\%$ und 2,576 für $S = 99\%$. Für kleinere f-Werte finden sich die Fraktilen λ_U, λ_O für die beiden S-Werte in Abhängigkeit von f in obenstehender Tabelle.

f	$S = 95\%$		$S = 99\%$	
	λ_U	λ_O	λ_U	λ_O
2	0,159	1,921	0,071	2,302
3	258	1,765	155	2,069
4	348	1,669	228	1,927
5	408	1,602	287	1,830
6	454	1,552	336	1,758
8	0,522	1,480	0,410	1,657
10	570	1,431	464	1,587
15	646	1,354	554	1,479
20	692	1,307	610	1,414
30	748	1,251	678	1,338
50	0,804	1,195	0,748	1,261
∞	1	1	1	1

1. Beispiel: $n = 6$ Messungen aus § 16.2, $s = 3{,}94 \cdot 10^{-3}$.

$$S = 95\% : f = 5,\ \lambda_U = 0{,}408,\ \lambda_O = 1{,}602$$

$$\frac{3{,}94}{1{,}602} \leqq \sigma \cdot 10^3 \leqq \frac{3{,}94}{0{,}408}$$

$$\underline{2{,}46 \leqq \sigma \cdot 10^3 \leqq 9{,}66} \quad \text{mit} \quad S = 95\%$$

Das Vertrauensintervall für σ ist wegen des kleinen Probenumfanges noch überaus grob.

2. Beispiel: $n = 125$ beobachtete Baumhöhen aus § 16.2, $s = 36{,}7$ cm.

$$S = 95\% : u_S = 1{,}960,\ u_S/\sqrt{2f} = 0{,}124$$

$$\lambda_U = 0{,}876,\ \lambda_O = 1{,}124$$

$$\frac{36{,}7}{1{,}124} \leqq \sigma \leqq \frac{36{,}7}{0{,}876}$$

$$\underline{32{,}6 \leqq \sigma \leqq 41{,}9\,\text{cm}} \quad \text{mit} \quad S = 95\%$$

Dank des wesentlich größeren Probenumfanges sind hier die Vertrauensgrenzen für σ enger. Doch wird aus beiden Beispielen deutlich, daß für einigermaßen sichere Aussagen bezüglich σ eine sehr große Anzahl von Beobachtungen erforderlich ist.

Die zweite Fragestellung ergibt sich beim — in § 8.6 behandelten — χ^2-Test. Dabei ist χ^2 eine Summe von Abweichungsquadraten einer empirischen von der angenommenen theoretischen Verteilung. Diese Abweichungen werden als nicht mehr zufallsbedingt, als *signifikant* bei angenommener Sicherheitsschwelle $\alpha = 1 - S$ angesehen, wenn sie die obere Sicherheitsgrenze χ_S^2 überschreiten, definiert durch

$$\int_0^{\chi_S^2} f(\chi^2)\, d\chi^2 = S,$$

die sogenannte *einseitige* statistische Sicherheit. Hier schneidet man also von der χ^2-Verteilung das *obere* Ende mit Wahrscheinlichkeitsmasse α ab. Die zu $S = 95\%$ und 99% gehörigen einseitigen Fraktilen χ_S^2 finden sich in Abhängigkeit vom Freiheitsgrad f in nebenstehender Tabelle. Für große f-Werte > 30 arbeitet man wieder mit der — jetzt aber einseitigen — $N(0,1)$ — Fraktilen u_S' mit den Werten 1,645 für $S = 95\%$ und 2,326 für $S = 99\%$, d. h. man berechnet χ_S^2 nach der Näherungformel

$$\chi_S^2 = \frac{1}{2}\left(\sqrt{2f} + u_S'\right)^2.$$

f	$S = 95\%$	$S = 99\%$
1	3,84	6,63
2	5,99	9,21
3	7,81	11,3
4	9,49	13,3
5	11,1	15,1
6	12,6	16,8
8	15,5	20,1
10	18,3	23,2
15	25,0	30,6
20	31,4	37,6
25	37,7	44,3
30	43,8	50,9
40	55,8	63,7
50	67,5	76,2

Einseitige χ^2-Fraktilen χ_S^2.

§ 18 Statistische Prüfverfahren

18.1 Vorgehensweise. Fehler erster und zweiter Art

Aufgabe der Statistik ist es, von Daten einer Stichprobe aus zu bestimmten *Wahrscheinlichkeitsaussagen* über die Grundgesamtheit zu gelangen, auf Grund derer dann in der Regel bestimmte *Entscheidungen* zu treffen sind; etwa derart, daß ein Fertigungsprodukt als einwandfrei anzunehmen oder aber als fehlerhaft zu verwerfen sei; oder daß eine Behandlungsart einer anderen vorzuziehen sei, nachdem sie sich statistisch dieser anderen als überlegen erwiesen hat usw. Die allgemeine Aufgabe gliedert sich dabei in zwei Teilgebiete, nämlich

a) Angabe von *Vertrauensgrenzen* für unbekannte Populationsparameter auf Grund von Schätzwerten und deren Verteilung;

b) *Prüfen von Hypothesen* auf Grund von Prüfgrößen und deren Verteilung (Testverfahren).

Die erste Aufgabe wurde für die beiden wichtigsten Fälle — Vertrauensgrenzen und Schätzwerte für Mittelwert μ und Streuung σ — in § 17 abgehandelt. Gegenstand der folgenden Abschnitte ist die zweite Aufgabe, wobei es sich freilich — das sei hier besonders betont — nur um einen kurzen Überblick und nicht entfernt um eine auch nur einigermaßen vollständige Darstellung dieses weitverzweigten Teiles der angewandten Statistik handeln kann. Die wenigen Seiten mögen lediglich das Interesse des jungen Ingenieurs für einen Fragenkreis wecken, der für weite Teile der modernen Fertigungs- und Verfahrenstechnik von allergrößter Bedeutung zu werden verspricht.

Zu prüfen ist jeweils eine bestimmte Alternativfrage: Besitzt etwa die Grundgesamtheit, der die Stichprobe entstammt, einen erwünschten Mittelwert μ_0 oder nicht? Deuten etwa unterschiedliche Stichprobenmittel $\bar{x}$, $\bar{y}$ zweier Beobachtungsreihen x_i, y_i auf einen echten Unterschied der Populationen hin, oder lassen sich die Probenunterschiede als zufallsbedingt erklären? Der Statistiker bedient sich zur Lösung der Frage eines Kunstgriffes: er macht eine *Hypothese*, die in der Regel als sogenannte *Nullhypothese* angesetzt wird. Der Mittelwert μ der Grundgesamtheit weiche vom erwünschten Wert μ_0 *nicht* ab; die Populationsmittel der beiden Grundgesamtheiten x, y mögen *keinen* Unterschied aufweisen. Dann wird untersucht, ob sich der Ausfall der Stichprobe unter dieser Hypothese als ein Ereignis großer oder kleiner Wahrscheinlichkeit herausstellt. Es wird dazu eine bestimmte sogenannte *Sicherheitsschwelle*, ein *Signifikanzspiegel* α vorgegeben, üblicherweise 5% oder 1%, je nach den Konsequenzen der zu treffenden Entscheidungen. Unterschreitet nun die ermittelte Wahrscheinlichkeit diesen Wert, so nimmt man an, daß nicht das zwar mögliche, aber wenig wahrscheinliche Ereignis — Stichprobenausfall bei zutreffender

Hypothese — de fakto eingetreten ist, sondern daß die Hypothese, auf der die Untersuchung beruht, nicht stimmt; d. h., man entscheidet sich für Verwerfen der Hypothese.

Dazu geht man so vor, daß man aus den Stichprobenwerten x_i eine überdies noch von dem zu testenden Parameter abhängige passend gewählte *Prüfgröße t* bildet, deren Ausfall mit der Stichprobe zufallsbedingt ist, die also wieder eine stochastische Veränderliche darstellt mit bestimmter Verteilung. Ihr theoretisch ermittelbarer Mittelwert $\tau = \mathcal{E}\, t$ hängt vom zu testenden Parameter ab, und man kann es vielfach so einrichten, daß dieser Mittelwert für den Fall der Nullhypothese zu Null wird, diese Hypothese also durch $\tau = 0$ repräsentiert wird. Der vom Probenausfall gelieferte t-Wert, errechnet auf der Basis der Nullhypothese, wird vom theoretischen Mittelwert 0 mehr oder weniger abweichen. Als Abweichungsmaß wird man oft den Betrag $|t|$ verwenden. Mit Hilfe der Verteilung der Prüfgröße läßt sich dann zur gewählten Sicherheitsschwelle α bzw. der statistischen Sicherheit $S = 1 - \alpha$ ein kritischer Wert t_S derart angeben, daß bei Zutreffen der Hypothese

$$\boxed{\mathcal{P}(|t| > t_S) = \alpha} \tag{1}$$

wird. Damit liegt das weitere Vorgehen fest.

Ergibt die Stichprobe einen Prüfwert t mit $|t| \leqq t_S$, so nimmt man an, daß diese Abweichung vom Wert 0 der Hypothese als zufallsbedingt gelten kann. Man sagt: Die Stichprobe steht mit der Nullhypothese *in Einklang*; vorsichtiger ausgedrückt: die Hypothese wird durch die Stichprobe *nicht widerlegt*; was jedoch keineswegs bedeutet, daß sie von der Probe bestätigt wird. Eine solche Aussage wäre auf Grund des hier gewählten Testverfahrens gar nicht möglich. Vielmehr wären dazu Annahmen über den wahren Wert von τ bzw. des zu testenden Parameters erforderlich, worauf wir später (§ 18.7) zurückkommen. Vor die Entscheidung einer Annahme oder Ablehnung der Hypothese gestellt aber wird man sich — sozusagen aus Mangel an Beweisen und vorbehaltlich weiterer Prüfmethoden — für *Annahme der Hypothese* entscheiden.

Ergibt hingegen die Stichprobe einen Prüfwert mit $|t| > t_S$, so würde das bei Zutreffen der Hypothese das zufallsbedingte Auftreten einer an sich zwar möglichen, aber doch eben recht unwahrscheinlichen großen Abweichung bedeuten. In diesem Falle sieht man es als wahrscheinlicher an, daß der in der Prüfgröße t verwendete von der Hypothese angenommene Parameterwert nicht stimmt und sich die sonst unwahrscheinlich großen Abweichungen $|t|$ auf *diese* Weise ergeben haben. Man sagt: Die Hypothese $\tau = 0$ gilt vom Stichprobenausfall mit einer Sicherheitsschwelle α *als widerlegt*, und man entscheidet sich für *Verwerfen der Hypothese*. Jetzt aber kann man über das Risiko der Entscheidung eine ganz bestimmte Aussage machen. Der Gl. (1) liegt die Hypothese zugrunde, indem ja die in ihr benutzte Prüfgröße t mit dem hypothetisch angenommenen Parameterwert gebildet worden ist. Da anderseits $|t| > t_S$ laut unserer Verabredung Ablehnen der Hypothese nach sich zieht, so ist (1) gleichbedeutend mit

$$\mathcal{P}\,(\text{Verwerfen};\ \tau = 0) = \alpha. \tag{2}$$

Das bedeutet, daß man mit Wahrscheinlichkeit α die Hypothese $\tau = 0$ verwirft, obgleich sie in Wirklichkeit zutrifft. Dieses *zu Unrecht Verwerfen* wird als *Fehler erster Art* bezeichnet im Gegensatz zu einem *zu Unrecht Annehmen*, dem *Fehler zweiter Art*. Gl. (2) sagt also, daß man bei Anwenden des beschriebenen Prüfverfahrens in α% aller Fälle zu Unrecht verwirft. Die Größe α heißt auch wohl das ***Produzentenrisiko***: in α% aller Fälle wird eine Produktion als fehlerhaft abgelehnt, obgleich sie einwandfrei ist. Über das *Konsumentenrisiko* aber, den Prozentsatz β, mit welchem die Produktion zu Unrecht angenommen wird (Annahme einer nicht einwandfreien Produktion durch den Verbraucher), weiß man bei diesem Vorgehen leider gar nichts. Wir werden darauf jedoch später zurückkommen, vgl. § 18.7.

18.2 Prüfgrößen

Zur Durchführung des Prüfverfahrens, nämlich zur Angabe des kritischen Wertes t_S in Gl. (1), benötigt man die Verteilung der Prüfgröße, die von der Verteilung der Grundgesamtheit abhängt. Derartige Verteilungen sind nun im wesentlichen nur für den Fall normalverteilter Grundgesamtheit bekannt. Wir haben daher für alles weitere die *Voraussetzung* einer $N(\mu,\sigma)$-verteilten Grundgesamtheit zu machen. Nur insoweit diese Voraussetzung zutrifft, sind die hier aufgeführten Prüfmethoden exakt und die aus ihnen abgeleiteten Entscheidungen begründet, was unter Umständen zunächst überprüft werden muß.

Zu testen sei einer der beiden Parameterwerte μ oder σ. Als Prüfgrößen kommen somit solche Ausdrücke in Betracht, die außer den Stichprobenwerten, insbesondere den beiden Werten $\bar{x}$ und s^2, noch den einen der beiden Parameter enthalten, nämlich den, der geprüft werden soll. Derartige Ausdrücke aber haben wir in § 17 entwickelt. Zum Prüfen auf den Mittelwert μ dient als Prüfgröße

$$\boxed{t = \frac{\bar{x} - \mu}{s/\sqrt{n}}}, \tag{3}$$

von der wir wissen, daß sie bei $N(\mu,\sigma)$-verteilter Grundgesamtheit t-verteilt ist mit dem Freiheitsgrad $f = n - 1$. Zur Prüfung auf

Varianz σ^2 dient als Prüfgröße

$$\boxed{\chi^2 = \frac{(n-1)s^2}{\sigma^2} = \frac{f\,s^2}{\sigma^2}}, \tag{4}$$

die unter der gleichen Voraussetzung χ^2-verteilt ist mit gleichem Freiheitsgrad.

Zum Vergleich der Streuungen σ_1^2, σ_2^2 zweier normalverteilter Grundgesamtheiten, deren Mittelwerte durchaus verschieden sein können, dient zur Prüfung der Hypothese $\sigma_1 = \sigma_2 = \sigma$ als Prüfgröße das *Streuungsverhältnis*

$$\boxed{F = s_1^2/s_2^2 = F(f_1, f_2)} \tag{5}$$

mit den Stichprobenvarianzen s_1^2, s_2^2 *zweier* Stichprobenreihen x_i, y_i vom Umfang n_1 bzw. n_2, deren Verteilung unter den angegebenen Voraussetzungen $(\sigma_1 = \sigma_2)$ gleichfalls als sogenannte FISHER- oder *F-Verteilung* bekannt ist. Sie hängt von *zwei* Freiheitsgraden $f_1 = n_1 - 1$ und $f_2 = n_2 - 1$ ab, wobei die Reihenfolge (f_1, f_2) wesentlich ist, und ihre Fraktilen finden sich in Abhängigkeit von den Parametern f_1, f_2 für bestimmte statistische Sicherheit tabuliert. Die Fraktilen befolgen die Gleichung

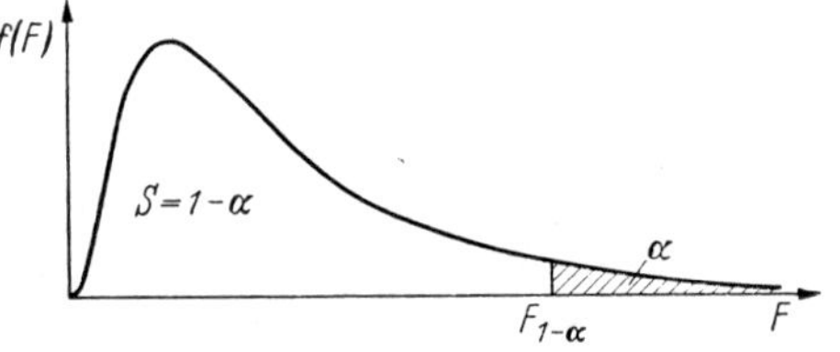

Abb. 18.1. Dichteverlauf einer F-Verteilung mit einseitiger Sicherheitsgrenze $F_S = F_{1-\alpha}$

$$F_{1-S}(f_1, f_2) = \frac{1}{F_S(f_2, f_1)}, \tag{6}$$

weswegen nur Fraktilen für $S > 50\%$ tabuliert zu werden brauchen. Ihre Dichtfunktion, Abb. 18.1, hat einen ähnlichen Verlauf wie die von χ^2. Auf die wichtigste Anwendung dieser Verteilung, die Varianzanalyse, sei hier nur hingewiesen, ohne näher darauf einzugehen.

18.3 Prüfen auf Mittelwert

Im einfachsten Falle besteht die Aufgabe darin, die $N(\mu, \sigma)$-verteilte Grundgesamtheit mittels Stichprobe $x_1, \ldots, x_n$ auf die

$$\textit{Hypothese} \quad \boxed{\mu = \mu_0} \tag{7}$$

zu testen mit Hilfe der

$$\textit{Prüfgröße} \quad \boxed{t = \frac{\bar{x} - \mu_0}{s/\sqrt{n}}}, \tag{8}$$

deren Fraktilen t_S in Abhängigkeit vom Freiheitsgrad $f = n - 1$ tabuliert sind. Das weitere Vorgehen hängt nun von den Alternativmöglichkeiten ab, die in Betracht kommen. Entweder man testet die Hypothese $\mu = \mu_0$ gegen die Alternative $\mu \neq \mu_0$, d. h., es interessieren Abweichungen des wahren Mittels vom (erwünschten) Hypothesenwert μ_0 nach *beiden* Richtungen; ein gewisser Standardwert μ_0 soll möglichst eingehalten werden. Man spricht von einem *zweiseitigen Test*. Oder aber die Alternative lautet $\mu > \mu_0$ bzw. $\mu < \mu_0$. Hier sieht man Abweichungen vom Standardwert nur nach *einer* Richtung, nach oben *oder* nach unten als von Belang an: *einseitiger Test*. Zum Beispiel soll eine zulässige Ausschußquote nicht wesentlich *über*schritten, die Festigkeit einer Stahlsorte nicht wesentlich *unter*schritten werden.

Für den zweiseitigen Test verläuft nach Wahl des Signifikanzspiegels α das Prüfverfahren wie schon in § 18.1 beschrieben:

Annahme der Hypothese, falls $|t| \leqq t_S$,
Ablehnen der Hypothese, falls $|t| > t_S$,

wobei $S = 1 - \alpha$. Dabei ist es auch wohl üblich, Fraktilen t_S für *zwei* α-Werte, etwa $\alpha_1 = 5\%$, $\alpha_2 = 1\%$ zu verwenden, die erste als sogenannte *Warngrenze*, die zweite als *Kontrollgrenze*, und das Überschreiten der Warngrenze als signifikant, das der Kontrollgrenze als hochsignifikant zu bezeichnen. Für $f = 8$ findet man beispielsweise aus der Tabelle S. 291 die Werte $t_{0,95} = 2{,}31$, $t_{0,99} = 3{,}36$.

Für den einseitigen Test ist nur das obere oder untere Ende der t-Verteilung als Verwerfungsgebiet abzuschneiden, das dann die *ganze* Wahrscheinlichkeitsmasse α enthalten muß. Da die t-Fraktilen sich in den Tafeln aber stets auf den zweiseitigen Test beziehen, so ist das zu berücksichtigen durch einen Wert $\bar{S} = 1 - 2\alpha$. Für das oben angeführte Beispiel benötigt man also die beiden Werte $t_{0,90} = 1{,}86$ und $t_{0,98} = 2{,}90$, die in unserer Tabelle nicht enthalten sind. Das Prüfverfahren ist dann:

Annahme der Hypothese, falls $t \leqq t_{\bar{S}}$ bzw. $t \geqq -t_{\bar{S}}$,
Ablehnen der Hypothese, falls $t > t_{\bar{S}}$ bzw. $t < -t_{\bar{S}}$,

wo sich die linken Angaben auf die Alternative $\mu > \mu_0$ (Abweichung nach oben hin unerwünscht), die rechten auf $\mu < \mu_0$ (Abweichung nach unten hin unerwünscht) beziehen.

Ist ausnahmsweise die Populationsstreuung σ^2 — etwa auf Grund früherer umfangreicher Versuchsreihen — bekannt, so darf man als Prüfgröße die $N(0,1)$-verteilte Größe

$$u = \frac{\bar{x} - \mu_0}{\sigma/\sqrt{n}} \tag{8a}$$

mit den engeren $N(0,1)$-Fraktilen u_s verwenden. Alles übrige verläuft wie oben.

18.4 Vergleich zweier Mittelwerte

Gegeben sind *zwei* Beobachtungsreihen x_i, y_i aus zwei Grundgesamtheiten, die auf Gleichheit der beiden Mittelwerte, also auf die

$$\textit{Hypothese} \quad \boxed{\mu_1 = \mu_2} \tag{9}$$

geprüft werden sollen. Wir bedienen uns für das weitere einer abgekürzten Schreibweise.

Grundgesamtheit 1: x; μ_1, σ_1. Stichprobe: $n_1, \bar{x}, s_1^2$,

Grundgesamtheit 2: y; μ_2, σ_2. Stichprobe: $n_2, \bar{y}, s_2^2$.

Voraussetzung: Die Variablen X und Y seien unabhängig und normalverteilt:

$$\begin{aligned} X &= N(\mu_1, \sigma_1) \to \bar{x} = N(\mu_1, \sigma_1/\sqrt{n_1}), \\ Y &= N(\mu_2, \sigma_2) \to \bar{y} = N(\mu_2, \sigma_2/\sqrt{n_2}). \end{aligned} \tag{10}$$

Dann ist auch der Unterschied $\bar{x} - y$ normalverteilt, und zwar bei Zutreffen der Hypothese $N(0, \bar{\sigma})$-verteilt mit einer Varianz $\bar{\sigma}^2$, für die sich nach § 15.7, Gl. (41a) findet:

$$\boxed{\bar{\sigma}^2 = \sigma_1^2/n_1 + \sigma_2^2/n_2}\,. \tag{11}$$

Fall a: Die σ_i sind bekannt (Ausnahmefall).

$$\textit{Prüfgröße} \quad \boxed{u = \frac{\bar{x} - \bar{y}}{\bar{\sigma}}} \quad N(0,1)\text{-verteilt.} \tag{12}$$

Prüfverfahren: Annahme der Hypothese bei $|u| \leqq u_S$,

Ablehnen der Hypothese bei $|u| > u_S$.

Fall b: Die σ_i sind unbekannt (Regelfall).
Ersatz der σ_i durch die Schätzwerte s_i.

Man erweitert nun die Hypothese auf

$$\textit{Hypothese} \quad \boxed{\begin{matrix} \mu_1 = \mu_2 \\ \sigma_1 = \sigma_2 = \sigma \end{matrix}}\,. \tag{13}$$

Dann ist

$$\bar{\sigma}^2 = \sigma^2 \left(\frac{1}{n_1} + \frac{1}{n_2} \right) = \sigma^2/\bar{n}$$

mit

$$\boxed{\bar{n} = \frac{n_1 n_2}{n_1 + n_2}}\,. \tag{14}$$

Es sind dann unter Voraussetzung (10):

$$\frac{f_1 s_1^2}{\sigma^2} = \chi^2\text{-verteilt mit } f_1 = n_1 - 1,$$

$$\frac{f_2 s_2^2}{\sigma^2} = \chi^2\text{-verteilt mit } f_2 = n_2 - 1.$$

Nun ist allgemein die Summe zweier stochastisch unabhängiger χ^2-verteilter Variablen wiederum χ^2-verteilt, und zwar mit der Summe der beiden Freiheitsgrade. Dementsprechend bildet man hier die Größe

$$\boxed{f s^2 = f_1 s_1^2 + f_2 s_2^2 = \sum (x_i - \bar{x})^2 + \sum (y_i - \bar{y})^2}, \tag{15}$$

welche $\sigma^2 \chi^2$-verteilt ist mit dem Freiheitsgrad

$$\boxed{f = n_1 + n_2 - 2}. \tag{16}$$

In Gl. (15) als der Vorschrift zur Berechnung der Gesamt-Stichprobenstreuung s^2 sind die rechts stehenden beiden Quadratsummen in der üblichen Weise zu berechnen, wie in § 16.2, Gl. (16) angegeben. Von der mit diesen Werten gebildeten

$$\textit{Prüfgröße} \quad \boxed{t = \frac{\bar{x} - \bar{y}}{s\sqrt{\bar{n}}}} \tag{17}$$

läßt sich zeigen, daß sie wiederum t-verteilt ist mit dem angegebenen Freiheitsgrad f, Gl. (16).

Prüfverfahren: Annahme der Hypothese bei $|t| \leqq t_S$,
Ablehnen der Hypothese bei $|t| > t_S$

mit t-Fraktilen $t_S(f)$ zu $S = 1 - \alpha$ und $f = n_1 + n_2 - 2$.

Natürlich ist auch hier der einseitige Test von S. 300 anwendbar, indem überall $S = 1 - \alpha$ durch $\bar{S} = 1 - 2\alpha$ ersetzt wird.

Die Teilhypothese $\sigma_1 = \sigma_2 = \sigma$ kann erforderlichenfalls durch einen F-Test nachgeprüft werden mit der Prüfgröße

$$F = s_1^2/s_2^2 = F(f_1, f_2) \quad \text{für} \quad s_1 > s_2,$$

$$F = s_2^2/s_1^2 = F(f_2, f_1) \quad \text{für} \quad s_2 > s_1.$$

Die Voraussetzung wird dann als erfüllt angesehen — oder wenigstens als nicht widerlegt —, falls der so gebildete F-Wert $F \leqq F_S$ mit einer Fraktile $F_S(f_1, f_2)$ bzw. $F_S(f_2, f_1)$ zu einem Wert $S = 1 - \alpha/2$, wofür wir uns die Herleitung versagen müssen. — Trifft die Voraussetzung nicht zu, ist also $\sigma_1 \neq \sigma_2$ anzunehmen, so gibt es wenigstens ein angenähertes Vorgehen, wozu wir auf A. HALD, S. 397/98 verweisen (vgl. Fußnote 1 auf S. 260).

Eine besonders einfache und dabei in der Regel wesentlich wirksamere Behandlung erlaubt die Aufgabe des Mittelwertvergleichs für den öfter auftretenden Fall, daß die Beobachtungswerte x_i, y_i *paarweise* einander zugeordnet anfallen, z. B. bei Einwirken zweier Drogen A und B auf je eine Versuchsperson bei insgesamt n Personen, vgl. das unten folgende Beispiel. Hier empfiehlt sich das Arbeiten mit den *Unterschieden* $d_i = x_i - y_i$ von vornherein, nicht erst nach Mittelbildung. Man bildet also Mittelwert und Streuung wie üblich nach

$$\bar{d} = \frac{1}{n} \sum d_i = \frac{\mathsf{S}}{n} \quad \text{mit} \quad d_i = x_i - y_i, \tag{18}$$

$$s_d^2 = \frac{1}{n-1} \sum (d_i - \bar{d})^2 = \frac{1}{n-1} \left(\sum d_i^2 - \frac{\mathsf{S}^2}{n} \right). \tag{19}$$

Sind nun

$$\textit{Voraussetzung:}\ d \text{ normalverteilt} \tag{20}$$

und

$$\textit{Hypothese:} \quad \mathcal{E}\, d = \mu_d = 0 \tag{21}$$

erfüllt, so ist die

$$\textit{Prüfgröße} \quad \boxed{t = \frac{\bar{d}}{s_d/\sqrt{n}}} \tag{22}$$

t-verteilt vom Freiheitsgrade $f = n - 1$. Das Prüfverfahren verläuft dann wie üblich.

Der Vorteil dieses Vorgehens gegenüber dem zuerst beschriebenen besteht außer in seiner größeren Einfachheit vor allem darin, daß unter Umständen beträchtliche Streuungen *innerhalb* jeder der beiden Beobachtungsreihen x_i und y_i auftreten und dann die allein interessierenden Unterschiede *zwischen* den Reihen unter Umständen ganz verdecken können (z. B. verschieden starkes Reagieren der Versuchspersonen). Solche störenden Streuungen innerhalb der Reihen gehen beim ersten Vorgehen in Form der Streuungen s_1^2, s_2^2 in s^2 ein und drücken dadurch die Prüfgröße t nach (17) herab, so daß $|t| < t_S$, also nicht signifikant ausfällt, obgleich tatsächlich Unterschiede zwischen den Reihen über das Zufallsmaß hinaus bestehen. Diese störenden Streuungen innerhalb der Reihen werden durch die Differenzbildung auf einfache und wirksame Weise eliminiert. Weiter kann es sein, daß die Variablen x und y für sich von der Normalverteilung beträchtlich abweichen, die Differenz d aber recht gut N-verteilt ist. Die Voraussetzung (20) ist also schwächer als die normalverteilter Einzelgrundgesamtheiten. — Als klassisches Beispiel bringen wir das von STUDENT in seiner Arbeit über die t-Verteilung angeführte über den Unterschied zweier Schlafmittel.

Beispiel: Vergleich zweier Schlafmittel.

Patient	Zusätzlicher Schlaf in h			d_i^2
	Mittel A	Mittel B	Unterschied $B - A = d_i$	
1	+0,7	+1,9	+1,2	1,44
2	−1,6	0,8	2,4	5,76
3	−0,2	1,1	1,3	1,69
4	−1,2	0,1	1,3	1,69
5	−0,1	−0,1	0	0
6	3,4	4,4	1,0	1,00
7	3,7	5,5	1,8	3,24
8	0,8	1,6	0,8	0,64
9	0	4,6	4,6	21,16
10	2,0	3,4	1,4	1,96
$n = 10$			$\mathsf{S} = 15{,}8$	38,58

$$\text{Durchschnitt:} \quad \bar{d} = \mathsf{S}/n = \underline{+1{,}58\,\text{h}}$$

$$\sum d_i^2 = 38{,}58$$

$$\mathsf{S}^2/n = 24{,}96$$

$$\sum (d_i - \bar{d})^2 = 13{,}62, \quad s_d^2 = 1{,}5133, \quad s_d^2/n = \underline{0{,}1513}$$

$$s_d/\sqrt{n} = \underline{0{,}389}$$

$$t = \frac{1{,}58}{0{,}389} = \underline{4{,}06} \quad \text{bei} \quad f = 9$$

$$S = 99\,\%: \; t_{0,99} = \underline{3{,}25} \quad \text{bei} \quad f = 9$$

Also ist die Abweichung hoch signifikant, das Mittel B ist eindeutig wirksamer als A.

18.5 Prüfen auf Streuung. Kontrollkarten

Zur Prüfung einer Grundgesamtheit auf ihre Streuung hin ist notwendige

Voraussetzung: Grundgesamtheit normalverteilt.

Zu testen ist die

$$\textit{Hypothese} \quad \boxed{\sigma = \sigma_0} \tag{23}$$

bei einer Alternative, die hier in der Regel $\sigma > \sigma_0$ lauten wird. Denn indem σ ein Maß für die Ungleichmäßigkeit eines Erzeugnisses ist, sind meistens allein zu große Streuungen unerwünscht. Aber auch ungewöhnlich kleine Werte von σ können als verdächtig erscheinen, in welchem Falle man gegen die Alternative $\sigma \neq \sigma_0$ testen wird (zweiseitiger Test). Wir wollen hier nur diesen zweiten Fall näher erörtern. — An Stelle der in § 18.2, Gl. (4), angegebenen

$$\textit{Prüfgröße} \quad \boxed{\chi^2 = \frac{f\,s^2}{\sigma_0^2}} \tag{24}$$

mit χ^2-Verteilung vom Freiheitsgrad $f = n - 1$ verwenden wir lieber die einfachere

$$\textit{Prüfgröße} \quad \boxed{\lambda = s/\sigma_0}\,, \tag{25}$$

von der wir in § 17.3 die unteren und oberen Sicherheitsgrenzen λ_U, λ_O in Abhängigkeit vom Freiheitsgrad $f = n - 1$ aufgeführt hatten (dort als Vertrauensgrenzen benutzt). Das Prüfverfahren besteht dann in

$$\begin{aligned} &\text{Annahme der Hypothese für } \lambda_U \leqq \lambda \leqq \lambda_O, \\ &\text{Ablehnen der Hypothese für } \lambda < \lambda_U \text{ oder } \lambda > \lambda_O \end{aligned}$$

wieder auf der Basis einer bestimmten statistischen Sicherheit $S = 1 - \alpha$, wobei $\alpha = 5\%$ die Warngrenzen, $\alpha = 1\%$ die Kontrollgrenzen liefert.

In besonders anschaulicher Form gestaltet sich das Auswerten statistischer Teste mit Hilfe sogenannter *Kontrollkarten*, die eine sehr übersichtliche und bequeme fortlaufende Fabrikationskontrolle gestatten, und die wir hier für das Beispiel der Streuungsprüfung erläutern. Selbstredend lassen sie sich ebenso für Prüfen auf Mittelwert mit der Testgröße t und den t-Fraktilen $\pm t_S$ als dabei symmetrisch gelegene Warn- und Kontrollgrenzen anlegen. Man macht dazu z. B. tägliche Proben festen Umfanges n und bildet jeweils Stichprobenmittel $\bar{x}$ (für die $\bar{x}$-Karte) und Stichprobenstreuung s^2 (für die s-Karte)

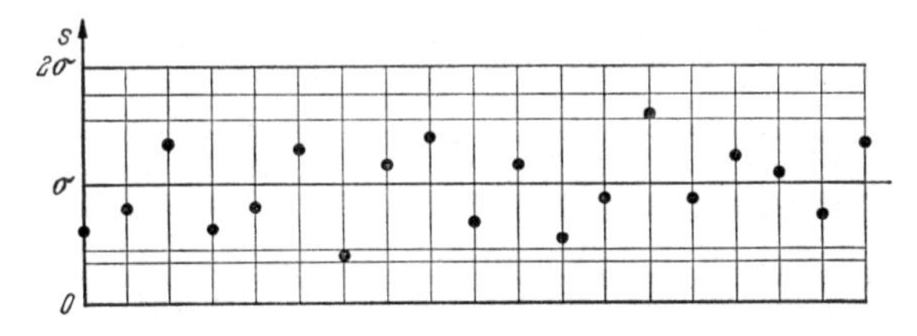

Abb. 18.2. Bild einer Kontrollkarte für die Standardabweichung s laufender Stichproben mit inneren und äußeren Sicherheitsgrenzen

sowie die zugehörigen Prüfgrößen. Für die s-Karte erhält man z. B. für $n = 7$, also $f = 6$ mit den Werten λ_U, λ_O von S. 294 folgende Sicherheitsgrenzen:

	untere	obere	
5%	$s = 0{,}454\,\sigma \cdots$	$1{,}552\,\sigma$	Warngrenze,
1%	$s = 0{,}336\,\sigma \cdots$	$1{,}758\,\sigma$	Kontrollgrenze.

Indem nun die täglichen Stichprobenwerte s fortlaufend in die s-Karte eingetragen werden nach Art von Abb. 18.2, erhält man ein übersichtliches Bild davon, ob die Fabrikation „unter Kontrolle" verläuft, oder aber ob größere Unregelmäßigkeiten auftreten, deren Ursache abzustellen ist.

18.6 Der χ^2-Test

Eine der wichtigsten und weitreichendsten Anwendungen der χ^2-Verteilung ist der von K. PEARSON eingeführte und von R. A. FISHER weiterentwickelte *χ^2-Test* (vgl. die Fußnoten S. 292), ein sogenannter parameterfreier Test, d. h. einer, der über die besondere Art der Verteilung der Grundgesamtheit und deren Parameter keinerlei Annahmen macht und daher ein sehr weites Anwendungsfeld hat. Wir können hier wieder nur die wesentlichen Grundgedanken wiedergeben und nur einige wenige Beispiele aus einer Fülle von Anwendungsmöglichkeiten anführen.

Gegeben sei ein Zufallsexperiment E mit einem gewissen vollständigen Ereignissystem A_i, denen bekannte Wahrscheinlichkeiten p_i zugehören. Wiederholt man das Experiment n-mal, so ergeben sich für die r Ereignisse A_i zufallsbedingte Trefferzahlen x_i mit $\sum x_i = n$, die von deren Erwartungswerten $e_i = n\,p_i$ mehr oder weniger abweichen werden. Mit diesen r *Abweichungen*

$$\boxed{d_i = x_i - n\,p_i}, \tag{26}$$

die PEARSON normiert zu

$$y_i = d_i/\sqrt{n\,p_i},$$

bildet man die Summe der Abweichungsquadrate in der Form

$$\boxed{\chi^2 = \sum_1^r y_i^2 = \sum_1^r \frac{(x_i - n\,p_i)^2}{n\,p_i}}, \tag{27}$$

für welche PEARSON zeigt, daß sie sich mit $n \to \infty$ einer χ^2-Verteilung mit dem Freiheitsgrad

$$\boxed{f = r - 1} \tag{28}$$

nähert. Das ist die Grundlage des χ^2-Testes. Die Größe χ^2 ist ein ***quadratisches Abweichungsmaß***, das als ***Prüfgröße*** dient, um etwaige Abweichungen von den hypothetisch angenommenen Wahrscheinlichkeiten p_i der Ereignisse zu testen. Je größer diese Abweichungen sind, desto größer wird χ^2 ausfallen. Nach Wahl einer Sicherheitsschwelle α, also der statistischen Sicherheit $S = 1 - \alpha$, besteht das Prüfverfahren in

$$\text{Annahme der Hypothese } p_i \text{ für } \chi^2 \leqq \chi_S^2,$$
$$\text{Ablehnen der Hypothese } p_i \text{ für } \chi^2 > \chi_S^2$$

mit den einseitigen χ^2-Fraktilen χ_S^2, vgl. § 17.3, letzter Absatz. *Praktische Voraussetzung* für Zulässigkeit des Testes ist allein *genügend große Anzahl n*, wofür als (mit Vorsicht aufzunehmende) *Regel*

$$n p_i \geqq 5$$

gilt für alle i.

1. Beispiel[1]**:** Ein Würfel wird 60mal geworfen. Für die 6 Augenzahlen i ergeben sich folgende Trefferzahlen x_i gegenüber den für regelmäßigen Würfel erwarteten Anzahlen $e_i = 10$.

Ergebnis des Testes:

$\chi^2 = 13{,}6$

$f = 5: \alpha = 5\%$, $\chi^2_{0,95} = 11{,}1$

$\alpha = 1\%$, $\chi^2_{0,99} = 15{,}1$

Die Abweichungen sind somit signifikant, der Würfel ist nicht als regelmäßig anzusehen. Die Anzahl $n = 60$ dürfte indessen kaum ausreichen, um gegen Fehlentscheidungen genügend sicher zu sein.

i	x_i	e_i	d_i	d_i^2/e_i
1	6	10	−4	1,6
2	15	10	5	2,5
3	7	10	−3	0,9
4	4	10	−6	3,6
5	17	10	7	4,9
6	11	10	1	0,1
$r = 6$	60	60	0	13,6

Ein häufiger Sonderfall ist $r = 2$, d. h. man hat nur die beiden Ereignisse A mit Wahrscheinlichkeit p und $\bar{A}$ mit Wahrscheinlichkeit $q = 1 - p$. Die Zahl der Treffer von A sei k gegenüber der zu erwartenden Anzahl $n p$. Hierfür vereinfacht sich Formel (27) zu

$$\boxed{\chi^2 = \frac{(k - np)^2}{n p q}} \quad \text{bei} \quad \boxed{f = 1}. \tag{29}$$

2. Beispiel: Bei einer Fabrikation werden $p = 5\%$ fehlerhafte Stücke erwartet. Welche Ausschußzahlen k sind in einer Probe von $n = 100$ Stück mit einer statistischen Sicherheit von 95% noch mit der Hypothese $p = 5\%$ zu vereinbaren?

$$\frac{d^2}{n p q} \leqq \chi_S^2 = 3{,}84 \quad \text{für} \quad f = 1 \text{ und } S = 95\%$$

$$d^2 \leqq 3{,}84 \cdot 5 \cdot 0{,}95 = 18{,}24$$

$$|d| \leqq 4{,}27$$

Also sind $k \approx 5 \pm 4 = 1 \cdots 9$ fehlerhafte Stücke noch annehmbar.

18.7 Zweiseitiges Risiko

Wir beschließen unsere kurze Einführung in die statistischen Prüfverfahren mit den einleitend in § 18.1 aufgeworfenen Fragen, wo wir es als einen Mangel der Testverfahren in der bisherigen Form ansprechen mußten, daß die Irrtumswahrscheinlichkeit des Testes zwar bei Verwerfen der Hypothese bekannt ist, nämlich gleich der dem Test zugrunde gelegten Sicherheitsschwelle α, bei Annehmen der Hypothese hingegen nicht. Fällt der Test nicht signifikant aus, so weiß man lediglich, daß die Stichprobe keinen Anhaltspunkt für Nichtzutreffen

[1] Aus P. G. HOEL, S. 187; vgl. Fußnote 1 auf S. 260.

der Hypothese ergeben hat, man weiß aber keineswegs, daß sie zutrifft. Das zu Unrecht Verwerfen wird nach J. NEYMAN und E. S. PEARSON in der von ihnen entwickelten Testtheorie als Fehler erster Art (FI), das zu Unrecht Annehmen als Fehler zweiter Art (FII) bezeichnet, und man nennt die Irrtumswahrscheinlichkeiten

$$\mathcal{P}(\text{FI}) = \alpha = \text{Produzentenrisiko},$$

$$\mathcal{P}(\text{FII}) = \beta = \text{Konsumentenrisiko},$$

wovon bisher nur die erste bekannt ist. Bezeichnen wir allgemein den zu testenden Parameter mit ϑ und lautet die zu testende Hypothese $\vartheta = \vartheta_0$, so drücken sich diese Gleichungen auch so aus:

$$\mathcal{P}(\text{Verwerfen};\quad \vartheta = \vartheta_0) = \alpha,$$

$$\mathcal{P}(\text{Annehmen};\quad \vartheta \neq \vartheta_0) = \beta.$$

Die uns hier interessierende Fehlerwahrscheinlichkeit β hängt nun vom wahren Wert des Parameters ϑ ab, $\beta = \beta(\vartheta)$, und zwar so, daß sie um so größer wird, je näher ϑ an ϑ_0 rückt, um mit $\vartheta \to \vartheta_0$ gegen $1 - \alpha$ zu gehen. Anderseits aber ist es doch so, daß, wenn zwar $\vartheta \neq \vartheta_0$, aber sehr nahe am Hypothesenwert ϑ_0, ein Annehmen trotz nicht genau zutreffender Hypothese zwar eine Fehlentscheidung darstellt, aber eine, die praktisch ganz ohne Belang ist. Erst wenn die Abweichung des wahren Wertes ϑ von ϑ_0 einen gewissen Mindestwert erreicht, etwa für $\vartheta = \vartheta_1$, wird man ein Annehmen als belangvoll und unerwünscht ansehen. Auf diesen Wert wollen wir daher hinfort die Irrtumswahrscheinlichkeit beziehen, $\beta = \beta(\vartheta_1)$, also

$$\mathcal{P}(\text{Annehmen};\ \vartheta = \vartheta_1) = \beta. \tag{30}$$

Für das Prüfverfahren wurde allgemein eine Prüfgröße t aufgestellt, die außer vom Stichprobenausfall noch vom zu testenden Parameter ϑ abhängt, und zwar wird sie zum *Hypothesenwert* ϑ_0 gebildet.

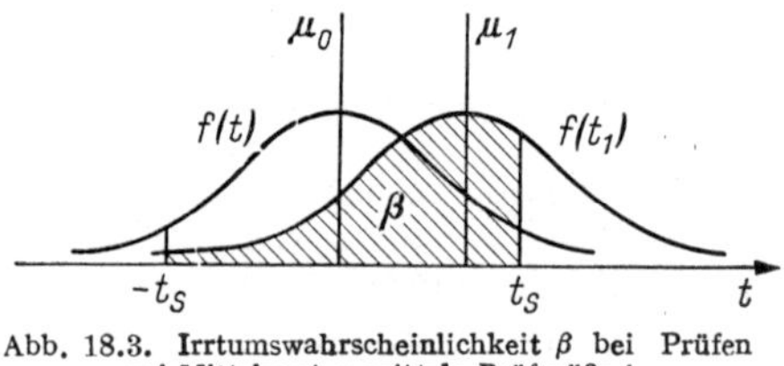

$$t = t(\vartheta_0).$$

Abb. 18.3. **Irrtumswahrscheinlichkeit β bei Prüfen auf Mittelwert μ mittels Prüfgröße t**

Außer ihr führen wir nun noch die zum Wert ϑ_1 gebildete Größe t_1 ein:

$$t_1 = t(\vartheta_1).$$

Die Verteilung dieser Größe t_1 ist natürlich nicht mehr die von t, sie ist gegenüber der t-Verteilung *verschoben*. Die Irrtumswahrscheinlichkeit β ist dann gleich dem Flächenanteil unter der Dichtekurve $f(t_1)$, der über dem Annahmebereich der eigentlich benutzten Prüfgröße t liegt. Abb. 18.3 zeigt diese Verhältnisse für das Prüfen auf Mittelwert μ mit Hilfe der t-verteilten Größe t nach Gl. (8), wobei also $\vartheta = \mu$

ist, und wo der Annahmebereich das Intervall $-t_S \cdots +t_S$ ist. Auf diesen Fall sei alles weitere bezogen.

Wir nehmen — unbeschadet der Allgemeinheit — weiterhin $\mu_1 > \mu_0$ an und messen den Unterschied $\mu_1 - \mu_0$ in Vielfachen von σ, also durch

$$\boxed{\delta = \frac{\mu_1 - \mu_0}{\sigma}}. \tag{31}$$

Mit

$$t = \frac{\bar{x} - \mu_0}{s/\sqrt{n}}, \qquad t_1 = \frac{\bar{x} - \mu_1}{s/\sqrt{n}}$$

sowie mit $\delta' = \delta \cdot \sigma/s$ erhalten wir den Zusammenhang

$$t = t_1 + \delta' \sqrt{n}.$$

Damit wird

$$\begin{aligned} \mathcal{P}\,(\text{Annahme}) &= \mathcal{P}\,(-t_S \leqq t \leqq t_S) \\ &= \mathcal{P}\,(-t_S \leqq t_1 + \delta' \sqrt{n} \leqq t_S) \\ &= \mathcal{P}\,(-t_S - \delta' \sqrt{n} \leqq t_1 \leqq t_S - \delta' \sqrt{n}), \end{aligned}$$

womit Gl. (30) übergeht in

$$\beta = \mathcal{P}\,(-t_S - \delta' \sqrt{n} \leqq t_1 \leqq t_S - \delta' \sqrt{n};\ \mu = \mu_1). \tag{32}$$

Für $\mu = \mu_1$ aber ist t_1 die richtige Verteilung, und damit ist β der zwischen den Grenzen $-t_S - \delta' \sqrt{n}$ und $t_S - \delta' \sqrt{n}$ gelegene Flächenteil unter der t-Dichte, der sowohl direkt wegen der Fraktilenverschiebung $-\delta' \sqrt{n}$ als auch indirekt wegen $t_S = t_S(f)$ mit $f = n - 1$ vom Probenumfange n abhängt, und zwar wird β mit wachsendem n kleiner. Hierdurch aber hat man nun die Möglichkeit, durch *Vergrößern des Probenumfanges* die Irrtumswahrscheinlichkeit β bei festem α beliebig herabzusetzen, insbesondere n so zu bestimmen, daß β einen vorgeschriebenen Wert, z. B. den gleichen wie α, etwa 5% annimmt. Dies wäre an Gl. (32) etwas umständlich durchzuführen. Da nun bei den üblichen kleinen Werten von β von vornherein größere n-Werte zu erwarten sind, so wird man die t-Verteilung unbedenklich durch die $N(0,1)$-Verteilung ersetzen dürfen. Aus (32) wird dann, wenn man noch $\delta' \to \delta$ berücksichtigt:

$$\beta = \mathcal{P}\,(-u_S - \delta \sqrt{n} \leqq u_1 \leqq u_S - \delta \sqrt{n};\ \mu = \mu_1), \tag{32a}$$

was sich dann mit der $N(0,1)$-Verteilungsfunktion $\Phi(u)$ ausdrückt zu

$$\beta = \Phi(u_S - \delta \sqrt{n}) - \Phi(-u_S - \delta \sqrt{n}). \tag{33}$$

Nun ist $\Phi(-u_S) = \alpha/2$ schon klein, und da bei weiterem Verkleinern des Argumentes in $\Phi(u)$ dieses sehr rasch gegen Null geht, so darf man das zweite Glied rechts in (33) ganz vernachlässigen. So erhalten wir schließlich die für weitere Auswertung bequeme Näherung

$$\boxed{\beta = \Phi(u_S - \delta\sqrt{n}) = \beta(\delta, n)}\,. \tag{34}$$

Für $\alpha = 5\%$, $u_S = 1{,}960$, $\delta = 0{,}5$ und $n = 16$ wird beispielsweise $\beta = \Phi(-0{,}040) = 0{,}484 = 48{,}4\%$, also ein als Konsumentenrisiko gegenüber dem kleinen Produzentenrisiko von 5% viel zu hoher Wert. Zur Erreichung etwa auch von $\beta = 5\%$ müssen wir n beträchtlich heraufsetzen. Zur Auflösung von (34) nach n bedienen wir uns der Umkehrfunktion Ψ von Φ, also $\Psi[\Phi(u)] = u$, und erhalten

$$u_S - \delta\sqrt{n} = \Psi(\beta) = -u'_S = -u_{\bar{S}}, \tag{35}$$

das ist jener u-Wert, der von der Dichte $\varphi(u)$ die untere Fläche β abschneidet, was bei

$$\boxed{\bar{S} = 1 - 2\beta} \tag{36}$$

der Fall ist. Damit wird endgültig

$$\boxed{n = \left(\frac{u_S + u'_S}{\delta}\right)^2}\,. \tag{37}$$

Für das obige Beispiel mit $\delta = 0{,}5$ wird

$$\left.\begin{array}{lll} \alpha = 5\,\%\,, & S = 95\,\%\,, & u_S = 1{,}960 \\ \beta = 5\,\%\,, & \bar{S} = 90\,\%\,, & u'_S = 1{,}645 \end{array}\right\} (u_S + u'_S) : \delta = 3{,}605 : 0{,}5 = 7{,}21$$

$$\underline{n = 7{,}21^2 = 52\,.}$$

Bei diesem Probenumfang können wir sowohl bei Ablehnen als auch bei Annehmen der Hypothese sagen, daß eine Fehlentscheidung nach der einen oder anderen Richtung nur in 5% aller Fälle eintreten wird.

Hier noch ein Beispiel anderer Art für die Anwendung des Testes mit zweiseitigem Risiko. In einer Fabrikation ist ein gewisser Prozentsatz p aller Stücke fehlerhaft. Dabei seien

$$\begin{array}{ll} \text{wünschenswert} & p \leqq p_0, \\ \text{noch tragbar} & p_0 < p \leqq p_1, \\ \text{untragbar} & p > p_1. \end{array}$$

Es soll folgendes *Prüfverfahren* angewandt werden: Es wird eine Stichprobe von n Stücken gemacht. Darin seien d Stücke defekt. Dann erfolge

Annahme der Probe, falls $d \leqq d'$,

Ablehnen der Probe, falls $d > d'$

mit einer noch zu bestimmenden Grenz-Anzahl d'.

Gesucht: d' und n derart, daß

$$\begin{aligned} \mathcal{P}\,(\text{Verwerfen};\ p \leqq p_0) &= \alpha, \\ \mathcal{P}\,(\text{Annehmen};\ p > p_1) &= \beta. \end{aligned} \tag{38}$$

Es handelt sich hier um die in § 15.4 angeführte *Binomialverteilung:* Ereignis A = defektives Stück, seine Wahrscheinlichkeit p, n-malige Wiederholung des Experimentes (Auswählen eines Stückes nach Zufall), dabei $k = d$-maliges Eintreten von A. Als Verteilung hatten wir in § 15.4, Gl. (14) angegeben:

$$\mathcal{P}\,(d = k) = p_k = \binom{n}{k} p^k q^{n-k} \quad \text{mit} \quad q = 1 - p. \tag{39}$$

Damit wird

$$\mathcal{P}\,(\text{Annahme};\ p) = \mathcal{P}\,(d \leqq d') = \sum_{k=0}^{d'} p_k. \tag{40}$$

In dieser Form wäre nun das Lösen der Aufgabe — Bestimmen von n und d' — höchst mühsam. Da aber große Werte von n zu erwarten sind, so macht man mit Vorteil von der Tatsache Gebrauch, daß die Binomialverteilung — wie viele andere Verteilungen auch — mit zunehmendem n sich der *Normalverteilung* nähert, und zwar wird die Größe

$$u = \frac{d - n\,p}{\sqrt{n\,p\,q}} \tag{41}$$

angenähert $N(0,1)$-verteilt (Mittelwert der Binomialverteilung $= n\,p$, Varianz $= n p q$). Damit läßt sich die Summe in (40) ersetzen durch das Integral der N-Dichte $\varphi(u)$, also die Verteilungsfunktion $\Phi(u)$:

$$\mathcal{P}\,(d \leqq d') = \Phi(u') = \Phi\left(\frac{d' - n\,p}{\sqrt{n\,p\,q}}\right). \tag{42}$$

Die Forderungen (38) formulieren sich hiermit:

$$\begin{aligned} p = p_0 &: \Phi(u_0') = 1 - \alpha, & u_0' &= \Psi(1 - \alpha), \\ p = p_1 &: \Phi(u_1') = \beta, & u_1' &= \Psi(\beta). \end{aligned}$$

Mit (41) führt das auf die beiden Gleichungen für d' und n:

$$d' - n p_0 = \Psi(1-\alpha)\sqrt{n p_0 q_0}, \tag{43a}$$

$$d' - n p_1 = \Psi(\beta)\sqrt{n p_1 q_1}, \tag{43b}$$

woraus sich durch Subtraktion und Auflösen nach n ergibt, wenn wir noch

$$\Psi(1-\alpha) = u_{1-2\alpha} \quad \text{und} \quad \Psi(\beta) = -u_{1-2\beta} \tag{44}$$

mit den Fraktilen u_g berücksichtigen:

$$\boxed{\sqrt{n} = \frac{\sqrt{p_0 q_0}\, u_{1-2\alpha} + \sqrt{p_1 q_1}\, u_{1-2\beta}}{p_1 - p_0}}\,. \tag{45}$$

Hat man hieraus n errechnet, so erhält man d' aus einer der beiden Gleichungen (43).

Beispiel: $p_0 = 5\%$, $\sqrt{p_0 q_0} = 0{,}218$,

$p_1 = 10\%$, $\sqrt{p_1 q_1} = 0{,}300$,

$\alpha = \beta = 5\%$, $u_{0,90} = 1{,}645$.

$$\sqrt{n} = \frac{1{,}645 \cdot 0{,}518}{0{,}05} = 17{,}05 \quad \boxed{n = 290}\,.$$

Damit aus (43): $d' = 20{,}6$, abgerundet $\boxed{d' = 20}$.

Abschließend weisen wir hier auf die von A. WALD 1944/45 entwickelte[1] *Sequenzanalyse* hin, ein Testverfahren mit zweiseitigem Risiko von großer praktischer Bedeutung, bei dem die Probe nicht wie sonst auf einmal mit festem Umfange n, sondern schrittweise aufbauend mit $n = 1, 2, 3, \ldots$ genommen wird. Bei jedem Schritt wird nach besonderer Vorschrift und in höchst anschaulicher Form geprüft, ob man sich für Annahme oder Ablehnen der Hypothese oder aber für Fortführen des Prüfverfahrens zu entscheiden hat. Hierdurch gelingt es, den endgültigen Probenumfang, der selbst zur stochastischen Veränderlichen wird, gegenüber dem festen des üblichen Testes zweiseitigen Risikos im Mittel entscheidend herabzudrücken.

§ 19 Ausgleichsrechnung: Direkte Beobachtungen

Als eines der ältesten Anwendungsgebiete mathematischer Statistik kann die von GAUSS begründete und im vorigen Jahrhundert zu großer Blüte weiterentwickelte *Ausgleichsrechnung* nach der Methode der

[1] WALD, A.: Sequential Analysis. New York 1957. 212 S.

kleinsten Quadrate angesehen werden. Ihr Ziel ist es, aus mit unvermeidlichen Meßfehlern behafteten Beobachtungswerten möglichst gute Näherungen für die gesuchten Größen zu finden, die entweder unmittelbar gemessen (direkte Beobachtungen) oder aus gemessenen Funktionswerten errechnet werden (vermittelnde Beobachtungen). Obgleich die Ausgleichsrechnung auf eine weitgehend selbständige und von der Statistik unabhängige Entwicklung mit alter Tradition und fest gefügten Bezeichnungen zurückblickt, erscheint es heute lohnend und angebracht, sie in enger Anlehnung an die moderne Statistik mit ihren vielfach allgemeineren und weiterreichenden Begriffsbildungen darzustellen, was im folgenden versucht wird[1]. Wir halten dabei möglichst an den in der Ausgleichsrechnung eingebürgerten Bezeichnungen fest, die wir gelegentlich durch die in der Statistik üblichen neueren ergänzen.

19.1 Ausgleich direkter Beobachtungen gleicher Genauigkeit

Die einfachste Aufgabe der Ausgleichsrechnung liegt vor, wenn eine einzige durch Messung zu ermittelnde Größe x der unmittelbaren Messung (Beobachtung) zugänglich ist. Zum Zweck des Ausgleichs der unvermeidlichen Beobachtungsfehler mißt man sie nicht nur einmal, was ja an sich genügen würde, sondern mehrmals unter möglichst gleichen Bedingungen. Das Ergebnis dieser n Messungen sind n Beobachtungswerte l_i (im früheren mit x_i bezeichnet), die vom Standpunkt der Statistik aus eine *Stichprobe* vom Umfange n bilden, genommen aus einer Grundgesamtheit, von der man aus allgemein theoretischen Erwägungen über das Zustandekommen von Beobachtungsfehlern (Fehlertheorie, Überlagerung vieler regelloser Einflüsse) annimmt, daß sie *normalverteilt* sei mit einem — unbekannten — Mittelwert μ, dem sogenannten *wahren Wert,* und einer gleichfalls unbekannten Populationsstreuung σ, welche vom Meßverfahren abhängen wird. Bei gleichem Meßverfahren für die n Beobachtungen l_i spricht man von Beobachtungen gleicher Genauigkeit: es sind stochastisch unabhängige Stichprobenwerte der gleichen $N(\mu, \sigma)$-verteilten Grundgesamtheit. Dabei sind selbstredend einerseits sogenannte „grobe Fehler" (Rechenfehler usw.), anderseits „systematische Fehler" (z. B. zu kurze Meßlatte oder dergleichen), die das Meßergebnis einseitig verfälschen, auszuschließen und allein die *regellosen* = zufälligen Fehler als die unvermeidlichen Beobachtungsfehler zuzulassen, eine Situation, die ja auch sonst für die Statistik typisch ist (Ausschalten nicht zufallsbedingter Einflüsse).

Als Schätzwert für das unbekannte Mittel μ, den wahren Wert, den wir im folgenden auch mit $\mathring{x}$ bezeichnen wollen (an Stelle der in der

[1] Vgl. dazu J. W. LINNIK: Die Methode der kleinsten Quadrate in moderner Darstellung. Berlin 1961.

Ausgleichsrechnung üblichen Bezeichnung X, die mit unserer früheren Benennung der stochastischen Variablen kollidieren würde), dient nun auch hier das arithmetische Mittel $\bar{x}$ (in der Ausgleichsrechnung meist einfach x genannt):

$$\boxed{\bar{x} = \frac{1}{n}\sum l_i = \frac{1}{n}[l]}\,. \tag{1}$$

Wir bedienen uns hier wie in allem folgenden der seit GAUSS üblichen Abkürzung $[l]$ für $\sum l_i$. Dieses Stichprobenmittel wird *wahrscheinlichster Wert* der Meßgröße genannt aus folgendem Grunde. Die Einzelbeobachtung l, aufgefaßt als stochastische Veränderliche mit $N(\mu,\sigma)$-Verteilung, besitzt die in § 15.6, Gl. (37) angeschriebene Dichte

$$f(l) = \frac{1}{\sigma\sqrt{2\pi}}\, e^{-\frac{1}{2\sigma^2}(l-\mu)^2}.$$

Da die n Werte l_i unabhängig und gleich verteilt sind, so besitzt die n-dimensionale Stichproben-Variable $(l_1, l_2, \ldots, l_n)$ die Produktdichte

$$f(l_1, \ldots, l_n) = \frac{1}{\sigma^n \sqrt{2\pi}^{\,n}}\, e^{-\frac{1}{2\sigma^2}\sum(l_i-\mu)^2}. \tag{2}$$

Faßt man nun diese Größe bei gegebenem Stichprobenausfall $l_1, \ldots, l_n$ auf als Funktion des noch unbekannten Populationsmittels, so ist es naheliegend, dafür einen Schätzwert $\tilde{\mu}$ so zu bestimmen, daß die Wahrscheinlichkeitsdichte zum Maximum wird[1]. Das aber führt, wie unmittelbar zu erkennen, auf die Forderung

$$Q = \sum (l_i - \tilde{\mu})^2 = \text{Min}, \tag{3}$$

also gerade auf das, was durch GAUSS als *Methode der kleinsten Quadrate* zum Prinzip der Ausgleichsrechnung erhoben worden ist[2].

Die bekannte Bedingung für (3)

$$\frac{dQ}{d\tilde{\mu}} = -2\sum (l_i - \tilde{\mu}) = 0$$

führt sogleich auf

$$\tilde{\mu} = \frac{1}{n}[l] = \bar{x}.$$

---

[1] In der modernen Statistik ist dieses Prinzip von R. A. FISHER unter dem Namen *Maximum Likelihood Methode* zur Ermittlung von Schätzwerten für allgemeine Populationsparameter eingeführt worden; vgl. etwa B. L. VAN DER WAERDEN, Mathematische Statistik, S. 148ff. Berlin 1957.

[2] GAUSS hat dem Prinzip auch noch eine andere von der Annahme normalverteilter Grundgesamtheit unabhängige Begründung gegeben; vgl. VAN DER WAERDEN, S. 124/25.

Das arithmetische Mittel $\bar{x}$ ergibt sich somit als wahrscheinlichster, als plausibelster Wert im oben beschriebenen Sinne: es macht im Falle normalverteilter Grundgesamtheit die Wahrscheinlichkeitsdichte der n-dimensionalen Veränderlichen $(l_1, \ldots, l_n)$ bei gegebenem Stichprobenausfall und noch offenem Mittelwert zum Maximum.

In der Bezeichnung der Ausgleichsrechung heißen

$$\varepsilon_i = \mathring{x} - l_i \text{ die } \textit{wahren Fehler}, \tag{4a}$$

$$v_i = \bar{x} - l_i \text{ die } \textit{wahrscheinlichen Fehler}, \tag{4b}$$

wobei der Ausdruck „Fehler" im Sinne von „Verbesserung" gebraucht wird (wahrer Wert = fehlerhafter Wert + Verbesserung). Das Stichprobenmittel $\bar{x}$ erfüllt somit die Forderung kleinster Fehlerquadratsumme für die allein ermittelbaren wahrscheinlichen Fehler v_i:

$$\boxed{[v\,v] = \text{Min}}\,, \tag{5}$$

wo wieder $[v\,v] = \sum v_i^2$ bedeutet. Aus der Definitionsgleichung (1) für $\bar{x}$ aber folgt die zur Kontrolle nützliche Identität

$$\boxed{[v] = 0}\,. \tag{6}$$

Demgegenüber wird $[\varepsilon]$ im allgemeinen keineswegs Null; vielmehr folgt aus (4a)

$$[\varepsilon] = n\,\mathring{x} - [l] = n(\mathring{x} - \bar{x})\,, \tag{7}$$

was offenbar nur dann verschwindet, wenn zufällig das Stichprobenmittel $\bar{x}$ (der wahrscheinlichste Wert) mit dem Populationsmittel $\mu = \mathring{x}$ (dem wahren Wert) übereinstimmt. Wohl aber ergibt sich wegen $\mathcal{E}\,\bar{x} = \mu = \mathring{x}$ für den *Erwartungswert* der Fehlersumme $[\varepsilon]$ Null:

$$\boxed{\mathcal{E}[\varepsilon] = 0}\,. \tag{8}$$

Denkt man sich die Meßreihe $l_1, \ldots, l_n$ bei festem Probenumfange n viele Male unter den gleichen Bedingungen wiederholt, so gruppieren sich die — im übrigen ja unbekannten — Fehlersummen $[\varepsilon]$ um den Mittelwert Null.

Von besonderem Interesse sind nun die Erwartungswerte der beiden *Fehlerquadratsummen* $[\varepsilon\,\varepsilon]$ und $[v\,v]$, von denen wiederum nur die letzte aus der Stichprobe angebbar und somit praktisch verwertbar ist. Die ε_i besitzen gleiche Varianz wie die l_i, also eine $N(0,\sigma)$-Verteilung. Damit ergeben sich die beiden Beziehungen

$$\mathrm{D}^2[\varepsilon] = n\,\mathrm{D}^2\,\varepsilon \;= n\,\sigma^2\,, \tag{9a}$$

$$n\,\mathrm{D}^2\,\varepsilon = n\,\mathcal{E}(\varepsilon^2) = \mathcal{E}[\varepsilon\,\varepsilon]\,, \tag{9b}$$

woraus sogleich folgt

$$\boxed{\mathcal{E}[\varepsilon\,\varepsilon] = n\,\sigma^2}\,. \tag{10}$$

Die Fehlerquadratsumme $[v\,v]$ formt man zunächst auf gleiche Weise wie früher schon mehrfach (§ 16.1 und 16.2) um auf

$$[v\,v] = [\varepsilon\,\varepsilon] - \frac{1}{n}[\varepsilon]^2. \tag{11}$$

Übergang auf die Erwartungen ergibt

$$\mathcal{E}[v\,v] = \mathcal{E}[\varepsilon\,\varepsilon] - \frac{1}{n}\,\mathcal{E}[\varepsilon]^2$$

oder wegen $\mathcal{E}\,[\varepsilon]^2 = \mathrm{D}^2\,[\varepsilon] = n\,\sigma^2$ nach (9a) und mit (10)

$$\boxed{\mathcal{E}[v\,v] = (n-1)\,\sigma^2}\,. \tag{12}$$

Die Größen $[v\,v]$ und $[\varepsilon\,\varepsilon]$ *können* bei einer einzelnen Stichprobe übereinstimmen, dann nämlich, wenn $[\varepsilon] = 0$, also wenn zufällig $\bar{x} = \mathring{x} = \mu$ ausfällt. *Im Mittel* aber erhält $[v\,v]$ gegenüber $[\varepsilon\,\varepsilon]$ den kleineren Wert entsprechend der Minimalforderung (5).

Die beiden Erwartungswerte (10) und (12) führen nun auf zwei Schätzwerte der Populationsstreuung σ^2, nämlich genau auf die beiden früher eingeführten Größen s_0^2 (bezogen auf das Populationsmittel) und s^2 (bezogen auf das Stichprobenmittel), wobei praktisch wieder nur die Stichprobenvarianz s^2 ermittelbar ist. Die Größen s_0 und s werden hier mit m_0 und m bezeichnet und *mittlere Fehler* der Beobachtungen l_i genannt. Es sind die Ausdrücke

$$\boxed{s_0 = m_0 = \sqrt{\frac{[\varepsilon\,\varepsilon]}{n}}} \tag{13}$$

und

$$\boxed{s = m = \sqrt{\frac{[v\,v]}{n-1}}}\,, \tag{14}$$

von denen praktisch allein der Wert m ermittelbar ist und als Basis zur weiteren Bewertung der Meßreihe dient. Insbesondere verwendet man als Schätzwert der Varianz von $\bar{x}$, $\mathrm{D}^2\,\bar{x} = \sigma^2/n$ das Quadrat der Größe

$$\boxed{m_x = \frac{m}{\sqrt{n}} = \sqrt{\frac{[v\,v]}{n\,(n-1)}}}\,, \tag{15}$$

die *mittlerer Fehler des Mittels* $\bar{x}$ genannt wird.

Mit dem Mittelwert $\bar{x}$ und seinem mittleren Fehler m_x wird das Ergebnis der Messung angegeben in der Form

$$\boxed{x = \bar{x} \pm m_x}, \tag{16}$$

was die folgende Bedeutung hat. Wie in § 17.2 gezeigt wurde, besitzt die Größe

$$\boxed{t = \frac{\bar{x} - \mathring{x}}{m_x}} \tag{17}$$

im Falle $N(\mu, \sigma)$-verteilter Grundgesamtheit ($\mu = \mathring{x}$) eine *t-Verteilung* vom Freiheitsgrade $f = n - 1$ = Zahl der überschüssigen Messungen. Nach Wahl einer bestimmten statistischen Sicherheit S (z. B. 95% oder 99%) ergeben sich dann mit den zu S gehörigen t-Fraktilen $t_S(f)$ für den unbekannten wahren Wert $\mathring{x}$ die *Vertrauensgrenzen*

$$\boxed{\bar{x} \pm t_S(f)\, m_x}, \tag{18}$$

das heißt: Mit der statistischen Sicherheit S (der Wahrscheinlichkeit S) liegt der wahre Wert $\mathring{x}$ der Meßgröße innerhalb dieses Intervalls. Diese Aussage ist, worauf wir hier mit Nachdruck hinweisen möchten, *mathematisch exakt*, sofern nur die Voraussetzung normalverteilter Grundgesamtheit zutrifft, was in Anbetracht der Natur der Beobachtungsfehler mit großer Näherung der Fall sein wird. Das auf diese Weise angebbare Intervall ist um so enger, je kleiner einerseits S gewählt wird, je geringere Ansprüche an das Wahrscheinlichkeitsmaß der Aussage also gestellt werden; es ist anderseits um so enger, je größer die Anzahl n der Messungen ist, die in der Aussage (16) zusammengefaßt werden. Diese Anzahl reduziert nämlich einerseits den mittleren Fehler m_x mit dem Faktor $1/\sqrt{n}$ (der Fehler m der Einzelbeobachtung ist als Schätzwert von σ nicht von n abhängig, er repräsentiert lediglich die Güte des Meßverfahrens!), zum anderen gehen die Fraktilen t_S mit Zunahme von $f = n - 1$ zurück, wie aus der Tabelle S. 291 ersichtlich. Für den bei Meßreihen üblichen Probenumfang von $n = 5$ bis 10 kann man auch hier eine Abnahme mit etwa $1/\sqrt{n}$ annehmen, so daß sich in diesem Gebiet von n die Vertrauensgrenzen nahezu mit $1/n$ reduzieren.

Ein Beispiel haben wir bereits in § 16.2, 1. Beispiel sowie am Schluß von § 17.2 angeführt. Bezüglich der praktischen Berechnung von $\bar{x}$ und $m = s$ verweisen wir gleichfalls auf § 16.2; vgl. aber auch das Beispiel am Schluß des folgenden Abschnitts.

19.2 Direkte Beobachtungen ungleicher Genauigkeit

Entstammen die Beobachtungen l_i verschiedenen Meßverfahren oder sind sie selbst wiederum Mittelwerte von Einzelmessungen, so daß ihnen bekannte mittlere Fehler m_i zugehören, so lassen sie sich auffassen als Proben aus verschiedenen Populationen gleichen Mittelwertes $\mu = \mathring{x}$, aber verschiedener Streuungen σ_i, für die etwa bekannte Fehler m_i Schätzwerte sind. In der Dichteformel (2) ist dann der Exponent zu ersetzen durch

$$-\frac{1}{2}\sum\left(\frac{l_i-\mu}{\sigma_i}\right)^2,$$

womit Forderung (3) übergeht in

$$\sum\left(\frac{l_i-\mu}{\sigma_i}\right)^2 = \text{Min.} \tag{3a}$$

An Stelle der Streuungen σ_i^2 selbst verwendet man lieber Streuungsverhältnisse, bezogen auf einen beliebig gewählten Wert σ^2, die man *Gewichte* nennt:

$$\boxed{p_i = \frac{\sigma^2}{\sigma_i^2} \approx \frac{m^2}{m_i^2}}. \tag{19}$$

Darin ist die Größe m gleichfalls beliebig gewählt, etwa als runder Wert aus dem Zahlenbereich der Fehler m_i für die l_i. Sie heißt *mittlerer Fehler der Gewichtseinheit*, was lediglich besagt, daß für $m_i = m$ sich $p_i = 1$ ergibt. Je genauer die Einzelbeobachtung l_i, je kleiner ihr Fehler m_i, desto größer ist also das ihr zuerteilte Gewicht p_i. Damit geht (3a) über in

$$Q = \sum p_i(l_i - \tilde{\mu})^2 = \text{Min}, \tag{3b}$$

woraus sich als wahrscheinlichster Schätzwert für μ das sogenannte *gewogene Mittel*

$$\boxed{\bar{x} = \frac{[p\,l]}{[p]}} \tag{1a}$$

ergibt. Es erfüllt die Minimalforderung

$$\boxed{[p\,v\,v] = \text{Min}}, \tag{5a}$$

und (1a) ist identisch mit der Kontrollgleichung

$$\boxed{[p\,v] = 0}. \tag{6a}$$

Gl. (10) und (12) sind zu ersetzen durch

$$\mathcal{E}\,[p\,\varepsilon\,\varepsilon] = n\,\sigma^2,$$
$$\mathcal{E}\,[p\,v\,v] = (n-1)\,\sigma^2$$

Dieser letzten Beziehung entspricht als Schätzwert für σ der Wert

$$\boxed{\bar{m} = \sqrt{\frac{[p\,v\,v]}{n-1}}}\,, \tag{14a}$$

der *Fehler der Gewichtseinheit nach der Ausgleichung.* Er muß sich in der Größenordnung des gewählten Bezugswertes m, des Gewichtseinheitsfehlers *vor* der Ausgleichung bewegen, wird jedoch, da in der Gesamtprobe mehrere Beobachtungen l_i gleicher Erwartung μ zusammengefaßt sind, eher kleiner ausfallen müssen, $\bar{m} < m$. Ergibt sich dagegen $\bar{m} > m$, so deutet das auf systematische Abweichungen der l_i hin, die also nicht mehr Grundgesamtheiten gleichen Mittelwertes entstammen. — Aus der Größe $\bar{m}$ erhält man die mittleren Fehler $\bar{m}_i$ der Beobachtungen *nach* der Ausgleichung zu

$$\boxed{\bar{m}_i = \frac{\bar{m}}{\sqrt{p_i}} = \frac{\bar{m}}{m}\,m_i}\,, \tag{14b}$$

wobei $\bar{m}_i < m_i$ zu erwarten sind. Praktisch wichtig aber ist vor allem wieder der *Fehler des Mittels,* nämlich

$$\boxed{m_x = \frac{\bar{m}}{\sqrt{[p]}} = \sqrt{\frac{[p\,v\,v]}{[p]\,(n-1)}}}\,. \tag{15a}$$

Mit $\bar{x}$ und m_x verläuft dann alles wie im vorigen Abschnitt nach den Gln. (16) bis (18) mit t-Fraktilen zum Freiheitsgrad $f = n - 1$.

In der Zahlenrechnung arbeitet man wieder vorteilhaft mit einem Annäherungswert a für $\bar{x}$ und den Abweichungen

$$l_i - a = \lambda_i \tag{20}$$

und erhält ähnlich wie früher

$$\bar{x} = a + \bar{z} \quad \text{mit} \quad \bar{z} = \frac{[p\,\lambda]}{[p]} \tag{1b}$$

sowie

$$\boxed{[p\,v\,v] = [p\,\lambda\,\lambda] - \bar{z}\,[p\,\lambda]}\,. \tag{21}$$

Beispiel: Für eine Meßgröße x liegt das Ergebnis l_i von vier Meßreihen nebst mittleren Fehlern m_i vor. Gesucht sind Mittelwert $\bar{x}$ nebst mittlerem Fehler und Vertrauensgrenzen bei $S = 95\%$.

l_i	m_i	p_i	$\lambda_i\,10^3$		$p_i\,\lambda_i\,10^3$		$p_i\,\lambda_i^2\,10^6$	$\overline{m}_i$
			+	−	+	−		
1,384	± 0,008	1,56		1		1,56	1,56	0,0058
1,390	0,006	2,78	5		13,90		69,50	43
1,378	0,009	1,24		7		8,68	60,76	65
1,380	0,010	1,00		5		5,00	25,00	72
$n = 4$	$m = 0,010$	6,58			13,90	15,24	156,82	$\overline{m} = 0,0072$
$a = 1,385$						−1,34		

$$\bar{z} = -\frac{1,34}{6,58}\,10^{-3} = -0,000204$$

$$x = 1,385 - 0,000204 = 1,3848$$

$$10^6\;[p\,v\,v] = 156,82 - 0,204 \cdot 1,34 = 156,82 - 0,27 = 156,55$$

$$\overline{m} = \sqrt{\frac{156,55}{3}} \cdot 10^{-3} = 0,00722 < 0,010$$

$$m_x = \frac{0,00722}{\sqrt{6,58}} = 0,00281$$

Ergebnis: $\underline{x = 1,3848 \pm 0,0028_1}$.

Vertrauensgrenzen: $S = 95\%$, $f = 3$, $t_S = 3,18$

$t_S\,m_x = 0,0089$

$\mathring{x}$ mit 95% zwischen $1,3848 \pm 0,0089 = \underline{1,376 \cdots 1,394}$.

19.3 Das Fehlerfortpflanzungsgesetz

Für eine Reihe von Größen $x, y, z, \ldots$ mögen aus Messungen ermittelte Zahlenwerte (Mittelwerte) nebst ihren gleichfalls aus den Meßergebnissen in der oben beschriebenen Weise hergeleiteten mittleren Fehlern $m_x, m_y, m_z, \ldots$ vorliegen. Von diesen gemessenen Größen möge nun eine weitere Größe f in bestimmter, z. B. formelmäßig angebbarer Weise abhängen

$$\boxed{f = f(x, y, z, \ldots)}\,. \tag{22}$$

Gefragt wird nach dem mittleren Fehler m_f der errechneten Größe f, also danach, in welcher Weise sich die mittleren Fehler der Meßgrößen auf die Genauigkeit der von ihnen abhängigen Größe f auswirken, wie sich die Meßfehler durch die Rechnung hindurch auf das Rechenergebnis fortpflanzen.

Da es sich bei den Fehlern um relativ kleine Änderungen der unabhängigen Veränderlichen $x, y, z, \ldots$ handelt, so läßt sich die Funktion f in der Nähe der ins Auge gefaßten Meßwerte $x, y, z, \ldots$ durch den Linearanteil einer TAYLOR-Entwicklung annähern, d. h. aber durch das — die Funktionsdifferenz Δf ersetzende — *Differential*

$$\boxed{\begin{aligned} df &= \frac{\partial f}{\partial x} dx + \frac{\partial f}{\partial y} dy + \frac{\partial f}{\partial z} dz + \cdots \\ &= a\,dx + b\,dy + c\,dz + \cdots \end{aligned}} \,. \tag{23}$$

Eine beliebige — differenzierbare — Funktion f ist also für unsere Zwecke stets durch eine *lineare Funktion* der Form (23) zu ersetzen. Schreiben wir also an Stelle der Differentiale wieder die Variablen selbst, die jetzt Unterschiede gegenüber Näherungswerten (den Meßwerten) bedeuten, so erhalten wir an Stelle von (22)

$$\boxed{f = ax + by + cz + \cdots} \,. \tag{24}$$

Wir fassen nun die Größen $x, y, z, \ldots$ als stochastische Variable mit gewissen, aber beliebigen Verteilungen auf mit den Varianzen σ_x^2, σ_y^2, $\sigma_z^2, \ldots$ und setzen dabei voraus, daß diese Variablen *stochastisch unabhängig* sind. Dann ist, wie wir wissen [§ 15.7, Gl. (41)], die Varianz der von ihnen nach (24) abhängigen Größe f gegeben durch

$$\boxed{\sigma_f^2 = a^2 \sigma_x^2 + b^2 \sigma_y^2 + c^2 \sigma_z^2 + \cdots} \,. \tag{25}$$

Indem wir nun die — im allgemeinen unbekannten — Varianzen der Meßgrößen ersetzen durch ihre Schätzwerte m_x^2, $m_y^2, \ldots$, so erhalten wir einen Schätzwert für die Varianz σ_f^2, den man als mittleres Fehlerquadrat m_f^2 bezeichnen wird. Wir erhalten also

$$\boxed{m_f = \sqrt{a^2 m_x^2 + b^2 m_y^2 + c^2 m_z^2 + \cdots}} \tag{26}$$

das sogenannte *Fehlerfortpflanzungsgesetz von* GAUSS. Bei beliebiger nichtlinearer Funktion $f(x, y, z, \ldots)$ sind hier die Fehlereinflußfaktoren $a, b, \ldots$ zu ersetzen durch die partiellen Ableitungen $\frac{\partial f}{\partial x}$, $\frac{\partial f}{\partial y}$, $\ldots$, genommen an den Stellen der Meßwerte $x, y, \ldots$.

Beispiel: Von einem Dreieck seien zwei Seiten a, b und der Winkel α gemessen. Die Meßergebnisse nebst mittleren Fehlern sind

$$a = 105{,}0 \pm 0{,}2 \text{ m}, \qquad b = 82{,}4 \pm 0{,}3 \text{ m}, \qquad \alpha = 31{,}3° \pm 0{,}06°.$$

Gesucht ist der mit Hilfe des Sinussatzes zu berechnende Winkel β nebst mittlerem Fehler. — Aus

$$\sin\beta = \frac{b}{a} \sin\alpha = \frac{82{,}4}{105{,}0}\, 0{,}5195 = 0{,}4077$$

wird

$$\beta = 24{,}06°.$$

Differenzieren ergibt:

$$\cos\beta\, d\beta = -\frac{b}{a^2}\sin\alpha\, d a + \frac{1}{a}\sin\alpha\, d b + \frac{b}{a}\cos\alpha\, d\alpha$$

$$= \frac{b}{a}\sin\alpha\left(-\frac{d a}{a} + \frac{d b}{b} + \frac{d\alpha}{\operatorname{tg}\alpha}\right)$$

$$d\beta = \operatorname{tg}\beta\left(-\frac{d a}{a} + \frac{d b}{b} + \frac{d\alpha}{\operatorname{tg}\alpha}\right)$$

$$d\beta^\circ = 0{,}447\left(\pm\frac{0{,}2}{105{,}0} \pm \frac{0{,}3}{82{,}4} \pm \frac{0{,}06^\circ}{0{,}608\cdot 57{,}3^\circ}\right)57{,}3^\circ$$

$$= \pm 0{,}0488^\circ \pm 0{,}0933^\circ \pm 0{,}0442^\circ .$$

Bis hierher haben wir nur von der gewöhnlichen Differentialformel (23) Gebrauch gemacht. Nun erfolgt die Übersetzung in das Fehlerfortpflanzungsgesetz einfach durch Quadrieren der Summanden und Wurzelziehen zu

$$m_\beta^\circ = \pm 0{,}1\sqrt{0{,}488^2 + 0{,}933^2 + 0{,}442^2} = \pm 0{,}1\sqrt{1{,}302}$$

$$\underline{m_\beta^\circ = \pm 0{,}114^\circ .}$$

Das endgültige Ergebnis lautet

$$\underline{\beta = 24{,}06 \pm 0{,}11_4{}^\circ .}$$

Man sieht zugleich deutlich den Einfluß der einzelnen Fehleranteile auf den Gesamtfehler und erkennt, wie durch das Quadrieren der Einfluß des größten Fehleranteiles durchschlägt. Man kann danach leicht beurteilen, bei welcher der Einzelgrößen eine Steigerung der Meßgenauigkeit sinnvoll sein würde (in unserem Beispiel wäre es die Messung von b).

Als besonders einfacher Sonderfall sei noch das in den Anwendungen häufig auftretende Potenzgesetz

$$f = k\, x^\alpha\, y^\beta\, z^\gamma \ldots \tag{27}$$

erwähnt, wo man durch (auch sonst oft nützliches) logarithmisches Differenzieren sogleich eine Formel für die *relativen* (prozentualen) Fehler erhält:

$$\frac{d f}{f} = \alpha\frac{d x}{x} + \beta\frac{d y}{y} + \gamma\frac{d z}{z} + \cdots . \tag{28}$$

Hieraus ergibt sich nach dem Fehlerfortpflanzungsgesetz für die mittleren relativen Fehler:

$$\frac{m_f}{f} = \sqrt{\left(\alpha\frac{m_x}{x}\right)^2 + \left(\beta\frac{m_y}{y}\right)^2 + \cdots} . \tag{29}$$

Beispiel: Druckverlust in Rohrleitung

$$h_v = \frac{\lambda}{12{,}1}\,\frac{l}{D^5}\,Q^2 .$$

Man kennt	den Verlustbeiwert λ	auf $\pm 4\%$	
	die Rohrlänge l	auf $\pm 2\%$	
	den Rohrdurchmesser D	auf $\pm 2\%$	
	die Durchflußmenge Q	auf $\pm 3\%$	genau.

Welche Genauigkeit (welcher mittlere Fehler) ist für die Verlusthöhe h_v zu erwarten?

$$\begin{aligned}\frac{dh_v}{h_v} &= \frac{d\lambda}{\lambda} + \frac{dl}{l} - 5\frac{dD}{D} + 2\frac{dQ}{Q} \\ &= \pm 4 \pm 2 \pm 5 \cdot 2 \pm 2 \cdot 3 \\ &= \pm\sqrt{16 + 4 + 100 + 36} = \pm\sqrt{156} \\ &= \pm 12{,}5\,\%\,.\end{aligned}$$

§ 20 Ausgleich vermittelnder Beobachtungen

Unter der Ausgleichsrechnung im engeren Sinne versteht man den systematischen Fehlerausgleich bei Bestimmung mehrerer Unbekannter aus Messungen, wenn diese Unbekannten nur mittelbar von Beobachtungen abhängen und mit diesen sowohl wie untereinander durch ein System von Gleichungen verknüpft sind. An dieser Aufgabe vor allem hat GAUSS seine *Methode der kleinsten Quadrate* entwickelt[1], die das Messen in Geodäsie und Astronomie, aber auch in Physik und Technik überhaupt erst auf eine wissenschaftliche Grundlage gestellt hat. Die oft bewunderte innere Geschlossenheit dieser Theorie, aber auch ihr hohes Maß an praktischer Wirksamkeit sind auch von der neueren Statistik immer wieder bestätigt worden.

20.1 Die Fehlergleichungen

Zu bestimmen seien aus Messungen eine Anzahl u unbekannter Größen $X, Y, Z, \ldots$[2], die aber nicht mehr selbst der messenden Beobachtung zugänglich sind. Meßbar seien vielmehr nur die Werte gewisser Funktionen $F_i(X, Y, Z, \ldots)$, die, wie man sagt, die Unbekannten vermitteln, weshalb man von *vermittelnden Beobachtungen* spricht. Zur Bestimmung von u Unbekannten würden an sich gerade u voneinander unabhängige beobachtbare Funktionen F_i ausreichen. Eine Aufgabe der Ausgleichsrechnung aber liegt erst dann vor, wenn die Anzahl n der Beobachtungen über die gerade notwendige Anzahl u der Unbekannten hinausgeht, so daß man auf diese Weise die unvermeidlichen Beobachtungsfehler bis zu einem gewissen Grade ausgleichen kann. Gegeben seien also n Beobachtungen L_i für Funktionen F_i

---

[1] Sie hatte ihren ersten weithin beachteten Erfolg bei der Bahnberechnung des kleinen Planeten Ceres 1801 durch GAUSS aus 41tägigen Beobachtungen, die sich über nur 9° der Bahn erstreckten. Auf Grund dieser „zur Bewunderung genauen“ Berechnung gelang die Wiederentdeckung des der Sicht entschwundenen Planeten.

[2] Große Buchstaben $X, Y, \ldots$ bedeuten hier nicht stochastische Veränderliche, sondern die eigentlichen Unbekannten, die man in Näherungswerte X_0, $Y_0, \ldots$ und Korrekturen $x, y, \ldots$ aufspaltet, um die Gleichungen linearisieren zu können.

der u Unbekannten mit $n > u$:

$$\left.\begin{array}{l} F_1(X, Y, Z, \ldots) = L_1 \\ F_2(X, Y, Z, \ldots) = L_2 \\ \cdots\cdots\cdots\cdots \\ F_n(X, Y, Z, \ldots) = L_n \end{array}\right\}, \tag{1}$$

wobei unter den Funktionen u voneinander unabhängige vorkommen müssen, damit eine Bestimmung der Unbekannten überhaupt möglich ist (die „Funktionaldeterminante" aus u Funktionen darf nicht verschwinden). Wären die Beobachtungen fehlerfrei, so würden sich aus irgendwelchen u unabhängigen dieser Gleichungen stets der gleiche Wertesatz der Unbekannten errechnen. Da es sich aber um fehlerbehaftete Beobachtungen L_i handelt, so ist das nicht mehr der Fall. Aus den u ersten der Gleichungen erhält man etwas andere Werte $X, Y, Z, \ldots$ als etwa aus den u letzten oder aus u sonstigen der Gleichungen. Es ist im allgemeinen nicht möglich, aus den Beobachtungsgleichungen (1) mit fehlerbehafteten Werten L_i bei $n > u$ ein widerspruchsfreies Lösungssystem $X, Y, Z, \ldots$ zu ermitteln.

Um die Aufgabe lösbar zu machen, hat man an den Beobachtungen L_i gewisse *Verbesserungen* v_i anzubringen, so daß die Gleichungen widerspruchsfrei werden. Man macht also an Stelle von (1) den Ansatz

$$\left.\begin{array}{l} F_1(X, Y, Z, \ldots) - L_1 = v_1 \\ F_2(X, Y, Z, \ldots) - L_2 = v_2 \\ \cdots\cdots\cdots\cdots\cdots \\ F_n(X, Y, Z, \ldots) - L_n = v_n \end{array}\right\}. \tag{2}$$

Da nun anderseits die Beobachtungen L_i möglichst wenig verfälscht die Korrekturen also tunlichst klein gehalten werden sollen, so stellt man — gleiche Genauigkeit der L_i vorausgesetzt — zusätzlich wieder die nach dem Bisherigen naheliegende Ausgleichsforderung

$$\boxed{[vv] = \mathrm{Min}}\,. \tag{3}$$

Auf diese Weise wird es möglich, zu widerspruchsfreien Wertesätzen $X, Y, Z, \ldots$ zu gelangen, die zugleich den Beobachtungen L_i möglichst gut angepaßt sind. Die Gl. (2) werden *Fehlergleichungen* genannt, weil sich aus ihnen nach Errechnung der Unbekannten $X, Y, Z, \ldots$ die Verbesserungen v_i (= „Fehler") bestimmen lassen.

Die praktische Durchführung der Aufgabe würde nun bei allgemeinen Funktionen $F_i(X, Y, Z, \ldots)$ meist auf beträchtliche Schwierigkeiten stoßen. Es ist jedoch immer möglich, die gegebenen Funktionen F_i durch *lineare* zu ersetzen, indem man für die Unbekannten gute Näherungswerte abspaltet und mit kleinen Korrekturen rechnet. Solche

Näherungswerte erhält man dadurch, daß man irgendwelche u unabhängige Gleichungen aus (1) mit möglichst einfach gebauten Funktionsausdrücken herausgreift und sie nach den Unbekannten auflöst. Die Näherungswerte seien $X_0, Y_0, Z_0, \ldots$. Mit ihnen macht man dann für die endgültigen Werte $X, Y, Z, \ldots$ den Ansatz

$$\begin{aligned} X &= X_0 + x \\ Y &= Y_0 + y \\ Z &= Z_0 + z \\ &\cdots\cdots \end{aligned}$$

Hiermit führt man nun für die Funktionen F_i TAYLOR-Entwicklungen an der bekannten Stelle $X_0, Y_0, Z_0, \ldots$ durch, die man wegen der Kleinheit der Korrekturen $x, y, z, \ldots$ nach dem linearen Gliede abbricht:

$$F_i(X, Y, Z, \ldots) = F_i(X_0, Y_0, Z_0, \ldots) + a_i x + b_i y + c_i z + \cdots,$$

worin die Koeffizienten $a_i, b_i, c_i, \ldots$ die partiellen Ableitungen der Funktionen F_i nach den Veränderlichen $X, Y, Z, \ldots$, gebildet an der Stelle $X_0, Y_0, Z_0, \ldots$, bedeuten. Setzt man noch

$$L_i - F_i(X_0, Y_0, Z_0, \ldots) = l_i,$$

so erhält man aus (2) das lineare Ersatzsystem der endgültigen *Fehlergleichungen*:

$$\boxed{\begin{aligned} v_1 &= a_1 x + b_1 y + c_1 z + \cdots - l_1 \\ v_2 &= a_2 x + b_2 y + c_2 z + \cdots - l_2 \\ &\cdots\cdots\cdots\cdots \\ v_n &= a_n x + b_n y + c_n z + \cdots - l_n \end{aligned}} \quad . \tag{4}$$

Sie sind der Ausgangspunkt für alles Weitere. Auch für den Fall, daß es sich bei den Funktionen F_i von vornherein um lineare Funktionen handelt, wird man durch Abspalten von zuvor errechneten Näherungswerten $X_0, Y_0, Z_0, \ldots$ in der oben beschriebenen Weise auf kleine Korrekturen übergehen, wodurch sich die Zahlenrechnung wesentlich vereinfacht, da man nur mit wenigen Dezimalstellen zu operieren braucht.

Die bisherigen wie besonders alle weiteren Beziehungen gewinnen beträchtlich an Einfachheit und Übersichtlichkeit, wenn wir von der abkürzenden Schreibweise der Matrizenrechnung Gebrauch machen und auf die in ihr ein für allemal für lineare Beziehungen jeder Art bereitgestellten Begriffsbildungen zurückgreifen. Wir benötigen hier nun die einfachsten Regeln, die wir in Kap. II, §§ 6 und 7 (S. 132 ff.) zusammengestellt haben. — Fassen wir die Koeffizienten $a_i, b_i, c_i, \ldots$ der Fehlergleichungen zur Matrix $\boldsymbol{A}$ mit n Zeilen und u Spalten, die

Beobachtungen l_i und Verbesserungen v_i zu den Spaltenvektoren $\boldsymbol{l}$ und $\boldsymbol{v}$ von n Komponenten und die Unbekannten $x, y, z, \ldots$ zum Spaltenvektor $\boldsymbol{x}$ von u Komponenten zusammen nach

$$\boldsymbol{A} = \begin{pmatrix} a_1 & b_1 & c_1 & \ldots \\ a_2 & b_2 & c_2 & \ldots \\ \ldots & \ldots & \ldots & \ldots \\ a_n & b_n & c_n & \ldots \end{pmatrix}, \quad \boldsymbol{l} = \begin{pmatrix} l_1 \\ l_2 \\ \vdots \\ l_n \end{pmatrix}, \quad \boldsymbol{v} = \begin{pmatrix} v_1 \\ v_2 \\ \vdots \\ v_n \end{pmatrix}, \quad \boldsymbol{x} = \begin{pmatrix} x \\ y \\ z \\ \vdots \end{pmatrix}, \tag{5}$$

so schreiben sich die Fehlergleichungen (4) kurz in der Matrizenform

$$\boxed{\boldsymbol{v} = \boldsymbol{A}\,\boldsymbol{x} - \boldsymbol{l}}\,, \tag{4'}$$

eine Gleichung, die unmittelbar an die entsprechende Fehlergleichung (4b) aus § 19.1, S. 315, erinnert.

20.2 Die Normalgleichungen

Wir haben jetzt auf (4) die Ausgleichsforderung (3) anzuwenden, die wir übrigens auch in Matrizenform

$$\boxed{\boldsymbol{v}'\,\boldsymbol{v} = [v\,v] = \text{Min}} \tag{3'}$$

schreiben können mit dem auf Zeilengestalt transponierten Vektor $\boldsymbol{v}' = (v_1, v_2, \ldots, v_n)$. Die Quadratsumme $[vv]$ ist nun als Funktion der Veränderlichen $x, y, z, \ldots$ anzusehen, und der Minimalforderung (3) entsprechen somit die u Bedingungen

$$\frac{\partial [v\,v]}{\partial x} = 0, \quad \frac{\partial [v\,v]}{\partial y} = 0, \quad \frac{\partial [v\,v]}{\partial z} = 0, \quad \ldots. \tag{6}$$

Mit

$$\boldsymbol{v}'\,\boldsymbol{v} = [v\,v] = v_1^2 + v_2^2 + \cdots + v_n^2$$

wird daraus mit der Kettenregel und nach Division durch 2:

$$\left.\begin{aligned} \frac{1}{2}\frac{\partial [v\,v]}{\partial x} &= v_1 \frac{\partial v_1}{\partial x} + v_2 \frac{\partial v_2}{\partial x} + \cdots + v_n \frac{\partial v_n}{\partial x} = 0 \\ \frac{1}{2}\frac{\partial [v\,v]}{\partial y} &= v_1 \frac{\partial v_1}{\partial y} + v_2 \frac{\partial v_2}{\partial y} + \cdots + v_n \frac{\partial v_n}{\partial y} = 0 \\ \frac{1}{2}\frac{\partial [v\,v]}{\partial z} &= v_1 \frac{\partial v_1}{\partial z} + v_2 \frac{\partial v_2}{\partial z} + \cdots + v_n \frac{\partial v_n}{\partial z} = 0 \\ &\ldots\ldots\ldots\ldots\ldots\ldots\ldots\ldots \end{aligned}\right\} \tag{6a}$$

Nach den Fehlergleichungen

$$v_i = a_i x + b_i y + c_i z + \cdots - l_i$$

ist aber

$$\frac{\partial v_i}{\partial x} = a_i, \quad \frac{\partial v_i}{\partial y} = b_i, \quad \frac{\partial v_i}{\partial z} = c_i, \quad \ldots, \tag{7}$$

womit (6a) übergeht in

$$\left.\begin{array}{l} a_1 v_1 + a_2 v_2 + \cdots + a_n v_n \equiv [av] = 0 \\ b_1 v_1 + b_2 v_2 + \cdots + b_n v_n \equiv [bv] = 0 \\ c_1 v_1 + c_2 v_2 + \cdots + c_n v_n \equiv [cv] = 0 \\ \dots\dots\dots\dots\dots\dots \end{array}\right\} . \tag{8}$$

Hier stellt die i-te Zeile das skalare Produkt der i-ten Spalte von $\boldsymbol{A}$ mit dem Vektor $\boldsymbol{v}$ dar. Verwandeln wir die Spalten von $\boldsymbol{A}$ durch Transponieren in Zeilen, so können wir die Gesamtheit der linken Seiten von (8) als Matrizenprodukt $\boldsymbol{A}'\boldsymbol{v}$ auffassen und somit schreiben:

$$\boxed{\boldsymbol{A}'\boldsymbol{v} = 0} . \tag{8'}$$

Setzt man nun noch für $\boldsymbol{v}$ den Ausdruck der Fehlergleichungen (4′) ein, so erhält man endgültig

$$\boxed{\boldsymbol{A}'\boldsymbol{v} = \boldsymbol{A}'\boldsymbol{A}\boldsymbol{x} - \boldsymbol{A}'\boldsymbol{l} = 0} , \tag{9}$$

also ein lineares Gleichungssystem für die Unbekannten $\boldsymbol{x}$ mit der u-reihigen symmetrisch-quadratischen Koeffizientenmatrix $\boldsymbol{A}'\boldsymbol{A}$, die ausführlich so lautet:

$$\boldsymbol{A}'\boldsymbol{A} = \begin{pmatrix} a_1 & a_2 & \dots & a_n \\ b_1 & b_2 & \dots & b_n \\ c_1 & c_2 & \dots & c_n \\ \cdot & \cdot & \cdot & \cdot \end{pmatrix} \begin{pmatrix} a_1 & b_1 & c_1 & \dots \\ a_2 & b_2 & c_2 & \dots \\ \cdot & \cdot & \cdot & \cdot \\ a_n & b_n & c_n & \dots \end{pmatrix} = \begin{pmatrix} [aa] & [ab] & [ac] & \dots \\ [ab] & [bb] & [bc] & \dots \\ [ac] & [bc] & [cc] & \dots \\ \cdot & \cdot & \cdot & \cdot \end{pmatrix} .$$

Das neue Koeffizientenschema besteht also aus den skalaren Produkten $[aa], [ab], \dots$ der Koeffizienten $a_i, b_i, \dots$ der Fehlergleichungen. Damit haben wir in (9) ein lineares Gleichungssystem zur Ermittlung der u Unbekannten $x, y, z, \dots$, die sogenannten *Normalgleichungen* gewonnen, in ausführlicher Schreibweise:

$$\boxed{\begin{array}{l} [av] \equiv [aa]x + [ab]y + [ac]z + \cdots - [al] = 0 \\ [bv] \equiv [ab]x + [bb]y + [bc]z + \cdots - [bl] = 0 \\ [cv] \equiv [ac]x + [bc]y + [cc]z + \cdots - [cl] = 0 \\ \dots\dots\dots\dots\dots\dots\dots\dots \end{array}} . \tag{9'}$$

Seine Koeffizientendeterminante ist unter den gemachten Voraussetzungen (u unabhängige Funktionen F_i, Matrix $\boldsymbol{A}$ spaltenregulär) von Null verschieden, so daß das System lösbar ist. Seine Lösungen $x, y, z, \dots$ erfüllen die Fehlergleichungen (4) widerspruchsfrei und machen zugleich die Fehlerquadratsumme $[vv]$ zum Minimum.

Schreiben wir noch zur Abkürzung

$$\boxed{\begin{aligned} \boldsymbol{A}'\boldsymbol{A} &= \boldsymbol{N} = (n_{ik}) \\ \boldsymbol{A}'\boldsymbol{l} &= \boldsymbol{n} = (n_i) \end{aligned}}\,, \tag{10}$$

so haben wir die Normalgleichungen in der Form

$$\boxed{\boldsymbol{N}\boldsymbol{x} = \boldsymbol{n}}\,. \tag{9''}$$

Rein formal gehen sie aus den Fehlergleichungen (4) durch Vormultiplizieren mit der Matrix $\boldsymbol{A}'$ und Nullsetzen dieser Gleichungen hervor. Man nennt diese Operation auch GAUSS*sche Transformation* (vgl. Kap. II, § 6.4e, S. 142).

Die Fehlerquadratsumme $[vv]$, die wieder zur Bestimmung der mittleren Fehler gebraucht wird, kann auch hier außer auf direktem Wege — Ermittlung der v_i aus den Fehlergleichungen (4) mit den inzwischen bekannten Werten $x, y, z, \ldots$ und Bilden der Quadrate — noch in anderer Weise bestimmt werden, was zu Kontrollzwecken nützlich ist. Aus

$$\boldsymbol{v} = \boldsymbol{A}\boldsymbol{x} - \boldsymbol{l}$$

erhalten wir nämlich

$$\begin{aligned} \boldsymbol{v}'\boldsymbol{v} &= (\boldsymbol{A}\boldsymbol{x} - \boldsymbol{l})'(\boldsymbol{A}\boldsymbol{x} - \boldsymbol{l}) = (\boldsymbol{x}'\boldsymbol{A}' - \boldsymbol{l}')(\boldsymbol{A}\boldsymbol{x} - \boldsymbol{l}) \\ &= \boldsymbol{x}'(\boldsymbol{A}'\boldsymbol{A}\boldsymbol{x} - \boldsymbol{A}'\boldsymbol{l}) - \boldsymbol{l}'\boldsymbol{A}\boldsymbol{x} + \boldsymbol{l}'\boldsymbol{l} \end{aligned}$$

oder unter Beachtung der Normalgleichungen (9):

$$\boxed{\boldsymbol{v}'\boldsymbol{v} = \boldsymbol{l}'\boldsymbol{l} - \boldsymbol{n}'\boldsymbol{x}}\,, \tag{11}$$

ausführlich:

$$\boxed{[vv] = [ll] - [al]x - [bl]y - [cl]z - \cdots}\,. \tag{11'}$$

Die hier benötigten Koeffizienten $[al], [bl], \ldots$ treten bis auf das erste Glied $[ll]$ schon als rechte Seiten in den Normalgleichungen auf. Hat man die Unbekannten $x, y, z, \ldots$ aus den Normalgleichungen bestimmt, so kann $[vv]$ nach (11) leicht berechnet und zur Kontrolle mit der unmittelbar gebildeten Quadratsumme der v_i verglichen werden.

Beispiel: An einem Dreieck werden die drei Winkel α, β, γ mit gleicher Genauigkeit gemessen. Die Meßergebnisse sind

$$\alpha = L_1, \quad \beta = L_2, \quad \gamma = L_3.$$

Da wegen der Bedingung $\alpha + \beta + \gamma = 180°$ die Dreieckswinkel durch Angabe bereits zweier Winkel festliegen, so haben wir eine Aufgabe der Ausgleichsrechnung mit zwei Unbekannten, sagen wir α und β, und einer überschüssigen Messung. Die Summe der Meßwerte wird vom Sollwert 180° abweichen, es sei

$$L_1 + L_2 + L_3 - 180° = \delta .$$

Wir fragen, in welcher Weise der Überschuß δ auf die drei Meßwerte aufzuteilen ist, um zu ausgeglichenen Winkelwerten zu gelangen, die zugleich die Winkelbedingung (180°) genau erfüllen.

Wir führen zunächst für die beiden Unbekannten α und β Näherungswerte α_0, β_0 ein und wählen hierzu einfachheitshalber $\alpha_0 = L_1$, $\beta_0 = L_2$. Wir setzen dann

$$\alpha = \alpha_0 + x, \qquad \beta = \beta_0 + y .$$

Damit vereinfachen sich die drei Fehlergleichungen

$$\begin{aligned} \alpha &= L_1 + v_1 = \alpha_0 + v_1 \\ \beta &= L_2 + v_2 = \beta_0 + v_2 \\ \alpha + \beta &= 180° - L_3 + v_3 \end{aligned}$$

zu

$$\begin{aligned} x &= \quad 0 + v_1 \\ y &= \quad 0 + v_2 \\ x + y &= -\delta + v_3 , \end{aligned}$$

wobei wir die Winkelbedingung dadurch eingearbeitet haben, daß wir an Stelle des Winkels γ die ihn zu 180° ergänzende Winkelsumme $\alpha + \beta$ verwendet und auf diese Weise ein System vermittelnder Beobachtungen erhalten haben. — Die Matrizen $\boldsymbol{A}$ und $\boldsymbol{l}$ sind somit

$$\boldsymbol{A} = \begin{pmatrix} 1 & 0 \\ 0 & 1 \\ 1 & 1 \end{pmatrix}, \quad \boldsymbol{l} = \begin{pmatrix} 0 \\ 0 \\ -\delta \end{pmatrix}.$$

Damit läuft die weitere Rechnung automatisch:

$$\boldsymbol{N} = \boldsymbol{A}' \boldsymbol{A} = \begin{pmatrix} 2 & 1 \\ 1 & 2 \end{pmatrix}, \quad \boldsymbol{n} = \boldsymbol{A}' \boldsymbol{l} = \begin{pmatrix} -\delta \\ -\delta \end{pmatrix}.$$

Normalgleichungen:

$$\begin{aligned} 2x + y &= -\delta \\ x + 2y &= -\delta . \end{aligned}$$

Lösungen:

$$x = y = -\delta/3 .$$

Das ergibt:

$$\begin{aligned} \alpha &= L_1 - \delta/3 \\ \beta &= L_2 - \delta/3 \\ \gamma &= 180° - \alpha - \beta = L_3 - \delta/3 . \end{aligned}$$

Die drei ausgeglichenen Winkel ergeben sich hier also einfach dadurch, daß man von den drei Meßwerten den gleichmäßig aufgeteilten Überschuß $\delta/3$ über 180° in Abzug bringt. Die gleichmäßige Aufteilung gilt nur bei Beobachtungen *gleicher* Genauigkeit.

20.3 Mittelwert und Streuung der Unbekannten

Die Werte $x, y, \ldots$, die sich als Lösungen der Normalgleichungen für die Unbekannten ergeben, hängen über die rechten Seiten $\boldsymbol{A}'\boldsymbol{l}$ dieser Gleichungen von den zufallsbedingten Beobachtungen l_i ab, sind also wie diese zufallsbedingt, d. h. aber, sie sind wie die Beobachtungen stochastische Veränderliche und haben als solche Mittelwert und Streuung. Den durch Messung beobachtbaren Größen denkt man sich nun — unbekannte — „wahre Werte" $\mathring{l}_i$ zugeordnet, zusammengefaßt zum Vektor $\mathring{\boldsymbol{l}}$. Für sie müßte das System der überzähligen Gleichungen ohne Verbesserungen v_i widerspruchsfrei lösbar sein mit Lösungen $\mathring{\boldsymbol{x}}$, die man als die wahren Werte der Unbekannten $\boldsymbol{x}$ bezeichnet:

$$\boldsymbol{A}\mathring{\boldsymbol{x}} = \mathring{\boldsymbol{l}}. \tag{12}$$

Die Messungen seien nun frei von systematischen Fehlern, so daß die Populationsmittel $\mathcal{E}\, l_i$ der Meßwerte l_i, diese als stochastische Variable aufgefaßt, mit den wahren Werten $\mathring{l}_i$ übereinstimmen:

$$\mathcal{E}\, \boldsymbol{l} = \mathring{\boldsymbol{l}}. \tag{13}$$

Für die Varianz der Meßwerte l_i machen wir zunächst die einfache Annahme, daß sie für alle Beobachtungen gleich sei:

$$\mathrm{D}^2\, l_i = \sigma^2, \tag{14}$$

eine Einschränkung, von der wir uns später (§ 20.5) auf einfache Weise wieder befreien können.

Zur Ermittlung von Mittelwert und Streuung der Zufallsvariablen $x, y, \ldots$ benötigen wir den Zusammenhang dieser Größen mit den Beobachtungen l_i, der durch formales Auflösen der Normalgleichungen gewonnen wird. Multiplikationen dieser Gleichungen $\boldsymbol{N}\boldsymbol{x} = \boldsymbol{A}'\boldsymbol{l}$ mit der Kehrmatrix $\boldsymbol{N}^{-1}$ ergibt

$$\boxed{\boldsymbol{x} = \mathsf{A}'\, \boldsymbol{l}} \tag{15}$$

mit einer $u\, n$-Matrix

$$\mathsf{A}' = \boldsymbol{N}^{-1}\boldsymbol{A}' = \begin{pmatrix} \alpha_1 & \alpha_2 & \ldots & \alpha_n \\ \beta_1 & \beta_2 & \ldots & \beta_n \\ \cdot & \cdot & \cdot & \cdot \end{pmatrix}, \tag{16}$$

deren Elemente $\alpha_i, \beta_i, \ldots$ uns im einzelnen nicht interessieren werden. Ausführlich lautet (15) also:

$$\left.\begin{aligned} x &= \alpha_1\, l_1 + \alpha_2\, l_2 + \cdots + \alpha_n\, l_n \\ y &= \beta_1\, l_1 + \beta_2\, l_2 + \cdots + \beta_n\, l_n \\ &\cdots\cdots\cdots\cdots \end{aligned}\right\} \tag{15'}$$

Bilden wir nun in (15) die Erwartungen, so erhalten wir

$$\mathcal{E}\, \boldsymbol{x} = \mathsf{A}'\, \mathcal{E}\, \boldsymbol{l} = \mathsf{A}'\, \mathring{\boldsymbol{l}}.$$

Anderseits folgt aus (12) durch Multiplikation mit $\boldsymbol{A}'$ und anschließend mit $\boldsymbol{N}^{-1}$:

$$\mathring{\boldsymbol{x}} = \boldsymbol{N}^{-1}\boldsymbol{A}'\mathring{\boldsymbol{l}} = \mathsf{A}'\, \mathring{\boldsymbol{l}},$$

womit sich der gesuchte Erwartungswert ergibt zu

$$\boxed{\mathcal{E}\, \boldsymbol{x} = \mathring{\boldsymbol{x}}}\,. \tag{17}$$

Die Erwartungswerte der mit den Beobachtungen l_i zufallsbedingten Lösungen $\boldsymbol{x}$ der Normalgleichungen sind also gerade gleich den *wahren Werten* der gesuchten Unbekannten. Diese Lösungen sind somit *erwartungstreue Schätzwerte* der Unbekannten.

Auch die Varianzen σ_x^2, σ_y^2, ... der Variablen x, y, ... ergeben sich aus (15), indem wir auf (15′) die Varianzoperation D^2 anwenden und $D^2\, l_i = \sigma^2$ sowie Unabhängigkeit der l_i berücksichtigen:

$$D^2\, x = (\alpha_1^2 + \alpha_2^2 + \cdots + \alpha_n^2)\, \sigma^2$$
$$D^2\, y = (\beta_1^2 + \beta_2^2 + \cdots + \beta_n^2)\, \sigma^2$$
$$\cdots\cdots\cdots$$

oder kurz

$$\boxed{\begin{aligned} \sigma_x^2 &= [\alpha\,\alpha]\,\sigma^2 = \sigma^2/p_x \\ \sigma_y^2 &= [\beta\,\beta]\,\sigma^2 = \sigma^2/p_y \\ &\cdots\cdots \end{aligned}} \tag{18}$$

mit den *Gewichten*

$$\boxed{\begin{aligned} p_x &= 1/[\alpha\,\alpha] \\ p_y &= 1/[\beta\,\beta] \\ &\cdots \end{aligned}}\,. \tag{19}$$

Die Größen $[\alpha\alpha]$, $[\beta\beta]$, ... werden daher *Gewichtsreziproke* genannt. Da die Unbekannten x, y, ... ihrer Größenordnung nach von der Anzahl n der Beobachtungen unabhängig sind, so müssen nach (15′) die α_i, β_i, ... von der Größenordnung $1/n$, ihre Quadrate von der Ordnung $1/n^2$ und die Quadratsummen $[\alpha\alpha]$, $[\beta\beta]$, ... daher von der Größenordnung $1/n$ sein. Die Gewichte sind daher proportional n, womit die Formeln (18) der Beziehung $\sigma_{\bar{x}}^2 = \sigma^2/n$ für die Streuung des Stichprobenmittels entsprechen.

Wie findet man nun die Gewichtsreziproken $[\alpha\alpha]$, $[\beta\beta]$, ...? Dazu ist nicht etwa die Kenntnis der Koeffizienten α_i, β_i, ... selbst erforderlich. Vielmehr ergeben sich diese Quadratsummen als Diagonalelemente der Matrix $\mathsf{A'A}$, die sich als die Kehrmatrix $\boldsymbol{N}^{-1}$ der Normalmatrix $\boldsymbol{N} = \boldsymbol{A'A}$ herausstellt. Mit (16) finden wir nämlich

$$\mathsf{A'A} = \boldsymbol{N}^{-1}\boldsymbol{A'A}\,\boldsymbol{N}^{-1} = \boldsymbol{N}^{-1}\boldsymbol{N}\,\boldsymbol{N}^{-1} = \boldsymbol{N}^{-1},$$

$$\boxed{\mathsf{A'A} = \boldsymbol{N}^{-1}}\,. \tag{20}$$

Diese Kehrmatrix schreibt man daher auch *formal* als

$$\boldsymbol{N}^{-1} = \mathsf{A'A} = \begin{pmatrix} [\alpha\,\alpha] & [\alpha\,\beta] & \cdots \\ [\alpha\,\beta] & [\beta\,\beta] & \cdots \\ \cdots & \cdots & \cdots \end{pmatrix}. \tag{21}$$

Das heißt aber nicht, daß ihre Elemente tatsächlich als Skalarprodukte der $\alpha_i, \beta_i, \ldots$ errechnet werden. Vielmehr berechnet man $\boldsymbol{N}^{-1}$ aus $\boldsymbol{N}$ auf dem üblichen Wege, nämlich nach dem in II, § 7.4 für symmetrische Matrix angegebenen Verfahren. Zwar interessieren von ihr einstweilen nur die Diagonalelemente; doch bedeutet das für die Berechnung keine Vereinfachung. Unter gewissen Umständen werden auch nichtdiagonale Elemente $[\alpha\beta], \ldots$ noch benötigt, worauf wir hier nicht eingehen. Wegen der Bedeutung der Diagonalglieder heißt $\boldsymbol{N}^{-1}$ auch *Matrix der Gewichtsreziproken.*

20.4 Mittlere Fehler und Vertrauensgrenzen

Die Streuung σ^2 der Grundgesamtheit der Beobachtungen und mit ihr die Streuungen $\sigma_x^2, \sigma_y^2, \ldots$ der Variablen $x, y, \ldots$ sind unbekannt. Ermittelbar aus dem Meßergebnis $l_1, \ldots, l_n$ (der Stichprobe) sind allein *Schätzwerte* $s^2, s_x^2, s_y^2, \ldots$ dieser Größen, und eben diese Schätzwerte werden als Quadrate der *mittleren Fehler* $m, m_x, m_y, \ldots$ definiert. Dabei werden die Werte $s_x^2, s_y^2, \ldots$ in der gleichen Weise (18) mit s^2 zusammenhängen wie die Populationsstreuungen $\sigma_x^2, \sigma_y^2, \ldots$ mit σ^2, so daß wir lediglich den Schätzwert s^2 zu ermitteln haben. Dazu bildet man ähnlich wie bei den direkten Beobachtungen in § 19.1 die Erwartung der Fehlerquadratsumme $[v\,v]$, was freilich jetzt etwas mühsamer ist. Zur Rechnungsvereinfachung nehmen wir zunächst die Erwartungen der Beobachtungen sämtlich zu Null an, $\mathcal{E}\,l = \mathring{l} = 0$, was lediglich einer Mittelpunktsverschiebung gleichkommt, die auf die Varianzen ohne Einfluß ist. Damit wird dann

$$\mathcal{E}\, l_i\, l_k = \begin{cases} 0 & \text{für} \quad i \neq k, \\ \sigma^2 & \text{für} \quad i = k. \end{cases} \tag{22}$$

Für die Fehlerquadratsumme $[v\,v]$ gehen wir von Gl. (11) aus, die wir unter Berücksichtigung der Normalgleichung $\boldsymbol{n} = \boldsymbol{N}\boldsymbol{x}$ umformen auf

$$[v\,v] = \boldsymbol{v}'\,\boldsymbol{v} = \boldsymbol{l}'\,\boldsymbol{l} - \boldsymbol{x}'\,\boldsymbol{N}\boldsymbol{x}. \tag{23}$$

Hier ist das Abzugsglied, eine quadratische Form in den Variablen $x, y, \ldots$, zunächst auf die Beobachtungen l_i zu transformieren. Dazu denken wir uns die Normalmatrix $\boldsymbol{N} = \boldsymbol{A}'\boldsymbol{A}$ nach dem in II, § 5.4 beschriebenen CHOLESKY-Verfahren in das Produkt zweier symmetrisch angeordneter Dreiecksmatrizen zerlegt nach

$$\boldsymbol{N} = \boldsymbol{R}'\,\boldsymbol{R}, \tag{24}$$

ohne diese Zerlegung freilich ausdrücklich durchzuführen. Damit und mit der Beziehung $\boldsymbol{x} = \mathsf{A}'\boldsymbol{l}$ zwischen Unbekannten und Beobachtungen erhalten wir für das Abzugsglied in (23)

$$\boldsymbol{x}'\,\boldsymbol{N}\boldsymbol{x} = \boldsymbol{l}'\mathsf{A}\,\boldsymbol{R}'\,\boldsymbol{R}\,\mathsf{A}'\,\boldsymbol{l} = \boldsymbol{l}'\,\boldsymbol{C}'\,\boldsymbol{C}\,\boldsymbol{l} = \boldsymbol{l}'\,\boldsymbol{\Gamma}\,\boldsymbol{l}, \tag{25}$$

also eine neue quadratische Form in den l_i mit der Matrix

$$\Gamma = \boldsymbol{C}' \boldsymbol{C} = (\gamma_{ik}), \tag{26}$$

deren Elemente γ_{ik} die skalaren Produkte der n *Spalten* der $u\,n$-Matrix

$$\boldsymbol{C} = \boldsymbol{R}\,\mathsf{A}' = (c_{ik}) \tag{27}$$

sind, deren ***u Zeilen***, wie sich sogleich zeigen wird, orthogonale Einheitsvektoren sind. Es ist nämlich $\boldsymbol{C}\boldsymbol{C}' = \boldsymbol{R}\,\mathsf{A}'\mathsf{A}\boldsymbol{R}' = \boldsymbol{R}\boldsymbol{N}^{-1}\boldsymbol{R}'$, und dies ist wegen $\boldsymbol{N} = \boldsymbol{R}'\boldsymbol{R}$, also $\boldsymbol{N}^{-1} = \boldsymbol{R}^{-1}\boldsymbol{R}^{-1'}$ in der Tat gleich der u-reihigen Einheitsmatrix

$$\boldsymbol{C}\boldsymbol{C}' = \boldsymbol{E}_u. \tag{28}$$

Mit der neuen Form (25) wird aus (23)

$$\boldsymbol{v}'\boldsymbol{v} = \boldsymbol{l}'\boldsymbol{l} - \boldsymbol{l}'\Gamma\boldsymbol{l}$$

oder ausgeschrieben

$$[v\,v] = \sum l_i^2 - \sum \gamma_{ik}\, l_i\, l_k. \tag{29}$$

Indem wir nun hier die Erwartungen bilden und dabei (22) berücksichtigen, so erhalten wir

$$\mathcal{E}\,[v\,v] = (n - \sum \gamma_{ii})\,\sigma^2. \tag{30}$$

Hier haben wir nun noch die Größe $\sum \gamma_{ii}$ auszuwerten. Das Element γ_{ii} ist laut Definition (26) gleich dem Quadrat des i-ten Spaltenvektors von $\boldsymbol{C}$, also

$$\gamma_{ii} = \sum_{\varrho}^{u} c_{\varrho i}^2.$$

Summation der γ_{ii} aber ergibt bei Vertauschen der Summationsfolge

$$\sum_i^n \gamma_{ii} = \sum_i^n \left(\sum_\varrho^u c_{\varrho i}^2\right) = \sum_\varrho^u \left(\sum_i^n c_{\varrho i}^2\right),$$

wo nun in der letzten Klammer das Skalarprodukt des ϱ-ten *Zeilenvektors* von $\boldsymbol{C}$ steht. Das aber ist wegen (28) gleich 1, und somit wird

$$\sum \gamma_{ii} = u. \tag{31}$$

Damit finden wir als einfaches Ergebnis unserer Rechnung

$$\mathcal{E}\,[v\,v] = (n - u)\,\sigma^2$$

oder

$$\boxed{\mathcal{E}\left(\frac{[v\,v]}{n-u}\right) = \sigma^2}. \tag{32}$$

Die in der Klammer stehende Größe

$$s^2 = \frac{[v\,v]}{n-u} \tag{33}$$

erweist sich somit als *erwartungstreuer Schätzwert* der Populationsstreuung σ^2. Sie entspricht genau der Stichprobenstreuung $s^2 = m^2$ bei direkter Beobachtung, indem als Nenner auch hier die *Anzahl der überschüssigen Beobachtungen*, in moderner Ausdrucksweise die *Zahl der Freiheitsgrade*

$$\boxed{f = n - u} \tag{34}$$

erscheint. Daher definiert man als *mittleren Fehler der Beobachtungen* l_i gleicher Genauigkeit die Größe

$$\boxed{m = \sqrt{\frac{[v\,v]}{n-u}}} \tag{35}$$

sowie entsprechend den Beziehungen (18) als die *mittleren Fehler der ausgeglichenen Unbekannten*

$$\boxed{\begin{array}{l} m_x = m/\sqrt{p_x} \\ m_y = m/\sqrt{p_y} \\ \ldots\ldots \end{array}}\,, \tag{36}$$

deren Quadrate wiederum erwartungstreue Schätzwerte der Streuungen $\sigma_x^2, \sigma_y^2, \ldots$ sind.

Alle bisherigen Beziehungen gelten ganz unabhängig von der besonderen Art der Verteilung der Meßwerte l. Nimmt man nun diese wie üblich und durch Theorie wie Erfahrung gerechtfertigt als normal $N(\mathring{l}_i, \sigma)$-verteilt an, so läßt sich zeigen, daß dann auch die Variablen $x, y, \ldots$ normalverteilt sind, nämlich $N(\mathring{x}, \sigma_x), N(\mathring{y}, \sigma_y), \ldots$. Dann aber sind, wie sich weiter zeigt, die Größen

$$\boxed{\begin{array}{l} t_x = \dfrac{x - \mathring{x}}{m_x} \\[2ex] t_y = \dfrac{y - \mathring{y}}{m_y} \\ \ldots\ldots \end{array}} \tag{37}$$

sämtlich t-verteilt vom Freiheitsgrade $f = n - u$. Damit hat man nun wieder für die unbekannten wahren Werte $\mathring{x}, \mathring{y}, \ldots$ der Unbekannten die *Vertrauensgrenzen*

$$\boxed{\begin{array}{l} x \pm t_S(f)\, m_x \\ y \pm t_S(f)\, m_y \\ \ldots\ldots \end{array}} \tag{38}$$

mit den zu einer gewählten statistischen Sicherheit S gehörigen t-Fraktilen $t_S(f)$, die in bekannter Weise vom Freiheitsgrad f abhängen.

20.5 Beobachtungen ungleicher Genauigkeit

Haben die Beobachtungen l_i, was bei vermittelnden Beobachtungen die Regel sein wird (verschiedenartige Größen wie Längen, Winkel und dergleichen, verschiedenartige Meßverfahren), ungleiche Genauigkeit, entstammen sie also Grundgesamtheiten mit verschiedenen Streuungen σ_i, für die mittlere Fehler m_i als Schätzwerte bekannt sind, so hat man wieder *Gewichte* p_i einzuführen nach

$$\boxed{p_i = \frac{m^2}{m_i^2}} \tag{39}$$

mit beliebig gewähltem mittleren Fehler m der Gewichtseinheit. Als Ausgleichsforderung tritt dann gemäß den in § **19.2** entwickelten Überlegungen

$$\boxed{[p\,v\,v] = \text{Min}} \tag{3a}$$

an die Stelle der früheren Gl. (3). Das aber läßt sich nun auf einfachste Weise dadurch realisieren, daß man jede der Fehlergleichungen (**4**) mit dem entsprechenden Faktor $\sqrt{p_i} = m/m_i$ multipliziert. Das heißt, die i-te Zeile der Matrix $\boldsymbol{A}$ sowohl als auch die i-te Komponente l_i des Vektors $\boldsymbol{l}$ der Beobachtungen wird mit diesem Faktor multipliziert. Schreibt man nun für die so abgeänderten Größen $\sqrt{p_i}\,a_i$, $\sqrt{p_i}\,b_i, \ldots,$ $\sqrt{p_i}\,l_i$ wieder einfach $a_i, b_i, \ldots, l_i$, so verläuft alles übrige wie bisher. Die zum Minimum gemachte Fehlerquadratsumme $[p\,v\,v]$ erscheint in der früheren Form

$$\boxed{[p\,v\,v] = [l\,l] - [a\,l]\,x - [b\,l]\,y - \cdots}\,, \tag{11a}$$

wobei nur alle Größen rechter Hand in dem abgeänderten Sinne zu verstehen sind. — Mittlerer Fehler der Gewichtseinheit *nach* der Ausgleichung wird damit

$$\boxed{\overline{m} = \sqrt{\frac{[p\,v\,v]}{n-u}}}\,, \tag{35a}$$

woraus die mittleren Fehler $\overline{m}_i$ der Beobachtungen nach der Ausgleichung nach

$$\overline{m}_i = m/\sqrt{p_i} = \frac{\overline{m}}{m}\,m_i \tag{40}$$

hervorgehen. Die — praktisch allein wichtigen — mittleren Fehler der Unbekannten errechnen sich wie früher nach Formel (**36**), in der lediglich m durch $\overline{m}$ zu ersetzen ist. Die ganze übrige Rechnung bleibt unverändert.

§ 21 Ausgleichsparabeln

21.1 Aufgabenstellung. Normalgleichungen

Zur angenäherten Wiedergabe von Funktionen, für die eine strenge formelmäßige Darstellung entweder, wie bei empirischen Funktionen, nicht möglich oder aber in Hinblick auf die Zahlenrechnung nicht einfach genug ist, werden (von den später, § 23, zu behandelnden periodischen Funktionen abgesehen) mit Vorliebe ganze rationale Funktionen, *Polynome*, benutzt, die sich wegen der einfachen ganzrationalen Operationen der Addition, Subtraktion und Multiplikation zur Zahlenrechnung besonders gut eignen. Die Darstellung einer Funktion durch ein Näherungspolynom ist auf verschiedene Weise möglich. Außer der bekannten Annäherung durch eine Taylor-Entwicklung und der im Kap. III behandelten durch ein Interpolationspolynom gibt es noch eine dritte Art der Annäherung, die sich besonders zur Wiedergabe empirischer Funktionen empfiehlt, die aber auch zur Approximation formelmäßig gegebener Funktionen nützlich sein kann. Es handelt sich um eine Darstellung durch Ausgleichspolynome, bei denen die angestrebte enge Annäherung über ein festes Intervall hin durch die bewährte Forderung kleinster Abweichungs-Quadratsumme erreicht wird.

Wir betrachten hier den Fall, daß eine empirische Funktion $y = f(x)$ in Form einzelner, etwa aus Versuchen stammender Funktionswerte $y_i = f(x_i)$ gegeben sei, genommen an diskreten, im allgemeinen nicht äquidistanten Argumentstellen x_i. Diese Funktionswerte sind nun in der Regel nicht genau bekannt, sondern sind mit Fehlern behaftet, äußerlich meist schon daran erkenntlich, daß bei zeichnerischer Darstellung die über x_i aufgetragenen Ordinaten y_i nicht auf einer glatten Kurve liegen, sondern um eine solche gedachte Kurve noch mehr oder weniger streuen. Ein Interpolationspolynom, welches diese fehlerbehafteten Funktionswerte y_i an den Stellen x_i genau annimmt, wäre hier offenbar gar nicht am Platze. Die zufälligen Schwankungen würden sich in einer durchaus unerwünschten Welligkeit des Interpolationspolynoms auswirken. Ein Näherungspolynom soll sich hier vielmehr ähnlich einer von Hand eingezeichneten, die Schwankungen unterdrückenden Kurve verhalten; es soll die Streuungen nach Möglichkeit ausgleichen, sich dabei aber den gegebenen Werten y_i doch „möglichst gut" anpassen. Das wird gerade mit dem Hilfsmittel der Ausgleichsrechnung erreicht, und zwar in der Weise, daß man den Grad n des Polynoms geringer ansetzt als den des durch die gegebenen Funktionswerte y_i an sich bestimmten Interpolationspolynoms. Die überschüssige Anzahl der Funktionswerte wird dann zum Ausgleich der unvermeidlichen Schwankungen ausgenutzt.

Dabei kann es sein, daß die anzunähernde Funktion selbst die Gesetzmäßigkeit eines Polynoms aufweist, etwa die eines linearen oder quadratischen Zusammenhanges zwischen x und y. In diesem Falle liefert die Ausgleichsrechnung möglichst gute Werte für die dem Gesetz eigentümlichen Konstanten, denen dann auch wohl eine physikalische Bedeutung zukommt. Häufiger wird freilich die Annäherung der Funktion durch ein Polynom rein formaler Natur sein in dem Sinne einer möglichst bequemen, zugleich aber doch auch möglichst getreuen zahlenmäßigen Wiedergabe der Funktion durch das Ausgleichspolynom, dessen Koeffizienten gesucht sind.

Von der anzunähernden Funktion $y = f(x)$ seien N Funktionswerte $y_i = f(x_i)$ gegeben. Dabei werden im allgemeinen sowohl die Argumentwerte x_i als auch die Funktionswerte als Beobachtungen fehlerhaft sein. Zur Vereinfachung nimmt man jedoch in der Regel die x-Werte als genau an, was darauf hinausläuft, daß ihre Fehler durch zusätzliche y-Fehler ersetzt werden. Es möge sich nun etwa die vorgelegte Funktion dem Augenschein ihrer zeichnerischen Darstellung nach angenähert durch eine Parabel zweiten Grades wiedergeben lassen, und wir setzen demgemäß für das gesuchte Ausgleichspolynom an

$$\bar{y}(x) = a_0 + a_1 x + a_2 x^2. \tag{1}$$

Gesucht sind die drei Koeffizienten a_0, a_1, a_2 dieses Näherungspolynoms. Dazu fordern wir, daß die Summe der Abweichungsquadrate sämtlicher Ordinaten y_i zum Minimum wird, also

$$Q = \sum_{i=1}^{N} (\bar{y}_i - y_i)^2 = \text{Min} \tag{2}$$

mit

$$\bar{y}_i = \bar{y}(x_i) = a_0 + a_1 x_i + a_2 x_i^2. \tag{3}$$

Aus den drei notwendigen Bedingungen für (2),

$$\frac{\partial Q}{\partial a_j} = 0 \qquad (j = 0, 1, 2)\,, \tag{4}$$

erhält man dann mit den Ableitungen

$$\frac{\partial \bar{y}_i}{\partial a_0} = 1\,, \qquad \frac{\partial \bar{y}_i}{\partial a_1} = x_i\,, \qquad \frac{\partial \bar{y}_i}{\partial a_2} = x_i^2$$

die drei Gleichungen

$$\frac{1}{2}\,\frac{\partial Q}{\partial a_0} = \sum (\bar{y}_i - y_i) \cdot 1 = 0$$

$$\frac{1}{2}\,\frac{\partial Q}{\partial a_1} = \sum (\bar{y}_i - y_i)\, x_i = 0$$

$$\frac{1}{2}\,\frac{\partial Q}{\partial a_2} = \sum (\bar{y}_i - y_i)\, x_i^2 = 0$$

oder mit der üblichen GAUSSschen Abkürzung für Summen durch eckige Klammern schließlich:

$$\boxed{\begin{aligned} N a_0 + [x]\ a_1 + [x^2]\ a_2 &= [y] \\ [x]\ a_0 + [x^2]\ a_1 + [x^3]\ a_2 &= [xy] \\ [x^2]\ a_0 + [x^3]\ a_1 + [x^4]\ a_2 &= [x^2 y] \end{aligned}} \quad . \tag{5}$$

Damit haben wir ein lineares Gleichungssystem mit symmetrischem Koeffizientenschema für die drei gesuchten Größen a_j, das System der *Normalgleichungen* gewonnen, deren Auflösung in der üblichen Weise vorzunehmen ist. Die in den Koeffizienten und rechten Seiten auftretenden Summen erstrecken sich über die N Anzahlen i der Beobachtungen x_i, y_i. Die Berechnung läßt sich in folgendem Schema durchführen:

1	2	3	4	5	6	7	8	9	10	11
x_i	y_i	x_i^2	x_i^3	x_i^4	$x_i y_i$	$x_i^2 y_i$	y_i^2	$\overline{y}_i$	Δy_i	$(\Delta y_i)^2$
x_1	y_1	x_1^2	x_1^3	x_1^4	$x_1 y_1$	$x_1^2 y_1$	y_1^2	$\overline{y}_1$	Δy_1	$(\Delta y_1)^2$
x_2	y_2	x_2^2	x_2^3	x_2^4	$x_2 y_2$	$x_2^2 y_2$	y_2^2	$\overline{y}_2$	Δy_2	$(\Delta y_2)^2$
$\vdots$	$\vdots$	$\vdots$	$\vdots$	$\vdots$	$\vdots$	$\vdots$	$\vdots$	$\vdots$	$\vdots$	$\vdots$
x_N	y_N	x_N^2	x_N^3	x_N^4	$x_N y_N$	$x_N^2 y_N$	y_N^2	$\overline{y}_N$	Δy_N	$(\Delta y_N)^2$
$[x]$	$[y]$	$[x^2]$	$[x^3]$	$[x^4]$	$[xy]$	$[x^2 y]$	$[yy]$	$[\overline{y}]$	$[\Delta y]$	Q

Meistens wird hier Rechnung mit der Rechenmaschine mit höherer Stellenzahl zu empfehlen sein, da die Koeffizientendeterminanten der Normalgleichungen oft relativ klein und die numerische Auflösung des Systems dadurch empfindlich gegen Ungenauigkeiten wird. Bei Verwendung der Rechenmaschine kann man dann die Spalten 4 bis 8 einsparen, indem man die diesen Spalten entsprechenden Summen durch unmittelbares Auflaufenlassen der Produkte der Spalten 1 bis 3 untereinander bildet.

Der Wert $[yy]$ dient zur Kontrolle der Fehlerquadratsumme Q, für die man aus (2) nach Einsetzen von (3) und Berücksichtigung der Gl. (5) den Ausdruck

$$\boxed{Q = [yy] - a_0[y] - a_1[xy] - a_2[x^2 y]} \tag{6}$$

erhält. Dieser Wert muß dann bis auf (unter Umständen relativ große) Abrundungsfehler übereinstimmen mit der in Spalte 11 des Schemas unmittelbar gebildeten Summe der Quadrate von $\Delta y_i = \overline{y}_i - y_i$, wobei man in (6) oft mit hoher Stellenzahl rechnen muß. Um dies zu vermeiden, ist es oft vorteilhaft, von den Funktionswerten y_i von vornherein eine rohe Näherung $\tilde{y}$ abzuziehen, die man als Polynom vom Grade kleiner oder gleich n ansetzen kann. Zum Beispiel wird man in unserem Falle eine lineare Funktion $\tilde{y}$ abziehen, so daß nur noch verhältnismäßig kleine Ordinatenreste $\eta_i = y_i - \tilde{y}_i$ übrigbleiben. Diese Reste η_i übernehmen dann in der Rechnung die Rolle der y_i.

Aus Q erhält man nach den Regeln der Ausgleichsrechnung den mittleren Fehler der Beobachtungen y_i zu

$$\boxed{m = \sqrt{\frac{Q}{N-3}}}\,, \tag{7}$$

wo im Nenner wie üblich die Anzahl $N - 3$ der überschüssigen Beobachtungen steht.

Das hier am Beispiel einer quadratischen Ausgleichsparabel geschilderte Vorgehen ist ohne weiteres auf Ausgleichspolynome beliebigen n-ten Grades übertragbar. Die Normalgleichungen lauten dann

$$\boxed{\begin{array}{l} N\,a_0 + [x]\,a_1 + \cdots + [x^n]\,a_n = [y] \\ [x]\,a_0 + [x^2]\,a_1 + \cdots + [x^{n+1}]\,a_n = [x\,y] \\ \cdots\cdots\cdots\cdots\cdots\cdots\cdots\cdots \\ [x^n]\,a_0 + [x^{n+1}]\,a_1 + \cdots + [x^{2n}]\,a_n = [x^n\,y] \end{array}}\,. \tag{5a}$$

Die Kontrollformel für Q lautet

$$\boxed{Q = [y\,y] - a_0\,[y] - a_1\,[x\,y] - \cdots - a_n\,[x^n\,y]} \tag{6a}$$

und der Ausdruck für den mittleren Fehler m schließlich

$$\boxed{m = \sqrt{\frac{Q}{N-n-1}}}\,. \tag{7a}$$

Zur Beurteilung der Genauigkeit der errechneten Koeffizienten a sind deren mittlere Fehler m_{a_j} in der in § 20.3 und 20.4, S. 329ff., angegebenen Weise unter Benutzung der Diagonalelemente $[\alpha\alpha]$, $[\beta\beta]$, ... der Kehrmatrix $\boldsymbol{Q}$ der Normalgleichungsmatrix $\boldsymbol{N}$ zu bestimmen, wobei wir die alten Bezeichnungen wieder verwenden. Danach ist

$$\boxed{\begin{array}{l} m_{a_0} = m\,\sqrt{[\alpha\alpha]} \\ m_{a_1} = m\,\sqrt{[\beta\beta]} \\ m_{a_2} = m\,\sqrt{[\gamma\gamma]} \\ \cdots\cdots \end{array}}\,. \tag{8}$$

Für den wichtigen Sonderfall einer *Ausgleichsgeraden*

$$\bar{y}(x) = a + b\,x \tag{9}$$

läßt sich die Lösung der Normalgleichungen

$$\begin{aligned} N\,a + [x]\,b &= [y] \\ [x]\,a + [x^2]\,b &= [x\,y] \end{aligned}$$

nach der CRAMERschen Regel leicht formelmäßig angeben zu

$$\boxed{a = \frac{D_a}{D}, \qquad b = \frac{D_b}{D}} \tag{10}$$

mit den drei Determinanten

$$D_a = -\begin{vmatrix} [x] & [y] \\ [x^2] & [xy] \end{vmatrix}, \qquad D_b = \begin{vmatrix} N & [y] \\ [x] & [xy] \end{vmatrix}, \qquad D = \begin{vmatrix} N & [x] \\ [x] & [x^2] \end{vmatrix}, \tag{11}$$

welche, in dieser Form geschrieben, sich unmittelbar in Anschluß an das Schema der Koeffizienten und rechten Seite anschreiben lassen:

$$\begin{array}{ccc} N & [x] & [y] \\ [x] & [x^2] & [xy] \\ \hline D_a & D_b & D \end{array}.$$

Auch die Gewichtsreziproken $[\alpha\alpha]$, $[\beta\beta]$ sind hier sogleich angebbar, nämlich (vgl. II., § 7.1, S. 145)

$$\boxed{[\alpha\alpha] = \frac{[x^2]}{D}, \qquad [\beta\beta] = \frac{N}{D}}. \tag{12}$$

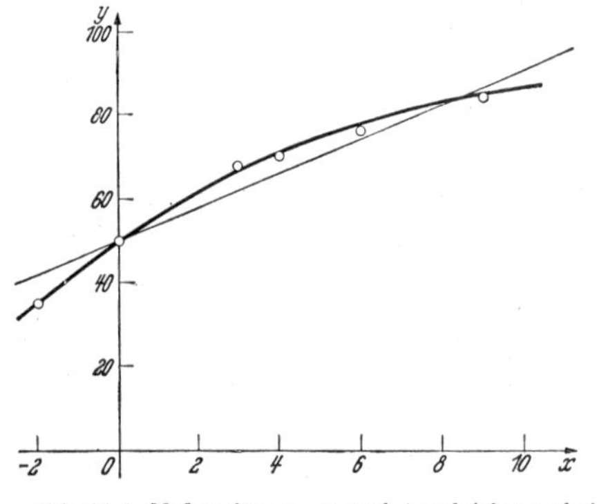

Abb. 21.1. Meßpunkte x_i, y_i und Ausgleichsparabel für das Beispiel

21.2 Ein Beispiel

Gegeben seien die Funktionswerte

$$\begin{array}{lrrrrrr} x_i = & -2 & 0 & 3 & 4 & 6 & 9 \\ y_i = & 35 & 50 & 68 & 70 & 76 & 84 \end{array}$$

Ihr Verlauf, Abb. 21.1, läßt Annäherung durch eine quadratische Parabel angebracht erscheinen. Gesucht sind die drei Koeffizienten des Polynoms.

Zur Vereinfachung der Zahlenrechnung bringen wir eine Gerade $\tilde{y} = 50 + 4x$ in Abzug und arbeiten mit den Differenzen $\eta = y - \tilde{y}$ anstatt mit y selbst. Die Koeffizienten der Normalgleichungen errechnen sich nach folgendem Schema:

x	y	$\tilde{y}$	η	x^2	x^3	x^4	$x\eta$	$x^2\eta$	η^2	$\Delta\eta$	$(\Delta\eta)^2$
−2	35	42	−7	4	−8	16	14	−28	49	0,493	0,24
0	50	50	0	0	0	0	0	0	0	−0,363	0,13
3	68	62	6	9	27	81	18	54	36	−1,685	2,84
4	70	66	4	16	64	256	16	64	16	0,665	0,44
6	76	74	2	36	216	1296	12	72	4	1,550	2,40
9	84	86	−2	81	729	6561	−18	−162	4	−0,657	0,43
20			3	146	1028	8210	42	0	109	0,003	6,48

Die Normalgleichungen:

$$\begin{aligned} 6\,a_0 + 20\,a_1 + 146\,a_2 &= 3 \\ 20\,a_0 + 146\,a_1 + 1028\,a_2 &= 42 \\ 146\,a_0 + 1028\,a_1 + 8210\,a_2 &= 0 \end{aligned}$$

Auflösung der Normalgleichungen und Berechnung der Kehrmatrix nach folgendem Schema (vgl. Kap. II, § 5.2, 5.4 und 7.4):

172	1194	9384	45	Probe
6	20	146	3	175
	146	1028	42	1236
		8210	0	9384
6	20	146	3	175
− 3,33333	79,3333	541,333	32,000	652,667
−24,33333	−6,82353	963,529	−291,353	672,167
−0,36429	2,46667	−0,30238	−1	—
0,30934	−0,030769	−0,0016484		
	0,060928	−0,0070818		
		0,0010379		
0,99971	1,00015	1,00046	Probe	

Ergebnis:

$$\begin{aligned} a_0 &= -0{,}36429 \\ a_1 &= 2{,}46667 \\ a_2 &= -0{,}30238 \end{aligned}$$

Fehlerquadratsumme:

direkte Rechnung $Q = [(\Delta\eta)^2] = 6{,}48$

Kontrolle $Q = 109 - 3a_0 - 42a_1 = 6{,}49$

Mittlere Fehler:

$$\begin{aligned} m^2 &= Q : 3 = 2{,}16 \\ m &= 1{,}47 \\ m_{a_0} &= 1{,}47\,\sqrt{0{,}309} = 0{,}817 \\ m_{a_1} &= 1{,}47\,\sqrt{0{,}0609} = 0{,}362 \\ m_{a_2} &= 1{,}47\,\sqrt{0{,}00104} = 0{,}0473 \end{aligned}$$

Ergebnis:

$$\begin{aligned} a_0 &= -0{,}36 \pm 0{,}82 \\ a_1 &= 2{,}47 \pm 0{,}36 \\ a_2 &= -0{,}302 \pm 0{,}047 \end{aligned}$$

Abgerundet auf sinnvolle Stellenzahl:

$$\bar{\eta} = -0{,}4 + 2{,}5x - 0{,}30x^2$$

Endergebnis der Ausgleichsparabel:

$$\underline{\bar{y} = 49{,}6 + 6{,}5x - 0{,}30x^2}$$

Diese Werte sind in Abb. 21.1 als ausgezogener Kurvenzug eingetragen.

21.3 Gleichabständige Funktionswerte

Bei gleichabständigen Stellen x_i ergeben sich Vereinfachungen, deren wichtigste dadurch herbeigeführt wird, daß man die Stellen x_i symmetrisch zum Nullpunkt $x = 0$ anordnet, was man durch Achsenverschiebung stets erreichen kann. Die Stellen x_i treten dann immer paarweise mit x_i, $-x_i$ auf, und alle ungeraden Potenzsummen werden zu Null:

$$[x^{2k+1}] = 0, \qquad k = 0, 1, 2, \ldots . \tag{13}$$

Hierdurch aber zerfällt, wie leicht einzusehen, das System der Normalgleichungen in zwei Systeme von rund halber Anzahl der Unbekannten, eins für die Koeffizienten a_j mit geradem und eins für die mit ungeradem Index j, was für die Auflösung der Normalgleichungen natürlich eine ganz wesentliche Arbeitsersparnis bedeutet. Führen wir für die geraden Potenzsummen sowie für die sogenannten *Momente* M_k der Funktionswerte y_i noch folgende Abkürzungen ein

$$\boxed{\begin{aligned} [x^{2k}] &= S_{2k} \\ [x^k y] &= M_k \end{aligned}}\,, \qquad \begin{aligned} &(14)\\ &(15)\end{aligned}$$

so haben wir beispielsweise im Falle $n = 4$ anstatt eines Systems von fünf Gleichungen für die fünf Unbekannten a_0 bis a_4 die beiden folgenden Systeme von drei und zwei Unbekannten für a_0, a_2, a_4 und a_1, a_3:

$$\begin{aligned} N a_0 + S_2 a_2 + S_4 a_4 &= M_0 \\ S_2 a_0 + S_4 a_2 + S_6 a_4 &= M_2 \\ S_4 a_0 + S_6 a_2 + S_8 a_4 &= M_4 \end{aligned} \qquad \begin{aligned} S_2 a_1 + S_4 a_3 &= M_1 \\ S_4 a_1 + S_6 a_3 &= M_3 \end{aligned} \tag{16}$$

Um nun noch die Koeffizienten des Gleichungssystems, also die Potenzsummen S_{2k} ein für allemal berechnen zu können, ordnet man den Argumenten x_i symmetrisch zu $x = 0$ gelegene ganze Zahlen zu, und zwar im Falle ungerader Beobachtungsanzahl N *alle ganzen Zahlen*, im Falle gerader Anzahl N nur die *ungeraden Zahlen*:

Ungerade Anzahl $N = 2m + 1$:

$$\boxed{x_i = -m, \; -(m-1), \; \ldots, \; -2, \; -1, \; 0, \; 1, \; 2, \; \ldots, \; m-1, \; m} \tag{17a}$$

z. B. $N = 9$: $x_i = -4, -3, -2, -1, 0, 1, 2, 3, 4$.

Gerade Anzahl $N = 2m$:

$$\boxed{\begin{aligned} x_i = -(2m-1), -(2m-3), \ldots, \\ -3, -1, 1, 3, \ldots, 2m-3, 2m-1 \end{aligned}} \tag{17b}$$

z. B. $N = 8$: $x_i = -7, -5, -3, -1, 1, 3, 5, 7$.

Für diese Werte sind die Potenzsummen (nur die unterhalb der Treppenlinie stehenden Zahlen kommen als Gleichungskoeffizienten in Betracht):

$n = 1$		2	3	4	5	6
N	S_2	S_4	S_6	S_8	S_{10}	S_{12}
3	2	2	2	2	2	2
5	10	34	130	514	2050	8194
7	28	196	1588	13636	120198	1071076
9	60	708	9780	144708	2217300	34625508
11	110	1958	41030	925958	21748550	522906758

$n = 1$		2	3	4	5	6
N	S_2	S_4	S_6	S_8	S_{10}	S_{12}
2	2	2	2	2	2	2
4	20	164	1460	13124	118100	1062884
6	70	1414	32710	794374	19649350	498344134
8	168	6216	268008	12323976	584599848	28171918536
10	330	19338	1330890	98417418	7558168650	593030991498
12	572	48620	4874012	527135180	59433017852	6869887744940

21.4 Numerisches Differenzieren

Ausgleichsparabeln sind auch ein wichtiges Hilfsmittel zum numerischen Differenzieren. Der Prozeß des Differenzierens ist ja besonders empfindlich gegenüber Schwankungen der Funktionswerte. Da man hiermit aber bei empirischen Funktionen stets zu rechnen hat, so scheidet hier das an sich mögliche Arbeiten mit Interpolationsparabeln, das der numerischen Integration zugrunde liegt, in den meisten Fällen aus.

Zum Differenzieren mittels Ausgleichsparabeln sind zwei Vorgehensweisen möglich. Entweder man stellt unter gleichzeitiger Benutzung aller gegebenen Funktionswerte y_i das Ausgleichspolynom für den gesamten interessierenden Bereich auf und kann nun das fertige Polynom differenzieren, um so für einen beliebigen x-Wert einen Näherungswert für y' zu erhalten. Oder aber — und gerade bei einer großen Anzahl äquidistanter Funktionswerte y_i wird man gerne so verfahren — man faßt aus der ganzen Reihe der Beobachtungswerte jeweils eine kleinere Gruppe zusammenstehender y-Werte zusammen und legt durch sie eine Ausgleichsparabel verhältnismäßig niedriger Ordnung. Dann bekommt man einfache fertige Näherungsformeln für y', genommen etwa in der Mitte des herangezogenen Teilbereiches.

Benutzt man z. B. eine Ausgleichsparabel 2. Ordnung durch symmetrisch zu $x = 0$ gelegene äquidistante Funktionswerte bei einer x-Spanne 1,

also ein Polynom
$$\bar{y}(x) = a_0 + a_1 x + a_2 x^2, \tag{18}$$
so lauten die Normalgleichungen zur Bestimmung der Koeffizienten:
$$\begin{aligned} N a_0 + S_2 a_2 &= M_0 = [y] \\ S_2 a_0 + S_4 a_2 &= M_2 = [x^2 y] \end{aligned} \qquad S_2 a_1 = M_1 = [xy]. \tag{19}$$
In $x = 0$ ist aber die Ableitung
$$\bar{y}'(0) = a_1 = \frac{[xy]}{S_2}, \tag{20}$$
wobei wir hier die Lösung gleich hinschreiben können. Bei Verwendung von $N = 5$ äquidistanten Funktionswerten findet man daraus mit dem aus der Tabelle entnommenen Wert $S_2 = 10$ und unter Verallgemeinerung der x-Spanne zu h als Differenzierformel:
$$\boxed{\bar{y}_0' = \frac{1}{10h}(-2y_{-2} - y_{-1} + y_1 + 2y_2)}, \tag{21}$$
eine Formel, mit der man wegen des Faktors $1/10h$ besonders bequem arbeitet.

Bei einem Ausgleich durch kubische Parabel und $N = 5$ erhält man in ähnlicher Weise die Formel
$$\boxed{\bar{y}_0' = \frac{1}{12h}(y_{-2} - 8y_{-1} + 8y_1 - y_2)}, \tag{22}$$
die übrigens mit der Formel einer Interpolationsparabel 4. Ordnung durch die 5 Punkte übereinstimmt.

In jedem Falle ist der Prozeß des numerischen Differenzierens mit beträchtlichen Unsicherheiten verbunden und wird nur mit Vorsicht anzuwenden sein.

21.5 Glätten von Beobachtungswerten

Ähnlich wie beim Aufstellen der Differenzierformeln kann man auch vorgehen, wenn es sich darum handelt, eine längere Reihe äquidistanter Funktionswerte y_i zu *glätten* und man nicht ein Ausgleichspolynom durch die Gesamtheit der Funktionswerte legen will. Unter Benutzung einer Parabel 2. Ordnung durch eine Anzahl von N symmetrisch zu $x = 0$ gelegener Funktionswerte erhält man aus (18) und (19) als geglätteten Wert $\bar{y}_0 = \bar{y}(0)$ den Ausdruck
$$\bar{y}_0 = a_0 = \frac{S_4[y] - S_2[x^2 y]}{N S_4 - S_2^2}. \tag{23}$$
Besonders einfach gestaltet sich das Ergebnis wieder für $N = 5$. Dafür erhält man, wie leicht nachzurechnen,
$$\bar{y}_0 = \tfrac{1}{70}(34[y] - 10[x^2 y])$$
oder nach Einsetzen der Werte $x_i = \pm i$:
$$\bar{y}_0 = \tfrac{1}{70}(-6y_{-2} + 24y_{-1} + 34y_0 + 24y_1 - 6y_2).$$

Spaltet man hier noch y_0 ab, so entsteht die für die Rechnung sehr bequeme Form

$$\boxed{\bar{y}_0 = y_0 - \tfrac{3}{35}\,\delta^4 y_0}\,. \tag{24}$$

Durch Aufstellen eines Differenzenschemas bis zur 4. Differenz und Anbringen der Korrekturen $-\frac{3}{35}\,\delta^4 y_0$ an den y-Werten der gleichen Zeile erhält man den geglätteten Wert $\bar{y}_0$. Diese Glättung kann man gegebenenfalls mehrfach wiederholen, bis das Ergebnis befriedigt, d. h. bis die 4. Differenzen einen einigermaßen regelmäßigen Verlauf zeigen. — Für den ersten und zweiten (und ebenso für den letzten und vorletzten) y-Wert des Gesamtbereiches, für die keine 4. Differenz zur Verfügung steht, erhält man durch kubische Ausgleichsparabeln als Zusatzformel:

$$\boxed{\begin{aligned} \bar{y}_{-1} &= y_{-1} + \tfrac{2}{35}\,\delta^4 y_0 \\ \bar{y}_{-2} &= y_{-2} - \tfrac{1}{70}\,\delta^4 y_0 \end{aligned}}\,. \tag{24a}$$

Das Verfahren konvergiert oft nur langsam. Man kann es verbessern, indem man die Anzahl N der zur Ausgleichsparabel zufammengefaßten Funktionswerte vergrößert.

V. Kapitel

Approximation

§ 22 Mittlere Approximation

22.1 Allgemeine Approximationsaufgabe. Überblick

In diesem V. Kapitel beschäftigen wir uns mit der Aufgabe der Approximation einer ihrem kontinuierlichen Verlauf nach — nicht nur in diskreten Punkten — exakt gegebenen Funktion durch numerisch einfacher zu handhabende Ersatzfunktionen. Über einem festen endlichen Intervall $[a, b]$ der x-Achse[1] soll die daselbst gegebene Funktion $f(x)$ durch eine Approximationsfunktion $F(x)$ in einem gewissen noch näher zu bezeichnenden Sinne angenähert werden. Die ihrer Form nach gewählte Funktion $F(x)$ enthält dabei eine Anzahl noch freier Parameter $a_0, a_1, \ldots, a_n$:

$$F(x) = F(x;\, a_0, a_1, \ldots, a_n), \tag{1}$$

die so zu bestimmen sind, daß gewisse noch anzugebende Approximationsforderungen erfüllt werden.

In der allgemeinen Form (1) begegnet uns die Aufgabe etwa bei Annäherung durch gebrochen rationale Funktionen

$$F(x) = \frac{a_0 + a_1 x + \cdots + a_p x^p}{b_0 + b_1 x + \cdots + b_q x^q}$$

[1] Mit $[a, b]$ bezeichnen wir das Intervall $a \leqq x \leqq b$ einschließlich der Intervallenden, das sogenannte abgeschlossene Intervall.

oder durch Exponentialfunktionen

$$F(x) = a_1 e^{b_1 x} + \cdots + a_n e^{b_n x}$$

mit Parametern a_i, b_i. Aufgaben dieser Art sind schon nicht einfach lösbar, da sie auf nichtlineare Gleichungssysteme für die Parameter führen. Man bevorzugt daher Approximationsfunktionen, welche die Parameter linear enthalten. Der allgemeine Ausdruck dieser Art ist

$$\boxed{F(x) = F_n(x) = a_0 \varphi_0(x) + a_1 \varphi_1(x) + \cdots + a_n \varphi_n(x)} \tag{2}$$

mit einem Satz fest gewählter sogenannter *Basisfunktionen* $\varphi_\nu(x)$, die sich nach verschiedenen Gesichtspunkten auswählen lassen. Von besonderer Wichtigkeit sind dabei die Potenzen $\varphi_\nu(x) = x^\nu$, also Approximation durch *Polynome*

$$F_n(x) = a_0 + a_1 x + a_2 x^2 + \cdots + a_n x^n \tag{3}$$

Auch in der allgemeinen Form (2) führen dann die Approximationsforderungen in der Regel — wenn auch nicht durchweg — auf *lineare* Gleichungssysteme für die Parameter. Ja, durch geeignete Wahl der Basisfunktionen $\varphi_\nu(x)$ gelingt sogar die Aufstellung geschlossener Formeln für die Koeffizienten a_ν. Wir beschränken uns daher im folgenden auf Ansätze der linearen Form (2) und (3).

Die verschiedenen Arten einer Approximation bei fest gewählter Form von $F(x)$ unterscheiden sich nun hinsichtlich der *Approximationsforderungen*, und diese wiederum sind wesentlich gekennzeichnet durch den Charakter des *Fehlerverlaufs*

$$\delta(x) = f(x) - F(x) \tag{4}$$

Das sei an den folgenden geläufigsten Arten annähernder Funktionsdarstellung kurz erläutert, von denen dann im weiteren nur die beiden zuletzt aufgeführten der mittleren und der gleichmäßigen Approximation eingehender behandelt werden sollen.

1. Taylor-Entwicklung: Bei dieser bekannten Art einer Polynomapproximation fordert man

$$f^{(\nu)}(x_0) = F_n^{(\nu)}(x_0), \quad \nu = 0, 1, \ldots, n \tag{5}$$

mit

$$F_n(x) = \sum_{\nu=0}^{n} a_\nu (x - x_0)^\nu$$

Es wird an *einer* Stelle x_0 des Intervalls, der *Entwicklungsstelle* (z. B. Intervallmitte) Übereinstimmung in Funktionswerten und Ableitungen bis zu einer Ordnung n verlangt, woraus sich die bekannten TAYLOR-

Koeffizienten

$$a_\nu = f^{(\nu)}(x_0)/\nu!$$

ergeben. Diese möglichst weit getriebene Übereinstimmung zwischen anzunähernder und Approximationsfunktion = „Schmiegungspolynom" an *einer* Stelle x_0 wird indessen erkauft durch eine mit $|x - x_0|$ zunehmende Abweichung $\delta(x)$. Ersatz der Funktion $f(x) = e^x$ im Intervall $[-1, +1]$ durch das TAYLOR-Polynom 2. Grades $F_2(x) = 1 + x + x^2/2$ führt beispielsweise auf einen Fehlerverlauf der Abb. 22.1 mit einem maximalen Fehler von 0,218 in $x = 1$, während sich, wie wir bald sehen werden, quadratische Näherungspolynome mit wesentlich kleinerem Höchstfehler angeben lassen. Eben aus diesem Mangel der TAYLORschen Approximation erwächst das Bedürfnis nach Annäherungen anderer Art.

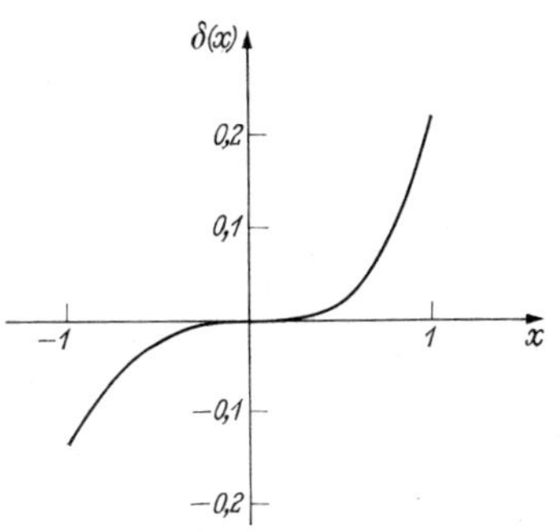

Abb. 22.1. Fehlerverlauf der TAYLOR-Näherung für $y = e^x$ $(-1 \leq x \leq 1)$

2. Interpolation: Hier fordert man bekanntlich Übereinstimmung in den Funktionswerten $f(x_i)$ und $F(x_i)$ an $n + 1$ festen (nicht notwendig äquidistanten) Stützstellen x_i:

$$F(x_i) = f(x_i), \qquad i = 0, 1, \ldots, n, \tag{6}$$

was im Falle linearer Ausdrücke (2) oder (3) für $F(x)$ auf ein System linearer Gleichungen in den Parametern a_i führt. Man spricht auch von *Kollokation*. Für den Fall der Polynomapproximation ist diese Aufgabe ganz ausführlich im III. Kapitel, § 11 und 12, behandelt worden. In allgemeinerer Form kommen wir auf den Interpolationsgedanken bei der trigonometrischen Approximation periodischer Funktionen in § 23 noch einmal zurück. — Für Interpolation durch Polynome wurde in III, § 11.5, auch schon der Fehlerverlauf untersucht. Bei äquidistanten Stützstellen und $a = x_0$, $b = x_n$ zeigt sich Zunahme der Fehlerbeträge gegen die Intervallenden (vgl. Abb. 11.6 auf S. 216).

3. Mittlere Approximation: Bei diesem weiterhin ausführlich zu behandelnden Näherungsprinzip, das auf das engste mit dem Namen GAUSS verknüpft ist, wird die in § 21 für diskrete (und überdies fehlerbehaftete) Funktionswerte erhobene Forderung kleinster Fehlerquadratsumme hier sinngemäß abgewandelt in die des ***kleinsten Fehlerquadratintegrals***:

$$Q = \int_a^b [F(x) - f(x)]^2 \, dx = \text{Min.} \tag{7}$$

Diese Größe Q ist dabei wegen $F(x) = F(x; a_0, a_1, \ldots, a_n)$ als Funktion der Parameter aufzufassen, $Q = Q(a_0, a_1, \ldots, a_n)$. Die zur Erfüllung von (7) notwendigen Bedingungen

$$\frac{\partial Q}{\partial a_i} = 0 \quad \text{für} \quad i = 0, 1, \ldots, n \tag{8}$$

führen dann auf ein Gleichungssystem für die a_i, das im Falle linearer Approximationsform (2) oder (3) linear wird, die sogenannten *Normalgleichungen*. Der Fehlerverlauf $\delta(x)$ ist wie bei der Interpolation oszillierend in $[a, b]$, und er zeigt auch hier, wie sich herausstellen wird, zunehmende Tendenz nach den Intervallenden hin. Abweichungsmaß zwischen $f(x)$ und $F(x)$ ist die *mittlere Fehlernorm*

$$\|f - F\| = \sqrt{Q}. \tag{9}$$

4. Gleichmäßige Approximation: Die von TSCHEBYSCHEFF aufgestellte Forderung besteht darin, bei festem Approximationsgrad (z. B. Polynomgrad n) den maximalen Fehlerbetrag

$$\|f - F\| = \operatorname*{Max}_{a \leqq x \leqq b} |f(x) - F(x)| \tag{10}$$

durch Variation der Parameter so klein wie möglich zu machen. Hier wird die durch (10) definierte *absolute Fehlernorm* als Abweichungsmaß benutzt. Bezeichnet E die gesuchte kleinste Fehlernorm, so läßt sich für den Fall einer Polynomapproximation zeigen, daß der Wert E von der Fehlerkurve $\delta(x)$ in $[a, b]$ genau $n + 2$mal mit wechselndem Vorzeichen angenommen wird. Die Fehlerkurve füllt also einen Streifen der Breite $2E$ „gleichmäßig" aus. — Im Gegensatz zu den drei ersten Approximationsarten ist hier die Aufgabe auch im Falle linearer Ansätze (2) oder (3) nur noch durch einen Näherungsprozeß angreifbar.

Anschließend behandeln wir zunächst eingehender die Aufgabe mittlerer Approximation in allgemeiner Form, wobei wir auf den wichtigen Begriff orthogonaler Funktionssysteme stoßen. Dieser erfährt im darauf folgenden § 23 seine bekannteste Anwendung bei der trigonometrischen Approximation periodischer Funktionen, der harmonischen Analyse und ihrer numerischen Durchführung. Sie leitet über zur Aufgabe der gleichmäßigen Approximation in § 24, zu deren angenäherter Behandlung sie sich als wirksames Werkzeug erweist.

22.2. Allgemeine Form der Normalgleichungen

Verwendet man als Approximationsfunktion $F(x) = F_n(x)$ zunächst den allgemeinen Linearausdruck (2) mit festen Basisfunktionen $\varphi_\nu(x)$, so nehmen die Bedingungen (8) zur Erfüllung der Forderung (7) kleinsten Fehlerquadratintegrals $Q = Q_n$ mit $\partial F_n / \partial a_\nu = \varphi_\nu(x)$ die

Form an:

$$\frac{1}{2}\frac{\partial Q_n}{\partial a_\nu} = \int_a^b [F_n(x) - f(x)]\, \varphi_\nu(x)\, dx = 0 \quad (\nu = 0, 1, \ldots, n).$$

Einsetzen des Linearausdrucks (2) für $F_n(x)$ führt dann auf das lineare System der *Normalgleichungen*

$$\boxed{\begin{array}{l} a_0(\varphi_0\,\varphi_0) + a_1(\varphi_0\,\varphi_1) + \cdots + a_n(\varphi_0\,\varphi_n) = (f\,\varphi_0) \\ a_0(\varphi_0\,\varphi_1) + a_1(\varphi_1\,\varphi_1) + \cdots + a_n(\varphi_1\,\varphi_n) = (f\,\varphi_1) \\ \cdots\cdots\cdots\cdots\cdots\cdots\cdots\cdots\cdots \\ a_0(\varphi_0\,\varphi_n) + a_1(\varphi_1\,\varphi_n) + \cdots + a_n(\varphi_n\,\varphi_n) = (f\,\varphi_n) \end{array}} \tag{11}$$

worin die runden Klammern analog den früheren eckigen (§ 21.1) jetzt Abkürzungen für die Integrale sind:

$$\begin{aligned} (\varphi_\nu\,\varphi_\mu) &= \int_a^b \varphi_\nu(x)\,\varphi_\mu(x)\,dx, \\ (f\,\varphi_\nu) &= \int_a^b f(x)\,\varphi_\nu(x)\,dx. \end{aligned} \tag{12}$$

Für das Fehlerquadratintegral Q_n, Gl. (7), ergibt sich dann durch Einführen des Linearausdrucks (2), Ausquadrieren und Berücksichtigen der Normalgleichungen (11) ähnlich wie früher

$$Q_n = (f\,f) - a_0(f\,\varphi_0) - a_1(f\,\varphi_1) - \cdots - a_n(f\,\varphi_n) \tag{13}$$

mit der weiteren Abkürzung

$$(f\,f) = \int_a^b f^2(x)\,dx, \tag{14}$$

deren Quadratwurzel die — im Sinne mittlerer Approximation festgelegte — *Norm* der Funktion $f(x)$ ist. Die Approximation ist als um so besser anzusehen, je kleiner die Fehlernorm $\|f - F_n\| = \sqrt{Q_n}$ ausfällt. Nennen wir die im allgemeinen Linearausdruck (2) auftretende Anzahl n den Approximationsgrad — in (3) ist es der Grad des Approximationspolynoms — so wird man erwarten, daß die Fehlernorm $\|f - F_n\|$ mit zunehmendem Grad n herabgedrückt wird. Daß dies — von Ausnahmefällen abgesehen — tatsächlich zutrifft, wird sich im übernächsten Abschnitt zeigen.

22.3 Approximation durch Polynome

Für den wichtigen Sonderfall der Polynomapproximation, $\varphi_\nu(x) = x^\nu$, Gl. (3), ergeben sich spezielle Normalgleichungen. Dabei ist es zweckmäßig, den Koordinatenanfang $x = 0$ in die Intervallmitte zu legen, also Symmetrieeigenschaften auszunutzen. Indem man überdies durch Maßstabsänderung die Intervallgrenzen in die Punkte $-1, +1$ verlegt, lassen sich die Koeffizienten der Normalgleichungen ein für allemal berechnen. Die Transformation der alten auf das Intervall $[a, b]$ bezogenen Variablen t in die neue dem Intervall $[-1, +1]$ zugehörige Veränderliche x vollzieht sich dabei nach

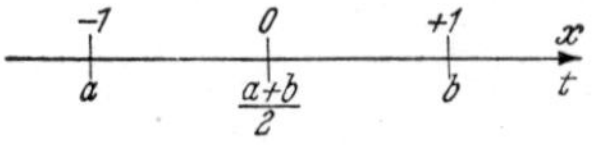

Abb. 22.2. Übergang auf das Intervall $(-1, +1)$

$$t = \frac{a+b}{2} + \frac{b-a}{2} x$$

vgl. Abb. 22.2. In der Variablen x fallen dann alle Integrale $(\varphi_\nu \varphi_\mu)$ mit ungeradem $\nu + \mu$ heraus, und die übrigen sind leicht berechenbar:

$$(\varphi_\nu \varphi_\mu) = \int_{-1}^{+1} x^\nu x^\mu \, dx = \begin{cases} \dfrac{2}{\nu+\mu+1} & \text{für gerades } \nu+\mu, \\ 0 & \text{für ungerades } \nu+\mu. \end{cases} \tag{15}$$

Damit aber zerfallen die Normalgleichungen (so wie in § 21.3) in ein System für die Koeffizienten a_ν mit geradem und eines für die mit ungeradem Index ν. Wieder führt man zur Abkürzung die *Momente* der Funktion $f(x)$ ein nach

$$M_\nu = \tfrac{1}{2} \int_{-1}^{+1} x^\nu f(x) \, dx \quad (\nu = 0, 1, \ldots, n). \tag{16}$$

Die beiden Normalgleichungssysteme lauten dann

$$\boxed{\begin{array}{r} a_0 + \frac{1}{3} a_2 + \frac{1}{5} a_4 + \cdots = M_0 \\ \frac{1}{3} a_0 + \frac{1}{5} a_2 + \frac{1}{7} a_4 + \cdots = M_2 \\ \frac{1}{5} a_0 + \frac{1}{7} a_2 + \frac{1}{9} a_4 + \cdots = M_4 \\ \cdots\cdots\cdots\cdots\cdots \end{array}} \tag{17a}$$

und

$$\boxed{\begin{array}{r} \frac{1}{3} a_1 + \frac{1}{5} a_3 + \frac{1}{7} a_5 + \cdots = M_1 \\ \frac{1}{5} a_1 + \frac{1}{7} a_3 + \frac{1}{9} a_5 + \cdots = M_3 \\ \frac{1}{7} a_1 + \frac{1}{9} a_3 + \frac{1}{11} a_5 + \cdots = M_5 \\ \cdots\cdots\cdots\cdots\cdots \end{array}} \tag{17b}$$

Beispiel: Approximation der Funktion $f(x) = e^x$ im Intervall $[-1, +1]$ durch ein Polynom 2. Grades ($n = 2$). Mit den Momenten

$$M_0 = \mathfrak{Sin}\,1, \quad M_1 = e^{-1}, \quad M_2 = 3\,\mathfrak{Sin}\,1 - 2\,\mathfrak{Cof}\,1$$

ergeben sich aus den Normalgleichungen die Koeffizienten

$$a_0 = 0{,}99629, \quad a_1 = 1{,}10364, \quad a_2 = 0{,}53672,$$

also das Näherungspolynom

$$F_2(x) = 0{,}99629 + 1{,}10364\,x + 0{,}53672\,x^2$$

an Stelle der TAYLOR-Entwicklung $F_2(x) = 1 + x + 0{,}5x^2$. Der maximale Fehler reduziert sich damit auf

$$\delta(1) = e - 2{,}63665 = 0{,}08163$$

gegenüber 0,21828 bei der TAYLOR-Näherung. Abb. 22.3 zeigt den gesamten Fehlerverlauf im Vergleich mit dem der TAYLOR-Entwicklung.

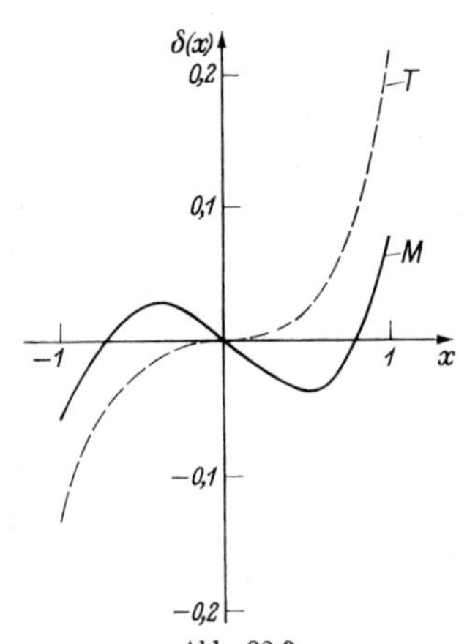

Abb. 22.3
Approximationsfehler $\delta(x)$ für $y = e^x$. T = TAYLOR-Approximaton, M = mittlere Approximation

22.4 Orthogonalsysteme

So befriedigend das bisherige Ergebnis mit den allgemeinen Normalgleichungen (11) für beliebige Basisfunktionen $\varphi_\nu(x)$ oder den speziellen Gln. (17) für Polynomapproximation erscheinen mag, so haften ihm doch gewisse Mängel praktischer wie theoretischer Art an, von denen die in theoretischer Hinsicht schwerer wiegen. Über das System der Normalgleichungen sind die Koeffizienten a_ν in einer Weise miteinander verkoppelt, daß sich nicht übersehen läßt, wie sich bei Hinzunahme eines weiteren Gliedes im Approximationsansatz (2) oder (3) die Güte der Näherung, wie zu erwarten, verbessert. Auch vom praktischen Standpunkt aus ist es ein Mangel, daß sich bei Erhöhen des Approximationsgrades im allgemeinen sämtliche Koeffizienten a_ν ändern, die alten Zahlenwerte also wertlos sind[1].

Wählt man nun aber Basisfunktionen $\varphi_\nu(x)$ mit der besonderen Eigenschaft

$$\boxed{(\varphi_\nu\,\varphi_\mu) = \int_a^b \varphi_\nu(x)\,\varphi_\mu(x)\,dx = \begin{cases} 0 & \text{für} \quad \nu \neq \mu \\ c_\nu^2 & \text{für} \quad \nu = \mu \end{cases}} \qquad (18)$$

sind die Funktionen, wie man sagt, bezüglich des Intervalls $[a, b]$ zueinander *orthogonal*[2], so entfällt die Kopplung in den Normalgleichun-

[1] Bei Polynomapproximation in der symmetrischen Form, also bei den Normalgleichungen (17) ändern sich bei Übergang von n auf $n+1$ nur die Parameter a_ν mit geradem bzw. ungeradem Index ν, je nachdem $n+1$ gerade oder ungerade wird. Bei Übergang auf $n+2$ oder mehr aber ändern sich alle.

[2] Die Bezeichnung erklärt sich aus der Analogie der Integralbeziehung (18) zur Summenbeziehung zweier orthogonaler n-dimensionaler Vektoren $\boldsymbol{x} = (x_i)$ und $\boldsymbol{y} = (y_i)$:

$$\boldsymbol{x}'\,\boldsymbol{y} = \sum x_i y_i = 0.$$

gen (11) vollständig, und die Parameter a_ν ergeben sich *einzeln* und *unabhängig voneinander* zu

$$\boxed{a_\nu = \frac{1}{c_\nu^2}(f\,\varphi_\nu) = \frac{1}{c_\nu^2}\int_a^b f(x)\,\varphi_\nu(x)\,dx}\,. \tag{19}$$

Die so berechneten Koeffizienten a_ν werden *Fourier-Koeffizienten* der Funktion $f(x)$ bezüglich des Orthogonalsystems der $\varphi_\nu(x)$ genannt, eine Bezeichnung, die sich aus der erstmaligen Anwendung durch FOURIER auf Approximation periodischer Funktionen herleitet, vgl. dazu § 23.

Die in (18) und (19) auftretenden positiven Zahlen

$$c_\nu = \sqrt{(\varphi_\nu\,\varphi_\nu)} = \|\varphi_\nu\| \tag{20}$$

sind die *Normen* der Basisfunktionen. Ein orthogonales Funktionensystem $\varphi_\nu(x)$ mit der Eigenschaft $c_\nu = 1$ heißt *normiert* oder *orthonormal.* Aus einem nichtnormierten Orthogonalsystem erhält man ein orthonormales durch Übergang auf

$$\varphi_\nu^*(x) = \frac{1}{c_\nu}\,\varphi_\nu(x)\,. \tag{21}$$

Dafür vereinfachen sich die FOURIER-Koeffizienten zu

$$c_\nu\,a_\nu = a_\nu^* = (f\,\varphi_\nu^*)\,. \tag{19a}$$

Funktionensysteme mit der Eigenschaft (18) gibt es in der Tat. So ist beispielsweise das System $\varphi_\nu(x) = \cos\nu x$ $(\nu = 0, 1, 2, \ldots)$ orthogonal über dem Intervall $[-\pi, +\pi]$ mit der gleichbleibenden Norm $c_\nu = \sqrt{\pi}$, und das gleiche gilt für $\varphi_\nu(x) = \sin\nu x$ $(\nu = 1, 2, \ldots)$. Von beiden werden wir ausgiebig bei der Approximation periodischer Funktionen in § 23 Gebrauch machen. — Wichtig aber ist die Tatsache, daß sich aus einem beliebigen nicht orthogonalen System $\psi_\nu(x)$ durch Linearkombination stets ein Orthogonalsystem $\varphi_\nu(x)$ herleiten läßt. Bevor wir dies im nächsten Abschn. 22.5 tun, wollen wir die weitreichenden Folgerungen erörtern, die sich aus der Unabhängigkeit der FOURIER-Koeffizienten herleiten.

Zunächst ergibt sich aus (13) unter Verwendung der Koeffizienten (19) für das Fehlernormquadrat

$$Q_n = (f\,f) - c_0^2\,a_0^2 - c_1^2\,a_1^2 - \cdots - c_n^2\,a_n^2\,. \tag{22}$$

Wegen der Unabhängigkeit der a_ν folgt daraus, daß mit Hinzutreten weiterer Koeffizienten die Fehlernorm nur kleiner werden kann, die Approximation also besser wird, es sei denn, daß der hinzutretende Parameter a_{n+1} sich zu Null ergibt, was bedeutet, daß die hinzutretende Basisfunktion φ_{n+1} zur gegebenen Funktion $f(x)$ orthogonal ist und damit keinen Beitrag zur Approximation liefern kann.

Wegen der Unabhängigkeit der a_ν kann man nun auch die Anzahl n der approximierenden Glieder im Ansatz (3) unbeschränkt wachsen lassen, wenn das System der $\varphi_\nu(x)$ das zuläßt, wie etwa $\cos \nu x$ oder $\sin \nu x$. Dann folgt zunächst aus

$$\lim_{n \to 0} Q_n = Q = (f\,f) - \sum_{\nu=0}^{\infty} c_\nu^2 a_\nu^2 \geqq 0 \tag{23}$$

für die hier auftretende Reihe die sogenannte *Besselsche Ungleichung*

$$\sum_{\nu=0}^{\infty} c_\nu^2 a_\nu^2 = \sum_{\nu=0}^{\infty} a_\nu^{*2} \leqq (f\,f), \tag{24}$$

d. h. Konvergenz der Reihe der a_ν^{*2}, sofern das Integral $(f\,f)$ existiert, die Funktion $f(x)$, wie man sagt, über $[a, b]$ *quadratisch integrabel* ist, was wir weiterhin ausdrücklich annehmen wollen. Die FOURIER-Koeffizienten $a_\nu^* = c_\nu a_\nu$ des normierten Funktionensystems $\varphi_\nu^*(x)$ müssen also so stark gegen Null gehen, daß die Reihe ihrer Quadrate konvergiert.

Gilt nun überdies für *jede* quadratisch integrable Funktion $f(x)$

$$\lim_{n \to \infty} Q_n = Q = 0, \tag{25}$$

läßt sich also das Fehlerquadratintegral durch Erhöhen des Approximationsgrades n beliebig klein machen, so wird unser Funktionssystem $\varphi_\nu(x)$ *vollständig* genannt. Man sagt dann, die in der Reihendarstellung

$$f(x) = \sum_{\nu=0}^{\infty} a_\nu \varphi_\nu(x) \tag{26}$$

rechts stehende unendliche Reihe *konvergiere im Mittel* gegen die Funktion $f(x)$. Das bedeutet nicht ohne weiteres Konvergenz im gewöhnlichen Sinne, d. h. derart, daß sich der *Fehlerbetrag* $|f(x) - F(x)|$ mit $F(x) = \lim F_n(x)$ in $[a, b]$ unter eine beliebige ε-Schranke herabdrücken läßt (gleichmäßige Konvergenz). Weist die Funktion $f(x)$ in $[a, b]$ endliche Sprünge auf, so trifft das sogar mit Sicherheit nicht zu.

Nehmen wir aber an, es liege auch Konvergenz im gewöhnlichen Sinne vor — auf die Bedingungen dafür wollen wir uns nicht weiter einlassen — so lassen sich gewisse Aussagen über den Fehlerverlauf machen. Aus der Entwicklung (26) folgt zusammen mit Ansatz (2):

$$\delta(x) = f(x) - F_n(x) = \sum_{n+1}^{\infty} a_\nu \varphi_\nu(x). \tag{27}$$

Sofern nun die FOURIER-Koeffizienten a_ν der Funktion $f(x)$ genügend rasch zurückgehen, so erhalten wir in

$$\delta(x) \approx a_{n+1} \varphi_{n+1}(x) \tag{28}$$

eine einfache Näherungsdarstellung für den Fehlerverlauf, der hiernach angenähert durch die erste in der Approximationsfunktion $F_n(x)$ nicht berücksichtigte Funktion aus dem Entwicklungssystem dargestellt wird. Wir werden darauf noch zurückkommen.

22.5 Orthogonalisierungsverfahren

Es ist nun bemerkenswert, daß sich aus einem System von beliebigen, im Intervall $[a, b]$ linear unabhängigen Funktionen $\psi_\nu(x)$ stets ein bezüglich $[a, b]$ orthogonales System $\varphi_\nu(x)$ durch bloße Linearkombination herstellen läßt. Man bezeichnet bekanntlich $n + 1$-Funktionen $\psi_0, \psi_1, \ldots, \psi_n$ in $[a, b]$ als linear unabhängig, wenn aus der Forderung

$$C_0 \psi_0 + C_1 \psi_1 + \cdots + C_n \psi_n \equiv 0$$

notwendig

$$C_0 = C_1 = \cdots = 0$$

folgt, d. h., wenn sich durch keine Linearkombination der Funktionen auf $[a, b]$ die x-Achse $y = 0$ herstellen läßt.

Es sei nun $\psi_0, \psi_1, \ldots, \psi_n$ ein System von in $[a, b]$ linear unabhängigen Funktionen, wobei die Reihenfolge der Funktionen wie angegeben festliegen soll. Dann wird das System der gesuchten Orthogonalfunktionen $\varphi_\nu(x)$ folgendermaßen angesetzt:

$$\left.\begin{aligned}
&\varphi_0 = \psi_0 \\
&\varphi_1 = c_{10}\,\varphi_0 + \psi_1 \\
&\varphi_2 = c_{20}\,\varphi_0 + c_{21}\,\varphi_1 + \psi_2 \\
&\varphi_3 = c_{30}\,\varphi_0 + c_{31}\,\varphi_1 + c_{32}\,\varphi_2 + \psi_3 \\
&\cdots\cdots\cdots\cdots\cdots\cdots
\end{aligned}\right\} \qquad (29)$$

Allgemein lautet die Vorschrift

$$\boxed{\varphi_j = c_{j0}\,\varphi_0 + c_{j1}\,\varphi_1 + \cdots + c_{j,j-1}\,\varphi_{j-1} + \psi_j} \qquad (30)$$

Hier werden die Koeffizienten c_{jk} der Reihe nach so bestimmt, daß die Orthogonalitätsbedingungen

$$(\varphi_j\,\varphi_k) = 0 \quad \text{für} \quad j \neq k \qquad (18\text{a})$$

erfüllt sind. Mit den Normquadraten der neuen Funktionen φ_j,

$$(\varphi_j\,\varphi_j) = c_j^2, \qquad (20\text{a})$$

erhalten wir, indem wir immer die zuvor gewonnenen Ergebnisse berücksichtigen, folgenden Rechnungsgang:

$$\begin{aligned}
&(\varphi_0\,\varphi_1) = c_{10}\,c_0^2 + (\varphi_0\,\psi_1) = 0 \quad \text{ergibt} \quad c_{10} = -(\varphi_0\,\psi_1)/c_0^2 \\
&\left\{\begin{aligned}
&(\varphi_0\,\varphi_2) = c_{20}\,c_0^2 + (\varphi_0\,\psi_2) = 0 \quad \text{ergibt} \quad c_{20} = -(\varphi_0\,\psi_2)/c_0^2 \\
&(\varphi_1\,\varphi_2) = c_{21}\,c_1^2 + (\varphi_1\,\psi_2) = 0 \quad \text{ergibt} \quad c_{21} = -(\varphi_1\,\psi_2)/c_1^2
\end{aligned}\right. \\
&\left\{\begin{aligned}
&(\varphi_0\,\varphi_3) = c_{30}\,c_0^2 + (\varphi_0\,\psi_3) = 0 \quad \text{ergibt} \quad c_{30} = -(\varphi_0\,\psi_3)/c_0^2 \\
&(\varphi_1\,\varphi_3) = c_{31}\,c_1^2 + (\varphi_1\,\psi_3) = 0 \quad \text{ergibt} \quad c_{31} = -(\varphi_1\,\psi_3)/c_1^2 \\
&(\varphi_2\,\varphi_3) = c_{32}\,c_2^2 + (\varphi_2\,\psi_3) = 0 \quad \text{ergibt} \quad c_{32} = -(\varphi_2\,\psi_3)/c_2^2
\end{aligned}\right. \\
&\cdots\cdots\cdots\cdots\cdots\cdots\cdots\cdots\cdots\cdots
\end{aligned}$$

Allgemein wird also

$$\boxed{c_{jk} = -(\psi_j \varphi_k)/c_k^2} \quad \text{mit} \quad j > k. \tag{31}$$

Wegen vorausgesetzter linearer Unabhängigkeit von $\psi_0, \psi_1, \ldots, \psi_n$ und damit auch von $\varphi_0, \varphi_1, \ldots, \varphi_n$ ist die nach der allgemeinen Vorschrift (30) gebildete Funktion $\varphi_j \neq 0$, also $c_j^2 \neq 0$, so daß der beschriebene Vorgang stets durchführbar ist.

Beispiel: Zum System der vier unabhängigen Potenzen $1, x, x^2, x^3$ soll ein im Intervall $[-1, +1]$ orthogonales Polynomsystem gebildet werden.

0. $\underline{\varphi_0 = 1}, \quad c_0^2 = 2$

1. $\varphi_1 = c_{10} + x, \quad 2c_{10} = -\int x\,dx = 0$

   $\underline{\varphi_1 = x}, \quad c_1^2 = 2/3$

2. $\varphi_2 = c_{20} + c_{21}x + x^2, \quad 2c_{20} = -\int x^2\,dx = -2/3$

   $\frac{2}{3}c_{21} = -\int x^3\,dx = 0$

   $\underline{\varphi_2 = x^2 - \frac{1}{3}}, \quad c_2^2 = 8/45$

3. $\varphi_3 = c_{30} + c_{31}x + c_{32}(x^2 - \frac{1}{3}) + x^3, \quad 2c_{30} = -\int x^3\,dx = 0$

   $\frac{2}{3}c_{31} = -\int x^4\,dx = -2/5$

   $\frac{8}{45}c_{32} = -\int (x^5 - \frac{1}{3}x^3)\,dx = 0$

   $\underline{\varphi_3 = x^3 - \frac{3}{5}x}, \quad c_3^2 = 8/175.$

Dieser Prozeß läßt sich hier offenbar beliebig fortsetzen, und es ergeben sich abwechselnd gerade und ungerade symmetrische Polynome. Natürlich bilden auch die mit beliebigen Konstanten $k_j \neq 0$ multiplizierten Funktionen $k_j \varphi_j$ wieder ein Orthogonalsystem, und insbesondere erhält man mit $k_j = 1/c_j$ ein Orthonormalsystem, dessen Koeffizienten irrational werden.

22.6 Legendresche Kugelfunktionen

Die im letzten Beispiel bis $\nu = 3$ aufgestellten, aber beliebig fortsetzbaren Orthogonalpolynome sind als Basisfunktionen einer Polynomapproximation im Intervall $[-1, +1]$ verwendbar. An Stelle der vorhin benutzten Normierung auf Spitzenkoeffizienten 1 hat sich indessen eine andere eingebürgert, nämlich $\varphi_\nu(1) = 1$. Die so normierten Orthogonalpolynome im Intervall $[-1, +1]$ heißen *Legendresche Polynome* oder (einfache) *Kugelfunktionen* und spielen auch sonst in der Mathematik eine bedeutsame Rolle. Man bezeichnet sie mit $P_\nu(x)$ und normiert durch die Forderung

$$P_\nu(1) = 1. \tag{32}$$

Es läßt sich zeigen, daß je drei aufeinanderfolgende nach der Rekursionsformel

$$(\nu + 1)\,P_{\nu+1} + \nu\,P_{\nu-1} = (2\nu + 1)\,x\,P_\nu \tag{33}$$

zusammenhängen, woraus man sie zusammen mit $P_0 = 1$ und $P_1 = x$ der Reihe nach berechnen kann. Für die vier ersten

$$\left.\begin{aligned} P_1 &= x \\ P_2 &= \tfrac{1}{2}(3x^2 - 1) \\ P_3 &= \tfrac{1}{2}(5x^3 - 3x) \\ P_4 &= \tfrac{1}{8}(35x^4 - 30x^2 + 3) \end{aligned}\right\} \tag{34}$$

zeigt Abb. 22.4 den Verlauf im Intervall $[-1, +1]$. Es läßt sich weiterhin zeigen, daß alle n Nullstellen der Funktion $P_n(x)$ reell sind und im Innern des Intervalls $[-1, +1]$ liegen. Ihr Normquadrat läßt sich allgemein angeben zu

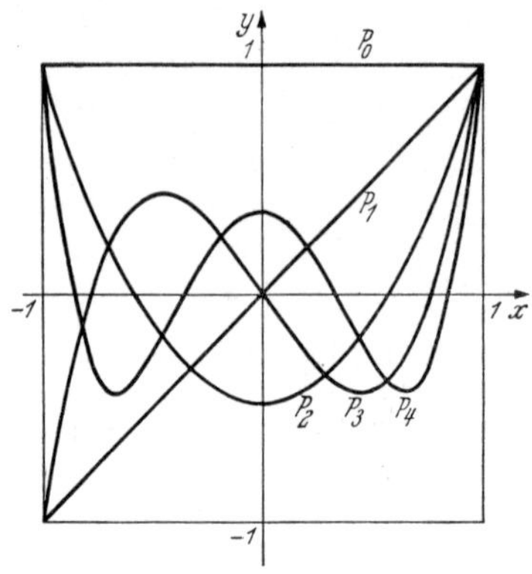

Abb. 22.4. Verlauf der vier ersten Kugelfunktionen P_1 bis P_4

$$c_\nu^2 = (P_\nu P_\nu) = \frac{2}{2\nu + 1}, \tag{35}$$

womit sich aus (19) die Entwicklungskoeffizienten a_ν ergeben zu

$$a_\nu = \frac{2\nu + 1}{2} \int_{-1}^{+1} f(x)\, P_\nu(x)\, dx, \tag{36}$$

Das damit gebildete Approximationspolynom n-ten Grades

$$F_n(x) = a_0 + a_1 x + a_2 P_2(x) + \cdots + P_n(x) \tag{37}$$

ist selbstredend identisch mit dem auf dem Wege der Normalgleichungen (17) nach **22.3** gewonnenen, in das es durch Ordnen nach x-Potenzen übergeht. Beim Arbeiten mit Kugelfunktionen spart man das Auflösen des Systems der Normalgleichungen und kann den Approximationsgrad nachträglich durch Berechnen eines weiteren Entwicklungskoeffizienten a_{n+1} erhöhen bei unveränderten übrigen Koeffizienten a_ν. Bei Umwandlung auf Polynomgestalt (3) ändern sich dann freilich wieder alle Koeffizienten gerader oder ungerader x-Potenzen, je nachdem $n + 1$ gerade oder ungerade ist.

Wichtig aber sind auf diesem Wege zu gewinnende Einsichten in den Fehlerverlauf. Denken wir uns nämlich die Funktion $f(x)$ in eine unendliche Reihe nach Kugelfunktionen entwickelt:

$$f(x) = \sum_{\nu=0}^{\infty} a_\nu P_\nu(x), \tag{38}$$

wobei wir Konvergenz der Reihe im gewöhnlichen Sinne annehmen wollen, so folgt für die Fehlerfunktion

$$\delta(x) = f(x) - F_n(x) = \sum_{\nu=n+1}^{\infty} a_\nu P_\nu(x). \tag{39}$$

Ist nun P_{n+1} an der Entwicklung (38) nennenswert beteiligt und gehen die Entwicklungskoeffizienten a_ν rasch genug zurück, was vom Charakter der Funktion $f(x)$ abhängen wird, so erhalten wir die Näherung

$$\delta(x) \approx a_{n+1} P_{n+1}(x). \tag{40}$$

Der Fehlerverlauf wird also annähernd die Form der ersten in $F_n(x)$ nicht mehr berücksichtigten, aber an der Entwicklung (38) noch beteiligten Kugelfunktion aufweisen (es kann z. B. auch P_{n+2} sein). Wenn sich auf diesem Wege auch keine bestimmten, in jedem Falle zutreffenden Aussagen machen lassen, so gewinnt man doch gewisse Einsichten über den Fehlerverlauf. Insbesondere erkennt man so den oszillierenden Charakter der Fehlerkurve, aber auch die Tendenz einer Fehlerzunahme nach den Intervallenden hin. Die mittlere Polynomapproximation ist somit noch nicht optimal im Sinne kleinsten Fehlermaximums bei festem Approximationsgrad. Auf diese wichtige Aufgabe werden wir in 24 zurückkommen.

§ 23 Harmonische Analyse

23.1 Aufgabenstellung. Die Fourier-Koeffizienten

Bei der harmonischen Analyse handelt es sich darum, eine gegebene *periodische Funktion* $f(x)$, deren Periode durch passende Maßstabswahl der x-Achse stets auf den Wert 2π gebracht werden kann, durch eine Summe einfacher sogenannter harmonischer Funktionen $\cos \nu x$ und $\sin \nu x$ $(\nu = 1, 2, \ldots)$ im Sinne mittlerer Approximation anzunähern. Diese Aufgabe tritt einerseits bei der Behandlung von Schwingungsvorgängen verschiedener Art auf, andererseits bei angenäherter Darstellung willkürlicher Funktionen. Bei Schwingungsvorgängen handelt es sich in der Regel um das Einwirken zeitlich periodischer Erregungen, etwa mechanischer oder elektrischer Erschütterungen, auf mechanisch oder elektrisch schwingungsfähige Systeme. Das Verhalten solcher Systeme unter Einwirken rein sinusförmiger Erregung ist meistens leicht zu übersehen und rechnerisch zu verfolgen. Zeigt das System lineares Verhalten, was vielfach angenommen werden darf, so ergibt sich der Einfluß der beliebigen periodischen Erschütterung durch bloßes Überlagern der Einflüsse der rein sinusförmigen Bestandteile der Erregung. Es kann danach insbesondere beurteilt werden, ob für das System, dessen Eigenfrequenzen bekannt sein mögen, von der Grundschwingung oder einer der Oberschwingungen der Erregung her die Gefahr der Resonanz besteht. — Die Darstellung willkürlicher (für diesen Zweck periodisch fortgesetzt gedachter) Funktionen durch unendliche trigonometrische Reihen, die sich aus der Summenapproximation durch Grenzübergang $n \to \infty$ ergeben, spielt bei vielen theoretischen Aufgaben eine wichtige Rolle, insbesondere bei der Behandlung partieller Differentialgleichungen zur Einarbeitung von Anfangsbedingungen, wie etwa der Anfangsauslenkung einer schwingenden Saite, der Anfangstemperaturverteilung bei Wärmeausgleichsproblemen und ähnlichem. In diesem Zusammenhang sind die trigonometrischen Reihen bekanntlich zuerst von FOURIER[1] systematisch eingeführt und zur klassischen Lösungsmethode ausgebaut worden, so daß man geradezu von FOURIER-Reihen, FOURIER-Analyse und FOURIER-Koeffizienten spricht.

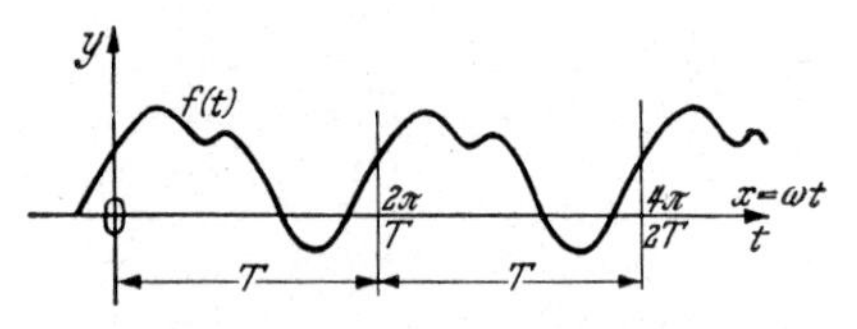

Abb. 23.1. Verlauf einer periodischen Funktion. Übergang auf Periode 2π

Eine periodische Funktion $f(t)$ einer reellen Veränderlichen t ist dadurch gekennzeichnet, daß sich die Funktion nach Durchlaufen eines bestimmten Abschnittes T der t-Achse, der *Periode* T, in allen Einzelheiten wiederholt:

$$f(t+T) = f(t) \quad \text{für alle } t \tag{1}$$

vgl. Abb. 23.1. Für die rechnerische Behandlung ist es bequemer, die Periode durch Maßstabsänderung auf den festen Wert 2π zu transformieren:

$$\frac{x}{t} = \frac{2\pi}{T}, \qquad x = \frac{2\pi}{T}\,t = \omega\,t, \tag{2}$$

was auf ein Umbeziffern der Achsen hinausläuft, vgl. Abb. 23.1. Die Periodizitätsbedingung in der neuen Veränderlichen ist

$$f(x+2\pi) = f(x) \quad \text{für alle } x. \tag{3}$$

Als Approximationsfunktion wählen wir den gleichfalls mit 2π periodischen Ausdruck

$$\boxed{\begin{aligned} F_n(x) = a_0 &+ a_1 \cos x + a_2 \cos 2x + \cdots + a_n \cos n\,x \\ &+ b_1 \sin x + b_2 \sin 2x + \cdots + b_n \sin n\,x \end{aligned}}, \tag{4}$$

dessen Koeffizienten aus der Forderung kleinster quadratischer Abweichung über ein wegen der Periodizität beliebig gelegenes Intervall der x-Achse von der Länge 2π zu bestimmen sind, z. B. das Intervall $[-\pi, +\pi]$ oder $[0, 2\pi]$. Das System der hier benutzten Basisfunktionen

$$\begin{gathered} 1,\ \cos x,\ \cos 2x,\ \ldots \\ \sin x,\ \sin 2x,\ \ldots \end{gathered} \tag{5}$$

[1] FOURIER, J. B. J.: La théorie analytique de la chaleur. Paris 1822.

ist bezüglich eines solchen Intervalls *orthogonal,* was man leicht mit Hilfe der bekannten Umformungen

$$2\cos\nu x\cos\mu x = \cos(\nu-\mu)x + \cos(\nu+\mu)x$$

$$2\sin\nu x\sin\mu x = \cos(\nu-\mu)x - \cos(\nu+\mu)x$$

$$2\sin\nu x\cos\mu x = \sin(\nu-\mu)x + \sin(\nu+\mu)x$$

und Integration von $-\pi$ bis $+\pi$ zeigt; Integration der beiden ersten Ausdrücke ergibt 0 für $\nu \neq \mu$, Integration des dritten gibt 0 für jedes ν

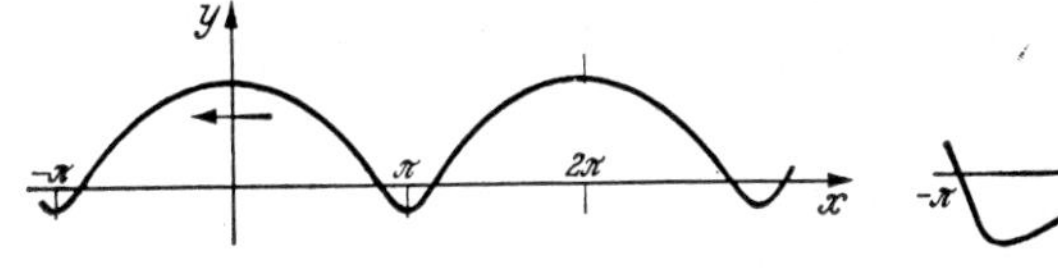

Abb. 23.2. Gerade Symmetrie

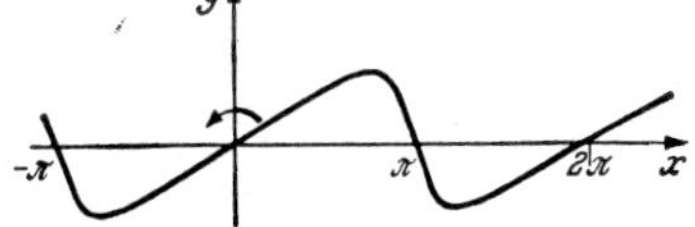

Abb. 23.3. Ungerade Symmetrie

und μ. Als Normquadrate erhält man 2π für die 1 und π für alle $\cos\nu x$ und $\sin\nu x$. Damit sind alle Überlegungen aus § 22.4 über Orthogonalsysteme anwendbar, und insbesondere erhält man die Koeffizienten a_ν und b_ν nach der dortigen Gl. (19) als die *Fourier-Koeffizienten:*

$$\boxed{\begin{aligned} a_\nu &= \frac{1}{\pi}\int_{-\pi}^{+\pi} f(x)\cos\nu x\,dx \\ b_\nu &= \frac{1}{\pi}\int_{-\pi}^{+\pi} f(x)\sin\nu x\,dx \end{aligned}} \qquad \nu = 1, 2, \ldots, n, \tag{6}$$

noch ergänzt durch das konstante Glied

$$\boxed{a_0 = \frac{1}{2\pi}\int_{-\pi}^{+\pi} f(x)\,dx}\,. \tag{7}$$

Es stellt die mittlere Höhe der Funktion $f(x)$ dar, was anschaulich einleuchtet.

Im Falle symmetrischer Funktion $f(x)$ ergeben sich Vereinfachungen, indem ein Teil der Koeffizienten von vornherein Null wird, so daß sich ihre Berechnung erübrigt. Man unterscheidet bekanntlich:

Gerade Symmetrie: $f(-x) = f(x)$, Spiegelung an der y-Achse (Abb. 23.2); z. B. $\cos x$.

Ungerade Symmetrie: $f(-x) = -f(x)$, Spiegelung „um den Nullpunkt" (Abb. 23.3); z. B. $\sin x$.

Die entsprechende Symmetrie stellt sich dann auch von selbst bei der Approximationsfunktion $F_n(x)$ ein, die bei gerader Symmetrie nur cos-Glieder, bei ungerader nur sin-Glieder enthält. Da sich die Kurvenform von $f(x)$ nach Durchlaufen der halben Periode, wenn auch in anderer Lage wiederholt, so genügt Integration über die halbe Periode unter Verdoppeln der Integralwerte. Man hat also *bei gerader Symmetrie* $b_\nu = 0$ und

$$\boxed{a_\nu = \frac{2}{\pi}\int_0^\pi f(x)\cos\nu x\,dx} \qquad \nu = 1, 2, \ldots, n, \tag{6a}$$

bei ungerader Symmetrie $a_\nu = 0$ und

$$\boxed{b_\nu = \frac{2}{\pi}\int_0^\pi f(x)\sin\nu x\,dx} \qquad \nu = 1, 2, \ldots, n. \tag{6b}$$

Das Funktionensystem (5) ist weiterhin *vollständig* in dem in § 22.4 erklärten Sinne, daß sich das Fehlerquadratintegral Q_n für jede quadratisch integrable periodische Funktion $f(x)$ mit wachsendem n beliebig klein machen läßt. Man sagt dann, daß die Reihenentwicklung

$$f(x) = a_0 + \sum_{\nu=1}^{\infty} (a_\nu \cos\nu x + b_\nu \sin\nu x) \tag{8}$$

im Mittel gegen $f(x)$ konvergiert. Unter gewissen hier nicht im einzelnen aufgeführten Bedingungen bezüglich $f(x)$, von denen bei Funktionen, wie sie für Anwendungen praktisch bedeutsam sind, allein die der Stetigkeit wesentlich ist, konvergiert die Entwicklung (8) sogar im gewöhnlichen Sinne. Bei Funktionen mit Sprüngen aber ist höchstens mittlere Konvergenz zu erwarten.

23.2 Numerische Bestimmung der Fourier-Koeffizienten (Schemaverfahren)

Die eigentliche numerische Seite der Aufgabe besteht nun in einer angenäherten Auswertung der Integrale (6) zur Berechnung der FOURIER-Koeffizienten[1]. Denn ihre formelmäßige Auswertung kommt nur für analytisch gegebene Funktionen genügend einfacher Bauart in Betracht. Bei formelmäßig nicht lösbaren Integralen und in allen Fällen, wo die Funktion nur in zeichnerischer oder tabellarischer Form vorliegt, ist man auf numerische Bestimmung der FOURIER-Koeffizienten angewiesen. Diese Aufgabe löst sich nun dadurch, daß man die Gesamtaufgabe

[1] Auf eine instrumentelle Ermittlung mit Hilfe planimeterartiger Geräte, sogenannter Analysatoren, sei hier nicht eingegangen. Vgl. dazu etwa W. MEYER zur CAPELLEN: Mathematische Instrumente. 3. Aufl. Leipzig 1949.

der trigonometrischen Approximation noch einmal von der Seite einer diskreten Approximation her angreift, bei der nicht der Gesamtverlauf der Funktion $f(x)$, sondern nur diskrete Funktionswerte $f_j = f(x_j)$ benutzt werden. An Stelle des Fehlerquadratintegrals ist es hier wieder wie in § **21** eine Fehlerquadratsumme, die zum Minimum gemacht wird. Das Ergebnis dieser Rechnungen aber sind dann Formeln für die FOURIER-Koeffizienten, in denen die Integrale von (6) durch Summen ersetzt erscheinen. Ihre Auswertung läßt sich bequem in Rechenschemata durchführen, weshalb man auch wohl von *Schemaverfahren* zur Ermittlung der FOURIER-Koeffizienten spricht.

Das Intervall $[0, 2\pi]$ werde in $2N$ Streifen gleicher Breite

$$\Delta x = \frac{\pi}{N} \quad \text{bzw.} \quad \Delta x^\circ = \frac{180^\circ}{N} \tag{9}$$

eingeteilt. Von der Funktion $f(x)$ seien $2N$ Funktionswerte $f_j = f(x_j)$ an den $2N$ Stützstellen

$$x_j = j\,\Delta x = j\,\frac{\pi}{N} \quad (j = 0, 1, 2, \ldots, 2N-1) \tag{10}$$

gegeben. Wir benutzen nun wieder den Ansatz (4) für die Approximationsfunktion $F_n(x)$, wollen dabei aber die jetzt numerisch zu bestimmenden Koeffizienten zum Unterschied von den durch die Integrale (6), (7) definierten theoretischen a_ν, b_ν mit A_ν und B_ν bezeichnen. Die Forderung kleinster Fehlerquadratsumme

$$Q_n = \sum_{j=0}^{2N-1} (F_j - f_j)^2 = \text{Min.} \tag{11}$$

mit $F_j = F_n(x_j)$ führt ganz analog wie früher auf die folgenden Bedingungen:

$$\frac{1}{2}\frac{\partial Q_n}{\partial A_0} = \sum_{j=0}^{2N-1} (F_j - f_j) = 0 \tag{12.0}$$

$$\frac{1}{2}\frac{\partial Q_n}{\partial A_\nu} = \sum_{j=0}^{2N-1} (F_j - f_j)\cos\nu x_j = 0, \qquad \nu = 1, 2, \ldots, n \tag{12.1}$$

$$\frac{1}{2}\frac{\partial Q_n}{\partial B_\nu} = \sum_{j=0}^{2N-1} (F_j - f_j)\sin\nu x_j = 0, \qquad \nu = 1, 2, \ldots, n \tag{12.2}$$

Das sind $2n+1$ Gleichungen zur Bestimmung der $2n+1$ Koeffizienten A_0, A_ν, B_ν. Da aber nur $2N$ Daten, nämlich die gegebenen Funktionswerte f_j $(j = 0, 1, 2, \ldots, 2N-1)$ zur Verfügung stehen, so kann unsere Aufgabe nur dann eine Lösung besitzen, wenn die Anzahl der Koeffizienten die der Daten nicht übersteigt, also für

$$2n + 1 \leqq 2N. \tag{13}$$

Im Falle des Gleichheitszeichens wird die Forderung (11) in der Weise erfüllt, daß die Fehlerquadratsumme überhaupt Null wird, was mit

$$F_j = f_j \quad \text{für} \quad j = 0, 1, 2, \ldots, 2N-1 \tag{14}$$

gleichbedeutend ist. Hier wird die Approximation also zur exakten Interpolation, weshalb man insgesamt auch von *trigonometrischer Interpolation* spricht. Da, wie sich zeigen wird, auch die numerischen FOURIER-Koeffizienten A_ν, B_ν ebenso wie die exakten voneinander unabhängig sind, so löst sich die Aufgabe der Approximation einfach dadurch mit, daß nicht alle der $2N$ bestimmbaren Koeffizienten A_ν, B_ν im Näherungsansatz $F_n(x)$ mitgenommen werden. Bestimmbar aber sind, wie sich weiter zeigen wird, die Koeffizienten

$$\begin{matrix} A_0 \; A_1 \; A_2 \; \ldots \; A_{N-1} \; A_N \\ B_1 \; B_2 \; \ldots \; B_{N-1} \end{matrix} \tag{15}$$

Daß sich B_N gerade nicht mehr bestimmen läßt, erklärt sich dadurch, daß der zugehörige Approximationsbeitrag wegen $\sin N x_j = \sin j\pi = 0$ an den Stützstellen verschwindet, womit die betreffende Harmonische $\sin N x$ in den Stützwerten f_j nicht in Erscheinung treten kann.

Für die Bestimmung der numerischen FOURIER-Koeffizienten A_ν, B_ν aus (12) ist es nun entscheidend, daß die trigonometrischen Funktionen nicht allein bezüglich Integration, sondern auch bezüglich Summation über äquidistante Stützstellen x_j *orthogonal* sind, eine Eigenschaft, durch die sich dieses Funktionensystem gegenüber anderen Orthogonalsystemen auszeichnet. Hierdurch ergeben sich zu den Integralen (6) ganz analoge Summenformeln für die numerischen Koeffizienten.

Zur Herleitung der Summenorthogonalität bedienen wir uns der komplexen Schreibweise

$$\cos \varrho x_j + i \sin \varrho x_j = e^{i \varrho x_j} = e^{i \varrho j \pi / N} = q^j$$

mit der Abkürzung

$$q = e^{i \varrho \pi / N}, \tag{16}$$

die für $\varrho = 2kN$ $(k = 0, \pm 1, \pm 2, \ldots)$ den Wert 1 annimmt. Anwendung der bekannten Summenformel für die endliche geometrische Reihe ergibt dann für $q \neq 1$, also $\varrho \neq 2kN$ unter Berücksichtigung von $q^{2N} = e^{i 2 \varrho \pi} = 1$

$$\sum_{j=0}^{2N-1} q^j = \frac{1 - q^{2N}}{1 - q} = 0 \quad \text{für} \quad q \neq 1,$$

also insgesamt

$$\sum_{j=0}^{2N-1} q^j = \begin{cases} 0 & \text{für} \quad \varrho \neq 2kN \\ 2N & \text{für} \quad \varrho = 2kN \end{cases}$$

Durch Aufspalten in Real- und Imaginärteil nach (16) erhalten wir

$$\sum_{j=0}^{2N-1} \cos\varrho\, x_j = \begin{cases} 0 & \text{für} \quad \varrho \neq 2kN \\ 2N & \text{für} \quad \varrho = 2kN \end{cases} \tag{17a}$$

$$\sum_{j=0}^{2N-1} \sin\varrho\, x_j = 0 \quad \text{für alle } \varrho \tag{17b}$$

Indem wir diese Beziehungen anwenden auf die Produkte

$$2\cos\nu\, x_j \cos\mu\, x_j = \cos(\nu-\mu)\, x_j + \cos(\nu+\mu)\, x_j$$

$$2\sin\nu\, x_j \sin\mu\, x_j = \cos(\nu-\mu)\, x_j - \cos(\nu+\mu)\, x_j$$

$$2\sin\nu\, x_j \cos\mu\, x_j = \sin(\nu-\mu)\, x_j + \sin(\nu+\mu)\, x_j$$

finden wir die Summenorthogonalität:

$$\sum_{j=0}^{2N-1} \cos\nu\, x_j \cos\mu\, x_j = \begin{cases} 0 & \text{für} \quad \nu \neq \mu \\ N & \text{für} \quad \nu = \mu < N \\ 2N & \text{für} \quad \nu = \mu = N \end{cases} \tag{18a}$$

$$\sum_{j=0}^{2N-1} \sin\nu\, x_j \sin\mu\, x_j = \begin{cases} 0 & \text{für} \quad \nu \neq \mu \\ N & \text{für} \quad \nu = \mu < N \\ 0 & \text{für} \quad \nu = \mu = N \end{cases} \tag{18b}$$

$$\sum_{j=0}^{2N-1} \sin\nu\, x_j \sin\mu\, x_j = 0 \quad \text{für alle } \nu, \mu \tag{18c}$$

Damit aber folgt aus (12) der gesuchte Formelsatz für die numerischen FOURIER-Koeffizienten:

$$\boxed{\begin{aligned} A_0 &= \frac{1}{2N} \sum f_j, \qquad A_N = \frac{1}{2N} \sum (-1)^j f_j \\ A_\nu &= \frac{1}{N} \sum f_j \cos\nu\, x_j, \quad \nu = 1, 2, \ldots, N-1 \\ B_\nu &= \frac{1}{N} \sum f_j \sin\nu\, x_j, \quad \nu = 1, 2, \ldots, N-1 \end{aligned}} \tag{19}$$

Auch hier erstrecken sich alle Summen über $j = 0$ bis $2N - 1$, d. h. über alle $2N$ Stützstellen x_j.

Im Falle *symmetrischer Funktion* $f(x)$ vereinfacht sich die Berechnung auch hier dahingehend, daß bei gerader Symmetrie nur die A_ν, bei ungerader nur die B_ν zu berechnen sind, und auch hier brauchen die Summen nur über das halbe Intervall erstreckt zu werden unter Verdoppeln der Summenwerte. Bei Summation von $j = 0$ bis N ist jedoch zu berücksichtigen, daß dann sowohl der Wert f_0 als auch f_N halbiert werden muß. Wir schreiben daher *bei gerader Symmetrie*

$$\boxed{\begin{aligned} A_0 &= \frac{1}{N}\sum_{j=0}^{N} f_j^*, \qquad A_N = \frac{1}{N}\sum_{j=0}^{N}(-1)^j f_j^* \\ A_\nu &= \frac{2}{N}\sum_{j=0}^{N} f_j^* \cos\nu x_j, \qquad \nu = 1, 2, \ldots, N-1 \end{aligned}} \tag{19a}$$

mit $f_j^* = \frac{1}{2} f_j$ für $j = 0$ und N, $f_j^* = f_j$ sonst;
bei ungerader Symmetrie:

$$\boxed{B_\nu = \frac{2}{N}\sum_{j=0}^{N} f_j^* \sin\nu x_j, \qquad \nu = 1, 2, \ldots, N-1} \tag{19b}$$

wieder mit $f_j^* = \frac{1}{2} f_j$ für $j = 0$ und N, $f_j^* = f_j$ sonst.

Diese numerischen FOURIER-Koeffizienten lassen sich nun zu den theoretischen a_ν, b_ν in einfache Beziehung setzen. Aus der exakten Reihenentwicklung

$$f_j = a_0 + \sum_{\nu=1}^{\infty} (a_\nu \cos\nu x_j + b_\nu \sin\nu x_j) \tag{20}$$

erhält man durch Multiplikation mit $\cos\mu x_j$ bzw. $\sin\mu x_j$ und Summation unter Verwendung der Beziehungen (17) auf ähnliche Art wie oben:

$$\left.\begin{aligned} A_0 &= a_0 + a_{2N} + a_{4N} + \cdots \\ A_N &= a_N + a_{3N} + a_{5N} + \cdots \\ A_\nu &= a_\nu + a_{2N-\nu} + a_{2N+\nu} + a_{4N-\nu} + a_{4N+\nu} + \cdots \\ B_\nu &= b_\nu - b_{2N-\nu} + b_{2N+\nu} - b_{4N-\nu} + b_{4N+\nu} - \cdots. \end{aligned}\right\} \tag{21}$$

Daraus ist zu ersehen, daß die numerischen FOURIER-Koeffizienten mit den exakten übereinstimmen, wenn die Reihenentwicklung (20) mit a_N und b_{N-1} abbricht. Ein Unterschied stellt sich über die höheren FOURIER-Koeffizienten ein. Er ist um so geringer, je stärker die FOURIER-Koeffizienten a_ν, b_ν mit wachsender Ordnung ν zurückgehen, und das ist, wie in der Theorie der FOURIER-Reihen gezeigt wird, um so eher der Fall, je „glatter" der Funktionsverlauf ist.

23.3 Verfahren von Runge und Zipperer

Die praktische Auswertung der Formeln (19) zur Berechnung der FOURIER-Koeffizienten läßt sich unter Ausnutzung der Symmetrie der trigonometrischen Funktionen auf verschiedene Weise vereinfachen und schematisieren. Dazu macht man die Anzahl $2N$ der Streifen, in die man die Periode aufteilt, durch vier teilbar:

$$\boxed{N = 2p} \tag{22}$$

mit ganzzahligem p. Die Gesamtheit der Funktionswerte $\cos n\, x_j$ und $\sin n\, x_j$ ist dann durch die p Werte

$$S_k = \sin x_k = \sin k\, \Delta x \tag{23}$$

außer $S_0 = 0$ mit $\Delta x = \pi/N$ für $k = 1$ bis p festgelegt. Den laufenden Index bezeichnen wir in diesem Abschnitt mit n anstatt ν.

Aus einer großen Anzahl bekannt gewordener Schemaverfahren[1], deren zahlreiche Besonderheiten heute mit dem Aufkommen der Rechenautomaten an Aktualität eingebüßt haben, greifen wir zwei Verfahren heraus. Im klassischen Verfahren von RUNGE[2] wird die Anzahl der Operationen gegenüber den Formeln (19) auf rund den achten Teil reduziert, wodurch sich das Verfahren auch für die Automatenrechnung empfiehlt. Wir bringen es daher in Form eines ALGOL-Programms. Vorwiegend mit Rücksicht auf das Rechnen von Hand erläutern wir zunächst ein Verfahren von ZIPPERER[3], bei dem der gesamte Rechenvorgang aufs äußerste schematisiert worden ist.

Den nach Art von Schablonen angelegten käuflichen ZIPPERER-Tafeln liegen $2N = 24$ Ordinaten zugrunde, eine Einteilung, die in der Regel fein genug sein wird. Für das Verfahren charakteristisch ist, daß vorweg die Produkte

$$P_{jk} = y_j\, S_k$$

für $j = 1$ bis 24 und $k = 1$ bis 6 gebildet werden. Aus diesen insgesamt 144 Produkten, von denen jedoch nur 84 benötigt und demgemäß berechnet werden, sind zur Ermittlung je eines Koeffizienten a_n oder b_n jeweils 24 in einer ganz bestimmten Auswahl und mit bestimmten Vorzeichen versehen zu addieren. Diese Auswahl nun wird in den Tafeln auf die Weise herbeigeführt, daß zunächst die zu verwendenden 84 der Produkte P_{jk} nebst ihren negativen Werten $-P_{jk}$ in einer auf Transparentpapier gedruckten sogenannten *Grundtafel* in der unten angedeuteten Reihenfolge eingetragen werden, wobei die Plätze der zweimal 60 nicht benötigten Werte durch Schwarzdruck verdeckt sind, was wir

[1] Vgl. etwa WILLERS [*23*], § 24.8, S. 230ff.

[2] RUNGE, C.: Z. Math. Phys. Bd. 48 (1903) S. 443—456.

[3] ZIPPERER, L.: Tafeln zur harmonischen Analyse und Synthese periodischer Funktionen. 2. Aufl. Würzburg 1962 (Physica-Verlag).

hier nicht wiedergeben:

$S_6 = 1$	S_5	$\ldots S_1$	$-S_1$	$-S_2$	$\ldots -S_6$
$y_1 = P_{1,6}$	$P_{1,5}$	$\ldots P_{1,1}$	$-P_{1,1}$	$-P_{1,2}$	$\ldots -P_{1,6}$
$y_2 = P_{2,6}$	$P_{2,5}$	$\ldots P_{2,1}$	$-P_{2,1}$	$-P_{2,2}$	$\ldots -P_{2,6}$
. . . . .	. . . .	. . . .	. . . .	. . . .	. . . .
$y_{24} = P_{24,6}$	$P_{24,5}$	$\ldots P_{24,1}$	$-P_{24,1}$	$-P_{24,2}$	$\ldots -P_{24,6}$

Zur Berechnung eines bestimmten Koeffizienten a_n oder b_n wird nun die Grundtafel mit ihren eingetragenen Produkten auf eine zum betreffenden a_n bzw. b_n gehörige sogenannte *Farbtafel* gelegt, in der diejenigen Felder j, k farbig hervorgehoben sind, deren Werte P_{jk} und $-P_{jk}$ man zu $12a_n$ bzw. $12b_n$ zu addieren hat. Auf diese Weise ist der Rechenvorgang völlig schematisiert worden. Durch Anheben der Ordinaten y_j um eine passende Konstante, die ja auf die FOURIER-Koeffizienten, mit Ausnahme a_0, ohne Einfluß ist, lassen sich sämtliche y_j positiv machen. Dann enthält die Tafel auf ihrer linken Seite nur positive, auf ihrer rechten nur negative Eintragungen, was das Zusammenrechnen erleichtert.

Bemerkenswert ist hier die Möglichkeit der Berechnung eines einzelnen Koeffizienten aus dem Zusammenhang heraus. Damit bleiben auch Rechenfehler, soweit sie nicht bei der Berechnung der Produkte im Grundblatt auftreten, auf den einzelnen Koeffizienten beschränkt. — Die gleichen Tafeln sind außer für $2N = 24$ auch — bei auf ein Viertel reduziertem Aufwand — für $2N = 12$ verwendbar. Schließlich erlauben die Tafeln auch noch die Lösung der umgekehrten Aufgabe, nämlich der Synthese der Funktionswerte y_j aus gegebenen Koeffizienten a_n und b_n, wobei ja ähnliche Summen wie in (19) zu bilden sind.

RUNGE faßt *vor* der Produktbildung durch zweimalige sogenannte *Faltung* diejenigen Ordinaten y_j zusammen, welche — vom Vorzeichen abgesehen — mit den gleichen Funktionswerten S_k zu multiplizieren sind. Die Vorzeichen werden durch Bilden von Summen oder Differenzen berücksichtigt. Zunächst wird die zweite Periodenhälfte abgebildet auf die erste durch Einführen der Ordinatensummen s_j für die Cosinus-Koeffizienten a_n, der Ordinatendifferenzen d_j für die Sinus-Koeffizienten b_n:

$$\left.\begin{aligned} s_j &:= y_j + y_{N-j} \\ d_j &:= y_j - y_{N-j} \end{aligned}\right\} \quad (j = 1, 2, \ldots, 2p-1), \tag{24}$$

noch ergänzt durch die Ausnahmen $s_0 = y_0$, $s_N = y_N$, $d_0 = d_N = 0$. Sodann bildet man das zweite Periodenviertel ab auf das erste, vgl.

Abb. 23.4, und zwar je nach gerader oder ungerader Ordnung der Koeffizienten, mit Hilfe einer zweiten Summen- und Differenzbildung gemäß

$$\left.\begin{aligned} ss_j &:= s_j + s_{N-j} \quad \text{für} \quad a_0, a_2, \ldots, a_N \\ ds_j &:= s_j - s_{N-j} \quad \text{für} \quad a_1, a_3, \ldots, a_{N-1} \\ sd_j &:= d_j + d_{N-j} \quad \text{für} \quad b_1, b_3, \ldots, b_{N-1} \\ dd_j &:= d_j - d_{N-j} \quad \text{für} \quad b_2, b_4, \ldots, b_{N-2} \end{aligned}\right\} \tag{25}$$

für $j = 0$ bis $p - 1$, ergänzt durch die Ausnahmen $ss_p = s_p$, $ds_p = 0$, $sd_p = d_p$, $dd_p = 0$. Durch diese — im Aufwand nur proportional zu

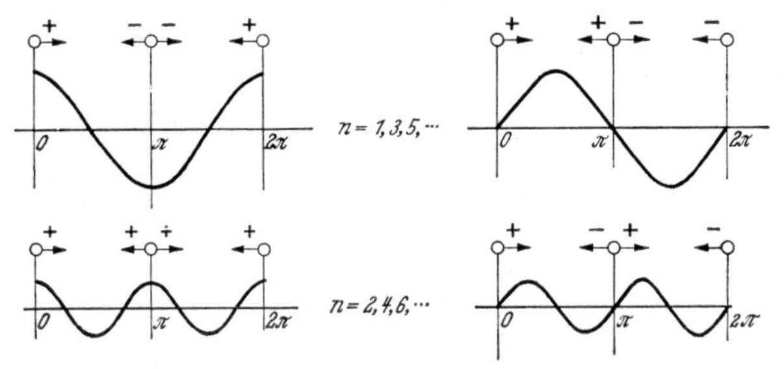

Abb. 23.4. Vorzeichenschema der Faktoren $\cos n x_j$ und $\sin n x_j$ der Ordinaten y_j für a_n und b_n bei geradem und ungeradem n

N wachsende — Koordinatentransformation vermindert sich die Anzahl der zu bildenden Produkte auf rund ein Viertel.

Nun wird noch die Tatsache ausgenutzt, daß sich von den Faktoren $\cos n\, x_j$ und $\sin n\, x_j$ je zwei nur durch das Vorzeichen unterscheiden:

$$\cos n\, x_j = \mp \cos (N - n)\, x_j \quad \text{für} \quad j = \begin{matrix} 1, 3, \ldots \\ 0, 2, \ldots \end{matrix}$$

$$\sin n\, x_j = \pm \sin (N - n)\, x_j \quad \text{für} \quad j = \begin{matrix} 1, 3, \ldots \\ 2, 4, \ldots \end{matrix}$$

Es ist daher zweckmäßig, je zwei Koeffizienten paarweise zusammenzufassen, nämlich a_0 und a_N, a_1 und a_{N-1}, b_1 und b_{N-1} usw. und für deren Summe und Differenz (bis auf einen Faktor) Hilfsgrößen α_n, α_n', β_n, β_n' einzuführen, aus denen man durch Bilden von Summe und Differenz die endgültigen Koeffizienten gewinnt. Auf diese Weise reduziert sich die Anzahl der Operationen noch einmal auf rund die Hälfte.

Die Sinuswerte S_k stellen wir jetzt für die volle Periode $k = 0$ bis $2N - 1$ bereit, was durch bloßes Umspeichern der $p + 1$ ersten Werte für $k = 0$ bis p geschieht. Die Faktoren $\sin n\, x_j$ und $\cos n\, x_j$ sind dann durch Indexumrechnung aufzurufen unter Rücksprung bei Periodenüberschreitung nach

$$\sin n\,\delta_j = S_l \quad \text{mit} \quad l = n \cdot j \bmod N,$$

$$\cos n\,\delta_j = S_k \quad \text{mit} \quad k = l + p \bmod N.$$

Beispiel: $2N = 24, \quad p = 6; \qquad n = 7, \quad j = 10:$

$$l = 70 \bmod 24 = 22, \quad k = 28 \bmod 24 = 4.$$

Damit sind die Formeln (19) zu ersetzen durch folgende Gleichungen:

Für gerade n:

$$\boxed{\begin{array}{llll} \beta_n := \sum' d\,d_j\,S_l, & \beta_n' := \sum'' d\,d_j\,S_l & \text{mit} & l := n \cdot j \bmod 2N \\ \alpha_n := \sum'' s\,s_j\,S_k, & \alpha_n' := \sum' s\,s_j\,S_k & \text{mit} & k := l + p \bmod 2N \end{array}}\,. \tag{26a}$$

Für ungerade n:

$$\boxed{\begin{array}{llll} \beta_n := \sum' s\,d_j\,S_l, & \beta_n' := \sum'' s\,d_j\,S_l & \text{mit} & l := n \cdot j \bmod 2N \\ \alpha_n := \sum'' d\,s_j\,S_k, & \alpha_n' := \sum' d\,s_j\,S_k & \text{mit} & k := l + p \bmod 2N \end{array}}\,. \tag{26b}$$

Darin bedeutet $\sum''$ Summation über alle geraden, $\sum'$ über alle ungeraden Indizes j. Die endgültigen Koeffizienten erhält man aus

$$\boxed{\begin{array}{ll} a_0 := \dfrac{1}{2N}(\alpha_0 + \alpha_0'), & a_{2p} := \dfrac{1}{2N}(\alpha_0 - \alpha_0') \\ a_n := \dfrac{1}{N}(\alpha_n + \alpha_n'), & a_{N-n} := \dfrac{1}{N}(\alpha_n - \alpha_n') \\ b_n := \dfrac{1}{N}(\beta_n + \beta_n'), & b_{N-n} := \dfrac{1}{N}(\beta_n - \beta_n') \\ \multicolumn{2}{c}{n = 1, 2, \ldots, p} \end{array}}\,. \tag{27}$$

Für die ganze Rechnung geben wir das folgende in ALGOL geschriebene Programm[1].

```
begin comment RUNGE-Faltung;
      integer N, p, M; comment N = 2p = ½M;
      lies (N); p := N/2; M := 2N;
```

[1] Entstanden in enger Zusammenarbeit mit Herrn Dipl.-Math. W. BARTH, Darmstadt.

```
begin integer n, j, k, l;
    real Δx, α, α', β, β';
    array y, S[0:M], s, d[0:N], ss, ds, sd, dd[0:p],
        a[0:N], b[1:N-1];
    lies (y);
Berechnen der Sinuswerte:
  Δx := π/N; comment π steht für die Zahl 3,141 59265;
  for k := 0 step 1 until p do
  begin S_k := S_{N-k} := sin(k × Δx); S_{N+k} := S_{M-k} := -S_k end k;
Erste Faltung:
  y_0 := y_M := y_0/2; y_N := y_N/2;
  for j := 0 step 1 until N do
  begin s_j := y_j + y_{M-j}; d_j := y_j - y_{M-j} end j;
Zweite Faltung:
  s_p := s_p/2; d_p := d_p/2;
  for j := 0 step 1 until p do
  begin ss_j := s_j + s_{N-j}; ds_j := s_j - s_{N-j};
        sd_j := d_j + d_{N-j}; dd_j := d_j - d_{N-j}
  end j;
Erster und letzter cos-Koeffizient:
  α := α' := 0;
  for j := 0 step 2 until p do α := α + ss_j;
  for j := 1 step 2 until p do α' := α' + ss_j;
  a_0 := (α + α')/M; a_N := (α - α')/M;
Koeffizienten mit ungeradem Index:
  for n := 1 step 2 until p do
  begin α := α' := β := β' := 0;
        l := 0; k := p;
        for j := 0 step 2 until p do
        begin α := α + ds_j × S_k; β' := β' + sd_j × S_l;
              l := l + 2 × n; if l ≧ M then l := l - M;
              k := k + 2 × n; if k ≧ M then k := k - M;
              comment: hierdurch wird l := n × j mod2N und
                          k := l + p mod2N erzeugt;
        end j;
        l := n; k := p + n;
        for j := 1 step 2 until p do
```

```
            begin α' := α' + ds_j × S_k;   β := β + sd_j × S_l;
                  l := l + 2 × n;  if l ≧ M then l := l − M;
                  k := k + 2 × n;  if k ≧ M then k := k − M
            end j;
            a_n := (α + α')/N;   a_{N−n} := (α − α')/N;
            b_n := (β + β')/N;   b_{N−n} := (β − β')/N
      end n;
```

Koeffizienten mit geradem Index:

```
      for n := 2 step 2 until p do
      begin α := α' := β := β' := 0;
            l := 0;  k := p;
         for j := 0 step 2 until p do
         begin α := α + ss_j × S_k;   β' := β' + dd_j × S_l;
            l := l + 2 × n;  if l ≧ M then l := l − M;
            k := k + 2 × n;  if k ≧ M then k := k − M
         end j;
         l := n;   k := p + n;
         for j := 1 step 2 until p do
         begin α' := α' + ss_j × S_k;   β := β + dd_j × S_l;
            l := l + 2 × n;  if l ≧ M then l := l − M;
            k := k + 2 × n;  if k ≧ M then k := k − M
         end j;
         a_n := (α + α')/N;   a_{N−n} := (α − α')/N;
         b_n := (β + β')/N;   b_{N−n} := (β − β')/N
      end n;
      drucke (a, b)
   end Block
end Programm;
```

§ 24 Gleichmäßige Polynomapproximation

24.1 Die Aufgabe

In den bisherigen Abschnitten dieses Kapitels ist als Abweichungsmaß zwischen gegebener Funktion $f(x)$ und Approximationsfunktion $F(x)$ nach dem Vorbilde von LEGENDRE und GAUSS das Integral der Quadrate der Fehler $\delta(x) = f(x) - F(x)$, genommen über ein festes Intervall $a \leqq x \leqq b$, zugrunde gelegt worden. Die in $F(x)$ mitgeführten noch freien Parameter wurden bei dieser mittleren Approximation so bestimmt, daß das Fehlerquadratintegral Q zum Minimum wird in der Erwartung, daß damit auch die maximal auftretende Abweichung $\mathrm{Max}|\delta(x)|$ klein wird, was indessen nicht ohne Einschränkung zutrifft. Bei der im folgenden zu behandelnden gleichmäßigen Approximation wird nun dieser maximale Abweichungsbetrag selbst, die Größe

$$\|\delta(x)\| = \|f - F\| = \underset{a \leqq x \leqq b}{\mathrm{Max}} |f(x) - F(x)| \tag{1}$$

als Abweichungsmaß, als *Fehlernorm* gewählt, und die Aufgabe besteht darin, die Parameter der Approximationsfunktion $F(x)$ so zu bestimmen, daß diese Fehlernorm in einem festen Intervall $[a, b]$ — soweit es den weiterhin ausschließlich betrachteten kontinuierlichen Fall angeht — so klein wie möglich wird.

Wir beschränken uns im weiteren auf *Polynomapproximation*, legen also als Approximationsfunktion ein Polynom festen Grades n zugrunde:

$$F(x) = F_n(x) = c_0 + c_1 x + c_2 x^2 + \cdots + c_n x^n, \tag{2}$$

obgleich heute insbesondere auch gleichmäßige Approximation durch gebrochen rationale Funktionen $F(x)$ praktisch bedeutsam ist. Doch tritt das Wesentliche unserer Aufgabe schon bei der ganzrationalen Approximation zutage. Bezeichnen wir die Menge aller Polynome vom Grade $\leqq n$ mit P_n, und bringen wir wie üblich mit $F \in P_n$ zum Ausdruck, daß die gesuchte Approximationsfunktion ein „Element" aus dieser Polynommenge sein soll, so lautet unsere Forderung

$$\|f - F\| = E_n \tag{3a}$$

$$\text{mit} \quad E_n = \underset{F \in P_n}{\mathrm{Min}} \|f - F\| = \underset{F \in P_n}{\mathrm{Min}} \ \underset{a \leqq x \leqq b}{\mathrm{Max}} |f(x) - F(x)|. \tag{3b}$$

Es wird also unter allen Polynomen vom Höchstgrade n dasjenige gesucht, das die absolute Fehlernorm (1) so klein wie möglich macht.

TSCHEBYSCHEFF hat gezeigt, daß ein solches Polynom tatsächlich existiert. Er hat weiter gezeigt[1], daß sich genau $n + 2$ Stellen

$$x_0 < x_2 < \cdots < x_n < x_{n+1} \tag{4}$$

aus $[a, b]$ angeben lassen, das System der sogenannten *Alternanten*, an denen die Fehlerfunktion $\delta(x)$ den Minimalwert E_n mit wechselndem Vorzeichen annimmt:

$$\delta(x_i) = \pm E_n. \tag{5}$$

Der Fehlerverlauf hat also etwa das Aussehen von Abb. 24.1. Er füllt einen Streifen kleinster Breite $2E_n$ „gleichmäßig" aus. Hat der Fehlerverlauf noch nicht diese Form, so ist es möglich, durch Abändern der Polynomkoeffizienten den maximalen Fehlerbetrag noch zu senken. Kleinste maximale Abweichung E_n und $(n + 2)$-maliges Auftreten die-

[1] Beweis in I. P. NATANSON: Konstruktive Funktionentheorie. S. 25ff. Berlin 1955.

ser Abweichung mit wechselndem Vorzeichen in $[a, b]$ schließen sich also ein. Die so erreichte Approximation darf daher als *optimal* bezeichnet werden, man spricht auch von *bester* Approximation.

Die große Bedeutung gleichmäßiger Approximation ist vor allem durch die Bedürfnisse der Automatenrechnung ins rechte Licht gerückt worden. Hier steht man vor der Aufgabe, die üblichen Funktionen, wie $\sin x$, e^x u. dgl., für beliebiges Argument x auf rationelle Weise zahlenmäßig darzustellen. Das geschieht hier in der Weise, daß man die Koeffizienten c_ν eines Polynoms bester Approximation mit dem einer bestimmten Genauigkeitsforderung angepaßten Polynomgrad n ein für allemal eingibt, mit deren Hilfe sich dann der Funktionswert für beliebiges Argument x leicht berechnen läßt. In Gestalt weniger Polynomkoeffizienten wird hier also ein sonst in umfangreichen Tafeln niedergelegter Zahlenschatz festgehalten.

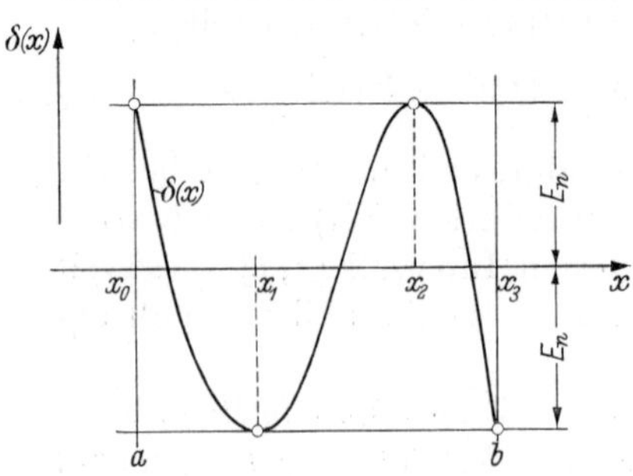

Abb. 24.1. Fehlerverlauf bei gleichmäßiger Polynomapproximation für $n = 2$

Unsere Aufgabe ist nun — vom Fall $n = 1$ linearer Annäherung abgesehen — nicht mehr streng lösbar, sondern nur noch iterativ anzunähern. Jedoch läßt sich, wie wir sehen werden, auf verhältnismäßig einfache Weise eine in vielen Fällen ausreichende Näherung gewinnen, und zwar auf dem Wege der im letzten Paragraphen behandelten trigonometrischen Approximation.

24.2 Transformation auf periodische Funktion

Das Intervall $[a, b]$, in dem eine gegebene Funktion $f(t)$ approximiert werden soll, läßt sich zunächst durch Nullpunktsverschiebung und Maßstabsänderung auf das Intervall $[-1, +1]$ einer neuen Veränderlichen x überführen, nämlich durch

$$t = \frac{a+b}{2} + \frac{b-a}{2} x \tag{6}$$

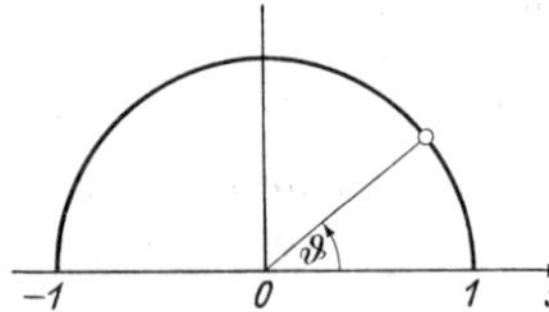

Abb. 24.2. Transformation $x = \cos\vartheta$

(Abb. 22.2). Zur Anwendung trigonometrischer Approximation transformiert man nun die in $[-1, +1]$ gegebene Funktion $f(x)$ in eine periodische Funktion $\hat{f}(\vartheta)$, indem man das Intervall durch

$$\boxed{x = \cos\vartheta} \tag{7}$$

auf den Umfang des Einheitskreises projiziert (Abb. 24.2). Auf diese Weise transformiert sich $f(x)$ in die mit 2π periodische Funktion $\hat{f}(\vartheta)$

von gerader Symmetrie, $\hat{f}(-\vartheta) = \hat{f}(\vartheta)$ (Abb. 24.3). Das x-Intervall $[-1, +1]$ bildet sich ab in das Doppelintervall $[0, 2\pi]$ und seine

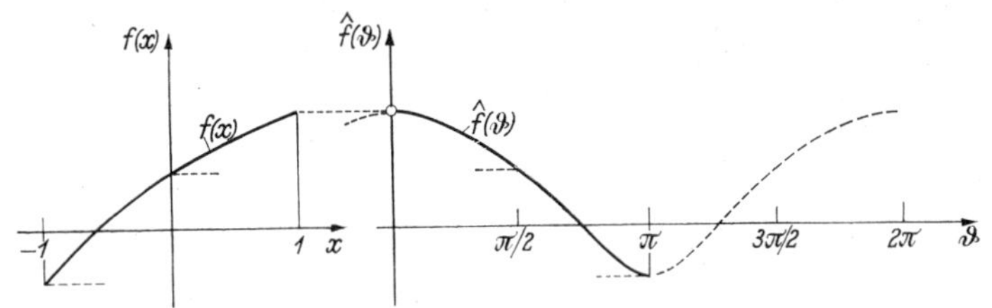

Abb. 24.3. Transformation der Funktion $f(x)$ in die gerade symmetrische periodische Funktion $\hat{f}(\vartheta)$ mit Periode 2π

periodischen Fortsetzungen, wobei diese Abbildung mit einer *Verzerrung* verbunden ist, die am stärksten an den Intervallenden $-1, +1$ bzw. $\pm\pi, 0$ in Erscheinung tritt. Hier wird jede endliche Ableitung

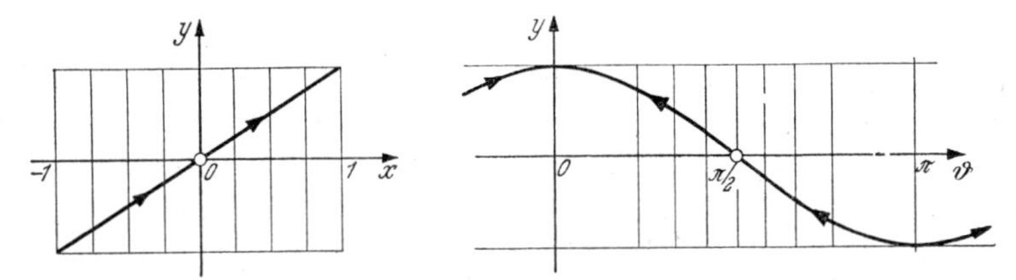

Abb. 24.4. Verzerrung einer Geraden des x-Systems

$f'(x)$ in $\hat{f}'(\vartheta) = 0$ verwandelt, wie man leicht aus der Kettenregel ersieht:

$$\frac{d\hat{f}}{d\vartheta} = \frac{df}{dx}\,\frac{dx}{d\vartheta} = -\frac{df}{dx}\sin\vartheta = -\frac{df}{dx}\sqrt{1-x^2}.$$

In der Intervallmitte $x = 0$, $\vartheta = \pm\pi/2$ ist $\hat{f}'(\vartheta) = \mp f'(x)$. An den Intervallenden $x = \pm 1$, $\vartheta = 0$ und $\pm\pi$ aber wird $\hat{f}'(\vartheta) = 0$, solange

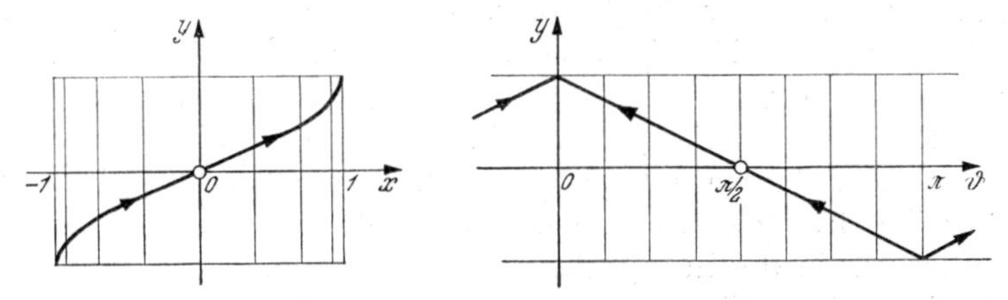

Abb. 24.5. Verzerrung einer Geraden des ϑ-Systems

$f'(x)$ hier endlich bleibt. Anschaulich übersieht man die Verhältnisse etwa an der Art, wie sich die Gerade $y = x$ in die cos-Linie $y = \cos\vartheta$ transformiert (Abb. 24.4). Umgekehrt wird die (gerade symmetrisch fortgesetzte) Gerade $y = 1 - \frac{2}{\pi}\vartheta$ des ϑ-Systems verzerrt in die Kurve $y = \arcsin x$ mit unendlicher Steigung an den Intervallenden (Abb. 24.5).

Es liegt nun nahe, die periodische Funktion $\hat{f}(\vartheta)$, die unter sehr allgemeinen Voraussetzungen bezüglich der Originalfunktion $f(x)$ in eine unendliche trigonometrische Reihe entwickelbar sein wird, durch ein trigonometrisches Polynom der Form

$$\hat{F}_n(\vartheta) = a_0 + a_1 \cos\vartheta + a_2 \cos 2\vartheta + \cdots + a_n \cos n\,\vartheta \tag{8}$$

zu approximieren mit den (theoretischen) FOURIER-Koeffizienten

$$\begin{aligned} a_0 &= \frac{1}{\pi}\int_0^\pi \hat{f}(\vartheta)\,d\vartheta, \\ a_\nu &= \frac{2}{\pi}\int_0^\pi \hat{f}(\vartheta)\cos\nu\,\vartheta\,d\vartheta \qquad (\nu = 1, 2, \ldots, n). \end{aligned} \tag{9}$$

Das entspricht der Forderung einer mittleren Approximation bezüglich der Variablen ϑ:

$$Q_n = \int_0^\pi [\hat{F}_n(\vartheta) - \hat{f}(\vartheta)]^2\,d\vartheta = \int_{-1}^{+1} [F_n(x) - f(x)]^2 \frac{dx}{\sqrt{1-x^2}} = \text{Min}.$$

Sie unterscheidet sich gegenüber der früher bezüglich x benutzten um den *Gewichtsfaktor*

$$w(x) = \frac{1}{\sqrt{1-x^2}},$$

der in Intervallmitte gleich 1, an den Intervallenden aber ∞ wird. Gegenüber der früher durchgeführten mittleren Approximation hinsichtlich x unterscheidet sich also die neue durch eine stärkere Betonung der Intervallenden. Das aber hat die sehr erwünschte Wirkung, daß die früher beobachtete Neigung der Fehlerkurve zu größeren Ausschlägen an den Intervallenden unterdrückt wird. Zufolge der Periodizität gibt es eben im Grunde genommen keine Intervallenden mehr, jede Stelle des Intervalls in ϑ geht mit gleichem Gewicht ein.

Es ist weiter naheliegend, an Stelle der theoretischen FOURIER-Koeffizienten (9) die durch Summen anstatt Integralen auswertbaren *numerischen Koeffizienten* A_ν zu verwenden. Diese Maßnahme wird sich sogar als ganz entscheidend für die Güte der von uns angestrebten angenähert gleichmäßigen Approximation erweisen. Bevor wir dazu übergehen, wollen wir indessen die trigonometrische Approximation (8) zurücktransformieren auf die alte Veränderliche x unter Verwendung eines neuen Polynomsystems.

24.3 T-Polynome

Die in (8) benutzten Basisfunktionen $\cos n\vartheta$ lassen sich nämlich als Polynome in $x = \cos\vartheta$ ausdrücken. Es sind die sogenannten *Tscheby-scheff-Polynome,* kurz *T-Polynome,* definiert durch

$$\boxed{T_n(x) = \cos n\vartheta \quad \text{mit} \quad x = \cos\vartheta}\,. \tag{10}$$

Offenbar ist
$$T_0 = 1 \quad \text{und} \quad T_1(x) = \cos\vartheta = x.$$

Die weiteren Polynome gewinnt man der Reihe nach aus der Rekursionsformel

$$\boxed{T_{n+1}(x) = 2xT_n(x) - T_{n-1}(x)}\,, \tag{11}$$

die sich aus der bekannten Beziehung

$$\cos(n \pm 1)\,\vartheta = \cos\vartheta\cos n\vartheta \mp \sin\vartheta\sin n\vartheta$$

in der Form

$$\cos(n+1)\,\vartheta + \cos(n-1)\,\vartheta = 2\cos\vartheta\cos n\vartheta$$

herleitet. Damit finden wir die folgenden ersten Polynome, deren Verlauf Abb. 24.6 wiedergibt:

$$\boxed{\begin{aligned} T_0 &= 1, \\ T_1(x) &= \cos\vartheta = x \\ T_2(x) &= \cos 2\vartheta = 2x^2 - 1 \\ T_3(x) &= \cos 3\vartheta = 4x^3 - 3x \\ T_4(x) &= \cos 4\vartheta = 8x^4 - 8x^2 + 1 \\ &\ldots\ldots\ldots\ldots\ldots \end{aligned}} \tag{12}$$

Aus der Definition (10) folgen leicht die wichtigsten Eigenschaften. Wie bei den Kugelfunktionen $P_n(x)$ aus § 22.6, mit denen sie offenbar manche Ähnlichkeit aufweisen, gilt

$$T_n(1) = 1, \qquad T_n(-1) = (-1)^n \tag{13}$$

sowie die Symmetriebeziehung

$$T_n(-x) = (-1)^n T_n(x). \tag{14}$$

Auch hier liegen sämtliche stets reellen Nullstellen im Innern des Intervalls $[-1, +1]$, wie aus der Definitionsgleichung folgt. Ebenso folgt, daß ihre gleichfalls in $[-1, +1]$ gelegenen Extrema vom Betrage 1 sind, und hierin liegt der entscheidende Unterschied gegenüber den Kugelfunktionen.

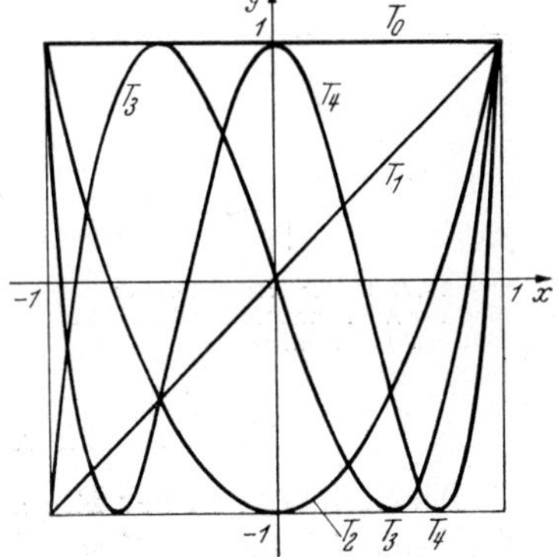

Abb. 24.6. Verlauf der vier ersten TSCHEBYSCHEFFschen Polynome T_1 bis T_4

Unter Verwendung der T-Polynome erscheint die Approximationsfunktion (8) jetzt in x als Polynomapproximation

$$F_n(x) = a_0 + a_1 T_1(x) + \cdots + a_n T_n(x), \tag{8a}$$

was mit den festen Koeffizienten der T-Polynome (12) durch Ordnen nach x-Potenzen in die endgültige Polynomform (2) übergeht.

Zur Beurteilung der Güte dieser Approximation denken wir uns die gegebene Funktion $f(x) = \mathring{f}(\vartheta)$ in die unendliche trigonometrische Reihe, also hinsichtlich x nach T-Polynomen entwickelt:

$$f(x) = \sum_{\nu=0}^{\infty} a_\nu \cos \nu\,\vartheta = \sum_{\nu=0}^{\infty} a_\nu T_\nu(x). \tag{15}$$

Mit der Approximationsfunktion (8a) folgt dann für den Fehlerverlauf die Entwicklung

$$\delta(x) = f(x) - F_n(x) = \sum_{\nu=n+1}^{\infty} a_\nu T_\nu(x)$$

oder

$$\delta(x) = a_{n+1}[T_{n+1}(x) + \alpha_1 T_{n+2}(x) + \cdots] \tag{16}$$

mit den Faktoren

$$\alpha_i = a_{n+1+i}/a_{n+1}, \tag{16a}$$

die kleine Zahlen sind, sofern die FOURIER-Koeffizienten, was man in Anbetracht des glatten Verlaufs der Funktion $\mathring{f}(\vartheta)$ fast immer annehmen darf, rasch zurückgehen.

Das erste Glied in der Fehlerentwicklung (16) würde für sich allein den idealen gleichmäßigen Fehlerverlauf mit $E_n = a_{n+1}$ ergeben. Unter dem Einfluß weiterer Reihenglieder weicht die wirkliche Fehlerkurve davon ab. Sehen wir das nächste Glied als dafür bestimmend an, so erhalten wir Abweichungen vom gleichmäßigen Fehlerverlauf, die an den Intervallenden am größten werden, nämlich angenähert

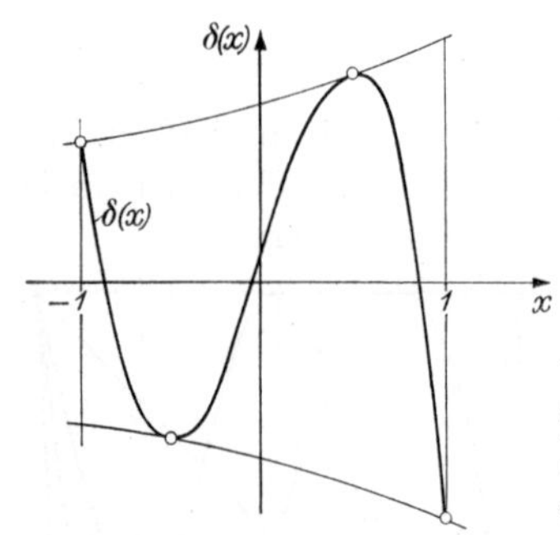

Abb. 24.7. Fehlerverlauf bei Verwendung der Approximationsfunktion (8a) mit exakten Fourierkoeffizienten a_ν

$$|\delta(\pm 1)| \approx |a_{n+1}|\,(1 \pm \alpha_1). \tag{17}$$

An Stelle des in Abb. 24.1 skizzierten gleichmäßigen Verlaufs stellt sich eine Fehlerfunktion nach Art von Abb. 24.7 ein. Diese meist noch fühlbare Abweichung aber läßt sich nun auf folgende einfache Weise wesentlich verbessern.

24.4 Angenähert gleichmäßige Approximation

An Stelle der in der Regel ohnehin nicht formelmäßig auswertbaren Integrale (9) für die theoretischen FOURIER-Koeffizienten a_ν bedienen wir uns, wie naheliegend, der *numerischen Koeffizienten* A_ν, die sich auf dem Wege trigonometrischer Interpolation ergeben, vgl. § 23.2. Wieder bezeichnen wir mit N die Anzahl der Streifen, in die das ϑ-Intervall $[0, \pi]$ eingeteilt wird. Von der Funktion $f(x)$ sind die $N+1$-Werte $f_j = f(x_j)$ an den in ϑ, aber nicht in x äquidistanten Stützstellen

$$\vartheta_j = j\frac{\pi}{N}, \quad x_j = \cos\vartheta_j, \quad j = 0, 1, 2, \ldots, N \tag{18}$$

als gegeben anzunehmen. Die numerischen FOURIER-Koeffizienten berechnen dann sich wie früher, § 23.2, Gl. (19a), nach

$$\begin{aligned} A_0 &= \frac{1}{N}\sum_{j=0}^{N} f_j^* \\ A_\nu &= \frac{2}{N}\sum_{j=0}^{N} f_j^* \cos\nu\,\vartheta_j, \quad \nu = 1, 2, \ldots, N-1 \\ A_N &= \frac{1}{N}\sum_{j=0}^{N} (-1)^j f_j^* \end{aligned} \tag{19}$$

mit

$$\begin{aligned} f_j^* &= \tfrac{1}{2} f_j \quad \text{für} \quad j = 0 \text{ und } N, \\ f_j^* &= f_j \quad \text{für} \quad j = 1, 2, \ldots, N-1. \end{aligned} \tag{20}$$

Wir wählen nun als Approximationsgrad

$$\boxed{n = N - 1}, \tag{21}$$

verwenden also das Approximationspolynom $(N-1)$-ten Grades

$$\boxed{F_{N-1}(x) = A_0 + A_1 T_1(x) + \cdots + A_{N-1} T_{N-1}(x)} \tag{22}$$

unter Auslassen des letzten Gliedes $A_N T_N(x)$. Das bedeutet, wie wir früher gesehen haben, ein Verzichten der Interpolation zugunsten einer (diskreten) Approximation mit endlicher Fehlerquadratsumme. Bei Mitnahme des letzten Gliedes würden die Interpolationsforderungen

$$F_N(x_j) = F_{N-1}(x_j) + A_N T_N(x_j) = f(x_j)$$

erfüllt. Wegen

$$T_N(x_j) = \cos N\,\vartheta_j = \cos j\,\pi = (-1)^j$$

aber folgt daraus für die Fehlerwerte δ_j an den Stützstellen x_j:

$$\boxed{\delta(x_j) = f(x_j) - F_{N-1}(x_j) = (-1)_j A_N} \tag{23}$$

Durch unser Vorgehen — Bestimmung der Koeffizienten aus trigonometrischer Interpolation, aber Unterdrücken des letzten Koeffizienten A_N — wird also *gleiche Fehlerhöhe* in den Stützstellen x_j bei wechselndem Fehlervorzeichen erzwungen, was sich dahingehend auswirkt, daß der gesamte Fehlerverlauf $\delta(x)$ nur noch wenig vom Idealverlauf mit genau gleich hohen Fehlerextrema abweicht.

Unter dem Einfluß der höheren FOURIER-Koeffizienten a_ν $(\nu > N)$ verschieben sich nämlich die Extrema von $\delta(x)$ ein wenig aus den Stützstellen x_j heraus, in die sie bei Fehlen höherer Koeffizienten mit $E_n = A_N$ hineinfallen würden. Wegen des Extremalcharakters aber weichen die Höchstwerte nur sehr wenig von den Stützstellenwerten $\delta_j = \pm A_N$ ab, vgl. Abb. 24.8 und 24.9.

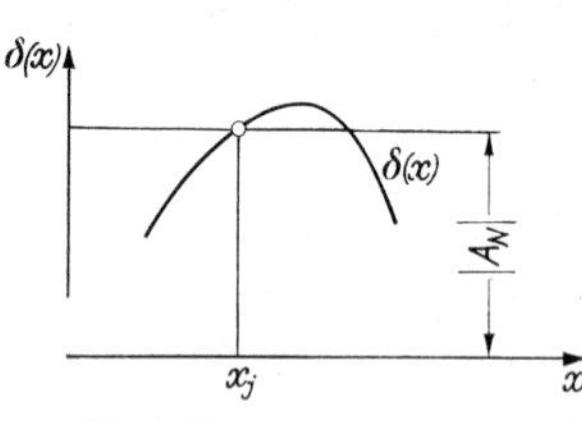

Abb. 24.8. Fehlerverlauf in der Nähe einer Stützstelle x_j bei Verwenden trigonometrischer Interpolation

Mit den Beziehungen (21) aus § 23.2 zwischen theoretischen und numerischen FOURIER-Koeffizienten lassen sich die Verhältnisse auch rechnerisch verfolgen. Man erhält so die Näherung[1]

$$|\delta(x)|_{\max} \approx |A_N|\,(1 + 2\alpha_i^2), \tag{24}$$

wo $\alpha_i = a_{N+i}/a_N$ das Verhältnis des ersten von Null verschiedenen höheren FOURIER-Koeffizienten zu a_N bedeutet. Ist z. B. $\alpha_1 = 0{,}1$, was normalen Verhältnissen entspricht, so hat man eine Abweichung von nur 2% vom Wert A_N, der nahezu gleich dem Minimalwert E_n ist, gegenüber ± 10% bei Verwenden der exakten FOURIER-Koeffizienten, Gl. (17). Die Abweichungen sind also so klein geworden, daß unsere Aufgabe in vielen Fällen als praktisch gelöst gelten darf.

Bei einer vorgeschriebenen Genauigkeit läßt sich nach Wahl von N aus dem leicht vorweg bestimmbaren letzten Koeffizienten A_N als Näherung des Höchstfehlers ersehen, ob die Wahl von N richtig war, oder ob N erhöht werden muß oder man schon mit einer kleineren Zahl N auskommt.

24.5 Vorgehen bei symmetrischer Funktion $f(x)$

Für den Fall gerader bzw. ungerader Symmetrie der Funktion $f(x)$ bezüglich Intervallmitte $x = 0$ treten nur Koeffizienten von geradem bzw. ungeradem Index ν auf. Man wählt dann auch N gerade bzw. ungerade und approximiert durch ein Polynom vom Grade

$$\boxed{n = N - 2} \tag{25}$$

Zugleich vereinfacht sich die Rechnung dadurch, daß man die Summation unter Verdoppeln der Summenwerte nur über das halbe Intervall zu erstrecken hat. Nachstehend stellen wir die abgewandelten Formeln zur Berechnung der Koeffizienten A_ν zusammen.

[1] Numerische Math. Bd. 6, S. 1—5.

Gerade Symmetrie: $f(-x) = f(x)$. $N = 2p$.

$$\begin{aligned} A_0 &= \frac{2}{N} \sum_{j=0}^{p} f_j^* \\ A_\nu &= \frac{4}{N} \sum_{j=0}^{p} f_j^* \cos \nu\, \vartheta_j, \qquad \nu = 2, 4, \ldots, N-2 \\ A_N &= \frac{2}{N} \sum_{j=0}^{p} (-1)^j f_j^* \qquad p = N/2 \end{aligned} \tag{19a}$$

mit $f_j^* = \frac{1}{2} f_j$ für $j = 0$ und p, $f_j^* = f_j$ für $j = 1, 2, \ldots, p-1$. (20a)

Ungerade Symmetrie: $f(-x) = -f(x)$. $N = 2p + 1$, $p = \frac{1}{2}(N-1)$.

$$\begin{aligned} A_\nu &= \frac{4}{N} \sum_{j=0}^{p} f_j^* \cos \nu\, \vartheta_j, \qquad \nu = 1, 3, \ldots, N-2 \\ A_N &= \frac{2}{N} \sum_{j=0}^{p} (-1)^j f_j^* \qquad p = \frac{N-1}{2} \end{aligned} \tag{19b}$$

mit $f_j^* = \frac{1}{2} f_j$ für $j = 0$, $j_j^* = f_j$ für $j = 1, 2, \ldots, p$. (20b)

24.6 Beispiele

1. Beispiel: $f(x) = e^x$ in $[-1, +1]$ gleichmäßig durch eine Parabel zu approximieren. $N = 3$, $n = 2$. Rechenschieberrechnung.

ϑ_j^0	$x = \cos\vartheta_j$	$\cos 2\vartheta_j$	$f_j^* = e^{x_j}$	$f_j \cos\vartheta_j$	$f_j \cos 2\vartheta_j$
0°	1	1	1,359	1,359	1,359
60	0,5	−0,5	1,649	0,825	−0,825
120	−0,5	−0,5	0,607	−0,303	−0,303
180	−1	1	0,184	−0,184	0,184
			3,799	1,697	0,415
			0,133		
			A_ν: 1,266	1,131	0,277
			A_3: 0,044		

$$F_2(x) = 1{,}266 + 1{,}131\,x + 0{,}277\,(2x^2 - 1)$$
$$= 0{,}989 + 1{,}131\,x + 0{,}553\,x^2$$

	$\delta_{\max}$
Gleichmäßig	~0,044
Mittlere A.	0,082
Taylor-Entwicklung	0,218

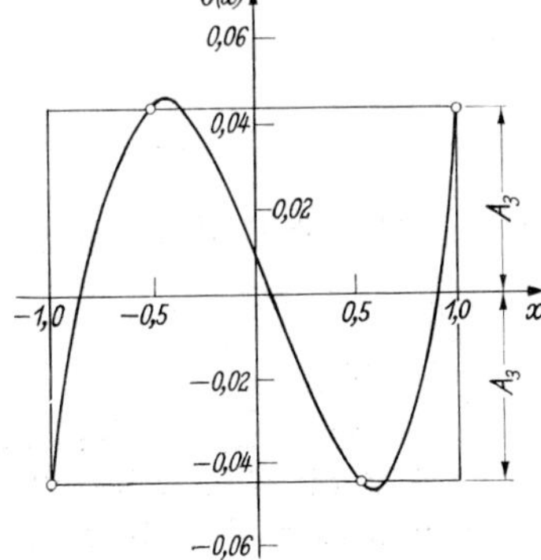

Abb. 24.9. Fehlerverlauf $\delta(x)$ bei angenähert gleichmäßiger Approximation von $y = e^x$

2. Beispiel: $f(x) = \sin\frac{\pi}{2}x$ in $[-1, +1]$ gleichmäßig zu approximieren durch ein Polynom vom Grade $n = 7$. Ergebnis auf 7 Dezimalen. $N = 9$. Ungerade Symmetrie.

Wegen der hohen Koeffizienten der höheren T-Polynome (bis 112) ist die Rechnung mit 2 Stellen mehr durchzuführen, also 9stellig. Die gesamte Rechnung findet sich in Tab. 24.1. Der maximale Fehler beträgt etwa 6 Einheiten der 7. Stelle entsprechend $A_9 = 0{,}588 \cdot 10^{-6}$. Ergebnis:

$$F_7 = 1{,}5707910x - 0{,}6458929x^3 + 0{,}0794345x^5 - 0{,}0043332x^7.$$

Tabelle 24.1. *Angenähert gleichmäßige Approximation von* $y = \sin\frac{\pi}{2}x$ *durch ein Polynom 7. Grades*

ϑ_j	$x_j = \cos\vartheta_j$	$\cos 3\vartheta_j$	$\cos 5\vartheta_j$	$\cos 7\vartheta_j$	$f_j = \sin\frac{\pi}{2}x_j$
0°	1	1	1	1	0,5
20°	0,939692621	0,5	−0,173...	−0,766...	0,995516414
40°	0,766044443	−0,5	−0,939...	0,173...	0,933229716
60°	0,5	−1	0,5	0,5	0,707106781
80°	0,173648178	−0,5	0,766...	−0,939...	0,269396126

$A_9 = 0{,}000000588$

$f_j\cos\vartheta_j$	$f_j\cos 3\vartheta_j$	$f_j\cos 5\vartheta_j$	$f_j\cos 7\vartheta_j$	
0,5	0,5	0,5	0,5	
0,935479428	0,497757207	−0,172869611	−0,762609817	
0,714895438	−0,466614858	−0,876949078	0,162053640	
0,353553390	−0,707106781	0,353553390	0,353553390	
0,046780146	−0,134698063	0,206369405	−0,253149552	
$A_\nu =$ 1,133648179	−0,138071776	0,004490714	−0,000067706	c_ν
1	−3	5	−7 $x\,\cdot$	1,5707910
	4	−20	56 $x^3\,\cdot$	−0,6458929
		16	−112 $x^5\,\cdot$	0,0794345
			64 $x^7\,\cdot$	−0,0043332

VI. Kapitel

Differentialgleichungen: Anfangswertaufgaben

§ 25 Grundgedanken. Zeichnerische Verfahren

25.1 Allgemeine Bemerkungen

Unter einer Differentialgleichung — und zwar einer gewöhnlichen im Gegensatz zu partiellen, von denen hier nicht die Rede sein soll — versteht man, wie dem Leser aus der mathematischen Grundvorlesung her erinnerlich sein mag, eine Beziehung zwischen einer unabhängigen Veränderlichen x, einer davon abhängigen Veränderlichen $y = y(x)$ und Ableitungen $y', y'', \ldots$. Je nach der Ordnung der höchsten vorkommenden Ableitung hat man es mit einer Differentialgleichung erster, zweiter, ... Ordnung zu tun. Beispiele für Differentialgleichungen erster Ordnung sind

$$yy' + x = 0 \tag{a}$$

$$y' + xy = 2 \tag{b}$$

$$y' = x + y^2, \tag{c}$$

Beispiele für Gleichungen zweiter Ordnung:

$$y'' = yy' \tag{d}$$

$$y'' + xy = 0. \tag{e}$$

Man erinnert sich, daß zur analytischen Behandlung von Differentialgleichungen zahlreiche zum Teil höchst kunstvolle Lösungsmethoden entwickelt worden sind, deren jede auf einen mehr oder weniger eng umgrenzten Gleichungstyp zugeschnitten ist, den bei einer bestimmten vorgelegten Gleichung zu erkennen eine der charakteristischen Schwierigkeiten der formelmäßigen Behandlung ausmacht. Man weiß aber auch, daß bei weitem nicht jede formelmäßig gegebene Differentialgleichung auch formelmäßig lösbar ist. Schon so einfache Beispiele wie die oben angeführten Fälle (c) und (e) sind es nicht, wenigstens nicht mehr „elementar", d. h. mit Hilfe der bekannten elementaren Funktionen x^n, e^x, $\ln x$, $\sin x$ und ihrer Kombinationen. Ja, die formelmäßige Lösbarkeit ist geradezu als Ausnahmefall, das Gegenteil aber als die Regel anzusehen. Gerade technische Anwendungen führen immer wieder auf formelmäßig nicht lösbare Differentialgleichungen. Der Verlauf einer Geschoßflugbahn unter Berücksichtigung von Luftwiderstand, die Staukurvenform in einem Flußbett von allgemeinem Querschnitt, der zeitliche Schwingungsverlauf in Kraftwerks-Rohrleitungen mit Wasserschlössern, Schwingungen bei nichtlinearem Rückstell- und Dämpfungsgesetz, Schwingungsform und Eigenfrequenz schwingender Balken von veränderlichem Querschnitt sind nur einige Beispiele dieser Art.

Das Fehlen einer formelmäßigen Lösung bedeutet natürlich keineswegs, daß die Differentialgleichung eine Lösung gar nicht besitzt. Diese ist vielmehr unter sehr allgemeinen Voraussetzungen mit Sicherheit vorhanden. Nur ist die Lösung nicht immer durch einen geschlossenen Formelausdruck, etwa mit Hilfe der erwähnten elementaren Funktionen oder auch gewisser, teilweise eigens zu diesem Zweck eingeführter „höherer", jedenfalls aber bekannter Funktionen darstellbar. In solchen Fällen nun kommt es darauf an, die Lösung auf andere Weise, etwa auf zeichnerischem oder numerischem Wege zu gewinnen. Auch Reihenentwicklung kommt in Betracht, wovon wir indessen hier absehen wollen. Uns interessiert die Darstellung der Lösung mit Hilfe zeichnerischer oder numerischer *Näherungsverfahren*, die (wenigstens im numerischen Falle) die Lösung mit jeder gewünschten Genauigkeit anzunähern gestatten.

Diese Verfahren sind nun — im Gegensatz zu den einem einzelnen Gleichungstyp angepaßten analytischen Methoden — allgemein anwendbar, sie sind bis auf die Ordnung der Differentialgleichung weitgehend unabhängig von der besonderen Bauart der Gleichung. Die Differentialgleichung spielt dabei nur noch die Rolle einer Rechenvorschrift, die den Lösungsablauf im einzelnen festlegt, ihn gleichsam steuert. In dem Maße aber, in dem die besonderen Züge der einzelnen Differentialgleichung an Bedeutung verlieren, treten die allgemeinen Eigenschaften der Differentialgleichung als solcher hervor, so daß gerade die Näherungsmethoden einen besonders deutlichen Einblick in das Wesen der Differentialgleichungen geben.

Haben wir etwa eine Differentialgleichung erster Ordnung in der allgemeinen Form

$$y' = f(x, y)$$

mit einer eindeutigen Funktion $f(x, y)$, so besagt sie, anschaulich ausgedrückt, daß in einem bestimmten Punkte x, y eine bestimmte Steigung y' festgelegt wird, und zwar eben gerade die Steigung der durch diesen Punkt hindurchgehenden Lösungskurve. Indem man in Richtung dieser Steigung fortschreitet und nun dafür sorgt, daß sich mit ändernden Koordinaten jeweils auch die Steigung y' nach der Vorschrift der Differentialgleichung fortgesetzt ändert, gewinnt man „automatisch" die betreffende Lösungskurve. Man kann sich vorstellen, daß man diese Forderung auch instrumentell realisieren kann, und das geschieht in den Integrieranlagen für Differentialgleichungen. Uns kommt es hier darauf an, den geschilderten Vorgang zeichnerisch oder numerisch möglichst getreu nachzubilden. Damit ist eigentlich schon die vor uns liegende Aufgabe umrissen.

25.2 Differentialgleichung erster Ordnung. Richtungsfeld, Isoklinen

Eine Differentialgleichung 1. Ordnung ist, wie wir wissen, eine Beziehung zwischen den Veränderlichen x, y und der ersten Ableitung y', hat also allgemein die Form

$$F(x, y, y') = 0 .$$

Im folgenden soll nun stets vorausgesetzt werden, daß sich diese Beziehung auflösen läßt nach der Ableitung y', und zwar sei sie eindeutig auflösbar. Die Differentialgleichung sei also darstellbar in der Form

$$\boxed{y' = f(x, y)} \tag{1}$$

mit einer eindeutigen Funktion $f(x, y)$, von der wir zunächst keine weiteren Voraussetzungen machen wollen. In dieser Form läßt die Differentialgleichung 1. Ordnung eine unmittelbar anschauliche Deutung zu. Sie besagt nämlich, daß jedem Punkte x, y der xy-Ebene (oder doch des Bereiches der Ebene, in dem die Funktion f erklärt ist) eine Steigung y' zugeordnet ist. Die xy-Ebene (bzw. der fragliche Bereich der Ebene) wird durch die Differentialgleichung, wie man sagt, zu einem *Richtungsfeld*, von dem man ein anschauliches Bild gewinnt, indem man für eine genügende Anzahl von Punkten — etwa für ein quadratisches Punktgitter — kleine Linienstücke der vorgeschriebenen Steigung y' einzeichnet (Abb. 25.1). Aus Punkten (x, y) werden durch die Differentialgleichung sogenannte *Linienelemente* (x, y, y').

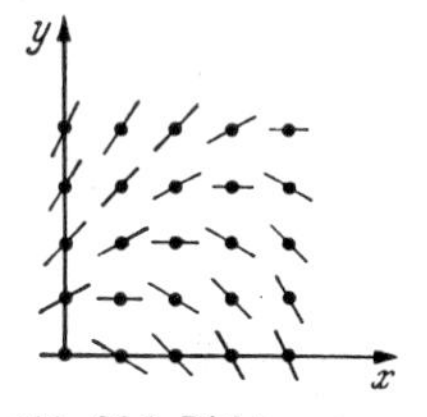

Abb. 25.1. Richtungsfeld $y' = f(x, y)$

Lösungen der Differentialgleichung sind dann diejenigen Kurven $y = y(x)$, deren Tangente an jeder Stelle x, y die durch die Differentialgleichung (1) vorgeschriebene Neigung y' besitzt. Lösung ist demnach nicht eine einzelne Kurve, sondern eine ganze *Kurvenschar*, die Schar der unendlich vielen auf das Richtungsfeld passenden Kurven. Die Gesamtheit dieser Scharkurven ist das, was man die *allgemeine Lösung* der Differentialgleichung nennt. Aus ihr wird eine einzelne Lösung, eine *Sonderlösung* durch Vorgabe eines bestimmten *Anfangspunktes* x_0, y_0 ausgesondert, und unter bestimmten, noch zu erörternden Bedingungen gibt es zu jedem Anfangspunkt auch genau *eine* Lösungskurve. Diesem Sachverhalt entspricht bei der analytischen Lösung das Auftreten einer noch frei wählbaren Konstanten, der *Integrationskonstanten*, die die Rolle des Scharparameters spielt. Aus der allgemeinen, eine noch freie Konstante enthaltenden Lösung wird eine Sonderlösung durch Wahl einer *Anfangsbedingung* $y = y_0$ für $x = x_0$ ausgesondert, welche die Integrationskonstante ihrem Werte nach festlegt.

Das punktweise Zeichnen des Richtungsfeldes ist nun recht mühsam. Man erleichtert sich die Arbeit wesentlich, indem man Punkte gleicher Neigung $y' = c$ durch Kurven, sogenannte *Isoklinen*, verbindet, die durch die Forderung

$$\boxed{f(x, y) = c}\,, \tag{2}$$

die *Isoklinengleichung*, festgelegt sind. Indem man dies für eine Reihe aufeinanderfolgender Werte $y' = c$ durchführt und die so entstehenden

Isoklinen etwa noch mit den zugehörigen Neigungen „bespickt" nach Art der Abb. 25.2, erhält man auf einfache Weise ein Bild des Richtungsfeldes, in das man wenigstens angenähert einzelne Lösungskurven von Hand einzeichnen kann, um so eine deutliche Vorstellung vom allgemeinen Lösungsverlauf der Differentialgleichung zu gewinnen. Daß die so gezeichneten Lösungskurven nur verhältnismäßig grobe Näherungen sind, ist kein wesentlicher Nachteil. Man kann, falls erwünscht, solche groben Näherungen bis zu jeder gewünschten Genauigkeit verbessern. Der große Vorzug des hier geschilderten Isoklinenverfahrens vor anderen Näherungsmethoden besteht jedenfalls darin, daß man rasch einen Überblick über den *allgemeinen* Lösungsverlauf erhält, während andere Verfahren immer nur eine einzelne Lösungskurve, eine Sonderlösung ergeben.

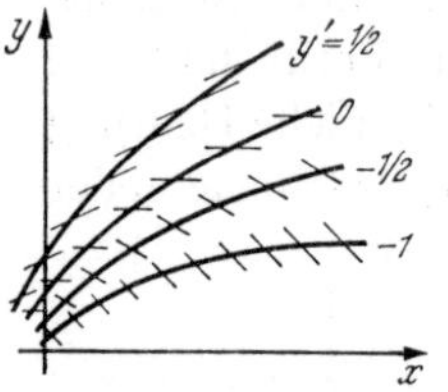

Abb. 25.2. Isoklinen $y' = c$ im Richtungsfeld

Aufstellen der Isoklinengleichung (2), ihr etwaiges Auflösen nach y zu

$$y = \varphi(x, c) \tag{3}$$

und das Zeichnen der Isoklinen sind elementare Operationen, die bei komplizierteren Differentialgleichungen wohl zeitraubend sein können, aber keinerlei besondere Theorie erfordern, im Gegensatz zu den analytischen Lösungsmethoden. Die folgenden beiden Beispiele, wo die Isoklinen freilich einen besonders einfachen Verlauf zeigen, mögen dies bestätigen. Die hier möglichen formelmäßigen Lösungen sind schon recht umständlich.

1. Beispiel: Differentialgleichung: $y' = \dfrac{x}{x-y}$,

Isoklinengleichung: $\dfrac{x}{x-y} = c$,

aufgelöst nach y: $y = \dfrac{c-1}{c}\,x = k\,x$.

Die Isoklinen sind gerade Linien durch den Nullpunkt mit einer Steigung $k = (c-1):c$. Umgekehrt ist $c = 1:(1-k)$. Man wählt eine Anzahl von Steigungswerten c derart, daß die xy-Ebene einigermaßen gleichmäßig von Isoklinen überdeckt wird (Abb. 25.3):

$c =$	0	∞	1	-1	$\frac{1}{2}$
$k =$	∞	1	0	2	-1

Durch Einzeichnen einer Sonderlösung erkennt man den spiralartigen Charakter der Lösungskurven.

2. Beispiel: Differentialgleichung: $y' = \dfrac{x-y}{y}$,

Isoklinengleichung: $\dfrac{x-y}{y} = c$,

aufgelöst nach y: $y = \dfrac{1}{1+c}\,x = k\,x$.

Wiederum sind die Isoklinen gerade Linien durch den Nullpunkt, diesmal mit der Steigung $k = 1:(1+c)$. Umgekehrt ist $c = (1-k):k$.

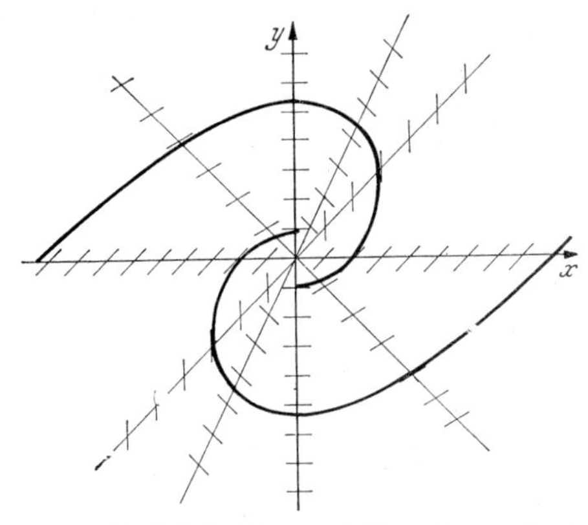

Abb. 25.3. Isoklinen und Lösungskurven für das Beispiel $y' = \dfrac{x}{x-y}$

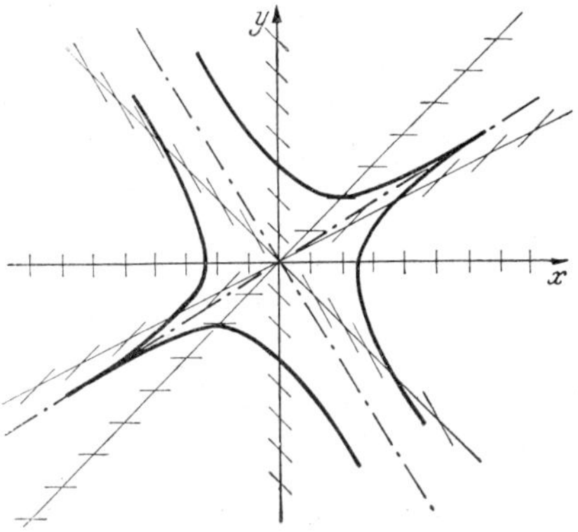

Abb. 25.4. Isoklinen und Lösungskurven für das Beispiel $y' = \dfrac{x-y}{y}$

Wahl von c-Werten und Berechnung zugehöriger k-Werte:

$$
\begin{array}{llllll}
c = 0 & \infty & 1 & -1 & -2 \\
k = 1 & 0 & \tfrac{1}{2} & \infty & -1
\end{array}
$$

Hier haben die Lösungskurven hyperbelartigen Charakter (Abb. 25.4). Die Asymptoten der Kurven gewinnt man aus der Überlegung, daß hier die Steigung c mit der Neigung k der Isoklinen zusammenfallen muß, also aus der Forderung $c = k$ oder

$$\frac{1-k}{k} = k\,.$$

Auflösen dieser quadratischen Gleichung in k ergibt die beiden Werte

$$k_{1,2} = -\frac{1}{2} \pm \frac{1}{2}\sqrt{5}\,.$$

Die beiden Neigungen stehen senkrecht aufeinander, $k_1 = -1/k_2$. — Im Falle von Beispiel 1 ergibt sich aus $c = k$ für k eine quadratische Gleichung mit komplexen Wurzeln, Lösungen der Form $y = kx$ existieren hier nicht.

In beiden Fällen handelt es sich um den formelmäßig lösbaren Typ der sogenannten *homogenen* Gleichung 1. Ordnung

$$y' = f\left(\frac{y}{x}\right);$$

y' ist eine Funktion allein des Quotienten der Variablen. Hier sind die Isoklinen stets gerade Linien durch den Nullpunkt. Denn aus $f(y/x) = c$ gewinnt man durch Auflösen $y/x = \varphi(c) = k$ oder $y = kx$.

In allen diesen Fällen stellt der Nullpunkt $x = y = 0$ eine Besonderheit dar. Hier laufen alle Isoklinen zusammen, die Steigung y' nimmt jeden beliebigen Wert an. Der Nullpunkt ist, wie man sagt, ein *singulärer Punkt*. Der Charakter der Lösung kann hier verschieden sein, wie schon die beiden Beispiele erkennen lassen. Im ersten Beispiel hat die Lösung im Nullpunkt einen Strudelpunkt, im zweiten einen Sattelpunkt. Weitere Möglichkeiten sind Knotenpunkte (z. B. $y' = y/x$, Lösung = Geradenbüschel durch den Nullpunkt) oder Wirbelpunkte (z. B. $y' = -x/y$, Lösung = Kreise um den Nullpunkt)[1]. In solchen Fällen sind formelmäßige Untersuchungen erforderlich.

Ganz allgemein sind Stellen, an denen das Isoklinengefälle, der Gradientenbetrag des Isoklinenfeldes, unendlich wird, singulär. Außer singulären Punkten können singuläre Kurven auftreten. An solchen Stellen braucht die durch sie hindurchgehende Lösung nicht mehr eindeutig zu sein. Will man ein derartiges singuläres Verhalten der Lösungen ausschließen, so fordert man von der Funktion $f(x, y)$ der Differentialgleichung außer Stetigkeit und Beschränktheit von f noch eine Schranke für die partielle Ableitung hinsichtlich y, also

$$|f_y| = \left|\frac{\partial f}{\partial y}\right| \leq K \tag{4}$$

mit einer festen oberen Schranke K. In einer Form, die etwas weniger voraussetzt (keine Differenzierbarkeit), drückt man diese Bedingung meistens auch so aus:

$$|f(x, y) - f(x, \bar{y})| \leq K\,|y - \bar{y}|, \tag{4a}$$

wo $\bar{y}$ einen gegenüber y abgeänderten Wert bedeutet. Man sagt dann, daß die Differentialgleichung (1) eine Lipschitz-*Bedingung* erfüllt. Praktisch wird man für K den Maximalbetrag von f_y in dem interessierenden Bereich der xy-Ebene annehmen können.

In unseren Beispielen ist, wie man leicht nachrechnet, die Lipschitz-Bedingung im Nullpunkt verletzt; hier ist beide Male $f_y = \infty$.

Ein Beispiel für das Auftreten einer *singulären Kurve* ist die Schar der längs der x-Achse verschobenen kubischen Parabeln

$$y = (x - C)^3 \tag{*}$$

(Abb. 25.5). Durch Differenzieren $y' = 3(x - C)^2$ und Eliminieren des Scharparameters C (der Integrationskonstanten) gemäß $(x - C) = y^{1/3}$ ergibt sich die Differentialgleichung

$$y' = 3y^{2/3} = f(x, y).$$

Hierbei ist nun

$$f_y = 2y^{-1/3}$$

---

[1] Näheres hierzu vgl. etwa bei F. A. Willers [23], S. 352—357.

und somit $f_y = \infty$ für $y = 0$. Die ganze x-Achse ist singulär. Die Isoklinen $y' = c$ sind waagerechte Linien $y = k$, die sich zur x-Achse hin unendlich dicht zusammendrängen. Durch einen Punkt der x-Achse geht nun in der Tat außer der betreffenden kubischen Parabel noch als zweite „singuläre" Lösung die x-Achse selbst, die mit $y \equiv 0$ eine Lösung der Differentialgleichung ist, ohne jedoch in der allgemeinen Lösung (*), von der wir ausgingen, enthalten zu sein (vgl. Abb. 25.5).

Als ein Beispiel nicht geradliniger, wenn auch noch sehr einfacher Isoklinen sei angeführt:

3. Beispiel: Differentialgleichung: $y' = x^2 + y^2 = f(x, y)$.
Isoklinengleichung: $x^2 + y^2 = c$.

Die Differentialgleichung, eine sogenannte RICCATIsche Differentialgleichung, ist nicht mehr elementar formelmäßig lösbar. Die Isoklinen sind konzentrische Kreise um den Nullpunkt mit den Radien $r = \sqrt{c} = \sqrt{y'}$. Isoklinenbild und einige Lösungen zeigt Abb. 25.6.

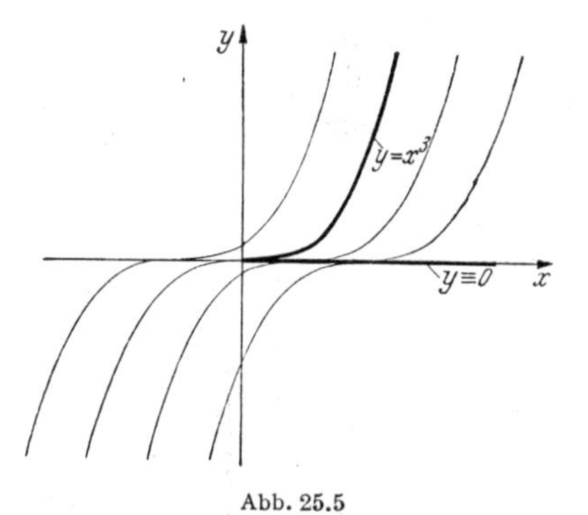

Abb. 25.5
Schar der kubischen Parabeln $y = (x - C)^3$ als Beispiel einer singulären Kurve $y = 0$

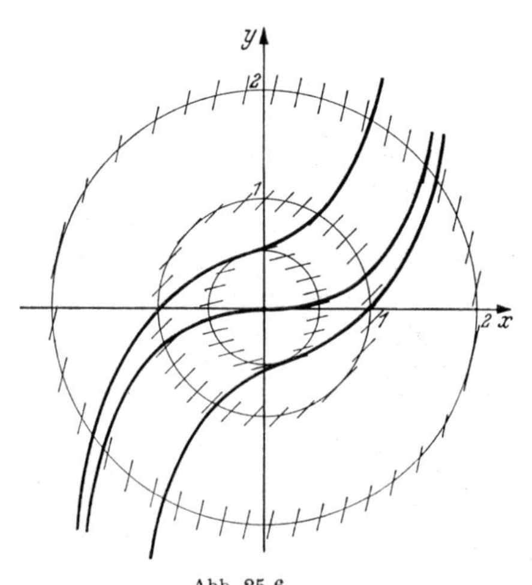

Abb. 25.6
Isoklinen und Lösungskurven für das Beispiel $y' = x^2 + y^2$

Die hier mit Absicht sehr einfach gewählten Beispiele dürften doch das Wesen der Isoklinenmethode genügend deutlich hervortreten lassen, insbesondere das Charakteristische dieses Verfahrens, daß es einen Überblick über die Gesamtheit der Lösungen erlaubt. Demgegenüber liefern die weiterhin zu behandelnden Verfahren immer nur eine durch die Anfangsbedingungen festgelegte Sonderlösung. Darin liegt übrigens der wesentliche Nachteil dieser Näherungsmethoden gegenüber einer formelmäßigen Lösung, die man, eben wegen des allgemeinen Charakters ihrer Ergebnisse, wenn irgend möglich auch unter beträchtlichem mathematischem Aufwand anstreben wird, zumal der Aufbau einer einigermaßen genauen Näherungslösung auch keineswegs mühelos ist. In allen den Fällen aber, wo es formelmäßige Lösungen nicht gibt, ist man auf

Näherungsverfahren angewiesen, wobei dann vielfach auch nur die einer bestimmten Anfangsbedingung angepaßte Sonderlösung interessieren wird.

In neuerer Zeit gewinnt neben der numerischen die *instrumentelle* Behandlung von Differentialgleichungen mit Hilfe der *Analogrechner* immer mehr an Bedeutung, besonders auf dem Gebiete der Schwingungs- und Regelungstechnik. Auch hier ist es möglich, durch Abändern von Parametern rasch einen Überblick über das Gesamtverhalten der Lösungen zu gewinnen. Es sei daher auf dieses moderne und wichtige Hilfsmittel zur Behandlung von Differentialgleichungen mit Nachdruck hingewiesen.

25.3 Euler-Cauchyscher Streckenzug

Eine große Gruppe von Näherungsverfahren arbeitet so, daß die Lösung Schritt für Schritt aus kleinen Elementen aufgebaut wird. Der Grundgedanke dieses Vorgehens tritt schon bei ihrem gröbsten Vertreter, dem EULER-CAUCHYschen Streckenzug, hervor, den wir nicht seiner praktischen Bedeutung, sondern eben des hier zutage tretenden Prinzips wegen etwas ausführlicher betrachten wollen. Gegeben ist die Differentialgleichung

$$y' = f(x, y), \tag{1}$$

und gegeben ist ferner eine Anfangsbedingung $y = y_0$ für $x = x_0$, geometrisch also ein Anfangspunkt, durch den die gesuchte Lösung hindurchgehen soll. Um Eindeutigkeit der Lösung zu sichern, setzen wir Eindeutigkeit, Stetigkeit und Beschränktheit der Funktion $f(x, y)$ im interessierenden Bereich sowie das Erfülltsein einer LIPSCHITZ-Bedingung (4a) voraus.

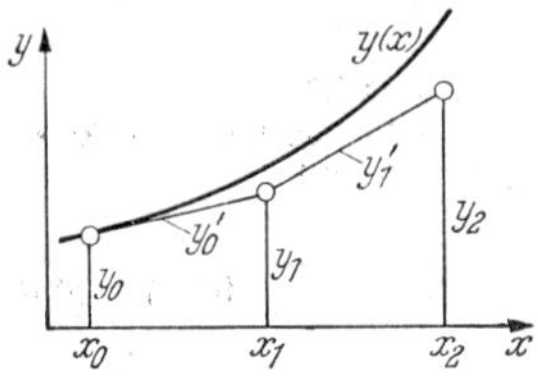

Abb. 25.7. EULER-CAUCHYscher Streckenzug

Zum Anfangspunkt x_0, y_0 läßt sich aus der Differentialgleichung (1) die zugehörige Anfangssteigung $y_0' = f(x_0, y_0) = f_0$ der Lösungskurve exakt berechnen. Es liegt nun nahe, mit dieser Anfangssteigung y_0' von x_0, y_0 aus ein kleines Stück geradlinig fortzuschreiten bis zu einer um eine kleine Spanne h entfernten Nachbarstelle $x_1 = x_0 + h$, wo die Näherungsgerade die Ordinate $y_1 = y_0 + y_0' h$ einschneidet (Abb. 25.7). Zu diesem neuen Wertepaar x_1, y_1 errechnet sich aus der Differentialgleichung eine neue, jetzt allerdings bezüglich der wahren Lösung $y(x)$ nur angenäherte Steigung $y_1' = f(x_1, y_1) = f_1$. Indem man mit ihr vom Näherungspunkt x_1, y_1 wiederum ein kleines Stück, etwa um die gleiche Spanne h bis zur Nachbarstelle $x_2 = x_1 + h$ geradlinig fortschreitet, ergibt sich dort ein neuer Näherungswert $y_2 = y_1 + y_1' h$ usf. Die Ordinaten y_1, y_2, ... können entweder aus einer

Zeichnung entnommen oder aber rein numerisch berechnet werden nach

$$\left.\begin{array}{lll} y_1 = y_0 + \Delta y_0 & \text{mit} & \Delta y_0 = f_0 h \\ y_2 = y_1 + \Delta y_1 & \text{mit} & \Delta y_1 = f_1 h \\ \ldots\ldots\ldots & & \end{array}\right\} \quad (5)$$

Zur Berechnung der Funktionswerte f_i bedient man sich einer Tabelle:

x_i	y_i	$y_i' = f_i = f(x_i, y_i)$	$\Delta y_i = f_i h$
x_0	y_0	f_0	Δy_0
x_1	y_1	f_1	Δy_1
x_2	y_2	f_2	Δy_2
...	...	...	...

Die Tabelle enthält unter Umständen noch weitere Hilfsspalten zur Berechnung der Funktionswerte f_i. Die Differentialgleichung spielt hier in der Tat lediglich die Rolle einer Rechenvorschrift zur Berechnung der Werte f_i. Das „Integrationsverfahren" besteht in einer bloßen Addition der Werte $\Delta y_i = f_i h$.

Auf diese einfache Weise gewinnt man eine freilich noch recht grobe Näherungslösung in Gestalt eines Polygonzuges, eben des EULER-CAUCHYschen Streckenzuges, der wenigstens angenähert die fortgesetzte Änderung der von x und von den Lösungswerten y selbst abhängigen Steigung y' berücksichtigt. Offensichtlich aber hinkt diese Berücksichtigung der Steigungsänderung den wahren, kontinuierlich sich ändernden y'-Werten immer ein wenig nach, so daß sich die Näherungslösung von der wahren $y(x)$ in zunehmendem Maße entfernt, Abb. 25.7.

25.4 Genauigkeitsverhältnisse

Für dieses Abwandern der Näherungslösung lassen sich nun ganz allgemein — auch bei einem gegenüber dem groben Streckenzug wesentlich verfeinerten Vorgehen — zwei Ursachen angeben. Die erste Ursache, die bereits im ersten Schritt auftritt und sich in jedem weiteren Schritt in gleicher Weise wiederholt, ist der *Quadraturfehler* des Verfahrens, der beim Streckenzug besonders deutlich hervortritt. Denkt man sich nämlich die — angenäherten — Funktionswerte f_i über der x-Achse aufgetragen, $f_i = f(x_i)$ (Abb. 25.8), so geht der Streckenzug hieraus durch Summation der Rechtecksflächen $f_i h = \Delta y_i$, also durch Integration des in Abb. 25.8 eingezeichneten Treppenzuges hervor. Die Quadraturfehler erscheinen hier anschaulich als die zwischen Treppenzug und glatter Kurve gelegenen dreieckförmigen Zwickelflächen, die angenähert

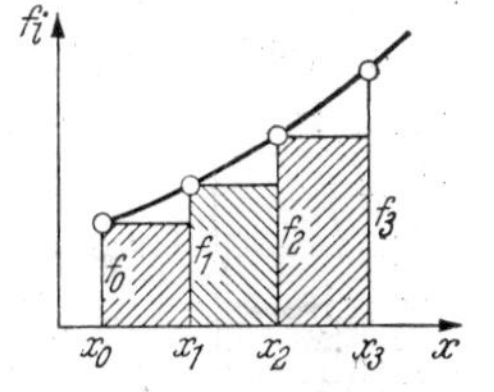

Abb. 25.8. Ersatz des Integranden durch Treppenzug

proportional h^2 sind. Durch TAYLOR-Entwicklung der als Funktion von x angesehenen Funktionswerte $f = f(x)$ erhält man

$$f(x) = f_0 + f_0'(x - x_0) + \frac{1}{2} f_0''(x - x_0)^2 + \cdots,$$

woraus man durch Integration über h gewinnt:

$$y(x_1) = y_0 + f_0 h + \frac{1}{2} f_0' h^2 + \cdots$$

gegenüber dem Näherungswert des Streckenzuges

$$y_1 = y_0 + f_0 h.$$

Die Differenz beider Werte ergibt für den Quadraturfehler unter Vernachlässigung der höheren TAYLOR-Glieder den Näherungswert

$$Q_0 \approx \frac{1}{2} f_0' h^2. \tag{6}$$

Der Quadraturfehler ist hier, wie man sagt, von der Ordnung h^2. Bei Schrittverkleinerung geht er angenähert wie h^2 zurück, worauf übrigens, wie man zeigen kann, die Konvergenz des Verfahrens gegen die wahre Lösung bei fortgesetzter Schrittverkleinerung beruht.

Bei Verwendung einer genaueren Integrationsmethode wird der Quadraturfehler kleiner in dem Sinne, daß seine Ordnung von höherer h-Potenz wird. Wahrer Wert $y(x_1)$ und Näherungswert y_1 stimmen in einer größeren Anzahl von TAYLOR-Gliedern miteinander überein. Das ist der Sinn der insbesondere in den §§ 26 und 27 zu besprechenden genaueren Integrationsverfahren. Ganz ausschalten aber läßt sich der Quadraturfehler — von trivialen Ausnahmefällen abgesehen — nie.

Das unvermeidbare Auftreten eines Fehlers δy_1 am Ende des ersten Schrittes zieht nun sofort eine zweite Fehlerquelle nach sich. Da nämlich die Steigungswerte f_i laut Differentialgleichung außer von x auch von y abhängen, so werden mit fehlerhaftem y_i auch die Werte f_i von $i = 1$ an fehlerhaft, d. h., bereits die Ordinaten in Abb. 25.8 sind von f_1 an fehlerhaft; und zwar um so mehr, je stärker die Differentialgleichung von y abhängt, je größer also der Betrag der partiellen Ableitung f_y ist. In der y-Abhängigkeit der Differentialgleichung $y' = f(x, y)$ liegt bekanntlich schon in der analytischen Behandlung die charakteristische Schwierigkeit des Problems gegenüber der reinen Quadraturaufgabe $y' = f(x)$. Die diese Abhängigkeit ausdrückende Größe f_y erweist sich nun auch für die numerische Behandlung als kritischer Wert. Durch die Rückwirkung eines Fehlers δy auf die Funktionswerte f tritt außer dem Ordinatenfehler δy auch noch ein *Steigungsfehler* δf auf, für den man angenähert setzen kann

$$\delta y' = \delta f \approx \frac{\partial f}{\partial y} \delta y, \tag{7}$$

und der nun unter ungünstigen Umständen zu einem sich fortgesetzt verstärkenden Abwandern der Näherung von der wahren Lösung führen kann.

Den ungünstigsten Fall erfaßt man durch Abschätzungen der folgenden Art. Für den Steigungsfehler folgt eine Abschätzung aus der LIPSCHITZ-Bedingung (4a) zu

$$|\delta y_n'| = |\delta f_n| \leqq K\,|\delta y_n|. \tag{8}$$

Am Schrittende ergibt sich daraus ein zusätzlicher Fehlerbetrag von $|\delta y_n'|\,h$. Zusammen mit dem am Schrittanfang vorhandenen Fehler δy_n und einer Schranke Q für den Betrag des Quadraturfehlers Q_n erhält man so am Schrittende eine näherungsweise Fehlerabschätzung[1]

$$|\delta y_{n+1}| \leqq (1 + K h)\,|\delta y_n| + Q. \tag{9}$$

Mit jedem Schritt tritt demnach ungünstigstenfalls eine Fehlervergrößerung auf, und zwar außer um das additive Glied Q noch um einen Faktor $1 + K h$, der um den Wert Kh über der 1 liegt. Dieser Wert

$$\boxed{Kh = \varkappa}\,, \tag{10}$$

der für ein mögliches fortgesetztes Anwachsen der Fehler hauptsächlich verantwortlich ist und die Schranke K der Ableitung f_y als Faktor enthält, $K \geqq |f_y|$, wird als Maß für die zu wählende Schrittweite h, als *Schrittkennzahl*, angesehen werden können. Je größer K, desto kleiner wird h zu wählen sein, um einem unzulässigen Anwachsen der Fehler zu begegnen. Der Zahlenwert $\varkappa$ soll dabei klein gegen 1 sein, sagen wir, um eine Vorstellung zu geben,

$$\varkappa \approx 0{,}1 \cdots 0{,}2.$$

Im übrigen aber wird dieser Zahlenwert noch von der Güte des verwendeten Integrationsverfahrens abhängen. Er wird bei kleinem Quadraturfehler größer sein dürfen als bei großem. Denn das Anwachsen der Fehler muß einmal durch äußere Einflüsse eingeleitet werden, und das sind — außer Abrundungsfehlern — die Quadraturfehler. Es kommt also für die erfolgreiche Durchführung einer numerischen Integration außer auf eine der Differentialgleichung angepaßte Schrittbemessung mit Hilfe einer Schrittkennzahl entscheidend auf die Güte, die Genauigkeit des Integrationsverfahrens an. Das oben beschriebene einfache Streckenzugverfahren arbeitet viel zu grob und ist daher praktisch unbrauchbar. Auch in der anschließend zu behandelnden verbesserten Form eignet es sich nur für bescheidene Genauigkeitsansprüche. Für größere Genauigkeiten und zur Integration über ein längeres Intervall sind die in §§ 26 und 27 beschriebenen genaueren numerischen Verfahren zu verwenden.

[1] Für genaue Fehlerabschätzungen vgl. L. COLLATZ: Numerische Behandlung [*4*].

25.5 Trapezregel. Iteration

Eine wirksame Verbesserung des rohen EULER-CAUCHY-Verfahrens erzielt man durch Verwenden der Sehnen-Trapezregel, Abb. 25.9, an Stelle der rohen Rechtecksumme, Abb. 25.8, für die numerische Integration, also Rechnen nach

$$y_{n+1} = y_n + \frac{h}{2}(f_n + f_{n+1}) \tag{11}$$

oder auch, numerisch angenehmer, nach

$$\boxed{y_{n+1} = y_n + h\left(f_n + \frac{1}{2}\nabla f_{n+1}\right)} \tag{11a}$$

mit der ersten Funktionsdifferenz $\nabla f_{n+1} = f_{n+1} - f_n$ (vgl. § 12.1). Hier tritt rechts der zunächst unbekannte, weil vom gesuchten y_{n+1} abhängige Funktionswert $f_{n+1} = f(x_{n+1}, y_{n+1})$ auf. Gl. (11) bzw. (11a) wird deshalb in Form einer *Iterationsvorschrift*

$$y_{n+1}^{(\nu+1)} = y_n + h\left(f_n + \frac{1}{2}\nabla f_{n+1}^{(\nu)}\right) \tag{11b}$$

verwendet, wobei mit hochgestelltem Index (ν) die Iterationsstufe angedeutet wird. Es ist also $f_{n+1}^{(\nu)} = f(x_{n+1}, y_{n+1}^{(\nu)})$ der zum Wert $y_{n+1}^{(\nu)}$ der alten Iterationsstufe ν berechnete Funktionswert und $\nabla f_{n+1}^{(\nu)} = f_{n+1}^{(\nu)} - f_n$ die damit gebildete Differenz. Ausgehend von einer Anfangsdifferenz $\nabla f_{n+1}^{(0)}$, die entweder Null gesetzt oder aus dem schon vorliegenden Zahlenverlauf — etwa unter Zuhilfenahme der zweiten Differenzen $\nabla^2 f$ — extrapolierend geschätzt wird, spielt sich die Rechnung bei genügend kleiner Schrittweite h rasch auf die die Gl. (11) erfüllenden Endwerte y_{n+1} und f_{n+1} ein. — Das Einbeziehen des neuen Funktionswertes f_{n+1} zur Berechnung von y_{n+1} unter Iteration wird uns als ein für die neuere Entwicklung charakteristisches Hilfsmittel zur Genauigkeitssteigerung bei der numerischen Integration von Differentialgleichungen im folgenden § 26 noch öfter begegnen.

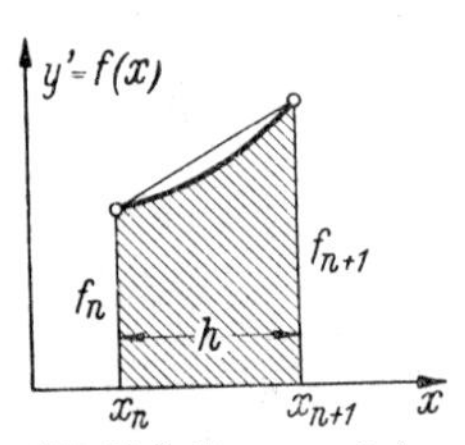

Abb. 25.9. Trapezregel als Integrationsverfahren

Wir stellen EULER-CAUCHY-Verfahren und Trapezregel an einem absichtlich sehr einfachen Beispiel

$$y' = x + y, \quad x_0 = 0, \quad y_0 = 0$$

einander gegenüber, bei dem sich auch die Fehler gegenüber der exakten Lösung $y = e^x - x - 1$ leicht angeben lassen. Hier ist $f_y = 1$, also $K = 1$. Bei Wahl der Schrittkennzahl zu $\varkappa = Kh = 0{,}1$ erhalten wir konstante Schrittweite $h = 0{,}1$, bei der gute Konvergenz gesichert ist, vgl. weiter unten.

Euler-Cauchy:

x	y	hf	y Exakt	Fehler
0	0	0	0	0
0,1	0	0,0100	0,0052	— 0,0052
0,2	0,0100	0,0210	0,0214	— 0,0114
0,3	0,0310	0,0331	0,0499	— 0,0189
0,4	0,0641	0,0464	0,0918	— 0,0277
0,5	0,1105		0,1487	— 0,0382

Trapezregel:

x	y	hf	$h\nabla f$	$h\nabla^2 f$	Fehler
0	0	0	—	—	0
0,1	0	0,010000	0,010000	—	
	0,005000	10500	10500		
	5250	10525	10525		
	5263	10526	10526	—	0,000092
0,2	0,021052	0,022105	0,011579		
	21579	22158	11632		
	21605	22161	11635		
	21606	22161	11635	0,001109	0,000203
0,3	0,050139	0,035014	0,012853		
	50194	35019	12858		
	50196	35020	12859	0,001224	0,000337
0,4	0,092315	0,049232	0,014212	(134)	
	92322	49232	14212	0,001353	0,000497
0,5	0,149410	0,064941	0,015709	(150)	
	149409	64941	15709	0,001497	0,000688

Mit weiter fortschreitender Rechnung wird die Schätzung des neuen Wertes ∇f_{n+1} immer einfacher, insbesondere unter Einbeziehen der 2. oder auch 3. Differenzen nach

$$\begin{aligned}\nabla f_{n+1} &= \nabla f_n + \nabla^2 f_{n+1},\\ &= \nabla f_n + \nabla^2 f_n + \nabla^3 f_{n+1}.\end{aligned}$$

Die zunächst geschätzten Werte $\nabla^2 f_{n+1}$ sind oben in den beiden letzten Schritten eingeklammert.

Die *Genauigkeitsordnung* des Verfahrens ergibt sich aus TAYLOR-Entwicklungen:

Näherungswert:

$$y_{n+1} - y_n = \frac{h}{2}(f_n + f_{n+1}) = h\left(f_n + \frac{h}{2} f_n' + \frac{h^2}{4} f_n'' + \cdots\right).$$

Genauer Wert:

$$\bar{y}_{n+1} - y_n = h\left(f_n + \frac{h}{2} f_n' + \frac{h^2}{6} f_n'' + \cdots\right).$$

Fehler:

$$\varepsilon_{n+1} = y_{n+1} - \bar{y}_{n+1} = \frac{h^3}{12} f_n'' + \cdots = 0(h^3).$$

Der Quadraturfehler ist also von der Ordnung h^3. Eine geschlossene Formel erhält man durch Integration von TAYLOR-Restgliedern:

$$\varepsilon_{n+1} = \frac{h^3}{12} f''(\xi) \quad \text{mit} \quad x_n < \xi < x_{n+1},$$

was man auch zu Fehlerabschätzungen verwenden kann.

Für das *Konvergenzverhalten* der Iteration ist wieder die Schrittkennzahl Kh maßgebend. Dies ist folgendermaßen zu übersehen:

$$y_{n+1}^{(\nu+1)} = y_n + \frac{h}{2}(f_n + f_{n+1}^{(\nu)}),$$

$$y_{n+1} = y_n + \frac{h}{2}(f_n + f_{n+1}).$$

Damit wird die Differenz gegenüber dem Endwert

$$\delta^{(\nu+1)} = y_{n+1}^{(\nu+1)} - y_{n+1} = \frac{h}{2}(f_{n+1}^{(\nu)} - f_{n+1}).$$

Mit Hilfe der LIPSCHITZ-Bedingung läßt sich der letzte Klammerausdruck abschätzen zu

$$|f_{n+1}^{(\nu)} - f_{n+1}| \leqq K|y_{n+1}^{(\nu)} - y_{n+1}| = K|\delta^{(\nu)}|,$$

womit sich für zwei aufeinanderfolgende Differenzbeträge die Beziehung ergibt

$$|\delta^{(\nu+1)}| \leqq \frac{h}{2} K |\delta^{(\nu)}| \quad \text{mit} \quad K \geqq |f_y|.$$

Die Differenzen gehen dem Betrage nach zurück, das Verfahren der Trapezregel konvergiert also, solange $\frac{h}{2} K < 1$, solange also die Schrittkennzahl

$$\boxed{hK = \varkappa < 2}. \tag{12}$$

Bei Wahl der Schrittkennzahl zu $\varkappa \approx 0{,}1$ bis $0{,}2$ ist also ausreichend rasche Konvergenz gesichert.

25.6 Differentialgleichung zweiter Ordnung

Auch eine Differentialgleichung zweiter Ordnung von der Form

$$\boxed{y'' = f(x, y, y')} \tag{13}$$

läßt sich anschaulich ausdeuten. Die zweite Ableitung y'' beschreibt die Änderung der Steigung y', hängt also mit der *Krümmung* der Kurve zusammen, für die als Kehrwert k des Krümmungsradius ϱ die bekannte Formel gilt

$$k = \frac{1}{\varrho} = \frac{y''}{\sqrt{1 + y'^2}^3} .$$

An einer Extremumstelle der Kurve mit $y' = 0$ ist somit y'' unmittelbar gleich der Krümmung selbst. An einer beliebigen Stelle ist die geometrische Deutung nicht so offenkundig. Indessen wollen wir der Kürze halber y'' als die *Wölbung* der Kurve $y(x)$ bezeichnen. Die Differentialgleichung besagt dann, daß jeder Stelle x, y samt einer bestimmten Neigung y' an dieser Stelle, kurz jedem *Linienelement* x, y, y' der xy-Ebene eine bestimmte Wölbung y'' zugeordnet ist. Mit sich ändernder Neigung y' bei festem x, y ändert sich im allgemeinen (wenn nämlich nicht f von y' unabhängig ist) auch die Wölbung. Jedenfalls aber gehen durch einen Punkt x, y stets noch unendlich viele Lösungskurven hindurch entsprechend den unendlich vielen Neigungen y', die durch x, y gelegt werden können. Es gibt hier nicht nur, wie bei der Differentialgleichung erster Ordnung, eine Schar einfach unendlich vieler Lösungskurven, sondern zweifach unendlich viele, ∞^2; die Schar der Lösungskurven ist zweiparametrig, sie wird beschrieben durch zwei freie Parameter entsprechend dem Auftreten zweier Integrationskonstanten in der analytischen Lösung der Differentialgleichung.

Eine bestimmte Lösungskurve, eine Sonderlösung, wird hier festgelegt durch Angabe *zweier Anfangsbedingungen*

$$y = y_0, \qquad y' = y_0' \quad \text{für} \quad x = x_0, \tag{14}$$

einer *Anfangslage* und einer *Anfangsneigung*, womit dann nach der Differentialgleichung die Anfangswölbung y_0'' festgelegt ist, mit der die Kurve ihren Ausgang nimmt, vgl. Abb. 25.10.

Dem EULER-CAUCHYschen Streckenzug der Differentialgleichung erster Ordnung entspricht hier nun folgendes Vorgehen. Vom Anfangselement x_0, y_0, y_0' aus geht man ein nicht zu großes Stück mit konstanter Anfangswölbung y_0'' weiter bis zur Nachbarstelle $x_1 = x_0 + h$. Das Kurvenstück konstanter Wölbung aber ist eine *Parabel*, bei der ja allgemein $y'' =$ konst. ist, und zwar entsprechend den Anfangsbedingungen die Parabel

$$y = y_0 + y_0' x + y_0'' \frac{x^2}{2} .$$

Dementsprechend erhält man an der Nachbarstelle x_1 die Näherungswerte für y und y'

$$\left.\begin{aligned} y_1 &= y_0 + y_0' h + y_0'' \frac{h^2}{2} \\ y_1' &= \qquad y_0' \;\; + y_0'' h . \end{aligned}\right\} \tag{15a}$$

Zu diesen Näherungswerten läßt sich aus der Differentialgleichung eine neue angenäherte Wölbung $y_1'' = f(x_1, y_1, y_1') = f_1$ berechnen, mit der man abermals um ein kleines Parabelstück bis zur Stelle $x_2 = x_1 + h$ fortschreitet, wo man die Näherungswerte

$$\left.\begin{aligned} y_2 &= y_1 + y_1' h + y_1'' \frac{h^2}{2} \\ y_2' &= \quad\; y_1' \quad + y_1'' h \end{aligned}\right\} \tag{15b}$$

erhält, usf. In dieser Weise ersetzt man die gesuchte Lösungskurve $y(x)$ durch einen *Parabelzug* stückweise konstanter Wölbungen $y_i'' = f_i$, der hier an die Stelle des Streckenzuges bei Gleichungen erster Ordnung tritt und die Lösung naturgemäß von vornherein besser annähert als jener. Deutlich sieht man das an der TAYLOR-Entwicklung des exakten Wertes $y(x_1)$

$$y(x_1) = y_0 + y_0' h + y_0'' \frac{h^2}{2} + y_0''' \frac{h^3}{6} + \cdots, \tag{16}$$

die durch den Näherungswert y_1 nach (15a) schon bis zum Gliede $y_0'' h^2/2$ wiedergegeben wird. Der Quadraturfehler für y ist also von der Ordnung h^3, derjenige von y_1' allerdings noch von der Ordnung h^2. — Die geometrischen Verhältnisse des ersten Schrittes zeigt Abb. 25.11.

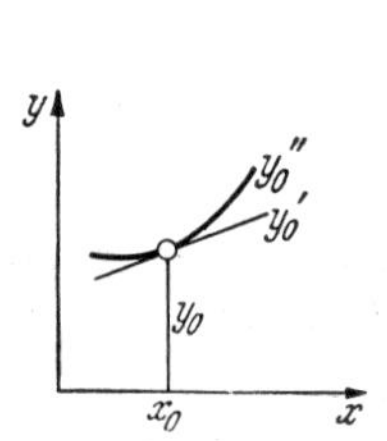

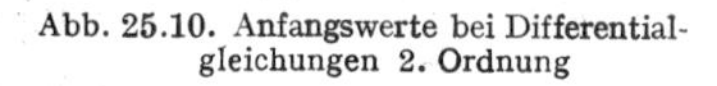
Abb. 25.10. Anfangswerte bei Differentialgleichungen 2. Ordnung

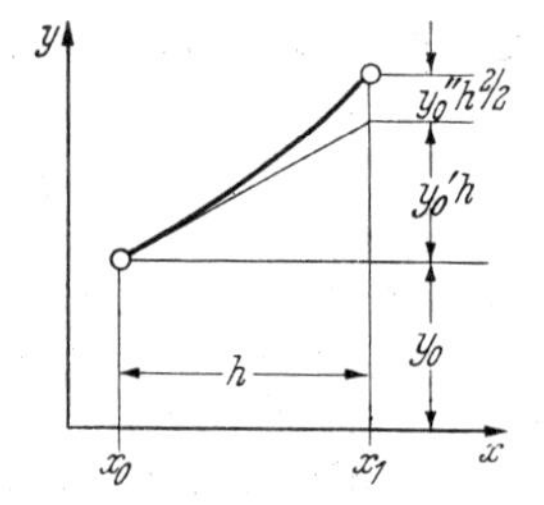

Abb. 25.11. Erster Schritt des Parabelzuges bei Differentialgleichungen 2. Ordnung

Die numerische Rechnung nach dem Parabelzugverfahren verläuft wieder denkbar einfach, wie aus folgendem Schema ersichtlich werden mag. Für die Ableitungen y' rechnet man zweckmäßig mit den mit y dimensionsgleichen Werten $y' h$.

x_i	y_i	$y_i' h$	$y_i'' \frac{h^2}{2} = f_i \frac{h^2}{2} = k_i$
x_0	y_0	$y_0' h$	k_0
x_1	$y_1 = y_0 + y_0' h + k_0$	$y_1' h = y_0' h + 2k_0$	k_1
x_2	$y_2 = y_1 + y_1' h + k_1$	$y_2' h = y_1' h + 2k_1$	k_2
...	....	....	...

Beispiel: Differentialgleichung $y'' = -y$.

Anfangsbedingungen $y_0 = 0$, $y'_0 = 1$ für $x_0 = 0$.

Exakte Lösung $y(x) = \sin x$.

Schrittweite $h = 0{,}2$, $k = y'' \dfrac{h^2}{2} = -0{,}02\, y$.

x	y	$y'h$	$k = -0{,}02\, y$	Exakt y	Fehler δy
0	0	0,2000	0	0	0
0,2	0,2000	0,2000	− 0,00400	0,1987	0,0013
0,4	0,3960	0,1920	− 0,00792	0,3894	66
0,6	0,5801	0,1762	− 0,01160	0,5646	155
0,8	0,7447	0,1530	− 0,01489	0,7174	273
1,0	0,8828	0,1232		0,8415	0,0413

Auch hier zeigt sich, daß das Verfahren für numerische Ansprüche noch zu grob ist; die Näherungswerte wandern schon nach wenigen Schritten bedenklich ab. Die Integrationsmethode ist also zu verfeinern. Der einfache Grundgedanke aber bleibt auch bei den genaueren Verfahren der gleiche.

Infolge der durch die Quadraturfehler im Laufe eines Schrittes auftretenden Fehler δy und $\delta y'$ stellen sich hier Wölbungsfehler $\delta y'' = \delta f$ ein, die die Fehler der folgenden Schritte verstärken. Angenähert errechnen sie sich als Differential der Funktion f zu

$$\delta f \approx f_y\, \delta y + f_{y'}\, \delta y'. \tag{17}$$

Sie sind also abhängig von den *beiden* partiellen Ableitungen f_y und $f_{y'}$ der Funktion $f = f(x, y, y')$. Zur Sicherung eindeutiger Lösungen verlangt demgemäß die LIPSCHITZ-Bedingung hier das Bestehen zweier Schranken K und L derart, daß im ganzen interessierenden Bereich gilt

$$|f(x, y, y') - f(x, \bar{y}, \bar{y}')| \leqq K\,|y - \bar{y}| + L\,|y' - \bar{y}'|, \tag{18}$$

wobei man für K und L normalerweise Schranken der partiellen Ableitungen f_y und $f_{y'}$ nehmen kann:

$$|f_y| \leqq K, \quad |f_{y'}| \leqq L. \tag{19}$$

Eine Schrittkennzahl $\varkappa$ wird sich hier aus beiden Größen K und L nebst der Schrittweite h aufbauen müssen, was wir genauer in § 27.4, S. 430, untersuchen werden.

Alle Überlegungen lassen sich nun auch leicht auf Differentialgleichungen höherer Ordnung ausdehnen, etwa die Gleichung n-ter Ordnung

$$y^{(n)} = f(x, y, y', \ldots, y^{(n-1)}) \tag{20}$$

mit den n Anfangsbedingungen

$$y = y_0, \quad y' = y_0', \quad \ldots, \quad y^{(n-1)} = y_0^{(n-1)} \quad \text{für} \quad x = x_0, \tag{21}$$

worauf wir im Verlaufe der beiden folgenden Paragraphen (S. 418ff., 439) noch kurz zurückkommen.

§ 26 Differenzenverfahren

Die hier wie auch im folgenden § 27 zu behandelnden Integrationsmethoden sind unter dem Namen *Schrittverfahren* geläufig, indem sie die Näherungswerte y_i an äquidistanten Stellen $x_i = x_0 + ih$ Schritt für Schritt aufbauen. Es sind in § 26 zugleich *Differenzenverfahren* in dem Sinne, daß es sich um Differenzengleichungen handelt, die meist auch explizit unter Verwendung von Funktionsdifferenzen geschrieben werden. Schon die in § 25.5 beschriebene einfache Trapezregel gehört hierher. Bei den nun folgenden Verfahren ist ihr gegenüber die Genauigkeit wesentlich gesteigert, indem an die Stelle der linearen Interpolation des Funktionsverlaufes $f(x)$ eine solche höherer Ordnung tritt, wie wir dies schon im III. Kapitel ausführlich erörtert haben. Auf die dort in § 13 entwickelten speziellen Integrationsformeln greifen wir daher unter dem neuen Gesichtspunkt der Integration von Differentialgleichungen zurück.

26.1 Die Simpson-Regel

Unter den bekannten Integrationsformeln zeichnet sich die SIMPSON-Regel durch Einfachheit und hohe Genauigkeit aus, letztere bedingt durch den symmetrischen Bau der Formel. Sie approximiert bekanntlich das Integral über einen Doppelstreifen der Breite $2h$, indem der Funktionsverlauf $f(x) = y'$ durch eine Interpolationsparabel zweiten Grades angenähert wird. Bezeichnen wir die beiden letzten bekannten Näherungswerte der Lösung $y(x)$ mit y_{-1} und y_0, den neuen gesuchten Wert mit y_1, so wird die Integralbeziehung

$$y_1 = y_{-1} + \int_{x_0-h}^{x_0+h} f(x)\,dx$$

angenähert durch

$$\boxed{\begin{aligned} y_1 &= y_{-1} + \frac{h}{3}(f_{-1} + 4f_0 + f_1) \\ &= y_{-1} + h\left(2f_0 + \frac{1}{3}\nabla^2 f_1\right) \end{aligned}}. \tag{1}$$

Integriert wird über den Doppelstreifen von $x_{-1} = x_0 - h$ bis $x_1 = x_0 + h$, Abb. 26.1; der neue Wert y_1 wird also an den vorletzten

y_{-1} angeschlossen. Für die Rechnung von Hand empfiehlt sich die zweite Form der Gl. (1) unter Verwendung der zweiten Funktionsdifferenz

$$\nabla^2 f_1 = f_{-1} - 2 f_0 + f_1, \tag{2}$$

wobei man die Werte $h f_i = h f(x_i, y_i)$ nebst ersten und zweiten Differenzen tabuliert. Die Rechnung sei schon im Gange und bis zur Stelle x_0 geführt. Dann sind im nachstehenden Schema, in dem wir die in (1) benutzten Werte umrahmt haben, die Werte oberhalb der gestrichelten Linie bekannt. Der zur Berechnung von y_1 benötigte Funktionswert $f_1 = f(x_1, y_1)$ bzw. die damit gebildete Differenz $\nabla^2 f_1$ aber ist unbekannt. Diese Schwierigkeit wird in der gleichen Weise wie schon bei der Trapezregel überwunden, indem man *iterativ* rechnet nach der Vorschrift

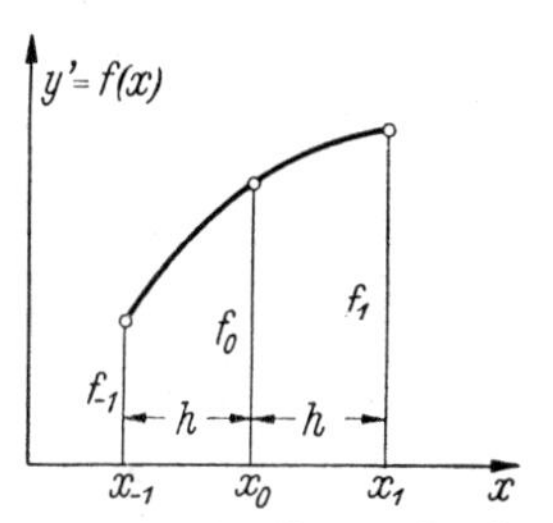

Abb. 26.1. Zur SIMPSON-Regel

$$y_1^{(\nu+1)} = y_{-1} + h\left(2 f_0 + \frac{1}{3} \nabla^2 f_1^{(\nu)}\right),$$

wobei man den Ausgangswert $\nabla^2 f_1^{(0)}$ leicht aus dem früheren Verlauf der $\nabla^2 f$-Werte schätzen kann, wenn die Rechnung im Gange ist.

i	x_i	y_i	$h f_i$	$h\nabla f_i$	$h\nabla^2 f_i$
⋮	⋮	⋮	⋮	⋮	⋮
−1	●	[●]	●		
				●	
0	●	●	[●]		[●]
				●	
1	●	[●]	●		

Der Quadraturfehler läßt sich annähern durch das erste fortgelassene Glied der allgemeinen STIRLINGschen Integrationsformel § 13.7, Gl. (29), nämlich

$$Q \approx -\frac{h}{90} \nabla^4 f_2. \tag{3}$$

Soll dieser Fehler im Rahmen der mitgeführten Stellenzahl ohne Einfluß bleiben, so hat man ihn dem Betrage nach unter einer halben Einheit der letzten Stelle zu halten, also

$$h|\nabla^4 f| < 45 \text{ Einheiten der letzten Stelle.} \tag{4}$$

Die Stellenzahl wird man um ein bis zwei „Schutzstellen" größer als die im Ergebnis erwünschte Stellenzahl wählen, womit dann nach (4) die Schrittweite h gegeben ist, mit deren vierter Potenz die Differenzen $\nabla^4 f$ abnehmen. Die Stellenzahl soll anderseits nicht unnötig groß sein, da andernfalls der Iterationsprozeß länger als nötig aufhält: die Rechnung soll nach zwei bis höchstens drei Schritten „stehen".

Will man das Schätzen des Ausgangswertes $\nabla^2 f_1^{(0)}$ für die Iteration vermeiden (Automatenrechnung!), so benutzt man Formeln, welche den neuen Funktionswert f_1 nicht enthalten, sogenannte Extrapolationsformeln als Ergänzung zur Hauptformel (1), der iterativ arbeitenden Interpolationsformel. Erstere heißen auch Prediktor-Formeln, letztere Korrektor-Formeln, und man spricht von einem ***Prediktor-Korrektor-Verfahren.*** Auch für die Prediktor-Formel wird schon gute Genauigkeit gefordert, um den Iterationsprozeß möglichst abzukürzen. Eine in dieser Hinsicht brauchbare gleichfalls symmetrisch gebaute Formel von der gleichen Genauigkeitsordnung h^4 wie (1) ist

$$\boxed{y_1 = -9y_0 + 9y_{-1} + y_{-2} + 6h(f_0 + f_{-1})} + \frac{h^5}{10} f_0^{\mathrm{VI}} + \cdots \tag{5}$$

Der damit berechnete Ausgangswert $y_1^{(0)}$ wird dann mit der SIMPSON-Regel (1) als Korrektor-Formel iterativ verbessert, wozu in der Regel ein Iterationsschritt ausreichen wird.

Zur Frage der Konvergenz der Iteration bilden wir den Unterschied $\delta_1^{(\nu)} = y_1^{(\nu)} - y_1$ gegenüber dem — als bekannt angenommenen — Endwert y_1, auf den sich die Iteration einspielt:

$$y_1^{(\nu+1)} = y_{-1} + \frac{h}{3}(f_{-1} + 4f_0 + f_1^{(\nu)})$$

$$y_1 = y_{-1} + \frac{h}{3}(f_{-1} + 4f_0 + f_1)$$

$$\delta_1^{(\nu+1)} = \frac{h}{3}(f_1^{(\nu)} - f_1).$$

Der Betrag dieses Unterschiedes aber läßt sich wieder mit Hilfe der LIPSCHITZ-Konstanten $K \geqq |f_y|$ abschätzen zu

$$|\delta_1^{(\nu+1)}| = \frac{h}{3}|f_1^{(\nu)} - f_1| \leqq \frac{h}{3} K |y_1^{(\nu)} - y_1| \leqq \frac{h}{3} K |\delta_1^{(\nu)}|,$$

womit Konvergenz gesichert ist für

$$K h < 3. \tag{6}$$

Mit Rücksicht auf hinreichend *rasches* Einspielen der Rechnung aber ist praktisch die hier auftretende Schrittkennzahl $\varkappa = K h$ wesentlich kleiner zu wählen, nämlich etwa in den Grenzen

$$\boxed{\varkappa = K h = 0{,}05 \ldots 0{,}20}\,. \tag{7}$$

Durch die beiden Forderungen (4) und (7) lassen sich Schrittweite und Stellenzahl überschläglich festlegen. Die Größe K findet man als Differenzenquotienten $K \approx |\delta f / \delta y|$ bei festem x. Ändert sie sich im Verlaufe der Rechnung in weiteren Grenzen, so hat man ihr die Schrittweite h nach (7) anzupassen. Zu große $K h$-Werte zeigen sich von selbst durch zu langsame Konvergenz der Iterationen an.

Leider besitzt nun die SIMPSON-Regel neben ihren unbestreitbaren Vorzügen den entscheidenden Nachteil *numerischer Instabilität:* Die Näherungswerte y_i neigen zu einem *oszillierenden Abwandern* von den wahren Lösungswerten gerade dann, wenn die Differentialgleichung selbst stabil ist, d. h. wenn der für das Fehleranwachsen maßgebliche Wert f_y negativ ist. Dies macht die SIMPSON-Regel für Rechnungen über größere Schrittzahlen, wie sie heute mit dem Einsatz automatischer Rechenanlagen üblich geworden sind, praktisch unbrauchbar[1]. Diese Frage der Instabilität und die Möglichkeit ihrer Behebung sei daher im folgenden erörtert.

26.2 Numerische Stabilität

Gegeben ist die Differentialgleichung $y' = f(x, y)$ nebst Anfangsbedingung $y(x_0) = y_0$. Aufgabe der numerischen Integration ist die Berechnung von Näherungswerten y_j zu den unbekannten Lösungswerten $y(x_j)$ an äquidistanten Stellen $x_j = x_0 + j\,h$. Man spricht nun von numerischer Instabilität der Rechnung, wenn die Näherungswerte y_j von den gesuchten Werten $y(x_j)$ für beliebig große Schrittzahlen unbegrenzt abwandern, so daß schließlich von einer Näherung keine Rede mehr sein kann. Dies kann zweierlei Ursachen haben, nämlich entweder in der Differentialgleichung selbst oder aber im numerischen Integrationsverfahren. Im ersten Falle liegt die Schwierigkeit in der Sache selbst und ist durch nichts aus der Welt zu schaffen. Im zweiten aber kann man die Instabilität durch Wahl eines geeigneten Verfahrens vermeiden.

A. Stabilität der Differentialgleichung

Es sei

$y(x)$ die Lösung der Differentialgleichung unter der vorgeschriebenen Anfangsbedingung,

$u(x)$ die Lösung der Differentialgleichung unter einer durch Rundungs- und Verfahrensfehlern abweichenden Anfangsbedingung.

Für beide Funktionen gilt also $y' = f(x, y)$, $u' = f(x, u)$. Für die gestörte Lösung $u(x)$ setzt man nun

$$u(x) = y(x) + \varepsilon\,\eta(x) \tag{8}$$

mit einer Störfunktion $\eta(x)$ und einem Parameter ε, der als klein in dem Sinne angenommen wird, daß ε^2 und höhere ε-Potenzen gegen-

[1] Die Erscheinung des oszillierenden Abwanderns der Näherungswerte wurde während des Krieges bei umfangreichen Rechnungen am Institut für Praktische Mathematik der Technischen Hochschule Darmstadt (Prof. Dr. A. WALTHER) beobachtet. Aber erst die theoretische Untersuchung durch RUTISHAUSER brachte die volle Klärung und zugleich die Möglichkeit wirksamer Gegenmaßnahmen: H. RUTISHAUSER: Z. Angew. Math. Phys. Bd. 3 (1952) S. 65—74.

über ε zu vernachlässigen sind. Dann erhält man durch TAYLOR-Entwicklung:

$$u' = y' + \varepsilon\eta' = f(x, u) = f(x, y + \varepsilon\eta)$$
$$= f(x, y) + \varepsilon\eta f_y,$$

woraus unter Berücksichtigung von $y' = f(x, y)$ für die Störfunktion $\eta(x)$ die homogene lineare Differentialgleichung

$$\boxed{\eta' = f_y \eta}, \tag{9}$$

die *Variationsgleichung* der Differentialgleichung folgt. In ihr ist f_y als zur Lösung $y(x)$ gebildet, also als gegebene Funktion von x aufzufassen.

Durch Integration von Gl. (9) erhalten wir für die Störfunktion

$$\eta(x) = \eta_0 e^{\int f_y(x)\,dx}.$$

Für den einfachen Sonderfall $f_y = k =$ konst. wird daraus

$$\eta(x) = \eta_0 e^{k(x - x_0)}$$

oder für $x = x_j = x_0 + j h$

$$\boxed{\eta_j = \eta_0 e^{\varkappa j}} \tag{10}$$

mit der Größe[1]

$$\varkappa = f_y h = k h. \tag{11}$$

Ist nun $f_y = k$ positiv, so führt dies von einer beliebig kleinen Anfangsstörung η_0 aus zu unbeschränkt anwachsenden Störungen η_j. Indem man jede Stelle x_j auch als Anfang x_0 auffassen kann, gehört zu ihr eine von der früheren Rechnung aus Rundungs- und Verfahrensfehlern herrührende Anfangsstörung, die sich nun weiter anfacht. In diesem Falle ist die Differentialgleichung als solche instabil. Das gleiche trifft zu, wenn zwar $f_y \neq$ konst., aber durchweg oder doch überwiegend positiv ist. Auch dann läßt sich die numerische Integration nicht mehr über unbeschränkte Anzahl von Schritten durchführen, auch mit einem noch so genauen Integrationsverfahren nicht.

B. Stabilität des Integrationsverfahrens

Wir betrachten hier zunächst das Verfahren der SIMPSON-Regel

$$y_1 - y_{-1} = \frac{h}{3}(f_{-1} + 4 f_0 + f_1) \tag{12}$$

und setzen auch hier die gegenüber den Lösungswerten y_j dieser Differenzengleichung gestörten Werte u_j an in der Form

$$u_j = y_j + \varepsilon\eta_j, \tag{13}$$

[1] Hier im Gegensatz zu früher nicht mehr als Absolutwert genommen.

womit sich unter Vernachlässigen höherer ε-Potenzen

$$f(x_j, u_j) = f(x_j, y_j) + \varepsilon f_{y_j} \eta_j = f_j + \varepsilon f_{y_j} \eta_j$$

ergibt. Einsetzen in die mit u_j geschriebene Differenzengleichung (12) der SIMPSON-Regel führt auf die zugeordnete variierte Differenzengleichung

$$\eta_1 - \eta_{-1} = \frac{h}{3}\left(f_{y_{-1}} \eta_{-1} + 4 f_{y_0} \eta_0 + f_{y_1} \eta_1\right), \tag{14}$$

also eine homogen lineare Differenzengleichung für die Störungen η_j. Wieder vereinfachen wir durch die Annahme $f_y = k =$ konst. und erhalten mit der Abkürzung (11) die entsprechende Gleichung mit konstanten Koeffizienten:

$$\left(1 - \frac{\varkappa}{3}\right) \eta_1 - \frac{4}{3} \varkappa \eta_0 - \left(1 + \frac{\varkappa}{3}\right) \eta_{-1} = 0. \tag{15}$$

Eine solche Gleichung löst sich allgemein mittels Potenzansatz $\eta_j = s$ mit einem zunächst noch unbestimmten Parameter s, für den sich durch Einsetzen in (15) die *charakteristische Gleichung*

$$s^2\left(1 - \frac{\varkappa}{3}\right) - \frac{4}{3} \varkappa s - \left(1 + \frac{\varkappa}{3}\right) = 0 \tag{16}$$

ergibt. Den beiden Wurzeln s_1, s_2 dieser Gleichung sind — entsprechend der Ordnung 2 der Differenzengleichung (12) des Verfahrens — zwei Lösungen s_1^j und s_2^j zugeordnet, die sich zur allgemeinen Lösung

$$\eta_j = C_1 s_1^j + C_2 s_2^j \tag{17}$$

überlagern. Für die Stabilität des Verfahrens kommt es nun offenbar auf den Betrag dieser Wurzeln s_1, s_2 an. Das Verfahren wäre stabil, wenn beide Male $|s_i| < 1$ würde. Nun errechnen sich hier die Wurzeln leicht zu

$$s_{1,2} = \frac{2\varkappa}{3 - \varkappa} \pm \frac{3}{3 - \varkappa} \sqrt{1 + \varkappa^2/3} \tag{18}$$

oder mittels Reihenentwicklungen näherungsweise zu

$$s_1 \approx \left(1 + \varkappa + \frac{\varkappa^2}{2} + \cdots\right) \approx e^{\varkappa}, \tag{18a}$$

$$s_2 \approx -\left(1 - \frac{\varkappa}{3} + \frac{\varkappa^2}{18} + \cdots\right) \approx -e^{-\varkappa/3}. \tag{18b}$$

Damit aber stimmt die erste Störlösung s_1^j der Differenzengleichung angenähert gerade mit der Störlösung (10) der Differentialgleichung überein. Sie ist stabil oder instabil, je nachdem die Differentialgleichung es ist. Außer dieser zu erwartenden tritt nun zufolge der zweiten

Ordnung der Differenzengleichung noch eine zusätzliche, durch das Verfahren *eingeschleppte Lösung* $s_2^j \approx -e^{-\varkappa/3}$ auf. Diese aber ist stabil für $\varkappa > 0$, also instabile Differentialgleichung, hingegen instabil für $\varkappa < 0$, also gerade für stabile Differentialgleichung. Gerade für diesen für die numerische Rechnung hauptsächlich interessanten Fall erweist sich somit die SIMPSON-Regel als numerisch instabil im Sinne unbeschränkt anwachsenden *oszillierenden Abwanderns* der numerischen Werte u_j von den eigentlichen Näherungswerten y_j. Sie ist somit für Rechnungen über große Schrittzahlen praktisch unbrauchbar.

26.3 Numerisch stabile Integrationsformeln

Allgemein zeigen die Integrationsformeln der Differenzenverfahren, umgeschrieben auf die Funktionswerte, einen Aufbau der Form

$$\sum_{j=0}^{N} a_j y_{1-j} = \sum_{j=0}^{N} b_j f_{1-j}, \tag{19}$$

wobei nicht alle $a_j \neq 0$ zu sein brauchen. Dies entspricht einer Integration einer Interpolationsparabel vom Grade N. Die zugehörige Stör-Differenzengleichung lautet bei $h f_y = h k = \varkappa$

$$\sum_{j=0}^{N} (a_j - \varkappa b_j) \eta_{1-j} = 0, \tag{20}$$

ihre charakteristische Gleichung vom Grade N

$$\sum_{j=0}^{N} (a_j - \varkappa b_j) s^{N-j} = 0. \tag{21}$$

Das Verfahren ist stabil, wenn für alle N Wurzeln s_i

$$|s_i| \leqq 1, \qquad i = 1, 2, \ldots, N. \tag{22}$$

Die Instabilität der SIMPSON-Regel rührt nun im wesentlichen daher, daß y_1 nicht unmittelbar an y_0, sondern an y_{-1} angeschlossen wird. Das vermeiden die Formeln des sogenannten *Adams-Verfahrens*, d. s. die integrierten GREGORY-NEWTON-Formeln:

$$y_1 = y_0 + h\left(f_1 - \frac{1}{2} \nabla f_1 - \frac{1}{12} \nabla^2 f_1 - \frac{1}{24} \nabla^3 f_2 - \cdots\right), \tag{23}$$

vgl. § 13.7, Gl. (32). Zufolge der ausgesprochenen Unsymmetrie dieser Formeln — Integration über das letzte Intervall eines Interpolationspolynoms über N Intervalle — ist ihr Fehlerglied für $N = 3$ wesentlich größer als bei der SIMPSON-Regel. Die Stabilität des Verfahrens wird hier mit einer geringeren Genauigkeit erkauft.

Nun läßt sich die Instabilität der SIMPSON-Regel nach einem Vorschlage von ROBERTSON[1] in einfacher Weise dadurch beheben, daß man sie unter Verwenden eines noch freien Parameters α mit einer die beiden Werte y_0 und y_{-1} verknüpfenden Integrationsformel kombiniert. Zu einer Formel gleicher Genauigkeitsordnung wie SIMPSON gelangt man durch Kombination mit der BESSEL-Formel:

$$y_1 = \alpha y_0 + (1-\alpha) y_{-1} + \frac{h}{3}\left[f_1 + 4 f_0 + f_{-1} - \frac{\alpha}{8}(-f_1 + 13 f_0 + 13 f_{-1} - f_{-2})\right] \tag{24}$$

mit einem Quadraturfehler von

$$Q \approx -\frac{8 + 11\alpha}{720} h^5 f^{\mathrm{IV}}.$$

Für $\alpha = 0$ geht (24) in die SIMPSON-Regel über.

Die charakteristische Gleichung der zugehörigen Stör-Differenzengleichung hat die drei Wurzeln s_1, s_2, s_3 von angenähert

$$s_1 \approx 1 + \varkappa + \frac{\varkappa^2}{2} \approx e^{\varkappa},$$

$$s_2 \approx -\left(1 - \frac{\varkappa}{3}\right)(1 - \alpha),$$

$$s_3 \approx -\frac{\varkappa\,\alpha}{24}.$$

Während s_1 unverändert die Wurzel der Stör-Differentialgleichung wiedergibt, reduziert sich die bei der SIMPSON-Regel gefährliche zweite Wurzel s_2 um den Faktor $1 - \alpha$. Die dritte Wurzel ist so klein, daß sie normalerweise nicht stört. Durch Wahl von α läßt sich also Stabilität bis zu vorgeschriebenen negativen $\varkappa$-Werten herbeiführen. Schon für $\alpha = 0{,}1$ wird das Verfahren stabil bis zu einem Wert von etwa

$$h f_y = \varkappa = -0{,}3,$$

was in der Regel völlig ausreichen wird. Die zugehörige Formel lautet

$$y_1 = 0{,}1\, y_0 + 0{,}9\, y_{-1} + \frac{h}{24}[8{,}1 f_1 + 30{,}7 f_0 + 6{,}7 f_{-1} + 0{,}1 f_{-2}] \tag{25}$$

mit einem Quadraturfehler, der nur wenig größer als bei der SIMPSON-Regel liegt (Faktor 9,1/720 statt 8/720). Die Formel arbeitet wie die SIMPSON-Regel iterativ. Zur Berechnung eines ersten Wertes $y_1^{(0)}$ benutzt man wieder die Prediktor-Formel (5) aus § 26.1, S. 400.

[1] ROBERTSON, H. H.: Some new formulae for the numerical integration of ordinary differential equations. Proc. Internat. Conf. Inf. Processing, UNESCO, Paris 1959, S. 106—108. — Die Genauigkeitsordnung der dort angegebenen Formel ist um eins geringer als bei SIMPSON.

26.4 Die Anlaufrechnung

Die Durchführung eines Differenzenverfahrens setzt voraus, daß eine Anzahl aufeinanderfolgender Näherungswerte y_i und f_i bereits vorliegt, die Rechnung also schon im Gange ist. Außer y_0 müssen mindestens noch y_1 und y_2, am besten auch noch y_3 dastehen, damit die Rechnung nach Formel (1) oder (25) ihren Fortgang nehmen kann.

Die Aufstellung dieser Werte geschieht in einer besonderen *Anlaufrechnung*, z. B. mit Hilfe eines anderen Näherungsverfahrens, insbesondere des RUNGE-KUTTA-Verfahrens bei gleicher oder allenfalls — zur Erzielung besonders genauer Ausgangswerte — halber Schrittweite wie bei der Hauptrechnung.

Eine zweite Möglichkeit zur Beschaffung der Anlaufwerte ist ihre Entwicklung in eine TAYLOR-Reihe, zweckmäßig dann in der zu x_0 symmetrischen Form[1]

$$y_{\pm 1} = y_0 \pm y_0' h + y_0'' \frac{h^2}{2!} \pm y_0''' \frac{h^3}{3!} + y_0^{\mathrm{IV}} \frac{h^4}{4!} \pm \cdots, \tag{26}$$

die rascher konvergiert als die Reihe für y_2 mit der Spanne $2h$. Die höheren Ableitungen y_0'', y_0''', ... gewinnt man durch Weiterdifferenzieren der Differentialgleichung, was formelmäßig gegebene Funktion f und einen nicht zu verwickelten Aufbau voraussetzt. Man führt die Reihe so weit, daß das erste nicht benutzte Glied im Rahmen der Stellenzahl ohne Einfluß ist; vgl. dazu die Beispiele am Schluß von § 26.6.

Schließlich kann man die Anlaufrechnung auch nach dem Differenzenverfahren selbst durchführen in einer *Anfangsiteration*, wobei man außer Formel (1) (Berechnung der Werte y_2 und y_3) zur Berechnung von y_1 noch eine Formel benötigt, die über nur einen Schritt h integriert, und zwar über den ersten Schritt eines Interpolationspolynoms. Das ist die erste GREGORY-NEWTON-Formel (31) aus § 13.7:

$$\boxed{y_1 = y_0 + h\left(f_0 + \tfrac{1}{2}\Delta f_0 - \tfrac{1}{12}\Delta^2 f_0 + \tfrac{1}{24}\Delta^3 f_0 - \tfrac{19}{720}\Delta^4 f_0 + - \cdots\right)}. \tag{27}$$

Diese Formel in Verbindung mit (1) verwendet man zum stufenweisen Aufbau von Rohwerten und zu ihrer fortgesetzten iterativen Verbesserung, wobei sich etwa folgendes Vorgehen empfiehlt. Dabei bezeichnen $y_i^{(\nu)}$ bzw. $f_i^{(\nu)} = f(x_i, y_i^{(\nu)})$ die ν-te Iterationsstufe der Werte y_i, f_i.

a) Aufbau von Rohwerten

1. Vorläufige Rohwerte auf Zeile 1:

$$\tilde{y}_1 = y_0 + h f_0. \tag{28.1}$$

$$\text{Daraus } \tilde{f}_1 = f(x_1, \tilde{y}_1), \qquad \nabla \tilde{f}_1 = \tilde{f}_1 - f_0.$$

---

[1] Man benutzt also die Ausgangswerte y_{-1}, y_0, y_1 anstatt y_0, y_1, y_2.

2. Verbesserte Rohwerte auf Zeile 1:

$$y_1^{(0)} = y_0 + h(f_0 + \tfrac{1}{2} \nabla \tilde{f}_1) . \tag{28.2}$$

Daraus $f_1^{(0)}$, $\nabla f_1^{(0)} = f_1^{(0)} - f_0$.

3. Rohwerte auf Zeile 2:

$$y_2^{(0)} = y_0 + 2h f_1^{(0)} . \tag{28.3}$$

Daraus $f_2^{(0)}$, $\nabla f_2^{(0)}$, $\nabla^2 f_2^{(0)}$.

4. Verbesserte Rohwerte auf Zeile 1 und 2:

$$y_1^{(1)} = y_0 + h(f_0 + \tfrac{1}{2} \nabla f_1^{(0)} - \tfrac{1}{12} \nabla^2 f_2^{(0)}) . \tag{28.4}$$

$$y_2^{(1)} = y_0 + h(2 f_1^{(0)} + \tfrac{1}{3} \nabla^2 f_2^{(0)}) . \tag{28.5}$$

Daraus $f_1^{(1)}$, $f_2^{(1)}$, $\nabla f_1^{(1)}$, $\nabla f_2^{(1)}$, $\nabla^2 f_2^{(1)}$.

5. Rohwerte auf Zeile 3:

$$y_3^{(1)} = y_1^{(1)} + h(2 f_2^{(1)} + \tfrac{1}{3} \nabla^2 f_2^{(1)}) . \tag{28.6}$$

Daraus $f_3^{(1)}$, $\nabla f_3^{(1)}$, $\nabla^2 f_3^{(1)}$, $\nabla^3 f_3^{(1)}$.

Ausgehend von diesen Werten der Näherungsstufe $\nu = 1$ folgt nun

b) Iterative Verbesserung für $\nu = 1, 2, \ldots$:

$$\boxed{\begin{aligned} y_1^{(\nu+1)} &= y_0 + h(f_0 + \tfrac{1}{2} \nabla f_1^{(\nu)} - \tfrac{1}{12} \nabla^2 f_2^{(\nu)} + \tfrac{1}{24} \nabla^3 f_3^{(\nu)}) \\ y_2^{(\nu+1)} &= y_0 + h(2 f_1^{(\nu)} + \tfrac{1}{3} \nabla^2 f_2^{(\nu)}) \\ y_3^{(\nu+1)} &= y_1^{(\nu+1)} + h(2 f_2^{(\nu)} + \tfrac{1}{3} \nabla^2 f_3^{(\nu)}) \end{aligned}} . \tag{29}$$

Dabei wechseln ab:

1. Verbessern der drei y-Werte nach (29),
2. Verbessern der Funktionswerte f_i und ihrer Differenzen,

bis sich die Werte innerhalb der mitgeführten Stellenzahl nicht mehr ändern. Zur Sicherung genügend rascher Konvergenz arbeitet man zweckmäßig mit der halben normalen Schrittweite (Schrittkennzahl 0,05). Stehen die Werte fest, so setzt man die Rechnung zunächst nach Formel (1) mit dieser halben Schrittweite fort bis y_6. Danach geht man auf die normale (doppelte) Schrittweite über, indem man von den fertigen Werten nur y_0, y_2, y_4, y_6 nebst zugehörigen Funktionswerten hf_i verwendet als neue Anfangswerte y_0, y_1, y_2, y_3. Die neuen Werte hf_i sind wegen Verdoppelung von h zu verdoppeln! Die Differenzen $h \nabla f$, $h \nabla^2 f, \ldots$ werden annähernd 4fach, 8fach, ... Danach nimmt die normale Schrittrechnung nach (25) ihren Fortgang.

Beispiel: Differentialgleichung: $y' = x + y$.
Anfangsbedingung: $x_0 = y_0 = 0$.
Schrittweite für die Anfangsiteration: $f_y = 1$.
Schrittkennzahl: $h\,|f_y| = 0{,}05$, $h = 0{,}05$.

Formel	x	y	hf	$h\nabla f$	$h\nabla^2 f$	$h\nabla^3 f$
	0,00	0	0			
(28.1)	0,05	0	0,0025000	0,0025000		
(28.2)	0,05	0,0012500	0,0025625	0,0025625		
(28.3)	0,10	0,0051250	52563	26938	1313	
(28.4)	0,05	0,0012703	0,0025635	0,0025635		
(28.5)	0,10	51688	52584	26949	1314	
(28.6)	0,15	118309	80915	28331	1382	68
(29)	0,05	0,0012711	0,0025636	0,0025636		
	10	51708	52585	26949	1313	
	15	118340	80917	28332	1383	70
(29)	0,05	0,0012711	0,0025636.	0,0025636		
	10	51709	52585·	26950	1314	
	15	118343	80917	28332	1382	68
(1)	0,20	214027	110701	29784	1452	70
	25	340254	142013	31312	1528	76
	30	498588	174929	32916	1604	76

Zur Verminderung der Abrundungsfehler sind die Funktionswerte hf, die nach (1) den Faktor 2 erhalten, mit einem unten oder oben gesetzten Punkt versehen, wenn auf- oder abgerundet worden ist und die nicht angeschriebene folgende Stelle 5, 6 und 7 bzw. 3 und 4 beträgt.

Bei Schrittverdopplung würden die vierten Differenzen so groß werden, daß man den Quadraturfehler (4) bei 7 Dezimalen nicht mehr vernachlässigen kann. Die folgende Rechnung wird daher nur mit 6 Dezimalen fortgesetzt. Mit Rücksicht auf die kleine Schrittanzahl dürfen wir unbedenklich die SIMPSON-Regel, Gl. (1), verwenden. Überdies tritt hier wegen $f_y = 1 > 0$ eine zusätzliche Instabilität dieser Formel ohnehin nicht auf.

x	y	$hf = 0{,}1\,(x + y)$	$h\nabla f$	$h\nabla^2 f$	$h\nabla^3 f$	Exakt
0,0	0	0				0
1	0,005171	0,010517	0,010517			0,005171
2	21403	22140·	11623	1106		21403
3	49859	34986	12846	1223	117	49859
4	91825	49183.	14197	1351	128	91825
0,5	0,148721	64872	15689	1492	141	0,148721
6	222119	82212	17340	1651	159	222119
7	313753	101375·	19163	1823	172	313753
8	425542	122554	21179	2016	193	425541
9	559603	145960·	23406	2227	211	559603
1,0	0,718284	0,171828·	25868	2462	235	0,718282
1	904167	200417.	28588	2720	258	904166

Der nicht ganz glatte Verlauf der dritten Differenzen wird durch die unvermeidlichen Abrundungsfehler verursacht.

26.5 Integrationsformeln mit Ableitungen. Systeme

Ist $f(x, y)$ formelmäßig gegeben und von einfacher Bauart, so empfiehlt sich das Arbeiten mit Formeln, in denen außer den Funktionswerten f_j auch Werte f'_j der Ableitung $f' = y''$ auftreten, d. h. sogenannte HERMITEsche Interpolation, vgl. § 13.8. Als einfache und sehr wirksame Verbesserung der Trapezregel läßt sich z. B. die dort als Gl. (41) angegebene Formel auffassen, nämlich

$$\boxed{y_1 = y_0 + \frac{h}{2}(f_1 + f_0) - \frac{h^2}{12}(f'_1 - f'_0)} + \frac{h^5}{720} f_0^{IV}. \qquad (30)$$

Ihr Quadraturfehler ist von der gleichen Ordnung h^5 wie bei der SIMPSON-Regel, jedoch 8mal kleiner. Sie ist wieder iterativ zu verwenden, also als Korrektor-Formel. Eine zugehörige Prediktor-Formel gleicher Genauigkeitsordnung zur Berechnung der Ausgangsnäherung $y_1^{(0)}$ ist

$$\boxed{y_1 = 3y_0 - 3y_{-1} + y_{-2} + h^2(f'_0 - f'_{-1})} + \frac{h^5}{12} f_0^{IV}. \qquad (31)$$

Für die beiden ersten Schritte der Anlaufrechnung arbeitet man anstelle von (41) mit den roheren Prediktor-Formeln

$$y_1^{(0)} = y_0 + h f_0 + \frac{h^2}{2} f'_0, \qquad (31\,a)$$

$$y_2^{(0)} = 2y_1 - y_0 + h^2 f'_1. \qquad (31\,b)$$

Im Rechenschema führen wir außer den Funktions- und Ableitungswerten $h f_i$ und $h^2 f'_j$ noch die in den Formeln benötigten Differenzen $h^2 \nabla f'_j$ und $-1/12$ dieser Größe mit, vgl. die folgende Tabelle, in der das einfache Beispiel des letzten Abschnittes auf die neue Art durchgeführt worden ist unter Anschreiben aller Zwischenstufen der Iteration.

1. Beispiel: $y' = x + y$, $f = x + y$, $h = 0{,}1$: $h f = 0{,}1(x + y)$,
$y(0) = 0$, $f' = 1 + f$, $h^2 f' = 0{,}1(0{,}1 + h f)$.

x	y	$h f$	$h^2 f'$	$h^2 \nabla f'$	$-1/12$
0	0	0	0,010		
0,1	0,005 000	0,010 500	0,011 050	0,001 050	−0,000 088
	5 163	10 516	11 052	1 052	088
	5 170	10 516	11 052	1 052	088
	5 171	10 517	11 051	1 002	088
9,2	0,021 394	0,022 139	0,012 214	0,001 162	−0,000 097
	21 402	22 140	12 214	1 162	097
	21 403	22 140	12 214	1 162	097
0,3	0,049 858	0,034 986	0,013 499	0,001 285	−0,000 107
	49 859	34 986	13 499	1 284	107
0,4	0,091 824	0,049 183	0,014 918	0,001 419	−0,000 118
	91 825	49 183	14 918	1 419	118
0,5	0,148 720	0,064 872	0,016 486	0,001 569	−0,000 131
	149 622	64 872	16 487	1 569	131

Tabelle 5. *Numerische Integration des Systems* $\dot{x} = x + y$, $\dot{y} = x - y$ *mittels Differenzenverfahren mit Ableitungen*

		$0,1(x+y)$	$0,1(f+g)\,h$				$0,1(x-y)$	$0,1(f-g)\,h$			
t	x	$h\,f$	$h^2\dot{f}$	$h^2\nabla\dot{f}$	$-1/12$	y	$h\,g$	$h^2\dot{g}$	$h^2\nabla\dot{g}$	$-1/12$	Formel
0	0	0,100000	0			1	−0,100000	0,020000			
0,1	0,100000	0,101000	0,002000	2000	−167	0,910000	−0,081000	0,018200	−1800	150	(31a)
	100333	100998	2007	2007	−167	909650	− 80932	18193	−1807	151	(30)
	100332	101002	2007	2007	−167	909685	− 80935	18194	−1806	151	(30)
	100332	101002	2007	2007	−167	909683	− 80935	18194	−1806	151	(30)
0,2	0,202671	0,104023	0,004053	2046	−171	0,837560	−0,063489	0,016751	−1443	120	(31b)
	202674	104026	4053	2046	−171	837591	− 63492	16752	−1442	120	(30)
	202676	104026	4053	2046	−171	837590	− 63492	16752	−1442	120	(30)
0,3	0,309078	0,109136	0,006182	2129	−177	0,782279	−0,047320	0,015646	−1106	92	(31)
	309080	109136	6182	2129	−177	782276	− 47320	0,015646	−1106	92	(30)
0,4	0,421673	0,116431	0,008434	2252	−188	0,742635	−0,032096	0,014853	− 793	66	(31)
	421676	116431	8434	2252	−188	742634	− 32096	14853	− 793	66	(30)
0,5	0,542716	0,126059	0,010854	2420	−202	0,717871	−0,017516	0,014358	− 495	41	(31)
	542719	126059	10854	2420	−202	717869	− 17515	14357	− 496	41	(30)

Die Differenzenverfahren lassen sich natürlich auch zur Integration von *Systemen* von Differentialgleichungen verwenden. Zur Erläuterung diene das folgende nach dem gleichen Verfahren mit Ableitungen durchgeführte

2. Beispiel: $\dot{x} = x + y, \quad x(0) = 0, \quad f = x + y, \quad \dot{f} = \dot{x} + \dot{y} = f + g,$

$\dot{y} = x - y, \quad y(0) = 1, \quad g = x - y, \quad \dot{g} = \dot{\ } - \dot{y} = f - g.$

Schrittweite $h = 0{,}1$.

Die Rechnung verläuft in dem wohl ohne besondere Erläuterung verständlichen Schema der Tab. 5, S. 410. Die Näherungswerte stimmen bis auf 1 Einheit der letzten Stelle mit den exakten Lösungen überein.

26.6 Differentialgleichungen zweiter und höherer Ordnung

In gleicher Weise sind auch Differentialgleichungen höherer Ordnung mittels Differenzenverfahren numerisch integrierbar unter Verwenden der in § 13.10 entwickelten Formeln für mehrfache Integration. Bei der für die Anwendungen vor allem wichtigen Differentialgleichung zweiter Ordnung

$$\boxed{y'' = f(x, y, y')} \tag{32}$$

mit den Anfangsbedingungen $y = y_0$, $y' = y_0'$ für $x = x_0$ sind Näherungswerte

$$y_1, y_2, y_3, \ldots$$
$$y_1', y_2', y_3', \ldots$$

an äquidistanten Stellen $x_j = x_0 + j\,h$ gesucht. Wir denken uns die Rechnung bereits in Gang befindlich bis zu einer Stelle x_n, die wir einfachheitshalber wieder mit x_0 bezeichnen. Zur Berechnung des neuen Wertes y_1 benutzen wir die nach der zweiten Differenz abgebrochene STIRLING-Formel (50) aus § 13.10, die der SIMPSON-Regel entspricht und sehr genau, vor allem aber auch numerisch stabil ist, indem sie als Differenzengleichung zweiter Ordnung gegenüber der Differentialgleichung der gleichen Ordnung jetzt keine zusätzlichen eingeschleppten Wurzeln der Störgleichung mit sich bringt. Sie zeichnet sich weiterhin dadurch aus, daß sie die Anfangssteigung y_0' des jeweiligen Schrittes nicht enthält, von der man sich durch Differenzbildung der y-Werte befreit hat; vgl. dazu § 13.10, Gl. (46). Die Formel lautet in den jetzigen Bezeichnungen:

$$\boxed{\begin{aligned} y_1 &= 2y_0 - y_{-1} + \frac{h^2}{12}(f_{-1} + 10 f_0 + f_1) \\ &= 2y_0 - y_{-1} + h^2\left(f_0 + \frac{1}{12}\nabla^2 f_1\right) \end{aligned}} - \frac{h^6}{240} f^{IV}. \tag{33}$$

Sie ist wieder iterativ zu verwenden (Korrektor-Formel), wobei man für den ersten Iterationsschritt entweder einen Wert $\nabla^2 f_1^{(0)}$ aus dem vorhergehenden Rechenverlauf schätzt oder aber eine Extrapolationsformel, eine Prediktor-Formel verwendet, nämlich (31) in neuer Form:

$$\boxed{y_1 = 3y_0 - 3y_{-1} + y_2 + h^2(f_0 - f_{-1})} + \frac{h^3}{15} f'''. \tag{34}$$

Hängt die Differentialgleichung von y' nicht ab, $y'' = f(x, y)$, so genügt dieser Formelsatz. Kommt aber y' in f vor, $y'' = f(x, y, y')$, so sind auch die y'-Werte laufend zu berechnen, und zwar nach den Formeln für Gleichungen erster Ordnung, insbesondere also nach der SIMPSON-Regel (1), z. B. in der mit h multiplizierten Form

$$\boxed{y_1' h = y_{-1}' h + h^2 \left(2 f_0 + \frac{1}{3} \nabla^2 f_1\right)} \tag{1a}$$

sowie der zugehörigen Prediktor-Formel (3). Bei Rechnung über größere Schrittzahl ist (1a) durch die numerisch stabile Form (24) bzw. (25) zu ersetzen.

Die Schrittweite h ist wieder so klein zu halten, daß einerseits die Iteration rasch genug konvergiert und anderseits die Quadraturfehler von (33) bzw. (1), nämlich

$$-\frac{1}{240} h^2 \nabla^4 f_2 \quad \text{und} \quad -\frac{1}{90} h^2 \nabla^4 f_2$$

auf die Werte y_1 bzw. $y_1' h$ ohne Einfluß bleiben. Die Rechnungsanordnung zeigt folgendes Schema, in dem die in (33) und (1) benötigten Werte durch Umrahmen hervorgehoben (und die Indizes um n erhöht) sind. — Selbstredend läßt sich das Verfahren auch wieder auf *Systeme* von Differentialgleichungen zweiter Ordnung anwenden, wie in § 27.6 für das RUNGE-KUTTA-Verfahren näher beschrieben wird.

x	Faktoren für y		$\cdot 1$		$\cdot 1/12$
	Faktoren für $y'h$		$\cdot 2$		$\cdot 1/3$
	y	$h y'$	$h^2 f$	$h^2 \nabla f$	$h^2 \nabla^2 f$
x_{n-2}	y_{n-2}	$h y'_{n-2}$	$h^2 f_{n-2}$		
				$h^2 \nabla f_{n-1}$	
x_{n-1}	$\boxed{y_{n-1}}$	$\boxed{h y'_{n-1}}$	$h^2 f_{n-1}$		$h^2 \nabla^2 f_n$
				$h^2 \nabla f_n$	
x_n	$\boxed{y_n}$	$h y'_n$	$\boxed{h^2 f_n}$		$\boxed{h^2 \nabla^2 f_{n+1}}$
				$h^2 \nabla f_{n+1}$	
x_{n+1}	$\boxed{y_{n+1}}$	$\boxed{h y'_{n+1}}$	$h^2 f_{n+1}$		

Für die *Anlaufrechnung*, also die Bestimmung der ersten Werte y_1, y_2, y_3 und y_1', y_2', y_3' empfiehlt sich das in § 27 behandelte RUNGE-KUTTA-Verfahren mit gleicher Schrittweite, wie für die spätere Rechnung vorgesehen, oder wieder Reihenentwicklung, vgl. die nachfolgenden Beispiele. Eine Anlaufrechnung nach dem Differenzenverfahren selbst arbeitet wieder nach GREGORY-NEWTON-Formeln, und zwar

$$\boxed{\begin{aligned} y_1 &= y_0 + h\,y_0' + h^2\left(\tfrac{1}{2} f_0 + \tfrac{1}{6}\nabla f_0 - \tfrac{1}{24}\nabla^2 f_0 + \tfrac{1}{45}\nabla^3 f_0 - \cdots\right) \\ h\,y_1' &= \phantom{y_0 +{}} h\,y_0' + h^2\left(f_0 + \tfrac{1}{2}\nabla f_0 - \tfrac{1}{12}\nabla^2 f_0 + \tfrac{1}{24}\nabla^3 f_0 - \cdots\right) \end{aligned}}\,. \quad (35)$$

Hiermit und mit den Hauptformeln (33), (1) können in ähnlicher Weise wie in § 26.4, S. 406/7, Rohwerte stufenweise aufgebaut und iterierend verbessert werden. Dabei arbeitet man mit der halben normalen Schrittweite.

Zur Behandlung von Differentialgleichungen dritter und vierter Ordnung

$$y''' = f(x, y, y', y'') \quad (36)$$

bzw.

$$y'''' = f(x, y, y', y'', y''') \quad (37)$$

bedient man sich der Formeln, die durch dreifache bzw. vierfache Integration der BESSELschen und STIRLINGschen Interpolationsformeln unter Eliminieren der Anfangswerte jedes Schrittes (durch Differenzbildung) hervorgegangen sind, vgl. III, § 13.10, Formel (52) und (53). Mit unseren Bezeichnungen erhalten wir für Gleichungen dritter Ordnung

$$\boxed{y_1 = 3y_0 - 3y_{-1} + y_{-2} + h^3\left(\tfrac{1}{2} f_0 + \tfrac{1}{2} f_{-1}\right)} \quad (38)$$

und für Gleichungen vierter Ordnung

$$\boxed{y_1 = 4y_0 - 6y_{-1} + 4y_{-2} - y_{-3} + h^4\left(f_{-1} + \tfrac{1}{6}\nabla^2 f_0\right)}\,. \quad (39)$$

In beiden Formeln kommt der neue Funktionswert f_1 nicht vor, die Formeln arbeiten extrapolierend, eine Iteration ist nicht erforderlich.

Zur Berechnung der Ableitungen y', y'' bei Gleichungen dritter Ordnung und auch noch von y''' bei Gleichungen vierter Ordnung sind diese Formeln wieder in Verbindung mit den früheren Formeln für ein- und zweifache Integration zu verwenden. Hier muß dann auch wieder iteriert werden, es sei denn, daß die Funktion f von diesen Ableitungen nicht abhängt. Für Gleichungen dritter Ordnung lautet der vollständige Formelsatz demnach

$$\boxed{\begin{aligned} y_{n+1} &= 3y_n - 3y_{n-1} + y_{n-2} + h^3\left(\tfrac{1}{2} f_n + \tfrac{1}{2} f_{n-1}\right) \\ h\,y_{n+1}' &= 2h\,y_n' - h\,y_{n-1}' + h^3\left(f_n + \tfrac{1}{12}\nabla^2 f_{n+1}\right) \\ h^2 y_{n+1}'' &= h^2 y_{n-1}'' + h^3\left(2 f_n + \tfrac{1}{3}\nabla^2 f_{n+1}\right) \end{aligned}} \quad (40)$$

und für Gleichungen vierter Ordnung:

$$\boxed{\begin{aligned} y_{n+1} &= 4y_n - 6y_{n-1} + 4y_{n-2} - y_{n-3} + h^4\left(f_{n-1} + \tfrac{1}{6}\nabla^2 f_n\right) \\ h\,y_{n+1}' &= 3h\,y_n' - 3h\,y_{n-1}' + h\,y_{n-2}' + h^4\left(\tfrac{1}{2} f_n + \tfrac{1}{2} f_{n-1}\right) \\ h^2 y_{n+1}'' &= 2h^2 y_n'' - h^2 y_{n-1}'' + h^4\left(f_n + \tfrac{1}{12}\nabla^2 f_{n+1}\right) \\ h^3 y_{n+1}''' &= h^3 y_{n-1}''' + h^4\left(2 f_n + \tfrac{1}{3}\nabla^2 f_{n+1}\right) \end{aligned}}\,. \quad (41)$$

Die letzte Formel (SIMPSON-Regel) ist gegebenenfalls wieder zu ersetzen durch die numerisch stabile Modifikation (24) bzw. (25).

Zur Berechnung der Anlaufwerte y_1, y_2, y_3 bei Gleichungen dritter und auch noch y_4 bei Gleichungen vierter Ordnung bedient man sich hier am besten einer RUNGE-KUTTA-Rechnung oder auch — bei einfach gebauter Funktion f — einer Reihenentwicklung, dabei zweckmäßig wieder von x_0 aus um $\pm h$ und $\pm 2h$; vgl. die folgenden Beispiele.

1. Beispiel: Differentialgleichung zweiter Ordnung:

$$y'' = \sin y.$$

Anfangsbedingung: $y = y_0$, $y' = 0$ für $x = 0$.

Insbesondere: $y_0 = 30°$.

Lösungsverlauf: Anfänglich positive Wölbung y'' bis zum Wendepunkt bei $y = 180°$. Danach zu dieser Stelle antisymmetrische Fortsetzung bis $y = 360° - y_0$. Sodann Verlauf in umgekehrter Richtung. Insgesamt gerade symmetrisch periodischer Verlauf mit Symmetrie nach einer Viertelperiode bei $y = 180°$.

Da Funktion unabhängig von y', wird zur Rechnung nur die erste Formel (33) benötigt. Die Rechnung verläuft dadurch besonders einfach. Schrittweite $h = 0{,}1$ entsprechend $|f_y| = |\cos y| \leqq 1$. Ermittlung der Anlaufwerte hier zweckmäßig durch TAYLOR-Reihe:

$$\begin{aligned}
y'' &= \sin y = s & &\text{für } x = 0: = s_0\\
y''' &= \cos y \cdot y' = c\,y' & &= 0\\
y'''' &= -s\,y'^2 + c\,y'' & &= c_0\,s_0\\
y^{V} &= -c\,y'^3 - 3s\,y'\,y'' + c\,y''' & &= 0\\
y^{VI} &= s\,y'^4 - 6c\,y'^2\,y'' - 3s\,y''^2 - 4s\,y'\,y''' + c\,y'''' & &= -3s_0^3 + c_2^0\,s_0
\end{aligned}$$

Damit: $y(\pm 0.1) = 0{,}002501804 + y_0 = 30{,}143343°$

$y(\pm 0{,}2) = 0{,}010028868 + y_0 = 30{,}574612°$.

Umrechnung auf Grad: $y'' h^2 = 0{,}5729578 \cdot \sin y = c \sin y$.

x	$y°$	$y'' h^2 = c \sin y$	$h^2 \nabla f$	$h^2 \nabla^2 f$	:12	$h^2 \nabla^3 f$	$h^2 \nabla^4 f$
— 0,2	30,574 612	0,291 441.					
— 0,1	30,143 343	287 719·	— 3 721				
0,0	30,000 000	286 479	— 1 240	2 481	207		
0,1	30,143 343	287 719·	1 240	2 480	207	— 1	
2	30,574 612	291 441.	3 721	2 481	207	+ 1	2
3	31,297 529	297 641·	6 201	2 480	207	— 1	— 2
4	32,318 293	306 316	8 675	2 474	206	— 6	— 5
0,5	33,645 578	0,317 450	11 134	2 459	205	— 15	— 9
6	35,290 515	331 011.	13 561	2 427	202	— 32	— 17
7	37,266 660	346 941.	15 930	2 369	197	— 58	— 26
8	39,589 935	365 139·	18 199	2 269	189	— 100	— 42
9	42,278 525	385 449	20 310	2 111	176	— 157	— 57
1,0	45,352 720	0,407 629	22 180	1 870	156	— 241	— 84

Die Quadraturfehler $-h^2 \nabla^4 f/240$ sind bis hierhin zu vernachlässigen, so daß die y-Werte, von Abrundungsfehlern abgesehen, als genau gelten können. Später, zwischen $x = 2$ und 3, steigen die 4. Differenzen auf 1300 Einheiten der letzten Stelle an; man wird dann die Rechnung mit einer Stelle weniger weiterführen.

2. Beispiel: Differentialgleichung dritter Ordnung:

$$y''' = -y\,y'.$$

Anfangsbedingung: $y = y' = 0, \quad y'' = 1 \quad \text{für} \quad x = 0.$

Zur Näherungsrechnung werden die beiden ersten Formeln von (40) gebraucht; die Werte von y'' werden nicht benötigt. Anlaufwerte wieder am einfachsten aus einer Reihenentwicklung:

$$\begin{aligned}
y''' &= -y\,y' &&= 0\\
y'''' &= -y'^2 - y\,y'' &&= 0\\
y^{\mathrm{V}} &= -3y'\,y'' - y\,y''' &&= 0\\
y^{\mathrm{VI}} &= -3y''^2 - 4y'\,y''' - y\,y'''' &&= -3\\
y^{\mathrm{VII}} &= -10y''\,y''' - 5y'\,y'''' - y\,y^{\mathrm{V}} &&= 0\\
y^{\mathrm{VIII}} &= -10y'''^2 - 15y''\,y'''' - 6y'\,y^{\mathrm{V}} - y\,y^{\mathrm{VI}} &&= 0\\
y^{\mathrm{IX}} &= -35y'''\,y'''' - 21y''\,y^{\mathrm{V}} - 7y'\,y^{\mathrm{VI}} - y\,y^{\mathrm{VII}} &&= 0
\end{aligned}$$

$$y(x) \approx \tfrac{1}{2}x^2 - \tfrac{1}{240}x^6$$

x	y	y'	y''
± 0,1	0,004 999 996	± 0,099 999 750	0,999 9875
± 0,2	0,019 999 733	± 0,199 992 000	0,999 8000

Damit beginnt die folgende Rechnung:

x	y	$y'h = v$	$-0{,}01\,y\,v = y'''h^3$	∇	∇^2	:12	∇^3	∇^4
− 0,2	0,019 9997	− 0,019 9992	+ 0,000 0040					
− 0,1	0,005 0000	− 0,010 0000	+ 5	− 35				
0,0	0	0	0	− 5	30	3		
0,1	0,005 0000	+ 0,010 0000	− 0,000 0005	− 5	0	0	− 30	
2	19 9997	19 9992	− 40	− 35	− 30	− 3	− 30	0
3	44 9968·	29 9939	− 135	− 95	− 60	− 5	− 30	0
4	79 9827.	39 9743	− 320	− 185	− 90	− 8	− 30	0
0,5	0,124 9344	0,049 9217	− 0,000 0624	− 304	− 119	− 10	− 29	1
6	179 8049	59 8055	− 1075	− 451	− 147	− 12	− 28	1
7	244 5092	69 5803	− 1701	− 626	− 175	− 15	− 28	0
8	318 9084	79 1833	− 2525	− 824	− 198	− 17	− 23	5
9	402 7913	88 5320	− 3566	− 1041	− 217	− 18	− 19	4
1,0	0,495 8534.	0,097 5222	− 0,000 4836	− 1270	− 229	− 19	− 12	7

Die Schwankungen in den 4. Differenzen bewegen sich im Rahmen der Abrundungsfehler. Auch in der weiteren Rechnung bis $x = 3{,}0$ gehen diese Differenzen dem Betrage nach nicht über 60 Einheiten der letzten Stelle hinaus. Schrittweite h und Stellenzahl sind also richtig aufeinander abgestimmt, der Quadraturfehler bleibt immer unter einer Einheit der letzten Stelle.

Bei formelmäßig gegebenen Differentialgleichungen von genügend einfacher Bauart empfehlen sich wieder Integrationsformeln mit Ableitungen der Funktion f, z. B. die folgenden für Differentialgleichungen zweiter Ordnung:

Interpolationsformel:

$$\begin{aligned} y_{n+1} &= 2y_n - y_{n-1} + \frac{h^2}{15}(2f_{n-1} + 11f_n + 2f_{n+1}) + \\ &\quad + \frac{h^3}{40}(f'_{n-1} - f'_{n+1}) \\ &= 2y_n - y_{n-1} + \frac{0{,}2h^2}{3}(2f_{n-1} + 11f_n + 2f_{n+1} + \\ &\quad + 0{,}375h\,f'_{n-1} - 0{,}375h\,f'_{n+1}) \end{aligned} \quad . \quad (42)$$

Extrapolationsformel:

$$\tilde{y}_{n+1} = 3y_n - 3y_{n-1} + y_{n-2} + \frac{h^3}{2}(f'_{n-1} + f'_n) \quad . \quad (43)$$

Das Fehlerglied der Interpolationsformel ist von der Ordnung $h^8 f^{\mathrm{VI}}$, das der Extrapolationsformel ist $h^7 f_0^{\mathrm{V}}/240 + \cdots$; auch hier ist also bereits die Extrapolationsformel sehr genau.

Anlaufrechnung: *1. Rohwert und Verbesserung von* y_1:

$$\tilde{y}_1 = y_0 + y'_0 h + \tfrac{1}{2}h^2 f_0 + \tfrac{1}{6}h^3 f'_0. \quad [1]$$

$$y_1 = y_0 + y'_0 h + \frac{h^2}{20}(7f_0 + 3f_1) + \frac{h^3}{60}(3f'_0 - 2f'_1). \quad [2]$$

2. Rohwert und Verbesserung von y_2:

$$\tilde{y}_2 = 2y_1 - y_0 + \tfrac{1}{2}h^2(f_0 + f_1) + \tfrac{1}{6}h^3(f'_0 + 2f'_1). \quad [3]$$

$$y_2 = 2y_1 - y_0 + \cdots. \quad (27)$$

3. Nachverbesserung von y_1 *und* y_2:

$$\begin{aligned} y_1 = y_0 + y'_0 h + \frac{h^2}{42}[&13f_0 + 7f_1 + f_2 \\ &+ h(1{,}475f'_0 - 3{,}2f'_1 - 0{,}275f'_2)]. \end{aligned} \quad [4]$$

$$y_2 = 2y_1 - y_0 + \cdots. \quad (27)$$

Es werden stets abwechselnd verbessert die Ordinaten y_i und die zugehörigen Funktionswerte f_i und f'_i. Nach 3. nimmt die normale Rechnung mit Berechnung und Verbesserung von y_3 ihren Fortgang.

Außer den y-Werten sind laufend auch die y'-Werte (bzw. $y'h$) nach den Formeln aus § 26.5 für Differentialgleichungen erster Ordnung zu berechnen.

Ähnliche Formeln lassen sich natürlich auch für drei- und mehrfache Integration zur Behandlung von Differentialgleichungen 3. und höherer Ordnung aufstellen, am einfachsten auf die in § 13.8, S. 248/49 angedeutete Weise eines Ansatzes unter Verwendung von Taylor-Entwicklungen für Funktionswerte und Integralwerte. Die Durchführung darf für den Bedarfsfall dem Leser überlassen werden.

§ 27. Das Runge-Kutta-Verfahren

27.1 Verfahren für Differentialgleichungen erster Ordnung

Auf ganz anderer Grundlage als die Differenzenverfahren beruht das Verfahren von RUNGE und KUTTA, das sich immer wieder als zuverlässig und einfach in der Handhabung bewährt hat. Es arbeitet ohne Iteration und ohne Anlaufrechnung, und es erlaubt insbesondere mühelos Abändern der Schrittweite h, was oft wesentlich und bei den Differenzenverfahren stets mit mancherlei Umständlichkeiten verbunden ist. Diesen Vorteilen steht als Nachteil gegenüber, daß der Funktionswert f innerhalb eines Schrittes viermal berechnet werden muß gegenüber zwei- bis dreimal bei der Iteration im Differenzenverfahren; dafür darf man die Schrittweite etwas größer bemessen. — Das Verfahren für Gleichungen erster Ordnung ist zuerst von RUNGE[1] als Verallgemeinerung der für die reine Quadraturaufgabe bewährten SIMPSON-Regel auf den Fall der Differentialgleichung aufgestellt und wenig später von KUTTA[2] systematisch ausgebaut und verallgemeinert worden. Unter mehreren von KUTTA angegebenen Formeln hat sich heute besonders ein Formelsatz eingebürgert, der sich durch bequeme Rechentechnik und hohe Genauigkeit auszeichnet. Durch die besondere Rechenvorschrift gelingt es, einen Abgleich der TAYLOR-Glieder bis zum Gliede vierter Ordnung einschließlich herbeizuführen. Der Quadraturfehler ist also von der Ordnung h^5. Sein Aufbau ist allerdings nicht mehr einfach, so daß Fehlerabschätzungen nur schwer durchführbar sind. KUTTA hat auch gezeigt, daß eine weitere Genauigkeitssteigerung auf diesem Wege für Gleichungen erster Ordnung nicht mehr möglich ist[3].

Das Verfahren sei zunächst nach seinem äußeren Ablauf beschrieben. Gegeben sei die Differentialgleichung

$$\boxed{y' = f(x, y)}\,, \tag{1}$$

von der wir wieder annehmen wollen, daß f stetig und beschränkt sei und einer LIPSCHITZ-Bedingung genüge, daß also die für das einwandfreie Arbeiten der Näherungsverfahren kritische Größe $|f_y|$ beschränkt sei. Gesucht sei die Lösung zu einer Anfangsbedingung x_0, y_0. Ausgehend von diesem Anfangspunkt, den wir mit Rücksicht auf das

---

[1] RUNGE, C.: Math. An. Bd. 46 (1895) S. 167—178.

[2] KUTTA, W.: Z. Math. Phys. Bd. 46 (1901) S. 435—453.

[3] Vgl. aber FEHLBERG, E.: Z. angew. Math. Mech. Bd. 38 (1958) S. 421—426; Bd. 40 (1960) S. 252—259, 449—455.

Folgende auch mit dem Index I versehen, also

$$\boxed{\begin{aligned} x_{\mathrm{I}} &= x_0 \\ y_{\mathrm{I}} &= y_0 \end{aligned}}\,, \tag{Ia}$$

berechnet man nach der Differentialgleichung die zugehörige Steigung y'_{I} bzw. den hieraus durch Multiplikation der mit Schrittweite h hervorgehenden auf h bezogenen y-Zuwachs, der mit k_{I} bezeichnet sei:

$$\boxed{\begin{aligned} y_{\mathrm{I}}' &= f(x_{\mathrm{I}},\, y_{\mathrm{I}}) = f_{\mathrm{I}} \\ k_{\mathrm{I}} &= f_{\mathrm{I}}\, h \end{aligned}}\,. \tag{Ib}$$

Mit dieser Steigung geht man geradlinig weiter, und zwar bis zur Schrittmitte, also bis zu den Werten

$$\boxed{\begin{aligned} x_{\mathrm{II}} &= x_0 + \tfrac{1}{2}\, h \\ y_{\mathrm{I}} &= y_0 + \tfrac{1}{2}\, k_{\mathrm{I}} \end{aligned}}\,. \tag{IIa}$$

Zu diesem vorläufigen Wertesatz errechnet man wiederum nach der Differentialgleichung die zugehörige Steigung y'_{II} bzw. den zugehörigen (auf den ganzen Schritt h bezogenen) y-Zuwachs k_{II} nach

$$\boxed{\begin{aligned} y'_{\mathrm{II}} &= f(x_{\mathrm{II}},\, y_{\mathrm{II}}) = f_{\mathrm{II}} \\ k_{\mathrm{II}} &= f_{\mathrm{II}}\, h \end{aligned}}\,. \tag{IIb}$$

Hiermit geht man abermals vom Anfangspunkt aus und noch einmal nur bis zur Schrittmitte, also zu den Werten

$$\boxed{\begin{aligned} x_{\mathrm{III}} &= x_{\mathrm{II}} = x_0 + \tfrac{1}{2}\, h \\ y_{\mathrm{III}} &= y_0 + \tfrac{1}{2}\, k_{\mathrm{II}} \end{aligned}}\,. \tag{IIIa}$$

Wiederum berechnet man hierzu nach der Differentialgleichung Steigung y'_{III} bzw. Zuwachs k_{III} nach

$$\boxed{\begin{aligned} y'_{\mathrm{III}} &= f(x_{\mathrm{III}},\, y_{\mathrm{III}}) = f_{\mathrm{III}} \\ k_{\mathrm{III}} &= f_{\mathrm{III}}\, h \end{aligned}} \tag{IIIb}$$

und geht damit ein drittes Mal vom Anfangspunkt aus, diesmal aber bis zum Schrittende, also zu den Werten

$$\boxed{\begin{aligned} x_{\mathrm{IV}} &= x_0 + h \\ y_{\mathrm{IV}} &= y_0 + k_{\mathrm{III}} \end{aligned}}\,, \tag{IVa}$$

zu denen ein viertes Mal Steigung y'_{IV} bzw. Zuwachs k_{IV} berechnet wird:

$$\boxed{\begin{aligned} y'_{\mathrm{IV}} &= f(x_{\mathrm{IV}},\, y_{\mathrm{IV}}) = f_{\mathrm{IV}} \\ k_{\mathrm{IV}} &= f_{\mathrm{IV}}\, h \end{aligned}}\,. \tag{IVb}$$

Aus den so errechneten vier vorläufigen Steigungswerten bzw. den vier k-Werten k_J wird nun ein *Mittelwert* k derart gebildet, daß der damit errechnete endgültige Näherungswert $y_1 = y_0 + k$ an der Stelle $x_1 = x_0 + h$ mit der wahren Lösung $y(x_1)$ an dieser Stelle bei TAYLOR-Entwicklung von x_0 aus in möglichst vielen h-Potenzen übereinstimmt. Dieser Mittelwert lautet

$$\boxed{\begin{aligned} k &= \tfrac{1}{6}(k_{\mathrm{I}} + 2k_{\mathrm{II}} + 2k_{\mathrm{III}} + k_{\mathrm{IV}}) \\ &= \tfrac{1}{3}\left[\tfrac{1}{2}(k_{\mathrm{I}} + k_{\mathrm{IV}}) + k_{\mathrm{II}} + k_{\mathrm{III}}\right] \end{aligned}} \qquad (2)$$

und mit ihm das endgültige Wertepaar

$$\boxed{\begin{aligned} x_1 &= x_0 + h \\ y_1 &= y_0 + k \end{aligned}}\,, \qquad (3)$$

das zugleich als Anfangswertepaar der nächsten gleichartigen Schrittrechnung dient.

Im Falle der reinen Quadratur $y' = f(x)$ fallen die beiden mittleren k-Werte zusammen, und man erhält den Mittelwert der SIMPSONschen Regel.

Die Rechnung wird zweckmäßig in folgendem Schema durchgeführt, das die soeben gegebene Vorschrift noch einmal zusammenfaßt:

J	x_J	y_J	$k_J = f(x_J, y_J)h$	Mittel
I	$\underline{x_0}$	$\underline{y_0}$	k_{I}	$3k$
II	$x_0 + \frac{h}{2}$	$y_0 + \frac{1}{2}k_{\mathrm{I}}$	k_{II}	k
III	$x_0 + \frac{h}{2}$	$y_0 + \frac{1}{2}k_{\mathrm{II}}$	k_{III}	
IV	$x_0 + h$	$y_0 + k_{\mathrm{III}}$	k_{IV}	
I	$\underline{x_0 + h}$	$\underline{y_1 = y_0 + k}$		

Näherungswerte im Sinne des Verfahrens sind jeweils nur die (im Schema unterstrichenen) Anfangswerte jedes Schrittes (Schrittstelle $J = I$); die übrigen (Stelle II, III, IV) sind nur Hilfswerte zur Berechnung des endgültigen Zuwachses k. Die hohe Genauigkeit des Verfahrens wird also mit der Berechnung von vier Funktionswerten erkauft, worin in der Regel der größte Arbeitsanteil steckt. Diesem unverkennbaren Nachteil steht der völlig schematische Ablauf der Rechnung gegenüber, deren zunächst etwas verwickelt anmutender Mechanismus sich dem Rechner rasch einprägt (s. Beispiel S. 420) und natürlich auch leicht für den Rechenautomaten progammierbar ist.

Ein Vergleich mit der Streckenzug-Rechnung aus § 25.5, S. 393, am gleichen Beispiel läßt die beträchtliche Genauigkeitssteigerung des RUNGE-KUTTA-Verfahrens gegenüber dem Streckenzug und auch der Trapezregel erkennen, wobei sich freilich auch der Arbeitsaufwand erhöht hat.

Beispiel. Differentialgleichung $y' = x + y$
Anfangsbedingung $y_0 = 0$ für $x_0 = 0$
Exakte Lösung $y(x) = e^x - 1 - x$
Schritt $h = 0,2$ $k_J = 0,2(x + y)$

x	y	$k_J = 0,2(x+y)$	$3k$, k	Exakt Fehler
0,0	0,0	0,0	0,064 200	0,0
1	0,0	0,02	0,021 400	0,0
1	0,01	0,022		
2	0,022	0,044 4		
0,2	0,021 400	0,044 280	0,211 254	0,021 403
3	43 540	68 708	70 418	— 3
3	55 754	71 151		
4	92 551	98 510		
0,4	0,091 818	0,098 364	0,390 866	0,091 825
5	141 000	128 200	130 289	— 7
5	155 918	131 184		
6	223 002	164 600		
0,6	0,222 107	0,164 421	0,610 245	0,222 119
7	304 318	200 864	203 415	— 12
7	322 539	204 508		
8	426 615	245 323		
0,8	0,425 522	0,245 104	0,878 192	0,425 541
9	548 074	289 615	292 731	— 19
9	570 329	294 066		
1,0	719 588	343 918		
1,0	0,718 253			0,718 282
				— 29

27.2 Genauigkeitsordnung, Schrittweite

Wir haben noch zu zeigen, daß die in den Formeln (I) bis (IV) sowie (2) und (3) enthaltene Verfahrensvorschrift den beabsichtigten TAYLOR-Abgleich bis zum Gliede mit h^4 einschließlich leistet, der Verfahrensfehler also — wie bei der SIMPSON-Regel — von der Ordnung h^5 ist, was man mit dem Symbol $O(h^5)$ ausdrückt. Dieser Nachweis wird einfach, wenn man die Entwicklung von der Schrittmitte aus durchführt[1]. Zur Vereinfachung sei noch der Koordinatenursprung in die Schrittanfangswerte verlegt: $x_0 = 0$, $y_0 = 0$. Die durch diese Anfangswerte verlaufende exakte Lösung sei mit $y(x)$, die zugehörigen Funktionswerte kurz mit $f(x)$ bezeichnet, $f(x) = f(x, y(x))$. Die Werte der Schrittmitte (Entwicklungsstelle) werden abgekürzt durch

$$y = y\left(\frac{h}{2}\right), \qquad y' = y'\left(\frac{h}{2}\right) \quad \text{usw.}$$

$$f = f\left(\frac{h}{2}, y\right), \qquad f_y = f_y\left(\frac{h}{2}, y\right) \quad \text{usw.}$$

Durch Entwicklung erhält man dann für $y(0) = 0$ und $y(h)$ an Schrittanfang und -ende

$$0 = y - \frac{h}{2}y' + \frac{h^2}{8}y'' - \frac{h^3}{48}y''' + \frac{h^4}{384}y'''' + 0(h^5),$$

$$y(h) = y + \frac{h}{2}y' + \frac{h^2}{8}y'' + \frac{h^3}{48}y''' + \frac{h^4}{384}y'''' + 0(h^5).$$

Aus der ersten dieser Gleichungen folgt

$$y = y\left(\frac{h}{2}\right) = \frac{h}{2}y' - \frac{h^2}{8}y'' + \frac{h^3}{48}y''' + 0(h^4), \tag{4}$$

aus beiden durch Subtraktion

$$y(h) = h\,y' + \frac{h^3}{24}y''' + 0(h^5). \tag{5}$$

Für den ersten k-Wert

$$k_I = h\,f(0) \tag{6}$$

ergibt TAYLOR-Entwicklung an der Schrittmitte

$$k_I = h\,y' - \frac{h^2}{2}y'' + \frac{h^3}{8}y''' + 0(h^4).$$

Damit folgt für die Abweichung Δ_{II} des vorläufigen Wertes $y_{II} = k_I/2$ vom exakten y nach (4) an der Schrittmitte:

$$\Delta_{II} = y_{II} - y = -\frac{h^2}{8}y'' + \frac{h^3}{24}y''' + 0(h^4)$$

und hieraus durch TAYLOR-Entwicklung in y-Richtung für den Funktionswert

$$f_{\mathrm{II}} = f\left(\frac{h}{2}, y_{\mathrm{II}}\right) = f + f_y\Delta_{\mathrm{II}} + \frac{1}{2}f_{yy}\Delta_{\mathrm{II}}^2 + \cdots$$

$$= f + \left(-\frac{h^2}{8}y'' + \frac{h^3}{24}y'''\right)f_y + 0(h^4),$$

also

$$k_{\mathrm{II}} = h\,f_{\mathrm{II}} = h\,f - \frac{h^3}{8}y''f_y + \frac{h^4}{24}y'''f_y + 0(h^5). \tag{7}$$

---

[1] Den auf diesem Gedanken aufgebauten nachfolgenden Beweis verdanke ich Herrn Professor Dr. K. JÖRGENS, Heidelberg.

Auf gleiche Weise erhält man wegen $y_{III} = k_{II}/2$

$$\Delta_{III} = y_{III} - y = \frac{h^2}{8} y'' - \frac{h^3}{48} y''' - \frac{h^3}{16} y'' f_y + 0(h^4),$$

$$f_{III} = f\left(\frac{h}{2}, y_{III}\right) = f + \left(\frac{h^2}{8} y'' - \frac{h^3}{48} y''' - \frac{h^3}{16} y'' f_y\right) f_y + 0(h^4),$$

also

$$k_{III} = h f_{III} = h f + \left(\frac{h^3}{8} y'' - \frac{h^4}{48} y''' - \frac{h^4}{16} y'' f_y\right) f_y + 0(h^5). \tag{8}$$

Schließlich wird wegen $y_{IV} = k_{III}$ zusammen mit (5)

$$\Delta_{IV} = y_{IV} - y(h) = -\frac{h^3}{24} y''' + \frac{h^3}{8} y'' f_y + 0(h^4),$$

$$f_{IV} = f(h, y_{IV}) = f(h) + \left(-\frac{h^3}{24} y''' + \frac{h^3}{8} y'' f_y\right) f_y + 0(h^4),$$

also

$$k_{IV} = h f_{IV} = h f(h) - \frac{h^4}{24} y''' f_y + \frac{h^4}{8} y'' f_y^2 + 0(h^5). \tag{9}$$

Wir stellen die vier k-Werte noch einmal zusammen:

$$k_I = h f(0) \tag{6}$$

$$k_{II} = h f\left(\frac{h}{2}\right) - \frac{h^3}{8} y'' f_y + \frac{h^4}{24} y''' f_y + 0(h^5) \tag{7}$$

$$k_{III} = h f\left(\frac{h}{2}\right) + \frac{h^3}{8} y'' f_y - \frac{h^4}{48} y''' f_y - \frac{h^4}{16} y'' f_y^2 + 0(h^5) \tag{8}$$

$$k_{IV} = h f(h) - \qquad - \frac{h^4}{24} y''' f_y + \frac{h^4}{8} y'' f_y^2 + 0(h^5) \tag{9}$$

Man übersieht jetzt leicht, daß im Mittelwert $k = 1/6(k_I + 2k_{II} + 2k_{III} + k_{IV})$ und somit im Endwert $y_1 = y_0 + k = k$ die höheren Ableitungen bis auf Glieder $0(h^5)$ herausfallen:

$$y_1 = \frac{h}{6}\left[f(0) + 4f\left(\frac{h}{2}\right) + f(h)\right] + 0(h^5). \tag{10}$$

Der verbleibende Ausdruck aber ist gerade der der SIMPSON-Regel, von der man weiß, daß sie bis auf Glieder $0(h^5)$ das Integral über den Funktionsverlauf $f(x) = f(x, y(x))$ von 0 bis h wiedergibt, womit endgültig

$$y_1 = y(h) + 0(h^5) \tag{11}$$

gezeigt worden ist.

Das RUNGE-KUTTA-Verfahren ist also hinsichtlich seiner Genauigkeit ein Verfahren vierter Ordnung, d. h. die Fehler sind von der Ordnung h^5. Das bedeutet, daß der Fehler bei Schrittverkleinerung sehr rasch (nämlich eben mit h^5) abnimmt, es bedeutet aber auch, woran oft nicht gedacht wird, daß er bei Schrittvergrößerung entsprechend stark zunimmt. Präzisionsverfahren wie das von RUNGE-

KUTTA zeichnen sich *bei richtiger Schrittwahl* durch hohe Genauigkeit aus, sind aber auch empfindlich gegen zu große Schrittweite. Ihre Ergebnisse werden dann genau so unbrauchbar wie die eines ganz groben Verfahrens. Bei jeder numerischen Integration von Differentialgleichungen ist daher die richtige Schrittbemessung von entscheidender Wichtigkeit. Dies trifft für das RUNGE-KUTTA-Verfahren um so mehr zu, als das Verfahren rein mechanisch arbeitet und ein Überziehen der zulässigen Schrittweite nicht, wie das Differenzenverfahren, von selbst durch zu große höhere Differenzen und auffällig langsame Konvergenz der Iterationen anzeigt. Es rächt sich stillschweigend durch eine oft erschreckende Genauigkeitseinbuße. Wieder ist es die in § 25.4 eingeführte und auch beim Differenzenverfahren benutzte *Schrittkennzahl*

$$\boxed{\varkappa = K h} \tag{12}$$

mit $K \geqq |f_y|$, die wir hier für mittlere Genauigkeitsverhältnisse etwa zu

$$\boxed{\varkappa = 0{,}1 \cdots 0{,}2} \tag{13}$$

wählen dürfen, also etwas größer als beim Differenzenverfahren, wodurch eine bestimmte *natürliche Schrittweite h* festgelegt wird.

Beim RUNGE-KUTTA-Verfahren läßt sich nun die Schrittkennzahl unmittelbar der Rechnung entnehmen und danach die Schrittgröße h laufend überwachen. Die beiden mittleren (mit h multiplizierten) Funktionswerte k_{II} und k_{III} unterscheiden sich wegen unverändertem $x_{II} = x_{III}$ lediglich auf Grund der y-Änderung, spiegeln somit die Abhängigkeit der Funktion f von y wieder. Man erhält danach $h f_y$ angenähert als Differenzenquotient, also die Schrittkennzahl zu

$$\boxed{K h \approx \left|\frac{k_{III} - k_{II}}{y_{III} - y_{II}}\right| = 2\left|\frac{k_{III} - k_{II}}{k_{II} - k_{I}}\right|}\,, \tag{14}$$

wobei die letzte Form durch Berücksichtigen der Formeln (IIa) und (IIIa) für y_{II} und y_{III} entsteht. Kleine Schrittkennzahl bedeutet angenähertes Übereinstimmen der beiden mittleren k-Werte im Verhältnis zu den größeren Unterschieden gegenüber den benachbarten Werten k_I und k_{IV}. Schon ein flüchtiger Blick auf die Zahlenrechnung läßt meistens erkennen, ob die Rechnung noch „gesund" ist; vgl. dazu auch das Beispiel am Schluß von § 27.1, wo sich nach (14) die Schrittkennzahl konstant zu 0,2 ergibt, entsprechend $f_y = 1 =$ konst. — An Stelle von k_{II} und k_{III} kann man natürlich auch die beiden Werte k_{IV} am Ende des alten und $\overline{k}_I$ am Anfang des neuen Schrittes benutzen, die gleichfalls angenähert übereinstimmen sollen.

Mit Hilfe der Kenngröße $\varkappa = K h$ ist eine automatische Schrittsteuerung durchführbar, etwa nach folgender Vorschrift:

Falls $0{,}05 < \varkappa < 0{,}15$: Beibehalten von h,

falls $\varkappa \geqq 0{,}15$: Halbieren von h,

falls $\varkappa \leqq 0{,}05$: Verdoppeln von h.

Je nach den Genauigkeitsansprüchen kann man die Grenzen nach oben oder unten verschieben, die obere aber tunlichst nicht über 0,3.

Eine echte Fehlerabschätzung stößt beim RUNGE-KUTTA-Verfahren auf beträchtliche Schwierigkeiten und wird daher selten durchgeführt[1]. Der Fehler ist zwar von der Ordnung h^5, er ist aber nicht proportional zu y^{V}, wie dies in erster Näherung bei den Verfahren gleicher Genauigkeitsstufe des vorigen Paragraphen der Fall ist. Er verschwindet daher auch nicht, wenn die höheren Ableitungen verschwinden, wie man etwa an dem Beispiel $y' = 2y/x$, $x_0 = y_0 = 1$ mit der exakten Lösung $y = x^2$ vorführen kann, wo die Ableitungen von y''' an ja verschwinden.

Nichtsdestoweniger kann man über die Fehlergröße wenigstens angenäherte Aussagen machen, indem man die Rechnung etwa mit doppelter Schrittweite $2h$ wiederholt und die Ergebnisse y_h der feinen mit den Werten y_{2h} der groben Rechnung vergleicht. Voraussetzung für einigermaßen zuverlässige Aussagen ist dabei, daß auch die Schrittgröße $2h$ noch so klein ist, daß die Fehlerglieder höherer h-Potenzen gegenüber dem ersten Gliede mit h^5 mit genügender Näherung zu vernachlässigen sind. Die Schrittkennzahl der groben Rechnung sollte, um einen Anhaltspunkt zu geben, nicht über einen Wert von 0,3 bis höchstens 0,4 hinausgehen. Dann kann man sagen, daß der Fehler bei Schrittverdoppelung auf annähernd den $2^5 = 32$fachen Wert ansteigt. Da gleichzeitig zum Durchlaufen von $2h$ zwei Schritte der Feinrechnung gehören, wobei sich der Fehler angenähert verdoppelt, so ist der Fehler der Grobrechnung ungefähr 16mal so groß wie der der Feinrechnung. Der Unterschied zwischen Grob- und Feinrechnung beträgt somit angenähert das 15fache des Fehlers der Feinrechnung, so daß man für diesen erhält

$$\boxed{\delta y \approx \frac{1}{15}(y_h - y_{2h})}\,, \tag{15}$$

was man sogar als *Korrektur* der Feinwerte benutzen kann:

$$\boxed{\bar{y} = y_h + \delta y}\,. \tag{16}$$

---

[1] ALBRECHT, J: Beiträge zum Runge-Kutta-Verfahren. Z. angew. Math. Mech. Bd. 35 (1955) S. 100—110. — BIEBERBACH, L.: Z. angew. Math. Phys. Bd. 2 (1951) S. 233—248. — BUKOVICS, E: Beiträge zur numerischen Integration II. III. Mh. Math. Bd. 57 (1953), S. 333—350. Bd. 58 (1954) S. 258—265.

Zum mindesten gewinnt man auf diese Weise doch einen Anhaltspunkt für die Größe des Fehlers und zudem eine gute Kontrolle der Feinrechnung.

Für unser Beispiel aus § 27.1, $y' = x + y$, ergibt die Rechnung mit doppelter Schrittweite $h = 0{,}4$:

x	y	$k_J = 0{,}4(x+y)$	$3k$, k	Korrektur
0,0	0,0	0,0	0,275 200	0,091 733
2	0,0	0,080	91 733	91 818
2	0,040	0,096		+ 85 : 15 = 6
4	0,096	0,198 400		0,091 824
0,4	0,091 733	0,196 693	1,000 605	0,425 268
6	190 080	316 032	0,333 535	0,425 522
6	249 749	339 900		+ 254 : 15 = 17
8	431 633	492 653		0,425 539
0,8	0,425 268			

Man erkennt, wie wirksam die Korrektur selbst bei dieser schon recht gewagten Schrittgröße ($\varkappa = 0{,}4$) die Werte der Feinrechnung verbessert. Die Fehler betragen nur noch 1 bis 2 Einheiten der sechsten Stelle.

Überdies läßt sich dieses — zwar etwas aufwendige — Vorgehen auch wieder zur automatischen Schrittsteuerung benutzen, die — im Gegensatz zur Schrittbemessung nach der Schrittkennzahl $\varkappa$ — auch noch für Systeme von Differentialgleichungen anwendbar bleibt; vgl. dazu § 27.5. Nach Wahl einer Fehlertoleranz ε — z. B. eine Einheit der letzten als gesichert vorgeschriebenen Stelle — verfährt man wie folgt:

$$\begin{aligned} &\text{Falls } 0{,}15\varepsilon < |\delta y| < 10\varepsilon: && \text{Beibehalten von } h,\\ &\text{falls } |\delta y| \geqq 10\varepsilon: && \text{Halbieren von } h,\\ &\text{falls } |\delta y| \leqq 0{,}15\varepsilon: && \text{Verdoppeln von } h. \end{aligned}$$

27.3 Differentialgleichungen zweiter Ordnung: Nyström-Verfahren

Das RUNGE-KUTTA-Verfahren läßt sich auf Differentialgleichungen zweiter und höherer Ordnung ausdehnen. Für den für die Anwendungen besonders wichtigen Fall der Gleichungen zweiter Ordnung ist dies von NYSTRÖM durchgeführt worden[1]. Wir geben hier den wichtigsten Formelsatz in einer für die Zahlenrechnung besonders geeigneten Form.

[1] NYSTRÖM, E. J.: Über die numerische Integration von Differentialgleichungen. Acta Soc. Sci. fennicae Bd. 50 (1925) Nr. 13, S. 155.

Gegeben sei die Differentialgleichung zweiter Ordnung

$$\boxed{y'' = f(x, y, y')} \tag{17}$$

mit den Anfangsbedingungen

$$y = y_0, \quad y' = y_0' \qquad \text{für} \qquad x = x_0. \tag{18}$$

Hierzu errechnet sich nach der Differentialgleichung die Anfangswölbung

$$y_0'' = f(x_0, y_0, y_0') = f_0, \tag{19}$$

womit dann die groben Näherungswerte

$$\left.\begin{aligned} \tilde{y}_1 &= y_0 + y_0' h + k_0 \\ \tilde{y}_1' h &= \qquad y_0' h + 2k_0 \end{aligned}\right\} \quad \text{mit} \quad k_0 = f_0 \frac{h^2}{2} \tag{20}$$

eines Parabelzuges bestimmbar wären, vgl. § 25.6, S. 394.

Nach RUNGE-KUTTA-NYSTRÖM verfährt man nun ganz ähnlich wie im Falle der Gleichung erster Ordnung: Mehrfaches Vortastenvom Schrittanfang aus auf Parabelbögen verschiedener, jeweils konstanter Wölbung, und zwar wiederum zweimal bis zur Schrittmitte, ein letztes Mal bis zum Schrittende, und danach Bilden zweier Mittelwerte k und $2k'$ aus vier vorläufigen Funktionswerten $k_J = f_J h^2/2$ $(J = \text{I, II, III, IV})$ zur Berechnung der beiden endgültigen Näherungswerte y_1 und $y_1' h$ an der Stelle $x_1 = x_0 + h$ nach einer zu (20) analogen Formel, in der k_0 bzw. $2k_0$ zu ersetzen ist durch die besagten Mittelwerte k und $2k'$. Man erreicht damit wieder einen Abgleich der TAYLOR-Glieder bis zur vierter Ordnung einschließlich, und zwar sowohl für y als auch für y'.

Wir fassen die Rechenvorschrift gleich zusammen zu folgendem Formelsatz:

$$\left.\begin{aligned} x_{\mathrm{I}} &= x_0 \\ y_{\mathrm{I}} &= y_0 \\ y_{\mathrm{I}}' h &= y_0' h \end{aligned}\right| \begin{aligned} y_{\mathrm{I}}'' &= f(x_{\mathrm{I}}, y_{\mathrm{I}}, y_{\mathrm{I}}') = f_{\mathrm{I}} \\ k_{\mathrm{I}} &= f_{\mathrm{I}}\, h^2/2 \end{aligned} \tag{I}$$

$$\left.\begin{aligned} x_{\mathrm{II}} &= x_0 + h/2 \\ y_{\mathrm{II}} &= y_0 + \tfrac{1}{2} y_0' h + \tfrac{1}{4} k_{\mathrm{I}} \\ y_{\mathrm{II}}' h &= y_0' h + k_{\mathrm{I}} \end{aligned}\right| \begin{aligned} y_{\mathrm{II}}'' &= f(x_{\mathrm{II}}, y_{\mathrm{II}}, y_{\mathrm{II}}') = f_{\mathrm{II}} \\ k_{\mathrm{II}} &= f_{\mathrm{II}}\, h^2/2 \end{aligned} \tag{II}$$

$$\left.\begin{aligned} x_{\mathrm{III}} &= x_{\mathrm{II}} \\ y_{\mathrm{III}} &= y_{\mathrm{II}} \\ y_{\mathrm{III}}' h &= y_0' h + k_{\mathrm{II}} \end{aligned}\right| \begin{aligned} y_{\mathrm{III}}'' &= f(x_{\mathrm{III}}, y_{\mathrm{III}}, y_{\mathrm{III}}') = f_{\mathrm{III}} \\ k_{\mathrm{III}} &= f_{\mathrm{III}}\, h^2/2 \end{aligned} \tag{III}$$

$$\left.\begin{aligned} x_{\mathrm{IV}} &= x_0 + h \\ y_{\mathrm{IV}} &= y_0 + y_0' h + k_{\mathrm{III}} \\ y_{\mathrm{IV}}' h &= y_0' h + 2k_{\mathrm{III}} \end{aligned}\right| \begin{aligned} y_{\mathrm{IV}}'' &= f(x_{\mathrm{IV}}, y_{\mathrm{IV}}, y_{\mathrm{IV}}') = f_{\mathrm{IV}} \\ k_{\mathrm{IV}} &= f_{\mathrm{IV}}\, h^2/2 \end{aligned} \tag{IV}$$

Nach Vorliegen der vier vorläufigen Funktionswerte k_I bis k_{IV} folgen die beiden Mittelbildungen

$$\boxed{\begin{aligned} k &= \tfrac{1}{3}(k_I + k_{II} + k_{III}) \\ 2k' &= \tfrac{1}{3}(k_I + 2k_{II} + 2k_{III} + k_{IV}) \end{aligned}} \tag{21}$$

und mit ihnen die Berechnung der beiden endgültigen Näherungswerte an der Stelle $x_1 = x_0 + h$:

$$\boxed{\begin{aligned} y_1 &= y_0 + y_0' h + k \\ y_1' h &= y_0' h + 2k' \end{aligned}} . \tag{22}$$

Zu beachten ist, daß der Wert k_{II} nur zur Berechnung des Steigungswertes $y'_{III} h$ benutzt wird, nicht dagegen für y_{III}, welches unverändert als y_{II} übernommen wird. Das Bild des Vortastens auf Parabelbögen ist also nicht ganz wörtlich zu nehmen. Auf die Herleitung der Formeln gehen wir nicht ein.

Kurz zusammengefaßt finden sich die Formeln in folgendem Rechenschema, wo $y'h$ mit v abgekürzt ist:

J	x_J	y_J	$y'_J h = v_J$	$k_J = f_J \frac{h^2}{2}$	Mittel
I	x_0	y_0	v_0	k_I	k
II	$x_0 + \frac{h}{2}$	$y_0 + \frac{1}{2} v_0 + \frac{1}{4} k_I$	$v_0 + k_I$	k_{II}	$2k'$
III	$x_0 + \frac{h}{2}$	$y_0 + \frac{1}{2} v_0 + \frac{1}{4} k_I$	$v_0 + k_{II}$	k_{III}	
IV	$x_0 + h$	$y_0 + v_0 + k_{III}$	$v_0 + 2k_{III}$	k_{IV}	
I	$\underline{x_1 = x_0 + h}$	$\underline{y_1 = y_0 + v_0 + k}$	$\underline{v_1 = v_0 + 2k'}$		

Näherungswerte im Sinne des Verfahrens sind wieder nur die im Schema unterstrichenen Werte auf der Schrittstelle I. Zu den im Schema aufgeführten Spalten treten in der Regel noch Hilfsspalten zur Berechnung der Funktionswerte $k_J = k(x_J, y_J, v_J)$, wobei man die Differentialgleichung zweckmäßig so abändert, daß alle h-Potenzen eingearbeitet werden, vgl. die Zahlenbeispiele. Die Bildung von y_{II} geschieht mit der Rechenmaschine durch Zusammenlaufenlassen der mit den Faktoren 1, 0,5, 0,25 multiplizierten Komponenten y_0, v_0, k_I.

In Sonderfällen ergeben sich Vereinfachungen. Ist die Differentialgleichung unabhängig von y, also $y'' = f(x, y')$, so werden die Zwischenwerte $y_{II} = y_{III}$ und y_{IV} nicht benötigt, und die entsprechenden Plätze im Schema bleiben leer, vgl. das nachfolgende Beispiel 1. Ist die Gleichung unabhängig von y',

$$y'' = f(x, y), \tag{17a}$$

was in den Anwendungen recht oft vorkommt, so bleiben die gleichen Plätze in der v-Spalte leer. Zugleich aber fallen dann die beiden mittleren Zeilen II, III zu einer einzigen zusammen, das Gesamtschema reduziert sich auf nur drei Zeilen und lautet, unter Abänderung der Nummer IV in III:

J	x_J	y_J	$y'_J h = v_J$	$k_J = f_J \frac{h^2}{2}$	Mittel
I	x_0	y_0	v_0	k_{I}	k
II	$x_0 + \frac{h}{2}$	$y_0 + \frac{1}{2} v_0 + \frac{1}{4} k_{\mathrm{I}}$		k_{II}	$2k'$
III	$x_0 + h$	$y_0 + v_0 + k_{\mathrm{II}}$		k_{III}	
I	$x_0 + h$	$y_1 = y_0 + v_0 + k$	$v_1 = v_0 + 2k'$		

Die Mittelwerte sind dabei entsprechend abzuändern in

$$\boxed{\begin{aligned} k &= \tfrac{1}{3}(k_{\mathrm{I}} + 2k_{\mathrm{II}}) \\ 2k' &= \tfrac{1}{3}(k_{\mathrm{I}} + 4k_{\mathrm{II}} + k_{\mathrm{III}}) \end{aligned}} \,. \tag{21a}$$

Die Anzahl der zu berechnenden Funktionswerte k_J geht von vier auf drei zurück, eine höchst willkommene Vereinfachung; vgl. Beispiel 2.

1. Beispiel: Differentialgleichung: $y'' = -x y' = f(x, y')$.

Anfangsbedingungen: $y_0 = 0, \quad y'_0 = 1$ für $x_0 = 0$.

Exakte Lösung: $y(x) = \int\limits_0^x e^{-x^2/2}\, dx$.

Umgeschriebene Differentialgleichung:

$$k_J = y''_J \frac{h^2}{2} = -\frac{h}{2} x_J y'_J h = -\frac{h}{2} x_J v_J .$$

Schrittweite: $h = 0{,}2$.

x	y	$y' h = v$	$k_J = -0{,}1\, x v$	k, $2k'$
0,0	0,000 0000	0,200 0000	0	— 0,001 3267
1		200 0000	— 0,002 0000	— 3 9603
1		198 0000	— 1 9800	
2		196 0400	— 3 9208	
0,2	0,198 6733	0,196 0397	— 0,003 9208	— 0,005 1309
3		192 1189	— 5 7636	— 11 4165
3		190 2761	— 5 7083	
4		184 6231	— 7 3849	
0,4	0,389 5821	0,184 6232		

Rechnung mit doppelter Schrittweite:

x	y	$y'h = v$	$k_J = 0{,}2\,x\,v$	k, $2k'$
0,0	0	0,400 0000	0	— 0,010 4533
2		400 0000	— 0,016 0000	— 30 7541
2		384 0000	— 15 3600	
4		369 2800	— 29 5424	
0,4	0,389 5467	0,369 2459		

Korrektur:

	y	y'
$2h$	0,389 5467	0,923 115
h	389 5821	923 116
Differenz	+ 354	+ 1
: 15	+ 24	0
Korrigiert	0,389 5845	0,923 116
Exakt	0,389 58453	0,923 1163

Die hohe Genauigkeit der Näherungswerte ist hier darauf zurückzuführen, daß die Schrittweite verhältnismäßig klein ist. Maßgebend dafür ist hier $f_{y'} = -x$, dessen Betrag hier anfangs klein ist. Für $x > 1$ müßte die Schrittweite reduziert werden.

2. Beispiel: Differentialgleichung: $y'' = -y = f(y)$.

Anfangsbedingungen: $y_0 = 0$, $y_0' = 1$ für $x_0 = 0$.

Exakte Lösung: $y(x) = \sin x$.

Umgeschriebene Differentialgleichung:

$$k_J = -\frac{h^2}{2}\,y_J\,.$$

Schrittweite: $h = 0{,}2$.

x	y	$y'h = v$	$k_J = -0{,}02\,y$	k, $2k'$
0,0	0	0,200 0000	0	— 0,001 3333
1	0,100 000		— 0,002 0000	— 3 9867
2	198 000		— 3 9600	
0,2	0,198 667	0,196 0133	— 0,003 9733	— 0,005 2668
3	295 680		— 5 9136	— 11 8010
4	388 766		— 7 7753	
0,4	0,389 413	0,184 2123		

Rechnung mit doppelter Schrittweite:

x	y	$y'h = v$	$k_J = -0{,}08\,y$	k, $2k'$
0,0	0	0,400 0000	0	— 0,010 6667
2	0,200 000		— 0,016 0000	— 31 5733
4	384 000		— 30 7200	
0,4	0,389 333	0,368 4267		

Korrektur:	y	y'
$2h$	0,389333	0,9210667
h	389413	9210615
Differenz	+ 80	− 52
: 15	+ 5	− 3
Korrigiert	0,389418	0,921061
Exakt	3894183	9210610

Der Schritt entspricht einer Schrittkennzahl von 0,2, vgl. das Folgende.

27.4 Systeme von Differentialgleichungen

Auch die Formeln der RUNGE-KUTTA-Rechnung lassen sich ohne weiteres auf Systeme von Differentialgleichungen anwenden. Ein System zweier Differentialgleichungen erster Ordnung für zwei von der unabhängigen Veränderlichen x abhängige Veränderliche $y(x)$ und $z(x)$ hat die Form

$$\boxed{\begin{aligned} y' &= f(x, y, z) \\ z' &= g(x, y, z) \end{aligned}} \,. \tag{23}$$

Die Anfangsbedingungen lauten

$$y = y_0, \quad z = z_0, \quad \text{für} \quad x = x_0. \tag{24}$$

Gesucht sind die diesen Anfangsbedingungen angepaßten Lösungen $y(x)$ und $z(x)$. Die Funktionen f und g seien stetig, beschränkt und eindeutig und genügen LIPSCHITZ-Bedingungen (beschränkte partielle Ableitungen nach y und z). Charakteristisch für das System ist das Auftreten beider Veränderlichen y und z in beiden Gleichungen: die Gleichungen sind *gekoppelt.*

Die RUNGE-KUTTA-Rechnung — wie übrigens jedes andere Näherungsverfahren auch — besteht aus zwei parallel laufenden, jedoch gemäß der Vorschrift der Differentialgleichungen gekoppelten Rechnungen der gewöhnlichen Art, in der laufend zwei Funktionswerte

$$\left.\begin{aligned} k_J &= f(x_J, y_J, z_J)h = f_J h \\ l_J &= g(x_J, y_J, z_J)h = g_J h \end{aligned}\right\} \tag{25}$$

an den üblichen vier Schrittstellen $J = \text{I, II, III, IV}$ errechnet und aus diesen zwei Mittelwerte k und l zur Berechnung der Endwerte y_1 und z_1 zu $x_1 = x_0 + h$ gebildet werden. Das Schema lautet also:

J	x	y	$k_J = f_J h$	z	$l_J = g_J h$	Mittel
I	x_0	y_0	k_{I}	z_0	l_{I}	k
II	$x_0 + \frac{h}{2}$	$y_0 + \frac{1}{2} k_{\text{I}}$	k_{II}	$z_0 + \frac{1}{2} l_{\text{I}}$	l_{II}	l
III	$x_0 + \frac{h}{2}$	$y_0 + \frac{1}{2} k_{\text{II}}$	k_{III}	$z_0 + \frac{1}{2} l_{\text{II}}$	l_{III}	
IV	$x_0 + h$	$y_0 + k_{\text{III}}$	k_{IV}	$z_0 + l_{\text{III}}$	l_{IV}	
I	$x_1 = x_0 + h$	$y_1 = y_0 + k$		$z_1 = z_0 + l$		

Mittelwerte:

$$\boxed{\begin{aligned} k &= \tfrac{1}{6}\,(k_{\mathrm{I}} + 2k_{\mathrm{II}} + 2k_{\mathrm{III}} + k_{\mathrm{IV}}) \\ l &= \tfrac{1}{6}\,(l_{\mathrm{I}} + 2l_{\mathrm{II}} + 2l_{\mathrm{III}} + l_{\mathrm{IV}}) \end{aligned}}\,. \tag{26}$$

Jede Differentialgleichung n-ter Ordnung läßt sich übrigens in ein System von n Gleichungen erster Ordnung umschreiben, freilich ein System, bei dem $n-1$ der Funktionen von sehr einfacher Bauart und nur eine von allgemeiner Art sind. Zum Beispiel erhält man für eine Differentialgleichung zweiter Ordnung

$$y'' = f(x, y, y') \tag{17}$$

durch die Substitution $y' = z$ das System erster Ordnung

$$\boxed{\begin{aligned} y' &= z \\ z' &= f(x,\; y, z) \end{aligned}}\,. \tag{27}$$

Gleichungen zweiter Ordnung können also auch in dieser Weise mit Hilfe des RUNGE-KUTTA-Verfahrens für Differentialgleichungen erster Ordnung behandelt werden. Neue Untersuchungen von RUTISHAUSER[1] haben nun überraschenderweise ergeben, daß eine solche Behandlung von Gleichungen höherer Ordnung in Form eines Systems erster Ordnung nach der ursprünglichen RUNGE-KUTTA-Formel einer unmittelbaren Behandlung nach dem NYSTRÖM-Verfahren oder entsprechenden Formeln für Gleichungen höherer Ordnung überlegen sein kann, indem die Formeln höherer Ordnung, obgleich von derselben Genauigkeits*ordnung* 4 wie das alte RUNGE-KUTTA-Verfahren, über längere Intervalle zu wesentlich stärkerer Fehleranhäufung neigen können, wie in der zitierten Arbeit an Zahlenbeispielen gezeigt wird.

Besonders häufig treten Systeme zweiter Ordnung auf, und zwar bei dynamischen Problemen mehrerer Freiheitsgrade in Form der Bewegungsgleichungen. Für ein System von zwei Freiheitsgraden lauten die Bewegungsgleichungen im allgemeinen Falle mit der Zeit t als unabhängiger und den Koordinaten $x = x(t)$, $y = y(t)$ als abhängigen Veränderlichen:

$$\boxed{\begin{aligned} \ddot{x} &= f(t, x, \dot{x}, y, \dot{y}) \\ \ddot{y} &= g(t, x, \dot{x}, y, \dot{y}) \end{aligned}}\,. \tag{28}$$

Gesucht sind die Lösungen $x(t)$, $y(t)$ zu den vier Anfangsbedingungen

$$x = x_0, \quad \dot{x} = \dot{x}_0, \quad y = y_0, \quad \dot{y} = \dot{y}_0 \quad \text{für} \quad t = t_0.$$

[1] RUTISHAUSER, H.: Bemerkungen zur numerischen Integration gewöhnlicher Differentialgleichungen n-ter Ordnung. Numer. Math. Bd. 2 (1960) S. 263—279.

Das Schema der Runge-Kutta-Nyström-Rechnung lautet hier mit $t_0 = 0$:

t	x	$u = \dot{x} h$	$k_J = \ddot{x} \frac{h^2}{2}$	y	$v = \dot{y} h$	$l_J = \ddot{y} \frac{h^2}{2}$
0	x_0	u_0	k_{I}	y_0	v_0	l_{I}
$\frac{h}{2}$	$x_0 + \frac{1}{2} u_0 + \frac{1}{4} k_{\mathrm{I}}$	$u_0 + k_{\mathrm{I}}$	k_{II}	$y_0 + \frac{1}{2} v_0 + \frac{1}{4} l_{\mathrm{I}}$	$v_0 + l_{\mathrm{I}}$	l_{II}
$\frac{h}{2}$	$x_0 + \frac{1}{2} u_0 + \frac{1}{4} k_{\mathrm{I}}$	$u_0 + k_{\mathrm{II}}$	k_{III}	$y_0 + \frac{1}{2} v_0 + \frac{1}{4} l_{\mathrm{I}}$	$v_0 + l_{\mathrm{II}}$	l_{III}
h	$x_0 + u_0 + k_{\mathrm{III}}$	$u_0 + 2 k_{\mathrm{III}}$	k_{IV}	$y_0 + v_0 + l_{\mathrm{III}}$	$v_0 + 2 l_{\mathrm{III}}$	l_{IV}
h	$x_1 = x_0 + u_0 + k$	$u_1 = u_0 + 2k'$		$y_1 = y_0 + v_0 + l$	$v_1 = v_0 + 2l'$	

Mittelwerte:

$$\boxed{\begin{aligned} k &= \tfrac{1}{3}(k_{\mathrm{I}} + k_{\mathrm{II}} + k_{\mathrm{III}}) \\ 2k' &= \tfrac{1}{3}(k_{\mathrm{I}} + 2k_{\mathrm{II}} + 2k_{\mathrm{III}} + k_{\mathrm{IV}}) \\ l &= \tfrac{1}{3}(l_{\mathrm{I}} + l_{\mathrm{II}} + l_{\mathrm{III}}) \\ 2l' &= \tfrac{1}{3}(l_{\mathrm{I}} + 2l_{\mathrm{II}} + 2l_{\mathrm{III}} + l_{\mathrm{IV}}) \end{aligned}} \tag{29}$$

Das Vorgehen läßt sich auf Systeme beliebig vieler Gleichungen und natürlich auch auf gemischte Systeme aus Gleichungen erster und zweiter (oder auch höherer) Ordnung ausdehnen. Zu den im Schema aufgeführten Spalten treten praktisch noch weitere Spalten zur Berechnung der Funktionswerte k und l. — Zur Bemessung der Schrittweite vgl. wieder § 27.2 und 27.5.

Beispiel.

$$\left.\begin{aligned} \ddot{x} &= -x + \dot{y} \\ \ddot{y} &= -y + \dot{x} \end{aligned}\right\} \text{ Schritt } h = 0{,}2.$$

Anfangsbedingungen:

$$\left.\begin{aligned} x &= 1, \quad & y &= 0 \\ \dot{x} &= 0, \quad & \dot{y} &= 0 \end{aligned}\right\} \text{ für } t = 0.$$

t	x	$\dot{x} h = u$	$-0{,}02x + 0{,}1v$ $\ddot{x} \frac{h^2}{2}$	y	$\dot{y} h = v$	$-0{,}02y + 0{,}1u$ $\ddot{y} \frac{h^2}{2}$	$k, 2k'$ $l, 2l'$
0,0	1,000000	0	− 0,020000	0	0	0	− 0,020000
	0,995000	− 0,020000	− 19900	0	0	− 0,002000	− 39999
	995000	− 19900	− 20100	0	− 0,002000	− 1990	− 1330
	979900	− 40200	− 19996	− 0,001990	− 3980	− 3980	− 3987
0,2	0,980000	− 0,039999	− 0,019999	− 0,001330	− 0,003987	− 0,003973	− 0,019995
	955001	− 59998	− 19896	− 4317	− 7960	− 5913	− 39983
	955001	− 59895	− 20090	− 4317	− 9900	− 5903	− 5263
	919911	− 80179	− 19978	− 11220	− 15793	− 7794	− 11800

t	x	$\dot{x}h = u$	$-0{,}02x+0{,}1v$ / $\ddot{x}\frac{h^2}{2}$	y	$\dot{y}h = v$	$-0{,}02y+0{,}1u$ / $\ddot{y}\frac{h^2}{2}$	$k, 2k'$ / $l, 2l'$
0,4	0,920006	− 0,079982	− 0,019979	− 0,010580	− 0,015787	− 0,007787	− 0,019959
	875020	− 99961	− 19858	− 20420	− 23574	− 9588	− 39890
	875020	− 99840	− 20040	− 20420	− 25375	− 9576	− 8984
	819984	− 120062	− 19894	− 35943	− 34939	− 11287	− 19134
0,6	0,820065	− 0,119872	− 0,019893	− 0,035351	− 0,034921	− 0,011280	− 0,019833
	755201	− 139765	− 19724	− 55632	− 46201	− 12864	− 39591
	755201	− 139596	− 19883	− 55632	− 47785	− 12847	− 12330
	680310	− 159637	− 19668	− 83119	− 60615	− 14301	− 25668
0,8	0,680360	− 0,159463		− 0,082602	− 0,060589		

27.5 Schrittbemessung

Auch bei Systemen von Differentialgleichungen 1. Ordnung, in die sich ja auch Gleichungen höherer Ordnung stets überführen lassen, ist die Frage der richtigen Schrittbemessung von entscheidender Wichtigkeit. Rechnungen über eine größere Anzahl von Schritten ohne eine — automatisch durchführbare — Schrittsteuerung sind praktisch wertlos, und gerade die Leichtigkeit beliebigen Schrittwechsels gibt dem Runge-Kutta-Verfahren heute eine unbestrittene Vorrangstellung gegenüber den Differenzenverfahren. Wieder hat man zwei Möglichkeiten der Schrittsteuerung, nämlich entweder die über eine laufend mitgeführte Schrittkennzahl $\varkappa$ oder die der Schätzung der Quadraturfehler durch Vergleich mit einer Rechnung doppelter Schrittweite. Während bei einzelnen Differentialgleichungen der erste Weg einfacher ist, wird er bei Systemen so aufwendig, daß hier praktisch nur der zweite übrigbleibt.

Wir zeigen das an einem System von $n = 2$ Gleichungen

$$\begin{aligned} y' &= f(x, y, z), \\ z' &= g(x, y, z), \end{aligned} \tag{30}$$

woran alles Wesentliche deutlich wird. Wir denken uns die exakten Lösungen $y(x), z(x)$ gestört in

$$\tilde{y} = y + \eta, \qquad \tilde{z} = z + \zeta.$$

Durch Entwicklung und Berücksichtigung nur der linearen Glieder in η, ζ findet man die homogen linearen Störgleichungen

$$\begin{aligned} \eta' &= f_y \eta + f_z \zeta, \\ \zeta' &= g_y \eta + g_z \zeta \end{aligned} \tag{31}$$

mit der Matrix

$$\boldsymbol{K} = \begin{pmatrix} k_{11} & k_{12} \\ k_{21} & k_{22} \end{pmatrix} = \begin{pmatrix} f_y & f_z \\ g_y & g_z \end{pmatrix} \tag{32}$$

der partiellen Ableitungen, die man praktisch durch entsprechende Differenzenquotienten ersetzt, gebildet mit vier (allgemeine n^2) zusätzlich zu berechnenden Funktionswerten

$$f(x, y^*, z), \quad f(x, y, z^*),$$
$$g(x, y^*, z), \quad g(x, y, z^*)$$

an etwas abgeänderten Argumenten y^*, z^*.

Ersatz der variablen Ableitungen k_{ij} durch Konstanten im Schritt h führt auf

$$\eta = A_1 e^{\lambda_1 x} + A_2 e^{\lambda_2 x},$$
$$\zeta = B_1 e^{\lambda_1 x} + B_2 e^{\lambda_2 x}$$

als allgemeine Lösung der Störgleichungen (31) mit den Wurzeln $\lambda_{1,2}$ der charakteristischen Gleichung

$$\det(\boldsymbol{K} - \lambda \boldsymbol{I}) = 0$$

der Matrix $\boldsymbol{K}$. Mit

$$\Lambda = \operatorname*{Max}_i |\lambda_i| \tag{33}$$

erhalten wir als Abschätzung für die Störungen am Schrittende

$$\begin{aligned} |\eta_1| &\leqq |\eta_0|\, e^{\Lambda h} \approx |\eta_0|\,(1 + \Lambda h), \\ |\zeta_1| &\leqq |\zeta_0|\, e^{\Lambda h} \approx |\zeta_0|\,(1 + \Lambda h) \end{aligned} \tag{34}$$

und somit als sinnvolle Schrittkennzahl

$$\boxed{\varkappa = \Lambda h}\,. \tag{35}$$

Der maximale Wurzelbetrag Λ läßt sich wiederum abschätzen durch eine sogenannte *Matrixnorm* $\|\boldsymbol{K}\|$ (vgl. dazu Matrizen [*24*], § 16.3)

$$\Lambda \leqq K = \|\boldsymbol{K}\| = \operatorname*{Max}_i \sum_i |k_{ij}|, \tag{36}$$

also die größte Zeilenbetragsumme der Matrix, womit (35) ersetzbar ist durch

$$\boxed{\varkappa = K h} \tag{37}$$

mit $K = \|\boldsymbol{K}\|$ aus (36).

In jedem Falle benötigt man zum Bilden einer Schrittkennzahl $\varkappa$ wenigstens die Beträge *aller* n^2 partiellen Ableitungen k_{ij} oder ersatzweise der partiellen Differenzenquotienten, was wiederum die Berechnung von n^2 *zusätzlichen* Funktionswerten an etwas abgeänderten Stellen $y^*, z^*, \ldots$ erfordert. Damit aber scheidet dieser Weg laufender Schrittüberwachung bei Systemen von Differentialgleichungen praktisch als zu aufwendig aus.

Es bleibt der Weg der näherungsweisen Schätzung der Quadraturfehler durch Parallelrechnung mit doppelter Schrittweite. Mit den früheren Bezeichnungen y_h, z_h für die Näherungswerte nach zwei Schritten mit h und y_{2h}, z_{2h} für die Werte eines Schrittes mit $2h$ korrigiert man mit

$$\delta y = \frac{1}{15}(y_h - y_{2h}), \qquad \delta z = \frac{1}{15}(z_n - z_{2h}) \tag{38}$$

zu

$$\bar{y} = y_h + \delta y, \qquad \bar{z} = z_h + \delta z. \tag{39}$$

Zur Schrittsteuerung verwenden wir dann den maximalen Betrag

$$\delta = \mathrm{Max}(|\delta y|, |\delta z|) \tag{40}$$

und führen damit an Stelle von früher $|\delta y|$ die am Schluß von 27.2 beschriebene Schrittsteuerung durch, was sich ohne weiteres auf den allgemeinen Fall eines Systems von n Gleichungen übertragen läßt.

VII. Kapitel

Differentialgleichungen. Rand- und Eigenwertaufgaben

§ 28 Einführung

28.1 Aufgabenstellung: Einfache Beispiele

Bei Differentialgleichungen zweiter und höherer Ordnung tritt außer den bisher behandelten Anfangswertaufgaben noch eine andere Aufgabenstellung auf, nämlich die der *Randwertaufgaben* sowie der damit aufs engste zusammenhängenden *Eigenwertaufgaben*. Wir betrachten etwa eine Differentialgleichung zweiter Ordnung

$$y'' = f(x, y, y'). \tag{1}$$

Während nun bei den Anfangswertaufgaben die fragliche Lösungsfunktion $y(x)$ aus der allgemeinen Lösung durch Wahl zweier Anfangsbedingungen $y = y_0$, $y' = y_0'$ für $x = x_0$, also durch Anfangsordinate und Anfangssteigung an *einer* Anfangsstelle x_0 festgelegt wird, geschieht dies bei einer Randwertaufgabe durch zwei Bedingungen an zwei getrennten Stellen, durch sogenannte *Randbedingungen* an zwei Randstellen $x = a$ und $x = b$, wobei die Lösung $y(x)$ dann in der Regel auch nur in dem von den Rändern eingeschlossenen Gebiet $a \leq x \leq b$ bestimmter (endlicher oder auch wohl unendlicher) Länge interessiert. Im einfachsten Falle hat man die Randbedingungen

$$y(a) = \alpha, \qquad y(b) = \beta, \tag{2}$$

man fordert also Anfangs- und Endordinate der Lösung $y(x)$ im Intervall (a, b), Abb. 28.1. An Stelle der Randordinaten (sogenannte erste Randwertaufgabe) lassen sich auch die Randsteigungen $y'(a)$, $y'(b)$ fordern (zweite Randwertaufgabe) oder schließlich eine Linearkombination zwischen Ordinaten und Steigungen (dritte Randwertaufgabe). Alle diese Aufgaben oder auch ihre Kombinationen treten in den Anwendungen auf.

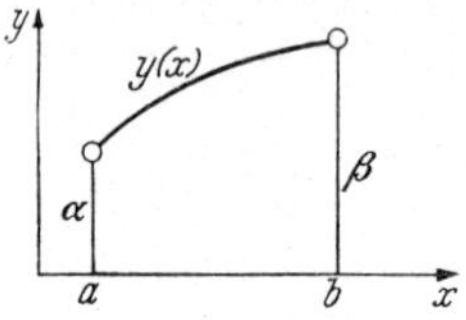

Abb. 28.1
Zur Randwertaufgabe

Ähnlich wie bei der Anfangswertaufgabe wird man bei formelmäßiger Lösung versuchen, die in der allgemeinen Lösung enthaltenen freien Integrationskonstanten aus den beiden Randbedingungen zu bestimmen und so die fragliche Sonderlösung $y(x)$ festzulegen. Prinzipiell scheint sich gegenüber der Anfangswertaufgabe damit kaum etwas geändert zu haben. Bei der Durchführung derartiger Aufgaben aber zeigt sich sehr bald, daß sie im Gegensatz zur Anfangswertaufgabe nicht mehr in jedem Falle lösbar sind. Es treten hier also neue charakteristische Schwierigkeiten auf, zu deren Überwindung besondere Überlegungen notwendig werden. Aber auch die Behandlungsmethoden, insbesondere die uns vornehmlich interessierenden Näherungsverfahren, sind von denen der Anfangswertaufgaben grundverschieden, so daß wir es hier in der Tat mit einem neuen und im übrigen höchst reizvollen Gebiet der praktischen Mathematik zu tun haben, bei dem auch theoretische Fragen mehr als bisher in den Vordergrund treten werden.

Die charakteristische Schwierigkeit des Randwertproblems sei an folgendem einfachen Beispiel erläutert.

1. Beispiel: Gegeben sei die — lineare — Differentialgleichung

$$y'' + y = 0$$

mit den Randbedingungen

$$y(0) = 1, \quad y(2) = 0.$$

Die allgemeine Lösung der Differentialgleichung ist bekanntlich

$$y = A\cos x + B\sin x.$$

Die beiden Randbedingungen führen auf die beiden Gleichungen

$$1 = A$$

$$0 = A\cos 2 + B\sin 2,$$

aus denen sich die Integrationskonstanten A und B ergeben zu

$$A = 1, \quad B = -\operatorname{cotg} 2.$$

Die gesuchte Lösung ist also

$$y = \cos x - \operatorname{cotg} 2 \cdot \sin x.$$

Aber schon wenn wir die Randbedingungen abändern in

$$y(0) = 1, \quad y(\pi) = 0,$$

versagt unser Vorgehen: die beiden Gleichungen

$$\begin{aligned} 1 &= A + B \cdot 0 \\ 0 &= -A + B \cdot 0, \end{aligned}$$

sind miteinander unverträglich; die Randwertaufgabe hat keine Lösung mehr. Ändern wir die Randbedingungen nochmals ab in

$$y(0) = 0, \quad y(\pi) = 0,$$

so erhält man die (jetzt homogenen) Gleichungen

$$\begin{aligned} 0 &= A + B \cdot 0 \\ 0 &= -A + B \cdot 0, \end{aligned}$$

und hieraus folgt $A = 0$, während B unbestimmt bleibt. Die Lösung ist also jetzt

$$y = B \sin x$$

mit beliebigem B, also eine Sinuskurve beliebiger Amplitude, die ersichtlich die geforderten Randbedingungen $y(0) = y(\pi) = 0$ für alle endlichen Amplituden B erfüllt.

Bevor wir die allgemeinen Lösbarkeitsverhältnisse linearer Randwertaufgaben näher untersuchen, seien noch einige Beispiele für nichtlineare Aufgaben angeführt.

2. Beispiel: Ein zwischen zwei Punkten x_1, y_1 und x_2, y_2 aufgehängtes schweres Seil vom Querschnitt q, spezifischen Gewicht γ und bestimmten Horizontalzug H an den Aufhängepunkten genügt der Differentialgleichung

$$y'' = \frac{\gamma q}{H} \sqrt{1 + y'^2} = \frac{1}{a} \sqrt{1 + y'^2}$$

mit den Randbedingungen

$$y(x_1) = y_1, \quad y(x_2) = y_2.$$

Mit $\xi = x/a$, $\eta = y/a$ lautet die formelmäßige Lösung

$$\eta = A + \operatorname{Cof}(\xi + B),$$

wovon man sich durch Einsetzen in die Differentialgleichung überzeugt. Die Anpassung der Integrationskonstanten A, B führt auf transzendente Gleichungen, die stets lösbar sind.

3. Beispiel: Die Differentialgleichung

$$y'' = \sin y$$

wurde in § 26.6, S. 414, als Anfangswertaufgabe mit den Anfangsbedingungen $y(0) = y_0$, $y'(0) = 0$ behandelt mit $0 < y_0 < \pi$. Die Lösung verläuft periodisch mit Vollsymmetrie (vgl. § 23.1, S. 360) um die mittlere Ordinate $y = \pi$. Die Periodenlänge — sie sei $4a$ — ist abhängig von der Anfangsordinate y_0. Fordert man nun eine Lösung mit bestimmter Periodenlänge $4a$, so hat man die Randwertaufgabe mit den Randbedingungen

$$y'(0) = 0, \quad y(a) = \pi.$$

Hier sind also Anfangssteigung und Endordinate gegeben.

Die Aufgabe ist nicht mehr elementar formelmäßig lösbar. Man kann sie mit den Näherungsmethoden für Anfangswertaufgaben behandeln, indem man mehrere Lösungen $y(x)$ mit versuchsweise gewählten Anfangswerten y_0 bei $y'(0) = 0$ durchrechnet und durch Interpolation den Wert y_0 feststellt, für den die zweite Randbedingung erfüllt ist.

28.2 Lineare Randwertaufgaben

Von besonderer Wichtigkeit sind die *linearen Randwertaufgaben*, das sind solche, bei denen sowohl die Differentialgleichung als auch die Randbedingungen linear in y und den Ableitungen sind. Weitaus die meisten der in den Anwendungen auftretenden zahlreichen Randwertaufgaben sind linear. Sie erlauben den Aufbau einer geschlossenen Theorie, in der insbesondere die Frage nach der Lösbarkeit der Aufgabe beantwortet wird. Wir beschränken uns daher in allem Folgenden ausschließlich auf lineare Rand- und Eigenwertaufgaben[1].

Das Wesentliche der Theorie tritt bereits bei der linearen Aufgabe zweiter Ordnung zutage. Die *lineare Differentialgleichung* zweiter Ordnung sei von der allgemeinen Form

$$\boxed{L[y] \equiv y'' + p(x)\,y' + q(x)\,y = r(x)}\,, \tag{3}$$

wo wir die linke Seite der Gleichung, den linearen Differentialausdruck, wie üblich mit $L[y]$ abgekürzt haben. Die Funktionen $p(x)$, $q(x)$ und $r(x)$ sind gegebene Funktionen im Intervall $a \leqq x \leqq b$. Sie mögen hier etwa endlich und wenigstens stückweise stetig sein. Die *linearen Randbedingungen*, das sind lineare Bedingungen für die Werte y und y' an den Rändern $x = a$ und $x = b$, seien von der allgemeinen Form

$$\begin{aligned} U_a[y] &\equiv \alpha_0\, y(a) + \alpha_1\, y'(a) = \alpha \\ U_b[y] &\equiv \beta_0\, y(b) + \beta_1\, y'(b) = \beta, \end{aligned} \tag{4}$$

wo wir die linearen Ausdrücke linker Hand durch $U[y]$ abgekürzt haben Die Bedingungen der in § 28.1, S. 436/37, angeführten Beispiele sind sämtlich von dieser linearen Form.

Die *Differentialgleichung* heißt homogen, wenn $r(x) \equiv 0$, andernfalls inhomogen. Die *Randbedingungen* heißen homogen, wenn $\alpha = \beta = 0$, andernfalls inhomogen. Das *Randwertproblem* selbst heißt homogen, wenn sowohl die Differentialgleichung als auch die Randbedingungen homogen sind. Wir untersuchen die Lösbarkeitsverhältnisse zuerst für den homogenen, anschließend für den inhomogen Fall.

---

[1] Über allgemeine nichtlineare Aufgaben findet man das Nötige in L. COLLATZ [3], III. Kap.

A. Homogene Randwertaufgabe

Differentialgleichung	$L[y] = 0$		(3a)
Randbedingungen	$U_\nu[y] = 0$	$\nu = a, b.$	(4a)

Die allgemeine Lösung der homogenen Differentialgleichung baut sich bekanntlich linear auf aus zwei linear unabhängigen Sonderlösungen, einem sogenannten Fundamentalsystem $y_1(x)$, $y_2(x)$ nach

$$y(x) = C_1 y_1(x) + C_2 y_2(x) \tag{5a}$$

mit den noch freien Parametern C_1, C_2 (Integrationskonstanten). Anpassen dieser allgemeinen Lösung an die beiden Randbedingungen (4a) liefert das folgende in den C_1, C_2 homogen lineare Gleichungssystem

$$\begin{aligned} C_1 U_a[y_1] + C_2 U_a[y_2] &= 0, \\ C_1 U_b[y_1] + C_2 U_b[y_2] &= 0. \end{aligned} \tag{6a}$$

Diese Gleichungen haben, wie man weiß, dann und nur dann nichttriviale Lösungen $C_i \neq 0$, wenn die Determinante

$$D = \begin{vmatrix} U_a[y_1] & U_a[y_2] \\ U_b[y_1] & U_b[y_2] \end{vmatrix} \tag{7}$$

verschwindet,

$$\boxed{D = 0}\,. \tag{8a}$$

Nur für diesen Ausnahmefall hat die homogene Randwertaufgabe überhaupt nichttriviale Lösungen $y(x) \not\equiv 0$, die überdies nur bis auf einen Faktor bestimmt sind.

B. Inhomogene Randwertaufgaben

Differentialgleichung	$L[y] = r(x)$		(3b)
Randbedingungen	$U_\nu[y] = \alpha_\nu$	$\nu = a, b;\ \alpha_\nu = \alpha, \beta.$	(4b)

Hier hat die allgemeine Lösung die Form

$$y(x) = y_0(x) + C_1 y_1(x) + C_2 y_2(x), \tag{5b}$$

wo $y_0(x)$ eine beliebige Sonderlösung der inhomogenen Differentialgleichung ist, $L[y_0] = r(x)$, während y_1, y_2 wieder ein Fundamentalsystem der homogenen Gleichung bildet, $L[y_i] = 0$, $i = 1, 2$. Einsetzen der allgemeinen Lösung (5b) in die Randbedingungen (4b) ergibt jetzt das in den C_i inhomogene Gleichungssystem

$$\begin{aligned} C_1 U_a[y_1] + C_2 U_a[y_2] &= \alpha - U_a[y_0], \\ C_1 U_b[y_1] + C_2 U_b[y_2] &= \beta - U_b[y_0]. \end{aligned} \tag{6b}$$

Wieder ist die Determinante (7) für die Lösbarkeit des Systems entscheidend. Lösungen C_i gibt es für beliebige rechte Seiten genau dann, wenn

$$\boxed{D \neq 0}, \tag{8b}$$

was die Regel sein wird, während für den Ausnahmefall $D = 0$ Lösungen nur noch für besondere rechte Seiten, im allgemeinen aber nicht existieren.

Alle Überlegungen lassen sich sogleich auf den allgemeinen Fall einer Differentialgleichung n-ter Ordnung mit n linearen Randbedingungen $U_\nu[y] = 0$ bzw. $= \alpha_\nu$ $(\nu = 1, 2. \ldots, n)$ übertragen. Maßgebend für die Lösbarkeit ist die n-reihige Determinante

$$D = \det U_\nu[y_k] \tag{9}$$

mit dem Fundamentalsystem $y_k(x)$ der homogenen Differentialgleichung. Man erhält so die folgende

Alternative: Entweder $(D \neq 0)$ ist das inhomogene Problem eindeutig lösbar; das homogene hat dann nur die triviale Lösung $y \equiv 0$. Oder $(D = 0)$ das homogene Problem hat nichttriviale Lösungen, während das inhomogene dann nur noch für besondere Randwerte, im allgemeinen aber nicht mehr lösbar ist.

28.3 Das Eigenwertproblem

Das *homogene* lineare Randwertproblem mit seiner bislang nur als Ausnahmefall erscheinenden Lösbarkeitsbedingung $D = 0$ gewinnt seine Hauptbedeutung in Form des sogenannten *Eigenwertproblems*. Hierunter versteht man ein aus Differentialgleichung und Randbedingungen bestehendes homogenes Randwertproblem, bei dem in der Differentialgleichung (und mitunter auch noch in den Randbedingungen) ein zunächst unbestimmter Parameter λ auftritt, der nun so zu wählen ist, daß die von den Randbedingungen her bestimmte Determinante D verschwindet, so daß das Problem nichttrivale Lösungen erhält. Die Lösbarkeitsbedingung $D = 0$ wird dabei zu einer Bestimmungsgleichung für den Parameter λ, deren Wurzeln, falls solche vorhanden, ganz bestimmte, dem Problem eigentümliche Parameterwerte $\lambda_1, \lambda_2, \ldots,$ die sogenannten *Eigenwerte* festlegen. Zu ihnen gehören dann nichttriviale (allerdings nur bis auf einen Faktor bestimmbare) sogenannte *Eigenlösungen* oder *Eigenfunktionen* $y_i(x)$. Praktisch wichtige Eigenwertprobleme der Anwendung sind Schwingungsaufgaben, wo die Eigenwerte den Eigenfrequenzen entsprechen, während die Eigenfunktionen die Schwingungsformen des Systems (etwa der schwingenden Saite, des schwingenden Stabes) darstellen.

Wir betrachten als einfachstes Beispiel die schwingende Saite. Die von der Zeit t und der Längenkoordinate x abhängige (als klein vorausgesetzte) Auslenkung $y = y(x, t)$ gehorcht der partiellen Differentialgleichung

$$S y'' = \varrho F \ddot{y},$$

die sich aus der von der Mechanik her bekannten Gleichung der Seilkurve $S y'' = -q(x)$ ergibt, wenn man für die Belastung $q(x)$ die D'ALEMBERTschen Trägheitskräfte $-\varrho F \ddot{y}$ setzt ($S =$ die als konstant angenommene Seilspannung, ϱ die Dichte, F der Querschnitt; Striche bedeuten Ableitungen nach x, Punkte nach t). Entsprechend der zu erwartenden Schwingungsbewegung macht man den naheliegenden Ansatz

$$y(x, t) = Y(x) \cos \omega t$$

mit einer Amplitudenfunktion $Y(x)$ und einer einstweilen noch unbekannten Kreisfrequenz ω, d. h. man betrachtet solche Bewegungen, bei denen alle Saitenteilchen synchron und phasengleich schwingen, also alle zur gleichen Zeit durch die Nulllage gehen und zur gleichen Zeit ihre Maximalauslenkung $Y = Y(x)$ annehmen. Damit wird $\ddot{y} = -\omega^2 y$, und die partielle Differentialgleichung vereinfacht sich zur gewöhnlichen linearen Differentialgleichung[1]

$$S y'' = -\varrho F \omega^2 y$$

oder bei gleichbleibendem Querschnitt $F =$ konst.:

$$\boxed{y'' = -\lambda y} \tag{10}$$

mit der Abkürzung

$$\boxed{\lambda = \frac{\varrho F}{S} \omega^2}. \tag{11}$$

Die homogene lineare Differentialgleichung (10) enthält hier den noch unbestimmten Parameter λ, proportional dem Quadrat der noch unbekannten Kreisfrequenz ω der Schwingung.

Hierzu treten noch Randbedingungen. Bei beiderseits festem Saitenende und der Saitenlänge l lauten sie

$$y(0) = 0, \qquad y(l) = 0. \tag{12}$$

Die allgemeine Lösung von (10) ist

$$y(x) = A \cos \sqrt{\lambda}\, x + B \sin \sqrt{\lambda}\, x,$$

wo nun die Integrationskonstanten A, B den Randbedingungen anzupassen sind. Die Bedingungen (12) ergeben

$$\begin{aligned} 0 &= A \cdot 1 + B \cdot 0 \\ 0 &= A \cos \sqrt{\lambda}\, l + B \sin \sqrt{\lambda}\, l. \end{aligned}$$

---

[1] Wir betrachten also weiterhin $y(x, t)$ bei festem Zeitpunkt t als $y(x)$, da uns der zeitliche Verlauf hier nicht interessiert.

aus der ersten der Gleichungen folgt $A = 0$, aus der zweiten dann

$$B \sin \sqrt{\lambda}\, l = 0.$$

Entweder ist nun $B = 0$, was auf die nicht interessierende triviale Lösung $y \equiv 0$ hinausläuft; oder aber es ist

$$\boxed{\sin \sqrt{\lambda}\, l = 0}\,, \tag{13}$$

und dies ist eine transzendente Gleichung für den Parameter λ, also für die Eigenfrequenz; es ist die *Frequenzgleichung* mit den hier sogleich angebbaren Lösungen

$$\sqrt{\lambda}\, l = n\pi \qquad (n = 1, 2, 3, \ldots)$$

oder

$$\boxed{\lambda_n = \frac{n^2 \pi^2}{l^2}} \qquad (n = 1, 2, 3, \ldots), \tag{14}$$

denen mit (11) die Eigenfrequenzen

$$\omega_n = \frac{n\pi}{l} \sqrt{\frac{S}{\varrho F}} \qquad (n = 1, 2, 3, \ldots) \tag{15}$$

entsprechen ($n = 0$ scheidet wieder als triviale Lösung aus). Das Eigenwertproblem der schwingenden Saite führt somit auf unendlich viele Eigenwerte λ_n mit den zugehörigen Eigenfunktionen

$$\boxed{y_n = B_n \sin n\pi \frac{x}{l}} \qquad (n = 1, 2, 3, \ldots). \tag{16}$$

Die Konstanten B_n bleiben dabei unbestimmt, solange nicht eine bestimmte Anfangsauslenkung ins Auge gefaßt wird, also ein Anpassen der Lösung an Anfangsbedingungen, was uns hier nicht interessieren soll.

Allgemein formuliert sich das lineare Eigenwertproblem folgendermaßen. Die Differentialgleichung enthält einen Parameter λ in linearer Form, der lineare Differentialausdruck $L[y]$ aus (3a) hat die Gestalt

$$L[y] = M[y] - \lambda\, N[y] \tag{17}$$

mit linearen Differentialausdrücken $M[y]$, $N[y]$ von stets gerader Ordnung $2m$ bzw. $2n$ mit $m > n$. Das Eigenwertproblem lautet also

$$\boxed{M[y] = \lambda\, N[y]} \tag{18}$$

mit homogenen Randbedingungen

$$\boxed{U_\mu[y] = 0} \qquad (\mu = 1, 2, \ldots, 2m). \tag{19}$$

Man vergleiche dazu die Beispiele der Tab. 6 auf S. 446/47. Die Funktionen $y_\mu(x)$ eines Fundamentalsystems der Differentialgleichung enthalten jetzt noch den Parameter λ:

$$y_\mu(x) = y_\mu(x, \lambda). \tag{20}$$

Die Randbedingungen (18) führen genauso wie früher auf ein nunmehr homogenes lineares Gleichungssystem für die Integrationskonstanten C_μ mit einer Koeffizientendeterminante D, die jetzt noch von λ abhängt. Die Bedingung für das Vorhandensein nichttrivialer Lösungen lautet somit

$$\boxed{D(\lambda) = \begin{vmatrix} U_1[y_1] & \dots & U_1[y_{2m}] \\ \dots & \dots & \dots \\ U_{2m}[y_1] & \dots & U_{2m}[y_{2m}] \end{vmatrix} = 0}\,, \tag{21}$$

eine transzendente Gleichung in λ, die *Frequenzgleichung*, deren Wurzeln $\lambda_1, \lambda_2, \dots$, falls solche vorhanden, die gesuchten *Eigenwerte* des Problems sind.

28.4 Beispiele für lineare Randwertaufgaben

a) Belastetes Seil. Seilzug $S =$ konst., Last je Längeneinheit $q = q(x)$. Gleichung der Seilkurve für kleine Auslenkung y:

$$\boxed{S y'' = -q(x)}\,. \tag{22}$$

Randbedingungen: a) fest — fest

$$\begin{aligned} y_0 &= 0 \\ y_l &= 0 \end{aligned} \tag{23}$$

b) fest — federnd

$$\begin{aligned} y_0 &= 0 \\ S y_l' &= -c y_l \quad \text{mit} \quad c > 0\,. \end{aligned} \tag{24}$$

Beide Randwertaufgaben sind stets lösbar. Denn zur homogenen Differentialgleichung $S y'' = 0$ gehört das Fundamentalsystem $y_1 = 1$, $y_2 = x$. Mit den Randbedingungen (23) erhält man die Determinante

$$D = \begin{vmatrix} 1 & 0 \\ 1 & l \end{vmatrix} = l \neq 0$$

und mit (24)

$$D = \begin{vmatrix} 1 & 0 \\ c & S + c l \end{vmatrix} = S + c l \neq 0\,.$$

Lösung der Aufgabe elementar durch zweimalige Integration, insbesondere auf graphischem Wege und Anpassen an die Randbedingungen.

b) Seil belastet und elastisch gebettet. Zur Last $q(x)$ tritt die Bettungslast $-k y$. Die Differentialgleichung lautet damit

$$\boxed{S y'' - k y = -q(x)}\,. \tag{25}$$

Es wird $k \neq 0$ vorausgesetzt. Die homogene Gleichung $S y'' - k y = 0$ hat ein Fundamentalsystem

$$\left.\begin{aligned} y_1 &= \operatorname{Cof} \alpha x \\ y_2 &= \operatorname{Sin} \alpha x \end{aligned}\right\} \quad \alpha = \sqrt{\frac{k}{S}} \neq 0\,.$$

Zur Randbedingung (23) gehört die Determinante

$$D = \begin{vmatrix} 1 & 0 \\ \mathfrak{Cof}\,\alpha l & \mathfrak{Sin}\,\alpha l \end{vmatrix} = \mathfrak{Sin}\,\alpha l ,$$

und es ist wieder $D \neq 0$ wegen $\alpha \neq 0$.

c) Balken. Mit der Biegesteifigkeit $EJ = \alpha = \alpha(x)$, dem Biegemoment M und der Belastung je Längeneinheit $q(x)$ gelten die aus der Mechanik her bekannten Gleichungen

$$\alpha y'' = -M$$
$$M'' = -q(x)$$

oder zusammengefaßt:

$$\boxed{(\alpha y'')'' = q(x)} . \qquad (26)$$

Es ist ferner die Querkraft $Q = M' = -(\alpha y'')'$.

Randbedingungen: Allgemein gilt für

Auflager: $y = 0, \quad M = -\alpha y'' = 0, \quad$ also $\quad y'' = 0$

Einspannstelle: $y = 0, \quad y' = 0$

freies Balkenende: $M = -\alpha y'' = 0, \quad Q = -(\alpha y'')' = 0,$

also $\quad y'' = 0, \quad y''' = 0$.

Federnde Lagerung: Lineare Beziehung zwischen $\alpha y''$ oder $(\alpha y'')'$ und y' oder y.

Beispiele:

$$y_0 = y_0'' = 0$$
$$y_l = y_l'' = 0$$

$$y_0 = y_0' = 0$$
$$y_l'' = y_l''' = 0$$

$$y_0'' = 0, \quad (\alpha y'')_0' = -c_1 y_0$$
$$y_l'' = 0, \quad (\alpha y'')_l' = +c_2 y_l$$

$$y_0 = 0, \quad (\alpha y'')_0 = +c_1 y_0'$$
$$y_l = 0, \quad (\alpha y'')_l = -c_2 y_l'$$

Wieder ist die Randwertaufgabe für sämtliche hier angeführten Randbedingungen eindeutig lösbar, da die Determinanten nicht verschwinden können. Die Lösung erfolgt wieder elementar durch viermalige Integration, z. B. graphisch durch zweimalige Seileckkonstruktion.

d) Balken elastisch gebettet. Zur Last $q(x)$ tritt die Bettungslast $-ky$:

$$\boxed{(\alpha y'')'' + ky = q(x)} . \qquad (27)$$

Randbedingungen wie unter c). Aufgabe wieder stets lösbar.

e) Balken mit Drucklast (Knickbiegung), Abb. 28.2. Zum Moment M_0, herrührend von der Last $q(x)$, tritt das Moment der Druckkraft $M_1 = Py$. Es gilt also

$$-\alpha y'' = M = M_1 + M_0 = Py + M_0 .$$

Durch zweimaliges Differenzieren erhält man unter Berücksichtigung von $M_0'' = -q$ und $y'' = -M/\alpha$ die Differentialgleichung

$$M'' = -\frac{P}{\alpha} M - q$$

oder mit $M = z$

$$\boxed{z'' + \frac{P}{\alpha(x)} z = -q(x)} \tag{28}$$

mit den Randbedingungen

$$z_0 = z_l = 0.$$

Dazu kommt dann die weitere Aufgabe

$$\boxed{\alpha y'' = -z(x)} \tag{29}$$

mit den Randbedingungen

$$y_0 = y_l = 0,$$

wo nach Lösen der ersten Aufgabe die Funktion $z(x)$ als bekannte rechte Seite vorliegt.

Für konstante Biegesteifigkeit $EJ = \alpha =$ konst hat man mit $P/\alpha = k^2 \neq 0$ die Differentialgleichung

$$z'' + k^2 z = -q(x).$$

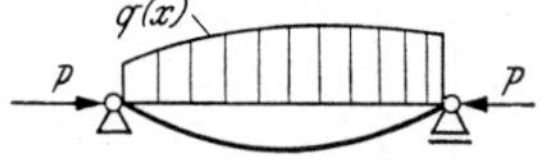

Abb. 28.2. Knickbiegung

Fundamentalsystem der homogenen Gleichung:

$$z_1 = \cos kx, \qquad z_2 = \sin kx.$$

Mit den Randbedingungen $z_0 = z_l = 0$ lautet die Determinante:

$$D = \begin{vmatrix} z_{10} & z_{20} \\ z_{1l} & z_{2l} \end{vmatrix} = \begin{vmatrix} 1 & 0 \\ \cos kl & \sin kl \end{vmatrix} = \sin kl.$$

Die Aufgabe ist lösbar, solange

$$\sin kl \neq 0,$$

also

$$\boxed{kl \neq n\pi} \qquad (n = 1, 2, 3, \ldots) \tag{30}$$

oder wegen $P = \alpha k^2$:

$$\boxed{P \neq \frac{n^2 \pi^2 EJ}{l^2}} \qquad (n = 1, 2, 3, \ldots). \tag{31}$$

Für $n = 1$ stellt die rechte Seite die bekannte EULER*sche Knicklast* dar. Das Problem hat also für beliebige Last $q(x)$ nur dann eine Lösung, solange die Druckkraft P nicht gleich einer der Knicklasten ist.

28.5 Beispiele linearer Eigenwertaufgaben

Von den soeben angeführten (inhomogenen) Randwertaufgaben für Seil und Balken gelangt man zu (homogenen) Eigenwertaufgaben, indem man die Schwingungsbewegung dieser Gebilde ohne äußere Lasten

Tabelle 6. Beispiele linearer Eigenwertaufgaben

Nr.	Problem	Differentialgleichung	Lagerung	Randbedingungen
	Saitenschwingung $\lambda = \omega^2$			
1.	frei gespannt	$-S y'' = \lambda \mu y$		$y_0 = y_l = 0$
2.	elastisch gebettet	$-S y'' + k y = \lambda \mu y$		$y_0 = y_l = 0$
3a	*Stablängsschwingung* $\alpha = EF \quad \mu = \varrho F \quad \lambda = \omega^2$	$-(\alpha y')' = \lambda \mu y$	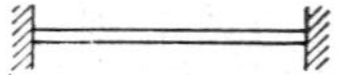	$y_0 = y_l = 0$
b				$y_0 = y_l' = 0$
c				$y_0 = 0, \quad (\alpha y')_l = \lambda m y$
4a	*Torsionsschwingung* $\alpha = G J_p \quad \lambda = \omega^2$	$-(\alpha y')' = \lambda \varrho J_p y$	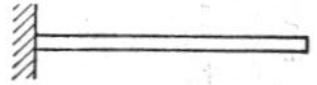	$y_0 = y_l' = 0$
b			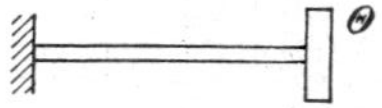	$y_0 = 0, \quad (\alpha y')_l = \lambda \Theta y_l$
5a	*Biegeschwingung*	$(\alpha y'')'' = \lambda \mu y$		$\begin{cases} y_0 = y_0'' = 0 \\ y_l = y_l'' = 0 \end{cases}$
b	$\alpha = EJ \quad \mu = \varrho F \quad \lambda = \omega^2$			$\begin{cases} y_0 = y_0' = 0 \\ y_l'' = y_l''' = 0 \end{cases}$
c				$\begin{cases} y_0 = y_0' = 0 \\ y_l = y_l'' = 0 \end{cases}$
d				$\begin{cases} y_0'' = y_l'' = 0 \\ (\alpha y'')_0' = -c_1 y_0, \ (\alpha y'')_l' = +c_2 y_l \end{cases}$
e				$\begin{cases} y_0 = y_0' = 0 \\ y_l'' = 0, \quad (\alpha y'')_l' = -\lambda m y_l \end{cases}$
				$\begin{cases} y_0 = y_0' = 0 \\ (\alpha y'')_l = \lambda \Theta y_l', \ (\alpha y'')_l' = -\lambda m y_l \end{cases}$

6.	Balken elastisch gebettet	$(\alpha y'')'' + \boldsymbol{k}\, y = \lambda \mu y$		
7.	Balken gedrückt	$(\alpha y'')'' + \boldsymbol{P}\, y'' = \lambda \mu y$		
8.	Balken vertikal mit Eigengewicht	$(\alpha y'')'' + (G y')' = \lambda \mu y$		
9a	*Knickung* $\lambda = \boldsymbol{P}$ $\alpha = EI$	$-\alpha y'' = \lambda y$		$y_0 = y_l = 0$
b				$y_0 = y'_0 = 0$
10a		$(\alpha y'')'' = -\lambda y''$		$\begin{cases} y_0 = y'_0 = 0 \\ y_l = y''_l = 0 \end{cases}$
b			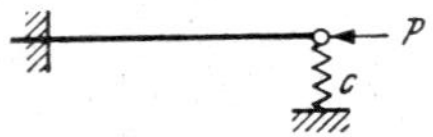	$\begin{cases} y_0 = y'_0 = 0 \\ y''_l = 0, \quad (\alpha y'')'_l = c\, y_l - \lambda y'_l \end{cases}$
c				$\begin{cases} y_0 = y'_0 = 0 \\ y_l = y'_l = 0 \end{cases}$
11.	Elastisch gebettet	$(\alpha y'')'' + \boldsymbol{k}\, y = -\lambda y''$		
12.	Vertikal mit Eigengewicht	$(\alpha y'')'' - (G y')' = -\lambda y''$	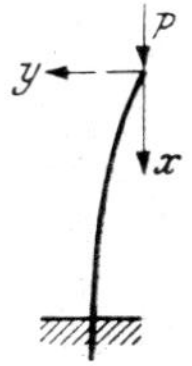	$\begin{cases} y_0 = y''_0 = 0 \\ y'_l = (\alpha y'')'_l = 0 \end{cases}$

betrachtet. An die Stelle der Last $q(x)$ tritt hierbei nach der D'ALEMBERTschen Regel die Belastung durch Trägheitskräfte

$$\boxed{q = -\mu \ddot{y} = \mu \omega^2 y = \lambda \mu y} \quad \text{mit } \lambda = \omega^2 \tag{32}$$

und mit der Masse μ je Längeneinheit, die bei veränderlichem Querschnitt noch eine Funktion von x ist, $\mu = \mu(x)$. Dabei macht man von der Beziehung

$$y = Y(x) \sin \omega t$$
$$\ddot{y} = -\omega^2 Y(x) \sin \omega t = -\omega^2 y$$

Gebrauch. Man gelangt so zu den in Tab. 6, S. 446/47 zusammengestellten Differentialgleichungen.

Außer den oben in § 28.4 angeführten Randbedingungen treten weitere Bedingungen auf, wenn an einem freien Ende des Stabes, etwa in $x = 0$, eine Endmasse m sitzt. Dann tritt hier eine Trägheitskraft $-m \ddot{y}_0 = m \omega^2 y_0 = \lambda m y_0$ auf, welche — beim Balken — die Querkraft $Q = -(\alpha y'')'$ an diesem Ende bestimmt. Es wird

$$Q = -(\alpha y'')_0 = \lambda m y_0 .$$

Damit aber tritt der Eigenwert λ außer in der Differentialgleichung auch in den Randbedingungen auf; vgl. die Beispiele Nr. 3c, 4b, 5a, f der Tab. 6.

In ähnlicher Weise ergeben sich die Gleichungen für Längs- und Torsionsschwingungen eines Stabes mit Querschnitt $F = F(x)$, Dehnsteifigkeit $EF = \alpha(x)$, Torsionssteifigkeit $GJ_p = \alpha(x)$ und Massenträgheitsmoment $\varrho J_p(x)$.

Ein weiteres wichtiges Eigenwertproblem ist die Knickaufgabe (Abb. 28.3). Hier ist das äußere Moment $M = Py = \lambda y$. Man erhält

Abb. 28.3. Knickaufgabe

Abb. 28.4. Knickaufgabe mit Lagerkräften

aus der allgemeinen Balkengleichung $\alpha y'' = -M$ die Differentialgleichung

$$\boxed{\alpha y'' = -\lambda y} . \tag{33}$$

Treten noch Momente von Lagerkräften her auf, etwa bei Lagerung nach Abb. 28.4, also

$$M = Py + Ax,$$

so beseitigt man die unbekannte Lagerkraft A durch zweimaliges Weiterdifferenzieren. Man erhält so mit $P = \lambda$ als allgemeinere Knickdifferentialgleichung

$$\boxed{(\alpha y'')'' = -\lambda y''} . \tag{34}$$

Auch hier kann es eintreten, daß der Eigenwert λ (die Knicklast) in den Randbedingungen vorkommt, vgl. Beispiel Nr. 10b der Tabelle.

§ 29 Behandlung als Anfangswertaufgabe

In neuerer Zeit sind mit dem Aufkommen elektronischer Rechenanlagen Methoden bedeutsam geworden, die früher kaum ernsthaft in Betracht gezogen wurden. Dazu gehört insonderheit die Behandlung von Rand- und Eigenwertproblemen in der Form von Anfangswertaufgaben. Durch den Einsatz von Rechenautomaten fällt die hierbei zu bewältigende oft beträchtliche rechnerische Mehrarbeit gegenüber der bemerkenswert prinzipiellen Einfachheit des Vorgehens weniger ins Gewicht, zumal auf diesem Wege auch sehr verwickelte technische Aufgaben angreifbar werden. So haben sich diese Methoden in kurzer Zeit ein weites Feld erobert. Es sei ihnen daher hier ein besonderer Abschnitt gewidmet. Wir beschränken uns dabei auf die Behandlung linearer Aufgaben, wo sich die allgemeine Lösung durch lineares Überlagern aus Einzellösungen aufbaut. Dadurch läßt sich die Aufgabe in systematischer Weise angreifen. Aus einer festen Anzahl passend gewählter Einzellösungen, die man sich nach den Methoden der Anfangswertaufgaben durch numerische (oder auch wohl formelmäßige) Integration verschafft, wird die den Randbedingungen angepaßte Lösung aufgebaut. Die Behandlung von Rand- und Eigenwertaufgaben unterscheidet sich dabei im wesentlichen lediglich durch den Umfang der zu leistenden — aber automatisch durchführbaren — Rechenarbeit.

29.1 Lineare Randwertaufgaben

Gegeben ist die lineare Differentialgleichung (DG), deren Ordnung wir als gerade annehmen und mit $2n$ bezeichnen wollen. Gegeben sind ferner $2n$ lineare Randbedingungen (RB), die sich je zur Hälfte auf Anfang ($x = a$) und Ende ($x = b$) des interessierenden Bereiches aufteilen mögen in n Anfangsrandbedingungen (ARB) und n Endrandbedingungen (ERB). Denn in dieser Form treten die Randwertaufgaben in der Regel auf. Anfang und Ende $x = a$ und b dürfen wir auch unbeschadet der Allgemeinheit zu 0 und l annehmen. Die Aufgabe lautet somit:

DG	$L[y] = r(x)$	Ordnung $2n$,	(1)
ARB	$U_\nu[y] = \alpha_\nu$	$\nu = 1, 2, \ldots, n$ für $x = 0$,	(2a)
ERB	$V_\nu[y] = \beta_\nu$	$\nu = 1, 2, \ldots, n$ für $x = l$.	(2b)

Für etwaige in den Linearausdrücken L, U, V auftretenden Koeffizientenfunktionen mögen „pathologische" Eigenschaften ausgeschlossen sein. Immerhin brauchen sie beispielsweise nur stückweise stetig zu sein. Zufolge der n ARB (2a) sind n der insgesamt $2n$ Anfangswerte (AW) $y_0, y_0', \ldots, y^{(2n-1)}$ festgelegt, während n restliche Werte noch frei bleiben (freie AW).

Für die gesuchte Lösung machen wir nun folgenden *Ansatz*:

$$y(x) = y_0(x) + C_1 y_1(x) + \cdots + C_n y_n(x). \tag{3}$$

Die hier auftretenden $n+1$ Funktionen unterwerfen wir den folgenden Bedingungen:

$$\left.\begin{array}{ll} y_0(x)\text{: erfüllt die DG} & L[y_0] = r(x), \\ \quad\text{erfüllt die ARB} & U_\nu[y_0] = \alpha_\nu,\ \nu = 1, \ldots, n, \\ \quad\text{alle freien AW} = 0 \text{ gesetzt.} & \end{array}\right\} \tag{4}$$

$$\left.\begin{array}{ll} y_i(x)\text{: erfüllen die DG} & L[y_i] = 0,\ i = 1, \ldots, n, \\ \quad\text{erfüllen die ARB} & U_\nu[y_i] = 0,\ i = 1, \ldots, n, \\ \quad\text{je eine der freien AW} = 1, \text{ die übrigen} = 0 \text{ gesetzt.} & \end{array}\right\} \tag{5}$$

Dementsprechend werden diese Funktionen durch numerische Integration der inhomogenen bzw. homogenen DG unter den angegebenen Anfangsbedingungen berechnet. Jede damit aufgebaute Lösung (3) erfüllt dann die Differentialgleichung (1) sowie die Anfangsrandbedingungen (2a). Die Konstanten C_i bestimmen sich sodann aus der Forderung der Endrandbedingungen (2b). Mit den Abkürzungen

$$V_\nu[y_i] = V_{\nu i} \qquad (\nu = 1, \ldots, n;\ i = 0, 1, \ldots, n)$$

erhalten wir für die Konstanten C_i das folgende lineare Gleichungssystem:

$$\left.\begin{array}{l} C_1 V_{11} + C_2 V_{12} + \cdots + C_n V_{1n} = \beta_1 - V_{10}, \\ C_1 V_{21} + C_2 V_{22} + \cdots + C_n V_{2n} = \beta_2 - V_{20}, \\ \cdots\cdots\cdots\cdots\cdots\cdots\cdots\cdots \\ C_1 V_{n1} + C_2 V_{n2} + \cdots + C_n V_{nn} = \beta_n - V_{n0}. \end{array}\right\} \tag{6}$$

Darin sind die Koeffizienten $V_{\nu i}$ die mit den durch numerische Integration gefundenen Endwerten $y_i(l) = y_{il}$ gebildeten Endrandausdrücke. Ist nun die Koeffizientendeterminante

$$D = \det V_{\nu i} \neq 0, \tag{7}$$

was die Regel sein wird, so lassen sich die C_i aus (6) eindeutig bestimmen. Mit ihnen und den $n+1$ numerisch vorliegenden Lösungen $y_0(x)$, $y_i(x)$ ergibt sich die gesuchte Lösung $y(x)$ der Randwertaufgabe nach (3). — Wir erläutern das Vorgehen an einem konkreten

Beispiel: Elastisch gebetteter Balken unter Last $q(x)$.

$$\text{DG:} \quad (\alpha y'')'' + k y = q(x)$$

mit Biegesteifigkeit $\alpha = EI = \alpha(x)$, Bettungsziffer $k =$ konst.

Für die numerische Integration sowie die Formulierung der RB ist ein Aufspalten der DG vierter Ordnung in ein System zweier DG zweiter Ordnung unter

Einführen des Biegemoments als neuer Variabler z zweckmäßig:

$$-\alpha y'' = z$$
$$-z'' + k y = q(x)$$

Ansatz:

$$y(x) = y_0(x) + A\, y_1(x) + B\, y_2(x)$$

$$y_0(x) = \text{Lösung der DG:} \quad \begin{aligned} \alpha y'' + z &= 0 \\ -z'' + k y &= q(x) \end{aligned}$$

$$y_i(x) = \text{Lösung der DG:} \quad \left.\begin{aligned} \alpha y'' + z &= 0 \\ -z'' + k y &= 0 \end{aligned}\right\} i = 1, 2$$

Dazu treten die der ARB der jeweiligen Aufgabe, d. h. hier der Lagerungsart am einen Balkenende entsprechenden Anfangsbedingungen, die für einige praktisch interessierende Fälle nachfolgend zusammengestellt sind:

1. Anfangsrandbedingungen (ARB)

	ARB	Freie AWe	$y_i(x)$	AWe der Einzellösungen $y_i(x)$			
				y_{i0}	y'_{i0}	z_{i0}	z'_{i0}
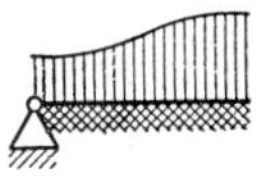	$y_0 = 0$	y'_0	y_0	0		0	
	$z_0 = 0$	z'_0	y_1		1		
			y_2				1
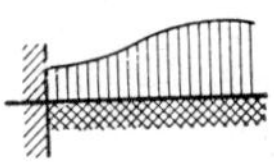	$y_0 = 0$	z_0	y_0	0	0		
	$y'_0 = 0$	z'_0	y_1			1	
			y_2				1
	$z_0 = 0$	y_0	y_0			0	0
	$z'_0 = 0$	y'_0	y_1	1			
			y_2		1		
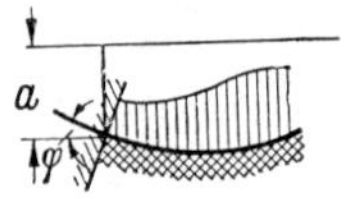	$y_0 = a$	z_0	y_0	a	φ		
	$y'_0 = \varphi$	z'_0	y_1			1	
			y_2				1
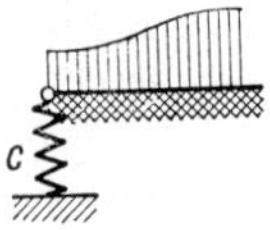	$z_0 = 0$	y_0	y_0			0	
	$z'_0 = c y_0$	y'_0	y_1	1			c
			y_2		1		
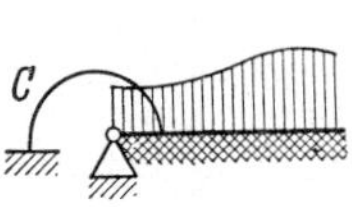	$y_0 = 0$	y'_0	y_0	0			
	$z_0 = -C y'_0$	z'_0	y_1		1	$-C$	
			y_2				1

Alle nicht ausgefüllten Plätze sind durch Nullen besetzt

	A	B	1
	y_1	y_2	y_0
y_l	a_0	b_0	c_0
y_l'	a_1	b_1	c_1
z_l	a_2	b_2	c_2
z_l'	a_3	b_3	c_3

Die drei Lösungen ergeben dreimal vier Endwerte y_{il}, y_{il}', z_{il}, z_{il}', die wir wie nebenstehend bezeichnen:

Die zum Aufbau der Endlösung $y(x)$ erforderlichen Konstanten A, B ergeben sich dann je nach den Endrandbedingungen aus folgenden Gleichungen, sofern deren Koeffizientendeterminante nicht verschwindet:

2. *Endrandbedingungen* (ERB)

	ERB	Gleichungen zur Bestimmung von A, B
	$y_l = 0$ $z_l = 0$	$a_0 A + b_0 B + c_0 = 0$ $a_2 A + b_2 B + c_2 = 0$
	$y_l = 0$ $y_l' = 0$	$a_0 A + b_0 B + c_0 = 0$ $a_1 A + b_1 B + c_1 = 0$
	$z_l = 0$ $z_l' = 0$	$a_2 A + b_2 B + c_2 = 0$ $a_3 A + b_3 B + c_3 = 0$
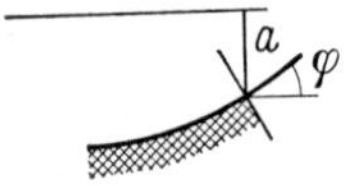 a, φ	$y_l = a$ $y_l' = \varphi$	$a_0 A + b_0 B + c_0 = a$ $a_1 A + b_1 B + c_1 = \varphi$
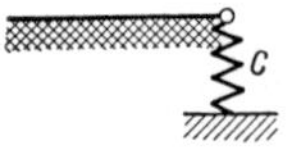 c	$z_l = 0$ $z_l' = -c\, y_l$	$a_2 A + b_2 B + c_2 = 0$ $(c\, a_0 + a_3) A + (c\, b_0 + b_3) B + (c\, c_0 + c_3) = 0$
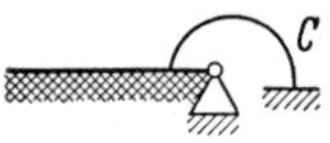 C	$y_l = 0$ $z_l = C\, y_l'$	$a_0 A + b_0 B + c_0 = 0$ $(C\, a_1 - a_2) A + (C\, b_1 - b_2) B + (C\, c_1 - c_2) = 0$

Ist die Rechnung für eine bestimmte ARB durchgeführt, so lassen sich ohne zusätzliche Mühe die verschiedensten ERB einarbeiten. Will man auch die ARB beliebig variieren, so sind dazu mehr als drei Einzellösungen erforderlich. Das dazu geeignete Hilfsmittel findet sich in Form der sogenannten Übertragungsmatrizen in § 29.3 bis 29.6.

29.2 Lineare Eigenwertaufgaben

Dies sind, wie wir wissen, homogene Randwertaufgaben, wo in der Differentialgleichung — und auch wohl in den Randbedingungen — ein zunächst noch unbestimmter Parameter λ auftritt, von welchem diejenigen Zahlenwerte, die sogenannten *Eigenwerte* λ_j des Problems gesucht sind, für die die Aufgabe nichttriviale Lösungen besitzt. Hierin liegt numerisch gegenüber der gewöhnlichen (inhomogenen) Randwertaufgabe die charakteristische Schwierigkeit: Eine numerische Integration der Differentialgleichung unter bestimmten Anfangswerten wäre erst durchführbar, wenn man einen Eigenwert $\lambda = \lambda_j$ kennen würde. Die Behandlung der Aufgabe als Anfangswertproblem besteht nun einfach darin, daß man die Rechnung mehrfach, jeweils für einen probeweise angenommenen Parameterwert λ durchführt, den man so lange abändert, bis außer den von vornherein berücksichtigten ARB auch die im allgemeinen verletzten ERB erfüllt werden. Ein solches Vorgehen hat vor allem durch die Einsatzmöglichkeit elektronischer Rechenanlagen an Bedeutung gewonnen: ein gleichbleibender und daher leicht programmierbarer Rechnungsgang ist viele Male, lediglich unter Abändern des Parameters λ durchzuführen, was bei solchen Anlagen leicht möglich ist.

Betrachten wir etwa die einfache Aufgabe einer schwingenden Saite veränderlicher Massenbelegung

$$y'' + \lambda p(x)\, y = 0$$

mit den Randbedingungen $y(0) = y(l) = 0$. Hier wird man für je einen angenommenen Zahlenwert λ die Rechnung mit den Anfangswerten $y(0) = 0$, $y'(0) = 1$ durchführen, wobei sich im allgemeinen ein von Null verschiedener Endwert, eine *Restgröße* $y(l) = a$ ergeben wird. Durch Auftragen dieser Größe über dem Parameterwert λ lassen sich dann leicht innerhalb des interessierenden λ-Bereiches die Eigenwerte λ_j als Nullstellen der Restgrößenfunktion $a = a(\lambda)$ gewinnen. Dieses *Restgrößenverfahren*, in Deutschland unter dem Namen HOLZER-TOLLE, im englischen Sprachbereich als MYKLESTAD-Verfahren bekannt, läßt sich leicht auf allgemeine lineare Eigenwertaufgaben übertragen. Mit den Bezeichnungen des vorigen Abschnittes lautet unser Problem:

DG	$L[y;\lambda] = 0$	Ordnung $2n$,	(8)
ARB	$U_\nu[y] = 0$	$\nu = 1, \ldots, n$ für $x = 0$,	(9a)
ERB	$V_\nu[y] = 0$	$\nu = 1, \ldots, n$ für $x = l$.	(9b)

Der Differentialausdruck L enthält hier den Parameter λ, $L = L[y;\lambda]$, und zwar meist in linearer Form $L[y;\lambda] = M[y] + \lambda N[y]$ mit von λ freien Differentialausdrücken M und N. Auch in einigen der Randausdrücke U_ν, V_ν kann λ vorkommen, gleichfalls meist linear. Damit hängen dann auch die Lösung $y(x)$ und ebenso die Teillösungen $y_i(x)$, aus denen wir $y(x)$ linear aufbauen, von λ ab, $y_i(x) = y_i(x;\lambda)$, jedoch keineswegs linear (z. B. $y'' + \lambda y = 0 \to y = \sin\sqrt{\lambda}\, x$). Unser Vorgehen ist nun das gleiche wie im vorigen Abschnitt.

Wir machen den *Ansatz*

$$y(x) = C_1 y_1(x) + \cdots + C_n y_n(x), \tag{10}$$

worin wir jede der Einzellösungen $y_i(x)$ folgendermaßen bestimmen:

$$\left.\begin{array}{r} y_i(x) \text{ erfüllt die DG:} \quad L[y_i; \lambda] = 0, \\ \text{erfüllt die ARB:} \quad U_\nu[y_i] = 0. \\ \text{Der } i\text{-te freie AW} = 1, \text{ alle übrigen} = 0. \end{array}\right\} \tag{11}$$

Die Konstanten C_i ergeben sich dann aus der Forderung der ERB, also dem homogenen Gleichungssystem

$$\left.\begin{array}{c} C_1 V_{11} + \cdots + C_n V_{1n} = 0 \\ \cdots\cdots\cdots\cdots\cdots \\ C_1 V_{n1} + \cdots + C_n V_{nn} = 0 \end{array}\right\} \tag{12}$$

mit den Endrandausdrücken $V_{\nu i} = V_\nu[y_i]_{x=l}$, die ebenso wie die Lösungen y_i und deren Endwerte $y_i(l)$, $y_i'(l)$, ... vom Parameter λ abhängen. Das gilt dann auch von der Koeffizientendeterminante

$$D = \begin{vmatrix} V_{11} \ldots V_{1n} \\ \cdots\cdots \\ V_{n1} \ldots V_{nn} \end{vmatrix} = D(\lambda). \tag{13}$$

Die Bedingung für das Bestehen nichttrivialer Lösungen C_i, also einer Lösung $y(x) \not\equiv 0$ lautet

$$\boxed{D(\lambda) = 0}. \tag{14}$$

Diese Determinante stellt somit die Restgröße dar, die zu verschwinden hat. Durch Auftragen von $D(\lambda)$ über den zu variierenden Parameterwerten λ gewinnt man leicht den oder die interessierenden Eigenwerte λ_j als Nullstellen dieser Restgrößenfunktion $D(\lambda)$. Vielfach betrachtet man damit die Aufgabe bereits als gelöst. Interessiert man sich aber außer für Eigenwert λ_j auch noch für die zugehörige Eigenfunktion $y_{(j)}(x)$, so hat man dazu entweder die ganze Rechnung noch ein letztes Mal mit $\lambda = \lambda_j$ durchzuführen, oder man verschafft sich sämtliche interessierenden Werte durch Interpolationen aus den schon vorliegenden. Beim Automaten wird man den ersten Weg vorziehen.

Beispiel: Biegeschwingung

$$(\alpha y'')'' = \lambda \beta y$$

mit Biegesteifigkeit $\alpha = EI$, Massenbelegung $\beta = \varrho F$ und $\lambda = \omega^2$. Dazu treten 2 ARB und 2 ERB, so daß 2 der insgesamt 4 AWe frei sind. Aufgespalten in zwei Differentialgleichungen zweiter Ordnung mit dem Biegemoment z als neuer Variabler ergibt

$$\alpha v'' + z = 0, \qquad z'' + \lambda \beta y = 0.$$

Ansatz: $$y(x) = A y_1(x) + B y_2(x).$$

Die beiden Einzellösungen $y_i(x)$ der Differentialgleichung erfüllen die ARB, von den freien AW ist je einer gleich 1, der andere 0. Im folgenden sind die praktisch interessierenden RB zusammengestellt.

1. Anfangsrandbedingungen (ARB)

Lagerung	ARB	Freie AWe	$y_i(x)$	Anfangswerte der $y_i(x)$ y_0	y_0'	z_0	z_0'
gelenkig	$y_0 = 0$	y_0'	$y_1(x)$	0	1	0	0
	$z_0 = 0$	z_0'	$y_2(x)$	0	0	0	1
eingespannt	$y_0 = 0$	z_0	$y_1(x)$	0	0	1	0
	$y_0' = 0$	z_0'	$y_2(x)$	0	0	0	1
frei	$z_0 = 0$	y_0	$y_1(x)$	1	0	0	0
	$z_0' = 0$	y_0'	$y_2(x)$	0	1	0	0
Feder c	$z_0 = 0$	y_0	$y_1(x)$	1	0	0	c
	$z_0' = c\,y_0$	y_0'	$y_2(x)$	0	1	0	0
Masse m	$z_0 = 0$	y_0	$y_1(x)$	1	0	0	$-\lambda m$
	$z_0' = -\lambda m\,y_0$	y_0'	$y_2(x)$	0	1	0	0

Die durch numerische Integration für jeweils ein bestimmtes λ sich ergebenden dreimal vier Endwerte seien:

	A $y_1(x)$	B $y_2(x)$
y_l	a_0	b_0
y_l'	a_1	b_1
z_l	a_2	b_2
z_l'	a_3	b_3

Je vier von ihnen bilden die Elemente der Restgrößen-Determinante $D(\lambda)$ je nach den ERB. Ein freies Endlager ergibt beispielsweise:

$$y(l) = a_0 A + b_0 B = 0, \quad z(l) = a_2 A + b_2 B = 0, \quad \text{also } D(\lambda) = \begin{vmatrix} a_0 & b_0 \\ a_2 & b_2 \end{vmatrix}.$$

Wir stellen einige ERB nebst zugehöriger Determinante $D(\lambda)$ zusammen:

2. Endrandbedingungen (ERB)

Lagerung	ERB	Determinante $D(\lambda)$
gelenkig	$y_l = 0$, $z_l = 0$	$D(\lambda) = \begin{vmatrix} a_0 & b_0 \\ a_2 & b_2 \end{vmatrix}$
eingespannt	$y_l = 0$, $y_l' = 0$	$D(\lambda) = \begin{vmatrix} a_0 & b_0 \\ a_1 & b_1 \end{vmatrix}$
frei	$z_l = 0$, $z' = 0$	$D(\lambda) = \begin{vmatrix} a_2 & b_2 \\ a_3 & b_3 \end{vmatrix}$
Feder c	$z_l = 0$, $z' + c\,y_l = 0$	$D(\lambda) = \begin{vmatrix} a_2 & b_2 \\ a_3 & b_3 \end{vmatrix} + c \begin{vmatrix} a_2 & b_2 \\ a_0 & b_0 \end{vmatrix}$
Masse m	$z_l' = 0$, $z' - \lambda m y_l = 0$	$D(\lambda) = \begin{vmatrix} a_2 & b_2 \\ a_3 & b_3 \end{vmatrix} - \lambda m \begin{vmatrix} a_2 & b_2 \\ a_0 & b_0 \end{vmatrix}$

Die beiden letzten Determinanten ergeben sich z. B. aus der ursprünglichen Form

$$D(\lambda) = \begin{vmatrix} a_2 & b_2 \\ a_3 + c a_0 & b_3 + c b_0 \end{vmatrix}.$$

29.3 Übertragungsmatrizen

Gegenüber der bisher durchgeführten Aufspaltung der Lösung in n die ARB erfüllende Teillösungen kann man noch einen Schritt weitergehen, nämlich zur Darstellung der Lösung durch ein *Fundamentalsystem* von $2n$ linear unabhängigen Sonderlösungen der Differentialgleichung. Dies hat den Vorteil, daß man bezüglich *aller* Randbedingungen, der ERB wie der ARB, noch völlig frei ist, diese also nachträglich beliebig variieren kann, vor allem aber, daß man beliebige *Zwischenbedingungen*, Bedingungen für die Lösung an festen Zwischenstellen x_i des Grundintervalls (a, b) bzw. $(0, l)$, einarbeiten kann, wie sie namentlich bei technischen Aufgaben in Form von Zwischenstützen, Gelenken u. dgl. häufig vorkommen. Man bedient sich dabei vorteilhaft des Matrizenkalküls. Solche Methoden sind in neuerer Zeit an verschiedenen Stellen — oft unabhängig voneinander — entwickelt und hauptsächlich auf Aufgaben der Elastomechanik (Balkenschwingung, Knickung) angewandt worden[1]. Auf den allgemeinen mathematischen Gehalt des Verfahrens weist H. UNGER[2] hin. Wir zeigen hier das Verfahren für den homogenen Fall der Eigenwertaufgabe; natürlich ist es auch auf die inhomogene Randwertaufgabe anwendbar, vgl. die Arbeiten von S. FALK.

Die lineare Differentialgleichung der Eigenwertaufgabe sei wieder von der Ordnung $2n$:

$$\text{DG} \quad \boxed{L[y;\lambda] = 0} \quad \text{Ordnung}\, 2n, \tag{15}$$

wobei der Eigenwertparameter λ auch nichtlinear auftreten kann. Das Grundintervall möge von $x = 0$ bis $x = l$ reichen. Als Lösungswerte an beliebiger Stelle x des Intervalls interessieren außer dem Funktionswert $y(x)$ auch noch die $2n-1$ ersten Ableitungen $y'(x), \ldots, y^{(2n-1)}(x)$, welche $2n$ Werte wir zum Lösungsvektor $\boldsymbol{y}(x)$ zusammenfassen:

$$\boldsymbol{y}(x) = \begin{pmatrix} y(x) \\ y'(x) \\ \vdots \\ y^{(2n-1)}(x) \end{pmatrix}. \tag{16}$$

---

[1] FALK, S.: Abh. Braunschw. Wiss. Ges. Bd. 7 (1955) S. 74. — Ing.-Arch. Bd. 24 (1956) S. 85; Bd. 26 (1958) S. 61 u. 96. — FUHRKE, H.: Ing.-Arch. Bd. 23 (1955) S. 329; Bd. 24 (1956) S. 27. — VDI-Ber. Bd. 35 (1959) S. 29. — HELLMAN, O.: Z. angew. Math. Mech. Bd. 35 (1955) S. 300. — MARGUERRE, K.: J. Math. Phys. Bd. 35 (1956) S. 28. — PESTEL, E.: Abh. Braunschw. Wiss. Ges. Bd. 6 (1954) S. 227. — PESTEL, E., u. G. SCHUMPICH: Schiffstechnik Bd. 4 (1957) S. 55. — SPIERIG, S.: VDI-Ber. Bd. 35 (1959) S. 11. — PESTEL, E., u. O. MAHRENHOLTZ: Ing.-Arch. Bd. 28 (1959) S. 255. — ZURMÜHL, R.: Ing.-Arch. Bd. 26 (1958) S. 398.

[2] UNGER, H.: Intern. Koll. Probl. Rechentechnik, Dresden 1955, S. 141.

Die Anfangswerte $y(0)$, $y'(0)$, ... bezeichnen wir kurz mit y_0, y'_0, ..., die Endwerte $y(l)$, $y'(l)$, ... mit y_l, y'_l, ... und fassen sie zum Anfangsvektor $\boldsymbol{y}(0) = \boldsymbol{y}_0$ bzw. Endvektor $\boldsymbol{y}(l) = \boldsymbol{y}_l$ zusammen.

Die allgemeine Lösung der DG baut sich bekanntlich linear aus $2n$ unabhängigen Sonderlösungen, einem Fundamentalsystem der DG auf, dessen Funktionen wir zum Unterschied von anderen Einzellösungen mit $\bar{y}_k(x)$ bzw. einem Vektor $\bar{\boldsymbol{y}}_k(x)$ bezeichnen wollen. Die allgemeine Lösung ist dann von der Form

$$y(x) = c_1 \bar{y}_1(x) + \cdots + c_{2n} \bar{y}_{2n}(x),$$

was wir zweckmäßig gleich zur entsprechenden Vektorbeziehung ergänzen:

$$\boldsymbol{y}(x) = c_1 \bar{\boldsymbol{y}}_1(x) + \cdots + c_{2n} \bar{\boldsymbol{y}}_{2n}(x). \tag{17}$$

Wählen wir nun die Anfangsbedingungen der Basisfunktionen $\bar{\boldsymbol{y}}_k(x)$ derart, daß die k-te Komponente gleich 1, die übrigen 0 sind, also

$$\left.\begin{array}{rcccc} & \bar{y}_1 & \bar{y}_2 & \cdots & \bar{y}_{2n} \\ \bar{y}_k(0) = & 1 & 0 & \cdots & 0 \\ \bar{y}'_k(0) = & 0 & 1 & \cdots & 0 \\ \cdots & \cdots & \cdots & \cdots & \cdots \\ \bar{y}_k^{(2n-1)}(0) = & 0 & 0 & \cdots & 1 \end{array}\right\}, \tag{18}$$

so werden die Konstanten c_k gerade gleich den Komponenten des Anfangsvektors $\boldsymbol{y}_0$:

$$c_1 = y_0, \quad c_2 = y'_0, \quad \ldots, \quad c_{2n} = y_0^{(2n-1)}.$$

Damit aber schreibt sich (17) in der folgenden Matrizenform

$$\boxed{\boldsymbol{y}(x) = \boldsymbol{Y}_x \boldsymbol{y}_0} \tag{19}$$

mit der Matrix

$$\boxed{\boldsymbol{Y}(x) = \boldsymbol{Y}_x = (\bar{\boldsymbol{y}}_1(x), \bar{\boldsymbol{y}}_2(x), \ldots, \bar{\boldsymbol{y}}_{2n}(x))}, \tag{20}$$

deren Spalten die Vektoren des Fundamentalsystems mit den speziellen Anfangsbedingungen (18) sind, welche bewirken, daß insbesondere

$$\boldsymbol{Y}(0) = \boldsymbol{Y}_0 = \boldsymbol{E} \tag{18a}$$

wird. Mit Hilfe dieser *Gesamtlösungsmatrix*, die auch unter dem Namen *Matrizant* bekannt ist, läßt sich jeder beliebige Lösungsvektor $\boldsymbol{y}(x)$ linear durch den Vektor der Anfangswerte $\boldsymbol{y}_0$ gemäß (19) ausdrücken. Insbesondere erhält man für $x = l$ den Endvektor

$$\boxed{\boldsymbol{y}_l = \boldsymbol{Y}_l \boldsymbol{y}_0}, \tag{19a}$$

wo die Matrix $\boldsymbol{Y}_l$ aus den Spalten $\bar{\boldsymbol{y}}_k(l) = \bar{\boldsymbol{y}}_{kl}$, den Endvektoren des Fundamentalsystems besteht. Sie vermittelt den linearen Zusammenhang zwischen Anfangs- und Endwerten; man hat sie daher auch *Übertragungsmatrix* genannt. Gl. (19a) läßt sich durch das zugehörige Rechenschema der Abb. 29.1 veranschaulichen.

Zur Behandlung der Eigenwertaufgabe, bei der von den $2n$ Anfangswerten n Werte durch die ARB festliegen, während die n restlichen frei bleiben, greifen wir nun wieder auf die Darstellung der Lösung mit Hilfe von n Einzellösungen $y_i(x)$ zurück, von denen jede schon alle ARB erfüllt, während von den n freien Anfangswerten je einer gleich 1, die übrigen aber 0 gewählt sind. In Vektorform setzen wir also

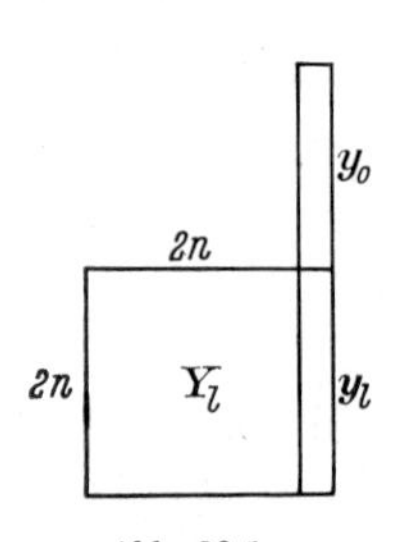

Abb. 29.1 Rechenschema zur Übertragungsmatrix nach Gl. (19a)

$$\boxed{\boldsymbol{y}(x) = C_1 \boldsymbol{y}_1(x) + \cdots + C_n \boldsymbol{y}_n(x)}, \tag{21}$$

was für $x = l$ übergeht in

$$\boxed{\boldsymbol{y}_l = C_1 \boldsymbol{y}_{1l} + \cdots + C_n \boldsymbol{y}_{nl}}. \tag{21a}$$

Hier aber läßt sich jede der Lösungen $\boldsymbol{y}_i(x)$ bzw. der Endwerte $\boldsymbol{y}_{il}$ mit Hilfe der Gesamtlösungsmatrix $\boldsymbol{Y}_x$ bzw. $\boldsymbol{Y}_l$ nach (19) aus den entsprechenden, die Anfangsrandbedingungen erfüllenden Anfangsvektoren $\boldsymbol{y}_{i0}$ aufbauen:

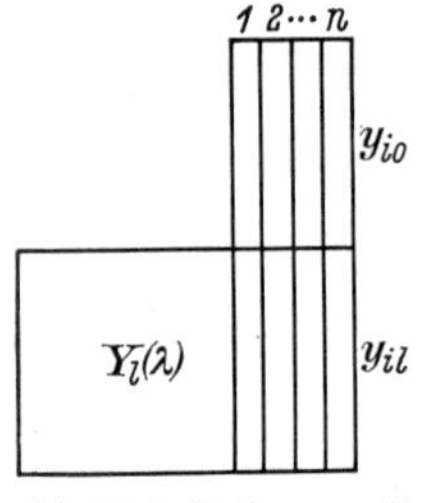

Abb. 29.2. Rechnung mit Übertragungsmatrix an n Vektoren

$$\boxed{\begin{aligned} \boldsymbol{y}_i(x) &= \boldsymbol{Y}_x \boldsymbol{y}_{i0} \qquad (22) \\ \boldsymbol{y}_{il} &= \boldsymbol{Y}_l \boldsymbol{y}_{i0} \qquad (22\text{a}) \end{aligned}}.$$

Die Übertragungsmatrix operiert als Faktor an n Vektoren, vgl. das Rechenschema der Abb. 29.2. Die ganze Rechnung hat man nun wieder mehrfach je für einen fest gewählten Parameterwert λ durchzuführen: Berechnung der Übertragungsmatrix $\boldsymbol{Y}_l$ = System der Endwerte $\bar{\boldsymbol{y}}_{kl}$ von $2n$ beispielsweise durch numerische Integration errechneten Einzellösungen von den Anfangsbedingungen (18) aus; Bilden der n Endvektoren $\boldsymbol{y}_{il}$ nach (22a) aus n Anfangsvektoren $\boldsymbol{y}_{i0}$, die den ARB der Aufgabe entsprechen; Aussondern von n Zeilen aus diesen n Spalten $\boldsymbol{y}_{il}$ entsprechend den vorliegenden ERB; Berechnung der Determinante $D(\lambda)$ aus diesen $n \cdot n$ Elementen. Liegen genügend viele Punkte $D(\lambda)$ der Restgrößenfunktion vor, so lassen sich die gesuchten Eigenwerte λ_j als die Nullstellen aus dem Kurvenverlauf ablesen.

Interessiert außer einem Eigenwert λ_j auch noch der Verlauf $\boldsymbol{y}_{(j)}(x)$ der zugehörigen Eigenfunktion, oder sind Zwischenbedingungen zu berücksichtigen, so hat man das Gesamtintervall $(0,l)$ aufzuteilen in — sagen wir — N Teilintervalle, Abb. 29.3. Jedem Teilintervall ⓚ

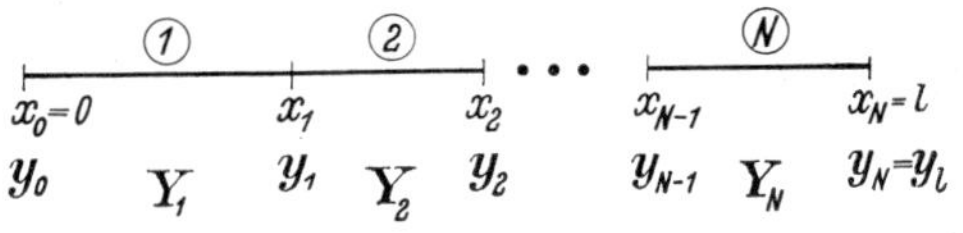

Abb. 29.3. Bezeichnung bei Teilintervallen

ordnen wir dann eine Übertragungsmatrix $\boldsymbol{Y}_k$ zu, deren Anfangswerte (18) sich auf den Intervallanfang x_{k-1} beziehen.
Bezeichnen wir mit $\boldsymbol{y}_k$ jetzt den Lösungsvektor $\boldsymbol{y}$ am Ende des k-ten Intervalls, $\boldsymbol{y}_k = \boldsymbol{y}(x_k)$, so gilt

$$\boxed{\boldsymbol{y}_k = \boldsymbol{Y}_k \boldsymbol{y}_{k-1}}, \tag{23}$$

im einzelnen also

$$\boxed{\begin{aligned} \boldsymbol{y}_1 &= \boldsymbol{Y}_1 \boldsymbol{y}_0 \\ \boldsymbol{y}_2 &= \boldsymbol{Y}_2 \boldsymbol{y}_1 \\ &\cdots\cdots \\ \boldsymbol{y}_N &= \boldsymbol{Y}_N \boldsymbol{y}_{N-1} \end{aligned}}\ . \tag{23a}$$

Zusammengefaßt erhalten wir so zwischen Anfangswert $\boldsymbol{y}_0$ und Endwert $\boldsymbol{y}_N = \boldsymbol{y}_l$ die Beziehung

$$\boxed{\boldsymbol{y}_l = \boldsymbol{Y}_N \boldsymbol{Y}_{N-1} \ldots \boldsymbol{Y}_2 \boldsymbol{Y}_1 \boldsymbol{y}_0 = \boldsymbol{Y}_l \boldsymbol{y}_0}, \tag{24}$$

womit sich die Gesamtmatrix $\boldsymbol{Y}_l$ als Produkt der Teilmatrizen darstellt:

$$\boxed{\boldsymbol{Y}_l = \boldsymbol{Y}_N \boldsymbol{Y}_{N-1} \ldots \boldsymbol{Y}_2 \boldsymbol{Y}_1}\ . \tag{25}$$

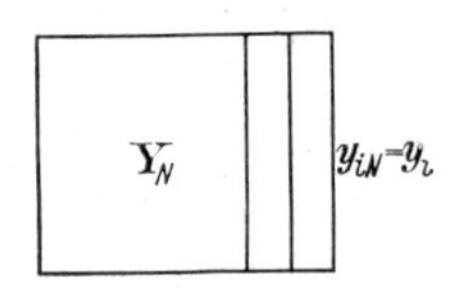

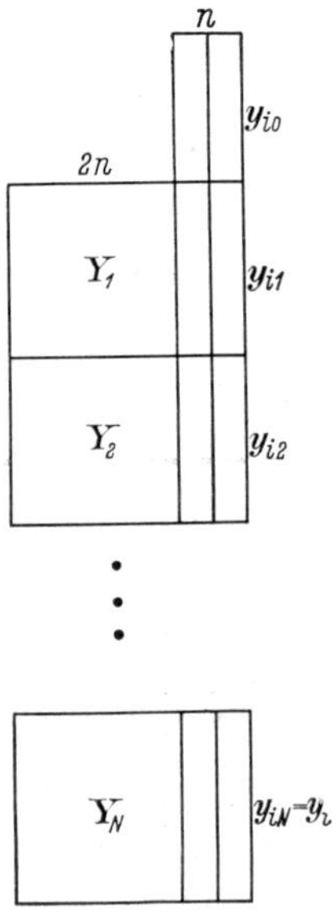

Abb. 29.4. Rechenschema zum Aufbau der Zwischenvektoren bei Teilintervallen

Indessen wird diese Multiplikation nicht explizit ausgeführt, sondern man baut schrittweise nach (23a) die Zwischenvektoren $\boldsymbol{y}_k$ auf, diese noch wieder aufgespalten in je n Teillösungen $\boldsymbol{y}_{ik}$, vgl. das Rechenschema Abb. 29.4.

Eine solche Unterteilung des Intervalls hat den weiteren Vorzug, daß die numerische Integration der Differentialgleichung (oder deren anderweitige zahlenmäßige Lösung) in mehrere Abschnitte unterteilt wird, die unabhängig voneinander bearbeitet werden können, da man ja immer wieder auf die Anfangsbedingungen (18) zurückgeht. Auch Rechenfehler pflanzen sich dabei nicht mehr in der oft verhängnisvollen Weise auf alles Folgende fort.

Für das am Schluß von § 29.2 angeführte Beispiel der Biegeschwingung wählt man als Vektor zweckmäßig die Größe

$$\mathfrak{y} = \begin{pmatrix} y \\ y' \\ z \\ z' \end{pmatrix},$$

mit den mechanisch deutbaren Größen $z = -\alpha\, y'' =$ Biegemoment und $z' =$ Querkraft. Entsprechend sind die vier Spalten der Übertragungsmatrizen aufgebaut. Für z. B. gelenkiges Auflager am Balkenanfang, also der ARB $y_0 = z_0 = 0$ bei freien AW y_0' und z_0' lauten die beiden Anfangsvektoren

$$\mathfrak{y}_{10} = \begin{pmatrix} 0 \\ 1 \\ 0 \\ 0 \end{pmatrix}, \quad \mathfrak{y}_{20} = \begin{pmatrix} 0 \\ 0 \\ 0 \\ 1 \end{pmatrix}.$$

Bei Unterteilung des Intervalls $(0, l)$ in N Teile haben Anfang und Ende des Rechenschemas nebenstehendes Aussehen. Dabei haben wir die Komponenten der Endvektoren $\mathfrak{y}_{1l}$ und $\mathfrak{y}_{2l}$ mit a_j und b_j bezeichnet. Aus ihnen bildet man je nach der ERB die Determinante $D(\lambda)$, beispielsweise für folgende drei Fälle:

		A	B	
		0	0	
		1	0	
		0	0	$\mathfrak{y}_0$
		0	1	
	. . . .	.	.	
$\mathfrak{Y}_1$	. . . .	.	.	$\mathfrak{y}_1$
	. . . .	.	.	
	. . . .	.	.	
⋮	⋮			
	. . . .	a_0	b_0	
$\mathfrak{Y}_N$	. . . .	a_1	b_1	$\mathfrak{y}_N = \mathfrak{y}_l$
	. . . .	a_2	b_2	
	. . . .	a_3	b_3	

$$D(\lambda) = \begin{vmatrix} a_0 & b_0 \\ a_2 & b_2 \end{vmatrix} \quad \text{Lager}$$

$$D(\lambda) = \begin{vmatrix} a_0 & b_0 \\ a_1 & b_1 \end{vmatrix} \quad \text{Einspannung}$$

$$D(\lambda) = \begin{vmatrix} a_2 & b_2 \\ a_3 & b_3 \end{vmatrix} + c \begin{vmatrix} a_2 & b_2 \\ a_0 & b_0 \end{vmatrix} \quad \text{Feder}$$

Zur Berechnung der Übertragungsmatrizen, also zur zahlenmäßigen Lösung der Differentialgleichung im Sinne einer Anfangswertaufgabe, kommen drei Vorgehensweisen in Betracht, nämlich

1. formelmäßige Integration, insbesondere bei stückweise konstanten Koeffizienten (z. B. Biegeschwingung abgesetzter Wellen);
2. Reihenentwicklungen;
3. numerische Integrationsmethoden, z. B. RUNGE-KUTTA-Verfahren.

Im Rahmen unseres Buches sei nur auf die beiden letzten Methoden näher eingegangen.

29.4 Berechnung der Y_k durch Reihenentwicklung

Zunächst schreiben wir hier die Differentialgleichung $2n$-ter Ordnung um in ein System von $2n$ Gleichungen erster Ordnung, in Matrizenform[1]:

$$\boxed{\boldsymbol{y}' = \boldsymbol{A}\,\boldsymbol{y}}\,, \tag{26}$$

wobei die Koeffizienten a_{ik} der Matrix $\boldsymbol{A}$ im allgemeinen von x abhängen; einige von ihnen enthalten zudem den Eigenwertparameter λ, meistens in linearer Form, was hier indessen nicht wesentlich ist:

$$\boldsymbol{A} = \boldsymbol{A}(x;\lambda).$$

Für das Beispiel der Biegeschwingung, deren DG $(\alpha\, y'')'' = \lambda\, \beta\, y$ wir als System mit dem Biegemoment z schreiben:

$$\alpha\, y'' = -z$$

$$z'' = -\lambda\beta y$$

sind die Vektoren

$$\boldsymbol{y} = \begin{pmatrix} y \\ y' \\ z \\ z' \end{pmatrix}, \quad \boldsymbol{y}' = \begin{pmatrix} y' \\ y'' \\ z' \\ z'' \end{pmatrix}.$$

Die Matrix $\boldsymbol{A}$ ist dann folgendem Schema leicht zu entnehmen:

	y	y'	z	z'
y'		1		
y''			$-1/\alpha$	
z'				1
z''	$-\lambda\,\beta$			

$$\rightarrow \boldsymbol{A} = \begin{pmatrix} 0 & 1 & 0 & 0 \\ 0 & 0 & -1/\alpha & 0 \\ 0 & 0 & 0 & 1 \\ -\lambda\beta & 0 & 0 & 0 \end{pmatrix}.$$

Für die Berechnung der Übertragungsmatrix $\boldsymbol{Y}_x$ unterscheiden wir nun die beiden Fälle konstanter und von x abhängiger Matrix $\boldsymbol{A}$. Auch der erste ist vom Standpunkt der Näherungsverfahren wichtig, indem variable Koeffizienten in sehr einfacher Weise durch stückweise konstante approximiert werden können. Bei genügend feiner Unterteilung — und eine solche macht beim Einsatz von Rechenautomaten

---

[1] Hier und im folgenden bedeutet $\boldsymbol{y}'$ natürlich nicht den transponierten, sondern den nach x abgeleiteten Vektor.

keine Schwierigkeiten, wo ja nicht die Anzahl, sondern allein die Gleichförmigkeit der Rechenoperationen entscheidet — liefert auch dieses vom klassischen Standpunkt aus rohe Vorgehen ausreichend genaue Ergebnisse.

Wir machen den formal naheliegenden Lösungsansatz

$$\boxed{\boldsymbol{y} = e^{\boldsymbol{A}x}\boldsymbol{y}_0 = \boldsymbol{Y}_x\boldsymbol{y}_0}, \tag{27}$$

wo die von $\boldsymbol{A}$ abhängige Matrix $e^{\boldsymbol{A}x}$, d. i. aber schon unsere Übertragungsmatrix $\boldsymbol{Y}_x$, durch die konvergente Matrizenreihe definiert ist:

$$e^{\boldsymbol{A}x} = \boldsymbol{I} + \boldsymbol{A}\,x + \boldsymbol{A}^2\frac{x^2}{2!} + \cdots. \tag{28}$$

Denn dieser Ansatz erfüllt, wie leicht nachzuprüfen (Differenzieren der Potenzreihe), sowohl die Differentialgleichung als auch die Anfangsbedingung $\boldsymbol{y}(0) = \boldsymbol{y}_0$. Die Übertragungsmatrix ist somit

$$\boxed{\boldsymbol{Y}_x = e^{\boldsymbol{A}x}}. \tag{29}$$

Nun ist zwar die Matrix $e^{\boldsymbol{A}x}$ mit Hilfe der Eigenwerte $\varkappa_j$ der Matrix $\boldsymbol{A}$ in geschlossener Form angebbar[1]. Bei genügend feiner Unterteilung des Intervalls aber, wo dann x in den einzelnen Matrizen $\boldsymbol{Y}_k$ gleich den Intervallängen zu setzen ist, empfiehlt sich die Berechnung durch die — nach wenigen Gliedern abzubrechende — Reihe (28), die auf dem Rechenautomaten rasch zu bilden ist[2]. Das ganze läuft übrigens auf formelmäßige Lösung der DG und Ersatz der transzendenten Lösungsfunktionen durch wenige Reihenglieder hinaus.

29.5 Berechnung von Y nach Runge-Kutta

Ein anderer Weg zur Berechnung der Übertragungsmatrizen, also der numerischen Lösung der Differentialgleichung unter den Anfangsbedingungen (18), bietet sich in den numerischen Integrationsverfahren, wobei sich insbesondere das Runge-Kutta-Verfahren als vorteilhaft erweist (keine Anlaufrechnung!). Das Verfahren arbeitet für konstante und variable Koeffizienten praktisch gleich einfach. Man kann es rein numerisch anwenden, indem man die numerische Integration in der üblichen Weise $2n$ mal mit den AB (18) für das vorliegende Teilinter-

---

[1] Vgl. etwa Matrizen. [24], § 20.1 bis 4.

[2] Vorgehen von E. Pestel und Mitarbeitern; vgl. Anm. 1 auf S. 456.

vall i zur Berechnung von $\boldsymbol{Y}_i$ durchführt, und zwar entweder in einem oder in mehreren Schritten der Länge h, letzteres nur dann, wenn die Teilintervalle verhältnismäßig lang sind, man also beispielsweise keine Zwischenwerte $\boldsymbol{y}_i$ zur Angabe des Lösungsverlaufes $\boldsymbol{y}(x)$ fordert. Nach E. PESTEL und F. A. LECKIE[1] aber läßt sich auch eine allgemeine Endformel für $\boldsymbol{Y}$ herleiten, indem man den wohlbekannten RUNGE-KUTTA-Schritt einer einzelnen Differentialgleichung erster Ordnung (vgl. § 27.1) durch Übersetzen in den Matrizenkalkül auf das Differentialgleichungssystem (26) überträgt. Der Vektor $\boldsymbol{y}_i$ am Schrittende ergibt sich danach aus $\boldsymbol{y}_{i-1}$ am Schrittanfang zu

$$\boldsymbol{y}_i = \boldsymbol{y}_{1-i} + \boldsymbol{k} \tag{30}$$

mit dem RUNGE-KUTTAschen Mittelwert

$$\boldsymbol{k} = \frac{1}{6}(\boldsymbol{k}_{\mathrm{I}} + \boldsymbol{k}_{\mathrm{II}} + \boldsymbol{k}_{\mathrm{III}} + \boldsymbol{k}_{\mathrm{IV}}). \tag{31}$$

Bezeichnen wir die an den Stellen x_{i-1}, $x_{i-1} + h/2$ und $x_{i-1} + h = x_i$ genommenen Matrizen $\boldsymbol{A}(x)$ kurz mit

$$\left.\begin{aligned} \boldsymbol{A}_0 &= \boldsymbol{A}(x_{i-1}) \\ \boldsymbol{A}_1 &= \boldsymbol{A}(x_{i-1} + h/2) \\ \boldsymbol{A}_2 &= \boldsymbol{A}(x_{i-1} + h) \end{aligned}\right\}, \tag{32}$$

so lauten die Zwischenwerte:

$$\left.\begin{aligned} \boldsymbol{k}_{\mathrm{I}} &= h\boldsymbol{A}_0\boldsymbol{y}_{i-1} \\ \boldsymbol{k}_{\mathrm{II}} &= h\boldsymbol{A}_1\left(\boldsymbol{y}_{i-1} + \frac{1}{2}\boldsymbol{k}_{\mathrm{I}}\right) \\ \boldsymbol{k}_{\mathrm{III}} &= h\boldsymbol{A}_1\left(\boldsymbol{y}_{i-1} + \frac{1}{2}\boldsymbol{k}_{\mathrm{II}}\right) \\ \boldsymbol{k}_{\mathrm{IV}} &= h\boldsymbol{A}_2\left(\boldsymbol{y}_{i-1} + \boldsymbol{k}_{\mathrm{III}}\right) \end{aligned}\right\}. \tag{33}$$

Indem man hier nacheinander den jeweils zuvor stehenden $\boldsymbol{k}$-Wert einsetzt, erhält man zusammen mit (30) und (31) die Endformel

$$\boldsymbol{y}_i = \boldsymbol{Y}_i\,\boldsymbol{y}_{i-1} \tag{34}$$

mit der Übertragungsmatrix

$$\boxed{\boldsymbol{Y}_i = \boldsymbol{E} + h\boldsymbol{A}^{(1)} + \frac{h^2}{2}\boldsymbol{A}^{(2)} + \frac{h^3}{6}\boldsymbol{A}^{(3)} + \frac{h^4}{24}\boldsymbol{A}^{(4)}}\,. \tag{35}$$

[1] PESTEL, E., u. F. A. LECKIE: Matrix methods of elastomechanics. New York etc. 1963, S. 145.

Darin bedeuten die $\boldsymbol{A}^{(j)}$ folgende Abkürzungen:

$$\boxed{\begin{aligned} \boldsymbol{A}^{(1)} &= \frac{1}{6}(\boldsymbol{A}_2 + 4\boldsymbol{A}_1 + \boldsymbol{A}_0) \\ \boldsymbol{A}^{(2)} &= \frac{1}{3}(\boldsymbol{A}_2\boldsymbol{A}_1 + \boldsymbol{A}_1^2 + \boldsymbol{A}_1\boldsymbol{A}_0) \\ \boldsymbol{A}^{(3)} &= \frac{1}{2}(\boldsymbol{A}_2\boldsymbol{A}_1^2 + \boldsymbol{A}_1^2\boldsymbol{A}_0) \\ \boldsymbol{A}^{(4)} &= \boldsymbol{A}_2\boldsymbol{A}_1^2\boldsymbol{A}_0 \end{aligned}} \quad . \tag{36}$$

Im Falle konstanter Koeffizienten gehen die Matrizen $\boldsymbol{A}^{(j)}$ in die gewöhnlichen Potenzen $\boldsymbol{A}^j$ über.

Für das Beispiel der Biegeschwingungen mit der Matrix $\boldsymbol{A}$ aus S. **461** erhalten wir auf diese Weise mit den weiteren Abkürzungen

$$\left.\begin{aligned} \bar{a} &= \frac{1}{6}(a_0 + 4a_1 + a_2), & \bar{\beta} &= \frac{1}{6}(\beta_0 + 4\beta_1 + \beta_2) \\ \bar{a}_{01} &= \frac{1}{3}(a_0 + 2a_1), & \bar{\beta}_{01} &= \frac{1}{3}(\beta_0 + 2\beta_1) \\ \bar{a}_{12} &= \frac{1}{3}(2a_1 + a_2), & \bar{\beta}_{12} &= \frac{1}{3}(2\beta_1 + \beta_2) \\ \overline{a\beta} &= \frac{1}{2}(a_0\beta_1 + a_1\beta_2), & \overline{\beta a} &= \frac{1}{2}(\beta_0 a_1 + \beta_1 a_2) \end{aligned}\right\} \tag{37}$$

die Übertragungsmatrix $\boldsymbol{Y}$:

$$\begin{pmatrix} 1 + \lambda\beta_0 a_1 \frac{h^4}{24} & h & -\bar{a}_{01}\frac{h^2}{2} & -a_1\frac{h^3}{6} \\ \lambda\overline{\beta a}\frac{h^3}{6} & 1 + \lambda\beta_1 a_2 \frac{h^4}{24} & -\bar{a}h & -\bar{a}_{12}\frac{h^2}{2} \\ -\lambda\bar{\beta}_{01}\frac{h^2}{2} & -\lambda\beta_1\frac{h^3}{6} & 1 + \lambda a_0\beta_1\frac{h^4}{24} & h \\ -\lambda\bar{\beta}h & -\lambda\bar{\beta}_{12}\frac{h^2}{2} & \lambda\overline{a\beta}\frac{h^3}{6} & 1 + \lambda a_1\beta_2\frac{h^4}{24} \end{pmatrix}. \tag{38}$$

In dieser Weise läßt sich für jedes konkrete Problem eine Integration im voraus durchführen.

29.6 Zwischenbedingungen

Besondere Bedeutung hat das Verfahren der Übertragungsmatrizen für Aufgaben mit Zwischenbedingungen, wie sie bei vielen technischen Rand- und Eigenwertaufgaben auftreten, etwa für Biegeschwingungen in Gestalt von Zwischenlagern, Gelenken und dergleichen. Mit jeder solchen Zwischenbedingung läßt sich eine der n unbestimmten Faktoren C_k durch die übrigen ausdrücken. An Stelle der fortfallenden tritt eine neue unbestimmte Größe — ein Querkraftsprung beim Lager, ein Winkelsprung beim Gelenk — hinzu, womit die Gesamtzahl n der Konstanten C_k erhalten bleibt. Bei der Biegeschwingung beispielsweise können vier Arten von Zwischenbedingungen auftreten:

	Zwischenbedingung	Neue Unbekannte
Lager	$y = 0$	ΔQ
Gelenk	$M = 0$	$\Delta\varphi$
Führung	$\varphi = 0$	ΔM
Schlaufe	$Q = 0$	Δy

Wir erläutern das Vorgehen am konkreten Beispiel der Abb. 29.5, Biegeschwingung eines Balkens mit Anfangsfeder, Zwischenstütze,

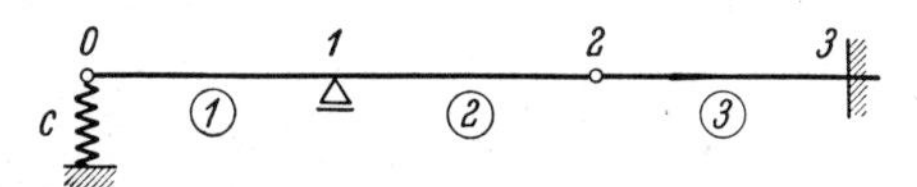

Abb. 29.5. Beispiel zur Biegeschwingung mit Zwischenbedingungen

Gelenk und Endeinspannung. Anfangsrandbedingungen: $M_0 = 0$, $Q_0 = c\,y_0$, Endrandbedingungen: $y_l = y_l' = 0$. Zwischenbedingungen: $y_1 = 0$, $M_2 = 0$.

Wir bezeichnen die vier Komponenten eines Vektors $\mathfrak{y}_i$, also die Größen y_i, y_i', z_i, z_i' mit Buchstaben $a_{ik}, b_{ik}, \ldots$ mit $k = 0, 1, 2, 3$, vgl. das Rechenschema S. 467. Am Zwischenlager, Stelle 1, liefert die Bedingung

$$y_1 = A\,a_{10} + B\,b_{10} = 0 \tag{39}$$

eine Beziehung zwischen den Koeffizienten A, B, die wir in der Form

$$A = -b_{10} A', \qquad B = a_{10} A' \tag{40}$$

schreiben können; die zwei Unbekannten A, B sind durch eine einzige neue Größe A' ersetzt worden. Damit wird der Vektor $\mathfrak{y}_1$ am Ende des ersten Abschnittes, also unmittelbar *vor* dem Lager:

$$\mathfrak{y}_1 = A'(-b_{10}\mathfrak{y}_{11} + a_{10}\mathfrak{y}_{12}) = A'\mathfrak{y}_{11}^*. \tag{41}$$

Beim Überschreiten des Lagers aber tritt als neue Unbekannte ein Querkraftsprung $\Delta Q_1 = C$ auf, womit unmittelbar *hinter* dem Lager der Vektor $\boldsymbol{y}_1$ in

$$\boldsymbol{y}_1^* = A' \boldsymbol{y}_{11}^* + C \boldsymbol{y}_{12}^* \tag{41*}$$

abgeändert wird mit $\boldsymbol{y}_{12}^* = \{0\ 0\ 0\ 1\}$. Am Ende des zweiten Abschnittes, also unmittelbar *vor* dem Gelenk, hat sich dieser Vektor transformiert in

$$\boldsymbol{y}_2 = \boldsymbol{Y}_2 \boldsymbol{y}_1^* = A' \boldsymbol{y}_{21} + C \boldsymbol{y}_{22}.$$

Die Bedingung des Zwischengelenkes verlangt dann

$$z_2 = A' a_{22} + C c_{22} = 0, \tag{42}$$

woraus

$$A' = -c_{22} A'', \qquad C = a_{22} A'', \tag{43}$$

also

$$\boldsymbol{y}_2 = A''(-c_{22} \boldsymbol{y}_{21} + a_{22} \boldsymbol{y}_{22}) = A'' \boldsymbol{y}_{21}^* \tag{44}$$

mit wiederum nur einer Unbekannten A'' folgt. Wieder tritt eine neue zweite Unbekannte in Gestalt eines Winkelsprunges $\Delta \varphi_2 = D$ hinzu, womit unmittelbar *hinter* dem Gelenk der Vektor abzuändern ist in

$$\boldsymbol{y}_2^* = A'' \boldsymbol{y}_{21}^* + D \boldsymbol{y}_{22}^* \tag{44*}$$

mit $\boldsymbol{y}_{22}^* = \{0\ 1\ 0\ 0\}$. Dies transformiert sich bis zum Ende des zweiten Abschnittes in

$$\boldsymbol{y}_3 = \boldsymbol{Y}_3 \boldsymbol{y}_2^* = A'' \boldsymbol{y}_{31} + D \boldsymbol{y}_{32}. \tag{45}$$

Hier nun sind die End-Randbedingungen

$$\left.\begin{aligned} y_3 &= A'' a_{30} + D d_{30} = 0 \\ y_3' &= A'' a_{31} + D d_{31} = 0 \end{aligned}\right\} \tag{46}$$

zu erfüllen, was auf die Forderung

$$\Delta = \Delta(\lambda) = \begin{vmatrix} a_{30} & d_{30} \\ a_{31} & d_{31} \end{vmatrix} = 0 \tag{47}$$

führt, die zunächst nicht erfüllt sein wird, bis durch systematisches Abändern des Parameters λ die Restgröße Δ zu Null geworden ist.

Dann werden die beiden End-RB (46) durch das Wertepaar

$$A'' = -d_{30}, \qquad D = a_{30} \tag{48}$$

befriedigt, womit sich A' und C aus (43), A und B aus (40) ergeben. Mit diesen Konstanten sind dann alle Vektoren $\boldsymbol{y}_i$, $\boldsymbol{y}_i^*$ aus den Gln. (41), (41*), (44), (44*) und (45) berechenbar, und die Aufgabe ist gelöst.

Das folgende Rechenschema enthält alle benötigten Größen in den oben benutzten Bezeichnungen. Dabei sind unter den Vektoren auch die zur Umrechnung der Konstanten benutzten Faktoren angegeben. Das anschließende Schema enthält dann die oben verwendeten Vektor-Bezeichnungen.

		A	B	A'	C	A''	D	
		1	0					
		0	1					
		0	0					
		c	0					
		a_{10}	b_{10}	0	0			$\to y_1 = 0$
y_1	$\boldsymbol{Y}_1$	a_{11}	b_{11}	a'_{11}	0			
		a_{12}	b_{12}	a'_{12}	0			
		a_{13}	b_{13}	a'_{13}	1			
		$-b_{10}$	a_{10}	a_{20}	c_{20}	a''_{20}	0	
y_2	$\boldsymbol{Y}_2$			a_{21}	c_{21}	a''_{21}	1	
				a_{22}	c_{22}	0	0	$\to z_2 = 0$
				a_{23}	c_{23}	a''_{23}	0	
				$-c_{22}$	a_{22}	a_{30}	d_{30}	$\to y_3 = 0$
y_3	$\boldsymbol{Y}_3$					a_{31}	d_{31}	$\to y'_3 = 0$
						a_{32}	d_{32}	
						a_{33}	d_{33}	

	A	B	A'	C	A''	D
	$\boldsymbol{y}_{01}$	$\boldsymbol{y}_{02}$				
$\boldsymbol{Y}_1$	$\boldsymbol{y}_{11}$	$\boldsymbol{y}_{12}$	$\boldsymbol{y}^*_{11}$	$\boldsymbol{y}^*_{12}$		
$\boldsymbol{Y}_2$			$\boldsymbol{y}_{21}$	$\boldsymbol{y}_{22}$	$\boldsymbol{y}^*_{21}$	$\boldsymbol{y}^*_{22}$
$\boldsymbol{Y}_3$					$\boldsymbol{y}_{31}$	$\boldsymbol{y}_{32}$

§ 30 Differenzenverfahren

30.1 Prinzip. Herleitung verbesserter Differenzenformeln

Gegenüber dem bisher eingeschlagenen Weg, der Behandlung von Rand- und Eigenwertaufgaben mit Anfangswertmethoden, sind die bekanntesten sonstigen Verfahren von vornherein auf den besonderen Charakter der Randwertaufgabe zugeschnitten. Sie finden daher ausschließlich oder doch weit überwiegend hier ihre Anwendung. Das gilt schon für das jetzt zu behandelnde Differenzenverfahren, das sich zwar im Prinzip auch als Anfangswertverfahren aufziehen läßt und sich dort auch wiederfindet (STIRLING-Formeln!), seinen eigentlichen Charakter aber doch erst in der besonderen Art der Durchführung bei den — linearen — Rand- und Eigenwertaufgaben gewinnt, nämlich in der Aufstellung eines linearen Gleichungssystems. Der Grundgedanke des Verfahrens besteht im Ersatz von Ableitungen durch Differenzenquotienten, etwa für die beiden ersten Ableitungen:

$$y_0' \approx \frac{1}{2h}(y_1 - y_{-1}) \qquad = \bar{\delta} y_0 : h$$

$$y_0'' \approx \frac{1}{h^2}(y_1 - 2y_0 + y_{-1}) = \delta^2 y_0 : h^2$$

bezüglich der Bezeichnungen der zentralen Differenzen vgl. § 12.1 und 12.5). In dieser einfachen Form jedoch ist das Verfahren ziemlich grob und verlangt zur Erzielung ausreichender Genauigkeit sehr feine Unterteilung des Grundintervalls. Das aber führt auf eine große Anzahl unbekannter Ordinaten und damit auf sehr umfangreiche Gleichungssysteme. Da die erforderliche Auflösungsarbeit dieser Systeme aber bekanntlich mit der dritten Potenz n^3 der Zahl n der Unbekannten ansteigt, so versteht man den lebhaften Wunsch, die Anzahl der Unbekannten durch Verwendung genauerer Grundformeln an Stelle der einfachen Differenzenquotienten wesentlich herabzudrücken. Dies gelingt in der Tat, ohne daß das Verfahren an Einfachheit einbüßt. Wir stellen es daher hier gleich in der modernen verbesserten Form vor.

Die beiden wichtigsten Wege, die zu einer Verbesserung des einfachen Differenzenverfahrens führen, lassen sich wie folgt kennzeichnen, vorgeführt etwa am Beispiel des zweiten Differenzenquotienten. Durch TAYLOR-Entwicklung der Ordinaten y_1 und y_{-1} von y_0 aus gewinnt man an Stelle der Näherungsbeziehung zwischen Ableitung y'' und Differenz $\delta^2 y_0$ einen Reihenausdruck mit höheren Ableitungen als Fehlergliedern:

$$y_0'' h^2 = \delta^2 y_0 - y_0^{\mathrm{IV}} \frac{h^4}{12} - y_0^{\mathrm{VI}} \frac{h^6}{360} - \cdots. \tag{1}$$

Hier kann man nun für das erste Fehlerglied die Ableitung y_0^{IV} wiederum durch einen Differenzenquotienten ersetzen, und zwar auf zweierlei Weisen:

a) Ersatz von $y_0^{IV} h^4$ durch die 4. Differenz der Ordinaten, $\delta^4 y_0$,

b) Ersatz von $y_0^{IV} h^4 = (y_0'' h^2)'' h^2$ durch die 2. Differenz $h^2 \delta^2 y_0''$ der anzunähernden 2. Ableitung.

In beiden Fällen wird die Ordnung des Fehlers auf $y_0^{VI} h^6$ herabgedrückt. Der erste Weg führt, wie leicht nachzurechnen, auf die Näherung

$$y_0'' h^2 = \frac{1}{12}(-y_2 + 16 y_1 - 30 y_0 + 16 y_{-1} - y_{-2}) + y_0^{VI} \frac{h^6}{90} + \cdots \tag{2}$$

also auf einen Ausdruck, der sich über 4 Teilintervalle erstreckt, was, namentlich in Randnähe, recht lästig wird, da hier Zusatzausdrücke erforderlich werden. Das wird natürlich noch störender bei höheren Ableitungen. Daher sei dieses Vorgehen hier nicht weiter verfolgt.

Der zweite Weg verläuft demgegenüber so:

$$\begin{aligned} y_0^{IV} h^4 &= h^2 (h^2 y_0'')'' = h^2 z_0'' \quad \text{mit} \quad z = h^2 y'' \\ &= \delta^2 z_0 - z_0^{IV} \frac{h^4}{12} - \cdots = h^2 \delta^2 y_0'' - y_0^{VI} \frac{h^6}{12} - \cdots . \end{aligned}$$

Dies eingesetzt in (1) ergibt

$$y_0'' h^2 = \delta^2 y_0 - \frac{h^2}{12} \delta^2 y_0'' + \frac{h^6}{240} y_0^{VI} + \cdots$$

oder durch Ausschreiben der Differenzen endgültig:

$$\boxed{y_1 - 2 y_0 + y_{-1} = \frac{h^2}{12} (y_1'' + 10 y_0'' + y_{-1}'')} - y_0^{VI} \frac{h^6}{240} - \cdots . \tag{3}$$

Derartige Differenzenausdrücke, in denen außer den Ordinaten y_i auch die Ableitungen y_i'' in Differenzenform, also an mehreren Stellen x_i auftreten, sind auch *Mehrstellenformeln*, das mit ihnen durchgeführte Differenzenverfahren *Mehrstellenverfahren* genannt worden. Ordinaten wie Ableitungen erstrecken sich beide nur über zwei Teilintervalle. Die Genauigkeitsordnung ist die gleiche wie in (2), der Zahlenfaktor des ersten Fehlergliedes sogar noch kleiner.

Wir bedienen uns im folgenden einer abkürzenden leicht verständlichen Schreibweise, nämlich

$$\boxed{\mathfrak{D}_2 y = \mathfrak{S}_2 y''} - y_0^{VI} \frac{h^6}{240} - \cdots \tag{3a}$$

mit den Operatoren

$$\text{Differenzen-Operator} \quad \mathfrak{D}_2 = \quad (1 \quad -2 \quad 1)$$

$$\text{Summen-Operator} \quad \mathfrak{S}_2 = \frac{h^2}{12} (1 \quad 10 \quad 1)$$

In ähnlicher Weise lassen sich Mehrstellenausdrücke für jede Ableitung $y^{(\nu)}$ gewinnen, die wir allgemein in der Form

$$\boxed{\mathfrak{D}_\nu y = \mathfrak{S}_\nu y^{(\nu)}} + \text{Fehlerglieder} \tag{4}$$

schreiben können. Die zugehörigen Differenzen- und Summenoperatoren nebst erstem Fehlerglied sind in folgender Tabelle für $\nu = 1$ und 2 zusammengestellt. Für $\nu = 1$ ist außer dem ersten Ausdruck unter 1′ ein weiterer hinzugefügt, der zusammen mit 1 beim Auftreten von y' in der Differentialgleichung benötigt wird; vgl. dazu das Beispiel in § 30.5. Formel 1 ist die bekannte SIMPSON-Regel, 1′ die entsprechende BESSELsche Integrationsformel.

ν	$\mathfrak{D}_\nu$	$\mathfrak{S}_\nu$	Erstes Fehlerglied
1	0 −1 0 1 0	$\frac{h}{3}(\;1\;\;4\;\;1)$	$-\frac{1}{90}h^5 y_0^{\mathrm{V}}$
1′	0 −1 1 0	$\frac{h}{24}(-1\;\;13\;\;13\;\;-1)$	$+\frac{11}{720}h^5 y_0^{\mathrm{V}}$
2	0 1 −2 1 0	$\frac{h^2}{12}(\;1\;\;10\;\;1)$	$-\frac{1}{240}h^6 y_0^{\mathrm{VI}}$

30.2 Ein Beispiel

Wir erläutern die Handhabung der Differenzenformeln am Beispiel der Saitenschwingung, zunächst in der einfachsten Form gleichförmiger Massenbelegung, beiderseits eingespannt, Grundintervall 0 bis 1:

$$y'' + \lambda y = 0,$$

$$y(0) = y(1) = 0.$$

Die Länge 1 sei in n Teilintervalle gleicher Länge h aufgeteilt. Für jeden der $n-1$ inneren Punkte x_i läßt sich die Differentialgleichung anschreiben:

$$y_i'' + \lambda y_i = 0.$$

Wir üben nun die Operation $\mathfrak{S}_2$ aus, wo die Summation über je drei benachbarte Ordinaten läuft, und erhalten so in Kurzform:

$$\mathfrak{S}_2 y'' + \lambda \mathfrak{S}_2 y = 0.$$

Mit der Mehrstellenformel (3) bzw. (3a), also

$$\mathfrak{S}_2 y'' = \mathfrak{D}_2 y$$

lassen sich hier die Ableitungen y_j'' eliminieren, mit dem Ergebnis

$$\mathfrak{D}_2 y + \lambda \mathfrak{S}_2 y = 0.$$

Damit hat sich die Differentialgleichung

$$\boxed{y'' + \lambda y = 0} \tag{5}$$

rein formal übersetzt in die Differenzengleichung

$$\boxed{\mathfrak{D}_2 y + \lambda \mathfrak{S}_2 y = 0}\,. \tag{6}$$

Indem man nun (6) für jeden der $n-1$ inneren Punkte anschreibt, erhält man $n-1$ homogene lineare Gleichungen für die Ordinaten y_i ($i = 1, 2, \ldots, n-1$) bei gegebenen Randwerten $y_0 = y_n = 0$. Zum Beispiel lautet das Gleichungssystem in Form seines Koeffizientenschemas für $n = 4$, $h = 1/4$ mit der Abkürzung $\lambda h^2/12 = \bar{\lambda}$:

y_1	y_2	y_3	$\bar{\lambda} y_1$	$\bar{\lambda} y_2$	$\bar{\lambda} y_3$
-2	1	0	10	1	0
1	-2	1	1	10	1
0	1	-2	0	1	10

Dem entspricht die Determinantenbedingung nicht trivialer Lösungen

$$\begin{vmatrix} -2+10\bar{\lambda} & 1+\bar{\lambda} & 0 \\ 1+\bar{\lambda} & -2+10\bar{\lambda} & 1+\bar{\lambda} \\ 0 & 1+\bar{\lambda} & -2+10\bar{\lambda} \end{vmatrix} = 0,$$

allgemein eine Gleichung $(n-1)$-ten Grades in λ, deren Wurzeln Näherungswerte des gesuchten Eigenwertes sind.

Im Falle nicht gleichförmiger Massenbelegung $p(x)$ verallgemeinert sich die Differentialgleichung zu

$$y'' + \lambda p(x) y = 0. \tag{7}$$

Die Übersetzung in die Differenzengleichung verläuft genauso wie oben: Ausüben der Operation $\mathfrak{S}_2$:

$$\mathfrak{S}_2 y'' + \lambda \mathfrak{S}_2 p y = 0$$

und Beseitigen der zweiten Ableitung durch die Mehrstellenbeziehung:

$$\mathfrak{S}_2 y'' = \mathfrak{D}_2 y.$$

So erhält man die Differenzengleichung

$$\boxed{\mathfrak{D}_2 y + \lambda \mathfrak{S}_2 p y = 0}. \tag{8}$$

Indem man diese wieder für jede der $n-1$ inneren Punkte unter Berücksichtigung der Randwerte $y_0 = y_n = 0$ anschreibt, ergeben sich $n-1$ homogen lineare Gleichungen, deren Koeffizientenschema jetzt im rechten Teil die Massenwerte p_i enthält. Obwohl sie in diskreter Form auftreten, handelt es sich doch um die — natürlich angenäherte — Berücksichtigung einer kontinuierlichen Massenverteilung. Für $n = 4$, $h = 1/4$ mit $\lambda h^2/12 = \bar{\lambda}$:

y_1	y_2	y_3	$\bar{\lambda} y_1$	$\bar{\lambda} y_2$	$\bar{\lambda} y_3$
-2	1	0	$10p_1$	p_2	0
1	-2	1	p_1	$10p_2$	p_3
0	1	-2	0	p_2	$10p_3$

Allgemein führt unser Vorgehen hier auf eine Matrizen-Eigenwertaufgabe der Form

$$\boxed{(\boldsymbol{A} + \lambda \boldsymbol{B})\boldsymbol{y} = 0} \tag{9}$$

mit der Determinantenbedingung

$$\boxed{\det(\boldsymbol{A} + \lambda \boldsymbol{B}) = 0}\,. \tag{10}$$

Deren Eigenwerte λ_j sind Näherungswerte derjenigen der Ausgangsaufgabe, und die zugehörigen Eigenvektoren $\boldsymbol{y}_j$ Näherungen der Ordinaten der Eigenfunktionen. Die als Differentialgleichung formulierte Eigenwertaufgabe der Kontinuumsmechanik ist mit dem Hilfsmittel der Differenzengleichungen durch eine Matrizen-Eigenwertaufgabe approximiert, sie ist, wie man sagt, *finitisiert* worden. — Auf die numerische Behandlung der Aufgabe (9) kommen wir in § 30.4 bis 30.6 zurück.

30.3 Randformeln

Vielfach kommen auch in den *Randbedingungen* noch Ableitungen vor. Dann benötigen wir außer den Differenzenformeln, die der Annäherung der Differentialgleichung dienen, noch gewisse Randformeln, welche die in den Randbedingungen auftretenden Ableitungen approximieren, und zwar möglichst mit der gleichen Genauigkeit, die durch die Hauptformeln erreicht wird, da andernfalls die Genauigkeit des ganzen Verfahrens in Frage gestellt wird. Für Gleichungen 2. Ordnung benötigen wir Formeln zur Erfassung von y_0' und y_l' an den beiden Rändern. Da sich für Gleichungen 4. und höherer Ordnungen fast immer vom Bau der Differentialgleichung her ein Aufspalten in ein System von Gleichungen 2. — wenn nicht gar 1. — Ordnung empfiehlt, so dürfen wir uns überhaupt auf Formeln für y' bei Gleichungen 2. Ordnung beschränken.

Unter mehreren Möglichkeiten eines Fehlerabgleichs bis h^4 einschließlich empfiehlt sich für den linken Rand ($x = 0$)

$$\underline{\frac{1}{2}\,(-y_0 + y_2) - \frac{h^2}{3}\,(y_0'' + 2y_1'')} = y_0'\,h + \frac{h^5}{45}\,y_0^{\mathrm{V}} + \cdots$$

nebst entsprechender Formel für $y_l'\,h$ am rechten Rand ($x = l$). Mit Differenzoperator $\mathfrak{D}_1^{0,l}$ und Randoperator $\mathfrak{R}_2^{0,l}$ nach

$$\boxed{\begin{aligned} \mathfrak{D}_1^{0,l} &= \tfrac{1}{2}\,(-1 \;\; 0 \;\; 1) && \text{(11a)} \\ \mathfrak{R}_2^{0,l} &= \frac{h^2}{3}\begin{pmatrix} 1 & 2 & 0 \\ 0 & -2 & -1 \end{pmatrix} && \text{(11b)} \end{aligned}}$$

lauten die Randformeln für $x = 0$ und $x = l$:

$$\boxed{\begin{array}{l} \mathfrak{D}_1^0 y - \mathfrak{R}_2^0 y'' = y_0' h \\ \mathfrak{D}_1^l y - \mathfrak{R}_2^l y'' = y_l' h \end{array}} + \frac{h^5}{45} y_{0,l}^{\mathrm{V}} + \cdots, \qquad \begin{array}{r} (12\mathrm{a}) \\ (12\mathrm{b}) \end{array}$$

wo in $\mathfrak{R}_2^0$ die Koeffizienten der oberen Zeile von (11b), in $\mathfrak{R}_2^l$ die der unteren Zeile stehen.

Wir erläutern die Handhabung der Randformeln am Beispiel der Längsschwingung eines homogenen Stabes von Dehnsteifigkeit $EF = \alpha$, Massendichte $\varrho F = \mu$, links eingespannt, rechts frei mit Endmasse m_0, vgl. Tab. 6 auf S. 446, Nr. 3c. Mit $\lambda = \mu\omega^2/\alpha$ lauten Differentialgleichung und Randbedingungen

$$\left.\begin{array}{c} y'' + \lambda y = 0, \\ y_0 = 0, \qquad y_l' = \lambda \dfrac{m_0}{\mu} y_l. \end{array}\right\} \tag{13}$$

Die zugehörigen Differenzengleichungen sind

$$\mathfrak{D}_2 y + \lambda \mathfrak{S}_2 y = 0, \tag{14a}$$

$$\mathfrak{D}_1^l y + \lambda \mathfrak{R}_2^l y = \lambda h \frac{m_0}{\mu} y_l. \tag{14b}$$

Die letzte Gleichung folgt aus (12b) mit der zweiten Randbedingung unter Verwenden der Differentialgleichung $y'' = -\lambda y$. Das lineare Gleichungssystem für die n unbekannten Ordinaten y_i $(i = 1, 2, \ldots, n)$ baut sich aus der $n - 1$ mal für die $n - 1$ inneren Punkte y_1 bis y_{n-1} angeschriebenen Differenzengleichung (14a) auf; die dann noch fehlende n-te Gleichung ist die Randgleichung (14b), die auf gleichen Faktor $h^2/12$ gebracht worden ist. Mit den Abkürzungen $\lambda h^2/12 = \bar{\lambda}$, $12 m_0/\mu h = \bar{m}_0$ lautet das System für $n = 4$:

y_1	y_2	y_3	y_4	$\bar{\lambda} y_1$	$\bar{\lambda} y_2$	$\bar{\lambda} y_3$	$\bar{\lambda} y_4$
-2	1			10	1		
1	-2	1		1	10	1	
	1	-2	1		1	10	1
	1/2		1/2			-8	$-(4 + \bar{m}_0)$

30.4 Numerische Durchführung

Die Matrix-Eigenwertaufgabe, die mit $\bar{\lambda} = \lambda h^2/12$ in der Form

$$\boldsymbol{A}\boldsymbol{y} + \bar{\lambda}\boldsymbol{B}\boldsymbol{y} = 0 \tag{9}$$

anfällt, behandelt man iterativ. Zur Ermittlung des betragskleinsten Eigenwertes, jetzt mit λ_1 bezeichnet, hat man, wie am Schluß von

§ 10.5 gezeigt wurde, die Iteration in der Form

$$\boldsymbol{A}\,\boldsymbol{u} + \boldsymbol{B}\,\boldsymbol{y} = 0 \tag{15}$$

zu führen, wenn wir den Ausgangsvektor mit $\boldsymbol{y}$, den iterierten mit $\boldsymbol{u}$ bezeichnen. Zur Berechnung von $\boldsymbol{u}$ ist Auflösung von (15), d. h. Überführen der Matrix $\boldsymbol{A}$ auf Dreiecksform $\hat{\boldsymbol{A}}$, erforderlich, wobei $\boldsymbol{B}$ in $\hat{\boldsymbol{B}}$ übergeht. Aus (15) wird so

$$\hat{\boldsymbol{A}}\,\boldsymbol{u} + \hat{\boldsymbol{B}}\,\boldsymbol{y} = 0. \tag{15a}$$

Diese Vorschrift ist folgendermaßen zu handhaben: Aus dem Produkt der letzten Zeile von $\hat{\boldsymbol{B}}$ mit $\boldsymbol{y}$ errechnet sich unmittelbar die letzte Komponente u_n von $\boldsymbol{u}$. Aus dem Produkt der vorletzten Zeile von $\hat{\boldsymbol{B}}$ mit $\boldsymbol{y}$ und von $\hat{\boldsymbol{A}}$ mit u_n findet man u_{n-1} usf., bis der volle Vektor $\boldsymbol{u}$ dasteht.

Der iterierte Vektor $\boldsymbol{u}$ wird dann, nachdem er passend normiert worden ist, wieder als Ausgangsnäherung $\boldsymbol{y}$ verwendet. Die Normierung erfolgt bei Handrechnung am einfachsten durch Division durch die betragsgrößte Komponente $u_i^{\max}$, bei Maschinenrechnung durch Division durch die Norm $N = \sqrt{\boldsymbol{u}'\boldsymbol{u}}$.

Konvergenz gegen $\bar{\lambda}_1$ vollzieht sich hier, wie ein Vergleich von (9) mit (15) zeigt, in der Form

$$\boldsymbol{y} \to \bar{\lambda}_1\,\boldsymbol{u}.$$

Daraus folgt durch Multiplikation mit $\boldsymbol{y}'$ die RAYLEIGH-Näherung

$$\boxed{\bar{\Lambda}_1 = \frac{\boldsymbol{y}'\boldsymbol{y}}{\boldsymbol{y}'\boldsymbol{u}}} \tag{16}$$

oder mit $\bar{\lambda} = \lambda\,h^2/12$ unmittelbar

$$\boxed{\Lambda_1 = \frac{12}{h^2}\,\frac{\boldsymbol{y}'\boldsymbol{y}}{\boldsymbol{y}'\boldsymbol{u}}}\,. \tag{16a}$$

Die Rechnung verläuft in Tab. 7 für einen Stab der Länge $l = 1$ mit Endmasse $m_0 = \mu\,l = \mu \cdot 1$, also $\bar{m}_0 = 48$ bei $h = \frac{1}{4}$. Durch Multiplikation der vier Gleichungen mit den Faktoren 1, 2, 3 und -4 erreicht man ganzzahlige Werte im gestaffelten System. Ergebnis:

$$\Lambda_1 = 0{,}74020, \qquad y_1 = \begin{pmatrix} 0{,}28155 \\ 0{,}55012 \\ 0{,}79334 \\ 1 \end{pmatrix}.$$

Exakter Wert: $\lambda_1 = 0{,}740174$.

Zur Berechnung des 2. Eigenwertes λ_2 sei auf § 32.8 verwiesen.

Tabelle 7. *Stablängsschwingung mit Endmasse: Berechnung der Grundschwingung durch gebrochene Iteration*

	y_1	y_2	y_3	y_4	$\bar{\lambda} y_1$	$\bar{\lambda} y_2$	$\bar{\lambda} y_3$	$\bar{\lambda} y_4$	$y'u$	$\Lambda_1 = \frac{192 y' y}{y'u}$
1.	−2	1	0	0	10	1	0	0		
2.	1	−2	1	0	1	10	1	0		
3.	0	1	−2	1	0	1	10	1		
−4.	0	−1/2	0	1/2	0	0	−8	−52		
	−2	1	0	0	10	1	0	0		
	1	−3	2	0	12	21	2	0		
	0	1	−4	3	12	24	32	3		
	0	2/3	1/3	−1	12	22	44	209		
	286	560	810	1024	1	2	3	4	7932	0,7262
	72,933	142,530	205,587	259,186	0,279	0,547	0,791	1	520,12	0,73930
	73,024	142,684	205,771	259,376	0,28139	0,54991	0,79320	1	521,324	0,74054
	73,030	142,694	205,782	259,387	0,281537	0,550105	0,793331	1	521,698	0,74020
	73,030	142,695	205,783	259,388	0,281548	0,530120	0,793340	1	521,705	0,740203

30.5 Längs- und Biegeschwingungen

Bei Längs- und Torsionsschwingungen einer Welle von veränderlichem Querschnitt lautet die Differentialgleichung

$$\boxed{(a\,y')' + \lambda\,b\,y = 0} \tag{17}$$

mit veränderlichen Koeffizienten $a(x)$, $b(x)$, vgl. Tab. 6 auf S. 446, Nr. 3 und 4. Die Gleichung ist charakteristisch für Eigenwertaufgaben zweiter Ordnung und von der sogenannten selbstadjungierten Form. Zur Behandlung nach dem Differenzenverfahren spalten wir auf in zwei Gleichungen erster Ordnung:

$$\left.\begin{aligned} a\,y' = u, \quad y' = \frac{1}{a}\,u, \\ u' + \lambda\,b\,y = 0, \end{aligned}\right\} \tag{18}$$

wozu noch Randbedingungen treten, z. B. bei eingespannt-freier Welle

$$y_0 = 0, \quad u_l = 0, \tag{19a}$$

bei Welle mit Endmasse

$$y_0 = 0, \quad u_l = \lambda\,m\,y_l. \tag{19b}$$

Übersetzung von (18) in Differenzengleichungen ergibt

$$\boxed{\begin{aligned} \mathfrak{D}_1\,y - \quad \mathfrak{S}_1\,\frac{1}{a} &= 0 \\ \mathfrak{D}_1\,u + \lambda\,\mathfrak{S}_1\,b\,y &= 0 \end{aligned}} \tag{20}$$

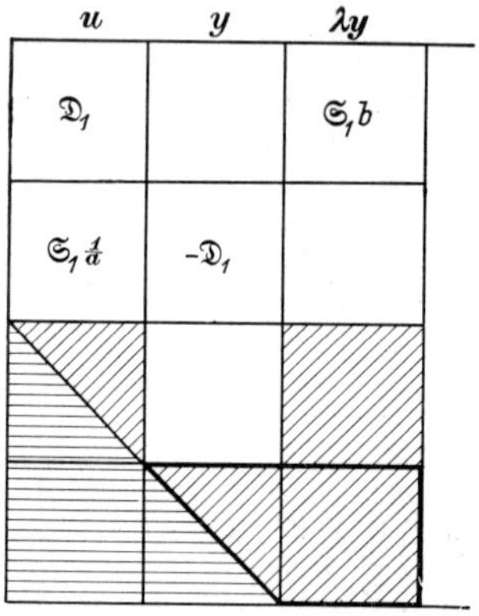

Abb. 30.1. Rechenschema für den Eliminationsprozeß der Differenzengleichungen (20)

Dazu treten gegebenenfalls noch Randformeln, z. B. (19b), die die beiden Endwerte y_l und u_l miteinander verkoppeln.

Hier erscheint λ nur bei y, während u den Eigenwert nicht enthält. Für die weitere Behandlung der Gleichungen (20) ist es dann zweckmäßig, die von λ freien Unbekannten u zunächst zu elimieren. Das geschieht nach dem verketteten Algorithmus, der gleich fortgeführt wird, um die bei dem von λ freien Teil von y verbleibende Matrix auf Dreiecksform zu überführen, damit anschließend sogleich die Iteration nach dem kleinsten Eigenwert stattfinden kann. Dazu empfiehlt sich die Anordnung der Abb. 30.1.

Das Ergebnis der Elimination, der im Schema stark umrandete Schlußteil, hat die Form

$$\boxed{\boldsymbol{A}\,\boldsymbol{y} + \lambda\,\boldsymbol{B}\,\boldsymbol{y} = 0}, \tag{22}$$

wo $\boldsymbol{A}$ schon Dreiecksform aufweist, so daß die Iteration nach

$$\boldsymbol{A}\,\boldsymbol{z} + \boldsymbol{B}\,\boldsymbol{z} = 0$$

unmittelbar anzuschließen ist.

Mit $\frac{h}{3}\,\frac{1}{a_i} = \alpha_i$, $\frac{h}{3}\,\lambda = \bar{\lambda}$, bei einer Unterteilung $h = \frac{l}{4}$ und mit den Randbedingungen (19a) lautet das Koeffizientenschema:

u_0	u_1	u_2	u_3	y_1	y_2	y_3	y_4	$\bar{\lambda}\,y_1$	$\bar{\lambda}\,y_2$	$\bar{\lambda}\,y_3$	$\bar{\lambda}\,y_4$
-1	0	1						$4\,b_1$	b_2		
	-1	0	1					b_1	$4\,b_2$	b_3	
		-1	0						b_2	$4\,b_3$	b_4
		-1	1					$-\frac{1}{8}b_1$	$\frac{13}{8}b_2$	$\frac{13}{8}b_3$	$-\frac{1}{8}b_4$
$-\frac{1}{8}\alpha_0$	$\frac{13}{8}\alpha_1$	$\frac{13}{8}\alpha_2$	$-\frac{1}{8}\alpha_3$	1	-1						
α_0	$4\,\alpha_1$	α_2		0	-1						
	α_1	$4\,\alpha_2$	α_3	1	0	-1					
		α_2	$4\,\alpha_3$		1	0	-1				

Dabei ist — am Ende der ersten und am Anfang der zweiten Gleichungsgruppe — die Formel Nr. 1′ aus der Tabelle aus § 30.1, S. 470, benutzt worden, da die Standard-Formel 1 erster Ordnung den ganzen Bereich nicht zu überstreichen erlaubt.

Auch die ähnlich gebaute Gleichung vierter Ordnung

$$\boxed{(a\,y'')'' = \lambda\,b\,y}\,, \tag{23}$$

die als Gleichung der Biegeschwingung bei veränderlichem Querschnitt mit Biegesteifigkeit $a(x)$ und Massenbelegung $b(x)$ auftritt, läßt sich auf ähnliche Weise mittels Differenzenverfahren behandeln, indem man sie zunächst auf ein System

$$\boxed{\begin{aligned} a\,y'' + \quad u &= 0 \\ u'' + \lambda\,b\,y &= 0 \end{aligned}} \tag{24}$$

umschreibt. Dabei hat u die Bedeutung des Biegemomentes. Die Übersetzung in Differenzengleichungen läßt sich unmittelbar niederschreiben:

$$\boxed{\begin{aligned} \mathfrak{D}_2\,y + \mathfrak{S}_2\,\frac{1}{a}\,u &= 0 \\ \mathfrak{D}_2\,u + \lambda\,\mathfrak{S}_2\,b\,y &= 0 \end{aligned}} \tag{25}$$

Dazu treten noch Randformeln; z. B. bei eingespannt-freiem Balken:

$$\begin{aligned} y_0 &= 0, \quad & y_0' &= 0, \\ u_l &= 0, \quad & u_l' &= 0, \end{aligned} \tag{26}$$

wo die mit y' und u' wieder in Differenzengleichungen zu übersetzen sind, nämlich allgemein nach

$$\begin{aligned} \mathfrak{D}_1^0 y + \mathfrak{R}_2^0 \frac{1}{a} u &= y_0' h, \\ \mathfrak{D}_1^l u + \lambda \mathfrak{R}_2^l \, b y &= u_l' h, \end{aligned} \tag{27}$$

im speziellen Beispiel also mit rechten Seiten Null. Auch hier wieder wird die von λ freie Variable u eliminiert nach dem gleichen Schema der Abb. 30.1, in dem jetzt nur die Matrizen $\mathfrak{D}_1$, $\mathfrak{S}_1$ zu ersetzen sind durch $\mathfrak{D}_2$, $\mathfrak{S}_2$. Für $n = 4$ lautet das Schema der Koeffizienten, wenn wir den Faktor $h^2/12$ in die Variable u hineinnehmen und $\lambda h^4/144 = \bar{\lambda}$ wie $1/a_i = \bar{a}_i$ bezeichnen:

u_0	u_1	u_2	u_3	y_1	y_2	y_3	y_4	$\bar{\lambda} y_1$	$\bar{\lambda} y_2$	$\bar{\lambda} y_3$	$\bar{\lambda} y_4$
1	-2	1						$10 b_1$	b_2		
	1	-2	1					b_1	$10 b_3$	b_3	
		1	-2						b_2	$10 b_3$	b_4
		1								$16 b_3$	$8 b_4$
$8 \bar{a}_0$	$16 \bar{a}_1$				1						
$\bar{a}_0$	$10 \bar{a}_1$	$\bar{a}_2$		-2	1						
	$\bar{a}_1$	$10 \bar{a}_2$	$\bar{a}_3$	1	-2	1					
		$\bar{a}_2$	$10 \bar{a}_3$		1	-2	1				

In beiden Fällen der Gln. (17) und (23) gestaltet sich die Behandlung nach dem Differenzenverfahren infolge Einführung der neuen, nachträglich zu elimierenden Variablen umständlich. Das vermeidet das anschließend beschriebene Vorgehen von Falk. In der Regel aber empfiehlt sich hier ein ganz anderer Weg, nämlich Übergang auf eine zugeordnete Variationsaufgabe und deren Behandlung nach dem Ritz-Verfahren in schematisierter Form, worauf wir ausführlich in § 32 zurückkommen werden. Dort wird die Aufgabe gleichfalls durch eine Matrix-Eigenwertaufgabe $\boldsymbol{A} \boldsymbol{y} = \lambda \boldsymbol{B} \boldsymbol{y}$ finitisiert mit symmetrischen Matrizen $\boldsymbol{A}$, $\boldsymbol{B}$.

30.6 Allgemeine Mehrstellenausdrücke nach Falk

Mit Hilfe der bisher angegebenen Differenzenausdrücke waren nur Differentialgleichungen besonders einfacher Bauart angreifbar, nämlich solche der Form $y^{(\nu)} = a y$, worauf sich auch die Gleichungen für

Längs- und Biegeschwingungen des vorigen Abschnittes durch Einführen einer neuen Variablen zurückführen ließen. S. FALK hat einen Weg zur Aufstellung von Mehrstellen-Ausdrücken für lineare Differentialgleichungen allgemeiner Form angegeben[1], den wir im folgenden für den Fall der homogenen Differentialgleichung 2. Ordnung wiedergeben. Die Differentialgleichung laute

$$\boxed{L[y] = a(x)\, y'' + b(x)\, y' + c(x)\, y = 0} \tag{28}$$

mit stückweise stetigen Funktionen a, b, c im Bereich $0 \leqq x \leqq l$. Mit (x_i, y_i), $i = -1, 0, 1$ seien je drei Punkte an aufeinanderfolgenden äquidistanten Stellen x_i mit $x_i - x_{i-1} = h$ bezeichnet, und es sei $x = x_0 + t\,h$. FALK ersetzt nun die unbekannte Lösung stückweise durch je eine durch drei benachbarte Punkte hindurchgehende Parabel 4. Ordnung, für die er einen Ansatz der Form

$$\begin{aligned} y(x) = {} & \tfrac{1}{2} y_{-1}(t^2 - t) + y_0(1 - t^2) + \tfrac{1}{2} y_1(t^2 + t) \\ & + \alpha\, t(1 - t^2) + \beta\, t^2(1 - t^2) \end{aligned} \tag{29a}$$

mit zwei noch freien Parametern α und β macht. Die beiden in der Differentialgleichung auftretenden Ableitungen sind damit

$$\begin{aligned} h\, y'(x) = {} & \tfrac{1}{2} y_{-1}(2t - 1) - 2 y_0\, t + \tfrac{1}{2} y_1(2t + 1) \\ & + \alpha(1 - 3t^2) + 2\beta(t - 2t^3), \end{aligned} \tag{29b}$$

$$h^2 y''(x) = y_{-1} - 2 y_0 + y_1 - 6\alpha\, t + 2\beta(1 - 6t^2). \tag{29c}$$

Man fordert nun, daß diese Näherungsparabel an den 3 „Kollokationsstellen" $t = -1, 0$ und 1 die Differentialgleichung (28) erfüllt. Anschreiben der Funktionswerte $y, y'h, y''h^2$ an den 3 Stellen ergibt unter Ordnen nach den Faktoren α, β und y_i:

t		α	β	y_{-1}	y_0	y_1	Faktor
	y	0	0	1	0	0	$\cdot c_{-1}$
-1	$y'\,h$	-2	2	$-3/2$	2	$-1/2$	$\cdot b_{-1}$
	$y''\,h^2$	6	-10	1	-2	1	$\cdot a_{-1}$
	y	0	0	0	1	0	$\cdot c_0$
0	$y'\,h$	1	0	$-1/2$	0	$1/2$	$\cdot b_0$
	$y''\,h^2$	0	2	1	-2	1	$\cdot a_0$
	y	0	0	0	0	1	$\cdot c_1$
1	$y'\,h$	-2	-2	$1/2$	-2	$3/2$	$\cdot b_1$
	$y''\,h^2$	-6	-10	1	-2	1	$\cdot a_1$

[1] Vortrag auf GAMM-Tagung April 1965 in Wien; erscheint in Z. angew. Math. Mech., Bd. 45.

Multiplikation dieser Ausdrücke mit den Koeffizienten der Differentialgleichung in der abgekürzten Form

$$\left.\begin{aligned} a_i &= a(x_i), \\ b_i &= b(x_i)\,h, \\ c_i &= c(x_i)\,h^2 \end{aligned}\right\} \tag{30}$$

ergibt drei Gleichungen für α, β, y_i, in schematischer Form:

	α	β	y_{-1}	y_0	y_1	
-1	$6a_{-1} - 2b_{-1}$	$-10a_{-1} + 2b_{-1}$	$a_{-1} - \frac{3}{2}b_{-1} + c_{-1}$	$-2a_{-1} + 2b_{-1}$	$a_{-1} - \frac{1}{2}b_{-1}$	$= 0$
0	b_0	$2a_0$	$a_0 - \frac{1}{2}b_0$	$-2a_0 + c_0$	$a_0 + \frac{1}{2}b_0$	$= 0$
1	$-6a_1 - 2b_1$	$-10a_1 - 2b_1$	$a_1 + \frac{1}{2}b_1$	$-2a_1 - 2b_1$	$a_1 + \frac{3}{2}b_1 + c_1$	$= 0$
	0	0	A_{-1}	A_0	A_1	$= 0$

31)

Indem man nun die beiden Parameter α, β eliminiert, erhält man die gesuchte Differenzengleichung der Form

$$\boxed{A_{-1}y_{-1} + A_0 y_0 + A_2 y_1 = 0} \tag{32}$$

für die Stelle x_0 aus dem Gesamtintervall $0 \ldots l$.

Die Elimination von α und β läßt sich auf einfache Weise durch Multiplikation der drei Gleichungen mit den zu den Spalten α, β gehörigen Unterdeterminanten D_{-1}, D_0, D_1 bewerkstelligen. Mit den Abkürzungen α_i, β_i für die Faktoren von α und β sind das:

α	β	D_i
α_{-1}	β_{-1}	$D_{-1} = \alpha_0\beta_1 - \alpha_1\beta_0$
α_0	β_0	$D_0 = \alpha_1\beta_{-1} - \alpha_{-1}\beta_1$
α_1	β_1	$D_1 = \alpha_{-1}\beta_0 - \alpha_0\beta_{-1}$

Indem man die Gln. (31) für jeden inneren Punkt aufstellt und daraus die Parameter α, β auf angegebene Weise eliminiert, ergibt sich für jeden Punkt die zugehörige Differenzengleichung.

Ist die Differenzengleichung von der früher behandelten einfachen Bauart, so erhält man die alten Mehrstellenformeln. So führt das

Beispiel: $y'' + \lambda p(x) y = 0$

mit $a_i = 1$, $b_i = 0$, $c_i = \lambda p_i h^2 = 12 p_i \bar{\lambda}$ auf folgende Gleichungen:

α	β	y_{-1}	y_0	y_1	$D_i/12$
6	-10	$1 + 12p_{-1}\bar{\lambda}$	-2	1	1
0	2	1	$-2 + 12p_0\bar{\lambda}$	1	10
-6	-10	1	-2	$1 + 12p_1\bar{\lambda}$	1
0	0	$12 + 12p_{-1}\bar{\lambda}$	$-24 + 120p_0\bar{\lambda}$	$12 + 12p_1\bar{\lambda}$	

Nach Division durch 12 lautet die Differenzengleichung wie früher:

$$y_{-1} - 2y_0 + y_1 + \bar{\lambda}(p_{-1}y_{-1} + 10p_0y_0 + p_1y_1) = 0.$$

Die so für die inneren Punkte gewonnenen Differenzengleichungen sind noch zu ergänzen durch Randformeln für den Fall, daß die Randbedingungen die Ableitung y' vorschreiben. Die allgemeine Form der Randbedingungen lautet dann

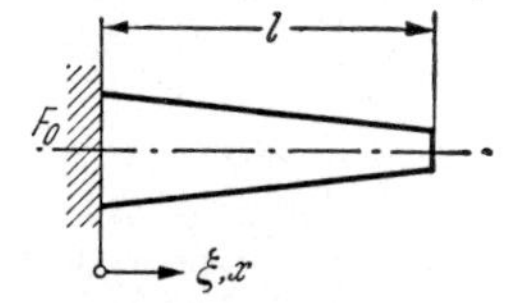

Abb. 30.2 Beispiel konischer Stab, eingespannt – frei

$$y'_{0,l} = A\, y_{0,l},$$

worin der Fall $y' = 0$ mit $A = 0$ enthalten ist. Aus (29b) folgt zunächst, wenn wir die Indizierung der drei aufeinanderfolgenden Randpunkte jetzt in $0, 1, 2$ abändern, für $t = -1$ bzw. 1

$$h\,y_0 = -\tfrac{3}{2}y_0 + 2y_1 - \tfrac{1}{2}y_2 - 2\alpha + 2\beta = A\,h\,y_0,$$
$$h\,y'_l = \tfrac{1}{2}y_0 - 2y_1 + \tfrac{3}{2}y_2 - 2\alpha - 2\beta = A\,h\,y_2.$$

Indem man für den linken Rand Kollokation für x_0, x_1, für den rechten die für x_1, x_2 fordert, ergeben sich an Stelle von (31) die beiden folgenden Systeme:

	α	β	y_0	y_1	y_2
AR	-2	2	$-\frac{3}{2} - A\,h$	2	$-1/2$
x_0	$6a_0 - 2b_0$	$-10a_0 + 2b_0$	$a_0 - \frac{3}{2}b_0 + c_0$	$-2a_0 + 2b_0$	$a_0 - \frac{1}{2}b_0$
x_1	b_1	$2a_1$	$a_1 - \frac{1}{2}b_1$	$-2a_1 + c_1$	$a_1 + \frac{1}{2}b_1$
	0	0	A_0	A_1	A_2

(33a)

	α	β	y_0	y_1	y_2
ER	-2	-2	$1/2$	-2	$\frac{3}{2} - A\,h$
x_1	b_1	$2a_1$	$a_1 - \frac{1}{2}b_1$	$-2a_1 + c_1$	$a_1 + \frac{1}{2}b_1$
x_2	$-6a_2 - 2b_2$	$-10a_2 - 2b_2$	$a_2 + \frac{1}{2}b_2$	$-2a_2 - 2b_2$	$a_2 + \frac{3}{2}b_2 + c_2$
	0	0	A_0	A_1	A_2

(33b)

Beispiel: Längsschwingung eines konischen Stabes, eingespannt — frei (Abb. 30.2). Diff.-Gl.: $(a\,y')' + \lambda\,a\,y = 0$ mit $a = 4F/F_0 = (2 - x)^2$, $l = 1$, $\lambda = \omega^2\,\varrho\,l^2/E$. Umgeformt auf

$$a\,y'' + a'\,y' + \lambda\,a\,y = 0.$$

Randbedingungen: $y(0) = 0$, $y'(1) = 0$. Die Aufgabe ist formelmäßig lösbar. Mit $(2 - x)\,y = z$ erhält man $z'' + \lambda\,z = 0$.
Lösung:

$$y = \frac{1}{2 - x}\sin k\,x \quad \text{mit} \quad k^2 = \lambda.$$

Die Eigenwerte k sind Wurzeln der Gleichung $\operatorname{tg} k = -k$.

Mit $h = 1/4$ und $\bar{\lambda} = \lambda\, h^2/12 = \lambda/192$ erhält man auf dem beschriebenen Wege nach Kürzen gemeinsamer Faktoren folgende Differenzengleichungen:

y_1	y_2	y_3	y_4	$\bar{\lambda}\, y_1$	$\bar{\lambda}\, y_2$	$\bar{\lambda}\, y_3$	$\bar{\lambda}\, y_4$
−7	3			35	3		
7	−12	5		7	60	5	
	3	−5	2		3	25	2
	1	1	−2			15	9

Iteration wie in 30.4 ergibt für den 1. Eigenwert:

	$\Lambda_1 = 4{,}11166$	$y_1 =$	(0,30922	0,63075	0,89047	1)
Exakt:	$\lambda_1 = 4{,}11586$	Exakt:	(0,30944	0,63113	0,89082	1)
Fehler:	− 0,00420	Fehler:	(−22	−38	−35	0)
	= − 0,102%					

§ 31 Verfahren von Rayleigh-Ritz

Während die bisherigen Verfahren von der Differentialgleichung der Rand- und Eigenwertaufgabe ausgehen und damit immer noch mehr oder weniger eng mit den Anfangswertverfahren zusammenhängen, stützt sich das Vorgehen, das nach RAYLEIGH und RITZ benannt wird und für die Behandlung der Eigenwertaufgaben so bedeutsam geworden ist, nicht mehr unmittelbar auf die Differentialgleichung, sondern auf Minimaleigenschaften gewisser Energieausdrücke, durch die das Problem ebenso wie durch die Differentialgleichung charakterisiert wird. Für zahlreiche Aufgaben der Mechanik ist es der sogenannte RAYLEIGHsche Quotient, dessen Minimaleigenschaften die Eigenwertaufgabe kennzeichnet. Mit Rücksicht auf seine große Bedeutung für Ingenieuraufgaben stellen wir ihn in den Vordergrund der weiteren Betrachtungen, gewissermaßen als exponiertes Beispiel allgemeinerer Minimalforderungen, wie sie in der Variationsrechnung zum Ausgangspunkt von Rand- und Eigenwertaufgaben gemacht werden.

31.1 Das Rayleighsche Prinzip

Wir führen unsere Betrachtungen zunächst an einem leicht übersehbaren Beispiel, dem der Biegeschwingungen, durch. Mit der von der Zeit t und der Längenkoordinate x abhängigen Auslenkung $w = w(x, t)$ lauten potentielle und kinetische Energie U und T des schwingenden Stabes:

$$U = \frac{1}{2}\int E\, I\, w''^2\, dx = \frac{1}{2}\int \alpha(x)\, w''^2\, dx\,,$$

$$T = \frac{1}{2}\int \varrho\, F\, w^2\quad dx = \frac{1}{2}\int \mu(x)\, w^2\, dx\,,$$

wo die potentielle Energie aus dem bekannten Ausdruck für die Formänderungsarbeit zusammen mit der Beziehung zwischen Biegemoment M und w'' hervorgeht:

$$U = \frac{1}{2}\int \frac{M^2}{EI}\,dx \quad \text{mit} \quad M = -EI\,w''.$$

Bei Annahme zeitlich sinusförmiger Schwingung, $w = y(x)\sin\omega t$ mit der Amplitudenfunktion $y(x)$ erhält man

$$U = \frac{1}{2}\int \alpha y''^2\,dx\,\sin^2\omega t = U_0\sin^2\omega t,$$

$$T = \frac{1}{2}\omega^2\int \mu y^2\,dx\,\cos^2\omega t = T_0\cos^2\omega t = \omega^2 T_0^*\cos^2\omega t.$$

Aus dem Energiesatz $U + T = E =$ konst. folgt dann $U_0 = T_0 = \omega^2 T_0^*$, also

$$\boxed{\omega^2 = \lambda = \frac{\int \alpha y''^2\,dx}{\int \mu y^2\,dx} = R[y]}\,. \tag{1}$$

Der Eigenwert $\omega^2 = \lambda$ erscheint hier in der Form des sogenannten RAYLEIGH-*Quotienten*, gebildet mit der zum Eigenwert gehörigen Eigenfunktion $y(x)$.

Nun sind die Eigenfunktionen ebensowenig bekannt wie die zugehörigen Eigenwerte. Die praktische Bedeutung des RAYLEIGH-Quotienten besteht darin, daß er zu brauchbaren Näherungen für den ersten, d. h. den betragsmäßig kleinsten Eigenwert λ_1 führt, wenn man $R[y]$ an Stelle mit der unbekannten Eigenfunktion $y_1(x)$ mit einer Näherung $u(x)$ bildet, die sogar ziemlich roh sein kann, wenn sie nur gewisse naheliegende Bedingungen erfüllt, die sich für die betreffende Aufgabe als wesentlich erweisen. Dies Verhalten ist eine Folge der bedeutsamen Minimaleigenschaft des RAYLEIGH-Quotienten: Unter allen im obigen Sinne zulässigen Funktionen $u(x)$ macht die erste Eigenfunktion $y_1(x)$ den RAYLEIGH-Quotienten zum Minimum λ_1.

Zulässige Funktionen, das soll heißen: hinsichtlich der Minimalaufgabe zur Konkurrenz zugelassene Funktionen, sind nun bei Aufgaben der Mechanik solche, die mit den mechanischen Zwangsbedingungen der Auflager und des Materialzusammenhanges verträglich sind. Für das Beispiel der Biegeschwingung eines Stabes ist für zulässige Funktionen $u(x)$ Stetigkeit in u und u' sowie wenigstens stückweise Stetigkeit in u'' (Biegemoment) zu fordern. Ist der Stab am einen Ende $x = 0$ eingespannt, am anderen Ende $x = l$ frei, so haben die zulässigen Funktionen die Randbedingungen der Einspannung

$$u(0) = u'(0) = 0$$

zu erfüllen. Am freien Ende $x = l$ dagegen, an dem für die gesuchten Eigenfunktionen $y(x)$ die Bedingungen

$$(\alpha y'')_l = (\alpha y'')'_l = 0$$

gelten, sind die zulässigen Funktionen $u(x)$ keinen Bedingungen unterworfen. Die Randbedingungen des Problems sind also hinsichtlich der Minimalaufgabe unterschiedlich zu bewerten. Die einen Bedingungen stellen geometrische Zwangsbedingungen dar, denen auch jede zulässige Funktion zu gehorchen hat. Man spricht von *geometrischen* oder *kinematischen Randbedingungen*. Die anderen hingegen enthalten Aussagen über die am Rande wirkenden inneren Kräfte des Systems, hier Biegemomente und Querkräfte, und werden daher *dynamische Randbedingungen* genannt. Zulässig sind auch solche Funktionen, die diese Bedingungen verletzen.

Beide Bedingungen unterscheiden sich auch mathematisch hinsichtlich der Ordnung der in ihnen auftretenden Ableitungen. Bei unserer Aufgabe vierter Ordnung enthalten die geometrischen Randbedingungen nur Ableitungen bis zur ersten Ordnung, während in den dynamischen auch Ableitungen zweiter bis dritter Ordnung auftreten. Ganz allgemein hat man bei linearen Rand- und Eigenwertaufgaben $2m$-ter Ordnung definiert:

wesentliche RB als solche, die Ableitungen höchstens bis zur Ordnung $m - 1$ enthalten[1],
restliche RB als solche, die auch Ableitungen m-ter oder höherer bis höchstens $(2m - 1)$-ter Ordnung enthalten[1].

Man hat gezeigt, daß für eine wichtige Klasse von Aufgaben, die man *natürliche Eigenwertprobleme* genannt hat[2], die geometrischen RB stets wesentlich, die dynamischen dagegen stets restlich sind, und daß der Eigenwert λ höchstens in den dynamischen RB auftreten kann.

Zulässige Funktionen sind dann beim Problem $2m$-ter Ordnung solche, die nebst Ableitungen bis zur Ordnung $m - 1$ stetig sind, deren m-te Ableitung wenigstens stückweise stetig ist und die die wesentlichen (geometrischen) RB erfüllen. Die restlichen (dynamischen) RB brauchen nicht erfüllt zu werden, was die praktische Durchführung der Aufgabe oft wesentlich erleichtert, insbesondere dann, wenn in ihnen der noch unbekannte Eigenwert vorkommt. Natürlich wird die mit einer zulässigen Funktion u erzielte Näherung $R[u] \approx \lambda$ im allgemeinen um so besser ausfallen, je näher u der wirklichen Lösung y kommt, je mehr also auch von etwaigen restlichen RBen (streng oder angenähert) erfüllt sind.

---

[1] Genauer: die auf solche Form gebracht werden können, nachdem man gegebenenfalls durch Linearkombination der $2m$ linear unabhängigen RB aus möglichst vielen von ihnen die Ableitungen m-ter und höherer Ordnung eliminiert hat; vgl. L. Collatz [*3*], S. 47/48, [*4*], S. 4.

[2] Stiefel, E., u. H. Ziegler: Natürliche Eigenwertprobleme. Z. angew. Math. Phys. Bd. 1 (1950) S. 111—138. — Bukovics, E.: Acta physica austriaca Bd. 12 (1959) S. 262—303.

Der RAYLEIGH-Quotient hat nun allgemein die Form

$$\boxed{R[u] = \frac{\Phi[u]}{\Psi[u]}} \tag{2}$$

mit Ausdrücken $\Phi[u]$ und $\Psi[u]$, die bei Aufgaben der Mechanik Energien darstellen, und von denen natürlich $\Psi[u] \neq 0$ vorausgesetzt werden muß. Mathematisch sind es quadratische Integralausdrücke in u und Ableitungen von u bis zur Ordnung m, gegebenenfalls noch ergänzt durch quadratische Ausdrücke in diskreten u-Werten nebst Ableitungen bis zur Ordnung $m-1$ (z. B. Energien diskreter Federn und Massen). Bezeichnen wir die Integralausdrücke mit $\Phi_0[u]$, $\Psi_0[u]$, die diskreten quadratischen Formen mit $F[u]$, $G[u]$, also

$$\Phi[u] = \Phi_0[u] + F[u], \qquad \Psi[u] = \Psi_0[u] + G[u], \tag{3}$$

so sind die Integralausdrücke von der Form

$$\begin{aligned} \Phi_0[u] &= \int a_0 u^2\,dx + \int a_1 u'^2\,dx + \cdots + \int a_m (u^{(m)})^2\,dx, \\ \Psi_0[u] &= \int b_0 u^2\,dx + \int b_1 u'^2\,dx + \cdots + \int b_n (u^{(n)})^2\,dx, \end{aligned} \tag{4}$$

und dabei soll stets

$$\boxed{m > n} \tag{5}$$

sein. Ferner soll von den Koeffizienten $a_\mu = a_\mu(x)$, $b_\nu = b_\nu(x)$ der höchste a-Koeffizient positiv sein, $a_m > 0$; Forderungen, die von Aufgaben der Anwendungen und von der Theorie her nahegelegt werden.

Als *natürliche Eigenwertaufgaben* hat man solche bezeichnet, die sich als Extremalforderung formulieren lassen (als eine Aufgabe der Variationsrechnung; vgl. dazu § 33.5): Zu gegebenen Ausdrücken Φ, Ψ der Form (3), (4), (5) sind Funktionen $y(x)$, die Eigenfunktionen, zu suchen, die dem RAYLEIGH-Quotienten $R[y] = \Phi/\Psi$ einen Extremwert verleihen, nämlich den zugehörigen Eigenwert λ, so daß für jede Lösung $y(x)$ als Definition gilt

$$\boxed{R[y] = \lambda}\,. \tag{6}$$

Daß Extremalaufgabe und Eigenwertaufgabe der Differentialgleichung einander entsprechen, wird sich noch zeigen. Jedenfalls gilt für Aufgaben dieser Art dann das

Rayleighsche Prinzip: Die erste Eigenfunktion $y_1(x)$ eines natürlichen Eigenwertproplems macht den RAYLEIGH-Quotienten $R[u]$ zum Minimum λ_1, wenn $u(x)$ den Bereich aller zulässigen Funktionen durchläuft:

$$\boxed{\lambda_1 = \operatorname*{Min}_u R[u]} \quad \text{oder} \quad \boxed{R[u] \geqq \lambda_1}\,. \tag{7}$$

Die Eigenwertaufgaben der Anwendungen sind häufig derart, daß nur positive (oder doch keine negativen) Eigenwerte λ auftreten können (z. B. Frequenzquadrate, Knicklasten). Dies ist bei unserer Aufgabe sicher dann der Fall, wenn die Ausdrücke Φ und Ψ so beschaffen sind, daß für jede zulässige Funktion $u(x) \not\equiv 0$ gilt

$$\boxed{\Phi[u] \geqq 0}\,, \tag{8a}$$

$$\boxed{\Psi[u] > 0}\,. \tag{8b}$$

Sind diese Bedingungen erfüllt, so wird die Aufgabe *positiv* (*semi-*) *definit* genannt, und zwar definit im eigentlichen Sinne, wenn in (8a) nur das Zeichen $>$ steht. Andernfalls heißt die Aufgabe semidefinit; es kann dann auch der Eigenwert $\lambda = 0$ auftreten.

Der Minimaleigenschaft (7) des RAYLEIGH-Prinzips ist nun das oben angedeutete günstige Näherungsverhalten des RAYLEIGH-Quotienten schon bei nur grober Näherung $u(x)$ für die erste Eigenfunktion zu verdanken. Zudem weiß man, daß diese Näherung $R[u] = \Lambda$ stets zu groß ist, daß also von zwei Werten Λ, gewonnen aus zwei Näherungen $u(x)$, der kleinere sicher der bessere ist. Vor allem aber ist das Minimalprinzip zur Grundlage des so bedeutsamen RITZschen Verfahrens geworden, bei dem die Näherung $\Lambda = R[u]$ durch Variieren noch freier Parameter systematisch herabgedrückt und damit dem exakten Wert möglichst angenähert wird. Bevor wir darauf (in § 31.4) näher eingehen, sei zuvor die Handhabung des gewöhnlichen RAYLEIGH-Quotienten sowie der Einfluß der Näherung $u(x)$ auf die Güte des Näherungswertes Λ am Beispiel der Biegeschwingung erläutert.

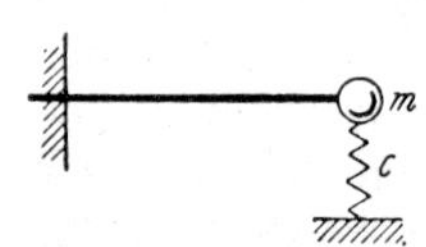

Abb. 31.1 Balken, eingespannt — frei mit Endmasse und Endfeder

Als Beispiel für das Auftreten endlicher quadratischer Ausdrücke F, G in Φ und Ψ sei abschließend noch der einseitig eingespannte Stab mit Feder c und Einzelmasse m am freien Ende angeführt, Abb. 31.1. Hier tritt in den Energieausdrücken U und T bei Biegeschwingung je noch ein Glied zu den Integralen hinzu, nämlich

$$\frac{1}{2}\, c\, y_l^2 \text{ in } U \quad \text{und} \quad \frac{1}{2}\, m\, \dot{y}_l^2 \text{ in } T.$$

Zähler und Nenner des RAYLEIGH-Quotienten werden dann

$$\Phi[u] = \int_0^l \alpha\, y''^2\, dx + c\, y_l^2, \qquad \Psi[u] = \int_0^l \mu\, y^2\, dx + m\, y_l^2.$$

Offenbar genügen beide Ausdrücke der Definitheitsbedingung (8). Die Eigenwerte des Problems sind stets positiv, wie zu erwarten.

31.2 Rayleigh-Quotient als Näherung für λ_1

Mit Rücksicht auf einfache Rechnung und Vergleichsmöglichkeit mit exakten Werten sei der einseitig eingespannte Stab von konstantem Querschnitt gewählt, wofür wir $\alpha = \mu = 1$ und $l = 1$ annehmen dürfen. Die Randbedingungen sind bei freiem Ende

$$y(0) = y'(0) \quad = 0, \text{ geometrische RB},$$

$$y''(1) = y'''(1) = 0, \text{ dynamische RB}.$$

Der exakte erste Eigenwert ist $\lambda_1 = 12{,}36236$ ($\lambda = k^4$ mit Wurzel k der Frequenzgleichung $\cos k \operatorname{Cof} k = -1$). Die Güte der Näherung $R[u] = \Lambda$ hängt von der Wahl der Näherungsfunktion $u(x)$ ab, die als zulässige Funktion zwar nur die geometrischen RB zu erfüllen braucht, die aber erwartungs- und auch erfahrungsgemäß um so bessere Näherungen Λ liefert, je besser sie im ganzen und also auch in den dynamischen RB die exakte Lösung $y(x)$ wiedergibt. Dies sei an einer Reihe von Funktionen $u(x)$ von zunehmender Güte vorgeführt.

1. Näherung: $u(x) = x^2$. Sie erfüllt nur die geometrischen RB. Wir erhalten, wie leicht nachzurechnen:

$$\Phi[u] = \int_0^1 u''^2\,dx = 4, \qquad \Psi[u] = \int_0^1 u^2\,dx = \frac{1}{5},$$

$$R[u] = \Lambda = 20,$$

also eine noch recht grobe Näherung für λ_1.

2. Näherung: Um auch die erste dynamische RB zu erfüllen, gehen wir aus von $u'' = 1 - x$ und erhalten hieraus durch Integration unter Berücksichtigung der geometrischen RB und Unterdrücken eines — ja unwesentlichen — Zahlenfaktors von $-1/6$:

$$u(x) = x^3 - 3x^2.$$

Damit wird

$$\Phi[u] = 12, \qquad \Psi[u] = \frac{33}{35},$$

$$R[u] = \Lambda = \frac{140}{11} = 12{,}7273, \qquad \text{Fehler} = +0{,}365 \mathrel{\hat=} 2{,}95\,\%.$$

Berücksichtigen der einen dynamischen RB bringt also bei geringer Mehrarbeit eine wesentliche Genauigkeitssteigerung.

3. Näherung: Ausgehend von $u''' = 1 - x$, also Erfüllen der zweiten dynamischen RB erhalten wir durch dreifache Integration unter Einhalten der übrigen RB ähnlich wie oben die Näherung

$$u(x) = x^4 - 4x^3 + 6x^2,$$

die jetzt alle RB erfüllt, und damit

$$\Phi[u] = \frac{144}{5}, \quad \Psi[u] = \frac{104}{45}.$$

$$R[u] = \Lambda = \frac{162}{13} = 12{,}4615, \quad \text{Fehler} = 0{,}099 = 0{,}80\,\%.$$

Eine weitere Verbesserung läßt sich durch *Vorschalten einer Iteration* erzielen, ein Vorgehen, dem folgender Gedanke zugrunde liegt. Die Differentialgleichung der Stabschwingung

$$(\alpha y'')'' = \lambda \mu y$$

besagt, daß die Auslenkung y sich als Folge der Trägheitsbelastung $-\mu \ddot{y}$ einstellt, die bei zeitlich sinusförmiger Schwingung gleich $\lambda \mu y$ wird. Läßt man nun, ausgehend von einer ersten groben Näherung $u_0(x)$, die zugehörigen Trägheitskräfte $\lambda \mu u_0$ als Last wirken, so resultiert daraus eine Stabauslenkung $u(x)$, von der man auf Grund der glättenden Wirkung einer vierfachen Integration hoffen darf, daß sie eine wesentlich bessere Näherung als die Ausgangsfunktion $u_0(x)$ darstellen wird, zumal sie leicht *allen* RB — wenigstens soweit diese nicht den unbekannten Eigenwert λ enthalten — unterworfen werden kann. Daß diese Vermutung — unter bestimmten Voraussetzungen — tatsächlich zutrifft, soll erst später gezeigt werden (vgl. § 34.6). — Da es bei der Näherungsfunktion $u_0(x)$ auf einen Faktor nicht ankommt, dürfen wir in der Trägheitslast $\lambda \mu u_0$ auch den noch unbekannten Faktor λ unterdrücken, also die Iterationsvorschrift

$$(\alpha u'')'' = \mu u_0(x)$$

anwenden, aus der sich durch vierfache Integration unter Einhalten aller Randbedingungen die Näherung $u(x)$ ergibt, welche die RAYLEIGH-Näherung $R[u] = \Lambda$ liefert. In unserem Beispiel erhalten wir so mit $\alpha = \mu = 1$ die

4. *Näherung:* Ausgangsnäherung $u_0(x) = x^2$ (zulässige Funktion).
Iterationsvorschrift:

$$u^{\text{IV}} = u_0 = x^2.$$

Vierfache Integration mit allen RB ergibt — nach Streichen eines Faktors 1/360:

$$u(x) = x^6 - 20\,x^3 + 45\,x^2.$$

$$\Phi[u] = 2080, \quad \Psi[u] = \frac{15\,308}{91},$$

$$R[u] = \Lambda = 12{,}36478, \quad \text{Fehler} = +0{,}00242 \mathrel{\hat{=}} 0{,}02\,\%.$$

Das Vorschalten einer Iteration hat sich also hier als höchst wirksam erwiesen.

31.3 Eigenwert in den Randbedingungen

Der Eigenwert λ kann in den RB auftreten; jedoch kann dies bei der uns allein interessierenden Klasse der sogenannten natürlichen Eigenwertaufgaben nur in den dynamischen RB vorkommen. Beispielsweise lauten die RB für den einseitig eingespannten Stab mit Endmasse m am freien Stabende:

$$y(0) = y'(0) = 0 \quad \text{geometrische RB},$$

$$\alpha\, y_l'' = 0 \quad \text{1. dynamische RB},$$

$$(\alpha\, y'')_l' = -\lambda\, m\, y_l \quad \text{2. dynamische RB}.$$

Eine Näherungsfunktion $u(x)$, welche auch die zweite dynamische RB erfüllt, läßt sich daher hier von vornherein gar nicht angeben. Nun braucht zwar die im RAYLEIGH-Quotienten benötigte zulässige Funktion nur die geometrischen RB zu erfüllen. Ein Berücksichtigen der dynamischen Bedingungen erhöht aber, wie wir sahen, die Genauigkeit der RAYLEIGH-Näherung $\Lambda = R[u]$. Dies läßt sich hier auf zweierlei Weise bewerkstelligen. Entweder man verschafft sich zunächst einen Näherungswert $\Lambda_0 = R[u_0]$ mit Hilfe einer ersten Näherungsfunktion $u_0(x)$, welche die den Eigenwert enthaltende RB nicht erfüllt. Mit diesem Wert Λ_0 läßt sich dann eine Näherungsfunktion $u(x)$ aufstellen, die die fragliche dynamische RB wenigstens angenähert befriedigt und somit einen besseren Näherungswert $\Lambda = R[u]$ liefert. Nötigenfalls kann man dieses Vorgehen iterierend fortsetzen.

Der zweite Weg besteht darin, daß man für $u(x)$ einen Ansatz mit noch unbestimmten Koeffizienten macht und diese aus den dynamischen RB, angeschrieben mit dem noch unbekannten Näherungswert Λ, ermittelt. Die Koeffizienten enthalten dann diesen Wert Λ in linearer Form (auch die RB sollen ja linear sein). Die Funktion $u(x)$ wird daher von der Form

$$u(x) = u_0(x) + \Lambda\, u_1(x)$$

sein mit festen Funktionen $u_0(x)$, $u_1(x)$. Damit und mit

$$u'' = u_0'' + \Lambda\, u_1''$$

lassen sich Zähler und Nenner des RAYLEIGH-Quotienten ermitteln. Für unser Beispiel wird

$$\Phi[u] = \int \alpha\, u''^2\, dx = \int \alpha\, u_0''^2\, dx + 2\Lambda \int \alpha\, u_0''\, u_1''\, dx + \Lambda^2 \int \alpha\, u_1''^2\, dx,$$

$$\Psi[u] = \int \mu\, u^2\, dx + m\, u_l^2 = \int \mu\, u_0^2\, dx + 2\Lambda \int \mu\, u_0\, u_1\, dx +$$

$$+ \Lambda^2 \int \mu\, u_1^2\, dx + m(u_{0l}^2 + 2\Lambda\, u_{0l}\, u_{1l} + \Lambda^2\, u_{1l}^2)$$

oder in allgemeiner Form:

$$\Phi[u] = \Phi_{00} + 2\Lambda\, \Phi_{01} + \Lambda^2\, \Phi_{11},$$

$$\Psi[u] = \Psi_{00} + 2\Lambda\, \Psi_{01} + \Lambda^2\, \Psi_{11}.$$

Darin bedeuten $\Phi_{ii} = \Phi[u_i]$, $\Psi_{ii} = \Psi[u_i]$ die gewöhnlichen Ausdrücke mit u_i, $i = 0, 1$, hingegen $\Phi_{01} = \Phi[u_0, u_1]$ und $\Psi_{01} = \Psi[u_0, u_1]$ die entsprechenden bilinearen Ausdrücke, wie oben für das Beispiel angegeben. Damit erhalten wir

$$\Lambda = R[u] = \frac{\Phi[u]}{\Psi[u]} = \frac{\Phi_{00} + 2\Lambda\,\Phi_{01} + \Lambda^2\,\Phi_{11}}{\Psi_{00} + 2\Lambda\,\Psi_{01} + \Lambda^2\,\Psi_{11}},$$

was auf folgende kubische Gleichung in Λ führt:

$$\Lambda^3\,\Psi_{11} + \Lambda^2(2\Psi_{01} - \Phi_{11}) + \Lambda(\Psi_{00} - 2\Phi_{01}) - \Phi_{00} = 0.$$

Näherungswert Λ_1 für den kleinsten Eigenwert λ_1 ist dann die kleinste reelle Wurzel dieser Gleichung. Stellen wir uns vor, daß das erste oben beschriebene Vorgehen bei fortgesetzter Iteration auf den gleichen Wert Λ_1 als Grenzwert führt, so ist auch Λ_1 als Rayleigh-Quotient aufzufassen mit der Eigenschaft $\Lambda_1 \geqq \lambda_1$.

Wir führen beide Wege wieder am Beispiel der Biegeschwingung des einseitig eingespannten Stabes mit Endmasse m unter Vereinfachung auf konstanten Querschnitt $\alpha = \mu = 1$ vor mit $l = 1$ und $m = 1$. Der exakte erste Eigenwert ist $\lambda_1 = 2{,}425176$.

1. Weg: Ausgangsnäherung $u_0 = x^3 - 3x^2$, erfüllt die erste der dynamischen RB und liefert

$$\Phi = \int u_0''^2\,dx = 12, \qquad \Psi = \int u_0^2\,dx + u_{0l}^2 = \frac{33}{35} + 4 = \frac{173}{35},$$

$$R[u_0] = \Lambda_0 = \frac{420}{173} = 2{,}428.$$

Daß dieser Näherungswert schon so gut ist, liegt hier daran, daß $u_0(x)$ mit $u_0'''(1) = 6$, $-\Lambda_0 u_0(1) = 4{,}85$ die 2. dynamische RB schon recht gut erfüllt. — Für $u(x)$ setzen wir an

$$u(x) = a\,x^2 + b\,x^3 + x^4,$$

woraus sich mit

$$u'' = 2a + 6b\,x + 12x^2,$$

$$u''' = 6b + 24x$$

für die Koeffizienten a, b aus den beiden dynamischen RB die folgenden Bedingungen ergeben:

$$2a + 6b + 12 = 0,$$

$$6b + 24 = -\Lambda_0(a + b + 1).$$

Setzen wir mit Rücksicht auf einfache Zahlenwerte abgerundet $\Lambda_0 = 2{,}40$, so wird aus der zweiten Bedingung

$$2{,}4a + 8{,}4b + 26{,}4 = 0.$$

Nach Division durch 2 bzw. 1,2 haben wir die beiden Gleichungen

$$a + 3b + 6 = 0,$$

$$2a + 7b + 22 = 0$$

mit der Lösung $a = 24$, $b = -10$. Die damit gebildete Funktion

$$u(x) = 24x^2 - 10x^3 + x^4$$

erfüllt somit außer den geometrischen die erste dynamische RB exakt, die zweite wenigstens angenähert mit $\Lambda_0 = 2{,}4$. Sie führt auf die Zahlenwerte

$$\Phi[u] = \frac{3384}{5}, \qquad \Psi[u] = \frac{175741}{630},$$

$$R[u] = \Lambda = 2{,}426206, \qquad \text{Fehler} = 0{,}001540 \triangleq 0{,}63\,‰.$$

2. Weg: Ansatz

$$\begin{aligned} u &= a x^2 + b x^3 + c x^4, \\ u'' &= 2a + 6bx + 12cx^2, \\ u''' &= 6b + 24cx. \end{aligned}$$

1. dynamische RB: $2a + 6b + 12c = 0$,

2. dynamische RB: $6b + 24c = -\Lambda(a + b + c)$.

Lösungen:

$$\begin{aligned} a &= 36 - 3\Lambda, \\ b &= -24 + 5\Lambda, \\ c &= 6 - 2\Lambda, \end{aligned}$$

also

$$\begin{aligned} u_0(x) &= 6(x^4 - 4x^3 + 6x^2), \\ u_1(x) &= -2x^4 + 5x^3 - 3x^2. \end{aligned}$$

Damit folgende Werte:

$$\Phi_{00} = \frac{5184}{5}, \qquad \Phi_{01} = -\frac{108}{5}, \qquad \Phi_{11} = \frac{36}{5},$$

$$\Psi_{00} = \frac{2036}{5}, \qquad \Psi_{01} = -\frac{71}{60}, \qquad \Psi_{11} = \frac{19}{630}$$

und die kubische Gleichung

$$19\Lambda^3 - 6027\Lambda^2 + 283752\Lambda - 653184 = 0$$

mit der kleinsten Wurzel

$$\Lambda_1 = 2{,}426008, \qquad \text{Fehler} = 0{,}000832 \triangleq 0{,}34\,‰.$$

Der nach der ersten Methode mit wesentlich geringerem Rechenaufwand gefundene Wert ist also nur unwesentlich schlechter als dieser beste mit einem Potenzansatz bis x^4 in der angegebenen Weise erreichbare.

31.4 Das Ritzsche Verfahren

Während wir soeben die noch freien Koeffizienten eines Potenzansatzes zur Erfüllung der dynamischen RB benutzt haben, geht das Ritz-Verfahren noch einen Schritt weiter: die noch offenen Koeffizienten eines Ansatzes werden so bestimmt, daß der beste mit diesem Ansatz überhaupt erreichbare Näherungswert Λ, d. h. aber das Minimum des RAYLEIGH-Quotienten, erzielt wird. Die Forderung nach Erfüllung der dynamischen RB wird also aufgegeben zugunsten einer möglichst guten Annäherung sowohl dieser RB als auch der Differentialgleichung, welche ja beide zusammen die Aufgabe festlegen. Allgemein läßt sich das RITZsche Verfahren[1], das zu den wichtigsten und bekanntesten Näherungsmethoden für Rand- und Eigenwertaufgaben gewöhnlicher wie auch partieller Differentialgleichungen zählt, folgendermaßen beschreiben. Für die Näherung $u(x)$ der gesuchten Lösung $y(x)$ der homogen linearen Aufgabe wird ein linearer Ansatz der Form

$$\boxed{u(x) = a_1 v_1(x) + a_2 v_2(x) + \cdots + a_p v_p(x)} \tag{9}$$

gemacht mit einer Anzahl p fest gewählter Funktionen $v_j(x)$ und ebenso vielen noch freien Parametern a_j. Die Ansatzfunktionen $v_j(x)$, auch Koordinatenfunktionen genannt, müssen *zulässige Funktionen* im oben erklärten Sinne sein (S. 483), womit dann auch $u(x)$ zulässig ist. Sie brauchen also nur die wesentlichen (geometrischen) und nicht auch die dynamischen RB zu erfüllen, was für die praktische Rechnung oft wesentlich ist, da es allgemein viel leichter gelingen wird, derartige Funktionen aufzustellen als solche, die *alle* RB erfüllen, zumal dann, wenn auch der Eigenwert noch in den dynamischen RB vorkommt. Dessenungeachtet wird man, wenn möglich, die $v_j(x)$ auch wohl so wählen, daß sie die dynamischen Bedingungen wenigstens annähern.

Die mit den v_j nach (9) gebildete Funktion $u(x)$ durchläuft nun, indem die noch freien Parameter a_j variiert werden, nicht mehr, wie im RAYLEIGHschen Prinzip (S. 483) vorausgesetzt, den Bereich *aller* zulässigen Funktionen überhaupt, sondern nur noch jenen mehr oder weniger stark eingeschränkten Teilbereich, der durch die fest gewählten Koordinatenfunktionen v_j bestimmt ist. Insbesondere wird in diesem Teilbereich die gesuchte Lösung $y(x)$ im allgemeinen gar nicht enthalten sein.

Die Koeffizienten a_j des Ansatzes (9) werden nun so bestimmt, daß der mit $u(x)$ gebildete RAYLEIGH-Quotient $R[u]$ seinen kleinsten Wert annimmt, d. h. aber die beste Näherung Λ für λ_1, die mit den p fest gewählten Koordinatenfunktionen v_j überhaupt erreichbar ist. Dann sieht man auch die mit den so ermittelten Parameterwerten a_j gebildete Funktion $u(x)$ als die beste Näherung für die zu λ_1 gehörige Lösung $y_1(x)$ an. Während bei festen Funktionen v_j die Koeffizienten a_j und damit die Näherung $u(x)$ bzw. Λ durch die Forderung $R[u] = \text{Min}$ festliegen, ist es durch passende Wahl der Koordinatenfunktionen v_j möglich, das Minimum weiter abzusenken, die Güte der Näherung also zu steigern. Das Verfahren läßt dadurch auch persönliches Geschick und Erfahrung des Bearbeiters der Aufgabe zur Geltung kommen, ein

[1] RITZ, W.: J. reine angew. Math. Bd. 135 (1908) H. 1.

nicht unwesentlicher Vorzug dieses Lösungsweges. Darüber hinaus weiß man folgendes. Erhöht man die Anzahl der Glieder im Linearansatz (9) um ein weiteres, so kann das mit $u(x)$ erreichbare Minimum Λ von $R[u]$ gegenüber dem zuvor, mit geringerer Gliederzahl, erreichbaren nur weiter abnehmen (es sei denn, daß der neu hinzutretende Parameter sich zu Null ergibt, die zusätzliche Ansatzfunktion v also nichts zur Verbesserung beitragen kann), so daß man sich dem wahren Wert λ_1 nur weiter nähern kann. Die mit steigender Gliederzahl verbundene mitunter nicht unbeträchtliche Mehrarbeit lohnt sich also bei geeigneter Wahl der v_j durchaus.

Nach Wahl der Koordinatenfunktionen v_j im Ansatz (9) handelt es sich jetzt darum, die Forderung

$$\boxed{R[u] = \text{Min}} \tag{10}$$

zu verwirklichen. Da bei festen v_j die Funktion $u(x)$ nur noch von den Parametern a_j abhängt, gilt das gleiche auch von den Ausdrücken $\Phi[u]$, $\Psi[u]$ und $R[u]$, die damit zu gewöhnlichen Funktionen der p Variablen a_j werden:

$$\begin{aligned} \Phi[u] &= \Phi(a_1, a_2, \ldots, a_p), \\ \Psi[u] &= \Psi(a_1, a_2, \ldots, a_p), \\ R[u] &= R(a_1, a_2, \ldots, a_p). \end{aligned}$$

Notwendige Bedingungen für die Minimalforderung (10) sind somit die p Gleichungen

$$\boxed{\frac{\partial R}{\partial a_j} = 0}, \qquad j = 1, 2, \ldots, p. \tag{11}$$

Mit $R = \Phi/\Psi$ wird daraus, wie leicht zu verfolgen:

$$\frac{\partial R}{\partial a_j} = \frac{1}{\Psi} \frac{\partial \Phi}{\partial a_j} - \frac{\Phi}{\Psi^2} \frac{\partial \Psi}{\partial a_j} = 0$$

oder wegen $\Phi/\Psi = R = \Lambda$:

$$\boxed{\frac{\partial \Phi}{\partial a_j} - \Lambda \frac{\partial \Psi}{\partial a_j} = 0}, \qquad j = 1, 2, \ldots, p. \tag{12}$$

Nun sind Φ und Ψ quadratische Ausdrücke in u und Ableitungen von u. Beispielsweise war für den eingespannten Stab mit Endfeder und Endmasse (S. 486)

$$\Phi[u] = \int \alpha u''^2 \, dx + c u_l^2, \qquad \Psi[u] = \int \mu u^2 \, dx + m u_l^2.$$

Dafür erhalten wir unter Berücksichtigung von $\frac{\partial u}{\partial a_j} = v_j$, $\frac{\partial u''}{\partial a_j} = v_j'$

$$\frac{1}{2}\frac{\partial \Phi}{\partial a_j} = \int \alpha\, u''\, v_j''\, dx + c\, u_l\, v_{jl} = \Phi[u, v_j],$$

$$\frac{1}{2}\frac{\partial \Psi}{\partial a_j} = \int \mu\, u\, v_j\, dx + m\, u_l\, v_{jl} = \Psi[u, v_j].$$

Hier sind den *quadratischen* Ausdrücken $\Phi[u]$, $\Psi[u]$ in u und u'' sogenannte *bilineare* Ausdrücke $\Phi[u, v_j]$, $\Psi[u, v_j]$ zugeordnet derart, daß die Quadrate von u und den Ableitungen ersetzt werden durch Produkte aus u und v_j bzw. deren Ableitungen, so daß $\Phi[u, u] = \Phi[u]$, $\Psi[u, u] = \Psi[u]$ werden. Diese Ausdrücke sind linear sowohl in u als auch in v_j, jedoch so, daß beide Größen stets als Produkte verkoppelt auftreten, was eben durch das Wort „bilinear" zum Ausdruck gebracht wird. Dieses Bildungsgesetz für die Ableitungen gilt offenbar allgemein bei quadratischen Ausdrücken, womit (12) in allgemeiner Schreibweise übergeht in

$$\boxed{\Phi[u, v_j] - \Lambda\, \Psi[u, v_j] = 0}, \qquad j = 1, 2, \ldots, p. \tag{13}$$

Wegen des linearen Charakters der Bilinearausdrücke hinsichtlich u spalten sie sich zufolge (9) auf in

$$\Phi[u, v_j] = a_1\, \Phi[v_1, v_j] + a_2\, \Phi[v_2, v_j] + \cdots + a_p\, \Phi[v_p, v_j],$$
$$\Psi[u, v_j] = a_1\, \Psi[v_1, v_j] + a_2\, \Psi[v_2, v_j] + \cdots + a_p\, \Psi[v_p, v_j].$$

Schreiben wir für die mit den Koordinatenfunktionen v_j als gegeben zu betrachtenden offenbar symmetrischen Bilinearausdrücke kurz

$$\boxed{\begin{aligned} \Phi[v_j, v_k] &= m_{jk} = m_{kj} \\ \Psi[v_j, v_k] &= n_{jk} = n_{kj} \end{aligned}}, \tag{14}$$

so erhalten wir aus (13) das homogen lineare Gleichungssystem für die gesuchten, die Minimalforderung (10) erfüllenden Koeffizienten a_j:

$$\left.\begin{array}{l} (m_{11} - \Lambda n_{11})\, a_1 + (m_{12} - \Lambda n_{12})\, a_2 + \cdots + (m_{1p} - \Lambda n_{1p})\, a_p = 0 \\ (m_{21} - \Lambda n_{21})\, a_1 + (m_{22} - \Lambda n_{22})\, a_2 + \cdots + (m_{2p} - \Lambda n_{2p})\, a_p = 0 \\ \cdots\cdots\cdots\cdots\cdots\cdots\cdots\cdots\cdots \\ (m_{p1} - \Lambda n_{p1})\, a_1 + (m_{p2} - \Lambda n_{p2})\, a_2 + \cdots + (m_{pp} - \Lambda n_{pp})\, a_p = 0 \end{array}\right\} \tag{15}$$

oder kurz in Matrizenschreibweise

$$\boxed{(\boldsymbol{M} - \Lambda \boldsymbol{N})\, \boldsymbol{a} = 0} \tag{15a}$$

mit den reellen symmetrischen Koeffizientenmatrizen

$$\boldsymbol{M} = (m_{jk}), \qquad \boldsymbol{N} = (n_{jk})$$

und dem Vektor $\boldsymbol{a}$ der gesuchten Parameter a_j. Dieses Gleichungssystem aber stellt das „allgemeine“ Eigenwertproblem des Matrizenpaares $\boldsymbol{M}$, $\boldsymbol{N}$ dar (vgl. Kap. II, § 9.5, S. 177). Seine p Eigenwerte Λ_i, also die Wurzeln der zugehörigen *charakteristischen Gleichung*

$$\boxed{\det(m_{jk} - \Lambda\, n_{jk}) = 0} \tag{16}$$

als einer algebraischen Gleichung p-ten Grades in Λ sind Extremalwerte im Sinne der notwendigen Bedingungen (11). Handelt es sich um ein sogenanntes *definites* Eigenwertproblem, gekennzeichnet durch die Forderungen

$$\boxed{\Phi[u,u] \geqq 0, \qquad \Psi[u,u] > 0} \quad \text{für} \quad u \not\equiv 0, \tag{17}$$

die für die wichtigsten physikalischen Anwendungen erfüllt sind, so können wegen $\lambda_i = R[y_i] = \Phi/\Psi$ nur nichtnegative Eigenwerte λ_i auftreten. Dann ist auch die Matrix $\mathfrak{N}$ nichtsingulär und positiv definit, und Gl. (16) hat ausschließlich reelle und wegen $\Lambda_i \geqq \lambda_1$ nichtnegative Wurzeln. Die kleinste Wurzel Λ_1 stellt das gesuchte Minimum als beste Näherung für λ_1 dar. Der zugehörige Eigenvektor $\boldsymbol{a}_1$, also das Koeffizientensystem $a_{11}, a_{21}, \ldots, a_{p1}$ führt auf die Näherung $u_1(x)$ der ersten Eigenfunktion $y_1(x)$.

Wesentlich ist nun, daß auch die höheren Wurzeln Λ_i von (16) als Näherungen der höheren Eigenwerte λ_i der Differentialgleichungs-Eigenwertaufgabe anzusehen sind, und zwar gilt, wie wir erst später zeigen können, auch für sie die Ungleichung

$$\boxed{\Lambda_i \geqq \lambda_i} \quad \text{für} \quad i = 1, 2, \ldots, p. \tag{18}$$

Auch die höheren Ritz-Näherungen sind sämtlich zu groß oder höchstens exakt richtig (vgl. § 33.7).

Im allgemeinen gilt die Regel, daß die Anzahl p der mitgeführten Ansatzfunktionen v_j um eins über der Zahl der interessierenden Eigenwerte liegen soll, da die größte Wurzel der charakteristischen Gl. (16) meistens keine brauchbare Näherung des zugehörigen Eigenwertes mehr darstellt.

31.5 Beispiele zum Ritz-Verfahren

1. Beispiel: Längsschwingung eines konischen Stabes aus § 30.6, S. 481. Differentialgleichung und Randbedingungen:

$$-(a y')' = \lambda a y \quad \text{mit} \quad a = (2 - x)^2$$

$$y(0) = y'(1) = 0.$$

Zugehörige Integralausdrücke:

$$\Phi = \int_0^1 a\, y'^2\, dx, \qquad \Psi = \int a\, y^2\, dx.$$

Ansatzfunktionen für einen zweigliedrigen RITZ-Ansatz:

$$v_1 = \sin\frac{\pi}{2}x, \quad v_1' = \frac{\pi}{2}\cos\frac{\pi}{2}x,$$

$$v_2 = \sin\frac{3\pi}{2}x, \quad v_2' = \frac{3\pi}{2}\cos\frac{3\pi}{2}x.$$

Die Funktionen erfüllen *alle* Randbedingungen, die geometrische $y(0) = 0$ und die dynamische $y'(1) = 0$.

Die Koeffizienten m_{jk}, n_{jk} des Gleichungssystems (15) werden:

$$m_{11} = \int a\, v_1'^2\, dx = \frac{\pi^2}{4}\int (2-x)^2 \cos^2\frac{\pi}{2}x\, dx = \frac{7\pi^2}{24} + \frac{3}{4} = 3{,}6286,$$

$$m_{12} = \int a\, v_1' v_2'\, dx = \frac{3\pi^2}{4}\int (2-x)^2 \cos\frac{\pi}{2}x \cos\frac{3\pi}{2}x\, dx = \frac{39}{16} = 2{,}4375,$$

$$m_{22} = \int a\, v_2'^2\, dx = \frac{9\pi^2}{4}\int (2-x)^2 \cos^2\frac{3\pi}{2}x\, dx = \frac{21\pi^2}{8} + \frac{3}{4} = 26{,}6577.$$

$$n_{11} = \int a\, v_1^2\, dx = \frac{7}{6} - \frac{3}{\pi^2} = 0{,}86270,$$

$$n_{12} = \int a\, v_1 v_2\, dx = \frac{11}{4\pi^2} = 0{,}27863,$$

$$n_{22} = \int a\, v_2^2\, dx = \frac{7}{6} - \frac{1}{3\pi^2} = 1{,}13289.$$

Da schon die Ansatzfunktionen v_1, v_2 die zu erwartenden beiden ersten Eigenfunktionen angenähert wiedergeben, werden bereits die mit v_1 bzw. v_2 allein gebildeten RAYLEIGHschen Quotienten deutliche Näherungen nicht nur für den ersten, sondern auch schon für den zweiten Eigenwert sein. Es ist

	Exakt:	Fehler:
$R[v_1] = \frac{m_{11}}{n_{11}} = 4{,}20612$	$\lambda_1 = 4{,}11603$	$+2{,}18\,\%$
$R[v_2] = \frac{m_{22}}{n_{22}} = 23{,}531$	$\lambda_2 = 24{,}139$	$-2{,}52\,\%$

Damit kann man für den ersten Eigenwert eine sehr gute und auch für den zweiten noch eine brauchbare Näherung erwarten.

Gl. (16) führt auf die quadratische Gleichung

$$0{,}899714\,\Lambda^2 - 25{,}7502\,\Lambda + 90{,}7897 = 0$$

mit den Wurzeln

$$\Lambda_1 = 4{,}11842, \quad \text{Fehler} + 0{,}058\,\%,$$

$$\Lambda_2 = 24{,}502, \quad \text{Fehler} + 1{,}48\,\%.$$

Die Güte beider Näherungen entspricht den Erwartungen.

2. Beispiel: Biegeschwingung des glatten Stabes

$$\text{DGl: } y^{IV} = \lambda y \qquad \text{RB: } y(0) = y'(0) = 0$$

$$y''(1) = y'''(1) = 0.$$

1. Näherung: Zweigliedriger Ansatz mit zulässigen Funktionen

$$v_1 = x^2 \qquad v_1'' = 2$$

$$v_2 = x^3 \qquad v_2'' = 6x$$

$$m_{11} = 4 \qquad m_{12} = 6 \qquad m_{22} = 12$$

$$n_{11} = \frac{1}{5} \qquad n_{12} = \frac{1}{6} \qquad n_{22} = \frac{1}{7}$$

Näherung: $\Lambda_1 = 12{,}4802 \qquad \Lambda_2 = 1211{,}5$

Exakt: $\lambda_1 = 12{,}3624 \qquad \lambda_2 = 485{,}5$

Fehler: $0{,}118 = 0{,}95\% \qquad$ —

2. Näherung: Zweigliedriger Ansatz mit Vergleichsfunktionen

$$v_1 = x^4 - 4x^3 + 6x^2 \qquad v_1'' = 12(x^2 - 2x + 1)$$

$$v_2 = 3x^5 - 10x^4 + 10x^3 \qquad v_2'' = 60(x^3 - 2x^2 + x)$$

Näherung: $\Lambda_1 = 12{,}36252 \qquad \Lambda_2 = 515{,}9$

Exakt: $\lambda_1 = 12{,}36236 \qquad \lambda_2 = 485{,}5$

Fehler: $0{,}00016 = 0{,}0013\% \qquad 30{,}4 = 6{,}3\%.$

3. Beispiel: Biegeschwingung eines Keilstabes mit $y(0) = y'(0) = 0$,

$$\alpha(x) = I(x) : I_0 = (1 - 0{,}8x)^3 \qquad l = 1{,}0$$

$$\mu(x) = F(x) : F_0 = (1 - 0{,}8x) \qquad \lambda = \omega^2 \frac{\varrho F_0 l^4}{E I_0}.$$

Zweigliedriger Ritz-Ansatz mit den zulässigen Funktionen

$$v_1 = x^2, \qquad v_2 = x^3.$$

Die Auswertung der Koeffizienten

$$m_{ik} = \int_0^1 \alpha(v\,x)_i'' \, v_k'' \, dx, \qquad n_{ik} = \int_0^1 \mu(x)\, v_i\, v_k\, dx$$

erfolgt durch numerische Integration mittels Simpson-Regel mit Schrittweite $h = 0{,}1$ in Tab. 8. Mit den m_{ik}, n_{ik} erhält man die quadratische Gleichung

$$0{,}0001131\,4189\,\Lambda^2 - 0{,}0327\,4950\,\Lambda + 0{,}571\,0985 = 0$$

und daraus:

Näherung:	Exakt:	Fehler:
$\Lambda_1 = 18{,}6386$	$\lambda_1 = 18{,}4244$	$0{,}2143 = 1{,}16\%$
$\Lambda_2 = 270{,}82$	$\lambda_2 = 247{,}75$	$23{,}07 = 9{,}35\%$

Tabelle 8. *Biegeschwingung Keilstab, zweigliedriger* RITZ-*Ansatz. Berechnung der* m_{ik}, n_{ik}

x	$\mu(x)$	$\alpha(x)$	$v_1 = x^2$	$v_2 = x^3$	v_1''	v_2''	$\alpha v_1''^2$	$\alpha v_1'' v_2''$	$\alpha v_2''^2$	μv_1^2	$\mu v_1 v_2$	μv_2^2
0	1,00	1	0	0	2	0	4,00	4	0	0	0	0
0,1	0,92	0,778688	0,01	0,001	2	0,6	3,68	0,9344256	0,2803277	0,000 092	0,0000092	0,00000092
2	84	592704	4	8	2	1,2	3,36	1,4224896	0,8534938	1 344	2 688	5376
3	76	438976	9	27	2	1,8	3,04	1,5803136	1,4222822	6 156	18 468	55404
4	68	314432	16	64	2	2,4	2,72	1,5092736	1,8111283	17 408	69 632	278528
0,5	0,60	0,216000	0,25	0,125	2	3,0	2,40	1,2960000	1,9440000	0,037 500	0,0187 500	0,00937500
6	52	140608	36	216	2	3,6	2,08	1,0123776	1,8222797	67 692	404 352	2426112
7	44	85184	49	343	2	4,2	1,76	0,7155456	1,5026458	105 644	739 508	5176556
8	36	46656	64	512	2	4,8	1,44	0,4478976	1,0749542	147 456	1179 648	9437184
9	28	21952	81	729	2	5,4	1,12	0,2370816	0,6401203	183 708	1653 372	14880348
1,0	0,20	0,008000	1,00	1,000	2	6,0	0,80	0,0960000	0,2880000	0,200 000	0,2000 000	0,20000000
						$S\,i$	37,44	27,9335424	34,5692160	1,999 600	1,5708 400	1,28494000
						$\int$	1,248	0,9311808	1,1523072	0,0666533	0,05236133	0,04283133
							m_{11}	m_{12}	m_{22}	n_{11}	n_{12}	n_{22}

§ 32 Schematisierung des Ritz-Verfahrens

32.1 Grundgedanken, Bezeichnungen

Im Hinblick auf automatisches Rechnen ist es von größter Wichtigkeit, das Ritz-Verfahren in der Weise zu schematisieren, daß es einen automatischen Aufbau der Matrizen $\boldsymbol{A}$ und $\boldsymbol{B}$ der Ersatz-Eigenwertaufgabe $\boldsymbol{A}\boldsymbol{y} = \lambda \boldsymbol{B}\boldsymbol{y}$ zuläßt und zugleich auf sehr viel verwickeltere Aufgaben als die bisher betrachteten anwendbar wird. Dieser Schematisierung liegen folgende Gedanken zugrunde, wobei wir uns auf eindimensionale Kontinua — gewöhnliche Differentialgleichungen — beschränken:

1. Aufteilen des Gesamtsystems in *Felder*;
2. Aufstellen der Integralausdrücke Φ, Ψ für jedes isolierte Feld;
3. Zusammenschluß der Felder zum Gesamtsystem unter Wahrung der erst auf dieser Stufe zu berücksichtigenden Rand- und Verträglichkeitsbedingungen.

Wir führen die Betrachtungen für ein allgemeines Problem 4. Ordnung durch, wo die Integralausdrücke der zugeordneten Variationsaufgabe von der Form sind

$$\begin{aligned} \Phi[w] &= \int a_0 w^2\, dx + \int a_1 w'^2\, dx + \int a_2 w''^2\, dx, \\ \Psi[w] &= \int b_0 w^2\, dx + \int b_1 w'^2\, dx. \end{aligned} \tag{1}$$

Darin sind einfache Biegeschwingungen mit $a_0 = a_1 = b_1 = 0$, $a_2 = a$, $b_0 = b$ und Längs- und Torsionsschwingungen mit $a_0 = a_2 = b_1 = 0$, $a_1 = a$, $b_0 = b$ enthalten. Um etwas Bestimmtes vor Augen zu haben, werden wir manches am Fall der Biegeschwingungen erläutern[1]. Hier läuft das Vorgehen auf die sogenannte Deformationsmethode der Statik hinaus, die im Gegensatz zur Kraftmethode die beabsichtigte Zerlegung des Systems in Teile und deren nachträglichen Zusammenbau zum Gesamtsystem erlaubt.

Das System sei zerlegt in r Felder $\varrho = 1, 2, \ldots, r$ mit den Feldgrenzen $x_{\varrho-1}, x_\varrho$, also den Feldlängen $l_\varrho = x_\varrho - x_{\varrho-1}$. Die Integralausdrücke für das Feld ϱ seien $\Phi_\varrho, \Psi_\varrho$. Als Ritz-Parameter verwenden wir — im Bilde der Biegeschwingungen — Durchbiegungen w_ϱ und Neigungen $w'_\varrho = \varphi_\varrho$ an den Feldgrenzen x_ϱ, gegebenenfalls auch noch die 2. Ableitungen w''_ϱ.

Diese Größen seien nun durchnumeriert als *Systemkoordinaten* y_i $(i = 1, 2, \ldots, n)$, wobei solche Größen $w_\varrho, \varphi_\varrho$ (evtl. w''_ϱ), die infolge Randbedingungen Null werden, nicht mitgezählt werden. Zur Erläute-

[1] Vgl. dazu auch Matrizen [*24*] § 27.3–6.

rung diene Abb. 32.1 der Biegeschwingung eines Balkens mit Einspannung, Gelenk und zwei Stützen mit gleicher Feldlänge l, wo die Länge $2l$ zwischen den Stützen noch in zwei Felder unterteilt sei.

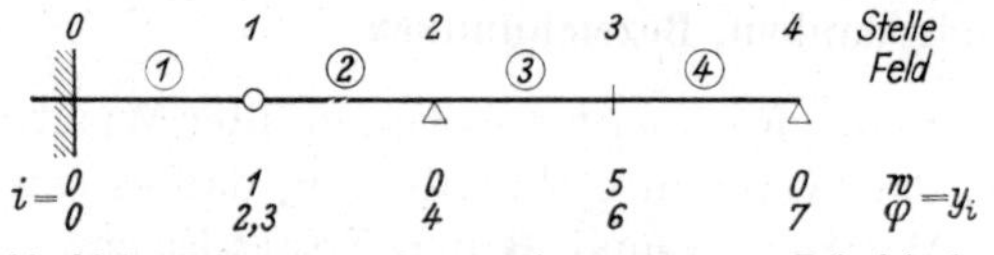

Abb. 32.1. Erläuterung der Bezeichnungen am Beispiel der Biegeschwingung eines Balkens mit Einspannung, Gelenk und Stützen

Auch für die *Feldkoordinaten* nehmen wir für das Einzelfeld durchgehende Bezeichnungen u_s, $s = 1$ bis 4 (bzw. 1 bis 6 bei Mitnahme von w_ϱ'') nach Art von Abb. 32.2, gegebenenfalls noch gekennzeichnet durch die Feldnummer ϱ als $\overset{\varrho}{u}_s$, und zwar

$$\left.\begin{aligned} u_1 &= \overset{\varrho}{u}_1 = w_{\varrho-1} && = y_{z_1} \\ u_2 &= \overset{\varrho}{u}_2 = \dot{w}_{\varrho-1} = l_\varrho w'_{\varrho-1} && = l_\varrho y_{z_2} \\ u_3 &= \overset{\varrho}{u}_3 = w_\varrho && = y_{z_3} \\ u_4 &= \overset{\varrho}{u}_4 = \dot{w}_\varrho = l_\varrho w'_\varrho && = l_\varrho y_{z_4} \end{aligned}\right\} \tag{2}$$

Dabei verwenden wir die dimensionslose Längenkoordinate t mit $t = 0$ bzw. 1 am Feldanfang bzw. -ende und

$$x = x_{\varrho-1} + t\, l_\varrho, \tag{3}$$

womit für die Ableitungen

$$\frac{d}{dt} = l_\varrho \frac{d}{dx}, \qquad \frac{d^2}{dt^2} = l_\varrho^2 \frac{d^2}{dx^2} \tag{4}$$

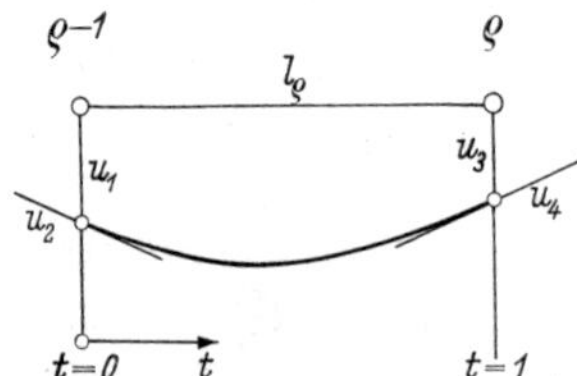

Abb. 32.2. Bezeichnung der Feldkoordinaten

gilt. Der Zusammenhang zwischen Feld- und Systemkoordinaten ist nach (2) von der allgemeinen Form

$$\boxed{\overset{\varrho}{u}_s = \overset{\varrho}{p}_s\, y_i} \tag{5a}$$

$$\boxed{i = \overset{\varrho}{z}_s} \tag{5b}$$

mit Gewichtsfaktoren $\overset{\varrho}{p}_s$, für die hier

$$\left.\begin{aligned} \overset{\varrho}{p}_s &= 1 \quad \text{für} \quad s = 1 \text{ und } 3 \\ \overset{\varrho}{p}_s &= l_\varrho \quad \text{für} \quad s = 2 \text{ und } 4 \end{aligned}\right. \tag{6}$$

gilt, und einer Indexzuordnung (5b) zwischen den 4 Indizes s des Feldes ϱ und den Indizes i der Systemkoordinaten. Jedem Feld ϱ wird eine *Gewichtstafel*

$$\varrho: \boxed{p_1 \quad p_2 \quad p_3 \quad p_4} \tag{7}$$

und eine *Indextafel*

$$\varrho\colon \boxed{z_1 \quad z_2 \quad z_3 \quad z_4} \tag{8}$$

mit auf den Weg gegeben. Letztere besorgt die richtige Einordnung des Feldes in das System unter Wahrung von Rand- und Verträglichkeitsbedingungen. Für den Fall einer infolge Randbedingungen verschwindenden Feldgröße $\overset{\varrho}{u}_s$ wird $\overset{\varrho}{z}_s = 0$ gesetzt. Für das Beispiel der Abb. 32.1 haben wir folgende vier Indextafeln

	$s = 1$	2	3	4
$\varrho = 1$	0	0	1	2
2	1	3	0	4
3	0	4	5	6
4	5	6	0	7
	w	φ	w	φ

während die Gewichtstafeln alle

$$\boxed{1 \quad l \quad 1 \quad l}$$

lauten.

Nimmt man auch noch w_ϱ'' als Koordinaten hinzu, so empfiehlt sich Wahl von Biegemomenten $EJ\,w_\varrho'' = y$ als zugehörige Systemkoordinate, womit z. B.

$$\overset{\varrho}{u}_6 = \ddot{w}_\varrho = l_\varrho^2\, w_\varrho'' = \frac{l_\varrho^2}{E J_\varrho}\, y_{z_6} \tag{2a}$$

wird. Hier haben wir 6 Feldkoordinaten u_s, und als 3. und 6. Gewichtsfaktor erscheint

$$p_{3,6} = \frac{l^2}{EJ}\,. \tag{6a}$$

32.2 Die Feldverformung

Die unbekannte Feldverformung $w(t) = \overset{\varrho}{w}(t)$ sei nun — bei Mitnahme von w_ϱ und w_ϱ', ohne w_ϱ'' — durch ein *kubisches Interpolationspolynom* approximiert, festgelegt durch Ordinate w und Steigung w' an Feldanfang und -ende (HERMITEsche Interpolation):

$$\boxed{w(t) = u_1\, H_1(t) + u_2\, H_2(t) + u_3\, H_3(t) + u_4\, H_4(t)} \tag{9}$$

mit den 4 Teilpolynomen

$$\boxed{\begin{aligned} H_1(t) &= 1 - 3t^2 + 2t^3 \\ H_2(t) &= t - 2t^2 + t^3 \\ H_3(t) &= 3t^2 - 2t^3 \\ H_4(t) &= -t^2 + t^3 \end{aligned}} \tag{10}$$

die den Forderungen genügen:

$$\left.\begin{array}{llll} H_1(0) = 1 & \dot{H}_1(0) = 0 & H_1(1) = 0 & \dot{H}_1(1) = 0 \\ H_2(0) = 0 & \dot{H}_2(0) = 1 & H_2(1) = 0 & \dot{H}_2(1) = 0 \\ H_3(0) = 0 & \dot{H}_3(0) = 0 & H_3(1) = 1 & \dot{H}_3(1) = 0 \\ H_4(0) = 0 & \dot{H}_4(0) = 0 & H_4(1) = 0 & \dot{H}_4(1) = 1 \end{array}\right\} \tag{11}$$

Bei Mitnahme von w''_ϱ baut sich $w(t)$ aus 6 Polynomen $H_s(t)$ je 5. Grades auf, die entsprechenden Forderungen genügen, multipliziert mit 6 Feldkoordinaten u_s entsprechend den 2mal 3 Werten an Feldanfang und -ende.

Das Näherungspolynom $w(t)$ ist zulässige Funktion im früher erklärten Sinne, im Fall der Längs- und Torsionsschwingung sogar Vergleichsfunktion. Nimmt man für den Fall der Biegeschwingung (allgemein bei Differentialgleichungen der Ordnung $2m = 4$) auch noch die Koordinaten w''_ϱ mit, so läßt sich auch noch der Teil der dynamischen Randbedingungen erfüllen, der sich auf die Biegemomente bezieht, womit wesentlich genauere Ergebnisse zu erwarten sind.

32.3 Feldausdrücke und Feldmatrizen

Mit der angenäherten Feldverformung

$$\overset{\varrho}{w}(t) = \sum_{s=1}^{4} u_s H_s(t) \tag{9}$$

lassen sich nun die Integralausdrücke (1) für jedes Feld ϱ als quadratische Formen in den Feldkoordinaten u_s aufbauen. Unter Beachtung von

$$\int \ldots dx = l_\varrho \int \ldots dt, \qquad w' = \dot{w}/l_\varrho, \qquad w'' = \ddot{w}/l_\varrho^2$$

erhalten wir für die Teilausdrücke von $\Phi[w]$:

$$\begin{aligned} \int a_0 w^2 \, dx &= l_\varrho \int a_0 w^2 \, dt, \\ \int a_1 w'^2 \, dx &= \frac{1}{l_\varrho} \int a_1 \dot{w}^2 \, dt, \\ \int a_2 w''^2 \, dx &= \frac{1}{l_\varrho^3} \int a_2 \ddot{w}^2 \, dt \end{aligned}$$

und entsprechend für $\Psi[w]$. Mit (9) wird

$$\begin{aligned}
w^2(t) &= \Big(\sum_s u_s H_s\Big)\Big(\sum_t u_t H_t\Big) = \sum_s\sum_t H_s H_t u_s u_t,\\
\dot{w}^2(t) &= \sum_s\sum_t \dot{H}_s \dot{H}_t u_s u_t,\\
\ddot{w}^2(t) &= \sum_s\sum_t \ddot{H}_s \ddot{H}_t u_s u_t
\end{aligned}$$

und damit

$$\begin{aligned}
\int_\varrho a_0(x)\, w^2(x)\, dx &= l_\varrho \sum_s \sum_t \Big(\int a_0(t)\, H_s H_t\, dt\Big) \overset{\varrho}{u}_s \overset{\varrho}{u}_t,\\
&= \sum_s \sum_t \overset{0}{a}_{st} \overset{\varrho}{u}_s \overset{\varrho}{u}_t
\end{aligned}$$

und entsprechend für die übrigen Integrale.

Man erhält so insgesamt die folgenden Koeffizienten:

$$\boxed{\begin{aligned}
&\overset{0}{a}_{st} = l_\varrho \int a_0 H_s H_t\, dt & &\overset{0}{b}_{st} = l_\varrho \int \overset{0}{b}_0 H_s H_t\, dt\\
&\overset{1}{a}_{st} = \frac{1}{l_\varrho} \int a_1 \dot{H}_s \dot{H}_t\, dt & &\overset{1}{b}_{st} = \frac{1}{l_\varrho} \int b_1 \dot{H}_s \dot{H}_t\, dt\\
&\overset{2}{a}_{st} = \frac{1}{l_\varrho^3} \int a_2 \ddot{H}_s \ddot{H}_t\, dt
\end{aligned}} \tag{12}$$

und daraus

$$\boxed{\begin{aligned}
a^\varrho_{st} &= \overset{0}{a}_{st} + \overset{1}{a}_{st} + \overset{2}{a}_{st}\\
b^\varrho_{st} &= \overset{0}{b}_{st} + \overset{1}{b}_{st}
\end{aligned}} \tag{13}$$

die wir zu *Feldmatrizen*

$$\boxed{\boldsymbol{A}_\varrho = (a^\varrho_{st}), \qquad \boldsymbol{B}_\varrho = (b^\varrho_{st})} \tag{14}$$

zusammenfassen. Damit sind die Feld-Integralausdrücke die quadratischen Formen

$$\boxed{\begin{aligned}
\Phi_\varrho &= \sum_s \sum_t a^\varrho_{st} \overset{\varrho}{u}_s \overset{\varrho}{u}_t\\
\Psi_\varrho &= \sum_s \sum_t b^\varrho_{st} \overset{\varrho}{u}_s \overset{\varrho}{u}_t
\end{aligned}} \tag{15}$$

oder in Matrix-Schreibweise

$$\boxed{\begin{aligned} \Phi_\varrho &= \boldsymbol{u}'_\varrho \boldsymbol{A}_\varrho \boldsymbol{u}_\varrho \\ \Psi_\varrho &= \boldsymbol{u}'_\varrho \boldsymbol{B}_\varrho \boldsymbol{u}_\varrho \end{aligned}}$$

Im einfachen Sonderfall abschnittsweise *konstanter* Feldkoeffizienten $\overset{\varrho}{a}_0, \overset{\varrho}{a}_1, \overset{\varrho}{a}_2, \overset{\varrho}{b}_0, \overset{\varrho}{b}_1$ erhalten wir für die Feldmatrizen

$$\boxed{\begin{aligned} \boldsymbol{A}_\varrho &= l_\varrho \overset{\varrho}{a}_0 \boldsymbol{H}_0 + \frac{1}{l_\varrho} \overset{\varrho}{a}_1 \boldsymbol{H}_1 + \frac{1}{l_\varrho^3} \overset{\varrho}{a}_2 \boldsymbol{H}_2 \\ \boldsymbol{B}_\varrho &= l_\varrho \overset{\varrho}{b}_0 \boldsymbol{H}_0 + \frac{1}{l_\varrho} \overset{\varrho}{b}_1 \boldsymbol{H}_1 \end{aligned}} \tag{16}$$

mit den ein für allemal berechenbaren Matrizen

$$\boldsymbol{H}_0 = \frac{1}{420} \begin{pmatrix} 156 & 22 & 54 & -13 \\ 22 & 4 & 13 & -3 \\ 54 & 13 & 156 & -22 \\ -13 & -3 & -22 & 4 \end{pmatrix} \tag{17.0}$$

$$\boldsymbol{H}_1 = \frac{1}{30} \begin{pmatrix} 36 & 3 & -36 & 3 \\ 3 & 4 & -3 & -1 \\ -36 & -3 & 36 & -3 \\ 3 & -1 & -3 & 4 \end{pmatrix} \tag{17.1}$$

$$\boldsymbol{H}_2 = \begin{pmatrix} 12 & 6 & -12 & 6 \\ 6 & 4 & -6 & 2 \\ -12 & -6 & 12 & -6 \\ 6 & 2 & -6 & 4 \end{pmatrix} \tag{17.2}$$

32.4 Aufbau der Systemmatrizen

Durch Übergang von den Feldkoordinaten u_s auf die Systemkoordinaten gemäß Gl. (5a, b) vollzieht sich — bildlich gesprochen — die Einordnung der bis dahin isoliert betrachteten Felder in das System. Mit (5a, b) wird aus (15)

$$\begin{aligned} \Phi_\varrho &= \sum_s \sum_t \overset{\varrho}{p}_s \overset{\varrho}{p}_t \overset{\varrho}{a}_{st} y_i y_k = \sum \sum a_{ik}^{(\varrho)} y_i y_k \\ \Psi_\varrho &= \sum_s \sum_t \overset{\varrho}{p}_s \overset{\varrho}{p}_t \overset{\varrho}{b}_{st} y_i y_k = \sum \sum b_{ik}^{(\varrho)} y_i y_k \end{aligned} \tag{18}$$

mit den neuen Koeffizienten

$$\boxed{\begin{aligned} a_{ik}^{(\varrho)} &= \overset{\varrho}{p}_s \overset{\varrho}{p}_t \overset{\varrho}{a}_{st} \\ b_{ik}^{(\varrho)} &= \overset{\varrho}{p}_s \overset{\varrho}{p}_t \overset{\varrho}{b}_{st} \end{aligned}} \tag{19}$$

$$\boxed{i = \overset{\varrho}{z}_s, \qquad k = \overset{\varrho}{z}_t} \tag{20}$$

Summiert wird rechts in (18) über die nach (20) ausgewählten Systemindizes i, k. Die Koeffizienten (19) geben den auf das Feld ϱ entfallenden Anteil an den Elementen a_{ik}, b_{ki} der endgültigen Systemmatrizen $\boldsymbol{A} = (a_{ik}), \boldsymbol{B} = (b_{ik})$ wieder. Gln. (19) und (20) bewerkstelligen den Transport der mit $\overset{\varrho}{p}_s \overset{\varrho}{p}_t$ multiplizierten Feldelemente $\overset{\varrho}{a}_{st}, \overset{\varrho}{b}_{st}$ auf den Platz i, k. Dieser liegt nach (20) unter Zuhilfenahme der zum Feld ϱ gehörigen Indextafel fest, die sozusagen das dem Feld ϱ mit auf den Weg gegebene „Begleitpapier" darstellt.

Der Gesamtaufbau von $\boldsymbol{A}$ und $\boldsymbol{B}$ vollzieht sich durch Summation über alle r Felder nach

$$\boxed{a_{ik} = \sum_{\varrho=1}^{r} a_{ik}^{(\varrho)}, \qquad b_{ik} = \sum_{\varrho=1}^{r} b_{ik}^{(\varrho)}}, \tag{21}$$

was der Summation der Feld-Integralausdrücke entspricht:

$$\boxed{\Phi = \sum_{1}^{r} \Phi_\varrho, \qquad \Psi = \sum_{1}^{r} \Psi_\varrho} \tag{22}$$

Alles dies läßt sich bequem automatisch durchführen, wozu wir in 32.6 das Programm angeben. Zuvor ein einfaches

32.5 Beispiel

Biegeschwingung des Balkens Abb. 32.1. Mit $a = b = l = 1$ werden alle $\boldsymbol{A}_0 = \boldsymbol{H}_2$, $\boldsymbol{B}_0 = \boldsymbol{H}_0$. Wegen $p_s = 1$ erübrigt sich eine Multiplikation mit den Gewichten. Der Aufbau der Systemmatrizen $\boldsymbol{A}, \boldsymbol{B}$ aus den $\boldsymbol{A}_\varrho, \boldsymbol{B}_\varrho$ vollzieht sich unter Verwendung der Indextafeln:

	$s = 1$	2	3	4
$\varrho = 1$	0	0	1	2
2	1	3	0	4
3	0	4	5	6
4	5	6	0	7

Für $\boldsymbol{A}$ sei das ausführlich angeschrieben:

	ϱ	$i=1$	2	3	4	5	6	7
$k=1$	1	12	-6					
	2	12		6	6			
	3							
	4							
2	1	-6	4					
	2							
	3							
	4							
3	1							
	2	6		4	2			
	3							
	4							
4	1							
	2	6		2	4			
	3				4	-6	2	
	4							
5	1							
	2							
	3				-6	12	-6	
	4					12	6	6
6	1							
	2							
	3				2	-6	4	
	4					6	4	2
7	1							
	2							
	3							
	4					6	2	4

Durch Summation über die vier Felder ϱ erhalten wir so die Steifigkeitsmatrix $\boldsymbol{A}$

$$\begin{array}{ccccccc} w_1 & \varphi_1 & \varphi_1' & \varphi_2 & w_3 & \varphi_3 & \varphi_4 \end{array}$$

$$\boldsymbol{A} = \begin{pmatrix} 24 & -6 & 6 & 6 & & & \\ -6 & 4 & 0 & 0 & & & \\ 6 & 0 & 4 & 2 & & & \\ 6 & 0 & 2 & 8 & -6 & 2 & \\ & & & -6 & 24 & 0 & 6 \\ & & & 2 & 0 & 8 & 2 \\ & & & & 6 & 2 & 4 \end{pmatrix}$$

wo die nicht besetzten Plätze Null sind. In gleicher Weise vollzieht sich der Aufbau der Massenmatrix $\boldsymbol{B}$ zu

$$\boldsymbol{B} = \frac{1}{420}\begin{array}{c} \begin{array}{ccccccc} w_1 & \varphi_1 & \varphi_1' & \varphi_2 & w_3 & \varphi_3 & \varphi_4 \end{array} \\ \left(\begin{array}{ccccccc} 312 & -22 & 22 & -13 & & & \\ -22 & 4 & 0 & 0 & & & \\ 22 & 0 & 4 & -3 & & & \\ -13 & 0 & -3 & 8 & 13 & -3 & \\ & & & 13 & 312 & 0 & -13 \\ & & & -3 & 0 & 8 & -3 \\ & & & & -13 & -3 & 4 \end{array}\right) \end{array}$$

Zur numerischen Behandlung der Aufgabe $\boldsymbol{A}\,\boldsymbol{y} = \lambda\,\boldsymbol{B}\,\boldsymbol{y}$ vgl. § 30.4 und 32.8.

Befinden sich an den Feldgrenzen noch diskrete Federn bzw. Drehfedern mit Federkonstanten c bzw. C oder diskrete Punktmassen m oder Drehmassen (Trägheitsmomente) Θ, so addieren sich diese Größen zu den Diagonalelementen von Steifigkeits- und Massenmatrix an den entsprechenden Stellen i. Bei einer Feder $c = 6\frac{EJ}{3}$ an der Stelle $\varrho = 3$ erhöht sich beispielsweise in $\boldsymbol{A}$ das Diagonalelement unter w_3 auf $24 + 6 = 30$. Bei einer Masse $m = \mu\, l$ in $\varrho = 1$ (Gelenk) erhöht sich in $\boldsymbol{B}$ das Diagonalelement unter w_1 auf $312 + 420 = 732$. Befindet sich in $\varrho = 3$ eine Kreiselscheibe mit einem Trägheitsmoment $\Theta = 0{,}01\,\mu\, l^3$, so subtrahiert sich vom Diagonalelement unter φ_3 der Wert 0,01, also wegen vorgezogenem Nenner 420 die Zahl 4,2 von 8, womit es in $8 - 4{,}2 = 3{,}8$ übergeht.

32.6 Automatischer Matrizenaufbau

Die Elemente $\overset{\varrho}{a}_{st}$, $\overset{\varrho}{b}_{st}$ der Feldmatrizen seien für die r Felder vorweg berechnet worden und mögen — unter Ausnutzung der Symmetrie — als Daten in der Reihenfolge

$$\overset{\varrho}{a}_{11} \ldots \overset{\varrho}{a}_{44}, \qquad \overset{\varrho}{b}_{11} \ldots \overset{\varrho}{b}_{44}$$

einlesefertig vorliegen. Zum Aufbau der Systemmatrizen $\boldsymbol{A} = (a_{ik})$, $\boldsymbol{B} = (b_{ik})$ sind nach der Ordnungsnummer n für jedes Feld Index- und Gewichtstafel in der Reihenfolge

$$\overset{\varrho}{z}_1 \ldots \overset{\varrho}{z}_4, \qquad \overset{\varrho}{p}_1 \ldots \overset{\varrho}{p}_4 \qquad (\varrho = 1, 2, \ldots, r)$$

einzulesen. Das Weitere besorgt das folgende Programm, wo die Feldmatrizen mit $a0, b0$, die Systemmatrizen mit a, b und ϱ durch ro bezeichnet sind. In den Laufanweisungen haben wir der leichteren Lesbarkeit wegen eine abkürzende Schreibweise benutzt, die bei Ablochen leicht in die Algol-Form **step 1 until** zu übersetzen ist.

```
begin integer r, n; lies (r);
Feld: begin integer ro, s, t;
         array a0, b0[1 : r, 1 : 4, 1 : 4];
         for ro := 1 . . . r do
         begin for s := 1 . . . 4 do for t := s . . . 4 do
           begin lies (a0[ro, s, t]);
                 a0[ro, t, s] := a0[ro, s, t] end;
           for s := 1 . . . 4 do for t := s . . . 4 do
           begin lies (b0[ro, s, t]);
                 b0[ro, t, s] := b0[ro, s, t] end
         end ro;
A1:      lies (n)

System: begin array a, b[1 : n, 1 : n], p[1 : 4];
          integer array z[1 : 4]; integer i, k;
          for i := 1...n do for k := 1...n do a[i, k] := b[i, k] := 0;
          for ro := 1 . . . r do
          begin for s := 1 . . . 4 do lies (z[s]);
                for s := 1 . . . 4 do lies (p[s]);
                for s := 1 . . . 4 do
                begin if z[s] ≠ 0 then
                  begin i := z[s];
                    for t := 1 . . . 4 do
                    begin if z[t] ≠ 0 then
                      begin k := z[t];
                        a[i, k] := a[i, k] + p[s] * p[t] * a0[ro, s, t];
                        b[i, k] := b[i, k] + p[s] * p[t] * b0[ro, s, t]
                      end then t
                    end t
                  end then s
                end s
          end ro; drucke (a, b)
        end Block System; goto A1
      end Block Feld
end
```

32.7 Veränderliche Koeffizienten

Auch der Fall variabler Koeffizienten $a_j(x)$, $b_j(x)$ in den Integralausdrücken (1) läßt sich noch weiter schematisieren, indem in den Integralen (12) die Funktionen $a_j(x)$, $b_j(x)$ feldweise durch Parabeln approximiert werden. Dabei ist natürlich vorauszusetzen, daß die Funktionen im Feldinnern weder Sprünge noch Knicke aufweisen[1].

Die Approximationsparabeln gewinnt man am einfachsten unter Zuhilfenahme dreier Funktionswerte $a_j(t)$, $b_j(t)$ an Feldanfang, -mitte und -ende $(t = 0, \frac{1}{2}, 1)$, Abb. 32.3:

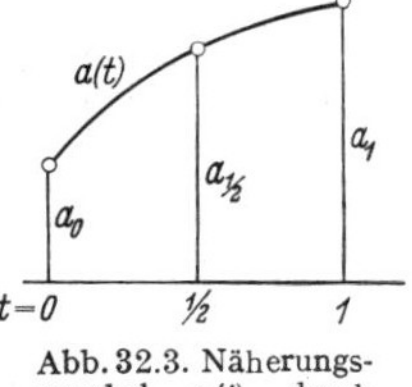

Abb. 32.3. Näherungsparabel $a(t)$ durch 3 Funktionswerte a_0, $a_{1/2}$, a_1

$$\begin{aligned} a_j(0) &= a_{j,0}, \quad a_j(\tfrac{1}{2}) = a_{j,1/2}, \quad a_j(1) = a_{j,1} \\ b_j(0) &= b_{j,0}, \quad b_j(\tfrac{1}{2}) = b_{j,1/2}, \quad b_j(1) = b_{j,1} \end{aligned} \tag{23}$$

Mit den daraus gebildeten Beiwerten

$\alpha_{j0} = a_{j,1/2}$	$\beta_{j0} = b_{j,1/2}$
$\alpha_{j1} = a_{j,1} - a_{j,0} = \Delta a_j$	$\beta_{j1} = b_{j,1} - b_{j,0} = \Delta b_j$
$\alpha_{j2} = a_{j,1} - 2a_{j,1/2} + a_{j,0} = \Delta^2 a_j$	$\beta_{j2} = b_{j,1} - 2b_{j,1/2} + b_{j,0} = \Delta^2 b_j$

(24)

lauten die Interpolationsparabeln

$$\begin{aligned} a_j(t) &= \alpha_{j0} + \alpha_{j1}(t - \tfrac{1}{2}) + 2\alpha_{j2}(t - \tfrac{1}{2})^2 \\ b_j(t) &= \beta_{j0} + \beta_{j1}(t - \tfrac{1}{2}) + 2\beta_{j2}(t - \tfrac{1}{2})^2 \end{aligned} \tag{25}$$

Indem man nun dies in (12) einsetzt und die dann auftretenden Integrale über $t\,H_s\,H_t$, $t^2\,H_s\,H_t$, $t\,\dot{H}_s\,\dot{H}_t$, ..., $t^2\,\ddot{H}_s\,\ddot{H}_t$ ein für allemal auswertet, lassen sich die Anteile der Feldmatrizen folgendermaßen ausdrücken:

$$\boxed{\begin{aligned} \overset{0}{\boldsymbol{A}}_\varrho &= l_\varrho\ (\alpha_{00}\,\boldsymbol{H}_{00} + \alpha_{01}\,\boldsymbol{H}_{01} + \alpha_{02}\,\boldsymbol{H}_{02}) \\ \overset{1}{\boldsymbol{A}}_\varrho &= \frac{1}{l_\varrho}\,(\alpha_{10}\,\boldsymbol{H}_{10} + \alpha_{11}\,\boldsymbol{H}_{11} + \alpha_{12}\,\boldsymbol{H}_{12}) \\ \overset{2}{\boldsymbol{A}}_\varrho &= \frac{1}{l_\varrho^3}\,(\alpha_{20}\,\boldsymbol{H}_{20} + \alpha_{21}\,\boldsymbol{H}_{21} + \alpha_{22}\,\boldsymbol{H}_{22}) \end{aligned}} \tag{26a}$$

$$\boxed{\begin{aligned} \overset{0}{\boldsymbol{B}}_\varrho &= l_\varrho\ (\beta_{00}\,\boldsymbol{H}_{00} + \beta_{01}\,\boldsymbol{H}_{01} + \beta_{02}\,\boldsymbol{H}_{02}) \\ \overset{1}{\boldsymbol{B}}_\varrho &= \frac{1}{l_\varrho}\,(\beta_{10}\,\boldsymbol{H}_{10} + \beta_{11}\,\boldsymbol{H}_{11} + \beta_{12}\,\boldsymbol{H}_{12}) \end{aligned}} \tag{26b}$$

[1] Lassen sich Unstetigkeiten im Feldinnern nicht vermeiden, so empfiehlt sich bei Biegeschwingungen eine abgeänderte Berechnung der Steifigkeitsmatrix $\boldsymbol{A}$, nämlich derart, daß die Feldverformung hier nicht als kubische Parabel, sondern als exakt zu berechnende statische Biegelinie bei gegebenen Randverformungen angesetzt wird, was die Genauigkeit der Ergebnisse u. U. wesentlich erhöht. Vgl. dazu Ing.-Arch. Bd. 32 (1963) S. 201—213, insbes. S. 203/4.

Von den hier auftretenden 9 Matrizen $\boldsymbol{H}_{jk}$ sind die der ersten Spalte gleich den früher angegebenen (17.0) bis (17.2):

$$\boldsymbol{H}_{j0} = \boldsymbol{H}_j \quad (j = 0, 1, 2).$$

Die 6 übrigen sind:

$$\boldsymbol{H}_{01} = \frac{1}{840}\begin{pmatrix} -84 & -8 & 18 & 1 \\ -8 & -1 & 1 & 0 \\ 18 & 1 & 84 & -8 \\ 1 & 0 & -8 & 1 \end{pmatrix}$$

$$\boldsymbol{H}_{02} = \frac{1}{2520}\begin{pmatrix} 188 & 16 & -86 & -5 \\ 16 & 2 & 5 & -1 \\ -86 & 5 & 188 & -16 \\ -5 & -1 & -16 & 2 \end{pmatrix} \tag{27.0}$$

$$\boldsymbol{H}_{11} = \frac{1}{60}\begin{pmatrix} 0 & 3 & 0 & -3 \\ 3 & -2 & -3 & 0 \\ 0 & -3 & 0 & 3 \\ -3 & 0 & 3 & 2 \end{pmatrix}$$

$$\boldsymbol{H}_{12} = \frac{1}{420}\begin{pmatrix} 36 & -3 & -36 & -3 \\ -3 & 16 & 3 & -5 \\ -36 & 3 & 36 & 3 \\ -3 & -5 & 3 & 16 \end{pmatrix} \tag{27.1}$$

$$\boldsymbol{H}_{21} = \begin{pmatrix} 0 & -1 & 0 & 1 \\ -1 & -1 & 1 & 0 \\ 0 & 1 & 0 & -1 \\ 1 & 0 & -1 & 1 \end{pmatrix}$$

$$\boldsymbol{H}_{22} = \frac{1}{15}\begin{pmatrix} 54 & 27 & -54 & 27 \\ 27 & 16 & -27 & 11 \\ -54 & -27 & 54 & -27 \\ 27 & 11 & -27 & 16 \end{pmatrix} \tag{27.2}$$

Beispiel: Biegeschwingung eines eingespannt-freien Stabes von veränderlichem, kreisförmigem Querschnitt, Abb. 32.4. Querschnittsgrößen:

$$J/J_0 = a(x) = (2 - x)^2, \qquad F/F_0 = b(x) = 2 - x$$

$\lambda = l^4 \omega^2 \varrho F_0/E J_0$. Mit nur einem Feld der Länge $l = 1$ ergeben sich die Funktionswerte aus:

x	b	Δb	$\Delta^2 b$	a	Δa	$\Delta^2 a$
0	2			4		
0,5	1,5	-1	0	2,25	-3	0,5
1	1			1		

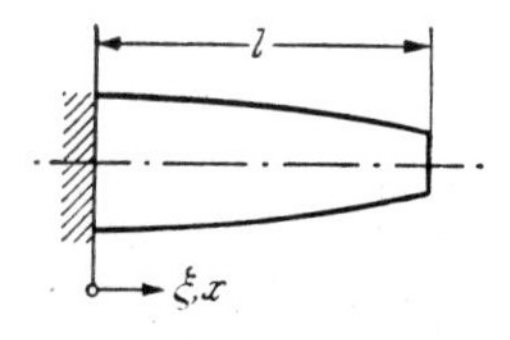

Abb. 32.4
Beispiel Balken, eingespannt-frei

Damit werden Steifigkeits- und Massenmatrix

$$\boldsymbol{A} = 2{,}25\boldsymbol{H}_{20} - 3\boldsymbol{H}_{21} + 0{,}5\boldsymbol{H}_{22}$$

$$\boldsymbol{B} = 1{,}5\ \boldsymbol{H}_{00} - \ \boldsymbol{H}_{01}$$

Zufolge Indextafel 0, 0, 1, 2 entfallen in den Matrizen H_{jk} die beiden ersten Zeilen und Spalten. Man erhält

$$\boldsymbol{A} = 2{,}25\begin{pmatrix} 12 & -6 \\ -6 & 4 \end{pmatrix} - 3\begin{pmatrix} 0 & -1 \\ -1 & 1 \end{pmatrix} + \frac{1}{30}\begin{pmatrix} 54 & -27 \\ -27 & 16 \end{pmatrix} = \frac{1}{15}\begin{pmatrix} 432 & -171 \\ -171 & 98 \end{pmatrix}$$

$$\boldsymbol{B} = \frac{3}{840}\begin{pmatrix} 156 & -22 \\ -22 & 4 \end{pmatrix} - \frac{1}{840}\begin{pmatrix} 84 & -8 \\ -8 & 1 \end{pmatrix} = \frac{1}{840}\begin{pmatrix} 384 & -58 \\ -58 & 11 \end{pmatrix}$$

Aus $\det(A - \lambda B) = 0$ wird mit $\bar{\lambda} = \lambda/56$:

$$\begin{vmatrix} 432 - 384\bar{\Lambda} & -171 + 58\bar{\Lambda} \\ -171 + 58\bar{\Lambda} & 98 - 11\bar{\Lambda} \end{vmatrix} =$$

$$= 13095 - 22548\bar{\Lambda} + 860\bar{\Lambda}^2 = 0$$

Kleinste Wurzel:

$$\Lambda_1 = 56\bar{\Lambda}_1 = \underline{33{,}277}$$

Aus genauerer Rechnung $\lambda_1 = 33{,}175$,

Fehler: $0{,}102 \mathrel{\hat{=}} 0{,}3\%$

32.8 Numerische Durchführung. Höhere Eigenwerte

Die iterative Behandlung der Matrix-Eigenwertaufgabe

$$\boldsymbol{A}\,\boldsymbol{y} = \lambda\,\boldsymbol{B}\,\boldsymbol{y} \tag{28}$$

mit nunmehr symmetrischen Matrizen $\boldsymbol{A}, \boldsymbol{B}$ verläuft so wie früher, § 30.4, nach

$$\boldsymbol{A}\,\boldsymbol{u} - \boldsymbol{B}\,\boldsymbol{y} = 0 \tag{29}$$

oder nach Übergang auf Dreiecksmatrix $\hat{\boldsymbol{A}}$ (Elimination $\boldsymbol{A} = C\hat{\boldsymbol{A}}$, $\boldsymbol{B} = C\,\hat{\boldsymbol{B}}$):

$$\hat{\boldsymbol{A}}\,\boldsymbol{u} - \hat{\boldsymbol{B}}\,\boldsymbol{y} = 0 \tag{29a}$$

mit Eingangsvektor $\boldsymbol{y}$ und iteriertem Vektor $\boldsymbol{u}$, der nach Normierung wieder gleich dem Eingangsvektor gesetzt wird:

$$\boldsymbol{y} := \boldsymbol{u}/N(\boldsymbol{u}). \tag{30}$$

Als Norm $N(u)$ wird man bei Handrechnung $N = \mathrm{Max}|u_i|$, bei Maschinenrechnung $N = \sqrt{\boldsymbol{u}'\boldsymbol{u}}$ wählen. Das Verfahren konvergiert gegen den betragskleinsten Eigenwert λ_1 und zugehörigen Eigenvektor y_1. Als Näherung für λ_1 verwendet man den RAYLEIGH-Quotienten

$$\Lambda_1 = \frac{\boldsymbol{y}'\boldsymbol{y}}{\boldsymbol{y}'\boldsymbol{u}}. \tag{31}$$

Man beendet die Iteration nach Erreichen einer Schranke für $\Delta\Lambda/\Lambda_1$ mit $\Delta\Lambda = \Lambda_1^{\mathrm{neu}} - \Lambda_1^{\mathrm{alt}}$.

Zur iterativen Berechnung des nächsthöheren Eigenwertes λ_2 nebst $\boldsymbol{y}_2$ nach Vorliegen von $\lambda_1, \boldsymbol{y}_1$ hat man von einem Vektor $\bar{\boldsymbol{y}}$ auszugehen, der den Eigenvektor $\boldsymbol{y}_1$ nicht mehr enthält (Verfahren nach KOCH). Diese Reinigung vollzieht sich am einfachsten im Iterationsprozeß selbst, ohne den Vektor $\bar{\boldsymbol{y}}$ explizit bilden zu müssen. Wir denken uns dazu den Rohvektor $\boldsymbol{y}$ nach den Eigenvektoren $\boldsymbol{y}_i$ entwickelt:

$$\boldsymbol{y} = c_1 \boldsymbol{y}_1 + c_2 \boldsymbol{y}_2 + \cdots + c_n \boldsymbol{y}_n$$

mit Entwicklungskoeffizienten, die sich zufolge der Orthogonalitätsbeziehungen

$$\boldsymbol{y}_i' \boldsymbol{B} \boldsymbol{y}_k = \delta_{ik} k_i$$

ergeben zu

$$\boxed{\begin{aligned} c_i &= \boldsymbol{y}' \boldsymbol{B} \boldsymbol{y}_i / k_i \\ k_i &= \boldsymbol{y}_i' \boldsymbol{B} \boldsymbol{y}_i \end{aligned}} \tag{32}$$

mit

Iteration an dem von $\boldsymbol{y}_1$ gereinigten Vektor

$$\bar{\boldsymbol{y}} = \boldsymbol{y} - c_1 \boldsymbol{y}_1 \tag{33}$$

ergibt

$$\boldsymbol{A} \boldsymbol{u} = \boldsymbol{B} \bar{\boldsymbol{y}} = \boldsymbol{B} \boldsymbol{y} - c_1 \boldsymbol{B} \boldsymbol{y}_1$$

oder nach Vorschalten der Elimination

$$\boxed{\hat{\boldsymbol{A}} \boldsymbol{u} - \hat{\boldsymbol{B}} \boldsymbol{y} + c_1 \hat{\boldsymbol{v}}_1 = 0} \tag{34}$$

mit

$$\boldsymbol{v}_1 = \boldsymbol{B} \boldsymbol{y}_1 \tag{35.1}$$

$$\hat{\boldsymbol{v}}_1 \quad \text{aus} \quad C \hat{\boldsymbol{v}}_1 = \boldsymbol{v}_1 \tag{35.2}$$

$$c_1 = \boldsymbol{y}' \boldsymbol{v}_1 / k_1 \tag{35.3}$$

$$k_1 = \boldsymbol{y}_1' \boldsymbol{B} \boldsymbol{y}_1 = \boldsymbol{y}_1' \boldsymbol{v}_1 \tag{35.4}$$

Die Vorschrift (34), (35) verläuft wie eine normale Iteration, bei der die Matrix $-\boldsymbol{B}$ lediglich um eine Spalte $\boldsymbol{v}_1$ erweitert ist, die mit c_1 wie mit einer zusätzlichen Komponente von $\boldsymbol{y}$ multipliziert wird. Diese Zahl c_1 ist jeweils zum neuen Vektor $\boldsymbol{y} = \boldsymbol{u}/N(\boldsymbol{u})$ nach (35.3) zu bilden. Sie fällt nach dem ersten Schritt, wo sie wegen willkürlicher Wahl des Ausgangsvektors $\boldsymbol{y}$ noch groß ist, auf fast Null ab. Von da an wirkt sie lediglich als Steuergröße, die ein Wiedereinschwenken der Iteration in $\boldsymbol{y}_1$ laufend verhindert. Wegen der Kleinheit von c_1 wirken sich auch Ungenauigkeiten im zuvor berechneten Eigenvektor $\boldsymbol{y}_1$ praktisch nicht auf die Berechnung von $\lambda_2, \boldsymbol{y}_2$ aus.

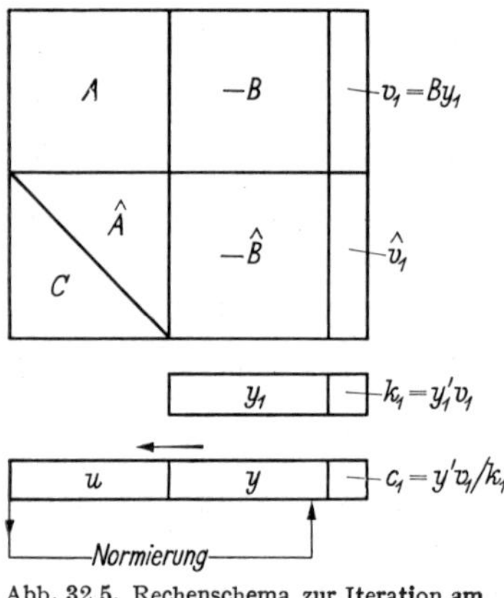

Abb. 32.5. Rechenschema zur Iteration am 2. Eigenwert

Wir fassen die Rechenvorschrift, erläutert am Schema der Abb. 32.5 nochmals zusammen. Nach Vorliegen von $\boldsymbol{y}_1$ und anschließender einmaliger Berechnung von $\boldsymbol{v}_1 = \boldsymbol{B} \boldsymbol{y}_1$, $\hat{\boldsymbol{v}}_1$ und $k_1 = \boldsymbol{y}_1' \boldsymbol{v}_1$ Wahl eines Ausgangsvektors $\boldsymbol{y}$. Sodann:

It: $c_1 := \boldsymbol{y}' \boldsymbol{v}_1 / k_1$

$\hat{\boldsymbol{A}} \boldsymbol{u} - \hat{\boldsymbol{B}} \boldsymbol{y} + c_1 \hat{\boldsymbol{v}}_1 = 0$ ergibt $\boldsymbol{u}$

$\Lambda_2 := \boldsymbol{y}' \boldsymbol{y} / \boldsymbol{y}' \boldsymbol{u}$

$\boldsymbol{y} := \boldsymbol{u} / N(u)$

$\Delta\Lambda := \Lambda_2^{\text{neu}} - \Lambda_2^{\text{alt}}$.

Falls $\Delta\Lambda/\Lambda_2$ noch oberhalb Schranke:

Rückkehr nach It, sonst Ende.

Das Verfahren läßt sich leicht fortsetzen zur Berechnung weiterer Eigenwerte $\lambda_3, \ldots$ Mit jedem neu vorliegenden $\boldsymbol{y}_i$ tritt eine Zusatzspalte $\boldsymbol{v}_i = \boldsymbol{B} \boldsymbol{y}_i$ und $\hat{\boldsymbol{v}}_i$ und ein $k_i = \boldsymbol{y}_i' \boldsymbol{v}_i$ hinzu, und zum Vektor $\boldsymbol{y}$ sind laufend die Koeffizienten $c_i = \boldsymbol{y}' \boldsymbol{v}_i / k_i$ als Zusatzkomponenten zu bilden, die nach dem ersten Schritt auf nahezu Null abfallen.

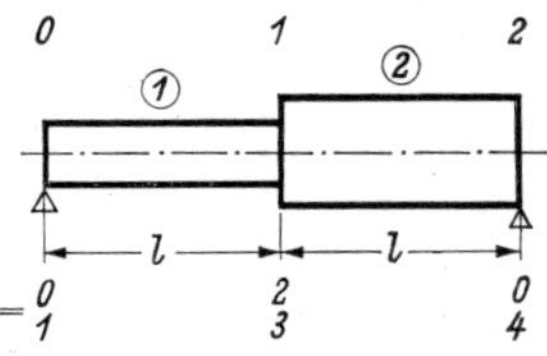

Abb. 32.6. Abgesetzte Welle

Wir erläutern das Vorgehen am Beispiel der Biegeschwingung einer abgesetzten Welle, Abb. 32.6, mit feldweise konstanten Querschnittsgrößen

$$a_1 = 1, \quad a_2 = 4$$
$$b_1 = 1, \quad b_2 = 2$$

Mit der Indextafel

0	1	2	3
2	3	0	4

und $l = 1$ findet man die positiv definiten Matrizen

$$\boldsymbol{A} = \begin{pmatrix} 4 & -6 & 2 & 0 \\ -6 & 60 & 18 & 24 \\ 2 & 18 & 20 & 8 \\ 0 & 24 & 8 & 16 \end{pmatrix}, \qquad 420\,\boldsymbol{B} = \begin{pmatrix} 4 & 13 & -3 & 0 \\ 13 & 468 & 22 & -26 \\ -3 & 22 & 12 & -6 \\ 0 & -26 & -6 & 8 \end{pmatrix}$$

Der Vektor $\boldsymbol{y}$ hat die Komponenten

$$\boldsymbol{y} = \begin{pmatrix} \varphi_0 \\ w_1 \\ \varphi_1 \\ \varphi_2 \end{pmatrix}$$

Ergebnis der Rechnung nach Tab. 9:

$$\lambda_1 = 6{,}9384, \quad \lambda_2 = 191{,}99$$

$$\boldsymbol{y}_1 = \begin{pmatrix} 1 \\ 0{,}53199 \\ -0{,}30627 \\ -0{,}66271 \end{pmatrix}, \qquad \boldsymbol{y}_2 = \begin{pmatrix} 1 \\ 0{,}00897 \\ -0{,}61231 \\ 0{,}50684 \end{pmatrix}$$

Die Eigenvektoren lassen sich leicht in eine Skizze der Schwingungsform übersetzen.

Tabelle 9. *Biegeschwingung: Iteration am 1. und 2. Eigenwert*

A				$-B$						
				$l\varphi_0$	w_1	$l\varphi_1$	$l\varphi_2$	$By_1 = v_1$		
4	−6	2	0	−4	−13	3	0	11,83466		
−6	60	18	24	−13	−468	−22	26	272,4634		
2	18	20	8	3	−22	−12	6	9,00480		
0	24	8	16	0	26	6	−8	−17,29578		
4	−6	2	0	−4	−13	3	0	11,8347		
1,5	51	21	24	−19	−487,5	−17,5	26	290,2154		
−0,5	−0,411765	10,35294	−1,88236	12,82354	185,23544	−6,29411	−4,70589	−116,4131	$y'u$	$\Lambda = \frac{420 y' y}{y' u}$
0	−0,470588	0,181818	4,36364	11,27272	289,09080	13,09091	−21,09090	−175,0337		
119,72915	64,31247	−36,02089	−81,08323	2	1	0	−2		465,937	8,1127
61,12395	32,53136	−18,71106	−40,54015	1	0,537150	−0,300853	−0,677222		111,6821	6,91088
…				…					…	…
60,52709	32,19977	−18,53754	−40,11185	1	0,531989	−0,306268	−0,662710	$k_1 = y_1' B y_1$	109,9270	6,93841
			$y_1 =$	1	0,531989	−0,306268	−0,662709	165,4864		$= \Lambda_1$
2. Eigenwert:								$c_1 = y' B y_1 / k_1$		
3,10349	0,04392	−2,05796	1,74361	1	0	−1	1	−0,087415	—	—
2,28954	0,02280	−1,42410	1,18444	1	0,01415	−0,66311	0,56182	0,0000154	3,89964	189,062
…				…				…	…	…
2,187601	0,019631	−1,339495	1,108753	1	0,008975	−0,612314	0,506835	0,0000009	3,570007	191,987
			$y_2 =$	1	0,008974	−0,612312	0,506835			$= \Lambda_2$

§ 33 Ergänzungen zum Rayleigh-Ritz-Verfahren

Wir greifen die allgemeinen Betrachtungen aus § 31 hier wieder auf, um sie zunächst in der Richtung zu ergänzen, daß die noch fehlende Verbindung zwischen Variationsaufgabe und Differentialgleichung hergestellt wird. Dabei sind auch zwei verwandte Methoden, die Galertinschen Gleichungen und das Verfahren von Grammel mit zu behandeln. Den Abschluß bilden die wichtigsten theoretischen Aussagen zur Variationsaufgabe und zum Ritz-Verfahren.

33.1 Rayleigh-Quotient aus der Differentialgleichung

Wir haben bisher von der Differentialgleichung des Eigenwertproblems explizit gar keinen Gebrauch gemacht, vielmehr den Rayleigh-Quotienten davon unabhängig allein aus Energieausdrücken — soweit es sich um Aufgaben aus der Mechanik handelt — aufgestellt. Indessen läßt er sich auch unmittelbar aus der Differentialgleichung der Aufgabe herleiten, wie wir uns zunächst wieder am einfachen Beispiel der Stab-Biegeschwingung mit der Differentialgleichung

$$(\alpha\, y'')'' = \lambda\, \mu\, y$$

klarmachen wollen. Multipliziert man nämlich diese Gleichung mit $y(x)$ und integriert über das Grundintervall, das wieder von 0 bis l reichen möge, so erhält man

$$\int_0^l y(\alpha\, y'')''\, d\,x = \lambda \int_0^l \mu\, y^2\, d\,x \tag{1}$$

oder, da der Faktor bei λ offensichtlich stets > 0 ist:

$$\lambda = \frac{\int y(\alpha\, y'')''\, d\,x}{\int \mu\, y^2\, d\,x} = \frac{\Phi^*[y]}{\Psi^*[y]} = R^*[y], \tag{2}$$

ein Ausdruck, den wir wieder als Rayleigh-Quotient bezeichnen wollen. Unter bestimmten Umständen ist nämlich dieser aus der Differentialgleichung gewonnene Quotient $R^*[y]$ gleich unserem früheren Rayleigh-Quotienten $R[y]$, und zwar hängt das, wie wir gleich sehen werden, von den Randbedingungen ab. Dazu formen wir den Zähler $\Phi^*[y]$ durch zweimalige Teilintegration um und erhalten

$$\Phi^*[y] = \int_0^l y(\alpha\, y'')''\, d\,x = y(\alpha\, y'')'\Big|_0^l - y'(\alpha\, y'')\Big|_0^l + \int_0^l \alpha\, y''^2\, d\,x$$

$$= \quad I \quad - \quad II \quad + \Phi_0[y].$$

Hier tritt in $\Phi_0[y]$ der frühere Ausdruck $\Phi[y]$ der potentiellen Stabenergie auf, sofern keine diskreten Federenergien hinzutreten. Dazugekommen sind zwei sogenannte Randausdrücke I, II, deren Wert von den RB abhängt. Es wird offenbar

$$I = 0, \text{ wenn an den Rändern } y = 0 \text{ oder } (\alpha y'')' = 0,$$

$$II = 0, \text{ wenn an den Rändern } y' = 0 \text{ oder } \alpha y'' = 0.$$

Dann entfallen aber auch Randenergien und es ist $\Phi^* = \Phi$, $\Psi^* = \Psi$, also $R^*[y] = R[y]$.

Das letzte gilt auch noch für den Fall einer Endfeder mit der End-RB $(\alpha y'')'_l = c\, y_l$, wo der erste Randausdruck $I = c\, y_l^2$ wird, also

$$\Phi^*[y] = c\, y_l^2 + \int \alpha\, y''^2\, dx.$$

Damit ist wieder $\Phi^* = \Phi$, $\Psi^* = \Psi$, also $R^*[y] = R[y]$.

Tritt aber der Eigenwert λ in den RB auf, so erscheint er auch in wenigstens einem der Randausdrücke I, II und damit in Φ^* im Gegensatz zu Φ, womit der neue Quotient $R^*[y]$ mit dem früheren $R[y]$ nicht mehr übereinstimmen kann, zumal auch der Nenner Ψ^* von Ψ verschieden ausfällt. Für den Stab mit Endmasse mit der RB $(\alpha y'')'_l = -\lambda\, m_l\, y$ wird $I = -\lambda\, m\, y_l^2$,

$$\Phi^*[y] = -\lambda\, m\, y_l^2 + \int \alpha\, y''^2\, dx.$$

Das sachgemäße Vorgehen ist es dann, die der Gl. (1) entsprechende Gleichung

$$\Phi^*[y] = -\lambda\, m\, y_l^2 + \int \alpha\, y''^2\, dx = \lambda \int \mu\, y^2\, dx = \lambda\, \Psi^*[y] \tag{1a}$$

nach λ aufzulösen, also zu ordnen nach

$$\Phi[y] = \int \alpha\, y''^2\, dx = \lambda\left(\int \mu\, y^2\, dx + m\, y_l^2\right) = \lambda\, \Psi[y].$$

Dann erhalten wir mit $\lambda = R[y] = \Phi/\Psi$ wieder den alten RAYLEIGH-Quotienten, während

$$R^*[y] = \frac{\Phi^*[y]}{\Psi^*[y]} = \frac{\int \alpha\, y''^2\, dx - \lambda\, m\, y_l^2}{\int \mu\, y^2\, dx}$$

den Eigenwert noch enthält, $R^*[y] = R^*[y\colon \lambda]$. Zwar gilt auch jetzt noch

$$R^*[y; \lambda] = \lambda,$$

was aber für die näherungsweise Behandlung der Aufgabe wertlos ist, zumal dafür das RAYLEIGHsche Prinzip, also die Minimaleigenschaft nicht mehr ohne weiteres gelten wird.

Allgemein laute die Differentialgleichung unserer Eigenwertaufgabe

$$\boxed{M[y] = \lambda N[y]} \tag{3}$$

mit zwei linearen Differentialausdrücken $M[y]$, $N[y]$ gerader Ordnung $2m$ und $2n$ mit

$$\boxed{m > n}\,, \tag{4}$$

wobei insbesondere auch $n = 0$ sein kann (keine Ableitungen bei λ). Die beiden Ausdrücke M, N sollen nun eine bestimmte, sowohl von den Anwendungen als auch von der Differentialgleichungstheorie her nahegelegte Form haben, nämlich

$$\begin{aligned} M[y] &= a_0 y - (a_1 y')' + (a_2 y'')'' - + \cdots + (-1)^m (a_m y^{(m)})^{(m)}, \\ N[y] &= b_0 y - (b_1 y')' + (b_2 y'')'' - + \cdots + (-1)^n (b_n y^{(n)})^{(n)} \end{aligned} \tag{5}$$

mit Koeffizienten $a_\mu(x)$, $b_\nu(x)$, von denen $a_m > 0$ sein soll; man vergleiche dazu die Beispiele der Tab. 6 auf S. 446. Eine Differentialgleichung dieser Form (3), (5) heißt *selbstadjungiert.*

Multiplikationen der Differentialgleichung mit $y(x)$ und Integration über das Grundgebiet $x = 0$ bis $x = l$ ergibt

$$\int_0^l y\, M[y]\, dx = \lambda \int_0^l y\, N[y]\, dx$$

oder kurz

$$\boxed{\Phi^*[y] = \lambda \Psi^*[y]} \tag{6}$$

mit den Integralausdrücken

$$\boxed{\begin{aligned} \Phi^*[y] &= \int y\, M[y]\, dx \\ \Psi^*[y] &= \int y\, N[y]\, dx \end{aligned}}\,. \tag{7}$$

Ist dabei $\Psi^*[y] \neq 0$, was wir voraussetzen wollen, so erhalten wir λ in der Form des RAYLEIGH-*Quotienten der Differentialgleichung*

$$\boxed{\lambda = R^*[y] = \frac{\Phi^*[y]}{\Psi^*[y]}}\,, \tag{8}$$

ein Ausdruck, der sich unter gewissen Umständen gleich dem früheren RAYLEIGH-Quotienten $R[y]$ erweist.

Der Sinn der neuen Quotientenbildung ist es wieder, durch Anwenden auf eine Näherungsfunktion $u(x)$ einen Näherungswert $\Lambda^* = R^*[u]$ für den ersten Eigenwert λ_1 zu gewinnen. Dazu aber ist es erforderlich, die Klasse der zugelassenen Funktionen $u(x)$ stärker als früher einzuschränken. Denn die Bildung des Zählers $\Phi^*[u]$ verlangt $2m$-malige Differenzierbarkeit von $u(x)$. Überdies wird sich zeigen, daß auch die Randbedingungen der Aufgabe eingehen, und zwar nicht allein die wesentlichen (geometrischen), sondern auch die restlichen (dynamischen) bis zur Ordnung $2m-1$. Damit hat man für $u(x)$ jetzt zu fordern:

1. $u(x)$ ist $2m$-mal stetig differenzierbar,
2. $u(x)$ erfüllt *alle* RB der Eigenwertaufgabe.

Derartige Funktionen hat man im Gegensatz zu den bisher benötigten zulässigen Funktionen (m-mal differenzierbar, nur die wesentlichen RB) *Vergleichsfunktionen* genannt. Begreiflicherweise bietet das Bereitstellen solcher Funktionen zu Näherungszwecken unter Umständen wesentlich größere Schwierigkeiten als die Angabe von zulässigen Funktionen. Insbesondere sind Vergleichsfunktionen überhaupt nicht von vornherein angebbar, wenn in den RB der noch unbekannte Eigenwert λ vorkommt. Diesen — für die Anwendungen durchaus nicht unwichtigen — Fall müssen wir daher hier ausdrücklich ausschließen.

Die Aufgabe sei nun überdies *definit*, das soll heißen, daß die Ausdrücke M, N so beschaffen sind, daß für beliebige Vergleichsfunktionen $u(x) \neq 0$ gilt

$$\boxed{\begin{aligned} \Phi^*[u] > 0 \\ \Psi^*[u] > 0 \end{aligned}}\,, \tag{9}$$

womit wegen (8) sämtliche Eigenwerte λ positiv ausfallen.

Auch diese Forderung genügt noch nicht, um die für die natürlichen — d. h. aus Extremalforderungen erwachsenen — Eigenwertaufgaben charakteristische Minimalaussage des RAYLEIGHschen Prinzips auf den neuen RAYLEIGH-Quotienten $R^*[u]$ übertragen zu können. Dazu müssen noch gewisse *Symmetriebedingungen* erfüllt sein, die außer von der Differentialgleichung noch von den Randbedingungen abhängen können und die dem symmetrischen Aufbau der früheren Ausdrücke Φ, Ψ entsprechen. Ordnen wir ähnlich wie früher den Ausdrücken $\Phi^*[u]$, $\Psi^*[u]$ bilineare Ausdrücke zu gemäß

$$\begin{aligned} \Phi^*[u, v] &= \int u\, M[v]\, dx\,, \\ \Psi^*[u, v] &= \int u\, N[v]\, dx \end{aligned} \tag{10}$$

mit Vergleichsfunktionen u, v, so sagt man, das Problem sei ***selbstadjungiert***, wenn es bei selbstadjungiertem Bau (5) der Differentialausdrücke M, N für zwei beliebige Vergleichsfunktionen u, v noch die durch die RB beeinflußten Symmetrieforderungen

$$\boxed{\begin{aligned} \Phi^*[u,v] &= \Phi^*[v,u] \\ \Psi^*[u,v] &= \Psi^*[v,u] \end{aligned}} \qquad (11)$$

erfüllt. Soweit diese Bedingungen nicht von selbst evident sind, lassen sie sich durch Teilintegration nachprüfen.

Beispiel: Differentialgleichung $-y'' = \lambda y$

1. Randbedingung $y(0) = 0$

Die Lösung ist dann $y = A \sin k x$ mit $k^2 = \lambda$.
Die 2. Randbedingung für $x = 1$ lassen wir noch offen.
Die zweite der Bedingungen (29) ist mit $N[y] = y$ von selbst erfüllt. Die erste wird durch Teilintegration nachgeprüft:

$$\Phi^*[u,v] = -\int u v'' \, dx = -u v' \Big|_0^1 + \int u' v' \, dx = -u_1 v_1' + \int u' v' \, dx,$$

$$\Phi^*[v,u] = -\int v u'' \, dx = -v u' \Big|_0^1 + \int v' u' \, dx = -u_1' v_1 + \int u' v' \, dx.$$

Die Bedingung der Selbstadjungiertheit fordert hier also

$$u_1 v_1' = u_1' v_1. \qquad (*)$$

Sie hängt von der Wahl der 2. Randbedingung ab. Wir betrachten zwei Fälle:

a) $$y'(1) = c\, y(1) \rightarrow u_1' = c\, u_1, \quad v_1' = c\, v_1.$$

Damit wird aus (*) $u_1 v_1 = u_1 v_1$. Die Bedingung ist erfüllt.

b) $$y'(0) = c\, y(1) \rightarrow c\, u_1 = u_0', \quad c\, v_1 = v_0'.$$

Aus (*) wird: $$u_0' v_1' = u_1' v_0'.$$

Dies aber ist für beliebige Vergleichsfunktionen u, v nicht erfüllt. Die Aufgabe mit der RB b) ist also nicht mehr selbstadjungiert.

Unter der Voraussetzung der Selbstadjungiertheit und Definitheit der Aufgabe gilt nun auch für den aus der Differentialgleichung hergeleiteten RAYLEIGH-Quotienten $R^*[u]$ das RAYLEIGHsche Prinzip[1],

[1] Für den Beweis vgl. L. COLLATZ, Eigenwertaufgaben [3], S. 116ff.

jetzt nur formuliert mit Vergleichsfunktionen $u(x)$ an Stelle der früheren zulässigen:

RAYLEIGH-Prinzip II: Ist die Eigenwertaufgabe selbstadjungiert und definit im Sinne von (11) und (9) und kommt der Eigenwert λ nicht in den Randbedingungen vor, so macht die erste Eigenfunktion $y_1(x)$ den RAYLEIGH-Quotienten $R^*[u]$ zum Minimum λ_1, wenn $u(x)$ den Bereich aller Vergleichsfunktionen durchläuft:

$$\boxed{\lambda_1 = \operatorname*{Min}_u R^*[u]} \quad \text{oder} \quad \boxed{R^*[u] \geqq \lambda_1}. \tag{12}$$

Damit sind auch für den neuen RAYLEIGH-Quotienten $R^*[u]$ die Voraussetzungen zur numerischen Auswertung der Minimaleigenschaft gegeben. Insbesondere läßt sich auch hier das RITZsche Verfahren durchführen, was im nächsten Abschnitt geschehen soll.

Natürliche Eigenwertprobleme sind fast immer auch selbstadjungiert; doch gibt es Ausnahmen, d. h. es gibt nichtselbstadjungierte Aufgaben, die sich als Minimalforderung formulieren lassen. In der Regel aber ist einer nicht selbstadjungierten Aufgabe *keine* Minimalaufgabe zugeordnet; in einem solchen Falle würden daher die Methoden von RAYLEIGH-RITZ völlig fehl am Platze sein; vgl. dazu S. 523.

Die durch (7) definierten Integralausdrücke $\Phi^*[u]$, $\Psi^*[u]$ lassen sich, wie schon eingangs am Beispiel der Biegeschwingung vorgeführt, durch Teilintegration umformen und auf eine Gestalt bringen, die den früheren Ausdrücken $\Phi[u]$, $\Psi[u]$ entspricht und mit ihnen unter Umständen übereinstimmt. Man erhält dabei

$$\boxed{\begin{aligned} \Phi^*[u] &= \Phi_0[u] + F^*[u] \\ \Psi^*[u] &= \Psi_0[u] + G^*[u] \end{aligned}}, \tag{13}$$

wo die Integralausdrücke $\Phi_0[u]$, $\Psi_0[u]$ dank der selbstadjungierten Bauart (5) der Differentialausdrücke M, N gleich den früher, § 31, Gl. (4) angegebenen sind. Dazu treten Randausdrücke $F^*[u]$, $G^*[u]$, die sich nun von den früheren $F[u]$, $G[u]$ in § 31, Gl. (3) unterscheiden können. Sie brauchen erstens nicht mehr symmetrisch zu sein, wenn nämlich die Bedingungen (11) der Selbstadjungiertheit nicht erfüllt sind. Die alten und neuen Ausdrücke *können* ferner nicht übereinstimmen, wenn der Eigenwert λ in den Randbedingungen vorkommt. Aber selbst wenn die Hauptvoraussetzungen des vorliegenden Abschnittes zutreffen (Selbstadjungiertheit, Definitheit, λ nicht in den RB), so decken sich doch die hier und früher umschriebenen Eigenwertaufgaben nicht völlig; vgl. dazu a. a. O. Anm. 2 auf S. 484.

33.2 Das Ritzsche Verfahren mit $R^*[u]$

Der RITZ-Ansatz lautet wie früher

$$\boxed{u(x) = a_1 v_1(x) + a_2 v_2(x) + \cdots + a_p v_p(x)} \tag{14}$$

mit fest gewählten Koordinatenfunktionen $v_j(x)$, die aber jetzt *Vergleichsfunktionen* sein müssen, womit auch $u(x)$ Vergleichsfunktion ist. Damit werden die Integralausdrücke $\Phi^*[u]$, $\Psi^*[u]$ quadratische Formen in den Koeffizienten a_j:

$$\Phi^*[u] = \int u\, M[u]\, dx = \int \Big[\Big(\sum_i a_i v_i\Big)\Big(\sum_k a_k M[v_k]\Big)\Big]\, dx$$
$$= \sum_{i,k} \Big(\int v_i\, M[v_k]\, dx\Big) a_i a_k$$

oder kurz

$$\begin{aligned} \Phi^*[u] &= \sum_{i,k} m_{ik}^* a_i a_k \\ \Psi^*[u] &= \sum_{i,k} n_{ik}^* a_i a_k \end{aligned} \tag{15}$$

mit den vorweg berechenbaren Koeffizienten

$$\boxed{\begin{aligned} m_{ik}^* &= \Phi^*[v_i, v_k] = \int v_i\, M[v_k]\, dx \\ n_{ik}^* &= \Psi^*[v_i, v_k] = \int v_i\, N[v_k]\, dx \end{aligned}} . \tag{16}$$

Diese aber sind nur dann symmetrisch, wenn die Bedingungen (11) der Selbstadjungiertheit erfüllt sind. Für den allgemeinen nichtselbstadjungierten Fall führen wir die symmetrischen Größen

$$\begin{aligned} \overline{m}_{ik} &= \frac{1}{2}(m_{ik}^* + m_{ki}^*), \\ \overline{n}_{ik} &= \frac{1}{2}(n_{ik}^* + n_{ki}^*) \end{aligned} \tag{16a}$$

ein, die im selbstadjungierten Falle mit den Werten (16) übereinstimmen.

Die Minimalforderung

$$R^*[u] = R(a_1, a_2, \ldots, a_p) = \text{Min} = \Lambda^*$$

führt ähnlich wie früher über die p notwendigen Bedingungen $\dfrac{\partial R^*}{\partial a_i} = 0$ auf das System linearer Gleichungen

$$\sum_k (\overline{m}_{ik} - \Lambda^* \overline{n}_{ik})\, a_k = 0, \qquad i = 1, 2, \ldots, p, \tag{17'}$$

also das Matrizen-Eigenwertproblem

$$\boxed{(\overline{\boldsymbol{M}} - \Lambda^* \overline{\boldsymbol{N}})\, \boldsymbol{a} = 0} \tag{17}$$

mit den symmetrischen Matrizen $\overline{\boldsymbol{M}} = (\overline{m}_{ik})$, $\overline{\boldsymbol{N}} = (\overline{n}_{ik})$. Näherungswerte Λ_i^* für die p ersten Eigenwerte λ_i sind dann wieder die p reellen Wurzeln der charakteristischen Gleichung

$$\boxed{\det(\overline{\boldsymbol{M}} - \Lambda^* \overline{\boldsymbol{N}}) = 0}, \tag{18}$$

wobei zufolge der Minimaleigenschaft überdies gilt

$$\boxed{\Lambda_1^* \geqq \lambda_1}. \tag{19}$$

Formt man die Integrale der Koeffizienten m_{ik}^*, n_{ik}^* in (16) vor Ausführen der Integration durch Teilintegration um, so gelangt man in der Regel zu den alten Ausdrücken m_{ik}, § 31, n_{ik}, Gl. (14) und hat den Vorteil, für die Koordinatenfunktionen $v_j(x)$ mit zulässigen Funktionen auszukommen. Das Verfahren ist dann mit dem früheren Vorgehen identisch, von dem es sich lediglich in der Art der Herleitung unterscheidet, indem man nicht von Energien, sondern von der Differentialgleichung selbst ausgeht. Beide Vorgehensweisen sind notwendig verschieden, wenn in den RB der Eigenwert vorkommt.

33.3 Die Galerkinschen Gleichungen

Ein dritter, im Ausgangspunkt abermals neuer, im Ergebnis aber oft wieder gleicher Weg der näherungsweisen Behandlung unserer Aufgabe führt auf die sogenannten GALERKINschen Gleichungen[1]. Auch er geht von der Differentialgleichung (3) aus und benutzt den RITZ-Ansatz (14) mit Vergleichsfunktionen $v_j(x)$. Von dem mit den Näherungen $u(x)$, Λ^* gebildeten Rest $M[u] - \Lambda^* N[u]$, der für die wahren Lösungen $y(x)$, λ verschwindet, wird nun Orthogonalität zu den p Ansatzfunktionen $v_j(x)$ gefordert:

$$\boxed{\int \{M[u] - \Lambda^* N[u]\}\, v_j(x)\, dx = 0} \quad j = 1, 2, \ldots, p. \tag{20}$$

Das Vorgehen zeichnet sich damit durch besondere Einfachheit in der Aufstellung der Gleichungen aus: Die mit der Näherungsfunktion $u(x)$ angeschriebene Differentialgleichung wird der Reihe nach mit den Ansatzfunktionen $v_j(x)$ multipliziert und über das Grundintervall integriert. Unter Berücksichtigung des Linearansatzes (14), also

$$M[u] = a_1 M[v_1] + a_2 M[v_2] + \cdots + a_p M[v_p],$$
$$N[u] = a_1 N[v_1] + a_2 N[v_2] + \cdots + a_p N[v_p],$$

[1] GALERKIN, B. G.: Wjestnik Ingenerow Petrograd 1915. Vgl. dazu auch L. COLLATZ, Numerische Behandlung [3], S. 30 und A. PFLÜGER (s. Anm. 1, S. 504, S. 188ff.).

erhält man aus (20) mit den früheren Abkürzungen (16) das Gleichungssystem für die Koeffizienten a_j

$$\sum_k (m_{ik}^* - \Lambda^* n_{ik}^*) a_k = 0, \qquad i = 1, 2, \ldots, p, \tag{21'}$$

also das Matrizen-Eigenwertproblem

$$\boxed{(\boldsymbol{M}^* - \Lambda^* \boldsymbol{N}^*)\,\mathfrak{a} = 0} \tag{21}$$

mit den Matrizen $\boldsymbol{M}^* = (m_{ik}^*)$, $\boldsymbol{N}^* = (n_{ik}^*)$. Diese GALERKINschen Gleichungen stimmen nun offenbar genau dann mit den RITZschen Gleichungen (17) überein, wenn die Symmetriebedingungen (11) der Selbstadjungiertheit erfüllt sind. Für selbstadjungierte Eigenwertaufgaben läuft also das GALERKINsche auf das RITZsche Verfahren mit seiner Minimalforderung hinaus.

Im nichtselbstadjungierten Falle aber, bei dem der Differentialgleichung in der Regel eine Minimalaufgabe gar nicht entspricht, für das RITZ-Verfahren also jede Grundlage fehlt, bleiben die Orthogonalitätsforderungen (20) des GALERKIN-Verfahrens durchaus sinnvoll. In einem solchen — in den Anwendungen freilich recht seltenen[1] — Falle verspricht also das Verfahren von GALERKIN noch brauchbare Ergebnisse, wenn sie dann auch nicht die den RITZ-Näherungen sonst eigentümliche Güte erreichen werden, die ja Folge der hier entfallenden Minimaleigenschaft von λ_1 ist. Wir geben dafür das folgende (schon auf S. 519 angeführte)

Beispiel: DGl: $-y'' = \lambda y$ RB: $y(0) = 0$

$y'(0) = 2y(1)$

Die Aufgabe ist nicht selbstadjungiert, was u. a. zur Folge hat, daß nur ein einziger reeller Eigenwert existiert. Die strenge Lösung lautet nämlich $y = A \sin k x$ mit $k^2 = \lambda$, wofür die 2. RB auf die Forderung $\sin k = k/2$ führt mit den reellen Wurzeln $k = \pm 1{,}845$, also

$$\lambda = 3{,}591$$

(abgesehen von $k = 0$, also $y = 0$).

Als Ansatzfunktionen eines zweigliedrigen RITZ-Ansatzes wählen wir die beiden Vergleichsfunktionen

$$v(x) = 2x - x^2, \qquad v_2(x) = x^2 - x^3,$$

die alle RB erfüllen, und erhalten damit die Koeffizienten

$$m_{11} = \frac{4}{3} \quad m_{12} = \frac{7}{6} \quad m_{21} = \frac{1}{6} \quad m_{22} = \frac{2}{15}$$

$$n_{11} = \frac{8}{15} \quad n_{12} = n_{21} = \frac{1}{15} \qquad n_{22} = \frac{1}{105}.$$

---

[1] Vgl. A. PFLÜGER: Stabilitätsprobleme der Elastostatik. Berlin/Göttingen/Heidelberg: 1950, S. 192—194.

Damit lautet die charakteristische Gleichung

bei RITZ:

$$\begin{vmatrix} 4 - \frac{8}{5}\Lambda & 2 - \frac{1}{5}\Lambda \\ 2 - \frac{1}{5}\Lambda & \frac{2}{5} - \frac{1}{35}\Lambda \end{vmatrix} = 0, \quad \Lambda = -4 \pm \sqrt{436}$$

$$\Lambda_1 = 16{,}88, \quad \text{unbrauchbar;}$$

GALERKIN:

$$\begin{vmatrix} 4 - \frac{8}{5}\Lambda & \frac{7}{2} - \frac{1}{5}\Lambda \\ \frac{1}{2} - \frac{1}{5}\Lambda & \frac{2}{5} - \frac{1}{35}\Lambda \end{vmatrix} = 0, \quad \Lambda = -4 \pm \frac{13}{2}.$$

$$\Lambda_1 = 2{,}50,$$

was zwar auch nicht gerade gut, aber immerhin noch als Näherung anzusprechen ist.

33.4 Verfahren von Grammel

Speziell für Eigenwertaufgaben der Elastomechanik ist von GRAMMEL[1] ein Gegenstück zum RAYLEIGH-RITZ-Verfahren entwickelt worden, das sich, indem es einen Iterationsschritt enthält, durch hohe Genauigkeit auszeichnet. Wir geben seinen Grundgedanken hier am Beispiel der Biegeschwingung wieder. Zu einer Näherungsfunktion $u(x)$, die zulässig sein soll (Erfüllen der geometrischen RB), denkt man sich die Trägheitsbelastung $\lambda\,\mu\,u(x)$ auf den Balken wirkend, unter der er eine Auslenkung erfahren würde, die, sofern $u(x)$ von der wahren Lösung $y(x)$ der Aufgabe abweicht, von $u(x)$ verschieden sein wird und die wir mit $\lambda\,\bar{u}(x)$ bezeichnen. Zwischen den beiden Funktionen $u(x)$ und $\bar{u}(x)$ besteht dann der Zusammenhang

$$(\alpha\,\bar{u}'')'' = \mu\,u, \tag{22}$$

der noch durch die Randbedingungen der Aufgabe zu ergänzen ist. Dies stellt eine *Iterationsvorschrift* dar, nach der zu gegebener Ausgangsfunktion $u(x)$ die neue Funktion $\bar{u}(x)$, durch vierfache Integration unter Berücksichtigung sämtlicher RB zu ermitteln ist, womit $\bar{u}(x)$ also Vergleichsfunktion ist. Die Integration kann auch graphisch (Seileckskonstruktion) durchgeführt werden. — Der Trägheitsbelastung $\lambda\,\mu\,u$ entspricht eine kinetische Energie mit dem Maximalwert

$$T_0 = \frac{1}{2}\lambda \int \mu\,u^2\,dx,$$

der durch die Belastung hervorgerufenen Verformung $\lambda\,\bar{u}$ aber eine potentielle Energie vom Maximalwert

$$U_0 = \frac{1}{2}\lambda^2 \int \alpha\,\bar{u}''^2\,dx.$$

---

[1] GRAMMEL, R.: Ein neues Verfahren zur Lösung technischer Eigenwertprobleme. Ing.-Arch. Bd. 10 (1939) S. 35—46. — Vgl. auch C. G. BIEZENO u. R. GRAMMEL: Technische Dynamik. 2. Aufl. Berlin/Göttingen/Heidelberg 1953. Bd. 1, S. 177—181. Vgl. auch H. SCHAEFER: Abh. Braunschw. wiss. Ges. IV (1952) S. 166—175.

Indem wir diese beiden Ausdrücke gleichsetzen, erhalten wir, wenn wir noch an Stelle des unbekannten Eigenwertes λ den Näherungswert Λ° schreiben, einen dem RAYLEIGH-Quotienten ähnlichen Ausdruck, den wir GRAMMEL-Quotient nennen wollen:

$$\boxed{\Lambda^\circ = \mathrm{Gr}[u] = \frac{\int \mu u^2 \, dx}{\int \alpha \bar{u}''^2 \, dx} = \frac{\Psi[u]}{\Phi[u]}}. \tag{23}$$

Mit Hilfe des HAMILTONschen Prinzips der Mechanik läßt sich zeigen, daß auch dieser Quotient für die erste Eigenfunktion $y_1(x)$ sein Minimum λ_1 annimmt, wenn $u(x)$ den Bereich aller zulässigen Funktionen durchläuft:

$$\boxed{\mathrm{Gr}[y_1] = \mathrm{Min}\, \mathrm{Gr}[u] = \lambda_1}. \tag{24}$$

Dabei wäre $\bar{y}_1 = y_1/\lambda_1$, womit aus $\mathrm{Gr}[y_1] = \lambda_1$ wieder auch $R[y_1] = \lambda_1$ folgt mit dem gewöhnlichen RAYLEIGH-Quotienten $R[y]$.

Das Verfahren unterscheidet sich vom RAYLEIGHschen mit vorgeschalteter Iteration, also

$$\bar{\Lambda} = R[\bar{u}] = \frac{\Phi[\bar{u}]}{\Psi[\bar{u}]} \tag{25}$$

darin, daß beim GRAMMEL-Verfahren von der iterierten Funktion $\bar{u}$ nur eine gewisse Ableitung, in unserem Beispiel $\bar{u}''$ benötigt wird, die Iterationsvorschrift (40) also nur *zweimalige* Integration

$$\alpha \bar{u}'' = \iint \mu u \, dx^2 \tag{22a}$$

erfordert gegenüber viermaliger Integration beim RAYLEIGH-Quotienten (25), wo in $\Psi[\bar{u}] = \int \mu \bar{u}^2 \, dx$ die Funktion $\bar{u}(x)$ selbst gebraucht wird. Zwar ist die erzielte Genauigkeit dann auch nicht so hoch wie bei (25), aber eben doch wesentlich höher als bei Verwenden des RAYLEIGH-Quotienten ohne Vorschalten einer Iteration.

Im allgemeinen Falle einer Differentialgleichung (3) lautet die Iterationsvorschrift

$$\boxed{M[\bar{u}] = N[u]}, \tag{26}$$

wozu noch die Randbedingungen treten. Dabei seien folgende Einschränkungen gemacht:

1. Der Differentialausdruck $M[y]$ besteht nur aus dem einzigen Glied der Ordnung $2m$:

$$M[y] = (a_m y^{(m)})^{(m)}. \tag{27}$$

2. Die RB seien so beschaffen, daß der Ausdruck $\Phi[y]$ keine Randausdrücke mit niederen Ableitungen als $y^{(m)}$ enthält, d. h. aber, daß bei der Umformung von $\Phi^*[y] = \int y\, M[y]\, dx$ durch Teilintegration nur

$\Phi[y]$ übrigbleibt:

$$\Phi[\bar{u}] = \int a_m (\bar{u}^{(m)})^2 \, dx. \tag{28}$$

Dann kommt die Iteration (26) mit der m-fachen Integration aus:

$$a_m \bar{u}^{(m)} = \int \cdots \int N[u] \, dx^m. \tag{29}$$

3. Die Ausgangsfunktion $u(x)$ soll außer den wesentlichen gegebenenfalls noch so viele der restlichen RB erfüllen, daß für beliebige Vergleichsfunktion $\bar{v}$ die Symmetriebedingung

$$\int \bar{v} \, N[u] \, dx = \int u \, N[\bar{v}] \, dx \tag{30}$$

erfüllt ist, was man durch Teilintegration für ein gegebenes $u(x)$ nachprüfen kann. Unter diesen Umständen läßt sich für den allgemeinen GRAMMEL-Quotienten

$$\boxed{\Lambda^\circ = \mathrm{Gr}[u] = \frac{\Psi[u]}{\Phi[\bar{u}]}} \tag{31}$$

zeigen, daß er das Minimalprinzip (24) erfüllt, wenn u den Bereich aller — durch die Forderung (30) eingeschränkten — zulässigen Funktionen durchläuft[1]. — Ein einfaches Beispiel, wo die angeführten Voraussetzungen nicht mehr zutreffen, ist der einseitig eingespannte Balken mit Endfeder. Hier wäre die potentielle Energie um das Federglied zu erweitern auf

$$\Phi[\bar{u}] = \int \alpha \, \bar{u}''^2 \, dx + c \, \bar{u}_l^2,$$

womit das GRAMMEL-Verfahren in der oben beschriebenen Form (Iteration als zweifache Integration) nicht mehr durchführbar ist im Gegensatz zum RAYLEIGH-Verfahren. Gerade umgekehrt liegen die Verhältnisse beim Balken mit Endmasse, wo das RAYLEIGH-Verfahren auf Schwierigkeiten stieß, während hier der Zähler

$$\Psi[u] = \int \mu \, u^2 \, dx + m \, u_l^2$$

ohne weiteres angebbar ist, da er nur Werte der Ausgangsnäherung enthält[2].

Mit der Minimalaussage läßt sich nun das GRAMMEL-Verfahren nach Art des RITZ-Verfahrens durchführen, also mit einem Ansatz für die Ausgangsnäherung u nach

$$\boxed{u(x) = a_1 \, v_1(x) + \cdots + a_p \, v_p(x)} \tag{32}$$

[1] Vgl. L. COLLATZ: Numerische Behandlung [3], S. 228.

[2] Nähere Betrachtungen hierzu wie allgemein zum interessanten Zusammenhang beider Verfahren bringt K. ZOLLER: Über das Grammelsche Verfahren bei Eigenschwingungsaufgaben. Ing.-Arch. Bd. 24 (1956) S. 401—411.

mit linear unabhängigen Koordinatenfunktionen v_j, die jetzt wieder nur *zulässig* — allenfalls mit Einschränkung (30) — zu sein brauchen. Zu ihnen bildet man die Iterierten $\bar{v}_j$ nach

$$\boxed{M[\bar{v}_j] = N[v_j]} \tag{33}$$

unter Berücksichtigen sämtlicher RB bei Ausführung der Integration, womit die $\bar{v}_j$ Vergleichsfunktionen werden. Dann folgen ähnlich wie beim RITZ-Verfahren aus der Minimalforderung

$$\mathrm{Gr}[u] = \mathrm{Gr}(a_1, \ldots, a_p) = \mathrm{Min} \tag{34}$$

die GRAMMELschen Gleichungen

$$\sum_k (n_{ik} - \Lambda^\circ \bar{m}_{ik})\, a_k = 0\,, \qquad i = 1, 2, \ldots, p \tag{35'}$$

oder in Matrixform

$$\boxed{(\boldsymbol{N} - \Lambda^\circ \bar{\boldsymbol{M}})\, \mathfrak{a} = 0}\,, \tag{35}$$

wo sich gegenüber den RITZschen Gleichungen die Matrizen $\boldsymbol{N}$, $\bar{\boldsymbol{M}}$ vertauscht haben und die Elemente $\bar{m}_{ik}$ der Matrix $\bar{\boldsymbol{M}}$ überdies jetzt mit den Iterierten $\bar{v}_i$ zu bilden sind:

$$\boxed{\begin{aligned} n_{ik} &= \Psi[v_i, v_k] \\ \bar{m}_{ik} &= \Phi[\bar{v}_i, \bar{v}_k] \end{aligned}}\,. \tag{36}$$

Beispielsweise ist für Biegeschwingung mit Endmasse

$$n_{ik} = \int \mu\, v_i\, v_k\, d\,x + m\, v_{il}\, v_{kl}\,,$$

$$\bar{m}_{ik} = \int \alpha\, \bar{v}_i''\, \bar{v}_k''\, d\,x = \int \frac{\bar{w}_i\, \bar{w}_k}{\alpha}\, d\,x\,,$$

wobei $\bar{w}_i = \alpha\, \bar{v}_i''$ als Biegemoment unter der Belastung $\mu\, v_i$ einschließlich Endlast $m\, v_{il}$ sich aus der Iterationsvorschrift ergibt

$$\bar{w}_i = \alpha\, \bar{v}_i'' = \iint \mu\, v_i\, d\,x^2 + A\,x + B\,.$$

Die Integrationskonstanten A, B sind aus den End-RB

$$\bar{w}_i(l) = 0\,, \qquad \bar{w}_i'(l) = -\,m\, v_i(l)$$

ermittelbar. Einfacher rechnet man bei Integration in umgekehrter Richtung vom Ende aus (neue Variable $l - x = z$ gedacht), wobei sich die End-RB in Anfangsbedingungen verwandeln, die bei numerischer Integration leicht einzuarbeiten sind (Vorzeichenumkehr bei $\bar{w}'$ beachten!); vgl. das folgende Beispiel.

Die $\bar{m}_{ik}$ sind als potentielle Energien deutbar, nämlich als (doppelte) Arbeit, die die Belastung $\mu\, v_k$ bei einer zur Last $\mu\, v_i$ ge-

Tabelle 10. *Biegeschwingung Keilstab: Grammel-Verfahren*

x	$\mu(x)$	$\alpha(x)$	v_1	v_2	μv_1	μv_2	$12\bar{w}_1:h^2$	$12\bar{w}_2:h^2$	$\alpha\bar{v}_1''^2$	$\alpha\bar{v}_1''\bar{v}_2''$	$\alpha\bar{v}_2''^2$
0	1,00	1	0	0	0	0	108,00000	79,992320	0,008100000	0,005999424	0,004443591
0,1	0,92	0,778688	0,01	0,001	0,0092	0,00092	92,00952	69,194088	7549871	5677744	4269844
2	84	592704	4	8	336	672	76,14464	58,411776	6793261	5211220	3997610
3	76	438976	9	27	684	2052	60,69336	47,718104	5827457	4581641	3637011
4	68	314432	16	64	1088	4352	46,06848	37,279872	4687255	3793054	3069444
0,5	0,60	0,216000	0,25	0,125	0,1500	0,07500	32,75000	27,372360	0,003448311	0,002882088	0,002408842
6	52	140608	36	216	1872	11232	21,22752	18,370688	2225492	1925982	1666780
7	44	85184	49	343	2156	15092	11,94264	10,718136	1162733	1043516	936522
8	36	46656	64	512	2304	18432	5,23136	4,871424	407342	379315	353217
9	28	21952	81	729	2268	20412	1,26648	1,222952	50741	48997	47313
1,0	0,20	0,008000	1,00	1,000	0,2000	0,20000	0	0	0	0	0
								S	0,108483150	0,085554512	0,067815821
								$\overline{m}_{ik}$	0,003616105	0,002851817	0,002260527

hörigen Durchsenkung leisten würde. Man nennt diese Arbeit auch wohl *Komplementär-Energie,* und unter dieser Bezeichnung läuft das Verfahren vielfach im ausländischen Schrifttum.

Beispiel: Keilstab-Biegeschwingung aus § 31.5, S. 497. Gegenüber der dort nach Ritz mit den Ansatzfunktionen $v_1 = x^2$, $v_2 = x^3$ durchgeführten Rechnung, denen die Werte n_{ik} zu entnehmen sind, sind lediglich die $\overline{m}_{ik}$ unter Vorschalten einer Iteration neu zu rechnen. Das geschieht in Tab. 10. Die zur Iteration erforderliche zweifache Integration wird numerisch nach den Formeln (50) und (51) aus § 13.10 durchgeführt, und zwar, wie oben angedeutet, von $x = 1$ her in negativer x-Richtung unter den Anfangsbedingungen $w(1) = w'(1) = 0$. Die neuen Koeffizienten $\overline{m}_{ki}$ finden sich am Schluß der drei letzten Spalten. Bereits der gewöhnliche Grammel-Quotient mit $v_1 = x^2$, also

$$\mathrm{Gr}[v_1] = n_{11} : \overline{m}_{11} = 18{,}4324$$

liefert gegenüber dem exakten Wert $\lambda_1 = 18{,}4244$ einen sehr guten Wert, was auf der zufällig guten Ausgangsnäherung v_1 beruht. Die Wurzeln der charakteristischen Gleichung

$$\det(n_{ik} - \Lambda^\circ\, \overline{m}_{ik}) = 0$$

sind

$$\Lambda_1^\circ = 18{,}4247, \qquad \Lambda_2^\circ = 148{,}17,$$

$$\lambda_1 = 18{,}4244, \qquad \lambda_2 = 247{,}15.$$

Während die Näherung Λ_1° vorzüglich ist, wie zu erwarten, fällt Λ_2° als Näherung von λ_2 wesentlich zu klein aus, was gegenüber den Ritz-Näherungen Λ_i, die stets $\geqq \lambda_i$ werden, bemerkenswert ist.

33.5 Herleitung der Differentialgleichung aus der Extremalforderung

Während sich, wie wir in § 33.1 sahen, aus der Differentialgleichung der Eigenwertaufgabe ein RAYLEIGH-Quotient $R^*[y]$ aufstellen läßt, der unter gewissen Umständen in den aus quadratischen Integralausdrücken (Energien) gebildeten umformbar ist, kann man, was praktisch noch bedeutsamer ist, aus der Minimalforderung, von der unsere Betrachtungen in § **31.1** ausgingen, auch die Differentialgleichung der Eigenwertaufgabe herleiten. Wir formulieren die Aufgabe etwas allgemeiner durch die Forderung

$$\boxed{R[u] = \frac{\Phi[u]}{\Psi[u]} = \text{Extr.}}\,, \tag{37}$$

wo unter einem Extremum auch sogenannte stationäre Werte (wie z. B. Sattelpunkt einer Fläche) verstanden sein sollen. Die zur Konkurrenz zugelassenen Funktionen $u(x)$ haben dabei bestimmte von vornherein gegebene „wesentliche" Randbedingungen der Form

$$U_\mu[y] = \sum_{\nu=0}^{m-1} (\alpha_{\mu\nu}\, y_0^{(\nu)} + \beta_{\mu\nu}\, y_l^{(\nu)}) = 0\,, \qquad \mu = 1, 2, \ldots, s \tag{38}$$

zu erfüllen. Die Integralausdrücke $\Phi[y]$, $\Psi[y]$ sind von der in § 31, Gl. (3) und (4) angegebenen Form. Bei der Funktion $u(x)$ ist wegen der Homogenität der Aufgabe ein Faktor frei, den man oft durch eine sogenannte Normierung festlegt. Wegen der Voraussetzung $\Psi[u] \neq 0$ kann als Normierungsbedingung die Forderung

$$\boxed{\Psi[u] = 1} \tag{39}$$

dienen. Die Extremalforderung (37) ist dann gleichbedeutend mit $\Phi[u] = \text{Extr.}$ unter der Nebenbedingung (39). Eine solche Aufgabe aber läßt sich, wie bei gewöhnlichen Aufgaben der Maxima und Minima üblich[1], formal so behandeln, als ob der Ausdruck

$$J[u] = \Phi[u] - \lambda\, \Psi[u] \tag{40}$$

zum Extremum gemacht werden sollte. Das Ganze ist allgemein eine Aufgabe der Variationsrechnung: Aus einer gewissen Klasse von Funktionen $u(x)$ — hier den zulässigen Funktionen — wird eine bestimmte Lösung $y(x)$ derart gesucht, daß ein gewisser Integralausdruck $\Phi[u]$ — gegebenenfalls unter Nebenbedingungen — zum Extremum wird. Diese Aufgabe wird nun allgemein auf folgende charakteristische Weise in Angriff genommen.

[1] Vgl. etwa R. COURANT: Vorlesungen über Differential- und Integralrechnung. Berlin 1931. Bd. II, S. 152ff.

Aus der Gesamtheit aller zulässigen Funktionen wird eine *feste* aber beliebige Funktion $\eta(x)$ gewählt, also eine solche, die die wesentlichen RB (38) der Aufgabe erfüllt. Damit und mit der als bekannt angenommenen gesuchten Lösung $y(x)$ der Extremalaufgabe wird eine Schar von zulässigen Funktionen $u(x)$ in der Form

$$u(x) = y(x) + \varepsilon \cdot \eta(x) \tag{41}$$

mit variablem ε gebildet. Dafür nimmt der quadratische Integralausdruck $J[u]$, wie man sich an einfachen Beispielen leicht klarmacht, die Form an

$$J[u] = J[y] + 2\varepsilon\, J[y,\eta] + \varepsilon^2 J[\eta],$$

wo $J[y,\eta]$ wieder den zu $J[y]$ zugeordneten bilinearen Ausdruck bedeutet. Damit ist $J[u]$ zu einer gewöhnlichen Funktion des Parameters geworden, $J[u] = J(\varepsilon)$. Die zugehörige Bedingung für $J[y] =$ Extr. lautet dann

$$\left.\frac{dJ}{d\varepsilon}\right|_{\varepsilon=0} = 0,$$

und das ergibt die Gleichung

$$\boxed{J[y,\eta] = \Phi[y,\eta] - \lambda\,\Psi[y,\eta] = 0} \tag{42}$$

bei beliebiger zulässiger Funktion $\eta(x)$. Diese Gleichung und unsere ursprüngliche Forderung $R[u] =$ Extr. zusammen mit der RB (38) sind also völlig gleichbedeutend. Gesucht sind solche Funktionen $y(x)$ — die *Eigenfunktionen* — und zugehörige Parameterwerte λ — die *Eigenwerte* —, für die Gl. (42) bei beliebiger zulässiger Funktion $\eta(x)$ erfüllt ist. Diese Aufgabe hat man *natürliche Eigenwertaufgabe* genannt (vgl. Anm. 2 auf S. 484), weil zahlreiche Aufgaben der Anwendungen sich in dieser Weise formulieren lassen.

Aus (42) läßt sich nun eine Differentialgleichung für die gesuchte Lösung y herleiten, die sogenannte Eulersche Differentialgleichung der Variationsaufgabe[1]. Wir führen dies am Beispiel der Biegeschwingung des einseitig eingespannten Stabes mit Endfeder und Endmasse durch. Die Bilinearausdrücke für Φ und Ψ lauten hier

$$\Phi[y,\eta] = \int \alpha\, y''\, \eta''\, dx + c\, y_l\, \eta_l,$$

$$\Psi[y,\eta] = \int \mu\, y\, \eta\, dx + m\, y_l\, \eta_l.$$

Man formt nun die Integrale, in denen η in Form von Ableitungen vorkommt, durch Teilintegration um, bis die Ableitungen abgebaut

[1] Man nennt $\varepsilon\, J[y,\eta] = \delta J$ die *Variation* des Ausdruckes $J[y]$; Gl. (42) ist also gleichbedeutend mit Verschwinden von δJ.

sind. In unserem Falle

$$\int \alpha y'' \eta'' \, dx = (\alpha y'')\, \eta' \Big|_0^l - (\alpha y'')' \eta \Big|_0^l + \int (\alpha y'')'' \eta \, dx .$$

Damit wird aus (60)

$$J[y, \eta] = \int_0^l [(\alpha y'')'' - \lambda \mu y]\, \eta \, dx + [\alpha y_l'']\, \eta_l' -$$
$$- [(\alpha y'')_l' - (c - \lambda m)\, y_l]\, \eta_l - (\alpha y_0'')\, \eta_0' + (\alpha y_0'')' \eta_0 = 0 .$$

Hier verschwinden zunächst wegen der geometrischen = wesentlichen RB $y(0) = y'(0)$, denen auch η zu gehorchen hat, die beiden letzten Glieder. Da nun aber η beliebig sein soll, so kann der Gesamtausdruck allgemein nur dann verschwinden, wenn die drei eckigen Klammern für sich Null werden:

$$\begin{aligned} &1) \quad (\alpha y'')'' = \lambda \mu y, \\ &2a) \quad (\alpha y'')_l = 0, \\ &2b) \quad (\alpha y'')_l' = (c - \lambda m)\, y_l . \end{aligned}$$

Damit aber haben sich aus der Extremalforderung (42) sowohl die Differentialgleichung der Aufgabe als auch die beiden dynamischen RB ergeben, die man daher auch wohl als *natürliche RB* bezeichnet. Beides, Differentialgleichungen wie dynamische RB, sind Gleichgewichtsforderungen, die DGl für das Balkenelement, die RB für den freien Balkenrand. Die Unterscheidung der RB in wesentliche und restliche geht also über das formale Kennzeichen der Höhe der Ableitungen hinaus und ist in der Aufgabe selbst begründet, soweit sie einen physikalischen Sachverhalt wiedergibt.

Die hier für den Balken vorgeführte Rechnung läßt sich allgemein anstellen, wovon wir hier nur das — einleuchtende — Ergebnis wiedergeben. Aus der Extremalforderung (37) bzw. der damit äquivalenten Gleichung (42) zusammen mit den wesentlichen RB (38) der Aufgabe folgt

1. die Differentialgleichung der allgemeinen Form

$$\boxed{M[y] = \lambda N[y]} \tag{3}$$

mit Differentialausdrücken M, N, die zufolge der Bauart (3), (4) aus § 31 der Ausdrücke Φ und Ψ die selbstadjungierte Form (5) besitzen;

2. restliche (dynamische) RB der Form

$$V_\mu[y] = \sum_{\nu=0}^{2m-1} (\gamma_{\mu\nu}\, y_0^{(\nu)} + \delta_{\mu\nu}\, y_l^{(\nu)}) = 0 , \qquad \mu = 1, 2, \ldots, 2m - s . \tag{43}$$

Zusammen mit den s wesentlichen (geometrischen) RB (38) bilden sie ein System von $2m$ linear unabhängigen RB, wobei der Eigenwert λ höchstens in den restlichen (dynamischen), und zwar nur linear, auftreten kann.

33.6 Orthogonalität, Entwicklung, Minimaleigenschaften

Die Eigenfunktionen y_i eines Eigenwertproblems der betrachteten Art besitzen die bemerkenswerte Eigenschaft einer verallgemeinerten Orthogonalität. Schreibt man nämlich die Beziehung

$$J[y,u] = \Phi[y,u] - \lambda \Psi[y,u] = 0 \tag{42'}$$

einmal für $y = y_i$, $\lambda = \lambda_i$, $u = y_k$, ein zweites Mal für $y = y_k$, $\lambda = \lambda_k$, $u = y_i$ mit den zu zwei *verschiedenen* Eigenwerten $\lambda_i \neq \lambda_k$ gehörigen Eigenfunktionen y_i, y_k (die ja auch zulässige Funktionen sind), so erhält man unter Berücksichtigung der Symmetrie der Integralausdrücke aus

$$\Phi[y_i, y_k] - \lambda_i \Psi[y_i, y_k] = 0,$$

$$\Phi[y_i, y_k] - \lambda_k \Psi[y_i, y_k] = 0,$$

durch Subtraktion:

$$(\lambda_i - \lambda_k) \Psi[y_i, y_k] = 0$$

und daraus wegen $\lambda_i \neq \lambda_k$ die beiden Orthogonalitätsbeziehungen

$$\boxed{\begin{aligned} \Psi[y_i, y_k] &= 0 \\ \Phi[y_i, y_k] &= 0 \end{aligned}} \quad \text{für} \quad \lambda_i \neq \lambda_k. \qquad \begin{aligned} &(44\,\text{a}) \\ &(44\,\text{b}) \end{aligned}$$

Orthogonalität von Funktionssystemen ist uns schon in Kap. V begegnet, vgl. § 22.4. Dort handelte es sich stets um die gewöhnliche Orthogonalität im Sinne von

$$(y_i\, y_k) = \int_a^b y_i\, y_k\, dx = 0 \qquad \text{für} \quad i \neq k.$$

Hier wird nun diese Bedingung im Sinne der Gln. (44) je nach der Bauart der Integralausdrücke Φ und Ψ verallgemeinert, wobei auch noch endliche Randglieder auftreten können.

Im Falle der schwingenden Saite $-y'' = \lambda y$, $y(0) = y(l) = 0$ lauten die Bedingungen

$$\int_0^l y_i\, y_k\, dx = 0 \quad \text{und} \quad \int_0^l y_i'\, y_k'\, dx = 0;$$

die Eigenfunktionen sind hier die trigonometrischen Funktionen $y_n = \sin n\pi \frac{x}{l}$, und die Orthogonalitätsbedingungen besagen die gewöhnliche Orthogonalität dieser Funktionen und ihrer Ableitungen.

Im Falle der Biegeschwingung ohne Zusatzfedern und -massen wird

$$\int_0^l \mu\, y_i\, y_k\, dx = 0 \quad \text{und} \quad \int_0^l \alpha\, y_i''\, y_k''\, dx = 0;$$

hier sind die Funktionssysteme $\sqrt{\mu}\, y_i$ und $\sqrt{\alpha}\, y_i''$ im gewöhnlichen Sinne orthogonal. Bei Endfeder und Endmasse aber treten zum Integral noch Randausdrücke hinzu:

$$\int_0^l \mu\, y_i\, y_k\, dx + m\, y_{il}\, y_{kl} = 0,$$

$$\int_0^l \alpha\, y_i''\, y_k''\, dx + c\, y_{il}\, y_{kl} = 0;$$

man spricht von „belasteter Orthogonalität".

Bei der Knickaufgabe etwa mit beiderseits eingespannten Enden

$$(\alpha y'')'' = -\lambda y''$$

lauten die Bedingungen

$$\int_0^l y_i' y_k'\, dx = 0 \quad \text{und} \quad \int_0^l \alpha\, y_i'' y_k''\, dx = 0;$$

hier sind die Eigenfunktionen y_i selbst nicht mehr orthogonal, wohl aber ihre Ableitungen y_i'.

Normiert man die Eigenfunktionen y_i zu

$$\boxed{\Psi[y_i, y_i] \equiv \Psi[y_i] = 1}, \tag{45a}$$

so wird

$$\boxed{\Phi[y_i, y_i] \equiv \Phi[y_i] = \lambda_i}. \tag{45b}$$

Im Falle eines mehrfachen, etwa q-fachen Eigenwertes λ_i sind die zugehörigen q linear unabhängigen Eigenfunktionen nicht mehr ohne weiteres orthogonal im Sinne von (44a). Denn dann entfällt die bei der Herleitung wesentliche Voraussetzung $\lambda_i \neq \lambda_k$. Wohl aber lassen sich dann aus den zunächst vorliegenden Eigenfunktionen y_i durch Linearkombination q neue linear unabhängige Funktionen Y_i bilden, die wieder im Sinne von (44) orthogonal sind. Die Funktionen lassen sich *orthogonalisieren* in ganz entsprechender Weise, wie dies früher in V, § 22.5, S. 354, für die gewöhnliche Orthogonalität gezeigt worden ist. Für ein in dieser Weise orthogonalisiertes und nach (45a) normiertes System von Eigenfunktionen lassen sich die Gleichungen (44) und (45) zusammenfassen zu

$$\boxed{\begin{aligned} \Psi[y_i, y_k] &= \delta_{ik} \\ \Phi[y_i, y_k] &= \delta_{ik}\lambda_i \end{aligned}} \qquad \begin{aligned} &(46\text{a}) \\ &(46\text{b}) \end{aligned}$$

mit dem bekannten KRONECKER-Symbol δ_{ik}, welches 0 für $i \neq k$, hingegen 1 für $i = k$ bedeutet.

Die im weiteren vorausgesetzte Orthogonalität der Eigenfunktionen einer Eigenwertaufgabe legt es nahe, eine beliebige zulässige Funktion $u(x)$ nach dem System der Eigenfunktionen zu *entwickeln*. Voraussetzung dazu ist, daß ein System von unendlich vielen (reellen) Eigenfunktionen existiert und daß dieses System im früher angegebenen Sinne *vollständig* ist (vgl. V, § 22.4), so daß wirklich jede zulässige Funktion von der Entwicklung erfaßbar ist. Es soll hier nicht im einzelnen untersucht werden, wann diese Voraussetzungen zutreffen. Wesentlich ist die Voraussetzung der *Definitheit*, die bei den üblichen technischen Anwendungen erfüllt ist. Wir nehmen also für das Folgende ausdrücklich Entwickelbarkeit einer beliebigen zulässigen Funktion u nach den Eigenfunktionen der Aufgabe an, also eine Reihendarstellung der Form

$$\boxed{u(x) = c_1 y_1(x) + c_2 y_2(x) + \cdots = \sum_{i=1}^{\infty} c_i y_i(x)}\,. \tag{47}$$

Die Berechnung der Entwicklungskoeffizienten c_i erfolgt dann ganz ähnlich wie bei früheren Gelegenheiten im Sinne einer verallgemeinerten FOURIER-Entwicklung, vgl. V, § 22.4, S. 351. Indem wir auf (47) die in u lineare Operation $\Psi[u, y_i]$ anwenden, erhalten wir

$$\Psi[u, y_i] = c_1 \Psi[y_1 y_i] + c_2 \Psi[y_2 y_i] + \cdots + c_i \Psi[y_i y_i] + \cdots.$$

Hier aber verschwinden wegen der Orthogonalität (46a) sämtliche Glieder bis auf das mit c_i, bei dem, wenn die Eigenfunktionen nach (45a) normiert sind, der Faktor 1 auftritt. Für den Entwicklungskoeffizienten c_i ergibt sich somit

$$\boxed{c_i = \Psi[u, y_i]}\,. \tag{48}$$

Unter Voraussetzung der Entwickelbarkeit lassen sich nun ganz einfach sehr wesentliche Schlüsse herleiten. Wir bilden mit (47) den Minimalausdruck $J[u] = \Phi[u] - \lambda \Psi[u]$ und erhalten die unendliche quadratische Form

$$\begin{aligned} J[u] = c_1^2 \Phi[y_1] &+ 2c_1 c_2 \Phi[y_1 y_2] + 2c_1 c_3 \Phi[y_1 y_3] + \cdots \\ &+ \quad c_2^2 \Phi[y_2] \quad + 2c_2 c_3 \Phi[y_2 y_3] + \cdots \\ &\qquad\qquad\qquad + \cdots\cdots\cdots\cdots\cdots \\ - \lambda\{c_1^2 \Psi[y_1] &+ 2c_1 c_2 \Psi[y_1 y_2] + 2c_1 c_3 \Psi[y_1 y_3] + \cdots \\ &+ \quad c_2^2 \Psi[y_2] \quad + 2c_2 c_3 \Psi[y_2 y_3] + \cdots \\ &\qquad\qquad\qquad + \cdots\cdots\cdots\cdots\cdots\}. \end{aligned}$$

Zufolge Orthonormalbeziehungen (46) verschwinden hier alle Glieder bis auf die Diagonalglieder, so daß insgesamt übrigbleibt:

$$\boxed{J[u] = c_1^2(\lambda_1 - \lambda) + c_2^2(\lambda_2 - \lambda) + c_3^2(\lambda_3 - \lambda) + \cdots = J[u;\,\lambda]} \tag{49}$$

Für $u = y_i$, $\lambda = \lambda_i$, also $c_i = 1$, $c_k = 0$ für $k \neq i$ ergibt sich

$$\boxed{J[y_i] = 0} \qquad i = 1, 2, 3, \ldots, \tag{50}$$

was mit $R[y_i] = \lambda_i$ identisch ist.

Wir setzen nun den zunächst noch offenen Parameter λ gleich dem kleinsten Eigenwert λ_1, wobei wir einfachheitshalber λ_1 als einfach annehmen wollen, und erhalten dafür

$$J[u;\,\lambda_1] = c_2^2\,(\lambda_2 - \lambda_1) + c_3^2\,(\lambda_3 - \lambda_1) + \cdots. \tag{49a}$$

Da nun $\lambda_1 < \lambda_2 \leqq \lambda_3 \leqq \cdots$, so sind hier alle Glieder positiv oder doch wenigstens nicht negativ, und es ist $J[u]$ größer oder allenfalls gleich Null. Der Wert Null stellt das Minimum für $J[u;\,\lambda_1]$ dar, und dieser Wert wird genau dann angenommen, wenn sämtliche Entwicklungskoeffizienten c_i für $i \geqq 2$ verschwinden, d. h. aber, wenn die Funktion u gleich der ersten Eigenfunktion y_1 wird. Es ist also

$$J[u;\,\lambda_1] = \Phi[u] - \lambda_1\,\Psi[u] \geqq 0$$

und damit

$$\boxed{\lambda_1 \leqq \frac{\Phi[u]}{\Psi[u]} = R[u]}\,. \tag{51}$$

Der kleinste Eigenwert λ_1 ist somit das Minimum des Rayleighschen Quotienten, wenn u den Bereich aller zulässigen Funktionen durchläuft, und dieses Minimum wird genau für $u = y_1$ angenommen.

Ist u eine gute Näherung für y_1, so sind die Entwicklungskoeffizienten c_i für $i \geqq 2$ kleine Zahlen, während c_1 nahe bei 1 liegt. Dann ist $J[u]$ wegen der in (49a) auftretenden Quadrate c_i^2 eine quadratisch kleine Größe, der Rayleighsche Quotient $R[u]$ ist also nur sehr wenig größer als der gesuchte Eigenwert λ_1. Eben hierauf beruht die Brauchbarkeit der Ritzschen Methode zur Berechnung der Eigenwerte, indem schon relativ grobe Näherungsfunktionen $u(x)$ auf sehr gute Näherungen für die Eigenwerte führen. Die Näherungen u für die Eigen*funktionen* sind dagegen oft schlechter als die nach anderen Methoden, z. B. nach dem Differenzenverfahren, berechneten Näherungswerte.

Setzen wir in (49) den Parameter $\lambda = \lambda_2$, wobei λ_2 wieder ein einfacher Eigenwert sein möge, so erhalten wir

$$J[u;\,\lambda_2] = c_1^2\,(\lambda_1 - \lambda_2) + c_3^2\,(\lambda_3 - \lambda_2) + \cdots. \tag{49b}$$

Hier aber ist die erste Klammer wegen $\lambda_1 < \lambda_2$ negativ, so daß $J[u]$ im allgemeinen sowohl positiv als auch negativ ausfallen kann. Der RAYLEIGHsche Quotient $R[u]$ für eine die zweite Eigenfunktion annähernde Funktion u kann daher sowohl zu groß als auch zu klein werden, eine der Gl. (51) entsprechende Beziehung für λ_2 gilt nicht mehr (vgl. etwa den Wert $R[v_2]$ im 1. Beispiel aus § 31.5, S. 495). Wenn man jedoch dafür sorgt, daß der erste Entwicklungskoeffizient $c_1 = 0$ wird, d. h. aber, daß man für u verallgemeinerte Orthogonalität zur ersten Eigenfunktion y_1 fordert, so gilt wieder $J[u] \geqq 0$ oder

$$\lambda_2 \leqq \frac{\Phi[u]}{\Psi[u]} = R[u] \tag{52}$$

unter der Nebenbedingung

$$\Psi[u, y_1] = 0 . \tag{53}$$

Das läßt sich beliebig fortsetzen und auch auf den Fall mehrfacher Eigenwerte ausdehnen, so daß allgemein gilt

$$\boxed{\lambda_i \leqq R[u]} \tag{54}$$

unter den Nebenbedingungen

$$\boxed{\begin{aligned} \Psi[u, y_1] &= 0 \\ \Psi[u, y_2] &= 0 \\ \dots&\dots\dots \\ \Psi[u, y_{i-1}] &= 0 \end{aligned}} , \tag{55}$$

durch welche der Bereich der zulässigen Funktionen eingeengt wird.

Bei den Aussagen (54), (55) wird die Kenntnis der niederen Eigenfunktionen vorausgesetzt. Man kann nun die Aussagen auch unabhängig von diesen Eigenfunktionen formulieren. Wir beschränken uns einfachheitshalber auf die Untersuchungen für den zweiten Eigenwert λ_2, wo nur eine Nebenbedingung (53) gebraucht wird. Für die höheren Eigenwerte verläuft alles ganz entsprechend. — Man betrachtet an Stelle der richtigen Nebenbedingungen (53) eine falsche

$$\boxed{\Psi[u, w_1] = 0} \tag{56}$$

mit einer beliebigen zulässigen Funktion w_1, die etwa eine Näherung für die erste Eigenfunktion darstellen möge. Dann wird in (49b) der Koeffizient c_1 im allgemeinen nicht mehr gleich Null, wenn nicht gerade $w_1 = y_1$ ist. Der Ausdruck $J[u; \lambda_2]$ kann also auch negative Werte annehmen, und das Minimum von $J[u]$, das bei Durchlaufen aller Funktionen u unter der Nebenbedingung (56) angenommen werden kann, ist auf jeden Fall kleiner als Null, nämlich eben gerade gleich dem ersten (negativen) Glied von (49b). Denkt man sich nun auch die Funktion w_1 variiert, so daß sie den Bereich aller zulässigen Funktionen durchläuft, so nimmt für $w_1 = y_1$ das Minimum von J gerade den richtigen Wert Null an, und dieser kann auf keinen Fall mehr überschritten werden. Man formuliert dies als sogenanntes

Courantsches Maximum-Minimum-Prinzip: *Der zweite Eigenwert* λ_2 *ist das Maximum, das das Minimum des* RAYLEIGH*schen Quotienten* $R[u]$ *unter der Nebenbedingung* (56) *annehmen kann, wenn man die Funktion* w_1 *den Bereich aller zulässigen Funktionen durchlaufen läßt:*

$$\boxed{\lambda_2 = \underset{w_1}{\text{Max}}\,\text{Min}\, R[u]}\,. \tag{57}$$

Anders ausgedrückt: Das Minimum von $R[u]$ unter einer falschen Nebenbedingung (56) kann nur kleiner oder höchstens gleich, niemals aber größer sein als unter der richtigen Nebenbedingung (53), für die es den Wert λ_2 annimmt.

33.7 Eigenschaften der Ritz-Näherungen

Als Lösungen einer nach dem RITZschen Verfahren behandelten Eigenwertaufgabe ergeben sich p Werte

$$\Lambda_1,\ \Lambda_2,\ \ldots,\ \Lambda_p,$$

die wir RITZ-*Eigenwerte* nennen wollen und die Näherungen der ersten p gesuchten Eigenwerte λ_i der Aufgabe darstellen. Jedem Wert Λ_i entspricht ein Parametersatz $a_1^i,\ a_2^i,\ \ldots,\ a_p^i$ als Lösung der homogen linearen RITZ-Gleichungen § 31, Gl. (15), der, sofern Λ_i einfache Wurzel der charakteristischen Gleichung (16) ist, bis auf einen Faktor bestimmt ist. Gehen wir mit diesem Wertesatz der a_j^i in den RITZ-Ansatz ein, so erhalten wir die zu Λ_i gehörige RITZ-*Näherung*

$$u^i(x) = a_1^i\, v_1(x) + \cdots + a_p^i\, v_p(x)\,, \tag{58}$$

die wir als Näherung zur i-ten Eigenfunktion $y_i(x)$ unserer Aufgabe ansehen. Für die Näherungen Λ_i und $u^i(x)$ des RITZ-Verfahrens lassen sich nun zwei bemerkenswerte Eigenschaften nachweisen, nämlich:

1. Auch die RITZ-Näherungen $u^i(x)$ sind wie die Eigenfunktionen y_i zueinander *orthogonal*, soweit sie zu verschiedenen RITZ-Eigenwerten $\Lambda_i \neq \Lambda_k$ gehören:

$$\boxed{\begin{aligned}\Psi[u^i, u^k] &= 0\\ \Phi[u^i, u^k] &= 0\end{aligned}} \quad \text{für} \quad \Lambda_i \neq \Lambda_k. \tag{59a, 59b}$$

2. Sämtliche RITZ-Eigenwerte Λ_i sind obere Schranken der zugehörigen Eigenwerte λ_i:

$$\boxed{\Lambda_i \geqq \lambda_i} \qquad i = 1, 2, \ldots, p. \tag{60}$$

Dies läßt sich auf folgende Weise zeigen.

Jeder RITZ-Eigenwert Λ_i ist RAYLEIGH-Quotient der zugehörigen RITZ-Näherung $u^i(x)$

$$\Lambda_i = R[u^i],$$

da ja die Werte Λ_i, a_j^i Lösungen der Extremalaufgabe $R[u] = R(a_i, \ldots, a_p) =$ Extr. sind. Es wird somit

$$J[u^i] = \Phi[u^i] - \Lambda_i \Psi[u^i] = 0. \tag{61}$$

Es seien nun u^i, u^k zwei RITZ-Näherungen nebst zugehörigen RITZ-Eigenwerten $\Lambda_i \neq \Lambda_k$. Mit ihnen machen wir einen erneuten RITZ-Ansatz

$$u(x) = b_1 u^i(x) + b_2 u^k(x) \tag{62}$$

und bilden damit den Integralausdruck $J[u]$, für den wir bei Zerlegung zufolge des quadratischen Charakters von $J[u]$ erhalten:

$$J[u] = b_1^2 J[u^i] + 2 b_1 b_2 J[u^i, u^k] + b_2^2 J[u^k]$$

oder wegen (61)

$$J[u] = 2 b_1 b_2 J[u^i, u^k].$$

Die Koeffizienten b_1, b_2 sollen nun wieder so bestimmt werden, daß $R[u] = R(b_1, b_2) =$ Extr. wird. Für die Lösungen Λ, u dieser Aufgabe gilt dann so wie oben $J[u] = 0$, also auch

$$J[u^i, u^k] = 0. \tag{63}$$

Lösungen dieser Aufgabe aber können natürlich nur wieder die hier verwendeten RITZ-Näherungen u^i, u^k nebst ihren RITZ-Eigenwerten Λ_i, Λ_k sein. Indem wir also (63) einmal für Λ_i, ein zweites Mal für Λ_k anschreiben, erhalten wir

$$\Phi[u^i, u^k] - \Lambda_i \Psi[u^i, u^k] = 0,$$
$$\Phi[u^i, u^k] - \Lambda_k \Psi[u^i, u^k] = 0$$

oder nach Subtraktion

$$(\Lambda_i - \Lambda_k) \Psi[u^i, u^k] = 0,$$

woraus wegen $\Lambda_i \neq \Lambda_k$ zuerst (59a) und damit (59b) folgt.

Die zweite Aussage (60) läßt sich mit Hilfe des COURANTschen Maximum-Minimum-Prinzips herleiten.

Wir zeigen es wieder nur für den zweiten Eigenwert, für die höheren verläuft alles entsprechend. Man geht aus von den Orthogonalitätsbedingungen, denen sowohl die Eigenfunktionen y_i als auch die RITZschen Näherungen u_i unterworfen sind:

$$\Psi[y_1, y_2] = 0, \tag{a}$$

$$\Psi[u_1, u_2] = 0. \tag{b}$$

Jede dieser Gleichungen stellt eine „richtige" Nebenbedingung für ein in sich abgeschlossenes Problem dar, Gl. (a) die für das eigentliche Eigenwertproblem, Gl. (b) für das zugeordnete „RITZ-Problem". Es ist nun die Frage, wie sich der zweite Eigenwert ändert, wenn man vom Ausgangsproblem mit der Nebenbedingung (a) zum RITZ-Problem mit der Bedingung (b) übergeht. Dieser Übergang wird in zwei Schritten vollzogen. Zunächst denkt man sich das Ausgangsproblem dahingehend abgeändert, daß die Funktion u nicht mehr den Bereich *aller* zulässigen Funktionen durchläuft, sondern nur noch den durch den RITZ-Ansatz erfaßbaren. Hierbei kann das wahre Minimum im allgemeinen nicht mehr angenommen werden, man erhält statt λ_2 eine Näherung $\tilde{\lambda}_2$, die zu hoch liegt:

$$\tilde{\lambda}_2 \geqq \lambda_2 .$$

Die gleichzeitig erhaltene Näherungsfunktion $\tilde{u}_2$ erfüllt die Nebenbedingung (53), also

$$\Psi[y_1, \tilde{u}_2] = 0. \tag{c}$$

Das aber ist nun für das interessierende RITZ-Problem eine falsche Nebenbedingung. Geht man von ihr zur richtigen Bedingung (b) über, so kann nach dem Maximum-Minimum-Prinzip das Minimum wieder nur zunehmen, nämlich eben auf den „richtigen" Wert Λ_2, so daß gilt

$$\Lambda_2 \geqq \tilde{\lambda}_2 \geqq \lambda_2 ,$$

insgesamt also

$$\boxed{\Lambda_2 \geqq \lambda_2} . \tag{64a}$$

Allgemein folgt so für alle Eigenwerte λ_i und die zugehörigen Näherungen Λ_i, die man sich beide der Größe nach geordnet und entsprechend numeriert denkt:

$$\boxed{\Lambda_i \geqq \lambda_i} \quad \text{für} \quad i = 1, 2, \ldots, p . \tag{64}$$

Wir bemerken ausdrücklich, daß eine entsprechende Aussage für die höheren GRAMMELschen Eigenwerte Λ_i^0 $(i \geqq 2)$ *nicht* mehr gilt; vgl. dazu das Beispiel am Schluß von § 33.4.

§ 34 Verfahren der schrittweisen Näherung (Iteration)

34.1 Allgemeiner Gang des Verfahrens

Wir greifen das im Verlaufe des vorigen Paragraphen mehrfach benutzte Vorgehen einer Iteration noch einmal auf, um es in mehrfacher Hinsicht zu ergänzen und abzurunden. Eine anschauliche Begründung des Vorgehens gaben wir zu Beginn von § 33.4. Während damals und auch am Schluß von § 31.2 die Iteration nur ein einziges Mal nach Art einer Vorschaltrechnung angewandt wurde, sei das Verfahren jetzt vorwiegend im Sinne eines — prinzipiell beliebig oft — fortsetzbaren Prozesses behandelt. Die Ausgangsnäherung sei mit $u_0(x)$, die folgenden Iterationsstufen mit $u_k(x)$ $(k = 1, 2, \ldots)$ bezeichnet. Die Eigenwertaufgabe, formuliert als Differentialgleichung nebst Randbedingungen

$$\boxed{\begin{array}{ll} M[y] = \lambda N[y] & \\ U_\mu[y] = 0 & \end{array}} \qquad \begin{array}{lr} & (1) \\ \mu = 1, 2, \ldots, 2m & (2) \end{array}$$

sei selbstadjungiert und definit in dem in § 33.1 erklärten Sinne, und der Eigenwert λ soll in den RB nicht vorkommen. Um den Iterationsprozeß einfach durchführen zu können, soll, wie schon bei der allgemeinen Form des GRAMMEL-Verfahrens, der Differentialausdruck $M[y]$ aus nur einem Gliede der höchsten Ordnung $2m$ bestehen, womit indessen schon eine große Anzahl praktisch wichtiger Aufgaben erfaßt wird. Es sei also

$$\boxed{M[y] = (a\, y^{(m)})^{(m)}}\,. \qquad (3)$$

Die Iterationsvorschrift lautet dann

$$\boxed{\begin{array}{l} M[u_k] = N[u_{k-1}] \\ U_\mu[u_k] = 0 \end{array}} \qquad \begin{array}{lr} k = 1, 2, \ldots, & (4\,\text{a}) \\ \mu = 1, 2, \ldots, 2m. & (4\,\text{b}) \end{array}$$

Die iterierten Funktionen u_k erfüllen sämtliche RB und sind $2m$-mal differenzierbar; es sind also Vergleichsfunktionen. Die Ausgangsnäherung u_0 muß, damit $N[u_0]$ gebildet werden kann, $2n$-mal differenzierbar sein. Sie braucht an sich nur so viele RB zu erfüllen, daß — mit Rücksicht auf spätere Betrachtungen — für beliebige Vergleichsfunktion v die Symmetriebedingung

$$\int_0^l v\, N[u_0]\, dx = \int_0^l u_0\, N[v]\, dx \qquad (5)$$

erfüllt wird, wobei man im Einzelfalle durch Teilintegration leicht nachprüft, welche RB erforderlich sind. Im Falle der „speziellen“ Aufgabe mit $n = 0$ braucht u_0 z. B. gar keine RB zu erfüllen, hier könnte u_0 also ganz beliebig sein. Indessen wird man die Ausgangsnäherung doch stets so wählen, daß wenigstens die wesentlichen RB erfüllt sind, um rasch zu guten Näherungen zu kommen.

Die Lösung der Randwertaufgabe (4) ist nun zufolge der einfachen Bauart (3) von $M[u_k]$ leicht durch zweimal m-fache Integration unter Berücksichtigung der Randbedingungen ausführbar. Die Integration erfolgt in zwei Schritten nach

$$a(x)\,u_k^{(m)} = (-1)^m \underbrace{\int\int\cdots\int}_{m\text{-mal}} N[u_{k-1}]\,d x \ldots d x + P_m(x) = w_k(x), \tag{6a}$$

$$u_k = \underbrace{\int\int\ldots\int}_{m\text{-mal}} \frac{w_k(x)}{a(x)}\,d x \ldots d x + Q_m(x) \tag{6b}$$

mit zwei Polynomen $(m-1)$-ten Grades $P_m(x)$, $Q_m(x)$, welche je m Integrationskonstanten enthalten und die Anpassung an die Randbedingungen ermöglichen. Zur Praxis dieser Einarbeitung der Randbedingungen siehe weiter unten.

Mit den iterierten Funktionen u_k werden die RAYLEIGHschen Quotienten $R^*[u_k]$ gebildet nach

$$\boxed{R^*[u_k] = \frac{\int u_k\,M[u_k]\,d x}{\int u_k\,N[u_k]\,d x} = \frac{\int u_k\,N[u_{k-1}]\,d x}{\int u_k\,N[u_k]\,d x}}\,. \tag{7}$$

Dabei ist, wie wir wissen,

$$\boxed{\lambda_1 \leqq R^*[u_k]}\,. \tag{8}$$

Daß $R^*[u_k]$ dann unter bestimmten Voraussetzungen dem ersten Eigenwert tatsächlich auch beliebig nahekommt, werden wir weiter unten noch sehen. Im folgenden schreiben wir einfachheitshalber $R[u]$ anstatt $R^*[u]$, zumal sich $R^*[u]$ meistens in $R[u]$ umformen läßt.

Beispiel: Knickstab mit veränderlichem Querschnitt.

$$\begin{cases} -y'' = \lambda\,p(x)\,y \quad \text{mit} \quad p(x) = 1 + x^2 \\ y(-1) = y(1) = 0. \end{cases}$$

Die Iterationsvorschrift lautet

$$\begin{cases} -u_k'' = p\,u_{k-1} \\ u_k(-1) = u_k(1) = 0 \end{cases} \quad k = 1, 2, 3, \ldots.$$

Als Ausgangsnäherung wählen wir die zu $x = 0$ symmetrische Funktion

$$u_0 = 1 - x^2,$$

die beide (wesentlichen) Randbedingungen erfüllt. Es ist dann

$$u_1'' = -(1 + x^2)(1 - x^2) = x^4 - 1$$

$$u_1 = \frac{1}{30}(x^6 - 15\,x^2 + C_1\,x + C_2).$$

Aus den Randbedingungen ergibt sich

$$C_1 = 0, \quad C_2 = 14,$$

und wir ändern die beiden Funktionen u_0, u_1 ab in

$$u_0 = 30(1 - x^2)$$

$$u_1 = x^6 - 15x^2 + 14.$$

Damit wird

$$N[u_0] = p u_0 = 30(1 - x^4)$$

$$N[u_1] = p u_1 = x^8 + x^6 - 15x^4 - x^2 + 14.$$

Man erhält nun folgende Integrale:

$$a_0 = \int_{-1}^{+1} u_0 N[u_0]\, dx = \frac{7680}{7}$$

$$a_1 = \int_{-1}^{+1} u_1 N[u_0]\, dx = \int_{-1}^{+1} u_0 N[u_1]\, dx = \frac{38784}{77}$$

$$a_2 = \int_{-1}^{+1} u_1 N[u_1]\, dx = \frac{10420736}{45045}$$

sowie die Quotienten

$$\mu_1 = \frac{a_0}{a_1} = 2{,}178218$$

$$\mu_2 = \frac{a_1}{a_2} = 2{,}177258 = R[u_1].$$

Beide Quotienten μ_1 und μ_2 sind obere Schranken für den ersten Eigenwert λ_1 und der zweite ist genauer als der erste, vgl. § **34**.5, S. **552/53**.

34.2 Numerische Integration

In vielen praktischen Fällen, wenn nämlich die in der Differentialgleichung auftretenden Funktionen (Masse, Längs-, Torsions-, Biegesteifigkeit u. dgl.) nur als empirische Funktionen vorliegen, ist eine formelmäßige Integration zur Ermittlung der Quotienten nicht mehr möglich, und man ist auf Näherungsrechnungen angewiesen, insbesondere auf graphische oder numerische Integration. Auch wenn eine formelmäßige Integration an sich noch möglich ist, wird ihre Durchführung oft so mühsam, daß man die allgemein anwendbare angenäherte Integration vorziehen wird. Wir behandeln hier nur das numerische Vorgehen, das sich eher von Hilfskräften ausführen läßt[1].

Zur einfachen Integration

$$y' = f(x) \quad \text{bzw.} \quad y = \int f(x)\, dx$$

[1] Zur graphischen Integration verweisen wir auf L. Collatz: [3], S. 171—186.

empfiehlt sich die SIMPSON-Regel

$$y_{n+1} = y_{n-1} + \frac{h}{3}(f_{n-1} + 4f_n + f_{n+1}) \tag{9}$$

in Verbindung mit der Formel

$$y_5 = y_0 + \frac{h}{3}(f_0 + 3{,}875 f_1 + 2{,}625 f_2 + 2{,}625 f_3 + 3{,}875 f_4 + f_5)\,. \tag{10}$$

Man tabuliert dabei die Werte $hf_i/3$.

Für die zweifache Integration

$$y'' = f(x) \quad \text{bzw.} \quad y = \int\int f(x)\,dx\,dx$$

verwendet man für den ersten Schritt

$$y_1 = y_0 + y_0' h + \frac{h^2}{12}\,\frac{1}{3}(9{,}7 f_0 + 11{,}4 f_1 - 3{,}9 f_2 + 0{,}8 f_3) \tag{11}$$

und für die fortlaufende Rechnung

$$y_{n+1} = 2y_n - y_{n-1} + \frac{h^2}{12}(f_{n-1} + 10 f_n + f_{n+1}) \tag{12}$$

mit den tabulierten Funktionswerten $f_i\, h^2/12$, vgl. III, § 13.10, S. 254/55, Gln. (40), (41).

Wie stets bei numerischer Integration ist darauf zu achten, daß bei Auftreten von Sprüngen oder Ecken im Funktionsverlauf (z. B. im Profil abgesetzte oder abgeknickte Wellen) über diese Unstetigkeitsstellen nicht hinweg integriert werden darf, sollen nicht grobe Integrationsfehler auftreten, die die an sich gute Genauigkeit der Integrationsformeln verderben würden. Denn es handelt sich bei diesen Formeln ja um stückweisen Ersatz der Integranden durch Parabelbögen, was man sich immer vor Augen halten sollte, auch bezüglich der noch tragbaren Schrittweite. Bei solchen Unstetigkeiten muß abschnittsweise integriert werden, oft unter Abänderung der Schrittweite h, die den Abschnittslängen anzupassen ist.

Besondere Beachtung erfordert das Einarbeiten der Randbedingungen. Ist bei einfacher Integration der *Anfangswert* y_0 bekannt, so ist unmittelbar nach (9) und (10) zu arbeiten. Ist hingegen y_0 unbekannt, dafür aber der *Endwert* y_l bekannt, so integriert man in umgekehrter Richtung von $x = l$ aus unter Umkehr des Vorzeichens, also nach

$$y(x) = -\int_l^x f(x)\,dx\,.$$

Man summiert in der betreffenden Spalte also von unten nach oben unter Vorzeichenumkehr, vgl. dazu das folgende Beispiel 1 aus § 34.3.

Entsprechendes gilt für die zweifache Integration. Die Integration verläuft in gewöhnlicher Richtung von 0 bis x, wenn die Randwerte y_0 und y_0' bekannt sind, in umgekehrter Richtung von l bis x hingegen, wenn die Werte y_l und y_l' am anderen Ende gegeben sind, diesmal aber ohne Vorzeichenumkehr (Auftreten von h^2 als Faktor!). — Oft ist nur y_0 bzw. y_l bekannt, nicht dagegen auch die Steigung y_0' bzw. y_l', die sich erst aus anderen Randbedingungen ergeben muß. Dann führt man die Integration zunächst mit $y_0' = 0$ bzw. (in umgekehrter Richtung) mit $y_l' = 0$ durch und hat nun noch eine lineare Funktion Ax bzw. $A(l - x)$ in gesonderter Spalte mitzuführen, wo die (in der Zahlenrechnung zunächst gleich 1 gesetzte) Konstante A nachträglich aus den weiteren Randbedingungen zu bestimmen ist; vgl. dazu das Beispiel 3 des folgenden Abschnitts.

34.3 Beispiele

1. Beispiel: Stablängsschwingung aus § 30.6, S. 481:

$$\begin{cases} -(a y')' = \lambda a y \quad \text{mit} \quad a = a(x) = (2 - x)^2 \\ y(0) = y'(1) = 0. \end{cases}$$

Iterationsvorschrift:

$$\left.\begin{aligned} -(a u_k')' &= a u_{k-1} \\ u_k(0) &= u_k'(1) = 0 \end{aligned}\right\} \quad k = 1, 2, \ldots .$$

Ausgangsnäherung (erfüllt beide Randbedingungen):

$$u_0 = x(2 - x).$$

Durchführung mittels numerischer Integration mit Schrittweite $h = 0{,}1$ in Tab. 11, S. 546/47. Rechnungsgang:

1. Bilden von $a u_0$.

2. Einfache Integration liefert $a u_1' = v_1(x)$. Dabei wegen der Randbedingung $u_1'(1) = 0$ Integration in umgekehrter Richtung unter Vorzeichenumkehr:

$$a u_1' = + \int_1^x a u_0 \, dx = v_1(x).$$

3. Bilden von $v_1/a = u_1'$.

4. Zweite Integration zu u_1

$$u_1 = \int_0^x \frac{v_1}{a} \, dx,$$

diesmal in normaler Richtung mit der Anfangsbedingung $u_1(0) = 0$.

5. Bilden der Funktionen

$$\begin{aligned} u_0 N[u_1] = u_1 N[u_0] &= a u_0 u_1 \\ u_1 N[u_1] \qquad\qquad &= a u_1^2 \end{aligned}$$

und Aufsummieren nach SIMPSON zu

$$a_1 = \int_0^1 a\, u_0\, u_1\, d\,x = 0{,}2268348, \quad a_2 = \int_0^1 a\, u_1^2\, d\,x = 0{,}0550\,1948.$$

Damit RAYLEIGHscher Quotient

$$R[u_1] = \frac{a_1}{a_2} = 4{,}12281 \approx \lambda_1$$

mit einem Fehler von $+0{,}00678 = 0{,}165\,\%$ gegenüber dem exakten Wert $\lambda = 4{,}11603$. — Ein zweiter, in der Tabelle nicht mehr mit aufgeführter Iterationsschritt, ausgehend von u_1, liefert hier

$$R[u_2] = 4{,}11596,$$

also einen etwas zu kleinen Wert im Widerspruch zur Theorie, was auf den Einfluß der nicht mehr vernachlässigbaren Quadraturfehler der SIMPSON-Regel zurückzuführen ist. Um zu genaueren Werten zu kommen, müßte man im letzten Iterationsschritt mit kleinerer, z. B. halber Schrittweite h arbeiten.

2. Beispiel: Biegeschwingung eingespannt — frei aus § 32.7, S. 510:

$$\begin{cases} (a\,y'')'' = \lambda\, b\, y & \text{mit} \quad a = (2-x)^2, \quad b = 2-x \\ y(0) = y'(0) = 0 & \text{wesentliche Randbedingungen} \\ y''(1) = y'''(1) = 0 & \text{restliche Randbedingungen.} \end{cases}$$

Iterationsvorschrift:

$$(a\,u_k'')'' = b\,u_{k-1} \qquad k = 1, 2, 3, \ldots$$

nebst Randbedingungen für u_k. Ausgangsnäherung:

$$u_0 = x^2,$$

sie erfüllt nur die wesentlichen Randbedingungen, nähert aber die Schwingungsform schon einigermaßen an. Gang der numerischen Rechnung, vgl. Tab. 12, S. 546/47:

1. Bilden von $b\,u_0 = v_1''$ mit der Abkürzung $v_1 = a\,u_1''$.

2. Zweifache Integration, und zwar wegen der Randbedingungen $v_1(1) = v_1'(1) = 0$ in umgekehrter Richtung von $x = 1$ her:

$$a\,u_1'' = v_1(x) = \int_1^x\!\!\int b\, u_0\, d\,x\, d\,x.$$

3. Bilden von $u_1'' = v_1/a$.

4. Zweifache Integration, diesmal wegen $u_1(0) = u_1'(0) = 0$ in normaler Richtung von $x = 0$ aus:

$$u_1 = \int_0^x\!\!\int \frac{v_1}{a}\, d\,x\, d\,x.$$

5. Bilden von

$$\begin{aligned} u_0\, N[u_1] &= u_1\, N[u_0] = b\,u_0\,u_1 \\ u_1\, N[u_1] &= b\,u_1^2 \end{aligned}$$

und Aufsummieren nach SIMPSON zu

$$a_1 = 7{,}004629 \cdot 10^{-3}, \qquad a_2 = 0{,}2111058 \cdot 10^{-3}.$$

Tabelle 11. *Stablängs-*

x	a	$\frac{9a}{h^2}$	u_0	$a u_0$	$\frac{3}{h} v_1 = \int_1^x$
0,0	4,00	3600	0,00	0,0000	38,999 600
1	3,61	3249	0,19	0,6859	37,915 050
2	3,24	2916	0,36	1,1664	35,089 600
3	2,89	2601	0,51	1,4739	31,089 65
4	2,56	2304	0,64	1,6384	26,389 20
0,5	2,25	2025	0,75	1,6875	21,374 65
6	1,96	1764	0,84	1,6464	16,354 40
7	1,69	1521	0,91	1,5379	11,563 65
8	1,44	1296	0,96	1,3824	7,174 00
9	1,21	1089	0,99	1,1979	↑ 3,298 25
1,0	1,00	900	1,00	1,0000	0

Tabelle 12. *Biegeschwingung*

x	$b = 2 - x$	$a = b^2$	$a \frac{12^2}{h^4} 10^{-6}$	u_0	$b u_0 = v_1''$	$\frac{12}{h^2} v_1 = \int_1^x \int$
0,0	2,0	4,00	5,7600	0,00	0,000	360,0000
1	1,9	3,61	5,1984	0,01	0,019	310,0194
2	1,8	3,24	4,6656	0,04	0,072	260,3008
3	1,7	2,89	4,1616	0,09	0,153	211,4742
4	1,6	2,56	3,6864	0,16	0,256	164,5056
0,5	1,5	2,25	3,2400	0,25	0,375	120,6250
6	1,4	1,96	2,8224	0,36	0,504	81,2544
7	1,3	1,69	2,4336	0,49	0,637	47,9358
8	1,2	1,44	2,0736	0,64	0,768	22,2592
9	1,1	1,21	1,7424	0,81	0,891	↑ 5,7906
1,0	1,0	1,00	1,4400	1,00	1,000	0

Tabelle 13. *Knickung*

x	$\frac{12}{h^2} a$	$10^3 L \frac{h^2}{12}$	$J = \int_0 \int L\,dx\,dx$	u_0	$-10^3 u_0'' \frac{h^2}{12}$	$v_1 = -\int_1^x \int u_0''\,dx^2$	$10^3 \frac{v_1}{a} \frac{h^2}{12}$
0,0	2400	0,4166 6667	0	0,0000	− 5,0	1,0000	0,4166 6667
1	2280	3947 3684	↓ 0,0024 57244	252	− 2,7	0,8748	3836 8421
2	2160	3703 7037	96 48894	832	− 0,8	7168	3318 5185
3	2040	3431 3725	212 82121	1512	+ 0,7	5488	2690 1961
4	1920	3125 0000	370 29591	2112	1,8	3888	2025 0000
0,5	1800	0,2777 7778	0,0565 22976	0,2500	2,5	0,2500	0,1388 8889
6	1680	2380 9524	793 44734	2592	2,8	1408	838 0952
7	1560	1923 0769	1050 17530	2352	2,7	648	415 3846
8	1440	1388 8889	1329 90387	1792	2,2	208	144 4444
9	1320	0,0757 5758	1626 20198	0,0972	1,3	↑ 0,0028	0,0021 2121
1,0	1200	0	0,1931 46474	0	0,0	0	0

schwingung durch Iteration

$\frac{h}{3} u_1' 10^3$	$u_1 = \int_0^x \frac{v_1}{a} dx$	$a u_1$	$a u_0 u_1$	$a u_1 u_1 10^3$
10,833 222	0	0	0	0
11,669 760	↓ 0,033 8767	0,122 2949	0,023 2360	4,142 95
12,033 470	69 5457	225 3281	81 1181	15,670 60
11,952 960	105 6333	305 2802	155 6929	32,247 75
11,453 646	140 8447	360 5624	230 7600	50,783 30
10,555 383	0,173 9562	0,391 4015	0,293 5511	68,086 72
9,271 202	203 7911	399 4306	335 5217	81,400 40
7,602 663	229 1990	387 3463	352 4851	88,779 38
5,535 494	249 0084	358 5721	344 2292	89,287 46
3,028 696	261 9724	316 9866	313 8167	83,041 74
0	0,266 6587	0,266 6587	0,266 6587	71,106 86
		Σ	6,805 0439	1,650 5845
		$\int$	0,226 8348	0,055 01948

durch Iteration

$\frac{h^2}{12} u_1'' = \frac{v_1}{a} \frac{h^2}{12}$	$u_1 10^3 = \int_0^x \int \frac{v_1}{a} l x^2$	$b u_1 10^3$	$b u_0 u_1 10^3$	$b u_1 u_1 10^3$
62,500 000	0	0	0	0
59,637 465	↓ 0,369 7276	0,702 4824	0,007 0248	0,0002 5973
55,791 495	1,454 1213	2,617 4183	0,104 6967	38 0604
50,815 600	3,206 8830	5,451 7011	0,490 6531	174 8295
44,625 000	5,568 2172	8,909 1475	1,425 4636	496 0811
37,229 938	8,463 8470	12,695 7705	3,173 9426	0,1074 551
28,789 116	11,805 1903	16,527 2664	5,949 8159	1951 076
19,697 485	15,491 3521	20,138 7577	9,867 9913	3119 766
10,734 568	19,414 0124	23,296 8149	14,909 9615	4522 846
3,323 347	23,467 0393	25,813 7432	20,909 1320	6057 721
0	27,564 0341	27,564 0341	27,564 0341	0,7597 760
		Σ	210,138 8847	6,333 1745
		$\int$	$7,004\,629 \cdot 10^{-3}$	$0,211\,1058 \cdot 10^{-3}$

durch Iteration

$w_1 = \int_0^x \int \frac{v_1}{a} dx^2$	$A = -0,77177544 = -\frac{w_1(1)}{J(1)}$ $u_1 = w_1 + AJ$	$-u_1'' \frac{h^2}{12} 10^3$	$-u_0 u_1'' \frac{h^2}{12} 10^3$	$-u_1 u_0'' \frac{h^2}{12} 10^2$	$-u_1 u_1'' \frac{h^2}{12} 10^6$
0	0	−0,0950 9357	0	0	0
↓ 0,0024 45553	0,0005 49112	− 790 3601	−0,0019 91707	−0,0014 82602	−0,043 3996
94 76467	20 29688	− 460 0909	− 38 27956	− 16 23750	− 93 3841
204 78603	40 53585	− 41 9471	− 6 34240	+ 28 37510	− 17 0036
347 05287	61 26758	+ 386 7983	+ 81 69179	110 28164	+ 236 9819
0,0513 64880	0,0077 41835	0,0754 9318	0,0188 73295	0,0193 54588	0,584 4557
696 99671	84 63354	999 4654	259 06143	236 97391	845 8829
890 52985	80 03035	1068 7989	251 38150	216 08195	855 3635
1089 19937	62 81223	927 4659	166 20189	138 18691	582 5620
1289 74993	0,0034 68718	0,0563 4662	0,0054 76891	0,0045 09333	0,195 4505
0,1490 65705	0	0	0	0	0
		Σ	0,2811 8467	0,2811 4908	9,443 551
		$\int$	$11,24739 \cdot 10^{-3}$	$11,24596 \cdot 10^{-3}$	$0,377\,7420 \cdot 10^{-3}$

Damit

$$R[u_1] = \frac{a_1}{a_2} = 33{,}18066 \approx \lambda_1.$$

Ein in der Zahlentafel nicht mehr aufgeführter zweiter Iterationsschritt ergibt

$$R[u_2] = 33{,}17514,$$

wo die letzten Stellen wieder durch Quadraturfehler verfälscht sein werden.

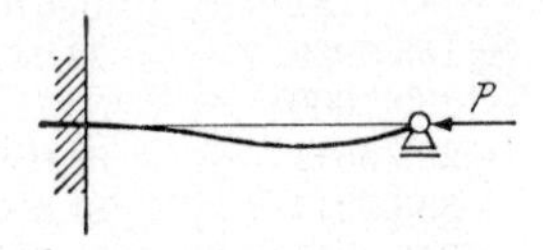

Abb. 34.1. Beispiel Knickstab, eingespannt – gelagert

3. Beispiel: Knickstab eingespannt – gelagert (Abb. 34.1):

$$\begin{cases} (a y'')'' = -\lambda y'' & \text{mit} \quad a = 2 - x \\ y(0) = y'(0) = 0 \\ y(1) = y''(1) = 0 \end{cases}$$

Iterationsvorschrift:

$$(a u_k'')'' = -u''_{k-1} \qquad k = 1, 2, 3, \ldots$$

mit den Randbedingungen für u_k. Als Ausgangsnäherung wählen wir die sämtliche Randbedingungen erfüllende Funktion

$$u_0 = 3x^2 - 5x^3 + 2x^4$$
$$u_0'' = 6 - 30x + 24x^2.$$

Rechnungsgang Tab. 13, S. 546/47:

1. Zweifache Integration in umgekehrter Richtung

$$v_1(x) = -\iint_1^x u_0''\, dx\, dx$$

mit den Anfangsbedingungen $v_1(1) = v_1'(1) = 0$. Die Funktion v_1 stellt im wesentlichen die Größe $a u_1''$ dar; sie unterscheidet sich von ihr um eine lineare Funktion $A(1-x)$ mit noch unbestimmtem A, gleich der Größe $-(a u_1'')'$ an der Stelle 1, also der Lagerkraft. Es ist

$$a u_1'' = v_1 + A(1-x).$$

2. Hiernach ist

$$u_1'' = \frac{v_1}{a} + A\,\frac{1-x}{a} = \frac{v_1}{a} + A\,L.$$

Zahlenmäßig: Bilden von v_1/a und $L = (1-x)/a$.

3. Zweifache Integration liefert

$$u_1 = \iint_0^x \frac{v_1}{a}\, dx\, dx + A \iint_0^x L\, dx\, dx = w_1(x) + A\,J(x).$$

Zahlenmäßig: Bilden der Funktionen $w_1(x)$ und $J(x)$ durch zweifache Integration mit den Anfangsbedingungen:

$$w_1(0) = w_1'(0) = 0,$$
$$J(0) = J'(0) = 0,$$

womit die Randbedingungen $u_1(0) = u_1'(0)$ erfüllt sind. Die Konstante A bestimmt sich aus der Bedingung

$$u_1(1) = w_1(1) + A\,J(1) = 0$$

zu

$$A = -w_1(1)/J(1),$$

womit sowohl

$$u_1(x) = w_1(x) + A J(x)$$

als auch

$$u_1''(x) = \frac{v_1(x)}{a(x)} + A L(x)$$

berechenbar ist.

4. Bilden von

$$u_1 N[u_0] = -u_1 u_0'', \qquad u_0 N[u_1] = -u_0 u_1'', \qquad u_1 N[u_1] = -u_1 u_1''$$

und Aufsummieren nach SIMPSON zu

$$a_1 = -\int_0^1 u_1 u_0'' \, dx = -\int_0^1 u_0 u_1'' \, dx \quad \text{(Kontrolle!)}$$

$$a_2 = -\int_0^1 u_1 u_1'' \, dx .$$

Die Gleichheit der beiden Integrale für a_1, die durch Teilintegration folgt, wird bei numerischer Integration nur angenähert erfüllt sein. Die Zahlenrechnung liefert hier die beiden Werte

$$a_1^{(1)} = 11{,}24596 \cdot 10^{-3} \quad \text{und} \quad a_1^{(2)} = 11{,}24739 \cdot 10^{-3},$$

wovon wir für a_1 das Mittel nehmen:

$$a_1 = 11{,}24668 \cdot 10^{-3}, \qquad a_2 = 0{,}377742 \cdot 10^{-3}.$$

Daraus der RAYLEIGH-Quotient

$$R[u_1] = a_1/a_2 = 29{,}7734.$$

Hier sind die Quadraturfehler wegen des stark schwankenden Verlaufes der Integranden nicht mehr vernachlässigbar. Ein zweiter Iterationsschritt ist deshalb mit halber Schrittweite durchgeführt worden, nachdem man sich für die Funktionen u_1 und u_1'' die Zwischenwerte durch Interpolation verschafft hat. Das Ergebnis der nicht mehr aufgeführten Rechnung ist

$$R[u_2] = 29{,}5061.$$

34.4 Konvergenz des Verfahrens

Bei den behandelten Beispielen hat das Iterationsverfahren mit erträglichem Arbeitsaufwand gute Näherungen für den niedrigsten Eigenwert und die zugehörige Eigenfunktion geliefert. Die Konvergenz der Iteration war so gut, daß mit zwei Iterationsschritten bereits durchaus brauchbare Werte erzielt wurden. Es interessiert nun die Frage nach den allgemeinen Konvergenzverhältnissen des Verfahrens sowie danach, wie man vorzugehen hat, um auch höhere Eigenwerte und Eigenfunktionen zu bekommen. Beides läßt sich am einfachsten beantworten, indem man sich die Ausgangsfunktion u_0 nach den Eigenfunktionen y_i des Problems entwickelt denkt. Wir beschränken uns dabei auf solche Probleme, bei denen die Entwicklung einer geeignet gewählten Ausgangsnäherung u_0 nach den Eigenfunktionen möglich ist. Unter welchen genauen Voraussetzungen das der Fall ist, ist hier nicht zu erörtern.

Wir nehmen also die Gültigkeit der Entwicklung der Ausgangsfunktion u_0 nach den Eigenfunktionen in der Form

$$\boxed{u_0 = c_1 y_1 + c_2 y_2 + \cdots} \tag{13}$$

sowie genügend häufige Differenzierbarkeit dieser Entwicklung an, und wir setzen weiterhin die Aufgabe als selbstadjungiert und volldefinit voraus. Dann folgt zunächst aus

$$M[y_i] = \lambda_i N[y_i] \tag{14}$$

nach Multiplikation mit einer zu $\lambda_k \neq \lambda_i$ gehörigen (fremden) Eigenfunktion y_k und Integration über das Intervall (a, b):

$$\int y_k M[y_i]\,dx = \lambda_i \int y_k N[y_i]\,dx,$$

$$\int y_i M[y_k]\,dx = \lambda_k \int y_i N[y_k]\,dx.$$

Durch Subtraktion dieser beiden Gleichungen erhält man dann unter Berücksichtigung der Selbstadjungiertheit

$$(\lambda_i - \lambda_k) \int y_i N[y_k]\,dx = 0$$

und wegen $\lambda_i \neq \lambda_k$ schließlich

$$\boxed{\begin{aligned} &\int_a^b y_i N[y_k]\,dx = 0 \quad (15a)\\ &\int_a^b y_i M[y_k]\,dx = 0 \quad (15b)\end{aligned}} \quad \text{für} \quad \lambda_i \neq \lambda_k.$$

Die Eigenfunktionen y_i, y_k zu verschiedenen Eigenwerten sind im Sinne dieser Gleichungen *orthogonal*. Die früheren Orthogonalitätsbeziehungen (62a, b) aus § 33.6, S. 532, lassen sich aus (15a, b) durch Teilintegration unter Berücksichtigung der Randbedingungen herleiten. Im Falle mehrfacher Eigenwerte lassen sich die zugehörigen unabhängigen Eigenfunktionen wieder orthogonalisieren, womit dann (15a, b) allgemein für $i \neq k$ gilt.

Wir denken uns weiter die Eigenfunktionen *normiert* nach

$$\boxed{\int_a^b y_i N[y_i]\,dx = 1}\,, \tag{16a}$$

was wegen der Definitheitsbedingung (9) aus § 33.1, S. 518, stets möglich ist. Dann folgt mit (14):

$$\boxed{\int_a^b y_i M[y_i]\,dx = \lambda_i}\,. \tag{16b}$$

Damit ergeben sich die Entwicklungskoeffizienten c_i der Ausgangsfunktion u_0 in folgender Weise. Aus (13) folgt durch Anwenden der Operation N

$$N[u_0] = c_1 N[y_1] + c_2 N[y_2] + \cdots . \tag{17}$$

Multiplikation mit y_i und Integration ergibt dann unter Beachtung von Orthogonalität und Normierung sowie von (5):

$$\boxed{c_i = \int_a^b y_i N[u_0]\, dx = \int_a^b u_0 N[y_i]\, dx}\,, \tag{18}$$

was man durch Teilintegration in die frühere Gl. (48) aus § 33.6 überführen kann.

Für die iterierte Funktion u_1 gilt dann folgende Entwicklung:

$$u_1 = \frac{c_1}{\lambda_1} y_1 + \frac{c_2}{\lambda_2} y_2 + \frac{c_3}{\lambda_3} y_3 + \cdots ; \tag{19}$$

denn hieraus erhält man bei genügend häufiger Differenzierbarkeit

$$\begin{aligned} M[u_1] &= \frac{c_1}{\lambda_1} M[y_1] + \frac{c_2}{\lambda_2} M[y_2] + \cdots \\ &= c_1 N[y_1] \quad + c_2 N[y_2] \quad + \cdots = N[u_0]. \end{aligned}$$

Allgemein folgt auf die gleiche Weise

$$\boxed{\begin{aligned} u_k &= \frac{c_1}{\lambda_1^k} y_1 + \frac{c_2}{\lambda_2^k} y_2 + \frac{c_3}{\lambda_3^k} y_3 + \cdots \\ &= \frac{1}{\lambda_1^k}\left[c_1 y_1 + c_2 \left(\frac{\lambda_1}{\lambda_2}\right)^k y_2 + c_3 \left(\frac{\lambda_1}{\lambda_3}\right)^k y_3 + \cdots\right] \end{aligned}}\,. \tag{20}$$

Setzen wir nun zunächst den niedrigsten Eigenwert λ_1 als einfach voraus,

$$\lambda_1 < \lambda_2 \leqq \lambda_3 \leqq \cdots, \tag{21}$$

und ist $c_1 \neq 0$, d. h. enthält u_0 überhaupt eine Komponente der ersten Eigenfunktion y_1, so folgt aus (20), daß die iterierten Funktionen u_k, abgesehen von dem dabei nicht interessierenden Faktor $1/\lambda_1^k$, mit wachsender Iterationsstufe k gegen die erste Eigenfunktion y_1 konvergieren, indem die auf $c_1 y_1$ folgenden Glieder, die „Fehlerglieder", mit zunehmendem k wegen (21) immer mehr herabgedrückt werden. Zugleich konvergiert das Verhältnis zweier aufeinanderfolgender Iterationen gegen den ersten Eigenwert:

$$\boxed{\lim_{k\to\infty} \frac{u_k}{u_{k+1}} = \lambda_1}\,. \tag{22}$$

Ist λ_1 ein mehrfacher (etwa q-facher) Eigenwert, so konvergiert $u_k \cdot \lambda_1^k$ gegen eine Linearverbindung zugehöriger Eigenfunktionen, und man kann, indem man von verschiedenen Funktionen u_0 ausgeht, q linear unabhängige zu λ_1 gehörige Eigenfunktionen annähern.

Will man durch Iteration den zweiten oder einen sonstigen höheren Eigenwert errechnen, so ist dies ohne besondere Zusatzmaßnahmen gar nicht möglich. Denn selbst wenn man von einer Funktion u_0 ausgeht, für die exakt $c_1 = 0$ ist, die also keine Komponente von y_1 enthält, so kommt allein durch die unvermeidlichen Rundungsfehler im Laufe der Rechnung doch wieder eine zunächst kleine Komponente c_1 herein, die dann sehr rasch gegenüber den übrigen Gliedern anwächst, so daß das Verfahren dann doch wieder gegen die erste Eigenfunktion konvergiert. Vgl. dazu § 34.6.

Die Konvergenz gegen y_1 erfolgt ersichtlich um so rascher, je kleiner das Verhältnis λ_1/λ_2 ist. Bei den behandelten Beispielen in § 34.3, S. 544 ff., liegt das Verhältnis zwischen etwa $\frac{1}{3}$ (Knickstab) bis $\frac{1}{26}$ (Biegeschwingung); namentlich bei der Biegeschwingung ist also die Konvergenz des Verfahrens denkbar gut.

34.5 Die Schwarzschen Konstanten und Quotienten

Die in Zähler und Nenner des RAYLEIGH-Quotienten (7) auftretenden Integrale, die sogenannten SCHWARZ*schen Konstanten*

$$\left.\begin{aligned} a_{2k-1} &= \int_a^b u_k M[u_k]\,dx = \int_a^b u_k N[u_{k-1}]\,dx \\ a_{2k} &= \int_a^b u_k N[u_k]\,dx \end{aligned}\right\} \tag{23}$$

sind zufolge der Selbstadjungiertheit nur abhängig von der Indexsumme unter den Integralen, d. h. es gilt

$$a_k = \int u_j N[u_{k-j}]\,dx \text{ unabhängig von } j\,(0 \leqq j \leqq k;\ k = 0, 1, 2, \ldots).$$

Denn mit (14) erhält man hieraus

$$\begin{aligned} a_k = \int u_j N[u_{k-j}]\,dx &= \int u_j M[u_{k-j+1}]\,dx = \int u_{k-j+1} M[u_j]\,dx \\ &= \int u_{k-j+1} N[u_{j-1}]\,dx = \int u_{j-1} N[u_{k-j+1}]\,dx \end{aligned}$$

und in dieser Weise schließlich wegen (5):

$$a_k = \int u_0 N[u_k]\,dx = \int u_k N[u_0]\,dx.$$

Mit den Entwicklungen (20) und (13) wird daraus

$$a_k = \int_a^b \left(\frac{c_1}{\lambda_1^k} y_1 + \frac{c_2}{\lambda_2^k} y_2 + \cdots\right)(c_1 N[y_1] + c_2 N[y_2] + \cdots)\,dx$$

und unter Berücksichtigung von (15a) und (16a):

$$a_k = \frac{c_1^2}{\lambda_1^k} + \frac{c_2^2}{\lambda_2^k} + \frac{c_3^2}{\lambda_3^k} + \cdots. \tag{24}$$

Mit den SCHWARZschen Konstanten a_k bilden sich die SCHWARZ*schen Quotienten*

$$\mu_k = \frac{a_{k-1}}{a_k}, \tag{25}$$

von denen die mit geradem Index $2k$ wiederum die RAYLEIGHschen Quotienten sind:

$$\mu_{2k} = R[u_k]. \tag{26}$$

Der erste Quotient μ_1 aber ist der — auf Differentialausdrücke M, N umgeschriebene — GRAMMEL-Quotient aus § 33.4;

$$\mu_1 = \mathrm{Gr}\,[u_0].$$

Mit (24) ergibt sich nun für die Quotienten

$$\mu_{k+1} = \frac{a_k}{a_{k+1}} = \lambda_1 \frac{c_1^2 + c_2^2\left(\frac{\lambda_1}{\lambda_2}\right)^k + c_3^2\left(\frac{\lambda_1}{\lambda_3}\right)^k + \cdots}{c_1^2 + c_2^2\left(\frac{\lambda_1}{\lambda_2}\right)^{k+1} + c_3^2\left(\frac{\lambda_1}{\lambda_3}\right)^{k+1} + \cdots}. \tag{27}$$

Hieraus folgt erstens, daß für $c_1 \neq 0$ die Folge der Quotienten gegen den ersten Eigenwert λ_1 konvergiert:

$$\boxed{\lim_{k\to\infty} \mu_k = \lambda_1}, \tag{28}$$

und es folgt weiter, daß die Quotienten mit jeder Iterationsstufe im allgemeinen nur abnehmen, keinesfalls aber zunehmen können:

$$\boxed{\mu_1 \geqq \mu_2 \geqq \mu_3 \geqq \cdots \geqq \lambda_1}. \tag{29}$$

Denn die positiven Zusatzglieder in Zähler und Nenner hinter c_1^2 sind im Zähler größer als im Nenner, so daß jeder Quotient größer als der Eigenwert λ_1 ist, anderseits verkleinern sie sich mit jeder Iterationsstufe, so daß der Quotient abnimmt. Alle Quotienten werden gleich dem ersten Eigenwert λ_1, wenn $u_0 = y_1$ ist, also $c_i = 0$ außer $c_1 = 1$. Außer den RAYLEIGHschen Quotienten $R[u_k] = \mu_{2k}$ sind also auch die Quotienten μ_k mit ungeradem Index obere Schranken für λ_1, und insgesamt bilden sie eine monoton abnehmende Folge, die für $c_1 \neq 0$ gegen λ_1 konvergiert.

34.6 Berechnung der höheren Eigenwerte

Damit das Verfahren nicht, wie normal, gegen den ersten Eigenwert λ_1 und die zugehörige Eigenfunktion y_1 konvergiert, sondern gegen λ_2 und y_2, ist es nach den Überlegungen aus § 34.4 zunächst notwendig, eine Ausgangsfunktion u_0 zu verwenden, die keine Komponente von y_1 besitzt, die also zu y_1 im Sinne der Gl. (15a) orthogonal ist:

$$c_1 = \int_a^b u_0 N[y_1] \, dx = 0. \tag{30}$$

Darüber hinaus aber muß man dafür sorgen, daß auch die folgenden iterierten Funktionen stets wieder von schwachen Komponenten von y_1, die sich durch unvermeidliche Ungenauigkeiten einschleichen, vor dem Weiterrechnen gereinigt werden. Das geschieht durch Bilden von

$$\boxed{\begin{aligned} \bar{u}_k &= u_k - \gamma y_1 \\ \text{mit} \quad \gamma &= \frac{\int u_k N[y_1] \, dx}{\int y_1 N[y_1] \, dx} \end{aligned}} \qquad k = 0, 1, 2, \ldots . \tag{31}$$

Indem man diese Vorschrift auch gleich auf die — rohe — Ausgangsfunktion u_0 anwendet, erhält man ein $\bar{u}_0$, für das $c_1 = 0$ ist, wie verlangt. Dieses Vorgehen ist bekannt als *Verfahren von* KOCH[1]. Es setzt die Kenntnis einer möglichst guten Näherung für die erste Eigenfunktion y_1 voraus.

Ein etwas anderes Vorgehen von TRAENKLE[2] benutzt die Orthogonalitätseigenschaft der RITZschen Näherungen. Die Berechnung etwa der beiden ersten Eigenwerte und Eigenfunktionen verläuft hiernach in Verbindung von RITZ-Verfahren und Iteration folgendermaßen.

1. Annahme zweier Ansatzfunktionen v_1^0, v_2^0 als möglichst gute Näherungen für y_1 und y_2. Damit RITZ-Ansatz

$$u^0 = a_1 v_1^0 + a_2 v_2^0.$$

Ergebnis der Rechnung: zwei orthogonale RITZ-Näherungen u_1^0, u_2^0 als Näherungen für y_1 und y_2. Eigenwerte Λ_1^0, Λ_2^0.

2. Verbesserung der beiden Funktionen durch einen Iterationsschritt mit den Ausgangsnäherungen u_1^0 bzw. u_2^0. Ergebnis: v_1^1, v_2^1. RAYLEIGHsche Quotienten $R[v_1^1] = \lambda_1^1$, $R[v_2^1] = \lambda_2^1$.

3. Damit wieder RITZ-Ansatz

$$u^1 = a_1 v_1^1 + a_2 v_2^1.$$

Ergebnis: zwei orthogonale Näherungen u_1^1, u_2^1 nebst Λ_1^1, Λ_2^1.

4. Verbesserung von u_1^1 bzw. u_2^1 durch eine Iteration zu v_1^2, v_2^2. RAYLEIGHsche Quotienten $R[v_1^2] = \lambda_1^2$, $R[v_2^2] = \lambda_2^2$; usf.

Auf diese Weise wird man schon mit nur zweigliedrigem RITZ-Ansatz zu guten Näherungen auch für den zweiten Eigenwert kommen.

---

[1] KOCH, J. J.: Verhandl. 2. internat. Kongr. Techn. Mech., Zürich 1926, S. 213—218.

[2] TRAENKLE, A.: Ing. Arch. Bd. 1 (1930) S. 510.

Namen- und Sachverzeichnis

721/49/69 – III/18/203

8